化学工业出版社"十四五"普通高等教育规划教材

"药学拔尖创新人才培养计划"本科教学用书

New Pharmaceutical Formulation

新型药物制剂学

吴正红　何　伟　唐　星／主编

化学工业出版社

·北京·

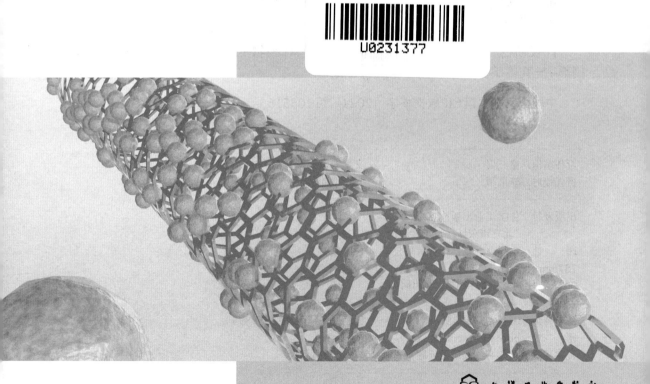

内容简介

《新型药物制剂学》以药物制剂为主线，根据给药系统的常规分类方法，将全书分为两大部分，共18章。其中，第一部分为基础篇，主要内容包括：第一章给药系统；第二章药物递送屏障；第三章药物制剂与剂型的设计及研究；第四章新型药物制剂技术；第五章新型药物载体。第二部分为各论篇，主要内容包括：第六章口服液体给药系统；第七章口服固体给药系统；第八章口腔黏膜给药系统；第九章呼吸道给药系统；第十章眼部给药系统；第十一章脑部给药技术；第十二章直肠、阴道黏膜给药系统；第十三章经皮给药系统；第十四章注射给药系统；第十五章大分子药物给药系统；第十六章疫苗给药技术；第十七章智能制剂；第十八章微粒给药系统的体内命运。

《新型药物制剂学》可作为药学类院校药物制剂、药学、制药工程等专业本科提升教材及研究生学习参考教材，亦可作为从事药物制剂研究的科技人员的参考工具书。

图书在版编目（CIP）数据

新型药物制剂学 / 吴正红，何伟，唐星主编 . — 北京：化学工业出版社，2024.6

化学工业出版社"十四五"普通高等教育规划教材

ISBN 978-7-122-44969-6

Ⅰ.①新… Ⅱ.①吴… ②何… ③唐… Ⅲ.①药物－制剂学－高等学校－教材 Ⅳ.①TQ460.6

中国国家版本馆CIP数据核字（2024）第105515号

责任编辑：褚红喜　　　　　　　　文字编辑：李文菡　朱　允
责任校对：李雨晴　　　　　　　　装帧设计：刘丽华

出版发行：化学工业出版社
　　　　　（北京市东城区青年湖南街13号　邮政编码100011）
印　　装：中煤（北京）印务有限公司
787mm×1092mm　1/16　印张33½　字数838千字
2024年10月北京第1版第1次印刷

购书咨询：010-64518888　　　　售后服务：010-64518899
网　　址：http://www.cip.com.cn
凡购买本书，如有缺损质量问题，本社销售中心负责调换。

定　　价：89.80元

《新型药物制剂学》（供药物制剂、制药工程专业用）

主　编：吴正红　何　伟　唐　星
副主编：祁小乐　李　翀　辛洪亮
编　者：王若宁（南京中医药大学）
　　　　田吉来（南京中医药大学）
　　　　祁小乐（中国药科大学）
　　　　刘珊珊（江苏经贸职业技术学院）
　　　　陈　艺（贵州医科大学）
　　　　何　伟（中国药科大学）
　　　　何海生（复旦大学）
　　　　李　翀（西南大学）
　　　　吴正红（中国药科大学）
　　　　吴琼珠（中国药科大学）
　　　　肖青青（南京中医药大学）
　　　　辛洪亮（南京医科大学）
　　　　张兴旺（暨南大学）
　　　　范武发（北京协和医学院药物研究所）
　　　　季　鹏（泰州学院）
　　　　周文虎（中南大学）
　　　　苟靖欣（沈阳药科大学）
　　　　唐　星（沈阳药科大学）
　　　　黄海琴（南通大学）
　　　　彭剑青（贵州医科大学）
　　　　滕　超（福建医科大学）
　　　　杨　培（中国药科大学）

前言

药物制剂学，即药剂学，是研究药物制剂的基本理论、处方设计、制备工艺、质量控制和合理使用等内容的综合性应用技术科学。随着药物递送系统理念的提出、完善与发展，药剂学在近几十年取得了令人瞩目的研究进展，各个领域研究越来越系统化，如缓控释给药系统、靶向给药系统、经皮给药系统等。为适应新时期药学教育课程体系的变革，在总结现有教材的基础上，力求充分反映药物制剂的发展前沿，汇聚最新科技成果，我们重组了教材的编写体系。

本教材以药物制剂为主线，根据给药系统的常规分类方法，将全书分为两篇，即基础篇和各论篇。第一部分为基础篇，主要包括：给药系统（第一章）；药物递送屏障（第二章）；药物制剂与剂型的设计及研究（第三章）；新型药物制剂技术（第四章）；新型药物载体（第五章）。该部分主要通过介绍一些与药物递送系统有关的概念，制剂的一般设计原则、处方前研究基本内容以及目前我国新药研发的现状等，以提高读者对药物制剂的全面认识，夯实药物制剂学基础知识。第二部分为各论篇，主要包括：口服液体给药系统（第六章）；口服固体给药系统（第七章）；口腔黏膜给药系统（第八章）；呼吸道给药系统（第九章）；眼部给药系统（第十章）；脑部给药技术（第十一章）；直肠、阴道黏膜给药系统（第十二章）；经皮给药系统（第十三章）；注射给药系统（第十四章）；大分子药物给药系统（第十五章）；疫苗给药技术（第十六章）；智能制剂（第十七章）；微粒给药系统的体内命运（第十八章）。这部分内容主要介绍各类给药系统以及新技术与新剂型等前沿性知识，以拓宽读者在药物制剂学发展领域的视野。

本教材适合作为药学类院校药物制剂、制药工程等专业本科提升教材及研究生学习参考教材，亦可作为从事药物制剂研究的科技人员的参考工具书。

本教材编者由长期从事药剂学教学和科研工作的一线专业技术人员组成，其中：第一章由刘珊珊、吴琼珠编写，第二章由黄海琴编写，第三章由吴正红、祁小乐编写，第四章由滕超编写，第五章由周文虎编写，第六章由张兴旺编写，第七章由唐星、苟靖欣编写，第八章由陈艺编写，第九章由田吉来编写，第十章由季鹏编写，第十一章由范武发编写，第十二章由辛洪亮编写，第十三章由何海生编写，第十四章由何伟、杨培编写，第十五章由李翀编写，第十六章由肖青青编写，第十七章由王若宁编写，第十八章由彭剑青编写，在这里，对他们付出的艰辛努力，在此深表感谢。同时，感谢研究生杨倩、钱文雅、金子瑞、孙利杰、陈铭等积极参与书稿的文字校对工作。另外，感谢中国药科大学"十四五"规划教材项目和中国药科大学研究生精品教材项目的资助。

鉴于现代药物制剂技术的快速发展，涉及技术领域宽广，专业性和实用性强，但因编者水平有限，不足之处在所难免，敬请读者批评指正。

编 者
2024年5月

目录

New Pharmaceutical
Formulation

新 型 药 物 制 剂 学

第一部分
基 础 篇

第一章
给药系统

 本章学习要求

1. 掌握：给药系统的基本概念、特点与分类。
2. 熟悉：基于生物药剂学分类系统（biopharmaceutics classification system，BCS）的口服给药系统的设计；微粒给药系统的定义、特点；常见的注射给药系统。
3. 了解：靶向给药系统的定义、分类；常见的主动靶向给药系统；给药系统的发展及对新药开发的意义。

第一节　概述

一、给药系统的定义

药物传递系统（drug delivery system，DDS）又称给药系统，或递药系统，系指将必要量的药物在必要的时间内递送至特定部位的一类特殊给药方式的总称，是现代科学技术进步的结晶，是新剂型与新技术相结合的产物。与普通制剂相比，给药系统通过先进的制剂工艺和新型的辅料改变释药行为，使之更符合不同疾病治疗的需要，从而提高药物的治疗效果，降低药物毒副作用。两者既有联系，又有区别，很难截然分开。口服缓控释给药系统、靶向给药系统、自调式或脉冲式给药系统等均属于给药系统的范畴。

给药技术系指将药物输入人体以达到治疗目的所采用的方法，是通过特殊的工艺改善药物的传统吸收或输入方式，从而达到提高药物疗效、保证药物安全、降低治疗成本和改善服药顺应性的目的。新型给药技术以新技术、新方法、新材料为支撑，药物以精准的速率、预定的时间、稳定的作用部位和疾病的需要在体内发挥作用，具有高效、长效、速效、毒副作用小、剂量低、使用方便等特点，因此新型给药系统也是生物学、医学、化学、物理学和电子学等的最新技术相结合的产物。

到目前为止，几乎所有药物都需要经过适当加工、处理，才能制成供诊断、治疗或预防疾病所需要的不同临床给药形式，即药物剂型（pharmaceutical dosage form），简称剂型（dosage form）。剂型是患者应用并获得有效剂量的药物实体，也是药物临床使用的最终形式，如片剂、胶囊剂、注射剂、乳剂、混悬剂等。发展药物剂型的根本目的是满足临床治疗的需要，向临床不断提供安全、有效、稳定的药物递送系统，使药物在人体靶组织或病原体上达到一定的有效治疗浓度，并持续所需要的时间。另一方面，尽量降低药物与非靶组织的接触，以免副作用的发生。但是，大多数传统的药物剂型如注射剂、口服制剂以及局部外用制剂等常需要一日多次给药，不仅使用不便，并且在机体内或作用部位的药物浓度起伏很大，有"峰谷"现象，以致有时呈现（近）中毒症状，有时则无效，且均无法满足以下要求：

① 帮助药物有效吸收到靶部位。

② 避免药物的非特异性分布（可产生副作用）及提前代谢和排泄。

③ 所服用药物符合剂量要求等。

药物通常是通过与作用部位特定受体发生相互作用产生生物学效应，从而达到治疗疾病的目的。因此，只有当药物以一定的速率和浓度到达靶部位时，使疗效最大而副作用最小，这样的治疗才被认为是有效的。然而，在给药和靶向分布过程中常存在许多天然屏障，使得原本有应用前景的药物无效或失效。

给药系统在空间、时间及剂量上全面调控药物在生物体内分布，旨在恰当的时机将适量的药物递送到正确的位置，从而增加药物的利用效率，提高疗效，降低成本，减少毒副作用。给药系统融合了药学、医学、工学（材料、机械、电子）等多门学科，其研究对象既包括药物本身，也包括搭载药物的载体材料、装置，还包括对药物或载体等进行物理化学改性、修饰的相关技术，是现代科学技术进步的成果在医药学上的反映。无论是口服缓释和控释给药系统，还是注射或植入给药系统、经皮给药系统和靶向给药系统等，都有其丰富的科学理论和制剂新技术。近年来这些给药系统在理论研究、剂型设计及制备方法等多方面都得到了迅速发展，品种不断增加，在临床治疗中发挥日益重要的作用。

二、给药系统的特点

1. 改善药物的溶解性

溶解度是药物最基本性质之一，药物必须经过溶解状态才能被吸收，所以不管采用哪种给药途径都需要具有一定的溶解度。对于亲水性药物来说，溶解度并不能成为限制性因素，而对于疏水性药物，这一点却至关重要。因为疏水性药物溶解度小，其临床应用受到限制，给药系统中的脂质体、聚合物胶束等能同时提供亲水以及疏水环境，从而提高疏水性药物在水溶液中及机体内的溶解性。

2. 增加药物的稳定性

利用聚合物胶束、脂质体等载体包裹药物，或通过水溶性高分子如聚乙二醇（polyethylene glycol，PEG）等进行表面修饰、改性等手段在药物或其载体表面构筑一个保护层，保护药物免受体内吞噬细胞的清除及各种酶的攻击，从而提高药物在体内的稳定性。随着基因工程和蛋白质工程的日益成熟，蛋白质多肽类药物在人们生活中占据着越来越重要的地位。但是蛋白质多肽类药物在生物体内不稳定，易被蛋白水解酶和免疫系统识别而降解，在生物体内的半衰期（$t_{1/2}$）较短，而且绝大部分不利于口服给药。给药系统的出现，却能使这一问题得到很好的解决。例如将药物与免疫球蛋白或血清白蛋白偶联、包裹入微球或微囊，或者连上一个天然的或合成的聚合物，均有助于提高蛋白质类药物的稳定性，防止其在体内迅速失活。

3. 调控药物的释放

药物释放的速率和部位与药物的疗效息息相关。给药系统中药物与聚合物或脂质体等载体相连以保护药物不被降解。一旦给药系统到达作用位点，药物必须从载体中释放出来以发挥其疗效。例如在载体和抗肿瘤药物之间连接一段对 pH 敏感的肽链，这段肽链在中性 pH 下是稳定的（即在血液中很稳定），当药物到达肿瘤部位时，无论在肿瘤细胞外的微酸性环境中还是通过内吞作用到达肿瘤细胞核内体的酸性环境中，肽链都会断裂，药物就从载体中释放出来发挥其抗肿瘤活性。此外，通过作用位点的温度或磁场变化，或者利用对生物相容性的化学药物和酶、光或辐射频率的敏感性，使药物从脂质体、环境响应性聚合物或水凝胶中释放出来。例如胃内滞留型给药系统、结肠定位给药系统、脉冲式给药系统等。

4. 促进药物的吸收及通过生物屏障

促进药物通过肠道黏膜、皮肤等的吸收效率，或者通过表面修饰（如修饰转铁蛋白受体、细胞穿膜肽等）等方式，增强药物穿透特定生物屏障（如血 - 脑屏障、细胞膜）的能力，从而提高药效。

5. 降低药物的组织毒性

一些药物在临床上使用时会伴随毒副作用的发生，采用给药系统注射时可大大减少随之产生的毒副作用。其主要原因是：

（1）与脂质体相连提高了靶向性　例如抗肿瘤药物多柔比星易在心脏部位积累引起心脏毒性，但是当其与脂质体连接后毒性降低了 50% ~ 70%，但是活性基本保持不变，而且增加了对肿瘤细胞的亲和力。

（2）控制药物的释放速率　游离药物在体内循环过程中有时会因为偶然的外渗引起组织毒性，而给药系统能够控制药物的释放速率和释放部位，从而降低此类药物的副作用。

（3）不引起补体反应　临床上游离药物最常见的副作用是静脉注射后的超敏反应。有的超敏反应可能是由激活补体引起的，这种症状往往通过降低药物注射的速度或减慢患者术前疗法的速度来减轻。但是在反复注射给药系统时这种情况并不常见。由此可见，应用给药系统可大大降低游离药物对组织的毒性。

6. 增加药物的靶向性

靶向给药系统是使药物瞄准特定的病变部位，提高药物在特定部位的富集，在局部形成相对高的浓度，从而减少药物产生的副作用，最大限度发挥药物的疗效。

7. 改善患者依从性或顺应性

改善患者的依从性或顺应性通常是指给药后药物能在机体内缓慢释放，使血液中或特定部位的药物浓度能够在较长时间内维持在有效浓度范围内，从而减少给药次数，并降低产生毒副作用的风险。随着技术的发展，现在的控释技术不仅能够实现药物的缓释，而且能够对药物释放的空间、时间及释药曲线进行更加精确、智能的调控。

三、给药系统的发展

人类出现时，药物便以植物或矿物的形式出现了，疾病和强烈的求生愿望促使了药物的不断发现。剂型发展初期仅仅是为了满足给药途径而设计的物质形态，如古人将可外用植物药材制成糊状（即糊剂）直接敷于患处，或将可内服的矿物药材粉碎成粉末状（即粉剂）后服用等。直至 20 世纪 40 年代，新剂型与制剂新技术的发展使药物制剂具有功能或制剂技术的含义，如缓控释制剂、靶向制剂、透皮吸收制剂、固体分散技术和脂质体技术制剂等，由此逐渐发展成为20世纪70年代初提出的新概念——给药系统（DDS），并在20世纪80年代开始成为各国药剂学研究领域的热门课题。给药系统研究目的概括而言，即是以适宜的剂型和给药方式，以最小的剂量达到最佳的治疗效果。新型药用辅料的出现和发展亦为DDS的发展提供了坚实的物质基础。

新型给药系统旨在通过提高药物生物利用度和治疗指数，降低药物副作用以及提高患者依从性三个因素来克服传统剂型的不足。前两个因素固然重要，患者依从性问题同样也不可忽视。据报道，全世界每年因错误服药而导致入院治疗的人数有近10亿。要提高患者的依从性，可以通过开发患者服用方便且给药次数少的剂型来实现。自20世纪50年代起，一些可以持续释药的新口服给药系统开始取代传统剂型。比如，由史克公司开发的Spansule®胶囊，其内容物为含药的包衣小丸，被认为是第一个新型给药系统。到60年代，聚合物材料开始应用于给药系统，同时科学家们开始在产品开发方面采用更为系统的方法，即运用药物动力学、生物界面上的过程及生物相容性等知识进行给药系统的设计。缓控释给药系统作为第一代给药系统，是以疗效仅与体内药物浓度有关而与给药时间无关这一概念为基础，旨在减少给药次数，能在较长时间内维持药物的有效浓度。70年代起，纳米粒被引入给药系统，作为第二代给药系统的靶向给药系统，以药物浓集于靶器官、靶组织、靶细胞或细胞器为目的，提高药物在病灶部位的浓度，减少非病灶部位的药物分布，以增加药物的治疗指数并降低毒副作用。80年代开始出现经皮给药系统；90年代又出现了研究跨膜转运过程的各种模型；80至90年代，生物技术和分子生物学领域的重大突破为大量生物技术药物如肽类、蛋白质、反义寡核苷酸和小分子干扰RNA药物等的合成提供了可能。基于体内信息反馈的智能化给药系统是第三代给药系统，现在正在孕育的随症调控式个体化给药剂型可谓之第四代给药系统。

药物活性的充分发挥不仅取决于有效成分的含量与纯度，制剂也已成为发挥理想疗效的一个重要方面，一个老药的新型给药系统的开发与利用不亚于一个新化学实体（new chemical entity，NCE）的创制。目前，全球新型给药系统的研究呈现明显的增长态势，专门从事给药系统研发的公司已有几千家。其中较为突出的公司有强生公司子公司阿尔扎（Alza）、阿尔科姆斯（Alkermes）、阿特里克斯（Atrix）、卡迪纳保健（Cardinal Health）、西玛（Cima）、伊兰（Elan）、尤兰德（Eurand）、爱的发（Ethypharm）、内科塔治疗（Nektar Therapeutics）、斯基制药（Skye Pharma）和希瑞（Shire）等。此外，全球给药系统市场销售额也在稳步上升，在整个药品市场中的份额不断扩大，约占整个医药市场的20%以上。在世界各国中，美国、欧洲诸国和日本的给药系统产品销售额占全球整个给药系统市场的90%以上，其中美国占56%，欧洲各国占29%，日本占9%。

新型给药系统也是促进药品差异化、拓宽医药产品、延长药品生命周期的关键因素之一。在所有给药系统中，口服给药系统及注射给药系统在中国受到的关注度最高。缓控释技术、定位释放技术、脂质体技术等是业内人士共同关注的技术。其他新型给药技术，如吸入给药系统、靶向给药系统、经皮给药系统、黏膜给药系统等，也是迅速发展的高新技术。2015—2018年，美国食品药品管理局（Food and Drug Administration，FDA）批准的新药有新化学实体和新制剂、新剂型，其中给药系统新品占大多数。2018年，全球销售额前100位药品中生物药占35席，给药系统占8席，销售总额达6016.07亿人民币。2018年全球市场份额最多的新型给药系统是靶向给药系统（约合3816.75亿人民币），其次是缓释制剂（约合1061.42亿人民币）。目前药品市场中，靶向给药系统的销售额占新型给药系统市场份额的64%，此外，经肺给药系统、经皮给药系统以及纳米药物是未来最有前景的领域。可以预料，今后的新药研究开发，除了研究开发更多的合成药物、基因工程药物（如治疗基因、多肽类、蛋白质类）和天然产物药物外，药物新剂型的研究开发也将成为新药研究开发的重要方面。

随着医药科技的发展，药物缓释和控释给药系统将逐步代替普通剂型，靶向给药系统、脉冲式给药系统、自调式给药系统也将逐步增多。但由于疾病的复杂性及药物性质的多样性，适合某种疾病和某种药物的给药系统不一定适合另一种疾病和药物，因此必须发展多种多样的给药系统以适应不同的需要。如治疗心血管疾病的药物最好制成缓释、控释给药系统，抗癌药宜制成靶向给药系统，胰岛素更宜制成自调式或脉冲式给药系统等。虽然，在相当长的时期内，药物普通剂型仍将是人们使用的主要剂型，但是会不断与新剂型、新技术相结合，形成具有新内涵的给药系统。

第二节　给药系统分类

随着现代科学技术的进步，给药系统作为人们在防治疾病的过程中所采用的各种治疗药物的不同给药方式，发挥着越来越重要的作用。给药系统多种多样，分类方法众多，各有其优缺点。例如：按形态可分为液体型、固体型、半固体型、气体型给药系统；按分散系统可分为分子分散型、胶体分散型和微粒分散型给药系统；按给药途径可分为口服、注射、经皮、呼吸道及其他腔道黏膜给药系统；按释药速率、时间与部位可分为择速给药系统、择时给药系统和择位给药系统；而按药物靶向功能又分为靶向型和非靶向型给药系统，等等。其中口服缓释和控释给药系统、靶向给药系统以及经皮给药系统是给药系统发展的主流。

一、按给药途径分类

（一）口服给药系统

口服给药系统（oral drug delivery system）系指通过口服给药后，将药物输送到体内释放药物从而起局部或全身治疗作用的新型给药系统。口服给药是最自然、简单、方便和安全的给药方式，是治疗和预防疾病过程中应用最为广泛的给药途径之一。

1. 速释给药系统

速释给药系统（fast release drug delivery system）系指能快速崩解或溶解而迅速释放药物的固体剂型。口服给药后药物可通过口腔或胃肠黏膜迅速吸收，典型的有分散片、口腔崩解片、口腔速溶片、口腔速溶膜、自乳化给药系统、舌下片等。

2. 缓释给药系统

缓释给药系统（sustained release drug delivery system）系指口服给药后能以缓慢的、非恒定的速率在体内释放药物的剂型。《中华人民共和国药典》所述的缓释制剂即为此类。缓释给药系统基本按一级速率过程或Higuchi方程释放药物。典型的有膜控型缓释制剂和骨架型缓释制剂等。

3. 定速给药系统

定速给药系统（constant release drug delivery system）又称控释给药系统（controlled release drug delivery system），系指口服给药后能以恒定速率在体内释放药物的剂型。《中华

人民共和国药典》所述的控释制剂即为此类。定速给药系统基本按零级速率过程释放药物，口服后在一定的时间内能使药物释放和吸收速率与体内消除速率相关。定速释放可减小血药浓度波动，提高患者服药的顺应性。典型的是渗透泵控释制剂，此外还可借助改变片剂的几何形状来控制药物的释放，如迭层扩散骨架片、双凹形带孔包衣片、环形骨架片等。

4. 定位给药系统

定位给药系统（site-specific drug delivery system）系指口服给药后能将药物选择性地输送到口腔或胃肠道的某一特定部位，以速释或缓释、控释释放药物的剂型。定位给药系统可在口腔或胃肠道适当部位长时间停留，并释放一定量药物，以达到增加局部治疗作用或增加特定吸收部位对药物吸收的目的。根据药物在胃肠道的给药部位不同，定位给药系统又可分为胃定位给药系统、小肠定位给药系统和结肠定位给药系统等。

5. 定时给药系统

定时给药系统（time-controlled drug delivery system）又称脉冲给药系统（pulsatile drug delivery system）或择时给药系统（chronopharmacologic drug delivery system），系指根据时辰病理学和时辰药理学原理，按人体的生物时间节律变化特点，按照生理和治疗的需要而定时定量释药的一种新型给药系统。口服给药后一段时间内不释药，能在预定时间内迅速或缓慢释药，《中华人民共和国药典》所述的迟释制剂即为此类。根据药物释放方式不同，定时给药系统又可分为迟释-速释型释药系统和迟释-缓释型释药系统。

随着高分子材料和纳米技术的发展，新型释药系统不断问世，脂质体、微乳、自微乳、纳米粒、胶束等相继被开发为口服给药形式，不仅可达到缓慢释放药物的目的，而且还能保护药物不被胃肠道酶降解，促进药物胃肠道吸收，提高药物的生物利用度。

（二）注射给药系统

注射给药系统（injectable drug delivery system）系指采用现代载体技术将药物制成可供注入人体内的一大类具有缓控释或靶向给药特征的新型给药系统。该给药系统主要由药物、载体、附加剂和特制的容器或给药装置组成，可分为液态注射系统和微粒注射系统（包括脂质体、微囊、微球、毫微粒、胶束等），其中后者相对前者能最大限度地提高药物疗效、降低副作用、延长作用时间并可显著减少用药次数，提高患者的顺应性。

注射给药作用迅速可靠，不受pH、酶、食物等影响，无首过效应，可发挥全身或局部定位作用，且剂量准确，是不可替代的一种给药途径。近多年来，基于脂质体、微乳与亚微乳、微球、纳米粒和原位凝胶等给药系统的新型注射液取得了显著的进展。

1. 脂质体注射给药系统

脂质体（liposome）系指将药物包封于类脂质双分子层薄膜中间所制成的超微型球状体，又称**类脂小球、液晶微囊**。脂质体作为具有多种功能的药物载体，可使被包载药物具有靶向性、缓释性和低毒性，主要用作抗肿瘤药、疫苗及核酸类药物的载体。它可滞留在注射部位或被注射部位的毛细血管所摄取，并随着脂质体的逐步降解，缓慢释放出药物。目前，已有多种脂质体注射产品被批准上市，例如用于胰腺癌的注射用伊立替康脂质体（Onivyde®）等。

2. 微球注射给药系统

微球（microsphere）系指药物溶解或分散在高分子材料基质中形成的微小球状实体，常见粒径为1～500 μm，属于基质型骨架微粒。微球作为载体可以包载一种或多种药物，或者包载阻滞剂、促进剂和磁性粒子，具有多种给药途径如注射、鼻腔、口服及局部给药等。

用生物降解材料作为药物载体的缓控释微球注射给药系统，既可注射给药，又可以植入给药，药物在体内被控制释放后，载体可被生物降解后为机体吸收，减少了药物的不良反应，避免了手术取出载体的麻烦。因微球载体具有释药速率恒定以及可生物降解等优点，已广泛应用于长效注射剂的研制。近年来，微球注射给药系统多用于蛋白质、多肽和疫苗等生物技术药物的研究。全球共上市了10余个微球注射用产品，例如用于2型糖尿病的注射用艾塞那肽微球（Bydureon®）。

3. 微乳注射给药系统

微乳（microemulsion）系指由油相、水相、乳化剂和助乳化剂按适当比例组成的外观澄明或带乳光的热力学稳定体系，其粒径多为1～100 nm。以微乳技术包载药物制成的注射用制剂即为微乳注射给药系统，其中较高浓度的乳化剂和助乳化剂的加入能显著降低油、水两相间的表面张力，起稳定作用，且可增溶大量药物，具有毒性小、药物溶解度及稳定性较高、靶向和缓控释性能、促进药物吸收、提高药物生物利用度和减少药物不良反应等优点。目前，已有多种微乳注射产品被批准上市，例如用于静脉麻醉的丙泊酚微乳注射液（Aquafol®）等。

4. 聚合物胶束注射给药系统

聚合物胶束（polymeric micelle）是两亲性嵌段共聚物溶于水后在疏水作用、氢键、静电作用等分子间作用力的推动下自发形成的具有疏水性内核与亲水性外壳的一种自组装结构，粒径为10～100 nm，适合装载不同性质的药物，亲水性外壳还具备"隐形"特点。与低分子表面活性剂类似，当这类高分子聚合物在水中达到一定浓度后，分子中的疏水段和亲水段发生微相分离，自动地形成疏水段向内、亲水段向外的具有核-壳结构的胶束，疏水性药物则通过内核间的物理协同作用或与疏水段化学结合而进入胶束内部，大大提高难溶性药物的溶解度。作为热力学及动力学稳定的聚合物胶束，具有提高药物稳定性、延缓药物释放、提高药效、降低毒性及具靶向性等优良特性，例如注射用紫杉醇聚合物胶束（紫晟®）于2021年10月28日获批上市。

5. 纳米粒注射给药系统

纳米粒注射给药系统（nanoparticle drug delivery system）系指以纳米粒作为药物载体，将药物包裹在纳米粒中间或吸附在其表面，注射给药后发挥局部或全身治疗作用的给药系统。其主要包括纳米药物［如纳米混悬剂（nanosuspension）］和纳米载体［如固体脂质纳米粒（solid lipid nanoparticle）、纳米球］等。纳米载体是粒径在1～1000 nm的固态胶体微粒，可分为骨架实体型的纳米球和膜壳药库型的纳米囊两大类，具有持久释放、提高基因靶向特异性和避免病毒载体带来的安全性问题等优势。例如用于精神分裂症的棕榈酸帕潘立酮纳米混悬液（Invega Sustenna®），用于转移性乳腺癌联合化疗失败后或辅助化疗6个月内复发的乳腺癌白蛋白结合紫杉醇纳米粒注射混悬液（Abraxane®）。

6. 原位凝胶注射给药系统

原位凝胶（in situ hydrogel）又称即型凝胶，是一类以溶液状态给药后在用药部位发生相转变，由液体固化形成半固体凝胶的制剂，又称在体成型给药系统，系将药物和聚合物溶于适宜溶剂中，局部注射或植入临床所需的给药部位，利用聚合物在生理条件下凝固、凝胶化、沉淀或交联形成固体或半固体药物贮库，从而达到缓慢释放药物的效果。具有可用于特殊部位病变的局部用药、延长给药周期、降低给药剂量和不良反应、工艺简单稳定等特点，且避免了植入制剂的外科手术，大大提高患者的顺应性，从而成为国内外近年来的热点研究领域。例如用于前列腺癌的亮丙瑞林注射用原位凝胶（Eligard®）和用于牙周炎的盐酸多西环素注射用原位凝胶（Atridox®）。

7. 无针头注射系统

无针头注射系统（needle-free injection system）是国际上新型研制的给药系统，其主要技术原理是利用高压气体（氦气等）喷射，使药物粉末或液滴瞬时加速至超声速（约500～1000 m/s），然后释放至皮下或黏膜部位，发挥药效作用。它具有无针、无痛、无交叉感染、便捷、安全、高效等特点，改变了传统用药方式，大大方便了医生和患者的使用，特别适合有恐针感的患者、需长期自我给药的患者、儿童预防接种、重大突发事件（地震、洪灾、急性烈性传染病流行、大规模战争等）以及边远地区和大规模野外作业等条件下的医疗预防保障。此外，无针头注射系统还可控制释药速率，将药物根据需要送入不同的皮层，从而发挥不同的治疗作用。无针头注射系统现已有三种形式的制剂上市，包括粉末喷射剂（powderject）、内针头注射器（intraject）以及生物喷射器（biojector）。例如生物喷射公司（Bioject）上市的用于释放小儿人生长激素的无针头给药器，INJEX Pharma GmbH 公司上市的用于糖尿病的INJEX30胰岛素无针头注射释药系统等。

（三）黏膜给药系统

黏膜给药系统（mucosal drug delivery system）系指使用合适的载体使药物透过人体的黏膜部位，如口腔、鼻腔、眼部、直肠、阴道及子宫等，从而起局部或全身治疗作用的新型给药系统。

1. 口腔给药系统

口腔给药系统（buccal drug delivery system）系指药物经口腔黏膜吸收后直接进入体循环，可避免药物肝脏首过效应而提高生物利用度，发挥局部或全身治疗作用的一类给药系统。例如口腔贴片、舌下片、口腔用喷雾剂、口腔凝胶剂、口腔膜等。

2. 鼻腔给药系统

鼻腔给药系统（nasal drug delivery system）系指通过鼻腔给药，药物可在黏附的高分子聚合物作用下与鼻黏膜黏附，经鼻黏膜吸收而发挥局部或全身治疗作用的给药系统。例如喷鼻剂、滴鼻剂、鼻用凝胶剂、鼻粉剂及微粒给药系统等。

3. 眼部给药系统

眼部给药系统（eye drug delivery system）系指直接用于眼部发挥局部治疗作用或经眼部吸收进入体循环发挥全身治疗作用的给药系统。例如滴眼剂、眼膏剂、眼内注射剂、原位凝胶、眼内膜剂、眼内插入剂、眼内植入剂等。

4. 肺部给药系统

肺部给药系统（pulmonary drug delivery system）系指将药物制成可供吸入到达肺部，进而通过肺泡吸收进入体循环并发挥局部或全身治疗作用的给药系统。主要包括气雾剂、吸入粉雾剂、喷雾剂等。

随着近代生物技术的迅速发展，研究开发的多肽、蛋白质及核酸类药物越来越多，由于其药理活性高和毒副作用小，在疾病治疗中显示出愈来愈重要的作用。但是，由于它们在胃肠道中易受酸和酶的破坏，对黏膜的透过性也低，因此其口服的生物利用度极低（往往不到1%），目前在临床上仅限于注射给药，其应用受到极大限制。当前，这类药物的黏膜给药研究非常活跃。

（四）经皮给药系统

经皮给药系统（transdermal drug delivery system）亦称透皮给药系统，系指通过皮肤敷贴给药，使药物透过皮肤吸收发挥全身治疗作用的缓释或控释给药系统。经皮给药系统不同于普通的外用皮肤制剂，虽然它们的共同特点是必须透过皮肤角质层的屏障，但普通外用皮肤制剂的作用主要限于局部，而经皮给药系统则更主要起全身作用。所以经皮给药系统在剂型和制剂的设计上不仅与口服途径给药有显著差别，也不同于普通外用皮肤制剂。根据药物释药机制不同，经皮给药系统又可分为**膜控型经皮给药系统和骨架型经皮给药系统**。目前已经有硝酸甘油、东莨菪碱、可乐定、芬太尼等多种药物的不同规格和不同控释材料或技术的品种上市。

但由于大多数药物难以透过皮肤达到有效治疗作用，近年来科研人员相继开发出多种新技术如药剂学手段（促渗剂、脂质体、微乳、传递体等）、化学手段（前体药物）、物理手段（离子导入、电致孔、超声、激光、加热、微针等）以及生理手段（经络穴位给药）来促进药物的吸收，进一步促进经皮给药系统的发展。

二、按释药方式分类

1. 固定位置释放型给药系统

固定位置释放型给药系统系指在机体某个固定位置或部位释放药物从而起局部或全身治疗作用。例如透皮给药系统、眼内给药系统、子宫内给药系统等。

2. 移动释放型给药系统

移动释放型给药系统系指给药后在机体内移动至特定部位后再释放药物，起局部或全身治疗作用。例如胃内滞留给药系统、结肠定位给药系统、肠溶制剂、肝栓塞治疗系统等。

3. 边移动边释放型给药系统

边移动边释放型给药系统系指给药后在机体内随胃、肠道中内容物移动，在移动过程中连续释放药物，起局部或全身治疗作用。口服给药系统即属于此类，例如渗透压控释给药系统、流体动压控释系统、膜控释给药系统等。

三、按释药机制和制备工艺分类

（一）释药速率程序化给药系统

释药速率程序化给药系统系指遵循菲克定律（Fick's law），根据药物在所设计的释药体系中（如聚合物膜材料、骨架材料）与给药或释药部位生理环境中的溶解度、分配系数、扩散常数及扩散屏障参数设计，使给药系统用于机体后按既定程序（速率）释药。它属于第一代DDS，制备技术简单易行，通常包括以下3种：

① 聚合物膜控型。

② 聚合物骨架扩散型。

③ 离散微贮药库型。

缓释和控释给药系统（sustained release and controlled-release drug delivery system）属于此类，是发展最快的新型给药系统。一般采用片剂和胶囊剂口服或口腔给药，包括在胃内黏附、漂浮或肠道释药的迟释制剂。这类给药系统涉及多种物理化学原理新技术、新材料和新设备的应用，如：水凝胶骨架片、水不溶性膜控包衣片；包衣小粒、包衣小丸，以及包衣小粒胶囊和包衣小丸胶囊；利用渗透压原理及激光技术的渗透泵片或胶囊；利用离子交换原理制备的液体控释制剂；利用高分子黏附特性的胃滞留片、黏附微球胶囊及口腔粘贴片等。

近几年，缓释和控释给药系统的主要进展表现在：首先，突破了过去缓释和控释给药系统对候选药物的一些限制，其中包括抗生素如头孢氨苄、庆大霉素等，一些半衰期很长的药物如非洛地平（$t_{1/2}$=23 h）和卡马西平（$t_{1/2}$=36 h）等，以及一些肝门静脉系统首过效应很强的药物如普萘洛尔、维拉帕米等；其次，复方缓释和控释给药系统也有增加的趋势，如苯丙醇胺、氯苯那敏、非洛地平、美托洛尔、茶碱、右美沙芬等；再次，发展了每昼夜只需给药1次的缓释、控释制剂，这类缓释及控释制剂上市品种有硝苯地平、双氯芬酸、单硝酸异山梨酯、茶碱等。

（二）能动作用调节型给药系统

能动作用调节型给药系统系指给药后在体内通过一些物理、化学、生物化学过程产生的能或体外供给的能驱动释放药物，属于第二代DDS。例如渗透压能动型、流体动压力能动型、机械能动型、磁力能动型、超声能动型等。

（三）反馈效应控制型给药系统

反馈效应控制型给药系统系指有意识地利用人体生理物质（如尿素、葡萄糖等）作为反馈效应的引发剂，控制调节给药系统释药速率的生物化学反应的发生与终止，属于更高一级技术的第三代DDS，其结构精致、复杂，例如生物溶蚀控制型、生物应答型、自体控制型等，智能型给药系统即属于此类。

智能型给药系统（intelligent drug delivery system）系指系统自身具有传感、处理及响应释药、停止释药的"自动"药物传输体系。体系对外界环境刺激响应的"自动"功能来自构成给药系统的智能材料。当这些具有自我反馈功能的材料受到来自环境化学或物理性质的刺激时，其自身的结构性能会发生相应的改变，如高分子链段之间的空隙增大或减小，材料的表面能和反应速率急剧变化等。人体病灶会发出一定的生物信号，这些生物信号会被机体转变成温度、pH、离子强度、电场和磁场等方式，而在制备智能型给药系统时，则会利用模拟病灶信号对智能材料进行刺激，观察其变化，寻找适合的材料，从而实现药物释放的开关控制。有些材料可对两种或两种以上的刺激做出响应。因此在设计给药系统时，可根据病灶释放出的信号类型以及药物释放所处的环境，选择不同敏感类型的智能材料。pH敏感型和温度敏感型药物传递系统是两个最主要且目前研究最广泛的智能给药形式。

根据外界刺激不同，智能型给药系统可分为物理刺激响应型、化学刺激响应型和生物分子识别响应型三大类。

1. 物理刺激响应型

（1）温度刺激响应型　该体系主要利用凝胶可逆的溶胀、收缩过程的原理释药。这类凝胶大分子链的构象能响应温度刺激而变化，即外界温度高于**最低临界溶解温度**（lower critical solution temperature，LCST）时，凝胶会由溶胀状态转为塌陷的收缩状态，降低温度体系自然恢复原来状态。

（2）电刺激响应型　此体系通过电化学方法控制药物释放的开关和速率。电敏凝胶由于分子链上带有可离子化的基团，在电场中会发生迁移，使凝胶网络内外离子浓度发生变化，导致凝胶体积或形状改变，其溶胀易受电场（或电流）的影响。

（3）**磁刺激响应型**　由分散于聚合物骨架的药物和磁粒组成，释药速率由外界震动磁场控制，在外磁场的作用下，磁粒带动附近的药物在聚合物骨架内一起移动使药物得到释放，具有磁定位、化疗和热疗同步、聚集水凝胶控制药物释放的优点。

（4）**光刺激响应型**　该系统由能吸收特定波长光线的物质及能利用吸收的光能调节药物释放的物质组成。光敏感型聚合物分子内含有光敏感的基团（如偶氮苯、螺旋吡喃等），基团受到光照之后，发生光异构化或光解离，引起聚合物分子构象的改变而控制药物释放。

（5）**超声波刺激响应型**　此系统通过改变超声波频率、密度等调节给药空洞形成和声学气流产生实现药物降解释放。以大分子物质为骨架，药物分散其中，在外加超声波的作用下，骨架高分子聚合物降解，促使骨架中产生空洞，改变空洞密度、强度从而影响聚合物溶蚀速率和释药速率。

2. 化学刺激响应型

（1）**pH刺激响应型**　该体系利用聚合物含有一定量的弱酸性或弱碱性基团，在环境pH的变化下基团电离型与非电离型之间平衡状态改变，引起聚合物体积收缩-膨胀变化而控制药物的释放。特别适用于口服药物的释放，即利用人体消化道各环节pH的不同，控制药物在特定的部位释放。

（2）**盐刺激响应型**　盐敏水凝胶的正负带电基团位于分子链的同一侧基上，并以共价键结合，二者可发生分子内和分子间的缔合。小分子盐的加入可屏蔽、破坏大分子链中正负基团的缔合作用，导致分子链舒展，凝胶的膨胀行为得到改善。

（3）**基于葡萄糖氧化酶（glucose oxidase，GOD）的葡萄糖刺激响应型**　将GOD固定在pH敏感型水凝胶中，感应葡萄糖浓度而调节胰岛素释放，这是较常用的方法。

（4）**基于伴刀豆球蛋白A（concanavalin A，Con A）的葡萄糖刺激响应型**　Con A是一种能与细胞表面的糖蛋白、糖脂具有结合作用的蛋白质，它有4个能和葡萄糖结合的部位。利用Con A与葡萄糖及糖基化胰岛素竞争、互补结合的性质，实现胰岛素释放的快速开或关。

（5）**基于苯硼酸（phenylboronic acid，PBA）的葡萄糖刺激响应型**　PBA及其衍生物在水溶液中与多羟基化合物结合，将结合位点作为交联点用于构建葡萄糖刺激响应型水凝胶。

3. 生物分子识别响应型

（1）**酶识别响应型**　某些生物可降解聚合物可被特定酶降解，用这种聚合物制备的释药系统可以表现出对特定酶的敏感性。主要存在于结肠的微生物酶有右旋糖酐酶、偶氮还原酶及蛋白酶K等。

（2）**抗原识别响应型**　该系统以抗体具有特异性的抗原识别功能作为理论基础，核酸分子识别响应型脱氧核糖核酸（DNA）和核糖核酸（RNA）由腺嘌呤、胞嘧啶、鸟嘌呤、胸腺嘧啶和尿嘧啶等核苷组成，其中互补的碱基对产生的氢键作用以及碱基的堆砌使核酸形成双链或三链螺旋结构。

四、其他给药系统

（一）靶向给药系统

靶向给药系统（targeting drug delivery system）系指通过适当的载体使药物选择性地浓

集于需要发挥作用的靶组织、靶器官、靶细胞或细胞内某靶点的给药系统。根据药物靶向到达部位不同，靶向给药系统又可分为被动靶向给药系统、主动靶向给药系统和物理化学靶向给药系统。常用的载体包括脂质体、微球（微囊）、纳米粒（纳米球、纳米乳、纳米囊）、胶束等。

脂质体和纳米粒是最常用的靶向给药系统载体。近年来，为了提高脂质体的靶向性，除了热敏脂质体、pH敏感脂质体、免疫脂质体以及采用抗体或人工合成半乳糖配基或乳糖配基等对脂质体进行修饰外，还研究了长循环脂质体（隐形脂质体，stealth liposome），这种脂质体粒径大小只有几纳米至几十纳米，并采用亲水性材料对脂质体表面修饰，大大延长了脂质体存在于血液循环的时间，可减少网状内皮系统的吞噬（浓集于肝），有利于脂质体在肝以外的靶向作用。

微球（微囊）也是靶向给药系统中常用的载体，将抗癌药物包封入微球，经血管注入栓塞于动脉末梢，对某些中晚期癌症的治疗具有一定临床意义。发展中的淋巴靶向给药系统有微乳、亚微乳、乳剂等胃肠道给药系统，在肠道内形成乳糜微粒直接进入淋巴系统，不仅可以防止恶性肿瘤的淋巴转移，而且可避免药物在肝脏的首过效应。如胰腺癌患者口服氟尿嘧啶乳后，胰周淋巴结药物浓度显著高于对照组，用以防治胰腺癌的淋巴转移，弥补手术与放疗的不足。且该剂型是适合大规模生产的靶向给药系统之一，具有良好的发展前景。

（二）生物大分子给药系统

随着基因工程、细胞工程、酶工程等现代生物技术渗入传统的制药工业，医药产品的发展进入了一个新时期——生物技术药物（biopharmaceutics），是利用微生物、动植物细胞，通过基因杂交技术、重组DNA技术、细胞融合技术、发酵技术或酶工程技术等获得的药物。

自20世纪80年代初第一个基因工程产品——重组人胰岛素上市以来，国内外上市的基因重组药品已有数十种。《中华人民共和国药典》（2020年版）也收载了重组人胰岛素注射液、精蛋白重组人胰岛素注射液、重组人生长激素注射液、重组戊型肝炎疫苗、冻干重组人干扰素α-2a软膏等品种。

目前，生物技术药物大都属多肽类与蛋白质类药物，随着生物技术药物的发展，多肽类与蛋白质类药物的研究与开发已成为医药工业中一个更重要的领域。但这些药物的性质很不稳定，在体内极易代谢，如何制成稳定、有效的制剂，是当前药剂学研究的热点。如治疗高血压的有效药物降钙素基因相关肽，虽然早已开发，但由于很不稳定，难以制成临床用产品。另一方面，这类药物对酶敏感、易在消化道内被破坏，又不易穿透胃肠黏膜，通常只能注射给药。因此，运用制剂手段将其制成口服或其他途径给药，也是当前研究的重要方向。如研究了以生物相容性的高熔点脂质材料为骨架材料制备的固体脂质纳米粒（solid lipid nanoparticle，SLN），其既具有聚合物纳米粒的稳定性高、药物泄漏低、可缓释的特点，又具有脂质体和乳剂毒性低、便于大生产的优点，是当前极有前途的新型给药系统的载体。

随着脂质体、微球、纳米粒等制剂新技术迅速发展并逐渐完善，国内外学者将其广泛应用于多肽、蛋白质类药物给药系统的研究，以达到给药途径多样化，如注射（长效）、无针注射、口服、透皮（微针技术）、鼻腔、肺部、眼部、埋植给药等。

目前基因治疗在治疗多种人类重大疾病（如遗传病、肿瘤等）方面显示出良好的应用前景，基因的介导方式可分为细胞介导、病毒介导、非病毒介导三大类。非病毒性载体一般不会造成基因的永久性表达，无抗原性，体内应用安全，组成明确，易大量制备，且化学结构多样，使设计和研制新的更理想的靶向性载体系统成为可能，也是将现代药剂的控释与靶向技术引入基因治疗领域的切入点，因而成为当前研究的热点。

（三）中药新型给药系统

中药是我国宝贵的文化遗产，也是世界医药宝库的重要组成部分。随着21世纪全球进入老龄化社会，疾病谱和医疗模式均发生了重要变化。加之一些化学药的毒副作用及中药天然药物在全世界开展后取得的明显成效，作用缓和、具有多样适应性的中药给药系统，将是对慢性病特别是多脏器疾病的理想的防治药品。

传统的中药制剂急需与现代化的科学技术相结合，大力发展中药的新型给药系统。日本开发的210个汉方制剂，其处方主要来自我国古代的《伤寒论》和《金匮要略》，药材75%由我国提供，但日本汉方制剂在国际市场上的占有率高达80%。我国拥有5000多种中药制剂，但能进入国际市场的极少。要开发中药制剂进入国际市场，必须从观念上和技术上进行改革。第一，要用现代科学方法对中药进行研究。第二，中药的功效必须采用科学观察的方法（如双盲、对照、多点观察等）来评价。第三，对中药的适应证、主治、用途等，要提供国际规范化的实验数据和研究资料，使国际社会确信其是安全、有效、可控、稳定的。第四，中药制剂用的药材质量要规范化和标准化，制剂生产过程应达到《药品生产质量管理规范》（GMP）要求。第五，中药制剂要进行商品生产必须强调共性。中医辨证论治的原则强调因人、因时、因地制宜的个性，当然是一种理想的治疗方法，但是，作为商品生产，只可能更多地强调共性，才可能占领市场。从中医的发展来看，早期张仲景时代的中药经典方，主药突出，方味简单，带有较大的普遍适用性，但发展到后期，尤其是进入宫廷供少数王宫贵族使用后，用药求多，方味求全，失去了普遍性，难于推广。因此我们要开发中药新剂型、新制剂进入国际市场，不能不重视其普遍适用性的一面。

第三节　给药系统的研究与设计

一、给药系统设计的原则与依据

（一）给药系统设计的基本原则

给药系统的设计是新药研究与开发的起点，也是决定药品安全性、有效性、可控性、稳定性及顺应性的重要环节。设计给药系统的目的是满足临床治疗和预防疾病的需要，针对疾病的种类和特点，需要不同的给药途径，也就需要不同的给药系统。根据疾病的性质、临床用药的需要以及药物的理化性质，确定适宜的给药途径和给药系统，选择与应用合适的辅料与制剂技术或工艺，筛选最佳处方及工艺条件，确定包装，最终形成适合生产和临床应用的给药系统。根据质量源于设计（quality by design，QbD）理念，给药系统设计的原则是药物处方能够进行大规模生产，且产品具有可重现性，最重要的是确保药品具有可预测的治疗效果，亦遵循药物制剂设计的基本原则，即安全性（safety）、有效性（effectiveness）、可控性（controllability）、稳定性（stability）、顺应性（compliance）等。

（二）给药系统设计的临床需求依据

许多药物制剂的设计主要根据临床治疗的需要选择适合的给药系统与给药途径，正常人体的胃肠道、黏膜、腔道、皮肤、肌肉、组织和血管等部位均可以成为给药的途径。不同给药途径或部位的生理及解剖部位不同，给药后的体内转运过程有很大差异。而且一种药物可制备成多种不同的给药系统，适合不同使用目的，满足多种给药途径的需要。因此，选择适宜的给药系统对发挥药效、减少药物毒副作用、方便患者用药、方便医护人员使用均具有重要意义。现讨论几个主要的给药途径与给药系统。

1. 注射给药系统

注射给药系统是应用注射器在身体的不同位置以不同的深度将药物注入体内。注射给药具有剂量准确，吸收快、起效迅速，受生理因素及外界因素的影响少，适用于各类人群等优点。除了将口服药效不好、生物利用度差、在胃肠道易被破坏的药物制成注射给药系统外，从临床需求考虑，急救药物、重症疾病、需迅速控制病情、不能口服给药的患者，以及局部麻醉与全身麻醉等均需要注射给药。所以在这些情况下应设法将药物设计为注射给药系统。注射给药系统包括普通的静脉输液、注射液与注射用无菌粉末，以及根据临床需要设计的微粒注射给药系统等。

2. 口服与口腔给药系统

口服给药是最方便、自然与安全的给药方式，适合长期或短期的用药，目前凡口服有效的药物，基本上都采用这种给药途径。大部分口服给药的目的是发挥全身作用，也有少数药物作用仅限于胃肠道某部分，如结肠靶向给药系统。口服给药系统包括片剂、胶囊剂、颗粒剂、丸剂、散剂、浸膏剂、混悬剂、乳剂、口服溶液剂、糖浆剂等。

口腔给药系统有口含片、舌下片、咀嚼片，口含片多数是根据口腔局部疾病而设计的，发挥全身作用的主要有舌下片。硝酸甘油由于肝的首过效应，口服后很快会被破坏，故设计为舌下片，1～2分钟就可以发挥作用。一些性激素也可舌下给药，吸收良好。一些维生素也有设计为咀嚼片而用于儿童。近年来，还有一些口崩片上市，如氯雷他定、法莫替丁、苯甲酸雷扎曲普坦、昂丹司琼、奥兰扎平、佐米曲普坦、米那普林等，适用于不能吞服和无水情况的患者。

由于大多数药物在口腔内崩解或溶化后，有不良的味或臭，口感不好，所以能口服给药的药物，不一定设计为口腔内给药的制剂。

3. 经皮给药系统

经皮给药系统可分为两类，一类为发挥全身作用的**透皮贴剂**，另一类为发挥局部作用的**皮肤制剂**。

透皮贴剂使用方便，安全可靠，作用持久。现在已经开发的贴剂有硝酸甘油、可乐定、东莨菪碱、睾酮、雌二醇、尼古丁、芬太尼等药物的贴剂。适合设计为透皮贴剂的药物应具有的理化性质如下：稳定性好、分子量在400以下、日剂量小于20 mg、熔点低于93.3℃、极性较小、在水及矿物油中的溶解度大于1 mg/mL、饱和水溶液的pH在5～9之间。除透皮贴剂外，也可制成透皮软膏。

皮肤制剂大部分为局部用制剂，根据临床治疗各种皮肤病的需要，有软膏剂、乳膏剂、糊剂、凝胶剂、搽剂、洗剂、溶液剂、硬膏剂、外用散剂、外用喷雾剂、气雾剂等。一般说来，这些制剂主要发挥局部消炎、抗细菌、抗真菌、局部麻醉、润肤和皮肤保护作用，而吸收很少。

4. 眼用与黏膜、腔道用给药系统

根据治疗眼科各种疾病的需要，可设计各种眼用制剂，主要有滴眼剂、洗眼剂、眼用软膏剂、眼用乳膏剂、眼用凝胶剂、插入剂、眼用膜剂等。黏膜与腔道用制剂有鼻用制剂（滴鼻剂、喷鼻剂、洗鼻剂、鼻用半固体制剂）、耳用制剂（滴耳剂、洗耳剂、喷耳剂等）、直肠用制剂（栓剂、灌肠剂、直肠用半固体制剂）、阴道用制剂（阴道栓、阴道泡腾剂、阴道胶囊剂、阴道半固体制剂），以上这些黏膜与腔道用制剂都是根据各腔道临床治疗特殊需要而设计的。

5. 呼吸道给药系统

临床上为治疗呼吸道某些特殊疾病，如哮喘、支气管或肺部疾病，可将药物设计为吸入制剂，如吸入气雾剂、吸入喷雾剂或吸入粉雾剂等。一些全身麻醉药也可吸入给药。各种吸入制剂的颗粒大小要求在0.5～10 μm，最好在0.5～5 μm。

此外，有些特殊疾病，如肿瘤，要求药物作用于靶部位，因而发展了靶向给药系统。药物的临床需求与给药系统的选择参见图1-1。

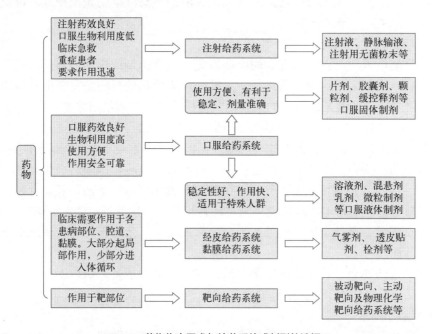

图1-1　药物临床需求与给药系统或剂型的选择

（三）给药系统设计的理化性质依据

药物的理化性质包括药物的物理状态、水溶性、脂溶性与解离度、溶出速率、分子量、多晶型、化学稳定性、药物在胃肠道中的稳定性等，这些性质对于给药系统的选择也是很重要的。

1. 物理状态

大多数药物为固体，少数药物为液体，气体药物较少。固体药物的给药系统设计，若在新药研究中表现为注射有效，则根据药物的性质，制成各种注射给药系统。对于口服有效的新药，一般先设计为胶囊剂，然后设计为片剂，因为这两类制剂剂量准确，生产效率

高，使用方便。为了增加药物的品种以适应各类患者的不同需求，后来发展了溶液制剂，如口服液或混悬剂等。实际上目前上市的剂型中，片剂、胶囊剂约占70%。液体药物给药系统的设计相对困难。一般液体药物具有挥发性，如挥发油，若制成口服给药系统，常规的办法是制成软胶囊剂，如氯贝丁酯软胶囊、对甲双酮软胶囊、乙氯维诺软胶囊、维生素AD软胶囊、维生素E软胶囊、鱼油软胶囊等。中药中许多挥发油已制成软胶囊，有藿香正气软胶囊、心脉康软胶囊等。也可以将液体药物制成微囊。

剂量大的液体，便于制成乳剂，如脂肪乳注射液（注射给药）、液体石蜡乳剂（口服）、松节油搽剂（实为乳剂，外用）。极个别的药物，如硝酸甘油，剂量较小（0.3 mg），可以制成舌下片，但贮存及制备过程中要防止挥发。一些外用液体药物，如十一烯酸，可以制成软膏剂。东莨菪碱也是油状液体，制成固体氢溴酸东莨菪碱，便于配制各种制剂。此外，还有些液体药物能够用吸入制剂形式给药。

2. 水溶性

水溶性大的药物适合制成溶液型制剂，特别是注射液，也可制成口服溶液与外用溶液。如泛影葡胺，可制成76%的注射液，适合造影的需要。有些难溶性药物制成盐后，在水中溶解度增加，如磺胺嘧啶在水中溶解度很小，制成钠盐后，则可做成注射剂，满足临床急救的需要。许多弱碱性药物制成盐酸盐后，可大大增加其溶解度。对于口服药物，增加难溶性药物的溶解度则可增加吸收，而且起效快。如甲苯磺丁脲钠比甲苯磺丁脲水溶性大，故其口服吸收快，效果好。

3. 脂溶性与解离度

药物口服吸收要透过消化道上皮细胞膜，故药物吸收速率与药物透过膜的性能有关。一般脂溶性大的药物易于透过细胞膜，并且未解离的分子型药物比离子型药物更易透过。一般弱酸或弱碱性的药物在胃或肠中均可吸收，可以设计为口服给药系统。

脂溶性常用油/水分配系数的大小表示。巴比妥类药物在胃中的吸收随其分配系数的增大而增加，而甘露醇的油/水分配系数小于0.002，故口服几乎不吸收，只能设计为注射液。但脂溶性过强的药物吸收反而可能下降，因为药物脂溶性太强，其进入生物膜后难以转移至水性体液中。这类药物进行给药系统设计时，需采用特殊的制剂技术。在胃肠中以离子型存在的药物如季铵盐类，有机磷解毒剂碘解磷定就是季铵盐，口服吸收很少，故只能设计为注射制剂。

关于离子型药物能否吸收的问题，现在认为离子型药物可能通过肠黏膜上的水性区域中含水小孔通道而被吸收，亦称为微孔途径，因为生物膜类脂质不是连续的，膜上分布有各种大小的含水小孔，其大小为0.4～1 nm，水溶性小分子药物可通过此微孔扩散而被吸收。

除消化道制剂外，直肠给药系统、阴道给药系统、鼻黏膜给药系统、经皮给药系统均应考虑药物的脂溶性与解离度。

4. 溶出速率

溶出是指固体药物在溶剂中其药物分子离开固体表面进入溶剂的动态过程，溶出速率用于描述药物溶出的快慢程度。

药物溶出速率也是给药系统设计中必须考虑的问题，特别对一些难溶性药物或溶出慢的药物。因为药物只有在吸收部位溶解后才能被吸收，溶出过程是吸收的限速步骤，溶出速率能直接影响药物起效时间、药效强度与持续时间及生物利用度。这种情况从给药系统设计考虑宜制成混悬剂、分散片，若要设计为片剂、胶囊剂或其他适宜的制剂，必须采取特殊的方法与技术，提高溶出速率，解决难溶性、疏水性强的药物的溶出与吸收问题。

5. 分子量与多晶型

在给药系统设计时，不可忽视药物的分子量大小及多晶型问题，特别是多肽类药物，分子量较小的二肽与三肽，一般口服可以吸收。肠黏膜的孔径是多肽类药物转运的一个限制因素，其孔径约 0.4 nm，一般分子量较小的二肽或三肽可以穿过肠壁。环孢素分子量约1200，可以制成口服制剂，生物利用度达 34%，而胰岛素分子量约在 5700 以上，不能穿过肠黏膜壁而被吸收，故至今仍只能注射给药。鼻黏膜的吸收也与药物分子量有关，实验表明，亲水性药物可以通过鼻黏膜细胞的水性孔道被吸收，分子量小于 1000 的药物易通过人和大鼠鼻黏膜被吸收；分子量大于 1000 的药物，鼻黏膜吸收明显降低，如分子量为 70000 的葡聚糖吸收仅 3%。药物经皮吸收也与分子量有关，一般说来，分子量增加，扩散系数减小，故经皮吸收的药物以低分子量药物为宜。

在药物生产过程中，化学结构相同的药物，由于结晶条件的不同，可得到不同晶型的药物产品，该现象称为**多晶型**（polymorphism）。多晶型可分为稳定型、亚稳定型和无定形。某些药物有多种晶型，由于晶型不同，药物的溶解度与溶出速率也不同，故吸收也有差别，同时药物稳定性也可能不同，例如醋酸可的松混悬剂。据报告，上市的醋酸可的松产品，不同厂家稳定性与疗效可能不同，因为此药物存在至少 5 种不同的晶型，由于处方中药物晶型不同，也会产生不同的结果，故在给药系统的设计过程中应对原料晶型进行研究，选择符合要求的晶型。

6. 稳定性

胃内 pH 较低（pH 约为 1），胃肠中存在消化酶，故在酸性条件下不稳定以及易被消化酶破坏的药物不宜设计为口服给药系统，而应设计为注射给药或其他给药系统。如硝酸甘油口服水解失效，疗效很低，故只能舌下给药，若采用特殊技术并加大剂量制成控释硝酸甘油片（2.6 mg），则可口服。又如青霉素在 pH 为 1 时半衰期仅 33 秒，很快就被破坏，故一般不宜口服，而只能注射给药。多肽蛋白质类药物如干扰素、胰岛素，口服后易被消化酶破坏，也只能注射给药。红霉素在胃液中也很不稳定，5 分钟后只剩下 3.5%，但采用包肠溶衣或制成难溶性酯，基本上可以解决此问题。

药物的化学稳定性也应当考虑。药物的化学不稳定性主要表现为降解与变色。固体制剂一般较液体制剂更稳定，故不稳定的药物如多肽蛋白质类药物、生物制品、抗生素等，宜设计为固体口服给药系统或注射用无菌粉末。在溶液中很稳定的药物，可以设计为液体制剂。

（四）给药系统设计的生物药剂学依据

生物药剂学主要研究药物的理化性质、剂型因素、用药对象的生物因素与药效之间的关系，探讨给药系统给药后，从释药、吸收进入体内、分布、代谢直至排出体外整个过程的规律，指导给药系统的选择和设计，确定合适的给药方法和生产工艺，确保给药系统不仅具有良好的质量，而且应用于人体后安全、有效。

1. 药物的吸收、分布与消除

一个有效的药物必须制成一定的给药系统，以不同的途径给药，药物吸收进入血液后，通过血液循环分布到全身各组织器官，其中一部分被代谢，有的进入肝、肾等消除器官或其他组织如脑、皮肤、肌肉等，通过分布，药物到达作用部位，只要在此部位达到一定的浓度以及在一定时间内维持这一浓度，即能有效地发挥治疗作用。药物的生物药剂学特征主要指药物的吸收情况，即药物的生物利用度，这对于确定该药物的给药途径是一个很重要的指标。机体用药后，首先面临的是吸收过程，药物必须穿透生物膜，才能被吸收进入血液循环系统。由于生物膜是一种类脂性半透膜，故脂溶性药物容易透过。从吸收机制的研究，发现大多数药物是通过被动扩散透过生物膜的，基本符合表观一级速率过程，即吸收速率与吸收部位药物的浓度成正比。药物的理化性质包括酸碱性、脂溶性、溶解度、粒度及晶型等，它们对药物的吸收有很大影响。给药系统不同、给药部位不同，其体内过程亦不相同。简单地说，一般注射给药后药物作用比口服快，其中，静脉注射无吸收过程，作用最快。口服给药系统中，溶液型给药系统作用最快，其次是微粒给药系统、固体型给药系统等。药物吸收后，经血液循环分布到全身各器官、组织，同时通过代谢和排泄从体内消除。药物的分布速率取决于血液流经各器官组织的速率、药物对毛细血管的透过性、药物与各组织的亲和性、药物与血液中或组织中一些大分子物质的结合性等。肝是药物代谢的主要部位，但其他许多组织也具有代谢酶，对某些药物亦具有生物转化作用。肾在药物排泄和（或）代谢中起重要作用。由于药物分布和消除的速率决定血液和作用部位药物的浓度，进而支配给药的频率，因此，在确定给药系统并进行设计前，了解药物的分布和消除特点亦很有必要。

2. 生物药剂学分类系统

生物药剂学分类系统（biopharmaceutical classification system，BCS）是根据药物的溶解度（solubility）和肠道渗透性（permeability）的药物分类的科学架构。1995年美国密西根大学的Amidon等将药物分成四种类型，即：Ⅰ型（高溶解性、高渗透性）、Ⅱ型（低溶解度、高渗透性）、Ⅲ型（高溶解性、低渗透性）和Ⅳ型（低溶解性、低渗透性）（图1-2）。其为预测药物在肠道吸收及确定限速步骤提供了科学依据，并可根据这两个特征参数预测药物在体内-体外的相关性。

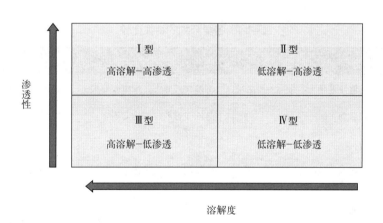

图1-2　BCS分类示意图

药物的溶解性是通过将最高剂量单位的药物溶解于250 mL pH介于1.0和8.0之间的溶出介质中测定而得。当药物的剂量除以介质中的药物浓度小于或等于250 mL时，即为高溶解性药物。一般情况下，在胃肠道内稳定且吸收程度高于90%或有证据表明其具有良好渗透性的药物，可认为是高渗透性药物。

二、给药系统的开发流程

给药系统的开发包括：药物的筛选、给药途径与给药系统的设计、处方前研究、分析方法的建立、辅料种类与用量筛选、制备工艺研究、包装材料选择与相容性试验、质量研究及临床研究等，见图1-3。

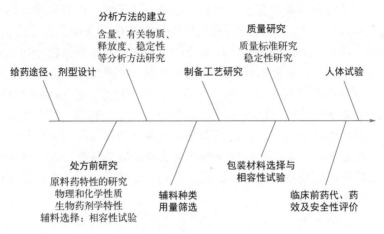

图1-3　给药系统的开发流程

1. 药物的筛选

目前主要的药物可以分为三种，即小分子药物、生物药物（多肽、蛋白质、核酸、抗体及偶联物）和无机类药物（金属、无机物、显影剂等），无机类药物占比较小，约1%，主流的小分子药物和生物药物各有优劣势。各类药物特性见表1-1。

表1-1　各类药物的特性比较

特性	小分子药物	生物药物	无机类药物
物理化学性质	溶解性差异大，带电差异大	溶解性差异大，带电差异大	溶解性差异大，带电差异大
给药途径	口服为主	静脉注射或皮下给药为主	口服、注射、外用均可
半衰期	短	较长，甚至数月	长、短差异大
吸收	生物利用度差异大	生物利用度低，渗透性差	生物利用度差异大
分布	分布广泛	组织分布有限，多被肝、肾等降解清除	分布广泛
靶向性	几乎无	靶向	靶向差异大
免疫原性	罕见	常见，引起免疫反应	罕见

2. 给药途径与给药系统的设计

药物必须制成适宜的给药系统才能用于临床，正确选择合适的给药系统及其制备技术是保证药物的药效、降低不良反应、提高用药水平的关键。如果给药系统选择不当，处方工艺设计不合理，对产品质量易产生较大影响，甚至影响到产品的疗效和安全性。如尼莫地平为二氢吡啶类钙拮抗剂，极难溶于水，若不采用固体分散技术增加其在胃肠道的溶解和吸收性能，则该药物的口服生物利用度极低（约为采用固体分散技术制备制剂的1/3）。给药系统种类繁多，组成各异，给药途径也是多样。由于给药途径不同、载药方式不同、释药方式与速率不同，药物在体内转运过程及其血药浓度与时间关系明显不同。因此，给药途径和给药系统的选择在药物的研究开发中占有十分重要的地位。

① 根据临床需要进行选择：如病有缓急、人有老幼，不同情况对给药系统的要求也各不相同。

② 根据药物本身的理化性质与稳定性进行选择：给药系统一般由多种成分组成，每种成分性质各异，尤其是溶解性、化学稳定性，在体内的转运过程及吸收、分布、代谢、排泄情况皆不相同。

③ 根据生产条件进行选择：给药系统不同，所采取工艺路线及条件、所用设备和所处生产环境皆不相同，应充分考虑工业化生产的可行性及难易性。

④ 根据市场需求进行选择等。

目前，给药系统的载体大体可以分为两种类型，即整体型载体和储存型载体。整体型载体是指药物溶解或分散在载体中，药物通过共价键或静电力等非共价键与递送载体成为一个整体。而储存型载体是指药物被载体以包裹的形式储存并进行递送，通过载体或其修饰基团的主动或被动靶向等物理化学性质携带药物至目标位置并控制药物的释放。常用的载体包括纳米材料、脂质体、水凝胶、膜控释、骨架控释，其各自的作用机制、适用的药物也各不相同，见表1-2。

表1-2　常见载体类型与适用药物

载体	类型	描述	适用药物
纳米材料(颗粒、胶束、管等)	整体型/储存型	优良的声光热电性质，优良的装载率和细胞渗透性，对各种药物具有广泛的适应性	尤其适用于肿瘤药的靶向递送
脂质体	整体型/储存型	双分子层结构的封闭囊泡，将药物包封于微型泡囊内，高靶向性、渗透性和稳定性	尤其适用于基因和生物酶
水凝胶（微球、海绵状等）	整体型/储存型	亲水疏水基团交联成网，具有强度，溶解性可调，材料易加工，对温度、pH、光、电、压力等刺激响应	智能型释药，尤其适用于组织工程
膜控释（包衣、乳剂、渗透泵等）	储存型	将水溶性或脂溶性药物以包衣形式或水/油型乳剂包裹，控制药物释放	小分子药物、易溶/难溶药物
骨架控释（微球、脂质纳米粒等）	整体型	将药物分散在骨架结构中，控制药物的释放速率	难溶药物、大分子药物、生物药物

载体的选择、载药方式的设计以及修饰基团的引入，使药物便捷安全地完成体内循环，并实现体内的最大生物利用度，起到靶向递送、提高传输效率、装载率、保护药物、降低毒性等作用。而常规的修饰路径包括安全性修饰、有效性修饰以及智能型修饰等（表1-3）。

表1-3　常用载药修饰的类型与方法

修饰类型		修饰方法
安全性修饰		通过物理包裹、分子保护、基团引入等消除或降低血液反应、免疫反应和组织反应
有效性修饰	物理有效性	设计所需要的孔度、弹性、机械强度等
	化学有效性	调节表面张力、亲/疏水性、电荷性质、化学特异性、耐药性、降解性、长循环性等
	生物有效性	通过修饰调节体内酶促作用和酶抑作用，保持药物或者配体的稳定性和药代动力学性质等
智能型修饰	刺激响应型	pH敏感型、氧化还原型及光热效应型等
	检测传感型	有机荧光基团、无机纳米量子点荧光、磁性颗粒等

三、口服给药系统的设计

（一）基于机体的生理功能设计口服给药系统

根据消化道各段的pH、药物在胃肠道的转运时间和消化道中酶与细菌对药物及辅料的作用，设计胃肠道定速、定位、定时口服给药系统。例如，根据胃肠道内容物的比重，可设计胃内漂浮型给药系统；为延长药物在胃肠道的滞留时间，根据胃肠黏膜的性质可设计生物黏附型给药系统；由于胃肠道pH依次增加，利用胃和小肠部位的pH差异可设计pH敏感型定位给药系统，如普萘洛尔控释片、酮洛芬肠溶膜控小丸等。释药系统在小肠的转运时间相对稳定，一般为3～5 h，而且不受食物或释药系统物理性质的影响。因此，在胃排空后，控制药物释放时间，即能控制药物在小肠释放位置。

与胃及小肠的生理环境相比，结肠的转运时间较长，且酶的活性较低，因此结肠部位对某些药物的吸收反而增加。根据结肠的生理结构及生理特点，结肠靶向给药系统常有以下4种。

1. pH依赖型结肠靶向给药系统

该系统主要利用胃肠道不同部位的pH变化进行设计。人体胃肠道的pH逐渐升高，其中胃液pH为1～3、小肠液pH为6.5～7、结肠pH为7～8，结肠pH相对较高，是pH依赖型结肠靶向给药系统研究的生理学基础。利用pH敏感的材料如肠溶型聚丙烯酸酯（只在pH＞7的溶液中溶解）对药物进行包裹，并使衣层足够厚，以确保药物顺利通过胃肠道进入结肠释放，达到结肠靶向给药的目的。pH依赖型结肠靶向给药系统的靶向性受包裹材料溶解性、衣膜厚度及制剂在胃肠各段停留时间的影响。理想的包裹材料必须在酸性胃液中不溶解，在回肠末端中性或弱碱性条件下溶解或溶蚀。一般这些聚合物含有游离的羧基，在酸性条件下保持结合，但一旦暴露在中性环境中就会使分子更亲水，并引发其溶解。

2. 时间依赖型结肠靶向给药系统

该系统主要利用给药系统从摄入到运输至结肠所需的时间来实现结肠特异性靶向给药。正常人体口服药物后，依次经胃、小肠到达结肠所需要的时间为5～6 h。胃的排空有很大的个体差异，但小肠的转运时间相对恒定，一般为3～4 h，利用这一特性设计时间依赖型结肠靶向给药系统，但常常存在突释现象，因此选择合适的肠溶材料以特定的顺序和方式包裹药物制成时间依赖型结肠靶向给药系统，可使药物制剂进入小肠后开始溶解，经过3～4 h完全溶解，从而达到在结肠内定点释放药物的目的。

3. 酶触发结肠靶向给药系统

人类微生物菌群中有100万亿的微生物位于肠道，结肠中的微生物菌群浓度最高，约为1012 个/g。结肠中存在的菌群能产生各种酶，降解结肠中的食物或药物，目前，偶氮降解酶和多糖酶已广泛用于结肠靶向酶解系统研究中。因此，将药物通过特定的表面修饰制成前体药物或通过合适的材料包裹，使其可被结肠内部的酶特异性代谢降解，使药物释放出来，实现结肠靶向。用于结肠靶向给药的多糖有壳聚糖、果胶、葡聚糖、直链淀粉及硫酸软骨素等，这类多糖受结肠微生物酶降解，具有良好的结肠靶向性，但是这些多糖易被消化道的消化液溶解，必须与其他化合物交联，提高其疏水性，才能顺利到达结肠。

4. 压力控制释药结肠靶向给药系统

人体内胃肠道的蠕动会产生一定的压力，在胃和小肠中，因有大量的消化液存在，缓冲了这些压力。但是位于结肠的消化液水分会被重吸收，所以药物在此位置受到的压力会更大，肠道的蠕动产生的压力会将药物制剂直接压碎破裂，这就是压力控制型给药系统的设计原理。因此，将药物通过特定材料（如乙基纤维素的明胶胶囊）包裹，进入结肠后受到的压力增大而导致包衣破裂，从而达到药物在结肠靶向释放的目的。

（二）基于BCS分类设计口服给药系统

影响口服给药系统药物吸收的主要因素是**药物透膜能力以及胃肠道环境下药物的溶解度和溶出速率**。基于BCS的认识，可清楚地知道药物肠道吸收的限速过程。在对不同类别药物进行给药系统研究时，可根据BCS理论，选择合适的剂型，并通过处方、工艺优化，合理地设计剂型或制剂，有针对性地解决影响药物吸收的关键问题，以获得安全、有效的药品。

1. BCS Ⅰ类药物的给药系统设计

Ⅰ类药物的溶解度和渗透率均较大，药物的吸收通常很好，进一步改善其溶解度对药物的吸收影响不大。一般认为餐后胃平均保留（排空）时间是15～20 min。因此，当此类药物在0.1 mol/L盐酸溶液中15 min溶出85%以上时，认为药物体内吸收速率与程度不再依赖于胃排空速率。这种情况下，只要处方中没有显著影响药物吸收的辅料，通常无生物利用度问题，易于制成口服制剂。剂型选择普通的胶囊剂或片剂即可。如果药物的生物利用度受到胃酸降解或胃肠道代谢酶的作用，则采用包衣、定位释药技术或加入代谢酶抑制剂等方法可进一步提高药物的生物利用度。

2. BCS Ⅱ类药物的给药系统设计

Ⅱ类药物一般溶解度较低，药物在胃肠道中溶出缓慢，进而限制了药物的吸收。影响Ⅱ类药物吸收的理化因素有药物的溶解度、晶型、溶剂化物、粒子大小等。增加药物的溶解度和（或）加快药物的溶出速率均可有效地提高该类药物的口服吸收。另外，Ⅱ类药物虽然肠道渗透性良好，但药物的疏水性，限制了药物透过黏膜表面的不流动水层，延缓药物在绒毛间的扩散，影响药物的跨膜吸收。为提高Ⅱ类药物的生物利用度，通常采取以下方法：

（1）制成可溶性盐类　将难溶的弱酸性药物制成碱金属盐、弱碱性药物制成强酸盐后，它们的溶解度往往会大幅度提高，吸收增加。例如降血糖药甲苯磺丁脲及其钠盐在0.1 mol/L盐酸中的溶出速率分别为0.21 mg/（cm²·h）和1069 mg/（cm²·h），口服500 mg甲苯磺丁脲钠盐，在1 h内血糖迅速降到对照水平的60%～70%，药理效应与静脉注射其钠盐相似，而口服同剂量的甲苯磺丁脲经4 h后，血糖才降到对照水平的80%。

（2）选择合适的晶型和溶剂化物　药物的多晶型现象非常普遍，如38种巴比妥药物中63%有多晶型，48种甾体化合物中67%有多晶型。不同晶型的晶胞内分子在空间构型、构象与排列不同，使药物溶解性存在显著差异，导致制剂在体内有不同的溶出速率，直接影响药物的生物利用度，造成临床药效的差异。因此，在药物研究时应注意考察药物的多晶型现象。制剂开发应选择药物溶解度大、溶出快的晶型。除结晶型外，药物往往以无定形存在。一般情况下，无定形药物溶解时不需要克服晶格能，比结晶型易溶解，溶出较快。如在酸性条件下无定形新生霉素能够迅速溶解，而其结晶型溶解很慢，由于两者溶解速率不同，所以口服结晶型新生霉素无效，而无定形有显著的活性。实验证明，无定形新生霉素的溶解度比结晶型大10倍，溶解速率也快10倍，故无定形新生霉素在狗体内的吸收快，达到有效治疗浓度的时间短。

（3）加入适量表面活性剂　表面活性剂通过润湿、增溶、乳化等作用加快药物在胃肠道的溶出，从而促进药物的吸收。肠道黏膜黏液层可延缓药物的扩散，不流动水层则限制药物在绒毛间的扩散，制剂中加入适量表面活性剂可降低溶液的表面张力，有利于加快药物在黏膜黏液层和绒毛间的扩散。当表面活性剂的浓度达到临界胶束浓度以上时，又可形成胶束增加药物的溶解度。但胶束中的药物必须重新分配到溶液中，转变成游离药物才能被吸收，若这种分配迅速完成，则药物吸收不受影响，反之，吸收速率可能变小。此外，表面活性剂也可能会溶解细胞膜脂质、使部分膜蛋白变性，增加上皮细胞的通透性，使药物吸收增加，如十二烷基硫酸钠可增加四环素、氨基苯甲酸、磺胺脒等药物的吸收，但长期大量使用可能造成肠黏膜的损伤。因此，表面活性剂的用量应当适量。

（4）用亲水性包合材料制成包合物　用环糊精包合大小适宜的疏水性物质或其疏水性基团，形成单分子包合物，可显著提高某些难溶性药物的溶解度，极大地促进药物吸收。除天然环糊精外，采用亲水性环糊精衍生物如葡萄糖-β-环糊精、羟丙基-β-环糊精、甲基-β-环糊精等作为包合材料，包合后可显著提高难溶性药物的溶解度，溶出加快，促进药物吸收。目前，国内外已有多种环糊精及其水溶性衍生物包合的商品如氯霉素、伊曲康唑、吡罗昔康、尼美舒利等上市。

（5）增加药物的表面积　较小的药物颗粒有较大的比表面积，减小药物的粒径后由于大幅度提高与胃肠液的接触面积，可大大加快药物的溶出。例如灰黄霉素的比表面积与相对吸收率存在相关性，随表面积增大，吸收速率增加。增加药物的比表面积，对提高脂溶性药物的吸收有显著性意义，而对水溶性药物的吸收影响较小。通常可采用微粉化技术等来增加药物的表面积。难溶性药物如选择普通口服剂型时，也可选用比表面积相对较大的剂型如混悬剂、乳剂、分散片等，有利于改善药物的吸收。

（6）固体分散体技术　固体分散体技术是药剂学中提高难溶性药物口服生物利用度的有效方法。该方法是将药物以微晶、胶态、无定形或分子状态高度分散在适宜的载体材料中，加快难溶性药物的溶出速率，以提高药物的生物利用度或疗效。

（7）自微乳化技术　自微乳给药系统（self-microemulsifying drug delivery system，SMEDDS）和自乳化给药系统（self-emulsifying drug delivery system，SEDDS）是由药物、

油相、表面活性剂、助表面活性剂所组成的口服固体或液体剂型，主要特征是在体温环境下，遇体液后可在胃肠道蠕动的促使下自发形成粒径为纳米（100 nm以下）或微米（5 μm以下）的O/W型乳剂。由于两者可显著改善亲脂性药物的溶出性能，提高口服生物利用度，近年来在药剂学中的应用越来越广泛。如Ⅱ类药物环孢素A的溶解度约为7.3 μg/mL，德国Sandoz公司首次上市的制剂为微乳山地明®，1994年又上市了第2代新山地明®（Sandimum Neoral）自微乳化软胶囊，将微乳粒径减少到100 nm以下，药物的吸收得到进一步改善，平均达峰时间t_{max}提前1小时，平均峰浓度C_{max}提高59%，，平均生物利用度提高29%。

（8）纳米技术 纳米技术可采用纳米结晶、研磨粉碎等技术直接将药物制成纳米混悬液，也可将药物溶解、吸附或包裹于高分子材料中，制成纳米球、纳米囊、纳米脂质体、固体脂质纳米粒、纳米胶束、药质体等。以纳米级的粒子作为药物载体，较普通制剂具有粒度小、比表面积大和吸附能力强等特性，利于药物吸收。特别是粒径的显著减小，可大大增加药物的溶出速率，进而提高药物的生物利用度。如抗血小板药物西洛他唑在BCS中属于Ⅱ类药物，研究人员利用锤击式粉碎、气流粉碎和纳米结晶喷雾干燥方法分别制备了平均粒径分别为13 μm、2.4 μm和0.22 μm的微粒混悬液，各混悬液在水中溶出50%的时间分别为82分钟、2.3分钟和0.016分钟，禁食状态下beagle犬的口服生物利用度分别为14%、15%和84%，即纳米化后药物的口服生物利用度提高6倍，吸收基本完全。

（9）增加药物在胃肠道内的滞留时间 通过将药物制成生物黏附或胃内滞留给药系统延长药物在体内的溶出时间，有利于提高低水溶性药物的吸收。特别是胃内滞留给药系统由于在药物到达主要吸收部位小肠之前释放药物，可有效增加药物的吸收。

（10）抑制外排转运及药物肠壁代谢 研究表明有较多Ⅱ类药物是P-糖蛋白（P-gp）和（或）CYP3A的底物，如环孢素A、西罗莫司、地高辛等。P-gp和CYP3A在肠壁细胞中的表达位置接近，这两种膜功能蛋白对口服药物吸收的影响有协同作用，P-gp的作用可降低药物的跨细胞膜转运，同时又延长药物与CYP3A酶的接触，从而增加药物被肠壁CYP3A代谢的机会，减少药物透过生物膜。通过逆转药物在肠道上皮细胞膜的主动外排作用和（或）降低药物在肠道的代谢作用可提高口服吸收药物的生物利用度。

3. BCS Ⅲ类药物的给药系统的设计

Ⅲ类药物的渗透性较低，跨膜转运是药物吸收的限速过程。影响该类药物透膜的主要因素有分子量、极性、特殊转运体参与等。该类药物由于水溶性好，药物溶出较快，可选择胶囊剂、片剂等普通剂型。如要提高该类药物的吸收，则可采用以下方法：

（1）加入透膜吸收促进剂 通常大分子、极性大的药物较难透过生物膜，可加入一些特异或非特异性地增强胃肠道透过性的物质来促进药物的透膜。这类物质被称为吸收促进剂（absorption enhancer）或透过促进剂（permeation enhancer）。生物膜的类脂结构限制低脂溶性药物的透过，紧密连接处则阻碍水溶性药物的通过。在制剂中加入吸收促进剂可改善上述特征，使药物的吸收速率和吸收量增加。

（2）制成前体药物 将低渗透性药物进行结构改造提高药物的脂溶性或设计成肠道特殊转运体的底物，可增大药物的透膜性能。Ⅲ类药物阿昔洛韦和更昔洛韦的肠道渗透性差，其与肠道寡肽转运体（hPepT1）的亲和力低，口服吸收差。伐昔洛韦和缬更昔洛韦分别是阿昔洛韦和更昔洛韦的L-缬氨酸酯，其肠内的渗透性比原药可增加3～10倍。

（3）制成微粒给药系统 将药物载入微粒给药系统如脂质体、纳米乳、纳米粒、脂质囊泡等，除减少药物粒径，增加与胃肠黏膜的接触面积提高药物吸收外，还可通过其他途径增加药物的吸收。如人体肠道黏膜内存在与免疫相关的特定组织派尔集合淋巴结（或称Peyer斑，PP），口服给药时，微粒可透过小肠上皮细胞，经过PP进入淋巴系统被吸收；口服含脂质的纳米给药系统如纳米脂质体、固体脂质纳米粒时，可在胆酸的作用下形成混合胶束，通过小肠上皮细胞中的甘油硬脂酸通路，药物以乳糜微粒进入肠系膜淋巴被吸收。另外，某些微粒给药系统中的载体材料如壳聚糖，处于溶胀状态时可以暂时打开或加宽上皮细胞间紧密连接的通道，从而促进微粒中药物的转运。Ⅲ类药物阿昔洛韦用胆固醇、司盘60和磷酸二鲸蜡酯（65∶60∶5）制成脂质囊泡给予家兔，其口服生物利用度是游离药物的2.55倍。

（4）增加药物在胃肠道的滞留时间   已知增加药物在肠道内的滞留时间，可提高吸收数值，进而增加药物的吸收分数。特别是对于一些在肠道内经主动转运的药物，增加药物在吸收部位的滞留时间或者让药物在吸收部位之前缓慢释放药物，以使药物有充足的吸收时间，均有利于改善药物的生物利用度。因此，可通过制备生物黏附或胃内滞留给药系统提高低渗透性药物的吸收。如阿昔洛韦主要在十二指肠和空肠吸收，口服生物利用度为10%～20%。Dhaliwal等采用硫代壳聚糖制备了胃内生物黏附微球，SD大鼠口服给药后药物在十二指肠和空肠的吸收时间可达8小时，生物黏附微球中药物生物利用度是阿昔洛韦溶液剂的4倍。

4. BCS Ⅳ类药物给药系统的设计

Ⅳ类药物的溶解性和渗透性均较低，药物的溶出和透膜性都可能是药物吸收限速过程，影响药物吸收的因素复杂，药物口服吸收不佳。对于该类药物通常考虑采用非口服途径给药。但改善药物溶出和（或）透膜性，也能提高药物的口服吸收。如Risovic等将两性霉素B与油酸甘油酯混合后，形成胶束增溶及对P-gp药泵的抑制作用可提高药物的吸收，给予SD雄性大鼠后生物利用度比两性霉素B的脂质复合物提高近20倍。

四、微粒给药系统的设计

1. 根据微粒分布特性进行给药系统的设计

利用载体微粒的特性，可改变药物原有的体内分布，设计更符合疾病治疗要求的给药系统。如利用微粒和网状内皮系统亲和力高的特点，将药物包封后，靶向分布于网状内皮系统，用于治疗与网状内皮系统有关的疾病。表面为疏水特征的微粒给药系统更易于被网状内皮系统识别、吞噬，利用微粒表面的特性可实现微粒给药系统的肝脏靶向，包载抗肿瘤药物、抗病毒药物等，提高药物的肝靶向效率，治疗肝癌、肝脏病毒感染等疾病。

2. 根据微粒粒径大小进行给药系统的设计

微粒给药系统在体内的宏观分布主要受粒径的影响。因此可以根据治疗需求，设计不同大小的粒径达到靶向给药目的。肺泡毛细血管对7～10 μm的粒子具有机械性截流，进而利用肺巨噬细胞吞噬功能，靶向微粒给药系统至肺组织，可成功实现肺癌等疾病的被动靶向治疗。而粒径较小时，易于被肝脾的巨噬细胞摄取。肿瘤形成新生血管系统后，血管内皮细胞间可形成400～800 nm的空隙。根据肿瘤血管的病理特征，利用**高通透性和滞留效应**（enhanced permeability and retention effect，EPR效应）设计肿瘤靶向给药系统时，微粒给药系统的粒径不宜过大。同时不同的肿瘤形成的血管孔径不同，如发生在中枢神经系统的胶质瘤，其新生血管孔径受到血-脑屏障紧密连接的影响，小于300 nm，小于外周肿瘤新生血管的间隙，靶向胶质瘤的给药系统粒径设计基本小于150 nm。

3. 对微粒进行结构修饰的给药系统的设计

改变微粒给药系统的表面性质可避免被吞噬细胞识别（调理过程），减少网状内皮系统巨噬细胞的吞噬。聚乙二醇（PEG）等亲水性高分子修饰到微粒的表面，可提高微粒的亲水性和柔韧性，明显增加微粒的空间位阻，不易被单核巨噬细胞识别和吞噬，从而显著延长脂质体、微球、纳米粒等微粒给药系统在血液中的循环时间，增加靶向部位的血药浓度。

以上方法通过对微粒的表面性质（大小、形状、亲水性、表面电荷、囊壁孔隙率等）进行控制和修饰，减少网状内皮系统对纳米粒捕获，提高生物学稳定性和靶向性。进一步在长循环微粒基础上，以靶细胞上特异表达的蛋白、受体等为靶标，选择相应的抗体、配基修饰到微粒系统表面，使微粒对靶组织或细胞主动识别，达到靶向给药的目的。

4. 多肽、蛋白质类药物的微粒给药系统的设计

多肽、蛋白质类药物通常亲水性较强，不易直接跨越生物屏障膜，且在体内易于降解，半衰期较短，生物利用度很低。将多肽、蛋白质药物包载入微粒给药系统，在一定程度上可避免多肽、蛋白质类药物直接受到物理的、化学的和酶的降解作用而被破坏，提高药物的稳定性，改变药物的体内药动学特征，达到缓释给药、靶向给药等目的。同时，微粒系统分散性好、亲脂性强，具有很好的组织穿透力。PEG与多肽、蛋白质类药物以共价键结合，在改善多肽、蛋白质类药物的药动学性质方面实现了真正的突破。PEG的修饰不仅延长了多肽、蛋白质类药物在体内的循环时间，还可以增加药物的稳定性。

将多肽、蛋白质类药物包载入可生物降解高分子材料，制备微球、纳米粒、脂质体等制剂也能够改变多肽、蛋白质类药物的体内药动学性质。聚乳酸/乙醇酸共聚物（PLGA）微球包载人生长激素单次皮下注射后，药效可维持一个月，并且与每天注射人生长激素的效果相当。

5. 根据物理化学原理的微粒给药系统的设计

（1）磁性微粒的设计　磁性微粒通常含有磁性元素，如铁、镍和钴及其化合物，其体内靶向行为可受磁场调控。通过外加磁场，在磁力的作用下将微粒导向分布到病灶部位。

磁靶向过程是血管内血流对微粒的作用力和磁场产生的磁力相互间竞争的过程。当磁力大于动脉（10 cm/s）或毛细管（0.05 cm/s）的线性血流速率时，磁性载体（小于1 μm）就会被截留在靶部位，并可能被靶组织的内皮细胞吞噬。在血流速率为0.55～0.1 cm/s的血管处，在0.8 T（8000 Gs，1 T=10^4 Gs）的外磁场下，就足以使含有20%（g/g）的磁性载体全部截留。

磁性药物靶向（magnetic drug targeting，MDT）给药系统可通过外部磁场对磁性纳米粒的磁性导向作用，提高化疗药物到达特定部位的比率，从而增强靶向性。已有研究将传统药物，如依托泊苷、多柔比星、甲氨蝶呤等连接或包埋于磁性纳米粒中，用于治疗风湿性关节炎、前列腺癌、乳腺癌等。

（2）热敏微粒的设计　最常见的是热敏脂质体，又称**温度敏感脂质体**（thermosensitive liposome），系指利用升温手段使局部温度高于脂质的相变温度，从而使脂质膜由凝胶态转变到液晶结构，使包封药物快速释放。热敏脂质体选择热敏感特性的材料，在一定的比例下构成脂质体膜，使该膜的相变温度略高于体温，制成温度敏感脂质体。在靶部位局部加热，热敏脂质体在靶区释放药物，使局部药物浓度较高，发挥疗效，同时减少全身不良反应。

6. 微环境敏感性微粒给药系统的设计

利用肿瘤组织、细胞特殊的pH、酶等微环境，可触发微粒载体系统快速释放药物，将

药物输送到细胞内甚至特定的细胞器，增加药物作用部位的浓度。在肿瘤组织的酸性条件下，pH敏感脂质体、聚合物胶束解体释放所携带的抗肿瘤药物，从而增加抗肿瘤疗效，降低毒副作用。

（刘珊珊、吴琼珠）

 ## 思 考 题

1. 简述给药系统的定义及特点。
2. 简述给药系统分类的方法及各自优缺点。
3. 口服给药系统包括哪几类？简述其各自特点及设计思路。
4. 何谓靶向给药系统？根据其作用机制可分哪几类？
5. 何谓智能给药系统？与普通制剂相比，其优缺点在哪里？
6. 简述黏膜给药系统的定义及其在生物大分子非注射给药研究中的意义。
7. 简述给药系统的发展并展望给药系统的未来。

 ## 参考文献

[1] 吕万良，王坚成. 现代药剂学[M]. 北京：北京大学医学出版社，2022.
[2] 何勤，张志荣. 药剂学[M]. 3版. 北京：高等教育出版社，2021.
[3] Deepak Thassu, Michel Deleers, Yashwant Pathak. 纳米粒药物输送系统[M]. 王坚成，张强，译. 北京：北京大学医学出版社，2010.
[4] 平其能，屠锡德，张钧寿，等. 药剂学[M]. 4版. 北京：人民卫生出版社，2013.
[5] 刘建平. 生物药剂学与药物动力学[M]. 5版. 北京：人民卫生出版社，2016.
[6] 吴正红，周建平. 工业药剂学[M]. 北京：化学工业出版社，2021.
[7] 方亮. 药剂学[M]. 8版. 北京：人民卫生出版社，2016.
[8] 张奇志，蒋新国. 新型药物递释系统的工程化策略及实践[M]. 北京：人民卫生出版社，2019.
[9] 张强. 中华医学百科全书：药剂学[M]. 北京：中国协和医科大学出版社，2020.

第二章
药物递送屏障

 本章学习要求

1. 掌握：消化道屏障的概念、分类及结构组成；血-脑屏障的结构、作用；皮肤屏障的组织结构。
2. 熟悉：血-脑屏障的作用机制；细胞屏障、胎盘屏障和细胞外基质屏障的概念。
3. 了解：皮肤屏障发挥屏障作用的原理；细胞屏障、胎盘屏障和细胞外基质屏障的组成结构。

第一节　概述

　　复杂的生物屏障构成了人体严密的防御系统，在体内具有重要的生理功能。在长期与自然界的斗争过程中，人体以强有力的防御机能和精确的调节能力保持着人体与内外环境之间的动态平衡，形成了完美的屏障功能，以防止病菌入侵并促进营养吸收。天然的体内屏障可维持组织细胞微环境的稳定，具有保护、防御和免疫等功能。

　　人体屏障既包括了与外界环境直接接触的天然屏障，如皮肤屏障，也包括了人体内部各器官之间的屏障，如消化道屏障、血-脑屏障、细胞屏障等。由于各器官的功能不同，因而对内环境因素的要求也不一样，各器官在人体内部靠各自特异性的屏障相互隔开以形成各自所需的环境状态，从而体现其不同的生理功能。研究表明，疾病的发生和药物的疗效均与体内屏障有着密切的关系。人体复杂的生物屏障阻碍了药物的递送，限制了药物在体内的精准递送。药物在人体内的分布主要取决于药物与不同生物屏障之间的相互作用。体内药物递送的生物屏障与给药途径、给药时间和治疗目的有关。药物需要经过一个循序渐进、复杂的过程，才能到达特定的组织、细胞甚至细胞器。对于大多数的药物，首先必须进入特定的组织，然后才能进入细胞发挥疗效。药物在体内连续递送的过程中，需要与多种生物屏障发生相互作用，这些包括皮肤屏障、内皮屏障、消化道屏障、细胞膜屏障等。

　　人体内、外部的屏障各有特点，并且具有各自特定的生物学功能。了解人体屏障的功能和结构，对于分析药物的递送以及疾病的治疗具有重大的意义，可为临床精准用药提供依据。

第二节　消化道屏障

口服给药是目前临床上最常用的给药途径，被认为是最方便和最安全的给药方式之一。然而除药物本身性质外，人体的消化道屏障是口服给药面临的首要屏障。药物需克服消化道屏障才能进入血液循环，从而顺利到达靶器官发挥药效。因此，为更好地使口服药物到达作用部位发挥药效，药物首先需要克服这些吸收屏障，克服消化道屏障是口服药物体内递送所面临的主要屏障。

消化道（alimentary canal）是指从口腔到肛门的管道，其包括口腔、咽、食管、胃、小肠（十二指肠、空肠和回肠）和大肠（盲肠、阑尾、结肠、直肠和肛管）。在临床上，通常把从口腔到十二指肠的管道称为上消化道，空肠以下的部分称为下消化道。药物通过口服方式给药，根据吸收部位，其所面临的屏障主要是口腔黏膜屏障、胃黏膜屏障和肠道屏障。

一、口腔黏膜屏障

药物可通过口腔黏膜发挥局部治疗作用，或者直接吸收进入体循环发挥全身治疗作用。因此，口腔黏膜递药系统因其给药方便、顺应性高等特点成为替代常规口服和注射给药的一种有效给药途径。药物通过口腔给药途径发挥作用必须经过口腔黏膜屏障。

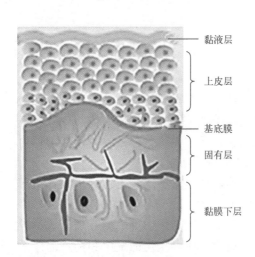

图2-1　口腔黏膜结构组成图

口腔黏膜覆盖于整个口腔的表面，由上皮层、基底膜、固有层和黏膜下层组成，其结构组成图如图2-1所示。其中，上皮层为复层鳞状上皮，由外到内依次为角质层、颗粒层、棘层和基底层。基底层主要起连接和支持作用，具有选择通透性。而固有层为致密的结缔组织，结构中存在大量的毛细血管和神经末梢。口腔黏膜的总面积约为200 cm^2，其厚度跟所处部位有关。颊部黏膜的厚度在500～800 μm，而硬腭、舌下和齿龈的黏膜厚度在100～200 μm。

根据部位的结构和功能不同，口腔黏膜可以分为以下三类：①**咀嚼黏膜**（masticatory mucosa）约占口腔黏膜总面积的25%，覆盖在齿龈和硬腭表面，由角质化上皮组成；②**被覆黏膜**（lining mucosa）约占口腔黏膜总面积的60%，覆盖于颊部、舌下及软腭，被覆黏膜的上皮未角质化，具有较强的渗透能力；③**特殊分化黏膜**（specialized mucosa）约占口腔黏膜总面积的15%，主要覆盖于舌背，兼有咀嚼黏膜和被覆黏膜的特性。黏膜最外层上皮细胞的角质化程度根据其在口腔中位置不同而异。其中，易受机械应力的齿龈和硬腭部位是角质化的，而颊部和舌下区域是非角质化的。与角质化上皮细胞相比，非角质化细胞对外源性化合物的渗透性更高。口腔中各部位的黏膜渗透性由高到低依次为舌下、颊部、硬腭、齿龈。黏膜在口腔中的部位、结构、厚度、面积以及角质化程度决定了各种口腔黏膜对药物透过性的差异。

影响药物在口腔部位递送的生理因素主要包括口腔各部位黏膜的渗透性、黏液和唾液。

图中标注：黏液层、上皮层、基底膜、固有层、黏膜下层如表2-1所示，口腔不同部位黏膜上皮角质化的程度和黏膜厚度存在差异，从而导致黏膜的渗透性不同。黏膜上皮层约三分之一处的颗粒层细胞间隙存在被颗粒外排的脂质，形成了药物通过黏膜递送最主要的渗透屏障。口腔中唾液的分泌能促进药物释放，但大量唾液的冲刷会导致药物迅速流失，从而不利于药物在口腔黏膜的滞留与吸收。而且唾液的pH会影响药物的解离，从而影响药物在黏膜处的渗透能力。在口腔中，黏蛋白与黏液共同在上皮细胞表面形成凝胶层，其在生理条件下带负电荷，发挥了屏障作用，从而阻碍药物的递送。此外，唾液中存在的淀粉酶及黏液中存在的酯酶、氨肽酶、羧肽酶等会构成口腔黏膜的酶屏障，导致药物的代谢降解，从而影响药物的递送。

表2-1　口腔各部位黏膜的生理学特征

黏膜类型	表面积 /cm²	渗透性	厚度 /μm	是否角质化
颊部黏膜	50.2 ± 2.9	好	500 ～ 600	否
舌下黏膜	26.5 ± 4.2	好	100 ～ 200	否
齿龈黏膜	—	差	200	是
硬腭黏膜	20.1 ± 1.9	差	250	是

因此，通过口腔黏膜进行药物递送，需要考虑到口腔黏膜中存在的渗透屏障、酶屏障以及生理凝胶屏障。

二、胃黏膜屏障

药物制剂经口服方式给药，首先进入胃部。胃内胃液呈强酸性，pH为0.9～1.5。胃部的强酸性环境形成了生化屏障，可影响多肽类及蛋白质类药物的解离，从而破坏这类药物的空间结构，使其丧失药理活性。同时，胃泌酸腺的主细胞合成并分泌胃蛋白酶原，胃蛋白酶原被H⁺激活成为胃蛋白酶。胃蛋白酶的存在会导致蛋白质类大分子物质分解为肽段，从而不能有效地递送药物至作用部位。胃蛋白酶和胃液中大量存在的H⁺会对胃黏膜造成损伤，构成生化屏障，阻碍药物的递送。为了保护胃组织不受损伤，胃的屏障保护有**胃黏膜屏障和黏液-碳酸氢盐屏障**（图2-2）。胃黏膜上皮细胞顶端和相邻细胞侧膜之间形成紧密连接，这种结构可防止胃腔中大量存在的H⁺向黏膜上皮细胞内扩散，从而对上皮细胞起保护作用，此屏障称为胃黏膜屏障。由胃黏膜表面上皮细胞、泌酸腺、贲门腺和幽门腺共同分泌的大量黏液具有较高的黏滞性，黏液被分泌后即可覆盖在胃黏膜表面，形成一层厚度约为500 μm的凝胶保护层。胃黏膜内的非泌酸腺细胞能分泌碳酸氢根离子（HCO_3^-），组织液中少量HCO_3^-也能渗入胃腔内。当胃酸中的H⁺向胃壁扩散时，它通过凝胶层的速率比其通过水层要慢得多，从而保证有充足的时间使得H⁺与HCO_3^-在黏液层中相遇

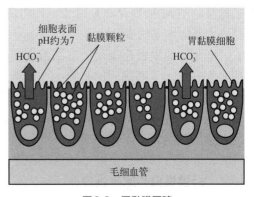

图2-2　**胃黏膜屏障**

而中和。进入胃腔的 HCO_3^- 与胃黏膜表面的黏液联合形成一个抗胃黏膜损伤的屏障，称为黏液-碳酸氢盐屏障，可有效保护胃黏膜免受胃内盐酸和胃蛋白酶的损伤。

上述黏液屏障覆盖于胃上皮细胞外侧，具有黏弹性且呈水凝胶样的网状立体结构，可阻碍药物向上皮细胞的迁移，从而又形成了一道生理屏障。黏液层通过黏附作用和空间屏障作用快速捕获和清除外来侵入物质，起到保护及润滑的作用，从而防止细菌等物质的侵袭和其他物质的机械刺激。黏液屏障的存在在保护胃的同时也阻碍了蛋白质及多肽类药物的扩散和吸收。

三、肠道屏障

人体内肠道是消化和吸收营养物质的重要器官，同时也将食物中的微生物及其代谢产物、致敏物质等阻隔于肠道内，肠道中天然的屏障就是肠道屏障。肠道屏障在预防、阻止全身炎症反应等疾病的发生与发展中起到重要作用。在生理状态下，肠道发挥自身的屏障功能可有效防止机体内环境受到有害物质的侵害，保障机体的内环境稳定。肠道屏障由肠道黏膜上皮和上皮间的紧密连接形成的**机械屏障**、杯状细胞和黏蛋白构成的**黏液屏障**、肠道共生的多种菌群构成的**生物屏障**以及胃酸、胆汁和各种消化酶等构成的**化学屏障**组成。这四道屏障共同构成了机体的微生态屏障，屏蔽了外界物质对机体的刺激。研究表明，由于肠道屏障的存在，其可有效阻挡肠道内约500多种肠道内微生物向肠腔外器官和组织转移，防止机体受到病原微生物及其毒素的侵害。

1. 机械屏障

机械屏障由肠道黏膜的上皮细胞、肠上皮细胞间紧密连接蛋白、菌膜和黏液层四部分组成，它不仅是肠道抵御外环境中病原体及其毒素侵入肠黏膜组织的关键，也是维持肠上皮通透性及肠屏障功能的结构基础。其中，肠上皮细胞和肠上皮细胞间的紧密连接蛋白是机械屏障的核心组件。口服递送多肽类及蛋白质类药物，肠上皮机械屏障是最难克服的生理屏障。

肠上皮细胞是位于肠道管腔的最外层细胞，由吸收细胞、杯状细胞、帕内特细胞和M细胞四种不同类型的细胞构成。吸收细胞是肠道上皮层中分布最广泛的细胞，其游离面有许多微绒毛，负责将营养物质和水分从肠腔内侧运输到血液循环系统。杯状细胞分布在吸收细胞间，可分泌黏液，占所有上皮细胞的10%～20%，具有润滑和保护肠黏膜的作用。位于腺底部的帕内特细胞是肠腺的特征性细胞，可以持续大量地分泌抗菌多肽、溶菌酶和黏蛋白等抗菌蛋白。这些抗菌蛋白可以进入肠道黏液层，从而消灭外来入侵物质。而负责抗原呈递的M细胞存在量很少，仅占所有上皮细胞的1%，其较少受到黏液层的覆盖，从而成为药物递送的重要靶标。

细胞间的紧密连接是上皮细胞之间阻碍药物通过的细胞旁路屏障，它将相邻的细胞连接起来并封闭了细胞间的孔隙，在维持上皮细胞的极性以及调节肠道整体通透性方面起着重要的作用。细胞间紧密连接包括紧密连接、黏着连接、桥粒连接和间隙连接，其中肠上皮细胞间紧密连接最为重要。紧密连接又称闭锁小带，位于单层柱状细胞之间，呈箍状环绕细胞的顶端，多呈带状分布，形成连续的质膜融合带，使得相邻细胞的质膜紧密融合，可防止肠腔内物质自由经过细胞间隙穿过上皮细胞层。参与紧密连接的蛋白按照存在部位可分为**跨膜蛋白**和**胞质蛋白**，目前已发现的跨膜蛋白主要有密封蛋白（claudin）、闭合蛋白（occludin）和连接黏附分子（junction adhesion molecule，JAM）。胞质蛋白主要有带状闭合蛋白（zona occludin，ZO）家族ZO-1、ZO-2、ZO-3等。参与紧密连接的根据功能可分为结构蛋白和调节蛋白，其中结构蛋白主要包括occludin、claudin、JAM等，而调节蛋白主要包括E-钙黏素、肌动蛋白、肌球蛋白等。以上多种参与紧密连接的蛋白共同参与形成了肠黏膜吸收细胞之间的紧密连接，并受到多种信号通路的调节，对维持肠道机械屏障和选择性、通透性有着重要的作用。

黏液本质是具有三维结构的水凝胶，由蛋白质、碳水化合物、脂类、无机盐、抗体、细菌和细胞残骸组成。黏蛋白作为黏液的主要成分，直接影响着黏液的厚度。与上皮细胞直接相连的黏蛋白和多糖构成黏液的紧密黏附层，而疏松黏附层覆盖于紧密黏附层之上。黏液的不同厚度，决定了其保护能力与穿透水平。黏液层一方面通过快速清除病原体和外来颗粒保护了暴露的上皮表面，但另一方面也构成纳米粒吸收过程中的最大屏障。

2. 化学屏障

化学屏障是由胃酸、胆汁、溶菌酶、糖蛋白、糖胺聚糖和从胃肠道分泌的糖脂等化学物质组成。当胃肠道分泌的消化液进入肠腔后，肠黏膜上皮细胞分泌的黏液与肠道寄生菌产生的抑菌物质共同构成了化学屏障。化学屏障是防止外界病原体及毒素进入体内的第一道非免疫屏障，与肠其他黏膜屏障相互作用，共同保持了小肠黏膜屏障功能的完整性。胃酸能够轻而易举地杀死胃肠道中的细菌，抑制细菌黏附和肠上皮细胞的集落定植。胰液中含有胰蛋白酶，可水解细菌。而胆汁中胆盐与肠内的内毒素结合形成难以吸收的复合物，降解内毒素分子。并且胆汁中含有分泌型免疫球蛋白A（IgA），可发挥免疫屏障作用，防止内毒素从肠道吸收。溶菌酶可破坏细菌的细胞壁并溶解细菌，直接切断连接N-乙酰葡糖胺和N-乙酰胞壁酸的聚糖链，导致细胞丧失坚韧性，在低渗状态下发生细胞裂解。肠黏膜分泌的化学物质能杀灭肠内的细菌，抑制细菌在胃肠上皮的黏附。同时大量的胃肠道分泌物还可以稀释毒素，清洗和清洁肠道，使潜在的致病性病原体不能附着在肠上皮细胞上。

3. 生物屏障

人体肠道中蕴藏着大量的微生物。据统计，肠道细菌的总量约10^{13}～10^{14}株，其中的99%是专性厌氧细菌，仅不足1%的细菌是兼性厌氧菌。肠生物屏障主要为肠黏膜上皮表面存在栖息的微生物群，可以与病原微生物竞争细胞上的结合部位，阻止病原微生物的黏附感染，并且维持肠道化学屏障、机械屏障和免疫屏障的正常功能。肠道菌群形成一种相互依赖并与其他微生物相互作用的微生物系统，其生态平衡形成了人体肠道的生物屏障。研究表明，大量正常菌群在肠黏膜表面形成致密的菌膜，可以物理性地阻止病原微生物黏附在肠黏膜上形成菌落，使得病原菌不能激发肠上皮细胞内相关的跨膜信号通路，从而阻止了病原菌入侵到上皮细胞内形成炎性反应。其次，正常的菌群可以在肠道局部形成一些抑菌物质，从而抑制外源性病原菌的增殖。另外，正常菌群还能通过与肠道免疫系统中的细胞接触诱导在小肠黏膜免疫中极为关键的IgA的产生，IgA是机体内分泌量最大的免疫球蛋白，能中和病毒、毒素和酶等生物活性抗原，具有广泛的保护作用。

生物屏障中菌群主要由专性厌氧菌（如乳酸菌、双歧杆菌等）构成，并通过磷壁酸与肠黏膜上皮紧密结合而形成菌膜屏障，从而防止致病菌及其有害物质的侵袭。生物屏障产生醋酸、乳酸、短链脂肪酸等，使得肠道的pH值呈弱酸性，抑制难以在酸性环境下生存的致病菌。同时，生物屏障能产生一些特定的物质，具有提高宿主黏膜免疫功能的作用，能够促进体内免疫器官的发育和成熟，提高特异性和非特异性免疫功能，具有很强的广谱抗菌作用。

4. 免疫屏障

肠道是人体接触外界抗原最广泛的部位，也是人体中最大的免疫器官。肠道的免疫屏障包括**肠黏膜相关淋巴组织和胃肠道分泌的抗体**。肠黏膜相关淋巴组织由黏膜上皮内淋巴细胞和固有层中存在的淋巴细胞、浆细胞、巨噬细胞以及黏膜淋巴滤泡组成。黏膜淋巴滤泡可促进分泌型免疫球蛋白IgA的分泌，从而激发IgA介导的免疫反应。研究表明，黏膜上皮内淋巴细胞主要是具有细胞毒性作用的免疫效应细胞CD8$^+$细胞。CD8$^+$细胞被激活时，可释放穿孔素、端粒酶和丝氨酸酯酶等多种细胞因子，从而达到细胞杀伤作用，在防御肠道病原体入侵方面发挥重要的作用。胃肠道分泌的特异性抗体与肠相关的淋巴组织结合进入肠道，选择性地破坏革兰阴性细菌，产生抗原抗体复合物，阻碍细菌与上皮细胞的受体结合，并刺激肠道分泌，加速黏液的流动，有效阻断细胞黏附到肠黏膜上。因此，淋巴组织可在肠道免疫屏障宏观上发挥重要作用，吞噬外来抗原致病菌，而抗体则在肠固有层中产生，经肠上皮细胞处理后分泌至肠腔中，防止细菌、毒素和病毒抗原的黏附，在抗原清洁中发挥作用。

免疫屏障与化学屏障、机械屏障和生物屏障共同构成一个完整的屏障，保护肠道免受外来的抗原破坏和免遭异常的免疫应答反应。

第三节　血-脑屏障

人类的大脑是一台极为精密的"仪器"，任何轻微的环境变化都有可能影响其正常功能。由于神经元细胞对微环境中pH、O_2浓度、离子浓度的变化高度敏感，为了维持微环境的稳定和动态平衡，脑血管分布错综复杂，形成了一个特殊的具有保护性能的屏障系统，即**血-脑屏障**（blood-brain barrier，BBB）。20世纪初，Paul Ehrlich通过给活体动物静脉注射染料时发现，除脑组织外，其他组织均被染色。1900年Lewandowsky发现具有神经毒性的物质经静脉注射不会导致神经元细胞死亡，就此正式提出了血-脑屏障的概念。1913年Goldman通过直接将染料注入蛛网膜下腔使得脑组织染色而其他组织器官不着色的结果，进一步证实了血-脑屏障的存在。研究表明，血-脑屏障普遍存在于中枢神经系统发达的哺乳动物的大脑内，保护大脑免受血液中病原体和毒素的侵害，是维持中枢神经系统内部微环境稳定的重要结构。随着人口老龄化发展，阿尔茨海默病、帕金森病、脑卒中、脑肿瘤等**中枢神经系统**（central nervous system，CNS）疾病的发病率逐年增高。然而，CNS的治疗药物开发的成功率极低，其中最重要的制约因素就是药物难以通过血-脑屏障。几乎所有的大分子药物，包括多肽、重组蛋白、单克隆抗体和基因治疗药物，以及98%以上的小分子药物均无法通过血-脑屏障，这严重阻碍了CNS疾病的有效临床治疗。因此，CNS药物在具有安全性和有效性的同时，还必须能够克服血-脑屏障，实现药物在CNS中的聚集，从而实现药物在脑部的有效递送。

一、血-脑屏障的结构

血-脑屏障是一种具有高度选择性的半透膜，是介于血液和脑组织之间的对物质通过有选择性阻碍作用的动态界面，主要由紧密连接蛋白相连的内皮细胞、星形胶质细胞终足、基底膜以及周细胞等组成（图2-3）。血管内皮细胞是血管壁的核心结构元素，由血管间连接并紧密封闭，是血-脑屏障最为关键的结构。周细胞是屏障诱导的关键，而星形胶质细胞在屏障成熟和维持中起主要作用。与其他组织器官的毛细血管相比，脑部组织的毛细血管及其邻近区域在结构上有以下明显区别：①脑毛细血管不具备一般毛细血管所拥有的孔道，或者这些孔既少且小，脑组织中内皮细胞彼此重叠覆盖形成紧密连接，能有效地阻止大分子物质从内皮细胞连接处通过；②内皮细胞被一层连续不断的基膜包围着；③基底膜之外有许多星形胶质细胞的血管周足将脑毛细血管约85%的表面包围起来，形成了脑毛细血管的多层膜性结构，构成了脑组织的防护性屏障。在病理情况下，如血管性脑水肿时，内皮细胞间的紧密黏合处开放，由于内皮细胞肿胀重叠部分消失，很多大分子物质可随血浆滤液渗出毛细血管，这会破坏脑组织内环境的稳定，造成严重后果。

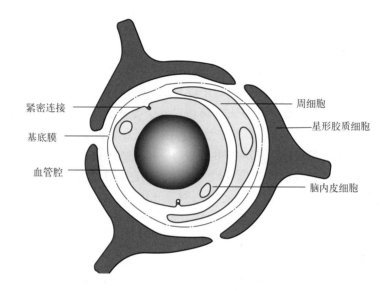

图2-3　血-脑屏障结构图

在正常生理条件下，血-脑屏障可阻止细菌、大分子和大多数小分子从血液进入大脑，水分子和某些离子（如Na^+、K^+、Cl^-）通过通道蛋白穿过血-脑屏障，而小的气体分子（如氧气、二氧化碳）和小的亲脂分子通过被动扩散穿过血-脑屏障，其他分子只能通过转运体、受体或吸附介导等方式进入大脑。由于血-脑屏障的存在，几乎所有大分子和98%的小分子药物都无法进入到大脑内。

1. 内皮细胞

内皮细胞是位于血管内侧相互嵌合的扁平细胞，是血-脑屏障的组织学基础。内皮细胞间形成的紧密连接封闭了所有脑血管的管壁，从而在血液和脑组织之间建立了物理性的结构屏障。脑毛细血管内皮细胞间的紧密连接比周围毛细血管内皮细胞间的连接要紧密50～100倍，形成紧密连接的成分主要有闭合蛋白、咬合蛋白、连接黏附分子、胞质辅助蛋白ZO-1等，与内皮细胞共同形成血-脑屏障的基础，构成了血-脑屏障的第一层结构。

血-脑屏障的内皮细胞与其他组织的内皮细胞有明显的不同，其无窗口结构、含胞饮细胞极少，而其他器官中的胞饮细胞具有使血浆蛋白穿过毛细血管的功能。同时，血-脑屏障的内皮细胞中收缩蛋白也很少，导致主动转运的能力降低。

2. 基底膜

基底膜位于脑毛细血管内皮细胞的下表面，是血-脑屏障的一个高度动态的组成部分。基膜的主要成分为Ⅴ型胶原、层粘连蛋白和过氧化物酶，辅之以纤维连接蛋白、聚集蛋白抗原、骨连接蛋白和糖胺聚糖，对组织结构起支持、连接作用，同时也是渗透性的屏障，兼具调节分子和细胞运动的功能。从结构的角度来看，基底膜锚定细胞的位置维持血-脑屏障的完整性，同时基底膜参与调节细胞间的通讯联系。就内皮细胞而言，基底膜介导连接蛋白的重新分布和转运蛋白的极化表达。

基底膜由不同的胞外基质分子构成，内皮细胞、周细胞和星形胶质细胞相互作用以维持基底膜的结构。基底膜上有结构蛋白（胶原蛋白和弹性蛋白）、特化蛋白（纤连蛋白和层粘连蛋白）和蛋白聚糖。基底膜还包括了细胞的基质黏附受体，当基底膜被破坏时能够改变内皮细胞的细胞骨架，从而影响紧密连接蛋白和血-脑屏障的完整性。

3. 周细胞

周细胞属于血管的平滑肌系，位于内皮细胞外侧，和内皮细胞之间共同拥有一个基底膜，是构成血-脑屏障的重要组成部分，对于维持血-脑屏障的完整性发挥着至关重要的作用。人体的周细胞在神经血管表面总覆盖率可达40%。周细胞完全嵌入在基底膜中，虽然直接的细胞间相互作用是由"栓-插座"紧密连接、间连接和黏附斑块连接，但与内皮细胞在物理上呈分离状态。周细胞被认为是屏障形成和血管稳定的关键因素。

周细胞能够参与新生毛细血管的形成，可调控毛细血管中血液流动以保证血-脑屏障功能，还具有调节内皮细胞的渗透性、稳定微血管壁和促进微血管生成的功能。周细胞还可以通过细胞间直接接触来控制内皮细胞的分化。此外，周细胞还可调节中枢神经系统中的免疫细胞对血-脑屏障的影响。

4. 星形胶质细胞

星形胶质细胞是大脑中最丰富的细胞类型，具有多种功能，其位于血管壁外侧，末端构成了血-脑屏障的第三层结构。星形胶质细胞的粗大末端凸起形成紧密附着于血-脑屏障内皮细胞和基底膜的终足，相邻的星形胶质细胞终足之间有裂缝并且间断，通过与内皮细胞以及基底膜的相互作用起到对血-脑屏障的保护作用。星形胶质细胞与神经元相连接并通过血管周足促进内皮细胞间紧密连接的形成与维持，阻止物质通过细胞间隙进入大脑。同时还参与血-脑屏障中水和离子平衡的调节。此外，星形胶质细胞通过回收神经递质、刺激突触形成以及为神经元提供营养和代谢支持来维持大脑稳态。

二、血-脑屏障的功能

1. 屏障功能

血-脑屏障可以阻止绝大部分病原体、细菌、毒素和抗体等生物大分子进入脑部，仅允许O_2、CO_2等气体，水以及脂溶性物质以扩散的方式通过。在正常情况下，外周神经递质也无法通过血-脑屏障，这有利于维持脑内中枢神经递质水平，保证大脑正常的生理功能。血-脑屏障对维持脑组织中微环境的稳定性起到重要作用。

2. 物质运输调节功能

血-脑屏障具有高度选择性，可主动调节脑部组织的物质内流和外排运输。血-脑屏障允许大脑必需的葡萄糖、氨基酸、神经活性肽等小分子物质通过主动运输的方式运送进入脑部，而脑组织释放的激素及代谢产物也可通过血-脑屏障外排至血液循环中，继而被转运排泄。血-脑屏障对调节脑组织的营养代谢、维持中枢神经系统正常生理功能有重要意义。但并不是脑组织的所有区域都拥有血-脑屏障。位于脑室系统中线附近的松果腺、垂体后叶等特殊区域部位与体液调节密切联系，需要接触血液以获取信息并做出迅速反应，因此这些部位缺少紧密连接的内皮细胞层而具有较高的通透性。

三、血-脑屏障的作用机制

一些内源性分子能够正常跨越血-脑屏障，维持和调节中枢神经系统的稳态。这些物质的转运途径主要包括**细胞旁转运、被动跨细胞扩散、载体介导的转运、受体介导的跨细胞转运、吸附介导的跨细胞转运和细胞介导的转运**，但是大多数外源性分子均会受到血-脑屏障的阻碍。物质可选择性通过血-脑屏障，但是许多物质通过血-脑屏障的实际效率却十分低。血-脑屏障的屏障功能及选择功能主要是通过以下途径实现的：

1. 紧密连接

内皮细胞及其细胞间的紧密连接形成了细胞间屏障，阻拦了分子和亲水性的小分子物质。内皮细胞中不含收缩蛋白，因此可维持细胞间的紧密连接，这就构成了血-脑屏障中天然的"物理屏障"。这种紧密连接又称闭锁小带，通常位于细胞侧面顶部，呈间断性拉链状融合，起连接和封闭作用。它允许O_2、CO_2等气体和气态麻醉剂以被动扩散的方式进入脑组织，但是限制了极性溶质的进入。紧密连接迫使许多物质只能由跨细胞途径通过血-脑屏障。

2. 细胞表面受体载体介导的内流转运

许多内源性物质和葡萄糖以及氨基酸等极性营养物质均无法通过细胞间的紧密连接，也无法通过被动扩散的方式跨越内皮细胞，因此这类物质仅能通过内皮细胞上的受体载体介导的转运系统进行转运。常见内皮细胞表面的转运载体有葡萄糖转运蛋白1（GLUT1）、单羧酸转运蛋白1（MCT1）、L型氨基酸转运蛋白1（LAT1）等。其中，GLUT1可介导血液循环系统中的葡萄糖进入脑组织，MCT1可将其他组织中的乳酸盐、丙酮酸盐等物质向脑部进行转运，而LAT1则负责分子量较大的中性氨基酸的转运。

3. 载体介导的外排转运系统

特殊的外排转运系统可主动外排脑组织中的毒素和非内源性物质，是血-脑屏障的"转运屏障"。血-脑屏障的内皮细胞膜上的外排转运受体主要是ATP结合盒（ATP-binding cassette，ABC）转运蛋白家族成员。它们含1～2个ATP结合域，可借助ATP水解释放的能量介导多种物质跨膜转运。其中研究较多的ABC转运蛋白有多药耐药相关蛋白、P糖蛋白。

4. 跨内皮细胞的胞吞作用

血-脑屏障内皮细胞表面可通过胞吞作用进入脑组织。内皮细胞介导的胞吞作用主要有受体介导的胞吞作用和吸附介导的胞吞作用这两种类型。内皮细胞中存在复杂的溶酶体系统，溶酶体中含有大量的酶体系，导致某些物质降解或变性，因此溶酶体是血-脑屏障的"代谢屏障"，使得跨内皮细胞的胞吞作用转运效率降低。内皮细胞溶酶体系统由反式高尔基体网络、各时期的内体、逆转录酶阳性囊泡和溶酶体组成，大部分内吞的囊泡被重新运回细胞表面或运至溶酶体降解，仅含有需转运的大分子的囊泡才能从溶酶体的降解区室中转移出来，避免被降解，并在对侧细胞膜胞吐。

由此可见，血-脑屏障对于脑组织的保护作用极强。为了实现跨血-脑屏障的药物递送，就必须通过打开紧密连接、抑制外排受体等方式直接干扰血-脑屏障的生理屏障功能，或者通过合理设计和修饰药物分子、改变药物的性质使其更容易跨越血-脑屏障，实现药物的有效递送。

第四节　皮肤屏障

皮肤是人体最大的器官，成年人全身皮肤的面积大约是 $2\ m^2$，总重量约占体重的15%。皮肤是覆盖于人体表面的第一道屏障。皮肤覆盖于人体表面，与外界环境直接接触，既能够保护人体各部位免遭外界的物理及化学伤害，也可以防止体内营养成分、水分以及电解质的丢失，在维持人体内环境稳定方面起到十分重要的作用。

从解剖学层面上来看，皮肤由**表皮、真皮和皮下组织**3大部分组成。表皮作为皮肤的最外层，主要由负责产生角蛋白的角质细胞组成。表皮与真皮之间由基底膜带相连接。真皮是由胶原纤维和蛋白多糖构成的结缔组织基质层，由皮脂腺、汗腺、毛囊、神经末梢和血管组成。皮下组织层包括脂肪球和脂肪组织，充当皮肤下表面与脂肪间的连接作用，主要负责表皮组织的培养。皮肤中除各种皮肤附属器［如毛发、皮脂腺、汗腺和指（趾）甲等］外，还含有丰富的血管、淋巴管、神经和肌肉，具体结构见图2-4。

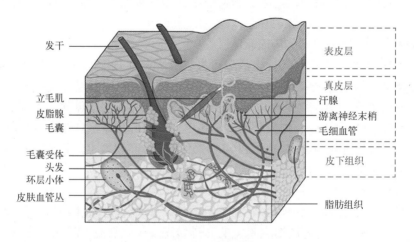

图2-4　皮肤结构图

从广义概念来讲，皮肤屏障功能包括物理屏障、免疫屏障、神经屏障、色素屏障等与皮肤功能相关的各种屏障。皮肤表皮层由浅至深分别为**角质层、透明层、颗粒层、有棘层和基底层**（图2-5）。通常所讲的皮肤屏障功能大多是指表皮中与角质层结构相关的物理屏障，又称为机械性或渗透性屏障。**皮肤屏障结构主要由角质细胞、细胞间脂质及水脂膜三部分组成。**皮肤表面覆盖的一层半透明的薄膜叫皮脂膜，又称为水脂膜，其水分由汗腺分泌及透皮水分蒸发而来。而它当中的脂类物质主要由皮脂腺分泌的皮脂、角质层细胞崩解产生的成分组成，呈弱酸性。脂类物质的主要成分是神经酰胺、亚油酸、角鲨烯、亚麻酸及甘油三酯等，具有保湿及抗炎的作用。其中，神经酰胺是表皮脂质的主要成分，具有维持皮肤屏障功能完整性、促进细胞黏附和表皮分化的作用。皮肤的角质层位于表皮最上层，曾被认为是死亡细胞形成的结构。然而近年的研究却发现，角质细胞与其细胞外成分彼此紧密嵌合，为人体提供了一个渗透屏障。角质层由多层角质细胞、细胞间脂质组成。1983年，Peter M. Elias教授形象地将角质层命名为"砖墙结构"。角质层中的角质形成细胞构成"砖块"，角质细胞间隙中的含神经酰胺、脂肪酸和胆固醇的脂质构成"灰浆"。"砖块"和"灰浆"使角质层形成牢固的"砖墙结构"，限制了水分在细胞内外以及细胞间的流动，保证既不丢失水分，又不受外界侵袭。这种"灰浆"填充在层层叠叠的角质细胞中形成复层板结构，维持着人体正常的表皮屏障功能。

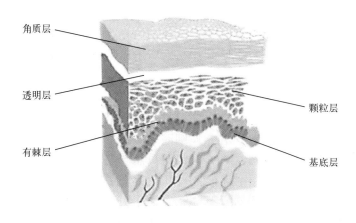

图2-5 皮肤表皮层结构图

由水脂膜、角质细胞以及细胞间脂质构建的具有"砖墙"结构的皮肤屏障是作为人体的第一道防线，具有保护机体免受各种物理、化学、微生物等因素侵袭的作用，但也正是这样密不透风的"砖墙结构"为透皮递送药物带来了难题。

一、水脂膜

水脂膜位于表皮的最外层，是皮肤屏障结构的最外层防线。水脂膜中的水分主要来自汗腺分泌和透表皮的水分蒸发，水脂膜同时还具有脂质皮脂腺的分泌产物以及角质细胞崩解产生的脂质，除此以外还有许多表皮代谢产物、无机盐等。水脂膜中的脂质与细胞间脂质的组成略有不同，主要由57.5%甘油三酯及其水解产物、12%角鲨烯、26%蜡酯、3%胆固醇酯和1.5%胆固醇组成，其不仅参与皮肤屏障功能的形成，使皮肤具有优异的保湿能力，同时还具有抗氧化、抗菌、调节体温的作用。水脂膜中的脂类随皮脂腺分泌脂质的数量及脱落的角质细胞的数目而变化，而这些成分是结构性脂质所缺乏的。水脂膜中的脂质有以下功能：①润滑皮肤，减少皮肤表面的水分蒸发；②参与皮肤屏障功能的形成；③调节皮肤的pH值。皮肤水脂膜含有许多代谢产物或水溶性物质，在皮肤屏障结构中起到重要的保湿作用，这类物质称为天然保湿因子（natural moisturizing factor，NMF）。NMF是存在于角质层内并能与水结合的一些低分子量物质的总称，包括氨基酸、乳酸盐、尿素等及其他未知的物质。NMF的存在可减少皮肤透皮水分的丢失。

二、角质细胞

角质细胞作为皮肤屏障的"砖"结构是角质层的重要组成部分，其细胞质和细胞膜均具有重要的屏障功能。在表皮分化的最后阶段，角质形成细胞角化形成扁平的角质细胞，细胞内充满了致密聚集的角蛋白纤维束，而细胞核、细胞内细胞器（线粒体、内质网、高尔基复合体等）都已经消失。角蛋白纤维束成群排列，非常致密，在人体表皮中其含量占总蛋白含量的80%～90%，发挥了重要的屏障作用。角蛋白是表皮的主要结构蛋白，是角质形成细胞的标志成分。基底层细胞处于未分化状态，具有生长分裂能力，从而特异性表达角蛋白K5/K14。当基底层细胞一进入到棘细胞层就会表达角蛋白K1/K10。同时，角质层中细胞的细胞膜也发生了变化，细胞膜间发生大量的交联形成不溶性的坚韧外膜，即角质包膜。角质包膜的形成标志着角质形成细胞分化的产物角质细胞的产生，是表皮作为一种防御屏障的基础。除角蛋白外，细胞胞质中还含有丰富的天然保湿因子，使细胞具有亲水性，提高皮肤保湿性能。

三、细胞间脂质

细胞间脂质又称为结构性脂质，是角质细胞之间的"灰浆"结构。细胞间脂质的主要组成分为50%神经酰胺、25%胆固醇、15%游离脂肪酸和少量磷脂。细胞间脂质是表皮结构的组成部分，其与皮肤角质层中含有的9种以上的游离神经酰胺一起构成了更为紧密堆叠的角质细胞间脂质基质结构。胆固醇则与角质层细胞的聚合与脱落过程的调节密切相关。角质细胞间的脂肪酸是维持皮肤角质层pH呈弱酸性的重要因素，这对调节角质层内许多酶的活性有着重要的作用。与细胞间脂质对应的是游离性脂类，它属于皮肤表面水脂膜中的脂质，是皮脂腺的分泌产物。细胞间脂质和水脂膜中的脂质在来源、生化组成及作用等方面均存在较大区别。细胞间脂质由棘细胞合成，以板层小体的形式分布在胞质中。在棘细胞向上移行分化过程中，该板层小体逐渐向细胞周边移动，并与细胞膜发生融合，最后以胞吐的形式排出细胞间隙。

从物质组成来看，细胞间脂质在从棘细胞向角质细胞的分化过程中发生了显著变化，即极性脂类迅速减少，而中性脂类逐渐增加，尤其是鞘脂类物质。细胞间脂质含有皮脂腺脂质中较少的磷脂和固醇类。与基底层和有棘层相比，角质层中固醇类较高而磷脂缺乏。从结构特点来看，细胞间脂质具有明显的生物膜双分子层结构，即亲脂基团向内，亲水基团向外，形成水、脂相间的多层夹心结构，是物质进出表皮时所必经的通透性和机械性屏障，不仅防止体内水分和电解质的流失，还能阻止有害物质的入侵，有助于机体内稳态的维持。

药物作为体外物质，需通过经皮吸收才能进入体内，实现有效的递送。而药物渗透进入体内的主要有以下三种途径：①透过角质层，不直接穿过细胞，进行细胞间的渗透吸收；②透过角质层，直接穿过细胞，进行细胞内的渗透吸收；③通过皮肤附属器（汗腺、毛囊等）进行渗透吸收。然而，皮肤附属器在整体皮肤中占比较小，并非外来药物的主要递送途径。图2-6为外来物质透皮递送的细胞间途径和跨细胞途径。

在皮肤的结构体系中，角质层形成的屏障作用最强，其中的角质层细胞和细胞间脂质组成的砖墙结构，严重阻滞了药物的经皮吸收。因此，使药物成功透过角质层是经皮给药系统开发过程中的最重要任务。

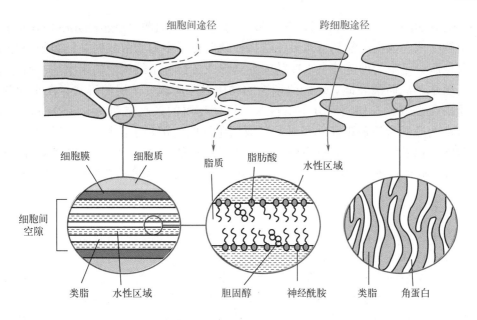

细胞间途径　　　　跨细胞途径

细胞膜　细胞质　　脂质　脂肪酸　水性区域

细胞间空隙

类脂　水性区域　　胆固醇　神经酰胺　　类脂　角蛋白

图2-6　外来物质透皮递送的细胞间途径和跨细胞途径

第五节　细胞有关屏障

细胞膜又称为质膜，是由膜脂质（磷脂、胆固醇和糖脂）、蛋白质、少量的多糖和水构成的厚度约为8 nm的富有弹性的半透性膜。细胞膜和胞质内细胞器的膜统称为生物膜，具有相似的结构特性。对于细胞而言，细胞膜是将细胞与其外界环境、细胞器与细胞质之间以及细胞器内容物分隔开的结构。细胞膜把细胞包裹起来，是细胞的防护屏障，可防止细胞外物质自由进出细胞，从而保证细胞内部环境的稳定性，使体内各种生化反应能够有序进行，维持正常的生命活动。但是，细胞又必须与细胞外环境进行信息、物质与能量的交换，细胞所必需的养分的吸收和代谢产物的排出都要通过细胞膜，因此细胞必须具备一套物质转运体系，用以调节和选择物质的进出。细胞膜最大的特点是具有半透性或者选择透过性，主要的功能是可选择性吸收营养物质、排出代谢废物、分泌或运输蛋白。细胞膜除了通过选择透过性来调节和控制细胞内外物质的交换外，还能以胞吞和胞吐的方式帮助细胞从胞外环境中摄取液滴或颗粒，从而满足细胞在生命活动中对营养物质的需求。细胞膜也能接收外界信号的刺激使细胞做出反应，从而调节细胞的生命活动。因此，细胞膜不单单是细胞所形成的物理屏障，也是细胞在整个生命活动中所必需的、具有复杂功能的重要结构。

一、膜脂质

细胞膜中的膜脂质主要由磷脂、胆固醇和少量糖脂组成。在大多数细胞中，磷脂占膜脂质含量的70%以上，而膜脂质中含胆固醇的量不超过30%，糖脂不超过10%。磷脂由甘油磷脂和**鞘磷脂**（sphingomyelin，SM）两种脂类物质组成。甘油磷脂主要包括**磷脂酰胆碱**（phosphatidylcholine，PC）、**磷脂酰丝氨酸**（phosphatidylserine，PS）和**磷脂酰乙醇胺**

（phosphatidyl ethanolamine，PE），含量最少的是**磷脂酰肌醇**（phosphatidylinositol，PI）。膜脂质中的这些组成物质都具有两亲性结构。磷脂分子中的磷酸和碱基、胆固醇分子中的羟基以及糖脂分子中的糖链等亲水性基团分别形成各自分子结构中的亲水端，而分子的另一端则是疏水的脂肪酸烃链。这些两亲性的物质以脂质双分子层的形式存在于细胞膜中，构成细胞的细胞膜。在脂质双分子结构中，这些物质的亲水端朝向水性的细胞外液或胞质，而疏水的脂肪酸烃链则彼此相对，形成细胞膜的内部疏水区域。在双分子层结构中，磷脂、胆固醇以及糖脂在细胞膜中的分布并不是对称的。其中含氨基酸的 PS、PE 和 PI 主要分布在细胞膜的近胞质的内层，而大部分 PC 和全部糖脂都分布在细胞膜的外层。

二、膜蛋白

细胞膜中存在的蛋白质主要以内在蛋白和外在蛋白两种形式与膜脂质相结合。内在蛋白的疏水部分可直接与磷脂的疏水脂肪酸烃链以共价方式结合，内在蛋白的两端均带有极性，可贯穿细胞膜的内外。而外在蛋白主要以非共价键结合的方式连接在固有蛋白的外端或结合在磷脂分子的亲水结构中。理论上来讲，镶嵌在细胞膜脂质层中的蛋白质应该是随机分布的，是可以进行横向漂浮移位的，但实际膜蛋白在细胞膜中的分布存在着区域性，这可能与膜内侧的细胞骨架的限制作用有关。膜蛋白的不均一分布可实现细胞膜的特殊功能，实现细胞与外环境的物质、能量和信息交换。

细胞膜上主要存在载体蛋白和通道蛋白这两类转运蛋白。载体蛋白可与特定的溶质结合，通过自身构象的变化，将与它结合的溶质转移至膜的另一侧，从而实现溶质的胞内转运。载体蛋白进行转运传递有的需要 ATP 能量的驱动，有的则以协助扩散的方式递送。而通道蛋白与所需转运物质的结合力较弱，它能形成亲水性通道，当通道打开时即可允许特定的溶质通过，所有通道蛋白均以协助扩散的方式运输溶质。

三、膜糖

细胞膜中的糖类物质主要含有寡糖链和多糖链，均可通过共价键结合的方式与上述膜脂质或蛋白质结合，以糖脂和糖蛋白的形式存在于细胞膜上。糖脂和糖蛋白的糖链绝大多数是裸露在细胞膜的外环境一侧。膜糖的种类仅有 9 种，而在动物细胞膜上存在的主要是 7 种，即 D-葡萄糖、D-半乳糖、N-乙酰-D-半乳糖胺、甘露糖、N-乙酰葡糖胺、L-岩藻糖、唾液酸。膜糖可以提高细胞膜的稳定性，增强膜蛋白对细胞外基质中一些蛋白酶的抵抗能力，还可帮助膜蛋白进行正确的折叠，从而维持正确的三维构型。同时，膜糖也可参与细胞的信号识别、细胞的黏附。某些糖脂和膜蛋白中的糖基可与病毒或细菌结合，是细菌和病毒感染时的识别和结合位点。另外，糖蛋白中的糖基还帮助新合成蛋白质进行正确的运输和定位。

细胞膜对于体内细胞而言主要具有以下功能：①完美的屏障作用，可维持细胞结构的完整性，从而保护细胞内成分，使细胞处于相对稳定的微环境中；②细胞膜的选择渗透性作用，是细胞内外物质选择性运输的通道和桥梁；③具备一定的生物功能，可实现酶促反应、细胞识别、电子传递等作用；④识别和传递生理信号，实现细胞间的沟通和交流。细胞膜可通过胞饮作用（pinocytosis）、吞噬作用（phagocytosis）或胞吐作用（exocytosis）吸收、消化和外排细胞膜内外的物质。在细胞识别、信号传递等方面，质膜也发挥重要作用。某些细胞间的信息交流并不是通过细胞膜上的受体来实现的。比如某些细胞可分泌甾醇类物质，这些物质可以作为信号与其他的细胞进行信息交流，但是这些物质并不是通过与细胞膜上的受体结合来起作用的，而是穿过细胞膜与细胞核内或细胞质内的某些受体相结合，从而介导两个细胞间的信息交流。

药物在体内递送过程中的主要遇到的细胞膜屏障包括肠黏膜细胞膜、肾小管的上皮细胞膜以及血管内皮细胞膜。药物可通过细胞间途径和跨膜途径实现细胞的跨膜转运。因此，为了实现药物在细胞中的有效递送，必须克服细胞膜构建的上述天然屏障。

第六节　其他屏障

一、胎盘屏障

胎盘是妊娠期维持胎儿正常生长发育的临时性器官，是连接母体和胎儿的重要器官。在妊娠期间，胎盘是胎儿和母体间进行物质交换的场所，同时也是母体与胎儿之间的屏障系统，可以滋养和保护胎儿迅速成长。胎儿所需的营养物质以及所产生废物的外排均可通过胎盘以简单扩散、主动运输和受体介导的内吞作用等方式来实现。作为连接胎儿与母体最直接的器官，胎盘可通过其调节内分泌的功能来平衡胎儿与母体之间的内分泌激素水平。胎盘可产生性激素、糖蛋白和多肽激素等激素类物质。这些激素的分泌及功能正常发挥对妊娠的建立和维持至关重要。胎盘可通过自分泌和旁分泌的作用途径精确调节胚胎植入、蜕膜及胎盘发育、妊娠免疫耐受的建立和胎儿发育等这些生理过程。此外，胎盘在妊娠期间还发挥了重要的免疫保护作用。一方面胎盘作为屏障可保护胎儿免受母体免疫系统的攻击，另一方面胎盘具有独特的结构及细胞特征，可分泌一系列细胞因子、抗菌肽和干扰素等来阻断及抑制外来致病病原体的入侵。

在妊娠期间，一些外源性的化学物质可透过胎盘屏障对胎儿造成直接的伤害或干扰正常的胎盘功能从而间接影响胎儿的发育。研究表明，约85%的孕妇在妊娠期间都会使用具有治疗作用的药物，但仅有约三分之一的药物进行过孕期胎儿安全性评价。不同于其他的递药屏障，此处的胎盘屏障被期望能阻碍药物进入胚胎。

1. 胎盘结构

胎盘是由底蜕膜和丛密绒毛膜紧密结合而形成的圆盘结构，由囊胚外围的滋养外胚层细胞发育而来，具有内分泌和屏障功能。随着胚胎的植入，滋养外胚层细胞逐步分化发育成为具有特化功能的多种滋养层细胞亚型。在妊娠18～20天时，作为胎盘组织结构单元的绒毛开始生长形成绒毛树结构。绒毛树结构主要由漂浮绒毛和锚定绒毛组成。其中漂浮绒毛由两层滋养层细胞组成，包括内层的单核细胞滋养层（cytotrophoblast，CTB）细胞和外层的多核合体滋养层（syncytiotrophoblast，STB）细胞。在形成STB的同时，具有增殖能力的CTB开始向母体蜕膜方向生长，形成细胞滋养层细胞柱（cytotrophoblast column），锚定在母体蜕膜中。之后，CTB在细胞滋养层细胞柱的末端开始分化为绒毛外滋养细胞（extravillous trophoblast cell，EVT），入侵母体蜕膜并对母体蜕膜及螺旋动脉进行改建。因此，人类胎盘具有两个完整的界面：①STB浸润在富含母体血的绒毛间隙中，便于物质交换，同时也构成了抗微生物感染的重要结构基础；②在母体蜕膜区域，EVT锚定在子宫蜕膜，直接与母体蜕膜细胞及其他免疫细胞接触并相互作用。

2. 胎盘屏障

在妊娠这一特殊生理状态下，母体和胎儿连接界面基本处于免疫抑制状态。然而，胎盘具备强大的防御屏障，可有效抑制致病微生物在母体和胎儿之间进行传播。胎盘作为天然的生物屏障使得母体与胎儿之间保持相对独立。胎盘对物质的进出有严格的选择性，只有特定物质可以直接通过胎盘传递给胎儿。营养物质可通过胎儿胎盘循环、子宫胎盘循环以及这两个循环间的屏障进行交换，前提是母体和胎儿之间的两套循环系统具有完整性。胎盘有母体和胎儿两套血液循环，两者的血液在各自封闭管道内循环，互不混合，但可进行物质交换。母体动脉血携带氧气及营养物质经子宫螺旋动脉开口流入绒毛间隙，经绒毛内毛细血管吸收后由脐静脉带入胎儿体内。胎儿体内的代谢物及二氧化碳则由脐动脉经绒毛内毛细血管排入绒毛间隙，再经子宫静脉开口回流入母体。物质交换时，胎儿血液和母体血液之间只隔了一层很薄的结构，这个结构就是胎盘膜或胎盘屏障（placental barrier）。胎盘屏障是由胎儿内皮细胞、滋养层细胞、基膜以及合体滋养层细胞等多层结构组成。营养物质、代谢物及抗体蛋白等可以选择性定向通过胎盘屏障，而细菌及血细胞等则无法通过，但某些病毒可能透过胎盘屏障。在胎盘发育 1～4 个月的早期阶段，胎盘屏障的厚度约为 25 pm，这个阶段共由绒表面合体滋养层、细胞滋养层及其基膜、绒毛中轴结缔组织、绒毛内毛细血管内皮及其基膜这四层组织组成。第 4 个月后，合体滋养层变薄，绒毛的细胞滋养层及血管周围结缔组织逐渐消失，胎盘屏障明显变薄，约为 2 μm，通透性增强，从而显著提高母体与胎儿血液之间的物质交换速率。

3. 合体滋养层屏障

在胎盘血窦中，直接浸润在母体血液中的合体滋养层细胞形成了保护胎儿的第一道防线。合体滋养层细胞覆盖在胎儿绒毛树结构的表面，逐步形成总表面积高达 12～14 m² 的连续界面。胎盘发生的一个关键细胞生物学过程是由 CTB 融合形成巨大的多核滋养细胞，伴随细胞形态的变化，STB 细胞功能逐渐建立并完善，发挥母胎屏障的重要功能。

4. 细胞连接

细胞连接对于胎盘屏障的功能发挥起着举足轻重的作用。合体滋养层细胞是一个高度极化的单层细胞。单层极化上皮细胞间连接复合物结构包括紧密连接、胞质紧密连接（zonula occluden，ZO）、黏着连接和桥粒。ZO-1 和紧密连接中的闭合蛋白在妊娠早期胎盘中均有表达，在妊娠晚期的胎盘中表达水平显著增加。在正常胎盘中 ZO-1 和闭合蛋白主要在 STB 的顶面、STB 与 CTB 之间以及 CTB 相邻细胞之间表达。在发生绒毛膜羊膜炎的胎盘中，闭合蛋白明显下调，从而导致胎盘组织滋养细胞和内皮细胞紧密连接的解体，病原体可通过细胞之间的途径促使胎盘内感染。因此，维持细胞连接的完整性对于保持胎盘防御屏障的功能具有重要的意义。

胎盘防御屏障功能的建立与维持是正常妊娠维持的重要基础。在妊娠期重要的用药原则就是尽量减少或避免使用可通过胎盘屏障的药物，这点与前期有治疗性意义的递送是不一样的。胎盘要在母体处于免疫抑制的条件下，通过自身复杂的屏障机制保护自身及胎儿免受致病微生物的感染及外来治疗性药物的递送。

二、细胞外基质屏障

细胞外基质（extracellular matrix，ECM）是广泛存在于细胞之间，由胶原蛋白、弹性蛋白、非胶原糖蛋白、示踪蛋白（纤连蛋白、糖胺聚糖）、生长因子和糖胺聚糖等大分子组成的生物网状结构。其中胶原蛋白和弹性蛋白在ECM中的含量最为丰富，构成基质的支架。而糖胺聚糖则作为交联剂将水、生长因子和细胞因子等储存在内。整合素为连接ECM和细胞骨架的跨膜受体，是ECM与细胞之间信号转导的基础。ECM构成了细胞生存的微环境，除对细胞起支持与连接作用、为细胞的生长提供物理支持和适宜的场所外，还可通过信号转导调控细胞的黏附、生长、增殖和分化等多种生理过程。ECM是填充在细胞之间的动态网状结构，一直处于不断分泌与降解的动态平衡中。**基质金属蛋白酶**（matrix metalloproteinase，MMP）是ECM中存在的重要降解酶，对ECM体系的稳定起重要作用。ECM可分为基膜（basement membrane，BM）和间隙结缔组织（interstitial connective tissue，ICT）两大类。BM位于上皮细胞和基质之间，是由Ⅳ型胶原、层粘连蛋白（laminin，LN）、蛋白聚糖等组成的厚度为40～400 nm的菱形网状结构。在BM中，除Ⅳ型胶原外，还有少量的Ⅶ、Ⅷ、Ⅸ、Ⅺ型胶原。而ICT是位于基质中的复杂网状结构，主要由Ⅰ型胶原和Ⅳ型胶原组成。ICT中的纤维骨架是一种重要的结构，对组织细胞起支持作用。在纤维骨架中还有软骨素、肝素、硫酸角质素，它们均可以和蛋白质结合形成蛋白多糖，参与某些特殊结构（如肾小球基底膜）的构成。ICT还含有许多能与细胞因子相结合的位点，从而发挥效应细胞与ICT之间的信号传递，使机体可以随时调节基质的功能。ECM调节细胞的行为主要通过以下三种方式实现：①通过ECM自身刚度的改变调节细胞行为；②通过富集细胞因子调节细胞行为；③通过黏附因子激活细胞内信号通路调节细胞行为。

1.胶原蛋白

胶原蛋白是由α链组成的具有螺旋构象的结构蛋白质，按其功能可分为成纤维胶原和非纤维胶原。成纤维胶原的胶原域由长而不中断的三股螺旋组成，包括Ⅰ、Ⅱ、Ⅲ、Ⅴ、Ⅺ型胶原，主要构成ECM中的纤维结构。非纤维胶原的胶原域中的三股螺旋是不连续的，至少存在1个中断处，主要包括Ⅳ型（基底膜型）、Ⅶ、Ⅷ、Ⅸ、Ⅻ、ⅩⅣ、ⅩⅥ、ⅪⅩ型，主要结合于纤维表面或形成网状结构。

2.非胶原糖蛋白

非胶原糖蛋白包括层粘连蛋白、纤维连接蛋白、糖胺聚糖等。层粘连蛋白（LN）是由一条α重链和β、γ轻链通过二硫键交联而成外观呈十字形结构的蛋白。层粘连蛋白作为基底膜的主要组成成分，主要负责引导和调控神经生长因子的表达。纤维连接蛋白（fibronectin，FN）广泛存在于动物的组织和组织液中。纤维连接蛋白是一种二聚体结构，共含有6个结构域，每个结构域分别执行不同的功能，可分别与细胞、胶原、DNA和肝素结合。纤维连接蛋白可分为可溶性和不溶性两类。可溶性纤维连接蛋白即血浆纤维连接蛋白，主要分布于血浆及各种体液中。而不溶性纤维连接蛋白即细胞纤维连接蛋白，主要存在于细胞外基质和细胞表面。在细胞外基质中，完整的纤维连接蛋白基质对于成熟胶原的形成和稳定都是必需的。纤维连接蛋白通过自身聚合方式形成结缔组织中不溶性的细胞外基质。另一种不溶性纤维连接蛋白则可通过与α5β1整合素受体作用结合在细胞表面。糖胺聚糖包括硫酸乙酰肝素、硫酸软骨素和透明质酸等，主要通过与葡糖胺聚糖的侧链和层粘连蛋白结合发生相互作用。此外，细胞外基质中还包含玻连蛋白、弹性蛋白和血栓骨架蛋白等成分。除了这些基本成分外，ECM中仍保留了部分天然组织中存在的透明质酸酶、血管内皮生长因子、成纤维细胞生长因子、转化生长因子β、神经调节蛋白、表皮生长因子等具有重要生物活性的成分。

研究表明，肺纤维化、肝纤维化等疾病的发展会导致ECM的重塑，ECM过度沉积将会阻碍药物的有效递送。因此，在药物递送的过程中，因各种疾病导致的ECM的异常改变是递送药物时必须考虑的因素。

（黄海琴）

思 考 题

1. 简述经口服给药的药物在体内需要克服的生理屏障。
2. 经静脉注射方式给药的药物在体内需要克服的屏障有哪些？
3. 简述血-脑屏障的生理作用。
4. 什么是皮肤屏障？皮肤屏障受损后有什么危害？

参考文献

[1]　赵志刚, 江涛. 人体屏障与药物临床应用[M]. 北京: 中国医药科技出版社, 2022.

[2]　王庭槐. 生理学[M]. 北京: 人民卫生出版社, 2018.

[3]　方亮. 药剂学[M]. 北京: 人民卫生出版社, 2016.

[4]　陈水燕, 苏晓渝, 王新敏, 等. 基于纳米技术的口腔黏膜给药系统[J]. 药学学报, 2023, 58 (5): 1245-1255.

[5]　Johnston T P. Anatomy and physiology of the oral mucosa[M]. Boston: Springer, 2015: 1-15.

[6]　Lam J K, Xu Y Y, Worsley A, et al. Oral transmucosal drug delivery for pediatric use[J]. Adv Drug Deliv Rev, 2014, 73: 50-62.

[7]　Reddy R J, Anjum M, Hussain M A. A comprehensive review on buccal drug delivery system[J]. Am J Advan Drug Deliv, 2013, 1 (3): 300-312.

[8]　Marxen E, Axelsen M C, Pedersen A M L, et al. Effect of cryoprotectants for maintaining drug permeability barriers in porcine buccal mucosa[J]. Int J Pharmaceut, 2016, 511 (1): 599-605.

[9]　Sattar M, Sayed O M, Lane M E. Oral transmucosal drug delivery current status and future prospects[J]. Int J Pharmaceut, 2014, 471 (1/2): 498-506.

[10]　Morales J O, Fathe K R, Brunaugh A, et al. Challenges and future prospects for the delivery of biologics: oral mucosal, pulmonary, and transdermal routes[J]. AAPS J, 2017, 19 (3): 652-668.

[11]　Wertz P W . Roles of lipids in the permeability barriers of skin and oral mucosa[J]. Int J Mol Sci, 2021, 22 (10): 5229.

[12]　Jacob S, Nair A B, Boddu S H, et al. An updated overview of the emerging role of patch and film-based buccal delivery systems[J]. Pharmaceutics, 2021, 13 (8): 1206.

[13]　Sohi H, Ahuja A, Ahmad F J, et al. Critical evaluation of permeation enhancers for oral mucosal drug delivery[J]. Drug Dev Ind Pharm, 2010, 36 (3): 254-282.

[14]　Squier C A, Nanny D. Measurement of blood flow in the oral mucosa and skin of the rhesus monkey using radiolabelled microspheres[J]. Arch Oral Biol, 1985, 30 (4): 313-318.

[15] Brown T D, Whitehead K A, Mitragotri S. Materials for oral delivery ofproteins and peptides[J]. Nat Rev Mater, 2019, 5: 127-148.

[16] Yang M, Lai S K, Wang Y Y, et al. Biodegradable nanoparticles composed entirely of safe materials that rapidly penetrate human mucus[J]. Angewandte Chemie, 2011, 123 (11): 2645-2648.

[17] Yu M R, Wang J L, Yang Y W, et al. Rotation-Facilitated Rapid Transport of Nanorods in Mucosal Tissues[J]. Nano lett, 2016, 16 (11): 7176-7182.

[18] 胡红莲, 高民. 肠道屏障功能及其评价指标的研究进展[J]. 中国畜牧杂志, 2012, 48 (17): 78-82.

[19] 杨晖, 姚静, 周建平, 等. 针对胃肠道黏液屏障的口服纳米粒研究进展[J]. 药物与临床研究, 2012, 20 (4): 339-342.

[20] Cone R A. Barrier properties of mucus[J]. Adv Drug Deliv Rev, 2009, 61 (2): 75-85.

[21] Lai S K, Wang Y Y, Hanes J. Mucus-penetrating nanoparticles for drug and gene delivery to mucosal tissues[J]. Adv Drug Deliv Rev, 2009, 61 (2): 158-171.

[22] Suk J S, Lai S K, Boylan N J, et al. Rapid transport of muco-inert nanoparticles in cystic fibrosis sputum treated with N-acetyl cysteine[J]. Nanomedicine, 2011, 6 (2): 365-375.

[23] Suk J S, Lai S K, Wang Y Y, et al. The penetration of fresh undiluted sputum expectorated by cystic fibrosis patients by non-adhesive polymer nanoparticles[J]. Biomaterials, 2009, 30 (13): 2591-2597.

[24] Tang B C, Dawson M, Lai S K, et al. Biodegradable polymer nanoparticles that rapidly penetrate the human mucus barrier[J]. Proc Natl Acad Sci USA, 2009, 106 (46): 19268-19273.

[25] Han Y, Gao Z G, Chen L Q, et al. Multifunctional oral delivery systems for enhanced bioavailability of therapeutic peptides/proteins[J]. Acta pharmaceutica Sinica B, 2019, 9 (5): 902-922.

[26] Sinha V, Singh A, Kumar R V. Oral colon-specific drug delivery of protein and peptide drugs[J]. Crit rev ther drug, 2007, 24 (1): 63-92.

[27] Zhang M Z, Xu C L, Liu D D. Oral delivery of nanoparticles loaded with ginger active compound, 6-Shogaol, attenuates ulcerative colitis and promotes wound healing in a murine model of ulcerative colitis[J]. Crohn colitis, 2018, 12 (2): 217-229.

[28] Lundquist P, Artursson P. Oral absorption of peptides and nanoparticles across the human intestine: Opportunities, limitations and studies in human tissues[J]. Adv Drug Deliv Rev, 2016, 106: 256-276.

[29] 段菁菁, 潘阳. 血脑屏障概述[J]. 生物学教学, 2021, 46 (6): 68-70.

[30] 李震, 刘彦滗, 赵岩, 等. 溶质载体介导纳米药物载体跨越血脑屏障的研究进展[J]. 中国药科大学学报, 2022, 53 (2): 146-155.

[31] 王栋, 徐寒梅, 胡加亮. 跨血脑屏障的药物递送策略研究进展[J]. 药学进展, 2021, 45 (6): 473-480.

[32] Abbott N J, Patabendige A A K, Dolman D E M, et al. Structure and function of the blood-brain barrier[J]. Neurobiol Dis, 2010, 37 (1): 13-25.

[33] 孙久荣. 脑科学导论[M]. 北京: 北京大学出版社, 2001.

[34] Abbott N J. Dynamics of CNS barriers: evolution, differentiation, and modulation[J]. Cell Mol Neurobiol, 2005, 25 (1): 5-23.

[35] Gerhardt H, Wolburg H, Redies C. N-cadherin mediates pericytic-endothelial interaction during

brain angiogenesis in the chicken[J]. Dev Dynam, 2000, 218 (3): 472-479.

[36] Andoh M, Koyama R. Exercise, microglia, and beyond workout to communicate with microglia[J]. Neural Regen Res, 2020, 15 (11): 2029-2030.

[37] Matsuo H, Tsukada S, Nakata T, et al. Expression of a system L neutral amino acid transporter at the blood-brain barrier[J]. NeuroReport, 2000, 11 (16): 3507-3511.

[38] Toth A E, Nielsen S S E, Tomaka W. The endolysosomal system of bEnd.3 and hCMEC /D3 brain endothelial cells[J].Fluids and Barriers of the CNS, 2019, 16 (1): 13-14.

[39] 起珏. 激素依赖性皮炎皮肤屏障变化及修复的研究[D]. 昆明: 昆明医学院, 2011.

[40] Darlenski R, Sassning S, Tsankov N, et al. Non invasive in vivo methods for investigation of the skin barrier physical properties[J]. Eur J Pharm Biopharm, 2009, 72 (2): 295-303.

[41] Nemes Z, Steinert P M. Bricks and mortar of the epidermal barrier[J]. Exp Mol Med, 1999, 31 (1): 5-19.

[42] Feingold K R, Elias P M. Role of lipids in the formation and maintenance of the cutaneous permeability barrier[J]. Biochim Biophys Acta, 2014, 1841 (3): 280-294.

[43] 杨扬. 皮肤角质层的相关屏障结构和功能的研究进展[J].中国美容医学, 2012, 21 (1): 158-161.

[44] Elias P M, Williams M L, Maloney M E. Stratum corneum lipids in disorders of cornification. Steroid sulfatase and cholesterol sulfate in normal desquamation and the pathogenesis of recessive X-linked ichthyosis[J]. J Clin Invest, 1984, 74 (4): 1414-1421.

[45] Williams M L, Elias P M. Stratum corneum lipids in disorders of cornification: increased cholesterol sulfate content of stratum corneum in recessive x-linked ichthyosis[J]. J Clin Invest, 1981, 68 (6): 1404-1410.

[46] Luca C D, Valacchi G. Surface lipids as multifunctional mediators of skin responses to environmental stimuli[J]. Mediat Inflamm, 2010, 32 (1): 494.

[47] de Jong A, Cheng T Y, Huang S X, et al. CD1a autoreactive T cells recognize natural skin oils that function as headless antigens[J]. Natureimmunology, 2014, 15 (2): 177-185.

[48] 张舒婷, 杨春俊, 杨森. 皮肤屏障影响因素的研究进展[J]. 中国美容医学, 2016, 25 (12): 110-112.

[49] 张学军. 皮肤性病学[M]. 北京: 人民卫生出版社, 2013.

[50] 田艳, 刘玮. 皮肤屏障[J]. 实用皮肤疾病杂志, 2013, 6 (6): 346-348.

[51] 刘青, 伍筱铭, 王永慧. 皮肤屏障功能修复及相关皮肤疾病的研究进展[J]. 皮肤科学通报, 2017, 34 (4): 432-436, 6.

[52] 申社林, 熊水香, 叶常青. 正常人体结构[M]. 武汉: 华中科技大学出版社, 2016.

[53] 张淑秋, 王建新. 生物药剂学与药物动力学[M]. 北京: 中国医药科技出版社, 2016.

[54] 刘艳平. 细胞生物学[M]. 长沙: 湖南科学技术出版社, 2010.

[55] 雍克岚. 食品分子生物学基础[M]. 北京: 中国轻工业出版社, 2008.

[56] 郑婉珊, 胡晓倩, 王雁玲, 等. 胎盘屏障建立与维持的机制[J]. 生理学报, 2020, 72 (1): 115-124.

[57] Ander S E, Diamond M S, Coyne C B. Immune responses at the maternal-fetal interface[J]. Sci Immunol, 2019, 4 (31): eaat6114.

[58] Dilworth M R, Sibley C P. Review: Transport across the placenta of mice and women[J]. Placenta, 2013, 34: S34-S39.

[59] Heerema-McKenney A. Defense and infection of the human placenta[J]. APMIS, 2018, 126 (7):

570-588.

[60] Arora N, Sadovsky Y, Dermody T S, et al. Microbial vertical transmission during human pregnancy[J]. Cell Host Microbe, 2017, 21 (5): 561-567.

[61] Hamilton W J, Boyd J D. Development of the human placenta in the first three months of gestation[J]. J Anat, 1960, 94: 297-328.

[62] Brett K E, Ferraro Z M, Yockell-Lelievre J, et al. Maternal-fetal nutrient transport in pregnancy pathologies: the role of the placenta[J]. Int J Mol Sci, 2014, 15 (9): 16153-16185.

[63] Diaz-Lujan C, Triquell M F, Schijman A, et al. Differential susceptibility of isolated human trophoblasts to infection by Trypanosoma cruzi[J]. Placenta, 2012, 33 (4): 264-270.

[64] Diaz-Lujan C, Triquell M F, Castillo C, et al. Role of placental barrier integrity in infection by Trypanosoma cruzi[J]. Acta Trop, 2016, 164: 360- 368.

[65] 徐涛. 细胞外基质、基质金属蛋白酶和ARDS[J]. 国外医学·外科学分册, 2003, 30 (6): 343-346.

[66] Nagata S, Hanayama R, Kawane K. Autoimmunity and the clearance of dead cells[J]. Cell, 2010, 140 (5): 619-630.

[67] Manfredi A A, Capobianco A, Bianchi M E, et al. Regulation of dendritic-and T-cell fate by injury-associated endogenous signals[J]. Crit Rev Immunol, 2009, 29 (1): 69-86.

[68] Zhang Q, Raoof M, Chen Y, et al. Circulating mitochondrial DAMPs cause inflammatory responses to injury[J]. Nature, 2010, 464 (7285): 104-107.

[69] Simon C G, Yaszemski M J, Ratcliffe A, et al. ASTM international workshop on standards and measurements for tissue engineering scaffolds[J]. J Biomed Mater Res B Appl Biomater, 2015, 103 (5): 949-959.

[70] Grauss R W, Hazekamp M G, Oppenhuizen F, et al. Histological evaluation of decellularised porcine aortic valves: matrix changes due to different decellularisation methods[J]. Eur J Cardiothorac Surg, 2005, 27 (4): 566-571.

[71] 李珍美玉, 顾芸, 易晟. 细胞外基质在组织工程中的应用[J]. 交通医学, 2014, 28 (5): 425-429, 432.

第三章

药物制剂与剂型的设计及研究

 本章学习要求

1. 掌握：药物制剂设计的考虑因素、基本原则；药物剂型选择的基本原则。
2. 熟悉：质量源于设计（QbD）理念；药物制剂设计的主要环节；药物制剂处方设计前工作。
3. 了解：人工智能、分子建模在药物制剂与剂型设计中的应用。

第一节 概述

新药研发涉及多个学科，是一项投资大、周期长、风险高，但回报大的高技术产业。一个新药从研发到上市大致可以分为四个阶段，即①**新药发现阶段**：靶点确认、先导化合物的发现等。②**临床前研究**：药学研究、动物实验等。③**临床研究**：临床Ⅰ、Ⅱ、Ⅲ期人体用药试验，药物疗效评价。④**审批上市**：药品申报、上市后监测等。

药物唯有制成适宜的剂型方可成为供临床使用的药品。在药物制剂研发过程中，不同剂型的同一药物或者不同处方工艺的同一剂型药物，其疗效、毒副作用往往有较大的区别，其原因是不同的给药途径、剂型、处方、工艺等因素不仅影响制剂的理化性质，还会影响药物的体内药动学和药效学。因此，在研发阶段进行合理的药物制剂设计至关重要。

一、药物制剂设计的考虑因素

药物制剂的设计是新药研究和开发的起点，是决定药品安全性、有效性、可控性、稳定性和顺应性的重要环节。其目的就是根据疾病的性质、临床用药的需要以及药物的理化性质和生物学特性，确定适宜的给药途径和剂型，选择合适的辅料、制备工艺，筛选制剂的最佳处方和工艺条件，确定包装，最终形成适合生产和临床应用的制剂产品。

为了确保药物在临床上能最大限度地发挥药效和降低不良反应，药物制剂设计应考虑以下几个方面：

1. 迅速到达作用部位，保持药物有效浓度

在设计与选择剂型时，应尽快使药物到达作用部位、保持药物的有效浓度，且选择的剂型应具有较高的生物利用度。例如水溶性药物，静脉注射生物利用度可达100%，且作用

速率易控制；局部作用的制剂，到达部位较易，但完全吸收较难。

2. 避免药物在体内转运过程中被破坏

在设计药物剂型时，还应该了解药物的性质，如药物在体内是否存在肝首过效应，是否会受到生物膜、胃肠道pH以及酶的影响，从而危及药物的安全性和有效性，通常可通过合理的剂型设计加以克服，以避免或减少药物在体内转运过程中的破坏。

3. 保证体外溶出或释放与体内吸收相关性

处方前研究旨在了解药物在不同条件下的溶解性质、解离分配性质、膜透过性及本身稳定性等性质，以便于选择适宜的给药途径设计剂型，让药物能溶于浸没生物膜的体液而发挥治疗效果。因此，在处方设计前，应该了解药物以下几点特性：①药物在不同粒径、晶型、pH以及离子强度下的溶解度及溶出速率；②药物的油水分配系数；③药物的生物膜渗透性；④药物的稳定性等。

如某种口服药物生物利用度较低是因为药物在体液中溶出较慢或者溶出不完全，可采用物理或化学方法提高药物的溶解度及溶出速率，或者选择其他的给药途径、设计成其他剂型。

4. 考虑药物的吸收部位与吸收特点

不同给药途径吸收特点不同，应充分考虑生物环境对药物吸收的影响。如药物经胃肠道吸收时，弱酸性药物在胃内酸性环境中吸收较好，弱碱性药物在肠道弱碱性环境中吸收较好。

二、药物制剂设计的基本原则

药物制剂直接用于患者，因此无论经哪个途径用药，都应把质量放在最重要的位置。如果稍有不慎，轻则贻误疾病治疗，重则给患者带来生命危险，同时也将给生产厂家带来不可估量的信誉损失和经济损失。为了使药物制剂能够进行大规模生产、产品具有可重现性、药品能达到预期的治疗效果，制剂设计时应考虑如下基本原则：

1. 安全性（safety）

药物制剂的设计应能提高药物治疗的安全性，降低刺激性或毒副作用。药物制剂的安全性问题不仅来源于药物本身，同时也与药物剂型与制剂的设计有关。任何药物在对疾病进行有效治疗的同时，也可能具有一定的毒副作用。有些药物在口服给药时毒副作用不明显，但在注射给药时可能产生刺激性或毒副作用。例如布洛芬、诺氟沙星的口服制剂安全有效，但在设计成肌内注射液时却出现了严重刺激性。一些药物在规定剂量范围内的毒副作用不明显，但在超剂量用药或制剂设计不合理使药物吸收过快时产生严重后果。这种情况对于像茶碱、洋地黄、地高辛、苯妥英钠等治疗指数较小、药理作用及毒副作用都很强的药物来说更需要引起注意，临床上要求对这类药物进行血药浓度监测，就是为了尽量减少事故的发生。

对于药物制剂的设计来说，必须充分了解用药目的，以及药物的药理学、药效学、毒理学和药动学性质以确定给药途径、剂型及剂量。应该注意，在某些药物的新剂型及新制剂设计过程中，由于改变了剂型、采用新辅料或新工艺而提高药物的吸收及生物利用度时，需要对制剂的剂量以及适应证予以重新审查或修正，毒性很大或治疗指数小的药物一般不制备成缓释制剂，也不采用微粉化工艺加速其溶解。

2. 有效性（effectiveness）

在保证安全性的同时，药物制剂的有效性也是设计的重要考虑因素。药物的有效性是药品开发的前提，也是制剂设计的核心与基础。药物制剂的设计应能提高药物治疗的有效性，至少不能减弱药物的治疗作用。药物的有效性与给药途径、剂型、剂量有关，如治疗心绞痛的药物硝酸甘油，舌下给药2～5分钟起效，适用于心绞痛的急救；而硝酸甘油的透皮贴剂起效慢，药效的持续时间可达24小时以上，适用于预防性的长期给药。又如硫酸镁在口服时是有效的泻药，而在制备成静脉注射液则发挥解痉镇静的作用。即使是同一给药途径，不同的剂型也可能产生不同的治疗效果。像溶液剂、分散片、口崩片等能迅速起效，但往往维持时间较短，需要频繁用药，如布洛芬分散片、布洛芬颗粒剂等。若将布洛芬设计成缓释制剂时，则能够维持更长的作用时间，每天1～2次即可维持全天的镇痛作用。像高血压、精神焦虑等慢性、长期性疾病的治疗以及预防性治疗等选择缓释剂型较为合适。所以应从药物本身的特点和治疗目的出发，选择合适的给药途径和剂型，设计最优的起效时间和药效持续周期。

在保证用药安全的前提下，通过合理的制剂处方及工艺设计可以提高药物治疗的有效性。如对于某些口服难溶性药物、胃肠道吸收差的药物，使用高效崩解剂、增溶剂、固体分散技术或微粉化技术等可以提高药物的溶解速率及吸收率，提高其治疗有效性。将一些药物制备成脂质体、微球、乳剂等剂型，不仅提高了药物的有效性，还能减少毒副作用。例如前列腺素E1具有强烈血管扩张作用，在制备成乳状型注射液后，其有效性比溶液型注射液有数倍的提高，剂量却降低至原来的1/10～1/5，同时还减小了药物对血管的刺激性。

3. 稳定性（stability）

稳定性是保证药物制剂安全性和有效性的基础。药物制剂的设计应保证药物具有最优的稳定性，不仅要考虑在处方配伍及工艺过程中的药物稳定性，而且还要考虑在贮存期间以及使用期间的稳定性。药物制剂的稳定性包括物理、化学和微生物学的稳定性。药物制剂的物理不稳定性可导致液体制剂发生沉淀、分层等，以及固体制剂发生形变、破裂、软化和液化等形态改变；药物制剂的化学不稳定性可导致有效成分含量降低，形成新的具有毒副作用的有关物质；药物制剂的微生物学不稳定性可导致制剂污损、霉变、染菌等严重的安全隐患。制剂的有效剂量发生变化、均匀性变差，或药品外观发生不良变化等，可影响治疗效果及患者的顺应性。

制剂设计中的稳定性不仅与处方成分配伍有关，也与采用的制备工艺有关，如葡萄糖注射液、维生素C片、阿司匹林片等易受湿、热和辅料等因素的影响。同时还需要考虑制剂的包装，特别是引湿性较强、光敏感的药物制剂还必须严格防潮、避光。有些在制剂处方和工艺设计中难解决的稳定性问题，通过制剂包装材料的合理选择比较容易解决。

4. 可控性（controllability）

药品的质量是决定药物的有效性与安全性的重要保证，因此制剂设计必须保证质量的可控性。可控性主要体现在制剂质量的可预知性与重现性。重现性指质量的稳定性，即不同批次生产的制剂均应达到质量标准的要求，不会出现大的波动。质量可控性要求在制剂设计时应选择较为成熟的剂型、给药途径与制备工艺，以确保制剂质量符合规定的标准。在保证质量和达到相同治疗目的的情况下，选择适宜剂型、辅料及工艺以降低成本对生产者、患者以及全社会均具有重要意义。

5. 顺应性（compliance）

药物制剂的设计应提高患者对药物的接受程度，即顺应性。在剂型设计时应遵循顺应性的原则，考虑采用最便捷的给药途径，减少给药次数，并在处方设计中尽量减轻用药时可能给患者带来的不适或痛苦。从给药途径而言，口服是应用最广泛、最容易被接受的给药途径；注射剂需要专业技术人员操作、注射时的疼痛感等使许多人，特别是儿童患者不易接受；直肠用药，对婴幼儿而言是一种较好的给药途径，在欧洲许多患者也比较乐意接受栓剂，但在我国的应用则不够广泛，尚需进一步推广。所以从顺应性出发，只要口服给药安全有效，则在剂型选择上一般总是以口服制剂为首选。

顺应性的范围也包括对剂型及制剂的外形、外观、色泽、嗅味、使用方法等多方面的考虑。例如，体积较小、数量较少、色彩明快、口味良好的制剂更受推崇；胶囊剂、囊形片较圆形片更容易吞咽；颗粒剂、咀嚼片、合剂等在处方设计和工艺设计中需掩味；细腻、洁白、水性和涂展性好的乳剂使用较油膏剂更为普遍；缓释制剂可减少患者每天用药的次数，方便了患者。另外，优质的外观将进一步提高患者对药品内在质量的信任度。相反，即使是偶然的外观瑕疵都可能使患者不能放心用药，甚至影响治疗效果。

6. 可行性（feasibility）

在进行药物制剂设计的前期应展开全面的调查，分析其可行性。首先应考虑的是该药物制剂是否具有临床优势，接着通过调查和分析该制剂的市场空间、研发动态、专利布局、技术壁垒等，以科学的手段，预测该制剂在技术上能否生产，以及研发生产后是否有市场，是否能取得最佳的效益。

制剂的剂型种类繁多，生产工艺也有着各自的特点，研究中会面临许多具体情况和特殊问题。但制剂研究的总体目标是一致的，即通过一系列研究工作，保证制剂剂型选择依据充分，处方合理，工艺稳定，生产过程得到有效控制，适合工业化生产。制剂研究的基本内容是相同的，一般由剂型的选择、处方研究、制备工艺研究、药品包装材料的选择、质量及稳定性研究五方面构成。

第二节　药物剂型选择的基本原则

药物制剂研发的目的就是要保证药物的药效，降低毒副作用，提高临床使用的顺应性。药物研发者通过对原料药理化性质及生物学性质的考察，根据临床治疗和应用的需要，选择适宜的剂型。如果剂型选择不当，对产品质量会产生一定的影响，甚至影响到产品疗效及安全性。

一、药物剂型的重要性

一种药物可制成多种剂型，用于多种给药途径，而一种药物可制成何种剂型主要由药物的性质、临床需要、运输、储存等方面的要求决定。良好的剂型可以发挥出良好的药效，剂型的重要性主要体现在以下几个方面：

1. 可改变药物的作用性质

如硫酸镁口服剂型用作泻下药，但5%注射液静脉滴注能抑制大脑中枢神经，具有镇静、镇痉作用；又如依沙吖啶（ethacridine，利凡诺）1%注射液用于中期引产，但0.1%～0.2%溶液局部涂敷有杀菌作用。

2. 可调节药物的作用速率

如注射剂、吸入气雾剂等，发挥药效很快，常用于急救；丸剂、缓控释制剂、植入剂等属长效制剂。医生可按疾病治疗的需要选用不同作用速率的剂型。

3. 可降低（或消除）药物的不良反应

如氨茶碱治疗哮喘效果很好，但有引起心跳加快的毒副作用，若改成栓剂则可消除这种不良反应；缓释与控释制剂能保持血药浓度平稳，从而在一定程度上降低某些药物的不良反应，如将多柔比星制成脂质体制剂能够显著降低多柔比星普通制剂带来的心脏毒性。

4. 可产生靶向作用

如静脉注射用脂质体是具有微粒结构的剂型，在体内能被网状内皮系统的巨噬细胞所吞噬，使药物在肝、脾等器官浓集性分布，即是在肝、脾等器官发挥疗效的药物剂型。

5. 可提高药物的稳定性

同一药物制成固体制剂的稳定性高于液体制剂，凡在水溶液中不稳定、易发生降解的药物，一般可考虑将其制成固体制剂。若是口服用制剂可制成片剂、胶囊剂、颗粒剂等；若是注射用制剂则可制成注射用无菌粉末，均可提高稳定性。

6. 可影响疗效

固体剂型如片剂、颗粒剂、丸剂的制备工艺不同会对药效产生显著的影响，药物晶型、药物粒子大小的不同，也可直接影响药物的释放，从而影响药物的治疗效果。

二、药物剂型与给药途径

药物制成制剂应用于人体，在人体部位中有二十余种给药途径，即口腔、舌下、颊部、胃肠道、直肠、子宫、阴道、尿道、耳道、鼻腔、咽喉、支气管、肺部、皮内、皮下、肌内、静脉、动脉、皮肤、眼等。药物剂型必须根据这些给药途径的特点来制备。如眼黏膜用药途径是以液体、半固体剂型最为方便；舌下给药则应以速释制剂为主。有些剂型可以多种途径给药，如溶液剂可通过胃肠道、皮肤、口腔、鼻腔、直肠等途径给药。总之，药物剂型必须与给药途径相适应，例如：

1. 口腔及消化道给药

可通过口腔、舌下以及胃肠道等给药，常见的剂型有口服片剂、胶囊剂、含片以及舌下片等。口腔及消化道给药是经口腔、舌黏膜或胃肠道黏膜吸收而起效，但是该途径容易受首过效应影响，降低药物的生物利用度。

2. 腔道给药

可通过直肠、子宫、阴道、鼻腔等部位给药，主要剂型为栓剂。腔道给药既可以全身起效，也可以作用于局部，同时可避免肝首过效应。

3. 血管组织给药

可通过皮内、皮下、肌内、静脉、动脉等进行注射给药。注射给药药物吸收迅速，起效快，适用于需快速起效的疾病，并且注射剂一般生物利用度较高。

4. 呼吸道给药

可通过肺部、咽喉以及支气管等给药，剂型主要为喷雾剂、气雾剂等。呼吸道给药直达作用部位，起效很快，且不会被胃肠道破坏。

5. 皮肤给药

可通过皮肤进行给药，剂型主要为软膏剂、凝胶剂、贴剂、溶液剂等。经皮肤给药可避免首过效应，并且可以保持恒定的血药浓度，减少副作用。

因此，必须结合给药途径特点、药物的理化性质以及药物的临床治疗要求等方面选择合适的剂型。

三、药物剂型的选择

为保证药物临床应用安全、有效、质量可控、顺应性好，需要制成合理的药物制剂。制剂剂型种类繁多，每种剂型均有各自的特点。剂型选择宜首先对有关剂型的特点和国内外有关的研究、生产状况进行充分的了解，为剂型的选择提供参考。在创制、改进剂型时，剂型的选择一般应依据以下原则综合考虑。

1. 根据药物的理化性质和生物学特性选择剂型

药物的理化性质和生物学特性是剂型选择的首要依据。在选择药物剂型时，应掌握处方中活性成分的溶解性、稳定性和刺激性等，根据药物的理化性质和生物学特性为剂型的选择提供指导。一般而言，①含难溶性或水中不稳定成分的药物、含挥发油或有异嗅的药物不宜制成口服液；②药物成分易为胃肠道破坏或不被其吸收，对胃肠道有刺激性，或因肝脏首过作用易失效的药物等均不宜设计为简单口服剂型，如胰酶遇胃酸易失效，须制成肠溶胶囊或肠溶衣片服用才能使其在肠内发挥消化淀粉、蛋白质和脂肪的作用；③药物成分间易产生沉淀等配伍变化的组方，则不宜制成注射剂和口服液等剂型；④一些头孢类的抗生素稳定性差，药物宜在固态下贮藏，在溶液状态下快速降解或产生高分子聚合物，临床使用会引发安全性方面的问题，因而不适宜开发成注射液等溶液剂型。

2. 根据临床治疗的需要选择剂型

剂型的选择要考虑临床治疗的需要。如急症患者，要求药效迅速，宜用注射剂、气雾剂、舌下片、滴丸等速效剂型；而慢性病患者，用药宜缓和、持久，常选用丸剂、片剂、膏药及长效缓释制剂等；皮肤疾病患者一般可用软膏剂、橡胶膏剂、涂膜剂、洗剂、搽剂等剂型；而某些腔道病变患者，可选用栓剂、膜剂等。

对于出血、休克、中毒等急救治疗用药，通常宜选择注射剂型，如心律失常抢救用药要求用药剂量个体化，并在限定时间内静脉注射给药，以保证在安全的前提下尽快达到有效血药浓度，同时密切监测用药过程，抢救时一般采用高浓度的药物静脉推注或微量泵推注给药，一般情况下，不宜开发大容量注射液。有些药物（如抗生素）在剂型选择时应考虑到尽量延长药物临床应用的生命周期。

3. 根据临床用药的顺应性选择剂型

开发缓释、控释制剂可以减少给药次数，减小波动系数，平稳血药浓度，降低毒副作用，提高患者的顺应性；对于老年人、儿童及吞咽困难的患者，选择口服溶液、泡腾片、分散片等剂型有一定优势。

4. 根据常规要求选择剂型

根据服用、携带、生产、运输、贮藏五个方面的要求来选择适当的剂型。就携带、运输和贮藏而言，量小而质量稳定的固体剂型应优于液体剂型。服用方便除考虑剂量、物态等因素外，疾病性质也很重要。同时剂型设计还要结合生产条件考虑。例如汤剂味苦量大，服用不便，可将部分汤剂处方改制成颗粒剂、口服液、胶囊剂等。

5. 根据提高药物的生物利用度和疗效选择剂型

有些药物可以通过改变加工方法或变换剂型来提高生物利用度和疗效。如联苯双酯滴丸在人体内的生物利用度为片剂的2倍多，临床应用结果表明联苯双酯滴丸的剂量为片剂的三分之一时，临床疗效无显著差异。另外，某些药物由片剂、丸剂改成胶囊剂，可加快释放、增加药物吸收、提高其生物利用度。

6. 根据生产成本及可行性选择剂型

生产成本包括生产线建设的投资成本，以及药物原料的耗用成本。对于一些价格昂贵的原料药，采用注射剂、气雾剂和吸入剂等可以大幅降低药物原料成本，进而降低药品价格，提升药品的市场竞争力。同时，剂型选择还要充分考虑制剂工业化生产的难易性及可行性。

第三节　药物制剂的设计理念和主要环节

药物制剂研发的主要目的是保证药物的药效、降低毒副作用，提高药物临床使用的安全性、有效性和顺应性。传统的处方设计、研究思路和方法往往采用单变量的实验方法来优化处方和工艺参数，得出最优处方，并根据其实验数据来确定质量标准。然而，实际生产中不同的原料来源、不同的设备常常会使成品的检测指标偏离设定的质量指标，导致产品报废甚至大规模的召回事件。因此，人们认识到，在制剂研究中不能简单地追求一个最优处方，而是应该对处方和工艺中影响成品质量的关键参数及其作用机制有系统的、明确的认识，并对它们的变化范围对质量的影响进行风险评估，从而在可靠的科学理论基础上建立制剂处方和工艺的设计空间。实际生产中可以根据具体情况，在设计空间的范围内改变原料和工艺参数，同时也能保证药品的质量，为临床提供安全、稳定和有效的药物制剂。

一、质量源于设计理念

质量源于设计（quality by design，QbD）是目前国际上推行的先进理念，系指在可靠的科学管理和质量风险管理基础之上，预先定义好目标并强调对产品与工艺的理解及工艺控制的一个系统的研发方法。该理念已逐渐被整个工业界所认可并实施，且被人用药品技术要求国际协调理事会（The International Council for Harmonisation of Technical Requirements for Pharmaceuticals for Human Use，ICH）纳入新药开发和质量风险管理中，在ICH发布的Q8（pharmaceutical development，Q8）药物研发中指出，质量不是通过检验注入到产品中，而是通过设计赋予的，要想获得良好的设计，就必须加强对产品的理解和对生产的全过程控制。美国FDA认为，产品的设计要符合患者的需求，设计的过程要始终符合产品的质量特性，充分了解各类成分及过程参数对产品质量的影响，充分寻找过程中各种可变因素的来源，不断地更新与监测过程以保证稳定的产品质量。

QbD是《动态药品生产管理规范》（current good manufacture practice，cGMP）的基本组成部分，是科学的、基于风险的、全面主动的药物开发方法，从产品概念到工业化均精心设计，是对产品属性、生产工艺与产品性能之间关系的透彻理解。根据QbD概念，药品从研发开始就要考虑最终产品的质量，在处方设计、工艺路线确定、工艺参数选择、物料控制等各个方面都要进行深入的研究，积累翔实的数据，在透彻理解的基础上确定最佳的产品配方和生产工艺。

常规的QbD模式思路：首先确认目标（该目标不仅仅指一个具体的药物或制剂，而是包括了该药物或制剂的相关物理、化学、生物学等具体指标），在设计理念已确认的前提下，全方位收集设计目标的相关信息（包括理论、文献以及试验信息）；然后经全面考虑后确定生产方案设计，并通过试验等手段确定关键质量属性（critical quality attribute，CQA），同时将所有的CQA与原辅料影响因素和工艺参数相连贯，根据认知和对工艺的控制程度，逐步建立设计空间（design space）；最终完成设计并完善整体方案，并在药品的整个生命周期，包括后续的质量提升过程中进行有效管理。

基于QbD理念，药物制剂产品开发的第一步是确定目标产品特征（target product profile，TPP）以及相关的目标产品质量特征（target product quality profile，TPQP）。目标产品特征的确定首先需要分析其临床用药需要。不同的疾病和不同的用药情景下，适宜的给药方式和制剂形式往往不同。例如针对全身作用的药物，如果希望患者自行用药，一般应考虑研制口服制剂。但是如果需要治疗的疾病的常见症状是恶心、呕吐，就应该避免口服，而是采用注射、经皮或栓剂等给药形式。如果患者用药时神志不清，不能自主吞咽或者是急救用药，应该考虑开发为注射剂型；如果是慢性病长期用药，应考虑使用非注射给药的剂型或采用缓释长效注射剂型。

根据目标产品质量特征，进一步确立关键质量属性，并系统地研究各种处方和制剂工艺因素对于关键质量属性的影响及机制，选择能够保证产品质量的各个处方和工艺参数的范围，作为产品的设计空间，并应用在线检测技术，保证处方和工艺在设计空间中正常运行。这就是QbD理念下的药物制剂设计和工艺研究的新思路和新方法。

在应用QbD时，有3个关键因素需重点关注。①工艺理解。依照QbD理念，产品的质量不是靠最终的检测来实现的，而是通过工艺设计出来的，这就要求在生产过程中对工艺过程进行"实时质量保证"，保证工艺每个步骤的输出都是符合质量要求的。要实现"实时质量保证"，就需要在工艺开发时明确关键工艺参数，充分理解关键工艺参数是如何影响产品关键质量属性的。这样在大生产时，只要对关键工艺参数进行实时的监测和控制，保证关键工艺参数是合格的，就能保证产品质量达到要求。②设计空间。它指一个可以生产出符合质量要求的参数空间。设计空间的优势在于为工艺控制策略提供一个更宽的操作面，在这个操作面内，物料的既有特性和对应工艺参数可以无需重新申请就进行变化。如设计空间与生产规模或设备无关，在可能的生产规模、设备或地点变更时无需补充申请。③工艺改进。持续地改进和提高是QbD理念的一部分，能够提高实际生产中的灵活性，并且使得关键技术能够在研发和生产之间得到交流。如果CQA的变异不在可接受的范围内，就要进行调查分析，找出原因并实施改进纠正措施。如果知道导致CQA产生变异的原因，可以使用现有的质量标准或操作规程对修改后的工艺进行测试，以证明新的控制策略达到了目标效果。

二、药物制剂设计的主要环节

药物制剂设计主要包括以下几个环节：①处方前的全面研究工作，包括查阅有关药物的理化性质、药理学、药动学、专利情况等，如某些参数检索不到而又是剂型设计必需的，可通过试验获得数据后再进行剂型和处方设计；②根据药物的理化性质和治疗需要，结合各项临床前研究工作，确定给药的最佳途径，并综合各方面因素，选择合适的剂型；③根据所确定的剂型的特点，选择适合该剂型的辅料或添加剂，通过各种测定方法考察制剂的各项指标，采用实验设计优化法对处方和制备工艺进行优选；④确定包装材料，可通过文献调研，或通过制剂与包装材料相容性研究等试验初步选择内包装材料，并通过加速试验和长期留样试验继续进行考察，以获得适合生产和临床应用的制剂产品。

根据药物制剂的设计，制剂研究的基本内容大体相同，一般包括以下几个方面：

1. 剂型的选择

药物研发者通过对原料药理化性质及生物学性质考察，根据临床治疗和应用的需要，选择适宜的剂型。

2. 处方研究

根据药物理化性质、稳定性试验结果和药物吸收情况，选择适宜的辅料，进行处方筛选和优化，初步确定处方。

3. 制备工艺研究

根据剂型的特点，结合药物理化性质和稳定性情况，进行工艺研究及优化，初步确定实验室规模样品的生产工艺，并建立相应的过程控制指标。为实现制剂工业化生产，保证生产中药品质量稳定，需要进行工艺放大研究，必要时需要对处方、生产工艺、生产设备等进行调整。

4. 药品包装材料的选择

药品包装材料的选择主要侧重于药品内包装材料的考察。可通过文献调研，或通过制剂与包装材料相容性研究等试验初步选择内包装材料，并通过加速试验和长期留样试验继续进行考察。

5. 质量研究和稳定性研究

质量研究和稳定性研究已分别制订相应的指导原则，涉及此部分工作可参照有关指导原则进行。

制剂研究的各项工作既有其侧重点和需要解决的关键问题，彼此之间又有着密切联系。剂型选择是以对药物的理化性质、生物学特性及临床应用需求综合分析为基础的，而这些方面也正是处方及工艺研究中需要关注的内容。而制剂处方及工艺研究关系是最为密切的两项研究内容。质量研究和稳定性考察是处方筛选和工艺优化的重要的科学基础，同时，处方及工艺研究中获取的信息为药品质量控制体系（质量标准和中控指标）中项目的设定和建立提供了参考依据。因此，研究中需要注意加强各项工作间的沟通和协调，研究结果需注意全面、综合分析。

制剂研究是一个循序渐进、不断完善的过程。在研发初期，根据药物理化性质、稳定性试验结果和体内药物吸收情况等数据，在实验室小试规模的基础上初步确定制剂处方及制备工艺。而随着研究的开展，制剂在完成有关临床研究（如药代动力学试验、生物利用度比较研究）和稳定性试验后，药物研发者可能根据研究结果对制剂的处方及工艺进行调整。此外，在后期工艺放大研究中，也可能需要对处方、工艺等进行必要的调整。这些调整可能影响药品的体内外行为，除需重新进行有关体外研究工作（如溶出度检查）外，必要时还需进行有关临床研究。制剂研究结果是相关体内外研究的基础，而质量研究、稳定性试验和临床研究等为制剂研究提供了重要的科学依据，也为制剂的进一步完善提供了有益的反馈信息。因此，药物研发中需注意制剂研究与相关研究工作的紧密结合。

第四节　药物制剂处方设计前工作

处方设计前工作一般通过实验研究或查阅文献资料获得所需科学情报资料，如药物的物理性状、熔点、沸点、溶解度、溶出速率、多晶型、解离常数（pK_a）、分配系数等，以便作为研究人员在处方设计和生产开发中选择最佳剂型、工艺和质量控制的依据，使药物不但能保持物理化学和生物学的稳定性，而且使药物制剂用于人体时，能获得较高的生物利用度和最佳药效。

处方前工作的主要任务是：①获取新药的相关理化参数；②测定其动力学特征；③测定与处方有关的物理性质；④测定新药物与辅料间的相互作用。

一、资料收集和文献检索

资料收集与文献检索是处方前研究的第一步。随着现代医药科学的发展，医药文献的数量与种类也日益增多，要迅速、准确、完整地检索到所需的文献资料，必须熟悉检索工具、掌握检索方法。常用检索工具包括：①综合性数据库，如 MEDLINE、Web of Science、Chemical Abstracts（CA）等；②专业性检索工具和数据库，如中国药学文摘、International Pharmaceutical Abstracts（IPA）、PubMed、FDA Drug Index Database、USPTO Patent Full-Text and Image Database 等。在药物制剂研究的前期准备工作中，应根据具体所需，选择相应数据库进行信息检索，以获取全面的信息，支持后续工作的开展。

二、药物理化性质测定

药物的物理化学性质，如溶解度和油/水分配系数等是影响药物体内作用的重要因素。因此，应在处方前研究中系统地研究此类理化性质，主要包括解离常数（pK_a）、溶解度、多晶型、油/水分配系数、表面特征以及吸湿性等的测定。

（一）溶解度和 pK_a

无论何种性质的药物，也无论何种给药途径，都必须具有一定的溶解度，因为药物必须处于溶解状态才能被吸收。对于溶解度大的药物，可以制成各种固体或液体剂型，适合各种给药途径。对于溶解度小的难溶性药物，溶出是其吸收的限速步骤，是影响药物生物利用度的最主要因素。解离常数对药物的溶解性和吸收性也很重要，因为大多数药物是有机弱酸或弱碱，其溶解度受 pH 影响。药物溶解后存在的形式（即以解离型和非解离型存在）也不同，对药物的吸收可能会有很大影响，一般而言，解离型药物较难通过生物膜而被吸收，而非解离型药物往往可有效地通过类脂性的生物膜而被吸收。

1. 溶解度的表示方法

溶解度（solubility）系指在一定温度（气体在一定压力）下，在一定量溶剂中达饱和时溶解药物的最大量。《中华人民共和国药典》（简称《中国药典》）（2020年版）关于药物的溶解度有7种提法：**极易溶解、易溶、溶解、略溶、微溶、极微溶解、几乎不溶或不溶**（表3-1）。这些概念仅表示药物大致溶解性能，至于准确的溶解度，一般以一份溶质（1 g 或 1 mL）溶于若干毫升溶剂表示。药物的溶解度数据可以查阅药典、专门的理化手册等，对于查不到溶解度数据的药物，可以通过实验测定。

表3-1 《中国药典》（2020年版）溶解度的描述方法

溶解度术语	溶解限度
极易溶解	系指溶质 1 g（mL）能在溶剂不到 1 mL 中溶解
易溶	系指溶质 1 g（mL）能在溶剂 1～不到 10 mL 中溶解
溶解	系指溶质 1 g（mL）能在溶剂 10～不到 30 mL 中溶解
略溶	系指溶质 1 g（mL）能在溶剂 30～不到 100 mL 中溶解
微溶	系指溶质 1 g（mL）能在溶剂 100～不到 1000 mL 中溶解
极微溶解	系指溶质 1 g（mL）能在溶剂 1000～不到 10000 mL 中溶解
几乎不溶或不溶	系指溶质 1 g（mL）在溶剂 10000 mL 中不能完全溶解

（1）特性溶解度（intrinsic solubility） 特性溶解度指药物不含任何杂质，在溶剂中不发生解离、缔合，不与溶剂中其他物质发生相互作用时所形成的饱和溶液的浓度。特性溶解度是药物的重要物理参数之一，了解该参数对剂型的选择，处方及工艺的确定具有指导作用。

（2）平衡溶解度（equilibrium solubility） 当弱碱（酸）性药物在酸（碱）性、中性溶剂中溶解时，药物可能部分或全部转变成盐，在此条件下测定的溶解度不是该化合物的特性溶解度。在测定药物溶解度时不易排除溶剂、其他成分的影响，一般情况下测定的溶解度称平衡溶解度或表观溶解度。

2. 溶解度和pK_a的关系

Kaplan 在 1972 年就提出在 pH 1～7 范围内（37℃），药物在水中的溶解度小于 1%（10 mg/mL）时，可能出现吸收问题，同时若溶出速率（intrinsic dissolution rate）大于 1 mg/（cm^2·min）时，吸收不会受到限制；若小于 0.1 mg/（cm^2·min），吸收受溶出速率限制。由于溶出时呈漏槽状态，溶出速率与溶解度成比例关系，此时溶出速率相差10倍，即表明溶解度最低限度为 1 mg/mL，溶解度小于此限度则需采用可溶性盐的形式。

Henderson-Hasselbach 公式可以说明药物的解离状态，pK_a 和 pH 的关系如下：

对弱酸性药物：
$$pH = pK_a + \lg\frac{[A^-]}{[HA]} \qquad (3-1)$$

对弱碱性药物：
$$pH = pK_a + \lg\frac{[B]}{[BH^+]} \qquad (3-2)$$

上述两式可用来解决如下问题：①根据不同 pH 时所对应的药物溶解度测定 pK_a；②如果已知 [HA] 或 [B] 和 pK_a，则可预测任何 pH 条件的药物的溶解度（非解离型和解离型溶解度之和）；③有助于选择药物的合适盐；④预测盐的溶解度和 pH 的关系。

3. 溶解度和 pK_a 的测定方法

各国药典规定了溶解度的测定方法。《中国药典》（2020年版）凡例中规定了详细的测定方法，参见药典有关规定：除另有规定外，称取研成细粉的供试品或量取液体供试品，置于25℃±2℃一定容量的溶剂中，每隔5分钟强力振摇30秒钟；观察30分钟内的溶解情况，如无目视可见的溶质颗粒或液滴时，即视为完全溶解。

测定溶解度通常是在固定温度及固定溶剂中测定平衡溶解度和pH-溶解度曲线，常用的溶剂是水、0.9% NaCl、0.1 mol/L HCl以及不同pH的缓冲盐溶液，或加入表面活性剂如十二烷基硫酸钠、吐温80等，或加入其他有机溶剂如乙醇、丙二醇、甘油等。

pK_a通常用酸碱滴定法进行测定，如测定某酸的pK_a可用碱滴定，将结果以被中和的酸的分数（X）对pH作图，同时还需滴定水，得两条曲线，由每一点时两者的差值可得一曲线，即为校正曲线。pK_a即为50%的酸被中和时的pH。水的曲线表示滴定水所需的碱量，酸的曲线为一般的滴定曲线，差值的曲线为校正曲线，即在水平线时（纵坐标相同时），酸的曲线和水的曲线之间的差值。对于胺类药物，其游离碱通常很难溶，pK_a的测定可在含有不同浓度的有机溶剂（如5%、10%、15%、20%）的溶剂中进行，将结果外推至有机溶剂浓度为0%时，即可估算出水的pK_a。

（二）油水分配系数

油水分配系数（partition coefficient，P）是分子亲脂特性的量度，在药剂学研究中主要用于预测药物对在体组织的渗透或吸收难易程度。药物分子必须有效地跨过体内的各种生物膜屏障系统，才能到达病变部位发挥治疗作用。

油水分配系数代表药物分配在油相和水相中的比例，用下式表示：

$$P = \frac{C_o}{C_w} \tag{3-3}$$

式中，C_o表示药物在油相中的质量浓度；C_w表示药物在水相中的质量浓度。

在实际应用中常采用油水分配系数的对数值，即$\lg P$作为参数。$\lg P$值越高，说明药物的亲脂性越强；相反则药物的亲水性越强。由于正辛醇和水不互溶，且其极性与生物膜相似，所以正辛醇最常用于测定药物的油水分配系数。测定方法或溶剂不同，P值相差很大。

摇瓶法是测定药物油水分配系数的常用方法之一。具体方法为：将药物加入到水和正辛醇的两相溶液中（实验前正辛醇相需要用水溶液饱和24小时以上），充分摇匀，达到分配平衡后，分别测定有机相（C_o）和水相（C_w）中药物的浓度。当某相中药物的浓度过低时，也可通过测定另一相中药物浓度的降低值来进行计算。

需要注意的是，测定药物的油水分配系数时，浓度均是非解离型药物的浓度，因此，如果该药物在两相中均以非解离型存在，则油水分配系数即为该药物在两相中的固有溶解度之比。但是，如果该药物在水溶液中发生解离，则应根据pK_a计算该pH下非解离型药物浓度，再据此计算油水分配系数。直接根据药物在水相中的浓度（非解离型和解离型药物浓度之和）计算得到的油水分配系数称为表观分配系数（apparent partition coefficient），或者分布系数（distribution coefficient）。显然，不同pH条件下，解离型药物的表观分配系数是不同的。

（三）熔点和多晶型

化学结构相同的药物，由于结晶条件不同，可得到多种晶格排列不同的晶型，这种现象称为多晶型（polymorphism）。多晶型中有稳定型、亚稳定型和无定形。稳定型的结晶熵值最小、熔点高、溶解度小、溶出速率小；无定形溶解时不必克服晶格能，溶出最快，但在贮存过程中可转化成稳定型；亚稳定型介于上述二者之间，其熔点较低，具有较高的溶解度和溶出速率。亚稳定型也可以逐渐转变为稳定型，但这种转变速率比较缓慢，在常温下较稳定，有利于制剂的制备。

药物的多晶型对药物的理化性质的影响表现在药物熔点、药物溶解度与溶出速率、药物稳定性等方面，进而会影响到药理活性和生物利用度，所以在原料药的选择上应注意。例如，无味氯霉素存在多晶型，有A、B、C三种晶型及无定形，其中B晶型与无定形有效，而A、C两种晶型无效。因此，处方设计前工作需研究药物是否存在多晶型，不同晶型的稳定性，是否存在无定形，以及每一种晶型的溶解度差异等问题。

（四）吸湿性

吸湿性（hygroscopicity）系指固体表面吸附水分的现象。一般而言，物料的吸湿程度取决于周围空气中的**相对湿度**（relative humidity，RH）。空气的RH越大，暴露于空气中的物料越易吸湿。药物的水溶性不同，吸湿规律也不同，水溶性药物在大于其**临界相对湿度**（citical relative humidity，CRH）的环境中吸湿量突然增加，而水不溶性药物随空气中相对湿度的增加缓慢吸湿。药物及制剂均应在干燥条件下（相对湿度低于50%）放置，且还需选择适宜的包装材料及密封容器。

药物的吸湿性可用测定药物的平衡吸湿曲线进行评价。具体方法为：将药物置于已知相对湿度的环境中（有饱和盐溶液的干燥器中），一定时间间隔后，将药物取出，称重，测定吸水量。在25℃、80%的相对湿度下放置24小时，吸水量小于2%时为微吸湿；大于15%即为极易吸湿。

（五）粉体学性质

粉体（powder）系指固体细微粒子的集合体。粉体学（micromeritics）系指研究粉体所表现的基本性质及其应用的科学，包括形状、粒子大小及分布、密度、表面积、空隙率、流动性、可压性、附着性、吸湿性等。粉体学对制剂的处方设计、制备、质量控制、包装等具有重要意义。例如，粉体的粒子大小会影响溶解度和生物利用度；粉体的性质会影响片剂的成型和崩解；粉体的流动性和相对密度会影响散剂、胶囊剂、片剂等按容积分剂量的准确性；粉体的密度、分散度、形态等性质会影响药物混合的均匀性。

三、药物稳定性考察

在新药研发中，药物制剂的稳定性研究是重要组成部分之一。新药申报资料项目中需要提交**稳定性研究的试验资料**应包括：原料药的稳定性试验、药物制剂处方与工艺研究中的稳定试验、包装材料的稳定性及选择、药物制剂的加速试验与长期试验、药物制剂产品上市后的稳定性考察、药物制剂处方或生产工艺或包装材料改变后的稳定性研究。

影响药物制剂稳定性的因素包括**处方因素**和**外界因素**。处方因素考察的意义在于设计合理的处方，选择适宜剂型和生产工艺。处方因素主要有化学结构、溶液pH、广义的酸碱催化、溶剂、离子强度、药物间相互影响、赋形剂与附加剂等。外界因素考察的意义在于可决定该制剂的包装和贮藏条件。外界因素包括温度、空气（氧）、湿度和水分、金属离子、光线、制备工艺包装材料等。

四、药物吸收及体内动力学参数的测定

（一）药物吸收

吸收（absorption）是指药物从给药部位向体循环转运的过程。血管内给药由于药物直接进入血液循环，故无吸收过程，除此之外的非血管内给药均存在吸收过程。药物只有吸收入血，达到一定血药浓度，并通过循环系统转运至发挥药效的部位，才可以产生预期药理效应，其作用强弱和持续时间都与血药浓度直接相关，因此吸收是发挥药效的重要前提。

1. 口服药物吸收

口服给药（oral drug delivery）的药物透过胃肠道上皮细胞进入血液或淋巴液中，并随着体循环分布到各组织器官从而发挥药效。其优势在于给药简单、经济且安全、患者顺应性好。药物的理化性质、制剂的特征和吸收部位的生物因素决定药物的吸收，药物由消化道吸收进入体循环的全过程中，消化道的生理因素和制剂的剂型因素均影响药物吸收。因此，掌握各种影响吸收的因素，对药物剂型设计、制剂制备、生物利用度提高和安全使用有着重要的指导作用。一般有如下因素：

（1）生理因素　口服药物的吸收在胃肠道上皮细胞进行，胃肠道生理环境（如胃肠液的性质、胃排空、首过效应、食物的影响等）的变化以及疾病因素（如腹泻、胃切除手术患者）对吸收产生较大影响。

（2）药物因素　口服给药需要药物从制剂中溶出，并透过组织细胞从而进行吸收，因此药物的理化性质至关重要，应主要关注药物的解离度、脂溶性、溶出速率等。此外，应考虑药物在胃肠道的稳定性。胃肠道分泌液、pH、消化酶、肠道菌群及细胞内代谢酶等，可使口服药物在吸收前降解或失去活性，所以在药物制剂设计、制剂处方工艺设计时应加以注意。

（3）剂型因素　药物的剂型也会对药物的吸收及生物利用度有较大影响。口服药物必须先从制剂中溶出，透过机体细胞，被血液转运至体循环。对于口服给药的不同剂型，由于药物溶出速率不同，其吸收的速率与程度也会相差很大，因而影响药物的起效时间、作用强度、持续时间、不良反应等；少数药物由于给药途径不同，药物的作用目的也不一样。剂型中药物的吸收和生物利用度情况取决于药物的释放速率与释放量。一般认为，口服剂型生物利用度高低的顺序为：溶液剂＞混悬剂＞颗粒剂＞胶囊剂＞片剂。

（4）制剂因素　药物的来源及剂量、辅料种类和加入量都可归为制剂因素，对药物的吸收均有影响。同一种药物制剂，由于处方组成不同，制剂的体外质量和口服生物利用度均可能存在较大差异，使用辅料种类不同，来源不同，得到的物料特性（如可压性、流动性、润滑性、均匀性等）、稳定性（如物理稳定性、化学稳定性和生物学稳定性）和制剂学特性（如崩解度、溶出度、肠溶、缓控释和靶向等）均有差异。同时，辅料也会对药物疗效产生一定的影响，例如乳糖能够加速睾酮的吸收，延缓对戊巴比妥钠的吸收，对螺内酯能够产生吸附而使其释放不完全，影响异烟肼的疗效发挥。辅料之间、辅料和主药之间可能产生相互作用而影响药物的稳定性和药物的溶出与吸收。

2. 非口服药物的吸收

口服给药是最主要的给药途径，但口服给药存在起效较慢、药物可能在胃肠道被破坏、对胃肠道有刺激性等问题。非口服给药途径很多，除血管内给药外，非口服给药后可产生

局部作用，也可产生全身的治疗作用。非口服药物的吸收与给药方式、部位以及药物的理化性质和制剂因素等有关。非口服给药途径主要有以下几种：

（1）注射给药（parenteral drug delivery）　注射给药几乎可以对任何组织器官给药，药物的吸收路径短，起效迅速，可避开胃肠道的影响，避免肝脏的首过效应，生物利用度高，药效可靠。一些急救、口服不吸收或在胃肠道易被破坏的药物，以及一些不能口服的患者，如昏迷或不能吞咽的患者，常以注射方式给药。注射给药会对周围组织造成损伤，常伴有注射疼痛与不适。常见的注射给药途径有：静脉注射、肌内注射、皮下注射、皮内注射、关节腔内注射等。

（2）肺部给药（pulmonary drug delivery）　又称吸入给药（inhalation drug delivery），指药物从口腔吸入，经咽喉进入呼吸道，到达呼吸道深处或肺部，起到局部作用或全身治疗作用的给药方式。常用的剂型包括气雾剂、喷雾剂和粉雾剂。治疗哮喘的吸入型药物局部作用在气管壁上；用于全身治疗的吸入药物只有沉积在肺泡处才具有良好的吸收效果。对于口服给药在胃肠道易被破坏或具有肝首过效应的药物，如蛋白质和多肽类药物，肺部给药可显著提高生物利用度。

（3）经皮给药（transdermal drug delivery）　主要用于局部皮肤的治疗，也可以经皮肤吸收后经体循环治疗全身性疾病。对于皮肤病，由于病灶部位的深浅不同，某些药物需要透过角质层后才能起效；而对于全身性疾病，药物必须通过角质层，被皮下毛细血管吸收进入血液循环后才能起效。

（4）鼻腔给药（nasal drug delivery）　不仅适用于鼻腔局部疾病的治疗，也是全身治疗的给药途径之一。鼻腔给药的药物吸收是药物透过鼻黏膜向循环系统的转运过程，与鼻黏膜的解剖、生理以及药物的理化性质和剂型等因素有关。研究发现，一些甾体类激素、抗高血压、镇痛、抗生素类以及抗病毒类药物经鼻腔给药，通过鼻黏膜吸收可以获得比口服给药更好的作用，对于某些蛋白质和多肽药物经鼻黏膜吸收也能达到较高的生物利用度。

（5）口腔黏膜给药（oral mucosal drug delivery）　药物经口腔黏膜给药可发挥局部或全身治疗作用，局部作用的剂型多为溶液型或混悬型，如漱口剂、气雾剂、软膏剂等。对期望产生全身作用的常选择舌下片、黏附片、贴剂等。不宜口服或静脉注射的药物可以采用黏膜给药的方式，可避开肝首过效应、避免胃肠道的降解作用、给药方便、起效迅速、无痛无刺激、患者耐受性好。

（6）直肠给药（rectal drug delivery）　将药物制剂注入直肠或乙状结肠内，经血管、淋巴管吸收进入体循环，用于局部或发挥全身作用的一种给药方式。常用的剂型是栓剂或灌肠剂。栓剂降低了肝首过效应；避免胃肠 pH 和酶的影响和破坏，避免药物对胃肠功能的干扰；作用时间一般比片剂长；可作为多肽和蛋白质类药物的吸收部位。

（7）阴道给药（vaginal drug delivery）　将药物纳入阴道内，发挥局部作用，或通过吸收进入体循环，产生全身的治疗作用的给药方式。阴道给药的主要优点有：能持续释放药物，局部疗效好，适用于有严重胃肠道反应、不适合口服的药物；可避免肝脏的首过效应，提高生物利用度等。

（二）药物动力学参数

1. 速率常数（rate constant）

速率常数是描述速度变化快慢的动力学参数。测定速率常数的大小可以定量地比较药物转运速度的快慢，速率常数越大，该过程进行得越快。一级速率常数用"时间"的倒数为单位，如 min^{-1} 或 h^{-1}。零级速率常数单位是"浓度·时间$^{-1}$"。

一定量的药物，从一个部位转运到另一个部位，其转运速率与转运药物量的关系可用式（3-4）表示：

$$-\frac{\mathrm{d}X}{\mathrm{d}t}=kX \tag{3-4}$$

式中，$\mathrm{d}X/\mathrm{d}t$ 表示药物转运的速率；X 表示药物量；k 表示转运速率常数。

总消除速率常数反映体内的总消除情况，包括经肾排泄、胆汁排泄、生物转化以及从体内消除的一切其他可能的途径。因此，k 为各个过程的消除速率常数之和。

$$k=k_e+k_b+k_{bi}+k_{lu}+\cdots \tag{3-5}$$

式中，k_e 为肾排泄速率常数；k_b 为生物转化速率常数；k_{bi} 为胆汁排泄速率常数；k_{lu} 为肺消除速率常数。速率常数的加和性是一个很重要的特性。

2. 生物半衰期（biological half life）

生物半衰期指药物在体内的量或血药浓度下降一半所需要的时间，以 $t_{1/2}$ 表示。生物半衰期是衡量药物从体内消除快慢的指标。一般来说，代谢快、排泄快的药物，其 $t_{1/2}$ 短；代谢慢、排泄慢的药物，其 $t_{1/2}$ 长。对具有线性动力学特征的药物而言，$t_{1/2}$ 是药物的特征参数，不会因药物剂型或给药方法（剂量、途径）而改变。同一药物用于不同患者时，由于生理与病理情况不同，可能发生变化，故对于安全范围小的药物应根据患者病理生理情况制订个体化给药方案。在联合用药情况下，可能产生药物相互作用而使药物 $t_{1/2}$ 改变，此时也应调整给药方案。

3. 表观分布容积（apparent volume of distribution）

体内药量与血药浓度间的比例常数，用"V"表示。它可以定义为体内的药物按血浆药物浓度分布时，所需要体液的体积。表观分布容积与体内药物量之间的关系如下式所示：

$$X=VC \tag{3-6}$$

式中，X 为体内药物量；V 为表观分布容积；C 为血药浓度。表观分布容积的单位通常以"L"或"L/kg"表示。

4. 清除率（clearance）

清除率是指单位时间内从体内消除的药物的表观分布容积，常用 Cl 表示。整个机体的清除率称为体内总清除率（total body clearance，TBCL）。在临床药物动力学中，总清除率是非常重要的参数，是制订或调整肝/肾功能不全患者给药方案的主要依据。

清除率的计算公式如下：

$$Cl=\frac{-\mathrm{d}X/\mathrm{d}t}{C}=\frac{kX}{C}=kV \tag{3-7}$$

式中，$-\mathrm{d}X/\mathrm{d}t$ 代表机体或消除器官中单位时间内消除的药物量，除以浓度 C 后，换算为体积数，单位用"体积·时间$^{-1}$"表示。

清除率具有加和性，体内总清除率等于药物经各个途径的清除率总和。多数药物主要以肝的生物转化和肾的排泄两种途径从体内消除，因此药物在体内的总清除率约为肝清除率（Cl_h）与肾清除率（Cl_r）之和。

5. 血药浓度 - 时间曲线下面积

药物进入体内后血药浓度随时间发生变化，以血药浓度为纵坐标，以时间为横坐标绘制的曲线称为血药浓度 - 时间曲线。由该曲线和横轴围成的面积称为**血药浓度 - 时间曲线下面积**（area under curve，AUC）。它表示一段时间内药物在血浆中的相对累积量。曲线下面积越大，说明药物在血浆中的相对累积量越大。AUC 是评价制剂生物利用度和生物等效性的重要参数。

五、药物制剂处方的优化设计

一般在给药途径及剂型确定后，针对药物的基本性质及制剂的基本要求，选择适宜辅料和处方配比，将其制成质量可靠、使用方便的药品。

（一）辅料的选择

辅料是药物剂型存在的物质基础，具有赋形、填充、方便使用与贮存的作用。辅料能使制剂具有理想的理化性质，如增强主药的稳定性，延长制剂的有效期，调控主药在体内外的释放速率，调节身体生理适应性，改变药物的给药途径和作用方式等。

1. 辅料的来源

辅料是除主药外一切材料的总称。处方中使用的辅料原则上应使用符合国家标准的品种及批准进口的辅料；对其他辅料，应提供依据并制订相应的质量标准。对国外药典收录的辅料，应提供国外药典依据和进口许可等。对食品添加剂（如调味剂、矫味剂、着色剂、抗氧化剂），也应提供质量标准及使用依据。

2. 辅料的一般要求

应根据剂型及给药途径的需要，还应考虑辅料不应与主药发生相互作用、不影响制剂的含量测定等因素来选择适宜的辅料。

（二）原辅料相容性研究

原辅料相容性试验在制剂开发过程中十分重要，为处方中辅料的选择提供了有益的信息和参考。辅料的各项性质，以及外界各种因素都有可能影响原辅料相容性，在制剂研发的初期就需要进行考察。原辅料相容性试验主要关注原辅料化学反应导致性状改变，药物含量降低和杂质升高等，而在实际操作过程中，辅料的吸附以及原辅料形成复合物等其他复杂情况也可能影响药品质量，应该予以注意。

大多数辅料在化学性质上表现出惰性，但某些辅料与药物混合后出现配伍变化。因此，应进行主药与辅料的相互作用研究。通过研究辅料与主药的配伍变化，考察辅料对主药的鉴别与含量测定的影响，设计含有不同辅料及不同配比的原辅料混合物，以外观性状、吸湿增重、有关物质和含量等相关项目为指标考察不同辅料对主药的影响。

通过前期调研，了解辅料与辅料间、辅料与药物间相互作用情况，以避免处方设计时选择不宜的辅料。对于缺乏相关研究数据的，可考虑进行相容性研究。例如口服固体制剂，可选若干种辅料，若辅料用量较大的（如稀释剂等），可按主药∶辅料 =1∶5 的比例混合，若用量较小的（如润滑剂等），可按主药∶辅料 =20∶1 的比例混合，取一定量，参照药物稳定性指导原则中影响因素的试验方法或其他适宜的试验方法，重点考察性状、含量、有关物质等，必要时，可用原料药和辅料分别做平行对照试验，以判别是原料药本身的变化还是辅料的影响。如处方中使用了与药物有相互作用的辅料，需要用试验数据证明处方的合理性。目前部分辅料可能存在的不相容性示例见表3-2，在进行处方设计时应尽量避免。

表3-2　部分辅料不相容性示例

辅料	非相容性
乳糖	美拉德反应；乳糖杂质5-羟甲基-2-糠醛的克莱森-施密特反应；催化作用
微晶纤维素	美拉德反应；水吸附作用导致水解速率加快；由于氢键作用而发生的非特异性的非相容性
聚维酮和交联聚维酮	过氧化降解；与氨基酸和缩氨酸的亲核反应；对水敏感药物吸湿水解反应
羟丙基纤维素	残留过氧化物的氧化降解
交联羧甲基纤维素钠	弱碱性药物吸附钠反离子；药物盐形式转换
羧甲基淀粉钠	由于静电作用吸附弱碱性药物或其钠盐；与残留的氯丙嗪发生亲核反应
淀粉	淀粉终端醛基与肼类反应；水分介质反应；药物吸附；与甲醛反应分解使功能基团减少
二氧化硅胶体	在无水条件下有路易斯酸作用；吸附药物
硬脂酸镁	MgO杂质与布洛芬反应；提供碱性pH环境加快水解；Mg^{2+}会起到螯合诱导分解的作用

（三）常用优化方法

常用的试验设计和优化方法有正交设计法、均匀设计法、单纯形优化法、拉氏优化法和效应面优化法等。上述方法都是应用多因素数学分析手段，按照一定的数学规律进行设计，再根据试验得到的数据或结果，建立数学模型或应用现有数学模型对试验结果进行客观的分析和比较，综合考虑各方面因素的影响，以较少的试验次数及较短的时间确定其中的最优方案。

1. 正交设计法

正交设计法是一种使用正交表考察多因素多水平的试验，并用普通的统计分析方法分析实验结果，推断各因素最佳水平的科学方法。用正交表设计多因素、多水平的实验，因素间搭配均匀，不仅能把每个因素的作用分清，找出最优水平搭配，而且还可考虑到因素的联合作用，并可大大减少试验次数。

2. 均匀设计法

均匀设计法也是一种多因素试验设计方法，比正交设计法试验次数少。进行均匀设计须采用均匀设计表，每个均匀设计表都配有一个使用表，指出不同因素应选择哪几列以保证试验点分布均匀。试验结果采用多元回归分析、逐步回归分析得多元回归方程，通过求出多元回归方程的极值即可求得多因素的优化条件。

3. 单纯形优化法

单纯形优化法是一种动态调优的方法，方法易懂，计算简便，不需要建立数学模型，并且不受因素个数的限制。基本原理是：若有 n 个需要优化设计的因素，单纯形则由 $n+1$ 维空间多面体所构成，空间多面体的各顶点就是试验点。比较各试验点的结果，去掉最坏的试验点，取其对称点作为新的试验点，该点称"反射点"，新试验点与剩下的几个试验点又构成新的单纯形，新单纯形向最佳目标点进一步靠近，如此不断地向最优方向调整，最后找出最佳目标点。

4. 效应面优化法

效应面优化法又称响应面优化法，是通过一定的实验设计考察自变量，即影响因素对效应的作用，并对其进行优化的方法。效应与考察因素之间的关系可用函数 $y=f(x_1, x_2, \cdots, x_k)+\varepsilon$ 表示（ε 为偶然误差），该函数所代表的空间曲面就称为效应面。效应面优化法的基本原理就是通过描绘效应对考察因素的效应面，从效应面上选择较佳的效应区，从而回推出自变量取值范围即最佳实验条件。

第五节　人工智能在药物制剂设计中的应用

1956年，约翰·麦卡锡在达特茅斯会议上首次提出了人工智能（artificial intelligence，AI）这一术语，它标志着人工智能这门新兴学科的正式诞生。人工智能凭借其自动化处理各类数据的能力，在各个研究领域中应用广泛。在药物研发领域主要包括基于知识的专家系统（expert system，ES）和基于数据的机器学习（machine learning，ML）。

一、基于知识的人工智能——专家系统

专家系统（ES）的本质是把当前人类专家关于某些特定领域的知识浓缩输入电脑，以及让电脑学习其决策过程，使其对输入的情况提供指导性意见。1976年，费根鲍姆等开发的MYCIN系统首次应用于医药领域。它不仅可以帮助医生诊断脓毒症患者，还能为抗菌药物治疗的选择提供建议。然而，现代社会数据量的激增，人工提取信息的效率有限，使得多数ES未能普及。同时，ES仅试图复制专家现有的知识，而不是借助计算机所特有的学习能力去获得新知识。因此，"机器中的专家"仍存在较大的缺陷。

目前，专家系统已应用于各种剂型，包括固体分散体、缓释控释剂型、微丸系统等。渗透泵片可长期恒速释药，在降低了给药频率的同时维持着稳定的血药浓度。2011年首次提出双层推拉渗透泵片控释剂型专家系统，采用神经网络算法预测渗透泵片的药物释放，利用神经网络和优化策略的专家系统逐步搜索渗透泵片的最优公式。

2012年，提出了使用SeDeM-ODT（sediment delivery model-orodispersible tablet）算法的专家系统，用于口腔崩解片（ODT）的合理设计，它首先利用SeDeM-ODT算法对活性药物成分（API）理化性质和工艺参数的数据进行无量纲数据的预处理。然后利用处理后的数据预测药物释放，随后逐步搜索ODT的最佳处方。该专家系统同时优化了两个特性，包括直接压缩和崩解能力。

此外，专家系统已应用于处方前阶段的药物-辅料相容性研究。2021年，开发了首个药物-辅料相容性专家系统。构建数据库和知识库，从文献中提取包括532例药物-辅料不相容案例的数据库，并将药物-辅料相容性知识和专家经验归纳为知识库中的60条规则。基于数据库和知识库，专家系统提供了四个功能：基本数据检索、基于结构相似性的数据检索、

药物亚结构的风险评价和药物 - 辅料不相容性的风险评价。

二、基于数据的人工智能——机器学习

机器学习（ML）是运用算法对输入的数据进行学习，以此来确定规律和进行预测，所以也被称为基于数据的AI。根据训练模式的不同，ML分为监督学习和无监督学习。监督学习是以任务为驱动，侧重于分类和回归，它能建立输入数据和输出结果之间的相关性，从而预测同类的输入数据所对应的输出结果。相比之下，无监督学习则是以数据为驱动的模型，它无须预测输出结果，通常是分析一些没有标签的数据，从中提取和描述其相应的特征。在以往药物开发和应用的研究中，通常以监督学习为主。

机器学习算法用于预测各种剂型的性能，包括固体分散体、包合物、纳米粒、自乳化释药系统等。

固体分散体中药物以无定形、微晶或其他高度分散的状态均匀地分散在载体中。无定形改善了难溶性药物的溶解度、溶出度和生物利用度。固体分散体主要存在物理稳定性和溶出行为两个问题。2019年，Run Han及其同事将机器学习算法应用于固体分散体3个月和6个月物理稳定性的预测，引入了8种学习算法来创建模型。通过实验进一步验证随机森林模型的准确率为82.5%。此外，在2021年，在Hanlu Gao及其同事的工作中，通过机器学习研究了固体分散体的溶解行为。采用随机森林算法构建分类模型，在5倍交叉验证中以85%的准确性、86%的敏感性和85%的特异性区分"弹簧和降落伞"与"维持过饱和"两类溶出曲线。采用随机森林算法构建回归模型，在5倍交叉验证中预测时间依赖性累积药物释放，平均绝对误差为7.78。

环糊精的络合作用增强了不溶性药物的溶解度，提高了生物利用度和稳定性。环糊精和客体药物分子通过可逆结合形成环糊精络合物。结合自由能是估算结合强度的良好指标。2019年，赵倩倩等收集了涵盖3000种制剂的最大CD络合结合自由能数据集，纳入8种CD，并应用3种机器学习算法并进行比较。结果表明，light GBM（light gradient boosting machine）模型表现出最佳性能，平均绝对误差为1.38 kJ/mol。从light GBM获得的特征重要性获得了有价值的见解，即药物的最小投影半径对可逆结合有主要影响。

纳米粒在将药物递送到靶细胞或组织方面具有优势。纳米粒的各种特性影响着递送，包括纳米粒的大小、形状、化学成分和表面化学。然而，设计最佳的纳米粒释药系统具有挑战性。越来越多的实验测试在体外、体内和疾病部位探测纳米粒的特性。2020年，Yuan He及其同事利用机器学习技术预测纳米晶。910个粒度数据和310个PDI数据涵盖了球湿法研磨、高压均质化和反溶剂沉淀法。light GBM模型被证明在球湿法研磨和高压均质化方法生产的纳米晶上有良好的性能。

自乳化释药系统由油、表面活性剂、助表面活性剂和药物组成。选择合适的乳化剂和稳定剂是处方开发的关键步骤。2021年，Haoshi Gao及其同事收集了一个自乳化释药系统数据集，由4495个制剂组成。采用7种机器学习算法构建模型，区分油、表面活性剂和助表面活性剂能否形成自乳化释药系统。与其他机器学习算法相比，随机森林模型在5倍交叉验证中显示出91.3%的准确性、92.0%的敏感性和90.7%的特异性的最佳准确性。采用中心组合设计（central composite design，CCD）的DOE（design of experiment）方法进一步筛选比值。

除了计算机预测药物制剂性能外，人们认识到使用机器学习生成数据也具有重要意

义，尤其是考虑到一些隐式参数。生成模型估计了数据的联合概率分布，例如对纳米粒在靶器官或生物体中分布的描述对于纳米医学的研发是至关重要的。2021年，Yuxia Tang 及其同事利用深度生成网络描述了 T1 期乳腺癌肿瘤内的纳米粒分布。使用**条件生成对抗网络**（conditional generative adversarial network，cGAN）和**图像到图像**（pix-to-pix）**生成**技术对纳米粒分布进行条件建模，对生成网络进行了 27775 张乳腺癌玻片图像的训练。

AI 技术的最新发展在药品的合理设计和开发中发挥了必不可少的作用。众多 AI 技术的成功应用，缩短了开发时间，保证了产品质量，促进了医药产品的成功研发。然而，人工智能技术在生物医药领域快速发展的背后依然存在一些问题。大多数人工智能技术严重依赖大量的计算资源，一定程度上限制了人工智能方法的发展及应用。此外，人工智能模型中超参数搜索、内部机制的不可解释性也在一定程度上阻碍了人工智能在生物医药领域的发展。未来，医药产业与 AI 技术的进一步融合将为医药研发带来更多的机会。

第六节　分子建模在药物制剂设计中的应用

根据时间尺度和长度尺度，分子建模主要包含三个不同的部分：**量子力学**（quantum mechanics，QM）、**分子动力学**（molecular dynamics，MD）**模拟**和**粗粒度**（coarse-grained，CG）**建模**。

一、QM 在药剂学中的应用

QM 主要是指使用计算机技术的量子力学模拟和计算。几乎分子的所有性质都可以用 QM 计算，如结构、构象、偶极矩、电离势、电子亲和力、电子密度、过渡态和反应途径。此外，它们还可以提供分子动力学中原子间相互作用的基本数据，如键长、键角、原子间相互作用和能量。因此，QM 适用于研究相对较小的系统，包括分子间相互作用以及涉及键断裂和形成的反应。

例如，在 PLGA 载药系统的开发中，QM 方法已被用于分析盐析和 PLGA 交联过程中的能量转移，其中涉及 PLGA 与 N, N-二甲基甲酰胺（DMF）溶剂、水和盐酸（HCl）之间的相互作用。26 种处方的模拟结果产生了矩阵弹性、能量吸收和质量挠度的分布，与实验值一致。此结果对于判断制剂浸入磷酸盐缓冲盐溶液时的稳定性非常重要。

二、MD 模拟在药剂学中的应用

全原子模拟是一种传统的分子动力学（MD）模拟，其中原子通常被视为最小的单位，这是基于牛顿运动力学的原理。原子之间的相互作用用经验力场来描述。计算机根据 Boltzmann 分布定律，将初速度随机分配给系统中的所有原子，数值求解运动方程得到速度和任意时刻的坐标信息，然后实现宏观性质的模拟。相对于 QM 计算，在 MD 模拟中忽略了原子内电子的相互作用，这在很大程度上降低了系统的自由度。虽然全原子模拟不能获得原子内电子相互作用的信息，但这种简化可以大大增加模拟系统的时间和长度尺度，使 MD 模拟成为计算大系统和宏观特性的有效方法。

例如，MD 在环糊精（CD）包合技术中的应用，适用于研究 CD 包合物的性质。通过

Amber 软件检测了不同类型 CD 对叶黄素结合亲和力的影响，发现叶黄素分子不能插入 α-CD 腔内，而在 1∶1 比例的 β-CD、羟丙基（HP）-β-CD、γ-CD 中能保持稳定的结合位姿。通过 MM-PBSA 计算结合自由能，发现范德瓦耳斯力（van der waals force）对 lutein-CD 络合的结合贡献最高。通过研究结合分子对接和 MD 模拟方法，确定了坎地沙坦 -HP-β-CD 结合位姿的优势构象。

此外，MD 还用于核酸治疗药物的药学研究。通过比较 siRNA 与带有 4 个和 8 个正电荷的聚合物的结合行为，发现带 4 个正电荷的聚合物优先结合到 siRNA 的主槽上，由于其结合自由能较低，该系统更容易释放 siRNA。经进一步模拟高电荷比下聚合物与 siRNA 的饱和结合，显示了 siRNA 结合能力的定量证据。Uludag 研究小组报道了一种脂质取代的聚乙烯亚胺（PEI）用于 siRNA 递送。模拟结果表明，该递送系统不影响 siRNA 的功能，结构变得更加紧凑稳定。而且脂质位于 siRNA 的周边，可以增强细胞通透性，保护 siRNA 不被核酸酶降解。另外，Jasmin 等利用 MD 模拟发现，阳离子胆固醇衍生物也适合通过离子相互作用递送 DNA。

三、CG 建模在药剂学中的应用

由于计算量大，全原子模拟在大型系统中的应用仍然有限，时间尺度仅在纳秒级。例如，使用传统的 MD 模拟方法很难模拟胶束的形状转变、细胞摄取过程，以及表面活性剂分子的界面扩散行为。因此，设计了一个粗粒度（CG）模型来简化分子系统中复杂的分子相互作用。CG 模拟是对传统全原子 MD 模拟的进一步逼近，大大降低了系统的自由度，将模拟系统的时间尺度提高到微秒量级。

例如，利用 CG 模型研究 siRNA 和阳离子二嵌段共聚物之间的相互作用，模拟结果发现阳离子嵌段的长度影响相互作用的类型。Marrink 等利用 CG 模型观察了纳米级脂质体中双链 DNA 短片段的释放过程，当脂质与内体膜融合时，它们形成一个孔，将水通道连接到细胞内部，使 DNA 逃逸。通过 CG 模型研究多肽的渗透机制，发现当多肽被吸附在不对称膜上时，可引起膜内亲水孔的形成，从而穿透细胞膜，减少膜的不对称性。

分子建模有助于进一步可视化分析药物与辅料分子（或载体）之间的内在相互作用，提高药物制剂设计的可预测性，通过减少试错试验次数来降低医药研发的成本，并让我们对制剂有更深入的了解。然而，到目前为止与预期目标相尚有一定距离，需要进一步改进完善。

（吴正红、祁小乐）

 思 考 题

1. 简述药物制剂设计的目的和基本原则。
2. 简述 QbD 理念在药物制剂设计中的应用。
3. 药物制剂设计时需要考虑哪些问题？
4. 简述药物制剂设计的主要环节。
5. 处方前工作有哪些内容？

参考文献

[1] 国家药典委员会. 中华人民共和国药典[M]. 2020年版. 北京: 中国医药科技出版社, 2020.

[2] 吴正红, 周建平. 工业药剂学[M]. 北京: 化学工业出版社, 2021.

[3] 吴正红, 祁小乐. 药剂学[M]. 北京: 中国医药科技出版社, 2020.

[4] Aulon M E. Aulton's Pharmaceutics the Design and Manufacture of Medicines[M]. 4th ed. London: Elsevier Limited, 2013.

[5] Allen LV Jr, Ansel H C. Ansel's Pharmaceutical Dosage Forms and Drug Delivery Systems[M]. 4th ed. New York: Lippincott Williams & Wilkins, 2014.

[6] 王瑞峰, 张晓明. 浅析"质量源于设计"在制药生产中的应用[J]. 机电信息, 2016 (2): 23-25, 51.

[7] Wang W, Ye Z Y F, Gao H L, et al. Computational pharmaceutics—A new paradigm of drug delivery[J]. Control Release, 2021, 338: 119-136.

[8] Rao M R P, Sapate S, Sonawane A. Pharmacotechnical evaluation by SeDeM expert system to develop orodispersible tablets[J]. AAPS Pharm Sci Tech, 2022, 23 (5): 133.

[9] Koromina M, Pandi M T, Patrinos G P. Rethinking drug repositioning and development with artificial intelligence, machine learning, and omics[J]. OMICS, 2019, 23 (11): 539-548.

[10] Yang X, Wang Y F, Byrne R, et al. Concepts of artificial intelligence for computer-assisted drug discovery[J]. Chem Rev, 2019, 119 (18): 10520-10594.

[11] 余泽浩, 张雷明, 张梦娜, 等. 基于人工智能的药物研发: 目前的进展和未来的挑战[J]. 中国药科大学学报, 2023, 54 (3): 282-293.

第四章

新型药物制剂技术

 本章学习要求

1. 掌握：固体分散体、包合物、矫味、包衣、微粒、微针等技术的概念、分类、特点；常用载体材料。
2. 熟悉：固体分散体、包合物、矫味、包衣、微粒、微针等的制备方法及工艺。
3. 了解：相关质量评价；3D打印技术；连续制造。

第一节　概述

　　药物递送系统是在空间、时间及剂量上全面调控药物在生物体内分布的技术体系。药物递送系统是医学、工学及药学的融合学科，研究对象既包括药物本身，也包括搭载药物的载体材料、装置，以及对药物、载体进行修饰的相关技术。与传统制剂相比，药物递送系统可以提高药物的稳定性，减少药物的降解；减轻药物的毒副作用；提高药物的生物利用度；促进药物吸收及通过生物屏障；维持稳定有效的血药浓度，避免血药浓度波动，提高靶区药物浓度。药物递送系统相关技术包括：固体分散体技术、包合物技术、矫味技术、包衣技术、微粒技术、微针技术等。

第二节　固体分散体技术

　　1961年，Sekiguchi与Obi首次使用熔融法将磺胺噻唑与尿素制成固体分散体从而提高药物的溶出速率。固体分散体的载体材料一般为水溶性、水不溶性聚合物或肠溶性聚合物、糖类、脂类等，从而发挥增加药物溶出、控制释放、提高药物稳定性与掩味等作用。

一、固体分散体的定义

　　固体分散体（solid dispersion）是指将药物以分子、胶态、无定形、微晶形等高度分散状态均匀分散在载体中形成的一种固体分散体系。将药物制备为固体分散体的技术称为固体分散技术，常用载体为水溶性、水不溶性聚合物或肠溶性聚合物等。固体分散体作为药物剂型的中间体，根据需要可进一步制成胶囊、微丸、片剂、软膏等。

二、固体分散体中药物释放原理

1.速释原理

药物的高分散状态加速药物的释放，药物呈胶体、微晶或超细颗粒甚至分子状态，极大增加了药物的表面积，促进了药物的释放。水溶性载体提高了药物的可润湿性，保证了药物的高度分散，提高了药物的溶解度。

2.缓释原理

当固体分散体分散于水中时，载体由于其亲水性迅速吸水溶解，形成浓缩的载体层或凝胶层，药物的溶出需要通过载体层进行扩散，因此释放速率较慢。药物从体系中释放的主要机制有两种：扩散和溶蚀。当药物和聚合物较好地分散在固体分散体的内部结构中时，药物主要通过扩散机制从体系中释放。当药物和载体存在于分离的颗粒中时，固体分散体的溶蚀则是药物释放的主要机制（图4-1）。

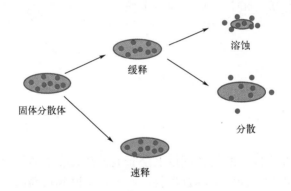

图4-1　固体分散体速释或缓释效果图

三、固体分散体的分类

按分散状态可将固体分散体分为以下三个类型：简单低共熔混合物、固态溶液、共沉淀物。

（1）简单低共熔混合物　药物与载体材料共熔后骤冷固化，两者完全融合形成固体分散体，此时药物以微晶形式分散于载体材料中形成物理混合物。

（2）固态溶液　药物在载体材料中以分子状态分散时，称为固态溶液。

（3）共沉淀物　药物与载体材料以适当比例混合，形成共沉淀无定形物。因其具有类似玻璃透明、质脆的特点，也被称为玻璃态固熔体。常用载体材料为多羟基聚合物，如枸橼酸、蔗糖、聚乙烯吡咯烷酮（PVP）等。

四、固体分散体的常用材料

载体的性质对固体分散体中药物的溶出速率影响显著。载体材料应无毒、稳定、不与药物发生化学反应、能使药物呈最佳分散状态。根据溶解性的差异，载体可分为以下三类：

（一）水溶性载体

常用**水溶性载体**辅料包括聚乙二醇类、聚乙烯吡咯烷酮、水溶性表面活性剂、有机酸类、糖醇类等。

1. 聚乙二醇类

聚乙二醇（PEG），也称为聚环氧乙烷（PEO）或聚氧乙烯（POE），是指环氧乙烷的寡聚物或聚合物。随着聚合度的增大，聚乙二醇的物理外观和性质均逐渐发生变化：分子量在200～600者在常温下是液体，分子量在600以上者逐渐变为半固体。随着分子量的增大，从无色无臭黏稠液体转变至蜡状固体，其吸湿能力相应降低。分子量在1000～20000的聚乙二醇常被用作固体分散体的载体辅料，常用型号为PEG4000和PEG6000。液态药物则应使用分子量较大的聚乙二醇，如PEG12000等，从而实现液态药物的固态化。

2. 聚乙烯吡咯烷酮

聚乙烯吡咯烷酮（聚维酮，PVP）是以单体乙烯基吡咯烷酮（NVP）为原料，通过本体聚合、溶液聚合等方法得到的聚合物。极易溶于水、含卤代烃类溶剂、醇类、胺类、硝基烷烃及低分子脂肪酸等，不溶于丙酮、乙醚、松节油、脂肪烃和脂环烃等少数溶剂。能与多数无机酸盐、多种树脂相容。固体分散体制备中常用型号为PVP K15、PVP K30、PVP K90。作为固体分散体载体时，其用量一般为药物量的三倍。采用溶剂法制备固体分散体时，由于氢键或络合作用，对多种药物具有较强的抑制晶核形成的作用，因此药物形成非结晶性的无定形物。

3. 水溶性表面活性剂

常用水溶性表面活性剂包括泊洛沙姆类、聚氧乙烯蓖麻油类等。非离子型表面活性剂泊洛沙姆是聚氧乙烯和聚氧丙烯醚的嵌段共聚物，在水或乙醇中易溶，在无水乙醇、乙酸乙酯、氯仿中溶解，在乙醚或石油醚中几乎不溶。用作制备固体分散体时，可大幅提高难溶性药物如地高辛、灰黄霉素等的溶解度，促进药物吸收，其用量一般为2%～10%。常用型号为泊洛沙姆188，其毒性较小，对黏膜刺激性较小。

4. 有机酸类

有机酸的分子量较小，易溶于水而不溶于有机溶剂，常用作载体的有机酸包括枸橼酸、酒石酸、富马酸等，多与药物形成共熔混合物，不适用于酸敏感药物。

5. 糖醇类

糖醇类水溶性较好、熔点较高，适用于剂量小、熔点高的药物，一般采用熔融法在较高温度下制备固体分散体。常用糖醇类载体包括果糖、半乳糖、蔗糖等，羟基结构可与药物结合形成氢键制备固体分散体，常与PEG联合使用。

（二）难溶性载体

常见的**难溶性载体**包括乙基纤维素、丙烯酸树脂（Eudragit RL、Eudragit E）及脂质类材料等。乙基纤维素是纤维素的乙基醚，是通过乙缩醛连接的以β-脱水葡萄糖为单元的长链聚合物，是应用最广泛的水不溶性纤维素衍生物之一。常温下为白色或淡褐色粉末，能溶解于多数有机溶剂，对碱和稀酸不起作用，不溶于水。乙基纤维素是理想的不溶性载体材料，目前已成为缓控释制剂薄膜包衣的主要材料。以乙基纤维素为载体可制备消炎镇痛药酮洛芬缓释固体分散体，缓释效果与乙基纤维素用量和固体分散体的粒径有主要关系，随着乙基纤维素黏度的增加，药物释放速率降低。

含有季铵基的聚丙烯酸树脂在胃液中溶胀，在肠液中不溶，可用作缓释固体分散体，多采用溶剂法制备固体分散体。例如，以丙烯酸树脂（Eudragit®）和乙基纤维素为载体、用溶剂法制备的盐酸维拉帕米缓释固体分散体，在人工胃液（pH为1～2）和人工肠液（pH为5～7）中对该固体分散体缓释模型进行的研究表明，在12 h内药物能均匀缓释，且低浓度残余溶剂不影响药物从固体分散体中释放。同时，该药物的固体分散体体外释放度甚至不受贮存环境中温度、湿度升高的影响。

（三）肠溶性载体

常见的肠溶性载体有纤维素类（醋酸纤维素酞酸酯、羟丙甲纤维素酞酸酯）、丙烯酸树脂类（Eudragit L、Eudragit S）等。这类固体分散体材料具有较好的物理和化学稳定性。其缓释作用主要靠给药后的延迟吸收来实现，而药物吸收取决于制剂通过胃肠道的转运时间。

常用的肠溶性纤维素，如醋酸纤维素酞酸酯（CAP）、羟丙甲纤维素酞酸酯（HPMCP，商品规格分为两种，分别为HP50、HP55）、羧甲乙纤维素（CMEC）等，可与药物制成肠溶性固体分散体，适用于在胃中不稳定或要求在肠中释放的药物。另外，国产的Ⅱ号和Ⅲ号丙烯酸树脂（相当于国外Eudragit L®和Eudragit S®型）等肠溶性材料，一般采用溶剂法制备肠溶性固体分散体，前者在pH 6以上的介质中溶解，后者在pH 7以上的介质中溶解。有时两种载体以一定比例混合使用，可制成缓释速率较理想的固体分散体。

五、固体分散体的制备方法

固体分散体的常用制备方法包括：**熔融法、溶剂法、溶剂-熔融法、研磨法**等。可根据药物性质以及载体材料的结构、熔点以及溶解性选择相应固体分散体制备方法。

1. 熔融法

将药物与载体混合后，加热至熔融，迅速冷却固化成型。熔融法是第一个应用到实践的固体分散技术，本法适用于对热稳定的药物，其优点在于不需要使用任何溶剂。聚乙二醇和泊洛沙姆是最常用作制备固体分散体的材料。

（1）**热熔挤出法**　药物与载体同时混合加热熔化后，以一定形状挤出，或研磨后与其他赋形剂混合。热熔挤出系统由药物、聚合物和其他添加剂（增塑剂或pH调节剂）共同组成，熔融速率主要受聚合物的物理和流变学性质影响。该法可将药物以无定形或分子态均匀分散在载体材料中，从而改善药物溶出曲线。药物与载体在高温挤出机中停留时间较短，可降低药物的热降解。主要装置为螺杆挤出机，依靠螺杆旋转产生的压力及剪切力，能使得物料充分熔融以及均匀混合。挤出机的基本分类为双螺杆挤出机、单螺杆挤出机以及不多见的多螺杆挤出机。物料从料斗进入挤出机，在螺杆的转动带动下将其向前进行输送，物料在向前运动的过程中，料筒的加热、螺杆带来的剪切以及压缩作用使得物料熔融，因而实现了在玻璃态、高弹态和黏流态的三态间的变化（图4-2）。在挤出的过程中，螺杆转速必须稳定，不能随着螺杆负荷的变化而变化，这样才能保持制得的样品质量均匀一致。热熔挤出法制备固体分散体具有工艺简单、生产效率高、可连续化操作和在线监测等优点，已成为国内外制备固体分散体的主导技术。

（2）**滴制法**　将药物与基质加热熔化混合后，滴入不相溶的冷凝液中，冷凝收缩形成固体分散体滴丸。

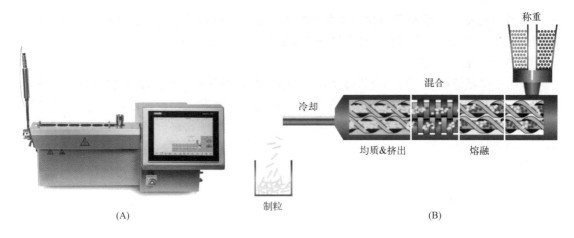

图4-2　热熔挤出示意图

2. 溶剂法

将药物与载体溶解于溶剂中，将溶剂蒸发后得到固体分散体。溶剂的去除可以在不加热的条件下进行，如冷冻干燥技术，因此可以有效避免药物和载体在高温下的分解。溶剂法适用于熔点较高或热不稳定药物，溶剂包括甲醇、乙醇、乙酸乙酯、丙酮、水及其混合物等。

3. 溶剂-熔融法

将药物溶解于合适的溶剂中后与熔融载体混合，去除溶剂并固化形成固体分散体。药物溶液在固体分散体中所占比例一般不超过10%（质量分数）。本法适用于热稳定性较差的药物，也适用于液体药物，如鱼肝油、维生素E等。将药物溶液与熔融载体材料混合时，必须均匀搅拌，以防止固相析出。

4. 研磨法

将药物与大量载体材料混合后，强力研磨降低药物粒度，或使药物与载体以氢键结合形成固体分散体。低温状态下的研磨有利于药物形成非晶态，而较高温度下的研磨可能会产生晶体的多晶型转变。

六、固体分散体的物相鉴别

固体分散体中药物的溶出速率可使用溶出度方法进行检测，固体分散体的其他性质如药物的物理状态、药物与载体的相互作用以及药物的物理和化学稳定性等，常采用以下方法进行物相鉴别。

1. 粉末X射线衍射法

粉末X射线衍射法具有不破坏样品、操作简单等优点，是目前研究药物多晶型的主要方法。每一种药物晶体结构都与其粉末X射线衍射图谱一一对应，即使对于含有多组分的固体制剂，原料药与辅料各自对应的粉末X射线衍射图谱也不会发生改变，可作为药物晶型定性判断的依据。

2. 红外光谱法

红外光谱法是研究分子间相互作用和药物与载体相容性的常用技术，可以检测固体分散体中药物与载体之间的物理和化学反应。药物吸收峰的位移或者强度改变，以及吸收峰的产生或消失都可以反映药物和载体之间的相互作用。可通过红外光谱法检测药物和载体之间的氢键，从而分析药物在固体分散体中的物理状态和稳定性。

3. 差示扫描量热法

差示扫描量热法是一种热分析技术，借助补偿器测量使样品与参比物达到同样温度所需的加热速率与温度的关系。当样品发生相变、玻璃化转变和化学反应时，会吸收和释放热量，补偿器可测量出如何增加或减少热流从而使样品与参照物温度一致。例如，当聚合物达到玻璃化转变温度时，热容增加，需要吸收更多热量保持温度一致，因此常表现为基线的曲折。

4. 扫描电镜法

扫描电镜可直接观察药物与载体材料在制备固体分散体前后的形态变化。

5. 核磁共振谱法

通过观察共振峰的位移或消失等变化，观察药物与载体之间的相互作用。

七、实例

截至目前，获批上市的固体分散体药物已经超过35个。

例4-1： 他克莫司固体分散体胶囊

【处方】他克莫司	1 g
聚乙二醇1500	25 g
泊洛沙姆188	8.5 g
乳糖	81 g
硬脂酸镁	0.5 g

【制备】将聚乙二醇1500与泊洛沙姆188加热至70℃，加热熔融，待其溶解完全后，加入他克莫司，搅拌至澄清溶液后，冷却至室温，所得固体分散体经适当粉碎，加入乳糖、硬脂酸镁混合后，灌胶囊。

【注释】采用溶剂-熔融法制备他克莫司固体分散体胶囊；他克莫司为主药，可用于治疗和预防移植排斥反应；聚乙二醇1500与泊洛沙姆188为水溶性载体，用于提高主药的溶解度；乳糖与硬脂酸镁用于提高润滑性，方便胶囊灌装。

第三节　包合物技术

1886年，Mylius首次发现对苯二酚与几种挥发性化合物之间的络合效应，并发现一个分子在不形成化学键的情况下被捕获到另一个分子中，这一现象被称为**包合作用**。1891年，Antoine Villiers首次使用环糊精糖基转移酶分离出由淀粉或淀粉衍生物产生的低聚糖——环糊精。环糊精被广泛应用于制药行业，与各种药物形成主客体包合物，从而提高药物溶解度。现已开发出多种异构体，如α-环糊精、β-环糊精和γ-环糊精。包合物能否形成及是否稳定，主要取决于主客体分子的立体结构和二者的极性。包合过程是物理过程，其形成与稳定取决于二者间的范德瓦耳斯力，为非化学键力。包合技术在药剂学中的研究和应用很广泛，主要有以下几点：①提高药物的稳定性；②增大溶解度；③掩盖不良嗅味，降低药物刺激性与毒副作用；④调节药物的释放度，提高药物生物利用度。

一、包合物及包合技术的定义

一种分子被包嵌于另一种分子的空穴结构内，形成包合物（inclusion compound）的技术，称为包合技术。包合物由主体分子（host molecule）和客体分子（guest molecule）组成。

二、包合物的特点

包合物是一个客体分子与主体分子形成的复合物，疏水性药物通过非共价作用与主体分子络合，被包裹于主体分子形成的空腔中。客体分子的大小应与主体分子形成的空腔相匹配，以便形成稳定复合物。包合物的形成依赖于客体与主体分子之间的色散力而非离子键、共价键或配位共价键。药物作为客体分子经包合后，其溶解度增加，溶出速率加快，稳定性增加，生物利用度提高，可实现液态药物的固体化以及掩盖药物的不良气味或味道。

三、包合物的分类

1. 根据包合物的结构和性质分类

根据包合物的结构和性质，可将包合物分为以下三个类型：单分子包合物、多分子包合物以及大分子包合物。

（1）单分子包合物　单个主体分子空穴包含单个客体分子，包合材料有环糊精类。

（2）多分子包合物　主体分子由氢键相连，按一定方向松散地排列形成晶格洞穴，客体分子包嵌入内，包合材料有尿素、去氧胆酸、硫脲等。

（3）大分子包合物　由天然或人工大分子化合物形成的多孔结构，可容纳一定大小的客体分子，如葡聚糖凝胶、纤维素等。

2. 根据主体分子形成空腔的几何结构形状分类

根据包合物中主体分子形成空腔的几何结构形状，可将其分为笼状包合物以及管状包合物。

（1）笼状包合物　一个环糊精分子的空腔在两侧被相邻的环糊精分子以人字形方式交叉堆积，形成笼状结构。

（2）管状包合物　环糊精分子像一卷硬币一样堆叠在一起，产生无限通道，客体分子嵌入其中，形成管状结构。

四、包合材料

包合物中的主体化合物被称为包合材料，可作为包合材料的有环糊精、胆酸、淀粉、纤维素、蛋白质、核酸等。其中，环糊精及其衍生物应用最为广泛。

环糊精（cyclodextrin，CD）是通过葡糖基转移酶降解淀粉获得的环状低聚糖，由6～12个D-吡喃葡萄糖通过1,4-糖苷键首尾相连而成，呈锥状圆环结构，其内部空腔可容纳客体分子。天然环糊精为水溶性白色结晶粉末，常见的有α、β、γ三种，分别含六、七、八个葡萄糖（图4-3）。结构中的伯羟基可旋转并减小环糊精尺寸，而仲羟基形成强氢键，为环糊精提供刚性。环糊精内外表面呈现不同极性，空腔内部疏水，而外部呈亲水性。环糊精具有较大的水溶性，可在溶液或固态下与多种客体物质形成包合物，如石蜡、乙醇、羧酸、苯衍生物等。客体物质需要部分或全部进入环糊精形成的空腔中，并取代空腔中心的水分子，形成稳定的复合物。

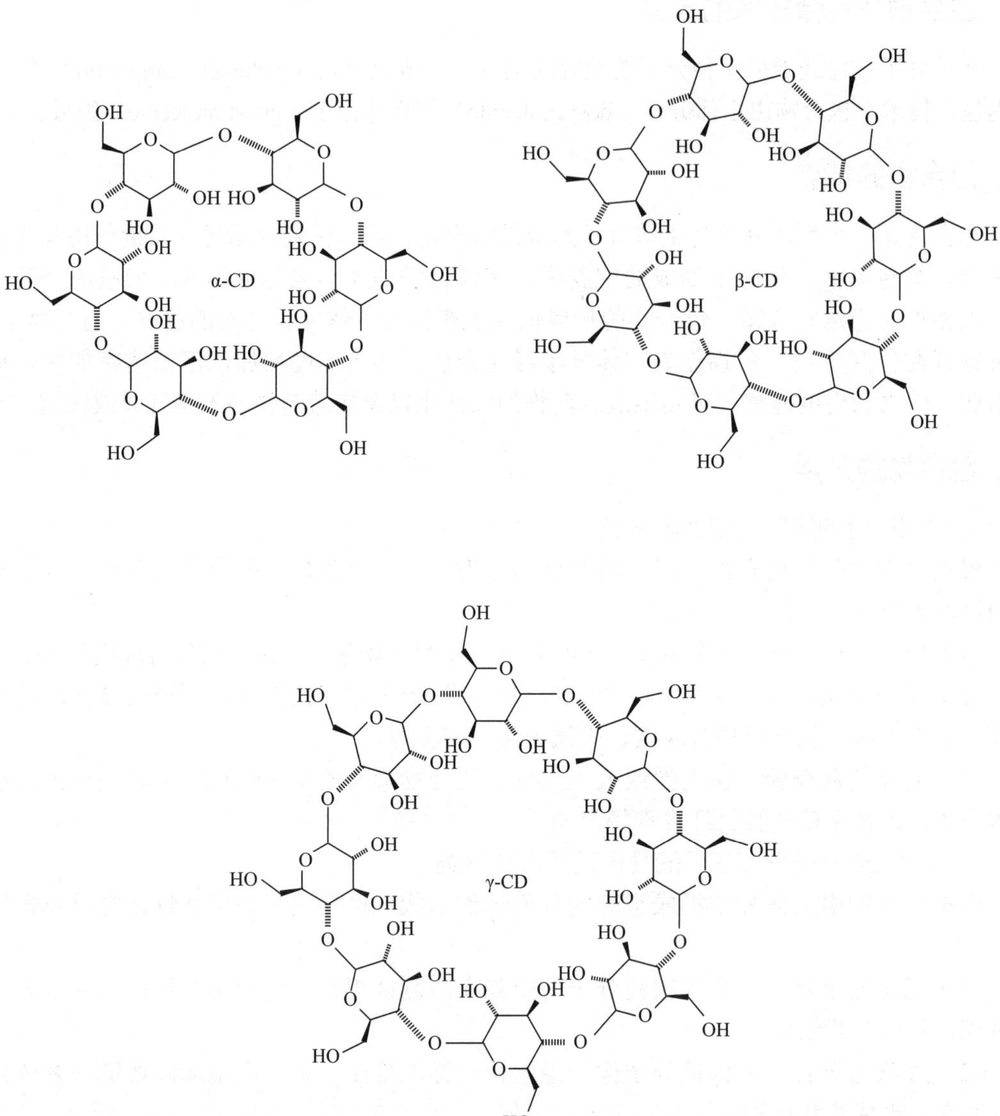

图4-3　环糊精

　　α-环糊精、β-环糊精、γ-环糊精具有以下共性：均是糊精两端由若干个葡萄糖分子以环状相互连接合成；均是很微小的纳米粒；环状结构均具有内侧亲油、外侧亲水的特性。但三者又具有较大差异（表4-1）。β-CD在水中的溶解度较小，易从水中析出结晶，溶解度随温度升高而增大。由于其较低的毒性，可作为碳水化合物被人体吸收，因此应用最为广泛。对天然环糊精进行结构修饰生成衍生物以改善其性能，增强包合力、溶解性，或降低其毒性，如磺丁基醚型、羟丙基型和羧甲基型β-环糊精。

表4-1 三种环糊精性质对比

参数	α–CD	β–CD	γ–CD
葡萄糖单元数/个	6	7	8
内径/nm	0.5～0.6	0.7～0.8	0.9～1
水溶性	易溶于水（12.7 g/100 mL）	难溶于水（1.88 mg/100 mL）	可溶于水（25.6 mg/100 mL）
可消化性	难消化	难消化	可消化
包合性能	只能包合较小分子	可包合中等大小分子的客体分子	具有较大的空腔，可包合较广范围的客体分子

五、影响包合作用的因素

包合物的形成取决于多种因素，如主客体分子的化学结构、相互作用、溶剂、制备方法等。

（1）**主体分子类型** 环糊精作为最常使用的包合物材料，其衍生物可进一步改善环糊精的性质，从而容纳客体分子。以羟基或甲氧基对环糊精修饰，可使环糊精的晶格从液晶态转为非晶态，从而提高水溶性。而疏水性环糊精衍生物则可降低水溶性药物的溶解度，实现延缓释放的效果，如乙基-β-环糊精。

（2）**主、客体分子的比例** 主体分子提供的空腔区域一般不能被客体分子完全占据，通常成分单一的客体分子与环糊精形成包合物时，最佳主、客体分子的物质的量比为1∶1或2∶1。当客体分子为油时，投料比一般认为油∶β-CD为1∶6时包合效果比较理想。

（3）**客体分子与空腔匹配度** 主体分子形成的空腔结构应足以包含客体分子，客体分子需要部分或全部进入环糊精形成的空腔中，从而形成稳定复合物。一般认为，客体药物的分子量需为100～400，熔点应低于250℃，原子数应大于5个（C、P、S、N）等。通常，具有关键官能团（亲水结构部分）或具有链烃、醛、酮、醇、有机酸、脂肪酸、芳香环等的化合物易于形成包合物。

（4）**电荷** 带有电荷的主体分子可有效增强与客体分子的络合作用，当主体分子与客体分子具有相反电荷时，由于二者之间较高的吸引力和结合常数，可形成良好的络合物。随着电荷密度的增加，静电排斥作用也随之增强，反而不易形成稳定络合物。

（5）**溶剂** 包合材料在溶剂中的溶解度越高，可用于络合的分子就越多。当使用环糊精作为包合材料时，水是进行包合作用的最理想溶剂，环糊精在水中具有良好的溶解性，客体分子可以被轻易络合。若是用于包合水溶性较低的客体药物，可选择丙二醇等共溶剂提高其溶解度。

六、包合物的制备

包合物的制备方法主要包括饱和水溶液法、研磨法、共沉淀法、溶剂蒸发法、喷雾干燥法等。

（1）**饱和水溶液法** 饱和水溶液法亦称为重结晶法或共沉淀法，是将环糊精制成饱和水溶液，加入客体分子药物，对于那些在水中不溶的药物，可加少量适当溶剂（如丙酮等）溶解后，搅拌混合 30 min 以上，使客体分子药物被包合，但水中溶解度大的客体分子有一部分包合物仍溶解在溶液中，可加一种有机溶剂，使析出沉淀。将析出的固体包合物过滤，根据客体分子的性质，再用适当的溶剂洗净、干燥，即得稳定的包合物。由水蒸气蒸馏法制备的挥发油，可将蒸馏液直接加入 β- 环糊精中，制成饱和溶液，再搅拌混合制成包合物。

（2）研磨法　将环糊精粉末加入高剪切混合器中，并加入一定比例的溶剂进行混合，充分研磨成黏性糊状物。将待络合的客体分子加入并充分混合，经洗涤、过滤、干燥得包合物。

（3）共沉淀法　该法适用于构建疏水性药物的环糊精复合物。将疏水性药物溶解于有机相中，将环糊精溶解于水相中，将有机相与水相搅拌混合均匀。溶液冷却后，使用有机溶剂洗涤复合物并干燥。

（4）溶剂蒸发法　主体分子与客体分子分别溶解于可互溶的溶剂中，二者混合得分子分散体。将溶剂蒸发，并将干燥的粉末过筛收集得到固体粉末包合物。该法技术简单且经济，常用于实验室开发和工业生产。

（5）冷冻干燥法　该法适用于将不耐热的水溶性药物制备为包合物。将药物和包合物材料溶解在适当溶剂中，混合均匀后将溶液冷冻干燥即可。精油类包合物（肉桂、丁香、麝香草酚等）大多采用此方法制备。

（6）喷雾干燥法　在该技术中，主体和客体分子溶解于适当溶剂中，并通过喷雾干燥技术进行干燥，该法可有效减少挥发性物质的物料损失。调整雾化器或喷嘴的尺寸以及进样速度和入口温度等，可得到不同尺寸的包合物。例如，使用喷雾干燥法制备伏立康唑与环糊精包合物，可有效提高药物的溶解度和溶解速率，提高化学稳定性。

七、包合物的物相鉴别

包合物的验证主要是鉴别主体和客体分子之间相互作用的类型、结构、主体分子捕获能力、溶解性等，可采取多种技术对此进行表征，如 X 射线衍射法、红外光谱、核磁共振、热分析等。

（1）溶出度　溶出度研究用于评估包合物中的药物在适宜溶出介质中的水溶性变化。

（2）包封率　包封率常用于评估主体分子中的药物量。包封率越高代表包埋在主体分子中的药物量越高。环糊精复合物的包封效率主要取决于客体分子和主体分子空腔的大小。

（3）红外光谱　红外光谱用于表征药物和包合物材料之间的相互作用，在 4000～400 cm^{-1} 波数范围内对药物、主体分子、物理混合物以及包合物进行表征，若包合物中峰位置移动，表明药物与主体分子之间形成了氢键，可证明药物被包裹至空腔中。

（4）差示扫描量热法　当样品发生相变、玻璃化转变和化学反应时，会吸收和释放热量，补偿器就可以测量出如何增加或减少热流才能保持样品和参照物温度一致。包合物形成过程中熔点的改变可表征客体分子被捕获到主体分子中。

（5）X 射线衍射法　据 X 射线在样品中的扩散对其进行结构分析，射线峰强度和位移的变化可表明新的固体结构的形成。

（6）扫描电镜　扫描电镜可观察包合物表面形态，显示包合物的大小和形状。

八、实例

例4-2：陈皮油-β-环糊精包合物制备

【处方】陈皮油   0.5 mL（约0.43 g）

         β-环糊精   4 g

         无水乙醇   2.5 mL

         蒸馏水   50 mL

【制备】

（1）陈皮油乙醇溶液   精密称取陈皮油0.43 g于西林瓶中，迅速加无水乙醇2.5 mL混匀溶解，加塞备用。

（2）β-环糊精水溶液   称取β-环糊精4 g置于50 mL具塞锥形瓶中，加水50 mL，60℃溶解，得澄清溶液，保温备用。

（3）陈皮油-β-环糊精包合物   60℃恒温磁力搅拌，将陈皮油乙醇溶液缓慢滴入β-环糊精水溶液中，出现浑浊并有白色沉淀析出。继续保温搅拌1 h后，在室温下搅拌至溶液降至室温。冰浴冷却，待沉淀完全析出。抽滤、洗涤后置于真空干燥器中。

【质量检查】考察包合物的色泽、形态等；测定含油量；计算包合物的收率。

第四节　矫味技术

药物产品中主药的口感或者味道让患者感到不适，将极大限度降低患者依从性，导致健康状况恶化和预后不佳。矫味技术有助于提高药物产品可接受性以及患者依从性，尤其是对于儿童、老年和其他特殊患者群体。改善药物不良味道的方法有：添加矫味剂、使用离子交换树脂、微囊或微球化、包衣、形成包合物、制成前药、填充入胶囊等。

一、添加矫味剂

添加矫味剂是最简单的掩味方法，尤其是在咀嚼片和液体制剂领域效果显著，但对于高苦味药物效果并不明显。矫味剂一般与其他掩味技术联合使用，以提高掩味效果。常用矫味剂有蔗糖、单糖浆、甜菊苷、糖精钠、阿斯巴甜等。

二、使用离子交换树脂

离子交换树脂是带有官能团、具有网状结构、不溶性的高分子化合物，通常为球形颗粒物（图4-4）。作为惰性有机聚合物，由碳氢化合物构成其基本骨架，其上附可离子化的基团，通过离子键将药物分子吸附于离子交换树脂中，形成复合物。离子交换树脂与带相反电荷的药物形成的不溶性树脂酸盐，可阻止药物直接接触味蕾从而掩盖苦味；而在胃液酸性环境下，通过氢离子的交换作用将药物释放。

图4-4　离子交换树脂

三、微囊化

微囊化是指使用天然或合成的高分子材料作为囊膜壁壳，将固态或液态物质包裹为直径为微米级的微囊。将药物包裹于微囊中，并不会改变药物固有化学性质，且囊材具有半透膜特性，可将药物完全释放。常用的囊材主要有：天然高分子囊材，如明胶、阿拉伯胶、琼脂、海藻酸及其盐、壳聚糖等；半合成高分子囊材，如羧甲基纤维素钠、醋酸纤维素钠、乙基纤维素、甲基纤维素、羟甲基纤维素；合成高分子囊材，包括生物降解的聚碳酯、聚氨基酸、聚乳糖，非生物降解的聚酰胺等。

四、包衣

包衣是掩味技术中最常用和最有效的方法之一。包衣材料分为脂质、聚合物和糖类，这些材料可单独或组合使用形成单层或多层包衣。使用膜控包衣，如乙基纤维素水分散体苏丽丝®（Surelease®），防止药物颗粒在口腔内释放从而掩盖药物的苦味。此外，向其中添加致孔剂，如羟丙基甲基纤维素，可使药物在胃内快速释放。

五、形成包合物

包合物形成过程中，药物分子嵌入到主体分子空腔中，形成稳定复合物。包合物可通过降低其在摄入时的口服溶解度或减少直接接触味蕾的药物数量从而掩盖药物苦味。此方法主要适用于低剂量药物，环糊精是包合物中使用最广泛的络合剂。布洛芬与羟丙基-β-环糊精以1∶11～1∶15制备布洛芬溶液，可掩盖药物的苦味。

六、制成前药

前药是经过化学修饰的惰性药物前体，最初无活性但在生物转化时释放活性代谢物从而获得治疗功效。改变主要分子构型制备前药，可降低其味觉受体-底物吸附常数，从而实现掩盖苦味、减少局部副作用以及改变渗透性的作用。制备盐酸纳布啡、纳洛酮的无味前药可提高口服给药的生物利用度。

七、不同矫味技术对比

脂质体、聚合物纳米粒、聚合物胶束、包合物等递药体系的矫味技术特点如表4-2。

表4-2　基于不同递药体系的矫味技术特点对比

递药体系	优势	缺陷	特点
脂质体	适用于疏水或亲水性药物	药物渗漏；物理稳定性低；难以扩大生产	双层两亲性脂质形成球状囊泡
聚合物纳米粒	较高的药物包封率	制备工艺复杂，成本高	聚合物形成的球形颗粒
聚合物胶束	易于在水介质中分散；内层可装载亲脂性药物；适用于难溶性药物	生物降解性和生物相容性较差	两亲性共聚物形成胶束，其亲脂性核心分散在水介质中
包合物	较高的稳定性和溶解性	毒性较大、难生物降解	水性介质中的环糊精复合物聚合体

第五节　包衣技术

包衣是指在特定的设备中按照特定的工艺将涂层材料覆盖于固体制剂表面，使其干燥后成为一种紧贴附在表面的一层或多层不同厚度的多功能保护层。包衣是药剂学中最常用的技术之一，一般应用于固体形态制剂。

一、目的

包衣的目的为：保护药物免受周围环境的影响，提高药物稳定性；掩盖药物的不良气味；方便患者吞服；改善产品外观，提高产品辨识度；改变药物释放特性，实现胃溶、肠溶、缓释、控释等；隔离配伍禁忌成分；提高片剂机械强度。

二、分类

根据待包衣物料的不同可将包衣分为粉末包衣、微丸包衣、片剂包衣和胶囊包衣。用于包衣的片剂称为片芯或素片，素片应表面光滑、形状适宜，具有足够的硬度，以防在包衣的滚动过程中，素片破裂影响包衣片的光洁度。一般常根据包衣材料的不同将其分为两大类：糖包衣和薄膜包衣。其中薄膜包衣片又可分为普通薄膜衣片、肠溶薄膜衣片及缓控释包衣片等。

（一）糖包衣

糖包衣系指使用蔗糖为主要包衣材料进行包衣的方法，糖衣常用辅料为蔗糖、滑石粉、明胶、色素等，其中滑石粉用量占片芯重量50%以上。作为生产精美包衣片剂的传统方法，糖包衣涉及多项复杂步骤（图4-5）。

图4-5　糖包衣法操作步骤

1. 糖包衣流程

（1）隔离层　通过喷雾的方式在片芯表面涂覆一层或多层防水材料涂层，给片芯提供保护，防止片芯中的活性成分受到水分的作用而发生物理或化学的降解。可用于隔离层的材料有：醋酸邻苯二甲酸纤维素、羟丙基甲基纤维素、聚醋酸乙烯邻苯二甲酸酯、玉米朊乙醇溶液、明胶浆。隔离层一般包3~5层，每层需要干燥约30分钟。

（2）粉衣层　作为糖包衣工艺的最主要步骤，在隔离层外周包裹一层较厚的粉衣层，可消除片芯棱角并增加重量，防止片芯在包衣锅滚动过程中发生烂片，提高包衣效果。常用材料为滑石粉、单糖浆、2%明胶糖浆。为了提高糖浆黏度，也可在其中加入阿拉伯胶或蔗糖水溶液等。一般需要包15~18层，直至片剂的棱角消失。

（3）糖衣层　粉衣层表面较为粗糙，为制造出高质量的糖衣产品，需要在涂覆有色糖衣层前包裹一层糖衣层，形成光滑平整的表面。糖衣层主要用料为适宜浓度的蔗糖水溶液，操作要点在于逐次减少加入的稀释糖浆，并在低温（40℃）下缓慢干燥，一般需要包10~15层。

（4）有色糖衣层　在糖衣层外包有色糖衣层可增加片剂的美观度、辨识度，或实现遮光效果。有色糖衣层的涂覆与上述糖衣层操作基本一致，区别在于涂覆材料为含食用色素的单糖浆溶液，操作要点在于先加浅色糖浆，再逐层加深糖浆颜色，一般需包裹8~15层。

（5）打光　打光可增加片剂的光泽度以及表面的疏水性。在最后一次有色糖浆加完并接近干燥时停止包衣锅转动，盖上包衣锅盖后翻动数次，使锅内温度降低至室温，使水分缓慢散失。片面干爽后，转动包衣锅并向其中加入蜡粉（国内一般使用川蜡，使用前需过筛粉碎处理），直至形成光滑的表面。

2. 糖包衣操作过程的注意事项

糖包衣操作过程中的注意事项为：

① 在粉衣层操作快结束时应进行拉平操作。每次使用糖浆量为包粉衣层的2/3，需使用少量滑石粉，使片面不平部分通过长时间摩擦逐步包平整，温度控制在30~35℃，开始稍高，之后逐渐降低，糖浆量也随温度降低而减少直至片面平整。

② 包糖衣层温度不宜过高。温度过高可使水分蒸发快，片面糖结晶易析出，使片面粗糙，出现花斑，也不宜使用热浆，否则会使成品不亮，打光不易进行，不可加温，应用锅或片芯的余温使水分蒸发。

③ 待包糖衣层时片芯表面应光滑细腻，否则糖衣上不匀称，使片面出现花斑，上色至最后一层时不宜太湿，也不宜太干，否则不易打光。

④ 打光的关键在于掌握糖衣片的干湿度。湿度大，温度高，片面不易发亮，小型片要比大片干燥些，还有季节的影响。为防止打滑，蜡粉应分次撒入，应用适当，如使用过多可使片面皱皮。

（二）薄膜包衣

薄膜包衣系指将聚合物涂覆于固体制剂表面形成连续薄膜的技术，薄膜厚度为20～100 μm，可广泛应用于片剂、丸剂、颗粒剂。

1. 薄膜衣材料

薄膜衣材料通常由高分子聚合材料、增塑剂、释放速率调节剂、色素、溶剂等组成。

（1）**高分子聚合材料**　作为薄膜包衣的主要材料，根据其作用可将其分为普通型、肠溶型和缓释型三大类。

普通型薄膜包衣材料主要用于改善吸潮和防止污染，如羟丙基甲基纤维素（HPMC）、甲基纤维素、羟乙基纤维素、羟丙基纤维素等。HPMC是最常用的成膜材料，经木质纸浆中获得的纯化纤维素处理后得到，一般采用低黏度HPMC作为衣膜材料，用2%～10%溶液作为包衣溶液。缓释型包衣材料常用中性甲基丙烯酸酯共聚物、乙基纤维素、醋酸纤维素等，在整个生理pH范围内不溶，材料具有溶胀性，对水溶性物质具有通透性，因此可作为调节释放速率的包衣材料。肠溶型材料在胃液中不溶而在肠液中溶解，常用的有醋酸纤维素苯三酸酯、聚乙烯醇酞酸酯、甲基丙烯酸共聚物、丙烯酸树脂等。

（2）**增塑剂**　系指增加成膜材料可塑性的材料。温度降低后，成膜材料物理性质发生改变，衣层缺乏柔韧性，易发生破裂。增塑剂一般为无定形聚合物，与成膜材料具有较强亲和力，可嵌入至聚合物中，阻断聚合物分子之间的相互作用，从而降低成膜材料的玻璃化转变温度，增加衣层柔韧性。常用增塑剂包括液体石蜡、蓖麻油、玉米油、甘油三醋酸酯等。

（3）**释放速率调节剂**　成膜材料中蔗糖、氯化钠等物质遇水溶解，形成多孔膜作为药物渗透的屏障，可调节药物释放的速率，因此亦被称为致孔剂。一般将吐温、司盘、HPMC用作乙基纤维素薄膜衣的致孔剂，黄原胶作为甲基丙烯酸酯薄膜衣的致孔剂。

2. 薄膜包衣操作流程

（1）**具体操作过程**　将片芯置入预热的包衣锅内，锅内设置适当形状的挡板，以利于片芯转动与翻动；喷入适量的包衣液，使片芯表面均匀润湿；吹入缓和热风，缓和蒸发溶剂；重复上述操作使片芯增重至符合要求；多数薄膜衣需要在室温或略高于室温下放置6～8小时，使薄膜衣固化；若使用有机溶剂，应在50℃下继续缓慢干燥12～24小时，以除尽残余有机溶剂（图4-6）。

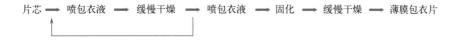

图4-6　薄膜包衣操作工艺流程

（2）**操作要点**　首先根据包衣量选择合适体积的包衣锅，为防止产品从开口处掉落，包衣时一般在包衣锅中装载最大批量的70%。检查喷雾系统，确保枪头溶液流速稳定，并调整枪头至合适位置。药片放入包衣锅后，以一定速度转动包衣锅，预热产品使药片均匀受热。用喷枪喷入一定量包衣材料溶液，均匀覆盖片芯表面，直至达到预期厚度，并将包衣片干燥除去残留有机溶剂。表4-3为薄膜包衣技术的问题及解决方案。

表4-3　薄膜包衣技术的问题及解决方案

薄膜包衣问题	可能原因	解决方案
橘皮样粗糙	包衣液黏度太高	降低包衣固含量/黏度
	包衣液雾化效果不佳	增加雾化压力
粘连	喷液速率过快	降低喷液速率
	包衣锅干燥效率低	提高包衣锅的干燥效率
	包衣锅转速慢	增加包衣锅转速
片面磨损	片芯脆碎度高	增加压片力
	包衣锅转速过快	降低转速
	喷液的固含量太低	选用高固含量的欧巴代Ⅱ型

3. 薄膜包衣片的优点

相对于糖衣片，薄膜包衣片的优点是：①包衣时间短，一般仅需2～3 h，而包糖衣一般需10～16 h；②包同样的素片，薄膜包衣片芯增重仅4%左右，而糖包衣一般增重50%以上，糖衣片要比薄膜包衣片重10倍以上；③衣片坚固，不易开裂；④衣层较薄，不遮盖片芯上的刻字；⑤可以通过调整包衣粉配方，减少包衣对产品崩解度、溶出度的影响；⑥表面平整光洁，外形美观；⑦可以使用乙醇等非水溶剂；⑧应用广，薄膜包衣可选择不同材料从而改变药物释放特性以及位置，如胃溶膜、肠溶膜、缓释膜、控释膜、渗透泵包衣、靶向给药包衣等。此外，对服药有特殊要求的药物，包薄膜衣后可减少药物对身体的损害，如非甾体抗炎药、磷酸氢盐、四环素、铁盐、缓释钾、奎尼丁等药物卡在食管中分解会引起食管炎，薄膜包衣减小了片剂卡在食管中的概率，而且薄膜包衣不会在食管分解，避免形成黏膜溃疡，有助于预防食管炎。

三、包衣技术与设备

包衣设备系指可完成片剂、微丸等固体制剂包衣操作的设备，常用包衣装置有**锅包衣装置**、**滚转包衣装置**、**流化包衣装置**和**干法包衣装置**。片剂包衣应用最为广泛，常采用锅包衣和埋管式包衣（高效包衣机包衣），后者用于薄膜包衣效果更佳。粒径较小的物料如微丸和粉末的包衣采用流化床包衣较合适。

1. 锅包衣装置

它是一种最经典而又最常用的包衣设备，其中包括普通包衣锅、改进的埋管包衣锅及高效包衣机，常用于糖包衣、薄膜包衣以及肠溶包衣等。

（1）普通包衣锅　普通包衣锅主要由莲蓬形或荸荠形的包衣锅、动力部分、加热鼓风及吸粉装置等组成。包衣锅的中轴与水平面一般呈30～45°，根据需要角度也可以更小一些，以便于药片在锅内能与包衣材料充分混合（图4-7）。物料在包衣锅内能随锅的转动方向滚动，上升到一定高度后沿着锅的斜面滚落下来，做反复、均匀而有效的翻转，使包衣液均匀涂布于物料表面进行包衣。普通包衣锅存在空气交换效率低、干燥速率慢、气路不能密闭导致有机溶剂污染环境等问题。因此，常采用改良方式，即在物料层内插进喷头和空气入口，即埋管包衣锅。

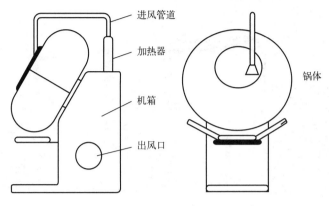

图4-7　包衣锅示意图

（2）改进的埋管包衣锅　这种包衣方法使包衣液的喷雾在物料层内进行，热气通过物料层，不仅能防止喷液的飞扬，而且能加快物料的运动速度和干燥速率（图4-8）。

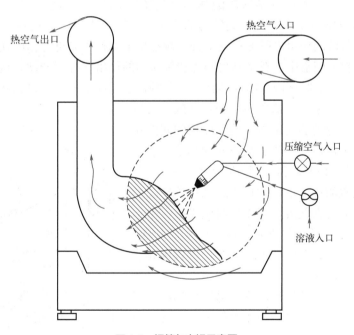

图4-8　埋管包衣锅示意图

（3）高效包衣机　高效包衣机是为了改善传统包衣锅干燥能力差的缺点而开发的新型包衣设备，具有包衣锅水平放置、气路密闭、干燥快、包衣效果好等特点，现在已经成为片剂包衣装置的主流。高效包衣机广泛用于有机溶剂薄膜包衣、水溶性薄膜包衣、缓控释包衣，是一种高效、节能、安全、洁净、符合GMP要求的机电一体化包衣设备。

高效包衣机主要由包衣机主机、热风进风柜、排风柜、配液罐和喷枪系统等组成（图4-9）。主机由封闭工作室、有孔或者无孔包衣滚筒、导流板等组成。热风进风柜主要由柜体、送风风机、初效过滤器、中效过滤器、高效过滤器、热交换器等部件组成。排风柜主要由柜体、离心风机、除尘过滤系统等组成。包衣液喷液系统由电加热搅拌罐、蠕动泵、喷枪等组成。

图4-9   高效包衣机

2. 滚转包衣装置

滚转包衣装置系指在转动造粒机的基础上发展起来的包衣装置。将物料加于旋转的圆盘上，圆盘旋转时物料受离心力与旋转力的作用而在圆盘上做圆周旋转运动，同时受圆盘外缘缝隙中上升气流的作用沿壁面垂直上升，颗粒层上部粒子靠重力作用往下滑动落入圆盘中心，落下的颗粒在圆盘中重新受到离心力和旋转力的作用向外侧转动。这样颗粒层在旋转过程中形成麻绳样旋涡状环流。喷雾装置安装于颗粒层斜面上部，将包衣液向颗粒层表面定量喷雾，并由自动粉末撒布器撒布主药粉末或辅料粉末。颗粒群的激烈运动实现了液体的表面均匀润湿和粉末的表面均匀黏附，从而防止颗粒间的粘连，保证多层包衣。需要干燥时从圆盘外周缝隙送入热空气。

滚转包衣装置的优点是：颗粒的运动主要靠圆盘的机械运动，不需用强气流，可防止粉尘飞扬；由于颗粒的运动激烈，小颗粒包衣时可减少颗粒间粘连；在操作过程中可开启装置的上盖，因此可以直接观察颗粒的运动与包衣情况。

其缺点是：由于颗粒运动激烈，易磨损颗粒，不适合脆弱粒子的包衣；干燥能力相对较低，包衣时间较长。

3. 流化包衣技术

流化床主要由圆锥形的物料仓和圆柱形的扩展室组成，物料自下而上、自上而下形成流化运动，喷枪喷液使物料均匀接触到浆液。流化床设备由于高效的干燥效率，可以实现对微丸、颗粒、粉末等进行包衣，并达到理想的重现性，是水性包衣工艺得以广泛应用的基础（图4-10）。

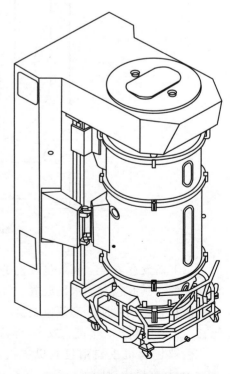

图4-10   流化包衣机结构示意图

按喷枪在流化床中的安装位置不同，流化包衣工艺目前主要有三种类型：**顶喷、底喷和切线喷**。由于设备构造不同，物料流化状态也不相同。采用不同工艺，包衣质量和制剂释放特性可能也有所区别。原则上为了使衣膜均匀连续，每种工艺都应尽量减少包衣液滴的行程（即液滴从喷枪出口到底物表面的距离），以减少热空气对液滴产生的喷雾干燥作用，使包衣液到达底物表面时，基本保持其原有的特性，以保证在底物表面形成均匀、连续的衣膜。

（1）顶喷工艺　顶喷工艺系指将喷枪安装在流化床顶部，是流化床包衣的主要应用形式，已广泛应用于微丸、颗粒，甚至粒径小于 50 μm 粉末的包衣。其特点是：喷嘴位于顶端；喷枪液流与物料逆向流动；气流分布板作为喷射盘。包衣时，物料受进风气流推动，从物料槽中加速运动经过包衣区域，喷枪喷液方向与颗粒运动方向相反，经过包衣区域后物料进入扩展室。扩展室直径比物料仓直径大，因此气流线速率减弱，颗粒受重力作用又回落到物料仓内。与底喷和切线喷相比，顶喷的包衣效果相对较差。其原因是：物料流化运动状态相对不规则，因此少量的物料粘连常常不可避免，特别是对于粒径小的颗粒；包衣喷液与颗粒运动方向相反，因此包衣液从喷枪出口到颗粒表面的距离相对增加，进风热空气对液滴介质产生挥发作用，可能影响液滴黏度和铺展成膜特性，工艺控制不好甚至会造成包衣液的大量喷雾干燥现象，因此应尽量不采用顶喷工艺进行有机溶剂包衣。但顶喷工艺非常适用于热熔融包衣，该工艺采用蜡类或酯类材料在熔融状态下进行包衣，不使用溶剂，特点是生产周期非常短，很适合包衣量较大的品种和工艺。热熔融包衣要形成高质量的衣膜，包衣过程必须保持物料温度接近于包衣液的凝固点。包衣液管道和雾化压缩空气必须采取加热保温措施，以防止包衣液遇冷凝结。

（2）底喷工艺　底喷工艺系指将喷枪安装在流化床底部，由 Dale Wurster 教授研制，故又称 Wurster 系统。物料仓中央有一个隔圈，底部有一块开有很多圆形小孔的空气分配盘，由于隔圈内外对应部分的底盘开孔率不同，因此形成隔圈内外的不同进风气流强度，使颗粒在隔圈内外有规则地循环运动。喷枪安装在隔圈内部，喷液方向与物料的运动方向相同，因此隔圈内是主要包衣区域，隔圈外则是主要干燥区域。物料每隔几秒钟通过一次包衣区域，完成一次包衣-干燥循环。所有物料经过包衣区域的概率相似，因此形成的衣膜均匀致密。其优点是：喷雾区域粒子浓度低，速度大，不易粘连，适合小粒子的包衣；可制成均匀、圆滑的包衣膜。缺点是容积效率低，工艺放大制备有困难。

（3）切线喷工艺　切线喷工艺系指将喷枪沿切线方向安装在流化床侧面。物料仓为圆柱形，底部带有一个可调速的转盘。转盘和仓壁之间有一间隙，可通过进风气流。间隙大小通过转盘高度调节，以改变进风气流线速率。物料受到转盘转动产生的离心力、进风气流推动力和物料自身重力三个力的作用，因而呈螺旋状离心运动状态。切线喷技术与底喷技术具有可比性，有三个相同的物理特点：同向喷液，喷枪包埋在物料内，包衣液滴的行程短；颗粒经过包衣区域的概率均等；包衣区域内物料高度密集，喷液损失小。因此，切线喷形成的衣膜质量较好，与底喷形成的衣膜质量相当，可适用于水溶性或有机溶剂包衣工艺。

4. 干法包衣技术

干法包衣（dry coating）**技术**又称**压制包衣**（compression coating）**技术**，系指包衣材料包裹丸芯或片芯，直接压片而得包衣片或包衣丸的方法。干法包衣技术由日本 Shin-Etsu 化学有限公司在 20 世纪 90 年代末率先提出，它不添加任何溶剂，直接将聚合物衣料粉末和增塑剂在片芯或微丸上成膜而得，对于对水和温度敏感的药物来说无疑是最佳的选择。近年来，干法包衣技术发展迅速，并广泛应用于药物制剂领域。

干法包衣一般采用两台压片机联合起来实施压制包衣。两台压片机以特制的传动器连接配套使用。一台压片机专门用于压制片芯，然后由传动器将压成的片芯输送至包衣转台的模孔中（此模孔内已填入包衣材料作为底层）。随着转台的转动，片芯的上面又被加入等量的包衣材料，然后加压使片芯压入包衣材料中间而形成压制的包衣片剂。其优点在于：生产流程短、能量损耗少、自动化程度高，但对压片机械的精度要求较高。由日本开发的一步干法包衣技术（one-step dry-coating），是将片芯和包衣在同一台压片机上完成，并且可以压制不同形状的片芯。

四、实例

例4-3： 阿司匹林肠溶型薄膜包衣片

以阿司匹林素片制备肠溶型薄膜包衣片：

【包衣液处方】
丙烯酸树脂Ⅲ号	4 g
95%乙醇	100 mL
邻苯二甲酸二乙酯	1 mL
蓖麻油	3 mL
硅油	1 mL
滑石粉	3 g
钛白粉	3 g
聚山梨酯80	1 mL
水溶性色素	适量

【配制】

① 称取丙烯酸树脂Ⅲ号4 g，置干净烧杯中，加入95%乙醇，浸泡，充分溶解。

② 向其中分别加入邻苯二甲酸二乙酯、蓖麻油和硅油，持续搅拌使其溶解。

③ 磁力搅拌下，分别加入其他各成分，继续搅拌15～20 min，混合均匀。

【包衣】

① 取阿司匹林素片200 g置于包衣锅内，锅内设置3块挡板，吹热风使阿司匹林素片温度达40℃左右。

② 调节气压使喷枪喷出雾状雾滴，再调节适宜喷浆速率，即可开启包衣锅，包衣锅转速为40 r/min左右。

③ 喷入包衣液直至片子表面色泽均匀一致，停止喷包衣液，根据片面粘连程度考虑是否停止包衣。包衣完毕后取出片剂，60℃干燥。

【质量检查】

观察肠溶包衣片剂表面均匀度以及脆碎度。

第六节　微粒技术

微粒制，也称微粒给药系统（microparticle drug delivery system，MDDS），指将药物与适宜载体经过一定的分散包埋技术制得具有一定粒径（微米级或纳米级）的微粒组成的固态、液态、半固态或气态药物制剂。微粒技术具有掩盖药物的不良气味与口味，液态药物固体化，减少复方药物的配伍变化，提高难溶性药物的溶解度与生物利用度，或降低药物不良反应，延缓药物释放，提高药物靶向性等优势。

一、类型

根据药剂学分散系统规则，将直径在 10^{-9}～10^{-4} m 范围内的分散相构成的分散体系统称为微粒分散体系。其中，分散相粒径在 1～500 μm 范围内统称为粗分散体系，主要包括微囊、微球等；分散相粒径小于 1000 nm 属于纳米分散体系，主要包括脂质体、纳米乳、纳米粒、聚合物胶束等。

（1）微囊　系指固态或液态药物被载体辅料包封形成的微小胶囊。粒径在 1～250 μm 范围内的被称为微囊，粒径在 0.1～1 μm 之间的被称为亚微囊，粒径在 10～100 nm 之间的被称为纳米囊。

（2）微球　系指药物溶解或分散于载体辅料中形成的微小球状实体。粒径在 1～250 μm 范围内的被称为微球，粒径在 0.1～1 μm 之间的被称为亚微球，粒径在 10～100 nm 之间的被称为纳米球。

（3）脂质体　系指药物被脂质双分子层包裹形成的球形囊泡，通常由磷脂、磷脂酰胆碱、胆固醇等组成。根据结构可将其分为多层囊泡（多层脂质双层）、小单层脂质体囊泡（具有一个脂质双层）、大单层囊泡和耳蜗状囊泡。脂质体可避免包封药物的生物降解，延长半衰期、控制药物释放。此外，脂质体可通过被动和/或主动靶向将药物递送至病灶部位，从而减少全身副作用，提高最大耐受剂量。

（4）亚微乳　系指将药物溶解于脂肪油/植物油后，经磷脂乳化分散于水相中形成的 O/W 型微粒载药分散体系，粒径为 100～600 nm。粒径在 50～100 nm 范围内的则被称为纳米乳。将亚微乳或纳米乳经冷冻干燥技术制得的固体制剂被称为干乳剂，经稀释剂水化分散后可重新得到亚微乳或纳米乳。

（5）纳米粒　系指药物或载体辅料经纳米技术分散形成的粒径小于 500 nm 的固体粒子。仅由药物分子组成的纳米粒被称为纳米晶，以白蛋白作为药物载体形成的纳米粒称白蛋白纳米粒，以脂质材料作为药物载体形成的纳米粒称脂质纳米粒。

（6）聚合物胶束　由两亲性嵌段高分子载体辅料在水中自组装包埋难溶性药物形成的粒径小于 500 nm 的胶束溶液，属于热力学稳定体系。

二、常用载体材料

（1）天然材料　在体内生物相容和可生物降解的材料有明胶、蛋白质（如白蛋白）、淀粉、壳聚糖、海藻酸盐、磷脂、胆固醇、脂肪油、植物油等。天然来源的成分需更加关注动物蛋白、病毒、热原和细菌内毒素等带来的安全风险。

（2）半合成材料　分为在体内可生物降解与不可生物降解两类。在体内可生物降解的有氢化大豆磷脂、聚乙二醇-二硬脂酰磷脂酰乙醇胺等；不可生物降解的有甲基纤维素、乙基纤维素、羧甲基纤维素盐、羟丙基甲基纤维素、邻苯二甲酸乙酸纤维素等。

（3）合成材料　分为在体内可生物降解与不可生物降解两类。可生物降解材料应用较广的有聚乳酸、聚氨基酸、聚羟基丁酸酯、乙交酯-丙交酯共聚物等；不可生物降解的材料有聚酰胺、聚乙烯醇、丙烯酸树脂、硅橡胶等。

对于微粒制剂，尤其是脂质体制剂中用到的磷脂，无论是天然、半合成或合成的，都应明确游离脂肪酸、过氧化物、溶血磷脂等关键质量属性。

三、质量控制与检测技术

微粒制剂生产过程中应进行过程控制，以确保制剂质量，微粒制剂质量控制应符合《中国药典》（2020年版）中微粒制剂指导原则（指导原则9014），主要包括以下内容。

1. 有害有机溶剂的限度检查

在生产过程中引入有害有机溶剂时，应按残留溶剂测定法（通则0861）测定，凡未规定限度者，可参考人用药品技术要求国际协调理事会（International Council for Harmonization of Technical Requirements for Pharmaceuticals for Human Use，ICH），否则应制定有害有机溶剂残留量的测定方法与限度。

2. 形态、粒径及其分布的检查

（1）形态观察　微粒制剂可采用光学显微镜、扫描或透射电子显微镜等观察，均应提供照片。

（2）粒径及其分布　应提供粒径的平均值及其分布的数据或图形。测定粒径有多种方法，如光学显微镜法、电感应法、光感应法或激光衍射法等。

微粒制剂粒径分布数据，常用各粒径范围内的粒子数或百分率表示；有时也可用**跨距**表示，跨距愈小分布愈窄，即粒子大小愈均匀。

$$跨距 = (D_{90} - D_{10})/D_{50} \qquad (4\text{-}1)$$

式中，D_{10}、D_{50}、D_{90} 分别指粒径累积分布图中10%、50%、90%处所对应的粒径。

如需作图，将所测得的粒径分布数据，以粒径为横坐标，以频率（每一粒径范围的粒子个数除以粒子总数所得的百分率）为纵坐标，即得粒径分布直方图；以各粒径范围的频率对各粒径范围的平均值可作粒径分布曲线。

3. 载药量和包封率的检查

微粒制剂应提供载药量和包封率的数据。**载药量**是指微粒制剂中所含药物的重量百分率，即

$$载药量 = \frac{微粒制剂中所含药量}{微粒制剂总重} \times 100\% \qquad (4\text{-}2)$$

包封率测定时，应通过适当方法（如凝胶柱色谱法、离心法或透析法）将游离药物与被包封药物进行分离，按下式计算包封率，即

$$包封率 = \frac{微粒制剂中包封的药量}{微粒制剂中包封与未包封的总药量} \times 100\% \qquad (4\text{-}3)$$

包封率一般不得低于80%。

4. 突释效应或渗漏率的检查

药物在微粒制剂中的情况一般有三种，即吸附、包入和嵌入。在体外释放试验时，表面吸附的药物会快速释放，称为**突释效应**。开始0.5小时内的释放量要求低于40%。

微粒制剂应检查渗漏率，可由下式计算：

$$渗漏率 = \frac{产品在贮存一定时间后渗透到介质中的药量}{产品在贮存前包封的药量} \times 100\% \qquad (4\text{-}4)$$

5. 氧化程度的检查

含有磷脂、植物油等容易被氧化载体辅料的微粒制剂，需进行氧化程度的检查。在含有不饱和脂肪酸的脂质混合物中，磷脂的氧化分三个阶段：单个双键的偶合、氧化产物的形成、乙醛的形成及键断裂。因为各阶段产物不同，氧化程度很难用一种试验方法评价。磷脂、植物油或其他易氧化载体辅料应采用适当的方法测定其氧化程度，并提出控制指标。

6. 其他规定

除应符合微粒制剂指导原则的要求外，微粒制剂还应分别符合有关制剂（如片剂、胶囊剂、注射剂、眼用制剂、鼻用制剂、贴剂、气雾剂等）通则的规定。

若微粒制剂制成缓释、控释、迟释制剂，则应符合缓释、控释、迟释制剂指导原则（指导原则9013）的要求。

7. 靶向性评价

具有靶向作用的微粒制剂应提供靶向性的数据，如药物体内分布数据及体内分布动力学数据等。

8. 稳定性

微粒制剂稳定性研究应包括药品物理和化学稳定性以及微粒完整性等，并应符合原料药物与制剂稳定性试验指导原则（指导原则9001）要求。对于脂质体制剂，除应符合上述指导原则的要求外，还应注意相变温度对药品状态的变化、不同内包装形式的脂质体药品的稳定性试验条件，以及标签和说明书上合理使用等内容。

四、实例

例4-4：吲哚美辛微囊的制备

【处方】吲哚美辛	2 g
明胶	2 g
10%醋酸溶液	适量
无水硫酸钠	36 g
37%甲醛溶液	2.4 mL
蒸馏水	适量

【制备】

（1）明胶水溶液的配制　称取明胶2 g，加适量蒸馏水浸泡溶胀后，于50℃水浴加热溶解，用水稀释至60 mL。

（2）40%硫酸钠溶液的配制　称取无水硫酸钠36 g，加蒸馏水90 mL混匀，于50℃水浴加热溶解并保温。

（3）硫酸钠稀释液的浓度计算及配制　根据成囊后系统中所含硫酸钠浓度为标准，增加1.5%，以该浓度算得稀释液浓度，再计算三倍于系统体积所需硫酸钠的量。重新称量硫酸钠，配成该浓度后，于50℃放置。

（4）微囊的制备　称取吲哚美辛2 g于烧杯中，加入60 mL明胶溶液，搅拌后用10%醋酸调节pH至3～4，取少许于载玻片上用显微镜观察。

【质量检查】在光学显微镜下观察微囊形状，测定其粒径及其分布。

第七节　微针技术

口服药物由于药物吸收不良或在胃肠道/肝脏中的酶降解而导致药效降低时，使用皮下注射针可有效解决上述问题。为了增加皮肤渗透性，人们研究了许多不同的方法，从化学/脂质增强剂到采用离子透入和电穿孔的电场，再到由超声波或光声效应产生的压力波。尽管机制各不相同，但这些方法的共同目标是破坏角质层结构，以创造足以让分子通过的"孔"。另一种方法是利用微针的阵列创造更大的微米级的运输通道，这些运输路径比分子尺寸大几个数量级，可允许递送大分子，以及超分子复合物和微粒子。尽管微针的概念是在20世纪70年代提出的，但直到20世纪90年代，微电子工业提供了制造这种小结构所需的微加工工具，这一实际用途才在实验中得到证明。

一、定义

微针（microneedle）系指采用微电子机械工艺制作的，尺寸呈微米级的针状复杂结构。微针中多个凸起组成的给药装置从药物库中延伸出来，可穿透皮肤进行局部或全身给药。

二、透皮给药

皮肤可分为三个区域：①最外层的细胞层，即表皮层，包含角质层；②中间层，即真皮层；③最内层，即皮下组织。表皮层的厚度为150～200 mm，由活细胞组成，没有血管网。该层通过间质液体的被动扩散获得其营养需求。表皮的最外层（10～20 mm）由死细胞组成，称为角质层，起到严格的屏障作用。真皮层是一个复杂的弹性结构，为皮肤提供机械强度。这一层含有广泛的神经和血管网络。对于跨越皮肤的药物输送，其挑战在于如何穿越完整的角质层而不对神经末梢造成损害。只有少数具有高亲油性和小分子量（$M_w < 500$）的强效药物分子可以通过被动扩散直接给药。

化学方法包括使用渗透增强剂，如表面活性剂、脂肪酸/酯和溶剂来溶解角质层脂质或增加药物的溶解度。物理方法如电穿孔、电泳、磁泳，已被发现适用于为少数药物创造穿透皮肤的途径。然而上述方法都有一定的瓶颈：化学方法通常对皮肤有较高的刺激性，而且只适用于小分子，而物理方法通常需要一个带电源的设备，这就增加了成本和复杂性。为了寻找一种廉价和可靠的方式，将药物安全地输送到真皮层，而不损伤神经细胞，并尽量减少微生物渗透的机会，微针的开发应运而生。

三、分类

目前，微针递药体系已取得极大进展，一般来说，微针可分为**固体微针、涂层微针、可溶性微针和空心微针**，这些微针剂型中的药物都通过不同的机制实现递送。

1. 固体微针

固体微针可以在有或没有药物涂层的情况下使用，微针的尖头穿透皮肤形成微米大小的通道，药物以被动运输的方式通过这些通道直接进入皮肤层，经毛细血管吸收后发挥药效。

2. 涂层微针

涂层微针是微针被药物溶液或药物分散层所包围。随后，药物从该层中溶解出来并被迅速输送。装载的药物量取决于涂层的厚度和针头的大小，通常非常小。涂层微针还可以通过同一配方一次性递送多种性质不同的药物。

3. 可溶性微针

可溶性微针是用可生物降解的聚合物将药物封装在聚合物中制成。微针插入皮肤后发生溶解，从而释放药物。这种给药方式方法简单，微针在插入后不需要像其他情况下那样被取出，聚合物在皮肤内被降解并控制药物释放。聚合物的生物相容性和在皮肤内的溶解性使其成为长期治疗的最佳选择之一，大幅度提高了患者的依从性。

4. 空心微针

空心微针内部有一个空隙的空间，里面填满了药物分散体或溶液。它们的顶端有孔，插入皮肤后，药物直接沉积在表皮或真皮上层。大多数情况下，它被用于递送高分子量化合物，如蛋白质、疫苗和寡核苷酸等。调整药物的流速和释放压力后，能以快速注射的方式进行给药。增加微针的孔径可以提高流速，但会导致微针的强度和锋利度下降，在微针上涂上金属涂层可以增加微针的强度，但这可能使针变得尖锐。

四、材料

1. 硅

第一个微针在20世纪90年代由硅制成。硅在本质上具有各向异性，具有晶体结构。微针的特性取决于晶格中的排列，显示出不同的弹性模量（50～180 GPa），从而可以生产不同大小和形状的针头。使用硅制备微针可以确保产品的精准性，并实现批量生产。然而高昂的成本、复杂的制造工艺却限制了硅在微针中的应用。此外，硅可能会破裂并留在皮肤中，从而导致一些健康问题。

2. 金属

常用金属主要为不锈钢、钛、钯、镍等，第一个用于生产微针的金属是不锈钢。金属具有良好的机械性能以及生物相容性，此外，足够的刚性可减少使用过程中的破损，因此与硅相比，其更适用于微针的制备。

3. 硅玻璃

硅玻璃在生理上是惰性的，但质地较脆。由二氧化硅和三氧化二硼组成的硼硅酸盐玻璃更具弹性，可在一定程度上增强刚性。硅玻璃目前只用于实验室研究，并没有商业应用的价值。

4. 碳水化合物

碳水化合物浆料以硅或金属模板进行成型，将载有药物的碳水化合物浇注到模具中即可获得微针。常用碳水化合物材料包括麦芽糖、甘露醇、海藻糖、蔗糖、木糖醇和半乳糖。

调节碳水化合物的溶解可以控制药物在皮肤内的释放。碳水化合物价格低廉、安全有效，但在高温条件下易降解，使其制造过程变得极为困难。

5. 聚合物

聚合物常用作制备可溶解、可生物降解微针，常用聚合物材料包括聚乳酸、聚甲基丙烯酸甲酯、聚乙醇酸、聚乙烯醇、环烯烃共聚物等。以聚合物为材料制备的微针，强度相对较低。

五、制备技术

不同种类的微针需要采用不同的制备技术，这主要是因为所选材料性质的不同。随着各类技术的发展，能用于制备微针的材料越来越多，由最早的硅材料到金属再到聚合物材料，能选择的制备技术也从化学蚀刻技术和微机电系统加工技术发展到激光技术和模具注塑技术等。

1. 化学蚀刻技术

化学蚀刻（chemical etching）技术的实质是对光滑平整的材料表面进行微针化处理。化学蚀刻技术的整个制备过程可分为两部分：光刻和蚀刻。光刻是用光线对材料表面进行有选择性的降解处理。光刻步骤如下：

① 在具有一定湿度的氧气中对材料进行高温氧化处理，在材料表面形成薄膜氧化层，薄膜氧化层的厚度就是微针的长度。高温氧化的温度根据材料的理化性质而定，比如硅材料的高温氧化温度为700～1150℃。

② 用光敏剂涂抹薄膜氧化层，再将紫外光线透过光栅对氧化层上涂抹的光敏剂进行照射，接触到紫外光线的光敏剂会发生降解，而未接触到紫外光线的光敏剂依旧在材料表面。

③ 洗去材料表面光敏剂的降解产物，其后的材料氧化层便暴露出来，而未发生降解的光敏剂呈点状分布于材料表面。

经三步完成光刻后，接着进行蚀刻：

① 移除材料表面裸露的氧化层，被光敏剂覆盖的部分依旧残留在材料表面，呈针状结构。移除氧化层可采用化学溶解移除，也可以采用物理撞击移除。

② 用紫外光线对针状结构的针尖部分光敏剂进行降解处理，溶剂洗去降解产物后便可收集微针。

以化学蚀刻技术制备微针时，氧化层的厚度决定了针体的长度，光栅的缝隙决定了针体的密度。该制备过程较为复杂，且针体多为柱状，针尖不够锋利，对皮肤的穿刺效果不太理想。

2. 微机电系统加工技术

微机电系统（microelectromechanical system，MEMS）加工技术也可以叫表面/体积微加工（surface/bulk micromachining）技术，是一种通过大机器制造小机器后再利用小机器制造微机器的微米或亚微米级别精细加工技术。微机电系统是可批量制作的微型器件或系统，集微型机构、微型传感器、微型执行器、信号处理和控制电路以及接口、通信和电源等于一体。

微机电系统加工技术可选用的材料很多，从多晶硅到不锈钢贵金属，从陶瓷到玻璃，都可以用微机电系统加工技术制备成微针。目前的加工技术已能完全满足微针的精度要求，生产过程中全程由计算机程序控制针体的长度和形态，良好的重复性保证微针的均一性。但微机电系统加工技术也有很大的局限性，如工艺繁琐复杂、制备过程耗时、成本昂贵、门槛较高，并且，该法制备的微针都是刚性材质，会因为材质过脆而断裂（比如硅材料），也会因为机械性太强而载药量低（比如金属材料）。

3. 激光技术

激光（laser）技术是用激光在材料上直接切割成固定的图案，切割部分直立就是微针阵列。这种方法适用于机械性能足够强的材质，多用于制备金属微针。随着激光技术的发展和完善，这种制备方法变得简单易行，可根据不同的需要实现对针体长度、形态、阵列密度等的完美控制。相比于化学蚀刻技术，该方法因工艺简单而大幅度降低成本，易于实现商业化生产。此方法的缺点也很明显，因为激光切割的缘故，微针的针体多为扁平形态，导致药物递送时在皮肤中形成的微孔道也是扁平形态，这种形态的微孔道易于闭合，严重影响药物的递送效率。此外，这种方法多用于制备实体微针，但患者对实体微针的依从性远不如可溶微针，可溶微针是目前微针技术发展的主流方向。

4. 模具注塑技术

模具注塑（injection moulding）技术需要先有模具，模具常用材质是单晶硅、不锈钢和陶瓷，再用聚合物材料制备微针。具体的制备过程是将聚合物材料高温加热熔融并注入模具中，待材料冷却后脱模，即可收集到制备的微针。模具注塑技术可通过控制模具来控制微针的特性，例如形态、尺寸、阵列密度等。该方法简单易行，并且可在一般的实验室中进行，便于在实验室中利用小试进行处方筛选和优化。但缺点也很突出：每种模具只能制备一种微针，而模具的制备极为不易；微针脱模时易在模具中残留，导致针体形态各异，均一性较差，模具的清洗也存在不小的困难；实验室小规模制备容易实现，但是大批量生产对模具要求太高，很难实现商业化转化。

六、实例

例4-5：复合透明质酸微针制剂制备

【材料】透明质酸（分子质量为 10 kDa）；聚乙烯醇（分子质量为 110 kDa）；艾塞那肽；葡聚糖；预胶化淀粉；羧甲基纤维素钠。

【方法】

（1）透明质酸溶液的制备　称取一定量纯化水置于广口玻璃瓶中，加入磁力搅拌子，缓慢加入透明质酸。待其完全溶胀后，加热并提高转速直至溶液沸腾，此时溶液呈透明澄清状。室温下继续搅拌除去溶液中气泡。

（2）透明质酸溶液黏度测量　将制备的透明质酸溶液转移至样品适配器中，水平校准后开启黏度计，从低至高调整转速，确保测量有效值在 10% ~ 90%，黏度值保持稳定时即为该浓度透明质酸溶液的黏度值。

（3）透明质酸微针制备方法　根据处方比例，配置含有聚乙烯醇、预胶化淀粉、羧甲基纤维素钠等辅料的透明质酸溶液。待溶液恢复至室温后，低速搅拌下缓慢加入一定量艾塞那肽并混合均匀。将含药透明质酸溶液滴注到聚四氟乙烯微针模具中，均匀涂布后抽真空，浇注完全后反复冻融循环三次。解冻完全后置于真空干燥器内干燥，干燥完全后除去模具可得透明质酸微针。

【质量检查】

取脱模后的微针片，用相应尺寸的冲模敲取直径 12 mm 的微针片，观察微针的表观针形、微针断裂情况等；并在显微镜下观察其针长、针间距、针底座等参数。

第八节　3D打印技术

一、概述

3D打印技术也称增材制造技术，是指在计算机程序控制下，根据物体的三维立体数字模型，将金属、高分子、黏液等可黏合材料通过"分层打印，逐层叠加"的方式直接制造出三维实体。与传统制造技术相比，3D打印能够减少复杂的工艺流程，以较高的生产效率制造出具有特殊外型或复杂内部结构的物体。3D打印技术从最初用于生产简单的塑料原型，现已拓展应用于制药领域。

二、特点

20世纪80年代末，各类3D打印技术如同雨后春笋般地出现。1996年，全球第一家药物3D打印公司Therics成立，其大胆尝试将3D打印技术引入到了传统制药领域。2015年，3D打印药品成为现实。Aprecia公司的抗癫痫药物左乙拉西坦口崩速释片（Spritam®）获得美国FDA上市批准，该药物应用3D打印技术具有内部多孔的结构，可实现迅速崩解，解决了吞咽困难患者的临床需求。全球第一款3D打印药品的上市，标志着药物3D打印技术这种新兴技术获得监管部门认可，同时也掀起了一轮3D打印药品的研究热潮。目前，全球有五十余家企业和机构先后进入药品3D打印这一领域，其中包括数十家跨国药企。

3D打印技术是一个真正创新，并已成为一个多功能的技术手段。3D打印技术有可能彻底改变工业、改变生产线，提高制造效率，采用3D打印技术将在降低成本的同时提高生产速度。消费者的需求将对生产产生更大的影响，可以根据消费者的要求进行生产。同时，3D打印技术的实施使制造过程更加灵活，反应更加迅速，质量控制也更有保证。此外，在使用3D打印技术时，对全球运输的需求大大减少。当制造基地位于离最终目的地较近的地方时，所有的分配都可以通过车队跟踪技术来完成，从而节省了能源和时间。

近些年，3D打印技术开始大量地应用到医药领域。由于其自由成型的特性能满足不同患者的特殊需求，所以该技术常被用于制造生物支架，或者在再生医学中与干细胞治疗联用。在药物制剂领域，3D打印作为一种新型的制剂方式也开始受到重视。相较于传统制剂，3D打印在制备特殊形状的药片、调控药物固体存在形式比例（无定形态或晶体）、根据患者状况定量配药和按需配药、制备复方药物制剂等方面具有独特的优势，其自由成型的特性能符合不同患者个性化的需求。

1997年，麻省理工学院的研究者们首次将喷墨-粉床技术应用于药物制剂领域，制备了第一片3D打印片剂。而在随后的十多年间，药品3D打印技术似乎进入瓶颈期，几乎所有药物制剂领域的3D打印只涉及连续喷墨打印技术。直到2013年，随着新材料的出现和新技术的应用，3D打印在制剂领域迎来了突破性发展。根据统计，2021年全球3D打印产值规模达到154.44亿美元。这其中，医药行业所占市场份额约为15.6%，并成为3D打印行业产值增长的主要驱动因素。

三、分类与材料

以打印方式为依据，制剂领域使用的3D打印技术大体可分为以下几类。第一种是**喷墨-粉床技术**；第二种是基于打印喷嘴的**喷头挤出技术**；第三种是**材料烧结技术**；第四种是基于激光技术的**光敏打印**。尽管最早的3D打印技术是喷墨-粉床技术，但是该技术限制较多，并没有得到较大的发展。而与喷墨系统相比，挤出技术和挤出系统的设备更简单，输入材料的多样性更大，尤其是复杂的医药相关材料，如聚合物、悬浮液和硅酮等。但挤出打印的材料通常比喷墨材料黏度高，这使得打印过程中流体减慢，增加了打印所需的时间。挤压技术虽然有局限性，但由于其简单、通用的特性，已广泛应用于药品的3D打印。而光敏打印则受到其打印材料的限制，并不能广泛地应用于制剂领域。

（一）喷墨-粉床技术

喷墨-粉床技术被认为是一种由传统2D打印技术发展而来的3D打印技术。这项技术是采用喷墨打印技术，将液态联结体铺放在粉末薄层上，以打印横截面数据的方式逐层创建各部件，创建三维实体模型（图4-11）。MakerBot、Ultimaker、Flashforge和Prusa是一些商业化的廉价桌面3D打印机。这些打印机受到所使用的材料种类的限制，仅能产生较低分辨率的物体。昂贵的Stratasys 3D打印机可以使用更广泛的材料品种，并能以更高的分辨率打印。喷墨打印机可以容纳一个以上的打印头，因此可以一次打印多种类型的材料。通常，在这些多头打印机中，其中一个打印头带有支撑丝，可以很容易地进行移除。

图4-11　喷墨-粉床打印机

丙烯腈丁二烯苯乙烯是用于喷墨工艺中最常见的热塑性聚合物，其他材料如聚乳酸、尼龙、聚碳酸酯（PC）和聚乙烯醇（PVA）等使用也较多。乳酸基聚合物，包括聚乳酸和聚己内酯（PCL），因其生物相容性和可生物降解的特性，被广泛用于医疗和制药领域。此外，聚乳酸和聚己内酯在低温下熔化，熔化温度分别为175℃和65℃，使其容易装载药物且不会因热降解而失去生物活性。这些聚合物在体内会发生水解，并通过排泄途径被消除。印刷参数，如光栅角度、光栅厚度和层高，在制造具有所需孔径和机械强度的生物相容性支架中起着关键作用。材料的组合，如PCL/壳聚糖或PCL/β-磷酸三钙（TCP）也被用于喷墨工艺中，以增强支架的生物活性特性。喷墨打印技术可快速建立结构支架，具有尺寸精度和优良的机械性能，常被用于制造患者的个性化医疗设备，如植入物、假肢、解剖模型等。向热塑性聚合物中掺入各种生物活性剂，如抗生素、化学治疗剂、激素、纳米粒和其他口服剂，可用于个性化医疗。

（二）喷头挤出技术

在这种方法中，材料是在气动压力或机械力的作用下通过打印头挤出的。与喷墨法类似，材料以逐层方式连续铺设，直到形成所需的形状。由于这个过程不涉及任何加热程序，它最常用于制造带有细胞和生长激素的组织工程结构。这种3D打印工艺可以准确地沉积小单位的细胞，并将工艺引起的细胞损伤降到最低。诸如细胞的精确沉积、对细胞分布速度的控制和加工速度等优势，大大增加了这种技术在制造活体支架方面的应用。

大量聚合物被用于生物打印技术。例如，天然聚合物，如胶原蛋白、明胶、海藻酸和透明质酸，以及合成聚合物，如PVA和聚乙二醇。通常，这些材料通过化学或紫外线交联进行后处理，以增强构建体的机械性能。根据使用的聚合物类型，可以制造出不同类型的复杂生物组织和支架。用这种技术可以实现多个打印头携带不同类型的细胞系来打印复杂的多细胞结构。挤压打印技术已被用于制造骨、软骨、主动脉瓣、骨骼肌、神经元和其他组织再生支架。尽管取得了这些成功，材料选择和机械强度仍然是生物打印的主要问题。在复杂的组织内制造血管，仍然是这项技术所面临的一个挑战。为了解决这个问题，研究人员将消耗性材料纳入构建体中，并在后期处理中移除，留下的空隙可用作血管通道。

（三）材料烧结技术

使用物理（紫外线/激光/电子束）或化学（结合液）来源，将储存器中的粉末状打印材料熔化成固体材料。与基于挤压的打印机不同，打印头和打印对象之间没有接触。使用这种技术，物体可以以高精度和高分辨率被3D打印出来。这项技术的主要局限为光固化聚合物树脂的可用性有限。目前可用的大多数材料是基于低分子量的聚丙烯酸酯或环氧树脂。对于生物医学应用，通常使用由羟基磷灰石基磷酸钙盐组成的聚合物陶瓷复合树脂。

（四）基于激光技术的光敏打印

与喷墨打印类似，光聚合物树脂层被喷射到构建平台上，同时使用紫外线光源进行固化。与喷墨工艺不同，材料可以同时喷射和固化。基于激光技术的光敏打印被广泛用于医疗领域，用于制作手术规划和术前模拟的解剖模型。具有不同模块强度的高分辨率物体可以使用该技术以高尺寸精度进行3D打印。由于紫外线源就在喷射喷嘴旁边，并能使树脂瞬间固化，因此不需要对构建物进行后期处理。这项技术在增材制造领域相对较新，许多类型的光聚合物，如ABS、Veroclear、Verodent和Fullcure，都可以在商业上用于喷墨打印。

四、应用

药物递送系统是指在剂量、时间和空间上调控药物在体内分布的技术体系。因便于携带和储存，固体制剂的应用最为广泛，然而传统工业大批量生产的固定规格的固体制剂难以满足患者的个性化用药需求。相对于传统制药技术，3D打印药物制剂灵活的个性化定制能力和精准的剂量控制是其核心优势。借助3D打印技术"按需"生产药物制剂可克服传统制造方式的"一刀切模式"，满足患者在年龄、体质量、器官功能和疾病严重程度方面的个性化用药需求；加之3D打印设备正朝着桌面化、智能化的方向发展，有望"落地"基层药房，促进传统药房向数字药房的转型升级，应用前景广阔。3D打印在药物递送系统中的应用主要分为如下几个部分。

（一）速释制剂

口服固体速释制剂是一种在服用后能迅速崩解的固体制剂，具有药物吸收快、生物利用度高的优点，特别适合于需要快速起效的药物。相较于传统压片工艺，粉末3D打印是一种非压缩式的生产技术，所制备的制剂具有疏松多孔的结构，有利于液体的渗透，进而促进药物崩解、加速有效成分的释放。2015年，美国FDA批准了第一个3D打印药品——左乙拉西坦口崩速释片上市，该片剂是基于粉末3D打印技术制备的具有多微孔结构的口崩速释片，解决了癫痫患者吞咽高剂量（1000 mg）传统片剂的难题。我国研究者采用粉末3D打印技术制备了豆腐果苷速崩片和对乙酰氨基酚速崩片，实验结果表明所制备的这两种速崩片的崩解时间分别为19.8 s、23.4 s，且在2 min之内均可完全释放，硬度、崩解时间、脆碎度均符合《中国药典》的相关规定。还有一些学者进一步研究了在保证制剂机械强度和释放速率的前提下，如何通过3D打印技术进一步提升制剂的载药量，以减少患者的单次服药数量。除了常规速释制剂，具有靶向性质的快速释药装置也是学者们研究的重点。使用热熔沉积技术构建一种压力控释的药物递送系统，该系统可通过对胃肠道系统不同部位的压力响应来实现药物的靶向释放。该研究采用脆性聚合物Eudragit® RS作为囊壳材料制备成胶囊。经体外生物相关压力实验证明，其可作为一种压力响应性的药物递送系统将药物递送至胃肠道靶向位置，并在特定压力下使囊壳破碎，实现药物的快速、精准释放。

（二）缓控释制剂

药动学理论表明，药物的释放速率与固体制剂的几何形状有关，制剂几何形状的改变会影响药物的释放曲线。3D打印具有灵活的形状定制能力，可通过对制剂的几何形状及内部结构的设计而实现对药物释放的控制和调节。使用热熔沉积技术制备不同形状（立方体、金字塔形、圆柱体、球体和环面）的片剂。在以基质溶蚀为主导的药物释放过程中，几何形状对药物释放具有显著影响，且表面积与体积的比值越大，其药物释放越快。随着孔道宽度的增加，药物释放速率逐步加快；孔道较短（8.6 mm）但多的片剂比孔道较少但长（18.2 mm）的片剂能更快地释放药物，这可能与通道内流体流动阻力的变化有关。通过3D打印技术控制蜂窝结构中孔的大小和表面积便可影响药物的释放，实现可变和可预测的药物释放曲线。该研究结果显示，在药物释放过程中，当孔径大于0.41 mm时，药物的释放速率与表面积成正相关；当孔径小于0.41 mm时，药物的释放速率随着表面积的增加而变缓，这是因为过小的孔径不利于液体的润湿，对流体的流动形成了阻碍作用，不利于药物的释放。

此外，3D打印技术除可实现固体制剂复杂形状的定制外，还能同时改变其相关性能，进一步提升制剂对药物释放的控制和调节能力。将磁靶向技术与3D打印结合，可制备一种具有磁靶向能力的双相药物递送系统，在两边的醋酸纤维素膜上分别装载布洛芬和对乙酰氨基酚，中间以含有磁性纳米粒的聚己内酯连接，折叠装载于胶囊壳中以便于患者服用。在外部磁场的介导下，复合膜可长时间滞留于胃肠道中的特定位置，有利于药物递送系统在胃肠道中靶向缓释药物，初步验证了3D打印在开发具有胃肠道局部靶向缓释特性的多药载体中的可行性。利用3D打印制备具有不同3D结构特征的制剂，可实现对药物溶出度的调节，结合局部靶向递药的理念，有助于设计具有特定药动学特征或针对特定部位精准释药的新剂型。

（三）植入物

植入物可以将药物有效地递送到作用部位，但是传统的植入物难以根据患者的年龄、解剖学差异、性别和疾病情况等实现个性化植入，这可能会降低治疗效果并带来安全性问题，而3D打印技术的快速发展推动了植入物在个性化治疗中的研究与应用。采用3D打印技术将抗癌药物打印成各种形状和孔隙度的外科手术贴片，可显著降低肿瘤体积。同时，该贴片克服了传统化疗药物全身递药的缺陷，将足够剂量的药物精准递送至肿瘤部位，减少毒副作用。根据肿瘤解剖和生物力学设计球形和圆柱形植入物并3D打印成型，可实现化疗药物的局部递送，具有较好的生物降解性和生物相容性。3D打印可根据病灶或手术需求定制个性化植入物，以满足不同患者的个性化需求。

（四）复方制剂

联合用药通常是多种单方制剂的联用，当患者需要同时服用多种药物时，往往存在漏服、错服和单次服用数量多的问题，且传统制药工艺难以制备个性化制剂，这使复方制剂的应用受到了很大的限制。在药物递送领域中，个性化定制药物组合、药物剂量和释放行为的多功能治疗递药系统已经引起越来越多的关注。复方制剂作为一种包含多种药物的固体剂型，对于需要通过多种药物来治疗多种疾病的患者是有益的，可以避免患者单次服用多种药物，提高其用药依从性。采用3D打印技术可实现多种有效成分的共同装载，可根据患者需求定制各组分药物的释放行为。将二甲双胍和格列美脲分别嵌入Eudragit缓释层和聚乙烯醇缓释层中，制成抗糖尿病的双相释药系统，两种药物均可在预期的时间内完全释放，表明3D打印技术可为多药联用的治疗方案定制固体制剂。这种多活性固体剂型不仅提高了目前正在服用多种单一药物患者的依从性，还可以根据患者个人需要随时定制特定的药物组合。为了尽可能地避免不同药物之间的相互作用，提高制剂稳定性，还可以制备两腔室的药物载体，将不同药物装载于不同的腔室之中，避免不同药物之间的直接接触。该药物载体的腔室由速溶、可溶胀、易蚀或肠溶性聚合物组成，可通过调整腔室壁的厚度来控制药物的释放时间，实现双脉冲模式的药物释放。3D打印在个性化和多组分制剂的开发中潜力巨大，可将具有协同作用、服药频次相同的药物制成复方制剂并根据患者实际需求调整各组分剂量和释放行为，有利于提高患者的依从性和疾病的治疗效果。

（五）外用制剂

口服固体给药是最常用的一种药物递送方式，药物需要经历在胃肠道中溶解并吸收进入血液循环而发挥治疗作用的过程，这可能会增加患者（尤其是老年患者）胃肠道和心血管系统的负担以及副作用的发生率。通过体外局部给药以实现对疾病的治疗是近些年来的研究重点，而3D打印技术的兴起，为个性化外用制剂的发展提供了新的研究方向和应用潜力。使用甘露醇、木糖醇和海藻糖作为药物载体，应用3D技术制备了微针基体，并采用喷墨打印机在微针基体上喷洒胰岛素溶液，可实现胰岛素在30 min内的快速释放。

第九节 连续制造

一、概述

连续制造（continuous manufacturing，CM）系指通过计算机控制系统将各个单元操作过程进行高集成度的整合，将传统间隙的单元操作连贯起来组成连续生产线的一种新型生产方式。传统的口服固体制剂生产采用"批式"生产方式，即物料/产品在每个生产单元操作后收集，在离线的实验室中检验合格后，转至下一个单元操作，投料和出料不同步，每一批次耗时最少几天。生产时间长、大量的库存为中间品，直接造成交货期长、断续生产、换批时间长、生产损失高等缺点。根据传统批式生产的特点，为了减少中间检验次数，批量变得越来越大，造成厂房面积越来越大，厂房利用效率低、不灵活、投资大并且不可持续。批式生产需要大量的周转料桶，以及笨重大型的生产设备，对于整个建厂投资费用较大，资本运作效率较低。

而口服固体制剂的"连续制造"生产方式是通过计算机控制系统，将各个单元操作过程进行整合，增加物料在生产过程中的连续流动并加快最终产品成型。以片剂直接压片连续制造过程为例，通过对某些设备进行改造或采用一些替代的技术，将不连贯的单元过程转换为连续制造过程，起始原料和成品以同样速率输入和输出，物料和产品在每个单元操作之间持续流动，整个生产过程实际用时只需几分钟到几小时。同时，对关键质量和性能指标进行检测，实现在线控制中间体和成品的质量，生产的全过程实时可控。

二、特点

随着现代科学技术的发展，制造行业已实现了多种连续制造，常见的有石油精炼、合成纤维、化肥加工、塑料加工等。而制药行业的连续制造相对于其他行业起步较晚，且实现技术难度较大，进程也相对缓慢。为了提高创新性和竞争力，尽可能地缩短产品开发时间、最大限度地提高产量和降低生产成本，制药行业也正积极探索新型连续制造工艺，逐渐向连续制造的阶段迈进。

2015年11月，葛兰素史克、基伊埃和辉瑞联合设计了一个小型、连续、微缩、模块化的固体制剂工厂。该工厂可用卡车运往世界任何地方，快速组装，能在几分钟内生产出素片，而传统的批式生产则需要几天至几周。与传统口服固体制剂批式生产方式比较，连续制造具有以下优点。

1.大幅度提高生产效率，降低生产成本

①连续制造适用于单一品种大批量、长期的连续生产。②可在最小的车间中实现高效生产，大幅减少能耗，且没有中间体转运，少占空间。③节省物料、降低成本。由于任何给定的时间内，某个生产设备或某段工序上都仅有几公斤的物料正在处理，这样即使发生质量事件，丢弃这些少量物料后便可以重启生产过程。而若以固定规模批次生产，可能需

要进行多个独立单元的生产，发生质量问题将浪费整批物料。

2. 无须工艺放大，缩短新药研发时间

连续制造模式下，研究样品、试验样品、临床样品和商业产品均是在相同设备上生产。不像传统的批式生产方式，放大方法是基于投料规模和设备的扩大。在连续制造模式下"放大"被赋予一个新的定义，即在"时间"上进行放大。这意味着批次规模改变的仅仅是时间的长短，产量增大时不需要考虑放大带来的各种问题。

3. 生产迅速、缩短生产周期

连续制造可大大减少生产用时、减少物流周转，从而缩短生产周期，尤其是当临床急需时，能迅速满足临床需求，更易应对药品短缺和疫情暴发的状况；同时也为企业缩短了新产品的上市时间。

4. 基于质量源于设计理念，确保产品质量

通过实行质量源于设计理念来确保生产过程结束时的产品质量，在提高效率的同时降低质量降低的风险。在线测量与控制系统能缩短生产周期、防止次品和废料产生、提高操作人员的安全性和整体生产效率。

5. 产品的质量追溯性强，利于监管

①大量减少了操作人员，降低了人为因素所带来的环境污染、操作失误等风险。②连续制造过程实行质量全过程控制，生产中间体和最终产品基于过程数据得到控制和保障。该过程能在线追溯产品质量，最终产品生产出来即可上市。③连续制造避免了造假、修改数据、改变操作等影响质量的情况，有利于监管部门监管，减少大量飞行检查次数等。

三、研究内容

口服固体制剂如何进行连续化生产，从什么工段可以开始做连续化，其研究内容主要有：整个生产过程中如何控制物料连续流动；生产过程工艺参数对中间体或最终产品质量的影响如何；质量监测在连续生产过程中如何实施；如何探索新的计算方法来评估或模拟连续制造技术。

其中过程分析技术（process analytical technology，PAT）在固体制剂连续制造中显得尤为重要。PAT 系指生产过程的分析和控制系统，是依据生产过程中的周期性检测、关键质量参数控制、原材料和中间产品的质量控制及生产过程，确保最终产品质量达到认可标准的程序。传统批式生产主要依靠离线分析来进行中间产品和最终产品的质量评估，主要是在化学分析室里完成，耗时长并且只能在生产完成后检测，而连续制造过程可以通过实时在线监测进行评估。2004 年，美国 FDA 将 PAT 作为新药开发、生产和质量保证的行业指南，积极推动针对医药原料及加工过程中的关键质量性能特征来设计、分析和控制生产过程，以确保最终产品的质量。2010 年前后，在线控制和监测方法在设备上的嵌入与整合技术得到迅速发展，质量源于设计理念也让建立模型预测和实验设计等方法更好地与制药生产过程联系起来，使连续制药成为现实。通过 PAT 的实施，可达到如下目的：利用在线测量和控制，缩短生产周期；避免产品的不合格、报废和返工；考虑实时释放的可能性；提高自动化水平；改善操作人员的安全条件，减少人为错误发生；推动连续作业，提高效率，增大管理的可能性。

PAT 关键技术主要有：多元数据采集和分析工具；现代过程分析仪或过程分析工具；工艺过程、终点监控、控制工具；连续性改进（即反馈机制）和信息管理工具等。常用的分

析工具有近红外光谱技术和拉曼光谱技术，而越来越多的研究者对高效液相色谱法、在线核磁共振、X射线粉末衍射、透射电子显微镜、扫描电子显微镜和3D高速成像技术等应用到PAT中表现出浓厚的兴趣。

四、连续制造在固体制剂生产中的应用

连续制造是**端到端（end to end）连续制造模式**，系指从起始原料连续多步合成原料药开始，到最终剂型成型的完全制造过程。化工行业的连续制造趋于成熟，使得医药行业中的一些原料药厂开启了"半连续"加工进程。2000年前后，在线清洗和在线除菌技术的开发与应用，使药品生产向连续模式转变的可能性得以提升。阿利吉仑片剂是第一个实行产业化端到端连续制造的药品实例，从原料药的化学中间体开始经过一系列连续步骤，包括化学合成、分离、结晶、干燥等过程，先得到阿利吉仑原料药；再经过连续的混合、热熔挤出、制粒、压片与包衣过程生产出所需形状和质量的包衣片剂。整个生产的操作单元总数从传统批式生产的21个减少到连续制造的14个；生产过程的停留时间从批式生产的300 h缩短到连续制造的47 h；单位质量成品的原材料消耗也减少了一半。

固体制剂连续制造的发展，首先是从将几个生产单元通过整合成一个半连续生产线，实现半连续制造开始的。湿法制粒压片工艺因具有生产工艺成熟、颗粒质量好、生产效率高、压缩成型性好等优点，作为片剂生产中的主流工艺应用最为广泛。例如：高剪切连续制粒装置，包括混合系统、湿法制粒系统、流化床干燥系统和整粒系统等。生产时物料粉末通过料斗输入、高剪切搅拌制粒机混合、浆液泵入湿法制粒、真空出料并输送至流化床干燥、整粒机整粒分级，最终得到成品颗粒。

（滕超）

思 考 题

1. 简述固体分散体的释药原理。

2. 常用制备方法有哪些？

3. 影响固体分散体稳定性的因素有哪些？

4. 了解三种常用环糊精的性质差异。

5. 制备包合物的关键是什么？应如何进行控制？

6. 制备包合物时，主体分子对客体分子有何要求？

7. 验证包合物的方法有哪些？

8. 了解不同递药体系的矫味技术特点对比。

9. 常用矫味剂有哪些？

10. 糖包衣与薄膜包衣各有何优缺点？

11. 简述常用包衣设备及如何选择适宜设备进行包衣。

12. 微粒给药系统常用载体材料有哪些？

13. 眼部、口服等微粒递药技术有何独特要求？

14. 靶向微粒给药系统需要克服的难题是什么？

15. 可溶性微针的开发难点是什么？

16. 相对于皮下注射、口服给药，微针给药的优势是什么？

17. 与传统制剂相比，3D打印制剂的优势是什么？

18. 3D打印药片难以通过临床审批的最主要原因是什么？

19. 连续制造的关键质量控制是什么？

20. 连续制造的特点或优势是什么？

21. 哪些剂型不适合连续制造？

 ## 参考文献

[1] Patel K, Shah S, Patel J. Solid dispersion technology as a formulation strategy for the fabrication of modified release dosage forms: A comprehensive review[J]. DARU Journal of Pharmaceutical Sciences, 2022, 30 (1): 165-189.

[2] Vo C L N, Park C, Lee B J. Current trends and future perspectives of solid dispersions containing poorly water-soluble drugs[J]. European journal of pharmaceutics and biopharmaceutics, 2013, 85 (3): 799-813.

[3] Meng F, Gala U, Chauhan H. Classification of solid dispersions: correlation to (i) stability and solubility (ii) preparation and characterization techniques[J]. Drug development and industrial pharmacy, 2015, 41 (9): 1401-1415.

[4] Schittny A, Huwyler J, Puchkov M. Mechanisms of increased bioavailability through amorphous solid dispersions: a review[J]. Drug Delivery, 2020, 27 (1): 110-127.

[5] Mendonsa N, Almutairy B, Kallakunta V R, et al. Manufacturing strategies to develop amorphous solid dispersions: An overview[J]. Journal of Drug Delivery Science and Technology, 2020, 55: 101459.

[6] Budhwar V. Cyclodextrin complexes: An approach to improve the physicochemical properties of drugs and applications of cyclodextrin complexes[J]. Asian Journal of Pharmaceutics, 2018, 12 (2): S394.

[7] Jacob S, Nair A B. Cyclodextrin complexes: Perspective from drug delivery and formulation[J]. Drug development research, 2018, 79 (5): 201-217.

[8] Cid-Samamed A, Rakmai J, Mejuto J C, et al. Cyclodextrins inclusion complex: Preparation methods, analytical techniques and food industry applications[J]. Food Chemistry, 2022: 132467.

[9] Jansook P, Ogawa N, Loftsson T. Cyclodextrins: structure, physicochemical properties and pharmaceutical applications[J]. International journal of pharmaceutics, 2018, 535 (1/2): 272-284.

[10] Mura P. Analytical techniques for characterization of cyclodextrin complexes in aqueous solution: a review[J]. Journal of pharmaceutical and biomedical analysis, 2014, 101: 238-250.

[11] Nasr N E H, ElMeshad A N, Fares A R. Nanocarrier systems in taste masking[J]. Scientia Pharmaceutica, 2022, 90 (1): 20.

[12] Kaushik D, Dureja H. Recent patents and patented technology platforms for pharmaceutical taste masking[J]. Recent patents on drug delivery & formulation, 2014, 8 (1): 37-45.

[13] Sohi H, Sultana Y, Khar R K. Taste masking technologies in oral pharmaceuticals: recent

developments and approaches[J]. Drug development and industrial pharmacy, 2004, 30 (5): 429-448.

[14] Kumar R S, Kiran A S. Taste masking technologies: a boon for oral administration of drugs[J]. Journal of Drug Delivery and Therapeutics, 2019, 9 (4-A): 785-789.

[15] Ayenew Z, Puri V, Kumar L, et al. Trends in pharmaceutical taste masking technologies: a patent review[J]. Recent patents on drug delivery & formulation, 2009, 3 (1): 26-39.

[16] Fotovvati B, Namdari N, Dehghanghadikolaei A. On coating techniques for surface protection: A review[J]. Journal of Manufacturing and Materials processing, 2019, 3 (1): 28.

[17] Porter S C. Coating of pharmaceutical dosage forms[M]//Remington. Academic Press, 2021: 551-564.

[18] Zaid A N. A comprehensive review on pharmaceutical film coating: past, present, and future[J]. Drug Design, Development and Therapy, 2020: 4613-4623.

[19] Felton L A, Porter S C. An update on pharmaceutical film coating for drug delivery[J]. Expert opinion on drug delivery, 2013, 10 (4): 421-435.

[20] Salawi A. Pharmaceutical coating and its different approaches, a Review[J]. Polymers, 2022, 14 (16): 3318.

[21] Dhuppe S, Mitkare S S, Sakarkar D M. Recent techniques of pharmaceutical solventless coating: a review[J]. International journal of pharmaceutical sciences and research, 2012, 3 (7): 1976.

[22] Ahadian S, Finbloom J A, Mofidfar M, et al. Micro and nanoscale technologies in oral drug delivery[J]. Advanced drug delivery reviews, 2020, 157: 37-62.

[23] Birnbaum D T, Brannon-Peppas L. Microparticle drug delivery systems[J]. Drug delivery systems in cancer therapy, 2004: 117-135.

[24] Kohane D S. Microparticles and nanoparticles for drug delivery[J]. Biotechnology and bioengineering, 2007, 96 (2): 203-209.

[25] Ghosh B, Biswas S. Polymeric micelles in cancer therapy: State of the art[J]. Journal of Controlled Release, 2021, 332: 127-147.

[26] Sznitowska M, Janicki S, Dabrowska E, et al. Submicron emulsions as drug carriers: Studies on destabilization potential of various drugs[J]. European journal of pharmaceutical sciences, 2001, 12 (3): 175-179.

[27] Aldawood F K, Andar A, Desai S. A comprehensive review of microneedles: Types, materials, processes, characterizations and applications[J]. Polymers, 2021, 13 (16): 2815.

[28] Al-Japairai K A S, Mahmood S, Almurisi S H, et al. Current trends in polymer microneedle for transdermal drug delivery[J]. International journal of pharmaceutics, 2020, 587: 119673.

[29] Kim Y C, Park J H, Prausnitz M R. Microneedles for drug and vaccine delivery[J]. Advanced drug delivery reviews, 2012, 64 (14): 1547-1568.

[30] Cheung K, Das D B. Microneedles for drug delivery: trends and progress[J]. Drug delivery, 2016, 23 (7): 2338-2354.

[31] Bhatnagar S, Dave K, Venuganti V V K. Microneedles in the clinic[J]. Journal of controlled release, 2017, 260: 164-182.

[32] Waghule T, Singhvi G, Dubey S K, et al. Microneedles: A smart approach and increasing potential for transdermal drug delivery system[J]. Biomedicine & pharmacotherapy, 2019, 109: 1249-1258.

[33] Jamróz W, Szafraniec J, Kurek M, et al. 3D printing in pharmaceutical and medical applications–

recent achievements and challenges[J]. Pharmaceutical research, 2018, 35: 176.

[34]   Douroumis D. 3D printing of pharmaceutical and medical applications: a new era[J]. Pharmaceutical Research, 2019, 36 (3): 42.

[35]   Gao G, Ahn M, Cho W W, et al. 3D printing of pharmaceutical application: drug screening and drug delivery[J]. Pharmaceutics, 2021, 13 (9): 1373.

[36]   Mathew E, Pitzanti G, Larrañeta E, et al. 3D printing of pharmaceuticals and drug delivery devices[J]. Pharmaceutics, 2020, 12 (3): 266.

[37]   Yan Q, Dong H, Su J, et al. A review of 3D printing technology for medical applications[J]. Engineering, 2018, 4 (5): 729-742.

[38]   Burcham C L, Florence A J, Johnson M D. Continuous manufacturing in pharmaceutical process development and manufacturing[J]. Annual review of chemical and biomolecular engineering, 2018, 9: 253-281.

[39]   Chatterjee S. FDA perspective on continuous manufacturing[C]//IFPAC Annual Meeting, Baltimore, MD. 2012, 26: 34-42.

[40]   Mascia S, Heider P L, Zhang H, et al. End-to-end continuous manufacturing of pharmaceuticals: integrated synthesis, purification, and final dosage formation[J]. Angewandte Chemie, 2013, 25 (47): 12359-12363.

[41]   Vanhoorne V, Vervaet C. Recent progress in continuous manufacturing of oral solid dosage forms[J]. International Journal of Pharmaceutics, 2020, 579: 119194.

[42]   Poechlauer P, Colberg J, Fisher E, et al. Pharmaceutical roundtable study demonstrates the value of continuous manufacturing in the design of greener processes[J]. Organic Process Research & Development, 2013, 17 (12): 1472-1478.

[43]   Heider P L, Born S C, Basak S, et al. Development of a multi-step synthesis and workup sequence for an integrated, continuous manufacturing process of a pharmaceutical[J]. Organic Process Research & Development, 2014, 18 (3): 402-409.

[44]   Mali A S, Gavali K U, Choudhari R G, et al. Review on hot melt extrusion technology and it's application [J]. International Journal of Scientific & Technology Research, 2019, 6 (6): 253-260.

第五章
新型药物载体

本章学习要求

1. 掌握：新型药物载体的特征、构建方法、应用场景以及体内独特的制剂学性能。
2. 熟悉：现代精准医学发展对药物递送载体的新要求。
3. 了解：针对不同疾病构建的新型药物递送载体的发展。

第一节　概述

一、新型药物载体的定义

新型药物载体（novel drug carrier，NDC）是相较于传统药物载体而言的，以改善药物成药性与体内药动学性质为目的，整合智能响应模块与治疗模块并能根据不同疾病的病理生理学特点进行多元化调控，发挥协同治疗效果的多功能药物递送平台。新型药物载体的开发源于现代精准医学理论对疾病早期诊断、个性化治疗、生物标志物检测与免疫调控等方面提出的新要求，以疾病诊疗的临床路径与药物治疗需求为选择剂型的基本遵循，以病理学、分子生物学等基础研究的最新成果为功能模块设计的着力点，选择在生理环境下有特殊物理化学性质的生物相容性材料作为载体的主要构成，构建出符合临床治疗需要，具有良好生物利用度与生物安全性的药物递送系统。

新型药物载体的开发是以基础研究突破为引领，涉及多学科交叉、多生产部门协作的重要领域，亦是国家制药工业软实力的体现。新型药物载体材料的开发并不是传统药物载体材料的"翻版"，也不是对成熟药物制剂部分短板进行优化的"再版"，而是在药剂学学科基础理论的指导下，以疾病病理生理学特征与分子生物学机制为起点进行的"顶层设计"，包括：①设计具有良好生物相容性与安全性，载药量高且易于装载功能模块的药物载体新材料；②创新药物的递送剂型与装置，提高药物的生物利用度，减小药物的副作用；③在重新设计药物载体的同时，对递送药物进行修饰，提高药物递送效率，如在小分子药物上修饰特定基团或直接递送前药，优化多肽蛋白质类药物的氨基酸序列，优化核酸药物的密码子及化学核苷酸修饰等，从作用机制层面改变制剂性质；④利用光、声、电、磁等物理刺激源，拓展制剂的治疗方式，引导药物在特定部位精准释放，打破制剂在体内循环中的固有缺陷并增强治疗效果；⑤基于仿生原理，开发具有应用前景的核酸类、多肽蛋白质类、仿生脂膜类与病毒类药物载体，为生物源药物载体材料库的拓展提供理论与实践基础。

值得注意的是，纳米材料科学的发展为新型药物载体的开发提供了新的着力点，也为未来药物载体的研究模式指明了方向。纳米药物载体被定义为在三维空间中至少一维处于 $1 \sim 1000$ nm 范围内或由纳米级别粒子构成的材料。纳米药物载体具备纳米尺度效应与界面效应，为药物的键合提供了多样化选择，一些较为成熟的纳米药物载体如脂质体、纳米微囊、纳米微球等的缓控释机制与载药方法学被广泛研究并开发出上市产品。纳米药物载体的粒径、电位和表面形貌对药物递送效率的影响已经在许多体外细胞实验与动物疾病模型中进行验证。同时，当前新型纳米药物载体研究并非局限于控制药物释放，而是拓展到定位、定时释放等精准调控方面的研究，显示出功能化、低成本化与多功能化的趋势。

二、新型药物载体的分类

新型纳米药物载体材料主要分为无机材料、聚合物材料、生物大分子材料（包括核酸材料与多肽蛋白质类材料）与仿生材料（包括细胞/细胞器膜材料与病毒类材料）四大类。

1. 无机材料

无机纳米药物载体（inorganic nano drug carrier）主要包括金属纳米药物载体和无机非金属纳米药物载体。相较于由有机高分子或生物大分子构建的药物递送载体，无机纳米药物载体具有独特的电学、光学、磁学及化学催化特性。无机物在溶液体系中的聚集、成核等过程是物理化学最初的研究对象，同时也是形成纳米尺度颗粒的关键。金属基材料具有独特的物理、化学性质，是材料科学的重点研究方向。近年来，随着金属元素参与机体生物化学反应、调控细胞信号通路等关键机制的阐明以及金属治疗学概念的提出，金属基材料作为一种新型药物载体被广泛研究。金属纳米药物载体材料的研究重点主要集中在金纳米粒（Au NP）、氧化铁纳米粒（Fe_3O_4 NP）、银纳米粒（Ag NP）、铂纳米粒（Pt NP）等，以及钯、镁等具有高效化学催化活性与反应性的金属。金纳米粒是研究最为广泛的金属生物纳米材料，具有低毒性、粒径可控、生物相容性佳、具备粒径依赖性的表面等离子共振（surface plasmon resonance，SPR）光学现象等特点，在生物纳米医学领域受到广泛关注。将药物通过静电吸附、表面共价修饰或包封的方法与金纳米粒结合，可构建性能优良的药物递送系统。同时，金作为一种高 Z 元素（high Z element）具有较高的电子密度，优良的光热转化效率，并能增强靶向组织的光电吸收能力，可实现光热治疗、放疗增敏等联合治疗策略。银纳米粒理想的抗菌性能与铂纳米粒对肿瘤细胞 DNA 的靶向破坏效应可用于构建多功能纳米药物载体，钯基纳米材料构建的生物成像增敏纳米平台也为疾病的精准诊断提供了新方法。一些无机非金属纳米材料，如过渡金属氧化物、介孔二氧化硅、碳基纳米材料及硒基材料等，亦是新型纳米药物载体材料的重要组成部分。过渡金属氧化物材料通常可以在肿瘤细胞内部发生氧化还原反应，释放金属离子诱导细胞程序性死亡，例如：大部分过渡金属离子在胞内发生芬顿反应，产生活性氧诱导细胞凋亡；Cu^{2+} 或 Fe^{3+} 诱导肿瘤细胞铜死亡（cuproptosis）/铁死亡（ferroptosis）等；Mn^{2+}、Mg^{2+} 和 Zn^{2+} 等可在胞内激活细胞天然免疫信号，活化免疫细胞并促进抗原提呈；介孔二氧化硅是性能优越的生物大分子递送载体，而磷酸钙作为生物相容性材料在组织工程学领域应用广泛；纳米级别的磁铁矿（Fe_3O_4）具有超顺磁性，可构建磁力响应型纳米药物载体或光热联合治疗纳米平台。碳基材料的代表碳量子点（carbon quantum dot，CQD）更是以其突出的荧光效率在生物成像纳米平台的构建中发挥重要作用。

2. 聚合物材料

聚合物纳米药物载体（polymer nano drug carrier）是一类由天然聚合物或合成聚合物材料通过单体聚合反应或预成型聚合物偶联组装而成的载体材料。药用有机高分子材料一直是构建纳米药物递送载体的"主力军"，可精准控制载体粒径，装载亲水性或疏水性药物，且易于进行表面修饰。聚合物纳米药物载体制备方法多样，例如自组装法、纳米沉淀法、微乳液法、乳化 - 交联法、喷雾干燥法、离子凝胶法和共价偶联修饰法等。聚合物纳米药物载体还具有多样化的药物装载策略，例如：治疗药物可以封装在聚合物载体核心内；分散于聚合物基质中；与聚合物化学偶联或通过物理吸附于表面，这使聚合物纳米药物载体成为共递送活性物质的理想选择。新型聚合物纳米药物载体通过模块化设计和响应型化学键偶联等方法，调节制剂循环稳定性、智能响应性和表面电荷反转等特性，精确控制药物释放动力学，进而发挥出色的制剂学性能。

3. 生物大分子材料

利用参与生命活动中各种复杂反应的核酸与多肽蛋白质作为新型药物纳米载体，是未来药物制剂领域的发展方向。核酸是生物遗传信息的主要承担者，亦是一种具有良好化学稳定性、分子刚性、低免疫原性并可进行编程设计的生物大分子。1982年，美国科学家Ned Seeman基于Watson-Crick碱基互补配对原理，构建了一种具有分子刚性的十字型DNA连接体结构，被视为DNA纳米技术的起点。DNA纳米结构主要有三种基本形式：**DNA拼块**（tile）、**DNA折纸**（origami）与**DNA单链砖块**（single-strand brick）。值得注意的是，核酸纳米药物载体（nucleic acid nano drug carrier）被认为是未来前沿药物递送技术的"制高点"。DNA纳米结构药物递送系统最显著的问题是体内药动学性能不佳与合成成本较为高昂，且无法在个体水平取得较好的疗效。因此，基于核酸大分子构建的杂化纳米材料仍然是目前研究的主流。多肽蛋白质类物质作为生命活动的基础承担者，本身就是理想的新型药物纳米载体。蛋白质内部通过分子间相互作用力形成二级、三级以及四级结构，并且蛋白质的理化性质与生物学功能取决于氨基酸种类、数量、排列顺序与拓扑结构。蛋白质结构中存在口袋结合域与结合位点，可结合多种药物或荧光分子探针；药物不仅可以通过蛋白质表面可修饰性氨基或羧基与蛋白质载体共价偶联，还可以通过疏水结合、静电吸附、π-π堆叠与氢键作用等机制物理吸附在表面。目前常用于构建新型药物递送载体的蛋白质包括易进行表面修饰的白蛋白与具有pH响应功能的铁蛋白。而多肽作为一种由α-氨基酸以肽键连接在一起而形成的化合物，是蛋白质水解的中间产物。多肽也是理想的新型药物载体与生物活性调节器，可以自组装成各种功能性纳米结构，如**纳米纤维**（nano-fiber，NF）与**水凝胶**（hydrogel）等。一部分多肽具有刺激 - 响应功能，可作为纳米药物递送体系的感应模块，对药物在靶部位的释放行为进行控制。

4. 仿生材料

遵循使用生物大分子作为新型药物递送载体的研究逻辑，直接取用生物细胞中的膜性结构或利用工程化处理的病毒构建新型药物递送载体是近年来兴起的一种仿生药物递送系统。**仿细胞器纳米药物载体**（cell membrane coating nano drug carrier）是将细胞膜性结构包裹于纳米核心材料表面，提高粒子生物相容性，实现体内药物长循环并赋予纳米制剂特定功能性的纳米药物递送系统。该种纳米药物递送策略结合了细胞膜与纳米核心材料的优势，实现了药物材料从"冷材料"向"热材料"的跨越式发展。仿细胞器纳米药物载体的制备分为三个过程：**膜性结构提取、内核纳米载体的制备与膜-纳米核心融合**。根据细胞膜种类的不同，仿生纳米载体可拥有不同的性能，如：红细胞膜可帮助纳米粒在体循环中"隐形"，以获得更长的循环半衰期；免疫细胞的胞膜可发挥免疫激活或免疫抑制功能，与纳米核心协同调节局部免疫功能；血小板膜与中性粒细胞膜分别对损伤组织与炎症组织有较强的靶向效率；来源于癌细胞的胞膜能促进粒子渗透进相应的癌细胞内发挥抗肿瘤作用。有研究甚至将植物细胞器膜作为载体，利用光合作用调节细胞内 ATP 与 NADPH 含量，以纠正病理状态下细胞的异常代谢状态，进一步说明了该种递送策略的多样性与包容性。**病毒类纳米药物载体**（virus nano drug carrier）原本是生命科学研究中进行基因编辑的工具，但不可否认其作为基因治疗的有力武器在未来精准医学实践中发挥的作用。腺病毒载体是临床上最早用于体内基因治疗的病毒载体，今又生®（Gendicine®）是第一个靶向 *p53* 基因且批准用于治疗癌症的病毒载体药物。陈薇院士团队研制的重组新冠病毒疫苗也是基于5型腺病毒载体构建的。单纯疱疹病毒、慢病毒与逆转录病毒均可用于进行体内基因修饰，且已经有获批用于进行临床治疗的上市产品。其他病毒载体如水疱性口炎病毒、仙台病毒、麻疹病毒甚至狂犬病毒，在体内基因递送方面的研究均已有相关报道。仿细胞器药物载体与病毒类药物载体的出现与发展，为基因治疗这种革命性的疾病诊疗方法开辟了新的"赛道"。

　　以上介绍的四大类新型药物载体均有其独特的性质与应用，它们均聚焦于突破生物屏障、提高靶向效率、拓展载药平台功能性与维持药物循环稳定性的策略。以下章节将按照无机物载体、聚合物载体、核酸类载体、多肽蛋白质类载体、仿细胞器载体与病毒类载体的顺序进行详细介绍。

第二节　无机物载体

　　随着纳米科学和材料的迅速发展，多种载体材料已被开发用于药物递送。其中无机物载体具有表面积大、物理稳定性高、催化性能优等特点，可通过提高药物疗效、降低毒性而取得良好治疗效果，是药物递送的理想选择。此外，无机纳米载体可对多种刺激（即温度、pH 值、压力、磁场和电场等）做出响应，并可被设计具有成像功能用于诊断癌症，进行个体化治疗。无机纳米载体在生物功能上具有多功能性和非特异性，与有机纳米粒相比具有更好的生物相容性。基于这些独特的性质，无机纳米粒载体在传感、生物成像等许多领域发挥着重要作用，且不同类型的无机纳米载体已被广泛研究用于药物递送，包括介孔二氧化硅、磁性氧化铁、金纳米粒、碳纳米材料及量子点等。

一、介孔二氧化硅

　　介孔二氧化硅（mesoporous silica）作为一种新型无机纳米材料，由于其独特的性能，如比表面积大（约 $1000~m^2/g$）、孔径可调控、易于功能化、生物相容性好、能避免所装药物降解或变性等，与药物通过离子键、氢键、静电作用等实现药物的递送而受到广泛关注。通常采用**溶胶-凝胶法**和**模板法**制备各种形态、颗粒大小和孔径的介孔二氧化硅纳米粒。介孔二氧化硅呈现圆柱形孔的六边形排列，孔之间无相互联系，其本身也没有生物或化学活性，但由于其孔隙内表面存在许多硅醇，因此可以通过烷基化改性将内表面结合一些官能团，如氨基、乙烯基、苯基和巯基，这些有机基团含有或可以修饰引入催化活性中心。此外，通过对其表面进行化学改性还可以改善其分散性能。因此，介孔二氧化硅在外部磁场、光、超声波或组织中pH、氧化还原或酶等条件刺激下可靶向控制药物的释放。例如，Moghaddam等制备了一种表面修饰二硫键的中空介孔二氧化硅纳米粒以响应谷胱甘肽（GSH）用于体系降解和药物释放。研究以多柔比星（DOX）作为模型药物，表明纳米粒的药物高负载能力达8.9%，在pH为6及谷胱甘肽浓度为10 mmol/L的PBS条件下7天内逐渐发生降解，并且14天时释放58%的药物，而在不含谷胱甘肽的条件下，药物释放不足20%。由于介孔二氧化硅纳米粒在生物医学应用中的优异性能，目前已开发了各种先进功能材料，并将在未来的诊断方法和个体化治疗及具有高敏感性和选择性纳米技术方面不断突破。

二、磁性氧化铁

磁性氧化铁纳米粒（magnetic iron oxide nanoparticle）是一种新型的磁靶向纳米材料，主要包括Fe_3O_4和Fe_2O_3。磁性氧化铁除了具有普通磁性纳米材料量子尺寸效应、宏观量子隧道效应等独特的性质外，还具有无毒、生物可降解、生物相容性强、磁共振成像（MRI）可见等特点，并在体内可通过铁代谢途径进行清除。药物装载在氧化铁纳米粒上并通过响应外部磁场被递送至目标部位，如磁性氧化铁纳米粒可以改善抗癌药物在目标肿瘤组织中的积累和生物分布，增强治疗效果。Chiang等利用基于岩藻多糖和葡聚糖的磁性氧化铁纳米粒负载多种抗体（IO@FuDex[3]），在外部磁场的定位下，纳米粒聚集于肿瘤部位，减少了全身分布和脱靶效应，增强了药物对多种肿瘤模型的抑制效果。此外，涂层材料对磁性氧化铁纳米粒的稳定性及功能化具有重要作用。通过生物相容性材料进行涂层表面改性获得功能化的核壳磁性氧化铁纳米粒可以保护磁性纳米粒免受外界影响，具有生理条件下稳定性强、分散性好、载药量高等优点，将有效提升药物递送能力。常见的氧化铁纳米粒表面改性材料包括无机材料、聚合物及其他涂层材料。SiO_2和Au等无机材料的包被可以保护四氧化三铁核心免受降解，聚合物涂层可以增强纳米粒的抗氧化稳定性并在聚合物降解时释放药物。理想的聚合物材料应具有亲和力强、免疫原性低等特点。常用的聚合物材料包括壳聚糖、葡聚糖、聚乙二醇、海藻酸盐、淀粉、聚乙烯醇等。其中聚合物的化学性质也将影响氧化铁纳米粒的整体性能，包括化学结构、分子量、构象、长度等。此外，还可以通过靶向配体（亲和素、生物素、羧基、碳二亚胺等）对氧化铁纳米粒表面功能化改造，从而可作为细胞毒性药物偶联的靶点用于增强靶向能力。由于磁性氧化铁纳米粒的优异特性，其作为最具应用前景的磁性纳米材料已广泛应用于靶向化疗、分子探针、磁共振成像和转染等生物医学领域。

三、金纳米粒

金纳米粒（Au nanoparticle）是以金为基质材料，通过物理、化学和生物手段合成的尺寸介于1～100 nm之间的新型纳米材料。金纳米粒的优势在于可通过共价键或者非共价键构建以金纳米粒为内核的药物递送系统；利用较大的比表面积在表面修饰基团使其功能化，易于结合药物分子；利用高电子密度、介电特性及表面增强拉曼散射等光学性质，用于生物成像及药物递送释放。但其仍存在表面修饰方法有限、成本较高、生物安全性等问题。此外，金纳米粒广泛应用的原因之一是可通过调整纳米粒的形状以实现局域表面等离子共振（LSPR）在近红外区域的调控并提高载药能力。对于体内应用，大多数金纳米粒需与有机物缀合，以减少聚集、非特异性蛋白吸附和网状内皮系统的清除作用，延长血液循环时间并增强靶向病变部位能力，响应各种刺激以触发药物释放。

目前已合成了金纳米球、金纳米棒及金纳米笼等形状的金纳米粒。金纳米球是其结构最简单的形式之一。自1951年首次成功合成以来，金纳米球受到了广泛关注。最常用的金纳米球的粒径范围从几纳米到大约100 nm，最大吸收波长随着直径的增大而增大。早期金纳米球作为药物载体主要依赖于金-硫醇键使金纳米球功能化，但单个硫醇结合到金表面有局限性。随后，多种硫醇，如环状二硫化物、硫醇酸和二硫代氨基甲酸酯，接枝到金纳米球上以增强其化学稳定性，且比传统的金-硫醇键结合更强，适用于增强颗粒强度。与球形纳米粒相比，非球形纳米粒可能更具有潜在优势。自1992年Foss等首次引入模板法制备金纳米棒，金纳米棒及其各向异性光学特性引起了人们的关注。金纳米棒的优点是它具有比普通金纳米球更强的尺寸归一化吸收截面。金纳米棒既可以散射光，也可以吸收光。散射的光子可应用于成像，而吸收的光子可用于光热效应。金纳米棒的光热特性已被成功地应用于光热治疗以去除实体肿瘤，并应用于药物递送实现药物控制释放。金纳米笼是Xia等于2002年首次合成的一类具有中空内部、多孔表面和立方几何结构的新型纳米结构。金纳米笼最重要的特点是其可调节的光学特性。通过控制金纳米笼的大小和厚度，LSPR峰可以调节到可见光至近红外区域的任何波长。与其他金纳米结构一样，纳米笼也可以用硫醇化合物进行修饰。因此，金纳米笼作为药物载体时，药物不仅可装载于表面，还可储存于内部，并响应刺激实现控制释放。

四、碳纳米材料

碳纳米材料是一种极具潜力的先进材料，各载体系统由碳的同素异形体组成，从非晶态碳、金刚石和石墨到碳纳米结构，如碳纳米管、富勒烯、石墨烯等。碳纳米材料因其独特的特点，包括优异的力学性能、穿透细胞的性能、高负载能力、优良的生物安全性等，已被用于药物递送、成像、癌症治疗和生物传感等领域。在药物递送方面，碳纳米材料因其超分子π-π堆叠、易于表面修饰、光热转换能力、良好吸附分子（如DNA/RNA、药物和染料）的能力而备受关注。许多候选药物分子中的芳香环存在亲脂性，可通过π-π堆叠将药物装载到碳纳米材料中。此外，大部分的碳材料可高效吸收红外光，是合成光热诊疗试剂的理想材料。

1. 碳纳米管

碳纳米管（carbon nanotube，CNT）是石墨烯片卷成的含六元环的无缝圆柱体，具有较大长径比。根据碳纳米管的层数，碳纳米管可分为**单壁碳纳米管**（单层石墨烯片组成）和**多壁碳纳米管**（多层石墨烯片组成）。因其固有的光、热、电等特性而广泛应用于分析及生物检测应用。除了上述固有特性之外，碳纳米管还具有超高表面积、内部中空及优异的细胞穿透能力等特点，因而可作为药物递送或转染的纳米载体，保护装载药物免于氧化及生物环境影响。其易于表面功能化的特点也将增加载体的生物相容性、分散性及靶向性。一些靶向配体，包括叶酸、肽和抗体等可被修饰在碳纳米管表面用于靶向不同的细胞或肿瘤。例如，Dhar等将叶酸衍生物修饰的载铂类前药的单壁碳纳米管靶向递送肿瘤细胞，增强其抗肿瘤效果。此外，小分子药物还可以共价连接到碳纳米管上，例如荧光染料和药物分子已被同步连接到碳纳米管上用于递送抗真菌药物。然而，一些分子结构较大的药物，如紫杉醇，在碳纳米管上的吸附并不理想导致体系不稳定。因此可通过与碳纳米管表面的聚合物缀合实现其功能化。碳纳米管具有优异的性能，但其潜在毒性问题也得到了广泛研究。研究表明适当PEG功能化的碳纳米管并无明显毒性，并且生物分布表明可经胆道和肾脏途径排出。

2. 富勒烯

富勒烯（fullerene）是由60个或更多碳原子组成的含有五元环或六元环的空心笼状球形分子，其类似于网格蛋白包被的囊泡结构，为用于药物递送等生物医学应用奠定了基础。富勒烯结构中的sp^2碳原子和双键通过弯曲，表现出两亲性和自组装特性，增强了富勒烯的生物活性，可以通过亲水链或基团携带药物并穿过细胞膜应用于药物延迟释放和肿瘤成像，并具有抗氧化、抗菌等作用。

3. 石墨烯

石墨烯（graphene）是一种片状单质的二维石墨碳系统，具有亲脂性、高表面积和自由π电子，是用于增强膜屏障渗透以实现药物递送的理想选择。石墨烯表面可同时存在亲水和疏水组分，其物理化学性质也允许表面功能化修饰，如用PEG修饰可改善生物相容性并增加体内循环时间。此外，石墨烯的各种衍生物，包括氧化石墨烯、还原氧化石墨烯、石墨烯纳米带和氧化石墨烯纳米带，在各种生物系统中均具有不同的活性。

五、量子点

量子点（quantum dot，Qdot）是由Ⅱ～Ⅵ族或Ⅲ～Ⅴ族元素组成的纳米级半导体颗粒，包括硫、锌、镉、铅、汞、硒、碲等，直径通常在2～10 nm之间，最初由阿列克谢·埃基莫夫（Alexis I. Ekimov）和路易斯·布鲁斯（Louis E. Brus）在20世纪80年代发现。量子点的量子化是因为量子点的维度范围低于玻尔半径，而量子化的能级最终产生了量子点最本质的属性——光致发光。量子点的光致发光特性包括宽吸收光谱和窄发射光谱，以及较强的光稳定性。因此，它们具有独特的光学和电学性质，受激光照射激发后电子回到基态时能发射一定波长的光信号且具有优异的荧光特性和抗光漂白性能。由于量子点具有各种先进的荧光特性，如提高信号亮度、高量子产率和抗光漂白的可调荧光特性，量子点被广泛应用于离体和体内成像或标记，且优于有机荧光团。由于尺寸比无机或有机纳米粒小，Qdot易于与这些颗粒交换核心，以研究纳米载体的行为和优化纳米载体的特性而不影响整体物理特性和生物命运。同时，Qdot可以作为示踪剂非侵入性地纳入较大的药物输送载体中，以监测其在细胞内的运输和生物分布。此外，从较大载体中释放出的单个Qdot可以模拟游离药物或其他纳米粒成分的再分布和最终清除。因此可以借助量子点阐明候选药物的药动力学，通过实时监测纳米粒生物分布、细胞内摄取、药物释放和循环半衰期，促进对纳米尺度药物递送系统的深入研究。量子点的另一个应用是它们可与抗体、多肽或其他具有高特异性和敏感性的小分子结合用于癌症治疗。因此，基于量子点的探针可以同时将抗癌药物和多肽输送到靶向癌细胞，并能够同时染色多个肿瘤生物标志物，这将有助于监测肿瘤微环境中癌症进展过程。例如，Gomes等制备了纳米体和量子点结合的工程化纳米探针，并利用纳米探针对乳腺癌和胰腺癌小鼠模型的离体样本中的表皮生长因子受体2（HER2）或癌胚抗原（CEA）进行检测和成像，对癌症的转移监测及治疗具有重要意义。相比于传统的探针，该探针的抗光漂白特性使荧光信号更强，因而对于早期肿瘤转移监测更有优势。

综上所述，包含量子点的纳米载体可以是多功能的，能够将药物、亲和配体和成像部分合并到单个纳米粒载体中，以实现生物相容性和可追踪的靶向药物递送，用于疾病治疗和探针成像，促进诊疗一体化的发展。目前，有两种方法可将量子点与药物同时整合为同一纳米体系。一种是将药物偶联或连接到量子点表面用于递送至特定部位。另一种方法是将药物装入含有疏水或亲水量子点的脂质体或聚合物纳米粒系统中。量子点生物功能化的成功策略包括水化、增溶和生物偶联。生物偶联可通过直接结合、配体结合、包封、生物素-链霉亲和素结合、基于抗体的相互作用以及一些生物正交反应实现。此外，通过修饰具有pH、光、温度或超声波响应功能基团的量子点以实现药物可控释放，对于设计能够将成像、靶向和治疗一体化的纳米载体具有重要意义。尽管量子点由于其独特的性质在药物传递和成像方面越来越有吸引力，但仍然存在一些问题。首先，大多数量子点含有重金属，如Cd、Pb和Hg，重金属的严重内在毒性和潜在的环境危害限制了量子点的体内应用。其次，量子点的尺寸普遍较小，易于通过肾脏快速排泄而影响其活性。

第三节　聚合物载体

一、聚合物的生物医学应用

聚合物（polymer）是指一类由共价键相互连接，分子量高达百万级别的化合物，亦称高分子化合物（macromolecular compound），不同的单体连接序列与聚合度赋予了聚合物材料独特的物理、化学性质及生物学活性。在传统药物制剂领域，聚合物材料主要为动植物提取分离的天然高分子材料与一系列合成/半合成高分子材料，通常作为黏合剂、赋形剂、崩解剂、乳化剂和助悬剂等。值得注意的是，现代新型聚合物药物递送载体将以人工合成高分子材料作为主要研究对象，秉持精准医疗、个性化设计与诊疗一体化的理念，在传统制剂处方工艺基础上设计出不同的研发模式与设计思路。新型聚合物药物递送载体通常具备纳米尺寸，主要剂型是可以更好跨越消化道和上皮细胞屏障的口服制剂或直接进入血液循环的静脉注射制剂。进入血液循环的聚合物纳米载体可避免药物过早通过肾脏清除，实现血液长循环，其携带的药物通过**高通透性和滞留效应**（enhanced permeability and retention effect，EPR效应）及表面修饰靶标逐渐富集在肿瘤、炎症等病灶部位，最终进入胞内发挥作用，显著提高制剂的生物利用度并降低副作用。受益于药用高分子化合物独特的物理化学性质，新型聚合物纳米载体可实现针对不同疾病的个性化诊疗与靶向智能释药，改善了药物制剂的治疗效果。

新型聚合物纳米药物载体推动药物制剂向功能化、智能化、精细化与便利化的方向发展，其主要优势如下：①更好的生物相容性、安全性与低免疫原性；②提高小分子药物的疗效，降低药物副作用；③具有理想的载药能力，拓宽药物制剂种类，解决先导化合物的成药性问题；④优化药物的体内药动学性质，同时增强药物靶向特定器官、组织、细胞及细胞内结构的能力；⑤根据疾病造成的体内理化环境变化，设计可实现智能响应释药或产生协同治疗效果的聚合物载体进行精准化治疗；⑥为蛋白质药物、多肽药物及核酸药物等生物大分子提供递送策略。本节内容主要对新型聚合物纳米药物载体的递送策略、化学合成与功能化修饰方法进行介绍。

二、新型聚合物药物载体的化学合成与功能化修饰

（一）新型聚合物结构

新型聚合物纳米药物载体是一种具有前景的药物递送系统，载体材料通常由生物可降解、生物相容性良好及具有刺激响应功能的聚合物组成。随着高分子材料科学的发展，人们已经发现并合成了很多具有一定空间拓扑结构的聚合物大分子，它们具备各种各样的物理化学性质，并作为构建药物递送系统的基础单元，赋予不同药物载体独特的功能性与药理活性。用于构建聚合物药物载体的结构类型分为：接枝共聚物（graft copolymer）、嵌段共聚物（block copolymer）、超支化聚合物（hyperbranched polymer）、星型聚合物（star polymer）和树枝状高分子（dendrimer）。

（二）新型聚合物纳米药物载体的构建

新型聚合物纳米药物载体的纳米胶体体系有利于向靶部位递送药物以获得更高的局部药物浓度，提高治疗效率并减少副作用。新型聚合物纳米制剂可实现多样化的载药方式，如共价偶联形成聚合物-药物复合体、聚合物胶束/囊泡包裹药物储库和药物分散入聚合物凝胶等形式（表5-1）。新型聚合物纳米药物载体的主要给药方式为静脉给药、经皮给药、吸入给药与外科手术植入体。因此，研究者们构建了一系列以聚合物胶束、聚合物-药物共价修饰物、聚合物囊泡及聚合物微球为代表的静脉注射载体与吸入给药载体；以水凝胶、聚合物微针为代表的经皮给药载体；以纳米纤维、人造肌肉及多孔支架材料为代表的外科手术移植体。

表5-1　新型聚合物药物载体构建策略

新型聚合物药物载体构建策略	机制
共价偶联形成聚合物-药物复合体	将药物分子与聚合物表面官能团通过化学敏感键连接，在特定理化环境下发生断裂释放药物
聚合物胶束/囊泡包裹药物储库	设计两亲性聚合物在水中自组装成纳米囊泡或胶束包封药物
药物分散入聚合物凝胶	将药物分散或注入凝胶载体中，通过生理环境对聚合物骨架的溶蚀或溶剂渗透效应控制药物释放

（三）新型聚合物纳米药物载体的合成与修饰方法

合成纳米尺度聚合物载体的方法有很多，但在构建纳米制剂时需综合考虑聚合物与药物理化性质的差异，以获得最理想的粒径、载药量与稳定性，使制剂具备高效的细胞摄取与优异的体内药动学/药效学性质以发挥最好的治疗效果。

1. 自组装法

该方法制备聚合物纳米载体是通过聚合物的亲/疏水特性和表面静电吸附原理，利用聚合物分子本身的两亲性，在水溶液中自组装形成聚合物胶束或聚合物囊泡。或者将带有相反电荷的水溶性聚合物混合后，通过机械搅拌最终生成特定尺寸的聚合物纳米粒。一些天然产物可以在一定的物理刺激或离子诱导下发生氧化自聚，形成纳米尺度的聚合物粒子。

值得注意的是，将金属离子与有机配体在一定条件下进行搅拌，通过配位键自组装形成具有一定孔径的金属-有机框架（metal-organic framework，MOF）作为一种特殊的配位聚合物材料，相比单一有机高分子聚合物材料，其有特殊的制剂学性质。自组装纳米粒制备简单，但由于其调节方式较为单一，通常无法实现粒径的精准控制。

2. 纳米沉淀法

该方法又称"溶剂交换法"，是基于界面沉淀原理，利用聚合物及装载药物在不同溶剂中溶解性的差异形成纳米核心，一般用来制备聚乳酸-羟基乙酸共聚物（PLGA）、聚乳酸（PLA）等低分子量聚合物的纳米微球。使用纳米沉淀法能高效地将疏水性药物封装入聚合物中，便于开展进一步的表面功能化修饰。常用的合成方法是将疏水性药物与聚合物均匀混合溶解在有机溶剂（丙酮、乙腈等）中，然后将有机溶剂混合液逐滴加入水溶液中，使用超声或加入表面活性剂连续搅拌以获得合适粒径的纳米粒。

3. 微乳液法

根据装载药物的物理性质，使用单乳化或双乳化方法制备聚合物纳米粒。单乳化法主要应用于疏水性聚合物，将聚合物与难溶性药物均匀分散在不与水混溶的有机溶剂中。有机聚合物/药物有机相可与加入了表面活性剂的水相进行一系列处理（如机械或磁力搅拌、超声处理、高压均质化等）后乳化分散，将有机溶剂去除便可获得均匀稳定的纳米粒分散溶液。双乳化技术主要用于将亲水性药物或生物大分子药物（如抗体或蛋白质）加载到聚合物纳米载体中，可形成水包油包水（W/O/W）或油包水包油（O/W/O）乳剂，蒸发溶剂后收集聚合物纳米载体。该种方法可制备平均粒径为30～500 nm的聚合物纳米制剂，通过调整聚合物/药物的比例及乳化条件可较为精准地控制粒子的尺寸，方便进行下一步功能化修饰。

4. 乳化-交联法

根据聚合物与药物的理化性质，将聚合物与药物分散在有机溶液或无机酸溶液中，混合水相与油相搅拌乳化，同时加入醛类化学交联剂与聚合物中的氨基或羟基发生氨醛缩合或羟醛缩合反应，将药物包载在聚合物内部或吸附于表面。该方法制备的纳米粒形态优良，结构紧密，载药量高。但需谨慎选择交联剂，避免与药物发生反应，诱导药物变性。

5. 喷雾干燥法

这种方法源于传统制剂工艺，主要适用于热稳定性强的聚合物及难溶性药物。溶液、悬浮液或乳液形式的聚合物/药物的混合液加热后用惰性气体吹出，使纳米级别的颗粒快速干燥和形成。该工艺可最大程度使聚合物纳米粒（微球、纳米粒等）装载难溶性药物以提高其成药性和生物利用度，且具备向工业规模化生产转化的巨大潜力。

6. 离子凝胶法

离子凝胶（ion gel）是指一种具有离子导电性的固态混合物，通常由有机高分子聚合物和盐类电解质材料混合制备而成。作为一种新型软物质材料，其力学性能、导电性、稳定性和耐热性等表现出极大的优势。该方法在药物递送领域，主要用于合成壳聚糖纳米药物载体。

7. 聚合物共价修饰法

相较于将聚合物包封药物，将药物分子通过一系列成键反应修饰在聚合物上，构建聚合物-药物纳米复合体更易获得理想的载药量。药物与聚合物以共价形式连接需要一个含有特定官能团的化学接头（linker），并且这种接头通常具有刺激响应功能，以实现药物的智能释放。

三、智能响应聚合物药物载体的递送策略

　　为弥补传统聚合物药物载体释药行为可控性低、靶向性差及功能性单一的固有短板，发展具有刺激-响应性能的智能聚合物材料（smart polymer material），设计纳米尺度的药物递送系统，通过响应内源性刺激（内部器官层次、生理环境及细胞组分）或外源性声、光、电、温度等外部物理刺激，发挥智能调节、智能反馈功能，控制药物的定时、定量、定点释放（图5-1）。智能聚合物纳米制剂通常包含两个功能模块：①感知外界理化参数变化并控制药物释放的感应器模块；②用于装载药物的载体模块。下面将介绍智能聚合物纳米药物递送材料主要的刺激响应机制以及特定响应机制下构建的新型聚合物纳米制剂。

图5-1　智能聚合物载体递送策略

1. pH响应型

　　传统pH响应聚合物载体主要着眼于胃（pH≈2.0）与小肠（pH≈7.0）中pH的差异，开发定位于肠道释放的肠溶制剂。随着pH响应聚合物纳米载体功能性的增加与给药方式的拓展，研究者们更加关注不同病灶部位及病变细胞内部的理化环境差异，设计精准靶向组织或细胞内结构的智能聚合物材料并诱导其自组装形成各种纳米制剂，通过聚合物材料在体内发生pH依赖性的表面活性、溶解度等理化性质改变，在靶部位释放药物并发挥治疗效能。

　　目前，pH响应型纳米制剂主要应用于肿瘤疾病的治疗。奥托·海因里希·瓦尔堡（Otto Heinrich Warburg）提出的瓦尔堡效应（Warburg effect）从生物化学的角度阐明了肿瘤细胞与正常细胞有氧代谢方式的差异，也提示了血液（pH=7.4）、肿瘤微环境（pH=6.5～6.8）、早期内涵体（pH=5.9～6.2）和溶酶体（pH=5.0～5.5）中pH的差异。因此，针对肿瘤内环境设计的pH响应型聚合物纳米载体应在pH=7.4的生理环境下保持稳定，而在pH=5.0～5.5的溶酶体中能迅速释放装载药物，主要的聚合物载体设计策略有以下几种。

　　（1）不同pH环境中聚合物亲/疏水性的改变　当纳米材料的pK_a（酸解离常数）与肿瘤微环境或溶酶体pH相近时，可触发纳米材料官能团的质子化，进而诱发载体材料的亲/疏水平衡改变，实现药物的快速释放。pH响应型聚合物随环境中pH的变化释放或接受质子，主要分为阴离子聚合物、阳离子聚合物与两性聚合物。如图5-2所示，阴离子聚合物以含有羧基、磺酸基的聚酸为代表，在pH=7.4时释放质子，提高亲水性；而处于肿瘤微环境下的聚酸基团会质子化，使聚合物发生疏水相变。含有氨基、吡啶、咪唑基团的阳离子聚合物性质正好相反，在生理环境下通常是疏水的。值得注意的是，周文虎教授团队研发了一种

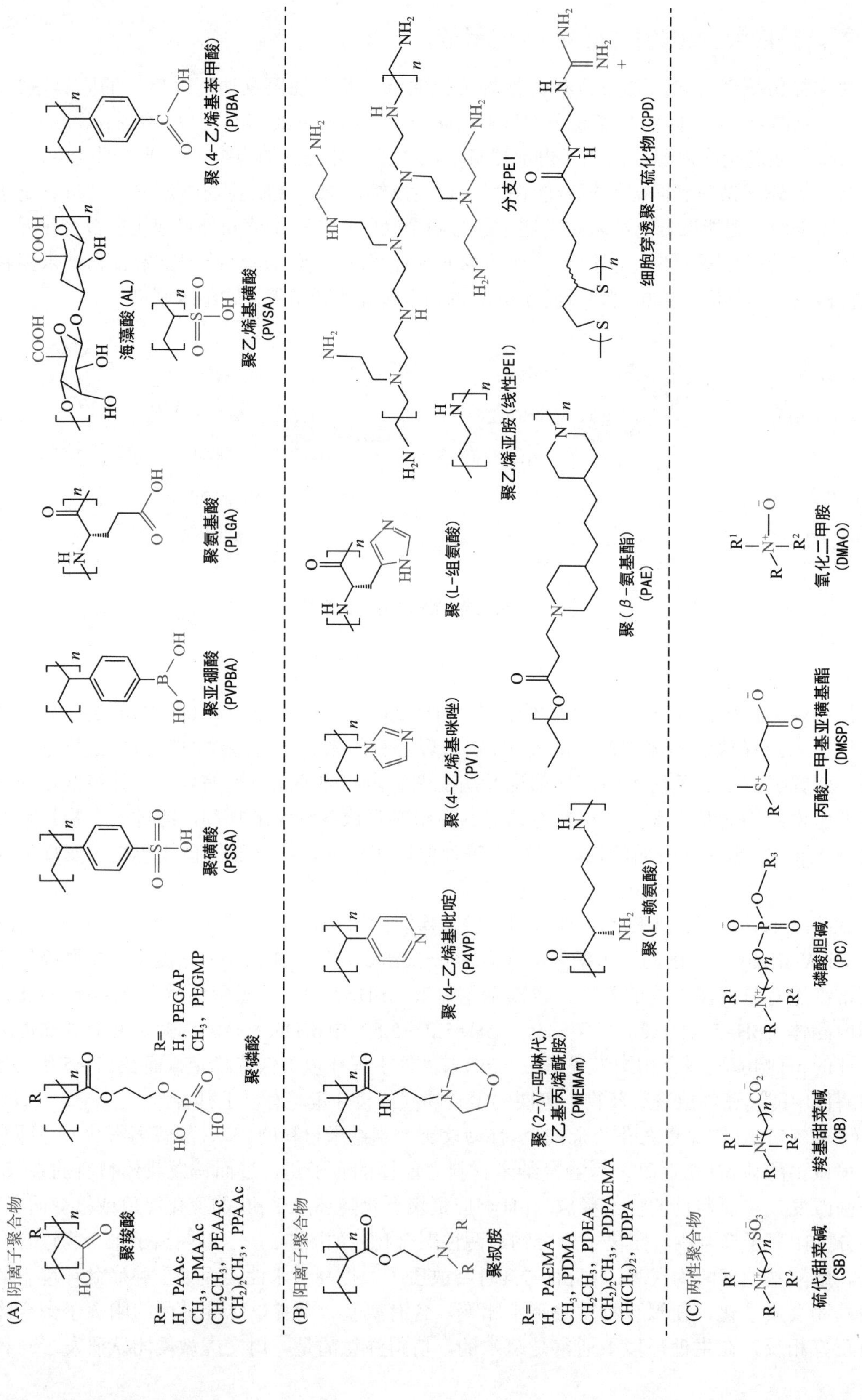

图5-2 常用阳离子聚合物、阴离子聚合物与两性聚合物种类

智能多巴胺-五羟色胺共聚物纳米粒，在pH=7.4的缓冲体系下带负电，而在pH=6.0时可发生电荷反转带正电。同时，该材料还具有良好的光热性能，可作为pH-光双响应智能聚合物纳米载体用于肿瘤治疗。

（2）pH响应型药物键合　通过pH响应化学键连接药物与聚合物载体，是一种常用的智能响应药物载体构建策略。在近中性环境下这类化学键保持相对稳定，而在肿瘤间质弱酸性环境中稳定性降低或发生断裂来释放药物。比较典型的pH响应化学键有原酸酯、硼酸酯键、缩醛/缩酮、马来酸酰胺键、腙键、亚胺键、肟键和β-巯基丙酸酯等，质子化反应方程式见表5-2。Kong等报道了一种pH响应型细胞穿透聚二硫化物材料共价修饰功能蛋白，用于实现向肿瘤细胞内高效递送蛋白药物。该种材料可在肿瘤酸性微环境中将电荷反转为正，有利于载体材料携带蛋白质药物进入细胞发挥作用。

表5-2　pH响应化学键及反应方程式

pH响应键	反应方程式
原酸酯	
硼酸酯键	
缩醛/缩酮	
马来酸酰胺键	
腙键	
亚胺键	
肟键	
β-巯基丙酸酯	

（3）pH响应型多肽　利用具有pH响应型插入肽修饰的聚合物纳米载体，在肿瘤间质弱酸性环境中发生构象改变，形成稳定的跨膜复合物，进而促进纳米制剂的内吞。Wang等提出了一种pH响应的自组装多肽，在pH=7.4时自组装成纳米粒（nanoparticle，NP）；静脉注射后，NP通过EPR效应富集于肿瘤，在肿瘤弱酸性环境（pH=6.5）中，NP转变为纳米纤维（nano-fiber，NF），通过疏水作用或π-π堆叠相互作用捕获一些小分子物质，将疏水性药物分子截留在肿瘤区域提高治疗效果。pH响应肽还可以通过在不同pH环境中改变构型来实现纳米载体的溶酶体逃逸：Nishimura等报道了一种两亲性pH敏感型多肽，当pH为7.0时，由于负离子的排斥力，多肽呈无规则的卷曲结构；当在溶酶体中pH为5.0时，由于谷氨酸残基被质子化而呈α螺旋结构，以保护载体中药物并促进制剂溶酶体逃逸。

2. 氧化-还原响应型

细胞内存在抗氧化防御系统（anti-oxidant defend system，ADS）的保护机制，将氧化应激维持在一定范围内以确保各项生化反应能正常进行。谷胱甘肽（GSH）是一种天然存在于人体细胞内的活性三肽，发挥着抗氧化调节、蛋白质合成与修复和免疫调节的重要作用，亦是细胞ADS的重要组成部分。细胞内谷胱甘肽的浓度是胞外的760倍，且癌细胞中谷胱甘肽的浓度远高于正常细胞。因此，不同类型细胞间及胞内外谷胱甘肽的浓度差是靶向癌细胞的重要靶标。与金属氧化物纳米载体被GSH还原成金属离子释放药物的机制不同，还原响应型智能聚合物纳米载体常使用易于被GSH破坏的二硫键或二硒键连接聚合物主链与药物，使药物能在胞内迅速释放。常见的GSH响应化学键如表5-3所示。Liu等将氯硝胺与IDO-1酶抑制剂NLG709用2,2′-二硫二乙醇偶联成药物二聚体，再使用普朗尼克F95与药物二聚体构建聚合物胶束纳米载体，二聚体中的二硫键可在胞内高浓度GSH环境下降解并定位释放药物。

表5-3　氧化还原响应键及反应方程式

响应原理	化学键	反应方程式
GSH 响应化学键	二硫键	$R^1—S—S—R^2 \xrightarrow{GSH} R^1—SH + R^2—SH$
	二硒键	$R^1—Se—Se—R^2 \xrightarrow{GSH} R^1—SeH + R^2—SeH$
ROS 响应化学键	缩硫醇	
	硫醚	
	硒醚	
	二硒键	

续表

响应原理	化学键	反应方程式
ROS 响应化学键	苯硼酸	(苯硼酸频哪醇酯聚合物) $\xrightarrow{H_2O_2}$ (硼酸频哪醇酯) + 2,6-二羟甲基苯酚
	脯氨酸	(脯氨酸衍生物) $\xrightarrow{H_2O_2}$ (产物) $+ R^2NH_2 + H_2O + CO_2$

在肿瘤、脓毒症、心脑血管疾病、关节炎等疾病中，病变组织细胞处于较强的氧化应激状态，因此可以将高表达的活性氧（ROS）作为纳米载体响应靶标构建纳米制剂。Zhang等合成了一种以 PLGA 与 ROS 响应聚合物 PBT-co-EGDM 为外壳，镁金属纳米粒为核心的核壳结构聚合物微球，用于椎间盘退行性改变的抗氧化治疗。纳米制剂进入细胞后，聚合物 PBT-co-EGDM 与胞内过量的 H_2O_2 反应，触发疏水性到亲水性的转变，崩解外壳使内部核心与水性介质接触产生氢气，进而与胞内高浓度的氢氧自由基结合，进一步降低 ROS 水平。

3. 内源性生物分子响应型

不同疾病在发生发展过程中都存在着复杂的内源性生物分子的改变，目前研究主要聚焦的内源性生物分子靶标有 ATP、乳酸、葡萄糖与酶等。ATP 是生物体主要的能量来源，参与调控染色质重塑激活、炎症信号、细胞分化等重要生理过程。正常细胞与肿瘤细胞内的ATP 浓度存在显著差异，可作为理想的内源性响应靶标，用于智能响应型聚合物纳米药物递送系统的构建。Tang 等构建了一种由聚己内酯-亚胺-聚乙二醇（PCL-N-PEG）和聚己内酯-聚乙烯亚胺-苯硼酸（PCL-PEI-PBA）自组装形成的杂化胶束封装光热剂 IR-780，并以物理吸附的方式装载 PD-L1 siRNA；在肿瘤微环境中，PCL-N-PEG 中的亚胺键在酸性条件下发生响应断裂，使制剂表面带正电荷，促进细胞摄取；在胞内，带负电的 ATP 分子与聚合物反应中和正电荷，促进 siRNA 的释放，同时对肿瘤部位照射近红外光，触发局部免疫应答，实现基因治疗与免疫治疗的协同。

肿瘤中的乳酸长期以来被认为是源自肿瘤细胞糖酵解的"代谢垃圾"，仅用作恶性肿瘤的生物标志物，但目前被认为是肿瘤生长转移的关键调节因子。过量产生的乳酸严重酸化了肿瘤内环境导致肿瘤免疫抑制，从而阻碍免疫治疗过程中的抗肿瘤炎症和免疫反应。将肿瘤细胞内的乳酸作为原料，开发乳酸响应型聚合物纳米材料是一种有前景的策略。Tian 等开发了一种包载乳酸氧化酶的铈-三羧酸苯金属-有机框架配位聚合物药物载体，将肿瘤细胞内的乳酸通过催化氧化反应转化为过氧化氢的同时，铈-三羧酸苯金属-有机框架可发挥过氧化物酶样活性生成活性氧，对肿瘤细胞产生杀伤作用。

向肿瘤部位递送葡萄糖氧化酶切断其能源供应，是一种重要的基于肿瘤饥饿疗法的治疗策略。Duan 等开发了一种将葡萄糖氧化酶与 PDMA 偶联形成纳米偶联物，同时在聚合物原位通过 $NaBH_4$ 还原生成纳米级铁。该智能无机-有机杂化纳米载体在肿瘤微环境中可迅速质子化，将表面电荷反转为正电荷以促进制剂入胞，葡萄糖氧化酶将胞质中的葡萄糖分解为过氧化氢与葡萄糖酸，与纳米铁反应生成Fe^{2+}。生成的Fe^{2+}可与胞内过氧化氢发生芬顿反应，产生氢氧自由基诱导肿瘤细胞凋亡。在1型糖尿病的胰岛素治疗领域，新型血糖感应性胰岛素控制释放的智能闭路载药系统的开发是一个饱受关注的领域。顾臻教授团队开发了一种葡萄糖响应材料用于胰岛素的释放，使用原位光聚合法合成一种聚合物微针制剂，其中的苯硼酸（PBA）可与葡萄糖反应，可逆生成环状硼酸酯，转变成带负电的化合物。当暴露于高血糖条件时，聚合物中葡萄糖-硼酸盐复合物的形成增加聚合物内负电荷，导致微针发生膨胀并促进预载胰岛素快速扩散到皮肤组织中。在正常血糖条件下，葡萄糖的浓度较低，微针的膨胀体积变化和静电相互作用的减弱使胰岛素释放速率趋缓，能将血糖维持在一个正常的区间内。

机体内的生物化学反应离不开酶的调控，在病理状态下，特定酶（例如基质金属蛋白酶，β-葡萄糖醛酸酶、γ-谷氨酰胺转肽酶等）的表达会显著上升，这也为智能聚合物纳米载体递送药物提供了理想的靶标。基质金属蛋白酶（matrix metalloproteinase，MMP）是一类广泛存在的胞外蛋白酶，其中MMP-2、MMP-3广泛存在于乳腺癌、前列腺癌与肺癌中，MMP-9在关节炎疾病中也呈现过表达。Gordon等设计了一种表面修饰MMP-9裂解底物肽的智能纳米凝胶，被MMP-9酶解后粒子表面反转为正电荷，且能在胞内以GSH响应的方式释放装载的荧光染料Dil。细胞内涵体/溶酶体中过表达的酶如酯酶和β-葡萄糖醛酸酶亦可作为内源性信号触发免疫活性剂的释放。Wang等通过一种β-葡萄糖醛酸酶响应接头，将TLR7/8激动剂咪唑喹啉与PEG偶联起来，并自组装成聚合物纳米囊泡，在内涵体/溶酶体内响应性释放药物激活免疫通路。γ-谷氨酰胺转肽酶（γ-glutamyl transpeptidase，GGT）是一种定位于细胞膜，将γ-谷氨酰胺基团转移至受体肽的酶。由于其在肝细胞中高表达，可以作为肝脏病理变化的敏感生物标志物，研究表明，降低GGT浓度可以增强药物对肿瘤细胞的渗透。Zhou等设计了一种共价偶联喜树碱的GGT/GSH双响应两性聚合物纳米制剂。该制剂在进入细胞时响应细胞表面的GGT实现电荷反转，促进制剂进入细胞；在肿瘤细胞内，聚合物中的二硫键能被GSH降解，释放出共价偶联的喜树碱，从而达到杀伤肿瘤细胞的作用。

4. 乏氧响应型

一些疾病会导致组织细胞出现乏氧状态，最典型的代表是肿瘤与心血管疾病。肿瘤微环境中的乏氧主要是由于部分远离血管的细胞超过了氧气的有效弥散距离而处于乏氧状态。此外，肿瘤血管网络的功能结构异常或肿瘤组织间液压升高引起血流阻滞亦是肿瘤微环境乏氧的重要原因。一些常见的心脏疾病，例如心肌梗死、心衰等，由于心肌组织灌注不足而局部组织缺氧坏死。以上两种情形的出现，都为乏氧响应型聚合物纳米制剂提供了递送靶标。Im等报道了一种掺杂了光敏剂Ce6的介孔二氧化硅纳米载体，表面修饰了偶氮苯-乙二醇壳聚糖-聚乙二醇（Azo linker-GC-PEG），并静电吸附未甲基化的胞嘧啶-磷酸-鸟嘌呤二核苷酸（CpG）。制剂进入乏氧的肿瘤细胞外基质后，偶氮苯接头在乏氧环境下切割，将CpG递送至抗原提呈细胞激活免疫；同时，Ce6则在光照条件下产生大量活性氧改善肿瘤乏氧环境，促进抗原提呈。

5. 温度响应型

温度是衡量机体生理活动最为重要的物理指标，对于疾病的诊断治疗及大分子的形成有重要影响，因此可作为聚合物载体控制释放的响应条件。在生理正常体温范围内保持药物稳定，在炎症、恶性肿瘤的病灶部位温度高于正常组织，载体能根据环境温度变化发生相转变或诱导化学反应，在靶组织迅速释放药物。Zhu等构建了一种具有ROS清除功能的4-氨基-TEMPO侧链的接枝聚合物，并将其制备成具有温度响应功能的可注射水凝胶，在动物心肌梗死/再灌注损伤模型中评价了制剂对活性氧的长效清除作用及对心肌细胞的保护功能。外用智能温度响应型经皮药物递送系统亦是关注的重点。如Carmona-Moran等设计了一种将双氯芬酸掺入热敏性材料聚（N-乙烯基己内酰胺）中制成药物核心，在表面修饰聚丙烯酸形成核壳结构纳米粒；将该纳米粒掺入水凝胶中制成透皮吸收制剂，该贴剂可以根据皮肤温度的改变，调整双氯芬酸的释放量以达到智能动态释药的效果。

6. 光响应型

光响应材料是材料科学与精细化工的重点研究方向，且广泛应用于能源、化工、医药等领域。近年来，光响应型智能聚合物纳米药物递送材料拓展了光疗法的内涵，可通过控制光源刺激的时间、波长与频率使材料结构发生变化，从而以脉冲的形式产生能量或释放药物产生生物学效应。研究者们根据疾病特点与治疗需要设计了一大批在紫外光或近红外光照下具有特殊理化性质与生物学效应的材料，主要策略分为以下几种：①光暴露诱导材料疏水-亲水相变释放药物；②光暴露诱导材料分解释放药物；③光热疗法与光动力疗法。

对于前两种策略，一般需要在聚合物中引进光响应基团，常见的光响应基团与反应方程式如图5-3所示。最常见的递送系统设计是将药物封装到光响应疏水胶束核心中的嵌段共聚物胶束中，并在靶部位给予适当的光刺激。

目前，光热治疗和光动力治疗是具有广泛前景的新型医疗技术。光热治疗（photothermal therapy，PTT）是一种利用高光热转换效率的材料，有效将外界光能转化为热能，从而减少对邻近健康组织损伤，增强肿瘤杀伤能力。Zhou等开发了一系列具有高光热转化效率的纳米制剂进行抗肿瘤治疗；Andrews等受到聚多巴胺的启发，合成了一种聚血清素纳米粒，并评价了其在光热效率、pH响应及与DOX相互作用方面的性能；基于该项工作的启示，Zhou等设计了一种基于聚血清素的纳米疫苗微针药物递送系统，将靶向沉默β-catenin的DNAzyme分散于微针中，贴附于黑色素瘤小鼠肿瘤部位后使用近红外光照射，联合基因治疗与光热治疗，发挥抗肿瘤效果。

光动力治疗（photodynamic therapy，PDT）是利用光敏剂与光源照射杀伤肿瘤细胞，激活局部免疫或抑制局部病理性增生组织的治疗策略。光敏剂分子在光（可见光、近红外光或紫外光）暴露过程中，吸收光子能量并在胞内产生活性氧诱导细胞凋亡。光动力治疗的组织选择性好，对微血管组织损伤作用明显，作为一种局部治疗方法，亦能精准控制剂量与治疗时间，减小副作用。近年来，抗菌光动力疗法亦是该治疗策略的热点研究方向，相比于其他单纯的内科抗菌治疗，具有更高效的杀菌效率，且不容易产生耐药性。Hu等设计了一种将GSH敏感的α-环糊精修饰一氧化氮和Ce6构建成一种疏水核心，用pH敏感的聚乙二醇（PEG）嵌段多肽共聚物封装后形成多功能聚合物纳米制剂。制剂在细菌酸性生物膜环境中能实现电荷反转，并且可以通过GSH响应快速释放一氧化氮，产生灭菌效果，提高了光动力治疗的灭菌效率。

7. 超声响应型

超声作为一种波长小于2 cm的机械波，是重要的信息与能量传播媒介，广泛应用于医学诊断与治疗、微电子技术、建筑与化工合成等领域。同样的，以超声波为触发媒介的新型智能聚合物纳米材料在临床诊断、肿瘤治疗、药物递送与生物医学感应等方面发挥着重要作用。常用的超声响应聚合物材料包括聚合物包封的气泡/乳液（微气泡、纳米气泡、纳

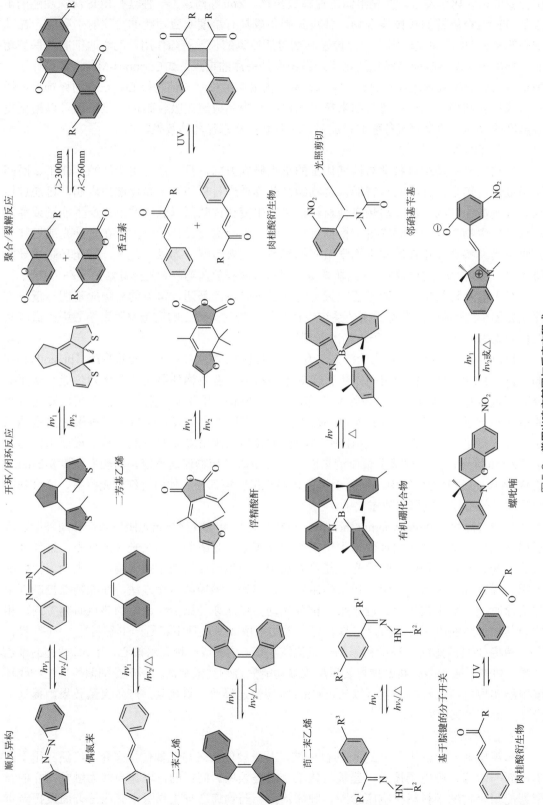

图5-3　常用光响应基团与反应方程式

米液滴和纳米乳液等）、聚合物囊泡/胶束与聚合物水凝胶。Zhong等开发了一种由两嵌段共聚物封装不同疏水性药物（丙泊酚、尼卡地平与多柔比星），加入全氟戊烷超声制成纳米乳液，并评价了超声响应聚合物纳米载体的超声控制释药行为、体内药物活性及药动学特点，系统阐述了全氟戊烷作为构建超声响应型聚合物载药纳米平台的潜力。

8. 磁力响应型

绝大多数聚合物材料不具备磁响应效应，但可以通过掺入无机金属磁纳米粒（四氧化三铁、γ-四氧化三铁、钴、镍、氮化铁、铂铁永磁合金、铅铁永磁合金等）的方式来获得理想的磁响应功能，被称为磁响应聚合物复合体（magnetic responsive polymer composite，MRPC）。在新型聚合物纳米材料的合成方面，对掺入磁性纳米粒的聚合物施加均匀或梯度静态磁场（H_{dc}）或交变磁场（H_{ac}）以受控方式改变MRPC的形态。Hwang等利用微流控技术，合成了单分散的磁性微水凝胶。Yuet等使用微流控技术合成了一种具有各向异性超顺磁性的单分散多功能Janus水凝胶颗粒，能进行核酸及荧光团的修饰，在药物递送及影像诊断方面有广阔应用前景。通过磁力引导制剂靶向运输到特定部位释放药物是磁力响应型聚合物纳米载体的研究重点；Chorny等用乳化-溶剂蒸发法构建了一种支架靶向的聚交酯基磁纳米粒，用于控制抗血管狭窄剂紫杉醇的释放。闭塞性血管疾病一般需要置入装载紫杉醇或西罗莫司等抗血管增殖药物的支架，但存在药物剂量无法及时补充等问题。将药物分散进磁性聚合物纳米粒中，通过磁场控制制剂的聚集与释放使抗血管增生的治疗更具灵活性与可控性。

第四节　核酸类载体

一、核酸药物递送系统

核酸（nucleic acid）是一种由核苷酸聚合而成的生物大分子，是生物遗传信息的储库，亦是生命活动中不可缺少的关键承担者。按照组成核苷酸化学结构的不同，核酸分为核糖核酸（RNA）与脱氧核糖核酸（DNA）。DNA碱基包含腺嘌呤（A）、胸腺嘧啶（T）、胞嘧啶（C）与鸟嘌呤（G）；RNA碱基包含腺嘌呤（A）、尿嘧啶（U）、胞嘧啶（C）与鸟嘌呤（G）。四种不同的碱基可以将复杂的遗传信息编码成不同长短、不同空间拓扑结构的核苷酸链，赋予特定序列核苷酸独特的生理功能。

核酸药物是基因治疗的主要承担者，也是具有广阔应用前景的内科治疗手段，针对具有复杂分子生物学调控机制的肿瘤、心血管疾病、代谢性疾病、基因缺陷疾病、病毒性疾病与肝脏疾病，可根据特定靶标设计个性化诊疗策略，是精准医学领域的重要环节。核酸药物主要由一些具有受体靶向、免疫调控及生物信号检测性能的功能核酸组成，主要包括：反义寡核苷酸（antisense oligonucleotide，AON）、小干扰RNA（small interfering RNA，siRNA）、信使RNA（messenger RNA，mRNA）和免疫激活寡核苷酸序列等，核酸类药物的分类如图5-4所示。然而，核酸药物的递送仍存在诸多挑战：①核酸分子量较大且带负电荷，无法穿透细胞脂质膜，导致入胞效率低下；②一部分长链双链DNA（double-stranded DNA，dsDNA）或RNA易被细胞表面toll样受体3/7（toll-like receptor 3/7，TLR3/7）或胞质中的cGAS（环状GMP-AMP合成酶）与蛋白激酶R识别，介导强烈的天然免疫反应；

③游离核酸药物靶向特异性差，易发生非特异性结合产生潜在毒性，同时，核酸药物入胞后被溶酶体摄取而无法有效逃逸，限制了其在胞内有效发挥调节作用；④裸露的核酸在体内循环过程中稳定性较差，易被血浆与组织中的核酶降解，同时，核酸药物水溶性强，易被肾脏快速清除，体内循环时间非常短。

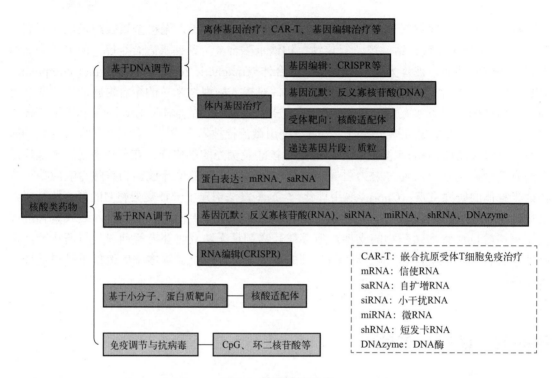

图5-4　核酸类药物分类

值得注意的是，纳米医学的发展为核酸药物递送系统的构建提供了诸多方案：首先，核酸自身可通过化学方法合成纳米尺度的DNA或RNA自组装纳米结构，作为药物载体将活性物质递送入胞发挥调节作用；其次，一些药物递送载体（例如金属/无机非金属材料纳米粒、高分子聚合物、脂质体及金属-有机框架等）可通过包载、吸附、共价修饰等多种方式装载核酸药物，提高制剂载药量，在胞内发挥基因调控功能的同时实现多平台、智能化的疾病治疗效果。

二、核酸自组装载体

自从Watson与Click阐明了DNA的空间拓扑结构，许多研究者便开始探索人工合成核酸纳米结构的方法。其中，DNA自组装纳米结构是研究的重点领域，且取得了一系列成果。DNA合成的化学可控性和DNA本身的结构稳定性与低免疫原性，决定了其可作为一种独立的药物递送载体在体内发挥作用。由于RNA自组装结构的研究起步较晚，且未得到较为广泛的运用，本小节主要介绍DNA纳米结构的构建原理与作为药物递送载体的应用。

（一）DNA自组装技术的基本原理

DNA自组装技术的源头可追溯到一种在基因同源重组过程中，非姐妹染色单体或同一染色体上含有同源序列的DNA分子间进行信息交流的特殊结构——**Holliday连接体**（Holliday junction）。Holliday连接体是一种可以上下滑动的DNA中间体，因而难以形成稳定的结构，这提示构建一种固定且具有分子刚性的连接体是组装DNA纳米结构的先决条件。Seeman等提出将DNA序列进行重新设计，组合成非对称四链十字交叉稳定结构，该结构的黏性末端或突出单链可利用碱基互补配对原理，将不同的"十字单元"连接在一起，生成一种无限延伸的二维晶格结构。利用相似原理，将六条DNA链按同样方法进行连接便可以组装成类似于建筑脚手架的连接固件，从而为搭建三维DNA纳米结构奠定了理论基础。在此研究基础上，先后诞生了一大批基于dsDNA的复杂交叉结构，例如：双交叉（double crossover，DX）、三交叉（triple crossover，TX）、平行交叉（paranemic crossover，PX）、具有两个并置位点的平行交叉（paranemic crossover with two juxtaposed sites，JX2）和六螺旋束（six-helix bundles）等。这些DNA链交叉连接方式为人们构建具有强分子刚性的高级DNA纳米结构提供了强有力的工具，可以帮助研究者们组装DNA盒、DNA四面体笼、DNA多面体、DNA球体等复杂几何结构，也推动了一些DNA纳米结构自组装策略的提出，包括：**DNA折纸**（dNA origami）、**单链DNA瓦片自组装**（single-stranded tile assembly）、**基于DNA瓦片的自下而上自组装**（tile-based bottom-up assembly）等（图5-5）。

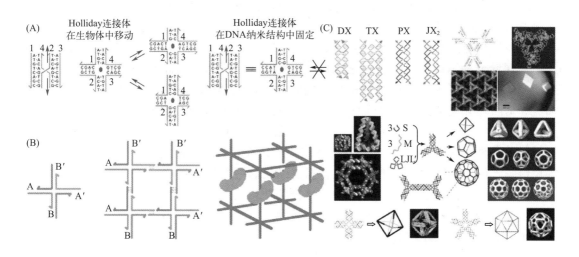

图5-5　（A）Holliday结构；（B）非对称四链十字交叉稳定结构构建的2D
与3D结构；（C）各种DNA自组装纳米结构

（二）DNA自组装纳米结构药物递送系统

DNA自组装纳米结构（DNA self-assembly nano-structure）具有良好的生物相容性、化学可修饰性及多孔网络结构，是理想的药物递送载体。将功能核酸本身自组装成纳米结构或构建用于递送活性物质的DNA纳米药物载体，都是改善活性物质成药性、增强药物的循环稳定性及提高入胞效率的理想方法。以下内容将从疾病早期诊断、金属基药物与小分子药物递送、生物大分子药物递送三个方面进行介绍。

1. 疾病早期诊断

生物传感器（biosensor）是一类整合生物感应元件与物理-化学换能器的分析媒介，可将结构复杂的生物相关分子含量及分布信息转换成光学、声学或电学信号，用于定性、定量分析。近年来，核酸生物传感器受到研究者的广泛关注。随着**指数富集的配体系统进化技术**（systematic evolution of ligands by exponential enrichment，SELEX）的兴起，可根据临床治疗目的高通量筛选出对特定物质具有亲和性的核酸序列。因此，核酸生物传感器相较于其他类型的生物传感器拥有更为丰富的检测谱。基于DNA纳米结构，可设计响应多种生物标志物的多功能检测平台，用于疾病的早期诊断及疾病新靶标的探索。接下来，本小节将从离子、分子、核酸、蛋白质、肿瘤细胞和病原生物的检测对DNA纳米结构在物质分析与疾病诊断中的应用进行介绍。

金属离子在生命过程中发挥着重要作用，可以作为判断病理生理状态的关键指标。在临床检验科学中，检测必需元素的代谢平衡、评价相关金属元素的过剩及缺乏情况是判断机体生理状态的重要依据；法医学中也需要通过鉴别体内蓄积的重金属元素，例如砷、镉等，来判断机体中毒情况。在现代分析化学中，无机金属元素的检测主要通过**电感耦合等离子体发射光谱**（inductively coupled plasma optical emission spectrometer，ICP-OES）及**电感耦合等离子体发射质谱**（inductively coupled plasma-mass spectrometry，ICP-MS），然而，这两种仪器分析方法所应用的设备较为昂贵且对样品的纯度有一定的要求。近年来，核酸作为金属离子的理想检测器已有较为扎实的研究基础，值得注意的是，DNAzyme作为一种体外筛选的具有催化活性的单链DNA分子，可在作为辅因子的金属离子激活下切割mRNA，从而下调目的蛋白的表达。如Zhou等针对Na^+检测改良了一种高敏感性DNAzyme荧光探针，该探针反应速率快、荧光强度与Na^+浓度呈线性关系，且不会与其他金属元素发生交叉反应，保证了测定结果的准确性。同时，针对人体常量元素Ca^{2+}开发了一种同时修饰荧光基团与猝灭基团的特异性DNAzyme探针。该探针的底物链修饰了荧光基团，而在DNAzyme链上修饰荧光猝灭基团，两者空间距离较短而暂时猝灭荧光；当溶液体系中存在辅因子Ca^{2+}时，该DNAzyme能迅速酶解底物链恢复荧光，从而实现体系的定量分析。Qu等设计了一种使用DNA四面体框架结构搭建而成的纳米微阵列，用于Hg^{2+}、Ag^+与Pb^{2+}的筛选；在特定的检测装置中，DNA四面体框架结构的顶端分别修饰特定DNA检测序列或DNAzyme，将DNA对金属离子的亲和性转换为可以进行定量分析的荧光信号，实现对体系中金属离子的检测（图5-6）。

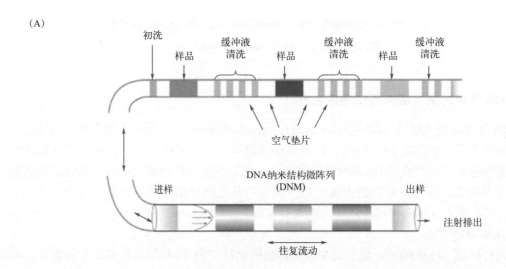

(A)

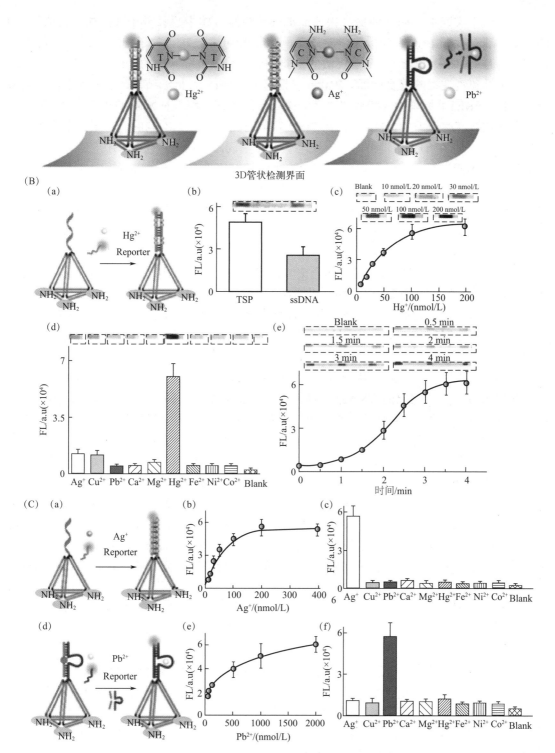

图5-6 （A）装载DNA检测序列与DNAzyme的DNA四面体框架结构作为Hg^{2+}、Ag^+与Pb^{2+}检测器原理图；
（B）Hg^{2+}与胸腺嘧啶有较强的亲和力，加入键合Cy3荧光基团的DNA报告序列后，Hg^{2+}可介导其与
检测序列紧密结合并发射强烈荧光；（C）Ag^+与胞嘧啶有较强的亲和力，加入键合Cy3荧光基团的DNA
报告序列后，Ag^+可介导其与检测序列紧密结合并发射强烈荧光；同时，Pb^{2+}是DNAzyme的辅因子，
可激活其对于底物链的裂解，并与报告链结合发射强烈荧光

　　在法医学实践中，如何便捷、快速而准确地检测机体中痕量分子（例如毒物或毒品）的含量一直是亟待解决的分析化学难题。利用核酸对于一些小分子的亲和反应，可以设计相应的DNA纳米结构作为反应灵敏的检验平台。ATP是细胞内的"能量通货"，也是肿瘤、炎症及免疫调控的重要指标。Walter等构建了一种DNA折纸结构，它是基于荧光共振能量转移（FRET）原理的ATP荧光纳米开关。该纳米探针将一种靶向ATP核酸适配体的两条链分别键合在"剪刀状"DNA纳米结构上，同时分别键合上不同的荧光团；当体系中存在ATP分子并与两条DNA链结合时，两个荧光团空间距离拉近产生FRET效应，由初始状态的绿色荧光变为红色，可根据荧光强度的变化对ATP进行定量。Wen等建立了一种固定在金表面并修饰了可卡因适配体ACA-1链的DNA纳米四面体；将待测样品与键合了辣根过氧化物酶的ACA-2链混匀后，可卡因分子可同时结合两条核酸适配体链形成DNA双链复合体；类似于ELISA实验的双抗夹心法原理，可通过加入过氧化物底物产生电流信号对可卡因定量［图5-7（A）］。

　　Ma等报道了一种以核酸适配体作为交联剂修饰在主链上的水凝胶，包封金纳米粒作为指示剂，用来检测体外葡萄糖的含量［图5-7（B）］。检测葡萄糖分子时，需要预先加入一种小分子螯合剂与葡萄糖分子形成一种复合物，该复合物能够特异性解离核酸适配体使凝胶塌陷，释放出纳米金使体系变红，用紫外-分光光度法测定吸收值，即可对葡萄糖含量进行定量分析。

　　在现代精准医学发展的大背景下，对能够脱离繁琐的化学分析过程，较为灵敏而准确地对生物大分子进行响应的DNA纳米结构提出了新的要求。微小核糖核酸（microRNA，miRNA）是一类由18～24个核苷酸组成的短链RNA，参与基因表达与转录后调节，在肿瘤诊断与预后评估方面有重要参考价值。miRNA在组织细胞中含量低、序列相似性高且提取难度大，这都使传统RT-PCR或微阵列分析在对该种RNA筛选与定量方面的瓶颈突显。Liu等构建了一种对位修饰两种亚稳态发卡DNA的三维立方体DNA纳米结构，作为一种miRNA-21检测信号级联放大装置；两条发卡DNA均为miRNA-21敏感的功能核酸，并分别键合了Cy3与Cy5荧光基团；正常情况下，两个荧光基团空间距离较远，FRET效率较低；当miRNA-21被立方体DNA纳米框架捕获后，发卡DNA与其结合发生形变，两荧光团的距离靠近，发射出强烈的荧光。蛋白质作为重要的生物合成与代谢产物，也是生理活动重要的指标。DNA纳米结构构建的蛋白质探针，可以作为ELISA等传统蛋白分析方法的拓展，精准锚定目的蛋白进行定性定量分析。Raveendran等设计了一种基于DNA折纸技术的二维空心方形纳米结构，在孔中键合了C反应蛋白核酸适配体，作为一种电流响应型DNA纳米蛋白检测平台。

　　近年来，越来越多的研究者尝试建立基于DNA纳米结构的体外检测平台，用于鉴别肿瘤细胞与传染性病毒。鉴别肿瘤细胞与正常细胞的主要依据是某些高表达的细胞表面抗原。Song等报道了一种用于鉴别与靶向肿瘤细胞的DNA刺激响应型原位水凝胶用于检测机体中的循环肿瘤细胞（circulating tumor cell）。该体系构建了一种靶向肿瘤细胞表面上皮细胞黏附因子（EpCAM）的核酸适配体，并键合一段杂交链反应（hybridization chain reaction，HCR）引发序列构成复合功能核酸；当探针与肿瘤细胞结合完全后，在体系中加入两种不同的发卡结构的DNA作为底物，在引发序列的催化下产生HCR，而在细胞表面交联成水凝胶起到固定的作用，便于对富含目标受体的细胞进行有效分选；在加入ATP后，水凝胶可以迅速解离，且不影响细胞活性继续进行培养。针对病毒的检测可以从核酸与表面蛋白两

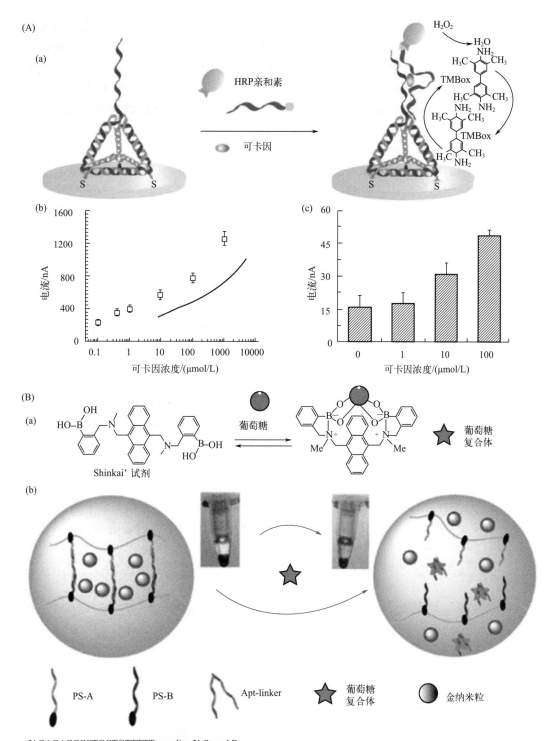

3′-GAGAGCCCTGCTGTTTTT-acrydite-5′ Strand B
5′-CICICGGGACGACAGCCGAGTTGATTCAAC AGCCGAGTCGTCCCATACTCATCTGTGA-3′ Apt-linker
Aptamer　　　　　　　　　　　　　　　　　3′-TGAGTAGACACTAT-acrydite-5′ Strand A

图5-7 （A）可卡因检测适配体；（a）体系检测原理示意图；（b）纳米检测体系的浓度-电流变化图；
（c）适配体链的浓度-电流变化图。（B）核酸适配体交联水凝胶检测葡萄糖含量；
（a）Shinkai试剂与葡萄糖反应方程式；（b）水凝胶检测葡萄糖含量原理示意图

个角度进行设计，实现对病毒的快速筛选。Jiao等报道了一种基于DNA纳米支架的杂交链技术，在合成的DNA长链上以一定的间隔修饰靶向新型冠状病毒RNA的发卡DNA探针，并在探针邻近位点修饰有FAM荧光基团与BHQ-1猝灭基团，构建RNA响应型DNA纳米检测平台。当SARS-CoV-2 RNA存在于溶液体系中时，该平台的DNA探针可改变构型恢复荧光，同时加入反应维持DNA序列，可以使HCR反应沿纳米链条持续进行从而放大荧光信号。

2. 金属基药物与小分子药物递送

相较于常用的有机或无机纳米药物载体，DNA纳米结构也可以作为一种高载药量、高生物相容性的药物递送载体，完成一些金属基药物或小分子药物的靶向递送。通过将化疗药物装载进DNA纳米结构进行给药，是解决其长期使用产生耐药性、降低对重要器官的副作用与提高治疗效果的有效策略。Jiang等报道了一种二维三角形DNA折纸结构，将多柔比星（DOX）插入嵌套的DNA链间形成装载化疗药物的抗肿瘤纳米制剂，并在细胞水平验证了多柔比星入胞效率的提高与细胞毒性的增强［图5-8（A）］。Ma等构建了一种端粒酶响应型DNA二十面体封装铂（Pt）纳米粒，用以克服铂类化疗药物的耐药性［图5-8（B）］：每个DNA二十面体是15种设计的DNA序列自组装而成，在端粒酶存在的情况下引物伸长，使二十面体通过链位移解离成两半，在肿瘤细胞胞质中释放出Pt纳米粒；Pt离子进入细胞核诱导DNA损伤和细胞死亡，同时可避免被泵出癌细胞，从而减轻基于药物外排的耐药性。DNA纳米结构还可以携带功能性分子，改变细胞的生理状态。Langecker等报道了一种完全由DNA自组装与折纸技术构建而成的，并可以靶向锚定在具有胆固醇侧链的脂质膜上的纳米膜通道［图5-8（C）］。该DNA纳米结构由穿透脂质膜的主干与起到固定黏附作用的附着帽组成，为促进大分子药物的入胞、研究膜内外物质转运机制与探索在细胞层面进行膜人工修饰的可能性提供实践基础。

3. 生物大分子药物递送

生物大分子的药物递送一直是药剂学研究密切关注的问题，将生物大分子整合进DNA纳米结构中作为一种新的递送策略受到广泛关注。使用DNA纳米结构递送siRNA是一种常

(A)

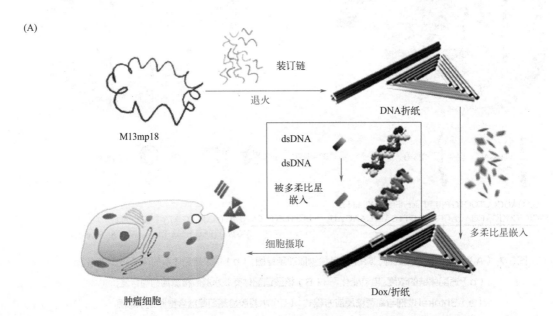

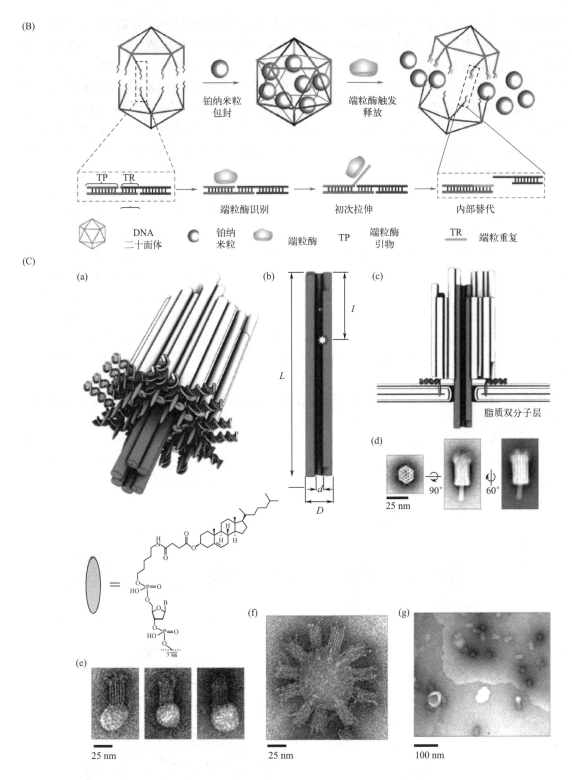

(B)

铂纳米粒
包封

端粒酶触发
释放

TP   TR

端粒酶识别

初次拉伸

内部替代

DNA
二十面体

铂纳
米粒

端粒酶

TP   端粒酶
引物

TR   端粒重复

(C)

(a)

(b)

(c)

脂质双分子层

(d)

25 nm   90°   60°

3′端

(e)

25 nm

(f)

25 nm

(g)

100 nm

图5-8 （A）2D三角形DNA折纸结构嵌套DOX示意图；（B）DNA二十面体纳米结构装载Pt纳米粒；
（C）DNA纳米膜通道3D示意图与电镜图

用的策略。Zhou 等报道了一种装载芦丁与 miRNA-124 的嵌合 DNA 纳米花制剂,表面修饰了 RVG29 肽,用于突破血 - 脑屏障向脑部补充 miRNA-124 与芦丁协同治疗阿尔茨海默病［图 5-9(A)］。DNA 纳米结构还可以用来递送功能 DNA 序列。未甲基化的胞嘧啶 - 磷酸 - 鸟嘌呤二核苷酸(CpG)常见于微生物基因组,含有 CpG 序列的细菌 DNA 或合成寡核苷酸可以被哺乳动物细胞内先天免疫系统——TLR9 蛋白识别为危险信号,诱导促炎细胞因子的大量分泌从而激活局部免疫。Qu 等合成了一种 DNA 树状聚合物,在表面装载了 CpG 序列与细胞穿透肽 TAT,在增强核酸药物稳定性的同时,提高了纳米制剂的入胞效率,并高效激活细胞的天然免疫应答［图 5-9(B)］。

　　蛋白质是参与生命活动的重要物质,蛋白质类药物的递送亦是药剂学研究的热点。蛋白质具有优良的药理学活性与化学可修饰性,但是其却难以形成纳米级别的颗粒。以序列与结构可编程,并具有一定分子刚性的 DNA 纳米结构作为骨架装载蛋白质,研究者们构建了一系列蛋白质 -DNA 杂化纳米药物递送载体。Chen 等设计了一种 RNA-DNA- 链霉亲和素蛋白三角 DNA 夹心纳米复合材料［图 5-9(C)］:通过特定序列的 DNA 与 RNA 自组装成二维 DNA 三角框架,同时链霉亲和素中含有生物素高亲和力位点,可与纳米框架上的核苷酸链结合,形成"三明治"型纳米结构,为核酸 - 蛋白质杂化材料的设计提供新思路。Xu 等报道了一种蛋白质功能化的 DNA,通过低温退火自组装形成 DNA 四面体纳米笼结构,具有同时递送蛋白质药物与核酸药物的应用潜力［图 5-9(D)］。DNA 自组装纳米粒还可以用于递送基因编辑工具,促进基因编辑治疗向临床治疗的转化。Sun 等报道了一种 DNA 通过滚环扩增装载 CRISPR-Cas12a 形成 DNA 纳米核,其通过静电吸附作用在外层修饰聚乙烯亚胺(PEI)并结合半乳糖配体后形成具有电荷翻转与靶向功能的 CRISPR-Cas12a 纳米递送载体。该载体通过半乳糖靶向肝细胞表面的积雪草蛋白受体(asialoglycoprotein receptor,ASGP-R),被溶酶体捕获后能触发质子海绵效应促进溶酶体逃逸并发生电荷反转,促进纳米制剂进入细胞核敲除 Pcsk9 基因,达到控制胆固醇的效果。

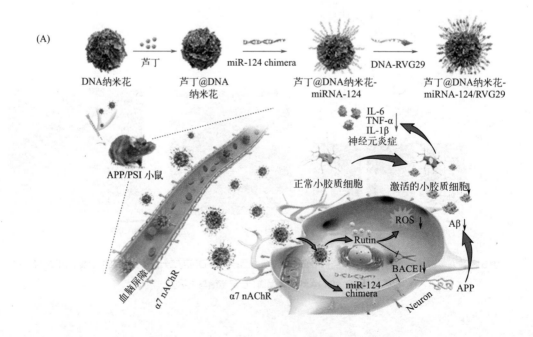

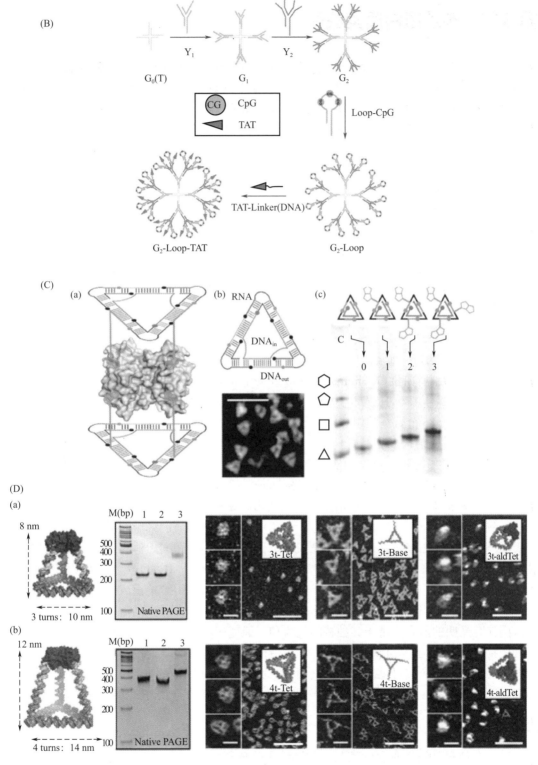

图5-9 （A）装载芦丁与miRNA-124的嵌合DNA纳米花示意图；（B）装载CpG的DNA树状聚合物合成示意图；（C）
DNA-RNA-蛋白质"三明治"型纳米结构示意图；（D）蛋白质-DNA杂化纳米材料3D模式图，
琼脂糖凝胶显影和原子力显微镜照片

第五节 多肽蛋白质类载体

随着纳米技术的快速发展，开发可降解和生物相容性好的纳米载体对纳米药物的开发至关重要。蛋白质和多肽，作为生命的物质基础和生命活动的主要承担者，其本身就是一类十分重要的纳米载体。此外，蛋白质和多肽纳米载体本身具有良好的可塑性和可修饰性。因此，基于蛋白质与多肽的新型药物载体已经用于多个领域，包括药物递送、组织支架以及临床诊断等多个方向。

一、蛋白质

蛋白质是组成生命的物质基础和主要承担者，由氨基酸有机基团和肽键结合而成，通过分子内和分子间的相互作用力继而构建二级、三级以及四级结构。由于氨基酸种类、数目、顺序以及空间结构的差异，可形成性质各异、功能不同的蛋白质。下面主要介绍几种具有代表性的蛋白质纳米生物材料的性能和其在生物医学的应用。

（一）白蛋白

白蛋白（albumin）是血液中最丰富的血浆蛋白（35～50 g/L 血清），主要在肝脏中合成，用于维持渗透压和血浆 pH、运输和分配各种内源性和外源性配体。按来源其主要可分为卵清蛋白、人血清白蛋白（human serum albumin，HSA）和牛血清白蛋白（bovine serum albumin，BSA）。其中，HSA 和 BSA 为常用的药物递送载体。白蛋白是循环系统的主要可溶性蛋白质，由 585 个氨基酸组成，分子质量约为 66.5 kDa。该蛋白质具有多个口袋结构域和结合位点，口袋结构域和结合位点可以结合多种药物和探针分子。在药物递送方面，白蛋白可以通过非共价和共价作用实现药物负载。白蛋白通过非共价作用实现药物负载和递送最重要的案例是 2005 年美国 Abraxis BioScience 公司研发并上市的白蛋白紫杉醇，商品名为 Abraxane®，被批准用于临床肿瘤治疗的一线药物。此外，白蛋白表面具有丰富的可修饰性的氨基和羧基结构，可以偶联多肽和蛋白质，实现多肽和蛋白质的细胞和活体的药物递送。通过表面修饰可增加白蛋白纳米系统的靶向性，目前已有多种靶向配体用于增强白蛋白的靶向性，如表面活性剂聚山梨酯 80、叶酸、脂蛋白、单克隆抗体、阳离子聚合物以及多肽等。

目前，白蛋白作为纳米生物材料已经在生物医学领域取得了一定成果。基于白蛋白的纳米粒是有前途的多用途载体，在各种体外和体内研究中显示出巨大的潜力，在治疗药物的递送方面具有光明的前景，由于其独特的优势和可能克服靶向细胞耐药，有助于药物递送克服各种生物屏障。但是，如何更精确地控制白蛋白的组装体，有效调控白蛋白的纳米尺寸，精确调控其生物学效应，可重复性和大规模生产仍然是当前的研究难点。接下来的工作应该更为深入地研究白蛋白的相关化学以及生物性能，更好地为生物医学的发展提供动力。

（二）铁蛋白

铁蛋白最早是被捷克科学家从马的脾脏中分离得到的，由 24 个亚基组成，每个亚基约含 163 个氨基酸残基，每个分子最多可结合 4500 个铁原子，分子质量约为 450 kDa。典型的铁蛋白是由亚基组装形成的空心球状结构，其外径约 12～14 nm，空腔径长约 8 nm，分别含有 8 条亲水性的离子通道和 6 条疏水性的离子通道（图 5-10）。如果内部空心含有铁离子称为铁蛋白，如果不含铁离子则称为去铁蛋白。铁蛋白具有独特的物理化学性质，特别是铁蛋白在生理条件下保持球形空心结构，在pH = 2的酸性条件下就会发生解组装作用；当pH恢复到生理条件下时，铁蛋白又可以重新自组装成为一个完整的空心球形铁蛋白纳米结构。该特质促使铁蛋白成为一种可操作性的生物源纳米模板结构，可以组装成为功能各异的生物纳米材料，应用于生物医学的纳米催化、药物递送、成像诊断等方面。

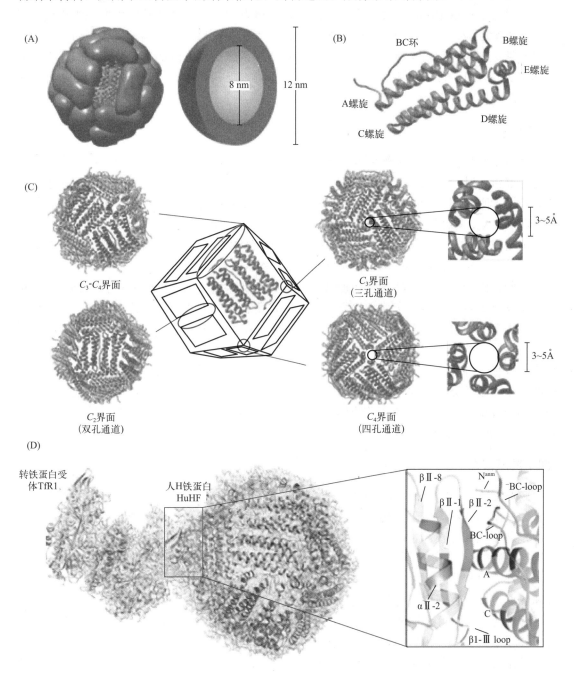

图5-10　铁蛋白结构（1Å=10^{-10} m）

（A）铁蛋白结构及其外径/内径；（B）铁蛋白亚基结构；（C）铁蛋白亚基间界面和两个不同界面处的孔隙大小；（D）TfR和HuHF复合物的原子模型

铁蛋白的纳米空腔可以为金属纳米合成提供良好的生物环境。Stephen Mann 等首次利用铁蛋白的空腔合成了尺寸均一的 Fe_3O_4 纳米粒,开辟了以铁蛋白为生物模板的纳米粒合成方向。随后,其他一些无机金属纳米粒都在铁蛋白的纳米空腔内制备成功。然而该方法仍然存在一些问题,比如难以得到高活性以及完整性的铁蛋白壳。随着基因工程技术的发展,基因工程重组表达出的人 H 亚基铁蛋白壳,极大地推进了铁蛋白纳米生物材料的发展。美国科学家 Trevor Douglas 成功利用基因工程重组表达出的人 H 亚基铁蛋白壳为模板合成了氧化铁纳米粒,该铁蛋白氧化铁纳米粒的蛋白壳保持完整,活性高,且铁蛋白空腔内几乎没有铁原子。这种仿生氧化铁纳米粒随后被命名为**磁性铁蛋白纳米粒**(magnetic ferritin nanoparticle)。目前,磁性铁蛋白纳米粒在多模态成像、肿瘤显色、药物递送、生物催化等多个方面具有广泛的应用。

(三)明胶

明胶是胶原蛋白部分水解而获得的一种动物蛋白,具有天然、可生物降解、生物相容性好、非抗原性、低成本及原料易得等优点,被逐渐开发用于药物载体。按照催化水解的方式不同,明胶可分为**碱法明胶**(又称 B 型明胶)、**酸法明胶**(又称 A 型明胶)和**酶法明胶**。B 型明胶和 A 型明胶由于催化介质不同,具有不同的等电点(isoelectric point,pI)、分子量、氨基酸组成和黏度。例如,A 型明胶的 pI 为 7~9,而 B 型明胶的 pI 为 4~5。明胶通常被认为是一种安全的赋形剂,被美国 FDA 批准用于药物制剂,如明胶胶囊。

明胶作为药物,从药品开发初期就一直被认为是一种可生物降解的材料,具有很多优点:①安全无毒;②易于交联和化学修饰;③杀菌且不产生热原;④价格便宜;⑤免疫原性低。大多数明胶分子包含重复序列的甘氨酸、脯氨酸(主要是羟脯氨酸)和丙氨酸三联体,维持明胶的三重螺旋结构。与未改性的明胶相比,添加化学交联剂如戊二醛可使明胶稳定、成形,并增加体内循环时间。明胶纳米粒对药物的释放取决于交联的程度。这种交联改善了明胶的完整性和性能,如高温不溶性,减少了水中的肿胀。这些特性使明胶纳米粒成为一种很有前途的药物传递载体系统,有研究制备了明胶纳米纤维海绵用于止血和制备了明胶/黏土胶体填充支架用于骨缺损修复。

(四)胶原蛋白

胶原蛋白(collagen)是一种细胞外基质(extracellular matrix,ECM),是脊椎动物和其他生物组织和细胞生长结构完整性的重要结构蛋白,位于皮肤和其他结缔组织中,约占哺乳动物蛋白质总质量的30%。胶原蛋白富含甘氨酸和脯氨酸残基,一般以甘氨酸-脯氨酸-羟脯氨酸三联交替排列。在空间上,三条相互独立的胶原蛋白肽链主要通过链间氢键稳定结合在一起以产生紧密堆积的三螺旋结构,胶原分子的三螺旋α结构域决定其独特形状和机械强度。胶原蛋白具有优良的生物相容性、卓越的可降解性、低的免疫原性以及高效的止血性等特点,可介导细胞黏附、迁移、组织修复/再生,被广泛用作纳米生物材料。此外,由于它的生物体内容易被吸收、亲水性强、无毒、安全性好等优点,其在生物医学领域被逐渐开发。以胶原蛋白为主要成分的给药系统应用非常广泛,可以把胶原蛋白水溶液塑造成各种形式的给药系统,如眼科方面的胶原蛋白保护物、烧伤或创伤使用的胶原海绵、蛋白质传输的微粒、胶原蛋白的凝胶形式、透过皮肤给药的调控材料以及基因传输的纳米微粒等。

（五）乳清蛋白

乳清蛋白（lactalbumin）是具有多种功能特性的球状蛋白质的混合物，主要成分包括α-乳白蛋白、β-乳球蛋白，其中β-乳球蛋白约占65%。乳清蛋白具有出色的乳化和胶凝性质，可以与疏水性成分结合，实现维生素、脂肪酸、类胡萝卜素、多酚和一些抗菌剂等的包封和递送，提高生物活性分子的溶解度和稳定性。目前市场上乳清蛋白产品主要有**乳清蛋白浓缩物**（whey protein concentrate，WPC）和**乳清蛋白分离物**（whey protein isolate，WPI）。

（六）丝素蛋白

丝素蛋白（silk fibroin，SF）是美国FDA批准的天然高分子生物材料，由反平行β折叠层组成，其一级结构主要是重复出现的氨基酸序列（Gly-Ser-Gly-Ala-Gly-Ala）$_n$。由于其良好的生物相容性、可控性和低毒性/免疫原性，丝素蛋白纳米粒可用于各种药物的递送，如小分子药物、蛋白质药物和基因药物等。目前，可通过无溶剂沉淀技术和纳米自组装技术制备丝素蛋白纳米粒。此外，丝素蛋白亦可用于构建pH响应性药物递送系统。例如，Tallian等发现，含有50%丝素蛋白的人血清白蛋白纳米胶囊在较低pH响应下快速释放药物，而不含丝素蛋白的人血清白蛋白纳米胶囊，不显示任何pH响应性药物释放；Gou团队发现，丝素蛋白纳米粒表现出明显的pH/ROS/GSH/高温/HAase刺激响应性，由于丝素蛋白纳米粒中富含由肽段间氢键维系的β折叠片层结构和二硫键，这些化学键在刺激响应下遭到破坏而无法维持丝素纳米粒子的稳定性以释放药物。

（七）脂蛋白

脂蛋白（lipoprotein）主要由富含固醇酯、甘油三酯的疏水内核和蛋白质、磷脂、胆固醇等组成的亲水外壳构成，对脂质的包装、储存、运输和代谢起着重要作用。脂蛋白是人体内源性物质，可避免网状内皮系统的识别和清除，是靶向递送各类药物、成像剂的优异载体。其中**高密度脂蛋白**（high density lipoprotein，HDL）和**低密度脂蛋白**（low density lipoprotein，LDL）是研究最广泛的脂蛋白载体。

HDL是最小的脂蛋白，直径范围为8～13 nm，密度为1.063～1.210 g/cm³。载脂蛋白A-I（ApoA-I）是HDL的主要蛋白质组分，决定HDL的结构和功能。**清道夫受体B类Ⅰ型**（scavenger receptor type BⅠ receptor，SR-BⅠ受体）是HDL的重要受体，HDL可以通过此受体途径将药物转运到特定的靶细胞、组织或器官，如高表达SR-BⅠ受体的肝细胞及多种癌细胞。LDL是血浆中数量最多的脂蛋白，粒径大小为18～25 nm，密度为1.019～1.063 g/cm³。载脂蛋白B-100（ApoB-100）作为LDL受体（low density lipoprotein receptor，LDLR）的结合域，占LDL蛋白质的95%以上并暴露于LDL表面。已有研究表明，LDLR在多种肿瘤细胞和血-脑屏障上过表达，因此，LDL可用作肿瘤及脑部疾病靶向治疗药物的载体材料。

（八）玉米醇溶蛋白

玉米醇溶蛋白（zein）是从玉米中分离的植物蛋白，其分子质量为22～27 kDa，等电点p*I*为6.228。它含有许多非极性氨基酸，如丙氨酸、苯丙氨酸、亮氨酸、脯氨酸、谷氨酰胺和天冬酰胺等，因而具有较强的疏水性，常用作控制疏水性药物释放的载体。此外，其分子链中含有多种可反应的官能团，如氨基、羧基、羟基等，可作为化学修饰位点，实现对玉米醇溶蛋白的改性修饰。

目前已经通过纳米沉淀、超临界反溶剂、自组装等技术成功制备含抗肿瘤药物包括紫杉醇、姜黄素、槲皮素、大豆苷的玉米醇溶蛋白纳米粒。Li 等以茶多糖为生物聚合物壳，玉米醇溶蛋白为核心制备了负载紫杉醇的纳米粒，紫杉醇通过 O—H 和 C＝O 与玉米醇溶蛋白和多糖相互作用并持续缓慢释放。研究表明，玉米醇溶蛋白具有一定的抗胃酸分解特性且在肠道降解，在肠道药物递送方面极具潜力。Wang 等开发了基于玉米醇溶蛋白自组装微载体的结肠靶向递送系统，通过玉米醇溶蛋白和吲哚美辛（indometacin，Indo）分子内和 / 或分子间相互作用进行自组装，表面修饰聚多巴胺（polydopamine，PDA）进一步延长药物释放，实现结肠靶向。为了扩大玉米醇溶蛋白的应用范围，可利用小分子或亲水性强的大分子，如葡萄糖、木糖、单甲氧基聚乙二醇等，对玉米醇溶蛋白进行亲水性修饰。随着研究的不断深入，玉米醇溶蛋白在药物递送系统和组织工程领域中展现出良好的应用前景。

（九）重组蛋白

蛋白质递送载体具有诸多优点，然而天然蛋白质存在提取困难、易污染等问题，限制了其作为药物递送载体的应用。例如，HSA、HDL 等蛋白质从人血浆中分离和纯化的成本过高，存在血源性病原体污染的潜在风险；BSA 是一种外源性大分子，具有引起人类过敏的潜在免疫原性；丝蛋白使用常规方法很难进行大规模生产，利用重组方法生产丝蛋白替代天然蛋白可能更具可持续性。**重组蛋白**（recombinant protein）是一类利用重组 DNA 或重组 RNA 技术而获得的蛋白质。重组蛋白工程先应用基因克隆或化学合成技术获得目的基因（gene of interest，GOI），连接到适合的表达载体，导入到特定的宿主细胞，利用宿主细胞的遗传系统，表达出有功能的蛋白质分子。目前，重组蛋白试剂已被广泛应用于生物药、细胞免疫治疗及诊断试剂的研发和生产中。其中重组蛋白药物是生物药物的重要组成成分，包括细胞因子类、抗体治疗性疫苗、激素及酶等，常被广泛应用于医疗领域，包括肿瘤治疗、免疫调节、神经保护、结缔组织疾病、肾病治疗等。**重组人血清白蛋白**（recombinant HSA，rHSA）可直接制成包含药物的纳米制剂，或经过修饰与配体及药物相连，实现药物的靶向递送。例如，Sharma 等利用 rHSA 递送 5- 氟尿嘧啶（5-FU）治疗结肠癌；Wang 等通过胆酸钠透析法制备 PTX 和 P-gp 介导的 MDR 逆转剂共载的重组高密度脂蛋白纳米粒；Wang 等开发了一种新型、基于重组蛋白的纳米药物载体，高效地负载和递送疏水前药 aldoxorubicin（ALD）用于骨肉瘤治疗。此外，重组蛋白载体也逐渐被开发用于检测。例如，Zhang 等利用去溶剂法制备了重组驼源血清白蛋白 - 血红素纳米酶（rCSA-hemin NP）用于细胞及血清中谷胱甘肽检测，纳米酶检测范围为 3.2～100 μmol/L，最低检测线为 0.667 μmol/L，为临床中 GSH 的检测提供一种新的检测方法及检测思路。

总之，基于蛋白质为载体材料的递送系统正在不断发展，这些天然的生物载体具有良好的相容性、生物降解性、可再生性和优异的靶向能力等特性，是递送药物、基因、成像剂及构建组织工程的理想载体。蛋白纳米粒可以通过静电吸附作用等多种方式搭载药物，直接或间接靶向到肿瘤部位，实现药物的刺激响应性释放。此外，蛋白纳米粒还可以与无机纳米粒、光敏剂等相结合实现肿瘤的光热治疗与光动力治疗。与此同时，蛋白纳米粒可以和临床造影剂相结合或利用自身的特点来进行肿瘤的磁共振成像（MRI）和 X 射线计算机断层成像（CT）等。尽管有诸多优势，但是蛋白纳米粒还是面临着结构不够稳定、尺寸不如无机纳米粒灵活可调控等问题。未来的研究应该关注如何有效提高蛋白纳米粒的载药率、延长其肿瘤的滞留时间以及实现大规模生产。

二、多肽

多肽是氨基酸通过肽键连接而形成的介于氨基酸和蛋白质之间的一种中间物质，通过个性化设计可以合成特定序列和功能的多肽。近年来，研究者们发现通过对非病毒载体进行多种肽功能片段的修饰，可以实现高效安全的基因转染。根据克服生物屏障方面的应用，多肽可分为：①**细胞穿膜肽**（cell-penetrating peptide，CPP），具有透膜作用；②**靶向肽**，促进配体和受体特异性结合；③**涵体逃逸肽**，促进内涵体逃逸；④**核定位信号**（nuclear localization signal，NLS），促进复合物进入细胞核；⑤**装订肽**，提高α螺旋含量、与核酸分子的结合亲和力、抗蛋白水解能力以及内涵逃逸能力。这些功能性多肽已被广泛用于增强非病毒类递送载体的递送能力，最终实现基因的表达。以下重点介绍这些肽在解决非病毒基因递送系统中的作用，并阐述各种功能肽在提高转染效率方面的应用。

（一）细胞穿膜肽

细胞膜主要由脂质和蛋白质构成，由于细胞膜结构的复杂性，递送核酸穿过细胞膜成为基因递送的重大挑战。CPP是一种能穿透细胞膜并携带各种分子进入细胞的短肽，已经证明其可以提高非病毒基因递送载体的转染效率。1988年，Frankel 和 Pabo 首先验证了来自人类免疫缺陷病毒（HIV）反式转录激活因子（TAT）蛋白的蛋白转导结构域（PTD）的细胞穿透能力。随后，Loewenstein 和他的同事将肽序列降至最低，并证明富含精氨酸的序列（RKKRRQRRR）是负责 TAT 蛋白进入细胞的有效序列。TAT不仅可以作为基因递送载体本身，还可以作为辅助片段以提高各种基因递送载体的穿透能力。例如，Jiang 等将 TAT 多肽修饰在纳米金表面用于 Cas9/sgRNA 质粒的递送；Ding 等为了增强药物的肿瘤部位富集能力，将 TAT 整合到 siRNA-DOX 共同载体的 DNA 纳米系统中用于乳腺癌治疗。

根据能否特异性识别细胞，CPP 可分为**非细胞特异性多肽**和**细胞特异性多肽**两大类。根据 CPP 极性又可细分为阳离子、疏水和两亲性三类。上面介绍的 TAT 是富含带正电荷的精氨酸和赖氨酸，是一类阳离子肽。除了自然产生的 CPP 外，人工合成的阳离子多肽，包括精氨酸、赖氨酸或阳离子氨基酸鸟氨酸的均聚物，也被证明是有效的转导多肽，即使是在低 pH 时质子化的组氨酸，也能起到 CPP 的作用，并且已被成功地用来输送核酸分子到肿瘤细胞中。基于精氨酸的均聚物在 6～12 个氨基酸的范围内才能发挥 CPP 的作用，8～10 个氨基酸的长度具有最高的转导能力。同样，赖氨酸的八聚体均聚物也可转导多种细胞，其效率与精氨酸均聚物相似。研究人员还发现当均聚物的长度超过 12 时，其转导效率降低，且毒性更大。因此，在一个短区域内，过少或过多的阳离子电荷都会对转染效率产生负面影响。两亲性 CPP 是通过共价键将 CPP 的疏水结构域连接到核定位信号（NLS，如 SV40NLS）上而产生的嵌合肽。通常，疏水性 CPP 来源于信号肽序列。迄今为止，发现的疏水性 CPP 包括角质形成细胞生长因子和成纤维细胞生长因子的前导序列，大多数分泌蛋白的前导序列也有可能作为 CPP 发挥作用。另一类 CPP 是细胞特异性 CPP，通过不同的筛选方法进行鉴定，包括质粒、微生物、核糖体或噬菌体展示等。这种细胞特异性 CPP 可以有效避免非细胞特异性 CPP 递送过程中的困扰，如非特异性细胞摄取导致脱靶以及给药浓度需达到一定阈值才能发挥治疗效果。因此，如何提高核酸分子的转染效率、减小脱靶的可能性并大幅度减少所需剂量、开发具有细胞特异性CPP是一项具有挑战性的研究。

CPP为蛋白质、核酸和纳米粒（包括病毒颗粒）的细胞转运开辟了新的途径。特异性CPP以及针对特定细胞类型而设计的非特异性CPP均显示出巨大的临床应用潜力，它们在诊断成像中的作用已经在肿瘤领域得到了实现。尽管CPP在疾病诊断或治疗的临床前模型中取得了重大进展，但由于实施新疗法还存在许多障碍，如其摄取效率、生物利用度和毒性等问题，CPP的临床应用发展缓慢。

（二）靶向肽

基因递送过程中，非特异性结合可能导致脱靶效应。解决这一问题的有效方法是引入靶向配体（如小分子、多肽和蛋白质）进行修饰，这些配体可以特异性地结合细胞上的受体以降低递送过程中脱靶的可能。此外，采用靶向配体修饰可以减少对健康组织的非特异性转运。多肽具有易合成、易修饰、生物相容性好等优点，可作为靶向分子广泛用于核酸分子的递送。近年来，各种靶向多肽作为配体与特定细胞表面受体结合，通过受体介导的内吞作用促进细胞摄取，从而提高转染效率。目前常用的受体包括：整合素受体、神经激肽1受体（NK1R）、生长因子受体（GFR）、层粘连蛋白受体、转铁蛋白受体（TFR）、低密度脂蛋白受体（LRP）、乙酰胆碱受体（AChR）、瘦素受体（LR）以及胰岛素受体等。基于多肽的靶向治疗已经引起了科学家们的高度关注。

将特定的靶向多肽片段结合到基因递送载体中，可以将核酸治疗药物转运至靶标位置，发挥治疗效果。其中，RGD多肽能够和肿瘤细胞中高度表达的整合素受体结合，是最常用的靶向递送肽之一。通过在纳米递送系统表面合理修饰RGD靶向肽，可有效提高纳米药物在肿瘤部位的蓄积，从而使得肿瘤抑制效果大大增加。对于恶性胶质母细胞瘤（GBM），主要困难在于如何高效通过血-脑屏障并将药物富集到胶质瘤部位。由11个残基组成的神经肽P物质（SP）可以和神经激肽1受体（NK1R）有效结合，介导纳米递送系统通过血-脑屏障并在胶质瘤中蓄积，是胶质瘤中常用的靶向肽。

（三）内涵体逃逸肽

复合物主要通过网格蛋白或小窝蛋白介导的内吞作用形成内涵体进入细胞，但大多数内涵体最终会与溶酶体融合而降解其内部的物质。因此，载体/DNA复合物很难从内涵体中逃逸出来，最终导致基因不能高效转染发挥治疗效果。为了解决这一难题，研究者们致力于开发内涵体干扰肽，以促进内涵体逃逸。

虽然CPP具有很好的穿膜效应，但它们会被滞留在内涵体中降解，最终导致基因递送失败。研究者们通过对CPP采用不同的修饰方法以增强内涵体逃逸能力。将二油酰磷脂酰乙醇胺（DOPE）作为辅助脂质与内涵体膜融合，可以有效地破坏内涵体膜的稳定性，促使DNA被释放到胞质中。此外，氯喹作为一种缓冲剂会导致质子在内涵体中蓄积并导致内涵体渗透破裂，这种效应被称为"质子海绵效应"。研究者们发现将含有咪唑基的组氨酸插入到肽序列中也达到了类似的效果。例如，Lo等将多个组氨酸残基共价偶联到TAT的羧基末端，其转染效率与TAT相比，提高7000倍，在组氨酸修饰的TAT序列中插入两个半胱氨酸残基，可进一步提高转染效率。

（四）核定位信号肽

大多数非病毒载体能成功地从内涵体逃逸但递送效率依然不高，主要是因为载体递送核酸分子进核效率比较低。由于细胞核核膜的存在，DNA 很难进入细胞核。一般说来，只有在细胞进行有丝分裂时核膜会发生破裂，DNA 才能进入细胞核。而对于未进行有丝分裂的细胞，由于 DNA 尺寸过大而不能被动运输，需要将它们的直径进行压缩，并依靠核定位信号（NLS）通过主动运输进入细胞核。NLS 是一类富含精氨酸或者赖氨酸的短肽，能有效地促进 DNA 进入细胞核中，提高载体的递送效率。一般来说，NLS 可以细分为经典序列和非经典序列。经典的 NLS 是由较短的含碱性氨基酸（赖氨酸或精氨酸）的序列构成。其中，NLS（PKKKRKV）TFA 是一种源于 SV40 large T antigen 的 NLS，该序列中的碱性氨基酸通过与细胞核膜表面的核转运受体（importin-α）结合来提高细胞核摄取 DNA 的效率，从而促进核内转运。最近一项研究表明，在阳离子脂质体包裹前，将含有半胱氨酸的 SV40 衍生物（GYGPKKKRKVGGC）与 DNA 结合，可提高脂质体的转染效率。目前，NLS 多肽已被广泛应用于修饰各种非病毒基因递送载体以促进 DNA 进入细胞核。NLS 多肽与核酸载体之间的静电作用，阻止了 NLS 多肽与其他蛋白质的结合，这可以进一步提高载体的转染效率。

（五）装订肽

siRNA 是一种用于基因沉默的分子，呈负电性，可与生物膜的磷脂双分子层发生静电排斥。裸露的 siRNA 分子会被血清核酸酶快速降解。多肽装订策略可显著增加多肽的 α 螺旋构象比例、抗水解能力以及促进细胞摄取。Simon 等利用装订肽技术，提高载体的 α 螺旋含量、抗蛋白酶降解能力以及生物利用度。采用装订策略的载体能够有效地封装 siRNA 并将其转运至细胞诱导基因沉默，且细胞毒性更低。基于碳氢化合物的装订是最常用于提高载体递送 siRNA 进入细胞能力的装订策略。研究者们发现 stEK 肽在低纳摩尔浓度下具有高细胞渗透和 siRNA 递送能力。

总之，阳离子穿膜肽可以通过静电作用包封核酸分子并帮助复合物进入细胞；靶向肽可通过特异性受体介导的内吞促进细胞摄取提高转染效率；内涵体逃逸肽可以有效地破坏内涵体膜，促进内涵体逃逸，使得治疗基因进入细胞质或细胞核发挥治疗作用；核定位肽可以促进核酸分子进入细胞核；装订肽可以通过烯烃复分解反应引入全碳氢骨架提高载体的 α 螺旋含量，促进溶酶体逃逸。利用多肽片段的整合优势，可以将各功能片段合理组合，构建多功能集成的载体，以提高多肽类载体的递送效率。与其他的非病毒类载体相比，多肽类载体的主要优势是免疫原性低、安全可控、递送效率高、可实现多功能集成等。

第六节　仿细胞器载体

目前，大多数纳米粒由人工合成，进入身体后将被识别为外来物质，并被免疫系统快速清除。因而造成大多数合成纳米粒的半衰期很短，影响药物疗效。为了将药物递送至靶组织或器官发挥最大疗效，基于仿生细胞器修饰的方法应运而生，主要是基于细胞外囊泡及细胞膜等生物膜，以开发模拟细胞的仿生纳米粒。2011 年，首次报道了红细胞膜包被修饰 PLGA 纳米粒的研究，随后通过各种方法已制备出 20～500 nm 大小的各种类型膜包被的纳米粒。仿生纳米粒结合了天然生物材料和合成纳米粒的优势特性。与传统载体相比，仿生载体伪装成自然循环细胞，能逃避免疫系统的清除并归巢到特定区域，因而生物相容性好，体内循环时间更长，靶向能力更优。

一、细胞外囊泡

细胞外囊泡（extracellular vesicle，EV）是由所有类型细胞分泌到细胞外的天然膜状颗粒。根据其生物发生途径、大小、功能及生物学功能可大致分为**凋亡小体**、**微泡**及**外泌体**三类。凋亡小体是细胞发生程序性死亡释放的较大囊泡，直径在800～5000 nm；微泡是通过质膜出芽产生的较小（直径50～1000 nm）的膜泡；外泌体由多泡体与质膜融合过程中释放，其直径范围为40～150 nm。根据其密度、大小、生物组成、表面生物标志物或对特定分子的亲和力，可采用超速离心、密度梯度离心、尺寸排阻色谱、超滤和凝胶过滤等方法用于分离细胞外囊泡，并可通过颗粒数、总蛋白量、总脂质丰度、总RNA或特定分子中的一种或多种指标进行量化。作为自然界天然纳米粒，其具有免疫耐受性、循环系统稳定性以及跨越生物屏障到达远处器官等特性。细胞外囊泡含有母体细胞的生物活性分子，例如蛋白质、脂质、核酸等，并在体内转移成为细胞间交流的重要媒介。因此，通过生物工程使细胞外囊泡作为携带治疗性药物分子的纳米载体用于疾病治疗或将成为可能。将药物装载进细胞外囊泡有两种方法，包括**内源性装载**和**外源性装载**。内源性装载是对母体细胞进行基因工程使其过表达所需的RNA或蛋白质，然后随生物途径进入囊泡。外源性装载是将装载物与预分离的细胞外囊泡混合进行共孵育、超声和电穿孔等处理。通常，EV比活细胞稳定性更高、更易储存，并保护负载物不被降解，逃避免疫清除，以提高循环半衰期。此外，与其他天然载体一样，EV具有生物相容性、低毒性和免疫原性等优点。外泌体是天然的EV，没有免疫原性，也不会激活非特异性的先天免疫反应，因此比许多合成材料更具有优势。外泌体免疫逃避的能力来自母体细胞表面分子，包括CD46、CD55、CD59和CK2等，有助于它们被识别为"自我"，绕过单核吞噬细胞系统，延长循环时间，并且膜表面的跨膜和锚定蛋白有助于与靶细胞相互作用，广泛应用于递送核酸、蛋白质及小分子。例如，Yuan等利用初始巨噬细胞来源的外泌体递送脑源性神经营养因子（BDNF）至炎性脑部。外泌体和血-脑屏障的内皮细胞可通过C型凝集素受体及整合素淋巴细胞功能相关抗原1（LFA-1）和细胞间黏附分子1（ICAM-1）的相互作用而摄取外泌体，尤其发生炎症时，内皮细胞ICAM-1的上调将进一步增强外泌体的摄取。但是，在基于细胞外囊泡的递送体系设计时，还应考虑不同来源的细胞外囊泡可能适用于不同的治疗应用，包括装载方式、修饰方式、靶向性、免疫原性及生产和分离的便利性等多种因素均应考虑在内。

二、红细胞膜

红细胞大量存在于血液循环系统，寿命约为120天，主要执行运输氧气的功能。红细胞表面上丰富的官能团、蛋白质和受体可提供大量位点用于结合特定配体、药物和抗体，可同时递送多种物质，具有易获得、成本低、寿命长等特点。因此，红细胞的生物相容性、体内稳定性、非免疫原性和易分离性，使红细胞膜成为药物递送的理想选择。基于红细胞膜的纳米载体是通过从红细胞中提取完整的细胞膜并将其与纳米载体整合制备而成，可以有效地保留原始纳米载体的物理化学性质。2011年张良方团队开发的红细胞膜包被纳米粒技术为药物递送开启了新的研究领域（图5-11）。红细胞膜包被所产生的纳米粒表现出与"自身"身份一致的表面抗原，其中表面膜蛋白CD47与吞噬细胞表达的信号调节蛋白α（SIRPα）相互作用，抑制吞噬细胞的吞噬作用，从而延长体内循环时间，增加生理条件下的稳定性，远高于PEG修饰的纳米粒的循环时间。Ye等利用红细胞膜包覆10-羟基喜树碱（HCPT）和吲哚菁绿（ICG）自主装的纳米粒制备RBCs@ICG-HCPT NP，联合化疗和光热疗法用于肿瘤治疗。研究发现，RBCs@ICG-HCPT NP借助红细胞膜蛋白CD47具有"隐形"的特性，减少了内皮网状系统的清除，在EPR效应下增强了肿瘤靶向聚集，达到了显著的

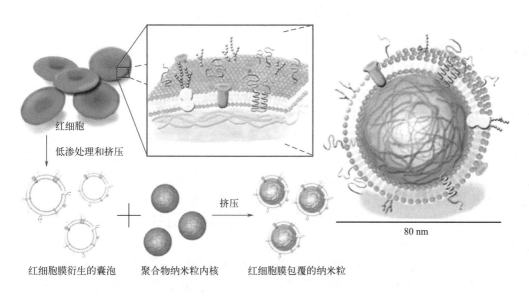

红细胞

低渗处理和挤压

红细胞膜衍生的囊泡　　聚合物纳米粒内核　　红细胞膜包覆的纳米粒

挤压

80 nm

图5-11　红细胞膜包裹PLGA纳米粒的制备过程示意图

肿瘤治疗效果。红细胞上的其他膜蛋白，如补体受体1（CR1）、C8结合蛋白（C8bp）和CD59也在防御补体系统的攻击中发挥作用。然而，红细胞膜并不能用于肿瘤靶向。因此，探索在红细胞膜表面修饰不同的化合物、配体和抗体也可实现有效的肿瘤靶向。Chen等采用叶酸（FA）和聚乙二醇（PEG）修饰红细胞膜用于负载多柔比星（DOX）和吲哚菁绿（ICG）。研究表明，经修饰的红细胞膜具有更长的体内循环时间，可显著靶向肿瘤细胞。

三、巨噬细胞膜

巨噬细胞是白细胞谱系的天然免疫细胞和抗原呈递细胞，广泛分布于所有组织，在维持稳态、抗原呈递、炎症清除和组织修复等方面具有重要作用。巨噬细胞的特点包括具有自身形态灵活、表面受体丰富、免疫原性低和循环时间长等，不仅具备吞噬肿瘤细胞、递呈抗原和分泌细胞因子等能力，还具有吞噬载药、固有炎症靶向和深层渗透的药物递送能力。例如，Gao等采用壳聚糖形成纳米粒用于装载阿托伐他汀（AT），并在表面包覆巨噬细胞膜制备MM-AT-NP用于治疗动脉粥样硬化。在高脂肪饮食喂养的ApoE敲除小鼠体内，与未包覆的纳米粒对照相比，包覆的巨噬细胞膜降低了内皮网状系统对纳米粒的清除作用，并将纳米粒引导至炎症部位，达到了更好的抗动脉粥样硬化效果。巨噬细胞膜表面富含脂质、多糖和蛋白质等，可逃避单核吞噬细胞系统的清除，从而延长血液循环时间、靶向转移肿瘤及跨越血-脑屏障等。巨噬细胞膜包被的纳米粒具有深层肿瘤转移主动靶向特性归因于巨噬细胞高表达的α4和β1整合素与癌细胞高表达的血管细胞黏附分子-1（VCAM-1）相

互作用，以及巨噬细胞上的C-C趋化因子受体2（CCR2）和肿瘤细胞上的C-C趋化因子配体2（CCL2）之间的相互作用。巨噬细胞膜上的功能性分子如CD45、CD11a和聚糖也有助于防止巨噬细胞或静脉内皮细胞清除巨噬细胞膜包裹的纳米粒，促进纳米粒聚集至肿瘤部位。此外，巨噬细胞膜上的整合素α4、整合素β1或巨噬细胞-1（Mac-1）抗原等在穿越血-脑屏障特异性靶向脑胶质瘤中也起到至关重要的作用。值得注意的是，巨噬细胞膜表面还具有一系列伯胺残基、硫醇残基等功能基团和表面特性（负电荷、疏水性、配体结合位点等），可采用化学偶联或物理吸附的方式将纳米药物负载到巨噬细胞膜表面。

四、中性粒细胞膜

中性粒细胞作为机体免疫细胞之一，占白细胞的50%～70%，具有吞噬作用、趋化作用和杀菌作用。它们表达各种细胞因子和趋化因子受体，以感知和靶向炎症部位及肿瘤微环境，并通过吞噬和ROS介导的损伤来杀伤肿瘤细胞。当体内存在炎症时，尤其是急性炎症，中性粒细胞黏附在内皮细胞上被激活并穿过血管屏障，成为第一个到达炎症部位的细胞。中性粒细胞膜表面的细胞因子受体可阻断多种细胞因子，从而抑制髓源性抑制细胞和癌细胞的免疫逃逸。例如，Li等使用中性粒细胞膜包裹PLGA纳米粒，用亲代表面受体吸收和中和相应的细胞因子，有效抑制髓源性抑制细胞的扩增、募集和活化，缓解免疫抑制，并促进抗肿瘤T细胞免疫。中性粒细胞还通过CD44-L-选择素、淋巴细胞功能相关抗原1（LFA-1）-细胞间黏附分子1（ICAM-1，也称为CD54）和β1整合素-血管细胞黏附分子（VCAM-1）相互作用靶向循环肿瘤细胞。例如，Zhang等将葡萄糖氧化酶（GOx）和氯过氧化物酶（CPO）载入沸石咪唑盐框架-8（ZIF-8）中，并用中性粒细胞膜（NM）将其包封制备GCZM用于肿瘤靶向治疗。研究表明，4T1细胞高表达CD44和ICAM-1，与未包被中性粒细胞膜的纳米粒相比，GCZM由于中性粒细胞膜介导的靶向性增强了4T1细胞的摄取，并在BALB/c肿瘤模型小鼠肺部层粘连蛋白丰富的区域观察到GCZM的强烈绿色荧光，具有优异的肿瘤归巢能力。因此，中性粒细胞膜仿生纳米载体在肿瘤治疗方面具有应用潜力。此外，中性粒细胞还具有穿过血-脑屏障或血-脑肿瘤屏障的能力，从而发挥脑肿瘤靶向治疗的优势。

五、血小板膜

血小板来源于成熟的巨核细胞，体内循环寿命约8～10天，广泛参与血管内皮损伤修复、免疫、动脉粥样硬化、肿瘤生长转移等多种生理病理过程。尤其是血小板作为体内固有成分，具有血栓靶向和逃避免疫系统清除等功能。因此，基于血小板的仿生纳米递药系统具有巨大应用前景。血小板膜包覆纳米载体是通过静电吸附作用将血小板膜包覆于纳米载体表面以提高其生物相容性，逃避免疫系统识别，延长药物体内循环时间，亦可对其膜表面的游离氨基或者羧基进行进一步化学修饰以丰富载体功能。肿瘤靶向性研究表明，肿瘤细胞会分泌激活因子直接激活血小板，并通过αⅡbβ3、P-选择素和α6β1以及GPⅡb-Ⅲa-纤维蛋白原、P选择素-CD44相互作用与活化血小板结合，形成的血小板-肿瘤异质聚集体更易被微血管所截留，从而为肿瘤生长提供了有利场所，血小板形成的保护层也为肿瘤细胞向新组织迁移和分布提供了良好的免疫逃逸环境。因此，血小板膜可用于靶向肿瘤和循环肿瘤细胞。血小板膜上的CD47分子可以阻止巨噬细胞摄取血小板膜包裹的纳米粒，CD59和CD55等蛋白质可以抑制免疫补体系统的攻击，这些蛋白质均有助于延长血小板膜包裹纳米粒的血液循环时间。此外，血小板几乎和所有的病原微生物都有交互作用，并引起血小板的激活和聚集。利用这些特性，Liu 等将万古霉素（vanc）负载于血小板膜中制备 vanc-PLT 纳米粒用于抗菌治疗。与红细胞膜负载的万古霉素递送相比，合成的 vanc-PLT 对耐甲氧西林金黄色葡萄球菌（MRSA252）具有天然亲和力，具有优良的抗菌效果。

六、干细胞膜

干细胞是一种无限或永生的细胞，能够产生至少一种类型的、高度分化的细胞，已广泛应用于再生医学领域。间充质干细胞（mesenchymal stem cell，MSC）是一种从多种组织中提取的具有自我更新和多向分化潜能的多功能干细胞，包含其在内的多种干细胞均具有肿瘤趋化性，显示出肿瘤归巢能力，可以靶向肿瘤细胞。相较于干细胞，干细胞膜修饰灵活性更高，尺寸范围更易控制，并保留了大量受体与配体，具有良好的生物相容性、延长全身循环和肿瘤及炎症靶向能力。因而干细胞膜可用于纳米粒仿生递送系统的构建。间充质干细胞膜表面含有的多种趋化因子受体（包括 CXCR1、CXCR2、CXCR4、CXCR5、CCR9、PGFR 和 VEGFR 等）均可对肿瘤中的配体分子，包括 CXCL8（IL-8）、CXCL12（SDF-1）、CXCL13、CCL25、PDGF 及 VEGF 等作出反应，诱导间充质干细胞向肿瘤聚集。Yang 等使用脐带间充质干细胞膜包被负载多柔比星的聚乳酸-羟基乙酸（PLGA）纳米粒进行功能化修饰，实现了有效的肿瘤靶向和癌细胞杀伤。与脂质体包被的 PLGA 纳米粒（Lipo-NP）相比，间充质干细胞膜包被的 PLGA 纳米粒（PM-NP）显著提高了肿瘤细胞的摄取，并在肝中聚积较少、肿瘤中聚集较多，更有效地逃避了内皮网状系统的清除。此外，间充质干细胞膜上的 TGF-β、E-选择素、P-选择素等也影响其肿瘤靶向性。然而，间充质干细胞虽然来源广泛，但数量有限，因而高成本也可能会限制其开发应用。

七、癌细胞膜

癌细胞与正常细胞相比具有无限复制和增殖的能力。癌细胞膜上携带的肿瘤特异性受体和抗原具有同源或异源黏附特性，包括 Thomsen-Friedenreich（TF）抗原、E 钙黏蛋白、半乳糖凝集素 3 和上皮细胞黏附分子等，均与癌症细胞增殖、侵袭和转移有关，经摄取、加工后直接将肿瘤相关抗原传递给树突状细胞，以诱导特异性抗肿瘤免疫反应。其中，癌细胞上的 CD47 分子具有重要的免疫逃逸作用，特别是某些乳腺癌细胞系，包括 MCF-7、MDA-231 和 4T1。例如，Li 等将聚己内酯（PCL）和多元共聚物 F68 制备的负载紫杉醇（PTX）的聚合物纳米粒（PPN）用 4T1 细胞膜包被形成新型药物递送体系 CPPN。CPPN 保留了 4T1 表面抗原（如 E 钙黏蛋白、CD47 和 TF 抗原），能够有效增强靶向同源 4T1 细胞，并逃避巨噬细胞的摄取。当注射到同型 4T1 肿瘤的小鼠体内时，CPPN 能够有效地在原发肿瘤和转移瘤中聚集。因此，采用癌细胞膜仿生修饰纳米粒可以介导有效的自我识别并归巢到同源肿瘤部位，竞争同型癌细胞表面抗原，更好地黏附同型肿瘤细胞并被摄取，具有免疫逃逸和同源靶向结合能力，可实现高度特异性的肿瘤靶向治疗。然而，采用此种同型结合的策略应考虑肿瘤细胞异质性的影响。因为肿瘤表型可能随肿瘤的发展发生变化，由此获得的癌细胞膜可能与实验动物模型中的肿瘤细胞存在表型差异，进而影响靶向效果。此外，基于癌细胞的性质，在制备癌细胞膜时去除遗传物质以防止致癌风险也非常重要。

第七节　病毒类载体

病毒具有复杂精确的结构，在长时间的进化过程中，病毒获得了对特定细胞的识别能力及高效转染能力，因此能够将自身携带的遗传信息高效准确地传递到细胞内。为了实现利用病毒进行基因递送，首先通过基因工程技术将野生病毒改造成不具有复制能力的病毒，使它们不再具有致病性，随后将目的基因整合到病毒基因组中，得到既含有目的基因又含有病毒元件的改造病毒。利用病毒对细胞的特异识别能力，将其携带的目的基因转染到特定细胞内，实现目的基因的表达，因此病毒最先作为基因载体被使用。常用的病毒类载体包括：逆转录病毒（retrovirus）、腺病毒（adenovirus，Ad）、腺相关病毒（adeno-associated virus，AAV）、慢病毒（lentivirus）、单纯疱疹病毒、痘苗病毒（vaccinia virus，VV）和人泡沫逆转录病毒（human foam retrovirus，HFV）。目前，报道的这些病毒类载体并不适用于所有的临床应用，接下来我们将对基因治疗中常用的病毒类载体作简单介绍。

一、逆转录病毒载体

逆转录病毒载体（retroviru vector，RV）是一类RNA病毒，是应用最早、具有高转染效率、应用成熟的基因载体之一，目前已发展到第三代。通过病毒颗粒表面的包被蛋白与靶向细胞表面的受体蛋白识别后进入细胞，在逆转录酶作用下，包装出具有两条DNA链的新的逆转录病毒颗粒，即该病毒的假病毒，进一步进入细胞核进行转染（图5-12）。改变逆

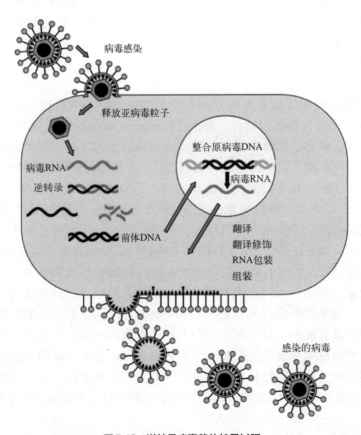

图5-12　逆转录病毒载体转导过程

转录病毒的蛋白质结构可以扩大载体细胞的靶细胞范围，并提高靶向的特异性。因此，逆转录病毒携带的遗传物质可以高效地进入很多类型的宿主细胞，通过LTR可稳定高效地整合至靶细胞基因组中，有利于外源基因在靶细胞中持久表达。为了降低病毒毒性，逆转录病毒载体必须是复制缺陷型病毒，因此在构建载体前，所有的反式作用因子基因 *gap*、*pol*、*env* 被敲除。逆转录病毒的复制只能在稳定表达这三种元件的包装细胞中进行，这大大提高了逆转录病毒类载体的安全性。RV 已经成功用于 X 连锁严重联合免疫缺陷（SCID-X1）患儿的治疗，并发现能够显著改善 T 细胞功能，重建患儿免疫系统。尽管逆转录病毒载体在基因转染中表现出巨大优势，但临床应用中仍然面临很大困难。首先，基因整合过程中会出现随机整合和插入突变，具有引起更多疾病的潜在风险；其次，由于通过逆转录得到的 DNA 不能穿过非分裂细胞的核膜，因此逆转录类病毒只能对分裂中细胞进行转染；另外，逆转录病毒载体的容量较小，只能容纳 7 kb 以下的外源基因。

二、慢病毒载体

慢病毒载体也是一种以人类免疫缺陷病毒发展的逆转录病毒载体，携带有外源基因或外源 shRNA 的慢病毒载体可以通过细胞系和包装质粒，成为具有高感染力的病毒粒子。通过将携带基因高效地整合到宿主染色体上，实现外源基因在细胞或活体组织中的持久性表达。慢病毒载体均可感染分裂和非分裂细胞，可有效感染肝细胞、肿瘤细胞等诸多类型的细胞，甚至可以高效地感染一些较难转染的细胞，如干细胞、原代细胞等，因此受到越来越广泛的关注，但其具有的生物毒性仍然不可忽视。Ⅰ型人类免疫缺陷病毒（HIV-Ⅰ）是一种最广为人知的慢病毒，其遗传物质是一段长度为 7~12 kb 的单链 RNA。在构建慢病毒载体时，除了敲除简单逆转录病毒中包含的 *gap*、*pol*、*env* 三个基因外，还对另外 6 个基因进行了敲除。慢病毒的转染过程与逆转录病毒相似，但是由于慢病毒基因组中包含 *vpr* 基因，这赋予了该类载体 DNA 透过核膜的能力，使慢病毒转染细胞的范围扩大到非分裂细胞。

三、腺病毒载体

腺病毒（Ad）载体是一种被广泛应用、具有无包膜线性结构的双链 DNA 病毒，长度在 26~40 kb 之间，感染靶细胞范围较广，能感染分裂细胞和非分裂细胞。腺病毒的衣壳球形结构域与细胞表面的柯萨奇病毒和腺病毒受体（chimeric antigen receptor，CAR）具有非常高的亲和力。腺病毒也正是通过 CAR 与宿主细胞相识别，随后被细胞内吞。进入胞内后，腺病毒 DNA 从衣壳释放到胞内，病毒 DNA 开始转录扩增。腺病毒进入细胞后不能整合到宿主细胞基因组中，仅瞬间表达，安全性较高，且制备相对容易，但它的 DNA 基因组不会永久地整合到宿主细胞的遗传信息当中。Ad 载体在临床上常用于癌症、肝病、干细胞分化、艾滋病、肺结核和 COVID-19 新冠肺炎等治疗。尽管腺病毒载体展现出很高的转染能力，但其临床转化仍然存在很多问题。首先，腺病毒具有强免疫原性。其次，对于外源基因的表达时间较短，毒性较大，不但可使机体产生炎症反应，也会产生免疫反应。此外，缺乏特异性，所有细胞几乎都会被感染。因此，腺病毒载体真正用于临床研究还有很长的一段路要走。

四、腺相关病毒载体

1965 年，腺相关病毒（AAV）载体被发现，并证明其在功能上类似于 Ad 载体，其免疫原性低且不具有明显的致病性，因此 AAV 载体比 Ad 载体更安全。AAV 的衣壳为无包膜的二十面体蛋白质壳，直径为22 nm，属于细小病毒科和依赖病毒属种。腺相关病毒是一种非致病性单链线状DNA缺陷型病毒，它有一个单链DNA，大概在4.7 kb，包含两个开放阅读框，编码 rep 和 cap 基因。AAV不能独立复制，只有当辅助病毒（如腺病毒、单纯疱疹病毒、痘苗病毒）存在参与其生活周期时，AAV才能进行复制，进而高效整合至靶细胞中。AAV的感染效率很高，且具有一定的特异性，感染细胞范围广，包括分裂和非分裂细胞，免疫原性较低，且具有较低的潜在致病性。此外，AAV载体由于具有安全性和长效性以及在体内长时间保持高水平基因的表达而被广泛应用于肝、肺、脑、眼和肌肉等组织的临床试验。基于这一特性，AAV载体在越来越多的单基因疾病临床试验中显示出了疗效。在抗肿瘤方面，AAV载体可以转导多种癌症原代细胞，并具有携带多种治疗基因的能力，包括抗血管生成基因、自杀基因、免疫刺激基因和编码较小核酸的DNA。因此，AAV载体作为癌症基因治疗的载体具有很大的潜力，已经被用于许多癌症的早期临床试验。然而，其携带外源基因的容量有限，基因表达也较慢，这在一定程度上限制了其应用。

五、痘苗病毒载体

痘苗病毒（VV）是痘苗病毒科正痘病毒属成员，是目前为止结构最复杂的病毒之一。1982年，科学家Paletti首次将痘苗病毒作为载体，并且应用到基因治疗等方面，取得重要进展。VV有很多突变株，例如TK、ts、u、p、uhr和pAAr，其中整个基因组除了有中央保守区和侧翼区，还有较多的非必需区，可供外源基因插入。外源基因的表达处于VV启动子及特定的反式调节因子调控下，所以插入外源基因不会影响病毒的复制。这一特点也正好为重组痘苗病毒（recombinant vaccinia virus，rVV）构建提供了生物学基础。

VV作为载体的优点主要有下列几个方面：①病毒宿主范围广，人体内几乎所有细胞均能被快速感染；②病毒在细胞质内繁殖，并不掺入真核细胞内，无致癌性；③插入外源基因的基因容量大可达22~40 kb；④目的基因在病毒启动子控制下表达水平高而且完全；⑤容易制备高滴度病毒；⑥安全，临床应用至今尚未发现严重毒副反应；⑦价廉，一旦研制成功，易于推广。VV已成为继逆转录病毒和腺病毒之后作为基因治疗载体的又一研究热点。

六、总结

通常，采用病毒载体进行基因治疗和药物输送时，需要把病毒的致病基因先拿掉，然后以目的基因取代原有基因的方式制备出新病毒载体，这种改造的病毒载体保持了原病毒载体的细胞感染能力。然而，仍然存在免疫原性和病毒性重组等问题，这使病毒载体在使用时仍然存在很多安全性隐患。1999年，一位美国患者因为采用了腺病毒介导的基因治疗研究中不幸过世。这无疑是病毒载体应用研究中的一个警示。此外，腺相关病毒等本身的尺寸小，外源基因的容量也因此受到一定的限制，一般大于4000 kb都很难被包裹运输。同时，病毒短期内易被清除，故而其在体内不能重复使用也成了一个缺陷。其他研究中也发现，病毒类载体靶向特异性差、制备较复杂及费用较高等也限制了其在临床上的应用。诸多研究都证明了病毒载体不可避免的缺陷，这也让非病毒载体的发明和使用呼之欲出。越来越多的研究也正致力于研发出更加高效低毒的非病毒载体，有望在今后取代病毒载体的地位。

（周文虎）

思考题

1. 试述各无机物载体的特点及载药方式。
2. 试述无机物载体如何响应刺激实现靶向或控制释放。
3. 试述无机物载体在生物医药领域的应用及其前景。
4. 简述传统缓控释制剂的释药机制对新型聚合物纳米药物制剂设计的启发。
5. 通过查阅文献，你还能想到哪些物质可以作为智能聚合物纳米药物载体的响应释放靶标？
6. 在外科体内植入物与皮下包埋药物释放装置的设计中，新型聚合物材料能发挥哪些优势？
7. 结合本节内容并查阅文献，综述核酸药物治疗各种疾病的发展历程。
8. 结合核酸药物的发展历程，谈谈核酸药物的临床应用存在哪些挑战。
9. 新冠疫情期间，美国辉瑞公司、德国生物新技术公司与美国莫德纳公司研发的mRNA新冠疫苗在全球广泛应用，但用药不良事件的报道也层出不穷，怎么看待核酸药物的安全性问题？
10. 结合本节内容并查阅文献，综述多肽蛋白质类载体的发展历程。
11. 比较蛋白类与多肽类的优缺点，试述多肽蛋白质类载体临床应用的潜力和面临的挑战。
12. 除了常用的肿瘤靶向治疗，试述多肽蛋白质类载体还可以应用于哪些方面。
13. 试述细胞外囊泡的分类及区别。
14. 试述仿细胞器载体的特点。
15. 思考仿细胞器载体实现临床转化应用的挑战。
16. 试述各病毒类载体的主要特点及分类。
17. 比较各病毒类载体在基因转染和疾病治疗中的优缺点，试述病毒类载体临床应用的潜力与挑战。
18. 结合所学知识，列举一些病毒类载体在医药领域中的应用实例。

参考文献

[1] Kumar N, Chamoli P, Misra M, et al. Advanced metal and carbon nanostructures for medical, drug delivery and bio-imaging applications[J]. Nanoscale, 2022, 14 (11): 3987-4017.

[2] Chen Y, Feng X. Gold nanoparticles for skin drug delivery[J]. Int J Pharm, 2022, 625: 122122-122135.

[3] Singh P, Pandit S, Mokkapati V, et al. Gold nanoparticles in diagnostics and therapeutics for human cancer[J]. Int J Mol Sci, 2018, 19 (7): 1979.

[4] Wang J X, Potocny A M, Rosenthal J, et al. Gold nanoshell-linear tetrapyrrole conjugates for near infrared-activated dual photodynamic and photothermal therapies[J]. ACS Omega, 2020, 5 (1): 926-940.

[5] Lee S H, Jun B H. Silver nanoparticles: synthesis and application for nanomedicine[J]. Int J Mol Sci, 2019, 20 (4): 865-888.

[6]　Xiao X, Oswald J T, Wang T, et al. Use of anticancer platinum compounds in combination therapies and challenges in drug delivery[J]. Curr Med Chem, 2020, 27 (18): 3055-3078.

[7]　Liu Y C, Li J C, Chen M, et al. Palladium-based nanomaterials for cancer imaging and therapy[J]. Theranostics, 2020, 10 (22): 10057-10074.

[8]　Tang Z M, Liu Y Y, He M Y, et al. Chemodynamic therapy: tumour microenvironment-mediated fenton and fenton-like reactions[J]. Angew Chem Int Ed Engl, 2019, 58 (4): 946-956.

[9]　Chen L Y, Min J X, Wang F D. Copper homeostasis and cuproptosis in health and disease[J]. Signal Transduct Target Ther, 2022, 7 (1): 378-393.

[10]　Hassannia B, Vandenabeele P, Vanden B T. Targeting ferroptosis to iron out cancer[J]. Cancer Cell, 2019, 35 (6): 830-849.

[11]　Lötscher J, Martí I L A A, Kirchhammer N, et al. Magnesium sensing via LFA-1 regulates CD8 (+) T cell effector function[J]. Cell, 2022, 185 (4): 585-602.

[12]　Zhao Z, Ma Z X, Wang B, et al. Mn (2^+) directly activates cGAS and structural analysis suggests Mn (2+) induces a noncanonical catalytic synthesis of 2'3'-cGAMP[J]. Cell Rep, 2020, 32 (7): 108053-108068.

[13]　Iovino L, Mazziotta F, Carulli G, et al. High-dose zinc oral supplementation after stem cell transplantation causes an increase of TRECs and CD4[+] naïve lymphocytes and prevents TTV reactivation[J]. Leuk Res, 2018, 70: 20-24.

[14]　Tang F Q, Li L L, Chen D. Mesoporous silica nanoparticles: synthesis, biocompatibility and drug delivery[J]. Adv Mater, 2012, 24 (12): 1504-1534.

[15]　Kim H D, Amirthalingam S, Kim S L, et al. Biomimetic materials and fabrication approaches for bone tissue engineering[J]. Adv Healthc Mater, 2017, 6 (23): 1700612.

[16]　Albalawi A E, Khalaf A K, Alyousif M S, et al. Fe_3O_4 (@) piroctone olamine magnetic nanoparticles: Synthesize and therapeutic potential in cutaneous leishmaniasis[J]. Biomed Pharmacother, 2021, 139: 111566-111573.

[17]　de Boëver R, Town J R, Li X, et al. Carbon dots for carbon dummies: the quantum and the molecular questions among some others[J]. Chemistry, 2022, 28 (47): e202200748.

[18]　Ali M, Namjoshi S, Benson H A E, et al. Dissolvable polymer microneedles for drug delivery and diagnostics[J]. J Control Release, 2022, 347: 561-589.

[19]　Van Gheluwe L, Chourpa I, Gaigne C, et al. Polymer-based smart drug delivery systems for skin application and demonstration of stimuli-responsiveness[J]. Polymers (Basel), 2021, 13 (8): 1285-1315.

[20]　Wang R, Kim K H, Yoo J, et al. A nanostructured phthalocyanine/albumin supramolecular assembly for fluorescence turn-on imaging and photodynamic immunotherapy[J]. ACS Nano, 2022, 16 (2): 3045-3058.

[21]　Dinesen A, Winther A, Wall A, et al. Albumin biomolecular drug designs stabilized through improved thiol conjugation and a modular locked nucleic acid functionalized assembly[J]. Bioconjug Chem, 2022, 33 (2): 333-342.

[22]　Matsuda R, Jobe D, Beyersdorf J, et al. Analysis of drug-protein binding using on-line immunoextraction and high-performance affinity microcolumns: Studies with normal and glycated human serum albumin[J]. J Chromatogr A, 2015, 1416: 112-120.

[23]　Lei C, Liu X R, Chen Q B, et al. Hyaluronic acid and albumin based nanoparticles for drug

delivery[J]. J Control Release, 2021, 331: 416-433.

[24] Bucci R, Vaghi F, Erba E, et al. Peptide grafting strategies before and after electrospinning of nanofibers[J]. Acta Biomater, 2021, 122: 82-100.

[25] Wu S W, Yang Y L, Wang S H, et al. Dextran and peptide-based pH-sensitive hydrogel boosts healing process in multidrug-resistant bacteria-infected wounds[J]. Carbohydr Polym, 2022, 278: 118994-119006.

[26] Nishimura Y, Takeda K, Ezawa R, et al. A display of pH-sensitive fusogenic GALA peptide facilitates endosomal escape from a Bio-nanocapsule via an endocytic uptake pathway[J]. J Nanobiotechnology, 2014, 12 (11): 1-6.

[27] An M, Wijesinghe D, Andreev O A, et al. pH-(low)-insertion-peptide (pHLIP) translocation of membrane impermeable phalloidin toxin inhibits cancer cell proliferation[J]. Proc Natl Acad Sci U S A, 2010, 107 (47): 20246-20250.

[28] Kallenbach N R, Ma R-I, Seeman N C. An immobile nucleic acid junction constructed from oligonucleotides[J]. Nature, 1983, 305 (5937): 829-831.

[29] Seeman N C. Nucleic acid junctions and lattices[J]. Journal of Theoretical Biology, 1982, 99 (2): 237-247.

[30] Hu Q Q, Li H, Wang L H, et al. DNA nanotechnology-enabled drug delivery systems[J]. Chem Rev, 2019, 119 (10): 6459-6506.

[31] Liu Y, Luo J S, Chen X J, et al. Cell membrane coating technology: a promising strategy for biomedical applications[J]. Nanomicro Lett, 2019, 11 (1): 100-145.

[32] Zhang Z, Qian H Q, Yang M, et al. Gambogic acid-loaded biomimetic nanoparticles in colorectal cancer treatment[J]. Int J Nanomedicine, 2017, 12: 1593-1605.

[33] Li S, Wang L, Gu Y T, et al. Biomimetic immunomodulation by crosstalk with nanoparticulate regulatory T cells[J]. Matter, 2021, 4 (11): 3621-3645.

[34] Hu C M, Fang R H, Wang K C, et al. Nanoparticle biointerfacing by platelet membrane cloaking[J]. Nature, 2015, 526 (7571): 118-121.

[35] Parodi A, Quattrocchi N, van dE VEN A L, et al. Synthetic nanoparticles functionalized with biomimetic leukocyte membranes possess cell-like functions[J]. Nat Nanotechnol, 2013, 8 (1): 61-68.

[36] Zhang J W, Miao Y, Ni W F, et al. Cancer cell membrane coated silica nanoparticles loaded with ICG for tumour specific photothermal therapy of osteosarcoma[J]. Artif Cells Nanomed Biotechnol, 2019, 47 (1): 2298-2305.

[37] Chen P F, Liu X, Gu C H, et al. A plant-derived natural photosynthetic system for improving cell anabolism[J]. Nature, 2022, 612 (7940): 546-554.

[38] Ikwuagwu B, Tullman-Ercek D. Virus-like particles for drug delivery: a review of methods and applications[J]. Curr Opin Biotechnol, 2022, 78: 102785-102791.

[39] Zou Y D, Huang B T, Cao L H, et al. Tailored mesoporous inorganic biomaterials: assembly, functionalization, and drug delivery engineering[J]. Adv Mater, 2021, 33 (2): e2005215.

[40] Zhang S G, Zhang J H, Zhang Y, et al. Nanoconfined ionic liquids[J]. Chem Rev, 2017, 117 (10): 6755-6833.

[41] Ma X, Wang X, Hahn K, et al. Motion control of urea-powered biocompatible hollow microcapsules[J]. ACS Nano, 2016, 10 (3): 3597-3605.

[42] Feng Y, Liao Z, Li M Y, et al. Mesoporous silica nanoparticles-based nanoplatforms: basic

construction, current state, and emerging applications in anticancer therapeutics[J]. Adv Healthc Mater, 2022, 12 (16): e2201884.

[43] Hadipour Moghaddam S P, Yazdimamaghani M, Ghandehari H. Glutathione-sensitive hollow mesoporous silica nanoparticles for controlled drug delivery[J]. J Control Release, 2018, 282: 62-75.

[44] Chiang C S, Lin Y J, Lee R, et al. Combination of fucoidan-based magnetic nanoparticles and immunomodulators enhances tumour-localized immunotherapy[J]. Nat Nanotechnol, 2018, 13 (8): 746-754.

[45] Huang C, Tang Z M, Zhou Y B, et al. Magnetic micelles as a potential platform for dual targeted drug delivery in cancer therapy[J]. Int J Pharm, 2012, 429 (1-2): 113-122.

[46] Naz S, Shamoon M, Wang R, et al. Advances in therapeutic implications of inorganic drug delivery nano-platforms for cancer[J]. Int J Mol Sci, 2019, 20 (4): 965-981.

[47] Chen S Z, Hao X H, Liang X J, et al. Inorganic nanomaterials as carriers for drug delivery[J]. J Biomed Nanotechnol, 2016, 12 (1): 1-27.

[48] Sun Y G, Mayers B T, Xia Y N. Template-engaged replacement reaction: a one-step approach to the large-scale synthesis of metal nanostructures with hollow interiors[J]. Nano Letters, 2002, 2 (5): 481-485.

[49] Bagheri B, Surwase S S, Lee S S, et al. Carbon-based nanostructures for cancer therapy and drug delivery applications[J]. J Mater Chem B, 2022, 10 (48): 9944-9967.

[50] Mahajan S, Patharkar A, Kuche K, et al. Functionalized carbon nanotubes as emerging delivery system for the treatment of cancer[J]. Int J Pharm, 2018, 548 (1): 540-558.

[51] Kostarelos K, Lacerda L, Pastorin G, et al. Cellular uptake of functionalized carbon nanotubes is independent of functional group and cell type[J]. Nat Nanotechnol, 2007, 2 (2): 108-113.

[52] Dhar S, Liu Z, Thomale J, et al. Targeted single-wall carbon nanotube-mediated Pt (IV) prodrug delivery using folate as a homing device[J]. J Am Chem Soc, 2008, 130 (34): 11467-11476.

[53] Schipper M L, Nakayama-Ratchford N, Davis C R, et al. A pilot toxicology study of single-walled carbon nanotubes in a small sample of mice[J]. Nat Nanotechnol, 2008, 3 (4): 216-221.

[54] Liu Z, Tabakman S, Welsher K, et al. Carbon nanotubes in biology and medicine: in vitro and in vivo detection, imaging and drug delivery[J]. Nano Res, 2009, 2 (2): 85-120.

[55] Liu Z, Davis C, Cai W, et al. Circulation and long-term fate of functionalized, biocompatible single-walled carbon nanotubes in mice probed by Raman spectroscopy[J]. Proc Natl Acad Sci U S A, 2008, 105 (5): 1410-1415.

[56] Novoselov K S, Fal'ko V I, Colombo L, et al. A roadmap for graphene[J]. Nature, 2012, 490 (7419): 192-200.

[57] Probst C E, Zrazhevskiy P, Bagalkot V, et al. Quantum dots as a platform for nanoparticle drug delivery vehicle design[J]. Adv Drug Deliv Rev, 2013, 65 (5): 703-718.

[58] Chakraborty P, Das S S, Dey A, et al. Quantum dots: The cutting-edge nanotheranostics in brain cancer management[J]. J Control Release, 2022, 350: 698-715.

[59] Algar W R, Massey M, Rees K, et al. Photoluminescent nanoparticles for chemical and biological analysis and imaging[J]. Chem Rev, 2021, 121 (15): 9243-9358.

[60] Abdelaziz H M, Gaber M, Abd-Elwakil M M, et al. Inhalable particulate drug delivery systems for lung cancer therapy: Nanoparticles, microparticles, nanocomposites and nanoaggregates[J]. J Control Release, 2018, 269: 374-392.

[61] Ramos-Gomes F, Bode J, Sukhanova A, et al. Single-and two-photon imaging of human micrometastases and disseminated tumour cells with conjugates of nanobodies and quantum dots[J]. Sci Rep, 2018, 8 (1): 4595-4606.

[62] Wagner A M, Knipe J M, Orive G, et al. Quantum dots in biomedical applications[J]. Acta Biomater, 2019, 94: 44-63.

[63] Mazumder S, Dey R, Mitra M K, et al. Review: biofunctionalized quantum dots in biology and medicine[J]. Journal of Nanomaterials, 2009, 2009: 38-54.

[64] Banerjee A, Pons T, Lequeux N, et al. Quantum dots-DNA bioconjugates: synthesis to applications[J]. Interface Focus, 2016, 6 (6): 20160064.

[65] Chen Y, Luo R H, Li J, et al. intrinsic radical species scavenging activities of tea polyphenols nanoparticles block pyroptosis in endotoxin-induced sepsis[J]. ACS Nano, 2022, 16 (2): 2429-2441.

[66] Behboodi-Sadabad F, Zhang H, Trouillet V, et al. UV-triggered polymerization, deposition, and patterning of plant phenolic compounds[J]. Adv Funct Mater, 2017, 27 (22): 1700127-1700137.

[67] Chu C C, Su M, Zhu J, et al. Metal-organic framework nanoparticle-based biomineralization: a new strategy toward cancer treatment[J]. Theranostics, 2019, 9 (11): 3134-3149.

[68] Khan R U, Shao J, Liao J Y, et al. pH-triggered cancer-targeting polymers: From extracellular accumulation to intracellular release[J]. Nano Res, 2023, 16: 5155-5168.

[69] 朱皎皎, 孟英才, 王胜峰. pH响应性电荷反转型共聚物纳米粒的构建及其光热性能考察[J]. 中国医药工业杂志, 2021, 52 (1): 99-105.

[70] Kong Y L, Zeng K, Zhang Y, et al. In vivo targeted delivery of antibodies into cancer cells with pH-responsive cell-penetrating poly (disulfide)s[J]. Chem Commun (Camb), 2022, 58 (9): 1314-1317.

[71] Yang P P, Luo Q, Qi G B, et al. Host materials transformable in tumor microenvironment for homing theranostics[J]. Adv Mater, 2017, 29 (15): 1605869-1605877.

[72] Nishimura Y, Takeda K, Ezawa R, et al. A display of pH-sensitive fusogenic GALA peptide facilitates endosomal escape from a Bio-nanocapsule via an endocytic uptake pathway[J]. J Nanobiotechnology, 2014, 12 (11): 1-6.

[73] Liu X H, Li Y H, Wang K Y, et al. GSH-responsive nanoprodrug to inhibit glycolysis and alleviate immunosuppression for cancer therapy[J]. Nano Lett, 2021, 21 (18): 7862-7869.

[74] Zhang T H, Wang Y J, Li R H, et al. ROS-responsive magnesium-containing microspheres for antioxidative treatment of intervertebral disc degeneration[J]. Acta Biomater, 2023, 158: 475-492.

[75] Atarashi K, Nishimura J, Shima T, et al. ATP drives lamina propria TH17 cell differentiation[J]. Nature, 2008, 455 (7214): 808-812.

[76] Duncan J A, Bergstralh D T, Wang Y, et al. Cryopyrin/NALP3 binds ATP/dATP, is an ATPase, and requires ATP binding to mediate inflammatory signaling[J]. Proc Natl Acad Sci U S A, 2007, 104 (19): 8041-8046.

[77] Gottschalk A J, Timinszky G, Kong S E, et al. Poly (ADP-ribosyl) ation directs recruitment and activation of an ATP-dependent chromatin remodeler[J]. Proc Natl Acad Sci U S A, 2009, 106 (33): 13770-13774.

[78] Tang X, Sheng Q L, Xu C Q, et al. pH/ATP cascade-responsive nano-courier with efficient tumor targeting and siRNA unloading for photothermal-immunotherapy[J]. Nano Today, 2021,

37: 101083-101098.

[79] Wang J X, Choi S Y C, Niu X, et al. Lactic acid and an acidic tumor microenvironment suppress anticancer immunity[J]. Int J Mol Sci, 2020, 21 (21): 8363-8376.

[80] Zhang Y X, Zhao Y Y, Shen J, et al. Nanoenabled modulation of acidic tumor microenvironment reverses anergy of infiltrating T cells and potentiates anti-PD-1 therapy[J]. Nano Lett, 2019, 19 (5): 2774-2783.

[81] Tian Z M, Yang K L, Yao T Z, et al. Catalytically selective chemotherapy from tumor-metabolic generated lactic acid[J]. Small, 2019, 15 (46): 1903746-1903753.

[82] Duan F, Jin W, Zhang T, et al. Self-activated cascade biocatalysis of glucose oxidase-polycation-iron nanoconjugates augments cancer immunotherapy[J]. ACS Appl Mater Interfaces, 2022, 14: 32823-32835.

[83] Yu J C, Wang J Q, Zhang Y Q, et al. Glucose-responsive insulin patch for the regulation of blood glucose in mice and minipigs[J]. Nat Biomed Eng, 2020, 4 (5): 499-506.

[84] Zhou Q, Shao S Q, Wang J Q, et al. Enzyme-activatable polymer-drug conjugate augments tumour penetration and treatment efficacy[J]. Nat Nanotechnol, 2019, 14 (8): 799-809.

[85] Wang B, Van herck S, Chen Y, et al. Potent and prolonged innate immune activation by enzyme-responsive imidazoquinoline TLR7/8 agonist prodrug vesicles[J]. J Am Chem Soc, 2020, 142 (28): 12133-12139.

[86] Whitfield J B. Gamma glutamyl transferase[J]. Crit Rev Clin Lab Sci, 2001, 38 (4): 263-355.

[87] Im S, Lee J, Park D, et al. Hypoxia-triggered transforming immunomodulator for cancer immunotherapy via photodynamically enhanced antigen presentation of dendritic cell[J]. ACS Nano, 2019, 13 (1): 476-488.

[88] Zhu Y, Matsumura Y, Velayutham M, et al. Reactive oxygen species scavenging with a biodegradable, thermally responsive hydrogel compatible with soft tissue injection[J]. Biomaterials, 2018, 177: 98-112.

[89] Carmona-Moran C A, Zavgorodnya O, Penman A D, et al. Development of gellan gum containing formulations for transdermal drug delivery: Component evaluation and controlled drug release using temperature responsive nanogels[J]. Int J Pharm, 2016, 509 (1-2): 465-476.

[90] Nakatsuka N, Hasani-Sadrabadi M M, Cheung K M, et al. Polyserotonin nanoparticles as multifunctional materials for biomedical applications[J]. ACS Nano, 2018, 12 (5): 4761-4774.

[91] Meng Y, Zhu J J, Ding J S, et al. Polyserotonin as a versatile coating with pH-responsive degradation for anti-tumor therapy[J]. Chem Commun (Camb), 2022, 58 (47): 6713-6716.

[92] Zhu J C, Chang R M, Wei B L, et al. Photothermal nano-vaccine promoting antigen presentation and dendritic cells infiltration for enhanced immunotherapy of melanoma via transdermal microneedles delivery[J]. Research (Wash D C), 2022, 2022: 9816272.

[93] Hu D F, Deng Y Y, Jia F, et al. Surface charge switchable supramolecular nanocarriers for nitric oxide synergistic photodynamic eradication of biofilms[J]. ACS Nano, 2020, 14 (1): 347-359.

[94] Zhong Q, Yoon B C, Aryal M, et al. Polymeric perfluorocarbon nanoemulsions are ultrasound-activated wireless drug infusion catheters[J]. Biomaterials, 2019, 206: 73-86.

[95] Hwang D K, Dendukuri D, Doyle P S. Microfluidic-based synthesis of non-spherical magnetic hydrogel microparticles[J]. Lab Chip, 2008, 8 (10): 1640-1647.

[96] Yuet K P, Hwang D K, Haghgooie R, et al. Multifunctional superparamagnetic janus particles[J]. Langmuir, 2010, 26 (6): 4281-4287.

[97] Chorny M, Fishbein I, Yellen B B, et al. Targeting stents with local delivery of paclitaxel-loaded magnetic nanoparticles using uniform fields[J]. Proc Natl Acad Sci U S A, 2010, 107 (18): 8346-8351.

[98] Seeman n c. Nucleic acid junctions and lattices[J]. J Theor Biol, 1982, 99 (2): 237-247.

[99] Kallenbach N R, Ma R I, Seeman N C. An immobile nucleic acid junction constructed from oligonucleotides[J]. Nature, 1983, 305 (5937): 829-831.

[100] Andersen E S, Dong M, Nielsen M M, et al. Self-assembly of a nanoscale DNA box with a controllable lid[J]. Nature, 2009, 459 (7243): 73-76.

[101] Ke Y G, Sharma J, Liu M H, et al. Scaffolded DNA origami of a DNA tetrahedron molecular container[J]. Nano Lett, 2009, 9 (6): 2445-2447.

[102] Han D, Pal S, Yang Y, et al. DNA gridiron nanostructures based on four-arm junctions[J]. Science, 2013, 339 (6126): 1412-1415.

[103] Hu Q Q, Li H, Wang L H, et al. DNA nanotechnology-enabled drug delivery systems[J]. Chem Rev, 2019, 119 (10): 6459-6506.

[104] Zhou W H, Saran R, Liu J W. Metal sensing by DNA[J]. Chem Rev, 2017, 117 (12): 8272-8325.

[105] Zhou W H, Ding J S, Liu J W. A highly specific sodium aptamer probed by 2-aminopurine for robust Na+ sensing[J]. Nucleic Acids Res, 2016, 44 (21): 10377-10385.

[106] Zhou W H, Saran R, Huang P J J, et al. An exceptionally selective DNA cooperatively binding two Ca^{2+} Ions[J]. ChemBioChem, 2017, 18 (6): 518-522.

[107] Qu X M, Yang F, Chen H, et al. Bubble-mediated ultrasensitive multiplex detection of metal ions in three-dimensional DNA nanostructure-encoded microchannels[J]. ACS Appl Mater Interfaces, 2017, 9 (19): 16026-16034.

[108] Walter H K, Bauer J, Steinmeyer J, et al. "DNA origami traffic lights" with a split aptamer sensor for a bicolor fluorescence readout[J]. Nano Lett, 2017, 17 (4): 2467-2472.

[109] Wen Y L, Pei H, Wan Y, et al. DNA nanostructure-decorated surfaces for enhanced aptamer-target binding and electrochemical cocaine sensors[J]. Anal Chem, 2011, 83 (19): 7418-7423.

[110] Ma Y L, Mao Y, An Y, et al. Target-responsive DNA hydrogel for non-enzymatic and visual detection of glucose[J]. The Analyst, 2018, 143 (7): 1679-1684.

[111] Liu L, Rong Q M, Ke G L, et al. Efficient and reliable microrna imaging in living cells via a FRET-based localized hairpin-DNA cascade amplifier[J]. Anal Chem, 2019, 91 (5): 3675-3680.

[112] Raveendran M, Lee A J, Sharma R, et al. Rational design of DNA nanostructures for single molecule biosensing[J]. Nat Commun, 2020, 11 (1): 4384-4392.

[113] Qin Y, Li D X, Yuan R, et al. Netlike hybridization chain reaction assembly of DNA nanostructures enables exceptional signal amplification for sensing trace cytokines[J]. Nanoscale, 2019, 11 (35): 16362-16367.

[114] Song P, Ye D K, Zuo X L, et al. DNA hydrogel with aptamer-toehold-based recognition, cloaking, and decloaking of circulating tumor cells for live cell analysis[J]. Nano Lett, 2017, 17 (9): 5193-5198.

[115] Jiao J, Duan C J, Xue L, et al. DNA nanoscaffold-based SARS-CoV-2 detection for COVID-19 diagnosis[J]. Biosens Bioelectron, 2020, 167: 112479-112486.

[116]   Jiang Q, Song C, Nangreave J, et al. DNA origami as a carrier for circumvention of drug resistance[J]. J Am Chem Soc, 2012, 134 (32): 13396-13403.

[117]   Ma Y, Wang Z H, Ma Y X, et al. A Telomerase-responsive DNA icosahedron for precise delivery of platinum nanodrugs to cisplatin-resistant cancer[J]. Angew Chem Int Ed Engl, 2018, 57 (19): 5389-5393.

[118]   Langecker M, Arnaut V, Martin T G, et al. Synthetic lipid membrane channels formed by designed DNA nanostructures[J]. Science, 2012, 338 (6109): 932-936.

[119]   Ouyang Q, Liu K, Zhu Q, et al. Brain-penetration and neuron-targeting DNA nanoflowers co-delivering miR-124 and rutin for synergistic therapy of Alzheimer's disease[J]. Small, 2022, 18 (14): 2107534-2107548.

[120]   Liu J B, Song L L, Liu S L, et al. A tailored dna nanoplatform for synergistic RNAi-/chemotherapy of multidrug-resistant tumors[J]. Angew Chem Int Ed Engl, 2018, 57 (47): 15486-15490.

[121]   Qu Y J, Yang J J, Zhan P F, et al. Self-assembled DNA dendrimer nanoparticle for efficient delivery of immunostimulatory CpG motifs[J]. ACS Appl Mater Interfaces, 2017, 9 (24): 20324-20329.

[122]   Chen S, Xing L, Zhang D, et al. Nano-sandwich composite by kinetic trapping assembly from protein and nucleic acid[J]. Nucleic Acids Res, 2021, 49 (17): 10098-10105.

[123]   Xu Y, Jiang S X, Simmons C R, et al. Tunable nanoscale cages from self-assembling DNA and protein building blocks[J]. ACS Nano, 2019, 13 (3): 3545-3554.

[124]   Sun W J, Wang J Q, Hu Q Y, et al. CRISPR-Cas12a delivery by DNA-mediated bioresponsive editing for cholesterol regulation[J]. Sci Adv, 2020, 6 (21): 2983-2993.

[125]   Sand K M, Bern M, Nilsen J, et al. Unraveling the interaction between FcRn and albumin: Opportunities for Design of Albumin-Based Therapeutics[J]. Front immunol, 2014, 5: 682-703.

[126]   Zwain T, Taneja N, Zwayen S, et al, Chapter 9-Albumin nanoparticles—A versatile and a safe platform for drug delivery applications[J]. Nanoparticle Therapeutics, 2022: 327-358.

[127]   Uchida M, Terashima M, Cunningham C H, et al. A human ferritin iron oxide nano-composite magnetic resonance contrast agent[J]. Magn reson med, 2008, 60 (5): 1073-1081.

[128]   Tan H, Sun G Q, Lin W, et al. Gelatin particle-stabilized high internal phase emulsions as nutraceutical containers[J]. ACS Appl Bio Mater, 2014, 6 (16): 13977-13984.

[129]   Santoro M, Tatara A M, Mikos A G. Gelatin carriers for drug and cell delivery in tissue engineering[J]. J Control Release, 2014, 190: 210-218.

[130]   Foox M, Zilberman M. Drug delivery from gelatin-based systems[J]. Expert Opin Drug Deliv, 2015, 12 (9): 1547-1563.

[131]   Weiss A V, Fischer T, Iturri J, et al. Mechanical properties of gelatin nanoparticles in dependency of crosslinking time and storage[J]. Colloids Surf B Biointerfaces, 2019, 175: 713-720.

[132]   Avila Rodríguez M I, Rodríguez Barroso L G, Sánchez M L. Collagen: A review on its sources and potential cosmetic applications[J]. J Cosmet Dermatol, 2018, 17 (1): 20-26.

[133]   Rezvani Ghomi E, Nourbakhsh N, Akbari Kenari M, et al. Collagen-based biomaterials for biomedical applications[J]. J Biomed Mater Res B Appl Biomater, 2021, 109 (12): 1986-1999.

[134] Hammann F, Schmid M. Determination and Quantification of Molecular Interactions in Protein Films: A Review[J]. Materials (Basel), 2014, 7 (12): 7975-7996.

[135] Jain A, Sharma G, Ghoshal G, et al. Lycopene loaded whey protein isolate nanoparticles: An innovative endeavor for enhanced bioavailability of lycopene and anti-cancer activity[J]. Int J Pharm, 2018, 546 (1): 97-105.

[136] Tallian C, Herrero-Rollett A, Stadler K, et al. Structural insights into pH-responsive drug release of self-assembling human serum albumin-silk fibroin nanocapsules[J]. Eur J Pharm Biopharm, 2018, 133: 176-187.

[137] Gou S Q, Yang J, Ma Y, et al. Multi-responsive nanococktails with programmable targeting capacity for imaging-guided mitochondrial phototherapy combined with chemotherapy[J]. J Control Release, 2020, 327: 371-383.

[138] Elzoghby A O, Elgohary M M, Kamel N M. Implications of protein-and peptide-based nanoparticles as potential vehicles for anticancer drugs[J]. Adv Protein Chem Struct Biol, 2015, 98: 169-221.

[139] Singh S, Gaikwad K K, Lee M, et al. Microwave-assisted micro-encapsulation of phase change material using zein for smart food packaging applications[J]. J Therm Anal Calorim, 2018, 131 (3): 2187-2195.

[140] Li S Q, Wang X M, Li W W, et al. Preparation and characterization of a novel conformed bipolymer paclitaxel-nanoparticle using tea polysaccharides and zein[J]. Carbohydr Polym, 2016, 146: 52-57.

[141] Wang H D, Zhang X T, Zhu W, et al. Self-assembly of zein-based microcarrier system for colon-targeted oral drug delivery[J]. Drug Dev Ind Pharm, 2018, 57 (38): 12689-12699.

[142] Mocanu G, Nichifor M, Sacarescu L. Dextran based polymeric micelles as carriers for delivery of hydrophobic drugs[J]. Curr Drug Deliv, 2017, 14 (3): 406-415.

[143] Sharma A, Kaur A, Jain U K, et al. Stealth recombinant human serum albumin nanoparticles conjugating 5-fluorouracil augmented drug delivery and cytotoxicity in human colon cancer, HT-29 cells[J]. Colloids Surf B Biointerfaces, 2017, 155: 200-208.

[144] Zhang F R, Wang X Y, Xu X T, et al. Reconstituted high density lipoprotein mediated targeted co-delivery of HZ08 and paclitaxel enhances the efficacy of paclitaxel in multidrug-resistant MCF-7 breast cancer cells[J]. Eur J Pharm Sci, 2016, 92: 11-21.

[145] Xu L L, Tremblay M L, Orrell K E, et al. Nanoparticle self-assembly by a highly stable recombinant spider wrapping silk protein subunit[J]. FEBS letters, 2013, 587 (19): 3273-3280.

[146] Wang S D, Li B, Zhang H L, et al. Improving bioavailability of hydrophobic prodrugs through supramolecular nanocarriers based on recombinant proteins for osteosarcoma treatment[J]. Angew Chem Int Ed Engl, 2021, 60 (20): 11252-11256.

[147] Zhang J R, Pei W, Xu Q L, et al. Desolvation-induced formation of recombinant camel serum albumin-based nanocomposite for glutathione colorimetric determination[J]. Sens Actuators B Chem, 2022, 357: 131417-131430.

[148] Frankel A D, Pabo C O. Cellular uptake of the tat protein from human immunodeficiency virus[J]. Cell, 1988, 55 (6): 1189-1193.

[149] Green M, Ishino M, Loewenstein P M. Mutational analysis of HIV-1 Tat minimal domain peptides: identification of trans-dominant mutants that suppress HIV-LTR-driven gene

expression[J]. Cell, 1989, 58 (1): 215-223.

[150] Wang P, Zhang L M, Zheng W F, et al. Thermo-triggered release of CRISPR-Cas9 system by lipid-encapsulated gold nanoparticles for tumor therapy[J]. Angew Chem Int Ed Engl, 2018, 57 (6): 1491-1496.

[151] Wang Z R, Song L L, Liu Q, et al. A tubular DNA nanodevice as a siRNA/Chemo-Drug Co-delivery vehicle for combined cancer therapy[J]. Angew Chem Int Ed Engl, 2021, 60 (5): 2594-2598.

[152] Liu Y, Yin L C. α-Amino acid N-carboxyanhydride (NCA)-derived synthetic polypeptides for nucleic acids delivery[J]. Adv Drug Deliv Rev, 2021, 171: 139-163.

[153] Tünnemann G, Ter-Avetisyan G, Martin R M, et al. Live-cell analysis of cell penetration ability and toxicity of oligo-arginines[J]. J Pept Sci, 2008, 14 (4): 469-476.

[154] Mi Z, Mai J, Lu X, et al. Characterization of a class of cationic peptides able to facilitate efficient protein transduction in vitro and in vivo[J]. Mol Ther, 2000, 2 (4): 339-347.

[155] Mai J C, Shen H, Watkins S C, et al. Efficiency of protein transduction is cell type-dependent and is enhanced by dextran sulfate[J]. J Biol Chem, 2002, 277 (33): 30208-30218.

[156] Xu Y, Liang W, Qiu Y, et al. Incorporation of a nuclear localization signal in pH responsive LAH4-L1 peptide enhances transfection and nuclear uptake of plasmid DNA[J]. Mol Pharm, 2016, 13 (9): 3141-3152.

[157] Nakayama F, Yasuda T, Umeda S, et al. Fibroblast growth factor-12 (FGF12) translocation into intestinal epithelial cells is dependent on a novel cell-penetrating peptide domain: involvement of internalization in the in vivo role of exogenous FGF12[J]. J Biol Chem, 2011, 286 (29): 25823-25834.

[158] Araste F, Abnous K, Hashemi M, et al. Peptide-based targeted therapeutics: Focus on cancer treatment[J]. J Control Release, 2018, 292: 141-162.

[159] Sun Y D, Yang Z, Wang C X, et al. Exploring the role of peptides in polymer-based gene delivery[J]. Acta Biomater, 2017, 60: 23-37.

[160] Kogure K, Moriguchi R, Sasaki K, et al. Development of a non-viral multifunctional envelope-type nano device by a novel lipid film hydration method[J]. J Control Release, 2004, 98 (2): 317-323.

[161] Khalil I A, Kogure K, Futaki S, et al. Octaarginine-modified multifunctional envelope-type nanoparticles for gene delivery[J]. Gene Therapy, 2007, 14 (8): 682-689.

[162] Midoux P, Monsigny M. Efficient gene transfer by histidylated polylysine/pDNA complexes[J]. Bioconjug Chem, 1999, 10 (3): 406-411.

[163] Lo S L, Wang S. An endosomolytic Tat peptide produced by incorporation of histidine and cysteine residues as a nonviral vector for DNA transfection[J]. Biomaterials, 2008, 29 (15): 2408-2414.

[164] Wan Y, Moyle P M, Toth I. Endosome escape strategies for improving the efficacy of oligonucleotide delivery systems[J]. Curr Med Chem, 2015, 22 (29): 3326-3346.

[165] Lu J, Wu T, Zhang B, et al. Types of nuclear localization signals and mechanisms of protein import into the nucleus[J]. Cell communication and signaling : CCS, 2021, 19 (1): 60-70.

[166] Kalderon D, Richardson W D, Markham A F, et al. Sequence requirements for nuclear location of simian virus 40 large-T antigen[J]. Nature, 1984, 311 (5981): 33-38.

[167] Kim B K, Kang H, Doh K O, et al. Homodimeric SV40 NLS peptide formed by disulfide bond

as enhancer for gene delivery[J]. Bioorganic & medicinal chemistry letters, 2012, 22 (17): 5415-5418.

[168] Walensky L D, Bird G H. Hydrocarbon-stapled peptides: principles, practice, and progress[J]. J Med Chem, 2014, 57 (15): 6275-6288.

[169] Simon M, Laroui N, Heyraud M, et al. Hydrocarbon-stapled peptide based-nanoparticles for siRNA delivery[J]. Nanomaterials (Basel), 2020, 10 (12): 2334-2348.

[170] Hyun S, Choi Y, Lee H N, et al. Construction of histidine-containing hydrocarbon stapled cell penetrating peptides for in vitro and in vivo delivery of siRNAs[J]. Chem Sci, 2018, 9 (15): 3820-3827.

[171] Ke W, Afonin K A. Exosomes as natural delivery carriers for programmable therapeutic nucleic acid nanoparticles (NANPs) [J]. Adv Drug Deliv Rev, 2021, 176: 113835.

[172] Gupta D, Zickler A M, El Andaloussi S. Dosing extracellular vesicles[J]. Adv Drug Deliv Rev, 2021, 178: 113961.

[173] Yuan D F, Zhao Y L, Banks W A, et al. Macrophage exosomes as natural nanocarriers for protein delivery to inflamed brain[J]. Biomaterials, 2017, 142: 1-12.

[174] Meng D, Yang S Y, Yang Y A, et al. Synergistic chemotherapy and phototherapy based on red blood cell biomimetic nanomaterials[J]. J Control Release, 2022, 352: 146-162.

[175] Hu C M, Zhang L, Aryal S, et al. Erythrocyte membrane-camouflaged polymeric nanoparticles as a biomimetic delivery platform[J]. Proc Natl Acad Sci U S A, 2011, 108 (27): 10980-10985.

[176] Dhas N, García M C, Kudarha R, et al. Advancements in cell membrane camouflaged nanoparticles: A bioinspired platform for cancer therapy[J]. J Control Release, 2022, 346: 71-97.

[177] Ye S F, Wang F F, Fan Z X, et al. Light/pH-triggered biomimetic red blood cell membranes camouflaged small molecular drug assemblies for imaging-guided combinational Chemo-Photothermal Therapy[J]. ACS Appl Mater Interfaces, 2019, 11 (17): 15262-15275.

[178] Chen Z H, Wang W T, Li Y S, et al. Folic acid-modified erythrocyte membrane loading dual drug for targeted and chemo-photothermal synergistic cancer therapy[J]. Mol Pharm, 2021, 18 (1): 386-402.

[179] Zhang X Y, Li W N, Sun J L, et al. How to use macrophages to realise the treatment of tumour[J]. J Drug Target, 2020, 28 (10): 1034-1045.

[180] Weissleder R, Nahrendorf M, Pittet M J. Imaging macrophages with nanoparticles[J]. Nat Mater, 2014, 13 (2): 125-138.

[181] Gao C, Huang Q X, Liu C H, et al. Treatment of atherosclerosis by macrophage-biomimetic nanoparticles via targeted pharmacotherapy and sequestration of proinflammatory cytokines[J]. Nat Commun, 2020, 11 (1): 2622-2635.

[182] Xia Y Q, Rao L, Yao H M, et al. Engineering macrophages for cancer immunotherapy and drug delivery[J]. Adv Mater, 2020, 32 (40): e2002054.

[183] Anselmo A C, Mitragotri S. Cell-mediated delivery of nanoparticles: taking advantage of circulatory cells to target nanoparticles[J]. J Control Release, 2014, 190: 531-541.

[184] Wang D, Wang S Y, Zhou Z D, et al. White blood cell membrane-coated nanoparticles: recent development and medical applications[J]. Adv Healthc Mater, 2022, 11 (7): e2101349.

[185] Li S Y, Wang Q, Shen Y Q, et al. Pseudoneutrophil cytokine sponges disrupt myeloid

expansion and tumor trafficking to improve cancer immunotherapy[J]. Nano Lett, 2020, 20 (1): 242-251.

[186] Wang H J, Liu Y, He R H, et al. Cell membrane biomimetic nanoparticles for inflammation and cancer targeting in drug delivery[J]. Biomater Sci, 2020, 8 (2): 552-568.

[187] Zhang C, Zhang L, Wu W, et al. Artificial super neutrophils for inflammation targeting and HClO generation against tumors and infections[J]. Adv Mater, 2019, 31 (19): e1901179.

[188] Jha A, Nikam A N, Kulkarni S, et al. Biomimetic nanoarchitecturing: A disguised attack on cancer cells[J]. J Control Release, 2021, 329: 413-433.

[189] Hu Q Y, Sun W Y, Qian C G, et al. Anticancer platelet-mimicking nanovehicles[J]. Adv Mater, 2015, 27 (44): 7043-7050.

[190] Ying M, Zhuang J, Wei X L, et al. Remote-loaded platelet vesicles for disease-targeted delivery of therapeutics[J]. Adv Funct Mater, 2018, 28 (22): 1801032.

[191] Su Y Q, Zhang T Y, Huang T, et al. Current advances and challenges of mesenchymal stem cells-based drug delivery system and their improvements[J]. Int J Pharm, 2021, 600: 120477.

[192] Yang N, Ding Y P, Zhang Y L, et al. Surface functionalization of polymeric nanoparticles with umbilical cord-derived mesenchymal stem cell membrane for tumor-targeted therapy[J]. ACS Appl Mater Interfaces, 2018, 10 (27): 22963-22973.

[193] Zeng Y P, Li S F, Zhang S F, et al. Cell membrane coated-nanoparticles for cancer immunotherapy[J]. Acta Pharm Sin B, 2022, 12 (8): 3233-3254.

[194] Fang R H, Hu C M, Luk B T, et al. Cancer cell membrane-coated nanoparticles for anticancer vaccination and drug delivery[J]. Nano Lett, 2014, 14 (4): 2181-2188.

[195] Xu C H, Ye P J, Zhou Y C, et al. Cell membrane-camouflaged nanoparticles as drug carriers for cancer therapy[J]. Acta Biomater, 2020, 105: 1-14.

[196] Sun H P, Su J H, Meng Q S, et al. Cancer-cell-biomimetic nanoparticles for targeted therapy of homotypic tumors[J]. Adv Mater, 2016, 28 (43): 9581-9588.

[197] Liu Y, Luo J S, Chen X J, et al. Cell membrane coating technology: a promising strategy for biomedical applications[J]. Nanomicro Lett, 2019, 11 (1): 100-145.

[198] Maarouf M, Rai K R, Goraya M U, et al. Immune ecosystem of virus-infected host Tissues[J]. Int J Mol Sci, 2018, 19 (5): 1379-1398.

[199] Gutkin A, Rosenblum D, Peer D. RNA delivery with a human virus-like particle[J]. Nat Biotechnol, 2021, 39 (12): 1514-1515.

[200] Mozdziak P E, Petitte J N. Status of transgenic chicken models for developmental biology[J]. Dev Dyn, 2004, 229 (3): 414-421.

[201] Buchschacher G L Jr. Introduction to retroviruses and retroviral vectors[J]. Somat Cell Mol Genet, 2001, 26 (1-6): 1-11.

[202] Barzon L, Bonaguro R, Castagliuolo I, et al. Gene therapy of thyroid cancer via retrovirally-driven combined expression of human interleukin-2 and herpes simplex virus thymidine kinase[J]. Eur J Endocrinol, 2003, 148 (1): 73-80.

[203] Qazilbash M H, Walsh C E, Russell S M, et al. Retroviral vector for gene therapy of X-linked severe combined immunodeficiency syndrome[J]. J Hematother, 1995, 4 (2): 91-98.

[204] Xia Y, Li X Q, Sun W. Applications of recombinant adenovirus-p53 gene therapy for cancers in the clinic in China[J]. Curr Gene Ther, 2020, 20 (2): 127-141.

[205] Alhashimi M, Elkashif A, Sayedahmed E E, et al. Nonhuman adenoviral vector-based platforms

and their utility in designing next generation of vaccines for infectious diseases[J]. Viruses, 2021, 13 (8): 1493-1511.

[206] Li C, Lieber A. Adenovirus vectors in hematopoietic stem cell genome editing[J]. FEBS letters, 2019, 593 (24): 3623-3648.

[207] Barouch D H. Novel adenovirus vector-based vaccines for HIV-1[J]. Curr Opin HIV AIDS, 2010, 5 (5): 386-390.

[208] Jasenosky L D, Scriba T J, Hanekom W A, et al. T cells and adaptive immunity to mycobacterium tuberculosis in humans[J]. Immunol Rev, 2015, 264 (1): 74-87.

[209] Buchbinder S P, McElrath M J, Dieffenbach C, et al. Use of adenovirus type-5 vectored vaccines: a cautionary tale[J]. Lancet, 2020, 396 (10260): e68-e69.

[210] Teramato S, Ishii T, Matsuse T. Crisis of adenoviruses in human gene therapy[J]. The Lancet, 2000, 355 (9218): 1911-1912.

[211] Büning H, Braun-Falco M, Hallek M. Progress in the use of adeno-associated viral vectors for gene therapy[J]. cells Tissues Organs, 2004, 177 (3): 139-150.

[212] Mietzsch M, Jose A, Chipman P, et al. Completion of the AAV structural atlas: Serotype capsid structures reveals clade-specific features[J]. Viruses, 2021, 13 (1): 101-116.

[213] Wang D, Tai P W L, Gao G. Adeno-associated virus vector as a platform for gene therapy delivery[J]. Nat Rev Drug Discov, 2019, 18 (5): 358-378.

[214] Santiago-Ortiz J L, Schaffer D V. Adeno-associated virus (AAV) vectors in cancer gene therapy[J]. J Control Release, 2016, 240: 287-301.

[215] Jacobs B L, Langland J O, Kibler K V, et al. Vaccinia virus vaccines: past, present and future[J]. Antiviral Res, 2009, 84 (1): 1-13.

[216] Domi A, Moss B. Engineering of a vaccinia virus bacterial artificial chromosome in Escherichia coli by bacteriophage lambda-based recombination[J]. Nat Methods, 2005, 2 (2): 95-97.

[217] Zhang Z L, Dong L L, Zhao C, et al. Vaccinia virus-based vector against infectious diseases and tumors[J]. Hum Vaccin Immunother, 2021, 17 (6): 1578-1585.

[218] Kaynarcalidan O, Moreno M S, Drexler I. Vaccinia virus: From crude smallpox vaccines to elaborate viral vector vaccine design[J]. Biomedicines, 2021, 9 (12): 1780-1798.

New Pharmaceutical
Formulation

新 型 药 物 制 剂 学

第二部分
各 论 篇

○○ —— ○○ ○ ○○ ————————

第六章

口服液体给药系统

 本章学习要求

1. 掌握：口服液体给药系统的定义、特点、分类及相关理论与技术。
2. 熟悉：离子液体、微乳液、纳米混悬液的常用溶剂、附加剂及药剂学应用。
3. 了解：各口服液体给药制剂的性质及处方组成。

第一节 概述

口服给药是经口服途径进行药物治疗的用药方式，在临床和实践中对疾病的预防和治疗发挥着极其重要的作用。在所有上市的药品中，口服制剂占比达40%以上。无论是普通制剂（片剂、胶囊剂、颗粒剂等）抑或是新型药物制剂（包合物、固体分散体、纳米晶等），均可采用口服方式给药，而新型液体给药系统在改善制剂特性和提高口服生物利用度方面作用更为突出。深化对口服液体给药系统的认识和理解，有助于科学合理地设计新型口服制剂，实现药物的增效减毒。本章对近年来较为有前景的口服液体给药系统进行了概述，主要涉及基于离子液体、微乳和纳米晶的口服液体制剂。

口服液体给药系统（oral liquid drug delivery system）系指药物以适宜的剂型通过口服给药途径进入胃肠道，经胃肠道上皮吸收进入血液循环发挥药效，从而达到治病防病的给药体系。如图6-1所示，液体制剂按剂型大致可划分为溶液剂、混悬剂、乳剂和纳米制剂，按分散系统可划分为分子分散系统、粗分散系统和胶体分散系统。液体给药系统除常规溶液剂、混悬剂和乳剂外，还包括各种微粒给药系统，如纳米混悬液、微乳、微囊、微球及各种纳米制剂。有些微粒制剂粒径在微米级，如微囊、微球等，可分属于粗分散系统；有些微粒制剂在分散度上达到纳米级，如微乳、脂质体、胶束等，则属于胶体分散系统。因此，液体微粒给药系统既包含动力学不稳定的粗分散系统，又涉及动力学和热力学稳定的胶体分散系统。动力学稳定性是指粒子间随机布朗运动可抵消重力沉降带来的物理不稳定性，热力学稳定性是指粒子的稳定状态不会发生转变（从不稳态、亚稳态向稳态转化）。大多数胶体分散系统由于较小的粒径具有动力学稳定性，但不一定在热力学上稳定。分散系统的动力学稳定性主要取决于分散相的粒径，热力学稳定性除粒径因素外还受制于分散粒子的界面电势。

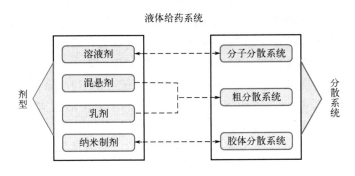

图6-1 液体给药系统分类

溶液剂是临床上常用的口服液体制剂，具有分散度高、吸收快等优点。溶液剂是药物以分子或离子形式溶解于适宜溶剂中制备的一种澄清液体制剂。药物以最小单元分散于分散介质中，因而属于分子分散系统。分子分散系统在物理化学上系指分散相粒径小于1 nm的分散体系，通常把这种分散体系称为真溶液。需强调的是，分子分散系统并非是指药物完全以分子状态分散于液体中，而是以分子前体溶解于溶剂中，允许分子在溶解时发生离子化。混悬剂和乳剂也是临床上常见的液体制剂，如不作特别说明，泛指粗混悬液和粗液体乳。它们的粒径均在微米级以上，因此属于粗分散系统。粗分散系统是指分散相粒径大于1000 nm的分散体系，大多是动力学不稳定体系。随着现代药剂学的发展，出现了新的口服液体给药系统，如纳米混悬液、微纳米乳等。尽管这些制剂分散相粒径在几十至数百纳米之间，但在物理化学性质上有着显著差别。纳米混悬液是动力学不稳定体系，而微乳是动力学稳定系统，纳米乳只在一定条件下动力学稳定。纳米乳是个广义的概念，是指乳滴粒径在纳米尺度上的乳剂，所以它既包含微乳也包含狭义的纳米乳。由于历史原因，微乳的概念出现更早，一直延续至今。如非特指，微乳不等同于纳米乳。微乳和纳米乳在概念和粒径上又有所区别，微乳相较于纳米乳粒径更小、稳定性更高。微乳可视为药物和溶解药物的油相被完全增溶于乳化剂的疏水端基中，可自发或简单混合形成，是动力学和热力学均较稳定的胶体分散系统。而纳米乳的形成除了处方因素外，还需借助外部机械力的高能输入才能形成，纳米乳随着贮存时间的延长可能出现动力学不稳定现象。为改善纳米混悬液和微纳米乳的物理和（或）化学不稳定性，使用无水前体处方或采取脱水处理是实践中常采用的制剂加工技术。纳米混悬液和微纳米乳可归为纳米制剂，但纳米制剂所涉范围更广。利用纳米技术制备的具有纳米尺度的各种药物制剂均可称之为纳米制剂。药剂学上将纳米制剂定义为药物及其载体粒径在1～1000 nm之间的药物制剂，而物理化学上是将分散相粒子直径在1～1000 nm之间的分散系统称为胶体分散系统，纳米制剂在概念上与胶体分散系统具有趋同性。值得注意的是，纳米制剂和胶体分散系统在粒径范围的界定上较早些年代均有所扩大。在学科发展早期，纳米制剂和胶体分散系统特指分散相直径处于1～100 nm之间的动力学稳定系统。近年来，随着工程技术和生物材料的不断发展，很多纳米制剂和胶体分散系统都突破了100 nm的粒径范畴，将纳米制剂和胶体分散系统的粒径范围适时延伸更符合实际情况。还需注意的是，纳米制剂可以是胶体分散系统，但不一定是胶体稳定系统，因为决定胶体粒子稳定性的因素除粒径外，还与胶体粒子界面电荷有关。通常认为，胶体粒子绝对ζ电位超过30 mV时，粒子间斥力较大，分散系统具有较高的胶体稳定性。

液体制剂服用方便，生物利用度高，是制剂开发过程中首要考虑的剂型。随着组合化学和计算机辅助药物设计的发展，新活性实体的发现和合成速度极大地加快了。尽管新技术的应用加速了活性药物成分（API）的产出，但绝大多数合成化合物存在成药性问题。由于生物膜和生物大分子的偏脂性，基于分子对接或亲和原理设计开发的新化合物普遍存在水溶性差或渗透性低等现象。根据生物药剂学分类系统（BCS），除了一些生物技术类活性成分（核酸、RNA等）可归属于 BCS Ⅲ类，新发现的小分子活性实体大多属于 BCS Ⅱ 和 BCS Ⅳ 类化合物。越来越多的药物候选物存在生物药剂学问题，对药剂学的发展是一种极大的挑战。为应对这些挑战，近年来一些颇具前景的口服液体给药系统受到了广泛关注，尤其是离子液体、微乳液和纳米混悬液。这些新型口服液体给药系统显著地提高了药物在胃肠道的过饱和性，在改善药物表观溶解度、溶出度和生物利用度方面表现出良好的潜力。

第二节　离子液体

离子液体（ionic liquid，IL）因其在室温或常温下呈液态且具有高度可调的物理化学性质，在药学领域受到越来越多的关注。由于阴阳离子组合的多样性与可设计性，离子液体具有诸多传统溶剂所无法比拟的优点。随着对其形成机制的深入理解，其作为"绿色溶剂"被广泛应用于药物增溶、中药提取、药物合成和离子液体药物制备。离子液体可弥补市售药物在溶解度、生物利用度和递送效率等方面的不足，在药物及制剂开发中应用前景广阔。

一、离子液体的理化性质

离子液体是由有机阳离子与无机或有机阴离子在一定条件下形成的低温熔盐溶液。离子液体的构成主体是阴阳离子，因在室温或室温附近温度下呈液态，又称为室温熔融盐。在离子液体中，起主导作用的是有机阳离子，对于阳离子为无机结构的，不属于离子液体范畴。离子液体与离子化合物不同，离子化合物需较高的温度克服离子键的强大作用力才能熔融为液体，而离子液体中阴阳离子间作用力比较弱，在较低温度下即可呈熔融状态。

阴阳离子之间的作用力称之为库仑力，其大小与阴阳离子的电荷数量及半径有关。离子半径越大，它们之间的作用力越小，这种离子化合物的熔点就越低。某些离子化合物的阴阳离子体积差别很大，结构松散，导致它们之间的作用力较弱，以至于熔点接近室温，这是离子液体产生的机制。在离子液体中，不仅存在下降的库仑力，也存在其他弱的相互作用力，如氢键、范德瓦耳斯力等，这也是离子液体不同于离子化合物的主要方面。离子间或分子间弱相互作用的产生是导致物质溶解或熔融的重要机制，如氢键的形成可引起分子晶格的离域化，降低晶格能，导致混合物的熔点显著低于各组分的熔点。

离子液体因由阴阳离子组成，没有显著的蒸发性，因而不会对空气造成污染。离子液体密度略大于水，一般处于 $1.1 \sim 1.6\ \text{g/cm}^3$ 之间，受组成成分的影响较大。阴离子对离子液体的密度影响较大，通常阴离子越大，离子液体密度越大；而有机阳离子的体积越大，离子液体的密度越小。可通过阴阳离子的结构变化调整离子液体的密度。离子液体的黏度是一个很重要的性质，与有机溶剂相比，离子液体的黏度较大，通常高出1~3个数量级。

离子液体黏度受内、外因素共同影响，如离子组成及相互作用、温度、含水量等。在实际应用中，可与其他低黏度的溶剂配合使用。总体上来说，离子液体的表面张力比传统溶剂（如正己烷）高，但低于水的表面张力。离子液体的表面张力受结构影响较大，一般随阴阳离子的尺寸增加而增大。在使用离子液体制备微乳液时，应注意表面张力对微乳形成的影响。离子液体的极性因阴阳离子的组成不同而不同，通常可通过变换离子组成调节极性大小。离子液体的溶解性主要取决于组成成分的性质和温度。由六氟磷酸根（PF_6^-）和双氟酰亚胺根（TFSI）等阴离子组成的离子液体与水很难混溶，而由四氟硼酸根（BF_4^-）和硝酸根（NO_3^-）等阴离子组成的离子液体能够与水完全混溶，可用作制剂的溶剂。离子液体大多具有良好的热稳定性和化学稳定性，不可燃、不挥发，可回收重复利用。这些独特的理化性质使得离子液体常被用作溶解药物与提取有效成分的优良溶剂和化学合成的反应介质。

二、离子液体的组成

离子液体最早可追溯至1914年，当时 Walden 报道了一种由浓硝酸和乙胺反应制得的熔点仅为12℃的液体物质——硝基乙胺。由于其在空气中很不稳定且易爆炸，它的发现在当时并没有引起人们的关注，这是最早涉及的离子液体概念。直到1940年，Hurley 和 Wiler 以 N-乙基吡啶为阳离子首次合成了在环境温度下呈液体状态的离子液体。离子液体的应用研究始于1992年之后，同年 Wilkes 以1-甲基-3-乙基咪唑为阳离子合成出氯化1-甲基-3-乙基咪唑，其熔点低至8℃。离子液体至今已发展到第三代：第一代离子液体是运用其特殊的物理性质，制备具有优良性能的"绿色"溶剂；第二代离子液体是利用可调节的理化性质，制备具有功能化的材料；第三代离子液体运用其特有的生物活性，制备活性药物实体。

离子液体的形成机制是因其结构中阴阳离子的不对称性使离子不能规则地堆积成规则晶体。它由有机阳离子和无机或有机阴离子构成，其中有机阳离子在离子液体中所起到的作用更为突出，阴离子可以是有机离子也可以是无机离子。离子液体一般按照阳离子分类，阳离子的正电荷位以 N、P、S 为主。如图6-2所示，常见的阳离子有季铵离子、季膦离子、咪唑离子、吡啶离子、哌啶离子、吡咯离子等，阴离子有卤素离子、碱离子、含氟酸根离子、含磷酸根离子、含硫酸根离子、羧酸离子、氨基酸等。其中，咪唑类离子液体熔点普遍较低，可选取代基较多，绝大多数常温下为液体，其他种类离子液体熔点则普遍较高，常温下为液体的可选取代基较少，多为固体形式存在。原则上说，带正电荷、半径较大的化合物都有可能制备出离子液体。

三、离子液体的药剂学应用

离子液体在药学领域中有着广泛的应用场景，本章将重点讨论其在药剂学中的应用，尤其是在药物增溶、药物递送、促进渗透和开发活性离子液体药物方面的应用。

（一）药物增溶

在上市药物和处于开发中的药物候选物中，难溶性化合物占据了相当大的比例，无论对于口服或是注射给药，还是制剂学都构成较大挑战。化学和高通量筛选加快了药物的发现速度，但绝大多数活性化合物具有高脂溶性特征，解决溶解度难题是制剂开发和药物递送不可回避的问题。离子液体全部由离子构成，弱的库仑力导致阴阳离子可以在无水状态

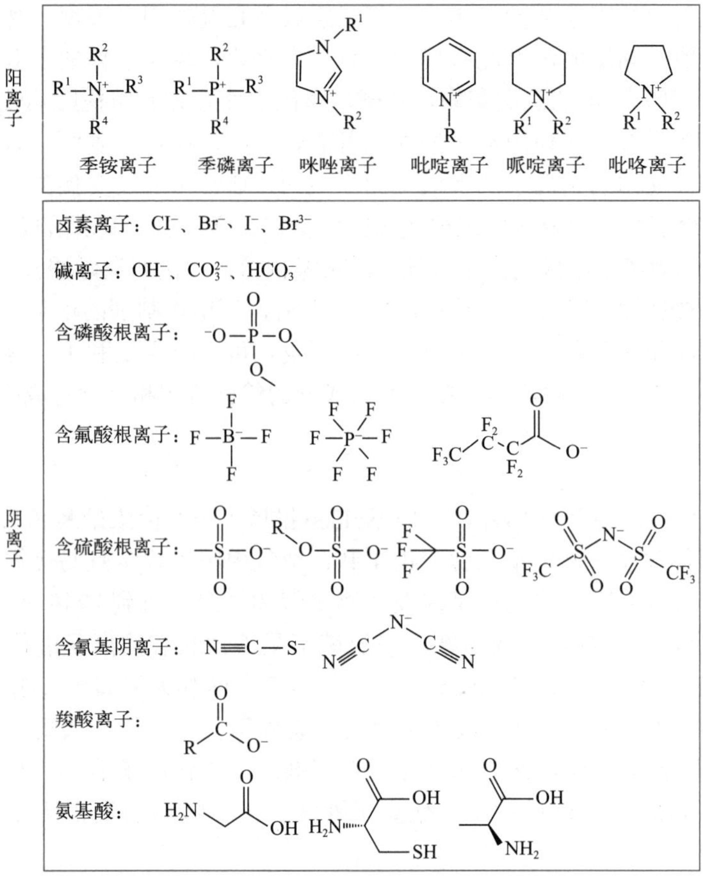

图6-2 可用于离子液体制备的常见离子

下以液态稳定存在，因此具有很强的极性，对某种药物有特殊的溶解能力。离子液体在室温或常温下为液态，以这种液态盐溶解药物可以显著改善药物的溶解性，从而开发出适宜制剂方便临床应用。

广谱抗肿瘤药紫杉醇对恶性肿瘤具有良好的临床疗效，但因其极差的水溶性限制了该药的使用。聚氧乙烯蓖麻油EL（Cremophor EL）被用作紫杉醇的增溶剂制备注射剂，但以Cremophor EL和等体积的无水乙醇制备的紫杉醇注射液（Taxol®）常引起超敏反应，且易被水稀释发生沉淀。离子液体的使用往往可使这些问题得以解决。例如，以离子液体胆碱氨基酸代替Cremophor EL作为增溶剂制备出新型紫杉醇注射液，与Taxol®相比，离子液体不仅提高了紫杉醇的溶解度和制剂稳定性，制成的紫杉醇注射液也不会引起超敏反应。环孢菌素A是一种临床常用的免疫抑制剂，其溶解度在25℃时仅为27.67 μg/mL。通过考察6种离子溶液对环孢菌素A溶解度的影响，结果发现环孢菌素A在1-乙基-3-甲基咪唑乙酸盐离子溶液中溶解度最高，甚至高于常用于溶解和纯化环孢菌素A的有机溶剂丙酮。由此可见，离子溶液对药物有强大的增溶能力，开发低毒环保的离子溶液或许可以为制剂改良提供合适的解决方案。

离子液体对药物增溶能力与其自身浓度和离子类型有关。不同阴、阳离子组成的离子溶液对药物的增溶效果不同，阳离子对增溶作用的贡献更大，而阴离子的协同作用较为突出。为此，不同药物需筛选不同离子对以合成具有较强增溶能力的离子液体。研究发现相同离子基团在不同体系中所起的作用也不同，这说明除了离子液体的组成外，分子间相互作用也可能导致离子液体对药物增溶效应不同。离子液体能够溶解和增溶药物，但是还需防止药物在给药或稀释时发生沉淀和聚集，这可能与药物与离子间的相互作用有关。目前普遍的观点认为离子液体的增溶原理与氢键或π-π键的形成有关，但目前对离子液体的增溶和反结晶作用机制尚未完全阐明。

（二）药物递送

增溶药物是离子液体的重要应用形式，但离子液体不等同于终端制剂。离子液体既可以是制剂中间体，也可以是终端制剂，这取决于离子液体的生物安全性。低毒性和生物相容性高的离子液体可以直接开发为口服液体制剂，如口服液。作为口服液体制剂（纯离子液体药物溶液），它要求离子液体不仅安全无毒、无胃肠道刺激性，而且具有良好的生理稳定性，能够耐受胃肠液的稀释。离子液体黏度和表面张力较大，不可以直接注射给药，通常需采用一定的制剂形式才能满足注射给药的要求。生理盐液稀释或做成微乳制剂一定程度上可以解决离子液体黏度大、表面张力、渗透压、pH等与血液不相容的问题。离子液体的应用难点是其可溶性和稀释稳定性，具有稀释稳定性的水溶性离子液体既可以口服也可以注射给药。相对而言，开发基于离子液体的注射产品风险较高，口服或许是离子液体能够得以应用的最可行途径。离子液体用于药物递送既可以通过纯离子溶液或稀释后的含水溶液形式，也可以通过微乳形式。离子液体微乳化是目前较常用的给药策略。

离子液体作为制剂中间体，可加工为微乳或自微乳口服应用。微乳具有极高的胃肠道分散度，能够显著增加吸收面积继而改善药物吸收。离子液体通常作为微乳或自微乳的油相，在其他乳化剂和助乳化剂的作用下可自发形成微乳液。离子液体制成的微乳具有药物代谢稳定、胃肠道过饱和等特点，作为药物载体能够提高口服药物的生物利用度。例如，以1-己基-3-己氧羰基吡啶为阳离子和二氰胺为阴离子组成的离子液体可以显著提高难溶性药物达那唑、伊曲康唑和非诺贝特的溶解度（几倍至500倍不等）。含达那唑离子液体的自乳化制剂与晶体药物（混悬剂）相比产生了更高的血浆药物暴露水平，与普通脂质处方相比其血浆药物暴露时间更长。托芬那酸与对应阳离子形成离子液体后，可以完全混溶或高度溶解于常用自乳化脂质辅料中，显著提高了药物在自微乳系统中的浓度。在低剂量（18 mg/kg）下，使用离子液体为油相的自乳化制剂表现出与普通自乳化制剂相似的吸收曲线和血浆暴露水平；在高剂量（100 mg/kg）下，离子液体仍可实现液体自微乳形式给药，而在普通自微乳中药物完全超出了其饱和溶解度，只能以自微乳混悬液形式给药。基于离子液体的自乳化给药系统还具有缓释和延长吸收的作用。当盐酸苯芴醇与多库酯钠形成离子液体，与单亚油酸甘油酯、聚氧乙烯40氢化蓖麻油和乙醇制成自乳化脂质处方后，口服给药后其血浆暴露水平得到显著提高。以上研究表明制备脂溶性离子液体或离子液体药物，再与合适的辅料开发成自乳化给药系统，是一种改善药物在处方中的溶解度、促进药物口服吸收等行之有效的制剂策略。

（三）促渗作用

除了可改善药物溶解度和提高药物在制剂中的稳定性外，离子液体还具有促进药物渗透性的作用。促渗作用既涉及肠上皮和皮肤表皮的渗透促进作用，也涉及对细菌细胞膜的渗透促进作用，本节仅讨论与口服给药有关的离子液体对肠上皮的促渗作用。离子液体促进药物渗透进入细胞膜与其离子液体组成和性质有关。亲水基团可以突破吸收上皮黏膜表面的不流动水层，从而增加荷载药物接近细胞顶端膜的可能性；亲脂基团能够改善上皮细胞的通透性从而促进药物的跨膜转运。有些离子液体还具有一定的表面活性，尤其是带长链烷烃的阳离子能够起到扰乱细胞膜的作用。例如，利用分子动力学模型，研究两亲性离子液体中1-辛基-3-甲基咪唑阳离子（OMIM$^+$）与模型细胞膜的相互作用及对细胞膜功能的影响。实验结果表明，OMIM$^+$的头基插入细胞膜后，能够与带负电荷的磷脂基团形成配位复合物结构，从而导致细胞膜厚度下降约0.6 nm。有些亲脂性离子液体能够溶解磷脂分子，扰乱磷脂双分子层的排列紧密程度，从而改变细胞膜的通透性。

再如，利用胆碱和香叶酸构建离子液体CAGE，作为口服递送胰岛素的载体。CAGE能够改善胰岛素的细胞旁转运而规避胃肠道消化屏障，显著提高了胰岛素的口服吸收。可能的机制是离子液体通过与肠上皮外黏液层相互作用降低了扩散层的厚度及提高了细胞旁途径转运。此外，该离子液体制剂具备良好的生物相容性和在室温和冷藏条件下的稳定特性，或许可为胰岛素口服制剂的开发提供一些思路。

（四）离子液体药物

随着对离子液体的深入理解，离子液体不再局限于作为优良溶剂来增加药物的溶解度。将具有生物活性的化合物与适宜的反离子以阴阳离子的形式结合，形成活性药物的离子盐形式，是一种新型药物改良技术。成盐是改善药物成药性的重要方法，发展离子液体药物（API-IL）可看作是成盐形式上的升级优化。在上市药品中，大约有一半的药物是以盐的形式存在。然而，固体药物多晶型的存在，经常导致制剂质量出现较大的批间差异性。使用离子液体，通过选择合适的对应离子，药物的不良理化性质可以得到有效改善。离子液体药物（API-IL）是一种新型的由活性分子与反离子形成的可溶性盐。其中，碱性药物可与酸根离子形成离子液体药物，酸性药物可与碱根离子形成离子液体药物，同时两种带相反电荷的药物在一定条件下也能形成新的离子液体药物。药物与反离子形成离子液体药物后可以克服溶解度、稳定性、渗透性、多晶型等制剂学问题。氢键和弱的库仑力导致离子液体药物的晶格能降低、熔点下降，减小了多晶型的出现概率。此外，若能筛选出具有生物活性的反离子与药物配对形成API-IL，活性离子与原型药物间的协同作用可进一步增强既有药理活性或出现新的药理活性。例如，相对利多卡因盐酸盐，离子液体药物利多卡因多库酯钠的镇痛效应更为持久。

目前，关于离子液体药物的发展还处于处方前研究阶段。例如，使用季铵、咪唑和吡啶阳离子合成了布洛芬离子液体药物，显著增加了布洛芬溶解度的同时，镇痛作用未发生显著变化。此外，胆碱与水杨酸和阿昔洛韦等药物、薄荷醇与布洛芬和阿司匹林等药物也被报道可形成离子液体药物，但有关口服吸收或生物利用度的研究报道目前还较少。

第三节　微乳液

微乳液（microemulsion）是一种胶体分散系统，作为药物递送载体具有如下优点：①为各向同性的透明液体、热动学性质稳定、易于制备和贮存；②微乳液分散性高、吸收迅速，可显著提高脂溶性药物的生物利用度；③微乳液能够以无水前体乳（自乳化给药系统）的形式剂型化，并长期保持稳定性；④微乳液对易分解、易氧化的药物具有保护作用；⑤微乳液口服给药具有一定的淋巴靶向性。微乳液在药物传递领域应用广泛，是颇具开发价值的口服液体给药系统。

一、微乳液简介

微乳液，简称微乳，是一种由油相、水相、乳化剂和助乳化剂组成的热动学稳定分散体系。微乳液分为水包油型（O/W）和油包水型（W/O），在医药领域应用较多的是 O/W 型。微乳是一个历史概念，与现代的纳米乳既有区别又有联系，微乳的出现早于纳米乳。微乳液最早是由 Hoar 和 Schulman 在 1943 年发现，他们报道了一种可自发形成乳液的水、油和强表面活性剂三元系统。"微乳液"一词于 1959 年首次使用，由 Schulman 等用来描述由水、油、表面活性剂和醇组成的透明多相体系。关于微乳的定义似有争议，但限于当时的检测技术，不能准确测量微乳的真实粒径，只能用"微"字来形容极小粒径的乳滴，微乳的概念一直沿用至今。在微乳的概念中，"微"字与量度单位"微米"没有直接的联系，只是用来形容乳滴的大小。微乳液的粒径远小于微米，甚至比纳米乳液还小。微乳液是一种热动学稳定且具有各向同性的胶体分散体系，其粒径介于 10～100 nm 之间。微乳的粒径区间与纳米乳有重叠，但通常比纳米乳粒径小，纳米乳平均粒径通常大于 100 nm。微乳和纳米乳均可归属于纳米制剂范畴，但微乳与纳米乳在处方组成、微观结构和物理性质（透明度、黏度、粒径、稳定性等）方面与纳米乳液有所不同。微乳含有更高水平的乳化剂，可自发形成，具有较小的内核；纳米乳乳化剂用量低于微乳，需借助高的外部机械能输入（如高压均质）才可形成，疏水油核较大。微乳可视为溶解药物的油相增溶于乳化剂亲油基团形成的胶束核中，所以有时也被称为胶束乳。纳米乳则是药物溶解于乳滴内部的油相中，表面活性剂或两亲性物质的疏水基团是插入油相形成的界面膜中的。微乳既是动力学稳定系统，也是热力学稳定系统，而纳米乳仅可能是动力学稳定系统。

二、微乳液的组成

微乳液由水相、油相、乳化剂和助乳化剂构成，药物或活性分子通常溶解在油相中。在微乳液中，所使用的油应是液态油，并且具有良好的可乳化性。植物油、鱼油和中/短链甘油三酯是最常用的油相种类。乳化剂的用量在微乳液中占比较大，可占油相重量的 20% 以上。微乳需大量乳化剂产生超低界面张力（低于 10^{-2} mN/m）才能自发形成。通常，只有小分子乳化剂可以用于微乳液制备，因为只有小分子乳化剂才能在油水界面产生超低的界面张力。而在纳米乳处方中，除了小分子表面活性剂，还可以使用蛋白质、多糖和其他具有表面活性的物质来生成纳米乳。助乳化剂在微乳中是必不可少的，而在纳米乳中则不是必须使用的辅料。助乳化剂不仅可协助乳化剂形成超低界面张力，而且有利于油与水之间的互溶，从而自发形成微乳液。助乳化剂可嵌入乳化剂分子中，在提高界面膜的柔韧性和影响液滴弯曲化方面起着重要作用。助乳化剂多是短链醇或适宜亲水亲油平衡值（HLB）的非离子型表面活性剂，如乙二醇、乙醇、丙二醇、正丁醇、甘油、聚甘油酯等。微乳与普通乳和纳米乳在处方组成上的主要区别点在于乳化剂用量较大，且含有助乳化剂。

除了常规微乳液，还有一种无水或仅含有少量水的微乳系统，即自微乳系统。自微乳是由油、乳化剂和助乳化剂或少量水组成的均一透明溶液，可作为疏水性、难吸收或易水解药物的给药载体。当自微乳给药系统（SMEDDS）遇到水或生理体液时，在轻度搅拌或胃肠蠕动下可以自发乳化形成微乳液。SMEDDS可视作一种微乳前体，规避了微乳液含水量高、物理化学不稳定、不易携带与使用等缺点。SMEDDS因其高的制剂稳定性、可规模化生产和优良的吸收促进作用，已受到药界越来越多的关注。SMEDDS一般以软胶囊形式开发制剂，已有多个产品上市应用，如环孢菌素A软胶囊（Neoral®）、利托那韦软胶囊（Norvir®）和沙奎那韦软胶囊（Fortovase®），临床疗效和患者顺应性反响较好。

三、微乳液的制备与表征

有学者认为微乳液的形成可能与瞬时负界面张力的产生有关。负界面张力不能维系，在扰动下系统将自发扩张界面导致乳化剂和助乳化剂迅速插入界面层，使界面张力得以恢复至零或微正值而自发形成微乳。因此，微乳液的制备工艺相对简单，将所有的处方成分混合均匀，涡旋或搅拌即可制得。但是，在确定最终处方之前，必须进行相关的处方前研究工作。首先，要测量药物在各种油性介质中的溶解度，以便最大限度增加药物在微乳液中的浓度和载药量；其次，基于筛选的油相选择适宜的乳化剂，选用的乳化剂应具备优良的乳化能力。除了油和乳化剂外，选择一种合适的助乳化剂对于成功制备微乳液也同样重要。在确定油、乳化剂和助乳化剂后，可依据三元相图进行处方筛选。从三元或伪三元相图中（图6-3），在确保乳滴粒径在要求范围之内条件下，应从可形成微乳区域内确定含有较少乳化剂的处方组成，以便降低微乳液的毒性。

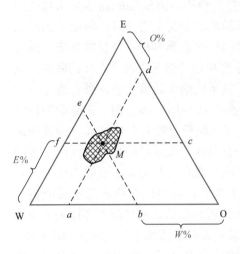

图6-3　三元相图

释义：W、O和E分别代表水相、油相和乳化剂（含助乳化剂的为伪三元相图）；M代表微乳形成区域中的某一点，根据等边三角形定律，水相占体系百分比W% = E_e = M_d = M_c = O_b，油相占体系百分比O% = W_a = M_f = M_e = E_d，乳化剂（助乳化剂）占体系百分比E% = W_f = M_a = M_b = O_c。

根据三元相图确定处方之后，可通过搅拌或涡旋方式制备微乳液。如果处方合适，在分散作用下混合系统就会形成透明的微乳液。理论上，微乳液可以自发形成，因为它是一个热力学稳定系统。但在实际生产中，施加一定的外部机械力是必要的。如果不施加外力，微乳液自发形成达到热力学平衡需要较长时间。与纳米乳液的制备不同，微乳液的生产不依赖于昂贵的制药设备和苛刻的制备条件。微乳液含有大量水分，可能存在化学不稳定性，因而在医药领域还不曾有微乳液制剂上市，多是以无水自微乳制剂形式出现。但在化妆品领域，微乳液已有广泛的应用，有较多的成功案例。

微乳液可通过粒度、ζ电位、显微成像、体外释放、稳定性等技术进行表征。微乳粒径可反应批间重现性和稳定性，粒径检测贯穿于整个制剂开发过程，可通过动态光散射技术（DLS）进行测定。ζ电位反映微乳的胶体稳定性，可通过激光多普勒测速技术（LDV）进行测定。微乳粒径和ζ电位可同时使用激光粒度/电位分析仪测定。通常认为，微乳液等纳米制剂的多分散指数（PDI）小于0.3，ζ电位绝对值超过30 mV，制剂物理稳定性较高。对于微乳乳滴形态可用扫描电子显微镜（SEM）、透射电子显微镜（TEM）、原子力显微镜

（AFM）和冷冻蚀刻透射电镜（Cryo-TEM）进行表征。显微成像技术不仅可揭示微乳液的形态，也可对其粒径进行测量。体外释放研究可反映微乳液在贮存和给药时是否有药物泄露或突释，这对药物的吸收和体内药效有一定的指示作用。微乳液的物理稳定性也可通过测定在贮存条件下微乳粒径和ζ电位随时间的变化来评价。化学稳定性也是一个不容忽视的方面，毕竟微乳液是含有大量水分的液体制剂，可能存在药物水解等化学变化。化学稳定性可通过将微乳液制剂置于低温环境下（4～8℃）若干个月，检查药物含量、有关物质等指标来评估。

四、微乳液的口服应用

微乳液中乳化剂用量大，一般不能注射给药。只有一些利用磷脂等低毒性、生物相容性的表面活性剂制备的纳米乳可用于注射，所以微乳制剂大多为口服。微乳是一种脂质载体，脂质处方已被证明能有效改善药物的胃肠道吸收，提高荷载药物的口服生物利用度。微乳中使用的油性介质可显著增溶脂溶性化合物，一方面脂质成分可在肠道中脂解再重组为更小的混合胶束或囊泡通过共转运方式促进药物跨上皮吸收，另一方面脂解产物（脂肪酸、甘油二酯等）被小肠吸收后在肠细胞内重新合成甘油三酯，再与磷脂、蛋白质等形成乳糜微粒释放到中央乳糜管中，通过淋巴转运吸收。微乳既可通过跨上皮途径促进药物转运至肝门静脉，也可由富含M细胞的派尔集合淋巴结通过淋巴途径转运至体循环。除了脂质辅助的药物吸收，微乳还可通过其他机制对药物在胃肠道中的转运和吸收产生积极影响，如肠道过饱和、生物黏附、规避药物降解、突破肠黏膜渗透限制等。

实践中，微乳多用于脂溶性高的药物和营养物质口服递送，但也有生物大分子被开发成微乳使用的案例。脂溶性高的药物多是一些水难溶性活性分子，包括BCS Ⅱ类和BCS Ⅳ类化合物，它们需要借助一定的制剂策略才能实现有效生物利用度。通常，BCS Ⅱ类药物更适合开发为微乳制剂。BCS Ⅱ类药物的吸收限速步骤在于溶出，而微乳属于高分散的超饱和体系。尽管微乳液不具备典型的溶出过程，但其胶体溶液特征使得微乳不需要药物溶出过程。只要药物可被有效地增溶到微乳胶束相中或乳液经胃肠道消化后不出现药物结晶沉淀，微乳处方就可以产生令人满意的口服生物利用度。与BCS Ⅱ类药物不同，BCS Ⅳ类药物除溶出外，口服吸收还存在跨膜渗透屏障。如果消化后发生药脂分离，BCS Ⅳ类药物将难以被吸收上皮吸收。微乳促进药物吸收的前提是保证药物与脂质在胃肠道中能够共转运，这取决于药物的理化性质和微乳成分，特别是油相的理化特性。值得注意的是，油水两疏性药物不适合开发为微乳制剂，因为容易发生药物脂质互斥导致药物析出。例如，可归属于BCS Ⅳ类的两疏性抗肿瘤药紫杉醇至今在口服脂质处方开发上也没取得突破性进展。

有报道将布洛芬制备成微乳后显著提高了其生物利用度。由不同表面活性剂构成的乳化系统制得的布洛芬微乳均呈现淡蓝色外观，具有良好的稀释和离心稳定性。另外，由不同表面活性剂组合制备的微乳在口服生物利用度和细胞摄取上表现出惊人的一致性。这说明相对于油相组成，微乳的增溶作用对BCS Ⅱ类药物的吸收贡献更大。降糖药格列美脲的水溶性和生物利用度均不高，当制备为微乳后其口服药动学得到显著改善，其血浆暴露水平和生物利用度远高于参比制剂。微乳也被应用于口服递送抗癌药物用于肿瘤治疗。相对于抗肿瘤药他莫昔芬的片剂，其微乳制剂显著抑制了荷瘤小鼠的肿瘤生长和体重下降。微乳也可用于多组分联合给药，如将依托泊苷、薏苡仁油和人参皂苷Rh2共同制备为微乳用于协同抗肿瘤。在此微乳处方中，薏苡仁油既作为活性成分又作为油相。口服后显示出时空可控性三组分释放，预先释放的人参皂苷 Rh2 有效地抑制了 P-gp 的外排作用，从而改善了后期释放的依托泊苷向细胞内蓄积。三药增效减毒效应在耐药荷瘤模型上得以证实。总之，微乳液是一种高效的口服纳米递药载体，无论对于难溶性的 BCS Ⅱ 类药物还是对于既难溶又难以渗透的 BCS Ⅳ 类药物都适用，尤其是当活性成分为油性液体时则更为适合，如鸦胆子油、薏苡仁油等。

第四节　纳米混悬液

随着难溶性 API 越来越多地被发现，传统的制剂策略已不能满足改善溶解度和溶出度的需求。难溶性药物因溶解度差而导致口服生物利用度低，体内吸收波动大，阻碍了其药用价值的发挥。增溶和改善溶出一直是药学工作者面临的重要研究课题。其中，采用纳米晶技术得到的纳米晶体药物因粒径小、比表面积大，对黏膜具有一定的黏附性，口服给药后可延长其在胃肠道内的滞留时间，继而改善药物吸收和生物利用度，为难溶性药物的口服给药提供了一种新的制剂解决方案。与其他基于载体的纳米药物相比，纳米混悬液无需使用载体，适用药物范围广，可以开发成各种口服给药形式，技术难度和生产成本低，因而在口服给药领域展现出颇具前景的应用潜力。

一、纳米混悬液的定义及特点

纳米混悬液（nanosuspension）是药物纳米晶分散于适宜介质中形成的纳米晶体分散系统。药物纳米晶（drug nanocrystal）或纳米晶体药物是以少量表面活性剂或其他稳定剂为助悬剂，采用一定的制备方法获得的粒径小于 1 μm 的纯药物纳米颗粒，其分散于液体介质形成的液体制剂称之为纳米混悬液。使用的液体分散介质通常为水，也可以是其他亲水溶剂（如聚乙二醇）或非水溶剂（如植物油）。相较于脂质体、乳剂等脂质处方和其他纳米载药局限性，纳米混悬液不仅适用于水难溶性药物，也适用于水、油均难溶的两疏性药物。纳米混悬液可作为一种终端液体制剂直接应用，也可脱溶剂后作为一种制剂中间体用于制备胶囊剂、片剂、颗粒剂及其他口服给药制剂。相对于普通粗分散药物制剂，纳米混悬液在口服给药上具有诸多优势，主要体现于以下几个方面：①纳米混悬液不含或仅含有少量辅料，单位体积载药量更高，可减小给药剂量和频次，在增效减毒和提高患者顺应性方面具有更大的空间。②纳米混悬液可显著改善药物的溶出和生物利用度。纳米混悬液中药物粒径一般在 10～1000 nm 之间，与生物水平上的正常细胞器和酶系统大小相近，从而使得药物能够更方便地穿过细胞膜进入细胞内部，在体内响应或作用更快、更彻底。同时，纳米晶体药物与吸收上皮间接触面积更大，增加了药物被摄取和吸收的概率。③纳米混悬液可改善有效血药浓度，尤其适用于大剂量难溶性药物。因为纳米混悬剂中的晶体药物存在溶出后以分子形式吸收或以整体纳米晶形式吸收，吸收迅速而持久，在相同时间内可以更快地达到有效血药浓度并延长持续时间。整体吸收的药物纳米晶也具有缓释和降低代谢的作用，延长了药物的体内滞留时间，有利于药效的增加。④控制晶体药物粒径或表面定制化后还可实现靶向或定位递送药物，进一步实现增效减毒。⑤纳米混悬液不含载体或共溶剂，给药后的毒副作用少，提高了用药安全性。

相较于其他液体纳米体系，纳米混悬液可冻干后制备为即用型前体制剂（用前加水混悬），无水制剂可规避稳定性问题。纳米混悬剂的稳定性涉及物理、化学和生物学稳定三个方面。纳米混悬液的物理稳定性在处方设计和制备时就应加以考虑。纳米混悬液的物理稳定性问题比较突出，纳米混悬液既不是动力学稳定体系，也不是热力学稳定体系，容易发生粒子沉降、聚集、结晶生长、晶型转变等。纳米混悬液中稳定剂的作用较为关键，加入一定量合适的稳定剂是提高纳米混悬液稳定性的通用方法。合适的稳定剂不仅可减小粒子间的引力，避免粒子碰撞，还可增加分散介质的黏度，减少粒子聚集及粒子沉降，维持纳米混悬液的物理稳定；稳定剂还可吸附在药物晶体表面，降低粒子与分散介质间的界面张力，抑制"Ostwald"熟化现象的发生，优化粒径分布，进而减少体内吸收差异性。纳米混悬剂的稳定剂主要分为**传统型稳定剂**和**新型稳定剂**。传统型稳定剂根据作用机制可分为**离子型表面活性剂、非离子型表面活性剂和天然高分子聚合物**。离子型表面活性剂包括十二烷基硫酸钠（SDS）、多库酯钠等；非离子型表面活性剂涉及吐温80、泊洛沙姆等；天然高分子聚合物可使用聚维酮K30（PVPK30）、微晶纤维素及其衍生物（HPC、HPMC等）。新型稳定剂主要有各种**动植物蛋白、水溶性糖类**等。动植物蛋白较传统型稳定剂具有毒性小、稳定效果更好等特点，常用的有大豆蛋白、乳清蛋白等；水溶性糖主要包括壳聚糖、乳糖、海藻糖等。纳米混悬液的稳定剂可单独使用，也可多种配伍使用，通常将不同类型表面活性剂联合应用能更有效地阻止药物纳米粒子聚集，制备的纳米混悬液稳定性更高。

二、纳米混悬液的制备与表征

（一）纳米混悬液的制备

按照纳米晶生成方式不同，纳米混悬液通常可通过两种制备技术制备，即Top-down技术和Bottom-up技术。前者是将大的块状药物晶体破碎，以得到粒径处于纳米级别的药物晶体；后者控制药物分子的结晶过程，以得到较小粒径的药物纳米晶。Top-down技术是一种"自上而下"、由粗到细的药物破碎技术，是通过物理机械能将大的药物颗粒粉碎至纳米级别，常采用**介质研磨法和高压均质法**来制备。介质研磨法利用湿法研磨技术，使药物颗粒、研磨介质和器壁之间产生强烈的相互碰撞和剪切，以致固体颗粒粒径逐渐减小至纳米级别，最终得到药物纳米晶。高压均质法利用微射流或活塞-裂隙均质技术，将粗的药物混悬液高压均质，通过空穴效应和剪切作用获得粒度符合要求的药物纳米晶。Bottom-up技术是一种"自下而上"、由小到大的可控微晶生成技术，是使溶解于介质中的药物分子通过晶核成长形成纳米级药物晶体的方法，可采用**沉淀法、乳化法、超临界流体法**等制备。沉淀法是将难溶药物溶于良溶剂（有机溶剂）中，然后将此溶液在搅拌下注入可混溶的药物反溶剂（水溶剂）中，导致药物析晶，在稳定剂的作用下形成药物纳米晶。乳化法是将药物作为分散相溶于易挥发的有机溶剂或与水部分混溶的溶剂中制备成纳米乳，然后在搅拌和稳定剂的存在下蒸发除去有机溶剂形成药物纳米晶。超临界流体法系指将药物溶解在超临界液体（如CO_2）中，当该流体通过微小孔径的喷嘴减压雾化时，随着超临界流体的迅速气化从而析出纳米晶体粒子的制备方法。

通常情况下，单一制备方法可能难以得到粒径均一且稳定的纳米混悬液。为了得到粒径均匀且物理稳定性良好的纳米混悬液，一般可将多种技术组合运用以增加粒径的可控性。除了常用的Top-down和Bottom-up技术，也有一些新的联用技术被应用于纳米混悬液的制备，如 Nano Edge 技术和 Smart Crystal 技术。Nano Edge 技术指的是使溶剂和非溶剂成为两股逆流，晶体在两股逆流的交界面沉淀析出，高压均质后形成药物纳米晶；Smart Crystal 技术指的是由不同专利方法、多种技术组合而成的技术，如沉淀-高压均质联用、介质研磨-高压均质联用等。需注意的是，纯药物纳米晶通常很难稳定生成，无论是哪种制备技术，稳定剂的使用是较为关键的，需要对稳定剂仔细筛选以满足制备要求。

（二）纳米混悬液的表征

合适的制备方法和稳定剂使用对于纳米混悬液的制备至关重要，但制备的纳米混悬液是否具有合格的质量，则需要进行相应的表征与检测。纳米混悬液常规表征手段包括**外观检查、粒度及ζ电位测定、显微观察、药物形态及晶体特征分析**等。

1. 外观检查

新制备的纳米混悬液粒径较小时，外观应是均匀的，适当稀释后具有光散射现象（丁达尔效应），但当晶体颗粒不均匀且粒径较大时，则会出现药物沉淀、分散相发生聚集现象。纳米混悬液不要求像其他纳米载体那样具有良好的胶体稳定性，但合格的纳米混悬液应具备良好的絮凝态，沉淀后可以迅速再分散恢复到原有的纳米分散状态。不稳定的纳米混悬液长期贮存时则会出现明显分层，且用力振摇或涡旋无法恢复原貌，甚至出现变味、颜色改变等现象。这与药物发生物理化学变化有关，药物纳米晶出现晶核长大、药物发生了化学转化都会出现外观和形貌的变化。因此，可通过外观检查初步判断纳米混悬液的粒度均匀性和稳定性。

2. 粒度及ζ电位测定

将药物制备成纳米混悬液主要目的是降低药物粒度，以增大其比表面积继而改善溶出。纳米混悬液的粒径、粒度分布直接影响到药物的溶出速率、物理稳定性以及体内吸收效率，因而纳米混悬液中药物纳米晶的平均粒径、粒度分布及表面电荷是表征样品质量的重要指标。纳米混悬液粒径可用光子相关光谱（PCS）和电子显微镜进行检测。光子相关光谱也称动态光散射（DLS），是利用扩散速率与粒径之间的关系通过测量光强的波动随时间的变化来测定粒子的大小。DLS 技术测量粒子粒径，具有快速、可重复性好等优点，已经成为纳米材料学中比较常用的一种表征手段。随着仪器的更新和数据处理技术的发展，现在的动态光散射仪器不仅具备测量粒径的功能，还可基于多普勒测速原理测量粒子的ζ电位。激光多普勒测速仪（LDV）是对颗粒的电泳迁移率进行测试，然后运用所测的电泳迁移率及 Henry 函数进行计算得到ζ电位。ζ电位也是衡量纳米混悬液稳定的重要指标，纳米粒子之间需维持一定的排斥作用力才有利于保持混悬颗粒的相对稳定性。一般认为，如果同时存在静电排斥和空间位阻作用，ζ电位的绝对值大于 25 mV 则能够保持粒子间不聚集。

3. 显微观察

药物被制备成纳米混悬液后，药物的晶体结构可能会发生改变，也可能不发生改变，这取决于纳米混悬液的处方组成和制备工艺。Top-down 法制备的纳米混悬液通常不发生药物晶型改变，只是晶体尺寸减小；而 Bottom-up 法制备的纳米混悬液，如稳定剂的比例较大时则有可能改变药物晶体结构，甚至出现无定形物结构。纳米混悬液的微观形态可通过扫描电子显微镜（SEM）或透射电子显微镜（TEM）来观察。将纳米混悬液适当稀释后置于碳膜覆被的铜网上，自然或加热挥干水分后 SEM 或 TEM 观察拍摄成像。显微成像技术可以清晰地比较原料药和纳米混悬液中药物颗粒的形态。

4.药物形态及晶体特征分析

显微成像可大致判断纳米混悬液中药物是否以晶体形式分散。更直观的研判可进一步借助于差热分析（DSC或TGA）和X射线粉末衍射（X-RPD）技术。基于重结晶法制备的纳米混悬液易发生晶型改变，结晶大小或无定形物的出现极大地影响到药物的溶出及生物利用度。晶体较大或晶型稳定的药物，溶解性较差，无定形物由于处于非稳定态一般溶出较快。纳米混悬液通常包含的是药物纳米晶，但据报道无定形物也经常出现在纳米混悬液中。检测纳米混悬液的药物形态通常需要将其脱水处理，使用干粉进行DSC或X-RPD检测。DSC可检测出分散物有无晶体吸热峰（相应于熔点）的出现，而X-RPD可检测出分散物的相关晶体衍射峰。X-RPD图谱不仅与晶体结构密切相关，而且还可根据图谱中峰的位置及强度来分析药物的晶型。差热分析和X-RPD结合显微成像技术，可进一步确证纳米混悬液中药物的存在形式。

三、纳米混悬液的口服应用

因安全性高和服用方便等优点，口服是临床上首选的给药途径。纳米混悬液主要的应用形式是口服，可以以纳米混悬液的形式直接口服给药，也可以以无水化的纳米晶片剂或胶囊口服给药。纳米晶药物产品的发展可以追溯到1975年，当时德国Bausch公司开发出了灰黄霉素超微晶分散体片剂，以Gris-PEG®为商品名以新药申请（NDA）形式被提交给美国FDA，并于1981年获得上市。目前为止，已有十多个基于药物纳米晶的口服制剂药品上市（表6-1），适应证涉及抗感染、镇痛、心律失常、抗炎、止吐、降血脂等领域。纳米晶药物因其比表面积大、溶出快，对胃肠壁黏膜有一定的黏附性，可显著促进药物在消化道内吸收，而具有较高的口服生物利用度。2000年，基于纳米晶技术制备的西罗莫司片剂（Rapamune®）作为免疫抑制剂上市，其生物利用度比口服溶液高出21%。Merck公司于2003年利用纳米晶体技术开发了纳米晶药物阿瑞匹坦胶囊（Emend®），与普通混悬液相比，不仅提高了药物的人体生物利用度，而且还消除了食物对药物吸收的影响，服用不受空腹或进食的限制，显示出优良的临床应用方便性。美国Par Pharmaceutical公司开发的甲地孕酮口服纳米晶混悬液（Megace ES®）与普通微米制剂相比，体内吸收更为迅速，不仅空腹给药的生物利用度提高了1.9倍，而且其给药体积仅是微米制剂的1/4，大大提高了患者的顺应性。

表6-1　基于药物纳米晶的上市口服制剂产品

活性药物	稳定剂	制备方法	上市剂型	上市公司
西罗莫司	PVP/P188	介质研磨	片剂	Wyeth
盐酸哌甲酯	EMAA/PEG	介质研磨	胶囊剂	Nowartis
阿瑞匹坦	HPC/SDS	介质研磨	胶囊剂	Merk
非诺贝特	PVP/SDS	介质研磨	片剂	Abbott
非诺贝特	卵磷脂/SDS	高压均质	片剂	Sciele Pharm Inc
甲地孕酮	HPMC/多库酯钠	介质研磨	混悬剂	Par Pharmaceuticl

　　纳米混悬液技术不仅适用于各类化学药物如辛伐他汀、塞来昔布、非诺贝特等，促进其临床转化，对天然药物或植物药也同样适用。例如，黄芩素溶解性差，存在肝肠循环和首过效应，导致其生物利用度较低。高缘等用反溶剂重结晶结合高压均质技术将黄芩素制备成纳米混悬剂后，提高了黄芩素对胃肠黏膜的黏附性，延长了黄芩素在胃肠道内的吸收时间。以黄芩素原料作为参比制剂，黄芩素纳米混悬液口服后的相对生物利用度达到166.1%，显著提高了黄芩素的口服生物利用度。

　　纳米混悬液或干型纳米晶能够改善难溶性活性药物的溶出和协助口服吸收已在临床前和临床研究中得到了证实。纳米晶技术不仅适用于BCS Ⅱ类药物，也适用于BCS Ⅳ类药物，因为这两类药物都存在溶出限制问题。相对而言，开发BCS Ⅱ类药物纳米混悬液或纳米晶更容易获得成功，因为BCS Ⅱ类药物的吸收限速步骤是肠道前溶出，而纳米晶药物由于粒径上的显著减小，大大增加了药物的溶出速率。随着亲脂性和低水溶性候选药物的不断涌现，口服制剂的开发对制剂技术的依赖越来越重。纳米混悬液可减小药物颗粒尺寸至亚微米级，超出常规微粉化技术所能达到的极限水平。与普通口服制剂相比，纳米混悬液（纳米晶）处方除具有生物利用度优势外，还能减少或消除食物对药物吸收的影响。因此，无论是实践转化还是基础研究都清晰地表明了这种制剂技术的巨大应用潜力。

（张兴旺）

思 考 题

1. 微乳液与纳米乳液的区别有哪些？二者在处方组成、稳定性、机体毒性上有何差别？
2. 离子液体是作为一种制剂中间体来使用还是可以作为终端制剂直接应用于人体？
3. 纳米混悬液与药物纳米晶的区别与联系有哪些？纳米混悬液如何开发为终端制剂？

参考文献

[1]　姜毓鑫，姜琦，王迪，等. 离子液体在药物递送中的应用[J]. 药学学报，2022，57（2）：331-342.

[2]　Huang W Z, Wu X Y, Qi J P, et al. Ionic liquids: green and tailor-made solvents in drug delivery[J]. Drug Discov Today, 2020, 25（5）: 901-908.

[3]　Jiang L X, Sun Y, Lu A, et al. Ionic liquids: promising approach for oral drug delivery[J]. Pharm Res, 2022, 39（10）: 2353-2365.

[4]　Gibaud S, Attivi D. Microemulsions for oral administration and their therapeutic applications[J]. Expert Opin Drug Deliv, 2012, 9（8）: 937-951.

[5]　Kesisoglou F, Mitra A. Crystalline nanosuspensions as potential toxicology and clinical oral formulations for BCS Ⅱ/Ⅳ compounds[J]. AAPS J, 2012, 14（4）: 677-687.

第七章
口服固体给药系统

 本章学习要求

1. 掌握：各种口服固体制剂的定义、分类、特点；各种剂型常用的制备方法、工艺和质量要求。
2. 熟悉：各种速释制剂、口服定速给药系统、口服定位给药系统及口服定时给药系统常用的辅料、设备、操作流程及关键技术指标；生产中存在的问题。
3. 了解：固体制剂的典型处方分析。

第一节　概述

　　口服给药安全、方便、经济，是最常用的给药途径。**固体制剂**（solid preparation）是指以固体状态存在的剂型的总称。口服固体制剂是药物制剂中的重要分支，品种数量占全部药物制剂数量的70%左右。除普通口服固体制剂外，研究者们开发了可定时、定位释药的功能性口服固体制剂以满足某些疾病的临床治疗需求，使口服固体制剂的应用范围更加广泛。根据功能性的不同，口服给药系统可以分为口服速释给药系统（oral fast release drug delivery system）、**口服定速给药系统**（oral constant release drug delivery system）、**口服定位给药系统**（oral site-controlled drug delivery system）和**口服定时给药系统**（oral time-controlled drug delivery system）。上述给药系统以常见剂型为基本，辅以不同的制剂技术手段实现特定的体内释药行为，从而准确地发挥其治疗作用，降低副作用，实现"精确给药、定向定位给药、按需给药"的目的。

　　口服给药后，药物或在消化道内透过上皮细胞后进入血液，随体循环系统分布到各组织器官而发挥疗效；或在病变部位释出，发挥局部治疗作用。口服给药顺应性好，是药物研发过程中首选的给药途径。但是，口服给药吸收较注射给药慢，不适用于急救，对意识不清、呕吐不止、禁食等患者也不宜用此途径给药。

　　临床常用的固体制剂包括散剂、颗粒剂、片剂、胶囊剂、滴丸剂、膜剂、丸剂等。一般来讲，固体制剂主要供口服给药使用，但也有少量特例，如用于可溶片（soluble tablet）、阴道片（vaginal tablet）等。将药物制成固体制剂主要是基于以下原因：①大多数的活性药物成分（API）均是以固体形式存在，将其制成固体制剂，制备工艺相对简单，成本相对低廉；②相较于液体制剂，固体制剂的物理、化学和生物稳定性均较好；③固体制剂的包装、运输、使用较为方便。

口服固体制剂在体内一般须经崩解、分散、溶出过程，药物溶解或按照适宜的方式分散于消化道内液体后方可被吸收。固体制剂中药物吸收的速率主要受药物的溶出以及跨膜转运过程限制。药物跨膜转运吸收与药物的分子量、脂/水溶性、浓度等有关。一般地，当药物溶出或释放速率足够快时，跨膜转运是药物吸收的限速步骤，但当药物的溶出或释放速率较慢时，溶出或释放可能成为药物吸收的限速步骤。下面将简要介绍临床常用的口服固体制剂。

一、散剂

散剂（powder）系指药物与适宜的辅料经粉碎、均匀混合制成的干燥粉末状制剂，可供口服或局部外用。散剂是较为古老的剂型，在中药制剂中有着广泛的应用。《中国药典》（2020年版）对不同给药途径散剂的粒度规定为：口服散剂应为细粉，粉末全部通过五号筛（80目），并且通过六号筛（100目）的细粉不少于95%；局部用散剂应为最细粉，粉末全部通过六号筛，并且通过七号筛（120目）的细粉不少于95%。散剂具有高度分散的特性，因此在口服后无需历经崩解、分散的过程即可直接释药，故散剂拥有起效快的优点。但快速释药的特点也带来了难以掩盖药物不良臭味、血药浓度升高过快等问题。

上述问题可采用微囊化的方法加以解决。微囊系利用天然或合成的高分子材料将固体或液体药物包裹而成的粒径为1～250 μm的微型胶囊。通过将药物制成微囊，再根据临床需要将微囊化的药物制成散剂，不仅可以掩盖中药本身的不良臭味，还可以使其具有缓释特性，降低剂量或胃肠道刺激性，从而大大提高了中药的顺应性和安全性，特别适用于那些活性强、毒性大或用于慢性疾病治疗的中药。

散剂除可直接作为剂型外，其药物-辅料混合物的本质也是其他剂型如颗粒剂、胶囊剂、片剂、混悬剂、气雾剂、粉雾剂和喷雾剂等制备的中间体。因此，散剂的制备技术与要求在其他剂型的生产中也具有重要意义。

二、颗粒剂

颗粒剂（granule）系指原料药物与适宜的辅料混合制成的具有一定粒度的干燥颗粒状制剂，可直接吞服或冲服。颗粒剂可以理解为是在散剂（均匀的药物-辅料混合物）的基础上，加入黏合剂使粉末黏结成具有一定粒度的粒子。因具有一定尺寸，颗粒剂的功能化较散剂更容易实现。根据功能，颗粒剂可分为**可溶颗粒**（通称为颗粒）、**混悬颗粒**、**泡腾颗粒**、**肠溶颗粒**、**缓控释颗粒**等。制备颗粒剂的目的是克服散剂的以下缺点：①飞散性、附着性、团聚性、吸湿性等均较少；②多种成分混合后用黏合剂制成颗粒，可防止各种成分的离析；③贮存、运输方便；④必要时对颗粒进行包衣，根据包衣材料的性质可使颗粒具有防潮性、缓释性或肠溶性等。

颗粒剂可通过干法或湿法制粒制得，其中湿法制粒包括挤压制粒法、高速搅拌制粒法、转动制粒法和流化床制粒法。流化床制粒过程中若进行包衣，可制成缓释、控释、迟释颗粒以满足临床需求。以肠溶颗粒为例：包被肠溶衣的颗粒在胃中几乎不释放药物，在进入肠道后，随着肠溶材料的溶解而大部分或全部释放药物。肠溶制剂属于迟释制剂的一种，可以防止药物在胃内分解失效，避免对胃的刺激。

三、微丸

微丸（pellet）是直径0.5～1.0 mm范围内的球形或类球形固体剂型，也可装入胶囊、压制成片剂，或制成其他制剂。微丸是一种多单元口服剂型，通常单次给药的药量由几十至几百个小丸组成。与颗粒剂类似，也通过包衣或引入阻滞材料的方式制备缓控释、肠溶等不同释药行为的微丸。

与颗粒剂相比，微丸在外观、制备工艺、应用等方面具有独自的特点：

① 外形美观，流动性好。微丸灌装胶囊时不需助流剂，相比于用粉末装填胶囊重量差异小，常用来制备复方制剂。

② 载药范围宽。

③ 可制成缓控释制剂。微丸包衣制成缓释、控释或定位释放的制剂易行、质量可靠、批间重现性好。

④ 释药稳定。微丸口服后受胃排空因素影响较小，药物吸收速率平稳。

⑤ 有利于药物吸收，生物利用度高。

⑥ 可改善药物的稳定性，如避免多种药物间的配伍禁忌、减缓药物降解速率等。

⑦ 降低药物对消化道的刺激性，掩盖某些药物的不适味道等。微丸到达体内后与体液的接触面积比片剂及其他制剂大，微丸在胃肠道中广泛分布，不会因局部药物浓度过大而产生不良反应及局部刺激性。

微丸可压制成片或填充胶囊，也可将药物制成速释、缓释或控释的微丸制剂。缓控释微丸根据组成结构及释药机制的不同又分为**骨架型微丸**、**膜控型微丸**及**骨架与膜控技术结合型微丸**。其中，骨架与膜控技术结合型微丸较为常见，根据药物的性质选择合适的骨架材料（亲水凝胶骨架材料、溶蚀性骨架材料等）制备骨架型微丸，在骨架型微丸基础上选择合适的衣膜材料（胃溶型、肠溶型、缓控释包衣材料）进行包衣，从而调节药物的释放速率。除包衣外，也可通过改变微丸粒径以控制微丸的释药时间和部位：小于400 μm的微丸易被固有的环形皱襞截留，灌胃给药5小时后肠道滞留率在90%以上，从而实现全肠道贴壁控释，有效延长胃肠道滞留时间，充分发挥药物作用，提高药物的生物利用度。

四、片剂

片剂（tablet）系指药物与适宜的辅料制成的片状固体制剂。由于呈分散状态的散剂、颗粒剂体积大，在贮存、运输、使用过程中多有不便，于是将其压制成片状以缩小体积，方便使用。同时，压片后可进一步在片剂外包衣以隔绝水汽、氧气，因此吸湿性减少、稳定性增加。片剂可压制成任意形状，但圆形片中应力较为分散，不易裂片，因此应用最为广泛。近年来，由于压片机械不断进步，已经可以高质量地压制出各种异形片（如椭圆形、胶囊形、方形、菱形、卡通外形等），从而起到防伪或改善顺应性的作用。

1. 片剂的特点

（1）优点　①剂量准确，服用方便；②物理、化学稳定性较好；③运输、携带方便；④生产成本低；⑤可以满足不同临床医疗的需要，如速效（口腔崩解片）、长效（缓释片）、口腔局部用药（口含片）、阴道局部用药（阴道片）等。

（2）缺点　婴幼儿、老年患者及昏迷患者不易吞服，并且部分缓控释片剂的处方与制备工艺较为复杂，质量控制要求高。

2. 片剂的分类

片剂以口服片剂为主，另有口腔用片剂、外用片剂等。

（1）口服片剂

① 普通片剂：药物与辅料混合压制而成的普通片剂。

② 包衣片剂（coated tablet）：系在普通片剂的表面包被衣膜的片剂。根据包衣材料的不同，包衣片可取相应的名称。包衣材料为蔗糖的称**糖衣片**（sugar-coated tablet），主要对药物起保护作用或掩盖不良气味和味道，如小檗碱糖衣片；包衣材料为普通高分子成膜材料（如羟丙基甲基纤维素）的称**薄膜衣片**（film coated tablet），其作用主要是保护和掩味；包衣材料为肠溶性高分子材料的称**肠溶片**（enteric coated tablet），该类片剂在进入肠道后方可溶出/释出药物，可防止药物对胃的刺激，或防止药物的胃内降解。

③ **泡腾片**（effervescent tablet）：系指遇水可产生大量气体并导致药片崩解的片剂。通常含有碳酸氢钠和有机酸，遇水时两者反应生成大量的二氧化碳气体而呈泡腾状。有机酸可选用枸橼酸、酒石酸等。泡腾片在生产过程中需严格控制物料中的水分，防止碳酸氢钠与有机酸提前反应。

④ **咀嚼片**（chewable tablet）：指在口腔中咀嚼后吞服的片剂。通常加入蔗糖、甘露醇、山梨醇、薄荷、食用香料等以调节口味，如碳酸钙咀嚼片。

⑤ **分散片**（dispersible tablet）：系指在水中能迅速崩解并均匀分散后服用的片剂。水中分散后可直接饮用，也可将片剂直接置于口中含服或吞服。一般来讲，分散片中所含的药物是难溶性的，分散后呈混悬状态，如头孢克肟分散片等。分散片中可添加助悬剂，如瓜尔胶，在分散后可增加混悬液的黏度以维持混悬状态。

⑥ **缓释片**（sustained-release tablet）：在规定的释放介质中缓慢地非恒速释放药物的片剂。与相应的普通制剂相比，具有服药次数少、作用时间长、毒副作用少的特点，如盐酸吗啡缓释片。

⑦ **控释片**（controlled-release tablet）：在规定的释放介质中缓慢且恒速地释放药物的片剂。与相应的缓释片相比，血药浓度更加平稳，如硝苯地平控释片。

⑧ **多层片**（multilayer tablet）：由两层或多层构成的片剂。每层含不同的药物和辅料，这样可以避免复方制剂中不同药物之间的配伍变化，或者制成缓释和速释组合的双层片，如胃仙-U双层片、马来酸曲美布汀多层片。

⑨ **口腔崩解片**（orally disintegrating tablet）：在口腔中能迅速崩解的片剂，一般吞咽后发挥全身治疗作用。特点是服药时不用水，特别适合有吞咽困难的患者或老人和儿童。常加入山梨醇、赤藓糖、甘露醇等作为矫味剂和填充剂，如法莫替丁口腔崩解片、氯雷他定口腔崩解片等。

（2）口腔用片剂

① **舌下片**（sublingual tablet）：系指置于舌下能迅速溶化，药物经舌下黏膜吸收而发挥全身作用的片剂。可避免肝脏对药物的首过效应，主要用于急症的治疗，如用于心绞痛急救的硝酸甘油舌下片。

② **口含片**（troche，lozenge）：系指含于口腔中缓缓溶化产生局部或全身作用的片剂。含片中的药物应是易溶性的，主要起局部消炎、杀菌、收敛、止痛或局部麻醉作用，如复方草珊瑚含片等。

③ **口腔贴片**（buccal patch）：系指粘贴于口腔内，经黏膜吸收后起局部或全身作用的片剂。

（3）外用片剂

① **可溶片**（soluble tablet）：系指临用前能溶解于水的非包衣片。一般用于漱口、消毒、洗涤伤口等，如复方硼砂漱口片、利福平（眼用）片等。

② **阴道片**（vaginal tablet）与**阴道泡腾片**：系指置于阴道内发挥作用的片剂。主要起局部消炎、杀菌、杀精子及收敛等作用，也可用于性激素类药物，如壬苯醇醚阴道片、甲硝唑阴道泡腾片等。

五、胶囊剂

胶囊剂（capsule）系指将原料药物或与适宜辅料充填于空心胶囊或密封于软质囊材中制成的固体制剂。

1. 胶囊剂的特点

①掩盖药物的不良臭味，提高患者的顺应性；②提高药物稳定性；③实现液态药物的固体化；④可延缓、控制或定位释放药物。

2. 胶囊剂的分类

根据胶囊剂的理化特性，胶囊剂可分为**硬胶囊剂**、**软胶囊剂（胶丸）**、**缓释胶囊剂**、**控释胶囊剂**和**肠溶胶囊剂**，主要供口服用。

（1）**硬胶囊剂**（hard capsule） 系指采用适宜的制剂技术，将药物（填充物料）制成粉末、颗粒、小片、小丸、半固体或液体等，充填于空胶囊（empty capsule）中制成的胶囊剂。

（2）**软胶囊剂**（soft capsule） 系指将液体药物直接包封，或将药物与适宜辅料制成溶液、混悬液、半固体或固体，密封于软质囊材中制成的胶囊剂。可用滴制法或压制法制备。

（3）**肠溶胶囊**（enteric capsule） 系指将硬胶囊剂或软胶囊剂用适宜的肠溶材料制备而得，或用经肠溶材料包衣的颗粒或小丸填充于空胶囊而制成的胶囊剂。

六、滴丸剂

滴丸剂（dripping pill）系指原料药物与适宜的基质加热熔融混匀，滴入不相混溶、互不作用的冷凝介质中制成的球形或类球形制剂。滴丸基质对药物起到润湿、增溶、防止聚集和抑制结晶的作用，药物以分子、无定形聚集体或微晶状态存在于基质中时，可改善难溶性药物的溶解度、溶出度和吸收速率，从而提高药物的生物利用度。

滴丸剂的特点包括：①设备简单，操作方便，利于劳动保护，工艺周期短，生产效率高；②工艺条件易于控制，质量稳定，剂量准确，受热时间短，易氧化及具挥发性的药物溶于基质后可增加其稳定性；③可使液态药物固体化；④用固体分散技术制备的滴丸具有吸收迅速、生物利用度高的特点；⑤发展出耳、眼科用药的新剂型，五官科制剂多为液态或半固态剂型，作用时间不持久，制成滴丸剂可起到延效作用。

胃肠道内吸收表面积大且转运时间较长，为缓释制剂的长时间释药提供了便利。对于pH依赖性、半衰期短的药物，将其制备成缓释滴丸，可以减少药物给药频率并提高依从性。滴丸采用固体分散技术，选择适宜的基质可实现难溶性药物的快速溶出，适用于小剂量、难溶药物的剂型。

七、膜剂

膜剂（film）系指原料药物与适宜的成膜材料经加工制成的膜状制剂。膜剂的给药途径广，可口服、口含、舌下、眼结膜囊内和阴道内给药，也可用于皮肤和黏膜创伤、烧伤或炎症表面的覆盖。膜剂分为**单层膜、多层膜（复合）与夹心膜**等，其形状、大小和厚度等视用药部位的特点和含药量而定。一般膜剂的厚度为 0.05～0.2 mm，面积为1 cm²的可供口服、0.5 cm²的可供眼用。

膜剂适合小剂量的药物，其优点包括：①药物在成膜材料中分布均匀，含量准确，稳定性好；②一般普通膜剂中药物的溶出和吸收快；③制备工艺简单，生产中没有粉尘飞扬；④膜剂体积小，质量轻，应用、携带及运输方便。其缺点是载药量小。采用不同的成膜材料可制成不同释药速率的膜剂，既可制备速释膜剂又可制备缓释或控释膜剂。

膜剂按照给药途径分为2种，即**供口服用**和**供黏膜用**。目前膜剂在口腔中的应用逐渐广泛，**口腔膜剂**（oral film）为一种新型的口服制剂，轻便、工艺简单、顺应性好等特点使其近年来受到关注和重视。口腔膜剂既可发挥局部治疗作用，也可通过药物经胃肠道或口腔黏膜入血而发挥全身治疗作用。口腔中舌下黏膜、唇内侧黏膜、颊黏膜处无角化细胞，且这些黏膜厚度较薄，血管丰富，是药物吸收的最佳部位。其中口腔崩解膜、口腔速溶膜等能够在服用后快速溶解，释药迅速，且一部分药物可通过黏膜直接进入血液系统，避免首过效应。

第二节　口服固体速释给药系统

难溶性化合物在胃肠道内溶出不足而生物利用度不佳，这导致一部分低溶解度候选化合物无法成为治疗药物。为解决难溶性药物吸收差的问题，以固体分散技术、药物微纳米化技术、药物包合物技术等为基础的速释、速效制剂得到了较快的发展。口服速释固体制剂具有速崩、速溶、起效快的特点，提高难溶性药物的生物利用度，以较小的剂量发挥较大的效果，降低了副作用与用药成本，改善患者顺应性。

一、口服速释固体制剂的定义及特点

固体速释制剂，是指其中的药物可快速溶解以达到迅速起效的固体制剂。为了实现上述效果，口服速释固体制剂在工艺上通常需对难溶性药物进行速释化前处理，如对药物进行微粉化处理、制备固体分散体、制备包合物等方法。此外，还需在处方中加入适量的崩解剂或可溶性成分以加速制剂的崩解。从剂型溶散和药物溶解两个层面保障药物的溶出。因此，口服速释固体制剂的首要特点为释药迅速，有利于提高BCS Ⅱ类药物的生物利用度。在药物快速吸收的前提下，此类药物即具有起效迅速的特点。此外，伴随着剂型在胃肠道内的迅速溶散，药物在胃肠道内广泛分布，局部浓度低，可降低部分药物的胃肠道刺激性。

二、口服速释固体制剂的类型

（一）分散片

分散片（dispersible tablet）系指在水或胃液中能迅速崩解并均匀分散的片剂。可在水中分散后饮用，也可于口中含服或吞服。

与普通片剂、胶囊剂等固体制剂相比，分散片具有服用相对简便、崩解迅速、生物利用度高等特性。分散片由多种崩解剂与具有助悬效果的辅料组合而成，能在水中散开之后进行吞服、嚼服等，比较适合老人、儿童与其他一些吞咽困难患者服用。

（二）速释固体分散体制剂

速释固体分散体制剂系指以聚乙二醇、聚维酮等水溶性聚合物为载体材料，药物以分子、微晶或无定形状态分散于水溶性载体中构成的一种固体分散体系以增加难溶性药物的溶出速率，再通过添加适当的辅料与选用适宜的制剂工艺可将其进一步制成颗粒剂、片剂、胶囊剂、滴丸等。

（三）口腔崩解片

口腔崩解片（orally disintegrating tablet，ODT）系指在口腔中可迅速崩解的片剂。分散片中的药物可通过口腔或消化道黏膜吸收，生物利用度比普通制剂高。ODT还具有服用方便、起效快、局部治疗作用等特点，从而成为当前新剂型领域备受关注的研究热点。该剂型对儿童患者、老年患者、精神病患者与行动不便患者较为适宜。因此，目前已有解热镇痛类、抗精神类、消化改善类、抗过敏类、抗肿瘤类药物的口崩片上市。2003年8月，国家食品药品监督管理局（CFDA）将速释片、口腔速溶片及口腔速崩片统一命名为口腔崩解片，并作为新制剂加以评审。

1. 速释片

速释片是由药物与适当的速释材料混合制成，服用后遇到体液可迅速崩解释放出药物，血药浓度上升较快，同时可在一定时间内保持药效，治疗效果提升明显，如硝酸甘油片含于舌下迅速作用而缓解心绞痛。

2. 口腔速溶片

口腔速溶片系指在口腔中能迅速溶解的片剂，一般吞咽后发挥全身作用。在使用的时候直接放进嘴里，接触唾液后迅速溶解，特别适用于吞咽困难或无服药意愿的患者。基于冷冻干燥工艺的冻干速溶片出现于20世纪70年代，该类片剂拥有较高的孔隙率，在选择较强亲水性辅料且药物-辅料比例适当的前提下，可在口腔内迅速溶解，产生类似"入口即化"的效果。冻干速溶片溶解迅速，药效良好，且不易在运输、贮存中出现破碎现象。

3. 口腔速崩片

口腔速崩片为在唾液或少量水的作用下可在口腔内迅速崩解的片剂。该类片剂通过选择适当的崩解剂和压制工艺，使得片剂兼具适宜的硬度和疏松度。服用后15～30 s即可在口腔内崩解。

（四）固体自（微）乳化释药系统

固体自（微）乳化释药系统［solid self-（micro）emulsifying drug delivery system，S-S(M)EDDS］是将传统的液体自乳化制剂固化而成，以期结合自乳化制剂和固体制剂的优点，并克服传统液体自乳化制剂的缺点。

液体自（微）乳化释药系统［S(M)EDDS］是在胃肠道内或在环境温度（通常指37℃）及温和搅拌的情况下自发形成水包油型纳米乳的药物递送系统。可显著改善药物溶解度和溶出速率，提高生物利用度。然而，S(M)EDDS 通常为液态，存在稳定性差、贮存时间短的缺点。因此研究人员将自（微）乳化浓缩液与适宜的固化载体混合制成固体制剂，即固体自（微）乳化释药系统。S-S(M)EDDS 兼有 S(M)EDDS 和固体制剂的特点，在提高难溶性药物溶解度、溶出速率和生物利用度的同时，还能减小胃肠道刺激、增加稳定性、提高顺应性等，很大程度上弥补了液体自（微）乳化释药系统的缺点，是一种更受青睐的药物传递系统。

（五）口腔膜剂

口腔膜剂（oral film）系指原料药物与适宜的成膜材料经加工制成的直接释放药物到口腔中或到胃肠道吸收的膜状制剂。具有释药迅速、给药方便、患者顺应性好、生物利用度高等优势。此外，该类剂型生产过程中耗能少、粉尘少、成本低、生产效率高，有望替代部分传统口服固体剂型。口腔膜剂按照吸收部位的区别，可分为直接在口中释药并在口腔/胃肠道吸收的**口溶膜**和通过黏膜吸收以避免首过效应的**颊膜/舌下膜**两个大类。

（六）其他速释制剂

其他速释制剂包括多种药剂类型，并且都有各自的特点。

口含片（buccal tablet）系指含于口腔中缓慢溶化产生局部或全身作用的片剂。

舌下片（sublingual tablet）系指置于舌下能迅速溶化，药物经舌下黏膜吸收发挥全身作用的片剂。

咀嚼片（chewable tablet）系指于口腔中咀嚼后吞服的片剂。

可溶片（soluble tablet）系指临用前能溶解于水的非包衣片或薄膜包衣片剂。

泡腾片（effervescent tablet）系指含有碳酸氢钠和有机酸，遇水可产生气体而呈泡腾状的片剂，不得直接吞服。

散剂（powder）系指原料药物或与适宜的辅料经粉碎、均匀混合制成的干燥粉末状制剂。

三、口服速释固体制剂的制备方法

（一）分散片的制备方法

分散片的制备工艺与一般片剂相同，但由于分散片对崩解、溶出速率有要求，故有其特点。

1. 药物的前处理

药物的前处理包括**药物微粉化**（包括微米化或纳米化）、**制备包合物**或**制备速溶型固体分散体**等。药物微粉化的方法有机械粉碎法、微粉结晶法等。药物单独微粉化虽可减小粉末粒度，增大比表面积，但粒子的表面自由能也随着比表面积增大，达到一定程度后为降低体系界面能，小粒子会重新聚集，反而阻碍药物的溶出，因此需添加适量的稳定剂。制备包合物可借助主体分子（通常是环糊精或其衍生物）与药物分子间的超分子相互作用实现药物溶解度的调节。采用亲水性载体材料制备固体分散体可实现难溶性药物的速释化，相关内容将在下一节中进行讨论。

2. 崩解剂的加入方式

崩解剂的加入方式有"**内加法**""**外加法**""**内外加法**"三大类。分散片对崩解速率要求较高，通常采取"内外加法"的方式添加崩解剂，即外加一种（或一部分）崩解剂使药片迅速崩解为粗粒，而内加一种（或一部分）崩解剂确保颗粒的迅速崩解，进而快速释药。

3. 颗粒结构设计

采用流化床一步造粒或真空造粒机制粒制成的颗粒近球形，粒度小而均匀，而且颗粒有气孔，因而流动性与可压性均较好，药物溶出效果也好。

4. 辅助溶出辅料的实验

将某些难溶性药物与亲水性辅料一起研磨，在降低药物粒径的同时可防止粒子的聚集，并可增加粒子表面的润湿性，从而提高药物的溶出。此外，还可向物料中引入适量的表面活性剂，借助其润湿作用加速制剂的崩解，从而加速药物溶出。

5. 控制颗粒粒径

药物溶出度与颗粒粒径大小有关，粒径越小，药物溶出越快。分散片的湿粒要求在1 mm（18目）以下，干颗粒整粒要求在0.6 mm（30目）以下，甚至要求在0.305 mm（约50目）以下，这远比一般片剂的颗粒要小。

（二）速释固体分散体的制备方法

固体分散体的常用制备方法包括**熔融法**（melting method）、**溶剂法**（solvent method）和**熔融溶剂法**（melting solvent method）。其中药物的分散状态视载药量与药物-载体相容性的不同，可能为分子分散、无定形分散或微晶分散。

1. 熔融法

熔融法的基本原理是通过加热使药物和载体材料均匀混合，使药物以分子状态分散于载体材料中，随后骤冷以锁定分散状态形成固体分散体。其操作过程为将药物和载体的物理混合物直接加热至其共晶温度以上，然后在搅拌下将熔融体迅速冷却固化，粉碎过筛后得到固体分散体，再经加工得到所需剂型。熔融法适合对热稳定的药物和熔点较低的载体材料。工业上常用**热熔挤出技术**（hot melt extrusion）制备固体分散体，采用亲水性载体材料制备的固体分散体可以提高难溶性药物溶出度、改善生物利用度。

2. 溶剂法

溶剂法是制药工业中常用的固体分散体制备方法。该方法的基本原理是将药物与载体材料溶解于适宜的溶剂中形成均一的溶液，随后挥去溶剂以锁定分散状态形成固体分散体。其操作过程为将药物与载体溶解在挥发性溶剂中进行均匀混合，再通过搅拌蒸发溶剂获得固体分散体，将固体分散粉碎过筛经不同工艺制备成制剂。溶剂法适合于热不稳定、易溶于有机溶剂的药物和载体材料，常用的有机溶剂有氯仿、无水乙醇、丙酮等，但需对产物的溶剂残留量进行控制。

3. 熔融溶剂法

熔融溶剂法最先由 Arthur H.Goldberg 等人建立，以琥珀酸为载体、甲醇为溶剂，制备了灰黄霉素固体分散体以改善其溶出速率。熔融溶剂法是熔融法和溶剂法的结合，首先将药物溶解在合适的溶剂中，随后与熔融的载体材料混匀，再将混合物加热蒸干。该方法的加热温度通常较低，适用于高熔点或高温不稳定药物。

对于固体分散体的后处理，不同工艺所制备的固体分散体，其宏观形态各不相同。例如喷雾干燥法所制备的固体分散体颗粒，其粒径较小、比表面积较大、呈现多孔结构，颗粒存在明显聚集。而采用热熔挤出工艺（熔融法）所制备的固体分散体在外观上与玻璃类似，需经粉碎或研磨等工艺，再过筛处理得到所需粒径的固体分散体颗粒。热熔挤出法所制备的固体分散体经粉碎后，颗粒形态不规则、内部结构致密。

（三）口腔崩解片的制备方法

口腔崩解片的制备方法主要有**冷冻干燥法、模制法、粉末直接压片法、湿法制粒压片法和干法制粒压片法**5种。冷冻干燥法制备的速溶片孔隙率高、崩解迅速，但制剂设备和条件要求严格，工业化成本较高；模制法适用范围较小，在国内应用较少；粉末直接压片法和制粒压片法是片剂制备的两种常规方法，操作简单，大规模生产可行性强。粉末直接压片法和干法制粒压片法分别对物料的流动性和干黏结性要求较高，因此湿法制粒压片法在口腔崩解片的制备中较常用。在口腔崩解片的制备过程中，需结合药物成分和辅料的粉体学性质选择适宜的制备方法。

1. 粉末直接压片法

粉末直接压片法（direct compression method）通过将API和稀释剂、黏合剂、崩解剂、润滑剂等进行混合，然后压片。该法避开了制粒过程，因而省时节能、工艺简便、工序少，适用于湿热不稳定的药物，但也存在因粉末流动性差、可压性不足造成的片重差异大、松片、裂片等问题，致使该工艺的应用受到了一定的限制。

粉末直接压片法适用于：①稳定性较差的药物，如酯类、酰胺类药物或易氧化药物等，上述药物湿颗粒干燥过程中可能因受热、受潮而发生降解，造成疗效下降甚至引发毒副作用；②低熔点药物，如环扁桃酯（熔点约55℃）等，干燥过程中可能因药物熔融而发生颗粒聚结；③极易溶于水的药物，该类药物在湿颗粒干燥时可能发生药物迁移，造成颗粒含量均匀度下降，进而引起片剂含量差异不合格；④共熔的复方药物，如麻黄素、盐酸苯海拉明，若用其他方法会出现共熔问题，会严重影响烘干效果，不利于片剂生产质量的提升。

2. 制粒压片法

制粒是药物片剂制备过程的关键单元操作之一。通过制粒可提高粉末物料的密度、改善物料的流动性、减小粉末混合物**离析**（segregation，指粉末混合物达到最佳的混合状态后向反方向变化的现象，是与混合均匀相反的过程）的倾向、减少粉尘等。制粒技术通常可分为**干法制粒**（包括辊压制粒和重压制粒等）、**湿法制粒**（如高速剪切湿法制粒、流化床制粒）和**其他制粒**（如热熔挤出制粒等）。

（1）湿法制粒　系指在药物粉末中加入黏合剂或润湿剂先制成软材，过筛而制成湿颗粒，湿颗粒干燥后再经过整粒得到目标粒径颗粒的方法。制得的颗粒具有外形美观、流动性好、耐磨性强、压缩成型性好等优点，在医药工业中应用最为广泛，但是热敏性、湿敏性、极易溶性等物料不宜采用此法。湿法制粒主要包括混合、制软材、制湿颗粒、湿颗粒干燥及整粒等过程。

（2）干法制粒　系将药物与适宜的辅料混匀后，用适宜的设备直接压成胚片，再破碎成所需大小颗粒的方法。该法靠压缩力的作用使粒子间产生结合力，可分为**重压法和辊压法**。重压法又称大片法，系将固体粉末先在重型压片机上压成直径为20～25 mm的胚片，再破碎成所需大小的颗粒。辊压法系利用辊压机将药物粉末辊压成片状物，通过颗粒机破碎成一定大小的颗粒。干法制粒常用于热敏性物料、遇水不稳定的药物及压缩易成形的药物，方法简单、省工省时。但应注意压缩可能引起晶型转变及活性降低等问题。

3. 模制法

模制法是口腔崩解片的常用制备方法，是将药物粉末与辅料提前用水或者乙醇润湿，压入模板中形成湿润团块，再经减压干燥，或者将药物直接溶解或混悬在熔融基质中，常压下蒸发掉基质中的溶剂，从而制得口腔崩解片。

（四）固体自（微）乳化释药系统的制备方法

固体自（微）乳化释药系统由对液体自乳化系统进行固化处理后再经适宜的制剂工艺获得，包括干乳剂、片剂、微丸、栓剂、植入剂等在内的各种剂型。固化处理的方式对该体系的载药量、后续加工便利性、体内外药物释放效果乃至治疗效果均有较大影响，是需要着重研究的环节。

1. 喷雾干燥法

将自乳化体系与适量水混合形成自微乳后，加入适宜比例的固体吸附载体和增溶介质，混匀后，将混合物喷入热空气室中，水分逐渐蒸发后得到干燥的微粒，粉末状干燥微粒即可作为中间体用于散剂、胶囊剂、片剂等剂型的制备。制得的固体自（微）乳系统中药物以分子状态或无定形状态存在，在胃肠道内能更好吸收。

2. 固体载体吸附技术

将自乳化体系与适宜的固体载体（通常具有较高的比表面积）混合，使其吸附到固体载体界面上，获得流动性较好的颗粒或者粉末，并作为中间体用于后续剂型的制备。此方法操作过程简单，设备要求低，但为确保中间体的流动性，固体载体的用量通常较高，导致最终制剂中载药量较低，不适于规格较高的药物。

3. 挤出滚圆技术

将自乳化体系吸附到固体载体上制成固体自（微）乳颗粒，将其与稀释剂、黏合剂、崩解剂等辅料混合均匀，得到塑性软材，经挤出设备挤出后高速旋转滚圆，形成颗粒大小均匀的微丸。此方法生产效率高、载药量大、流动性好，结合了微丸胃肠道刺激性低的优势，并可进一步包衣以调节释药速率，但其受工艺条件和辅料处方等因素的影响较大。

4. 球晶造粒技术

该法是利用药物和辅料在不同溶剂中的溶解度差异，在混悬液中完成析晶和聚集成球形颗粒的新型造粒技术。操作时先根据物料性质选择溶剂系统制备均匀混悬液，然后对其进行干燥处理。此方法稳定性好、成本低，且载药量大，并可满足缓控释、肠溶等多种需求。

（五）口腔膜剂的制备方法

口腔膜剂的制备方法包括**溶剂浇铸法**、**半固体制备法**、**热熔挤出法**、**固体分散挤出法**、**滚动制备法**等。其中溶剂浇铸法最常用，其操作过程为：水溶性辅料与药物充分溶解或分散于适宜溶剂中，搅拌均一后倾倒于平坦器具上，适宜温度下蒸干溶剂即得。以溶剂浇铸法制备水溶性药物膜剂，最常用的纤维素衍生物为成膜材料，PEG为增塑剂，首先制备水溶液，经除泡、铺膜、烘干、脱膜等过程制备膜剂。

四、口服速释固体制剂新技术

（一）分散片制备新技术

分散片需在尽可能短的时间（3 min）内在水中分散并形成均匀的混悬液，因此选择适当的辅料和控制药物与辅料的粒度成为控制其质量的关键因素。

对药物进行微粉化处理是确保崩解和溶出的关键措施。可以通过**气流粉碎、万能粉碎、介质研磨、高压均质**等方法将固体药物微粉化。微粉化的过程中可加入胶态二氧化硅或PVP等辅料对药物粉末表面进行修饰，起到防聚结、改善流动性的作用。此外，难溶性药物分散片中可加入适量表面活性剂，借助其润湿作用确保水分对片剂的渗透，防止崩解迟缓。

部分药物味道不佳，制成分散片后患者服药顺应性较低。可引入胃溶型包衣材料对药物颗粒进行包裹，同时加入适宜的矫味剂以改善口感。此时需注意控制包衣颗粒的粒径在200 μm以下，从而降低沙砾感。

（二）速释固体分散体制备新技术

近年来，为了寻求高效、无污染的方法制备固体分散体，**超临界流体技术、微波淬冷技术、微环境pH修饰技术、高速静电纺丝技术**等新型技术也逐步发展并应用于生产。

1. 超临界流体技术

二氧化碳（CO_2）具有价廉易得、无毒无污染、超临界条件容易达到等优势，所以CO_2常作为流体使用。超临界CO_2适中的临界温度和惰性气体性质可防止热敏性与易氧化物质被破坏，它的优点还有高渗透性、低黏度、低表面张力及可循环利用，省时增效。

2. 微波淬冷技术

微波淬冷技术是将药物与载体的混合物放置于微波发生装置中熔融，待完全熔融后，趁热取出，液氮（-196℃）骤冷以防止药物重结晶并固化，随后粉碎至适宜的粒度并作为中间体用于具体剂型的制备。

3. 微环境pH修饰技术

微环境pH修饰技术（micro-environment pH modification technology）是将酸或碱加入到含有弱碱或弱酸性药物的制剂中，通过形成酸性/碱性微环境使药物离子化以改善其溶解度，从而调节药物的释放。向固体分散体中加入pH调节剂，可使药物以可溶性盐的形式存在，改变其结晶行为与溶解性，从而延缓或抑制老化现象，有利于固体分散体物理稳定性的维持。

4. 高速静电纺丝技术

高速静电纺丝技术（high speed electro-spinning technology）是一种前景良好的固体分散体制备新技术，可以连续高效地生产载药的聚合物纳米纤维。高速静电纺丝技术在固体分散体制备上具有较高的灵活性与可扩展性，为基于固体分散体技术的药品研发开辟了新的途径。

（三）口腔崩解片制备新技术

1. 控制口腔崩解片载药量的制剂新技术

（1）"棉花糖"技术　"棉花糖"技术是以瑞士Fuisz公司研发的Flashdose技术为基础，利用独特的旋转机械装置将多糖类辅料在快速熔融和离心力的作用下处理制成类似棉花糖的多糖基质，部分多糖基质经重结晶后粉碎，与药物和其他辅料混合后直接压片，制成口腔崩解片。该技术制得的多糖基质具有良好的流动性和可压性，以及一定的机械强度，可负载大剂量的药物，但不适用于热敏感药物口腔崩解片的制备。

（2）3D打印技术　3D打印技术是在计算机设定的参数下将药物与物料粉末层层叠加打印，再用润湿液黏结成型的制备新技术（图7-1）。口腔崩解片的3D打印过程简单快速，主要通过软件设计和特定参数设置控制片剂性状和大小来实现制剂的个体化分剂量，可以制备出性能优良、剂量可控的片剂，为药物剂型设计在实现个体化医疗方面提供了新的思路。

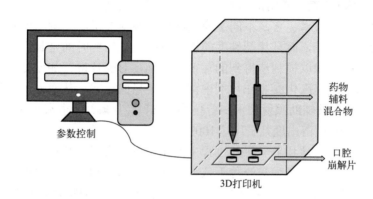

图7-1　3D打印技术

2. 改善口腔崩解片口感的制剂新技术

（1）包合物技术　包合物技术是将药物分子（客体分子）全部或者部分包藏于另一种分子（主体分子）的空穴结构内形成复合物的制剂技术。包合作用的主体分子以环糊精及其衍生物最为常用。在包合物形成后，药物中产生不良味道的基团可能进入主体分子的空穴结构中，阻碍了其与味蕾的接触，从而起到掩味的作用。形成的包合物是一种制剂中间体，其可以继续与其他辅料混合制备口腔崩解片。此外，采用水溶性基团修饰的环糊精衍生物制备包合物，还可实现药物的速释。

（2）固体分散体技术　固体分散体技术利用难溶性载体的包覆作用减少药物在唾液中的溶解量，进而掩盖药物的刺激性味道，同时还能减缓药物的氧化水解，提高药物的稳定性。该技术的掩味效果随固体分散体颗粒的增大而增加，但需注意控制粒径上限以避免沙砾感的产生。

（3）离子交换技术　离子交换树脂是含有可以电离基团的高分子聚合物。在一定pH条件下，药物通过离子交换作用吸附在树脂上，形成药物-树脂复合物。由于口腔内唾液量少，且药物在口腔内停留时间相对较短，药物-树脂复合物在口腔中发生解吸附的时空窗口有限，使得口腔内药物浓度低于味觉阈值，产生掩味作用。

（4）微囊化技术　微囊化技术是利用天然或者合成的高分子材料为囊材，将药物包裹或者分散在高分子材料中制成微囊的制剂技术。所得微囊可作为载药中间体与崩解剂、矫味剂、润滑剂、填充剂等辅料混匀后压片，制得口腔崩解片。采用微囊化技术制备的口腔崩解片能够将药物包裹在微囊内，有效掩盖药物的不良味道，并提高药物的稳定性。

3. 提高口腔崩解片硬度的制剂新技术

（1）固态溶液技术　固态溶液技术也是基于冷冻干燥法的一种衍生新技术，同样适用于热敏性药物。该技术解决了冷冻干燥法制得的片剂硬度不足的问题。该技术将明胶、果胶、黄原胶、羟乙基纤维素、甘露醇等骨架材料溶解在第1溶剂中,降低温度至低于或等于第1溶剂的凝固点,冷冻固化第1溶剂后,加入第2溶剂置换出第1溶剂,挥发除去残余的第2溶剂,得到具有高孔隙率的空白骨架,再将药物溶液加入载有空白骨架的模具中,经真空干燥除去相应溶剂后,制得口腔崩解片。药物可以根据其溶解性选择在空白骨架制备前或制备后加入。该技术对溶剂要求较为苛刻,第1溶剂需满足能够溶解骨架材料,且与第2溶剂互溶,常用溶剂为水和聚乙二醇等。第2溶剂应与骨架材料不溶,凝固点低于第1溶剂,但挥发性高于第1溶剂,常用溶剂为无水乙醇和异丙醇等。

（2）微波辅助照射技术　它是不同于模制法的一种新技术。模制法的缺点在于制备的口腔崩解片硬度一般较差,而且片剂硬度的提高可能造成崩解时间延长、溶出速率降低等问题。微波辅助照射技术以模制法得到的片剂为基础,对药片进行加湿处理后再进行微波辅助照射,借助水分快速汽化膨胀在片剂中留下一定量的空穴,从而保留整体硬度但不影响崩解。例如,采用微波辅助照射技术制备拉莫三嗪口腔崩解片,其硬度大于 5 kg/cm^2,崩解时间小于 30 s,5 min 时溶出度几乎可达100%。

（3）高压二氧化碳辅助技术　压片过程中的压力可能会损坏片剂中用于掩味或缓释的包衣层。高压二氧化碳辅助技术是一种不依赖于高温、高湿和高压缩力的新制备技术。例如,利用高压二氧化碳无毒、不可燃且能够溶解药物和辅料的特性,在低压缩力下对药物辅料混合物进行压片,然后通过高压二氧化碳处理以降低聚合物辅料的玻璃化转变温度（T_g）,使得聚合物粒子间相互交联,从而显著增加口腔崩解片的硬度。而且该制剂新技术的出现也为高温、高湿和高压条件下不稳定药物口腔崩解片的制备提供了新的选择。

（四）固体自（微）乳化释药系统的制剂进展

固体自（微）乳化释药系统兼具液体自（微）乳化释药系统和固体制剂的优势,能够解决水难溶性药物溶出度低、生物利用度低的问题,还克服了液体自（微）乳化释药系统便携性差的不足。选择合适的固化载体材料和固体化技术是确保自（微）乳化释药系统充分发挥疗效的前提。随着新辅料、新技术的不断发展,人们对基于自（微）乳化释药系统新制剂的研究也随之深入,这奠定了固体自（微）乳化释药系统更为广阔的应用前景。

1. 过饱和自微乳化胶囊

过饱和自微乳是在原有的自微乳处方中加入过饱和促进剂而形成的一种新型释药系统。过饱和促进剂的加入能明显抑制药物结晶析出,维持药物过饱和状态,从而维持胃肠道中药物浓度,并通过减少表面活性剂的用量以降低胃肠道刺激性。将其封装于胶囊后可保持药物性质稳定,剂量准确,并实现了液态内容物的固化。

2. 自微乳化-磷脂给药系统

自微乳化-磷脂给药系统综合了磷脂复合物和自（微）乳化释药系统的优势:药物-磷脂复合物的形成改善了药物的脂溶性,为其微乳中的担载和后续吸收提供保障;自（微）乳化释药系统则实现了药物-磷脂复合物的增溶,从溶出、吸收两个步骤为生物利用度的提高提供保障。

3. 固体自微乳化固体分散体

固体自微乳化固体分散体指利用固体分散体的液态药物固化性质将液体自（微）乳化释药系统固化到适宜的载体材料中形成的多元分散系统。因药物担载于自（微）乳化释药体系的油相与表面活性剂中，该体系与由药物-载体材料构成的二元固体分散体相比，载药量与物理稳定性受药物-载体相容性影响更小。但是，在辅料选择时需关注载体材料与表面活性剂间的相互作用，防止载体材料与药物争夺乳化剂/油相组分，从而造成药物析晶，影响生物利用度。

（五）口腔膜剂的制剂进展

口腔膜剂未来的市场方向主要会集中在以下几个方向：

1. 儿童用药

儿童药的研发近年来吸引了广泛的关注，但目前儿童药品种数量仍显不足。受临床研究的影响，儿童药研发也面临着较大困难。传统的固体口服制剂在儿童甚至婴幼儿中的应用存在难以忽视的顺应性问题。因此，利用膜剂在患者顺应性上远胜于其他传统固体制剂的优势，开发适应儿童乃至婴幼儿用药剂量的膜剂，对改善用药顺应性、提升用药安全性与合理性具有重要意义。

2. 老年人用药

由于医疗水平日益提高，全球老龄化问题日益严重，老年人用药的市场规模也在不断扩大。与儿童药相类似，老年人因身体机能老化，在吞咽功能、胃肠道蠕动强度、药物代谢速率等方面与青壮年人群相比存在一定差异。从患者顺应性与用药安全性角度考虑，开发老年人用口腔膜剂能有效填补市场空缺，成为口腔膜剂市场的重要部分。

3. 特殊患者用药

特殊患者在此主要指无自主吞咽能力或无主观服药意愿的患者，如术后呕吐、长期昏迷、精神类疾病患者。口腔膜剂无需吞咽，于口腔速溶释药，能很好替代其他剂型所带来的不便，为患者提供药物辅助治疗。因此，对于特殊患者用药也将成为膜剂重要的市场开拓方向之一。

4. 常用应急类药物

对于有长期性、突发性疾病的患者，往往需要常备药物。口腔膜剂在包装上使用单剂量薄膜状包装，方便患者随时取用。另外，膜剂中的药物可通过口腔黏膜迅速吸收，快速起效以控制病情。

综上，口腔膜剂的发展前景良好。首先，与口腔崩解片和冻干片相比，其生产过程简单、环保、能耗低、效率高，而困扰膜剂发展的载药量低与溶出慢的问题，也有望通过将膜剂体系与固体分散体、包合物、微球或纳米粒结合等新型制剂技术相结合解决。其次，口腔膜剂对特殊患者的用药便捷性较高，可用于帕金森病、精神分裂症、阿尔茨海默病等慢性疾病患者的长期用药。另外，对口腔膜剂的研究不断深入，有望在疫苗、多肽和蛋白质等药物的膜剂开发方面取得新的突破。

（六）口服速释固体制剂技术展望

1. 在中药制剂中的应用

目前，口服速释固体制剂在中药制剂领域的应用面临诸多挑战。相关挑战主要存在于：①制剂成型困难，中药原料大致可分为提取物和粉碎物两大类，提取物多为药材经适当工艺纯化后的浸膏或流浸膏，而粉碎物则为药用部位直接粉碎后得到的粉末。上述物料均存在流动性差、易吸湿、压缩成型性差的问题，为相关制剂成型造成了较大的难度。②溶出调控困难，中药原料药成分复杂，各类成分溶解性差异较大，这使得不同活性成分对单一溶出提升手段的敏感性存在差异，对药物速释化前处理以及制剂体内外速释效果的实现带来了挑战。目前，针对液态提取物，可采用介孔二氧化硅吸附的方式实现固化，固化产物流动性良好，并在现有辅料（如微晶纤维素、乳糖）的辅助下可满足可压性要求。针对中药材粉体，可使用胶态二氧化硅、硬脂酸镁等辅料填平表面缺陷以改善流动性。在速释化前处理方面，目前常采用与化药前处理类似的微粉化方法。因此，针对中药的特异性前处理方法开发是目前亟待解决的关键问题。

2. 速溶技术的进一步应用

速溶技术是口服速释固体制剂技术中的重要组成部分，目前这种技术已经接近成熟，但是仍然有很大的提升空间，在实际的制备过程中，可以通过相应的技术来提升整体的溶解速率，利于患者吸收，达到更好的效果。

3. 新型载体材料的应用

制剂中的载体材料承担着人们对口服速释固体制剂的部分功能性要求。目前对载体材料的要求包括良好的药物容纳量、良好的加工成型性能（流动性、可压性等）与良好的溶解/分散性。上述性质可能存在内在的矛盾而难以兼顾，例如普通甘露醇可压性、溶解性良好但流动性不足，但经喷雾干燥处理获取球形甘露醇后，其流动性大为改善。故对载体材料进行微观结构改良是扩大其应用范围的重要手段之一。此外，兼顾多方面性能的复配辅料的研发与应用已成为目前研究的重点之一。

口服速释固体制剂技术的发展前景主要是：

① 进一步提升用药便捷性和时效性，通过相应的制药机械能够将药物进行速释化处理，在处理的过程中能够充分发挥出药物自身的价值。

② 针对不同的群体开发不同的口服速释固体制剂类型，在群体水平满足个性化用药需要。

③ 进一步降低成本，简化生产工艺，扩大技术的应用领域，从而为医药企业创造更好的经济效益和社会效益。

第三节　口服固体定速给药系统

一、概述

定速给药系统系指制剂以恒定速率在体内释放药物，基本符合零级动力学规律。定速释放的缓控释新剂型主要有微孔膜包衣片、膜控释小片、肠溶膜控释片、渗透泵片以及具有类似功能的小丸剂、颗粒剂等。药物的定速释放多依赖具有一定渗透性的包衣材料对含药储库进行包裹来实现，相关辅料与工艺较为成熟，目前应用较为广泛。

（一）定速给药的意义

定速释放给药系统以零级（伪零级）或其他特定动力学方式释药，通过调节释放行为并结合药物自身药动学性质，可减小血药浓度波动幅度，降低不良反应发生率，提高疗效。

（二）定速给药系统的理论适应范围

① 半衰期较短，需反复长期给药的药物，如双氯芬酸钠、盐酸普萘洛尔、氨甲环酸、

苦参碱等。

②成瘾性强的药物，如吗啡等，制成定速给药制剂以满足特殊的医疗需要。

（三）定速给药系统的生物药剂学

理想的定速给药系统制剂在体内几乎依从零级速率过程释药，若药物吸收过程不是限速步骤，则药物进入血液循环的速率基本恒定，此时制剂半衰期随剂量的增加而延长，药物从体内消除的时间取决于剂量的大小。

（四）定速给药系统的临床优势

理论上半衰期极短或极长、首过效应明显的药物与抗生素、抗病毒药物不适于制备定速给药系统。但从临床获益的角度评判，上述药物也有定速给药系统面世。因此，目前可用于制成定速给药系统的药物范围较为广泛，并已涉及抗生素、抗心律失常药、降压药、抗组织胺药、解热镇痛药和激素等各方面。目前已上市的定速给药制剂及其临床优势如表7-1所示。

表7-1　已上市的部分定速给药制剂及其特点

已上市的定速给药制剂	制剂结构	释放特征	推荐剂量	给药间隔	适应证
硝苯地平控释片（拜新同®）-德国拜尔	渗透泵片	零级速率释放	拜新同®30 mg片剂 一次30 mg（一次1片），一日1次 拜新同®60 mg片剂 一次60 mg（一次1片），一日1次	24小时	用以治疗高血压和心绞痛
盐酸哌甲酯缓释片（专注达）-美国杨森	推黏式渗透泵片	接近零级速率释放	剂量可根据患者个体需要及疗效而定，为18 mg或36 mg。每日剂量不应超过54 mg	24小时	6岁以上患注意缺陷多动障碍儿童
甲磺酸多沙唑嗪控释片（可多华）-美国辉瑞	双层渗透泵片	零级速率释放	最常用剂量为每日1次4 mg	24小时	良性前列腺增生对症治疗，高血压

二、口服定速给药系统的类型及其制备工艺

（一）骨架型定速给药制剂

骨架型定速给药制剂系指将药物和一种或多种骨架材料通过压制、融合等技术手段制成的片状、粒状或其他形状的定速释放制剂。骨架材料根据溶解性主要分为凝胶型、溶蚀型、不溶型和混合型几类。骨架型定速给药制剂在水或生理体液中能够维持或转变成整体式骨架结构，药物以分子或具有适当尺寸的结晶状态均匀分散在骨架结构中，起着贮库和控制药物释放的作用。骨架型定速给药制剂的释药机制属于扩散控释系统，其释药一般符合一级速率过程，但经合理的处方设计也可实现零级释药过程。

1. 不溶性骨架系统

不溶性骨架系统，又称大整体骨架系统，是以不溶于水的高分子聚合物为材料制成的。

常用的不溶性骨架材料包括聚乙烯、聚氯乙烯、聚丙烯等。胃肠液渗入骨架孔隙后，药物溶解并通过骨架中错综复杂的微小孔道缓慢向外扩散而释放。此类骨架片在胃肠道内持续释药，并随粪便排出。

（1）释药模型

①大整体骨架系统：是指药物以分子形式分散于聚合物中的非溶蚀型骨架系统，系统的形状不同，释药速率亦不同，不同形状整体溶解系统的释药方程见表7-2。

表7-2　不同形状大整体骨架系统的释药方程

类型	范围	药物释放分数	释药速率
圆柱形	$\dfrac{M_t}{M_0} \leqslant 0.4$	$\dfrac{M_t}{M_0} = 4 \times \left(\dfrac{Dt}{r^2\pi}\right)^{\frac{1}{2}} - \dfrac{Dt}{r^2}$	$\dfrac{\mathrm{d}\dfrac{M_t}{M_0}}{\mathrm{d}t} = 2 \times \left(\dfrac{D}{r^2\pi t}\right)^{\frac{1}{2}} - \dfrac{D}{r^2}$
	$\dfrac{M_t}{M_0} > 0.6$	$\dfrac{M_t}{M_0} = 1 - \dfrac{4}{(2.405)^2} \exp\left[-\dfrac{(2.405)^3 Dt}{r^2}\right]$	$\dfrac{\mathrm{d}M_t/M_0}{\mathrm{d}t} = \dfrac{4D}{r^2} \exp\left[-\dfrac{(2.405)^2 Dt}{r^2}\right]$
球形	$\dfrac{M_t}{M_0} \leqslant 0.4$	$\dfrac{M_t}{M_0} = 6 \times \left(\dfrac{Dt}{r^2\pi}\right)^{\frac{1}{2}} - \dfrac{3Dt}{r^2}$	$\dfrac{\mathrm{d}\dfrac{M_t}{M_0}}{\mathrm{d}t} = 3 \times \left(\dfrac{D}{r^2\pi t}\right)^{\frac{1}{2}} - \dfrac{3D}{r^2}$
	$\dfrac{M_t}{M_0} > 0.6$	$\dfrac{M_t}{M_0} = 1 - \dfrac{6}{\pi^2} \exp\left[\dfrac{-\pi^2 Dt}{r^3}\right]$	$\dfrac{\mathrm{d}M_t/M_0}{\mathrm{d}t} = 3 \times \left(\dfrac{D}{r^2\pi t}\right)^{\frac{1}{2}} - \dfrac{3D}{r^2}$

注：M_0 为初始药量，M_t 为 t 时释药总量，D 为溶质在聚合物材料中的扩散系数，r 为圆筒或球体的半径，表7-4同。

②大整体分散骨架系统：是指药物以颗粒形式分散于聚合物中的非溶蚀型骨架系统，释药过程受材料因素、药物溶解度、几何形状、药物粒子在释药时的溶解扩散动态过程和载药量等因素影响。各系统间的主要区别见表7-3。

表7-3　大整体分散骨架系统的分类及特点

项目	简单整体分散系统	复杂整体分散系统	简单骨架系统
系统载药量	< 5%	5% ~ 20%	> 20%
系统孔道	无相互沟通的孔道	表面部分有较多孔道，但内外无相互沟通的孔道	孔道相互沟通
药物扩散过程	经系统聚合物分子网络扩散	经系统聚合物分子网络和孔道扩散	大部分或全部经孔道扩散

简单整体分散系统的释药过程可用Higuchi扩散模型描述：

$$M_t = A\left[DtC_s\left(2C_0 - C_{\mathrm{s,m}}\right)\right]^{\frac{1}{2}} \tag{7-1}$$

式中，A 为释放面积；D 为药物在骨架中的扩散系数；C_s 为骨架内药物的饱和浓度；C_0 为药物在系统中的总浓度；$C_{\mathrm{s,m}}$ 为药物在系统中的溶解度。

但圆柱形和球形简单整体分散系统释药行为存在差异（表7-4）。

表7-4　不同形状简单整体分散系统的释药方程

项目	圆柱形	球形
释药速率	$\dfrac{\mathrm{d}M_t/M_0}{\mathrm{d}t}=\dfrac{-4DC_{s,m}}{r^2C_0\ln\left(1-M_t/M_0\right)}$	$\dfrac{\mathrm{d}M_t/M_0}{\mathrm{d}t}=\dfrac{3DC_{s,m}}{r^2C_0}\left[\dfrac{(1-M_t/M_0)^{\frac{1}{3}}}{1-(1-M_t/M_0)^{\frac{1}{3}}}\right]$
释药分数	$\left(1-\dfrac{M_t}{M_0}\right)\ln\left(1-\dfrac{M_t}{M_0}\right)+\dfrac{M_t}{M_0}=\dfrac{4DC_{s,m}t}{C_0r^2}$	$\dfrac{3}{2}\left[1-\left(\dfrac{M_t}{M_0}\right)^{\frac{2}{3}}\right]-\dfrac{M_t}{M_0}=\dfrac{3DC_{s,m}t}{C_0r^2}$
释药时间	$t_\infty=\dfrac{C_0r^2}{4DC_{s,m}}$	$t_\infty=\dfrac{C_0r^2}{6DC_{s,m}}$

注：A为释放面积，$C_{s,m}$为药物在系统中的溶解度，C_0为药物在系统中的总浓度。

复杂整体分散系统中药物扩散形成孔道，其体积分数（φ）可表示为$\varphi=C_0/\rho$（C_0为载药量，ρ为药物密度），由于系统孔道的形成导致扩散速率加快，产生的药物渗透速率增加因子F可表示为$F=J_{lim}/J_{lim,0}=(1+2C_0/\rho)/(1-C_0/\rho)$，其中，$J_{lim}$是复杂整体分散系统的渗透速率，$J_{lim,0}$是简单整体分散系统的渗透速率。可由简单整体分散系统推导得到复杂整体分散系统的释药过程。

$$M_t=A\left(2DC_{s,m}C_0t\times\dfrac{1+2C_0/\rho}{1-C_0/\rho}\right)^{\frac{1}{2}}\tag{7-2}$$

$$\dfrac{\mathrm{d}M_t}{\mathrm{d}t}=\dfrac{A}{2}\left(\dfrac{2DC_{s,m}C_0}{t}\times\dfrac{1+2C_0/\rho}{1-C_0/\rho}\right)^{\frac{1}{2}}\tag{7-3}$$

简单骨架系统中孔道的形态对药物扩散起决定作用，重要参数有孔隙率ε和曲率τ。药物扩散后形成充满释放介质的孔道，扩散系数为药物在液体介质中的扩散系数D'，分配系数$K=1$，其释药过程可由简单整体分散系统推导得到。

$$\dfrac{\mathrm{d}M_t}{\mathrm{d}t}=\dfrac{A}{2}\left(\dfrac{2D'\varepsilon C_sC_0}{\tau t}\right)^{\frac{1}{2}}\tag{7-4}$$

式中，C_0为药物在系统中的总浓度，即载药量；C_s为药物在介质中的溶解度。

（2）制备工艺　不溶性骨架片剂通常采用粉末直接压片法或湿法制粒压片法制备。①粉末直接压片法，将缓释材料粉末与药物混匀后直接压片。②湿法制粒压片法，将骨架材料用乙醇溶解作为黏合剂湿法制粒，如用乙基纤维素则可用乙醇溶解，然后按湿法制粒的工序操作。

2. 溶蚀型骨架系统

溶蚀型骨架系统是借助蜡质类材料（硬醋酸、巴西棕榈蜡、蜂蜡等）的溶蚀作用逐步释放药物，在释药过程中，药物经孔道扩散和骨架溶蚀是释药的主导作用。由于骨架的释药面积随时间在不断变化，故很难恒速释放药物，常呈一级释放速率释药。

该类骨架片有以下优点：

①可避免胃肠局部药物浓度过高，减小刺激性。

②溶蚀产生的细小含药颗粒可在胃肠黏膜上滞留从而延长了胃肠转运时间，体内释药更持久。

③受胃排空和食物的影响较小。

（1）释药机制　溶蚀型骨架系统中药物溶解或分散于骨架材料中，释药速率与材料溶蚀速率和药物的扩散行为有关，因此该系统的释药机制可分为溶蚀控制机制和扩散控制机制，但实际释药通常受两种机制同时控制。

①溶蚀控制机制：系统释药速率与溶蚀速率有关，溶蚀开始时释药速率较慢，随着蚀解程度提高，释药速率随之增加，且释药行为与系统几何形状相关（表7-5）。

表7-5　不同形状表面溶蚀系统的释药方程

类型	释药速率	释药量	累积释药百分量
平面膜片形	$\dfrac{\mathrm{d}M_t}{\mathrm{d}t} = BC_0A$	$M_t = ABC_0t$	$\dfrac{M_t}{M_\infty} = \dfrac{t}{t_\infty}$
圆柱形	$\dfrac{\mathrm{d}M_t}{\mathrm{d}t} = 2\pi C_0 hB(r_0 - Bt)$	$M_t = 2\pi C_0 hB\left(r_0 - \dfrac{Bt}{2}\right)t$	$\dfrac{M_t}{M_\infty} = \dfrac{2t}{t_\infty} - \left(\dfrac{t}{t_\infty}\right)^2$
球形	—	—	$\dfrac{M_t}{M_\infty} = 1 - \left(1 - \dfrac{t}{t_\infty}\right)^3$

注：B 为表面溶蚀速率，C_0 为单位面积药量，A 为表面积，t_∞ 和 M_∞ 分别为释药时间和释药总量，h 和 r_0 分别为圆柱体的高度和半径。

在表面溶蚀型药物释放系统中，假设药物释放速率与药物载体的表面积成比例，药物载体的表面积随着时间变化，所有影响药物释放的理化因素的叠加效果是单一的零级过程，且仅在药物载体表面发生药物释放，此时药物释放量公式可以表示为Hopfenberg经验模型。

$$\frac{M_t}{M_\infty} = 1 - \left(1 - \frac{k_0 t}{C_0 r}\right)^n \tag{7-5}$$

式中，M_t 和 M_∞ 分别表示在时间为 t 和无穷时的药物累积释放量；C_0 表示体系内部药物的初始浓度；r 表示球形的半径、圆柱形横断面半径或薄片厚度的一半；n 为"形状因子"，$n_{球} = 3$，$n_{圆柱} = 2$，$n_{薄片} = 1$；k_0 表示常数。

在Hopfenberg模型的基础上，Cooney模型进一步研究了药物载体是球形和圆柱形等发生不均匀降解（溶蚀）时的数学模型。假设无孔均匀的固体的溶解过程主要经历两个步骤：分子、离子等从固体表面的解离过程以及通过紧贴固体表面的溶剂层扩散到溶剂主体的过程。载体材料阻止了药物的快速溶解，因此低溶解度药物的溶解速率完全依赖于表面颗粒的脱离。对于长度为L_0、截面直径为D_0的圆柱形载体，其药物释放率随时间的变化规律为：

$$\frac{\mathrm{d}M_t}{\mathrm{d}t} = \frac{(D_0 - 2Kt)^2 + 2(D_0 - 2Kt)(L_0 - 2Kt)}{D_0^2 + 2D_0 L_0} \tag{7-6}$$

式中，K为常数；L_0为圆柱形载药体的初始长度；D_0为圆柱形载药体横断面的直径。

② 扩散控释机制：此系统释药过程中药物主要受自身扩散行为的影响。在载体材料溶蚀速率远小于扩散速率时，其释药速率可用Higuchi方程表示：

$$\frac{\mathrm{d}M_t}{\mathrm{d}t} = \frac{A}{2}\left(\frac{2DC_{s,m}C_0}{t}\right)^{\frac{1}{2}} \tag{7-7}$$

式中，A为表面积；D是溶质在载体材料中的扩散系数；$C_{s,m}$是药物在系统中的溶解度；C_0是药物在系统中的总浓度。

药物在本体降解聚合物中的扩散系数D和$C_{s,m}$不是常数，故需对Higuchi方程进行修正。溶蚀型骨架系统的药物释放体系中，药物的渗透率P会随着时间的延长而增加。若降解以一级动力学速率进行时，渗透系数$P=DC_{s,m}=P_0\mathrm{e}^{Kt}$，$P_0$为降解前药物在聚合物中的渗透系数，$K$为一级降解速率常数。Higuchi方程修正为：

$$\frac{\mathrm{d}M_t}{\mathrm{d}t} = \frac{A}{2}\left(\frac{2DP_0\mathrm{e}^{Kt}C_0}{t}\right)^{\frac{1}{2}} \tag{7-8}$$

Charlier模型是研究本体降解的薄膜载药系统的数学模型，该模型同时考虑本体降解和药物扩散两个方面的影响。在Higuchi模型假设基础上，进一步假设聚合物链以一级动力学方式断裂，且药物扩散系数D与时间t满足关系：$D=D_0\exp(Kt)k$，k表示聚合物降解速率常数。药物累积释放量M_t可以用以下公式表示：

$$M_t = S\left(\frac{2C_0C_sD_0\left[\exp(Kt)-1\right]}{k}\right)^{\frac{1}{2}} \tag{7-9}$$

式中，S表示接触到释放介质的膜面积；C_0和C_s分别表示初始药物浓度和药物的溶解度。

对于表面溶蚀型，释药速率取决于药物的扩散行为和表面溶蚀性。假设Y为系统初始表面至t时系统内药物前沿的距离，X为系统表面至t时的溶蚀距离，C_0为药物在聚合物中的单位含量，$C_{s,m}$为药物在系统中的溶解度，B为降解速率常数，则：

$$\frac{\mathrm{d}M_t}{\mathrm{d}t} = \frac{ADC_{s,m}}{Y-X} \tag{7-10}$$

$$M_t = AC_0Y \tag{7-11}$$

$$\frac{\mathrm{d}Y}{\mathrm{d}t} = \frac{B}{1-\exp\left(-\dfrac{BC_0Y}{DC_{s,m}}\right)} \tag{7-12}$$

高分子量聚环氧乙烷（PEO）具有膨胀和溶蚀特性。通过研究小分子水溶性药物从圆柱形PEO中释放构建图7-2所示模型，该模型体现了水分子渗透、药物与水分子的三维浓度依赖型扩散和聚合物溶蚀对药物释放的影响。

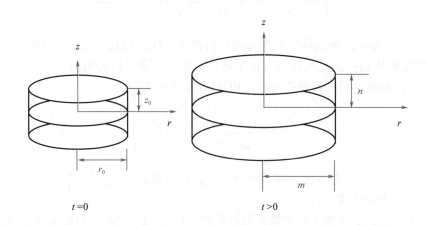

图7-2　模型中的圆柱形示意图

在忽略角坐标方向的水分子和药物的浓度梯度情况下，水分子和药物扩散的三维圆柱坐标基本方程可表示为：

$$\frac{\partial C_i}{\partial t} = \frac{1}{2}\frac{\partial}{\partial r}\left(rD_i\frac{\partial C_i}{\partial r}\right) + \frac{\partial}{\partial z}\left(D_i\frac{\partial C_i}{\partial z}\right) \tag{7-13}$$

式中，下标$i=1$代表水，$i=2$代表药物；C_i即组分i在基质中的浓度；D_i指水的扩散系数。

（2）制备工艺　在释药过程中，由于骨架的释药面积随时间不断变化，故难以维持零级释放，常呈一级动力学释药。影响蜡质类骨架片释放速率的因素有骨架材料的性质和用量、药物的性质及其在处方中的含量、药物颗粒的大小、辅料（如致孔剂等）的性质和用量等以及片剂大小、工艺过程等。

蜡质类骨架片的制备工艺有以下四种：

① 湿法制粒压片（wet granulation compression）：该法制备蜡质骨架片的工艺过程与普通片剂类似，主要包括药物与骨架材料混匀、制软材、制粒、干燥后整粒、混合适当的润滑剂后压片几个步骤。

② 溶剂蒸发法（solvent evaporation method）：将药物与载体共同溶解于有机溶剂中，蒸去有机溶剂后，得到药物在载体中混合而成的共沉淀物，制粒，压片而得骨架片。该法适用于对热不稳定的药物。该法制备的片剂释药速率较快，这可能与药物颗粒的表面和骨架内部包藏水分有关。

③ 熔融法（melting method）：它是将熔点较低（50～80℃）的载体加热至熔融，加入主药与其他辅料混合，在搅拌下迅速冷却制粒的一种技术。熔融法不需要加入水或有机溶剂等作润湿/黏合剂，增加了遇水不稳定药物的稳定性，且制得的颗粒较结实、细粉少。该法设备简单，操作简便，生产速度快，批间差异小，可投入工业化生产，但不适用于热不稳定的药物。

④ 热熔挤出技术（hot-melt extrusion，HME）：又称熔融挤出技术，其本质与熔融法基

本相同，是指药物、聚合物以及其他辅料在熔融状态下混合，以一定的压力、速度和形状挤出形成产品的技术。该技术具有很多优点，如良好的可重现性，避免使用有机溶剂，易于实现工业化生产，中间体形状多样化等。该技术已被广泛应用于药物研究中。

3. 亲水性凝胶骨架缓控释片

亲水性凝胶骨架缓控释片是目前口服缓控释制剂的主要类型之一，约占上市骨架片品种的 60%～70%，其释药过程是骨架溶蚀和药物扩散的综合过程。骨架材料遇水性介质（消化液）后，首先表面润湿形成凝胶层，表面药物向消化液中扩散，凝胶层继续水化，骨架溶胀，凝胶层增厚延缓药物释放，片剂骨架同时溶蚀，水分向片芯渗透至骨架完全溶蚀，药物全部释放。因此释放速率由凝胶层的溶蚀速率决定。

（1）释药机制　目前认为药物从高分子骨架中释放的机制有以下3种：

① 首要机制是药物溶解并通过聚合物形成的凝胶骨架向外扩散，即"Fick扩散"。

② 非"Fick扩散"或称异常转移。

③ "零级速率释放"或称Case Ⅱ转运、溶胀控制。

虽然溶胀骨架中药物主要通过扩散释放，但许多实验结果不符合Higuchi模型。药物由聚合物骨架系统中的释放是溶胀和扩散共同控制的过程，研究表明，对于半无界和有界聚合物系统，药物在一段时间内以零级速率释放。

（2）HPMC溶胀骨架系统　通过片层移动法阐述HPMC骨架系统的释药机制：HPMC为线性结构且无化学交联，可溶于水。其释药由药物溶解、扩散和聚合物的溶蚀来控制。图7-3为HPMC骨架的3个运动界面，药物在扩散面上溶解，沿轴向扩散到浸蚀面，骨架在此界面上发生浸蚀。这一现象与药物水溶性、骨架的载药量密切相关。

Johansen模型验证了HPMC骨架中半片膨胀、扩散和浸蚀面运动的实验数据，得到了3个运动面的移动速率方程。

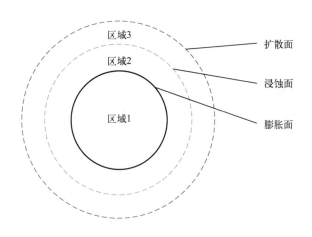

图7-3　HPMC骨架片的3个移动片层

膨胀面的移动速率为：

$$\frac{\mathrm{d}z_{\mathrm{s}}}{\mathrm{d}\tau} = -\left[\frac{y_{\mathrm{w}_2}\big|_{z_{\mathrm{s}}} - y_{\mathrm{w}}^{*}}{1 - y_{\mathrm{w}}^{*}}\right]^{n} \tag{7-14}$$

式中，Z_S 为膨胀面的位置；τ 为时间；y_{w_2} 为水在区域2中的无量纲浓度；y_w^* 为水在骨架中的无量纲浓度。

扩散面的移动速率为：

$$\frac{\mathrm{d}Z_D}{\mathrm{d}\tau} = \alpha\beta\gamma f_S D_{GDD} \frac{\partial y_D}{\partial Z}\mid Z_D - (f_S - 1)\frac{\mathrm{d}Z_s}{\mathrm{d}\tau} \tag{7-15}$$

式中，Z_D 为扩散面的位置；τ 为时间；f_S 为HPMC骨架的膨胀因子；D_{GDD} 为药物在区域3中的无量纲扩散率；y_D 为药物在骨架中的无量纲浓度。

式中，α、β、γ 为无量纲量，其计算公式如下：

$$\alpha = \frac{M_D C_{D,eq}}{V_D \rho_D (1 - \varepsilon_o)} \tag{7-16}$$

式中，M_D 为药物的质量分数；$C_{D,eq}$ 为药物的平衡浓度；V_D 为药物的初始固态体积分数；ρ_D 为药物的密度；ε_o 为骨架的初始孔隙率。

$$\beta = \frac{D_{w_2}}{r_o k_S (C_{w,eq} - C_w^*)^n} \tag{7-17}$$

式中，D_{w_2} 为区域2中水的扩散系数；r_o 为骨架的初始半径；k_S 为膨胀面的膨胀速率常数；$C_{w,eq}$ 为水的平衡浓度，C_w^* 为骨架中水的膨胀阈值浓度；n 为前进膨胀面的幂值。

$$\gamma = \frac{D_{GD}^o}{D_{w_2}} \tag{7-18}$$

式中，D_{GD}^o 为凝胶层中药物的稳态扩散系数。

浸蚀面的移动位置：

$$Z_E = \sqrt{Z_S^2 + (1 - Z_S^2) f_S} \tag{7-19}$$

式中，Z_E 为浸蚀面的位置。

并最终导出药物的累积释放百分率为时间的函数：

$$F_D(\tau) = 1 - Z_S^2 - \frac{(Z_D^2 - Z_S^2)}{f_S} - \frac{2a\delta}{f_S} \int_{Z_0}^{Z_E} y_D y_{w_3} Z \mathrm{d}Z \tag{7-20}$$

式中，y_D 为骨架中药物的无量纲浓度；y_{w_3} 为水在区域3中的无量纲浓度；α 见式（7-16）；δ 见式（7-21）：

$$\delta = \frac{V_{HPMC} \rho_{HPMC} (1 - \varepsilon_o)}{\rho_w} \tag{7-21}$$

式中，V_{HPMC} 为HPMC的初始固态体积分数；ρ_{HPMC} 为HPMC的密度；ε_o 为骨架的初始孔隙率，ρ_w 为水的密度。

（3）溶胀骨架系统的释药模型　以 Ritger-Peppas 方程式来确定药物释放机制。

$$M_t / M_\infty = kt^n \tag{7-22}$$

对于片状聚合物系统，$n=0.5$ 和 $n=1$ 分别对应于 Fick 扩散和 Case II 转运，n 为 $0.5\sim1$，为两者共同作用的结果，非 Fick 扩散。方程仅适用于 $M_t/M_\infty < 0.6$ 的情况。

Peppas 模型提出了扩散德伯拉数 $(DEB)_D$ (D_e) 和溶胀界面数 (S_w) 来分析亲水凝胶中的溶胀控释机制。将 D_e 定义为聚合物特征松弛时间 λ_m 与释放介质在聚合物中的特性扩散时间 θ_D 的比值：

$$\left(DEB\right)_D = \lambda_m / \theta_D \tag{7-23}$$

式中，$\theta_D=L^2/D_s$；D_s 为介质在聚合物中的扩散系数；L 为控释系统的特征长度。

将溶胀界面数 S_w 定义为溶胀界面移动速率与药物扩散系数 (D_i) 的比值：

$$S_w = v\delta / D_i \tag{7-24}$$

式中，v 为溶胀界面的移动速率；δ 为凝胶层的厚度。

Peppas 模型认为，当 $S_w \gg 1$ 时，介质的渗透速率大于药物通过凝胶层的速率，药物的移动起决定作用，符合扩散控制过程；而当 $S_w \ll 1$ 时，介质的渗透速率小于药物的移动速率，介质的移动控制整个过程，呈现 Case II 转运，药物恒速释放，为零级动力学；$S_w \approx 1$ 时，两者共同发挥作用。

对介质的移动来说，$D_e \gg 1$ 时，聚合物特征松弛时间大于释放介质的特征扩散时间，即松弛速率小于扩散速率，松弛速率在介质移动过程中起决定作用，呈现出 Case II 恒速规律。当 $D_e \ll 1$ 时，扩散速率在介质移动过程中发挥决定作用，呈扩散运动规律。$D_e=1$ 时，两者共同发挥作用。当 $D_e \gg 1$ 时，介质的移动速率 $R(t)$ 如下，介质的移动近似恒速运动，呈现出 Case II 扩散规律。

$$R\left(t\right) = -\frac{\bar{K}\left(1-u^*\right)DC_s t}{hC_0} + h\left(1+\psi D_e\right) \tag{7-25}$$

$$\frac{dR}{dt} = -\frac{\bar{K}\left(1-u^*\right)DC_s}{hC_0} \tag{7-26}$$

当 $D_e \ll 1$ 时，介质的移动速率为：

$$R\left(t\right) \approx \left[\frac{2\left(1-u^*\right)DC_s t}{\Theta C_0} + \frac{h^2}{\Theta^2 \bar{K}^2}\right]^{1/2} - \frac{h\left(1-\Theta\bar{K}\right)}{\Theta\bar{K}} \tag{7-27}$$

$$\frac{dR}{dt} \approx \frac{\left(1-u^*\right)DC_s}{\Theta C_0}\left[\frac{2\left(1-u^*\right)DC_s t}{\Theta C_0} + \frac{h^2}{\Theta^2 \bar{K}^2}\right]^{-1/2} \tag{7-28}$$

与时间的负二分之一次方成正比，呈现出扩散运动规律。$D_e=1$ 时，二者共同发挥作用。

当 $S_w \gg 1$ 时，药物释放速率为：

$$\frac{dM}{dt} \approx S_d D_d \varepsilon A_s\left[2tD_d \frac{v_s C_s}{\left(1-v_s\right)C_0}\right]^{-1/2} \tag{7-29}$$

当 $S_w \ll 1$ 时，药物释放速率为：

$$\frac{\mathrm{d}M}{\mathrm{d}t} = S_\mathrm{d} A_0 \frac{(1-u^*)(1+\psi D_\mathrm{e})DC_\mathrm{s}}{\Theta C_0} \times \left[\frac{2(1-u^*)(1+\psi D_\mathrm{e})DC_\mathrm{s}}{\Theta C_0} t + \frac{(1+\psi D_\mathrm{e})^2 h^2}{\Theta^2 \bar{K}^2}\right]^{-1/2}$$

（7-30）

上述公式（7-25）～式（7-30），按照以下方式规定无量纲量 ψ、$\bar{K}$、Θ、u^*，对以上公式进行简化。

$$\psi = \frac{\eta E h^2}{D^2}; \quad \bar{K} = \frac{h K_1 C_0}{D}; \quad v_\mathrm{s} = \frac{A_\mathrm{s}}{A_0} \approx O(\varepsilon); \quad u^* = \frac{C^*}{C_0}; \quad \Theta = \varepsilon \frac{K}{C_0}$$

式中，S_d 为表面积，$\varepsilon = C_\mathrm{s}/C_0$；$D_\mathrm{d}$ 为药物在聚合物中的扩散系数；A_s 为药物在介质中的饱和溶解度；C_s 为溶剂在高分子材料中的溶解度；C_0 为系统外纯介质的浓度；E 为弹性模量；K_1、K 为常数；C 为溶剂的浓度；C^* 为玻璃态向橡胶态转变时的临界溶剂浓度；A_0 为药物的初始浓度；h 为片状基质厚度的一半；D 为药物固有扩散系数；D_e 为扩散德伯拉数；计算中 η 看作常数处理。

（4）制备技术　影响亲水凝胶骨架片药物释放速率的因素很多，如骨架材料（理化性质、用量及其黏度、粒径等）、药物的性质及其在处方中的含量、辅料（如稀释剂）的种类与用量、片剂尺寸及制备工艺等。亲水凝胶骨架片主要的控释参数是骨架材料与主要成分的比例及骨架材料的分子量，主药与辅料的粒径大小、HPMC类型、处方中的电解质成分等也同样会影响释放速率。聚合物的水化速率直接影响着骨架片的释药速率，是控制药物释放的重要因素。

这类骨架片目前最常用的材料为HPMC。HPMC根据其甲氧基和羟丙基两种取代基含量的不同，可分为多种型号，如HPMC K、HPMC F和HPMC E系列，均可用于骨架型制剂，其中HPMC K和HPMC E型应用较多，如常用的HPMC K4M和HPMC K15M（黏度分别为4000 mPa·s和15000 mPa·s）。亲水凝胶骨架片制备比较简单，湿法制粒压片和粉末直接压片法都可以应用。

控制骨架片凝胶层的形成是控制药物释放的首要条件，骨架材料的用量必须在一定含量以上才能达到控制药物释放的目的，当骨架材料含量较低或其所含药物量较大时，片剂表面形成的凝胶层为非连续性的，同时水溶性药物的释放在骨架的内部留下了"空洞"，反而导致片剂局部膨胀，甚至起到崩解剂的作用，使药物迅速释放。对于水溶性药物，其释放机制主要是扩散和凝胶层的不断溶蚀，释放速率取决于药物通过凝胶层的扩散速率，而对于水中溶解度较小的药物，其释放机制主要依赖于凝胶层的溶蚀过程，因此，药物在水中的溶解性影响骨架片的整个释药过程。除HPMC外，还有甲基纤维素（MC）、羟乙基纤维素（HEC）、羧甲基纤维素钠（CMC-Na）和海藻酸钠等辅料可用于亲水凝胶骨架片。需要注意的是，阴离子型骨架材料如羧甲基纤维素能够与阳离子型药物发生静电复合而影响药物的释放。

4. 混合骨架片

在应用单一骨架材料难以达到预期的释放度时，可以选择两种或多种骨架材料混合使用。混合骨架片是指将不溶性、溶蚀性和亲水性凝胶材料中的两种或多种混合作为载体材料制得的缓释片，在处方中也可以加入其他辅料进一步调节释药速率。混合骨架片综合了各骨架的优点，如亲水凝胶材料与蜡质材料制备的混合骨架片，既可解决亲水凝胶骨架的控释不足，也可在一定程度上解决蜡质骨架材料的热稳定性不佳等问题。但混合骨架片也有一定的缺点，如制备工艺需视骨架材料而定，释药机制及动力学更为复杂等。

（二）渗透泵型控释制剂

渗透泵型控释制剂是以膜内外渗透压差为驱动力、可均匀恒速地释放药物并实现零级释放的一种缓控释制剂，其最早的研究始于1955年，Rose-Nelson型渗透泵依靠渗透压作为首要的释药动力。口服渗透泵型控释制剂的优点在于：以渗透压作为释放动力，可最大限度地减小或避免血药浓度波动，降低毒副作用并减少耐药现象的发生，且其释药行为不受介质环境pH值、酶、胃肠蠕动、食物等因素影响，体内外相关性好，能有效减少患者服药次数，大大提高了患者的顺应性，具有极高的临床应用价值。因此，渗透泵型控释制剂引起了国内外的广泛关注，在1971年，Higuchi设计出了简便型渗透泵，1973年，精简了生产工艺并申请了渗透泵专利。美国Alza公司是第一个研制口服渗透泵的商业机构，并始终在渗透泵领域中占有领军地位。在过去的六十多年时间，渗透泵制剂的发展已日趋成熟，其中，口服渗透泵控释制剂研究最深、应用最广。

1. 结构

按照结构特点，可将口服渗透泵控释制剂分为单室渗透泵片和单室（双层）渗透泵片两大类。

（1）单室渗透泵片（elementary osmotic pump，EOP）　片芯包含药物和渗透压活性物质，外包一层半透膜，然后用激光在包衣膜上开一个释药小孔。口服后，胃肠道的水分通过半透膜进入片芯，形成药物的饱和溶液或混悬液，渗透压活性物质使膜内产生较大的渗透压差，从而将药液以恒定速率压出释药孔，其流出量与渗透进入膜内的水量相等，直到片芯药物溶尽。EOP适用于大多数水溶性药物（溶解度为5～30 g/100 mL）。

（2）单室（双层）渗透泵片（push-pull osmotic pump，PPOP）　片芯主要由含药层和助推层构成，适用于难溶性药物。当水分进入片芯后，助推层中的高分子材料聚氧乙烯（polyethylene oxide，PEO）吸水膨胀产生较高的溶胀压和渗透压，推动含药层中的药物混悬液从释药孔中释放出来。基于此设计的品种有：①硝苯地平控释片（拜新同®）；②格列吡嗪控释片（瑞易宁®）；③甲磺酸多沙唑嗪控释片（可多华®）等。其制剂结构和释药特征如表7-6所示。

表7-6　常见渗透泵片的制剂结构和释药特征

渗透泵片	制剂结构	释药特征
硝苯地平控释片（拜新同®）		在24小时内近似恒速地释放硝苯地平，通过膜调控的推拉渗透泵原理，使药物以零级速率释放
格列吡嗪控释片（瑞易宁®）		口服本品后2～3小时血药浓度开始升高，6～12小时内达到高峰。在24小时的剂量间隔中格列吡嗪维持了有效的血药浓度，峰谷波动明显低于每日两次的格列吡嗪速释片
甲磺酸多沙唑嗪控释片（可多华®）		可以近恒速地释放多沙唑嗪达12～16小时

2. 释药原理

渗透泵型控释制剂是利用渗透压原理而实现对药物的控制释放。当渗透泵片与水接触时，水通过半透膜渗透入片芯，使药物溶解成饱和溶液，同时渗透压活性物质溶解，渗透压可达4～5 MPa，而体液的渗透压仅为0.7 MPa。由于膜内外的渗透压差，药物饱和溶液由细孔持续流出，其流出量与渗透入膜内的水量相等，直到片芯内的药物完全溶解为止。

对于初级渗透泵片，水渗透进入膜内的流速可用下式表示：

$$\frac{\mathrm{d}V}{\mathrm{d}t} = \frac{kA}{h}\left(\Delta \Pi - \Delta P\right) \tag{7-31}$$

式中，K 为膜的渗透系数；A 为膜的面积；h 为膜的厚度；$\Delta \Pi$ 为渗透压差；ΔP 为流体静压差。当小孔的孔径足够大，$\Delta \Pi \gg \Delta P$，则流体静压差可以忽略，可简化为：

$$\frac{\mathrm{d}V}{\mathrm{d}t} = \frac{kA}{h}\Delta \Pi \tag{7-32}$$

如以 $\dfrac{\mathrm{d}Q}{\mathrm{d}t}$ 表示药物通过小孔的释放速率，C_s 为膜内药物饱和溶液的浓度，则：

$$\frac{\mathrm{d}Q}{\mathrm{d}t} = \frac{\mathrm{d}V}{\mathrm{d}t}C_s = \frac{kA}{h}\Delta \Pi \, C_s \tag{7-33}$$

如 k、A、h 和 $\Delta \Pi$ 不变的情况下，只要膜内药物维持饱和状态（即 C_s 保持不变），释药速率恒定，即以零级速率释放药物。

3. 制备工艺

口服渗透泵控释制剂主要是由控释材料制得的片芯（包括药物和渗透压活性物质）和足够水化速率、机械强度的包衣膜及适宜大小的释药孔构成。

（1）包衣膜材料　由于渗透泵型控释制剂独特的释药机制，因此对水不溶性高分子材料包衣膜的要求较高。口服渗透泵型控释制剂常用的成膜材料为醋酸纤维素、乙基纤维素、聚氯乙烯、聚碳酸酯等。同时在包衣膜内可以加入致孔剂，如多元醇类及其衍生物或水溶性高分子材料，以调节水进入片芯的速率。考虑到助推结构的膨胀，需在包衣膜中加入适当的增塑剂，防止包衣膜出现瑕疵并使其能够耐受两侧渗透压差，保证用药的安全。常用的增塑剂有邻苯二甲酸酯、甘油酯、琥珀酸酯等。

包衣工艺在渗透泵型控释制剂的生产中具有重要意义。醋酸纤维素作为渗透泵型控释制剂薄膜包衣的最主要材料，其包衣还仍停留在有机溶液包衣阶段，存在诸如溶剂毒性大、成本高、易燃易爆、污染环境以及影响操作者健康等弊端。有研究者利用乳化-溶剂挥发法制备了醋酸纤维素水分散体，以二乙酸甘油酯为增塑剂，采取平板铸膜法制备了醋酸纤维素水分散体游离膜，利用醋酸纤维素水分散体包衣制备了格列齐特渗透泵控释片。针对片芯在包衣过程中吸水的问题，可在片芯表面包隔离衣以避免水分进入片芯，随后进行水分散体包衣，既达到了控释要求，又在较大程度上消除了有机溶剂的有害影响。

（2）渗透压活性物质　渗透压活性物质是指能够产生渗透压的物质，根据分子量可分为小分子渗透压活性物质和大分子渗透压活性物质两种，分别适用于单室渗透泵和多室渗透泵。小分子渗透压活性物质起调节药室内渗透压的作用，其用量多少与释药持续时间长短有关。主要有硫酸镁、氯化镁、硫酸钾、硫酸钠、甘露醇、尿素等。当药物本身的渗透压较小，加入小分子渗透压活性物质来产生渗透压，维持药物的释放。大分子渗透压活性物质具有吸水膨胀的性质，当与水或液体接触时可膨胀或溶胀，膨胀后体积可增长2～50倍。大分子渗透压活性物质可以是交联或非交联的亲水聚合物，一般以共价键或氢键形成的轻度交联为佳。常用的此类物质有分子量为13万～500万的聚羟基甲基丙烯酸烷基酯，分子量为1万～36万的聚乙烯吡咯烷酮，分子量为45万～400万的Carbopol聚丙烯酸聚合物，分子量为8万～20万的Goodrite聚丙烯酸，分子量为10万～500万及以上的Polyox聚环氧乙烷聚合物等。

（3）释药孔　普通口服渗透泵片的表面有一个或多个释药孔，当接触胃肠液时，水分在渗透压差的作用下进入包衣膜的内部，形成药物溶液或混悬液从释药孔中释放出来。在工业生产中，释药孔的大小、孔深以及孔形（孔面积）对于口服渗透泵的释药速率有较大的影响。

（4）制备技术　对于水溶性药物，制备单室渗透泵制剂较为简便：将药物和黏合剂、填充剂、促渗透剂等混合均匀后按照适宜的工艺压制片芯，随后包衣，使用激光或其他方法在包衣膜表面形成释药孔。如果药物溶解度太大而造成释药速率过快，可以加入一些高分子材料以阻滞药物溶解。

对于难溶性药物，仅凭药物本身的溶解性很难达到理想的释放速率。因此，经常将难溶性药物制备成多室渗透泵，通过助推层的膨胀提高难溶性药物的释放速率。多室渗透泵制剂的片芯是双层片，一层是药物与基质，另一层是提供药物释放动力的渗透压活性物质。目前研究最多的为推拉式渗透泵，不过双室渗透泵也有较多研究，此为双相释药系统，具有两个不同的释放相，速释层有助于快速减轻症状，缓释层则用于维持有效剂量，实现速效和长效的有机结合。

微孔控释渗透泵适用于水溶性较好的药物，其半透膜不需要打孔而是在包衣膜内加入致孔剂，当其进入机体后，包衣膜中水溶性成分溶解后形成释药孔道。常用的膜致孔剂有糖类、甘露醇、氨基酸、尿素等其他一些水溶性物质。与传统的初级渗透泵型控释制剂相比，微孔渗透泵在体内能通过多孔释放药物，因此更为安全，不良反应更小。例如，已研究者利用星点设计-效应面法优化复方葛黄微孔渗透泵片的处方组成，为中药有效组分的口服渗透泵型控释制剂提供研究模式，促进新技术、新工艺在中药领域中的应用。

（三）薄膜包衣型缓控释制剂

薄膜包衣型缓控释制剂是通过薄膜包衣技术制备的口服缓释制剂（包括片剂、胶囊剂、颗粒剂、小丸剂等），此类制剂在释药机制上属于扩散控制。常用的薄膜包衣材料有醋酸纤维素、乙基纤维素、聚丙烯酸酯等；随着包衣技术的发展，水分散体型包衣材料及品种不断增多，如聚丙烯酸树脂水分散体、EC水分散体（Surelease等）、醋酸纤维素胶乳等。

薄膜包衣小丸剂与相应片剂相比，是较为新型的包衣膜型控释制剂，与由单一贮库组成的膜控型制剂相比，小丸剂具有以下优点：①可将速释小丸和具有不同缓释速率的小丸组配起来，服用后既可使血药浓度迅速达到治疗水平，又能维持较长的作用时间，血药浓度曲线平稳；②多个小丸广泛均匀地分布在胃肠道内，与胃肠道接触面积大，生物利用度高，胃肠道刺激性小；③小丸体积小，其在胃肠道的转运不受食物输送节律的影响，直径小于2 mm的小丸可通过闭合的幽门，因此其吸收一般不受胃排空的影响；④释药行为重现性好，且单个小丸包衣膜的缺陷不会造成整体释药行为变化；⑤易于吞服，适合小儿及吞咽困难的患者服用。

1. 释药机制

薄膜包衣型缓控释制剂的释药机制是单纯的扩散控释，释药速率取决于聚合物膜的性质和药物的溶解度，扩散符合Fick第一定律：

$$\frac{\mathrm{d}M_t}{\mathrm{d}t} = -DA\frac{\mathrm{d}C}{\mathrm{d}t}$$
(7-34)

式中，$\mathrm{d}M_t/\mathrm{d}t$为药物扩散速率；$A$为扩散面积；$D$是药物在介质中的扩散系数；$\mathrm{d}C/\mathrm{d}t$是膜内外的药物浓度梯度，负号表示扩散沿浓度下降的方向进行。扩散系数D定义为单位浓度梯度，单位时间内通过单位截面积的物质的量，单位为$\mathrm{m^2/s}$，表示物质在介质中的扩散能力。Einstein推导得到D的关系式：

$$D = \frac{RT}{N_A} \times \frac{1}{6\pi\eta r}$$
(7-35)

式中，R为理想气体常数；T为绝对温度；N_A为阿伏伽德罗常数；η为介质黏度；r为物质的半径。

Higuchi等研究的释药模型均为药物溶解在溶剂中后扩散出来的过程，由Fick扩散定律所控制，并假设药物稳态释放，载药量远大于药物在介质中的饱和溶解度；扩散阻力集中在膜相，为理想的漏槽状态；膜本身既不溶胀也不收缩；溶剂的扩散速率随路径的变长而减小。Higuchi模型是扩散型药物释放系统的经典模型，其公式为：

$$\frac{\mathrm{d}M_t}{\mathrm{d}t} = \frac{A}{2}\sqrt{\frac{2DC_sC_0}{t}}$$
(7-36)

式中，A为表面积；D是溶质在聚合物材料中的扩散系数；C_s是药物在系统中的溶解度；C_0是药物在系统中的总浓度。

2. 释药模型

（1）微孔膜型系统（microporous membrane-type system） 不溶性聚合物基材中加入致孔剂可制成微孔膜型系统，孔径 $0.01\sim0.05~\mu m$，药物经充满介质的微孔释放。其扩散符合Fick第一定律方程：

$$J = \frac{\mathrm{d}M_t}{\mathrm{d}t} = \frac{\varepsilon A K_v D \Delta C}{\tau l_p}$$
(7-37)

$$K_v = 10^{-2v} / \varepsilon K_p$$
(7-38)

式中，J为t时的释药速率；M_t为t时间的累计释放量；ε和τ分别为膜的孔隙率和曲率；A为释药面积；K_v为聚合物膜对D的减少分数，取决于溶质分子直径与膜孔直径的比值v，对于不被聚合物选择性吸附的溶质分子，v在$0.1\sim0.5$；l_p为膜厚；ΔC为膜内外药物浓度差；K_p为孔壁介质分配系数。

（2）致密膜型系统（dense membrane-type system） 致密膜又称无孔膜（nonporous membrane），孔径在$0.5\sim1~nm$，孔隙率小于10%，致密膜的"孔道"实际上是聚合物大分子链之间的自由空间，药物经致密膜的扩散为通过聚合物材料的扩散。该体系中药物的释放包括药物在分散相／膜内侧的分配、在膜中的扩散和膜外侧／环境界面的分配3步。当载药量远高于膜材对药物的容纳量时，呈现恒速释放或零级释放。释放速率方程如下：

$$\frac{\mathrm{d}M_t}{\mathrm{d}t} = \frac{ADK\Delta C}{l_p}$$

（7-39）

式中，K为药物在膜和环境介质中的分配系数。

薄膜包衣型控释制剂释药模式如图7-4所示。

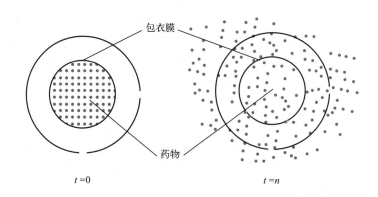

图7-4　**薄膜包衣型控释制剂释药模式**

三、质量评价

（一）体外评价

释放度试验是筛选处方和确定工艺的重要手段，而且对缓、控释制剂的质量控制有着重要作用。《中国药典》（2020年版）附录收载溶出度试验有七种方法：转篮法、桨法、小杯法、转筒法、桨碟法、流通池法和往复筒法。通常选用转篮法，若选用桨法应注意转速的调整（相同转速条件下桨法的释放速率约为转篮法的2倍），小剂量药物常选用小杯法。释放度试验采用溶出度试验的装置。主要测定条件如下：

① 释放介质：多采用人工胃液、人工肠液、0.1 mol/L盐酸、pH 6.8磷酸盐缓冲液或pH 4～8缓冲液，释放介质需脱气以防止制剂表面的气泡影响释药速率。此外，通常还需保持漏槽条件（一般要求体积不少于形成药物饱和溶液量的3倍），但非漏槽条件下的释放对仿制药的评价也具有重要意义。

② 取样点的设计与释放度限度：缓释、控释制剂的释放度至少需设置三个取样点。第一个取样点（0.5～2 h），释放量控制在30%左右，该取样点主要考察制剂有无突释效应；第二个取样点（4～6 h）释放量控制在50%左右；第三个取样点（7～10 h）释放量控制在75%以上，说明释药基本完全。实际情况下，取样点越多越能反映药物的释放过程，故可采用探头式光纤光谱仪对释放介质中的药物浓度进行实时监控。

③ 结果分析：为了直观地说明不同pH条件下药物释放的差异，缓控释制剂的释放曲线最好做三维图，即时间、pH与释放量。释药数据可用四种常用的数学模型拟合，即零级方程、一级方程、Higuchi方程和Peppas方程，通过方程对可能的释药机制进行判断。

（二）体内评价

对缓释、控释和迟释制剂的安全性和有效性进行评价，应通过体内药效学和药物动力学试验完成。首先对缓释、控释和迟释制剂中药物的物理、化学性质应有充分了解，如同质多晶、粒子大小及其分布、溶解性、溶出速率、稳定性以及制剂可能遇到的其他极端生理环境（如目前有关于饮酒条件下缓控释制剂释药行为的研究，并衍生出对非酒精依赖的缓控释制剂处方研究）等。制剂中药物因受处方和制备工艺等因素的影响，溶解度等物理化学特性会发生变化，应测定相关条件下的溶解特性。难溶性药物的制剂处方中含有表面活性剂（如十二烷基硫酸钠）时，需要了解其对药物溶解特性的影响。

关于药物的药物动力学性质，应进行单剂量和多剂量人体药代动力学试验，以证实制剂的缓控释特征符合设计要求。推荐采用药物的普通制剂（静脉用或口服溶液，或经批准的其他普通制剂）作为参考，对比其中药物释放、吸收情况，来评价缓释、控释和迟释制剂的释放、吸收情况。设计口服缓释、控释和迟释制剂时，出于生物利用度的考虑，测定药物在肠道各段的吸收情况，以及食物对吸收的影响也十分重要。

药物的药效学性质应反映在足够广泛的剂量范围内药物浓度与临床响应值（治疗效果或副作用）之间的关系。此外，应对血药浓度和临床响应值之间的平衡时间特性进行研究。如果在药物或药物的代谢物与临床响应值之间已经有很确定的关系，缓释、控释和迟释制剂的临床表现可以由血药浓度-时间关系的数据进行预测。如无法得到这些数据，则应进行临床试验和药动学-药效学试验。

（三）体内外相关性

1. 体内-体外相关性的评价方法

体内-体外相关性指由制剂产生的生物学性质或由生物学性质衍生的参数（如 T_{max}、C_{max} 或 AUC），与同一制剂的物理化学性质（如体外释放行为）之间建立合理的定量关系。

缓释、控释和迟释制剂要求进行体内-体外相关性的试验，它应反映整个体外释放曲线与血药浓度-时间曲线之间的关系。根据《中国药典》（2020年版）二部中《缓控释制剂指导原则》的规定，只有当体内外具有相关性时，才能通过体外释放曲线预测体内情况。

体内-体外相关性可归纳为三种：①体外释放曲线与体内吸收曲线（即由血药浓度数据去卷积而得到的曲线）上对应的各个时间点分别相关，这种相关简称为点对点相关，表明两条曲线可以重合或者通过使用时间标度重合。②应用统计矩分析原理建立体外释放的平均时间与体内平均滞留时间之间的相关。由于能产生相似的平均滞留时间可有很多不同的体内曲线，因此体内平均滞留时间不能代表体内完整的血药浓度-时间曲线。③一个释放时间点（$t_{50\%}$、$t_{90\%}$ 等）与一个药物动力学参数（如 AUC、C_{max} 或 T_{max}）之间单点相关，它只能说明部分相关。

2. 缓释、控释和迟释制剂的体内-体外相关性

它系指体内吸收相的吸收曲线与体外释放曲线之间对应的各个时间点回归，得到直线回归方程的相关系数符合要求，即可认为具有相关性。

（1）体内-体外相关性的建立

① 基于体外累积释放百分率-时间的体外释放曲线。如果缓释、控释和迟释制剂的释放行为随体外释放度试验条件（如装置的类型、介质的种类和浓度等）变化而变化，就应该

另外再制备两种供试品（一种比原制剂释放更慢，另一种更快）研究影响其释放快慢的体外释放试验条件，并按最佳条件得到体外释放曲线。

② 基于体内吸收百分率-时间的体内吸收曲线。根据单剂量交叉试验所得血药浓度-时间曲线的数据，对体内吸收符合单室模型的药物，可获得基于体内吸收百分率-时间的体内吸收曲线，体内任一时间药物的吸收百分率（F_a）可按以下 Wagner-Nelson 方程计算。

$$F_a = \frac{c_t + k\mathrm{AUC}_{0-t}}{k\mathrm{AUC}_{0-\infty}} \tag{7-40}$$

式中，c_t 为 t 时间的血药浓度；k 为由普通制剂求得的消除速率常数。

双室模型药物可用简化的 Loo-Riegelman 方程计算各时间点的吸收百分率。

可采用非模型依赖的去卷积法将血药浓度-时间曲线的数据换算为基于体内吸收百分率-时间的体内吸收曲线。

（2）体内-体外相关性检验　当药物释放为体内药物吸收的限速因素时，可利用线性最小二乘法回归原理，将同批供试品体外释放曲线和体内吸收相吸收曲线上对应的各个时间点的释放百分率和吸收百分率进行回归，得直线回归方程。

如直线的相关系数大于临界相关系数（$P < 0.001$），可确定体内外相关。

第四节　口服固体定位给药系统

一、概述

口服定位释药系统（oral site-specific drug delivery system，OSDDS）是指利用胃肠道局部 pH 值、胃肠道酶、制剂在胃肠道的转运机制等生理学特性，通过制剂手段使药物能够选择性地递送到胃肠道中特定部位释放的给药系统。目前研究较多的是胃滞留给药系统及结肠定位给药系统，其特点是能将药物选择性地输送到胃肠道的某一特定的部位，以速释或缓释的形式释放药物。

二、胃滞留给药系统

胃肠道内各段在 pH 值、共生菌群、胃肠道转运时间、酶活性和表面积等理化性质与生物学性质上存在较大差异，采用常规给药系统可能面临递送效率不足的问题。胃滞留给药系统适用于主要在胃内发挥药效的药物、碱性 pH 条件下溶解度差的药物和吸收部位为小肠上段的药物。对于上述药物，由于制剂在胃内滞留，可以充分保证药物在吸收部位前释放，延长药物在消化道内的滞留时间，有望提高其生物利用度或疗效。

（一）影响因素

控制胃排空过程的机制很复杂，因此个体差异是影响胃内滞留制剂应用的重要挑战。主要的影响因素可以分为制剂因素和生理因素两类。

1. 制剂因素

（1）剂型的密度　剂型的密度可通过两种相反的行为影响胃滞留时间：漂浮和下沉。

当剂型的表观密度低于胃液的表观密度，即低于 1.004 g/cm³ 时，制剂可漂浮在胃液中以延长滞留时间并降低食物对制剂排空的影响。当剂型的表观密度大于 2.5 g/cm³ 时，其可牢固地沉降于胃窦部位而避免随胃内容物通过幽门。

（2）剂型尺寸　剂型的尺寸是可以改变的特征，从而增加非浮动系统的胃停留时间。对于非崩解制剂，大于幽门括约肌直径［人类平均（12.8±7）mm］可阻止其通过十二指肠，从而增加胃滞留时间。但需注意制剂尺寸过大会造成吞咽困难，这一矛盾可通过胃内膨胀型制剂解决。

除上述因素外，影响胃滞留的制剂因素还包括剂型、单室或者多室给药制剂、黏度系数、载体材料等因素。

2. 生理因素

（1）外在因素　影响胃滞留时间的外在因素包括患者可以控制的因素，例如摄入食物的性质、热量和频率、伴随摄入影响胃肠动力的药物（例如抗胆碱能药物、阿片类药物和促动力药物）、姿势、身体活动、睡眠和体重指数。食物的存在会增加剂型停留时间，因为它降低了胃排空的速率，导致上消化道中药物吸收的增加。胃滞留时间也受姿势的影响，并且根据该因素在浮动和非浮动剂型的相反方向上变化。直立位置有利于漂浮系统的胃滞留，因为系统漂浮在胃内容物的顶部，而非浮动系统倾向于靠近幽门。而在仰卧位，非浮动系统的胃滞留时间可得以延长。

（2）内在因素　内在生理因素包括性别、年龄、疾病和情绪状态等。生理差异会对药动力学和药效学特征产生显著影响，进而导致不同患者使用同一药品时的疗效差异。例如，胃肠道pH值、胃肠道蠕动能力、黏膜完整性等与年龄和性别相关因素都会影响口服药物的吸收。研究表明女性有更长的胃排空时间和肠道运输时间，而年龄的增长会导致小肠运输时间缩短。患者的情绪状态似乎也在决定胃滞留时间方面发挥作用，因为已经观察到当患者处于抑郁情绪状态时胃排空率会降低。

最后，疾病状态也是需要考虑的重要因素，糖尿病和帕金森病等病理状况会影响胃滞留时间：长期糖尿病患者的胃排空减少了约30% ～50%；所有帕金森病患者都表现出胃排空延迟的现象。

（二）胃滞留给药系统的分类

胃滞留给药系统可采用的技术手段较多，主要包括胃漂浮滞留、胃壁黏附滞留、膨胀型滞留、高密度型滞留、磁导向定位滞留等。部分胃滞留给药制剂的分类见图7-5。

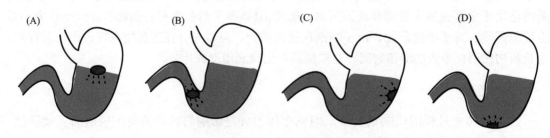

图7-5　**部分胃滞留给药制剂的分类**

（A）漂浮型胃滞留制剂示意图；（B）膨胀型胃滞留制剂示意图；
（C）生物黏附型胃滞留制剂示意图；（D）高密度型胃滞留制剂示意图

1. 漂浮型胃滞留制剂

漂浮型胃滞留制剂是指由于自身密度小于胃液及内容物（1.004～1.01 g/cm^3）而呈现出漂浮状态的制剂，该类制剂不会对胃排空造成影响。根据漂浮机制的不同，可进一步分为泡腾型、非泡腾型两种。

泡腾型胃漂浮制剂是泡腾剂（碳酸氢盐或者碳酸盐以及有机酸）与胃液接触并产气，同时借助亲水凝胶水化形成凝胶层，体积膨胀的同时将气体截留以降低密度实现漂浮。非泡腾型胃漂浮制剂无法自主产气，主要依靠改变自身密度实现漂浮，一般是根据流体动力学平衡体系原理（HBS）设计而成。此类制剂含有高溶胀和高凝聚力聚合物，遇水后可将制剂中残留的空气保留在凝胶层中以降低整体制剂密度。但因残留空气有限，此类体系中往往需要添加低密度辅料（脂肪酸、脂肪醇、蜡类等）以辅助制剂的密度调节，实现胃漂浮。

2. 膨胀型胃滞留制剂

膨胀型胃滞留制剂是指遇到胃液后迅速膨胀，体积增大至超过幽门直径，从而延长药物在胃内的滞留时间。药物释放完全后，骨架会逐渐溶蚀变小随胃内容物排出。其组成中一般含有树脂或者凝胶材料，可吸水膨胀至原体积的几倍或者几十倍。

3. 生物黏附型胃滞留制剂

生物黏附型胃滞留制剂是指在制剂中加入具有生物黏附作用的高分子材料，利用其与胃上皮细胞表面或者黏液蛋白表面的黏附作用实现胃滞留。该策略还有可能通过增加药物与胃内黏膜的接触以提高药物胃内吸收。根据黏附材料的作用方式，可分为细胞黏附或黏液黏附。细胞黏附依赖于聚合物与上皮细胞特异性受体间的相互作用建立，而黏液黏附特性是指与黏液层结合的能力。常用的具有生物黏附作用的高分子材料有壳聚糖、海藻酸钠、黄原胶、卡拉胶、卡波姆、聚乳酸和HPMC等。

4. 高密度型胃滞留制剂

高密度型胃滞留制剂是指采用具有较高密度的赋形剂（如硫酸钡、铁粉、氧化锌等）制备的制剂，该类制剂密度一般需要达到2.5 g/cm^3，进而在服用后制剂可迅速沉降至胃窦处且不随胃内容物向下流动，从而延长药物在胃内的滞留时间。

5. 超多孔水凝胶型胃滞留制剂

超多孔水凝胶型胃滞留制剂是以水凝胶材料为骨架而制备的胃滞留制剂。超多孔水凝胶是一种遇水后可形成具有大量相互联通的、直径约100 μm微型孔道的三维结构凝胶材料，进入胃肠道后迅速吸水膨胀至目标体积并漂浮于胃液之上，使药物达到滞留释放的作用。然而，有必要对完全膨胀的超多孔水凝胶的机械强度进行优化，防止其在胃蠕动下破碎而随胃内容物排空。

6. 磁导向型胃滞留制剂

磁导向型胃滞留制剂是指在赋形剂中加入磁性材料，通过靠近胃部外加磁场的作用而实现胃滞留作用的制剂。与其他系统相比，磁导向型制剂的滞留效果受个体差异影响最小，但其主要缺点是需要外加并固定磁场，可能造成患者顺应性问题。

（三）胃滞留给药系统优势

① 对于主要在胃内及十二指肠部位吸收的药物，设计胃滞留制剂可改善其吸收效果。例如维生素B_6在小肠上部具有最佳的吸收，用HPMC和十八醇制成维生素B_6的胃漂浮片剂后，提高了生物利用度。

② 对于在肠道环境中溶解度低或不稳定的药物，可使其在胃内得到较好吸收。例如桂利嗪能显著改善脑循环及冠脉循环，其生物利用度取决于药物在胃中的溶解量，进入小肠后，药物在碱性环境下溶解度大幅下降而吸收困难。将其制成胃漂浮胶囊，使其在胃的酸性环境中得以充分溶解可改善吸收效果，提高生物利用度。

③ 对于作用部位在胃及十二指肠的药物，制成胃漂浮制剂可以提高治疗作用，并由于缓释可以相对减少药物对胃的刺激作用。例如甲硝唑对幽门螺杆菌有杀灭作用，是治疗胃溃疡的常用药，其制成胃漂浮型缓释片，提高了胃内药物浓度，有利于细菌的杀灭。其他的药物还包括用于胃溃疡治疗的盐酸雷尼替丁和西咪替丁等。

常用于胃漂浮制剂制备的辅料、适用于胃漂浮制剂的药物、部分已上市胃漂浮剂型分别见表7-7、表7-8、表7-9。

表7-7　胃漂浮制剂制备的常用辅料

辅料	作用
甲基纤维素、羟丙基甲基纤维素、羟丙基纤维素、羟乙基纤维素、羧甲基纤维素、羧甲基纤维素钠、聚维酮、聚乙烯醇等	亲水凝胶骨架成分
单硬脂酸甘油酯、十六醇、十八醇、蜂蜡、硬脂酸等	助漂剂
$MgCO_3$、$NaHCO_3$等	产气剂
交联聚维酮、羧甲基淀粉钠、预胶化淀粉、交联羧甲基纤维素钠、交联羧甲基纤维素钙、低取代羟丙基纤维素及其混合物	膨胀剂
卡波姆、海藻酸盐、黄原胶等	黏附剂
海藻酸钠、羟丙基甲基纤维素、羟丙基纤维素、聚维酮、聚乙二醇、聚乙烯醇、聚乙烯醇-聚乙二醇接枝聚合物及其混合物	缓释层致孔剂

表7-8　适用于胃漂浮制剂的药物

药物	适应证	存在问题
阿莫西林	根除幽门螺杆菌	局部治疗浓度低
甲硝唑	根除幽门螺杆菌辅助剂	
克拉霉素	根除幽门螺杆菌、上呼吸道感染	血浆波动、半衰期短
呋喃妥因	细菌性泌尿系统感染的预防 / 治疗	
阿昔洛韦	单纯疱疹感染	上消化道吸收窗口较窄
呋塞米	充血性心力衰竭、慢性肾衰竭和肝硬化	
卡托普利	高血压和充血性心力衰竭	在结肠中不稳定、半衰期短
左旋多巴	帕金森病	
琥珀酸美托洛尔	治疗高血压、充血性心力衰竭、心绞痛和心律失常	半衰期短、上消化道吸收窗口窄
二甲双胍	2型糖尿病	
雷尼替丁	消化性溃疡和反流性食管炎	短半衰期、局部治疗浓度低
氧氟沙星	细菌性泌尿生殖系统和呼吸道感染	肠内溶解度低，吸收差

表7-9　部分已上市胃漂浮制剂信息

药物名称	药物分类	适应证	释药机制	结构示意图
复方左旋多巴-苄丝肼 (Madopar HBS)	精神类药物	帕金森病和帕金森症状，包括脑病后和中毒性帕金森症状，适用于出现各种类型的反应波动（即"剂量高峰期运动障碍"和"剂量末期恶化"）的患者，并可更好地控制夜间症状	明胶外壳溶解后，形成黏液，体积密度小于 $1\ kg/m^3$，形成胃漂浮并以所需的速率释放药物，药物通过水合层以扩散原理释放	
盐酸二甲双胍 (Glucophage XR)	降糖药	治疗2型糖尿病，减少体内葡萄糖的生成	其采用特别的GelShield双相缓释技术：外相为凝胶骨架结构，遇水膨胀，延长药物在胃中的停留时间；内相为膜结构，包裹二甲双胍，缓慢释放，减少胃肠刺激，延长吸收时间	内相：内部固体颗粒分布；外相：外部固体连接相；盐酸二甲双胍
环丙沙星（Cifrano）	抗菌药	对抗细菌引起的感染，用于治疗严重的细菌感染，包括肺炎、呼吸道或尿路感染、淋病、炭疽、胃肠炎，以及鼻窦、骨骼、皮肤和关节的感染	属于凝胶型膨胀系统，此种胃滞留制剂在胃中发生膨胀，并会滞留胃中数小时，同时按一定的控制速率在肠道上端释放药物	口服进入胃内；遇酸膨胀

目前我国最新上市的胃滞留制剂运用膜控与密度调控胃漂浮技术，开发了最新一代的盐酸二甲双胍缓释片。该产品的密度比胃液小，且包裹在片芯外的缓释衣膜具有优异的柔韧性和延展性，从而使该产品兼具优异的漂浮能力和膨胀能力。产品进入胃内之后，在药物释放完全之前可以长时间地停留于胃内缓慢释放药物，从而最大程度地发挥盐酸二甲双胍的治疗作用。国内已上市的骨架型盐酸二甲双胍缓释片，达峰时间为4~6小时，而新开发的胃漂浮型盐酸二甲双胍缓释片，达峰时间长达10小时，该产品主要用于单纯饮食及体育活动不能有效控制的2型糖尿病（T2DM）患者的治疗。本品独特的胃漂浮缓释机制，使得本品每日服用一次即可获得良好的血糖控制效果，大大提高了治疗的有效性和患者的顺应性。

三、结肠定位给药系统

口服结肠定位给药系统（oral colon specific drug delivery system，OCDDS）系指用适当的方法避免药物在胃、十二指肠、空肠和回肠释放，而在到达人体回盲部后释放而发挥局部或全身治疗作用的一种给药系统。结肠特异性药物输送系统的必要性和优势已得到充分认可和记录。除了为结肠相关疾病［如肠易激综合征、炎症性肠病（IBD，包括克罗恩病和溃疡性结肠炎）］提供更有效的治疗外，结肠特异性递送还有可能解决包括口服大分子药物递送在内的诸多重要而未满足的治疗需求。

结肠定位给药系统主要分为时间控制型、pH依赖型、压力控制型、酶降解或细菌降解型以及释药机制联合应用型等，许多新辅料和新技术的发展对于制备新型精确的结肠定位制剂至关重要。

（一）时间控制型口服结肠定位给药系统

药物经口服后到达结肠的时间约为6小时，用适当的方法制备具有一定时滞的时间控制型制剂，使药物在胃、小肠不释放，而到达结肠开始释放，达到结肠定位给药的目的（图7-6）。此类口服结肠定位给药系统多由药物贮库和外面包衣层或控制塞组成，包衣层或控制塞可在一定时间后溶解、溶蚀或破裂，使药物从贮库内芯中迅速释放发挥疗效。时间控制型口服结肠定位给药系统的释药对时间依赖性强，因此其实际释药部位受胃肠道排空影响较大，故必须控制食物的类型与摄入量，确保释药时制剂已到达靶部位。

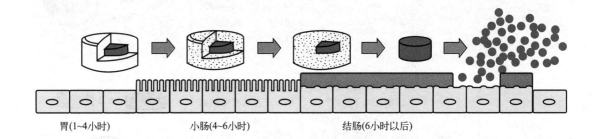

胃(1~4小时)　　　　小肠(4~6小时)　　　　结肠(6小时以后)

图7-6　时间控制型口服结肠定位给药系统原理示意图

（二）pH依赖型口服结肠定位给药系统

结肠的pH为6.8～7.0，比小肠的pH略高，所以采用在结肠pH环境下溶解的pH依赖性高分子聚合物，如聚丙烯酸树脂（Eudragit S100，pH＞6.8溶解）、醋酸纤维素酞酸酯等，使药物在结肠部位释放发挥疗效。目前有对壳聚糖进行人工改造后表现出良好的结肠定位作用，如半合成的琥珀酰-壳聚糖及邻苯二甲酸-壳聚糖等。其释药原理如图7-7所示。

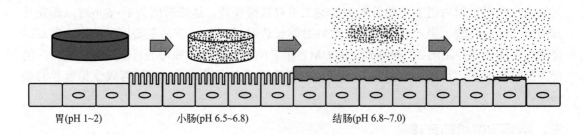

胃(pH 1~2)　　　　小肠(pH 6.5~6.8)　　　　结肠(pH 6.8~7.0)

图7-7　pH依赖型口服结肠定位给药系统原理示意图

（三）压力控制型口服结肠定位给药系统

　　结肠内大量的水分和电解质被重吸收，导致肠内容物的黏度增大，当结肠蠕动时对内容物产生较大的直接压力，使物体破裂。依此原理设计了压力控制型胶囊，即将药物用聚乙二醇溶解后注入在内表面涂有乙基纤维素的明胶胶囊内，口服后明胶层立即溶解，内层的乙基纤维素此刻呈球状（含有药物），到达结肠后肠压的增大引起其崩解，药物随之释放（图7-8）。

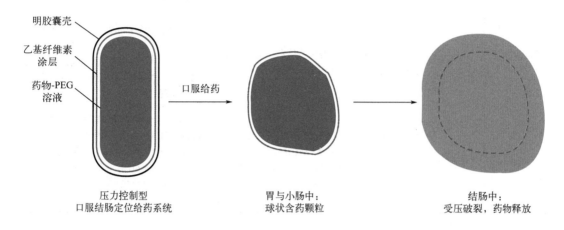

明胶囊壳
乙基纤维素
涂层
药物-PEG
溶液
口服给药

压力控制型
口服结肠定位给药系统

胃与小肠中：
球状含药颗粒

结肠中：
受压破裂，药物释放

图7-8　压力控制型口服结肠定位给药系统原理示意图

（四）酶降解或细菌降解型口服结肠定位给药系统

　　此类给药系统是根据结肠内含有大量的细菌及独特的酶系，如偶氮降解酶、糖苷酶等，实现结肠定位给药的目的，按照结构与机制的差异可分为以下几种类型，即①前体药物型口服结肠定位给药系统：将药物与能被结肠糖苷酶或细菌降解的高分子载体结合，口服后由于胃、小肠缺乏降解高分子材料的酶，因此保证了药物只在结肠定位释放，常见的有偶氮双键前体药物、偶氮双键靶向黏附前体药物、葡聚糖前体药物等。偶氮类小分子具有很强的致癌性，所以要慎用，而葡聚糖前体药物则具有较好的优势，其分子量大，亲水性强，且在胃、小肠不易水解，当到达结肠时被糖苷酶水解释放药物，发挥疗效。②包衣型口服结肠定位给药系统：选用能被结肠酶或细菌降解的包衣材料对药物进行包衣，以达到结肠定位给药的目的。较为常用的包衣材料是多糖类，如壳聚糖、环糊精、直链淀粉、果胶；另外还有偶氮聚合物、二硫化物聚合物等。③骨架片型口服结肠定位给药系统：将药物与可被结肠酶或细菌降解的载体制成骨架片也可达到结肠靶向给药的目的，但需对抵达靶部位前的药物释放进行考察。

　　由于胃肠道内环境较为复杂，上述系统在实际应用时仍面临包括定位不准确、靶部位药物浓度低等问题。一些新兴纳米医学技术的建立为上述问题提供了新的解决方案，例如改性介孔二氧化硅纳米粒，以及通过静电纺丝和电喷的纳米尺寸药物贮库技术等。目前已经开发了各种类型的结肠特异性药物递送载体，例如瓜尔豆胶、壳聚糖、pH敏感聚合物和丙烯酸树脂组合等。

　　部分结肠定位给药制剂及原理见表7-10。

表7-10　部分结肠定位给药制剂信息

药物名称	种类	适应证	原理
维拉帕米渗透泵片	抗心律失常药	心绞痛：变异型心绞痛、不稳定心绞痛、慢性稳定心绞痛。心律失常：与地高辛合用控制慢性心房颤动和/或心房扑动时的心室率；预防阵发性室上性心动过速的反复发作。原发性高血压	使用可遇水膨胀的辅料对含药丸芯进行隔离包衣，随后使用不溶性辅料在最外层包衣。当胃肠液通过控释膜进入隔离层时，其中的辅料逐渐水合溶胀，到达结肠后撑破外层包衣释药
硫酸沙丁胺醇片	平喘药	用于缓解支气管哮喘或喘息性支气管炎伴有支气管痉挛的病症	采用疏水物质（如巴西棕榈蜡、蜂蜡）、表面活性剂（如甘露醇单油酸酯）和水溶性聚合物（如羟丙基甲基纤维素）对含药片芯包衣，胃肠道转运过程中包衣层逐步溶蚀，实现结肠释药
甲硝唑片	抗菌药	用于治疗肠道和肠外阿米巴病（如阿米巴肝脓肿、胸部阿米巴病等）。还可用于治疗阴道滴虫病、小袋纤毛虫病和皮肤利什曼病、麦地那龙线虫感染	选择在碱性环境溶解的聚合物（如Eudragit S100）对含药片芯包衣，包衣片在胃肠道内逐步水化，但在肠道内容物pH低于其溶解pH时不释放或少量释药，到达结肠高pH环境后，包衣层溶解，并依照片芯组成特性释药

（五）时间控制和pH依赖结合型口服结肠定位给药系统

药物在胃肠道转运过程中，胃的排空时间在不同情况下有很大差异，但通过小肠的时间相对恒定，平均约为4小时。另外除胃液的pH较低外，在小肠和结肠的pH差异较小，但在结肠菌群的作用以及在病理情况下可能出现结肠pH比小肠低的情况，所以单纯采用时间控制型和pH依赖型策略都难以达到口服结肠定位给药的目的。针对这一问题，可集成时间控制型和pH依赖型策略的优势设计新型结肠定位给药系统。可采用的方法为：将药物与有机酸装入硬胶囊，并用5%乙基纤维素的乙醇液密封胶囊连接处，然后按照胃溶层、亲水隔离层、肠溶层的顺序由内而外进行包衣，制备三层包衣系统。最外侧的肠溶层可防止药物的胃内泄漏，并在胶囊进入肠道后随亲水隔离层一同溶解，而内侧的胃溶层则可阻滞药物在小肠内的释放。当胶囊进入结肠后，在时间的作用下足量水分进入胶囊内溶解有机酸，形成的酸性环境可自内而外地溶解胃溶层包衣，实现结肠定位释药（图7-9）。三层包衣系统保证了药物在结肠定位释放，且避免了药物在胃内滞留时间差异的影响，同时可通过调节胃溶性衣层的厚度达到控制药物释放时间的目的。

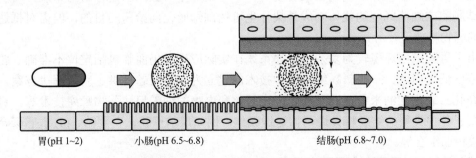

胃(pH 1~2)　　小肠(pH 6.5~6.8)　　结肠(pH 6.8~7.0)

图7-9　时间控制和pH依赖结合型口服结肠定位给药系统原理示意图

四、制备工艺

口服固体定位给药制剂的制备通常包括含药贮库（片、微丸、颗粒等）的制备和释放调节层的包被两大工序。含药贮库的制备可按对应剂型的制备方法，按具体释放需求制备。释放调节层的包被（即包衣）方法，根据包衣材料的存在状态可分为干法包衣（压制包衣、静电包衣）和湿法包衣（流化包衣、锅包衣）两大类。

压制包衣技术属干法包衣的一种，通过多种功能组分的层序结合，利用一种或多种原理实现药物可控释放。该技术较传统包衣技术具有环境友好的优势，较渗透泵技术具有工艺简单的优势，较特殊胶囊具有成本低廉的优势，是极具前景的控制药物释放的递送技术。但该技术对压片机的要求较高。

静电包衣是近年来新兴的干法包衣技术，该技术源于金属加工行业，其原理为将包衣粉末和液体增塑剂分别加入静电喷枪和液体喷枪中，粒子在高压静电喷枪的作用下荷电，并在电场和气流的作用下黏附在固体制剂表面形成沉积层，随后加热使不连续的颗粒熔融弥合形成连续的包衣层。该技术可提高包衣层粉末附着力，且包衣效率高。但该技术对固体制剂的导电性有一定要求，若导电性差，容易出现包衣材料颗粒排斥现象，阻碍包衣膜的形成。解决的方法包括用少量水对制剂预先润湿，或在制剂中添加盐类辅料以增加其导电性。

流化包衣技术是目前常见的包衣技术，可用于片剂、微丸、颗粒等的包衣，也可用于空白丸芯的层积载药。包衣材料需溶解/分散在有机溶剂或水中，经喷枪在压缩空气的作用下雾化并逐步实现制剂的包覆。流化床包衣借助气体流动使物料处于类似沸腾的流化状态，故质量与能量的传递效率高，是较为高效的湿法包衣技术。需要注意的是，若使用有机溶剂溶解或分散包衣材料，则需考虑环境污染、劳动保护、防爆等问题。

锅包衣的应用历史较为悠久，随包衣锅的转动及内壁挡板的作用，物料在锅内翻转使各个面均匀地接触包衣液。但受设备结构限制，锅包衣法的质量与能量的传递效率不足，这也是流化床包衣技术诞生的原因之一。高效包衣机可认为是包衣锅的改进举措，高效包衣机的容器为镂空结构，可增加热交换和水蒸气蒸发效率，大幅缩短了包衣时间。

五、质量评价

（一）胃滞留制剂

1. 体外释放

药物体外释放是胃滞留制剂常用的评价手段。根据产品特性，选择合适的溶出参数，观察体外释放情况。

2. 漂浮行为

考察体外漂浮行为是评价漂浮型胃滞留制剂的重要手段之一，可通过观察漂浮型胃滞留制剂起漂时间和持续漂浮时间评价漂浮性能，或者通过测定漂浮力来评价漂浮性能。

3. 溶胀程度和溶蚀程度

溶胀程度可以通过制剂与胃液接触后体积变化或者重量变化测定，溶蚀程度则是通过将与胃液接触后制剂干燥至恒重，称重计算溶蚀比。该数值常作为参考值用于侧面反映漂浮行为和释药行为。

4. 黏附力

对于生物黏附型胃滞留制剂来说，黏附力是其重要指标，可使用大鼠、犬、猪等动物的离体胃组织为模型，采用推拉式拉力计等手段进行体外黏附力测定，预测其在胃部的黏附状态和黏附持续时间。此外，还可在制剂中添加造影剂，通过X射线或CT等影像学手段对黏附行为进行在体考察。

5. 结构与形态分析

分析胃滞留制剂的形态与结构，有助于探索其漂浮和释药机制，比如SEM观察表面与横截面的结构形态，质构仪测定水化后凝胶强度和硬度。

（二）口服结肠定位给药制剂

1. 体外评价方法

（1）**常规方法**　释放试验是最常用的体外评价方法，对于口服制剂多采用桨法或篮法进行释放行为考察，试验中可定时加入碱性介质以调节整体释放介质的pH与离子强度，从而模拟制剂在胃肠道内的经时转运过程，从而推断结肠定位给药系统在体内的释药情况。这一评价方法特别适用于时间控制型和pH依赖型的给药系统，例如，有研究使用USP的溶出度测定装置Ⅲ（往复筒法，reciprocating cylinder）对基于瓜尔胶的结肠定位给药骨架片进行了体外评价，测得的药物在体外的释放度曲线与其在体内吸收数据具有较高的重合度，表明此类方法的适用性。但对于利用结肠细菌触发释药的系统而言，常规方法对体内过程的模拟效果则极为有限，因而衍生出了一系列非常规方法。

（2）**非常规方法**　为了满足细菌触发型结肠定位给药系统的体外评价需求，有学者提出将动物的盲肠和结肠内容物引入释放介质的解决方案。大鼠结肠中的微生物种类与人体的相似度较高，包括大量的双歧杆菌和乳酸菌。需注意的是，由于肠道内容物中的各种细菌均为厌氧型的，因此实验应在充满CO_2或N_2的无氧环境中进行。相关文献对吲哚美辛果胶钙骨架片进行了研究。结果表明，吲哚美辛在含有肠道内容物的介质中释放百分率显著提高，24 h累积释药百分率达到（60.8±15.7）%，而在普通介质中24 h累积释药百分率仅为（4.9±1.1）%。这表明含有盲肠、结肠内容物的介质能更好地模拟人体的结肠环境，从而获得更准确的细菌触发型结肠定位释药系统的释药行为。

2. 体内评价方法

基于动物的体内试验多采用测定动物血药浓度或尿药浓度经时变化来计算释药时滞、生物利用度等参数。不同动物的解剖学和生理学特点各异，适用于不同释药机制的结肠定位系统评价。常用的模型动物有豚鼠、大鼠、犬等。豚鼠结肠中糖苷酶、葡萄糖苷酶的活性与人类的非常接近，可用于评价含有共轭葡萄糖苷和葡萄糖醛酸的前体药物。大鼠结肠中的偶氮还原酶的活性与人类接近，适用于评价含有偶氮聚合物或偶氮键的前体药物。尺寸较大的口服固体制剂就需要使用大型动物（如犬）作为模型动物。虽然犬的胃肠道的生理学特征与人差别较大，但可通过比较受试制剂和参比制剂的血药浓度曲线来间接的评价药物在结肠部位的释放情况。

γ-闪烁扫描法（gamma scintigraphy）是检测药物制剂在胃肠道转运行为的一种技术，该方法是利用放射性同位素标记受试制剂中的药物，并在无创条件下通过成像仪监测受试制剂在体内的情况。该法可针对制剂的体内变化提供丰富的信息，如制剂崩解的部位及其崩解后分布的区域、制剂在消化道各段的停留、转运时间以及制剂到达结肠的时间等，因此γ-闪烁扫描法是目前最为理想的监测结肠定位释药的方法。

六、前景与展望

口服靶向定位给药制剂具有定位准确、作用时间长等优势，相关制剂的开发对于多种疾病的治疗意义重大，有着广阔的前景。目前，口服结肠靶向递送策略与新结构药物粒子的结合研究已初见成果，例如借助微球高比表面积、黏膜层接触紧密、易于功能化修饰的特性，现已有胃内滞留效果更好的生物黏附型或协同型微球制剂的报道。此外，胃滞留制剂因可降低全身毒副作用、提高生物利用度而具有良好的发展前景，其中膨胀型胃滞留制剂因其工业化生产门槛相对较低而更具有商业化潜力。但由于胃排空及食物的影响较大，胃滞留制剂的滞留效果仍需要依靠更合适的材料和制剂策略加以保障。结肠定位给药系统在结肠局部疾病、多肽蛋白质类药物的口服给药及节律性发作疾病的治疗上具有其他制剂所无法比拟的疗效，是一个极具市场前景和临床意义的研究领域。但患者在消化道 pH 值、肠道菌群数量、转运时间等方面显著的个体差异对结肠定位给药策略的研发提出了较大挑战。现有各类型的结肠定位给药策略都存在一定的缺陷，对药物的疗效会产生负面影响。新型高分子材料和新型定位给药系统的研发是弥补已有的结肠定位给药系统不足的关键，多触发型定位给药系统也在克服常规单一的结肠定位给药系统受机体差异影响的缺点。因此，进一步完善定位和释药能力是结肠定位给药制剂未来的研究方向。

第五节　口服固体定时给药系统

一、概述

大多数治疗药物都被设计为等间隔、等剂量多次给药的剂型，或是缓控释制剂以实现体内平稳的血药浓度、获得理想的治疗效果。然而，一些疾病的发生存在时辰节律性，如：哮喘在夜间最为严重；胃酸在夜间分泌最多，因此胃溃疡患者在夜间可能发生胃痛；心脏病易发于凌晨。上述情况表明，以达成平稳的血药浓度为目的的缓控释制剂已不能满足对节律性变化疾病的临床治疗需求。

口服固体定时给药系统是应上述需求而生的新型给药系统，根据疾病的发病时间规律与治疗药物的时辰药理学特性设计不同的给药时间和剂量方案，选用合适的剂型，以降低药物的毒副作用，达到最佳疗效。按照制备技术的不同，可以将脉冲制剂分为渗透泵定时释药系统、包衣脉冲系统和柱塞型定时释药胶囊。该类制剂一般在进入体内后不立即释放药物，而是经过一段预设时间（时滞）再释药。因此，时滞是定时给药技术的关键，处方设计中最常用的方法是通过基质或外层控释膜来达到时滞的目的。在设计时滞系统时，应同时考虑制剂在胃肠道的滞留行为，否则会出现释药部位与最佳吸收部位在空间上无法重合的问题。

目前已上市的脉冲给药制剂主要有 Searle 公司和 Alza 公司基于渗透泵片技术开发的维拉帕米缓释片（Covera-HS®）；Biovail 公司基于 TIMERx 双层压片技术开发的盐酸地尔硫卓缓释片（Cardizem XL®）；Reliant 公司开发的盐酸普萘洛尔控释胶囊（InnoPran XL®）等。在抗哮喘药方面，国内有企业选择将茶碱制成脉冲式双层控释片，国外则将其制成脉冲控释微丸。治疗胃溃疡方面，将法莫替丁制成脉冲控释胶囊。

二、定时给药原理

脉冲释放的实现依赖于释药系统时滞机制的设计。由于制剂在小肠中的转运时间相对固定，可利用生理触发释药机制设计择时释药效果，通常采用多种机制联合应用的手段。时滞型脉冲释药系统基本结构由内层载药核心和外覆的具有一定时滞的包衣层组成，担载药物的基本单元可以是片剂、颗粒、小丸等。实现时滞的原理有多种，最常见的包括溶蚀包衣原理、压力爆破原理、胃肠转运时滞原理。

（一）溶蚀包衣原理

载药核心外侧包被由溶蚀性蜡质材料构成的衣膜，该包衣层在胃肠道中可以通过水解或酶解缓慢溶蚀，包衣层溶蚀到一定程度后，核心中的药物释放（图7-10）。调节衣膜的组成和厚度，可以调节衣膜的溶蚀速率，从而达到特定的释放时滞。为达到较长的释放时滞，溶蚀性包衣层往往较厚，可通过压制包衣法进行包衣以提高生产效率，该方法制得的片剂称为"包芯片"。

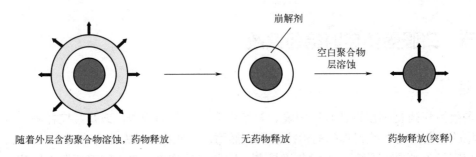

图7-10　二次脉冲的表面溶蚀系统

（二）压力爆破原理

药物混合其他功能性辅料制得含药核心，外侧包被半透膜性衣膜，水分透过包衣膜进入药物核芯，溶解药物并使核芯的压力和体积不断增大，直至撑破包衣膜引发药物释放（图7-11）。含药核心中常加入可吸水膨胀的高分子物质，如崩解剂，以确保适当的膨胀程度；或加入渗透压活性物质以不断吸收水分从而增大内核体积。

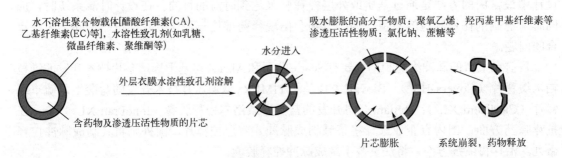

图7-11　压力爆破系统

（三）胃肠转运时滞原理

通常药物制剂在胃部的转运时间受胃排空的影响较大，而胃排空时间则受诸多因素影响，故难以达成较为稳定的时滞，但小肠的转运时间较为稳定，成人一般在3～4小时，可利用该生理特点设计时滞型脉冲释放系统。该类释药系统往往利用pH触发或菌群触发释药原理，为避免胃排空的影响，通常对制剂进行肠溶包衣。该系统的时滞为制剂经过小肠的转运时间。

三、定时给药系统简介

（一）渗透泵定时释药系统

渗透泵定时释药系统是将药物和渗透压活性物质（崩解剂、溶胀剂、泡腾剂）组成片芯，并用含致孔剂和聚合物的包衣液对片芯包衣以获得脉冲效果的释药系统（表7-11）。该制剂进入胃或小肠后，消化液中的水分通过外层衣膜的微孔渗入膜内，产生较强的渗透压，促使片芯内容物不断膨胀直至撑破外层衣膜，从而使药物快速释放。

表7-11　渗透泵定时释药系统结构组成

成分	组成
成膜材料	醋酸纤维素（最常用）、乙基纤维素、聚氯乙烯、聚碳酸酯、乙烯醇-乙烯基乙酸酯、乙烯-丙烯聚合物等
增塑剂	邻苯二甲酸酯、甘油酯、琥珀酸酯、苯甲酸酯、磷酸酯、己二酸酯、酒石酸酯等
致孔剂	多元醇及其衍生物或水溶性高分子材料，如PEG400、PEG600、PEG1000、PEG1500、羟丙基甲基纤维素、聚乙烯醇、尿素等
单室渗透泵渗透压活性物质	氯化钠、氯化镁、硫酸镁、硫酸钠、硫酸钾、甘露醇、尿素、琥珀酸镁、酒石酸等
多室渗透泵渗透压活性物质	分子量3000～5000000的聚羟基甲基丙烯酸烷基酯、分子量10000～360000的聚乙烯吡咯烷酮、分子量80000～200000的Goodrite的聚丙烯酸、分子量100000～5000000以上的Polyox聚环氧乙烷聚合物

盐酸维拉帕米，片芯药物层选用聚氧乙烯（分子量约为30万）、PVP K29-32作为促渗剂；渗透物质层包括聚氧乙烯（分子量约为700万）、氯化钠、HPMC E-5等；外层包衣用醋酸纤维素、HPMC和PEG3350。用激光在药物层的半透膜上打释药小孔，此方法制备的维拉帕米定时控释片在服药间隔特定时间（5小时）以零级形式释放药物，7～8小时达到峰浓度，维持10小时有效，晚上临睡前服药，次日清晨可释放出一个脉冲剂量的药物，符合该病节律变化的需要。基于类似机理的还有默克公司生产的泼尼松迟释片（Lodotra®）。该制剂由含药核心和外覆的多孔性包衣膜组成，服药后消化道水分向核心渗透并引发核心膨胀，药物释放，释药的时滞约4小时。

（二）包衣脉冲系统

1.膜包衣技术

（1）膜包衣定时爆释系统　该系统利用外层膜控制水分进入内层的速率和崩解剂吸水

膨胀直至外层膜胀破的时间实现脉冲释药。这种制剂的外包衣膜由透水性差的材料如乙基纤维素（EC）、聚氯乙烯等构成。对于一层包衣膜的脉冲制剂，其片芯或丸芯中含有崩解剂；二层包衣膜的脉冲制剂，其内包衣层为可膨胀型聚合物组成的膨胀层（表7-12）。其释药时滞由包衣层的厚度、包衣层的组成（如致孔剂占比）、可膨胀聚合物的吸水膨胀能力以及内包衣层的膨胀层的厚度等因素控制（图7-12）。

表7-12　常见膜包衣定时爆释系统组成成分

成分	组成
外包衣膜材料	乙基纤维素（EC）、聚氯乙烯、醋酸纤维素（CA）、聚丙烯酸树脂等不溶性高分子材料
崩解剂	交联羧甲基纤维素钠（CC-Na）、低取代羟丙甲纤维素（L-HPC）、交联聚维酮（PVPP）等

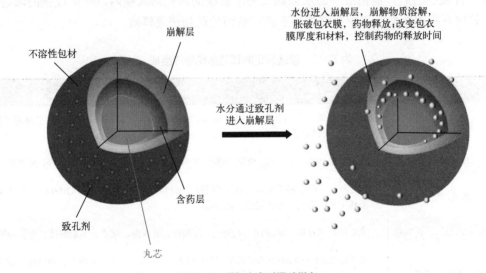

图7-12　膜包衣定时爆破微丸

双氯芬酸钠定时爆释系统为多层包衣制剂，核心为蔗糖颗粒，通过流化床液相层积药物，利用HPMC作黏合剂将崩解剂L-HPC包于药物层外，最外层用含有致孔剂的不溶性包材（乙基纤维素：滑石粉=1：1）作为控释膜。研究表明控释膜的厚度可以决定释药时滞的长短。如该制剂膜厚35 μm时，释放时滞为3小时；膜厚53 μm时，释药时滞延长到6小时。

例7-1： 泼尼松口服脉冲片（表7-13）

泼尼松是肾上腺皮质激素类药，小剂量的泼尼松与慢作用抗风湿药物联合用药可以有效地抑制致炎细胞因子水平，从而阻止侵袭性血管翳的形成和扩张，避免软骨组织的破坏和关节功能的丧失。有研究表明，类风湿关节炎发病具有时辰节律性，晨僵高发于清晨6时，而引起晨僵的致炎细胞因子白细胞介素-6（IL-6）水平多在凌晨4时达到峰值。基于类风湿关节炎发病呈现的时辰节律性，通过粉末直接压片法制备速释片芯，以羟丙基甲基纤维素为溶胀层包衣材料，以乙基纤维素为控释层包衣材料，采用多层包衣技术制备泼尼松脉冲片。设计迟滞时间为3~5小时，时滞后0.5~1小时释放完全，即在凌晨致炎细胞因子峰值到来时血药浓度也达到最大的脉冲制剂，以达到缓解晨僵症状和治疗类风湿关节炎的目的。

表7-13　泼尼松口服脉冲片（1000片）处方

组成	处方	含量/g
片芯层	泼尼松	50
	交联聚乙烯吡咯烷酮	65.5
	交联羧甲基纤维素钠	131
	甘露醇	131
	乳糖	250
	微晶纤维素	613.2
	二氧化硅	6.5
	硬脂酸镁	3.3
溶胀层	HPMC	100
控释层	EC	60.76
	聚乙二醇400	5.81
	聚乙二醇6000	0.57

【制备】

将所用原辅料过80目筛，等量递加法，将处方量的药物与辅料混合均匀后加入处方量SiO_2，置于多向运动混合机中混合30 min，再加入处方量硬脂酸镁混合10 min即得到混合物料，将已经混合均匀的物料以5.0 mm浅凹冲，单冲压片机压制即得到所需片剂。片芯重125 mg，硬度（2.8±0.5）kg。

将HPMC溶解于60%的乙醇中制成包衣液，配置成浓度为5%的HPMC醇溶液即得溶胀层包衣液；将片芯置于包衣锅内，调整角度为30°，转速25~35 r/min，将包衣液加在喷枪中对准片芯喷雾，雾化压力0.1 MPa，同时用热风枪送80~100℃热风干燥。在包衣过程中记录片芯质量，至片芯增重5%。

将PEG4000、PEG6000、乙基纤维素溶解于90%的乙醇溶液中配制成浓度为5%包衣液，按上述包衣参数进行包衣，至片芯增重为7%即得泼尼松口服脉冲片。

（2）膜包衣定时溶解/溶蚀系统　除采用膨胀性内核与不溶性包衣膜组成定时爆破系统外，还可采用可溶解或溶蚀的材料对载药核心进行包衣，通过调整包衣膜组成或厚度控制其溶解或溶蚀时间形成释药时滞。此外，还可在含药核心中添加崩解剂，以促使药物的快速释放。

① 通过溶解/溶蚀速度控制释药时滞。以可溶解或可溶蚀的辅料对含药核心进行包衣，包衣层中还可添加包括蔗糖、聚乙二醇等在内的可溶性物质以调节溶解/溶蚀速度。该体系中药物的释放受包衣层溶解/溶蚀速率和药物在包衣层（此时包衣层可能已水化或部分溶蚀）内的扩散率控制。当包衣层无法有效覆盖含药核心时，药物开始释放，其滞后时间与包衣层的组成有关。

② 基于pH触发控制释药时滞。胃肠道各段间存在较明显的pH差异，因此可使用在不同pH环境下溶解的辅料作为包衣材料实现在特定肠段的脉冲释药。严格意义上基于pH触发的释药时滞控制也是通过溶解实现的，但无pH敏感性辅料的溶解在进入胃肠道后即刻发生，并无pH触发体系从不溶到即时溶解的过程，故将其单独列为一种脉冲释药策略。

例如，采用肠溶性材料包衣后，外层的肠溶衣层可确保药物不在胃中释放，胃排空后，肠溶衣层溶解，药物释放，产生2～4小时的释药时滞。此外，还可通过更为巧妙的手段实现基于pH触发的释药时滞，如有研究小组曾制备了一种定位结肠的控制释药系统，其在胶囊壳外进行三层包衣，包衣材料从里到外依次是酸溶性聚丙烯酸树脂E、亲水性HPMC和肠溶性聚丙烯酸树脂L，胶囊体中含药物和作为pH调节剂的琥珀酸。服用后，外层的肠溶衣层可保护药物不在胃中释放，胃排空后，虽然肠溶衣层和亲水物质层都可以很快溶解，但剩余的酸溶层仍可防止药物在小肠中的释放，直至足量水分进入胶囊内使有机酸溶解，破坏酸溶层后方可释放药物，是一种酸溶层厚度依赖的释药时滞调控策略。常见的pH触发溶解材料如表7-14所示。

表7-14　常见pH触发溶解材料

类别	组成
胃溶性膜包衣材料	羟丙基纤维素、羟丙基甲基纤维素、聚乙烯缩乙醛二乙氨基醋酸和甲基丙烯酸二甲氨基乙酯-中性甲基丙烯酸酯共聚物
肠溶性膜包衣材料	CAP、MCP、CATHP等纤维素

2. 压制包衣技术

压制包衣技术主要通过改变包衣层厚度或包衣材料中疏水、亲水物质比例来调节释药的间隔。按其外层材料可分为半渗透型、溶蚀型和膨胀型三类（表7-15）。用氢化蓖麻油为包衣材料，PEG6000为致孔剂，制备了不同药物的压制脉冲片，释药时滞受外衣层厚度及PEG6000用量共同调控。但由于蜡质材料在胃肠道中溶蚀变异性较大，且其对胆汁的消耗增加了胃肠道的负担。故可选用亲水高分子材料作为时滞材料。如采用海藻酸与壳聚糖复合物作为包衣材料制备了压制脉冲片，海藻酸与壳聚糖构成的不溶性离子复合物可在药片表面形成刚性凝胶结构，阻止药物的释放，起到延迟释放的作用，并可通过壳聚糖的类型和用量调节时滞。用疏水性高分子材料和亲水性高分子材料混合组成水渗透性小的干衣层，疏水性材料作为外层骨架的阻滞剂可产生一定的时滞作用，亲水性材料可被溶出介质溶解或水化形成孔道，增加包衣膜的通透性。

表7-15　压制包衣材料的类别及组成

类别	组成
半渗透型包衣材料	乙基纤维素、醋酸纤维素等
溶蚀型包衣材料	山嵛酸甘油酯、氢化蓖麻油、巴西棕榈蜡、十八醇、硬脂酸+乙基纤维素（疏水性聚合物）等
膨胀型包衣材料	高黏度的HPMC、羟乙基纤维素（HEC）等

例7-2：辛伐他汀口服脉冲片（表7-16）

辛伐他汀是他汀类降血脂药物，本身为无活性的前药，在体内经酶代谢为活性形式辛伐他汀酸，主要通过竞争性抑制HMG-CoA还原酶，从而抑制内源性胆固醇的生物合成，降低极低密度脂蛋白和甘油三酯的浓度，升高高密度脂蛋白胆固醇的浓度。辛伐他汀片口服1~2小时后，血药浓度达到峰值，半衰期为2~4小时，之后血药浓度迅速下降。辛伐他汀片通常在晚间服药一次，如睡前（晚上9点~10点）服药，在一定程度上顺应了胆固醇合成的昼夜节律特点，但由于辛伐他汀吸收快，往往在胆固醇合成高峰前已达到峰浓度，而半衰期较短，维持有效治疗浓度的时间不长，无法覆盖胆固醇合成的高峰期，降低了疗效；如在更晚时间（晚上11点~12点）服药，血药浓度约在凌晨1点~凌晨3点达到峰值，与胆固醇合成的生理节律特点更为吻合，但此时大部分患者已入睡，服药不方便，患者依从性差。采用压制包衣技术制备膨胀爆破型脉冲给药，制剂接触水后，致孔剂溶解形成孔道，水分经由形成的孔道进入片芯，亲水性聚合物吸水膨胀使包衣层破裂，药物迅速释放。辛伐他汀脉冲释放片可在给药后产生约4小时的释药时滞，更符合人体内源性胆固醇合成的昼夜节律特点，改善疗效的同时提高患者的依从性。

表7-16　辛伐他汀口服脉冲片（1000片）处方

组成	处方	含量/g
片芯层	辛伐他汀	10
	一水乳糖	47.45
	交联羧甲基纤维素钠	12
	聚维酮K30	6
	维生素C	2.5
	枸橼酸	1.25
	二氧化硅	0.4
	硬脂酸镁	0.4
	丁基羟基茴香醚	0.02
包衣层	磷酸氢钙二水合物	189.3
	山嵛酸甘油酯	113.5
	聚维酮K30	40
	黄氧化铁	0.2
	二氧化硅	7.0
	硬脂酸镁	3.5

【制备】

将处方量的辛伐他汀、一水乳糖、交联羧甲基纤维素钠和聚维酮K30用整粒机过2.0 mm筛网；转移至湿法制粒机中混合5 min，搅拌转速为300 r/min，切刀转速为250 r/min。将丁基羟基茴香醚溶解于质量分数为50%的乙醇水溶液中，加入维生素C和枸橼酸，搅拌溶解，作为润湿剂；将配好的润湿剂加入湿法制粒机中，进行湿法制粒，搅拌转速为300 r/min，切刀转速为250 r/min，加液时间为2 min；加液结束后，调整切刀转速为1200 r/min，继续制粒2 min；用整粒机过2.0 mm筛网，进行湿整粒，得湿颗粒。将湿颗粒转移至鼓风干燥箱，50℃干燥至颗粒水分低于2.0%；将干燥后的颗粒用整粒机过1.0 mm筛网，进行干整粒。将整粒后的颗粒加入混合机中，加入处方量的二氧化硅，混合5 min；加入处方量的硬脂酸镁，混合4 min，得片芯颗粒。将片芯颗粒用旋转压片机进行压片，冲模为6号圆平形冲，压片硬度为30~50 N，得片芯。

将处方量的磷酸氢钙二水合物、山嵛酸甘油酯、聚维酮K30和黄氧化铁用整粒机过2.0 mm筛网；转移至混合机中，混合10 min。将混合好的物料转移至干法制粒机进行干法制粒，制得的颗粒过筛，进行整粒；辊轮压力为11 MPa，辊轮转速为10 r/min，进料速率为75 r/min，整粒速率为100 r/min，整粒筛网为1.0 mm。将整粒后颗粒加入混合机中，加入处方量的二氧化硅，混合5 min；加入处方量的硬脂酸镁，混合4 min，得包衣层颗粒。

将片芯与包衣层颗粒用包芯压片机进行压片，冲模为9号圆平形冲，压片硬度为60~80 N，即得所述辛伐他汀脉冲释放片。

对其进行药动学研究，显示相比于市售辛伐他汀片，辛伐他汀脉冲片在给药后产生约4小时的释药时滞，给药后约5.5小时达到血药浓度峰值，T_{max}推后约3小时，最大血药浓度和生物利用度相当。

（三）柱塞型定时释药胶囊

柱塞型定时释药胶囊由不溶性胶囊壳体（如水分无法透过的聚丙烯壳体）、药物储库、定时脉冲塞和水溶性胶囊帽组成（图7-13）。根据定时脉冲塞脱落机理可分为膨胀型、溶蚀型和酶解型三种。膨胀型脉冲塞可由亲水凝胶材料制备，如HPMC与聚氧乙烯（PEO），并用包括Eudragit RS100、Eudragit RL100、Eudragit NE30D等在内的材料进行柔性膜包衣。服药后水分透过包衣膜，脉冲塞吸收膨胀，待膨胀度超过壳体容纳能力后脱出，药物释放。溶蚀型脉冲塞可用L-HPMC、PVP、PEO等压制而成，也可将聚氧乙烯甘油酯烧熔浇铸而成。服药后逐步溶蚀，直至药物储库与水接触并释药。上述两个体系的释药时滞由脉冲塞的厚度和体积决定。酶解型脉冲塞有单层和双层两种，单

图7-13　**不同类别脉冲塞示意图**

层柱塞由底物和酶混合组成，如果胶和果胶酶；而双层柱塞由底物层和酶层分别组成。遇水后底物在酶作用下分解，储库中药物释放。

例7-3：尼莫地平口服脉冲胶囊（表7-17）

尼莫地平是二氢吡啶型降压药，通过抑制心肌去极化过程中第二时相钙离子内流减弱心肌收缩力，从而起到降血压的作用。清晨是一天中血压最高的时段，故高血压患者此时面临较大的风险。制备尼莫地平速释滴丸，并将其封装到定时释药胶囊中，患者可睡前（如晚上10点）服药，设计时滞约7小时，第二天5点前后开始释药，降低清晨时段的血压，起到及时预防和治疗高血压的作用。

表7-17　尼莫地平柱塞脉冲处方

组成	处方	含量/g
速释滴丸	PEG4000	30
	PEG6000	30
	尼莫地平	20
非渗透性囊体	醋酸纤维素	3.15
	丙酮	20
	二氯甲烷	7
	乙酸乙酯	3
柱塞片	HPMC K15M	10
	乳糖	100
	硬脂酸镁	0.11

【制备】

（1）速释滴丸的制备：滴制法制备尼莫地平（NMP）速释滴丸。称取处方量PEG6000、PEG4000加热熔融，随后将NMP乙醇溶液加入熔融基质中，加热除去无水乙醇，保温静置脱气。将上述混合液在70℃条件下，以滴速40滴/min、滴距2 cm滴入冷液体石蜡中。收集滴丸，除去表面的冷凝液，置于干燥器内保存备用。滴丸为规则的球形，大小均匀，粒径为（2.91±0.02）mm，载药量为（23.22±0.39）%，溶散时限为12 min（n=3）。

（2）非渗透性囊体制备：采用灌注法制备非渗透性囊体。精密称取囊材置于锥形瓶中，加入丙酮-二氯甲烷混合溶液，盖塞放置24 h后超声10 min，得到囊材溶液，将溶液灌注于1号普通明胶胶囊囊体内，用刀片除去多余溶液，使液面与囊体切口齐平。迅速放入冰箱冷藏室中（3℃）挥干后置于37℃水中浸泡，除去外胶囊体后即得非渗透性囊体。

（3）柱塞片的制备：以HPMC K15M为膨胀材料，与乳糖混匀后加入0.1%的硬脂酸镁，混匀后直接压片，冲头直径6.0 mm，片重100 mg，硬度5 kg。

（4）脉冲胶囊的制备：取速释滴丸置于非渗透性囊体中，再放入柱塞片，使其与囊口齐平，并套接水溶性囊帽，制备得到柱塞型脉冲释药胶囊。

（唐星、苟靖欣）

思 考 题

1. 试述片剂湿法制粒压片常用辅料并举例。
2. 试述影响滴丸成型的因素。
3. 试述湿法/干法/粉末直接压片法的方法及特点。
4. 试述片剂需要进行溶出度测定的情况及溶出度测定方法。

 参考文献

[1] 国家药典委员会.中华人民共和国药典[M].2020年版.北京：中国医药科技出版社，2020.

[2] 方亮.药剂学[M].8版.北京：人民卫生出版社，2016.

[3] 任连杰，刘涓，马骏威等.口腔膜剂的研发与评价[J].中国中药杂志，2017，42（19）：3696-3702.

[4] Silva B M, Borges A F, Silva C, et al. Mucoadhesive oral films: The potential for unmet needs[J]. International Journal of Pharmaceutics, 2015, 494（1）: 537-551.

[5] 袁春平，区淑蕴，侯惠民.膜控释药片剂的包衣技术研究进展[J].中国医药工业杂志，2019，50（02）：139-147.

[6] 贾宁，仇锦春，李嵘.微囊化技术在中药制剂中的应用[J].南京中医药大学学报，2008，（06）：431-432.

[7] 国家药典委员会.中华人民共和国药典[M].2020年版.北京：中国医药科技出版社，2020.

[8] 崔福德.药剂学[M].7版 北京：人民卫生出版社，2011.

[9] Goldberg A H, Gibaldi M, Kanig J L. Increasing dissolution rates and gastrointestinal absorption of drugs via solid solutions and eutectic mixtures II: Experimental evaluation of a eutectic mixture: Urea-acetaminophen system[J]. Journal of Pharmaceutical Sciences, 1966, 55（5）: 482-487.

[10] 金可欣，吕江维，贾昱文，等.固体自微乳药物递送系统的研究进展[J].药学研究，2023，42（2）：126-129，144.

[11] 魏婷，王丹丹，赵雅.口腔速溶膜剂改良药物剂型的研究方法[J].甘肃科技，2020，36（24）：129-133.

[12] 张俊杰，王伟，李晨，等.口腔崩解片制剂新技术及其研究进展[J].中国新药杂志，2020，29（7）：738-743.

[13] Kande K V, Kotak D J, Degani M S, et al. Microwave-assisted development of orally disintegrating tablets by direct compression[J]. AAPS PharmSciTech, 2017, 18（6）: 2055-2066.

[14] Kobayashi M, Shinozuka D, Kondo H, et al. Novel orally disintegrating tablets produced using a high-pressure carbon dioxides process[J]. Chemical & pharmaceutical bulletin, 2018, 66（10）: 932-938.

[15] 江卓芩，江昌照，叶金翠，等.口腔膜剂的研究进展及市售药物概述[J].中国新药杂志，2020，29（6）：634-641.

[16] Lopes C M, Bettencourt C, Rossi A, et al. Overview on gastroretentive drug delivery systems for improving drug bioavailability[J]. International Journal of Pharmaceutics, 2016, 510（1）: 144-

158.

[17] 杨正管，朱家壁，刘锡钧.茶碱脉冲式控释片的研制[J].中国医院药学杂志，1998（11）：3-5，47.

[18] 陈燕忠，岗艳云，金志忠，等.法莫替丁脉冲控释胶囊剂的研究[J].中国药科大学学报，1997（3）：25-29.

[19] 郭红，王成港，王春龙，等.一种普萘洛尔及其盐类口服择时控释微丸制剂.CN102247326A[P].2011-11-23.

第八章

口腔黏膜给药系统

 本章学习要求

1. 掌握：口腔黏膜给药系统的特点。
2. 熟悉：口腔黏膜用药制剂辅料的选择。
3. 了解：口腔黏膜给药常用剂型。

第一节　概述

一、口腔黏膜给药系统

口腔黏膜给药系统（oral transmucosal drug delivery system）指药物经口腔黏膜吸收进入体循环而发挥药效的给药系统。与传统的口服给药相比，药物直接经口腔内静脉进入颈静脉再进入体循环，可避免肝脏首过效应和胃肠道内酶代谢，有利于提高药物生物利用度。

经口腔黏膜给药能进行局部治疗和全身治疗。局部治疗常用于治疗口腔感染、溃疡和口腔炎症等。舌下给药和颊部给药，能够使药物进入血液循环发挥全身治疗作用。由于黏膜具有血管网络丰富和渗透性强的结构特点，黏膜给药与其他给药途径相比具有独特的优势，且能够达到快速起效的目的。然而，口腔黏膜给药也存在一些问题，如药物停留时间短、黏膜吸收面积小以及黏膜的屏障特性。因此在过去几十年中，研究人员采用各种生物黏附制剂技术，增加药物在黏膜的停留时间和控制药物释放，使药物生物利用度得到显著的提高。对于黏膜黏附剂的黏附强度，可以使用各种黏膜黏附聚合物来进行控制。这些聚合物可以是天然的、半合成的或合成的大分子聚合物，它们能够黏附在黏膜表面。各种黏膜黏附聚合物的使用在制药技术领域中引起了极大的关注，黏膜黏附聚合物已被认为可以延长药物在黏膜系统中的停留时间，从而改善给药效果。

（一）口腔黏膜的解剖特点和组织结构

1. 口腔黏膜的生理解剖特点

口腔是整个消化道的起始阶段，主要由口腔前庭和固有口腔两部分组成，其中覆盖于口腔内的黏膜统称为口腔黏膜。口腔黏膜从解剖学上可分为三个组织层，如图8-1所示，分别为上皮层、基底膜和结缔组织。上皮层由40～50层鳞状分层上皮细胞组成。基底膜为细胞外物质的连续层，在上皮的基底细胞层和结缔组织间形成一个边界。结缔组织由固有层和黏膜下层组成，固有层是结缔组织的连续薄层，由毛细血管和神经纤维组成。

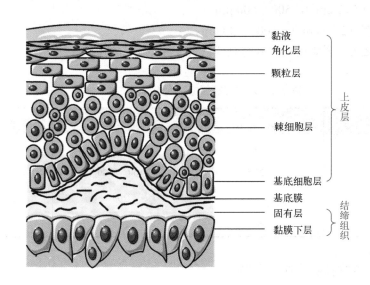

图8-1　口腔黏膜的生理结构示意图

药物给药和吸收的部位包括上（下）唇、牙龈、硬腭、软腭、舌下（牙床）、舌头和颊黏膜组织。口腔是大量微生物的聚集地，有超过300种细菌已经得到分离和鉴定。口腔中有三个主要的唾液腺，即腮腺、下颌腺和舌下腺，可分泌黏液至口腔中。黏液为杯状细胞、特殊的外分泌腺或黏液细胞所分泌的半透明凝胶，主要由水、黏蛋白和无机盐等组成，含有约95%的水、0.5%～5%的糖蛋白和脂质、1%的矿物盐和高达1%的游离蛋白质。腮腺和下颌腺分泌的黏液较稀，而舌下腺主要产生黏性（含有黏液素）的黏液，酶活性有限。黏液具有润滑口腔结构、促进口腔吞咽动作的作用，可使碳水化合物消化（通过淀粉酶的作用）。

2. 口腔黏膜组织结构

口腔黏膜是重要的给药途径之一，它适用于全身和局部给药。口腔中含有较大的黏膜表面区域可用于吸收各种药物。口腔黏膜划分如图8-2所示，根据不同区域口腔黏膜的特点，可将口腔黏膜分为：颊黏膜、舌下黏膜、牙龈黏膜和硬腭黏膜。颊黏膜的面积较大，虽厚度较厚，但黏膜未角质化，受唾液影响小，更适合口腔黏膜给药，药物可透过黏膜进入血液循环。舌下黏膜和牙龈黏膜较薄，血流丰富，前者黏膜上皮未角质化，后者黏膜上皮角质化，但均有着较好的渗透性，可作为给药部位。硬腭黏膜较厚且黏膜上皮

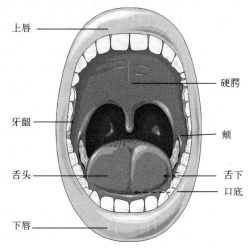

图8-2　口腔不同部位的黏膜示意图

角质化，药物很难渗透。

口腔的总表面积接近100 cm²，即由黏膜覆盖的表面积。口腔各部位黏膜的解剖生理学特征见表8-1。

（1）非角质化区

① 颊黏膜（50.2 cm²），500～600 μm。

② 舌下黏膜（26.5 cm²），100～200 μm。

（2）角质化区　牙龈黏膜、硬腭黏膜（20.1 cm²）、唇的内侧。

表8-1　人口腔各部位黏膜的解剖生理学特征

类型	表面积 /cm²	厚度 /μm	是否角质化
颊黏膜	50.2	500～600	否
舌下黏膜	26.5	100～200	否
牙龈黏膜	—	200	是
硬腭黏膜	20.1	250	是

（二）药物的口腔黏膜吸收途径及特点

1. 药物的口腔黏膜吸收途径

药物经口腔黏膜吸收的主要途径为被动扩散，包括细胞旁途径（paracellular pathway）和跨细胞途径（transcellular pathway）。细胞旁途径指通过细胞间隙进入血液循环，跨细胞途径为直接穿透细胞进入血液循环。

分子量低的水溶性药物通过细胞间通道被口腔黏膜吸收。药物穿透口腔黏膜的能力与药物本身的溶解度、解离度和分子量密切相关。当亲水性药物通过细胞旁途径吸收时，一些具有大分子量的亲水性药物通过口腔黏膜的渗透性较弱，如通过口腔黏膜给药，往往需要使用吸收促进剂。

脂溶性药物主要通过被动扩散、载体介导或胞饮作用（内吞作用）进行跨细胞膜运输。脂溶性药物成分通常以口袋形式内陷并在细胞质中形成一个囊泡，然后被运送到细胞的另一侧，在不干扰细胞质的情况下通过细胞。由于口腔黏膜细胞间质中存在脂质成分，脂溶性药物可以通过细胞间质被吸收。一般来说，亲脂性药物多通过细胞吸收，而小分子亲脂性药物则容易通过口腔黏膜吸收。可选择水溶性良好的盐型来改善高亲脂性药物的水溶性，如高亲脂性的芬太尼（仅微溶于水）用于透皮制剂，而柠檬酸芬太尼（水中溶解度为25 mg/mL）用于口腔黏膜给药系统。

有相关研究发现，口腔黏膜的药物吸收除被动扩散以外，还存在主动转运过程。有研究学者通过谷胱甘肽证明人的口腔黏膜存在特殊转运系统的载体，其吸收呈浓度依赖性，另外其吸收明显受甘氨酸等氨基酸或肽类物质的抑制。

2. 药物的口腔黏膜吸收特点

对于通过口腔黏膜吸收的药物，剂型需首先溶解于黏液中，将药物释放进入溶液，随后药物分配进入覆盖于口腔黏膜的黏液中以利于渗透。通过口腔给予的药物可吸收进入网状血管和颈静脉血管，然后进入全身血液循环，避免了肝脏的首过代谢。虽然口腔黏膜的吸收表面积很小，但吸收速率快，可迅速起效，因此适用于要求迅速起效的药物。口腔黏膜上皮细胞由脂质构成，因此脂溶性药物易透过。

（三）影响药物口腔黏膜吸收的因素

1. 口腔黏膜的生理屏障

影响药物在口腔黏膜吸收的生理屏障为口腔上皮细胞组成的渗透屏障、口腔内黏液和唾液组成的扩散屏障及酶屏障。渗透屏障主要存在于口腔上皮最外侧200 μm处，是药物透过口腔黏膜的主要生理屏障。主要屏障包括黏膜层、角质化层、上皮细胞间隙中脂类物质、基底膜和固有层。此外，黏膜层的厚度、血流的供应情况、血管/淋巴管的转运以及相关细胞的再生都会影响药物的口腔黏膜吸收，从而影响进入体循环的药物的速度与程度。

2. 药物的理化性质

药物的理化性质如分子量、解离度、脂溶性、水溶性等会影响药物透过口腔黏膜的难易程度及药物在口腔黏膜的吸收途径，从而影响口腔黏膜给药系统的药物动力学性质。经口腔黏膜吸收的药物分子量通常应不高于800，分子量越大越难透过口腔黏膜；药物在口腔pH（5.5～7.0）条件下未解离分数越高，药物越容易透过口腔黏膜。

3. 唾液分泌与口腔的运动

人口腔中每日会产生0.5～1.5 L唾液，并以0.5～1 mL/min的速率流动，唾液含有约99%的水以及1%的其他物质。疾病也会影响分泌唾液的pH，从唾液腺中分泌的唾液的pH大约在5.5。当唾液流速增大，pH会因碳酸氢钠浓度的增加而上升到7左右。此外，唾液中还含有多种蛋白质、淀粉酶以及羧酸酯酶等。在唾液量分泌过多的情况下，大量药物会吸收进入胃肠道，而不能很好地在口腔黏膜中吸收。此外，饮水、进食以及口腔运动等活动都会影响药物的黏膜吸收。

4. 载药量

装载难溶性药物仍处于起步阶段。片剂和胶囊可以携带药物进入体内溶解。而口腔黏膜给药主要是依靠聚合物来增加药物的溶解度。因此，还需要开发相应的处方来提高载药量。

5. 停留时间

药物的吸收程度依赖于药物在舌下和颊区域的停留时间。患者和配方不同，停留时间可能会有很大差异。制剂在药物吸收前需要崩解，这意味着在溶解方面它们会有所不同。对于有些药物，吞咽还会影响药物的有效性。

6. 其他因素

除了口腔黏膜存在的生理屏障和药物本身的理化性质之外，促渗透剂、黏膜黏附剂、酶抑制剂的加入及应用纳米技术也可以帮助药物克服在口腔黏膜的吸收屏障，提高药物生物利用度。促渗透剂可以改变上皮细胞间及细胞膜的脂质流动性，从而促进药物在口腔黏膜的被动转运。常用的促渗透剂有表面活性剂、胆酸及其衍生物、氨基酸及其衍生物、阳离子聚合物等。黏膜黏附剂可以与口腔黏膜的黏蛋白相互作用，延长药物在口腔黏膜的停留时间，增加药物在黏膜的吸收。酶抑制剂如抑肽酶、胆酸盐、纤维素衍生物、谷胱甘肽等可以减少药物在口腔及黏膜的降解，提高药物生物利用度。纳米技术的应用（如纳米粒载药）可以提高药物在口腔的稳定性及药物的水溶性，增加药物在口腔黏膜的吸收。

二、口腔黏膜给药特点及用药要求

目前，舌下和口腔给药已被证明是传统口服给药的有效替代途径（尤其是在需要药物快速起效时），对于全身给药具有着明显的临床优势。口服给药依然是目前最受欢迎的给药途径。但是相关口服给药制剂对于部分患者却具有难以吞咽的缺点，例如片剂、胶囊剂。并且一些药物在胃肠道中存在不稳定、刺激性以及具有明显首过效应的特点，如肽类药物、硝酸甘油、利多卡因等，这极大地限制了相关药物的使用。与此同时，也会影响部分具有首过效应药物的生物利用度。为了达到更好的治疗效果，药物应该以一定的速率和浓度运输到体内，以达到最优的治疗效果以及最低的毒副反应。

（一）口腔黏膜给药优缺点

与传统口服给药相比，口腔黏膜给药具有一系列显著的优点：

① 口腔黏膜给药方便，可在任意时间、任意地点给药，无需用水，易使用，容易去除。

② 口腔给药易被接受。

③ 口腔耐受外界影响能力强，当口腔黏膜遭受外界小范围的刺激时可以很快恢复。

④ 药物吸收快、生物利用度高。

⑤ 易于使用以及避免胃肠道和肝脏的首过效应。

⑥ 对有吞咽困难的儿童和老年患者有更好的依从性。

⑦ 增强靶向口腔黏膜的生物黏附性，还可以充分提高相应药物的溶解性和渗透性。

⑧ 可单向释药、提高吸收程度。

⑨ 口腔黏膜有较大的平滑而相对固定的表面，有利于放置生物黏附系统而达到缓释药物的目的。

⑩ 可作为蛋白质/多肽/疫苗的潜在给药途径。

此外，其主要缺点是组织的低流量导致生物利用度低，使用促渗透剂可有效增加药物的透过量。

（二）口腔黏膜给药系统的用药要求

为了让患者在使用药物时具有更好的依从性，因此，口腔黏膜给药系统必须具有方便使用、给药容易以及无口腔异物感等特点。

① 药物及其辅料对口腔黏膜应当无毒性和刺激性（包括不刺激唾液的分泌）。

② 药片的大小适中。普通药片的大小一般限制在5～8 mm，柔性贴片的直径可增大至13 mm，最大面积为10～15 cm²，适宜面积为1～3 cm²。贴片可贴在颊、齿龈、唇或舌下。

③ 适宜的形状。其中圆形和椭圆形是贴片的最佳形状。贴片的厚度一般在1～4 mm，贴膜的厚度一般在1～2 mm。在贴片中添加生物黏附物质作为辅料，可能会增加药片的厚度，在使用时产生不适感。

④ 口腔黏膜给药系统在用药部位上需要一定的保留时间。目前，生物黏附给药系统可保证药物在给药部位上保留几个小时。但舌下贴片中的黏膜黏附聚合物容易被唾液溶解，并且咀嚼、吞咽、喝水和说话等引起舌运动。因此，贴片贴在口腔前部牙龈和口腔黏膜上是比较合理的部位。

⑤ 某些药物（如某些类固醇性激素），如不耐酸性环境、易被消化酶破坏或经过肝脏的

首过效应代谢失活，需要肠外给药以避开上述环节。

⑥ 药物在口腔黏膜有很好的渗透性，药物能迅速被吸收以达到治疗目的。

三、口腔黏膜给药剂型设计

口腔黏膜给药系统主要分为以下3种：舌下黏膜给药系统、颊黏膜给药系统和牙龈黏膜给药系统。这些口腔黏膜部位提供高血液供应，以更好地吸收具有足够渗透性的药物。口腔黏膜黏附给药系统的这3个部位中，舌下黏膜和颊黏膜渗透性较好，其中颊黏膜为最方便给药的部位。

（一）口腔黏膜给药剂型设计需考虑的因素

1. 生理因素

由于唾液的恒定流动和口腔中组织存在的规律运动，药物在口腔中停留时间较短。口腔黏膜黏附制剂可克服该问题，生物黏附聚合物已被用于改善颊黏膜中药物的停留时间，增加了通过该途径给药的药物的吸收。通常口腔给药装置应具有约 $1\sim9~cm^2$ 的尺寸，并且每次给药剂量应不大于 25 mg。椭圆形、圆形或矩形形状是口腔黏膜给药制剂最被接受的形状。

2. 病理因素

口腔黏膜的生理屏障主要是上皮组织，上皮组织的厚度受许多可能改变上皮组织屏障特性的疾病的影响。同时有一些疾病或治疗过程可能影响黏液分泌。各种病理条件下，黏膜表面的这些变化可能影响药物制剂的停留时间。

3. 药理因素

口腔黏膜给药剂型的设计和制备取决于局部或全身给药的性质、药物靶向部位和待治疗的黏膜部位。与局部给药相比，口腔黏膜给药通常更适合全身给药。

4. 制剂因素

口腔黏膜给药系统常用于水溶性差的药物的吸收，为此，可通过使用特定的增加溶解度的方法，例如通过与环糊精形成复合物，以增强药物的水溶性，溶解度提高，口腔黏膜中药物的吸收也会增加。还有许多影响药物释放和渗透的因素，必须在处方设计中进行优化。除了药物释放和吸收所需的物理化学特性之外，在其处方设计时还应考虑药物的感官特性以及适合口腔黏膜给药的剂型。一些赋形剂如增塑剂和渗透促进剂可用于增强其有效性和被接受的程度。口腔黏膜的渗透性相对较差，因此为了提高渗透性，可以使用各种渗透促进剂，常用的一些渗透促进剂包括胆汁盐、脂肪酸和十二烷基硫酸钠等。一些酶抑制剂可以抑制唾液中存在的各种酶对药物的降解，用于改善药物的生物利用度。一些聚合物，如卡波姆、聚卡波菲，可以抑制某些蛋白水解酶（如胰蛋白酶、碳肽酶等）。在配制含有可电离药物的口腔给药制剂时，制剂的pH是应考虑的另一种因素。口腔黏膜给药制剂的pH应与唾液pH一样接近中性（pH为6.6～7.4），pH差异大可能会对黏膜局部造成刺激。口腔黏膜黏附剂型可以分为以下3种类型。

① 单层含药剂型，其提供多向药物释放。主要缺点是吞咽会导致药物损失较高。

② 含有不透性背衬膜覆盖的载药生物黏附层。背衬膜仅覆盖附着部位的相对侧，可防止药物从装置的上表面损失。

③ 除了附着目标区域的一侧，药物装载的黏膜黏附层所有侧面都是不可渗透的。药物

释放是单向的，可防止各种不必要的药物损失。

（二）制剂的处方组成

1. 原料药药物活性成分或原料药

根据药物的药理及药动学特性进行选择，选择的药物应具有以下特性：

① 药物的分子量不能太大。

② 药物单次给药剂量小（单次剂量 ≤ 25 mg）。

③ 药物有较短的生物半衰期（2～8 h）。

④ 药物的首过效应明显，通过口腔黏膜给药可避免首过效应，或该药需要起效速度快，或需要良好的给药便利性。

⑤ 药物不应该对黏膜产生刺激性，不会引发过敏、牙齿变色或侵蚀。

2. 黏附剂

黏附剂的使用决定了口腔膜剂的多种性质，例如药物制剂的黏附强度、厚度、体内释放行为和保留时间。通常分子量较高的聚合物更常被用作黏附剂，因为它们表现出良好的控制释放速率的性能和黏附性能。为达到最佳效果，理想的黏附剂聚合物应该具有以下特性：

① 聚合物须是惰性的。

② 对黏膜没有刺激性。

③ 该聚合物须与环境和药物具有良好的相容性。

④ 能较容易地掺入药物且不会妨碍药物释放。

⑤ 聚合物须能与口腔黏膜迅速黏合且要能黏附足够长的时间。

⑥ 聚合物应易于在市场上获得且经济实惠。

3. 背衬膜

处方中所使用的背衬膜能防止药物和唾液的渗透以避免不必要的药物损失，理想的背衬膜应该具有以下特性：

① 材料是惰性的。

② 制备背衬膜的材料应不溶或难溶于水。

③ 药物和渗透促进剂不易渗透进去。常用背衬膜材料包括乙基纤维素和乙酸纤维素等。

4. 增塑剂

增塑剂是用于获得聚合物薄膜或聚合物共混物的具有柔韧性的材料，增强给药膜的耐折性，同时可增加剂型的灵活性以改善患者的接受度和依从性。增塑剂有助于从聚合物基质中释放药物，以及被用作渗透促进剂。常用增塑剂包括甘油、丙二醇、聚乙二醇（polyethylene glycol，PEG）200、PEG 400、PEG 600和蓖麻油等。增塑剂的选择取决于其使聚合物溶剂化和改变聚合物-聚合物相互作用的能力。

5. 促渗透剂

用于促进药物通过黏膜的物质被称为渗透促进剂或促渗透剂，其可以增加药物通过黏膜的渗透量。

6. 酶抑制剂

口腔中存在的多种酶是影响药物吸收的主要障碍之一，因此将药物与酶抑制剂或聚合物的硫醇衍生物共同给药时，可使酶活性降低或丧失，从而有助于增强药物的口腔黏膜吸收。

7. 甜味剂

赋予甜味的化合物被称为甜味剂。低分子量碳水化合物（尤其是蔗糖）是使用最为广泛的甜味剂。蔗糖具有无色、高水溶性、在宽 pH 范围内稳定、口感舒适的优点。基于这些品质，蔗糖被认为是甜味剂的金标准。然而，蔗糖及其发酵产品也是蛀牙、肥胖以及糖尿病的诱因，可供选择的替代品有糖精、甜蜜素和三氯蔗糖等。

8. 着色剂

可在处方中加入质量分数不超过 1% 的药用级或食品级的着色剂，以增加制剂的辨识度。例如：二氧化钛、诱惑红和日落黄等。

（三）制剂渗透吸收促进技术

口腔黏膜给药吸收的量以及生物利用度主要受药物本身的理化性质、口腔黏膜的结构和生理特性，以及药物释放系统中组分以及制备工艺的影响。首先，可通过药物的结构改造来改变药物的理化性质，同时也存在改造后的理化性质与原药不同的问题。其次，根据口腔黏膜的生理结构特点在处方中加入适量的促渗透剂、黏膜黏附剂、酶抑制剂及应用纳米技术可以帮助药物克服在口腔黏膜的吸收屏障，提高药物生物利用度。当然该如何选择适宜的辅料，这也决定了处方筛选的复杂性。在设计相应的处方时需要考虑到药物在口腔黏膜表面的浓度、膜的渗透系数、药物与口腔黏膜的接触面积以及时间对药物的渗透量的影响。因此，选择适当的物质作为口腔黏膜给药的辅料，以提高药物与黏膜的接触时间与面积，从而提高药物经黏膜的渗透量，提高药物的生物利用度。

1. 促渗透剂

促渗透剂，亦称渗透促进剂，是一种能可逆地改变口腔黏膜角质层屏障作用以促进药物的透黏膜吸收，而不对口腔黏膜形成严重刺激和损害的化学物质。口腔黏膜作为口腔内第一道天然屏障，其首要作用就是保护口腔内组织不受外源性物质的侵害，因此也会阻碍药物的透过。为了使药物能够透过口腔黏膜进入毛细血管，增加药物的透过量以达到药物的治疗浓度，促渗透剂目前被广泛应用于口腔黏膜黏附制剂中。

其作用机制主要是作用于组织的蛋白质区域，特别是联结部位如细胞间桥小体，改变脂质的流动性，促进药物的吸收。在促渗透剂的作用下，细胞-细胞交联发生改变，细胞间间隙变宽，从而促进药物的渗透。另外，促渗透剂与肌纤蛋白丝的结合也能增加药物从细胞间的渗透。一般经舌下黏膜的渗透性较好，给药后药物能够快速吸收，起效快。当然，口腔黏膜各部位的渗透性差异大，因而也会引起药物的渗透吸收不同。此外，药物的渗透吸收还可因相应口腔黏膜的生理因素而改变，例如口腔溃疡、免疫功能的紊乱或者缺锌等。因此，根据处方的设计要求可加入适当的渗透促进剂来增加药物的通透性，并且也可减少组织刺激和损害的程度，易于接受。

常用的促渗透剂主要有以下几类。

① 表面活性剂类：具有维持药物释放和促进渗透的作用，通常的作用是增加药物的溶解性及赋予胶黏剂可洗去性。离子型表面活性剂的促透作用优于非离子型表面活性剂，但对皮肤刺激性和损伤较大，不易被人接受。常用的表面活性剂类促渗透剂主要有十二烷基硫酸钠、聚乙二醇-9-十二烷基醚、山梨醇月桂酸酯、月桂酸甘油酯、吐温20、吐温80等。

② 胆盐类：主要有脱氧胆酸钠、甘胆酸钠、牛黄胆酸钠等。甘氨脱氧胆酸钠在

100 mmol/L 浓度下能促进硫酸吗啡透过颊黏膜，其作用机制是甘氨脱氧胆酸钠溶解上皮细胞间脂质，增强细胞间通路。

③ 醇类：主要有乙醇、丙二醇等。醇类促渗透剂能增强药物经磷脂途径的渗透。一方面可作为药物的溶剂，提高药物的溶解性，常用于复合促渗透剂；另一方面能够萃取部分磷脂。如丙二醇对亲脂性药物的促透作用较好。

④ 脂肪酸：主要有油酸、亚油酸、月桂酸等短链脂肪酸等。此类促渗透剂主要通过干扰磷脂酰基链来实现促透作用。

⑤ 萜烯类：主要有薄荷醇、冰片、当归挥发油、樟脑、龙脑、α-蒎烯等。萜烯类促渗透剂具有促透能力强、毒性低的特点，可改善皮肤通透性，基于类似"相似相溶"原理，对亲水、亲脂药物均有促渗作用。

⑥ 环糊精：主要有 α-环糊精、β-环糊精、γ-环糊精、甲基化 β-环糊精等。通常环糊精通过提高药物稳定性、增加药物溶解度及黏膜透过性来促进药物吸收。

⑦ 螯合剂：主要有乙二胺四乙酸（ethylenediamine tetraacetic acid，EDTA）、枸橼酸、水杨酸盐等。EDTA 与钙离子螯合，能特异性促进药物通过细胞旁途径吸收。

⑧ 壳聚糖：包括壳聚糖盐、三甲基壳聚糖等。壳聚糖及其衍生物通过改变角质层中的水含量，角蛋白的二级结构，细胞的膜电位和流动性促进药物的透皮吸收。并且由于其分子量大，除角质层以外几乎不能渗透到其他的皮肤组织中，可避免带来一些不必要的不良反应。

⑨ 月桂氮䓬酮（azone）：该类物质的促透机制是增加角质层细胞间磷脂双分子层的流动性，扰乱脂质结构从而形成通道，并且氮酮和丙二醇以适当比例混合能够促进亲脂性药物的渗透。

⑩ 其他促渗透剂：如阳离子氨基酸（赖氨酸和组氨酸）和阴离子氨基酸（谷氨酸和天门冬氨酸）可有效促进胰岛素的渗透，且与常规促渗透剂胆酸盐和脱氧胆酸钠相比，无细胞毒性，更安全。

2. 黏膜黏附基质

口腔黏膜给药系统是一种非常有效的给药途径，可以快速传递药物到血液循环系统，避免胃肠道消化和肝脏首过效应，提高药物生物利用度和疗效。黏膜黏附通过增加制剂在黏膜处的接触时间，减少"唾液冲刷"造成的药物损失，从而增加药物的渗透量。一个完整的黏膜黏附结构组成包括3个部分：表面的制剂层、中间的黏膜黏附材料层和黏膜的黏液层。颊黏膜的黏液层主要由水组成，其中含有大量的黏蛋白、无机盐、蛋白质和脂质，黏蛋白为发挥黏膜黏附作用的主要成分。因此，在选择口腔黏附基质时，需要考虑多种因素，包括生物相容性、可控性、稳定性、黏附性等。

（1）常用的口腔黏膜黏附基质

① 聚合物：是最常用的口腔黏膜黏附基质之一，其特点是具有良好的黏附性、生物相容性、稳定性和可控性。常用的聚合物包括明胶、羟丙基甲基纤维素、聚乙烯醇等。

② 糊剂：是一种含有黏合剂和溶剂的液体，可以形成一种黏附力强的膜，以维持药物在黏膜表面的黏附时间。糊剂通常由纤维素、聚乙烯醇等材料制成，可以与黏膜表面形成氢键或静电作用力，从而提高黏附力。

③ 脂质体：是由磷脂和胆固醇等成分组成的小囊泡，具有良好的生物相容性和黏附性。脂质体可以包裹药物，形成稳定的药物包裹体，以便在黏膜表面保持更长的时间。

④ 纳米粒：是一种具有纳米级的粒子，可以作为药物的载体。纳米粒通常由生物可降解的聚合物制成，例如聚乳酸-羟基丁酸（polylactic acid-hydroxybutyric acid，PLGA）等。纳米粒的大小和形态可以通过制备方法进行调节，从而实现药物释放速率的控制。

总之，在选择口腔黏膜黏附基质时，需要考虑多种因素，例如药物的物化性质、应用场景等。不同的基质具有不同的特点和优缺点，可以根据实际情况选择合适的口腔黏膜黏附基质。

（2）黏膜黏附给药优缺点

① 黏膜黏附给药系统的优点：a.与其他非口服途径相比，口腔黏膜高度血管化，且表面没有角质层，给药后起效快；b.与注射相比，剂型易于使用，给药以及药物的去除都较容易，且不会产生疼痛感，因此患者依从性更好；c.黏膜黏附聚合物可以延长药物的停留时间，药物吸收更充分，增加药物的生物利用度；d.通过使用缓释的黏膜黏附聚合物，将制剂施用于活动较小的唇内侧牙龈黏膜上可以实现药物的缓慢持续给药；e.口腔黏膜的血液灌注程度高，黏膜渗透性高，药物吸收速率快；f.可以避免口服给药可能引起的副作用，如恶心和呕吐等；g.黏膜黏附给药可以较容易地用于无意识和配合度较低的患者；h.口服给药生物利用度较差的药物，可以通过黏膜黏附给药系统来提高其生物利用度；i.口腔黏膜黏附给药系统可用于许多药物的局部和全身给药。

② 黏膜黏附给药系统的局限性：a.不适用于味极苦的药物；b.不适用于会刺激口腔黏膜、引起过敏反应或牙齿变色的药物；c.使用缓释制剂的患者在进食、饮水和说话时会感到不适；d.只有通过被动扩散吸收的药物才能通过口腔途径给药；e.在口腔环境下（pH为6.6～7.4）不稳定的药物不适合通过该途径给药；f.水敏感药物不适用；g.唾液的连续分泌（0.5～2 L/d）导致药物随后稀释；h.吞咽唾液也可能导致药物溶解、流失。

3. 酶抑制剂

酶抑制剂与胃肠道相比，口腔中的酶环境更温和，但是对于易受酶降解的生物大分子药物来说，口腔中酶的降解作用仍是不容忽视的。口腔颊黏膜表面及表皮细胞质内含有氨肽酶、羧肽酶、酯酶和内肽酶等多种蛋白水解酶。胰岛素和胰岛素原、促甲状腺激素释放激素、降血钙素等多种大分子药物在口腔组织匀浆中会产生降解。因此，加入适宜的蛋白酶抑制剂、抑制生物大分子药物口腔内的酶解是必要的。药物与酶抑制剂共同给药是提高药物，特别是多肽的颊黏吸收的策略，可以减少药物在口腔及黏膜的降解，提高药物生物利用度。

（1）常用的酶抑制剂　　通过稳定大分子的结构、与大分子构成胶束或直接抑制酶的降解作用等机制发挥效用。如抑肽酶、纤维素衍生物、谷胱甘肽、嘌呤霉素和胆汁盐等。

（2）其他酶抑制剂　　如聚丙烯酸（卡波姆）和壳聚糖衍生物，已被证明可以抑制酶活性。特别是聚丙烯酸（卡波姆）能够结合必需的酶辅因子钙和锌，引起构象变化，导致酶自溶和酶活性丧失。此外，利用EDTA对壳聚糖（阳离子聚合物）进行化学改性，得到的聚合物共轭壳聚糖-EDTA是一种非常有效的金属肽酶抑制剂，如羧肽酶。巯基在聚丙烯酸酯或壳聚糖上的衍生化可以改善聚合物的酶抑制性能。

4. 纳米技术的应用

纳米药物的发展，有效解决了药物递送中存在的问题，如药物吸收不好、生物利用度低、药物选择性差、毒副反应明显等。在生物大分子药物的口腔黏膜递送中，通过纳米载体如脂质纳米载体、聚合物纳米粒及胶束等包载药物，可有效避免大分子药物的降解，提高其稳定性；增加大分子药物的黏膜渗透性，促进药物吸收，提高生物利用度。

5. 物理促透技术

物理促透技术也可有效改善生物大分子药物的黏膜吸收，但由于口腔黏膜屏障脆弱、物理促透技术易对黏膜组织产生损伤，相关应用报道较少。离子电渗透是一种离子流在电场力的驱动下，在介质中有向扩散的物理过程。离子电渗技术可促使亲水性带电分子透过生物屏障以实现局部或全身作用，能够用于颊黏膜递送难以透膜的生物大分子药物。离子电渗的效果受离子电渗参数、药物的分子量、药物形式（溶液、凝胶、乳膏等）及促渗透剂等其他辅料加入的影响。

四、口腔黏膜给药的临床应用

近年来，口腔黏膜黏附给药剂型在心血管药物、镇痛剂、止吐药、糖尿病药物等方面开始得到广泛的研究。

例如：硝酸甘油、卡托普利、维拉帕米、硝苯地平等心血管药物；芬太尼、吗啡、丁丙诺啡、布托啡诺和吡罗昔康等镇痛剂；东莨菪碱、普鲁氯嗪等止吐药；睾酮、雌激素等激素；后叶加压素、胰岛素等糖尿病治疗药物。

第二节　口腔黏膜给药的剂型

一、剂型分类

（一）根据溶出与崩解动力学分类

根据溶出或崩解动力学，可将口腔黏膜给药剂型分为三类：
① 速溶（quick-dissolving）给药系统。
② 慢速溶解（slow-dissolving）给药系统。
③ 不溶性（non-dissolving）给药系统。
它们的释放药物的时间分别为1 min、1～10 min和大于10 min至若干小时。

（二）根据剂型分类

口腔黏膜给药剂型包括片剂（含贴片、口含片、舌下片、黏附片、速溶片等）、膜剂、凝胶剂、喷雾剂、含漱液、口腔溶液、胶浆及泡沫剂等。

二、口腔黏膜给药常用剂型

（一）片剂

1. 口腔用片剂

舌下片（sublingual table）指置于舌下能迅速溶化，药物经舌下黏膜吸收发挥全身作用的片剂。2000年以来美国FDA批准的NDA类舌下片药物有硝酸甘油、枸橼酸芬太尼、酒石酸吡唑坦、阿塞那平马来酸盐、阿昔洛韦、盐酸丁丙诺啡、盐酸纳诺酮、醋酸去氨加压素、枸橼酸舒芬太尼等。口腔含片（buccal table）指粘贴于口腔，经黏膜吸收后起局部或全身作用的片剂，如替硝唑口腔贴片、氨来呫诺口腔贴片。口含片（lozenge）指含于口腔中缓慢溶化产生持久局部或全身作用的片剂。含片中的药物一般是易溶性的，主要起局部消炎、杀菌、收敛、止痛或局部麻醉作用，如西地碘含片、替硝唑含片。目前口腔黏膜给药制剂的剂型中片剂和膜剂是最主要的剂型。

片剂体积小，呈扁平、圆形或椭圆形，直径为5~8 mm。与传统的片剂不同，使用黏膜黏附片剂时可以饮用饮料或说话且没有严重的不适感。该剂型主要通过舌下给药，片剂软化后，黏附在黏膜上，并且保持完整形态。通常黏膜黏附片剂具有缓释给药的潜力。黏膜黏附性质与片剂结合起来具有额外的优点，例如，较大的表面积与体积比，可以使药物得到有效吸收并获得更高的生物利用度。可以设计黏膜黏附片剂以黏附于各种黏膜组织，从而实现局部或全身的药物控制释放。

（1）片剂的一般组成　片剂由药物或辅料（adjuvant）两部分组成。欲制备优良的片剂，所用的药物必须具备以下性质：

① 良好的流动性和可压性。

② 一定的黏着性。

③ 不黏附冲模和冲头。

④ 遇液体迅速崩解、溶出、吸收而产生应有疗效。

实际上很少有药物能完全具备这些性能，因此，必须加入辅料或经适当处理使之能达到上述要求。

（2）片剂中的辅料　口腔用片剂中辅料一般包括稀释剂、吸收剂、润湿剂、黏合剂、润滑剂、着色剂、矫味剂等。

① 稀释剂和吸收剂：稀释剂（diluent）系指用以增加片剂重量与体积，利于成型和分剂量的辅料，也称为填充剂（filler）。片剂的直径一般不小于5 mm，片重一般不小于50 mg，而很多药物的剂量小于50 mg。因此，必须加入稀释剂，方能成型。当药物中含有较多挥发油或其他液体成分时，常需加入硫酸钙、磷酸氢钙、氧化酶等吸收剂（absorbent）。常用稀释剂包括淀粉、预胶化淀粉、糊精、蔗糖、乳糖、微晶纤维素、甘露醇、硫酸钙、磷酸氢钙和碳酸钙等。

② 润湿剂和黏合剂：润湿剂（humectant）系指可使物料润湿，以产生足够强度的黏性，以利于制成颗粒的液体。润湿剂本身无黏性，但可润湿片剂物料并诱发物料本身的黏性，使其聚结成软材并制成颗粒。黏合剂（adhesive）指能使无黏性或黏性较小的物料聚结黏合成颗粒的辅料，黏合剂本身有黏性。常用的润湿剂有纯化水、乙醇；常用的黏合剂有淀粉浆、纤维素衍生物（甲基纤维素、羟丙纤维素、羟丙基甲基纤维素、羧基纤维素钠、乙基纤维素）、聚乙烯吡咯烷酮（polyvinyl pyrrolidone，PVP）、糖浆、胶浆、PEG。

③ 润滑剂：压片时为了能顺利加料和出片，并减少黏冲及降低颗粒与颗粒、颗粒与模孔壁之间的摩擦力，使片面光滑美观，在压片前一般均需在颗粒（或结晶）中加入适宜的润滑剂（lubricant）。常用的润滑剂有硬脂酸、硬脂酸镁、硬脂酸钙、滑石粉、微粉硅胶、氢化植物油、PEG类、月桂醇硫酸镁。润滑剂在颗粒表面吸附改善粗糙度的示意图见图8-3。

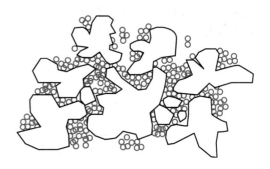

图8-3　润滑剂在颗粒表面吸附改善粗糙度的示意图

（3）片剂的制备工艺

① 湿法制粒压片：该工艺是将物料与润湿剂/黏合剂混合后经湿法制粒干燥后进行压片的方法（图8-4）。与其他方法相比，其制备工序较多，但仍是目前主要的制片方法。由湿法制粒制成的颗粒粒度均匀、流动性好、颗粒压缩成型性好、外观美观、耐磨性较强。与颗粒剂相比，片剂制粒除了考虑增加物料的流动性外，还应考虑提高物料的可压性，因此颗粒大小、细粉率、含水量都是较为重要的参数。另外，由于湿法制粒过程存在药物与润湿剂（水或乙醇等有机溶剂）接触、受热干燥等过程，药物稳定性、晶型等是否变化，也是制粒工艺参数确定的重要依据。对于遇热、遇湿不稳定的药物，一般不宜采用湿法制粒压片。

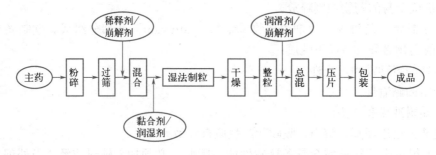

图8-4　湿法制粒压片工艺流程

② 干法制粒压片：对遇水、热不稳定，吸湿性强的药物，可采用干法制粒压片，即将药物与适量填充剂、固体黏合剂、润滑剂等混合均匀后，用适宜的设备压成块状或大片状，再将其破碎成大小适宜的颗粒后进行压片（图8-5）。干法制粒可分为滚压法和大片法。常用的固体黏合剂有微晶纤维素、羟丙基甲基纤维素等。

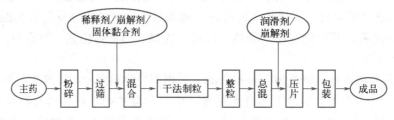

图8-5　干法制粒压片工艺流程

③ 粉末直接压片：它是指不经过制粒过程直接把药物和辅料的混合物压制成片的方法（图8-6）。粉末直接压片法避开了制粒过程，具有省时节能、工艺简便等优点，适用于对湿热不稳定的药物。但由于粉末流动性、可压性差，直接压片会造成片中差异大、裂片、硬度与脆碎度不符合要求等问题。目前广泛应用于粉末直接压片的辅料有微晶纤维素、无水

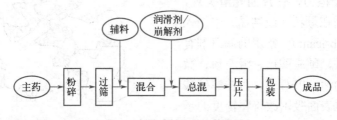

图8-6　粉末直接压片工艺流程

乳糖、可压性淀粉及PVP（PVP-K90D、PVP-K90M）等。粉末直接压片法还需要有优良的助流剂，常用的有微粉硅胶等，这些辅料的特点是流动性、压缩成型性好。

④ 半干式颗粒压片：它是将药物粉末和预先制好的辅料颗粒（空白颗粒）混合后进行压片的方法（图8-7）。该法适用于对湿、热敏感且压缩成型性差的药物。

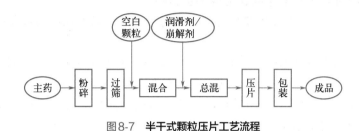

图8-7　半干式颗粒压片工艺流程

（4）质量评价

① 片剂外观应完整光洁、色泽均匀，有适宜的硬度和耐磨性，除另有规定外，非包衣片应符合片剂脆碎度检查法（通则0923）的要求。

② 片剂的微生物限度应符合要求。

③ 根据原料药物和制剂的特性，除来源于动、植物多组分且难以建立测定方法的片剂外，溶出度、释放度、含量均匀度等应符合要求。

④ 片剂应注意贮存环境中温度、湿度以及光照的影响，除另有规定外，片剂应密封贮存。生物制品原液、半成品和成品的生产及质量控制应符合相关品种要求。

2. 黏附片剂

生物黏附片是一种新型生物材料，通常由两部分组成：一部分是生物胶原或其他天然或合成高分子材料；另一部分是微纳米级别的黏附基质，用于与生物体表面进行黏附。生物黏附片具有高黏附力和高选择性，可以用于各种生物医学应用，如组织修复、药物传递、细胞培养等。

（1）药物选择要求　生物黏附片是一种可以用于药物传递的新型材料，其药物传递性能的好坏直接影响到其在生物医学应用中的效果。因此，在选择药物时需要考虑以下要求：

① 药物分子量适当。药物分子量太小容易透过生物黏附片而丢失，分子量太大则会影响药物的释放速率。因此，需要选择适当分子量的药物进行载药。

② 药物水溶性。生物黏附片中的黏附基质通常是亲水性的，因此对于水溶性的药物，其载药量和释放速率都会更高。

③ 药物稳定性。药物的稳定性也是一个非常重要的考虑因素。在生物黏附片中，药物的环境和载药方式可能会影响其稳定性，因此需要选择具有较好稳定性的药物进行载药。

④ 药物疗效。最终的目的是要实现有效的治疗，因此需要选择具有明确疗效的药物进行载药。

⑤ 药物毒性。载药后的药物对人体的毒性也是需要考虑的因素，需要选择低毒性的药物进行载药。

（2）材料的选择要求　生物黏附片作为一种常用的生物医用材料，其材料的选择需要考虑以下因素：

① 生物相容性。生物黏附片作为一种用于生物医学应用的材料，其生物相容性是非常

重要的。因此，选择生物黏附片材料时需要考虑其对细胞和组织的毒性和刺激性。

② 黏附性能。生物黏附片需要具有一定的黏附性能，以便能够有效地附着在组织表面并稳定地保持其位置。

③ 生物降解性。生物黏附片需要具有一定的生物降解性，以便在其完成作用后能够被生物体自行分解代谢，避免对生物体造成不良影响。

④ 力学性能。生物黏附片需要具有一定的力学性能，以便在应用过程中能够稳定保持其结构和性能。

（3）常用的生物黏附片材料　包括明胶、壳聚糖、羟基磷灰石、聚乳酸等。

① 羟基磷灰石（hydroxyapatite，HAP）：具有许多优良的物理化学性质，如高度结晶性、大比表面积、良好的生物相容性和生物活性等。这些性质使其成为一种理想的材料用于医学领域。在口腔医学中，HAP也被广泛应用于口腔修复材料、口腔种植材料、牙本质修复材料等方面。由于其生物可降解性和生物活性，HAP具有良好的生物相容性，可以与组织接触并与组织结合，有助于促进新骨组织的生成和修复。HAP在生物黏附片中可以用作一种填充物，可以提供支撑和稳定性，同时也可以促进新骨组织的生成和修复。HAP的表面也可以进行功能修饰，使其具有更好的生物相容性和生物活性。除了用作填充物外，HAP在生物黏附片中还可以与其他材料共同组成复合材料。例如，HAP可以与PVP等聚合物共同制备成生物黏附片，以提高生物黏附片的稳定性和延长药物释放时间。

② 聚乳酸（polylactic acid，PLA）：是一种生物降解性聚合物，由乳酸单体通过聚合反应形成。它具有良好的生物相容性和可降解性。由于其良好的成膜性和可塑性，PLA可以很好地适应黏膜表面的形态，形成与黏膜紧密贴合的生物黏附片。此外，PLA的可降解性也使得生物黏附片在释放药物后能够逐渐降解、吸收，减少对人体的负担。PLA的降解速率可以通过调整其分子结构和分子量来控制，从而实现在不同时间段内释放药物的需求。此外，PLA可以与其他聚合物共同组成复合材料，以进一步提高生物黏附片的性能。例如，PLA与壳聚糖等聚合物组成的复合生物黏附片具有良好的生物相容性和生物活性，可以促进伤口的愈合和组织修复。需要注意的是，PLA也存在一些缺点，如其机械强度较低、易受热和光的影响等，因此需要在制备过程中进行相应的改进和优化。

（4）制备方法　生物黏附片是一种具有生物黏附性的薄膜，其制备方法多种多样。以下是常用的几种生物黏附片的制备方法。

① 溶液法：是一种常见的生物黏附片制备方法。该方法将材料溶解在有机溶剂或水中，制备成均匀的溶液后，将溶液通过旋涂、喷涂或涂布等方法涂覆到待处理的基板表面，再经过干燥等工艺，制备成薄膜状的生物黏附片。

② 电沉积法：是一种通过电化学方法制备生物黏附片的方法。该方法将基板作为电极，将材料的溶液作为电解液，通过施加电位控制材料的沉积，制备成薄膜状的生物黏附片。电沉积法的优点在于能够精确控制膜的厚度和形状。

③ 电泳法：是一种将带电的颗粒或分子通过电场作用使其沉积到电极表面的方法，也可用于生物黏附片的制备。该方法将待处理的基板浸泡在含有材料的电解液中，通过施加电场控制材料的沉积，制备成薄膜状的生物黏附片。电泳法的优点在于能够制备成具有高分子链向特定方向排列的薄膜。

④ 化学修饰法：是一种将分子修饰成具有生物黏附性的方法，也可用于生物黏附片的制备。该方法将材料的表面进行化学修饰，如通过共价键结合化合物或聚合物等方式将生

物黏附性分子引入到材料表面，从而制备具有生物黏附性的生物黏附片。化学修饰法的优点在于能够在不改变材料本身性质的前提下，使材料表面具有生物黏附性。

（5）质量评价 黏附片应符合以下有关规定：

① 尺寸、厚度、形状、强度等物理特性要符合规定，这些物理特性会直接影响黏附片的黏合性能和使用寿命。

② 黏附片的材料成分应符合卫生部门的标准，并应符合安全、无毒、无害的要求。

③ 黏附片应具有良好的黏附性能，即在接触到潮湿的口腔组织表面后，能够牢固地黏附在上面，并能长时间地保持稳定的黏附性能。

④ 黏附片应具有良好的生物相容性，即不会对口腔组织产生不良反应或过敏反应。

⑤ 黏附片应具有良好的抗菌性能，以预防口腔感染。

⑥ 黏附片应易于使用，能够被轻松地黏附到牙齿表面，也应易于拆卸。

（二）口腔膜剂

1. 概述

膜剂（film）系指将药物包裹、溶解或分散在适宜的成膜材料中制得的膜状制剂。药物在成膜材料中可以分子、微晶或微乳形式均匀分布。膜剂可供内服（如口服、口含、舌下）、外用（如皮肤、黏膜）、腔道（如阴道、子宫腔），也可用于植入以及眼部使用等。膜剂的形状、大小和厚度应根据用药部位的具体情况、药物性能、剂量以及成膜材料的相关性质而定。随着制剂技术的不断发展，膜剂也由最初的仅用于局部治疗转变到全身性质的用药，并且也可用于多种疾病的治疗，如咽部不适、抗炎、镇痛以及辅助睡眠等方面。

膜剂具有制备工艺简单、生产污染小、成膜材料的使用相较于其他剂型少，并且含量准确、稳定性好、药物吸收快、便于使用和携带等优点。同时，由于其体积的限制，所以该剂型主要适用于剂量小、活性高的药物。但同时，膜剂具有重量差异不易控制、包装工艺要求高等不足。根据结构类型，可以将膜剂分为单层膜、多层膜（复合）和夹心膜等。

膜剂一般由药物、成膜材料、增塑剂等基本成分组成，可根据不同的临床需求、药物以及成膜材料的相关性质，必要时添加增溶剂、促渗透剂、抗氧剂以及抑菌剂等。膜剂的一般组成如下。

① 主药：0～70%（质量分数）。

② 成膜材料（聚乙烯醇等）：30%～100%。

③ 增塑剂（甘油、山梨醇等）：0～20%。

④ 表面活性剂（聚山梨酯80、十二烷基硫酸钠、豆磷脂等）：1%～2%。

⑤ 填充剂（$CaCO_3$、SiO_2、淀粉）：0～20%。

⑥ 着色剂（色素、TiO_2等）：0～2%。

⑦ 脱膜剂（液体石蜡）：适量。

2. 膜剂材料选择

（1）成膜材料的选择要求 成膜材料的性能、质量不仅对膜剂的成形工艺有影响，而且对膜剂的质量及药效产生重要影响。理想的成膜材料应具有下列条件：

① 生理惰性，无毒、无刺激。

② 性能稳定，不降低主药药效，不干扰含量测定，无不适臭味。

③ 成膜、脱膜性能好，成膜后有足够的强度和柔韧性。

④ 用于口服、腔道、眼用膜剂的成膜材料应具有良好的水溶性，能逐渐降解、吸收或排泄；外用膜剂应能迅速、完全释放药物。

⑤ 来源丰富、价格便宜。

（2）常用成膜材料　根据来源成膜材料分为合成和天然两大类。常见的合成高分子成膜材料根据其聚合物单体分子结构不同可分为三类：聚乙烯醇类化合物（包括聚乙烯醇、聚乙烯醇缩乙醛、聚乙烯吡咯烷酮、乙烯-乙酸乙烯酯共聚物等）、丙烯酸类共聚物（聚丙烯酸及其钠盐、交联聚丙烯酸钠、甲基丙烯酸共聚物等）、纤维素衍生物（羧甲基纤维素钠、甲基纤维素、乙基纤维素等）。合成高分子成膜材料的成膜性能良好，成膜后的强度与韧性能满足膜剂成型与应用要求。常见的天然成膜材料包括淀粉、糊精、明胶、虫胶、玉米胶、阿拉伯胶、海藻酸钠、琼脂和白及胶等。该类成膜材料多数可降解或者溶解，且生物相容性较好，但成膜性能较差，因此常与合成高分子成膜材料混合使用。其中聚乙烯醇和乙烯-乙酸乙烯酯共聚物是最常用的成膜材料。

① 聚乙烯醇类化合物：包括聚乙烯醇、聚乙烯醇缩乙醛、聚乙烯吡咯烷酮等。

聚乙烯醇（polyvinyl alcohol，PVA）是由聚乙酸乙烯酯经醇解而成的结晶性高分子材料，为白色或淡黄色颗粒或粉末，微有特殊臭味，4%水溶液pH约为6，无固定熔点，加热软化，常用型号在水中易溶，在有机溶剂中不溶。该材料成膜性好，机械性能优良，拉伸强度随聚合度、醇解度升高而增强。PVA因其醇解度和聚合度不同，有PVA05-88、PVA17-88等。其"05"和"88"代表材料聚合度为500，醇解度为88%。本品是一种优良的水溶性膜剂材料，其水溶液对眼组织是良好的润湿剂，能在角膜上形成保护膜，不影响角膜上皮的再生，是眼用膜剂的理想材料。

聚乙烯醇缩乙醛（polyvinyl acetal）为PVA和羰基化合物的缩合产物，理化性质受PVA分子量、羰基化合物的性质和组成缩醛基反应的羰基百分数的影响。调整不同的因素制得的缩醛物在溶解度、机械强度、吸附性等方面有相应的变化。本品为白色和淡黄色粉末和颗粒，无毒、无刺激性，不溶于水，但可溶于有机溶剂。

聚乙烯吡咯烷酮（polyvinyl pyrrolidone，PVP）也称聚维酮，为N-乙烯基-2-吡咯烷酮（VP）单体经催化聚合而生成的聚合物，可与大多数无机盐和许多天然以及合成聚合物等混溶，也可与水杨酸、聚丙烯酸等某些酸性物质生成不溶性复合物或者分子加成物。另外，在与某些难溶性药物结合后可延长药物作用时间和溶解度。本品单独使用成膜性较差，常与其他材料联合使用，且需加入防腐剂来防止霉变。PVP安全无毒，但极易引湿，故需干燥密封保存。

乙烯-乙酸乙烯酯共聚物（ethylene-vinyl acetate copolymer，EVA）是一种水不溶性的高分子共聚物材料，根据其共聚物中乙酸乙烯酯（VA）含量的不同分为高、中、低三类，并且其理化性质与VA关系密切。分子量越大，该共聚物的机械强度也就越高。EVA是水不溶性、透明、无色粉末或者颗粒，可溶于有机溶剂。其性质稳定，但强氧化剂可使其变性，熔点较低，成膜性能好，无毒、无刺激性。本品与机体组织以及黏膜具有较好的生物相容性，适合制备腔道、皮肤以及眼内和组织内给药的控释系统。

② 丙烯酸类共聚物：包括聚丙烯酸、交联聚丙烯酸钠、甲基丙烯酸（酯）共聚物等。

聚丙烯酸（polyacrylic acid，PAA）及其钠盐（PAA-Na）都属于水溶性聚电解质。聚丙烯酸易溶于水、乙醇、甲醇等极性溶剂，在非极性溶剂中不溶。其钠盐仅溶于水，而不溶于有机溶剂，在水中的溶解度高于PAA。二者本身无毒，但其单体有害，因此需控制残余单体含量＜1%、低聚物量＜5%以及无游离碱的存在。另外，二者的水溶液呈现假塑性流体性质，聚合度越高、溶液浓度越大，触变性越明显。该类材料主要用于膜剂、软膏等外用制剂中的基质和增稠剂等。

交联聚丙烯酸钠（crosslinked sodium polyacrylate，C-PAA-Na）为白色和微黄色颗粒或者粉末，在水中不溶但可迅速吸收自重数百倍的水分而溶胀，其中盐离子浓度影响其吸水量。该结构中具有树脂网络结构，因此，其孔径、交联度和交联长度、树脂的粒度等因素均影响其吸水能力。C-PAA-Na具有保湿、增稠和润湿皮肤等作用，可作为外用软膏或乳膏的水性基质，也可作为膜剂的基质。

甲基丙烯酸（酯）共聚物是在药剂中常用的薄膜材料，统称为丙烯酸树脂。丙烯酸树脂具有一定的成膜性，丙烯酸酯的含量越高，成膜性越好。本品易溶于甲醇、乙醇、异丙醇、丙酮和氯仿等极性有机溶剂，在水中的溶解性主要与树脂结构中侧链基团和水溶液pH有关。其是一类安全、无毒的药用高分子材料。动物实验数据发现，剂量在6～28 g/kg范围内，对组织和器官无慢性毒性，但其单体稍有毒性。因此，树脂中残留单体总量应控制在0.1%～0.3%之间。其主要作为材料，也可用作长效膜剂的膜材。

③ 纤维素衍生物：包括羟丙基甲基纤维素、羧甲基纤维素钠、甲基纤维素、乙基纤维素等。

羟丙基甲基纤维素（hydroxypropyl methylcellulose，HPMC）不溶于冷水，不溶于乙醇、乙醚、氯仿等有机溶剂。HPMC无毒、无刺激性，是安全可靠的常用辅料，口服不吸收，不会增加食物热量，并且成膜性能好，对于pH不敏感，与药物具有较好的亲和性，是纤维素醚类中最常用的膜剂成膜材料。

羧甲基纤维素钠（sodium carboxymethyl cellulose-Na，CMC-Na）又称纤维素胶。其无毒、价廉易得，不被胃肠道消化吸收；在内服后吸收肠内水分而膨化，增大粪便容积从而刺激肠壁，已被USP收录为膨胀性通便药。并且还可作为黏膜溃疡保护剂在胃中微中和胃酸。对于水溶性药物有较好的相容性，但同时也易于与酸碱性药物发生相互作用。单独作为成膜材料时往往难以形成性能较好的膜剂，在实际使用过程中常与PVA、HPMC等其他成膜材料联合使用。

甲基纤维素（methyl cellulose，MC）为纤维素的甲基醚。其具有良好的亲水性，在冷水中膨胀生成澄明或者乳白色的黏稠胶体溶液；在热水、饱和盐溶液、醇、醚和氯仿中不溶，但溶于醇和氯仿的等量混合溶液。本品安全无毒，可供口服，加入适量的保湿剂就可作为膜剂的成膜材料，但与常用的防腐剂之间有配伍禁忌。

乙基纤维素（ethyl cellulose，EC）为纤维素的乙基醚。其不溶于水，易溶于醇、丙酮、氯仿等有机溶剂；其溶液在常温下耐碱、耐盐；易受高温及日光照射的影响而发生氧化降解，故在7～32℃避光保存。本品具有一定的成膜性能，加入适量的增塑剂可形成较好的膜剂。

羟丙基纤维素（hydroxypropyl cellulose，HPC）为纤维素的部分聚羟丙基醚。其溶于甲醇、乙醇、丙二醇等有机溶剂；不溶于热水，但可溶胀；可溶于冷水，加热胶化，冷却复原；易发生化学、生物和光降解；与常用防腐剂有配伍禁忌，不宜与高浓度电解质配伍。本品无毒，对皮肤无刺激性，无过敏性，口服后无代谢吸收。利用其黏性常作为膜剂的辅助性材料。

（3）增塑剂　增塑剂是指能使高分子材料增加塑性的物质，通常是高沸点、难挥发的液体或低熔点固体，分为水溶性和脂溶性两大类。水溶性增塑剂主要是多醇类化合物，包括丙二醇、丙三醇和PEG（200、400、600）等；脂溶性增塑剂主要是有机羧酸酯类化合物，常用的有三乙酸甘油酯、邻苯二甲酸酯、枸橼酸酯、癸二酸二丁酯、油酸以及蓖麻油等。

理想的增塑剂应相容性好、性质稳定、无毒、无味、无臭、无色、耐菌以及迁移性低，分子量一般在300~500为宜。

3. 膜剂的制备方法

根据药物以及成膜材料性质主要有溶剂法、流延法、压延法、挤出法等。

（1）溶剂法　系指将高聚物溶解在一定量良性溶剂中，同时加入药物（溶解或混合均匀）和增塑剂以及其他辅料，将液体倾倒入具有一定容量和形状的平面容器中，待绝大部分溶剂蒸发，减压使溶剂充分溢出，即得薄膜状药膜。此法操作简单、设备简易、易定量控制等，但不适用于大生产，成本较高。

（2）流延法　系指将高聚物溶于适当溶剂中，配制成一定稠度的黏性液体，加入药物和增塑剂等其他辅料混合或溶解，经加料斗流至回转金属带上，并加热将溶剂挥发使之形成薄膜，冷却，脱膜，分剂量切割后包装。此法适用于大生产，小剂量制备时可在平整的平板上操作。

（3）压延法　系指将高分子膜材、药物和处方其他辅料混合均匀后，在一定压力和温度下，用压延机热压熔融成一定厚度的薄膜，冷却，脱膜，分剂量切割后包装。此法适用于低熔点成膜材料和耐热药物膜剂的制备，工艺简单，成本低，可大生产。载药量一般比流延法和溶剂法低，高分子材料、药物以及其他辅料必须以分泌状态混合均匀，否则成膜较难且含量不均。

（4）挤出法　系指将高聚物膜材、药物以及辅料混匀后，经热（干法）或加入溶剂（湿法）使其成为流动状态，借助于挤出机螺杆的旋转挤出压力的作用，使辅料通过一定模型的机头制成一定厚度的薄膜。该工艺包括塑化、成形、定型三个阶段。干法挤出依靠热能使物料变成熔融体，处方组成要求与压延法相同，定型处理即得。湿法挤出是采用溶剂使物料充分软化，溶剂用量比流延法更少。其比干法塑化均匀，可避免物料过度受热，但需脱溶剂和增添溶剂回收装置，比干法成本高。并且其物料均匀性方面比压延法更强。

4. 质量评价

根据《中国药典》（2020年版）规定，膜剂生产与储藏期间应符合下列有关规定：

① 成膜材料及其辅料应无毒、无刺激性、形状稳定、与药物无相互作用。

② 水溶性药物应与成膜材料制成具有一定黏度的溶液；水不溶性药物应粉碎为极细粉，并与膜剂处方其他组分混合均匀。

③ 膜剂外观完整光洁，厚度一致，色泽均匀，无明显气泡。

④ 膜剂的包装材料应无毒、易于防止污染、方便使用，不能与药物或成膜材料发生理化作用。

⑤ 除另有规定外，膜剂应密封保存，防止受潮、发霉、变质，并应符合微生物限度检查要求。

⑥ 膜剂的重量应符合要求。

重量差异：除另有规定外，取膜片20片，精密称定总重量，求平均重量，再精密称定各片重量。每片重量与平均重量比较，超过重量差异限度的膜剂不得多于2片，并不得有1

片超过限度的1倍。现行《中国药典》规定膜剂重量差异限度要求如表8-2所示。凡作含量均匀度检查的膜剂，一般无需进行重量差异检查。

表8-2　膜剂重量差异限度要求

平均重量	重量差异限度
0.02 g 及 0.02 g 以下	± 15%
0.02 g 以上及 0.20 g	± 10%
0.20 g 以上	± 7.5%

（三）凝胶剂

1. 概述

凝胶剂（gel）指药物与能形成凝胶的辅料制成的具有凝胶特性的稠厚液体或半固体制剂。除另有规定外，凝胶剂限局部用于皮肤及体腔，如鼻腔、阴道和直肠。凝胶剂作为新型药物制剂，随着新技术的发展与应用，出现了智能型凝胶、脂质体凝胶、β-环糊精包合物凝胶、微乳凝胶、微粒凝胶及黏膜黏附型凝胶等新型凝胶剂，广泛用于缓释、控释及脉冲释药系统。

（1）分类　凝胶剂根据分散系统可分为单相凝胶和两相凝胶。单相凝胶是指药物以分子分散于凝胶基质中形成的凝胶。单相凝胶根据凝胶基质性质又分为水凝胶（hydrogel）和油凝胶。水凝胶的基质一般由西黄蓍胶、明胶、淀粉、纤维素衍生物、卡波姆和海藻酸钠等加水、甘油或丙二醇等制成。油凝胶的基质常由液状石蜡与聚氧乙烯或脂肪油与胶体硅或铝皂、锌皂构成。两相凝胶是指药物（如氢氧化铝）的胶体小粒子均匀分散于高分子网状结构的液体中所形成的凝胶，如氢氧化铝凝胶，具有触变性，静止时形成半固体而搅拌或振摇时成为液体，也称混悬型凝胶剂。

凝胶剂还可根据基质的形态不同分为：

① 乳胶剂，即乳状液型凝胶剂。

② 胶浆剂，为高分子基质，如西黄蓍胶制成的凝胶剂。

③ 混悬型凝胶剂，即胶粒型凝胶剂，如前述氢氧化铝凝胶。

（2）口腔黏膜给药常用的凝胶　主要有纳米凝胶和水凝胶。纳米凝胶是指粒径在纳米尺度的凝胶物质，具有良好的生物相容性、可控性和功能性，被广泛应用于生物医学、药物传递、组织工程等领域。水凝胶是指由水和水溶性高分子构成的凝胶材料。水凝胶具有良好的生物相容性，广泛应用于医学、生物学、化学等领域。

2. 凝胶材料的选择

（1）材料的选择要求　纳米凝胶由于其优异的生物相容性、生物降解性、渗透性和稳定性等特点，被广泛应用于药物传递、组织工程、生物成像和生物传感等领域。在选择纳米凝胶材料时，需要考虑以下几个方面：

① 生物相容性。纳米凝胶作为一种用于医学应用的材料，其生物相容性是非常重要的。因此，选择纳米凝胶材料时需要考虑其对细胞和组织的毒性和刺激性。

② 降解性。纳米凝胶作为一种用于药物传递的材料，需要在一定时间内释放药物。因此，选择具有适当降解性的纳米凝胶材料是非常重要的。

③ 稳定性。纳米凝胶作为一种药物传递材料，需要在储存和使用过程中保持稳定性。因此，选择具有稳定性的纳米凝胶材料是非常重要的。

④ 渗透性。纳米凝胶需要具有一定的渗透性能，以便药物能够在材料中自由传递。

⑤ 制备方法。纳米凝胶的制备方法对其性能和应用也有很大的影响。因此，选择合适的制备方法也是选择纳米凝胶材料的一个重要因素。

水凝胶由于其生物相容性、可调控性和可再生性等特点，已被广泛应用于组织工程、生物传感和药物传递等领域。在选择水凝胶材料时，需要考虑以下几个方面：

① 生物相容性。水凝胶作为一种用于生物医学应用的材料，其生物相容性是非常重要的。因此，选择水凝胶材料时需要考虑其对细胞和组织的毒性和刺激性。

② 水合能力。水凝胶需要具有较高的水合能力，以便在应用过程中能够稳定保持水凝胶结构和性能。

③ 可调控性。水凝胶需要具有一定的可调控性，以便可以根据具体的应用需求来调节其性能和结构。

④ 可再生性。水凝胶需要具有一定的可再生性，以便可以多次使用或通过简单的处理方式进行再生。

⑤ 制备方法。水凝胶的制备方法对其性能和应用也有很大的影响。因此，选择合适的制备方法也是选择水凝胶材料的一个重要因素。

（2）常用材料

① 常用的纳米凝胶材料：包括天然聚合物、合成聚合物及无机材料。

a. 天然聚合物：包括明胶、壳聚糖、海藻酸等。

明胶：主要成分是胶原蛋白，在水中加热后可以形成稳定的凝胶，能够很好地固定其他成分和药物，具有良好的凝胶能力。同时，制备凝胶剂时可以根据不同需求调节明胶的浓度或控制其他条件以调节凝胶强度，明胶因其良好的生物相容性和生物可降解性，可以与其他材料组成复合凝胶，以进一步提高凝胶的性能和应用范围。

壳聚糖（chitosan）：是一种天然的生物高分子，由脱乙酰壳聚糖（即壳聚糖）分子组成。壳聚糖具有良好的生物相容性、可降解性、生物黏附性和生物活性等特点，在凝胶剂中发挥重要作用。壳聚糖具有良好的凝胶性能，能够形成坚韧的凝胶结构，常与其他凝胶剂如明胶、海藻酸钠等混合使用，以获得更好的凝胶性能。

海藻酸：是从海藻中提取的一种多糖，具有很强的凝胶性能。海藻酸在口腔黏膜表面具有较好的生物相容性和生物可降解性，不会对口腔黏膜造成伤害。因此，在口腔黏膜给药系统中，海藻酸作为材料的选择具有一定的优势。同时，海藻酸还能实现药物的缓慢释放，提高药物的疗效。

b. 合成聚合物：包括聚乳酸-羟基丁酸、聚乙二醇-聚乳酸等。

聚乳酸-羟基丁酸［poly（lactic-*co*-taxic acid），PLGA］：是一种生物降解聚合物，由乳酸和羟基丁酸单体组成，具有良好的生物相容性和生物可降解性。PLGA微粒可以被包裹在凝胶基质中，形成一种复合凝胶系统，以实现药物缓释和持续性释放，从而减少药物的给药次数，提高治疗效果和患者依从性。同时，PLGA凝胶还可以提高药物的生物利用度，减少药物在口腔黏膜中的清除和代谢，从而提高药物的疗效。

聚乙二醇-聚乳酸［polyethylene glycol-poly（lactic acid），PEG-PLA］：是一种生物降解共聚物，由聚乳酸（polylactic acid，PLA）和PEG组成。PEG是一种亲水性较强的高分子，

可以提高PEG-PLA在水中的溶解度和生物相容性，从而改善PEG-PLA的药物缓释性能和生物降解性能。PEG-PLA具有良好的生物相容性和生物可降解性，可以在口腔黏膜中缓慢降解和释放药物，从而实现持续性的药物释放。

c.无机材料：包括硅酸盐、氧化锌等。

硅酸盐：在凝胶剂中常常被用作填充剂或增稠剂，能够增加凝胶的黏稠度和提高凝胶的稳定性。此外，硅酸盐材料也可以提供支撑和保持空间结构的功能，在某些凝胶体系中起到支架的作用。

氧化锌：常常被用作凝胶剂中的填充剂或者增稠剂。氧化锌粉末可以增加凝胶的黏稠度和稳定性，从而能够更好地维持凝胶的形状和保持药物的释放性能。此外，氧化锌具有吸湿性和抗菌性，在一些口腔黏膜药物给药系统中被广泛应用。需要注意的是，氧化锌在一定的浓度下可能会对人体造成伤害，因此在药物给药系统中需要注意控制使用浓度，并避免过量使用。

② 常用的水凝胶材料：包括明胶、壳聚糖、海藻酸钠、聚丙烯酰胺、聚乙烯醇等。

a. 聚丙烯酰胺（polyacrylamide，PAM）：具有良好的溶解性和可调控的黏度，能够在水中形成透明的凝胶，并且具有良好的生物相容性。需要注意的是，PAM存在一定的毒性和刺激性，因此在药物制剂中需要控制使用浓度和质量，避免对人体造成伤害。同时，在制备过程中也需要注意操作安全。

b. 聚乙烯醇（polyvinyl alcohol，PVA）：是由乙烯基醇单体聚合而成，其具有良好的生物相容性和可降解性，通常作为载体或包覆剂使用。其水溶性极强，在水中形成透明的凝胶，并且具有较好的黏性和黏着性，还可以和其他高分子材料形成复合物，在药物制剂中起到协同作用，进一步提高药物的稳定性和控释效果。

3.制备方法

（1）纳米凝胶的制备方法　包括自组装法、离子凝胶法、聚合物凝胶法、纳米乳液法、外模板法等。

① 自组装法：利用分子间自组装行为形成纳米凝胶的一种方法。通常采用两种方法：一种是利用两性荧光物质等自组装形成凝胶体系，如pH敏感的凝胶；另一种是利用脂质体、胶束等自组装体系制备纳米凝胶。

② 离子凝胶法：利用多价离子与单价离子之间的凝胶化反应，形成三维的网络结构，制备纳米凝胶的方法。常见的方法包括反应交联法、离子凝胶反应法等。

③ 聚合物凝胶法：利用聚合物的交联反应制备纳米凝胶的一种方法。常见的方法包括自由基聚合法、离子聚合法、双网络聚合法等。

④ 纳米乳液法：利用表面活性剂和溶剂，将两性或单性聚合物分散到纳米级粒子中，形成纳米凝胶。该方法可控性强、反应时间短，被广泛应用于药物传递、生物医学等领域。

⑤ 外模板法：利用多孔材料、微孔膜等作为模板，将聚合物或其他材料沉积在模板内部，形成纳米凝胶的方法。常见的方法包括溶胶凝胶法、电化学沉积法等。

（2）水凝胶的制备方法　包括自由基聚合法、溶液聚合法、离子凝胶法、热凝胶法、原位聚合法等。

① 自由基聚合法：最常见的水凝胶制备方法。该方法通常将水溶性单体与交联剂、引发剂等添加到水中，进行自由基聚合反应，形成三维网络结构。常见的单体包括丙烯酸类

单体、丙烯酰胺类单体等。

② 溶液聚合法：将单体和交联剂等添加到有机溶剂中，通过聚合反应形成凝胶，再将凝胶经过洗涤、去溶剂等步骤得到水凝胶。该方法通常可以得到高度交联的水凝胶，但由于有机溶剂的使用，对环境污染较大。

③ 离子凝胶法：利用多价离子与单价离子之间的凝胶化反应，形成三维的网络结构。该方法常用的交联剂包括明胶、海藻酸钠等。离子凝胶法制备的水凝胶生物相容性好，但由于交联机制的限制，凝胶强度较低。

④ 热凝胶法：利用热作用促使高分子在水中形成凝胶。该方法的原理是将高分子溶解在水中，加热使其变为无规则共聚物，降温后则形成凝胶。热凝胶法具有简单、易于控制的优点，但通常需要高温和长时间处理，对生物大分子易造成破坏。

⑤ 原位聚合法：是在体内或体外将单体和交联剂等添加到组织中，进行聚合反应形成凝胶。原位聚合法具有手术操作简单、控制性强的优点，常用于组织工程和药物传递等领域。

4. 质量评价

凝胶剂在生产与贮藏期间应符合下列有关规定：

① 混悬型凝胶剂中胶粒应分散均匀，不应下沉、结块。

② 凝胶剂应均匀、细腻，在常温时保持胶状，不干涸或液化。

③ 凝胶剂根据需要可加入保湿剂、抑菌剂、抗氧剂、乳化剂、增稠剂和透皮促进剂等。除另有规定外，在制剂确定处方时，该处方的抑菌效力应符合抑菌效力检查法的规定。

④ 凝胶剂一般应检查pH值。

⑤ 除另有规定外，凝胶剂应避光、密闭贮存，并应防冻。

（四）喷雾剂

1. 概述

喷雾剂（spray）指原料药物与适宜辅料填充于特制的装置中，使用时借助于手动泵的压力、高压气体、超声振动或其他方法将内容物呈雾状物释出，可用于直接喷至口腔黏膜的制剂。按给药定量与否，可分为定量喷雾剂和非定量喷雾剂。按给药剂量可分为单剂量给药喷雾剂和多剂量给药喷雾剂。喷雾剂喷出的雾滴较粗，早期多以局部应用为主，如口腔、喉部等部位局部疾病治疗。喷雾剂不含抛射剂，对于环境的影响远低于气雾剂。

2. 喷雾剂的装置

（1）传统喷雾装置　喷雾剂装置中各组成部件均应由无毒、无刺激性和性质稳定的材料制成。图8-8为传统喷雾剂装置图。喷雾给药装置通常由两部分构成：一部分为喷射药物的喷雾装置，多为机械或电子装置制成的喷雾泵；另一部分为载药容器。喷雾泵和载药容器通过螺纹口互相密封配合，可根据需要组合出不同规格的产品，方便使用。

用手按压喷雾泵触动器，产生压力，很小的触动力即可达到喷雾所需压力，使药液以雾状形式释放，适用范围广。喷雾泵主要由泵杆、密封垫、弹簧、活塞、泵体、固定杯、浸入管等元件组成。

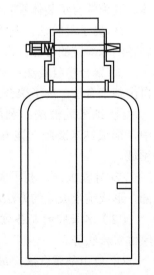

图8-8　传统喷雾剂示意图

常用的载药容器有塑料瓶和玻璃瓶两种，前者一般由不透明的白色塑料制成，质量轻且强度高，抗撞击性能较好，便于携带；后者一般由透明的棕色玻璃制成，强度不如塑料瓶。若药物物理化学性质不稳定，可封装于特制安瓿中，使用前打开安瓿，安装喷雾泵后可进行喷雾给药。

（2）新型喷雾装置　根据雾化药物动力的不同，可将喷雾装置分为喷射式和超声式两种。

① 喷射式装置：以空气压缩器或高压氧为喷射动力使药物溶液微粒化。在喷射式装置中，流动于管道中的气体，在管道狭窄处流速增大，导致侧压下降，当侧压低于大气压时，储液罐中的雾化液可经毛细管吸出（文丘里效应），经高速气流的碰撞，破碎成微小液滴，悬浮于气流中，形成气溶胶，如图8-9所示。

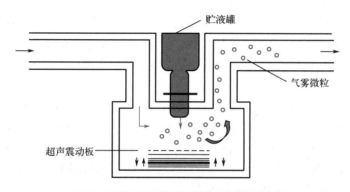

图8-9　喷射式雾化装置产生气溶胶原理示意图

② 超声波式喷雾器：通过压电元件发生超声波，使药物溶液表面产生振动波，利用振动波的冲击力使药物溶液微粒化，如图8-10所示。超声波式喷雾器能产生粒径均一的药物微粒（1～5 μm），但遇超声波易分解、浓度高、黏性大的药物不适用于此法。目前应用的新型喷雾器有Halolite喷雾器、AERx喷雾器和超声波喷雾器等。

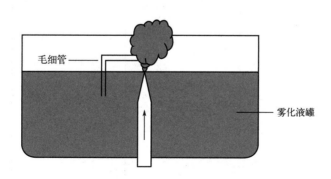

图8-10　超声波式喷雾器示意图

Halolite喷雾器由手持的喷射雾化器与专用的压缩机连接而成。喷雾器装有电子控制的监控系统，可控制雾化药物在吸气循环的前半期喷出。这是因为吸气循环后期传输的药物几乎不能沉积至呼吸道深部。同时，在呼气循环过程中，停止雾化药物，进一步降低药物的浪费。此外，监控系统可监测患者呼吸参数，调整给药剂量和方案，确保患者用药剂量的准确。但该装置较为笨重，使用后需严格清洗方可再次使用。

AERx喷雾器中装有微米级的微孔筛，使用时在压力的作用下，药液被强制通过微米级的孔筛，形成小液滴，并以雾状形式喷出。AERx喷雾器装有电池，无需电源，可通过更换贮药器重复使用。

超声波喷雾器装有陶瓷材质的网筛（网孔3～4 μm）和振荡器，可产生超声振动，使药液通过网孔，得到细小的液体气溶胶。这类装置通过电池供电，体积小，易于携带，雾化效果好。

3. 喷雾剂的制备

配制喷雾剂时，可按需要添加适宜的溶剂、助溶剂、抗氧剂、抑菌剂、表面活性剂等附加剂，所有附加剂对使用部位均应无刺激性。喷雾剂装置中各组成部件均应采用无毒、无刺激性、性质稳定、与原料药物不起作用的材料。

传统喷雾剂的制备方法比较简单，先将药物与附加剂混合并分装于容器中，随后安装喷雾泵系统即可。喷雾剂制备用的各种用具、容器等需用适宜方法清洁、消毒，整个操作过程中应注意防止微生物的污染。烧伤、创伤或溃疡用喷雾剂应在无菌环境下配制。

4. 质量评价

溶液型喷雾剂应配成澄清的药液；乳状型喷雾剂的液滴应分散均匀；混悬型喷雾剂应将药物和附加剂充分混匀，研细，制成稳定的混悬液。喷雾剂应符合《中国药典》（2020年版）相关要求。喷雾剂的质量检查内容主要有每瓶总喷次、每瓶喷量、每喷主药含量、递送均一性、微细离子剂量、装量差异、微生物限度等；溃疡用喷雾剂须按规定进行无菌检查。除另有规定外，喷雾剂应避光密封保存。

表8-3为口腔黏膜给药系统常用剂型及质量评价指标汇总。

表8-3   口腔黏膜常用剂型及质量评价指标汇总

检查项	片剂	膜剂/贴剂	凝胶剂/膏剂/乳剂	喷雾剂
重量差异	√	√		
含量均匀度	√	√	√	√
脆碎度	√			
抗压碎性	√			
抗张强度	√	√		
黏度			√	
雾粒粒径				√
崩解时限	√	√		
溶出度	√	√	√	
黏附时间	√	√		
黏附力	√	√	√	

续表

检查项	片剂	膜剂/贴剂	凝胶剂/膏剂/乳剂	喷雾剂
渗透性	√	√	√	√
口腔吸收试验	√	√	√	√
滞留时间	√	√	√	√
药动学研究	√	√	√	√
药效学研究	√	√	√	√

三、应用实例

例8-1： 盐酸利多卡因口腔黏附片

【处方】

盐酸利多卡因	0.5 g
糊精	2.3 g
糖精	0.4 g
卡波姆1	0.1 g
卡波姆2	0.4 g
二氧化硅	0.05 g
硬脂酸镁	0.05 g
制成	100 片

【制备】将盐酸利多卡因研磨成细粉过80目筛，按处方比例，将主药、糊精、糖精多次过筛混合，喷洒纯化水制软材，40目制粒，60℃干燥后40目整粒；将处方余下部分反复过60目筛混合，然后与制粒部分混合，过40目筛后压片。

【注解】该黏附片每片含主药盐酸利多卡因5 mg，其中糊精为填充剂，糖精为矫味剂，卡波姆1和卡波姆2为黏附剂，二氧化硅和硬脂酸镁为润滑剂。可用于口腔黏膜损伤所引起的疼痛患者的治疗。

例8-2： 马来酸噻吗洛尔口腔贴膜

【处方】

马来酸噻吗洛尔	1.2 g
甘油棕榈酰硬脂酸酯	1.27 g
0.1%十二烷基硫酸钠	适量
羟丙基纤维素	8 g
卡波姆934	44 g
硬脂酸镁	2 g
制成	100 片

【制备】取马来酸噻吗洛尔1.2 g与熔化的甘油棕榈酰硬脂酸酯1.27 g和0.1%十二烷基硫酸钠

混匀，放冷，得片芯，用羟丙基纤维素8 g与卡波姆934作为外周生物黏附性基质包裹，在背衬上涂硬脂酸镁2 g，经含量测定后划痕分割，制成外径8.5 mm、厚2.2 mm的口腔贴膜。

【注解】每片膜含马来酸噻吗洛尔10 mg，片芯直径5 mm，贴片外径8.5 mm，厚2.2 mm。该口腔贴膜在pH 6.6人工唾液中缓慢释放。马来酸噻吗洛尔为β受体阻滞剂，临床上常用于治疗高血压和防治心绞痛。

例8-3: 壳聚糖口腔溃疡凝胶

【处方】		
壳聚糖	0.3 g	
甘油	1.5 g	
葡萄糖酸锰	0.75 g	
薄荷脑	0.75 g	
精制水	适量	

【制备】将壳聚糖粉末加入适量的精制水中，充分搅拌均匀，使其成为胶体状；将甘油、葡萄糖酸锰、薄荷脑加入壳聚糖胶中，继续搅拌均匀；调整pH值为5.0～5.5；将混合物过滤并灭菌处理；将制得的壳聚糖口腔溃疡凝胶存放在干燥、阴凉处。

【注解】葡萄糖酸锰可以激活身体的酶，从而促进身体的新陈代谢能力，促进身体的生长；壳聚糖既是凝胶材料，又具有活化细胞作用和保湿功能，可以促进新陈代谢；甘油为保湿剂；薄荷脑为矫味剂。

例8-4: 芬太尼舌下喷雾剂

制备浓度为0.5 mg/mL的芬太尼舌下喷雾剂。

【处方】		
芬太尼碱	0.5 mg/mL	
乙醇（体积分数）	20%	
丙二醇（体积分数）	5%	
去离子水（体积分数）	适量	
甘露醇（质量分数）	0.3%	
吐温80（质量分数）	0.2%	

【制备】将计算量的芬太尼碱称取到配平的玻璃容器中，并将计算量的乙醇加入容器中混合以溶解芬太尼，然后称取丙二醇加入芬太尼溶液中；再将去离子水加入芬太尼溶液中混合2 min，最后加入惰性成分（甘露醇、吐温80）并充分混合，并将最终溶液涡旋3 min。混合后，溶液包装在配备有计量泵的密封容器的泵喷雾系统中。

【注解】芬太尼碱为主药，乙醇为溶剂，丙二醇为潜溶剂，吐温80为增溶剂（兼有促吸收作用），甘露醇为矫味剂。芬太尼碱可用于治疗中度到重度的慢性疼痛，为国家特殊管理的麻醉药品。

（陈艺）

思 考 题

1. 试述口腔黏膜给药系统的特点。
2. 试述口腔黏膜给药系统的影响因素。
3. 试述口腔黏膜给药系统的要求。
4. 试述口腔黏膜给药系统的剂型分类。
5. 简述膜剂的概念和要求。
6. 简述膜剂材料的分类。
7. 制剂渗透吸收促进技术有哪些？
8. 膜剂的制备方法有哪些？
9. 凝胶剂的制备方法有哪些？
10. 生物黏附片的制备方法有哪些？

 参考文献

[1] 靳梦亚，董玲.国内外口腔黏膜给药系统的实验方法比较[C]//中华中医药学会中药制剂分会，世界中医药学会联合会中药药剂专业委员会."好医生杯"中药制剂创新与发展论坛论文集（下）.北京：北京中医药大学.2013：365-372.

[2] 郝亚洁，段晓颖.黏膜给药系统药物吸收的研究进展[C]//中华中医药学会2013第六次临床中药学学术年会暨临床中药学学科建设经验交流会论文集.郑州：河南中医学院药学院，河南中医学院第一附属医院，国家中医药管理局中药制剂三级实验室.2013：505-508.

[3] 徐环斐，何淑旺，吴丽莎，等.口腔膜剂材料与制备方法研究进展[J].食品与药品，2021，23（05）：465-469.

[4] 何智斌.口腔速溶膜剂的研究进展[J].中国民康医学，2018，30（17）：86-87.

[5] 叶冬梅，池泮才，林红坚.粘膜给药新剂型——生物黏附片的研究开发[J].中国药房，2002（10）：48-50.

[6] 徐成，孙军娣，谢晓燕，等.口腔黏膜给药制剂的质量评价研究[J].药物分析杂志，2019，39（11）：1980-1991.

[7] 柳国霞，房桂青，郭洪，等.口腔黏膜促透剂研究进展[J].中国药业，2014，23（10）：90-92.

[8] 钟芮娜，申宝德，沈成英，等.生物大分子药物口腔黏膜递送研究进展[J].中国新药杂志，2018，27（17）：2011-2016.

[9] 曹德英.药剂剂型与制剂设计[M].北京：化学工业出版社，2009.

[10] 王建新，杨帆.药剂学[M].2版.北京：人民卫生出版社，2015.

第九章
呼吸道给药系统

 本章学习要求

1. 掌握：肺吸入制剂的概念与分类；影响肺内药物沉积和吸收的因素；吸入气雾剂、粉雾剂、喷雾剂的概念；典型吸入装置的结构与雾化原理；各吸入制剂的优缺点。
2. 熟悉：雾化粒子在呼吸道沉积的机制；药物在呼吸道的分布、吸收、代谢与消除；吸入气雾剂尤其注意混悬型吸入气雾剂的处方组成与处方设计；吸入粉雾剂的颗粒工程、载体的选择；雾化器的类型。
3. 了解：药物在呼吸道沉积的评价方法；药物在肺吸收的体外评价方法；鼻腔用药的特点；鼻腔用药吸收促进剂的种类和毒性；鼻腔用药的新剂型和新发展。

第一节 呼吸道结构及影响药物吸收的因素

呼吸道给药系统主要有鼻腔黏膜给药系统和肺部给药系统。前者主要经鼻黏膜吸收，发挥全身或局部治疗作用；后者通常采用雾化吸入的方式，将一种或多种药物利用特殊的给药装置使其进入呼吸道深部发挥全身或局部治疗作用。与其他黏膜给药系统相比，药物的肺部吸收具有肺泡表面积大、毛细血管网丰富、血液循环迅速、上皮细胞膜薄、酶活性低、气-血屏障通路狭窄、肺深处清除速率较慢以及无肝脏首过效应等优势，因此药物跨膜吸收的速率快，生物利用度高。

近年来，呼吸道给药系统特别是肺吸入制剂的研究越来越活跃，产品数量也在不断增加，药物应用范围从原来的哮喘治疗用气雾剂增加到抗生素药物、心血管药物、抗病毒药物、镇痛药、镇静药、局麻药和激素类药物等。由于给药装置的不断完善和制剂技术的不断进步，这种新型的给药系统也已应用于大分子的肽类和蛋白质类药物的吸入给药。同时脂质体、前体药物和高分子载体等的使用延长了药物在肺部的驻留时间，使肺部缓释、控释给药成为近年来药物制剂研究的新热点。

一、呼吸道给药的生理学基础

呼吸道（respiratory tract）包括鼻腔、咽、喉、气管、支气管等。临床上将鼻腔、咽、喉统称为上呼吸道，气管和支气管统称为下呼吸道。呼吸道的壁内有骨或软骨以保证气流的畅通。肺主要由支气管反复分支及其末端形成的肺泡（pulmonary alveoli）共同构成。肺泡是人体进行气-血交换的场所，也是肺部给药系统中药物在肺部吸收的主要部位。实现药物气溶胶肺部递送的主要器官是呼吸道和肺泡。

1. 呼吸道具有过滤和清洁功能

肺内呼吸道从支气管到肺泡囊的各级区域在功能上分为传导部和呼吸部。

在传导部，支气管上皮是由纤毛细胞、分泌黏液的杯状细胞和腺体组成（图9-1）。每个纤毛细胞上约有200个纤毛，有许多长度为1～2 μm的微绒毛。纤毛是直径约为0.25 μm、长度约为5 μm的毛状突起，它们浸没在由黏膜下腺体中浆液细胞分泌的上皮细胞衬液中。纤毛的尖端穿过上皮细胞衬液进入由杯状细胞分泌的黏液层。黏蛋白是一种糖蛋白，赋予黏液"黏性"性质。在黏膜纤毛清除期间，黏液与被捕获的颗粒一起通过纤毛向咽部的同步运动被排出呼吸道。在呼吸区存有间质淋巴组织和淋巴管以及支气管淋巴结。

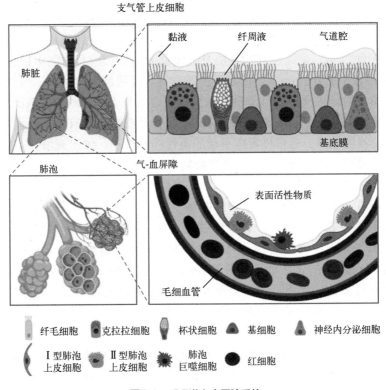

图9-1　呼吸道上皮屏障系统

空气中的颗粒或异物在进入呼吸道鼻腔时，可经鼻毛的过滤作用和鼻黏膜的黏附作用及机体喷嚏反射，清除直径大于10 μm的颗粒；经过气管、支气管和细支气管，直径在2～10 μm的颗粒可黏附于呼吸道管壁黏膜杯状细胞和纤毛上皮细胞分泌的黏液上，通过纤毛运动和咳嗽反射清除。直径小于5 μm的颗粒能进入肺泡并附着于肺泡壁上，肺泡巨噬细胞可将其吞噬，并将颗粒输送到黏膜纤毛活动区域或淋巴组织。

2. 肺泡是肺进行气体交换的主要场所

呼吸道由上至下逐次分级后，气道的直径与截面积变小。气管的直径大约为1.8 cm，而肺泡的直径约为0.2 cm。气管截面积变小，分支增加，可使气流很好地进入扩张的肺部。另外，呼吸道自气管至肺泡由于多次分级，肺部血管与空气交换的表面积大大增加，正常人的肺部在吸气时总表面积可达140 m^2，而传导部表面积仅为180 cm^2。因此，肺部是进行气体交换的主要场所。

正常成年人两肺的肺泡总数约7亿个，为有效的气体交换提供了很大的表面积。肺泡壁很薄，由单层肺泡上皮组成。肺泡有两种类型的上皮细胞：Ⅰ型肺泡上皮细胞，是形成与毛细血管气体交换屏障的一部分；Ⅱ型肺泡上皮细胞，主要负责合成和分泌肺泡表面活性物质。肺表面活性物质的主要成分是二棕榈酰磷脂酰胆碱（dipalmitoyl phosphatidyl choline，DPPC），通过降低肺泡气-液界面处的表面张力，使肺泡不发生塌陷，从而维持用于气体交换的表面积，促进氧气穿过肺泡表面进入血液。肺表面活性剂还可能引起蛋白质类等大分子药物的聚集，然后被肺泡巨噬细胞迅速摄取。

3. 气-血屏障影响肺泡与肺毛细血管血液间气体交换的效率

肺上皮细胞周围分布着丰富而致密的毛细血管网。肺泡腔至毛细血管腔形成气-血屏障（air-blood barrier），生理学上也称作呼吸膜（respiratory membrane）。气-血屏障由六层结构组成：含肺表面活性剂的液体层、肺泡上皮细胞层、上皮基底膜层、上皮基底膜和毛细血管基膜之间的间质层、毛细血管基膜层及毛细血管内皮细胞层（图9-1）。呼吸膜的总厚度＜1 μm，最薄处只有0.2 μm，气体易于扩散通过。呼吸膜厚度增加，气体扩散需要的时间也就越长，单位时间内交换的气体量就越少。正常成年人两肺的总扩散面积约70 m^2，在安静状态下用于气体扩散的呼吸膜面积约40 m^2，劳动或运动时有效扩散面积可大大增加，从而提高气体交换的效率。急慢性炎症引起的炎性细胞浸润、渗出或增生，如COVID-19肺水肿，可增加呼吸膜厚度，影响正常气体交换功能。

4. 肺内酶种类较多但含量低

肺部黏膜存在多种代谢酶，包括磷酸酯酶及肽酶，主要分布在Ⅱ型肺泡上皮细胞内。人体肺中还有其他生物转化酶，如磺基转移酶、UDP-葡萄糖醛酸转移酶、谷胱甘肽S转移酶、环氧化酶、黄素单氧化酶等。但肺部酶的表达水平普遍较低，如细胞色素P450酶（CYP450）家族在肺部的表达远低于肝脏和肠道中的表达水平。尽管如此，肺中不同的CYP酶，能降解许多化学性质不同的肺吸入药物、污染物及毒物等。外源性物质在肺部上皮组织被代谢，或大部分被代谢后再被吸收。一些吸入药物如布地奈德、环索奈德、沙美特罗和茶碱可被肺中酶降解。多肽蛋白质类药物如胰岛素对存在于肺中的肽酶和蛋白酶非常敏感，酶降解显著影响了药物在肺部的生物利用度，成为影响多肽蛋白质类药物吸收的因素之一。可考虑在处方中加入适量的杆菌肽或氯化钠来抑制蛋白水解酶。肺部递药已有多种代谢酶抑制剂的报道，如甲磺酸奈莫司他、乌苯美司、抑肽酶等。

目前许多研究者在探讨肺部给药途径时，把酶代谢作为屏障的主要因素来讨论。研究表明，5-羟色胺、去甲肾上腺素、前列腺素E_1、前列腺素E_2、1, 2, 3-三磷酸腺苷、缓激肽、速激肽等经肺部被代谢，而多巴胺、异丙肾上腺素、前列腺素A_2、催产素、血管紧张素、血管加压素等均不被代谢，而是被吸收。

二、雾化粒子在呼吸道沉积的机制

研究表明，雾化粒子给药后往往仅少数能到达作用部位，更多的粒子则滞留于咽喉部，被吞咽进入胃肠道。两者的比例受多种因素影响，如给药装置的使用方法、病人呼吸道的病理状况等。就单个粒子来说，在呼吸道驻留和沉积的主要机制有惯性碰撞（inertial impaction）、重力沉降（gravity settling）和布朗扩散（Brown diffusion）等（图9-2）。

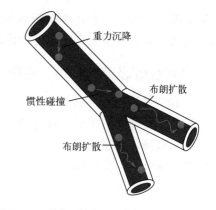

图9-2　药物颗粒在呼吸道中沉积的机制示意图

1. 惯性碰撞

气雾粒子以一定的初速度进入气流层，当气流改变方向时，气雾粒子仍具有沿原方向继续运动的趋势。但由于与气流的摩擦作用，经一定距离后，粒子便随气流向新的方向运动。若粒子在未改变方向前遇到障碍物，会因撞击作用而被截留，这便称为惯性碰撞。

质量为M、初速度为v_0的粒子，经静置的气流后停止的距离s可用式（9-1）描述：

$$s = BMv_0 \tag{9-1}$$

式中，B为粒子的机械动能。粒子的质量越大，其运行的距离越长。惯性碰撞多发生在咽喉部或上呼吸道的分支处，雾化粒子产生时往往有较高的初速度，进入口腔后，大粒径的粒子多数撞击在咽喉部，而后被吞咽入胃肠道。

2. 重力沉降

重力沉降是指运动颗粒受重力作用影响比气流施加的拖拽力大而依赖重力向呼吸道壁运动的过程。其沉降速率v可用Stoke's公式来计算：

$$v = dD^2g / 18\eta \tag{9-2}$$

式中，D为粒子的粒径；d为粒子密度；g为重力加速度；η为气体密度。

粒径相同的粒子，质量越大，沉降速率越快，往往沉降与惯性碰撞同时发生。颗粒在气流速率较慢的细传导气道和肺泡区域主要是通过重力沉降而沉积的。

3. 布朗运动（扩散）

当粒子足够小时，由于布朗运动，粒子在空气中呈自由的扩散运动，其速率与扩散系数D_{if}成正比，D_{if}可用Stokes-Einstein公式来表示：

$$D_{if} = kTCc / (3\pi\eta D) \tag{9-3}$$

式中，k为波兹曼常数；T为绝对温度；Cc为坎宁安修正因子，也称滑脱修正系数。呈扩散运动的粒子很小，因此可认为其行为与粒子的密度无关，多数细粒子在肺泡管部或肺泡部以扩散机制沉积。

4. 截留

截留系指呼吸道中黏液与粒子边缘接触而使粒子黏附、滞留的过程，粒子在细小的呼吸道中往往以这种形式沉积。不同形态的粒子在呼吸道中的截留率不同，带棱角、细长形的粒子更易被截留。引起硅肺的纤维，粒子很细且呈长条状，按正常理论解释其应随气流而被带出呼吸道，而事实上由于其是细长形，长轴末端与肺黏膜接触而被截留。

5. 静电沉积

气雾粒子产生时往往带静电，其在呼吸道运行时使呼吸道壁产生相反电荷，从而使气雾粒子吸附于壁上。上述机制形成的沉积多发生在气管的分支处，包括上呼吸道的分支处和肺泡的分支处，很少有粒子在肺泡部呈均匀分布，多数在进入肺泡前的分支处沉积。

三、药物在呼吸道的分布、吸收、代谢与消除

1. 药物在呼吸道的分布

药物进入肺泡部位后，在呼吸道的分布为：①由于咳嗽、喷嚏及纤毛排异作用而被清除至上呼吸道。②被吞噬入淋巴系统。③被吸收进入血液循环。④被酶代谢激活或失活。⑤停留在肺泡中（图9-3）。

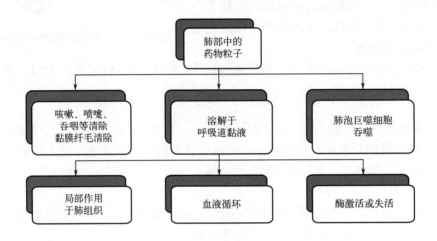

图9-3　药物在呼吸道的分布途径

2. 药物经肺吸收

药物经肺泡壁与相邻毛细管壁进入血液循环的过程称为药物经肺吸收。药物通过呼吸进行吸收的路径依次为气管、支气管、肺泡，其中通过肺泡上皮细胞吸收占90%以上。这是因为肺毛细血管膜对小分子药物以及一些多肽和蛋白质有较好的通透性，肺上皮细胞是药物吸收的主要障碍，而它在气管中很厚（50~60 μm），在肺泡变得很薄（0.2~1 μm）。通常，药物通过肺部吸收进入血液循环有两条途径：跨细胞运输（transcytosis）或细胞旁途径（paracellular pathway）（图9-4）。

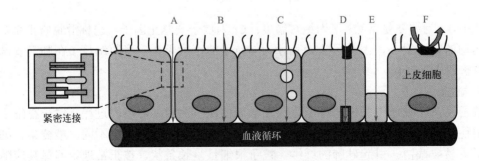

图9-4　肺上皮细胞的药物转运机制

A—细胞旁紧密连接转运；B—非特异性跨细胞运输；C—囊泡转运；
D—载体介导转运；E—细胞脱落间隙转运；F—外排蛋白转运

（1）**药物在肺部的跨细胞运输**　跨细胞运输是指转运的物质通过内吞作用由上皮细胞的一侧被摄入细胞，再通过外排作用从细胞的另一侧输出，而不破坏细胞膜的屏障功能或电位平衡。该转运途径是肺部药物吸收的主要方式，又分为载体介导的跨细胞运输和非特异性的跨细胞运输。在肺细胞中主要有两类转运蛋白：溶质载体（solute carrier，SLC）蛋白和ATP结合盒（ATP-binding cassette，ABC）蛋白。SLC通过有机阳离子转运（organic cationic transporter）蛋白和有机阴离子转运（organic anionic transporter）蛋白分别转运有机阳离子和阴离子。如沙丁胺醇在肺部生理pH条件下带正电，可经有机阳离子转运蛋白吸收。ABC蛋白是一类依赖能量发挥药物外排作用的转运蛋白，在肺中较高表达的有多药耐药蛋白（MRP1）、乳腺癌耐药蛋白（BCRP）和P-糖蛋白（P-gp）。非特异性的跨细胞转运，如被动扩散，是指药物经细胞膜磷脂双分子层由高浓度的细胞外扩散到低浓度的细胞内的过程。药物跨细胞运输还有一种可能的机制是非特异性的胞饮作用。对于那些吸收非常缓慢的较大的蛋白质及多肽类药物（分子质量大于40 kDa），跨细胞运输可能是非常主要的转运手段，且可能经由受体介导的途径转运或囊泡转运。而分子质量低于40 kDa的药物很可能是经细胞旁途径进行吸收。

（2）**药物在肺部的细胞旁途径**　经细胞旁途径有以下几种方式：经胞间紧密连接（tight junction），或经由某些细胞死亡脱落在基底膜上形成的暂时性空洞进行转运。

肺泡上皮细胞间的紧密连接是一种动态的结构，可封闭细胞间隙，阻挡物质穿过，具有屏障作用。采用跨上皮细胞电阻（transepithelial electrical resistance，TEER）表征细胞的紧密连接程度，发现它从气管到远端气道逐渐减小，到肺泡区域再次升高，说明细胞旁途径吸收最有可能发生在支气管中。亲水性药物如胰岛素（分子质量为5.808 kDa）是通过肺部的细胞旁途径吸收的。采用壳聚糖化合物能可逆的降低紧密连接程度，提高大分子药物的转运效率。

同时，肺内还存在某些特殊的细胞间连接，如Ⅰ型肺泡和Ⅱ型肺泡上皮细胞间的连接，中间形成孔径小于27 nm的肺泡孔，分子量较小的药物可通过这些肺泡孔，绕过细胞屏障进入血液循环。在肺泡膜上还有一些较大的水性孔道是由损伤细胞或细胞死亡脱落造成的，它们也是药物吸收的途径之一。

3. 药物代谢与消除

肺部存在的大量酶可使药物被代谢失活或激活，影响药物在肺部的化学稳定性及在肺部的持续时间。药物在肺的消除指除经吸收和代谢以外的一切使药物从肺部消失的过程，主要包括黏液纤毛清除作用（mucociliary clearance，MCC）、咳嗽等机械清除、酶降解和肺泡吞噬作用。MCC主要防御一些不溶性颗粒物入肺，将其从呼吸道清除，阻止药物渗透。咳嗽、喷嚏或吞咽等机械清除方式通常是颗粒沉积在较大气道后立即发生。尤其在高流速吸入药物时，上呼吸道发生的咳嗽清除较为明显。肺泡巨噬细胞能清除一些溶解性差或停留时间长的颗粒，从而减少治疗药物的有效剂量，成为当前影响药物在肺泡内长期驻留和释放的主要因素。

四、影响肺内药物沉积和吸收的因素

影响药物粒子在肺内沉积和吸收的因素有很多，例如呼吸道的气流、吸入模式、粒子特征、患者肺部生理病理变化等。能影响药物肺部沉积的因素也影响药物在肺部的吸收，其中空气动力学直径和吸入气流情况是决定颗粒沉降和吸收的主要因素。

1. 粒径因素

微细粒子的粒径表示方法有几何学粒径、筛分径、有效径、比表面积等价径和空气动力学相当径等。吸入制剂的微细粒子大小，在生产过程中可以采用合适的显微镜法或光阻、光散射及光衍射法进行测定；但产品的雾滴（粒）分布，则应采用雾滴（粒）的空气动力学直径分布来表示。

空气动力学直径（aerodynamic diameter，D_a）是指与不规则粒子具有相同的空气动力学行为的单位密度 ρ_0 球体的直径。将雾化后产生的不规则粒子可视为具有相同沉降速率的单位密度的球体，而忽略其形状和密度等要素。粒径为 1～5 μm 时，微细粒子可实现在肺内的广泛分布。粒径为 1～2.5 μm 时，颗粒主要沉积于肺泡，易于实现肺泡靶向而被迅速吸收，难以发挥针对气管的药效作用，需要关注可能产生的系统毒性。对于轻微哮喘的治疗，则粒子最适粒径约为 3 μm。雾化微细粒子粒径在 3～5 μm 时，最易在气管-支气管区域发生沉积。而粒径大于 6 μm 的粒子一般主要沉积在口咽部，过小的气溶胶（小于 1 μm）则会随呼气呼出，都会降低吸入治疗剂的效果。

粒度分布与粒径同样重要。粒度分布窄或单分散的气溶胶粒子更有利于药物在肺的理想区域的最佳沉积，获得更高的靶向性。质量中位空气动力学直径（mass median aerodynamic diameter，MMAD）常用于描述粒径分布，它是指 50% 质量的颗粒物直径大于此值。严格控制微细粒子的 MMAD 可提高粒子沉积分布的重现性。

2. 呼吸模式和呼吸道的气流大小

通常药物粒子的沉积率与呼吸量成正比而与呼吸频率成反比。较快速率的气流使药粒在口咽部和上呼吸道的沉积增加，而缓慢且长时间的吸气可获得较大的肺泡沉积率。因此，建议患者在肺吸入用药时采用慢且深的呼吸模式，并在用药后屏住呼吸一段时间。

正常成年人约有 150 mL 存在于传导区呼吸道的"无效腔"，不参与肺泡与血液间的气体交换。无效腔内的气流速率高，气体以湍流形式流动，粒子易发生惯性碰撞，促使较大的药粒沉积。支气管以下部位的气流则多呈层流状态，气流速率减慢，易使气体中的药物细粒沉积。肺泡中吸入空气流速小到可以忽略，因此碰撞而沉积的可能性基本为零。

3. 药物的结构与理化性质

药物在肺上皮细胞转运和吸收大多以被动方式进行。多数药物剂量较小，可用 Fick 扩散定律来描述药物经细胞膜的转运速率。

$$\mathrm{d}A / \mathrm{d}t = DSC / h \tag{9-4}$$

式中，$\mathrm{d}A/\mathrm{d}t$ 为药物转运速率；D 为扩散系数；S 为表面积；h 为细胞膜厚度。根据 Stokes-Einstein 公式，药物的扩散系数为：

$$D = kT / 6\pi r\eta \tag{9-5}$$

式中，k 为波兹曼常数；T 为绝对温度；η 为介质黏度；r 为粒子半径，与分子量的立方根成反比。

（1）分子量　分子量是影响药物肺部吸收生物利用度的主要因素之一。由 Fick 扩散定律可知，药物的分子量越大越难被吸收，分子质量在 1～500 kDa 范围内时，随分子量的增加，药物的通透性降低。

（2）荷电性　一般认为肺泡表面电荷呈中性，而整个肺部呈阴性，阳性药物易被吸附，而阴性药物更易经黏膜被吸收。例如，用分子量相当、荷电性不同的5种肽类药物在大鼠肺泡上皮细胞单层模型上进行跨膜试验，发现净电荷带+2、+1、0、−1、−2的药物分子其带电荷时渗透系数与不带电荷时的渗透系数之比值（$P^\pm/P^*$值）分别为1.94、1.41、1.00、0.69和0.45，阳离子型药物的跨膜效率明显高于阴离子型。这表明肺泡上皮细胞是阳离子选择性的，其原因可能是上皮细胞单层上的多糖蛋白质复合物带电荷。

（3）溶解性与吸水性　与其他黏膜给药系统相似，呼吸道上皮细胞为类脂膜，一般认为分子量较小的药物从肺部吸收是被动吸收过程，亲脂性和非电离性化合物比亲水化合物能更迅速、更大量地通过呼吸道上皮进入血液。因此分子量小于1000的脂溶性药物（$\lg P > 0$）容易被吸收，吸收半衰期短（约为1 min），生物利用度高。可的松、氢化可的松和地塞米松等脂溶性药物的吸收半衰期为10～1.7 min，而水溶性药物（$\lg P < 0$）的平均半衰期约为1 h，如季盐类马尿酸盐和甘露醇的吸收半衰期为45～70 min。分子质量在40 kDa以上的大分子需要几个小时才能被吸收，而多肽或较小分子量的蛋白质则在吸入后几分钟内即可到达血液。水溶性大的药物往往吸水性较强，其在呼吸道运行时由于环境的湿度高而发生吸湿涨晶现象，从而在上呼吸道被截留。

4. 制剂因素

（1）雾化粒子的初速度　气雾粒子的初速度对药物粒子在咽喉部沉积的影响尤其明显。初速度越大，惯性撞击的概率越高，粒子在咽喉部的截留越多。初速度可通过抛射剂的组成、降低其蒸气压来控制，但过低的蒸气压会导致不良的雾化状态和雾形。而改变初速度的另一方法是设计合理的驱动器及使用吸入腔。

（2）粒子的密度、形态　粒子的密度影响粒子的空气动力学直径，但由于其难以改变而较少考虑。粒子的形态对其在肺部的分布有较大影响，一般认为球形粒子好些，但研究发现细长粒子更易在肺部被截留。

第二节　肺吸入给药系统

肺吸入给药系统是指原料药物溶解或分散于适宜介质中，以气溶胶或蒸汽形式递送至肺部发挥局部或全身作用的液体或固体制剂，主要包括吸入气雾剂、吸入粉雾剂、吸入喷雾剂、吸入液体制剂和可转变成蒸汽的制剂。气溶胶的产生和剂量的控制是吸入制剂所特有的两个关键环节，也是相关制剂研究和开发的重点。

一、吸入气雾剂

吸入气雾剂系指原料药物或原料药物和附加剂与适宜抛射剂共同装封于具有定量阀门系统和一定压力的耐压容器中，使用时借助抛射剂的压力将内容物呈雾状物喷出，经口吸入沉积于肺部的制剂。由于定量阀门可精确控制给药剂量，吸入气雾剂也被称为定量吸入剂，通常是压力定量吸入剂（pressurized metered-dose inhaler，pMDI）。

（一）吸入气雾剂的装置

pMDI通常由抛射剂、药物与附加剂、耐压容器和定量阀门系统组成。pMDI的装置和其典型的阀门结构如图9-5所示。

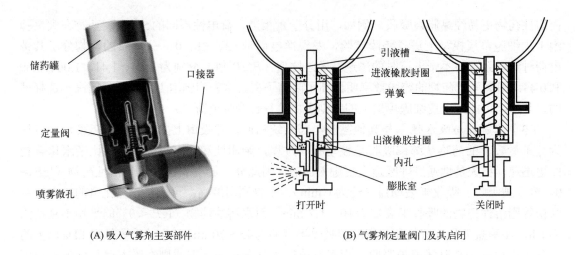

（A）吸入气雾剂主要部件　　　　　　　（B）气雾剂定量阀门及其启闭

图9-5　吸入气雾剂的主要部件与阀门系统示意图

高压抛射系统是气雾剂药液喷射的动力来源。抛射剂在常温下的蒸气压高于大气压，当阀门开启后，定量室的药液释放至膨胀室，抛射剂在大气压下快速汽化使膨胀室内压力上升，最终在自身汽化压力作用下药液以气-液两相流的形式经喷雾口喷出。喷出后两相流中的液体先分裂为液膜或液丝，然后在自身速度、气流剪切力和汽化扰动等作用下继续分裂为微液滴。气流的剪切力一方面是高压抛射剂使液体离开喷雾口后所具有的轴向惯性力，另一方面是由喷雾口处所存在的气相而形成的局部区域涡流，使液体同时具有一个垂直于抛射轴的作用力。

pMDI以倒置位置使用，患者将储药罐安装到驱动器中来递送药物。驱动器是影响pMDI雾化性能和质量的一个重要部分，其核心结构中雾化喷孔的孔径、孔长的变化会影响pMDI的药物递送，形成差异化的喷射特征和粒径分布。一般抛射压力大、雾化喷孔直径小，则激发生成的初始液滴小，最终输出气雾的MMAD小、微细粒子比例大。

使用pMDI时，患者吸气应与pMDI喷射相协调以达到最佳递送效果。建议患者使用前将装置口接器含在口中，在开始吸气时按下驱动按钮，吸气结束后，建议患者屏住呼吸10秒。因此，pMDI在使用时对患者手口协调性（hand-breath coordination）要求高，且通常需要足够的手动动力。呼吸驱动型MDI（breath-actuated MDI）在设计中增加了触发系统，对患者要求低，为协调能力下降的患者提供了一种解决方案。吸气流可触发药物的释放，确保吸入和驱动的协调，但仍需最小吸气流量达到30 L/min才能启动该装置。在协调能力良好的患者中，该装置的肺沉积率与标准的pMDI相当。pMDI配合间隔器（spacer）使用成为解决儿科患者协调性问题的策略之一。气溶胶可以排放到间隔器中，患者通过口接器或面罩吸入。间隔器增加了驱动器和口之间的距离，使大颗粒或液滴沉积在间隔器内，使用间隔器可减少90%的口咽沉积。在间隔器上增加单向阀，使气溶胶只在吸入时才打开阀门，可进一步降低对患者手口协调的要求，满足吸气流量低于30 L/min的患者使用。

（二）吸入气雾剂的处方组成与处方设计

1.处方组成

pMDI的处方由溶解或混悬于抛射剂中的药物成分、抛射剂复合物或抛射剂和溶剂混合物、其他辅料等组分构成。

（1）抛射剂　抛射剂（propellant）是提供气雾剂动力的物质，是喷射压力的来源，可兼做药物的溶剂或稀释剂。理想的抛射剂应具备以下条件：①在常温下饱和蒸气压高于大气压；②惰性，不与药物或容器等发生反应；③无毒、无致敏性和刺激性；④不易燃、不易爆；⑤无色、无臭、无味；⑥价廉易得。一种抛射剂不可能同时满足以上各个要求，应根据用药目的适当选择。

氯氟碳化合物（chlorfluorocarbon，CFC）即氟利昂（freon），是过去气雾剂中常用的抛射剂，其特点是沸点低、常温下蒸气压略高于大气压、易控制、性质稳定、不易燃烧、液化后密度大、无味、基本无臭、毒性小、不溶于水，可作脂溶性药物的溶剂，一直作为药用气雾剂理想的抛射剂使用。

但在1974年，Molina和Rowland发现，CFC抛射剂有破坏大气中臭氧的作用，并于1995年获得诺贝尔奖。这是因为CFC分子在进入大气层后，光催化反应使CFC分子中的碳氯键断裂，形成自由基氯，自由基氯进攻臭氧分子，使之破坏。为消除使用氟利昂给人类带来的危害，1987年，26国在蒙特利尔条约中签字，承诺到1995年，氟利昂的用量降低50%，到1997年降低85%，到2010年全面禁用氟利昂。近些年来开发性能优良的非氟氯烷烃类抛射剂引起人们的重视，氟利昂替代品的研究成为热点之一。

目前国内外已用于气雾剂的CFC替代品主要有两类：一类为**液化气体抛射剂**，包括丙烷、丁烷、异丁烷、二甲醚（DME）和不含氯的氟代烷烃类（hydrofluorocarbons，HFA）；另一类为**压缩性/溶解性气体抛射剂**，包括二氧化碳（CO_2）、氧化亚氮（N_2O）等。

理想的CFC替代品应具有以下性质：与CFC有相似的物理性质；无明显大气危害；与现有CFC毒性相近；成本可接受；有良好的热动力学性质和不可燃性。压缩空气抛射剂，由于其不能液化，罐内压力变化大，易致剂量不准确；而碳氢化合物及DME易燃、易爆，且DME仅适合外用。因而人们更多关注新的HFA抛射剂。如四氟乙烷（HFA-134a）（字母"a"表示异构体）及七氟丙烷（HFA-227）应用较多，其性状与低沸点的CFC类似。但其化学稳定性略差、极性更小，多数表面活性剂在其中不溶，因而给处方研究带来困难。常用的气雾剂抛射剂的理化性质见表9-1。

表9-1　常用气雾剂抛射剂的理化性质

抛射剂	分子式	蒸气压 /kPa	沸点 /℃	密度 /（g/mL）	对臭氧的破坏作用	温室效应	大气生命周期 / 年
三氯一氟甲烷	$CFCl_3$	-12.4	-24	1.5	1	1	75
二氯二氟甲烷	CF_2Cl_2	466.1	-30	1.3	1	3	111
四氟二氯乙烷	CF_2ClCF_2Cl	82.0	4	1.5	0.7	3.9	7200
四氟乙烷	CF_3CFH_2	32.5	-26.5	1.2	0	0.2	15.5
七氟丙烷	CF_3CHFCF_3	27.5	-17.3	1.4	0	0.7	33

注：①以三氯一氟甲烷为参照。

（2）**药物与添加剂**　根据临床需要将液态、半固态和固态粉末型药物开发成溶液型、混悬型或乳剂型的气雾剂。处方中往往需要添加能与抛射剂混溶的添加剂（additive），如潜溶剂、润湿剂、乳化剂、稳定剂，必要时还可添加矫味剂、抗氧剂和防腐剂等。吸入气雾剂中所有的附加剂均应对呼吸道黏膜和纤毛无刺激性、无毒性。

2. 处方设计

（1）**溶液型pMDI的处方设计**　溶液型pMDI的处方研究主要关注药物在抛射剂-潜溶剂中的溶解度和稳定性。治疗剂量药物需要溶解在HFA等抛射剂中，若不能达到完全溶解则需要添加潜溶剂等附加剂，如乙醇、丙二醇、甘油和聚乙二醇等，也可通过添加助溶剂增加药物溶解度。例如，加入1 g/kg的寡聚乳酸衍生物可在含2%乙醇的HFA溶液提高布地奈德溶解度，使之达到0.2 g/kg，这是因为寡聚乳酸衍生物的羧基对药物尤其是含氨基的药物具有显著的助溶作用。溶液型pMDI的药物稳定性主要取决于药物自身的理化性质，可通过加入乙二胺四乙酸（EDTA）、调节溶液pH、利用聚合物镀膜气雾罐等手段提高其化学稳定性。

（2）**混悬型pMDI的处方设计**　凡在抛射剂复合物或抛射剂和溶剂混合物中均不溶解的药物可做成混悬型分散体系的气雾剂。混悬型pMDI中的药物通常具有较好的化学稳定性，可传递更大的剂量。但由于药物以细微粒状分散于抛射剂中形成非均相体系，混悬微粒在抛射剂中常存在相分离、絮凝和凝聚等物理稳定性问题。有效控制微粒的絮凝和凝聚、提高微粒的分散性是混悬型pMDI制剂质量的关键。

混悬型pMDI的处方常通过加入表面活性剂作为润湿剂、分散剂和助悬剂，防止药物的絮凝和凝聚，以提高微粒分散性和分散稳定性。但是传统使用的油酸、三油酸山梨坦和大豆磷脂等表面活性剂在HFA抛射剂中溶解度（只有0.05～0.2 g/L）小，远低于实际操作中所需的1～2 g/L。因此HFA气雾剂需添加乙醇等潜溶剂。但值得注意的是，潜溶剂的引入，虽然增大了药物或表面活性剂在抛射剂中的溶解性，但更可能导致药物本身结晶性质改变，药物微粒变大，在抛射剂挥发后引起微粒聚集，从而降低药物的可吸入性。故在混悬型pMDI的处方中常应避免加入潜溶剂。

应用新型微粒制备技术也是提高混悬型pMDI的物理稳定性的重要手段，如喷雾干燥、喷雾冷冻干燥、喷雾控制干燥、喷雾超临界干燥、控制结晶法、反溶剂微沉淀法及特殊研磨法等，成为制备抛射剂中无须添加可溶性表面活性剂而使药物微粒自分散的重要技术。共悬浮递送技术（co-suspension delivery technology）是在采用PulmoSphere™技术获得低密度磷脂多孔微球的基础上，同时吸附不同密度的药物，以提供稳定、均匀且易于分散的混悬制剂，保证递送剂量稳定，提高肺内药物沉积比例。例如采用该技术制备的布地奈德/格隆溴铵/富马酸福莫特罗（budesonide/glycopyrronium bromide/formoterol fumarate，BGF）三联pMDI，由美国FDA于2020年7月获批用于慢性阻塞性肺疾病的维持治疗。PulmoSphere™则是由二硬脂酰磷脂酰胆碱、无水氯化钙、全氟溴辛烷和水形成乳剂后经喷雾干燥获得的多孔结构。该技术用于复方制剂肺部递送，大大提高药物的递送效率和剂量一致性。

（3）**缓控释pMDI的处方设计**　肺部药物分子的快速吸收具有许多优势，但也存在两个明显的缺点：作用持续时间短；需要每天频繁给药。药物在肺部的持续释放可改善吸入药物的治疗效果，减少局部用药浓度过高引起的毒性风险。目前主要通过控制药物在体内的释放速率和抑制肺泡巨噬细胞吞噬活性及气管支气管纤毛的清除作用两个方面来延长药物的肺部驻留时间。

控制混悬药物微粒的性质可控制混悬型pMDI微粒中药物的释放速率。控制方法主要包括脂质体技术、利用可生物降解的聚合物为载体等。生物可降解的聚合物通过其本身的低溶解度或药物与辅料间的相互影响达到缓控释效果，主要包括聚乳酸-共聚乙醇酸（PLGA）、聚乳酸（PLA）、聚乙烯醇（PVA）和聚乙二醇（PEG）等人工合成类和血清白蛋白、壳聚糖、透明质酸等天然高分子材料。PLGA和PLA是目前被广泛报道应用于肺部给药的缓控释辅料，但也有研究表明这些聚合物微粒经肺给药后易引起中性粒细胞数目的增高，肺部的微粒沉积处出现炎症反应和出血等。采用天然蛋白质作为载体可能是克服上述聚合物肺内毒性的一种合适的选择。添加一些生物黏附性材料，如羟丙基纤维素等，可延缓纤毛对药物的清除速率，延长微粒在气管黏膜的驻留时间。增加颗粒的隐形特征（stealth characteristic）能有效避免酶降解和吞噬作用。如采用透明质酸、聚乙二醇、泊洛沙姆、磷脂等成分包被载体颗粒，可抑制巨噬细胞的吞噬作用，并在肺部产生持续的药物作用。基于肺泡巨噬细胞对颗粒清除的特点，也可开发肺部靶向给药系统。

（三）吸入气雾剂的质量控制评价方法

吸入气雾剂应进行**泄漏检查**，其产品应对**递送剂量均一性**、**每罐总揿次**（可与递送剂量均一性测定结合）、**每揿主药含量**（标示量的80%～120%）、**微细粒子剂量**进行控制。并应在说明书中标明：总喷次、每揿主药含量和/或递送剂量、临床最小推荐剂量的喷次。吸入气雾剂标签上的规格为每揿主药含量和/或递送剂量。《中国药典》（2020年版）四部通则规定：二相气雾剂应为澄清、均匀的溶液；三相吸入气雾剂药物粒度大小应控制在10 μm以下，其中大多数应在5 μm以下。

在吸入气雾剂的制剂研究中，应对原料药的存在形式（如溶解状态，颗粒的晶型、形状/晶癖、粒径等）和吸入特性（如递送剂量、微细粒子空气动力学特性等）等关键质量属性进行表征和控制，建议对吸入气雾剂的喷射特性，如喷雾模式（spray pattern，SP）、羽流形态（plume geometry，PG）等展开研究。

喷雾模式是从正面直接观察自出口喷出的雾团，测定喷出的气溶胶横截面；**喷雾形态**是从侧面观察自出口喷出的雾团，测定喷出气溶胶的纵截面。二者是评价pMDI定量阀门和驱动器性能的重要指标。驱动器口径的大小和形状、阀门定量室大小、容器中蒸气压和处方组成都会影响pMDI喷出雾团的形状。

喷雾模式的测量方式可分为碰撞系统及非碰撞系统，碰撞系统常用薄层色谱法测定，非碰撞系统一般采用激光成像系统测定，如Imaging Division 激光图像系统（英国Oxford Lasers 公司）、SprayVIEW喷雾模式和喷雾形态分析仪（美国Proveris 公司）。如图9-6所示，由喷雾模式测定结果，可以得到圆心（the center of mas，COM）、重心（the centerof gravity，COG）、最大直径（D_{max}，经过COG）、最小直径（D_{min}，经过COG）、不圆度（ovality，D_{max}/D_{min}）及面积（area）等关键参数。测定喷雾模式时，应在产品的初始阶段对单次触发的结果进行测定，通常在距离喷嘴3～7 cm范围内选择两个点进行测定，两点间应至少相距3 cm。

喷雾形态的测量图像为某一点的快照，而非喷雾模式取多次测量结果的平均值。根据喷雾形态测定结果，可以得到以喷孔为顶点的锥形喷雾区域，即所得羽流（plume）几何形状，其中角度（angle）及宽度（width）为评价喷雾形态的关键（图9-6）。羽流角度是在驱动器喷孔部位或附近的角，并延伸出羽状的锥形区域。测定羽流宽度的距离等于所选喷雾模式的较大距离。喷雾形态的测量应在产品生命周期的初始阶段测定。定时序列声触闪光照相法、激光光片技术或其他合适的方法均可用于测定揿后延迟适当时间的羽流几何形状。

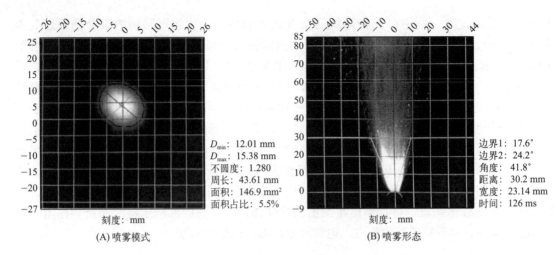

D_{min}: 12.01 mm
D_{max}: 15.38 mm
不圆度: 1.280
周长: 43.61 mm
面积: 146.9 mm²
面积占比: 5.5%

刻度: mm

(A) 喷雾模式

边界1: 17.6°
边界2: 24.2°
角度: 41.8°
距离: 30.2 mm
宽度: 23.14 mm
时间: 126 ms

刻度: mm

(B) 喷雾形态

图9-6   喷雾模式及喷雾形态测定结果举例

在评价仿制药与原研装置一致性时，可计算3批原研品及3批自研品的羽流角度及宽度的几何平均值，进行对数转化后，二者比值应满足90%～111%。

递送剂量（delivery dose，DD）是吸入制剂在使用时从装置中释放出来的剂量，为直接进入患者口部的药量，是反映患者可能吸入药物量的重要方式。pMDI的标签和说明书上应标示递送剂量。递送剂量均一性（delivered-dose uniformity）是指多次测定的递送剂量与平均值的差异程度。通过控制递送剂量与递送剂量均一性，避免了单次剂量过高超过安全剂量；或者单次剂量过低，达不到有效剂量，起不到治疗效果。

测定递送剂量及递送剂量均一性时采用剂量单位取样仪（dosage unit sampling apparatus，DUSA）进行样品的收集。DUSA管装置包括带有不锈钢筛网用以放置滤纸的基座、配有两个密封端盖的样品收集管、口接器适配器（图9-7）。在进行测定时，采用合适的口接器适配器确保pMDI口接器端口与样品收集管口或2.5 mm的缩肩平齐。在基座内放入直径为25 mm的圆形滤纸，固定于样品收集管的一端。基座端口连接真空泵、流量计。连接测定装置和待测气雾剂，调节真空泵使其能够以（28.3±5%）L/min流速从整套装置（包括滤纸和待测气雾剂）抽气。空气应持续性从装置抽出，避免活性物质损失进入空气。组装后装置各部件之间的连接应具有气密性，从样品收集管中抽出的所有空气仅经过待测吸入气雾剂。

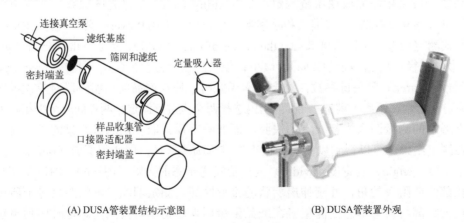

连接真空泵
滤纸基座
筛网和滤纸
定量吸入器
密封端盖
样品收集管
口接器适配器
密封端盖

(A) DUSA管装置结构示意图

(B) DUSA管装置外观

图9-7   DUSA管装置

测定结束后，用适当溶剂清洗滤纸和收集管内部，合并清洗液并稀释至一定体积进行药物含量分析。

（四）吸入气雾剂的应用前景与挑战

皮质类固醇和支气管扩张剂是治疗慢性呼吸系统疾病的主要药物，而 pMDI 是治疗呼吸系统疾病最常用的剂型之一，不断有新的制剂上市，如 Asmanex HFA®、Dulera®（活性成分为富马酸福莫特罗/糠酸莫米松；主要辅料为 HFA-227、无水乙醇、油酸）、Bevespi Aeroshere®（活性成分为富马酸奥莫特罗/吡咯糖；主要辅料为 HFA-134a、由 DSPC 和氯化钙生成的多孔颗粒）、Qvar Redihaler®（活性成分为丙酸倍氯米松；主要辅料为 HFA-227、无水乙醇）。pMDI 也是最有前途的技术。它的装置小巧便携，可以作为口袋设备使用。它具有用药时间短、峰值吸气流量与疗效无关、污染小、递送剂量均一性高等优点。随着科学技术的发展，全球 pMDI 市场迅速增长，出现了各式各样的智能化 pMDI（表9-2）。

表9-2　市售或在研中的数字化 pMDI

数字化装置	开发商/机构	详细信息	出版/批准年份/年
Nebulizer Chronolog	Advanced Technology Products，Inc.	一种便携式电子设备，连接到 MDI 设备上，记录每次驱动的日期和时间	1982
Doser™	Meditrack Inc.	可追踪 MDI 的药物使用情况。包含一个灵活的握杯。Doser™内的微型数字装置显示并计算 MDI 中剩余剂量的数量	1994
Smart Mist®	Aradigm Corporation	用于有效地覆盖整个 MDI 设备，包括储药罐和驱动器可安置于 Smart Mist®，无需任何改动	1996
MDILog™	Medtrac Technologies	能连接于驱动器。有一个开关连接驱动器和储药罐。记录每次启动的振摇、日期和时间。内置热敏电阻可识别患者的吸气动作	1997
VeriHaler	Sagentia Innovation	包含一个连接在设备外壳上的电容式麦克风，能消除不必要的背景噪音，以收集有关设备使用情况的关键数据。可与 MDI 和 DPI 一起使用	2010
T-Haler	Cambridge Consultants	具有指导和位置感知功能的吸入器。它利用板载传感器和 Wi-Fi 记录患者如何使用吸入器，并在计算机屏幕上提供实时方向反馈	2012
Propeller	ResMed	可跟踪药物使用情况，并提供有助于管理和减轻症状的个人见解	2014
CareTRx	Teva Pharmaceutical Ltd.	基于云的"智能"吸入器附件可帮助小儿哮喘和慢性阻塞性肺疾病患者坚持治疗	2014
eMDI	H&T Presspart and Cohero Health	有助于提供定制的提醒、实时警报和最新用药情况，以及每周和每月的总结报告。配合 BreatheSmart 应用程序使用	2016

续表

数字化装置	开发商 / 机构	详细信息	出版 / 批准年份 / 年
Inspair	Biocorp	该装置配有微型传感器和电子卡，适用于计量吸入器口罩。自动记录与每日吸入有关的数据，确保药罐的适当准备（使用前摇晃），评估启动与吸入的协调性，并在整个吸入步骤中提供有用的指导	2016
Intelligent Control Inhaler（ICI）	3 M Drug Delivery Systems	该设备可在正确的吸气流量下自动释放药物，这意味着患者无须在吸气时同步触发设备。除该装置外，还开发了一款配套应用程序，具有正确的剂量和再填充提醒功能，并提供技术反馈以帮助患者掌握正确的技术	2016
Hailie®	Adherium Ltd.	该设备可快速缠绕在 MDI 上。基于云平台可从蓝牙传感器获取药物使用数据。配合相应的应用程序使用	2018
HeroTracker® Sense	Aptar Pharma and Cohero Health	监控用药过程并提供实时反馈。它每天都会发送提醒、环境警报和见解，让相关人员可以随时了解健康状况。需配合 BreatheSmart 应用程序使用	2018
FindAir ONE	FindAir	可收集每次用药的数据，包括每次病情加重的时间、环境和情况	2019
Adhero	Lupin Limited and Aptar Pharma	是一款可重复使用的蓝牙智能设备，可安装在计量吸入器的顶部。与 MyAdhero 应用程序配合使用	2019
CapMedic ™	Cognita Labs	该设备由视听和触觉部件组成，可协助测量使用计量吸入器的所有关键步骤。它能测量使用计量吸入器的七个步骤 / 错误，包括方向、协调和灵感等基本参数。它可以在没有应用程序的情况下运行	2020

但它也存在一定的缺点。例如，在吸入给药时，即使经过指导，仍有约30%的患者不能正确使用。pMDI多存在弹道效应（ballistic effect），易导致患者吸入失败或存在较高的口喉残留，从而极大影响 pMDI 的疗效。

pMDI 所需的抛射剂需要注意其可能的温室效应，因此，pMDI 的环境问题仍然存在。另外，pMDI制剂研发的难点在于产品质量的影响因素很多，特别是对于混悬型气雾剂。

在 pMDI 处方和工艺中，对水分的要求也比较严格。最初的水分可由原料药、辅料以及生产过程引入，贮存过程中，水分可经阀门阀杆周围的外垫圈或阀门与罐封口处的颈垫圈渗透进入 pMDI。HFA 具有更强的亲水性，以 HFA 为抛射剂的 pMDI 中常使用无水乙醇作为共溶剂，配方中水分可能影响 pMDI 的质量性能。水分对混悬型 pMDI 的影响机制包括改变药物粒子的表面性质、药物和表面活性剂在配方中的溶解度以及雾化液滴抛射剂的挥发速率等。

pMDI 产品在研究和开发及使用等环节中还易出现以下可能的问题。①药物的残留问题：一部分药液由于抛射剂的压力降低而残留在容器中。②药物的吸附问题：药物吸附在容器和阀门系统，造成一部分药物无法随抛射剂喷出，特别是对于混悬型气雾剂这种现象较易产生；喷出的药液附着在喷嘴，没有完全被患者吸入。③抛射剂泄漏问题：由于阀门系统的密封性不好，抛射剂在储存条件下的泄漏，部分药物残留在容器中而无法使用。

二、吸入粉雾剂

吸入粉雾剂（inspirable powder aerosol）是指固体微粉化原料药单独或与合适的载体混合后，以胶囊、泡囊或多剂量贮库形式，采用特制的干粉吸入装置，由患者吸入雾化药物至肺部的制剂，又被称为干粉吸入剂（dry powder inhalation，DPI）。

与气雾剂相比，患者的吸气气流是DPI中粉末进入体内的唯一动力，故不存在手口协同的问题。DPI无需抛射剂，也不含防腐剂及有机溶剂，减少了对病变黏膜的刺激性。DPI不仅适用于低剂量药物递送，也可有效地用于高剂量药物的吸入，尤其适用于多肽、蛋白质类药物给药。药物呈干粉状，稳定性好。目前DPI的上市产品多为用于治疗哮喘的抗过敏药、支气管解痉剂和甾体激素，且均为经口腔用的肺吸入粉雾剂。

（一）吸入粉雾剂的吸入装置

吸入粉雾剂中粒子进入呼吸道后重新分散的动力来源于患者的吸力，湍流更有利于药物的分散，其水平依赖于吸入装置的几何结构。理想的吸入装置应具备输送药物效能好，肺内药物分布好，口咽部存留量少，较低的压力差就可产生较高的湍流流速，适用年龄范围广，轻巧易携带等特点。

吸入粉雾剂由含药干粉、储药包装和干粉吸入装置组成。干粉吸入装置种类众多，按剂量可分为单剂量、多重单元剂量、贮库型多剂量；按药物的储存方式可分为胶囊型、泡囊型、贮库型（图9-8）；按装置的动力来源可分为呼吸驱动的被动型和外部供能的主动型。吸入装置在给药过程中起着湍动排空和雾化递送的作用，直接影响着作用疗效。

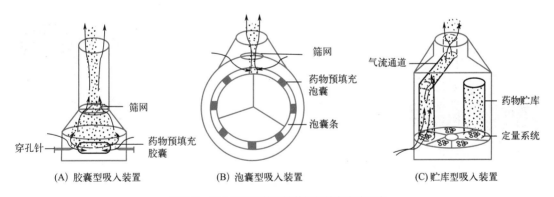

(A) 胶囊型吸入装置　　(B) 泡囊型吸入装置　　(C) 贮库型吸入装置

图9-8　吸入粉雾剂装置按药物的储存方式分类

1.单剂量吸入装置

单剂量吸入装置（single-unit dose inhaler）都需要一个明胶胶囊来储存药物，所以又称胶囊型吸入装置。每剂量的药物微粉化后与载体粉末被罐封在胶囊中，吸入时采用特殊的装置使胶囊中的药物与载体经挤压、滑动、旋转或穿刺等方式释放到装置里，再利用患者吸气时产生的气流将药物吸出。一般药物在被吸出时需先通过一个筛网使颗粒分散后再传递至肺部。

早期使用的胶囊型吸入装置有Spinhaler®、Rotahaler®、ISF Haler®、Berotec Haler®等，其中最具代表性的是Spinhaler®和Rotahaler®。Spinhaler®是世界上第一个干粉吸入装置。它

是将装有药物干粉的明胶胶囊连接上一个转动子和金属尖针，转子随吸入转动，尖针刺破胶囊，干粉随吸入的气流进入呼吸道。Rotahaler®最初用于沙丁胺醇，后来用于倍氯米松二丙酸酯的给药。它借助装置内部安装的塑料杆的作用，使胶囊一分为二，药物粉末从中释放。Berotec Haler®用于非诺特罗的给药，吸入时，刺孔的胶囊呈静态，其气道较窄，吸气阻力较高，易于产生湍流，若气体流速适宜，则可产生吸入到肺深部的"粉雾云"，药物便可以更有效地分布到肺周边部位。Utibron Neohaler®是一种单剂量含茚达特罗/格隆溴铵的吸入粉雾剂，用于治疗慢性阻塞性肺疾病（COPD），每天两次。它含有透明的胶囊，患者能看到吸入后胶囊内剩余的药物。

胶囊型吸入装置具有简单可靠、便于携带、可清洗和直观的优点，但也存在一些不足，如：具有哮喘急症时，一些视力较差、手抖或关节炎患者以及儿童来说，存在装药困难的可能；药物防湿作用取决于贮存胶囊的质量；当药物剂量小于5 mg时，为保证胶囊填充的准确性，必须加附加剂；需经常清理；剂量的释放取决于合适的吸入等。

2. 多剂量吸入装置

为了克服胶囊型吸入装置的不足，人们开发了多剂量吸入装置（multi-unit dose inhaler）。泡囊型干粉吸入装置是将药物按分剂量分装于铝箔上的泡囊中，装入相应的吸入装置，用时装置可刺破泡囊，吸气时药粉即可释出。最早的泡囊型吸入器是Diskhaler®（图9-9）。它的外形像个扁平的盒子，方便患者随时携带。4个或8个药物泡囊分布在一个转盘上，并用铝箔封底。使用时将药物转盘放入，内置刺针可刺破泡囊，由口接器吸入药物，转轮自动转向下一个泡囊。Diskhaler®属低阻力型，使用时先刺破铝箔，吸入肺内的药量为10%左右，增加吸气流速并不能提高吸入量。该装置一次可吸入几个剂量，且泡囊包装的防湿性能优于胶囊。但由于铝箔上泡囊有限，需经常替换药物转盘，仍存在使用不便的缺点。

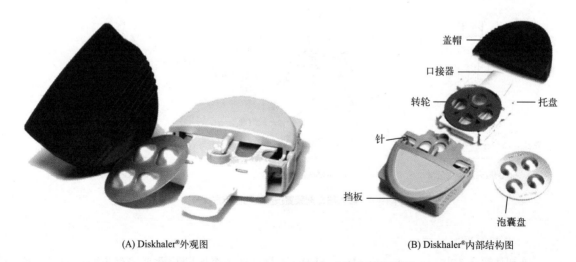

(A) Diskhaler®外观图   (B) Diskhaler®内部结构图

图9-9　泡囊型碟式吸入器Diskhaler®外观与结构

Diskus®是一种新型的多剂量DPI（图9-10），含有60个剂量单位，药物置于盘状输送带的囊泡内，通过转盘输送，使用装置的位置不影响药物的吸入。由于其吸药部分的结构并不复杂，装置的内在阻力也较低，吸入时的气流速率为30 L/min，可用于4岁以上儿童。绝大部分药物在吸气初即被吸出，因此增加吸气流速并不能增加肺部药量。

Ellipta®是一种具有中等阻力一次性多剂量DPI，内置1～2条吸塑条，每条均为铝箔包装约30个剂量的含药泡囊，尺寸比Diskus®吸入器略小，约为8.3 cm×6.6 cm×3.1 cm，被批准用于12岁以上的患者。该吸入器已用于输送多种药物或药物联合。

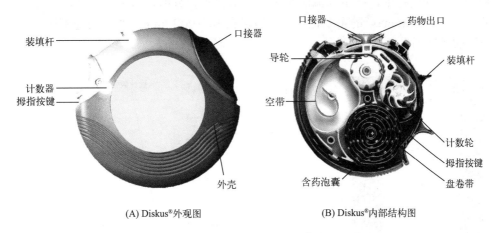

(A) Diskus®外观图　　　　　　(B) Diskus®内部结构图

图9-10　泡囊型盘式吸入器Diskus®外观与结构

3. 贮库型吸入装置

贮库型吸入装置（multidose reservoir-inhaler）能将许多剂量贮存在装置中，使用时，旋转装置，药物即由贮库释放到转盘上，单位剂量的药物粉末进入吸入腔中，在湍气流的作用下，药物从聚集状态分散，在肺部产生良好的沉积，使用方便且无需添加剂。圆筒形的Turbuhaler®包含200个单剂量（图9-11），由激光打孔的转盘精确定量，其口接器部分的内部结构采用独特的双螺旋通道，气流在局部产生湍流，有利于药物颗粒的分散，增加了微颗粒的输出量和吸入肺部的药量。使用时，打开密封吸入器的瓶盖，来回旋转彩色的剂量分配轮，可将单剂量的药物推入圆盘的小孔中，使其在气流通道中定位，经过口接器的一次吸入，单剂量的药物将会旋转并混合，然后分布到支气管黏膜上。Turbuhaler®在使用期间不需添加，当药盒内只有20个剂量的药物时，指示器可立即显示剩余药物的量。

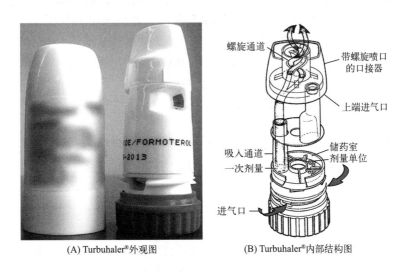

(A) Turbuhaler®外观图　　　　　　(B) Turbuhaler®内部结构图

图9-11　贮库型吸入器Turbuhaler®外观与结构

Spiromax®作为一种带有主动计量系统的多剂量DPI（图9-12），用于输送布地奈德/福莫特罗。虽然它看起来像传统的pMDI，但其内部配置与pMDI不同。它很容易使用，只需翻转一个盖子，打开嘴上的盖子就可以将剂量加载到患者吸入的DPI上。这样，药物从药物储存器转移到剂量杯中，产生湍流的旋风分离器将干粉分解，将细药物颗粒与较大的乳糖颗粒分离开来。Spiromax®的主要优点是它可以在30～90 L/min的吸气流速范围内工作，且具有较好的递送剂量均一性。

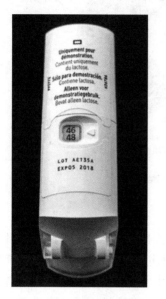

(A) Spiromax®外观(背面)

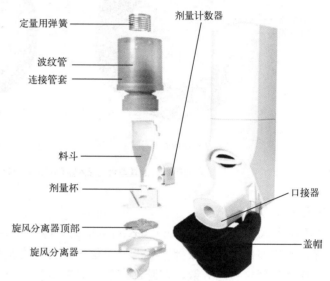

定量用弹簧
波纹管
连接管套
剂量计数器
料斗
剂量杯
旋风分离器顶部
旋风分离器
口接器
盖帽

(B) Spiromax®内部主要结构

图9-12　贮库型吸入器Spiromax®外观与结构

4. 其他新型的DPI

针对使用吸入粉雾剂所需要的流速要求，近年来国际上先后开发了主动式干粉吸入装置。其最大优点在于：对吸气流速要求低，易于患者使用；吸入比例高，剂量准确而恒定，防潮性能好，可用不加辅料的纯药以及长期反复使用。如Spiros®使用低于15 L/min的吸气流速启动电池驱动的电动机，释放恒量的药物，每次根据需要输出5～5000 μg药物颗粒。又如AirPac®是通过装有弹簧活塞的贮雾罐产生60 L/min的气流将药物吸入贮雾罐形成稳定的气雾，药雾颗粒的MMAD为28 μm，因此患者无需用力吸气，由于贮雾罐经抗静电处理，药雾颗粒在贮雾罐内的半衰期长达1.5 min，对患者的协调性要求低，吸入肺内的药物量提高，是一种新颖理想的吸入装置。

另外，AIR/Aikermes吸入器采用了微孔技术，极大地降低药物颗粒的密度，使大直径的颗粒如同微粒一样能进入下气道，为蛋白质、多肽类药物通过呼吸道给药提供了技术支持。

（二）吸入粉雾剂的处方与处方设计

影响吸入粉雾剂疗效的因素主要有：①粉末的性质及处方组成，不同大小的微粒可应用于不同的给药部位，如肺吸入要求主药粒径小于5 μm，而鼻腔用粉雾剂的粒径则应为

30～150 μm；含药粉末应具有一定的流动性，以保证填充和吸入时剂量的准确性，并在使用时可最大限度地雾化。②吸入装置的选择，应根据主药特性选择适宜的给药装置，如需长期用药的宜选用多剂量贮库型装置；主药性质不稳定的应选择单剂量给药装置等。③患者的生理、病理状态，如患者的年龄、性别、身高、体型和黏液分泌状况等均与疗效有密切关系，并应对患者进行正确使用吸入粉雾剂的指导。

肺的生理结构要求药物粒子非常细，理想的药物粒径为0.5～150 μm，大于此范围的粒子不能进入细支气管内，而更小的粒子则易随呼吸呼出。药物经微粉化后，具有较高的表面自由能，粉粒易聚集成团。因此在处方设计中，常加入较大的载体物质以改善粉末的流动性，以便在机械自动填充时保证剂量准确性。为增加粉末流动性，还可加入少量润滑剂，如硬脂酸镁、胶体硅等。在吸入粉末中，微细的药物粒子吸附在载体表面，吸入时，在吸入气流的作用下，药物粒子从其聚集状态或从载体表面分离。重新分散的药物粒子应在肺部沉积，分离状况是药物发挥作用的关键，它依赖于粒子的气体动力学性质。前者由药物与载体间的黏附性决定，后者则受装置的结构与患者的吸入方式影响。其中药物与载体间的黏附性主要受以下因素影响：药物与载体的表面性质、药物与载体的比例、各组分粒子的大小、有无其他成分存在、相对湿度、静电性质和贮存条件等。

1. 主药

主药粒子的粒径很大程度上影响所制备吸入粉雾剂的疗效。一般，粒子的粒径是以MMAD来表示，研究结果表明药物粒子的MMAD应在10 μm以下才适合肺部吸入给药，因此必须通过一定工艺手段和制备技术，将药物和载体的粒径保持在一定范围内才能成功地制备出吸入粉雾剂。Tobi Podhaler®中使用的妥布霉素粉末和Afrezza®中使用的胰岛素粉末分别采用了PulmoSphere™和TechnoSphere™技术，以达到目标吸入粒度。

（1）碾磨粉碎法　经球磨机、胶体磨以及流能磨等方法可将药物和载体粉碎。蛋白质和多肽类药物在粉碎过程中易发生化学降解，因此可预先通过合成手段（如交联）或某些制剂技术（如冷冻干燥）或加入载体来增加药物的稳定性。

（2）喷雾干燥法　碾磨粉碎需经两步过程才能制备出细小的载体和药物粒子（如先冷冻干燥再进行流能磨粉碎），而喷雾干燥在将含有药物的水溶液一步操作后即可制得细小的干燥粉末。如将胰岛素的枸橼酸钠和甘露醇溶液进行喷雾干燥，制得平均粒径为2.0～2.8 μm的胰岛素吸入粉雾剂，健康受试者使用该制剂后，其相对肌注的生物利用度为22.8%。

（3）超临界流体技术　超临界流体技术已广泛用于萃取和分析方法中，同样也可用于制备吸入粉雾剂。将胰岛素配制成二甲亚砜溶液，并使该溶液在连续的超临界二氧化碳气流下喷入结晶皿中，由此形成的胰岛素粉末的粒径90%小于4 μm，10%小于1 μm，且可保持大分子的生物活性。

2. 载体

当药物剂量很小时，载体还起着稀释剂的作用。理想的载体应是在加工和填充时与药物粒子具有一定的内聚力，混合物不分离，而在经吸入装置吸入时，药物可最大限度地从载体表面分离，混悬于吸入气流中。粉雾剂中的载体要求无毒、惰性且能为人体所接受的可溶性物质，常用的载体有乳糖、阿拉伯胶、木糖醇、葡聚糖、甘露醇等。

为改善粉末混合物的性质，可采用控制载体性质的方法。载体的最佳粒径为70～100 μm，粒径过大则机械阻力增加；反之，粒子间则有内聚力。多孔性的载体，微细的药物粒子嵌入在载体的裂隙和凹陷处，故药物与载体形成较强的黏结。

乳糖是较常用的载体，以不同粗糙度的乳糖为载体所制备的粉雾剂质量不同。商品乳糖、喷雾干燥乳糖和表面粗糙度很低的结晶乳糖，三者的粗糙度分别为 2.3、3.6 和 1.2，以 1∶67.5 的比例与沙丁胺醇混合，含药物 400 μg 的胶囊，经 Rotahaler® 装置转运，气体流速为 60 L/min，用圆盘碰撞取样分析，结果达到有效部位的比例，商品乳糖为 4.0%，喷雾干燥乳糖为 50%，重结晶乳糖为 40%；气体流速为 150 L/min 时，三者分别为 17.0%、23.0% 和 42.0%。另有研究报道了乳糖载体的表面性质对药物传输的影响，将 2 种粒径（一种粒径 < 63 μm，另一种粒径为 63～69 μm）的一水乳糖颗粒用乙醇处理使其表面产生细小空穴，然后与硫酸沙丁醇胺（1.9 μm）混合。结果表明，其分散性和可吸入粒子百分率均低于药物和未经处理乳糖的混合物。然而，加入少量（5%）粒径为 5～10 μm 的乳糖后，在任何一种混合物中，药物的分散性和可吸入粒子百分率均显著提高，即小粒径（5～10 μm）乳糖对药物分散性的影响作用要大于载体粒径和表面粗糙程度的影响。通过使用激光衍射和飞行时间颗粒测定技术、扫描电子显微镜、光学显微镜成像分析及热重分析和差示扫描量热技术确认 5 种不同级的乳糖（无水乳糖、普通乳糖、中质乳糖、结晶乳糖和初质乳糖）的表面特征，与微粉化的沙丁胺醇混合，使用 Rotahaler® 给药装置进行 5 级液体撞击取样器的体外沉积试验，表明无水乳糖和中质乳糖具有较好的载体性质。

（三）吸入粉雾剂的质量控制

现行版《中国药典》四部通则规定，贮库型吸入粉雾剂说明书应标明：①总吸次；②递送剂量；③临床最小推荐剂量的吸次。胶囊型和泡囊型吸入粉雾剂说明书应标明：①每粒胶囊或泡囊中药物含量及递送剂量；②临床最小推荐剂量的吸次；③胶囊应置于吸入装置中吸入，而非吞服。吸入粉雾剂标签上的规格为每揿主药含量和 / 或递送剂量。

在 DPI 的处方和制备工艺研究中，还从以下几方面进行质量控制：

1. 粒子的质量检查

粒子的质量检查主要检查粉体的粒径和分布、粒子的形态、荷电性及流动性，还要测定其临界相对湿度和吸湿性。

微粉化工艺的目的是减小粒径，研究中需注意微粉化对其他关键物料属性（critical material attribute，CMA）的潜在影响，如颗粒形态、表面积、多晶型（溶剂化物 / 水合物）、无定形含量等。改变的 CMA 可能反过来影响微粉化药物的物理稳定性、处方的稳定性和产品性能，并最终影响体内药物沉积和药效。如微粉化形成的无定形物质需考虑其再结晶的科学工艺问题，有必要建立一个合适的调节过程或平衡期，以便在配制前让无定形部分进行重结晶。此外，由于微粉化过程中颗粒与颗粒之间的摩擦，微粉化通常会产生表面电荷，可能会导致颗粒团聚和黏附到设备表面，导致递送剂量变低和 / 或沉积模式的变化。粒度分布会影响空气动力学直径分布（APSD）和体内溶出率，研究时需注意产品随储存时间的变化而可能引起的粒度变化，这与微粉化中的无定形物质含量有关。颗粒形态（如形状、表面积、质地、粗糙度）对载体和药物颗粒之间的黏附力至关重要，并随之影响吸入过程中的气溶胶化。研究中应注意微粉化工艺须使颗粒形态保持一致。比表面积（specific surface area，SSA）与颗粒大小密切相关，可作为一种替代测试，确保各批微粉化产品的比表面积保持一致。微粉化工艺可能会改变药物多晶型而影响产品的性能和稳定性。使用多种分析技术对微粉化后的多形态特征进行表征，如 X 射线粉末衍射、显微镜、差示扫描量热法、热重分析和热阶段显微镜、光谱学（如红外、拉曼、固态核磁共振）等。

　　载体乳糖的粒度分布和表面特性（如形态、表面粗糙度、表面积、流动性、表面能）会影响 DPI 制剂的气溶胶性能，通常需要进行更多的测试和更严格的控制。研究中可采用扫描电子显微镜检测乳糖表面粗糙度、形态和粒径特征，利用反相气相色谱研究颗粒表面能和药物微粒以及载体颗粒间的吸附性。载体和药物颗粒的比表面积可用氮气吸附法和吸附比表面测试法测定。

　　2. 递送剂量均一性

　　测定递送剂量及其均一性的装置与 pMDI 测定装置类似（图9-13），但样品收集管和滤纸的尺寸需与测定流速相匹配。装置入口端安装合适的口接器适配器，确保吸入剂口接器端口与样品收集管管口平齐。在基座内放入圆形滤纸，固定于样品收集管的一端。基座端口与真空泵相连。取吸入装置，插入适配器。开启真空泵，打开双向磁通阀，调节流量控制阀使吸入装置前后的压力差（P_1）为 4.0 kPa。取下吸入装置，在装置入口连接流量计，测定离开流量计的体积流量 Q_{out}。对于测定进入体积流量 Q_{in} 的流量计，可按式（9-6）换算。

$$Q_{out} = \frac{Q_{in} \times P_0}{P_0 - \Delta P} \qquad (9\text{-}6)$$

　　式中，P_0 为大气压；ΔP 为流量计前后压差。

　　若流速大于 100 L/min，调节流量至 100 L/min；若流速小于 100 L/min，保持流速不变，流速记为 Q_{out}。计算抽气时间 $T = (4 \times 60)/Q_{out}$，单位为 s。记录 P_2 及 P_3 值，P_3/P_2 应不大于 0.5。

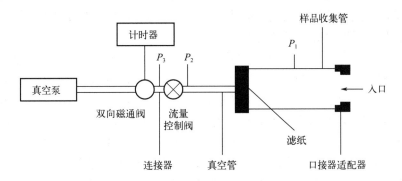

图9-13　吸入粉雾剂递送剂量均一性测定装置

P_1—压力开关；P_2、P_3—压力测量值

　　3. 排空率

　　取 10 粒，分别精密称定，逐粒置于吸入装置内，用 60 L/min 的气流抽吸 4 次，每次 1.5 秒称定重量，计算每粒胶囊的排空率。

　　4. 透黏膜试验

　　取鸡嗉囊一只，去除表面的脂肪和结缔组织，固定于内径为 1.5 cm 的双口管上，置于 pH 为 7.0 的磷酸盐缓冲液 100 mL 中。精密称取样品适量，均匀地覆盖在黏膜上，分别于一定时间取样，同时补充接受液，测定粉末透过黏膜的药物量。

　　体内体外法表征干粉吸入剂在肺部的分布详见本章第三节。

（四）吸入粉雾剂的应用前景与挑战

　　干粉吸入器具有多项优势。与 pMDI 不同，DPI 不使用氢氟碳化合物等属于温室气体的抛射剂。DPI相比大型雾化器更易携带。干粉制剂是单相的固体颗粒混合物，降低了药物降解率，减小了装置部件可浸出污染的可能性，从加工和稳定性的角度更受欢迎。DPI可递送较大剂量，近年来递送肺部药物由低剂量转向高剂量的研究报道并不罕见。市售装置均为呼吸驱动型，因此使用时不需要手和呼吸协调，避免了患者使用时的协同困难。

DPI制剂在微粒技术方面也不断取得发展。微粒吸入系统通常采用聚合物颗粒，以实现持续释放、较长的保留时间、黏附性和逃避巨噬细胞摄取。通常用于微粒系统的聚合物包括壳聚糖（CS）、明胶、透明质酸（HA）、聚乳酸（PLA）、聚乙烯醇（PVA）和聚乳酸-共聚乙醇酸（PLGA），其中PLGA因其良好的生物相容性和调整药物释放速率的能力而得到最广泛的应用。疫苗、抗体、DNA、RNA以及小分子也可通过这些微粒系统实现肺部递送。乳液蒸发法可以生产出轻型多孔颗粒（large porous particle，LPP），这些颗粒具有更好的流动性和肺深层沉积能力，能高效地将吸入的治疗药物输送到全身循环。可膨胀微粒（swellable microparticle）是肺部给药领域研究得较多的另一种新型系统。将CS、HA和羟丙基纤维素（HPC）等可膨胀和黏附性材料与原料药一起制成呼吸道大小范围内的可吸入微粒。这种微粒在沉积并与呼吸道液相互作用后，能够膨胀成更大的尺寸，从而有助于避免巨噬细胞的吞噬作用，并实现更长时间的肺驻留。

但它也存在一些挑战，如需要患者较大吸入力度的问题，大多数患者能够通过DPI有力地吸气，但一些老年患者可能缺乏正确使用DPI所需的吸气肌肉力量。对于儿童和严重肺损伤的患者来说，产生足够的吸气气流也是一项挑战。另外，使用DPI仍需要指导患者在吸气前完全呼气和吸气后屏气的正确使用方法。

研究中需要注意辅料的安全性。尤其是当大量外源性物质长期存在于肺部时，很可能会导致其自身和/或降解产物的积累，从而引发副作用。如PLGA-50：50（内酯与乙二醇内酯之比）已被广泛应用于肺部给药的缓释制剂研究中，但其半衰期较长，约为60天。PLGA及其代谢产物乳酸和乙醇酸可能会在肺部存在较长时间，导致蓄积，形成低酸性环境，进一步对肺功能产生负面影响。据报道，PLGA中的乳酸会加重呼吸道炎症，降低细胞活力。HPC、海藻酸、CS、明胶和卵清蛋白等也显示了毒性。但到目前为止，还没有与DPPC相关的安全问题报道，这意味着DPPC的安全性可能优于其他聚合物，但仍需要长期的安全数据。乳糖是美国FDA和欧洲EMA批准的广泛用于肺部给药的唯一辅料。然而，乳糖也存在一些问题，如与含胺原料药发生美拉德反应（Maillard reaction）、部分患者不耐受、有时其气溶胶性能不能令人满意等。DPI制剂中辅料的多样性有限，这促使研究人员加快开发可在该领域安全、广泛使用的替代品。

三、吸入喷雾剂

吸入喷雾剂系指通过预定量或定量雾化器产生供吸入用气溶胶的溶液、混悬液或乳液，使用时借助手动泵的压力、高压气体、超声振动或其他方法将内容物呈雾状物释出，可使一定量的雾化液体以气溶胶的形式在一次呼吸状态下被吸入。

传统的喷雾剂是利用机械装置或电子装置制成的手动泵进行喷雾给药的。这些喷雾给药装置通常由两部分构成：一部分是手动泵，另一部分为容器。新型吸入喷雾给药装置则通常由雾化器（nebulizers）和容器两部分构成。

（一）雾化器

雾化器是将供吸入的溶液、混悬液和乳液雾化形成气溶胶的装置。吸入喷雾剂的雾化器和供吸入液体制剂所用的雾化器在工作原理相似，大致可分为射流雾化器（jet nebulizer）、超声雾化器（ultrasonic nebulizer）、筛孔雾化器（mesh nebulizer）和软雾吸入器（soft mist inhaler，SMI）等。

1. 射流雾化器

射流雾化器使用压缩空气或氧气为动力系统，通过文丘里管（Venturi tube）和伯努利效应（Bernoulli effect）雾化药物溶液或混悬液。雾化装置主要由气源、雾化杯和口接器（或面罩）构成。图9-14为射流雾化器的原理：高速气流通过雾化杯中的细喷孔喷出，在伯努利效应作用下形成局部负压区域；喷孔两侧的文丘里管连通负压区域和杯底的待雾化液体；在大气压作用下，待雾化液体被抽吸入负压区域，并最终被卷入高速气流中。液体在进入气流和随气流加速的过程中，自身各部位间和与气流间的速度差导致的剪切力会使其分裂为粒径较大的液滴；挡板的设计使大液滴进行二次雾化，生成小粒径气溶胶，粒径足够小的微液滴会随气流喷出雾化杯供患者吸入，其余液滴撞击挡板后回流至杯底继续参与雾化。然而在雾化结束后，大部分喷射雾化器仍存在0.5～1.5 mL的残留液体，因此推荐喷射雾化器的药液体积不少于2 mL。

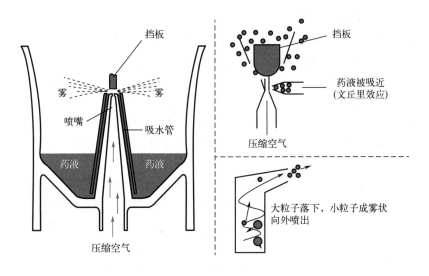

图9-14 射流雾化器工作原理示意图

射流雾化器输出水雾的质量由压缩气流、雾化杯结构和吸入液体制剂的理化特征共同决定。其中溶液型吸入液体制剂的表面张力、黏度和浓度，混悬型吸入液体制剂中药物微粒形态和表面活性剂成分等，均会影响输出水雾的质量。加入表面活性剂，能有效改变吸入液体制剂的雾化时间，使递送总量上升、MMAD减小、微细粒子分数（FPF）上升。

普通射流雾化器采用开放式设计，在吸气和呼气期间均有药物输出；呼吸增强型（breath assisted）喷射雾化器由于增加了单向阀的作用，气溶胶无法扩散到环境中，减少了药物浪费以及环境污染的问题。呼吸触发型雾化器（breath actuated nebulizer，BAN）是仅在患者吸气时输出水雾的射流雾化器，与开放通路（open vent）雾化杯相比可减少85%以上的环境泄漏剂量，药物递送总量能提升2.2～2.5倍，但也显著延长了雾化时间。

射流雾化器可以雾化蛋白质和胶体分散体系，尤其是不便采用其他雾化器进行雾化的微米级混悬液，如布地奈德混悬液。其缺点在于气体压缩泵价格较高、体积较大并伴有噪音，不方便携带，而且气体压缩系统的压力与流量的不稳定可能会使气溶胶输出出现波动，影响药物递送。

2. 超声雾化器

超声雾化器将电能转化为高频超声波。超声波超高频的振动被转移到液体表面，克服药液的表面张力和惯性而使药液雾化，控制超声波频率产生适合吸入的小粒径气溶胶。市售的小容量超声雾化器可用于输送吸入支气管扩张剂。它们的成本高于射流雾化器/压缩机系统，与后述筛孔雾化器相当。

使用超声波雾化器的一个潜在问题是超声波引起的空化效应、热效应可能会使药物失活，破坏蛋白质药物的稳定性，但也有报道高频、低功率的表面声波可以雾化质粒DNA而不发生降解。超声雾化器对溶液黏度的敏感度也高于射流雾化器，因此难以雾化黏性溶液和微粒分散型液体。另外，超声雾化器在雾化悬浮液时效率不高，产生的雾粒通常较大，大部分沉积在上呼吸道，对下呼吸道疾病治疗效果不佳。

3. 筛孔雾化器

筛孔雾化器使用带有多个孔径的网状或平板来产生气溶胶，产生的初始液滴大小已经符合吸入给药的要求，不需要再像射流雾化器那样利用挡板来拦截大粒径液滴。筛孔雾化器残留量极低，制剂体积可以小于1 mL。该雾化器装置由电池或电力驱动，不需要外部气体流动。

主动型筛孔喷雾器（active mesh nebulizer），如振动筛孔型（vibrating mesh），其振动器件能不断地收缩和膨胀，从而移动具有超过1000个锥形孔的圆顶孔板。锥形孔朝向储液的一侧孔径较大而雾化出气溶胶的一侧孔径较小。被动型筛孔雾化器使用压电晶体和一个静止的孔板，通过换能器的振动使之和药液相互作用，推动药液通过孔板。无论是主动型还是被动型，药物都被放置在孔板上方的储液器中。雾化粒子的大小和气溶胶流量由孔板上孔的出口直径决定。

筛孔雾化器的气溶胶输送量大于射流雾化器，输送效率是射流雾化器的3倍以上。筛孔雾化器雾化处理时间快，且能够雾化多种溶液和悬浮液。雾化过程中药物溶液的温度不会改变，从而可防止溶剂蒸发，并降低蛋白质类药物变性的风险，可用于生物大分子药物的雾化。筛孔雾化器可用于门诊患者，也可用于一些有创或无创的通气过程中。美国FDA批准了一种治疗囊性纤维化的抗生素（Aztreonam®）和一种用于慢性阻塞性肺疾病的长效毒蕈碱拮抗剂（Glycopyrolate®）用于筛孔雾化器的吸入使用。但筛孔雾化器比射流雾化器/压缩机系统昂贵。同时，筛网上出现的药物结晶或沉淀有堵塞孔眼的风险，降低药物的雾化效率，因此原则上不推荐用于混悬液的雾化。使用后，需要每次清洗筛网，并定期对筛网的堵塞情况进行评估，这增加了患者后期维护的难度，限制了其广泛应用。

4. 软雾吸入器

为了克服传统吸入器设备的局限，满足对无抛射剂吸入器且方便使用的需求，21世纪初出现了一种能够缓慢柔和输出药液水雾的吸入器，称之为软雾吸入器（SMI）。

SMI是通过一种特定的给药装置使药液产生两个按预定角度的液体细射流，通过这两个细射流的相互碰撞产生柔软的薄雾，相应的吸入剂被称为吸入软雾剂。软雾剂雾化的能量来源于装置上弹簧产生的机械能，不需要液体抛射剂，不需要患者主动吸入，能向患者提供单剂量或多剂量的可吸入药物气溶胶，微细粒子量占比大、用药剂量小，具有较小的弹道效应，减少口咽损失。

（二）吸入软雾剂的装置

软雾形成的原理主要涉及碰撞射流（colliding jet）（如Respimat®）和瑞利射流（Rayleigh jet）（如Trachospray®）。SMI及其产品信息见表9-3。

表9-3　SMI及其产品

SMI	厂家	软雾形成机制	软雾吸入剂商品名
Respimat®	Boehringer-Ingelheim（德国）	碰撞射流	Combivent®（异丙托溴铵/沙丁胺醇） Berodual®（氢溴酸非诺特罗和异丙托溴铵） Spiriva®（噻托溴铵） Stiolto®（噻托溴铵/奥达特罗） Striverdi®（奥达特罗）
Softhale	Softhale（比利时）	碰撞射流	—
MRX004	Merxin（英国）	碰撞射流	仿制Respimat（未注册）
AERx® essence	Aradigm（美国）	瑞利射流	—
Pulmospray™	Resyca（荷兰）	瑞利射流	低分子量肝素
PFSI™	Resyca（荷兰）	预充注射器吸入器；瑞利射流	—
液滴吸入器®（Aqueous Droplet Inhaler，ADI）	Pharmaero（丹麦）	瑞利射流	TobrAir®（妥布霉素溶液）
Trachospray	Medspray（荷兰）	瑞利射流	利多卡因
Ecomyst90®	AeroPump GmbH（德国）	瑞利射流	—
SoftBreezer®	Ursatec GmbH（德国）	瑞利射流	—
AER-501 AER-601	Aerami（美国）		胰岛素 艾塞那肽

碰撞射流也称撞击射流，通过两个液体射流的碰撞产生软雾。这种碰撞射流方法被用于Respimat®等，在约25 MPa的压力下，迫使药液通过一个单元块（unit block），该单元块由一个包含双通道喷嘴（5 μm×8 μm）的隔室组成（图9-15）。产生的两束相反的液体射流在距离SMI出口25 μm处以90°的可控角度相互碰撞，形成缓慢移动的细小"软雾"。旋转吸入器底部180°可压缩内置弹簧，并将通过毛细管精准定量的药液（10~15 μL）传输到泵筒。一旦按下释放按钮，压缩的弹簧将推动药液通过单元块并释放药物。

由于喷嘴直径极小，碰撞后生成的液膜也极薄，因而可直接生成5 μm以下的微液滴。Respimat®输出水雾的粒度分布由微射流的直径、速率、碰撞角度及液体的表面张力和黏度决定，受患者呼吸特征的影响较小。

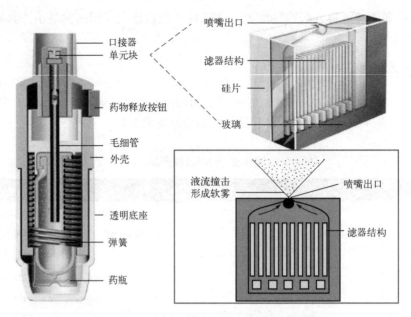

图9-15 Respimat®装置结构与雾化原理示意图

瑞利射流是依据瑞利破碎（Rayleigh breakup）理论，经喷嘴挤出的连续液柱在自身毛细作用力下分裂为液滴的现象。基于这个机制的雾化喷嘴也被称为瑞利喷嘴，以Medspray®技术平台为代表。Medspray®包括一个硅基喷嘴芯片，内含大约100个具有明确几何形状的微喷孔（范围可在1.7～10 μm根据具体应用选择）（图9-16），在给予储液压力后，每个微孔都会喷出瑞利射流，该射流破碎成约为孔径两倍的液滴。基于Medspray®的SMI一般采用具有1.5 μm微孔阵列的喷头，输出软雾的目标粒径为3～5 μm。

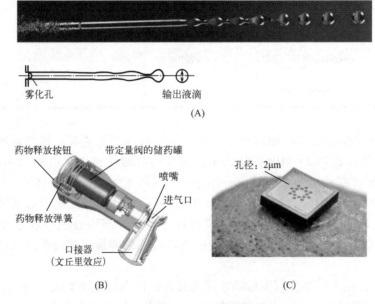

图9-16 Medspray®技术原理与结构

（A）瑞利射流示意图；（B）Medspray®手持式吸入器结构；（C）Medspray®的硅基喷嘴

瑞利射流的出现依赖于液柱的喷射速率，而破碎生成的液滴粒径仅与喷孔直径有关，为喷孔直径的2～3倍。该技术在雾化时产生低剪切力，适用于力学敏感的生物药物（如mRNA）的应用。

（三）吸入软雾剂的应用前景和挑战

1. 吸入软雾剂具有明显的优势和应用前景

（1）肺沉积和输送效率高　SMI可产生持久且缓慢的含药软雾，导致药物在肺部深处大量沉积。软雾的FPF高（约65%～80%），释放速率缓慢（大约相当于pMDI释放气溶胶速率的十分之一）。软雾生成时间较长（约为1.5 s），有利于患者驱动和吸入的协调。

SMI喷嘴中孔隙或通道的大小决定了液滴的大小，这将影响药物在肺部沉积的区域。计算机模拟结果表明，与pMDI或DPI相比，Pulmospray™设备的肺沉积率超过60%。通过使患者的呼吸与装置的激活同步，液滴可以与吸入的气流混合，形成缓慢移动的软雾云，较少的剂量沉积在喉咙后部。与pMDI不同的是，SMI不需要笨重的隔离装置来降低其喷射速度；与雾化器相比，SMI可以以更少的吸入体积输送大含量的药物制剂。

（2）适用于应力敏感和吸入前需重配的药物　有些药物的活性受雾化剪切力和热变化敏感。如干扰素经空气射流喷雾器给药后，形成了不溶性的干扰素聚集体，活性减少了75%，而Respimat® SMI雾化的干扰素能保持47%～98%的免疫活性，损失较少。

（3）喷雾含药量高，递送剂量均匀　Respimat® SMI在120次驱动过程中具有高度一致性的喷雾含量均匀性，没有明显的"尾断"效应（"tail-off" effect），利于长期用药。Respimat® SMI含有与pMDI类似的剂量指示器，允许患者看到启动后的用药次数，并提示患者及时装药。Respimat® SMI还具有锁定机制，防止在末次用药后的继续使用。

（4）使用方便，患者依从性高，吸入错误的风险低　SMI是一种方便、"用户友好"且易于操作的设备，适用患者的范围更为广泛。SMI的吸入筒在给药前不需要像pMDI那样摇晃以释放均匀的药物气雾剂。SMI解决了一些pMDI使用者面临的驱动-呼吸协调约束。pMDI使用者最常见的错误是设备操作错误，降低了吸入药物的治疗效果。SMI没有任何困难的操作技术，SMI只需要物理驱动就能产生足够的机械动力，迫使定量药液以软雾的形式缓慢柔和地释放。SMI释放的气溶胶的剂量和特性与患者的吸力无关，治疗效果通常依赖于药液受到机械能而雾化后的缓慢移动。这对慢性呼吸系统疾病的有效治疗，特别是需要气溶胶靶向肺外周区域的慢性呼吸系统疾病的治疗来说至关重要。

（5）无抛射剂，持久耐用，不易受潮，保质期长　SMI被设计为无抛射剂，不需要氢氟碳化合物。对大气环境无影响，目前已成为氟氯烷烃类气雾剂的主要替代途径之一。pMDI向SMI转变可能会使二氧化碳排放量平均每年减少64%～71%，SMI对全球变暖的影响最小。软雾剂不需要耐压容器，不是加压包装，安全可靠，且制备方便，成本低。Resyca®预充式注射器吸入器PFSI提供了更好的可持续性，具有类似于Respimat®的可更换药筒。SMI设备中的药物均以液体形式输送，并储存在药筒或注射器中，避免水分吸附和药物团聚，确保SMI喷雾的递送剂量均一性良好。装置使用开启后，按操作说明使用，药物的保质期可达3个月。

2. 吸入软雾剂面临的挑战

尽管SMI具有诸多优势，但在药物处方、吸入装置、吸入方式和技术方面仍然存在一些挑战：

（1）药物处方因素　药物溶液的溶解度、黏度、表面张力、密度、药物和离子浓度对SMI的气溶胶性能有重要的影响。例如，当处方中添加8.5 mmol/L氯化钠时，AERx装置的雾化效率显著提高。在含有DNA的脂质复合物中分别添加浓度为15 mmol/L和34 mmol/L的NaCl，和添加8.5 mmol/L NaCl相比均能进一步提高其雾化效率。因此，在使用SMI递送药物溶液时，有必要研究药物溶液的各项物理参数产生的影响。

由于SMI递送的体积较小（0.015～1 mL），因此通常需要较高的药物浓度。但一些抗生素或化痰剂，往往治疗剂量高，这对于水溶性差的药物尤其具有挑战性，因为必须仔细选择辅料，如增溶剂、表面活性剂、缓冲盐、pH调节剂、助溶剂等，以确保溶液的安全性和耐受性。

此外，所有基于水的吸入产品都必须无菌，药液在制备过程中和SMI装置使用中必须保持无菌。多剂量的SMI必须严格控制微生物限度。

确保递送剂量均一性非常重要，这点尤其对于非均相液体制剂（如脂质纳米粒）有挑战性。必须注意防止任何颗粒堵塞SMI喷孔，确保雾化剂量均匀。

（2）装置的注意事项　设计SMI喷嘴孔径以优化粒径分布对提高输送效率和区域靶向性具有重要意义。例如，喷嘴直径为1.7 μm、2.0 μm和2.5 μm的Pulmospray™装置产生的液滴MMAD分别为4.03 μm、4.98 μm和5.99 μm。在所测试的喷嘴尺寸中，雾化气溶胶的粒径分布窄［几何标准差（GSD）为1.46～1.56］，分布近似对数正态分布，FPF接近50 %。对于1.9 μm和1.6 μm的喷嘴，Pulmospray™吸入1 mL溶液所需时间分别在1.5～2.3分钟之间。因此，窄粒度分布、小孔径喷嘴和装置内置流量限制的综合因素影响药物到肺部的有效递送。另外，SMI喷嘴设计的角度和位置也能影响颗粒在呼吸道沉积的位置。

（3）患者因素　像其他吸入装置一样，在使用SMI给药时需要考虑患者相关因素。患者首次使用SMI，需要指导如何正确安装装置。在没有训练的情况下，只有约30%的患者能良好的使用Respimat® SMI。SMI仍需要一定程度的手口协调性，这对有吸气或协调困难的儿童和老年患者来说使用困难。使用口罩的气雾剂疗法可能是这类人群的一个较好的选择。

第三节　药物在呼吸道沉积与肺吸收的研究方法

对于吸入制剂应用于局部和全身性疾病的治疗，呼吸道沉积和肺吸收的评估和预测，成为成功发现和开发吸入药物制剂的重要临床前任务。吸入药物的临床效果取决于药物在呼吸道内沉积的总量或在肺内特定区域沉积的量。体内（in vivo）、离体（ex vivo）、体外（in vitro）和计算机（in silico）等方法均可用来研究吸入药物的呼吸道沉积。一般采用递送剂量（delivered dose，DD）、空气动力学直径分布（aerodynamic particle size distribution，APSD）、微细粒子分数（fine particle fraction，FPF）、微细粒子剂量（fine particle dose，FPD）、口咽/鼻气道模型等方法从体外水平评价肺内药物的输运。体内方法包括药动学研究方法、药效学研究方法及肺影像研究方法。其中，最常用的是药动学研究方法，包括血药浓度及尿药数据法。肺影像研究方法包括放射性核素显像、γ-闪烁扫描法、计算机层析成像技术、正电子发射断层成像技术、磁共振成像技术、近红外光谱技术以及活体荧光显微镜技术等。体内研究方法能较真实地反映药物沉积的情况，但较昂贵且耗时。通过计算机建立经验模型、确定性模型、喇叭模型、计算流体动力学等被验证有效气溶胶沉积模型，在理论上预测健康和疾病状态下气溶胶在呼吸道不同区域的沉积。

一、级联撞击器法用于吸入制剂肺部递药的体外评价

APSD是一个重要的体外参数，因为它与吸入方式（吸入流量、吸入体积、呼吸频率和屏气）和气道的几何形状共同决定了药物在呼吸道沉积的区域和总量。吸入药物APSD特征可以通过级联撞击器（cascade impactors，CI）进行测量。CI包括双级撞击器、多级液体撞击器（multistage liquid impinge，MSLI）、安德森多级采样器（Andersen cascade impactor，ACI）、Marple-Miller撞击采样器和新一代撞击采样器（next generation impactor，NGI）等。CI法是目前研究pMDI、DPI、SMI等吸入药物体外粒度分布的最经典的方法，也是我国、美国和欧洲药典评价吸入制剂体外粒度分布推荐使用的方法。其他方法，如光散射、衍射和飞行时间等现代光学仪器法，则广泛应用于喷雾剂释放的气溶胶药物粒子大小和分布的表征。

CI可将与特定粒径带相关的药物质量收集在一组串联排列的冲击板上。通过检测沉积在各级中的药物质量，计算出FPD、FPF，进而获得药物活性成分的MMAD和GSD。采用CI检测时，打开真空泵，经吸入器抽吸空气的体积应保持在4 L，这代表了平均体重为70 kg成年男性在吸气时的正常体积。大部分患者在使用DPI时会产生4 kPa的吸气压降。在检测时可通过流量控制阀调整真空泵的流速来设定通过吸入器产生预期压降的流速（与DPI吸入器阻力匹配），使之产生所需的4 kPa的压降。

1. 双级撞击器的结构与操作

仪器照图9-17安装，一般在室温下进行操作。在第一级分布瓶D中，加入7 mL溶剂作为吸收液，在第二级分布瓶H中加入30 mL溶剂作为接受液，连接仪器各部件，使第二级分布瓶的喷头G的凸出物与瓶底恰好相接触。用铁夹固定第二级分布瓶，并保持各部位紧密连接，整个装置应处在一个竖直的平面上，使C与E平行，保持装置稳定。出口三通管F与真空泵相接，打开泵电源，调节装置入口处的气体流量为（60±5）L/min。

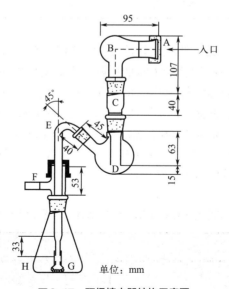

图9-17 双级撞击器结构示意图

A—口接器适配器（连接吸入装置）；B—模拟喉部；C—模拟颈部；D—第一级分布瓶；E—连接管；F—出口三通管；G—喷头（由聚丙烯材料制成，底部有4个直径为1.85 mm±0.125 mm的喷孔，喷孔中心有一直径为2 mm，高度为2 mm的凸出物）；H—第二级分布瓶

该装置采用液体冲击原理，将从吸入器中释放的气溶胶分为被撞击在口咽部的非吸入部分和可进入肺的吸入部分。其中，小于 6.4 μm 的粒子可脱离第一级分布瓶（口咽部）进入第二级分布瓶（肺）。收集第二级分布瓶中的气溶胶药物成分，作为递送剂量的可吸入部分。该仪器采样效率相对较低，并不能提供吸入制剂气溶胶的全粒径分布，但操作简单、耗时短，主要应用于药物早期开发过程。

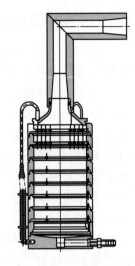

图9-18　ACI装置结构

2. 安德森多级采样器（ACI）的结构与操作

ACI 对粒子粒径的区分更加细致，并且可以在不同流量下进行检测。如图 9-18 所示，ACI 包含 8 级及最后一层滤纸，各级叠加在一起用 O 型圈加以密封以保证气密性，各级均有大小确定的喷孔依次排列（表9-4），可将气溶胶粒子由大到小逐级收集。最后一层滤纸确保收集到最细小的粒子。整套仪器配有预分离器和一个模拟喉部的喉管。预分离器加装在 L 型进气口和 0 级之间，用于测定 DPI 时收集大量不可吸入的粉末。ACI 的材质可以是铝、不锈钢或者其他适宜的材料。

表9-4　ACI装置喷孔的规格

层级	喷孔数量 / 个	喷孔尺寸 /mm	层级	喷孔数量 / 个	喷孔尺寸 /mm
0 级	96	2.55±0.025	4 级	400	0.533±0.0127
1 级	96	1.89±0.025	5 级	400	0.343±0.0127
2 级	400	0.914±0.0127	6 级	400	0.254±0.0127
3 级	400	0.711±0.0127	7 级	201	0.254±0.0127

标准 ACI 的 L 型连接管进口处的气体流速为（28.3±5）L/min。但在许多情况下，尤其是检测低阻力型 DPI 时，若要实现 4 kPa 的压降，则需要使用高于 28.3 L/min 的气体流速。但需注意，改变气体流速会影响每级的截止直径。截止直径大小遵循斯托克斯法则，即截止直径与气流大小的平方根成反比，但随流速的增大各级间截止粒径大小的分辨率会降低。为了避免这个问题，在使用流速为 60 L/min 和 90 L/min 时增改 ACI 层级。如表 9-5，使用 60 L/min 的 ACI 时，移除 0 级和 7 级，用 -0 级和 -1 级代替；使用 90 L/min 的 ACI 时，移除 0 级、6 级和 7 级，用 -0 级、-1 级和 -2 级代替。

表9-5　气体流速为28.3、60、90 L/min时各级空气动力学截止直径

层级	ACI 各级空气动力学截止直径 /μm		
	28.3 L/min	60 L/min	90 L/min
-2 级	—	—	> 9.0
-1 级	—	> 9.0	5.8 ～ 9.0

层级	ACI 各级空气动力学截止直径 /μm		
	28.3 L/min	60 L/min	90 L/min
-0 级	—	5.8 ～ 9.0	4.7 ～ 5.8
0 级	9.0 ～ 10	—	—
1 级	5.8 ～ 9.0	4.7 ～ 5.8	3.3 ～ 4.7
2 级	4.7 ～ 5.8	3.3 ～ 4.7	2.1 ～ 3.3
3 级	3.3 ～ 4.7	2.1 ～ 3.3	1.1 ～ 2.1
4 级	2.1 ～ 3.3	1.1 ～ 2.1	0.7 ～ 1.1
5 级	1.1 ～ 2.1	0.7 ～ 1.1	0.4 ～ 0.7
6 级	0.7 ～ 1.1	0.4 ～ 0.7	—
7 级	0.4 ～ 0.7	—	—
滤纸层	< 0.4	< 0.4	< 0.4

为保证有效的收集,可以将甘油、硅油或其他合适的液体溶于挥发性溶液后对收集板表面进行涂层。预分离器可以采用与收集板同样的方法涂层,也可以加适当的溶剂 10 mL。除另有规定外,在 L 型连接管进口气体流速为 Q_{out}(出口流量)的条件下测试,Q_{out} 为递送剂量均一性项下 4 L 气体通过粉雾剂口接器和装置时的气体流速。

3. 新一代撞击采样器(NGI)的结构与操作

NGI 为具有 7 级和 1 个微孔收集器(micro-orifice collector,MOC)的水平使用的级联撞击器(图 9-19)。在 30～100 L/min 的流速范围内,装置收集颗粒的 50% 有效截止直径(D_{50})为 0.24～11.7 μm。在该流量范围内,至少有 5 级的 D_{50} 在 0.5～6.5 μm 之间。撞击器的材质可以为铝、不锈钢或其他适宜的材料。装置中包含可拆卸的收集杯,所有收集杯在一个水平面上。装置主要由三部分组成:用于放置 8 个收集杯的底部支架,带喷嘴的密封部件,内嵌级间气道的盖子。除第一级外,其他级都采用多孔设计(图 9-20)。气流以锯齿状通过撞击器。

通常,密封部件和盖子组合在一起成为一个整体。测试结束后,翻起盖子,即可取出收集杯。收集杯置于托盘上,所以取出托盘的同时亦可将收集杯从撞击器中取出。

将 L 型连接管与装置入口相连,对于 DPI,一般应在 L 型连接管和撞击器间加预分离器。选用合适的口接器适配器以保证吸入制剂和 L 型连接管之间的气密性。

装置中包含末端 MOC,经验证,大多数情况下不必再加最末端的滤纸。MOC 是一块有 4032 孔的撞击板,孔径为 70 μm。大部分第 7 级未收集完全的颗粒将收集在 MOC 下面的收集杯中。气体流速为 60 L/min 时,MOC 能收集 80% 的 0.14 μm 颗粒。若样品含有大量不能被 MOC 收集的颗粒,可以用滤纸装置替代 MOC 或置于 MOC 下端(可使用玻璃纤维滤纸)。为确保能够有效地收集颗粒,可将甘油、硅油或其他合适液体溶于挥发性溶剂中,在每级收集杯表面进行涂层(除非实验证明不需要)。

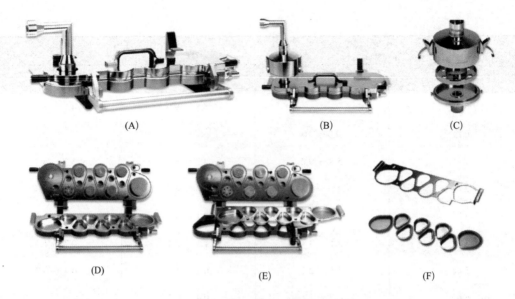

图9-19　NGI装置结构

（A）pMDI用NGI外观；（B）DPI用NGI（带预分离器）外观；（C）预分离器；
（D）NGI打开后外观（上为各级喷嘴，下为收集杯）；（E）NGI打开后，杯托取出；（F）收集杯和杯托

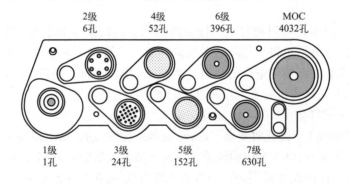

图9-20　NGI带喷孔密封部件的各级结构

　　NGI最初被开发用于提高药物回收率。回收率是指从撞击器或吸收瓶被收集的药物质量相对于从吸入器中释放的药物气溶胶质量的百分比。《欧洲药典》规定了回收率的限度须介于75%～125%，才认为是合理的。

二、吸入药物在肺部吸收的研究方法

　　对于局部作用的吸入制剂，药物的快速起效、释放稳定、较高的气道选择性及较快的全身清除速率是十分重要的，而对于吸入给药发挥全身作用的药物，则需在避免肺部过度暴露的同时克服肺部清除，保证足够的全身暴露水平才能保证靶部位有效的药物浓度。

（一）细胞模型

　　细胞模型对于研究药物渗透过程及其机制具有许多优势，如高通量、操作性好、无伦理问题等。商品化的Calu-3、16HBE14o-、NHBE、A549、BEAS-2B细胞等（表9-6）永

生化的呼吸道及肺泡上皮细胞模型为评价肺吸收渗透性提供了便利。其中，腺癌来源的人支气管上皮细胞Calu-3最常用于气液界面（air-liquid interface，ALI）培养的极化的单层细胞模型以模拟体内气-血屏障。ALI培养被认为是呼吸系统生理学高度相关的培养体系，它是将细胞接种于小室后，首先淹没在培养基中培养到完全融合，再使细胞的顶端侧暴露在空气中且只有细胞下侧与小室基底部表面的液体接触，则可促使气道上皮细胞呈假复层形态、黏液纤毛分化和黏液分泌，并具有屏障功能等，从而很好地模拟肺上皮细胞的体内特性。ALI培养能够克服平面培养的诸多缺陷，如组织特异性结构丢失、细胞分化缺失和屏障完整性受损。用于体外人原代气道和肺泡上皮细胞的三维培养体系已经商品化，如MucilAir、SmallAir、EpiAirway和EpiAlveolar。表观渗透通量（J_{app}）或表观渗透系数（P_{app}）可以表征药物分子通过肺细胞单层的运输速率。较大值的J_{app}或P_{app}有利于全身递送，相反，当J_{app}或P_{app}值较低时，预示了较长的肺驻留，有利于药物的局部递送。

表9-6　体外评价吸入药物用的人肺上皮细胞

细胞类型	起源	肺部区域	
		气管、支气管	肺泡
永生化	癌性的	Calu-3	A549、NCI-H441
	正常转染的	16HBE14o-、BEAS-2B	hAELVi
原代	正常的	NHBE、MucilAir、SmallAir、EpiAirway	分离的Ⅱ型肺上皮细胞、EpiAlveolar

1. 用于ALI培养的Calu-3细胞单层模型

在Transwell或Snapwell系统中，在ALI培养下，Calu-3细胞在8~21天内生长融合成单层，ALI培养使细胞单层的形成在形态上更类似于体内肺上皮，但跨上皮电阻值（transepithelial electrical resistance，TEER）显示较低，表明其屏障能力较弱。但由于它们的结果测量值J_{app}或P_{app}与体内肺吸收速率参数之间存在良好的相关性，因此仍可被用于吸入药物研究的体外肺屏障模型。然而，到目前仍没有建立起标准化的Calu-3细胞单层培养的方法。Calu-3细胞是癌性支气管上皮细胞，这些永生肺细胞系与正常生理状态差异较大，其中对于转运体的表达和功能一直存在争议。

2. 人肺泡NCI-H441和hAELVi细胞单层模型

16HBE14o-细胞是经SV40质粒转染后的永生细胞，可以像正常人上皮细胞（非癌性的）一样，但它们起源于支气管细胞。A549细胞是永生化的癌变细胞，形成无限制性屏障（unrestricted barrier）（TEER ≤ 250 $\Omega \cdot cm^2$），药物分子间转运速率无明显差异。NCI-H441细胞是人肺腺癌，同时具有肺泡Ⅱ型上皮细胞和克拉拉细胞（Clara cell）的特征。在地塞米松和胰岛素-转铁蛋白-亚硒酸钠液的浸没下2D培养时，NCI-H441细胞单层在8天后变成肺泡上皮Ⅰ型样细胞，并形成限制性屏障（restricted barriers）（TEER ≥ 750 $\Omega \cdot cm^2$），可通过运输速率（J_{app}或P_{app}）区分药物分子。但在ALI培养时，NCI-H441细胞单层却形成相当低的TEER（≤ 315 $\Omega \cdot cm^2$），药物转运的屏障功能太弱。hAELVi细胞是用慢病毒转染后的永生人肺泡上皮细胞。当在ALI培养下生长时，该细胞系可通过75代传代表达肺泡Ⅰ型上皮细胞标志物，并在14天内形成高度限制性单层（TEER ≥ 2000 $\Omega \cdot cm^2$）。亲水荧光素钠的P_{app}值约为0.1×10^{-6} cm/s，与Calu-3细胞单层（0.14×10^{-6} cm/s）和原代肺泡上皮单层（0.1×10^{-6} cm/s）的结果一致。

3. ALI培养的三维人原代肺细胞屏障模型

人气-血屏障在结构上是三维的，不仅由上皮细胞组成，还由内皮细胞和成纤维细胞的细胞外基质组成。MucilAir、SmallAir和EpiAirway系统是三维气管/支气管细胞屏障模型。在ALI培养的14～45天内，可出现或不出现肺成纤维细胞的分化，以模拟人气-血屏障。当在没有成纤维细胞的ALI培养下生长时，MucilAir和EpiAirway系统分别产生约560 $\Omega \cdot cm^2$和391 $\Omega \cdot cm^2$的中低TEER。EpiAlveolar系统是肺泡屏障模型，在ALI共培养下分化形成肺泡上皮细胞、肺成纤维细胞和内皮细胞三层细胞。分化后，上皮细胞表现为肺泡Ⅰ型和Ⅱ型细胞的混合，与体内肺上皮细胞一样，细胞屏障在一个月内维持高于1000 $\Omega \cdot cm^2$的TEER。因此，作为第一个体外肺泡样3D屏障模型，EpiAlveolar系统极有可能通过运输速率实现充分区分药物分子。

4. 干细胞衍生的肺上皮细胞和"肺芯片"模型

利用人胚胎干细胞（embryonic stem cell，ESC）或诱导多能干细胞（induced pluripotent stem cell，iPSC）可分化为肺泡上皮Ⅱ型样细胞，实现大规模肺泡上皮细胞的生产。ALI培养也有可能诱导分化为肺泡上皮Ⅰ型样细胞。但ALI培养时，iPSC衍生的肺泡Ⅱ型上皮细胞形成适度限制性的单层（TEER为342～375 $\Omega \cdot cm^2$）。因此，这些细胞单层不像hAELVi细胞那样能在运输速率方面具有区分性。"肺芯片"模型（lung-on-a-chip）是一种微流控装置，其两个流动通道由细胞外基质包覆的薄多孔膜隔开。肺泡上皮细胞和血管内皮细胞分别在"顶端"通道和"基底外侧"通道的膜上形成单层（图9-21）。空气通过"顶端"通道同时培养基通过"基底外侧"通道，建立ALI体系。也可以通过控制细胞拉伸来模拟体内呼吸。

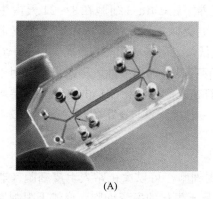
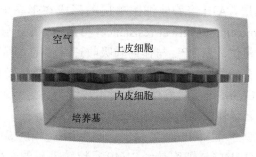

（A）　　　　　　　　　　　　　　　　（B）

图9-21 "肺芯片"模型

（A）微流控设备构造；（B）细胞层和通道结构横截面示意图

（二）离体器官-组织法

1. 离体灌注肺（isolated and perfused lung，IPL）模型

IPL提供了一种离体情况下模拟肺呼吸与血液循环过程的方法，是体内和体外方法的中间补充，能够更精确地阐明肺组织/器官的处置和吸收的动力学和机制，可通过多次取样灌

注缓冲液对吸入药物的吸收动力学进行描述。

IPL代表了一个比整个动物更简单的系统，同时保留了器官的大部分完整性，并且比体内动物研究具有更多优势。与体外细胞模型相比，IPL保持了完整的上皮屏障特性、邻近细胞类型之间的相互作用和清除机制，保留了药物在组织中的扩散行为及转运体活性，可以较好地评估药物在肺内的溶解和释放过程。IPL保留了肺器官通气的动态特性，这对肺上皮细胞和内皮细胞的屏障特性有重要影响。IPL具有减少实验动物所需数量的伦理优势，且可更密切地监测和控制给药过程。结合先进的成像技术，可以实时分析雾化后的药物沉积和分布。但IPL只能维持相对较短的时间（即几个小时），限制了大分子药物（分子质量大于40 kDa）和缓释制剂等需较长时间药动学过程的研究，药物的溶出和吸收可能无法全部完成。另外，IPL需要复杂的实验装置来保存、通气、灌注和监测离体肺，还需要熟练的操作人员，也限制了其在吸入药物研究中的广泛使用。IPL技术受许多实验变量影响，如灌注液的组分和渗透压、雾化方式等，这些影响了离体肺功能持续时间和上皮屏障的通透性，因此需要优化和控制这些变量，开展对药物沉积和分布的研究。

2. 精确切割肺切片（precision-cut lung slice，PCLS）

向大鼠肺部气道中灌注液体琼脂糖，并使其在低温下凝固以防止气道在切片过程中塌陷，可获得PCLS模型，该模型用于各种药理学和毒理学研究。PCLS也可被认为是三维肺组织培养模型（3D-lung tissue culture，3D-LTC），保留了复杂的肺微结构和细胞多样性，可在原生环境中研究肺功能以及肺部病理的细胞和分子机制。一只动物的肺可以分成多个组织切片，有效减少了所需实验动物的数量。PCLS切片可冷冻保存，但冻融后的小鼠PCLS的活力和代谢活性降低。从肺部疾病动物模型中分离出的PCLS或在组织分离后用药物或试剂进行干预，可以用于研究病理以探索潜在的新治疗靶标。

PCLS的不足表现在保存时间相对较短（约7~10天）。最近有报道称，将PCLS包埋在聚乙二醇基水凝胶中可以延长其活性长达21天。切片厚度在维持组织活力方面起着至关重要的作用，但过厚的切片受必需营养物质扩散的限制，易发生组织坏死和细胞凋亡增加。另外，不同肺切片在细胞含量、厚度和大小方面可能存在差异，屏障特性可能不一致。一些肺部病变也难以获得PCLS，例如，肺气肿组织可能无法承受琼脂糖填充过程中施加的压力；肺纤维化组织因缺乏完整的肺泡间隙，使琼脂糖顺利填充变得困难。

（三）动物体内方法

常用的吸入实验动物包括大鼠、小鼠、豚鼠、犬、猪、兔等。目前，大多数吸入制剂仍是沉积在肺部发挥局部药效的药物，血浆药物浓度难以准确表征肺部药物量。因此在动物水平研究中，常使用支气管肺泡灌洗法与组织分布实验分别对上皮衬里液及肺组织中浓度进行测定，并可通过尿素、肌酐或白蛋白等内源物质进行校正，对上皮衬里液中药物浓度进行校正，以避免容量误差。可直接测定动物经肺吸入前后血药浓度来研究肺吸收过程，获得药动学参数。

三、肺功能成像技术用于吸入制剂肺部递药的体内评价

肺功能成像可提供肺区域性信息，能区分正常和病理不同条件下粒子在肺部递送的关键不同，还具有可动态测量的特点，能够指导个性化用药，对提高治疗效果有重大影响。肺功能成像不仅可以提供诊断、优化药物递送参数的数据、监测和评估治疗效果，也可为

肺部沉积模拟提供更完整和更准确的数据。

1. 计算机体层成像（computed tomography，CT）

CT是目前肺部成像的最佳方法。传统用的CT是基于X射线在人体内某个解剖断层上的线性衰减，经计算机运算和处理后，转换为具有一定灰度分布的影像，进而可实现重建断层解剖影像的现代医学成像技术。CT能从多个视角获取图像以提供投影，然后使用反投影或迭代法将这些投影组合起来，形成肺的三维图像。获取高分辨率投影图像越多，重建后的CT分辨率越高。传统CT只能对静止物体进行扫描，通常需要患者屏住呼吸以避免CT对象移动在重构中的伪影。而四维CT（4DCT）则在结合图像配准的基础上实现测量呼吸周期的肺运动和气流量。4DCT是利用肺的周期性运动来进行投影数据的相位匹配，从而允许在呼吸循环中的各个时间点进行肺的相位平均计算机断层扫描。4DCT可用于评估肺组织的健康状况，如可以测量肺气肿患者的区域性疾病。但该方法只能限制在进展期肿瘤患者等可接受大幅射剂量风险的受试者中使用。

2. 超极化磁共振成像（hyperpolarized magnetic resonance imaging）

磁共振成像（magnetic resonance imaging，MRI）是利用核磁共振原理检测极核自旋被外部磁场改变时发出的射频信号。氢原子是传统软组织MRI的靶元素。但肺部组织的低密度特点导致图像质量差。人们探索采用超极化的惰性气体，如氙-129、氦-3，来增强 MRI 图像的分辨率和灵敏度。超极化气体是一种将气体中的核自旋极化到高达几十个百分点的气体，经吸入后，肺部的MRI信号会增强几个数量级。由于信号强度与气体浓度成正比，因此可以获得气体分布的区域变化。此外，超极化气体磁共振成像还可进行功能测量，如肺微观结构、氧气交换、血液流动等。

3. 放射性核素显像（radionuclear imaging，RNI）

放射性核素成像也称为核医学成像，是通过探测引入人体内的放射性核素放出的γ射线，利用计算机辅助影像重建得到医学影像，可对病灶进行定位和定性。放射性核素试剂可被标记到特定材料上，因此核医学成像可用来直接跟踪药物在肺中的沉积，检测药物递送的有效性，测量特定递送方法的沉积机制，能够使药物沉积与整体功能响应相关联，并为沉积模型的验证提供数据。核医学成像方法主要包括三种成像模式：γ-闪烁成像、正电子发射断层成像（PET）和单电子发射计算机断层成像（SPECT），其中PET是利用能发生正电子（β^+）衰变的^{11}C、^{13}N、^{15}O、^{18}F进行断层成像，进而反映肺功能信息的，且能提供最佳的区域性信息和分辨率。但放射性核素的半衰期短、生成放射性标记的试剂较困难等方面限制了PET的推广。

第四节　鼻腔黏膜给药系统

鼻腔黏膜给药系统（nasal mucosa drug delivery system）系指在鼻腔内使用，经鼻黏膜吸收而发挥全身或局部治疗作用的制剂。鼻腔给药有着悠久的历史，东汉张仲景在《金匮要略·杂疗方》中记载："救卒死方：薤捣汁，灌鼻中。"《本草纲目》提供了许多经鼻腔给药的有效方剂，如《卷十一·石硫黄》记载："咳逆打呃：硫黄烧烟，嗅之立止。"《卷三十六·栀子》记载："鼻中衄血：山栀子烧灰吹之。屡用有效。"中国古代西藏就有把檀香木和芦荟提取物吸入鼻腔止吐的记载。传统鼻腔给药主要用于治疗局部炎症、过敏性鼻炎或缓解鼻塞等。近年来，随着给药新技术和新剂型的发展，鼻腔给药逐渐受到人们的重视，成为制剂领域研究的热点之一。已报道的经鼻黏膜给药的药物有：蛋白质和多肽类药物，如黄体生成素释放激素（LHRH）、胰岛素等；口服难以吸收的药物，如庆大霉素、磺苄西林等；在胃肠道很不稳定以及明显受胃黏膜和肝脏首过效应影响的药物，如纳洛酮、毒扁豆碱、普茶洛尔等。目前上市的鼻黏膜给药的多肽类药物包括鲑降钙素鼻喷雾剂和醋酸去氨加压素鼻喷雾剂，处于临床研究阶段的多肽类药物有特立帕肽鼻喷雾剂和胰岛素鼻喷雾剂等。

一、鼻腔的生理特征

鼻腔为一狭长腔隙，被鼻中隔分成左、右两腔，每侧鼻腔均可分为前下部的鼻前庭和后部的固有鼻腔（图9-22）。鼻腔中各壁上都有鼻黏膜。人体的鼻腔长度为12～15 cm，总容积约为15 mL。鼻黏膜总表面积约为150 cm²，鼻黏膜表面有众多纤毛，可增加药物吸收的有效面积，纤毛以1000次/min左右的速度向后摆动，对鼻黏膜表面物质的清除速率为3～25 mm/min，这对清除鼻腔内异物、保持鼻腔清洁具有重要意义，同时也对鼻腔给药时药物在鼻腔内的滞留有很大影响。

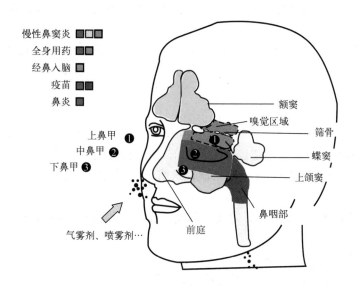

图9-22　成人鼻腔结构和用药靶区示意图

鼻黏膜厚度为2～4 mm，在某些突出部位的鼻黏膜厚达5 mm，鼻腔上部的黏膜比鼻腔底部和各鼻窦内黏膜厚，血管密集，是药物吸收的主要区域。鼻腔的腺体含有浆液和黏液分泌细胞，分泌浆液和黏液到鼻腔表面，鼻黏液覆盖在鼻黏膜上，鼻黏液含有95%～97%的水和2%～3%的蛋白质，蛋白质主要包括糖蛋白、蛋白水解酶、分泌蛋白、免疫球蛋白和血浆蛋白，其中蛋白水解酶是影响药物吸收的因素之一。鼻腔黏液的pH为5.5～6.5，是蛋白水解酶的最适pH范围。

二、鼻腔给药的特点

鼻腔作为给药部位，其药物吸收与其他部位相比具有以下特点，即①促进药物吸收：

鼻腔黏膜表面积大，黏膜上有很多细微绒毛，大大增加了药物吸收的有效面积；上皮细胞下有丰富的毛细血管和淋巴管，药物容易通过鼻黏膜吸收。②速效：鼻腔给药吸收迅速、起效快，多肽类药物的鼻腔吸收速度接近静注，与其使用方便的特点相结合，非常适于急救、自救。③避免肝脏的首过效应，生物利用度高：药物经鼻黏膜吸收后直接进入体循环，避免肝脏的首过效应和胃肠道的降解，提高某些药物的生物利用度。④给药方便：以滴入或喷入方式给药，患者可自行完成，对机体损伤轻或无，患者依从性好，无纤毛毒性及刺激性的药物制剂适于长期给药，并可减少传染性疾病的传播，同时，也适用于由于各种原因而无法口服给药的患者。⑤鼻腔是头盖骨的一部分，脑内的一些神经束直接与它相连，两者间的屏障膜（嗅黏膜）的屏障作用远小于血-脑屏障，因此对于一些以脑组织为靶向部位的药物通过鼻腔黏膜的吸收效果十分显著。

三、药物经鼻腔黏膜的吸收与影响吸收的因素

药物经鼻上皮细胞被鼻腔毛细血管吸收后，直接进入中枢神经系统及外周循环系统，而不经过门-肝系统，避免了肝脏首过效应，是药物吸收的理想途径。但鼻腔存在蛋白水解酶，有些药物如多肽类及蛋白质类药物易在该部位被水解；另外由于纤毛始终按一定的节律运动，其作用是将进入鼻腔的异物粒子清除至咽喉而被排除，进入鼻腔的药物也会由于纤毛运动而被清除。

影响药物经鼻黏膜吸收的因素包括患者的生理因素、药物的理化性质及药物剂型因素。

（一）生理因素

1. 鼻黏液

鼻黏膜表面覆有一层黏液，称为"黏液毡"，黏液毡由于纤毛运动、自身牵引力及吞咽动作，不断向下向后移动至鼻咽部。一般鼻腔前1/3，黏液毡移动迟缓，每1~2 h更新一次，而其后2/3则甚活跃，约每10 min更新一次，这将影响到药物在鼻腔中的滞留情况。

2. pH

正常成人鼻腔的pH在6.6~7.1之间，这是药物经鼻腔给药的限制条件之一。

3. 酶

鼻腔分泌物中有许多酶存在，参与药物的代谢，鼻腔中的NADPH-细胞色素P450酶的含量较肝脏高3~4倍，能产生一种"伪首过效应"。

4. 结构

鼻黏膜的厚度、细胞膜脂质双分子层的结构也是影响鼻黏膜吸收的重要因素。

5. 其他疾病

当感冒等疾病影响到鼻黏膜的生理功能时，鼻黏膜纤毛的清除功能也会受到影响，进而影响到药物在鼻腔中的滞留时间和吸收情况。

（二）药物的理化性质

1. 脂溶性

和大多数生物膜一样，药物的鼻黏膜吸收基本符合pH分配学说，即脂溶性大的药物易于被鼻腔吸收。研究表明，亲水性的美洛托尔经鼻腔、舌下和口服给药的生物利用度均较低，且没有显著性差别，而亲脂性的普萘洛尔、阿替洛尔经鼻腔给药的生物利用度显著高

于口服给药，给药几分钟就达到峰浓度，药时曲线几乎与静脉给药的相重合。此外，对于有机弱酸和弱碱类药物，非离子型的脂溶性高，吸收最好，部分离解时吸收也较好，如果完全离解则吸收最差。

2. 分子量与电荷

药物分子量大小与鼻黏膜吸收程度有着密切的关系，药物的分子量越大越不易被吸收。通常认为分子量小于 1000 的药物，经鼻吸收迅速，生物利用度高；分子量为 6000 或更高的一些药物，在吸收促进剂的作用下，也可以被较好地吸收。鼻黏膜带负电荷，能与带正电的阳离子结合促使药物透过鼻黏膜。二乙胺乙基糖苷及其衍生物的分子量分别为 6000、9000、12700，经鼻腔给药后，测得的吸收速率并不是随分子量的增高而降低，而是分子量为 9000 的衍生物较分子量为 6000 的二乙胺乙基糖苷吸收速率显著增高，这种反常现象就是衍生物所带电荷增加引起的。带正电的脂质体具有较强的生物黏附性，经鼻腔给药后能较长时间保持血药浓度。

3. 药液 pH 和渗透压

有学者研究了小肠内泌素的鼻腔给药制剂，该药的鼻腔吸收随着 pH 从 7 降至 2.94 而后呈线性增加，在酸性溶液中用 0.462 mol/L 氯化钠调节渗透压时该药吸收最好，但观察到鼻表皮细胞萎缩。

（三）药物剂型因素

液体喷雾剂的生物利用度明显高于滴鼻剂，粉雾剂与液体喷雾剂的生物利用度没有显著性差异。对于大鼠鼻腔吸收双氢麦角胺的生物利用度，粉雾剂为 56%，液体喷雾剂为 50%，但是粉雾剂比液体喷雾剂具有较高的化学稳定性和微生物稳定性。粉末制剂、凝胶制剂一般比液体制剂有较高的生物利用度，原因是这些制剂在鼻腔内滞留时间往往比液体制剂长，延长了药物与鼻腔黏膜的接触时间。制剂中的辅料可以改善鼻黏膜对药物的通透性，减少鼻黏膜内的酶对药物的降解，提高药物的生物利用度。选择不同药物的载体，对其粒度、外形、黏度等进行控制，可使制剂能到达鼻腔的有效吸收部位，延长药物与黏膜的接触时间，改善药物的吸收。

其中，淀粉微球作为一种新型鼻黏膜吸收剂型具有生物可降解性、生物相容性、生物黏附性、取材方便、价格低廉等优点，可延长药物与鼻黏膜的接触时间，保护药物免受鼻腔中酶的降解，提高药物的稳定性，从而进一步提高药物的生物利用度。药物被脂质体包封后，鼻腔给药不仅能有效地减少药物对鼻腔的刺激性和毒性，增加药物疗效，并可使药物通过磷脂双分子层缓控释放，克服了以往鼻用气雾剂吸收快、必须频繁给药的弊病。

四、吸收促进剂

（一）吸收促进剂的种类

鼻腔吸收促进剂种类很多，有胆酸盐、表面活性剂、脂肪酸、磷脂类及其衍生物、氨基酸及其衍生物、环糊精（CD）及其衍生物、壳聚糖等。

1. 环糊精及其衍生物

环糊精由于其特殊的空间结构可以与许多药物分子形成包合物，一方面可以作为增溶剂和稳定剂提高药物的溶解度和稳定性，另一方面也能直接促进药物的经鼻腔吸收。已报道环糊精可增加经鼻腔吸收的药物有难溶性药物（雌二醇、黄体酮、双氢麦角胺、褪黑激素等）和水溶性大分子药物（蛋白质、多肽类）。例如，采用在体灌流技术研究吸收促进剂对阿昔洛韦鼻腔吸收的实验结果表明，吸收促进剂使阿昔洛韦的吸收量增加，羟丙-β-CD比其他促进剂能更好地促进阿昔洛韦的吸收。环糊精与胆酸盐类、表面活性剂等其他吸收促进剂相比更安全，没有毒性，但是存在种属差异。

2. 磷脂类及其衍生物

磷脂类衍生物作为体内磷脂的代谢产物，因其高效低毒的特性而成为鼻腔吸收促进剂的研究热点一。磷脂类衍生物主要应用于蛋白质、多肽类大分子药物的促进吸收，常用的模型药物有胰岛素、生长激素、降钙素、加压素和大分子抗原等。在磷脂类衍生物中应用最为广泛的是溶血磷脂酰胆碱（LPC）。例如，采用不同的溶血磷脂对胰岛素吸收及鼻黏膜组织学的研究表明，胰岛素能通过鼻腔给药达到治疗浓度而不表现出毒性反应。

3. 壳聚糖

壳聚糖在药物制剂中应用广泛，由于其具有良好的生物黏附性和多种生物活性，能与黏膜表面紧密接触，延长药物在鼻腔中的滞留时间。同时，壳聚糖是一种阳离子聚合物，结构中的氨基可以与细胞膜中的阴离子成分结合，引起细胞骨架中的F-肌动蛋白和细胞内紧密连接蛋白的重新分布，在黏膜细胞的连接处形成一条细胞旁路通道，因而有利于大分子药物的吸收。例如，通过比较游离胺壳聚糖（CSJ）及壳聚糖谷氨酸盐（CSG）和羟丙-β-CD及二甲基-β-CD对大鼠鲑降钙素（SCT）在体鼻腔吸收的促进作用，发现CSJ和CSG的作用优于羟丙-β-CD及二甲基-β-CD。壳聚糖对鼻黏膜的副作用相对较小，毒性主要与壳聚糖的种类、分子量、脱乙酰化程度、黏度有关。此外，研究发现壳聚糖的脱乙酰度和分子量能影响药物对人上皮细胞的穿过，可以通过选择具有合适的脱乙酰化程度和分子量的壳聚糖，使药物具有最大的吸收和最小的毒性。

4. 其他阳离子聚合物

聚L-精氨酸是一种很有前途的鼻黏膜吸收促进剂，具有以下特点：促进作用不是改变鼻黏膜的结构，而是改变鼻上皮细胞的生理功能，扩大了细胞间隙的通路；促进作用是短暂和可逆的，促进作用与聚L-精氨酸的分子量有关，分子量越小，降解速率越快，促进持续时间越短；在有效浓度范围内对鼻黏膜细胞无任何损伤和副作用，对鼻上皮的形态学改变、纤毛的运动以及鼻腔细胞膜成分的影响也显著低于其他吸收促进剂。例如，采用U形扩散池法对聚L-精氨酸作用的电生理评价结果表明，与鼻黏膜的离子化相互作用对于提高异硫氰酸荧光素标记的右旋糖酐的黏膜渗透是很重要的。

（二）吸收促进剂的作用机制

关于吸收促进剂的作用机制人们已经做了大量研究，主要有以下几方面：①使有序排列的磷脂双分子结构发生变形/破坏或从黏膜中滤出蛋白和磷脂以增强膜的流动性，降低黏膜层黏度，提高膜通透性。②抑制作用部位的蛋白水解酶的作用，使更多药物发挥药效。③使用药部位上皮细胞间的紧密连接暂时疏松，利于药物通过。④增强药物在细胞间和细胞内的通透性。⑤防止蛋白质聚集，增强药物的热力学运动。⑥促进用药部位细胞膜孔形成。⑦增大用药部位单位时间血流量，提高细胞膜内外药物浓度的梯度。⑧降低药物渗透部位的膜电位。⑨增加药物的稳定性，减少鼻黏膜中的酶对蛋白质类药物的水解。

许多鼻黏膜吸收促进剂的促吸收作用可能是几种机制共同作用的结果。实验表明，具有生物黏附作用的吸收促进剂，可以延长药物在鼻腔中的滞留时间，能更好地促进极性药物的鼻腔吸收。

（三）吸收促进剂的毒性

吸收促进剂虽然能提高药物的鼻黏膜吸收，但均有不同程度的毒性，这成了制约其发展的瓶颈问题。促进剂的毒性主要表现在对纤毛功能的影响、黏膜形态的改变、刺激性及溶血等方面促进剂的促吸收机制往往也是其毒性反应的机制。一些促进剂对黏膜的破坏是可逆的、暂时的，而另一些吸收促进剂的破坏是永久的、不可逆的。胆酸盐、磷脂等可损伤鼻黏膜，产生灼烧感、疼痛等。溶血磷脂酰胆碱在低浓度时毒性不大，但超过 1% 可破坏黏液层的结构，引起充血等局部刺激，导致鼻纤毛不可逆性损害。皂苷类促进剂对鼻黏膜有很强的刺激性，还有严重的溶血现象，微量即可引起红细胞的破坏。

降低吸收促进剂毒性的方法，包括：①对促进剂进行化学结构的修饰和改造。溶血卵磷脂生物的促吸收作用和毒性随脂肪酸侧链碳原子数目的增加而增大，对促进剂进行结构改造，选用合适的碳链或碳环侧链，可增强促吸收作用并减小毒性。②不同种类吸收促进剂的联合应用。研究表明，含有 1% 壳聚糖和 1.2% β-CD 的胰岛素生物利用度低于只含 1%壳聚糖的胰岛素，而含有 5% 羟丙-β-CD 和 1% 壳聚糖的胰岛素比只含 5% 羟丙-β-CD 或 1%壳聚糖的胰岛素更有效地降血糖。③采用包合技术。通过加入 β-CD 或二甲基 β-CD 能显著降低去氧胆酸钠（SDC）的溶血作用和鼻纤毛毒性，两者的最佳比例（SDC 与环糊精摩尔比）是 1∶2，β-CD 与 SDC 联用后降低 SDC 的纤毛毒性的同时仍保留了较强的胰岛素吸收促进作用；LPC 与卵磷脂以适宜的比例混合后会发生球状胶束向板层状胶束转化的现象，减少 LPC 的游离分子，降低其与鼻黏膜接触的机会，从而降低毒性。④肽酶抑制剂与吸收促进剂合用。通过考察蛋白酶抑制剂（抑氨肽酶素b、嘌呤霉素）和吸收促进剂（甘氨基酸盐、二甲基-β-CD）合用对甲硫脑啡肽人体鼻上皮吸收的促进作用，发现能显著提高甲硫脑啡肽的渗透性（4～94 倍）。⑤混合胶团法。例如，利用混合胶团法，选用甘胆酸盐/亚油酸作为蛋白质、多肽类药物鼻腔给药系统的吸收促进剂，对大鼠进行体内吸收研究，发现其促吸收作用比单用胆酸盐要好，给药 5 h 后混合胶团引起的黏膜形态学改变较为温和；再如，联合运用亚油酸、单油酸甘油酯等制成促吸收剂，不仅促吸收效果比单用胆酸好，而且大大减轻了对鼻纤毛的毒性。

五、鼻黏膜毒性评价

鼻腔黏膜表面是一层顶部长有纤毛的假复层柱状上皮，内有大量分泌黏液的杯状细胞，所分泌的黏液覆盖在纤毛上。正常情况下纤毛协调一致地摆动，清除鼻腔内异物，即纤毛清除作用。鼻腔给药后，纤毛运动常会受到不同程度的影响，某些药物可严重影响鼻腔的正常生理功能，因此鼻腔给药的毒性问题引人关注。

（一）鼻黏膜毒性作用的评价方法

1. 评价药物对纤毛清除作用的影响

纤毛清除作用是纤毛及其黏液层机械作用的结果，是机体抵御外界侵袭的一道屏障。鼻腔给药后不应对纤毛清除作用造成影响。

（1）测定纤毛摆动频率（ciliary beat frequency，CBF）　体外测定 CBF 最常用的技术为透射光电技术，重现性好，灵敏度高。此外，还有反射光电技术、摄像或视频技术。体外测定常用的离体组织为人体黏膜组织、鸡胚胎气管黏膜组织，以及鼠、兔或豚鼠的黏膜组织等。通常无需麻醉从次鼻甲或前鼻壁都可刷下黏膜纤毛组织。

药物及辅料对CBF的影响有较大的物种差异。测定体内CBF可选用家兔，用光电技术进行，但实验期间涉及的麻醉会对测定结果有影响，手术也可能损伤黏膜。有人提出用反射光电技术，可不经麻醉或手术直接测定人体CBF。

（2）测定纤毛持续运动时间　常用光学显微镜观察纤毛持续运动时间。动物模型主要有鸡胚胎气管黏膜纤毛和蛙或蟾蜍上腭黏膜纤毛，均与哺乳动物鼻黏膜纤毛相似。体外试验操作如下：取带纤毛的黏膜上皮置于载玻片上，滴加药液，用光学显微镜观察，记录从给药开始至纤毛运动停止所持续的时间；洗净药液，继续观察纤毛运动是否恢复，判断药物对纤毛的静止作用是否可逆。体外法的不足之处是：①难以正确评价混悬型或黏膜药物制剂的纤毛毒性；②分离黏膜时会破坏黏液层，忽略了黏液层对纤毛的保护作用。体内法可弥补不足，其操作如下：将蛙或蟾蜍固定，滴加药液于上黏膜，接触一段时间后洗去，分离黏膜观察纤毛运动情况。此实验条件更接近实际给药情况，结果更可靠。与测定CBF相比，记录纤毛持续运动时间带有一定主观性，不如前者精确。但显微镜观察较直观，可同时观察纤毛数量、脱落情况、黏膜完整性等形态学变化。

（3）测定黏膜纤毛转运能力　蛙上腭是常用的体外模型。可用立体显微镜测定石墨微粒在黏膜表面移动一定距离所需时间，计算转运速率。动物体内黏膜纤毛转运能力的研究采用荧光球、荧光乳胶微粒为清除标志物。鼻腔给药后一定时间给予标志物，定时从鼻咽部收集被清除的标志物，并绘制时间-荧光强度曲线，同给药前进行比较。评价人体内黏膜纤毛转运能力可选用多种标志物，包括放射性物质、染料，此外，较常用的是糖精。糖精法简单易行，对人体无害，被广泛采用。鼻腔给予糖精，当其被清除至鼻咽部时志愿者即可感觉出甜味。这段时间（T）的长短可反映黏膜纤毛转运速率的快慢。比较用药前后的T值，即能评价药物对纤毛清除作用的影响情况。人体糖精试验的结果个体差异很大，必须做自身对照。

2. 黏膜形态考察

鼻黏膜毒性最直接的评价方法是考察给药后黏膜组织结构及表面纤毛形态的变化。大鼠、兔或狗可使用光学或电子显微镜观察。以大鼠为例，光学显微镜观察方法操作如下：将大鼠麻醉，单侧鼻腔给药后处死，取中隔黏膜染色，观察黏膜组织结构的变化，包括给药侧中隔黏膜上皮的厚度、黏液释放量、上皮细胞排列的有序程度、上皮细胞核的大小及规则程度等。扫描电子显微镜主要考察黏膜表面纤毛形态的改变，包括数量、排列情况等，相对较易掌握。共聚焦激光扫描显微镜可观察生物标本的三维图像，已被用来确定药物通过鼻黏膜转运的通道，研究促进剂对药物转运和细胞形态的影响。人体的鼻黏膜形态学评价可用鼻内窥镜观察上述几种形态学评价均适用于单次或多次给药后鼻黏膜毒性的考察。

3. 溶血试验考察

鼻黏膜组织受损的原因之一是药物或辅料对细胞膜有破坏作用，因此通过考察药物或辅料对生物膜的作用可间接评价对鼻黏膜毒性。常用的天然生物膜是红细胞膜，可通过溶血试验来考察。达到完全溶血所需浓度越小，膜破坏作用就越大。将二棕榈酰磷脂酰胆碱（DPPC）分散至水中可制成模拟生物膜，常温下呈凝胶状，用差示扫描量热仪能测定DPPC

双层结构的晶格转化温度。吸收促进剂与DPPC作用后会使其晶格转化温度发生改变，由此可定量考察不同促进剂对DPPC膜的破坏作用。

4. 用生化指标进行评价

鼻黏膜受损时会释放出膜蛋白及酶，通过测定一些特定蛋白和酶的释放量，即可检测黏膜受损的情况。通常用大鼠在体鼻腔灌流技术进行，将含药溶液通过鼻腔循环灌流，灌流一定时间后收集循环液，测定其中蛋白质和酶的总量，或特定酶的量。有人认为此模型与实际给药条件相差太大，包括：灌流时间过长；灌流时会造成对黏液层的破坏；灌流体积远大于实际给药体积。因此建议使用体内法，即大鼠鼻腔给药后15 min，通过食管插管，用生理盐水冲洗鼻腔并收集测定冲洗液中酶和蛋白质的量。

以上四种评价鼻黏膜毒性的方法各有侧重点。黏膜形态考察最直观，但方法复杂不适于大量筛选，可用于处方确定后，评价其急性、亚急性及慢性鼻黏膜毒性。评价药物对纤毛清除作用影响的方法相对较简单，适用于处方筛选阶段。药物或辅料的纤毛毒性与其对鼻黏膜组织结构和形态的影响有很好的相关性，能较好地预测药物及辅料的鼻黏膜毒性。溶血试验简单易行，可筛选的药物较蛙上腭模型多。在蛙冬眠的季节可考虑以此法代替，缺点是无法考察纤毛毒性是否可逆。生化评价法虽然操作烦琐不适于大量筛选，但在评价药物或辅料对黏膜破坏的作用明显，用CBF、黏膜形态、溶血试验、生化评价法为指标评价吸收促进剂的鼻黏膜毒性时，各项结果相一致。在诸多方法中，体外法简单易行，但其实验条件与实际给药情况有一定差距，在预测药物和辅料的鼻黏膜毒性时，需结合体内法的实验结果。

（二）鼻腔给药系统对鼻腔黏膜的毒性

1. 药物的鼻黏膜毒性

研究发现，大分子天然生物合成药物对鼻纤毛的毒性小，如胰岛素对离体大鼠黏膜的纤毛运动无抑制作用，也不影响鸡胚胎气管 CBF。鲑降钙素对蛙上黏膜纤毛转运能力，鸡胚胎气管CBF 均无影响，但干扰素是例外。小分子化学合成药物对纤毛运动的影响较为普遍。1%普萘洛尔可造成纤毛运动不可逆地停止，纤毛大量脱落，持续运动时间为零。10%普罗帕酮混悬液大鼠鼻腔给药连续1周，黏膜表面受损，纤毛结构不清。

2. 吸收促进剂的鼻黏膜毒性

某些黏膜渗透性差的药物，如蛋白质、多肽类药物，同时使用吸收促进剂时其吸收效率会大大提高，但吸收促进剂普遍存在黏膜毒性问题。0.3%的牛磺褐霉素钠（STDHF）可使离体人鼻黏膜纤毛运动不可逆地静止。同浓度的聚乙烯月桂醚29（L29）和去氧胆酸钠（SDC）能迅速引起纤毛运动不可逆地静止，相比之下，甘氨胆酸钠（GC）和牛磺胆酸钠（TC）对离体人鼻黏膜纤毛的作用则温和得多。以蛙上腭模型考察促进剂对黏膜纤毛转运能力的影响时发现，1% LPC、1% L29、1% SDC、1% STDHF 均会完全抑制纤毛转运，1% GC 和 1% DDPC 则几乎无影响。许多研究调查了吸收促进剂对动物鼻黏膜组织的形态学影响。1% SDC、1% L29、1% STDHF 和 1% LPC 均引起严重的黏膜上皮损伤。含1.5%GC 的多肽类人体鼻用制剂，单次或多次用药后均有鼻腔刺激性。临床研究表明，人体对含0.8%～3.0% STDHF 的鼻用制剂耐受性很差。但也有人报道，STDHF 虽能引起不适，鼻黏膜形态观察却并未发现毒性。以 SDC 为促进剂的胰岛素鼻用制剂，在临床研究阶段也发现使用后普遍存在鼻腔烧灼感和流泪现象。环糊精在鼻腔制剂中可作脂溶性药物的增溶剂，也可作为蛋白质、多肽类药物的吸收促进剂。

3. 其他制剂成分的鼻黏膜毒性

局部或全身作用的液体鼻腔给药系统往往含有防腐剂。这些防腐剂对纤毛运动的影响已被广泛研究，但不同模型和方法所得到的结果却并不一致。许多体外试验表明，洁尔灭对纤毛运动有影响，但动物体内试验及人体应用并未发现有副作用。不过长期使用会使大鼠或猴鼻黏膜形态改变，而人体短期或长期使用都不会导致鼻纤毛清除功能的改变或黏膜损伤。尼泊金酯类有较大的纤毛毒性作用。对于蛋白质、多肽类鼻腔给药系统，在设计处方时往往会加入酶抑制剂。某些酶抑制剂有纤毛毒性。

（三）改善药物和吸收促进剂的鼻黏膜毒性的方法

1. 药物缓释法

药物和吸收促进剂的纤毛毒性具有一个重要的特点，即浓度相关性。基于这一点，以普萘洛尔为模型药物，将其制成微球剂复合乳剂和环糊精包合物以降低普萘洛尔的鼻纤毛毒性。微球剂具有缓释作用，药物可缓慢持续地被释放，用蟾蜍上腭模型评价普萘洛尔微球剂的纤毛毒性，给药 4 h 后，大部分纤毛仍保持正常的运动状态，而它的生物利用度仍很高。有报道指出，普萘洛尔白蛋白微球经狗鼻腔给药绝对生物利用度为84%。

2. 混合胶团法

胆盐类的鼻黏膜毒性限制了它在鼻腔制剂中的应用。例如，用油酸、单油酸甘油酯和牛磺胆酸钠制成肾素抑制剂乳剂。经大鼠鼻腔给药后，绝对生物利用度达 20% 左右；给药4 h 后，用光学及电子显微镜检查黏膜形态，均未发现明显异常。

3. 环糊精（CD）包合法

CD在鼻腔给药中可直接或间接地促进药物吸收，也可降低一些吸收促进剂及防腐剂的黏膜毒性。促进剂 L29、GC、LPC 或防腐剂洁尔灭对 DPPC 膜有破坏作用，使其晶格转化温度发生改变，当加入α-CD、HP-β-CD，G-β-CD 时，DPPC膜的晶格转化温度可恢复到初始值，说明这些环糊精可保护生物膜不受促进剂或防腐剂的破坏。红细胞膜试验也证实了这一点。大鼠体内吸收试验表明，加入环糊精后，只有 L29 的促吸收作用未发生改变，GC、LPC 均受到了不同程度的影响。给药后4 h 光学显微镜观察中隔两侧的黏膜形态。0.9% L29和0.9% GC 都造成了鼻黏膜上皮的损伤，细胞破裂，继而引起上皮变薄，某些部位上皮完全脱落并伴有大量黏液。当同浓度的L29加入1:4比例的 HP-β-CD 后，其对黏膜的作用与环糊精相似，上皮表面无破裂细胞，但上皮细胞排列紊乱，有较多黏液，上皮厚度变薄。GC加入1:2的G-β-CD后黏膜形态与用生理盐水和G-β-CD处理过的黏膜相似。另外，用G-β-CD和 DM-β-CD包合SDC结果显示，可显著改善鼻纤毛毒性；大鼠体内吸收试验表明，包合物能显著地促进L-酪氨酸、胰岛素的鼻腔吸收。

六、鼻腔给药研究的模型

（一）动物模型

进行药物鼻腔给药试验的动物模型很多，可根据不同的研究目的加以选择。小型动物如小鼠、豚鼠和大鼠易于处理，价格便宜，可用标准化饲料喂养。但这些模型受到一定限制，其较小的鼻腔不适用于剂型和药动学特性的研究，但可用于研究吸收及吸收促进剂的影响。大型动物如狗、猴、羊和兔在药动学和剂型的研究方面尤其有用，它们血容量大，允许多次采血，且可提供药物的全部吸收特征的药动学特性。

1. 大鼠

大鼠是最理想的实验动物，对于大多数药物，大鼠研究得到的实验结果可以预测人体的实验，所以常用于研究药物的经鼻吸收。实验方法有以下三种：

（1）原位法（in situ） 大鼠腹腔注射戊巴比妥钠（500 g/kg）麻醉，在颈部切口，暴露气管和食管，气管中插入聚乙烯管，另一管子通过食管插至鼻腔后部。将鼻的通道用黏胶封闭，以防止药液从鼻孔流入口腔。药液于37℃恒温，通过蠕动泵循环（流速为2～3 mL/min），从鼻孔至漏斗，再返回到烧杯中，在规定时间内取样测定烧杯中的药量。

（2）原位-体内法（in vivo-in situ） 手术过程同原位法不同的是用一根一端封闭的玻璃管（长为3 cm，内径为0.3 mm）通过食管插至鼻腔后部。给药前，鼻腔用10 mL林格液清洗，除去血液。用移液枪将50～100 μL的药物加入鼻腔中，在规定时间点用适量林格液漂洗，并用生理盐水定容，测定残余的药物量。

（3）体内法（in vivo） 大鼠麻醉后，将药液滴入鼻腔后，隔一定时间采血分析。本法可用于生物利用度的研究，由于整个操作在固定环境中进行，因此实验结果重现性好。

2. 兔

兔价格便宜，容易处理，通常不需要麻醉或镇静，但取决于实验目的，主要实验方法如下：

将兔放入盒子中，用注射器导管或喷雾器以60°角插入鼻腔约12 mm，每个孔给药30～50 μL，给药后立即将兔仰卧约1 min，从耳缘静脉采血进行分析。

用微孔膜制成一套管（5 cm×2 mm），插入一根长6 cm的薄型聚乙烯管至4.5 cm处，封住两端，插入鼻腔，注入350 μL药液，密封，从耳缘静脉采血进行分析。该装置与鼻腔黏膜有充分接触时间，适合缓释制剂的研究。

用氨基甲酸乙酯将兔麻醉后，在颈部做一个中线切口，把一根聚乙烯管插入气管中，将食管缝死。用柔软的管子插入近心端，继续向前伸到鼻腔后部。鼻腭管用黏胶剂封住，以阻止药液从鼻腔流入，然后用蠕动泵使药液循环，测定灌流液中剩余药物浓度，从而计算药物的吸收量。此法可用作药物吸收动力学及其吸收机制的研究。

3. 狗

狗是进行药物鼻腔吸收试验最常用动物之一，其生活环境与人相似，狗的鼻腔开口较大，并且可根据药物特性及研究目的，将狗训练成不需麻醉或服用镇静剂而接受鼻腔给药。给药方法是用喷雾器将约100 μL药物喷孔用吸管或注射器插入鼻孔5～10 mm，以保证药物能深入到鼻腔，从前腰或后腿静脉采血进行分析。

4. 羊

用羊进行药物鼻腔吸收试验需要给予麻醉剂或镇静剂，这可能对某些药物研究有影响。羊是通过加速呼吸来散发身体热量的，从鼻腺体产生液体的速度可能增加，因此，用羊进行鼻腔给药试验时要在标准化的环境下进行。给药方法是将一根套管插入鼻孔，深7～10 cm，接着将150～300 μL的药液从导管流入鼻内的腹面鼻道，血样采集最好用一根静脉导管插入颈静脉内进行。

5. 猴

由于猴与人相似，常用于激素的研究。猴需要用麻醉或镇静措施使之安静。给药方法是将雾化器连接在氮气源上，以恒定压力（25 kPa）输入药液，在药液喷入鼻孔时，猴的头部取竖式位置，给药后立即将猴仰卧 5 min，从股静脉或隐静脉采血进行分析。

6. 豚鼠

豚鼠常用于免疫研究。用吸管或注射器将 20～30 μL 的疫苗引入鼻腔，为使分散的表面积最大，给药后立即将豚鼠仰卧 1 min，从心脏或外耳缘静脉采血进行分析。

7. 小鼠

小鼠的给药方式是用吸管或注射器，以 30° 角放入鼻内，给药 1～5 μL 后立即取仰卧姿势将药液慢慢吸入鼻内，从心脏、眼眶周围静脉丛或尾部采血进行分析。

（二）细胞模型

鼻腔给药可以用细胞培养模型来研究药物的渗透系数和转运机制。最常用的是原代培养的人鼻腔上皮单层细胞，可从患者的鼻中隔手术中分离得到，具体操作如下：鼻中隔组织取下后，立即浸入含有 0.5% 多黏芽孢杆菌蛋白酶的 Earl's 平衡盐溶液中；浸泡 16～20 h 后，用手术刀小心从固有层表面刮下鼻上皮细胞，培养基洗脱，取上皮细胞，离心，洗涤，重新分散于培养基后，计数；以 10^5～10^6 个/cm^2 的密度接种在 4.7 cm^2 的滤器上，按常规方法培养；8～10 天后可用于药物转运试验；试验前，细胞先用缓冲液平衡 15 min，测定细胞的电生理学参数以确保细胞具有正常活力；将 1.5 mL 含有药物的转运缓冲液置于上面的供应室中，接受室放 2.5 mL 转运缓冲液，定时取样并补加新鲜的转运缓冲液，测定接受室中药物的含量（图9-23）。

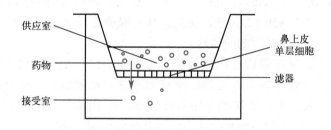

图9-23　鼻腔给药的体外细胞模型

七、鼻腔给药系统的新剂型与新用途

（一）鼻腔给药系统的新剂型

传统的鼻腔给药剂型涉及滴鼻剂、气雾剂、喷雾剂、粉雾剂等。随着制剂技术的不断发展，新型鼻腔给药系统不断出现。

1. 凝胶剂

凝胶剂是在药物的溶液中加入水溶性高分子聚合物增加其黏度，达到增加药物在鼻腔的滞留时间，提高生物利用度的目的。例如，制备血管升压素及其类似物的黏性透明质酸钠溶液凝胶剂，其在大鼠鼻腔吸收的研究结果表明，分子量在 3.0×10^5 以上的 1% 透明质酸钠溶液（黏度大于 20.3 mPa·s）对药物吸收有促进作用。通过研究壳聚糖溶液对胰岛素在大鼠和绵羊鼻腔吸收影响的结果显示，该溶液对胰岛素的鼻腔吸收有促进作用，且该促进作用有浓度依赖性。

2. 微球

微球是近年来发展最快的鼻腔给药新剂型，能延长药物在鼻腔中的滞留时间，提高药物的生物利用度，所载药物主要为多肽类，也有小分子药物如普萘洛尔、庆大霉素等。其特点是：①微球具有生物黏附性能，能降低纤毛对异物的清除速率，延长药物在鼻腔中的滞留时间。②暂时扩大细胞间的通路，有利于药物的吸收。微球载体材料常具有一定的溶胀能力，与黏膜接触后，短时间内吸收鼻黏膜内的水分；黏膜上皮细胞由于脱水并萎缩，细胞间隙变大，有利于水溶性大分子药物通过，但此过程是短暂的、可逆的，因此对鼻黏膜几乎无任何损伤；另外，微球溶胀形成凝胶有利于提高药物的局部浓度。③对于蛋白质和多肽类药物，包裹于微球中，可以免受酶降解。

鼻腔用药的微球种类如下：

（1）生物可降解淀粉微球　在瑞典已有产品上市，具有生物可降解性、生物相容性和生物黏附性，取材方便，价格低廉等优点，尤其是可以通过淀粉的改性，达到控制微球理化性质的目的，显示出良好的应用前景。

（2）葡聚糖微球　上市商品名为 Sephadex® 和 DEAE-Sephadex®，两者主要区别在于葡萄糖单元的取代基不同，后者的羟基由阳离子的二乙胺乙基（DEAE）取代。常用的葡聚糖微球型号有 Sephadex G25 和 Sephadex G50。前者的交联度比后者高，但其截留的药物分子量比后者低。葡聚糖微球的交联度与溶胀程度成反比，交联度越高，溶胀度越小。

（3）其他微球　用于鼻腔给药的微球还有白蛋白、壳聚糖、透明质酸、聚丙烯酸微球等。壳聚糖不仅是很好的鼻黏膜吸收促进剂，同时也是很好的微球载体材料。壳聚糖微球比溶液具有更好的生物黏附性能，且对纤毛运动速率降低更明显。

3. 脂质体

脂质体用于鼻腔给药有很多优点：①具有较强的生物黏附性，能减少药物被黏膜纤毛的清除，使药物较长时间保持有效的血药浓度，提高生物利用度。②减少药物对鼻黏膜的毒性和刺激性。③防止药物被酶降解。④能持续释放药物，具有长效缓释作用。⑤可作为鼻黏膜免疫佐剂，刺激机体的黏膜和全身免疫，产生免疫应答。⑥阳离子脂质体可作为基因药物的载体，显著提高转染效率，可用于脂质体-DNA疫苗的鼻黏膜免疫。

例如，以粒径为 20～45 μm 的阳离子树脂聚磺苯乙烯与胰岛素混合后，经兔鼻腔给药，能迅速（15 min）使血浆胰岛素水平升高至（413.0±71.7）μU/mL，血糖水平在给药45 min后从（6.65±1.04）mmol/L 降至（3.68±0.77）mmol/L，而单纯胰岛素鼻腔给药只使血浆胰岛素水平略有增加。粒径为 20～45 μm 的非离子树脂乙烯-二乙烯苯共聚物也能促进胰岛素鼻腔吸收。

（二）鼻腔给药系统的新用途

近年来，研究发现鼻腔给药不仅能够起到全身和局部作用，同时能实现特定的脑靶向传递药物。鼻腔给药系统中的药物不仅局限于一般的小分子或蛋白质类药物，同样可以作为基因和DNA疫苗的有效给药途径。

1. 鼻腔给药的脑靶向

中枢神经系统存在三种屏障：血-脑屏障、血-脑脊液屏障和脑-脑脊液屏障。其中，屏障作用最强的血-脑屏障是最弱的脑-脑脊液屏障的 5000 倍，药物从中枢神经系统进入脑组织中的细胞外液比从血液到达脑组织部位容易得多。而近年来的研究发现鼻黏膜在解剖生理上与脑部存在着独特的联系，经鼻给药，药物可经神经通路、嗅黏膜上皮通路和血液循环通路吸收入脑，前两条通路均与药物直接吸收入脑有关。多数小分子药物是通过嗅黏膜上皮通路吸收入脑，而多数蛋白质以及一些病毒则是通过嗅神经通路吸收入脑，这为脑部疾病的治疗提供了一条较好的给药途径。例如：一个氨基酸活性依赖性神经保护蛋白（activity-dependent neuroprotective protein，ADNP）肽片段已经进入临床 Ⅱ 期试验，用于轻度认知障碍和精神分裂症的治疗。经鼻给予多肽激素-催产素可以直接入脑，提高认知功能，减少恐惧和焦虑。

2. 鼻腔黏膜免疫

传统的免疫途径多为注射给药，疫苗注入机体后，产生全身性的体液免疫，这对一些重大传染性疾病的预防和治疗具有一定的积极意义。但注射给药，患者顺应性差，可能引起二次感染，而且不能有效诱导黏膜免疫应答。现代医学研究表明：大多数病原体是通过黏膜表面如皮肤、呼吸道黏膜、胃肠道黏膜、生殖道黏膜等侵入机体，尤其是感染性疾病，机体约有 80% 的感染首先发生在黏膜，可见黏膜免疫的重要性。常规的注射疫苗只能产生全身性的体液免疫应答，而对病原体侵入部位则无法产生相应的局部免疫应答和长久的记忆力。鼻腔黏膜免疫是一种非常有发展前景的给药途径，如临床上的 Nasal flu® 疫苗通过鼻黏膜给药用于预防和治疗流行性感冒。为了增加鼻腔给药途径的疫苗的免疫原性，可将疫苗包裹于生物降解微球等先进递药系统中。

（田吉来）

 思 考 题

1. 影响雾化药物在呼吸道沉积的因素有哪些？
2. 经肺吸收发挥全身作用的药物新制剂有哪些优势和不足？
3. 肺吸入制剂有哪些？各吸入装置的雾化原理是什么？
4. 比较各种类型肺吸入制剂的优势和不足。
5. 生物大分子药物应怎样选择合适的肺吸入剂型？
6. 经肺吸入递送的缓控释制剂在研究开发中需要注意哪些问题？
7. 体内体外水平评价肺吸入制剂在呼吸道沉积的方法有哪些？
8. 简述鼻腔用药的特点和新进展。

 参考文献

[1]　周建平. 药剂学进展 [M]. 南京：江苏科学技术出版社，2008.

[2]　赵应征. 鼻腔药物制剂基础与应用 [M]. 北京：化学工业出版社，2016.

[3]　Colombo P, Traini D, Buttini F. 吸入递送技术与新药开发 [M]. 张海飞，译. 沈阳：辽宁科学技术出版社，2020.

[4] 阿里·诺霍奇, 加里. P. 马丁. 肺部给药制剂的进展与挑战 [M]. 李静, 李岩峰, 译. 天津: 天津科技翻译出版有限公司, 2020.

[5] 凌祥, 沈雁, 孙春萌, 等. 肺部给药研究近况 [J]. 药学研究, 2014, 33 (12): 711-714.

[6] Mekonnen T, Cai X, Burchell C, et al. A review of upper airway physiology relevant to the delivery and deposition of inhalation aerosols[J]. Adv Drug Deliv Rev, 2022, 191: 114530.

[7] 郑淇文, 陈桂良, 王健. 吸入制剂雾化技术概述 [J]. 中国医药工业杂志, 2022, 53 (4): 425-438.

[8] Loira-Pastoriza C, Todoroff J, Vanbever R. Delivery strategies for sustained drug release in the lungs[J]. Adv Drug Deliv Rev, 2014, 75: 81-91.

[9] Komalla V, Wong C Y J, Sibum I, et al. Advances in soft mist inhalers[J]. Expert Opin Drug Deliv, 2023, 10: 1-16.

[10] Dalby R, Spallek M, Voshaar T. A review of the development of Respimat Soft Mist Inhaler[J]. Int J Pharm, 2004, 283 (1-2): 1-9.

[11] de Boer A H, Wissink J, Hagedoorn P, et al. *In vitro* performance testing of the novel Medspray wet aerosol inhaler based on the principle of Rayleigh break-up[J]. Pharm Res, 2008, 25 (5): 1186-1192.

[12] 廖永红, 曾宪明. 以氢氟烷为抛射剂的定量吸入气雾剂研究进展 [J]. 药学学报, 2006, 41 (3): 197-202.

[13] 鲁成浩, 刘阿利, 王庆娟, 等. 经口吸入制剂的研究进展 [J]. 中国医药工业杂志, 2022, 53 (2): 175-183.

[14] Ferguson G T, Hickey A J, Dwivedi S. Co-suspension delivery technology in pressurized metered-dose inhalers for multi-drug dosing in the treatment of respiratory diseases[J]. Resp Med, 2018, 134: 16-23.

[15] Weers J, Tarara T. The PulmoSphere™ platform for pulmonary drug delivery[J]. Ther Deliv, 2014, 5 (3): 277-295.

[16] Weers J G, Miller D P, Tarara T E. Spray-dried PulmoSphere™ formulations for inhalation comprising crystalline drug particles[J]. AAPS PharmSciTech, 2019, 20 (3): 103.

[17] Matuszak M, Ochowiak M, Włodarczak S, et al. State-of-the-art review of the application and development of various methods of aerosol therapy[J]. Int J Pharm, 2022, 614: 121432.

[18] Kumar R, Mehta P, Shankar K R, et al. Nanotechnology-assisted metered-dose inhalers (MDIs) for high-performance pulmonary drug delivery applications[J]. Pharm Res, 2022, 39 (11): 2831-2855.

[19] Jain H, Bairagi A, Srivastava S, et al. Recent advances in the development of microparticles for pulmonary administration[J]. Drug Discov Today, 2020, 25 (10): 1865-1872.

[20] Ye Y Q, Ma Y, Zhu J. The future of dry powder inhaled therapy: Promising or discouraging for systemic disorders?[J]. Int J Pharm, 2022, 614: 121457.

[21] El-Gendy N, Bertha C M, Abd El-Shafy M, et al. Scientific and regulatory activities initiated by the U.S. food and drug administration to foster approvals of generic dry powder inhalers: Quality perspective[J]. Adv Drug Deliv Rev, 2022, 189: 114519.

[22] Sakagami M. *In vitro*, *ex vivo* and *in vivo* methods of lung absorption for inhaled drugs[J]. Adv Drug Deliv Rev, 2020, 161-162: 63-74.

[23] Newman S P, Chan H K. *In vitro-in vivo* correlations (IVIVCs) of deposition for drugs given by oral inhalation[J]. Adv Drug Deliv Rev, 2020, 167: 135-147.

[24] Sécher T, Bodier-Montagutelli E, Guillon A, et al. Correlation and clinical relevance of animal models for inhaled pharmaceuticals and biopharmaceuticals[J]. Adv Drug Deliv Rev, 2020, 167: 148-169.

[25] Selo M A, Sake J A, Kim K J, et al. *In vitro* and *ex vivo* models in inhalation biopharmaceutical research - advances, challenges and future perspectives[J]. Adv Drug Deliv Rev, 2021, 177: 113862.

[26] Man F, Tang J, Swedrowska M, et al. Imaging drug delivery to the lungs: Methods and applications in oncology[J]. Adv Drug Deliv Rev, 2023, 192: 114641.

[27] 高蕾, 马玉楠, 王亚敏, 等. 吸入粉雾剂给药装置浅析及其综合评价[J]. 中国新药杂志, 2019, 28 (3): 335-337.

[28] 宁晨, 苏圣迪, 李宁, 等. 吸入药物经肺吸收过程研究进展[J]. 山东化工, 2021, 50 (9): 54-56.

[29] 钟艳, 柴旭煜, 王健. 雾化吸入用液体制剂的研究与应用[J]. 世界临床药物, 2020, 41 (3): 224-231.

[30] Ari A, Fink J B. Recent advances in aerosol devices for the delivery of inhaled medications[J]. Expert Opin Drug Deliv, 2020, 17 (2): 133-144.

[31] Pleasants R A, Hess D R. Aerosol delivery devices for obstructive lung diseases[J]. Respir Care, 2018, 63 (6): 708-733.

[32] 李帅, 陈桂良. FDA吸入制剂仿制药开发特定药品指导原则汇总分析[J]. 中国医药工业杂志, 2021, 52 (8): 999-1009.

[33] 王妍, 姜锦秀, 胡筱芸, 等. 喷雾模式及喷雾形态用于口腔吸入及鼻用制剂的质量评价[J]. 药物评价研究, 2019, 42 (12): 2325-2328.

[34] 常洁, 魏宁漪, 耿颖, 等. 硫酸沙丁胺醇吸入气雾剂的喷雾模式和喷雾形态的测定及群体生物等效分析[J]. 药物分析杂志, 2023, 43 (5): 771-779.

[35] Le Guellec S, Ehrmann S, Vecellio L. *In vitro* - *in vivo* correlation of intranasal drug deposition[J]. Adv Drug Deliv Rev, 2021, 170: 340-352.

本章学习要求

1. 掌握：眼部给药系统的概念、分类和质量要求。
2. 熟悉：药物眼部给药途径和影响因素；眼部给药系统分类。
3. 了解：眼部给药系统发展趋势；新型眼部给药系统。

第一节 概述

一、眼部给药系统概述

眼部给药系统（ocular drug delivery system）指通过眼部给药，将药物在必要的时间，以必要的药量递送至必要的部位，以达到最大疗效和最小毒副作用的给药系统，旨在通过各种新方法、新技术和新剂型提高眼部给药生物利用度和实现长效、缓控释或靶向给药，从而改善药物疗效，确保药物安全，提高患者用药顺应性。

眼部制剂可分为眼用液体制剂（滴眼剂、洗眼剂、眼内注射剂等）、眼用半固体制剂（眼膏剂、眼用乳膏剂、眼用凝胶剂等）、眼用固体制剂（眼膜剂、眼丸剂、眼内植入剂等）。目前，临床常用剂型主要为滴眼剂和眼膏剂。尽管这两种剂型容易配制、价格便宜、使用方便、患者容易接受，但其生物利用度低（如滴眼剂生物利用度不足5%），常出现药理峰谷、需频繁给药，给患者使用带来不便。

二、药物经眼吸收途径和影响因素

（一）眼部生理结构

眼由眼球、眼的附属器及视路三部分组成（图10-1）。眼球由眼球壁和眼的内容物组成；眼的附属器由眼睑、结膜、泪器（包括泪腺、副泪腺、泪小管、泪总管、泪囊、鼻泪管）和眼球外肌组成；视路包括视神经、视交叉、视束、外侧膝状体、视放射和视皮质。眼球壁包括三层结构：外层为纤维膜，由角膜和巩膜组成；中层为葡萄膜，由虹膜、睫状体及脉络膜组成；内层为视网膜，由色素细胞、神经纤维及视细胞组成。眼的内容物包括房水、晶状体与玻璃体，它们同角膜一起，构成眼球屈光系统。

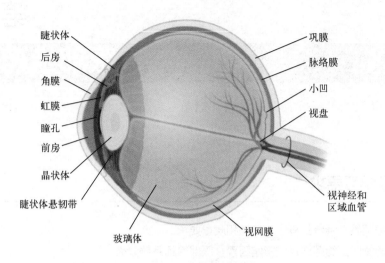

图10-1　眼部生理结构

（二）药物经眼吸收途径

眼用药物的吸收包括局部用药的眼内吸收、局部用药的全身吸收和全身用药的眼部吸收。

局部用药的眼部吸收主要有经角膜渗透和经结膜渗透两条途径。经角膜渗透的过程是药物首先进入角膜，透过角膜达到前房，进而到达虹膜和睫状肌，发挥局部作用。由于角膜表面积较大，一般认为经角膜渗透是药物眼部吸收的主要途径。经结膜渗透的过程是药物经结膜吸收通过巩膜到达眼球后部进入体循环。

局部用药的全身吸收既可能带来治疗作用，也可能带来用药风险。一些多肽类药物，如治疗糖尿病的主要药物胰岛素，口服给药容易被胃肠道中的酶降解，故一直采用注射给药，给患者带来诸多不便。将胰岛素进行眼部给药，经结膜和鼻黏膜吸收，胰岛素滴入量同降血糖效果呈现相关性。同时，滴眼剂因吸收导致的全身不良反应也引起了广泛关注。Nelson等报告了噻吗洛尔滴眼液自1978年9月经美国FDA批准进入市场至1985年12月，统计分析4000万张处方，共有3000个不良反应报告，其中有450例严重呼吸系统和心血管系统反应，死亡32例。

全身用药的眼部吸收是指全身用药（包括口服及注射用药）后，药物首先进入血液循环系统，随血液循环将药物带至眼部各组织。如结膜及其深层血管携带药物至眼球外侧；虹膜和睫状体是富含毛细血管的组织，可使药物进入房水；角膜缘毛细血管及房水，促使药物进入角膜，脉络膜和视网膜的丰富毛细血管可使药物到达视网膜和玻璃体等。但全身用药后药物的眼内通透性还受到生物利用度、血清蛋白结合率和血-眼屏障等因素影响。

（三）眼部给药屏障

常见的眼部给药屏障主要有泪液屏障、角膜和结膜屏障、血-房水屏障和血-视网膜屏障。

角膜可分为上皮细胞层、前弹力层（Bowman's层）、基质层、后弹力层（Descemet's层）和内皮细胞层，其中上皮细胞层和基质层为主要屏障。上皮细胞层和内皮层含有丰富的脂质，易转运非极性、脂溶性物质，而脂不溶性、极性物质则难以通过。基质层占角膜厚度的90%，主要由胶原纤维、黏合物质和角化细胞组成，构成了亲脂性药物的屏障。对完整的角膜来说，具有理想通透性的药物应当具双相溶解度，既溶于水，又溶于油（如氯霉素、毛果芸香碱等）。

血-视网膜屏障是血-眼屏障的一种，主要由视网膜色素上皮细胞和视网膜毛细管内细胞组成，通常阻碍大分子药物进入眼内。血-眼屏障的破坏（如内眼炎、前房穿刺、内眼手术等）可大大提高药物眼内通透性，某些滴眼剂（如抗胆碱酯酶药物）或全身应用药物（如高渗剂）使用后亦可增强血-眼屏障通透性。

（四）药物经眼吸收的影响因素

1. 药物从眼睑缝隙的流失

以最常用的眼用剂型滴眼剂为例，一个典型的滴管头每滴流出35～50 μL药液，人正常泪液的容量约为7 μL，若不眨眼最多只能容纳药液30 μL，若眨眼则药液的损失将达90%左右。由于药液体积显著超过正常的泪液量，溢出的药液大部分沿面颊淌下，或从排出器官进入鼻腔或口腔中，然后进入胃肠道，只有小部分药物能透过角膜进入眼内部。因此滴眼剂应用时，若增加药液的每次用量，将使药液有较多的流失；同时滴眼液的使用也会引起眼泪的产生和泪膜的更新，泪液每分钟能补充总体的16%，眼药水一旦给药到眼表，立即被眼泪膜稀释。角膜或结膜囊内存在的泪液和药液的容量越小，泪液稀释药液的比例就越大，所以大多数局部使用的药物在15～30秒内就会被新的泪液冲走。这些因素导致药物与眼表接触时间非常短，只有一小部分应用剂量可以到达眼内组织。因此，滴眼液一般需要增加滴药的次数，这样有利于提高主药的利用率，达到预期的治疗效果。

2. 药物经外周血管消除

滴眼剂中药物进入眼睑和结膜囊的同时，也通过外周血管迅速从眼组织消除。结膜含有许多血管和淋巴管，当由外来物引起刺激时，血管处于扩张状态，透入结膜的药物有很大比例进入血液中。

3. 药物的脂溶性与解离度

药物的脂溶性与解离度同药物透过角膜和结膜的吸收有关，角膜的外层为脂性上皮层，中间为水性基质层，最内层为脂性内皮层，因而脂溶性物质（分子型药物）较易渗入角膜的上皮层和内皮层，水溶性物质（或离子型药物）则比较容易渗入基质层。具有两相溶解的药物，容易透过角膜，完全解离或完全不解离的药物则不能透过完整的角膜。而当角膜有某种程度的损伤时，药物的透过将发生很大的改变，此时通透性将大大增加。结膜下是巩膜。水溶性药物易通过，而脂溶性药物则不易渗入。

4. 转运蛋白

在角膜和结膜上存在有各种转运蛋白，这些转运蛋白会参与眼表的药物转运，影响药物的生物利用度。其中多药耐药蛋白（MRP）、乳腺癌相关蛋白（BCRP）和P-糖蛋白（P-gp）均为外排转运蛋白，它们限制了药物的摄取，导致很多药物眼部生物利用度极低，甚至不到5%。有机阳离子转运蛋白（OCT）、单羧酸转运蛋白（MCT）和肽转运蛋白（PepT-1和PepT-2）属于内流转运蛋白，目前已被广泛用于研究眼表药物递送以增加药物在眼表的渗透性或者克服药物分子的外排特性。

5. 刺激性

滴眼剂的刺激性较大时，能使结膜的血管和淋巴管扩张，从而增加药物从外周血管的消除；同时，泪液分泌增多，不仅使药物被稀释还增加了药物的流失，从而影响药物的吸收作用，降低药效。

6. 表面张力

滴眼剂的表面张力对其与泪液的混合以及对角膜的透过均有较大影响。表面张力愈小，愈有利于泪液与滴眼剂的混合，也有利于药物与角膜上皮层的接触，使药物容易渗入。

7. 黏度

增加黏度可延长滴眼剂中药物与角膜的接触时间，例如0.5%甲基纤维素溶液对角膜接触时间可延长约3倍，从而有利于药物的透过吸收，减少药物的刺激。

三、眼部给药系统的常用附加剂

为了提高眼部制剂的安全性、有效性和稳定性，满足临床用药需求，可加入pH调节剂、渗透压调节剂、抑菌剂、调节黏度的附加剂、眼膏基质和眼用凝胶基质等附加剂。

1. pH调节剂

正常眼可耐受的pH为5.0～9.0，pH为6.0～8.0时无不适感。确定眼用制剂的pH的同时，还需要兼顾药物的溶解度、稳定性、刺激性及其吸收与药效发挥等因素，常选用适当的缓冲液作为溶剂。常用的缓冲液体系有：

（1）磷酸盐缓冲液　先分别配制一定浓度的无水磷酸二氢钠、无水磷酸氢二钠溶液，临用前再将两液按不同比例混合即得pH 5.9～8.0的缓冲液体系。此缓冲液体系适用于抗生素、阿托品、麻黄碱、后马托品、毛果芸香碱、东莨菪碱等滴眼液，与硫酸锌有配伍禁忌。

（2）硼酸盐缓冲液　先分别配制一定浓度的硼酸、硼砂溶液，临用前再将两液按不同比例混合即得pH 6.7～9.1的缓冲液体系。此缓冲液体系适用于磺胺类药物的钠盐、盐酸肾上腺素、可卡因、丁卡因、甲硫酸新斯的明等滴眼液。

（3）硼酸缓冲液　将硼酸配成浓度为1.9%（g/mL）的溶液，其pH为5。此缓冲液体系可直接作为眼用溶液剂的溶剂。

2. 渗透压调节剂

眼球对渗透压有一定的耐受范围，一般相当于0.6%～1.5%的氯化钠溶液。低渗滴眼液能使外眼组织细胞胀大，产生刺激感；高渗滴眼液可使外眼组织失去水分，使组织干燥产生不适感。但有时因治疗需用高渗溶液，如使用高渗氯化钠滴眼液消除角膜水肿。实际工作中，常常配成相当于0.8%～1.2%氯化钠浓度的溶液，避免刺激眼睛与引起不适感。洗眼剂属于用量较大的眼用制剂，应达到等渗。常用的渗透压调节剂有氯化钠、葡萄糖、硼酸、硼砂、氯化钾、甘油、山梨醇等。常使用冰点下降法或氯化钠等渗当量法计算用量。

3. 抑菌剂

眼用液体制剂属于多剂量剂型，要保证在使用过程中始终保持无菌，需加入适当抑菌剂。常用的抑菌剂及其作用浓度见表10-1。单一的抑菌剂往往不能达到理想效果，可采用复合抑菌剂以增强抑菌效果，如少量的依地酸钠能增强其他抑菌剂对铜绿假单胞菌的抑制作用。

表10-1 常用抑菌剂及其浓度

抑菌剂	浓度 / (g/mL)
氯化苯甲羟胺	0.01% ～ 0.02%
硝酸苯汞	0.002% ～ 0.004%
硫柳汞	0.005% ～ 0.01%
苯乙醇	0.5%
三氯叔丁醇	0.35% ～ 0.5%
对羟基苯甲酸甲酯与丙酯混合物	甲酯 0.03% ～ 0.1%、丙酯 0.01%

4. 调节黏度的附加剂

滴眼剂合适的黏度在4.0～5.0 mPa·s，可通过适当增大黏度延长药物在眼内停留时间，从而提高疗效和减少潜在刺激。适当增加滴眼剂的黏度，既可以延长药物与作用部位的接触时间，又能降低药物对眼的刺激性，有利于发挥药效。常用的黏度调节剂有甲基纤维素、聚乙二醇、聚乙烯醇、聚维酮等。

5. 眼膏基质

常用眼膏基质一般由凡士林8份、液状石蜡和羊毛脂各1份混合而成。可根据气温适当调整液状石蜡的用量。基质中的羊毛脂起表面活化作用，且其吸水性与黏附性较强，可使眼膏与泪液混合并易附着于眼黏膜上，有利于药物渗透。

6. 眼用凝胶基质

眼用凝胶基质通常为水凝胶基质，其易于涂展且无油腻感。常用眼用凝胶基质有卡波姆、纤维素衍生物、海藻酸钠和壳聚糖等。

7. 其他附加剂

根据主药性质，也可酌情加入抗氧剂、增溶剂、助溶剂等。

四、传统眼用制剂的制备

（一）眼用液体制剂的制备

眼用液体制剂的无菌生产工艺如无特殊要求，一般要求工艺流程由原辅料称量、药液配制、除菌过滤、灌装、可见异物检查、贴签、包装、检验、入库等工序组成（图10-2）。用于手术、伤口、角膜穿通伤的滴眼剂及眼用注射溶液，应按注射剂生产工艺制备，分装

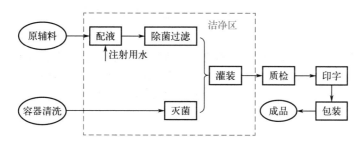

图10-2 眼用液体制剂的制备流程图

于单剂量容器中密封或熔封，最后灭菌，不加抑菌剂，一次用后弃去，保证无污染。洗眼剂用输液瓶包装，其清洁方法按输液包装容器处理。若主药不稳定，则全部以严格的无菌生产工艺操作制备；若药物稳定，可在分装前大瓶装后灭菌，然后再在无菌操作条件下分装。

（二）眼膏剂的制备

眼膏剂应在无菌环境中制备，注意防止微生物的污染，所用器具、容器及制备工艺同一般软膏剂的制备工艺相同（图10-3）。在水、液状石蜡或其他溶剂中溶解并稳定的药物，可先将药物溶于最少量的溶剂中，再逐渐加入其余基质混匀。不溶性原料药物应预先制成极细粉，用少量液状石蜡或眼膏基质研成糊状，再分次加入基质研匀。眼膏剂的基质应过滤除菌。用于眼部手术或创伤的眼膏剂应灭菌或按无菌操作配制，且不得加抑菌剂或抗氧剂。

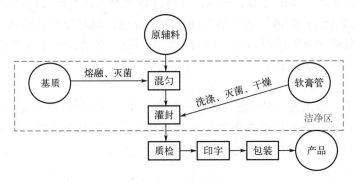

图10-3　眼膏剂的制备流程图

五、眼部给药系统分类

理想的眼用药物应该具有高效、方便、无毒副作用和价格低廉等优点，其主要药剂学特性是生物利用度高和在靶组织维持有效的药物浓度。目前的研究大多集中于微粒系统、凝胶系统、纳米给药系统、眼后段给药系统、生物大分子给药系统和基因治疗等方面。

1. 微粒系统

微粒系统的分散相粒径在$10^{-9}\sim10^{-4}$ m之间，主要包括微囊、微球等，可混悬在介质中，也可用作滴眼液或眼内注射。一方面，眼用微粒给药系统可解决部分难溶性药物眼部给药的困难，并能在一定程度上提高药物在眼部组织的生物利用度；另一方面，眼用微粒给药系统可延长药物的角膜滞留时间，减少用药次数，降低药物在眼部或全身的毒副作用。因此，眼用微粒给药系统的研究与应用将成为今后眼用制剂发展的新趋势。

2. 凝胶系统

眼部凝胶系统主要包括：①生物黏附性凝胶，一般以具有生物黏附性的高分子材料为载体，增加药物制剂的黏度，延长药物在眼部的滞留时间，从而提高药物的生物利用度；②原位凝胶，制剂以滴眼液形式滴入眼穹隆，在生理条件下胶凝，形成黏弹性胶体。

3. 纳米给药系统

纳米给药系统粒径在1～1000 nm，主要包括金属纳米粒、脂质体纳米粒、聚合物纳米粒和纳米混悬液等。同传统眼部制剂相比，眼部纳米给药系统有克服眼部障碍、延长药物在角膜表面停留时间、提高药物的通透性和生物利用度、减少不稳定药物的降解以及建立患者良好耐受性等优势，具有提高药物稳定性、控制药物释放速率的作用。

4. 眼后段给药系统

眼后段给药系统大致可分为眼部植入剂和眼部插入剂两种。眼部植入剂是将药物与高分子材料混合制备成一定制剂或装入微型装置中，手术植入到眼部，从而使药物缓慢、持续地释放。目前的主要治疗手段是进行玻璃体内或结膜下注射缓控释制剂（微球、脂质体等）以及手术植入剂。植入剂易于工业化生产，但需手术植入，药物释放完后再取出。眼部插入剂是将药物制备成膜状、片状、小棒或小丸状的固体剂型，放于眼穹隆处，使其以一定速率缓慢释放的药物制剂。虽然插入剂可以达到较为理想的缓控释效果，但临床使用仍不多。

5. 生物大分子给药系统

生物大分子药物系指采用生物技术获得的细胞、微生物，以及由各种动物或人源组织等生物材料制备的用于人类疾病预防、治疗和诊断的药品，包括多肽类药物、单克隆抗体和重组蛋白等蛋白质类药物及核酸类药物等。多肽蛋白质类药物通过胶束载体、脂质体载体、细胞穿膜肽及离子电渗疗法等方式进行递送。

6. 基因治疗

基因药物作为一种新型的"药物"，是在特异性靶向细胞内产生治疗的生物制剂，其范围已经扩大到转基因结构优化、载体选择和载体工程。眼科基因治疗一直走在基因治疗研究的前沿，其递送载体分为病毒载体和非病毒载体两大类。病毒载体主要包括腺病毒（adenovirus，Ad）载体、腺相关病毒（adeno-associated virus，AAV）载体和逆转录病毒载体等。其中，AVV 载体已用于治疗色素性视网膜炎、视网膜母细胞瘤、黑素瘤和增生性神经血管视网膜变性等眼部疾病。

六、眼部给药系统的质量要求

《中国药典》（2020年版）中将眼部制剂的渗透压摩尔浓度、无菌、金属性异物、粒度、沉降体积比、装量差异与装量等作为检查项。

1. 渗透压摩尔浓度

除另有规定外，水溶液型滴眼剂、洗眼剂和眼内注射溶液按各品种项下的规定，照渗透压摩尔浓度测定法（通则0632）测定，应符合规定。除另有规定外，滴眼剂应与泪液等渗，故低渗溶液应调节成等渗。

2. 无菌

正常人的泪液中含有溶菌酶，故有杀菌作用，同时不断地冲刷眼部，使眼部保持清洁无菌，角膜、巩膜等也能阻止细菌侵入眼球。但当眼睛损伤或眼部手术后，这些保护条件就消失了。因此，对眼部损伤或眼手术后作用的眼用制剂，必须要求绝对无菌，成品要经过严格的灭菌，且不允许加入抑菌剂，常用单剂量包装，一经打开使用后，不能放置再用。除另有规定外，照无菌检查法（通则1101）检查，应符合规定。

3. 金属性异物

除另有规定外，眼用半固体制剂照下述方法检查，应符合规定。

检查如下：取供试品10个，将全部内容物分别置于底部平整光滑、无可见异物和气泡、直径为6 cm的平底培养皿中，加盖，除另有规定外，在85℃保温2小时，使供试品摊布均匀，室温放冷至凝固后，倒置于适宜的显微镜台上，用聚光灯从上方以45°角的入射光照射皿底，放大30倍，检视不小于50 μm且具有光泽的金属性异物数。10个容器中每个含金属性异物超过8粒者，不得过1个，且其总数不得过50粒；如不符合上述规定，应另取20个复试；初、复试结果合并计算，30个中每个容器中含金属性异物超过8粒者，不得过3个，且其总数不得过150粒。

4. 粒度

除另有规定外，含饮片原粉的眼用制剂、混悬型眼用制剂照下述方法检查，粒度应符合规定。

检查如下：取液体型供试品强烈振摇，立即量取适量（或相当于主药10 μg）置于载玻片上，共涂3片；或取3个容器的半固体型供试品，将内容物全部挤于适宜的容器中，搅拌均匀，取适量（或相当于主药10 μg）置于载玻片上，涂成薄层，薄层面积相当于盖玻片面积，共涂3片；按粒度和粒度分布测定法（通则0982第一法）测定，每个涂片中大于50 μm的粒子不得过2个（含饮片原粉的除外），且不得检出大于90 μm的粒子。

5. 沉降体积比

混悬型滴眼剂（含饮片细粉的滴眼剂除外）照下述方法检查，沉降体积比应不低于0.90。

检查如下：除另有规定外，用具塞量筒量取供试品50 mL，密塞，用力振摇1分钟，记下混悬物的开始高度H_0，静置3小时，记下混悬物的最终高度H，按下式计算：

$$沉降体积比 = H / H_0 \tag{10-1}$$

6. 装量差异

除另有规定外，单剂量包装的眼用固体制剂或半固体制剂照下述方法检查，应符合规定。

检查如下：取供试品20个，分别称定内容物重量，计算平均装量，每个装量与平均装量相比较（有标示装量的应与标示装量相比较）超过平均装量±10%者，不得过2个，并不得有超过平均装量±20%者。

凡规定检查含量均匀度的眼用制剂，一般不再进行装量差异检查。

7. 装量

除另有规定外，单剂量包装的眼用液体制剂照下述方法检查，应符合规定。

检查如下：取供试品10个，将内容物分别倒入经标化的量入式量筒（或适宜容器）内，检视，每个装量与标示装量相比较，均不得少于其标示量。多剂量包装的眼用制剂，照最低装量检查法（通则0942）检查，应符合规定。

七、眼部给药系统的发展趋势

新型眼部给药系统一方面可以一定程度地提高眼部给药系统的生物利用度，提升患者依从性；另一方面可延长药物的角膜滞留时间，缓慢释放药物，延长药物疗效，减少用药次数，降低药物在眼部或全身的毒性及不良反应。但这些新型眼部给药系统未来的发展还面临一些挑战，主要有：①如何在保证眼组织不受损伤的前提下增加药物的吸收；②如何在常规剂量下促进药物于眼后段的输送；③如何有效地制备大分子和多肽类药物的眼用制剂；④如何在不损伤眼组织的前提下监测药物在眼内的转运和消除的模式。

第二节　眼部给药系统

传统眼部制剂易于配制、使用方便，但药物生物利用度低，作用时间短暂，具有一系列问题。主要有：①药物作用时间短，需频繁给药；②药物浓度下降快，为保证药效须配制成较高浓度，这会增加局部毒性反应风险，还可能使得治疗窗窄的药物应用受限；③结膜囊内药物浓度下降很快，影响对眼部组织的渗透；④药液大部分从泪道排出，经鼻、咽部吸收后还可能引起全身毒性反应；⑤对于眼后端疾病，需全身给药。为了延长药物作用时间，增加生物利用度，降低毒性与刺激性，开发各类眼部给药系统成为热门研究课题。

一、微粒给药系统

1. 微球

聚乳酸（PLA）和聚乳酸-羟基乙酸共聚物（PLGA）是最常用的高分子聚合材料，具有良好的生物降解性和生物相容性，同时可增加药物黏度、延长药物在角膜前停留时间、提高药物角膜渗透性，起到缓释效果。MUDGIL 等用 PLGA 改进市售 0.5% 莫西沙星滴眼液，体外释放试验发现在前 10 h 的快速释放期内其可以在较短时间达到治疗浓度，适用于急性眼部疾病治疗。Zarei-Ghanavati 等用溶剂挥发法制备曲安奈德-PLGA 微球用于家兔玻璃体注射，56 天后仍可检测到曲安奈德，表现出缓释特性。相对于曲安奈德混悬液，微球可有效降低眼后压。Surya 等用溶剂蒸发法制备塞来昔布-PLGA 微球，对链脲霉素诱导糖尿病大鼠模型进行单次结膜下注射。在为期 14 天的大鼠研究中，发现该微球可维持大鼠视网膜塞来昔布水平，并抑制糖尿病诱导的视网膜氧化应激。

2. 微乳

微乳主要由适宜比例的油相、水相、表面活性剂等组成，粒径多在 10～100 nm，是热力学稳定体系，多用于滴眼剂。Kumar 等制备的伏立康唑微乳制剂，其药效能够维持 12 h 以上，同时增强了药物的角膜渗透力，提高了药物的生物利用度。Fialho 等制备地塞米松微乳滴眼液，室温放置 3 个月，未见黏度、pH、渗透压和折射指数等物理性状改变，同时该微乳生物利用度是地塞米松滴眼液的 2 倍以上，可见其促进药物在眼前段渗透，延缓乳滴在角膜的吸收时间，提高药物的生物利用度，并且安全、无刺激性。

3. 脂质体

脂质体是一类将亲水性或亲脂性药物包裹于磷脂双分子层所形成的微小囊泡中而形成的递药系统。其组成材料为类似生物膜的磷脂双分子层膜，易与生物膜融合，易渗入角膜释放药物，且脂质体与角膜存在吸附作用，可延长药物在角膜前滞留时间，以利于促进眼部吸收。Ren 等用薄膜分散法和均质法制备了多柔比星-胆固醇半琥珀酸酯离子对脂质体，其角膜渗透性是多柔比星溶液剂的 2 倍，用于干眼症治疗。

靶向性是脂质体的优势，近些年温敏脂质体、单抗脂质体和光动力疗法脂质体在眼科疾病治疗中获得成功。目前临床使用的由羧基荧光素制成的热敏脂质体，静脉注射进入血液，正常体温时被包封于脂质体内而不显影。若外加氩激光局部照射，眼底血管某一局部升温至 41℃时，脂质体迅速裂解，释放出高浓度羧基荧光素选择性定向显影，用作特殊用途的选择性眼底荧光血管造影剂及用于测量视网膜血流速率、血流量。例如，将抗单纯疱疹病毒糖蛋白 D 的单克隆抗体和阿昔洛韦制成含阿昔洛韦的单抗脂质体，能特异性和单纯疱疹病毒感染的细胞集合，大大增强阿昔洛韦的抗病毒作用。维替泊芬脂质体Visudyne®是Novarits于2000年推出的光动力治疗眼科药物，是美国FDA批准的首个用于治疗老年性黄斑变性的药物。维替泊芬是卟啉类光敏剂，被波长689 nm激光激活后能在有氧条件下产生活性氧自由基，损伤局部新生血管内皮细胞，引起血管闭合。

二、纳米给药系统

1. 纳米晶

纳米晶是将原料药微粉化处理至纳米级的药物颗粒，仅含活性成分和稳定剂，粒径在100～1000 nm，常通过分散法、沉淀法、分散法和沉淀法结合等方法进行制备。由于纳米晶只有主药纳米粒，有较大的比表面积，需要加入表面活性剂，故而可以提高药物饱和溶解度，增加生物黏附性并延长眼表滞留时间，促进角膜渗透并提高眼部生物利用度，减少给药剂量与频次，降低眼部刺激性，提高患者依从性。2012年，美国FDA批准了Novartis公司研制的奈帕芬胺滴眼液Ilevro®，用于治疗眼部手术后的疼痛和炎症，这是首个获批的纳米晶眼用制剂。2018年，Kala公司以泊洛沙姆407为稳定剂，采用黏膜渗透粒子技术，通过湿法纳米研磨粗结晶研制的1.0%氯替泼诺滴眼液Inveltys®获批上市，用于治疗眼科手术后炎症和疼痛，能有效克服泪膜的屏障作用。

2. 有机纳米粒

有机纳米粒通常由脂质、蛋白质、天然或合成聚合物组成，粒径在10～1000 nm，用于包载脂溶性或水溶性药物，可提高药物溶解度和生物利用度，还可制成长效制剂或靶向制剂，包括纳米球和纳米囊。纳米球是基质型骨架，药物吸附在表面或包封于内部；纳米囊是储库型骨架，药物溶解于液状核中。目前，常用壳聚糖、聚乙二醇、多糖等生物黏附材料修饰在纳米粒表面，延长药物的角膜前滞留时间。例如，用离子凝胶法制备卵磷脂/壳聚糖两性霉素B纳米粒，相较于市售两性霉素B滴眼液，其生物利用度与角膜滞留时间分别提高了2.04倍和3.36倍，还表现出对角膜、结膜等更好的耐受性。这是因为壳聚糖带正电荷，同带负电角膜黏蛋白发生生物黏附，促进药物同眼表组织的接触。Zheng等利用带负电的透明质酸和带正电的米托蒽醌甲磺酸盐制备表面带正电的纳米粒，经局部给药主动靶向线粒体，清除干眼症患者线粒体内过量活性氧，降低氧化应激环境。徐霏等通过离子交联法制备伏立康唑聚乙二醇化修饰壳聚糖纳米粒，相比于伏立康唑水溶液，生物利用度是其1.9倍，可延长释药时间至48 h，药物峰浓度更小，释药更加平稳。王清清等用单油酸甘油酯和泊洛沙姆127通过高压均质法制备马来酸噻吗洛尔立方液晶纳米粒，与市售滴眼液相比，可以延长药物在眼表滞留时间，减少给药次数，增加药物角膜透过性，同时不会对眼部产生刺激和损伤，可用于临床治疗青光眼。这是因为立方液晶纳米粒的特殊立体空间结构，可以有效避免药物因突释而随泪滴大量消除的弊端，有效延长药物在眼部的保留时间。

3. 无机纳米粒

无机纳米粒相对于有机纳米粒，制备简便、载药率高、生物相容性好、易于表面修饰。金纳米粒具有良好的组织穿透力、生物相容性和化学稳定性，颇受研究者欢迎。Li等制备了氯芬酸金纳米粒，可发挥抗氧化和抗炎双重作用，用于治疗干眼症。氧化铈纳米粒能够可逆地在Ce^{3+}和Ce^{4+}之间发生转换，从而清除过多的活性氧，具有可再生抗氧化能力，减少血管内皮生长因子形成，治疗眼部新生血管增生，用于治疗青光眼、白内障及视网膜病变等疾病。He等制备了负载比马列前素的介孔二氧化硅纳米粒隐形眼镜，可维持96 h释放，不改变隐形眼镜的光物理特性，这是因为介孔二氧化硅通过空隙吸附药物，延长药物释放时间。

4. 纳米乳

纳米乳是由油相、水相、乳化剂及助乳化剂自发形成的热力学稳定系统，油相用于提高脂溶性药物溶解度，乳化剂与助乳化剂用于促进角膜渗透性，目前已上市的新型眼用制剂多属此类。Allergan公司研发的环孢菌素A纳米乳Restasis®于2002年底在美国获批全球首款上市，是O/W型阴离子纳米乳剂，用于治疗干眼症，亲脂性药物环孢菌素A分散在油相中，增加了药物溶解度，降低了药物刺激性与毒性。Santen SAS公司研发的Cationorm®是一种阳离子纳米乳滴眼液，处方不含药物，矿物油作为活性成分分散于水相，油粒平均直径150～300 nm，快速平铺于眼表，增强并稳定泪膜，起保湿润滑作用。乳液带正电荷，可与角膜、结膜细胞上带负电荷的细胞发生静电作用，延长在眼表的停留时间。Novagli公司研制的Catioprost®通过氯化十六烷基二甲基苄基氯化铵作为阳离子表面活性剂，既能起到抑菌效果，眼表毒性低，又使得该纳米乳带正电，与眼表表面细胞所带负电产生静电作用，延长药物在眼表滞留时间，提高生物利用度。

5. 纳米胶束

纳米胶束由两性分子形成，含有疏水壳和亲水壳，用于递送疏水性药物。Wu等通过自组装溶剂蒸发法制备了负载雷帕霉素的甲氧基聚乙二醇-聚己内酯胶束，经玻璃体内注射后存在于视网膜上皮细胞超过14天，明显延长药物在视网膜的保留时间，相比雷帕霉素混悬液，其对大鼠自身免疫性葡萄膜炎治疗效果更好。Li等基于双重抗氧化抗炎策略，制备了负载p38丝裂原活化蛋白激酶抑制剂（Losmapimod，Los）偶联活性氧清除剂（Tempo，Tem）的阳离子聚肽胶束滴眼液MTem/Los®，在角膜上皮细胞和常驻免疫细胞中抗氧化/抗炎，相比于商业化的Restasis®起效更快、更有效，同时具有良好生物相容性，可能成为治疗及其他氧化应激和炎症相关疾病的新武器。Sun Pharma研发的Cequa®是一款环孢菌素A纳米胶束，用于干眼症的治疗，于2018年8月在美国获批上市。纳米胶束使用聚氧乙烯氢化蓖麻油与辛苯聚醇-40（1.0∶0.05）作为表面活性剂，拥有较低的临界胶束浓度，可为亲脂性药物提供足够的溶解度和稳定性；加入聚维酮K90，可以增加制剂黏度和生物黏附性，延长胶束与角膜前组织的接触时间。此外，Cequa®平均胶束大小为（22.4 ± 0.411）nm，有助于药物进入角膜和结膜细胞，提高眼表的渗透性。

三、凝胶给药系统

1. 眼用原位凝胶

原位凝胶是一类在体外环境下呈液态，给药后受到温度、pH值、离子强度等影响，在用药部位发生相转变，由液态转变为半固体的凝胶。其给药方便、剂量准确，可延长药物在眼部滞留时间、降低给药频率、提高生物利用度，从而达到长效缓释目的。

（1）温度敏感型原位凝胶　温度敏感型原位凝胶的状态与温度密切相关，室温下呈现流动性较好的液体状态，在眼部温度（32～34℃）转变为半固体状态，具有良好的黏附性。孙铜等用泊洛沙姆407（P407）和泊洛沙姆188（P188）作为凝胶基质，制备加沙他星眼用温敏凝胶滴眼液，在25℃下呈液态，眼部给药后可快速胶凝，在人工泪液中12 h累积释药量达61%。雷芳用泊洛沙姆407（P407）、泊洛沙姆188（P188）及羟丙基甲基纤维素（HPMC）为凝胶基质，经星点设计-效应面法优选出P407、P188和HPMC的质量浓度分别为17.85%、6.31%、0.21%，加入0.01%苯扎氯铵作为防腐剂，制备成含50%（质量分数）复方丹参提取液的温敏凝胶滴眼液，用于眼部递送，组织分布结果表明该温敏凝胶对心脑组织具有较强的靶向性，并可减少药物在脾、肺肾组织的蓄积，减少毒副作用。

（2）pH敏感型原位凝胶　pH敏感型原位凝胶利用丙烯酸聚合物在环境pH改变之时发生胶凝反应。一般在pH＜5时呈液体状态，进入接触泪液后pH升至7.2～7.4，聚合物链酸性基团被中和、吸收而膨胀，同时凝聚形成凝胶。Kouchak等用卡波姆与羟丙基甲基纤维素制备盐酸多唑胺原位凝胶，同盐酸多唑胺溶液及其上市制剂Biosopt®进行比较，三者均快速释药、降低眼压。体外释放显示，原位凝胶同上市制剂无显著差异，前两者均与溶液剂存在显著差异。较之上市制剂1h即达到降低眼压最大值，原位凝胶需4h方达到降低眼压最大值，延长了在角膜前滞留时间，提高了生物利用度，起到持续降低眼压的作用。Surendra等用泊洛沙姆Acrypol® 974P和羟丙基甲基纤维素HPMC E4M制备了盐酸西替利嗪原位凝胶，在pH为7.4时由溶液态胶凝，在眼表停留超过5h，可维持药物释放，减少给药频次。

（3）离子敏感型原位凝胶　离子敏感型原位凝胶是指某些聚合物如结冷胶、海藻酸盐、β-卡拉胶等遇到泪液中的Na^+、K^+、Ca^{2+}时发生络合，发生相转变，由溶液转为凝胶。TIMOPTIC-XE®是Valeant Pharms研制的马来酸噻吗洛尔原位凝胶，是第一个上市的离子敏感型眼用原位凝胶，于1993年11月在美国获批上市，以结冷胶为凝胶基质。与传统的噻吗洛尔滴眼液相比，原位凝胶制剂的给药频率从每天两次减少到每天一次，这是因为凝胶形成后，泪液中的阳离子确保凝胶不溶解，而凝胶通过眼睑的剪切作用缓慢分散，因此药物在眼表的滞留时间延长。为了解决单一凝胶基质局限性带来的药物递送问题，目前已将两种或以上具有不同刺激响应基质的原位凝胶聚合物复配，用于提高治疗效果、改善患者用药依从性。Ranch等以结冷胶（5.5 g/L）与卡波姆934P（3.4 g/L）复配体系制备奥洛他定原位凝胶，二者协同改善了眼部药物递送。相比在兔泪液中仅为1 h的奥洛他定滴眼液，该复配凝胶可达3 h；相比于在人眼仅为（6.0±3.2）min的市售奥洛他定凝胶，该复配凝胶为（15.0±2.5）min，高出2倍多。

2. 眼用生物黏附亲水凝胶

生物黏附亲水凝胶是一类半固体型制剂，常用卡波姆940、卡波姆934P、聚卡波菲及羧甲基纤维素等聚丙烯酸类凝胶基质，能与角膜表面的黏蛋白形成较强的非共价键结合，因而能较长时间地滞留在角膜表面，可提高眼生物利用度，减少药物因全身吸收引起的毒副作用。噻吗洛尔羧甲基纤维素钠亲水凝胶的眼内浓度比滴眼液高3～9倍。毛果芸香碱亲水凝胶，临床研究表明每天1次点眼，能很好控制眼压，且证明长期应用是安全的，对角膜无不良影响。

四、眼部植入剂与眼部插入剂

1. 眼部植入剂

眼部植入剂是一类将药物包裹或掺入至高分子聚合物中，制成不同形状，然后通过手术植入眼组织（包括玻璃体、前房或结膜下），缓慢定量释放药物，起长效治疗效果。更昔洛韦玻璃体植入剂Vitrasert®于1996年3月由美国FDA获批上市，用于治疗艾滋病患者巨细胞病毒视网膜炎。该玻璃体片芯为更昔洛韦（4.5%）和硬脂酸镁（0.25%），用10%的聚乙烯醇溶液浸渍包裹一层可渗透的聚乙烯醇（PVA）膜，干燥后除片芯上端外均包裹一层不可渗透的乙烯-醋酸乙烯酯共聚物（EVA）膜，然后再包一层PVA膜，并制备一个可作缝线支撑的 PVA 条带。通过手术将其缝合至巩膜的睫状体区域，允许液体扩散到装置中，溶解药物颗粒，然后以 24 μg·d^{-1} 的速率扩散到玻璃体内，有效期可达 5～8 月。由于该玻璃体植入剂非生物蚀解，药物释放完毕需手术取出装置。Allergan 公司研制的地塞米松玻璃体植入剂 Ozurdex® 于 2009 年 6 月由美国 FDA 获批上市，2017 年 10 月由原 SFDA 获批上市，用于治疗视网膜静脉阻塞或视网膜中央静脉阻塞引起的黄斑水肿、糖尿病性黄斑水肿、非感染性葡萄膜炎。该玻璃体以植入剂聚乳酸-羟基乙酸共聚物（PLGA）为基质，通过 2 次热熔挤出将药物均匀分散于基质。Ozurdex® 装载于 22-G 针头内，通过睫状体平坦部植入玻璃体腔，在眼内缓慢释放，2 个月达到峰值，有效期达 6 个月，释放后可在体内进行完全降解，药物完全释放后植入剂不需手术取出。

2. 眼部插入剂

眼部插入剂指药物与适宜辅料制成适当大小和性状的制剂，将其置于结膜囊、角膜表面或插入泪点，借助泪液作用，达到缓控释作用，可提高疗效，延长作用时间，减少对眼及全身的不良反应，包括眼用药膜、长效药囊、羟丙基纤维素植入剂、胶原膜、泪点栓等。1974 年美国 FDA 曾批准毛果芸香碱长效药囊 Ocusert® 上市，该长效药囊由上、下层控释高分子膜与内层药核组成，置于结膜囊内，释药速率稳定一周左右，无须频繁用药，可减少眼和全身不良反应，适合儿童及老人用药。但由于其容易脱落丢失、有较强异物感、须向患者作详细指导，且价格昂贵，因此于 2007 年已退出市场。Ocular Therapeutix 公司的 Dextenza® 地塞米松泪点栓于 2018 年获美国 FDA 批准上市，是首个获用于给药的小管内插物，用于治疗术后炎症和疼痛及过敏性结膜炎引起的眼部瘙痒。该泪点栓含一圆柱形核芯，周围及锥形前端即插入泪道端包裹一层不渗透外膜，与泪液接触的横断面为半渗透膜，药物由此不断渗出，给药可长达 30 天。由于该泪点栓由可吸收材料制成，故可以一次放置无需拆装。

五、其他递药系统

1. 前体药物

前体药物是指自身无活性，在体内经化学或酶代谢后释放出有药效活性的原药或代谢物的化合物，用于提高药物亲脂性，克服通透性障碍。已上市的前体药物实例包括地匹福林、拉坦前列素、曲伏前列素和比马前列素。地匹福林是肾上腺素的酯前药，与肾上腺素相比，其亲脂性高 600 倍，对角膜的渗透性高 17 倍。与母体分子相比，前药在新西兰雌性兔角膜和房水中的 AUC 分别高出 15 倍和 11 倍。在人体中进行的地匹福林比较研究表明，与肾上腺素相比，在剂量减少到 1/20 时，地匹福林可产生类似的眼压降低效果。

2. 细胞穿膜肽介导的眼部递送系统

细胞穿膜肽（cell-penetrating peptide，CPP）是一类具有穿透细胞膜能力的短肽。利用这些 CPP 可将蛋白质、核酸、纳米粒和脂质体等多种生物大分子或纳米载体成功地递送至细胞中，其不仅可以携带药物穿透细胞膜进入细胞内部，并且不干扰所携带药物的正常生物学功能。De 等以聚精氨酸为 CPP，将其溶解在贝伐单抗中，制备贝伐单抗-CPP 复合物溶液，滴入小鼠眼球后，与贝伐单抗溶液相比，显著缩小了激光诱导的脉络膜新生血管损伤区域，并且具有与静脉注射贝伐单抗相当的治疗效果。同时细胞试验表明，CPP 对于大鼠视网膜细胞和人角膜成纤维细胞无细胞毒性。

3. β-环糊精包合物

β-环糊精包合物将药物包于 β-环糊精分子空穴中，通过增加药物溶解度进而提高生物利用度。已有地塞米松、环孢菌素、乙酰唑胺及氢化可的松等药物分子借此途径用于眼部递送，已上市 Voltaren®、Indocid®、Clorocil® 等含环糊精的滴眼液。一项 0.32% 地塞米松 - 环糊精聚合物复合物在人体中的临床研究显示，与地塞米松混悬液相比，房水中的 AUC 高 2.6 倍。

4. 角膜接触镜

角膜接触镜又称隐形眼镜，原用于矫正屈光不正，长期与角膜接触，具有良好的生物相容性，最早可追溯至 1960 年，通过药液浸泡或分子印迹聚合物水凝胶介导。首款含抗过敏药的药物洗脱角膜接触镜 ATwk 于 2021 年 3 月由 PMDA 获批上市，将已成熟商业化的日抛型 Acuvue®CL 浸泡于 10 μg/mL 的富马酸酮替芬溶液中，用于预防过敏性结膜炎引起的眼痒，以及矫正无红眼、适合佩戴隐形眼镜且散光不超过 1D 的患者的屈光不正。

5. 眼表生态系统假体置换

眼表生态系统假体置换（PROSE）治疗采用 BostonSight 研发的一种直径 17.5～23.0 nm 的透气性镜片，位于结膜，可在眼表形成人工泪液库，将药物长时间、有针对性地暴露于眼表。Yin 等报道了 13 名患者使用 PROSE 装置以贝伐单抗治疗角膜新生血管（KNV）的长期结果，平均随访时间 5.1 年，12 例（92%）患者可见 KNV 消退，10 例（77%）患者的最佳矫正视力得以改善。

六、实例

例10-1: 醋酸可的松滴眼液（混悬液）

【处方】醋酸可的松（微晶）	5.0 g
吐温80	0.8 g
硝酸苯汞	0.02 g
硼酸	20.0 g
羧甲基纤维素钠	2.0 g
蒸馏水	加至1000 mL

【制备】取硝酸苯汞溶于处方量 50% 的蒸馏水中，加热至 40～50℃，加入硼酸、吐温 80 使溶解，3 号垂熔漏斗过滤待用；另将羧甲基纤维素钠溶于处方量 30% 的蒸馏水中，用垫有 200 目尼龙布的布氏漏斗过滤，加热至 80～90℃，加醋酸可的松微晶搅匀，保温 30 分钟，冷至 40～50℃，再与硝酸苯汞等溶液合并，加蒸馏水至足量，200 目尼龙筛过滤两次，分装，封口，100℃流通蒸汽灭菌 30 分钟。

【注解】①醋酸可的松微晶（主药）的粒径应在 5～20 μm 之间，过粗易产生刺激性，降低疗效，甚至会损伤角膜。②羧甲基纤维素钠为助悬剂，配液前需精制；吐温 80 为润湿剂；硝酸苯汞为抑菌剂，本滴眼液中不能加入阳离子型表面活性剂，因与羧甲基纤维素钠有配伍禁忌；蒸馏水为分散介质。③为防止结块，灭菌过程中应振摇，或采用旋转无菌设备，灭菌前后均应检查有无结块。④硼酸为 pH 与等渗调节剂，因氯化钠能使羧甲基纤维素钠黏度显著下降，促使结块沉降，改用 2% 的硼酸后，不仅改善黏度降低的缺点，而且能减轻药液对眼黏膜的刺激性；本品 pH 为 4.5～7.0。

（季鹏）

思 考 题

1. 什么是滴眼剂？
2. 滴眼剂中常用的渗透压调节剂有哪些？
3. 影响滴眼液中药物疗效的因素包括哪些？
4. 请说明滴眼剂中常用的附加剂有哪些？其作用分别是什么。请在每个类别中举出一两个例子。

 参考文献

[1] 周建平，唐星. 工业药剂学 [M]. 北京：人民卫生出版社，2014.

[2] 吴正红，周建平. 工业药剂学 [M]. 北京：化学工业出版社，2021.

[3] 凌沛学. 眼科药物与制剂学 [M]. 北京：中国轻工业出版社，2010.

[4] 陈祖基，张俊杰. 眼科临床药理学 [M]. 北京：化学工业出版社，2021.

[5] Joseph R R, Venkatraman S S. Drug delivery to the eye: What benefits do nanocarriers offer?[J]. Nanomed Lond Engl, 2017, 12（6）: 683-702.

[6] 周湘颖，李佳俐，王亚敏，等. 新剂型在眼部给药系统的应用进展 [J]. 中国新药杂志，2020，29（1）: 55-62.

[7] 李楠，杨明. 眼部给药系统及影响因素分析 [J]. 海峡药学，2014，26（6）: 96-97.

[8] 熊殷，樊星砚，王亦凡，等. 生物大分子药物无创眼内递送研究进展 [J]. 药学进展，2022，46（4）: 244-254.

[9] 吴志中，李根林. 胶粒系统载体应用于眼科的研究进展 [J]. 眼科新进展，2016，36（6）: 579-583.

[10] Mudgil M, Pawar P K. Preparation and *in vitro /ex vivo* evaluation of moxifloxacin-loaded PLGA nanosuspensions for ophthalmic application[J].Sci Pharm, 2013, 81（2）: 591-606.

[11] Zarei-Ghanavati S, Malaekeh-Nikouei B, Pourmazar R, et al.Preparation, characterization, and *in vivo* evaluation of triamcinolone acetonide microspheres after intravitreal administration[J]. J Ocul Pharmacol Ther, 2012, 28（5）: 502-506.

[12] Surya P Ayalasomayajula, Uday B Kompella. Subconjunctivally administered celecoxib-PLGA microparticles sustain retinal drug levels and alleviate diabetes-induced oxidative stress in a rat model[J]. Eur J Pharmacol, 2005, 511（2-3）: 191-198.

[13] Kumar R, Sinha V R. Preparation and optimization of voriconazole microemulsion for ocular delivery[J]. Colloid Surface B, 2014, 117: 82-88.

[14] Fialho S L.da Silva-Cunha A.New vehicle based on a microemulsion for topical ocular administration of dexamethasone[J].Clin Exp Ophthalmol, 2004, 32（6）: 626-632.

[15] 李秀敏，汤湛，王俏. 眼部给药系统的研究进展 [J]. 中国现代应用药学，2021，38（18）: 2296-2304.

[16] Ren T Y, Lin X Y, Zhang Q Y, et al. Encapsulation of azithromycin ion pair in liposome for enhancing ocular delivery and therapeutic efficacy on dry eye[J].Mol Pharm, 2018, 15（11）: 4862-4871.

[17] 颜蓉，王亚男，许来，等.纳米晶作为眼部药物递送系统的研究进展[J].中国药学杂志，2020，55（24）：1993-1999.

[18] 毛如虎.胶粒系统用于眼用制剂的研究进展[J].中国药业，2013，22（13）：102-104.

[19] 王海涛，刘睿，宋锦，等.提高角膜滞留性的策略：黏附材料及递药系统的应用进展[J].中国现代应用药学，2022，39（13）：1767-1774.

[20] Chhonker Y S, Prasad Y D, Chandasana H, et al. Amphotericin-B entrapped lecithin/chitosan nanoparticles for prolonged ocular application[J]. Int J Biol Macromol, 2015（72）：1451-1458.

[21] Zheng Q X, Li L, Liu M M, et al. *In situ* scavenging of mitochondrial ROS by anti-oxidative MitoQ/hyaluronic acid nanoparticles for environment-induced dry eye disease therapy[J].Chem Eng J, 2020, 398: 1385-8947.

[22] 徐霁，周文君，蔡春华，等.聚乙二醇化壳聚糖纳米粒的制备及局部滴眼给药性能评价[J].第三军医大学学报，2017，39（13）：1376-1380.

[23] 王清清，陈明龙，胡霞，等.马来酸噻吗洛尔立方液晶纳米粒眼用制剂的制备和表征[J].药学学报，2018，53（11）：1894-1900.

[24] 周叶舒，王燕梅，张倍源，等.无机纳米材料在药物递送中的研究进展[J].中国药科大学学报，2020，51（4）：394-405.

[25] Li Y J, Luo L J, Harroun S G, et al. Synergistically dual-functional nano eye-drops for simultaneous anti-inflammatory and anti-oxidative treatment of dry eye disease[J]. Nanoscale, 2019, 11（12）：5580-5594.

[26] 滕璐.可再生氧化还原性纳米酶二氧化铈在眼部新生血管中的研究与应用[D].吉林：吉林大学，2023.

[27] He X J, Jiang F G, Jing J, et al. Bimatoprost-loaded silica shell–coated nanoparticles-laden soft contact lenses to manage glaucoma：*in vitro* and *in vivo* studies[J]. AAPS PharmSciTech, 2022, 23: 33.

[28] Katherine A, Lyseng-Williamson. Cationorm®（Cationic emulsion eye drops）in dry eye disease：a guide to its use[J].Drugs Ther Perspect, 2016, 32: 317-322.

[29] Lallemand F, Daull P, Benita S, et al. Successfully improving ocular drug delivery using the cationic nanoemulsion, novasorb[J].J Drug Deliv, 2012, 2012: 1-16.

[30] Daull P, Buggage R, Lamber T G, et al. A comparative study of a preservative-free latanoprost cationic emulsion（catioprost）and a BAK-preserved latanoprost solution in animal models[J].J Ocular Pharmacol Ther, 2012, 28（5）：515-523.

[31] 李则青，袁松涛，徐寒梅，等.应用于眼部治疗的纳米技术药物研究进展[J].药学进展，2020，44（6）：459-465.

[32] Wu W, He Z F, Zhang Z L, et al. Intravitreal injection of rapamycin loaded polymeric micelles for inhibition of ocular inflammation in rat model[J]. Int J Pharm, 2016, 513（1/2）：238-246.

[33] Li S, Lu Z Y, Huang Y, et al. Anti-oxidative and anti-inflammatory micelles: Break the dry eye vicious cycle[J]. Adv Sci, 2022, 9（17）：e2200435.

[34] Cholkar K, Gilger B C, Mitra A K. Topical, aqueous, clear cyclosporine formulation design for anterior and posterior ocular delivery[J].Trans Vis Sci Tech, 2015, 4（3）：1.

[35] 范冉冉，刘原兵，张婷，等.基于临床需求的温敏凝胶在不同给药部位的应用研究进展[J].药学学报，2022，57（5）：1235-1244.

[36] 孙铜，徐伟娜，冷佳蔚，等.加替沙星眼用温敏凝胶流变学特性和体外释放研究[J].药学研究，2019，38（8）：468-470，496.

[37] 雷芳.复方丹参眼用温敏凝胶的制备及其在大鼠体内的药动学评价[D]. 合肥：安徽中医药大学，2022.

[38] 王淑娟，张建华，庄鹏飞，等.丙烯酸交联聚合物用于眼部给药系统的研究进展[J]. 中国医药工业杂志，2020，51（6）：687-695.

[39] Kouchak M, Mahmoodzadeh M, Farrahi F. Designing of a pH-triggered Carbopol®/HPMC in situ gel for ocular delivery of dorzolamide HCl: *In vitro*, *in vivo*, and *ex vivo* evaluation[J].AAPS Pharm Sci Tech, 2019, 20（5）：210.

[40] Saurabh S S, Rathore K S, Ghosh S. Formulation and evaluation of Cetirizine hydrochloride pH trigged *in-situ* ocular gel[J]. Int J App Pharm, 2023, 15（2）：106-116.

[41] 刘颖慧，李昆钊，梁文迪，等.离子敏感型原位凝胶在眼部给药的应用[J]. 中国药剂学杂志（网络版），2023，21（3）：166-174.

[42] Fang G H, Yang X W, Wang Q X, et al. Hydrogels-based ophthalmic drug delivery systems for treatment of ocular diseases[J]. Mater Sci Eng C Mater Biol Appl, 2021, 127: 112212.

[43] Ranch K M, Maulvi F A, Naik M J, et al. Optimization of a novel in situ gel for sustained ocular drug delivery using Box-Behnken design: *in vitro*, *ex vivo*, *in vivo* and human studies[J]. Int J Pharm, 2019, 554: 264-275.

[44] Bonfiglio V, Reibaldi M, Fallico M, et al. Widening use of dexamethasone implant for the treatment of macular edema[J]. Drug Des Devel Ther, 2017（11）: 2359-2372.

[45] Kompella U B, Kadam R S, Lee V H. Recent advances in ophthalmic drug delivery[J]. Ther deliv, 2010, 1（3）：435-456.

[46] de Cogan F, Hill L J, Lynch A, et al. Topical delivery of anti-VEGF drugs to the ocular posterior segment using cell-penetrating peptides[J]. Invest Ophthalmol Vis Sci, 2017, 58（5）：2578-2590.

[47] 贠莎莎，姚雪静，邢玲，等.眼部用抗体药物的研究进展[J].中国现代药物应用，2023，17（8）：169-172.

[48] 施方震，朱文豪，陶涛，等.眼科药械组合产品的应用进展[J].中国医药工业杂志，2023，54（5）：700-710.

[49] Ono J, Toshida H. Use of ketotifen fumarate-eluting daily disposable soft contact lens in management of ocular allergy: literature review and report of two cases[J].Cureus, 2022, 14（7）：e27093.

[50] Yin J, Jacobs D S. Long-term outcome of using prosthetic replacement of ocular surface ecosystem（PROSE）as a drug delivery system for bevacizumab in the treatment of corneal neovascularization[J].Ocul Surf, 2019, 17（1）：134-141.

第十一章
脑部给药技术

 本章学习要求

1. 掌握：血-脑屏障的概念；跨血-脑屏障途径；脑部给药技术。
2. 熟悉：脑部疾病分类。
3. 了解：脑部疾病治疗的常见药物。

第一节　概述

一、血-脑屏障概述

　　血-脑屏障（blood-brain barrier，BBB）指脑毛细血管壁与神经胶质细胞形成的血浆与脑细胞之间的屏障，和由脉络丛形成的血浆和脑脊液之间的屏障，其结构基础是：①脑和脊髓中毛细血管内皮细胞无窗孔，内皮细胞之间紧密连接；②毛细血管内皮细胞外侧的基膜；③毛细血管基膜被星形胶质细胞终足包裹。血-脑屏障可以限制血液中的神经毒性物质、炎症因子、免疫细胞等进入脑实质，并将脑内的代谢产物和神经毒性物质排出脑外，是大脑重要的保护机制之一，对于维持中枢神经系统功能至关重要。应注意，严重的颅内感染如化脓性、结核性脑膜炎，急性高血压或静脉注射高渗溶液，可以降低血-脑屏障的完整性，其通透性将增强。

二、脑部疾病的分类

　　临床常见的脑部疾病有几大类，主要包括脑肿瘤、阿尔茨海默病（Alzheimer disease，AD）、多发性硬化（multiple sclerosis，MS）、帕金森病（Parkinson disease，PD）及脑卒中（stroke）等。

　　1. 脑肿瘤

　　脑肿瘤主要有脑原发性肿瘤，包括脑胶质瘤、脑膜瘤等，同时也包括继发性肿瘤，如肺癌、乳腺癌、前列腺癌、结直肠癌等的脑转移。脑胶质瘤源于脑神经胶质细胞的病变，是最常见的原发性颅内肿瘤，全球癌症统计结果显示脑胶质瘤患者的一年生存期概率仅为

39.7%，极大威胁着人们的生命健康。

2. 阿尔茨海默病

阿尔茨海默病（AD）是一种以记忆缺失和认知障碍为特征的神经退行性疾病，发病相对隐匿，是老年痴呆患者死亡的主要病因。AD的主要发病机制是脑内 β-淀粉样蛋白沉积和神经元内 Tau 蛋白过度磷酸化导致的神经元纤维缠结。目前，全球有超过5000万人被诊断为AD，预计到2050年，AD患者将达到1.52亿。

3. 多发性硬化

多发性硬化（MS）是一种慢性神经炎性疾病，其最显著的特征是神经元脱髓鞘和免疫细胞（尤其是淋巴细胞和巨噬细胞）对中枢神经系统的侵袭。常见的临床症状有四肢无力麻木、肢体疼痛、视物模糊、平衡功能减弱等。多发性硬化的病因尚未完全确定，但普遍认为与环境因素（特别是低水平的维生素D）、吸烟、EB病毒和遗传因素（包括危险的基因变异，如HLADR2等位基因）等相关联。

4. 帕金森病

帕金森病（PD）是一种慢性且进行性的神经退行性疾病，表现为典型的运动障碍，包括震颤、强直性步态、运动迟缓、平衡差和行走困难（帕金森步态）等，这些症状往往可以通过多巴胺治疗来缓解。非运动症状包括痴呆、直立性低血压、便秘、快速眼动睡眠行为障碍、抑郁和阳痿等。

5. 脑卒中

脑卒中（stroke）是指脑血管疾病患者因各种诱发因素引起脑内动脉狭窄、闭塞或破裂而造成急性脑血液循环障碍，进而引发的疾病。常见的临床症状有猝然昏倒、不省人事或突然发生口眼歪斜、半身不遂等。脑卒中有两种类型：缺血性脑卒中和出血性脑卒中。其中，脑缺血占脑卒中病例的80%～85%。

三、脑部疾病的药物治疗

脑部疾病的用药随疾病类型而不同。目前，脑肿瘤患者的一线化疗药物是替莫唑胺、卡莫司汀等。对于脑卒中患者，常用抗血小板聚集药物，如阿司匹林、硫酸氢氯吡格雷等，这些药物能够抑制血栓的形成。另外，他汀类药物，如阿托伐他汀、瑞舒伐他汀等，可以降低血脂、稳定动脉粥样硬化斑块，也是缺血性脑卒中治疗的常用药物。对于AD的治疗，最常见药物是胆碱能抑制剂（如多奈哌齐）和非胆碱能抗体类药物（如盐酸美金刚）等。目前，这些药物在临床应用中虽发挥了不可或缺的作用，但远未达到预期目的。其中一个重要原因是血-脑屏障的存在，BBB阻碍药物进入脑病变部位，使其疗效低下，已成为脑部疾病治疗的重大挑战。

第二节　脑部给药技术

一、脑部给药策略

常见的脑部疾病给药技术有血-脑屏障回避和跨血-脑屏障两种途径。血-脑屏障回避途径的目的是绕开BBB，增加脑病变部位药量，主要包括侧脑室内给药、脑内/实质给药、鞘内给药、鼓室给药及鼻腔给药等。跨血-脑屏障途径主要包括物理化学途径（如超声、渗透剂）和跨细胞途径（如受体、转运体及吸附介导转胞吞途径）。血-脑屏障回避途径能增加脑疾病部位的药物分布，且能减少药物的全身暴露，毒副作用较少，但侵入性手术有感染风险，手术也会破坏脑内压力平衡。对于跨血-脑屏障途径，药物渗透BBB或疾病部位靶向效率较高，但对递药系统的设计要求较高、难度也较大。

（一）血-脑屏障回避途径

1. 侧脑室内给药

侧脑室内给药是指穿透颅骨，将药物直接注射到充满脑脊液的侧脑室（侧脑室脉络丛是产生脑脊液的主要结构）。药物由植入的储液器出口导管或经泵引入。其中，泵更容易使药物在脑脊液中获得连续的、更高的浓度。侧脑室内给药能够绕开血-脑屏障，显著增加药物在脑内的分布量，且能够降低药物的全身毒性。但侧脑室内给药同样存在缺陷，脑脊液在循环流动过程中，经蛛网膜粒汇入上矢状窦，进而汇入血液循环。脑脊液中药物主要通过扩散形式渗透入脑实质，但其速率远低于脑脊液整体流速，因此药物进入脑实质量低于随脑脊液分布至全身循环的含量，造成全身毒性。借助于药物的充分扩散，连续或多次侧脑室内输注可比快速或单次注射更有效。由于侧脑室内给药是外部侵入性行为，因此必须考虑其他相关风险，包括感染和颅内压升高等不良因素。

2. 脑内/实质给药

脑内或实质内给药是通过植入或注射的方式直接将药物输送到脑实质。但是，到达脑实质的药物依然存在渗透差的问题，其依赖细胞间液向周围被动扩散的效率低。有研究显示药物在脑实质给药第1天的渗透距离（距离注射部位）为5 mm，第3天则下降到1 mm，这些结果表明脑实质内给药的渗透效率不足可能会阻碍脑部疾病的治疗。

3. 鞘内给药

鞘内给药是将药物通过腰椎穿刺的方式注入脊髓蛛网膜下腔，并通过脑脊液输送到中枢神经系统。药物可不经过血-脑屏障，而随脑脊液循环到达蛛网膜下腔各脑池，并弥散在整个脑室系统。短期反复给药可使药物维持在有效浓度，是一种较好的脑部给药途径和治疗颅内感染的方法，目前已成为防治中枢神经性白血病最有效的方法之一。鞘内给药既可局部杀灭细菌，又可减少蛛网膜粘连，同时可动态观察脑脊液颜色变化及做常规化验检查，并且还可以进行简易颅内压监测。但是，鞘内给药也有不足之处，如需短期反复给药，操作烦琐，给患者带来很大的痛苦，同时反复穿刺易造成再次感染的可能。

4. 鼓室给药

鼓室介于外耳与内耳之间，是颞骨岩部内的一个不规则的小气腔，其外侧壁为鼓膜，内侧壁即内耳的外壁。内耳局部给药主要分成两类：鼓室内给药、耳蜗内或前庭给药。相比耳蜗内给药，鼓室内给药较温和，对内耳的损伤程度较低，相对比较安全。迷路淋巴周围液是位于内耳耳蜗内的细胞外液，其离子组成与血浆和脑脊液相当。淋巴周围液通过耳蜗导水管与蛛网膜下腔的脑脊液相通。鼓室内给药最常见的方式是将药物注射到中耳腔，药物通过圆窗膜进入淋巴周围液，经耳蜗导水管汇入蛛网膜下腔的脑脊液，随脑脊液渗透到脑实质。这种方式同样回避了血-脑屏障，在治疗神经退行性疾病方面，鼓室内给药比全身给药更有效，但在鼓室给药过程中对手术精度的要求较高，以免破坏人的正常听力功能。

5. 鼻腔给药

鼻腔给药安全性高、顺应性强，是一种不需要注射的非侵入性递药途径。鼻腔按功能和结构主要分为3个部分：鼻前庭区、嗅觉区和呼吸区。鼻前庭区由于表面积小、血管几乎无分布，几乎没有吸收功能，药物吸收主要集中于嗅觉区和呼吸区。嗅神经和三叉神经分布在嗅觉区并延伸到筛板内，经筛孔与脑部嗅球相连，而呼吸区较大的表面积和丰富的血管使其成为药物经全身循环吸收的主要区域。药物经鼻入脑转运通路可分为3部分：嗅神经通路、三叉神经通路和血液循环通路。

（1）**嗅神经通路**　当药物到达嗅觉区域时，药物与嗅黏膜中嗅觉神经元的神经末梢相互作用，沿嗅觉神经元的轴突神经束穿过筛板到达嗅球，随后扩散至围绕神经束的间质液，间质液又与蛛网膜下隙的脑脊液（CSF）相通，药物通过此间质液经CSF进入脑组织，但此通路转运速率十分缓慢。

（2）**三叉神经通路**　药物也可通过支持细胞之间紧密连接或嗅觉神经元和支持细胞之间的通道被迅速转运到嗅觉和呼吸区域的三叉神经分支，随后沿神经元轴突内途径转运，经由三叉神经通路到达脑干，从而进入中枢神经系统的其他区域。

（3）**血液循环通路**　这是药物经鼻进入大脑的间接途径，经鼻给药后，药物可通过鼻黏膜下丰富的毛细血管（呼吸区）吸收进入全身血液循环，再随血液循环跨越血-脑屏障进入中枢神经系统。鼻腔给药也有一定的局限性，如鼻腔黏液、纤毛的存在不利于药物渗透。另外，鼻腔呼吸区和嗅觉区吸收面积小等限制了药物的有效转运。

（二）跨血-脑屏障途径

1. 物理化学策略

物理化学策略旨在短暂打开血-脑屏障的紧密连接，促进药物分子跨越BBB，增加在脑实质的分布。常见的途径有超声、辐射及促渗剂等。

（1）**超声**　它是一种非侵入性技术，将声波能量集中在身体的目标区域，随后在局部深层组织中产生超声诱导作用，而对焦点以外的区域没有显著影响，因此可以作为外科手术的补充。当与微泡造影剂一起使用时，可以短暂刺激局部可逆的血-脑屏障开放。这些预先形成的气泡在大脑暴露在超声之前被引入，一是使超声效应仅限于血管系统中的目标区域，二是微泡产生的振荡和空化减少了打开血-脑屏障所需的功率，使超声功能充分发挥。在低压下，微泡会发生稳定的空化，导致BBB的瞬时开放，而不会造成血管或神经元损伤。相反，在高压下会发生剧烈的微泡振荡，导致BBB内皮细胞间紧密连接的严重破坏和对周围微环境的潜在损害。有活体小鼠模型研究证明，当0.45 MPa以下的声压与直径不超过8 μm的微泡一起应用时，可瞬时且安全地打开血-脑屏障。

（2）**辐射**　它是另一种瞬时打开BBB的策略，主要有微波辐射。有研究发现，微波诱导的热疗可以在40.3℃以上的温度下产生暂时的血-脑屏障开放。但是，该途径需要对大脑进行加热，其安全性有待进一步的临床研究。

（3）**促渗剂**　当颈动脉内注射高渗溶液（如25%甘露醇或阿拉伯糖）时，脑毛细血管中产生渗透压。为平衡血管环境中的离子浓度，脑毛细血管内皮细胞收缩并诱导紧密连接的打开，从而增加血-脑屏障的通透性。当与药物结合使用时，可以观察到药物短暂增强的BBB渗透现象，这种方法可以使大脑中亲水药物的浓度增加20倍以上。体内脑成像技术显示，这种方法在人体中实现有效药物递送的窗口期约为40 min，之后血-脑屏障开始缓慢恢复到其原始通透性水平，正常渗透率在8 h内恢复。

2.跨细胞途径

跨细胞途径指药物或药物载体直接跨越脑毛细血管内皮细胞进而穿过血-脑屏障的途径，主要包括受体、转运体及吸附介导转胞吞途径等。

（1）受体介导转胞吞（receptor-mediated transcytosis）途径　它是指通过配体与受体的特异性识别并介导药物载体跨越BBB进入脑实质的方式，是目前最常见的脑靶向递药策略之一。在脑毛细血管内皮细胞膜表面存在多种特异性的受体，如转铁蛋白受体（TfR）、低密度脂蛋白受体（LDL-R）、胰岛素受体（IR）以及烟碱型乙酰胆碱受体（nAChR）。这四种受体的特异性配体分别为转铁蛋白（transferrin，Tf）、血管紧张肽Ⅱ（angiotensin Ⅱ）、胰岛素（insulin）及狂犬病毒糖蛋白（RVG29）。将上述受体的特异性配体修饰在药物载体表面，通过配体与脑毛细血管内皮细胞膜上的相应受体特异性识别、结合，递药系统被内皮细胞胞吞形成囊泡，经过一系列转运后被胞吐，穿过BBB进入脑实质进而发挥脑部疾病治疗的作用。

（2）转运体介导转胞吞（carrier-mediated transcytosis）途径　有些药物或营养物质不满足受体介导所必需的标准，需要转运体（蛋白质或载体）来实现在大脑的转运。脑毛细血管内皮细胞存在两种转运体：被动转运体（或易化转运体）和主动转运体。被动转运体能帮助药物或营养物质顺浓度梯度转运，此过程不需要ATP提供能量。而主动转运体则需要能量来将物质按逆浓度梯度转移到（或移出）大脑。脑血管内皮细胞转运体主要负责转运糖、氨基酸、寡肽、核苷酸和维生素等物质。转运体还能识别与其生理学底物相似的外源性物质，其中包括药物。因此，将转运药物的转运体称为药物转运体。脑毛细血管内皮细胞转运体主要包括葡萄糖转运体1（GLUT1）、单羧酸转运体（MCT）、阳离子氨基酸转运体（CAT）、L型氨基酸转运体（LAT）、谷氨酸转运体（EAAT1）等。因此，若将药物制成氨基酸和糖的类似物，或在药物载体表面修饰氨基酸或糖类，可以促进药物或递药系统在脑毛细血管内皮细胞表面特异性转运体的介导下穿过BBB，实现药物或药物载体的脑靶向递送。

（3）吸附介导转胞吞（adsorptive-mediated transcytosis）途径　脑毛细血管内皮细胞膜表面带有负电荷，荷正电荷物质通过静电相互作用被内皮细胞吸附，经过胞吞、内化、转运、胞吐等过程跨越BBB，进入脑实质。将荷正电荷材料（如细胞穿膜肽）修饰到药物载体表面，通过正负电荷的相互作用引发脑毛细血管对载体的转胞吞作用，进而穿过BBB进入脑组织。

二、脑部给药系统

脑部给药系统旨在构建能够跨越BBB并靶向脑病灶部位的药物递送系统，主要包括脂质类纳米载体、聚合物类纳米载体、无机纳米载体及仿生给药系统等。

（一）脂质类纳米载体

脂质纳米载体具有优良的组织相容性、药物稳定性、缓释性和靶向性等优势，已广泛应用于脑部药物递送，最常见的形式为脂质体和固体脂质纳米粒。

1.脂质体（liposome）

脂质体指由两亲性磷脂和胆固醇分子形成的具有磷脂双分子层结构的封闭囊泡。磷脂是两亲性物质，结构中含有磷酸基团、含氮的碱基及较长的烃链。胆固醇具有增强脂质体稳定性、改善流动性的作用。脂质体双分子层间存在疏水性区域，能包载疏水性药物（脂溶性药物）；而内核为水相，主要包载亲水性药物（水溶性药物）。脂质体通常根据其大小和片层（或室）数量进行细分，主要分为小单室脂质体（single unilamellar vesicle，SUV，粒径在0.02～0.1 μm，亦称纳米脂质体）、大单室脂质体（large unilamellar vesicle，LUV，粒径在0.1～1 μm）和多室脂质体（multilamellar vesicle，MLV，由多层脂质双分子层构成，即包含多个同心双层，粒径在1～5 μm）。

根据材料不同，脂质体可制备成阳离子脂质体、中性脂质体和阴离子脂质体。对于阳离子脂质体，最常用的脂质有1,2-二油酰基-3-三甲基铵-丙烷（DOTAP）、双十八烷基二甲基溴化铵（DDAB）等。与其他脂质体相比，阳离子脂质体凭借其表面正电荷与细胞膜的相互作用，可增加脂质体的脑毛细血管内皮细胞转胞吞作用，靶向分布到脑组织。根据功能不同，脂质体可分为普通脂质体和长循环脂质体。普通脂质体注射给药后容易在血液循环中调理素化，进而被单核吞噬细胞系统（mononuclear phagocyte system，MPS）识别和吞噬，延缓血液循环时间。长循环脂质体则是脂质体表面修饰了一层亲水性材料（最常用的为聚乙二醇，PEG），以减少脂质体与调理素等血浆蛋白的结合，避免过早被MPS吞噬，可显著延长血液半衰期。另外，为增加脑靶向效率，可在脂质体表面修饰配体、转运体等，增加脑毛细血管内皮细胞的转胞吞，称为靶向脂质体。临床上，脂质体是最早、最常用的纳米药物，主要有两性霉素B脂质体、多柔比星脂质体、阿糖胞苷脂质体等。

2. 固体脂质纳米粒（solid lipid nanoparticle，SLN）

固体脂质纳米粒是由固体脂质和水性表面活性剂乳化制备而成的纳米载体。载体核心通常由生物相容的脂质组成，如甘油三酯、脂肪酸和蜡，它们具有溶解脂溶性分子的能力，可以包载疏水性药物。表面活性剂主要来源于生物膜脂，如磷脂、鞘磷脂、胆盐和胆固醇等。药物以溶解或分散形式分布于脂质核心。与其他剂型相比，固体脂质纳米粒拥有多重优势，如生物相容性好、稳定性高、可控释放及靶向性等。

（二）聚合物类纳米载体

聚合物纳米载体由均聚物或嵌段共聚物制备而成的纳米载体，具有生物相容性好、可生物降解、缓控释、功能可调等优点，广泛地应用于脑部疾病的靶向递送研究。聚合物类纳米载体可分为聚合物胶束（polymeric micelle）和聚合物纳米粒（polymeric nanoparticle），这部分主要介绍胶束递药系统。

聚合物胶束亦称高分子胶束，系由双亲性共聚物在水中自组装形成的大分子缔合物。双亲性嵌段共聚物在水溶液中，疏水嵌段通过疏水相互作用自动缔合形成胶束的疏水内核，而亲水嵌段形成胶束的亲水外层。聚合物胶束常用于难溶性药物的增溶，近年也用作药物载体，延缓药物释放，提高药物的靶向性，从而提高药物的疗效，降低毒副反应，主要包括以下几种。

（1）双亲性嵌段共聚物胶束　同时具有亲水嵌段和疏水嵌段，可在水性环境中自组装形成具有核壳结构的胶束。

（2）接枝共聚物胶束　双亲性接枝共聚物通常由疏水骨架链和亲水支链构成，在水溶液中可自组装形成具有核壳结构的胶束，其内核由疏水骨架链组成，外壳则是由亲水的支链组成。最常见的材料是聚酰胺-胺型（PAMAM）树枝状高分子。

（3）**聚电解质胶束**　将含有聚电解质链的嵌段共聚物与带相反电荷的另一聚电解质共聚物在水溶液混合时，通过静电作用形成以聚电解质复合物为疏水内核，以非电荷的亲水嵌段为壳的聚电解质胶束。

聚合物胶束作为药物载体，具有临界胶束浓度（CMC）值低、粒径小、稳定性好、解离速率低、结构可调等优点。但是，普通胶束进入体循环后，易被MPS系统识别和吞噬，导致循环时间变短，难以到达靶部位。由亲水性嵌段PEG形成的胶束，可克服普通胶束易被MPS系统识别和吞噬的缺陷，通过高通透性和滞留效应（enhanced permeability and retention effect，EPR效应）将药物运输至肿瘤组织。为了克服BBB，进一步提高药物对脑部的靶向效率，可在亲水嵌段PEG的末端修饰靶向分子（如抗体、叶酸、转铁蛋白等）以促进聚合物胶束穿透BBB，主动靶向脑病灶区域。近年来，智能响应性胶束可通过其在脑病灶区域的环境响应（pH、酶、温度、光等）下实现其智能释药，从而提高药物的疗效，降低毒副反应。

（三）无机纳米载体

无机纳米载体是由无机材料构成的纳米递药系统，多种无机纳米粒表现出独特的物理化学性质（如光热、磁性等），可用于脑部药物递送的应用，主要包括金纳米粒（AuNP）、磁性纳米粒（MNP）、介孔硅纳米粒、荧光纳米金刚石（FND）等。

1. 金纳米粒（AuNP）

金纳米粒拥有独特的物理化学性质，包括超小的尺寸、大的比表面积、易于功能化等，同时也具备低毒性、生物相容性好、易于合成等优点，具有成为脑部递送载体的潜力。此外，金纳米粒具有独特的光学性质，可以吸收或散射特定共振波长的入射光，使其具备生物传感能力，金纳米粒可用作治疗诊断剂，具有较高的生物医学和治疗诊断学应用价值。金纳米粒还可以通过光热效应将近红外光转化为热能，可应用于脑肿瘤的光热治疗。然而，由于缺乏靶向性，金纳米粒对脑病变部位的递送效率较低。为了克服这些问题，靶向配体（抗体、蛋白质、肽或适体）常修饰到金纳米粒表面，增加金纳米粒的脑部递送，已应用于中枢神经系统相关疾病（例如脑瘤、阿尔茨海默病、帕金森病等）的治疗。

2. 磁性纳米粒（MNP）

磁性纳米粒由无机磁性材料组成，周围包裹着生物相容性外壳涂层，在生理条件下为核心提供稳定性。磁性纳米粒具有生物相容性好、易于合成和修饰等优点。磁性纳米粒在生物医用方面具有较好的应用，既可以用作核磁共振造影剂，也可以用作磁靶向药物递送载体。另外，磁纳米粒具有光热转换性能，其温度在近红外光照下稳定升高，可杀伤肿瘤细胞。磁纳米粒核心可由多种材料组成，最常用的为氧化铁。根据功能需求，包裹磁性纳米粒核心的外壳涂层也有多种选择。亲水性聚合物涂层可提供空间屏障作用，以防止纳米粒自身凝聚或避免进入机体后被调理素化和过早清除。脂质体和胶束可以包裹磁性纳米粒并改善其生物相容性。同样，磁性纳米粒表面也可进行配体修饰，以增加其疾病部位的靶向性，如穿透BBB并靶向脑病灶部位的能力。但是，磁性纳米粒不易分解代谢，也存在潜在的肾脏毒性，在应用过程中要考虑其潜在的毒性。

3. 其他无机纳米粒

介孔硅纳米粒具有可调的多孔性质和大的比表面积等优点。荧光纳米金刚石是化学惰性的碳衍生颗粒，具有高度的生物相容性、长时的光稳定性、可忽略的毒性及先天的神经保护特性等。这些新材料可为中枢神经系统药物的靶向递送、追踪分析提供良好物质基础和应用选择。

（四）仿生给药系统

聚合物纳米粒、脂质体、胶束等普通纳米制剂在改善药物溶解性、延长药物半衰期等方面具有优势。然而，由于血-脑屏障的存在，这些制剂的脑病变部位靶向性仍然不能满足治疗的需求。另外，普通纳米制剂作为外来物质，进入体内后容易被免疫系统识别，从而被当作异物而迅速清除，且需考虑安全性问题。近年来，仿生纳米递送系统在治疗脑部疾病方面受到了广泛的重视和研究，在穿透BBB和病变部位靶向分布方面显示出突出优势。脑部仿生给药系统主要基于细胞、细胞膜、外泌体及脂蛋白等。仿生系统来源于机体本身，具有生物相容性好、血液循环时间长、脑部疾病靶向性好等优点。此外，仿生递药系统在跨越血-脑屏障并在脑部疾病靶向分布情况下，可进一步靶向不同病理环境下的特异性细胞器，对特异性疾病发挥高效的多层级靶向作用。

1. 基于细胞仿生的脑靶向递药系统

细胞载体具有完整的细胞结构，内含多种细胞器、酶、信号分子等，可通过分泌肿瘤杀伤性蛋白（如免疫调节蛋白、抗体等）、细胞因子等来发挥抗肿瘤作用，具有其他合成材料无法比拟的天然优势。此外，细胞可内吞或细胞膜上修饰纳米载体，利用细胞的天然组织和疾病趋向性，达到纳米制剂靶向递送的目的。在脑部疾病治疗过程中，特别是脑胶质瘤，常见的细胞载体有干细胞（如间充质干细胞）和免疫细胞（如巨噬细胞、T淋巴细胞和中性粒细胞）等。

2. 基于细胞膜仿生的脑靶向递药系统

细胞膜来源于机体或肿瘤细胞等，具有天然的生物相容性，如红细胞膜包被或杂化到纳米制剂（如脂质体）后可减少与血浆蛋白的相互作用，显著延长在血液循环的时间。细胞膜是细胞与外界相互作用的场所，表达有特异性的配体、受体等物质，具有一系列生物学功能。在细胞膜表面受体和内皮细胞黏附分子（如整合素和选择素）的调控下，特定细胞膜和脑毛细血管内皮细胞间的相互作用可以被用来开发细胞膜修饰的纳米载体，以增加跨BBB和脑部疾病靶向效率。常用于纳米制剂修饰的细胞膜有红细胞膜、肿瘤细胞膜、小胶质细胞膜等。

3. 基于外泌体仿生的脑靶向递药系统

外泌体是由细胞释放到胞外的含膜囊泡，携带有大量的蛋白质、mRNA等生物学物质，在许多生理和病理过程中起着关键的作用。在大脑正常运转过程中，外泌体作为脑内与外界联系的信使，可穿越血-脑屏障并与外界交流，起着维持大脑稳态和免疫监视等作用。在药物递送系统设计过程中，可利用外泌体的脑部天然靶向性，将其直接作为药物载体或与其他制剂杂化，以提高脑靶向递送效率。另外，外泌体来源于机体，具有天然的生物相容性和安全性。如有研究使用来自巨噬细胞的外泌体负载超顺磁性氧化铁纳米粒和姜黄素，并在外泌体外侧修饰了以神经粘连蛋白为靶标的多肽。结果显示这些修饰的外泌体能够穿过血-脑屏障到达脑肿瘤部位，为靶向成像以及脑胶质瘤治疗提供了依据。

（范武发）

思 考 题

1. 简述血-脑屏障的概念
2. 简述脑部疾病的分类。
3. 常见的血-脑屏障回避策略有哪些？
4. 常见的跨脑毛细血管内皮细胞途径有哪些？
5. 简述常见的脑部给药系统种类。

 参考文献

[1] Azab M A, Azzam A Y. Insights into how H19 works in glioma cells. A review article[J]. Cancer Treat Res Commun, 2021, 28: 100411.

[2] Han Y, Liu D, Cheng Y, et al. Maintenance of mitochondrial homeostasis for alzheimer's disease: strategies and challenges[J]. Redox Biol, 2023, 63: 102734.

[3] Wu Y X, Chen K, Zhao J W, et al. Intraventricular administration of tigecycline for the treatment of multidrug-resistant bacterial meningitis after craniotomy: a case report[J]. J Chemother, 2018, 30 (1): 49-52.

[4] Agrawal M, Saraf S, Saraf S, et al. Nose-to-brain drug delivery: an update on clinical challenges and progress towards approval of anti-alzheimer drugs[J]. J Control Release, 2018, 281: 139-177.

[5] Gasca-Salas C, Fernandez-Rodriguez B, Pineda-Pardo J A, et al. Blood-brain barrier opening with focused ultrasound in parkinson's disease dementia[J]. Nat Commun, 2021, 12 (1): 779.

[6] Li W J, Zhang S X, Xing D, et al. Pulsed microwave-induced thermoacoustic shockwave for precise glioblastoma therapy with the skin and skull intact[J]. Small, 2022, 18 (25): e2201342.

[7] Xie J B, Shen Z Y, Anraku Y, et al. Nanomaterial-based blood-brain-barrier (BBB) crossing strategies[J]. Biomaterials, 2019, 224: 119491.

[8] Sweeney M D, Zhao Z, Montagne A, et al. Blood-brain barrier: from physiology to disease and back[J]. Physiol Rev, 2019, 99 (1): 21-78.

[9] Furtado D, Björnmalm M, Ayton S, et al. Overcoming the blood-brain barrier: the role of nanomaterials in treating neurological diseases[J]. Adv Mater, 2018, 30 (46): e1801362.

[10] Ayub A, Wettig S. An overview of nanotechnologies for drug delivery to the brain[J]. Pharmaceutics, 2022, 14 (2): 224.

[11] Zhang J, Yang T, Huang W, et al. Applications of gold nanoparticles in brain diseases across the blood-brain barrier[J]. Curr Med Chem, 2022, 29 (39): 6063-6083.

[12] Huynh K, Lee K, Chang H, et al. Bioapplications of nanomaterials[M]. Adv Exp Med Biol, 2021, 1309: 235-255.

[13] Khosravi Y, Salimi A, Pourahmad J, et al. Inhalation exposure of nano diamond induced oxidative stress in lung, heart and brain[J]. Xenobiotica, 2018, 48 (8): 860-866.

[14] Zhang R T, Wu S Q, Ding Q, et al. Recent advances in cell membrane-camouflaged nanoparticles for inflammation therapy[J]. Drug Deliv, 2021, 28 (1): 1109-1119.

[15] Liao J, Fan L, Li Y, et al. Recent advances in biomimetic nanodelivery systems: new brain-targeting strategies[J]. J Control Release, 2023, 358: 439-464.

[16] Wang H J, Liu Y, He R Q, et al. Cell membrane biomimetic nanoparticles for inflammation and cancer targeting in drug delivery[J]. Biomater Sci, 2020, 8 (2): 552-568.

[17] Zhen X, Cheng P H, Pu K Y. Recent advances in cell membrane-camouflaged nanoparticles for cancer phototherapy[J]. Small, 2019, 15 (1): e1804105.

[18] Jia G, Han Y, An Y L, et al. NRP-1 targeted and cargo-loaded exosomes facilitate simultaneous imaging and therapy of glioma *in vitro* and *in vivo*[J]. Biomaterials, 2018, 178: 302-316.

第十二章

直肠、阴道黏膜给药系统

 本章学习要求

1. 掌握：直肠黏膜药物吸收的途径；影响直肠黏膜药物吸收的生理因素和药物因素；栓剂的概念、基质与制备；阴道黏膜给药系统的基本概念；阴道黏膜药物吸收途径；常规阴道黏膜给药系统。
2. 熟悉：栓剂的添加剂；栓剂的质量评价；影响阴道黏膜药物吸收的因素。
3. 了解：栓剂的分类与设计；栓剂的包装与贮存；新型阴道黏膜给药系统；阴道黏膜给药系统的质量评价。

第一节 直肠黏膜给药系统

直肠黏膜给药系统是一种通过肛门输送药物入肠，使其在肠管内释放并发挥药效，以治疗全身或局部疾病的给药方法。直肠黏膜给药是中国传统医学最为古老的给药方式之一。东汉时期张仲景在《伤寒论》中就开创了肛门栓剂和灌肠术，东晋葛洪首创灌肠器械筒。20世纪，由脂肪基（硬脂酸）组成的栓剂也开始在欧洲国家和日本市场上流行。直肠黏膜给药用于儿童、老年人和昏迷患者的疾病治疗已延续了几个世纪。

常规直肠黏膜给药系统可分为三类：液体剂型（如灌肠剂）、固体剂型（如栓剂、胶囊和片剂）和半固体剂型（如凝胶剂、泡沫剂和乳膏剂）。随着现代药剂学的发展，开发出许多新型直肠黏膜给药系统，如微型灌肠剂、原位直肠凝胶及纳米粒子直肠剂型等。直肠黏膜给药起效快、生物利用度高、无明显不良反应和副作用，是一种绿色疗法。但直肠给药的普及受限于给药器械的舒适性，因此需开发先进、便于给药、规范化的直肠推注和肛注专用器具，提高直肠用药依从性。

一、直肠的生理结构及药物吸收途径

直肠在大肠的末端，是从乙状结肠到肛门的长约20 cm的部分，最大直径为5～6 cm。直肠黏膜基本与小肠黏膜的结构相同，即由圆柱状单层上皮细胞组成，只有肛门附近为多层扁平上皮组成。但直肠黏膜上皮细胞间的结合比小肠部分更紧密。直肠的皱褶较少，单

位长度上的表面积比小肠小得多。直肠中的pH接近中性或微偏碱性，缓冲能力比上消化道弱。直肠中的静脉系统分为直肠上静脉、直肠中静脉和直肠下静脉。直肠给药时药物溶于直肠分泌液中，通过直肠黏膜吸收药物主要有3条途径（图12-1）：①药物通过直肠中静脉、直肠下静脉和肛管静脉，绕过肝脏直接进入下腔静脉入大循环，可避免肝脏首过效应；②通过直肠上静脉，经门静脉进入肝脏代谢后，再循环至全身；③通过直肠淋巴系统吸收后，通过乳糜池、胸导管进入血液循环。一直以来，直肠给药在临床上广泛应用于便秘、痔疮、肛裂、炎症和高钾血症等局部治疗以及疼痛、发烧、恶心、呕吐、偏头痛、过敏和镇静等全身治疗，已有数十个用于局部或全身治疗的直肠给药制剂被批准在临床上使用。

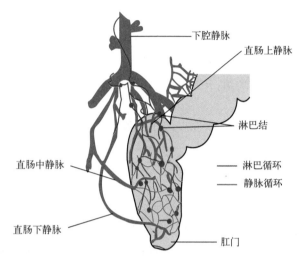

图12-1　直肠脉管系统及吸收途径示意图

二、影响药物直肠吸收的因素

（一）生理因素

1. pH及直肠液缓冲能力

直肠平均表面积为200～400 cm^2，直肠液pH为7.2～7.4，有利于pK_a接近或高于生理范围的药物吸收。直肠液几乎无缓冲能力，药物溶解可显著改变直肠pH。直肠pH变化可影响药物的解离状态，从而影响药物的吸收，并可能导致黏膜的刺激或损伤。

正常生理条件下直肠内的液体量较少，大约为1～3 mL，但在一些病理状态下，如腹泻、组织脱水等，直肠内的液体量会发生较大改变进而影响药物吸收的速率和程度，故在制剂研发时应考虑这些因素，以确保直肠给药安全有效。

2. 内容物

直肠中的内容物会影响药物的扩散。直肠内粪便的存在会影响直肠内容物的黏度，从而影响药物溶解性、稳定性以及药物与黏膜壁的接触面积和接触时间。在无粪便存在的情况下，药物可接触直肠和结肠较大的吸收表面，可得到理想效果，故应用栓剂之前先灌肠排便有助于药物的吸收。

3. 保留时间

直肠给药后可能存在渗漏，影响药物与直肠黏膜的接触时间，从而影响药物疗效。药物需穿过作为直肠上皮保护和药物吸收屏障的黏液层到达直肠壁上皮细胞，周转时间为3~4 h。直肠给药后一般保留15 min即可满足药物吸收。中药灌肠可保留30 min左右，最长可保留1 h。

（二）药物的物理化学性质

1. 药物的脂溶性和解离度

药物经直肠上皮细胞（穿过细胞）吸收，以单纯扩散为主，因此，具有适宜的油水分配系数（lg$P$），并且分子量较小（分子量小于500）的药物通过直肠黏膜被快速吸收。研究报道显示，脂溶性药物比水溶性药物更易吸收。

分子型药物比离子型药物更易吸收，因此，直肠黏膜药物吸收与其解离常数有关，非解离型药物易透过直肠黏膜吸收入血，而完全解离的药物吸收较差；pK_a > 4.3的弱酸性药物、pK_a < 8.5的弱碱性药物可被直肠黏膜迅速吸收。用缓冲剂改变直肠部位的pH，可增大非解离型药物的比例，从而提高药物的生物利用度。

2. 药物的溶解度和粒径

直肠给药制剂应具有适宜的亲水性以溶于直肠液，并具有足够的亲脂性以穿过上皮细胞。因此，溶解度大的药物更易于吸收。

难溶性药物在基质中呈混悬分散状态时，其粒度会影响药物从栓剂中释放的速率，从而影响吸收。

3. 剂型因素

对于直肠给药的固体剂型，在药物吸收进入黏膜之前，需要经过崩解、液化和溶解的过程。因此，与液体剂型相比，固体剂型吸收通常较慢，悬浮液或溶液通常比栓剂吸收得更快。其中栓剂药物使用仅限于直肠和乙状结肠，而灌肠剂根据其容量可到达结肠的更近端。

栓剂的基质直接影响药物的释放速率，从而影响其直肠黏膜吸收。例如脂溶性药物在水溶性基质中或水溶性药物在脂溶性基质中，药物容易释放，其直肠黏膜吸收的速率加快，该方法通常用于全身治疗的药物。而脂溶性药物在脂溶性基质中或水溶性药物在水溶性基质中，药物不容易释放，其直肠黏膜吸收的速率减缓。对于发挥局部作用的栓剂如痔疮药、局部抗真菌药等，通常药物不需吸收，用于制备这些药物的基质应缓慢融化以延缓药物释放速率。局部作用通常在半小时内开始起效，至少要持续4 h。

4. 添加剂

直肠给药时，直肠黏膜充当物理屏障，可通过加入吸收促进剂来增加药物在直肠的吸收。例如水杨酸盐、5-甲氧基水杨酸、表面活性剂、胆汁盐、脂肪酸、甘油酸酯、烯胺及其衍生物等，可以增加直肠黏膜细胞膜的通透性或细胞旁途径的吸收。

5. 给药剂量、温度及深度

给药剂量：给药量会影响直肠药物的滞留时间，大于80 mL的容量通常会刺激排便，故量大时可采用分次给药或肛滴的方式给药。

给药温度：肛缘皮肤感觉神经末梢丰富，对外来刺激较敏感。故一般直肠给药温度应控制在35~40℃，过高或过低易引起便意，不利于药物滞留。

给药深度：插入肛门的距离会影响药物的生物利用度。一般要达到全身给药的效果，栓剂应塞入距肛缘2 cm左右，较距肛缘4 cm处的生物利用度高，距肛门口6 cm处的首过作用较大。

三、栓剂

（一）概述

栓剂（suppository）系指药物和适宜基质制成供腔道给药的固体制剂。栓剂是一种传统剂型，亦称塞药或坐药。栓剂在常温下为固体，塞入人体腔道后，在体温下迅速软化，熔融或溶解于腔道分泌液，逐渐释放药物而产生局部或全身作用。

栓剂作为一种最常见的腔道给药剂型，具有其独特的优点：①药物经腔道给药，可以避免胃肠道pH的影响或酶的破坏而失去活性；②可避免药物对胃黏膜的刺激；③药物通过直肠或其他非胃肠道的腔道吸收，可避免肝脏首过效应的破坏；④适宜不能或者不愿吞服口服的患者，尤其是婴儿和儿童，对于伴有呕吐的患者是一种有效的给药手段；⑤适宜不宜口服的药物；⑥可在腔道起润滑、抗菌、杀虫、收敛、止痛、止痒等局部作用；⑦便于某些特定部位疾病的治疗。

栓剂最初主要以局部作用为目的，如起润滑、收敛、抗菌、杀虫、局麻等作用。但是，后来发现通过直肠给药可以避免肝脏首过效应和不受胃肠道的影响，而且，适合对口服片剂、胶囊剂、散剂有困难的患者用药，因此，栓剂的全身治疗作用越来越受到重视。由于新基质的不断出现和工业化生产的可行性，国外生产栓剂的品种和数量明显增加，美国FDA已批准上市的栓剂品种达1600余种，我们国家药品监督管理局也批准了600多个栓剂的批准文号。目前，以局部作用为目的的栓剂有消炎药、局部麻醉药、杀菌剂等，以全身作用为目的的栓剂有解热镇痛药、抗生素类药、促肾上腺皮质激素类药、抗恶性肿瘤治疗剂等。

但栓剂也存在使用不便、成本较高、生产效率不高等缺点。

（二）栓剂的分类

1. 按给药腔道分类

栓剂按照给药的腔道进行分类，可分为直肠栓、阴道栓、尿道栓、鼻用栓、耳用栓等。常用的是直肠栓和阴道栓。不同腔道给药的栓剂，其形状也不同，主要形状如图12-2所示。

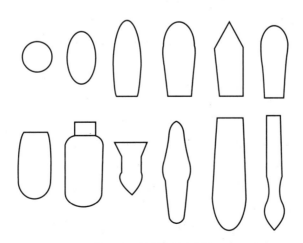

图12-2　栓剂外形示意图

（1）**直肠栓**　直肠栓有鱼雷形、圆锥形或圆柱形等形状。每颗重约2 g，长3～4 cm，儿童用重约1 g。其中以鱼雷形较好，塞入肛门后，因括约肌收缩容易压入直肠内。

（2）**阴道栓**　阴道栓有鸭嘴形、球形或卵形等形状，每颗重2～5 g，直径为1.5～2.5 cm，其中鸭嘴形的表面积最大。阴道栓又可分为普通栓和膨胀栓。阴道膨胀栓系指含药基质中插入具有吸水膨胀功能的内芯后制成的栓剂，膨胀内芯系以脱脂棉或黏胶纤维等加工、灭菌而成。阴道膨胀栓能吸收女性阴道分泌物，在治疗的同时，还可清洁阴道；自然膨胀，能将药物递送到宫颈口甚至更上的部位，膨胀后的栓剂也能撑开阴道壁上的皱褶，贴附式给药，360°环绕，治疗面积更广泛，疗效更显著。

（3）**尿道栓**　尿道栓一般为棒状，有男女之分，男用的重约4 g，长1.0～1.5 cm；女用的重约2 g，长0.60～0.75 cm。

2. 按作用范围分类

（1）**全身作用的栓剂**　全身作用的栓剂系指给药后经过吸收进入全身循环系统后起全身治疗作用的栓剂。一般要求迅速释放药物，特别是解热镇痛类药物宜迅速释放、吸收。

（2）**局部作用的栓剂**　局部作用的栓剂系指仅在给药腔道局部起治疗作用的栓剂。一般在腔道内发挥作用，不需要被吸收，通常将润滑剂、收敛剂、局麻剂、甾体、抗菌药物制成局部作用的栓剂，起到通便、止痛、止痒抗炎作用。

3. 按释药速率分类

以药物速释为目的的栓剂有中空栓剂、泡腾栓剂；以药物缓释为目的的栓剂有渗透泵栓剂、微囊栓剂、凝胶栓剂；既有速释又有缓释部分的栓剂为双层栓剂。

（1）**中空栓剂（hollow type suppository）**　是日本科学家渡道善造于1984年首次报道的。中空栓由外壳和内容物两部分组成。外层的壳是纯基质制成的，内部的空心部分可填充不同类型的药物，包括液体、固体和混悬液等各种形态的药物。中空栓的外壳基质一般为油脂性基质，如半合成脂肪酸甘油酯，放入人体后外壳基质迅速熔融破裂，药物能一次性释放，达到快速释药的目的。

与传统栓剂相比，中空栓能够实现药物更好地吸收以提高生物利用度。例如，有学者制备了一种吗啡中空栓，与传统的油性脂质栓相比，该中空栓前期药物释放迅速，后期能持续释放12 h，从而能够维持较高的血药浓度，具有更好的镇痛效果。

（2）**泡腾栓剂（effervescent suppository）**　又称产气栓，通过在栓剂中加入泡腾剂，使用时利用泡腾作用加速药物释放，有利于药物分布和渗入黏膜皱襞，多为阴道用。泡腾剂主要由碳酸氢钠或碳酸钠与不同的有机酸组成，常用的有机酸有柠檬酸、己二酸、酒石酸等。

（3）**渗透泵栓剂（osmotic pump suppository）**　是将渗透泵的原理应用于栓剂的制备中得到的栓剂。直肠给药的渗透泵栓剂外形上通常大于普通栓剂，药物常常以溶液形式存在于渗透泵中，以恒定的泵送速率将药物释放，以维持恒定的血药浓度，因而渗透泵栓可减少如心律不齐、癫痫等需要长期用药的疾病的药物使用次数。

渗透泵型栓剂从外到内一般由控释膜、渗透促进层、隔离层和药物贮库层4部分组成。控释膜是一种微孔膜，水能从膜中渗入，随之溶解的药物能从膜中渗出；渗透促进层一般是一层吸水性很强的材料；隔离层是一种只能渗透水而药物无法透过的半透膜，且膜上有一个或几个激光打的细孔；最里层是药物贮库层。当渗透泵型栓剂与体液接触，水就会透过此膜，渗透促进层继续吸水对隔离层产生压力，药物就会从半透膜上的孔中渗透出来。

（4）微囊栓剂（microcapsule suppository） 系指先将药物微囊化后再与适宜的基质混合均匀制成的栓剂，这类栓剂具有微囊和栓剂的双重性质，既可以提高栓剂对难溶性药物的载药量，又能发挥栓剂固体化的作用，其释药行为取决于微囊的特性，微囊化的药物持久缓慢地释放，从而达到缓释的作用。当然，制备微囊栓时，也可以按一定的比例将药物微囊化，制备成复合微囊栓，未微囊化的药物能迅速释放，微囊化的药物持久缓慢地释放，从而具有速释和缓释的双重作用。这种新型的微囊栓具有良好的缓释和控释特点，能提高药物稳定性、延长药物作用时间并减少给药次数。

（5）凝胶栓剂（hydrogel suppository） 常用的基质是具有亲水性、生物黏附性的材料，比如卡波姆、纤维素衍生物等。这些水性凝胶基质遇水会吸水溶胀，变得柔软有弹性，且对生物黏膜具有黏合力，能够长时间附着在黏膜表面，使药物在直肠上的停留时间大大增加，促进了药物的吸收，达到减少用药剂量以降低药物毒副作用的目的。

（6）双层栓剂（two-layer suppository） 一般有三种：第一种为内外两层栓，内外两层含有不同药物，可先后释药而达到特定的治疗目的；第二种为上下两层栓，其下半部的水溶性基质使用时可迅速释药，上半部用脂溶性基质能起到缓释作用，可在较长时间内使血药浓度保持平稳；第三种也是上下两层栓，不同的是其上半部为空白基质，下半部才是含药栓层，空白基质可阻止药物向上扩散，减少药物经上静脉吸收进入肝脏而发生的首过效应，提高了药物的生物利用度。同时为避免塞入的栓剂逐渐自动进入深部，有人已研究设计出可延长在直肠下部停留时间的双层栓剂，双层栓的前端由溶解性高，在后端能迅速吸收水分膨润形成凝胶塞而抑制栓剂向上移动的基质组成，这样可达到避免肝首过效应的目的。这种剂型在当今世界各地日益得到关注，有着极大的应用前景。

（三）栓剂的质量要求

① 栓剂中的原料药物与基质应混合均匀，其外形应完整光滑，放入腔道后应无刺激性，应能融化、软化或溶解，并与分泌液混合，逐渐释放出药物，产生局部或全身作用；并应有适宜的硬度，以免在包装、贮藏或使用时变形。

② 栓剂所用包装材料应无毒性，并不得与原料药物或基质发生理化作用。

③ 除另有规定外，栓剂应在30℃以下密闭贮存和运输，防止因受热、受潮而变形、发霉、变质。

（四）栓剂的基质

基质是栓剂的重要组成部分，不仅赋以药物成型，还能影响药物局部或全身作用的程度。优良的基质应在制成栓剂前及制成栓剂后贮存时理化性质稳定，与药物相容性良好，具有适宜的释药行为。栓剂的基质应具备下列特点：①室温时具有适宜的硬度，当塞入腔道时不变形、不破碎，在体温下易软化、融化或溶解，能与体液混合并溶于体液；②与药物混合后，不与药物发生相互作用，亦不影响药物的作用和含量测定；③对黏膜和腔道组织无刺激性、毒性和过敏性；④具有润湿或乳化能力，水值较高，能混入较多的水；⑤性质稳定，在贮存过程中理化性质不发生改变，也不易霉变；⑥基质的熔点与凝固点的间距不宜过大，油脂性基质的酸价在0.2以下，皂化值应在200～245之间，碘价应低于7；⑦适用于冷压法或热熔法制备栓剂，在冷凝时收缩性强，易于从栓模中脱离而不需润滑剂。

1. 油脂性基质

油脂性基质的栓剂中，如药物为水溶性的，则药物能很快释放于体液中，机体作用较快；如药物为脂溶性的，则药物必须先从油相转入水相体液中，才能发挥作用。转相与药物的油水分配系数有关。

（1）可可脂（cocoa butter）　是梧桐科（sterculiaceae）植物可可树种子经烘烤、压榨而得到的一种固体脂肪。其主要是含硬脂酸、棕榈酸、油酸、亚油酸和月桂酸的甘油酯，其中可可碱含量可高达2%。可可脂为白色或淡黄色、脆性蜡状固体。它有α、β、β′、γ四种晶型，其中以β型最稳定，熔点为34℃，其余为不稳定型。通常应缓缓升温加热待熔化至2/3时，停止加热，让余热使其全部熔化，以避免上述的不稳定晶型形成。每100 g可可脂可吸收20～30 g水，若加入5%～10%吐温61可增加吸水量，且有助于药物混悬在基质中。

（2）半合成或全合成脂肪酸甘油酯　系由椰子或棕榈种子等天然植物油水解、分馏所得 C_{12}～C_{18} 游离脂肪酸，经部分氢化再与甘油酯化而得的三酯、二酯、一酯的混合物。这类基质化学性质稳定，成型性能良好，具有保湿性和适宜的熔点，不易酸败，目前为取代天然油脂的较理想的栓剂基质。国内已生产的有半合成椰油脂、半合成山苍子油脂、半合成棕榈油脂、硬脂酸丙二醇酯等。

① 半合成椰油脂：由椰油加硬脂酸再与甘油酯化而成。本品为乳白色块状物，熔点为33～41℃，凝固点为31～36℃，有油脂臭，吸水能力大于20%，刺激性小。

② 半合成山苍子油脂：由山苍子油水解分离得月桂酸，再加硬脂酸与甘油经酯化而得。本品也可直接用化学品合成，称为混合脂肪酸酯。三种单酯混合比例不同，产品的熔点也不同，其规格有34型（33～35℃）、36型（35～37℃）、38型（37～39℃）、40型（39～41℃）等，其中栓剂制备中最常用的为38型。本品的理化性质与可可脂相似，为黄色或乳白色块状物。

③ 半合成棕榈油脂：系以棕榈仁油经碱处理而得的皂化物，再经酸化得棕榈油酸，加入不同比例的硬脂酸、甘油经酯化而得的。本品为乳白色固体，抗热能力强，酸价和碘价低，对直肠和阴道黏膜均无不良影响。

④ 硬脂酸丙二醇酯：是硬脂酸丙二醇单酯与双酯的混合物，为乳白色或微黄色蜡状固体，稍有脂肪臭。本品在水中不溶，遇热水可膨胀，熔点为35～37℃，对腔道黏膜无明显的刺激性，安全，无毒。

（3）其他油脂性基质　氢化植物油类基质为一种人工油脂，是普通植物油在一定的温度和压力下加入氢催化而成的白色固体脂肪，如氢化花生油、氢化棉籽油、氢化椰子油等。经过氢化处理的植物油硬度增加，可保持良好的固体形状，也表现出很好的可塑性、融合性，性质稳定，无毒、无刺激性。

2. 水溶性基质

（1）甘油明胶（glycerin gelatin）　系将明胶、甘油、水按一定的比例（通常为10∶20∶7）在水浴上加热融合，蒸去大部分水，放冷后经凝固而制得。本品具有很好的弹性，不易折断，且在体温下不融化，多用作阴道栓剂基质。在人体正常体温下能软化并缓慢溶于分泌液中，故作用缓和持久。其溶解速率与明胶、甘油及水三者比例有关，甘油与水的含量越高则越容易溶解，且甘油能防止栓剂干燥变硬。通常用量为明胶与甘油约等量，水分含量在10%以下，水分过多成品变软。明胶是胶原的水解产物，凡与蛋白质能产生配伍变化的药物，如鞣酸、重金属盐等均不能用甘油明胶作基质。

（2）聚乙二醇（PEG）　为结晶性载体，易溶于水，为难溶性药物的常用载体。PEG1000、PEG4000、PEG6000的熔点分别为38～40℃、40～48℃、55～63℃。通常将两种或两种以上的不同分子量的PEG加热熔融、混匀，制得所要求的栓剂基质。本品不需冷藏，贮存方便，但吸湿性较强，对黏膜有一定刺激性，加入约20%的水，则可减轻刺激性。为避免刺激还可在纳入腔道前先用水湿润，也可在栓剂表面涂一层蜡醇或硬脂醇薄膜。PEG基质不宜与银盐、鞣酸、奎宁、水杨酸、乙酰水杨酸、苯佐卡因、氯碘喹啉、磺胺类配伍。

（3）聚氧乙烯（40）单硬脂酸酯类（polyoxyl 40 stearate）　系聚乙二醇的单硬脂酸酯和二硬脂酸酯的混合物，并含有游离乙二醇，呈白色或微黄色，无臭或稍有脂肪臭味的蜡状固体。其熔点为39～45℃；可溶于水、乙醇、丙酮等，不溶于液状石蜡。商品名为Myri 52，商品代号为S-40，S-40可以与PEG混合使用，可制得崩解、释放性能较好的、稳定的栓剂。

（4）泊洛沙姆（poloxamer）　为乙烯氧化物和丙烯氧化物的嵌段聚合物（聚醚），为一种表面活性剂，易溶于水，能与许多药物形成间隙固溶体。本品型号有多种，随聚合度增大，物态从液体、半固体至蜡状固体，易溶于水，可用作栓剂基质。较常用的型号为188型，商品名为pluronic F68，熔点为52℃。型号188，编号的前两位数18表示聚氧丙烯链段分子量为1800（实际为1750），第三位8乘以10%为聚氧乙烯分子量占整个分子量的百分比，即8×10%=80%，其他型号类推。本品能促进药物的吸收并起到缓释与延效的作用。

（五）栓剂的添加剂

在栓剂制备过程中，为了保证栓剂药物的吸收、成型、质量、外观和贮存等，在栓剂的处方中，可根据不同目的适当加入一些附加剂。

1. 硬化剂

为了防止栓剂在贮藏或使用时过软，可加入适量的硬化剂，例如白蜡、鲸蜡醇、硬脂酸、巴西棕榈蜡等，它们可增加栓剂的硬度，防止在贮存过程中因吸水或温度因素而变软，但效果比较有限，因为它们的结晶体系和构成栓剂基质的油脂不相同，所得混合物明显缺乏内聚性，而且易使其表面异常。

2. 增塑剂

为了降低脂肪型基质的脆性，增加栓剂的弹性，防止栓剂破裂，常常需要加入一定的增塑剂。常用的栓剂增塑剂有聚山梨酯80、聚山梨酯85、脂肪酸甘油酯、蓖麻油、甘油或丙二醇等。

3. 乳化剂

当栓剂处方中含有与基质不能相混合的液相，特别是在此相含量较高时（大于5%）可加适量的乳化剂。

4. 吸收促进剂

起全身治疗作用的栓剂，为了增加全身吸收，可加入吸收促进剂以促进药物被黏膜的吸收。常用的吸收促进剂有表面活性剂、氮酮等。

（1）表面活性剂　在基质中加入适量的表面活性剂，能增加药物的亲水性，尤其对覆盖在直肠黏膜壁上的连续的水性黏液层有胶溶、洗涤作用并造成有孔隙的表面，从而增加药物的穿透性，提高药物的生物利用度。

（2）氮酮（azone）　将不同量的氮酮和表面活性剂基质S-40混合后，含氮酮栓剂均有促进直肠吸收的作用，说明氮酮直接与肠黏膜起作用，改变生物膜的通透性，能增加药物的亲水性，能加速药物向分泌物中转移，因而有助于药物的释放、吸收。随氮酮的含量增加无显著性差异，不含氮酮的栓剂吸收则较少。

此外，脂肪酸、脂肪醇和脂肪酸酯类及尿素、水杨酸钠、苯甲酸钠、羧甲基纤维素钠、环糊精类衍生物等也可作为栓剂药物吸收促进剂。

5. 吸收阻滞剂

对于需要在腔道局部起作用的栓剂来说，药物应缓慢释放吸收，以延长在作用部位的作用时间，维持疗效。在基质中加入可抑制药物吸收的材料，起到缓释作用，如硬脂酸、蜂蜡、羟丙基甲基纤维素、海藻酸等。

6. 抗氧剂

对易氧化的药物应加入抗氧剂，如间苯二酚、叔丁基羟基茴香醚（BHA）、叔丁基对甲酚（BHT）、没食子酸酯类等。

7. 防腐剂

当栓剂中含有植物浸膏或水性溶液时，可使用防腐剂或抑菌剂，如对羟基苯甲酸酯类。使用防腐剂时应验证其溶解度、有效剂量、配伍禁忌以及直肠对它的耐受性。

（六）栓剂的设计

药物是处方的核心成分，在栓剂处方设计时，首先应对栓剂活性药物的理化性能进行研究，并依据研究结果进行栓剂的设计。一般情况下，对胃肠道有刺激性，在胃中不稳定或有明显的肝脏首过效应的药物，可以考虑制成栓剂直肠给药。但难溶性药物和在直肠黏膜中呈离子型的药物不宜直肠给药。在设计全身作用的栓剂处方时，还应考虑到具体药物的性质对其释放、吸收的影响。这主要与药物本身的解离度有关。非解离型药物易透过直肠黏膜吸收入血液，而完全解离的药物则吸收较差。酸性药物 pK_a 大于4、碱性药物 pK_a 低于8.5者可被直肠黏膜迅速吸收。故可以用缓冲剂改变直肠部位的 pH，由此增加非解离药物的浓度，从而提高其生物利用度。另外，药物的溶解度、粒度等性质对栓剂的释药、吸收也有影响。

其次，应根据临床需求，并结合药物本身的理化性能，选择合适的栓剂类型。除了常用的普通栓剂外，可以设计成以速释为目的的中空栓剂和泡腾栓剂，以缓释为目的的渗透泵栓剂、微囊栓剂和凝胶栓剂，既有速释又有缓释部分的双层栓剂，加入渗透促进剂或阻滞剂的多种形式的栓剂。还需考虑药物的性质、基质和附加剂的性质对药物的释放、吸收的影响。

栓剂中的药物既可以是固体药物，也可以是液体药物。药物可溶于基质中，也可混悬于基质中。但是，供制备栓剂用的固体药物，除另有规定外，应预先用适宜方法制成细粉，并全部通过六号筛。根据施用腔道和使用目的的不同，制成各种适宜的形状。

基质的选择应与栓剂的用途相对应，如局部作用的栓剂要求药物缓慢释放，延长作用时间，应选择溶解性与药物相近或者在体温下融化缓慢的基质。而全身作用的栓剂，需要快速释放药物，则选择与药物溶解性相反的基质。

一般应根据药物性质选择与药物溶解性相反的基质，有利于药物释放，增加吸收。如药物是脂溶性的，则应选择水溶性基质；如药物是水溶性的，则选择脂溶性基质。这样溶出速率快，体内峰值高，达峰时间短。为了提高药物在基质中的均匀性，可用适当的溶剂将药物溶解或者将药物粉碎成细粉后再与基质混合。

局部作用的栓剂则应尽量减少吸收，故应选择融化或溶解、释药速率慢的栓剂基质。水溶性基质制成的栓剂因腔道中的液体量有限，使其溶解速率受限，释放药物缓慢，较油脂性基质更有利于发挥局部药效。如甘油明胶基质常用于起局部杀虫、抗菌作用的阴道栓基质。局部作用通常在半小时内开始，持续约 4 h。但液化时间不宜过长，否则会使患者感到不适，而且药物可能不会全部释出，甚至大部分被排出体外。

（七）栓剂的制备

1. 基质用量的确定

通常情况下，栓剂模型的容量是固定的，但它会因基质或药物的密度不同而容纳不同的重量。这就导致不同的栓剂处方用同一模型所制得的栓剂容积是相同的，但其重量则随基质与药物密度的不同而有区别。为保持栓剂原有体积，就要考虑引入置换价（displacement value，DV）的概念。所谓置换价，系指在一定体积下，药物的重量与同体积基质重量的比值。置换价是用于计算栓剂基质用量的参数，可以用下述方法和式（12-1）进行计算。

$$DV = \frac{W}{G-(M-W)} \tag{12-1}$$

式中，G 为纯基质平均栓重；M 为含药栓的平均重量；W 为每个栓剂的平均含药重量。

置换价的测定方法：取基质制备空白栓剂，称得平均重量为 G，另取基质与药物定量混合制备成含药栓剂，称得含药栓的平均重量为 M，每粒栓剂中药物的平均重量为 W，将这些数据代入上式，即可求得某药物对某一基质的置换价。

用测定的置换价可以方便地计算出制备这种含药栓需要基质的重量 x。

$$x = \left(G - \frac{y}{DV} \right) \times n \tag{12-2}$$

式中，y 为处方中药物的剂量；n 为拟制备栓剂的枚数。

2. 栓剂的制备

栓剂的制备方法有**搓捏法**（pinch twist method）、**冷压法**（cold compression method）和**热熔法**（heat fusion method）。搓捏法适合油脂性基质的小量制备；冷压法适合大量生产油脂性基质栓剂；热熔法适合油脂性基质和水溶性基质栓剂的制备。

（1）**搓捏法**　本法系指取药物的细粉置于乳钵中，加入约等量的基质搓成粉末研匀后，缓缓加入剩余的基质制成均匀的可塑性团块，必要时可加入适量的植物油或羊毛脂以增加可塑性。再置于瓷板上，用手隔纸搓擦，轻轻加压转动滚成圆柱体并按需要量分割成若干等份，搓捏成适宜的形状。此法适用于小量、临时制备。所得制品的外形往往不一致，欠美观。

（2）**冷压法**　本法系将药物与基质的锉末置于冷却的容器内混合均匀，然后手工搓捏成形或装入制栓模型机内压成一定形状的栓剂。通过机压模型制成的栓剂较美观。冷压法可避免加热对主药或基质稳定性的影响，不溶性药物也不会在基质中沉降，但生产效率不高，成品中往往夹带空气而不易控制栓重，主要用于油脂性基质的栓剂制备。

（3）**热熔法**　本法系将计算好的基质锉末用水浴或蒸汽浴加热熔化，温度不宜过高，然后按药物性质以不同方法加入，混合均匀，倾入冷却并涂有润滑剂的模型中至稍微溢出模口为度。放冷，待完全凝固后，削去溢出部分，开模取出。

热熔法应用较广泛，小量栓剂制备时一般使用不同规格和形状的模具。栓剂模具一般用金属制成，表面镀铬或镍，以免金属与药物发生作用。栓剂常用模具见图12-3。

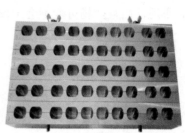

图12-3　栓剂常用模具示意图

栓剂模孔内涂的润滑剂需要根据栓剂基质的性质进行选择，通常有两类：①油脂性基质的栓剂，常用软肥皂、甘油各一份与95%乙醇五份混合所得；②水溶性基质的栓剂，用油性辅料为润滑剂，如液状石蜡或植物油等。有的基质不粘模，如可可脂或聚乙二醇类，可不用润滑剂。

工厂化大量生产已用自动化模制机来完成。其主要由制带机、灌注机、冷冻机、封口机等组成，能在同一台设备中自动完成栓剂的制壳、灌注、冷却成型、封口等全部工序，产量为18000～30000粒/h。大生产时亦可采用塑料包装使栓剂模制成型与包装一次性完成。此种包装不仅方便生产，减轻劳动强度，而且不需冷藏保存。此外，灌注机组同时配备智能检测模块，具有自动纠偏、瘪泡检测、装量检测、剔除废品等功能，节省劳力，确保产品质量。

例12-1：酮康唑栓

【处方】酮康唑　　　　　　　　　　　　　10 g
　　　　聚氧乙烯单硬脂酸酯（S-40）　　　200 g
　　　　甘油　　　　　　　　　　　　　　100 mL
　　　　　　　　　　　　　　　　　　　　共制成栓剂100枚

【制法】取S-40水浴熔化后，依次加入酮康唑细粉（过100目筛）和甘油，边加边搅拌，搅匀，稍冷后灌注于事先已涂有润滑剂的栓模中，冷却后刮去溢出部分，启模，包装，即得。

【注解】酮康唑为咪唑类广谱高效抗真菌药，主要用于真菌感染引起的体癣、股癣、手足癣、花斑癣和头癣等的治疗。

例12-2：醋酸洗必泰栓

【处方】醋酸洗必泰　　0.5 g　　　　吐温80　　　　2 g
　　　　冰片　　　　　0.1 g　　　　乙醇　　　　　5 mL

甘油	90.0 g	明胶（细粒）	27 g
蒸馏水	200.0 g		

共制成阴道栓20枚

【制法】取处方量的明胶加蒸馏水200.0 g浸泡约30 min。使其膨胀变软，再加入甘油，在水浴上加热使明胶溶解。另取醋酸洗必泰溶于吐温80中，冰片溶于乙醇中。在搅拌条件下将两液混合后，再加入已制好的甘油明胶液中，搅拌均匀。趁热注入已涂好润滑剂（液状石蜡）的阴道栓模中，冷却、整理、启模即得。

【注解】本品为阴道栓，主要用于治疗宫颈糜烂及阴道炎。醋酸洗必泰在乙醇中溶解，在水中略溶（1.9∶100），表面活性剂吐温80可以使醋酸洗必泰均匀分散于甘油明胶基质中。

例12-3: 吲哚美辛缓释栓

【处方】吲哚美辛	1.73 g	吲哚美辛微囊	3.95 g
PEG4000	29 g	PEG400	38 g
甘油	38 g		

共制成直肠栓剂50枚

【制法】（1）微囊制备：称取吲哚美辛适量，加入20%明胶溶液使其成均匀的混悬液；加到60℃液状石蜡中搅拌、冷却；加入异丙醇，抽滤，然后于甲醛溶液中浸泡；分离出微囊、抽干、干燥备用。

（2）微囊栓剂制备：称取PEG4000、PEG400及甘油置于三角瓶中；水浴加热熔化、搅拌均匀，恒温到50℃，加入吲哚美辛药粉混匀，再加入吲哚美辛微囊，迅速搅匀后灌装，冷却后启模即得。

【注解】本品为解热镇痛药。处方中吲哚美辛部分采用原料粉末，另一部分先制备成微囊，二者以一定比例组合可调节药物释放速率，PEG4000、PEG400及甘油为混合水溶性基质，三者适当比例可调整栓剂的硬度。

（八）栓剂生产中易出现的问题及解决办法

1. 气泡

灌封时贮料罐温度过高，液体灌入栓壳时，壳内气体未排尽就进入冷冻机中，导致栓剂顶部或内部出现气泡，可通过适当降低贮料罐温度来解决。

2. 裂纹或表面不光滑

可能是由于灌装温度与冷却温度相差过大、基质硬度过高或冷却时收缩过多。解决办法包括缩小灌装与冷却之间的温差、选择两种或两种以上的栓剂基质混合使用、选择结晶速率慢的基质等。

3. 分层

可能是药物与基质不相溶、物料混合时没有搅拌均匀、加热熔化的温度与冷却温度相差过大而使药物析出。解决此类问题的常用方法是向基质中加入适量表面活性剂或者适当降低灌装温度。

4. 融变时限不合格

影响栓剂融变时限的因素有基质熔点、栓剂硬度、药物性质等。油脂性基质在贮藏过程中熔点可能升高，基质由非稳定晶型向稳定晶型转变，从而导致融变时限延长，可采用复合基质，使初始熔点降低加以解决。水溶性基质中水分含量一般不超过10%，否则栓剂硬度过低。另外，还应充分考虑基质的分子量和引湿性（如不同型号的PEG）、药物是否微粉化、药物在基质中的溶解度等因素。

（九）栓剂的质量评价

按照现行版《中国药典》规定，栓剂的一般质量要求有：药物与基质应混合均匀，栓剂外形应完整光滑；放入腔道后应无刺激性，应能融化、软化或溶化，并与分泌液混合，逐步释放出药物，产生局部或全身作用；并应有适宜的硬度，以免在包装或贮存时变形；并应做重量差异和融变时限等多项检查。

1. 重量差异

取栓剂10粒，精密称定总重量，求得平均粒重后，再分别精密称定各粒的重量。每粒重量与平均粒重相比较，超出重量差异限度的药粒不得多于1粒，并不得超出限度1倍。凡规定检查含量均匀度的栓剂，一般不再进行重量差异检查。栓剂的重量差异限度如表12-1所示。

表12-1　栓剂的重量差异限度

平均粒重或标示粒重	重量差异限度
1.0 g 以下至 1.0 g	±10%
1.0 g 以上至 3.0 g	±7.5%
3.0 g 以上	±5%

2. 融变时限

取栓剂3粒，在室温放置1 h，照《中国药典》（2020年版）融变时限检查法（通则0922）检查，应符合规定。按法测定，脂肪性基质的栓剂3粒均应在30 min内全部融化、软化或触压时无硬心。水溶性基质的栓剂3粒在60 min内全部溶解。如有一粒不合格，应另取3粒复试，均应符合规定。

3. 膨胀值

除另有规定外，阴道膨胀栓应检查膨胀值，并符合规定。检查时取本品3粒，用游标卡尺测其尾部棉条直径，滚动约90°再测一次，每粒测两次，求出每粒测定的2次平均值（R_i）；将上述3粒栓用于融变时限测定结束后，立即取出剩余棉条，待水断滴，均轻置于玻璃板上，用游标卡尺测定每个棉条的两端以及中间三个部位，滚动约90°后再测三个部位，每个棉条共获得六个数据，求出测定的6次平均值（r_i）。根据式（12-3）计算每粒的膨胀值（P_i），三粒栓剂的膨胀值均应大于1.5。

$$P_i = \frac{r_i}{R_i} \qquad (12-3)$$

4. 药物溶出速率和体内吸收试验

药物溶出速率和体内吸收试验可作为栓剂质量检查的参考项目。

（1）溶出速率试验　常采用的方法是将待测栓剂置于透析管的滤纸筒中或适宜的微孔滤膜中。溶出速率试验是将栓剂放入盛有介质并附有搅拌器的容器中，于37℃每隔一定时间取样测定，每次取样后需补充同体积的溶出介质，求出介质中的药物量，作为在一定条件下基质中药物溶出速率的参考指标。

（2）体内吸收试验　可用家兔，开始时剂量不超过口服剂量，以后再两倍或三倍地增加剂量。给药后按一定时间间隔抽取血液或收集尿液，测定药物浓度。最后计算动物体内药物吸收的动力学参数和AUC等。

5. 稳定性和刺激性试验

（1）稳定性试验　将栓剂在室温25℃±3℃和25℃±4℃下贮存，定期于0个月、3个月、6个月、1年、1.5年、2年检查外观变化和融变时限、主药的含量和药物的体外释放、有关物质。

（2）刺激性试验　对黏膜刺激性检查，一般用动物实验。将基质检品的粉末、溶液或栓剂，施于动物的眼黏膜上，或纳入动物的直肠、阴道，观察有何异常反应。在动物实验基础上，临床验证多在人体肛门或阴道中观察。

（十）栓剂的包装与贮存

栓剂包装的方法多种多样，材料选择也很多，如聚乙烯（PE）、聚丙烯（PP）等。原则上要求每个栓剂都要包封，不得外露，栓剂之间要有间隔，不得互相接触。栓剂机械生产线上的栓剂包装袋由药用PVC硬片与PE膜复合而成，强度高、不易破碎、密封好、贮运安全、携带方便。手工包装也可用PE材料制作的栓剂壳，如手工翻盖软塑料壳、泡罩包装等。

除另有规定外，栓剂应在30℃以下密闭贮存或运输，防止因受热、受潮而变形、发霉、变质。环境湿度对栓剂贮存亦很重要。高湿度时栓剂易吸潮，干燥时可使之失水而变脆。对光敏感药物的栓剂一般用不透光材料如锡箔等包装。

第二节　阴道黏膜给药系统

阴道黏膜给药系统是指将药物制剂置于阴道内，使药物溶解，通过黏膜途径吸收，从而发挥局部或全身作用的给药系统。阴道黏膜给药奏效迅速，不仅可直达病灶部位而发挥局部治疗作用，还可避免肝脏首过效应而发挥全身治疗作用，在阴道炎、宫颈炎等疾病的治疗和避孕等方面具有显著优势。

阴道黏膜给药系统可用于杀菌消毒、避孕、引产、流产、治疗癌症，甚至可实现蛋白质、多肽类药物的全身吸收。

一、阴道的生理结构及药物吸收途径

（一）阴道的生理组织结构

阴道位于人体盆骨腔内，前邻尿道，后邻直肠，为一个略呈S形的纤维肌管状腔道，长10～15 cm，连接子宫和外生殖器，是女性的生殖器官，能收缩、扩张，通常呈紧缩皱褶状，具有排出经血和分娩胎儿的作用。如图12-4所示，阴道由上皮外层、固有层、肌层和阴道外膜组成。阴道壁有一层黏膜，由复层鳞状上皮组成，上皮上有许多皱褶，称为皱襞。皱襞提供支撑和伸缩性，并扩大了阴道壁的表面积。黏膜的厚度随环境条件和激素活动而变化。固有层由结缔组织构成，它由弹性纤维和细胞组成，如巨噬细胞、肥大细胞、中性粒细胞、嗜酸性粒细胞、淋巴细胞等。固有层还包含神经纤维网、动脉、血管和淋巴管。一般认为，药物通过固有层的血管进入全身循环。肌层由平滑肌束组成，排列成外纵向层和内环形层，为阴道提供良好的弹性。外膜层有大量的血管丛，并含有弹性纤维，这些弹性纤维可使外膜的弹性增加，也有助于阴道的整体扩张性。向阴道供血的血管网络包括阴道动脉、子宫动脉和阴部内动脉。阴道壁上血管分布丰富，血流通过会阴静脉丛流向会阴静脉，最终进入下腔静脉，密集的血管网络使阴道能够成为药物传输的有效途径，从而发挥局部或全身作用，通过阴道黏膜给药的药物可以绕过肝脏的首过效应。

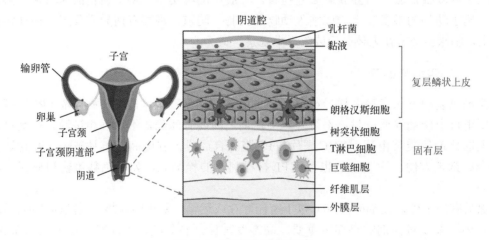

图12-4　阴道的生理组织结构

（二）药物吸收途径

药物通过阴道黏膜吸收的途径主要有两种，一是通过细胞转运通道，另一种是通过细胞间转运通道。前者为脂溶性通道，后者为水溶性通道，阴道黏膜对药物转运以前者为主。药物在阴道黏膜的吸收除与其脂溶性及剂型有关外，还可能随月经周期而变化。

二、影响药物阴道黏膜吸收的因素

阴道黏膜吸收药物包含两个重要的步骤：药物从给药系统中释放并溶解于阴道液中和药物透过阴道黏膜。任何影响药物释放、溶解和药物膜转运的生理或制剂因素都能影响药物在阴道内的吸收。

（一）生理因素

阴道的分泌液量、阴道壁的厚度、宫颈黏液、pH及特异的胞质受体会影响药物吸收。同时，排卵周期、妊娠和绝经期时阴道上皮及阴道内pH的变化会导致阴道壁的厚度随之发生变化，进而影响药物的吸收。

阴道黏膜黏液中存在多种肽代谢酶、过氧化酶和磷酸酯酶，以及能够代谢药物的微生物群。阴道内环境在正常生理状态下并不是无菌的，有几种细菌以一定的比例生长以维持稳态，其中比较主要的是乳杆菌，其能维持阴道的酸性环境，保持pH处于3.8～4.2，绝经期后阴道黏液变为碱性。

雌激素水平升高会促使阴道上皮逐渐增生变厚，阴道上皮越厚，药物吸收效果越差。围绝经期妇女雌激素分泌不如妊娠时期，阴道上皮相对较薄，皱襞少，药物的渗透性能大大提高，但是伸缩性差，容易受到感染。黏膜部位的生理环境能够影响药物的吸收，黏膜部位出现炎症或破损会使药物在黏膜的吸收速率增加。虽然阴道内没有腺体，但是阴道自身会产生黏液，减少了药物与靶组织的接触时间，进而降低了疗效。

（二）药物的理化性质

药物的理化性质如分子量、亲脂性、电离性、表面电荷、化学性质等都会影响药物在阴道内的吸收。药物必须具有足够的亲脂性，从而能够以扩散形式通过脂质膜，但也要求有一定程度的水溶性以保证能溶于阴道液体。对于阴道膜渗透性高的药物（如黄体酮、雌甾醇等），吸收主要受阴道黏膜表面的流体静压扩散层通透性的影响；对于低阴道膜渗透性的药物（睾酮、氢化可的松等），吸收主要受阴道上皮渗透性的限制。

（三）剂型因素

选择何种剂型取决于临床用药需求。如要求发挥局部疗效，一般选用半固体或能快速融化的固体剂型；如要求发挥全身作用，一般优先考虑阴道黏附系统或阴道环。例如女性生殖器炎性反应的急性发作期需使用速效剂型；而对于慢性炎性反应、长效避孕药以及提高局部或全身免疫力的抗原、抗体给药，则往往制成长效制剂。另外，制剂中所用材料的黏附性会影响药物在黏膜处的滞留时间，进而影响药物的吸收。

三、常规阴道黏膜给药系统

阴道常用剂型包括阴道栓、阴道片、阴道泡腾片、阴道胶囊、阴道凝胶剂、阴道膜剂、阴道环、洗剂等。阴道凝胶剂、阴道栓、阴道片和阴道环是现阶段应用最多的阴道给药剂型，具有剂型简单、疗效确切、作用时间长的特点。

（一）阴道凝胶剂

阴道凝胶是阴道黏膜给药系统使用最为广泛的剂型，其制备简单、使用方便。同时，凝胶的水溶性强、流变性能良好，具有保湿和润滑作用，能保证有效充分地与阴道黏膜结合。

（二）阴道膜剂

阴道膜剂与黏膜紧密接触，给药面积大，可稳定持续释放药物，具有缓释、刺激性小、工艺简单、分剂量准确、储存方便等优点。国内外对阴道膜剂研究较多，该剂型主要用于避孕、终止早孕、绝经后阴道疾病及阴道炎的治疗等。

（三）阴道栓

阴道栓在常温下是固体，纳入阴道管腔内，在体温下能迅速软化、熔融或溶解于分泌液中，逐步释放药物从而产生局部或全身作用。该剂型制备简单，疗效确切，作用时间久，可避免首过效应，能有效提高药物的生物利用度。

（四）阴道环

阴道环是一种环状的给药装置，放置于阴道后以控释的形式释放药物，易于控制，不会影响性交行为，可持续低剂量的使用。目前国内外上市的产品主要用于避孕和雌激素替代治疗，最近也有将阴道环技术应用到其他领域，如抗人类免疫缺陷病毒（HIV）感染、同时抗HIV感染和避孕以及艾滋病引起的巨细胞病毒（CMV）视网膜炎治疗等。

（五）阴道片

常见的阴道片剂包括生物黏附片剂或阴道泡腾片。其中生物黏附片能够加强药物与黏膜接触的紧密性与持续性，增加药物吸收的速率和吸收量；阴道泡腾片剂相对于普通片剂生物利用度高，而且在阴道内偏酸性的环境下有利于保持药效稳定。

四、新型阴道黏膜给药系统

常规的阴道给药虽然应用广泛，但存在药物渗透性低、从阴道内排出的速度快等缺点。新型阴道给药系统是这些常规的阴道给药系统的极佳替代品，可获得理想的生物分布，生物黏附、保留和释放特性。

（一）阴道黏膜微乳

许多阴道用药，尤其是抗病毒/抗微生物类药物，其活性成分水溶性差，生物利用度低，从而导致治疗无效。如果加大剂量，又会导致药物的毒副作用增加。微乳是一种理想的新型药物释放载体，其性质稳定、渗透性强，具有增加溶解度及靶向、缓释等特性，提高了药物疗效，降低了不良反应，这些特点使其在阴道黏膜给药系统方面体现出了独特的优势和巨大的临床应用前景。例如，氟康唑微乳阴道凝胶的体外生物黏附性能和抗真菌活性显著高于市售普通凝胶，在小规模临床研究中发现，微乳凝胶起效更快，临床疗效好，无刺激性，安全性好。

（二）阴道黏膜脂质体

脂质体是一种具有靶向给药功能的新型药物制剂，是利用磷脂双分子层膜所形成的囊泡包裹药物分子而形成的制剂。其作为药物载体具有细胞亲和性、靶向性、缓释性、降低药物毒性、提高疗效及避免耐受性等优点，可以更好地促进药物透过阴道黏膜，进一步提高药物在阴道酸性条件下的稳定性，克服阴道黏膜给药靶向性差等缺点。脂质体的这些优势，引起了研究者们的重视。

（三）阴道黏膜磷脂复合物

磷脂复合物可以提高药物的亲水性和亲脂性，改善油/水分配系数，增加药物透过阴道黏膜的量，从而提高药物的生物利用度。磷脂复合物经阴道黏膜给药具有高渗透、缓释可控、刺激性小等特点，以其优良的生物膜透过性能，在阴道黏膜给药中有着非常广阔的应用前景。

（四）阴道微针

微针是由微米大小的针簇均匀地排列在小贴片表面组成的给药装置。已经有几种类型的微针被用于将药物或疫苗输送到表皮中，例如实心、涂层、溶解和中空微针。微针已经被研究作为一种新型的阴道黏膜药物递送平台。例如，有学者使用不同类型的多功能脂质体封装在实心微针中，该微针阵列在组织液再水合时迅速溶解。通过应用阴道黏膜微针给小鼠接种疫苗，在阴道黏膜和全身系统中引发了强有力的特异性细胞和体液免疫。基于阴道微针的给药还被探索用于输送抗逆转录病毒药物以预防艾滋病病毒。有学者制备载有长效利匹韦林纳米混悬制剂微阵列贴剂用于阴道给药。制备的溶解微阵列贴片可以穿透合成的阴道皮肤模型，并且微针在拖动过程中，其形状能够保持。对大鼠的体内研究结果显示，利匹韦林的平均血液浓度与肌内注射对照组相当（116.5 ng/mL 对 118.9 ng/mL）。在大鼠的淋巴结和阴道组织中也系统检测到长效利匹韦林，这证实了它们对于阴道给药的适用性。

五、阴道黏膜给药系统质量评价

阴道黏膜递药系统不仅需满足各剂型项下的质量要求，还须考虑阴道黏膜给药的特点，开展相关的质量评价。

评价阴道黏膜制剂的指标包括黏膜渗透性、生物黏附性以及刺激性。通过黏膜给药进入体循环的药物在吸收上的最大障碍是药物在体内与黏膜接触时间短，容易渗出，不能发挥全部药效，所以生物黏附性是阴道黏膜给药进行质量评价的关键因素，生物黏附强度必须合适，太大会对黏膜造成损害，太小则易脱落。生物黏附性研究内容常包括生物黏附力、黏附时间的测定，其中，生物黏附力的常用测定方法有微量天平法、滚球黏附法、表面张力法、剥离试验法、黏弹性能法和直接力测定法等。阴道滞留性研究可通过将药物制剂给予动物阴道后，分别于不同时间用阴道模拟液冲洗阴道，合并冲洗液，测定药物滞留量。

测定黏膜渗透性通常选用动物的黏膜组织进行体外渗透试验，包括扩散池法、透析袋法和无膜溶出法等。

多采用家兔模型研究阴道制剂对黏膜的刺激性，这是因为家兔的阴道黏膜上皮由单层柱状细胞覆盖构成，人类的阴道黏膜上皮则由复层扁平细胞构成，前者对外界的黏膜刺激物具有更高的敏感性。

（辛洪亮）

 思 考 题

1. 药物经直肠黏膜吸收的途径有哪些？
2. 影响药物直肠吸收的生理因素有哪些？

3. 什么是栓剂？请举例说明栓剂常见的基质有哪些。

4. 什么是置换价？栓剂的置换价有何意义？

5. 栓剂的质量评价体系有哪些？

6. 什么是阴道黏膜给药系统？

7. 常见的阴道黏膜给药系统有哪些？

参考文献

[1] 程慧玲，童麒蓉，肖尧等. 新型栓剂的研究进展[J]. 药学研究，2021，40（4）：211-215.

[2] Kanamoto I, Zheng N X, Ueno M, et al. Bioavailability of morphine in rabbits after retcal administration of suppository containing controlled release morphine tablet[J]. Chemical & Pharm aceutical Bulletin, 1992, 40（7）: 1883-1886.

[3] 马冬冬，孟庆丽，刘红梅，等. 阴道黏膜给药系统的研究进展[J]. 中国药师，2015，18（4）：649-651.

[4] Mesquita L, Galante J, Nunes R, et al. Pharmaceutical Vehicles for Vaginal and Rectal Administration of Anti-HIV Microbicide Nanosystems[J]. Pharmaceutics, 2019, 11（3）: 145.

[5] Mahant S, Sharma A K, andhi H, et al. Emerging trends and potential prospects in vaginal drug delivery[J]. Current Drug Delivery, 2023, 20（6）: 730-751.

[6] 王艳宏，李洪晶，杨柳等. 阴道黏膜给药系统的研究进展[J]. 中国实验方剂学杂志，2019，25（17）：219-225.

[7] Yu T, Malcolm K, Woolfson D, et al. Vaginal gel drug delivery systems: Understanding rheological characteristics and performance[J]. Expert Opinion on Drug Delivery, 2011, 8（10）: 1309-1322.

[8] Wang X, Liu S, Guan Y, et al. Vaginal drug delivery approaches for localized management of cervical cancer[J]. Advanced Drug Delivery Reviews, 2021, 174: 114-126.

[9] Mc Crudden M T C, Larrañeta E, Clark A, et al. Design, formulation, and evaluation of novel dissolving microarray patches containing rilpivirine for intravaginal delivery[J]. Advanced Healthcare Materials, 2019, 8（9）: e1801510.

第十三章
经皮给药系统

 本章学习要求

1. 掌握：经皮给药系统的概念、特点与分类；贴剂的分类与组成；药物经皮吸收路径与影响因素。
2. 了解：各类经皮吸收促进技术的概念与原理；经皮给药系统的设计、生产与质量评价方法。

第一节 概述

一、经皮给药系统的定义、特点与分类

（一）定义

经皮给药是一种药物通过完整皮肤吸收的给药方法。药物应用至皮肤表面，随即穿过角质层，并在皮肤内扩散，最终由毛细血管或淋巴管吸收进入体循环的过程称经皮吸收或透皮吸收。广义的经皮给药制剂包括软膏、硬膏、贴片、涂剂和气雾剂等，而经皮给药系统（transdermal drug delivery system，TDDS）或称经皮治疗系统（transdermal therapeutic system，TTS）一般是经皮给药的新制剂，指的是药物通过特殊设计的装置释放，通过完整的皮肤吸收进入全身血液循环，从而实现疾病治疗或预防的控释给药制剂。

（二）特点

相较于口服等给药系统，TDDS具有以下特点：①经皮给药系统能够有效避免药物经口服时产生的胃肠道降解与肝首过效应（first-pass effect），大大提高药物的生物利用度，并且可避免胃肠道不良反应，减轻不同胃肠道因素（如pH、酶活性、胃排空、肠道蠕动与肠上皮通透性等）导致的个体差异；②一次给药即可在长时间内保持药物的恒定释放，对于半衰期短的药物可有效减少其给药次数，提高患者的依从性；③可按照治疗需求以恒定速率将药物释放进入体内，维持恒定的有效血药浓度，从而避免口服给药等传统途径中的血药浓度峰谷现象，减少药物的不良反应；④使用方便，特别适用于婴儿、老年人或不宜口服的患者，且一旦出现副反应，可随时中断给药，多数情况下，移除制剂后，血药浓度迅速下降。

值得注意的是，TDDS应用过程中要防止控制释放速率的薄膜破裂或损坏，否则会引起大剂量药物的突释，造成严重的毒副作用，甚至引起患者死亡。

（三）分类

目前市面上常见的TDDS多为贴剂，如图13-1所示，按组成可具体分为膜控释型贴剂、黏胶分散型贴剂、骨架分散型贴剂等。

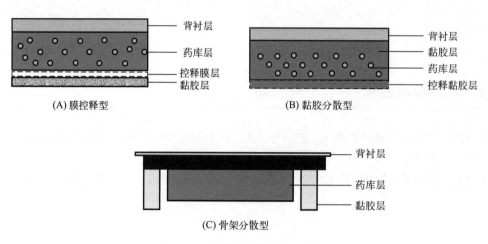

图13-1　各类经皮贴剂结构示意图

1. 膜控释型贴剂

膜控释型贴剂由背衬层、药库层、控释膜层和黏胶层组成。通常选择聚乙烯、聚苯乙烯等不透型塑料薄膜作为背衬层，以方便控释膜复合与印刷。药库层为载药的乳膏层，多使用高分子材料作为基质。控释膜层的功能为调控药物释放的速率从而控制药物的透皮速率，多为乙烯-醋酸乙烯共聚物或聚丙烯等聚合物材料的微孔膜。黏胶层一般为压力敏感型胶黏剂（压敏胶），可让贴剂稳固贴在皮肤表面，不易脱落。

对于膜控释型贴剂，影响药物释放的因素主要与聚合物膜的性质有关，即聚合物膜的结构、膜孔的大小、膜的组成、药物分子本身在膜中的渗透系数以及膜的厚度。除此之外，控释膜层下方的黏胶层的组成与厚度同样会影响药物的释放速率。

2. 黏胶分散型贴剂

黏胶分散型贴剂指的是将药物直接分散或溶解于黏胶层中，用溶剂浇注或热熔涂敷法将药物固定在不可渗透的背衬层上，形成薄的含药层，从而制得的贴剂。通常为了增强压敏胶与背衬层之间的黏结强度，可用空白压敏胶先行涂布在背衬层上，然后覆以含药层，再覆以具有控释能力的胶层。也就是说，黏胶分散型贴剂的药库层与黏胶层的基质都为压敏胶。随着释药时间的延长，由于药物扩散需穿透胶层的厚度不断增加，其释药速率也随之下降。为了保证恒定的释药速率，可以将黏胶分散型贴剂的药库层按照适宜浓度梯度制备成多层含不同药量及致孔剂的压敏胶层，通过这种调节浓度梯度或孔隙率的方法能够解决因扩散距离延长而引起的释药速率降低的问题。

3. 骨架分散型贴剂

骨架分散型贴剂是将药物均匀分散或溶解在疏水或亲水的聚合物骨架中，压成具有一定面积和厚度的含药层，将胶黏剂黏附在含药层周围，再黏附于皮肤上。骨架分散型贴剂的药物释放速率由胶黏剂与聚合物的特性共同控制。与黏胶分散型类似，该骨架分散型结构无须使用半透膜，避免了因半透膜破裂引起的药物突释，可有效降低患者风险，缓控释效果更佳，目前越来越多的市售贴剂产品采用了骨架分散型或黏胶分散型的结构设计。

随着经皮给药技术和理念的不断发展，除了传统的贴剂，还出现了一些新型的经皮给药系统，包括微储库型贴剂、微针贴片与各类新型经皮给药技术，如离子导入、电穿孔等。这些新型经皮给药系统的出现，为药物经皮递送提供了更多的选择和可能。它们具有更好的控释性能、更高的渗透效率和更低的副作用，可以满足不同药物的特殊要求，并提供更便捷、舒适的治疗方式。后文将对一些独特的新型经皮给药技术作详细介绍。

二、经皮给药系统的发展

（一）东莨菪碱贴

二十世纪六七十年代，人们对药物通过皮肤吸收开展了大量的研究，逐步建立了药物经皮吸收的基本理论。1979年12月美国FDA批准了第一个经皮给药制剂——东莨菪碱贴剂，自此开启了TDDS的新篇章。临床上东莨菪碱贴剂主要用于防治旅行中的晕车和手术麻醉与镇痛所致的呕吐。该贴剂为典型的膜控释型贴剂，呈环形扁平状，由背衬层、药库层、控释膜层和黏胶层组成。该TDDS内含1.5 mg东莨菪碱，可在3天内向体循环接近恒速地释放1 mg的东莨菪碱。黏胶层中含200 μg的首剂量，可使药物在皮肤用药部位饱和，迅速提高血药浓度至所需的稳态水平。剩余的东莨菪碱经控释微孔膜持续释放，从而维持血药浓度恒定。由于释药速率小于皮肤吸收速率，药物释放后能够充分吸收进入体循环，而不会蓄积在皮肤中。该贴剂使用时贴在耳后，使用方便，易为患者接受。用药4小时后，抗呕吐效果明显，一片贴剂可维持3天以上的效果。

（二）其他贴剂的研究进展

东莨菪碱贴剂在临床上的成功，进一步推动了TDDS的发展。目前已有硝酸甘油、可乐定、烟碱、芬太尼、妥洛特罗、罗替戈汀、卡巴拉汀、格拉司琼等上百种包含仿制药的经皮给药制剂上市销售。近年来，随着新型生物促渗技术、微针技术和新材料的不断研发，人们又开始着眼于疫苗等生物大分子经皮给药制剂的研究，并取得了显著进展。

1. 硝酸甘油贴剂

硝酸甘油是临床上预防心绞痛的首选药物，通常舌下给药后，血浆半衰期短，血浆峰浓度高，易引起副作用。此外，其经口服给药后，首过效应强，生物利用度低。而硝酸甘油贴剂可避免首过效应，增加其生物利用度，并在长时间内维持稳定的血药浓度。将TDDS贴于皮肤时，黏胶层中的硝酸甘油不断被吸收，活性成分能够在被肝脏灭活前到达心脏。

2. 可乐定贴剂

作为α$_2$肾上腺素受体激动剂，可乐定具有镇静、镇痛和抗焦虑等药理作用，临床上常用于治疗高血压与多动症。其脂溶性强，分布容积大，适宜制成TDDS。第一个用于治疗高血压的TDDS是Catapres TTS，该制剂能够在7天内实现可乐定的长效控释，并可通过调节贴剂面积的大小，调整相应的药物剂量。值得注意的是，为了保证在7天使用期内能恒速释药，整个系统中的含药量远大于其释药总量。药物释放的驱动力是制剂与皮肤内的药物浓度梯度，其释药速率由控释膜控制。用药后，黏胶层中的可乐定先使皮肤饱和，随后药物贮库中的可乐定开始通过控释膜扩散，经皮肤吸收进入体循环。一般使用2～3天后可达到治疗血药浓度，一周后，可取另一块贴剂贴于未用过药的皮肤上，以维持有效浓度。

3. 雌二醇贴剂

雌二醇一般用于防治绝经期妇女严重的性腺功能减退、女性卵巢切除术、原发性卵巢功能衰竭以及因内源性雌激素产生不足诱发的衰退症状，如萎缩性阴道炎。然而，雌二醇口服后极易被肝脏迅速代谢成雌酮和它的结合物，生物利用度低。相对而言，雌二醇的皮肤代谢弱，经皮给药达到雌二醇有效血药浓度所需要的剂量往往比口服小很多，同时其代谢物浓度也低于口服用药，从而显著降低雌二醇口服带来的副反应。临床上，雌二醇TDDS通常采用循环给药（如连续治疗3周，停药1周），一般贴在躯干的清洁干燥部位，如腹部或臀部。

三、中药经皮给药系统

近年来，中药经皮给药系统同样受到了广泛的关注。中药经皮给药系统可分为两类：第一类为中药复方制剂，如骨通贴膏、消痛贴膏、通络祛痛膏等现代复方制剂；第二类为以中药中提取的有效成分为主药的经皮给药制剂，如已有将凝胶剂、乳剂、脂质纳米粒等应用于青藤碱、川芎嗪、丹参酮、阿魏酸、雷公藤甲素、麝香酮、苦参碱、丹皮酚、千里光碱、黄芩苷等的经皮给药系统的研究中。

中药经皮给药制剂已从传统的散剂、膏药等传统剂型发展至现代经皮给药系统，使用更为方便，患者的依从性得到了提高。最具代表性的是脂质体、乳剂、脂质纳米粒等具有更强经皮渗透能力的新型载体系统。另一方面，离子导入、超声波促透、电致孔、微针等各种物理促透技术也得到了广泛应用。同时，一些来源于中药的天然促透剂，如薄荷醇、桉叶油、冰片、桂皮油等的研究也在逐步深入。

制剂技术的发展，为中药经皮给药的研究提供了良好的借鉴，但中药经皮给药的发展还存在诸多问题，如传统中药经皮给药制剂的剂型优化与改造、中药复方经皮给药的载体材料、中药经皮给药评价方法、中药在皮肤内的酶解动力学、中药经皮渗透的数学模型、中药经穴透皮给药机制等。中药TDDS的研发需要充分考虑中药的特点，在中医药理论指导下，开展适合中药的经皮给药技术、制剂与理论的研究探索。

（一）巴布剂

相较于传统贴膏（如橡胶膏、软膏、黑膏药等），巴布剂因在生产过程中不涉及有机溶剂或其他有毒试剂，环境优化且安全性高，质量稳定可控。此外，巴布剂具有无残留，不污染衣物，敷贴性、透气性及保湿性好，对皮肤无刺激及致敏性，可反复揭贴等优点。巴布剂的基质含有高达40%～60%的水分，能快速、持久地释放药物。我国对巴布剂的研究起步于20世纪80年代初期，复方紫荆消伤巴布膏是国内第一个药品准字号的巴布剂。它可以维持恒定的血药浓度，避免峰谷现象，避免肝脏的首过效应和药物在胃肠道的灭活，减少不良反应的发生。自此，巴布剂被广泛地应用在各种经皮给药的新药研究中。

（二）新型递药系统

除了巴布剂之外，一些新型的中药经皮递药系统近年来不断涌现，如脂质囊泡、微乳、脂质纳米粒、树枝状聚合物、纳米结晶、离子液体与外泌体等。其中，脂质囊泡是一类在普通脂质体的基础上通过添加或改变处方中的组成成分而得到的载体，其能够基于不同的作用机制改善药物的经皮渗透。微乳、脂质纳米粒具有良好的药物增溶能力与生物相容性，同样可以促进药物的经皮扩散。树突状聚合物皮肤刺激性小且载药能力高，也有利于药物的经皮递送。与普通药物结晶相比，纳米结晶的粒径更小，表面积更大，其药物溶出度大大增加，从而促进药物的经皮递送。

第二节　药物的经皮转运及影响因素

解析药物经皮吸收的生理屏障、经皮吸收过程以及影响因素是研发新型高效 TDDS 的基石。而要想了解药物经皮吸收过程，掌握皮肤的解剖结构与功能等生理学知识必不可少。

一、皮肤的解剖结构与功能

皮肤是人体最大的器官，成人皮肤总面积约为 1.5 m²。人体皮肤的厚度存在较大的个体、年龄和部位差异，一般为 0.5～4 mm。其中，耳后与眼皮部位的皮肤较薄，足底皮肤较厚。皮肤的正常功能对机体健康非常重要，其可以保护机体免受外界环境中有害因素的侵害，感知刺激，防止体内水分、电解质和其他物质损失，通过皮脂与汗腺排泄代谢产物，并通过周期性更新表皮，有效保持机体的内环境稳定和皮肤的动态平衡。同时，机体的异常生理情况也可以通过皮肤反映出来。

1. 结构

皮肤由表皮（角质层与活性表皮）、真皮和皮下组织构成，表皮与真皮之间由基底膜带相连接。皮肤中除各种皮肤附属器（如毛囊、皮脂腺、汗腺、指甲和趾甲等）外，还含有丰富的毛细血管、淋巴管以及神经。

（1）表皮　表皮在组织学上属于复层鳞状上皮，主要由角质形成细胞、黑素细胞、朗格汉斯细胞和梅克尔细胞等构成。

① 角质形成细胞：由外胚层分化而来，是表皮的主要构成细胞，数量占表皮细胞的 80% 以上，其在分化过程中可产生角蛋白。角蛋白是角质形成细胞的主要结构蛋白之一，构成细胞骨架中间丝，参与表皮分化、角化等生理病理过程。角质形成细胞之间及与下层结构之间存在一些特殊的连接结构，如桥粒和半桥粒。根据角质形成细胞分化阶段和特点将表皮由深至浅分为基底层、棘层、颗粒层、透明层和角质层。角质层提供最重要的皮肤屏障功能，由多层扁平角质细胞（死细胞、部分干燥）和细胞间脂质堆积而成，呈砖泥结构，厚度多在 15～20 μm。透明层位于颗粒层的浅面，由 2～3 层无核的扁平细胞组成，胞质中含有嗜酸性透明角质。颗粒层位于棘层的浅面，由 2～3 层梭形细胞组成，该细胞胞质中有大小不等的透明角质颗粒。棘层由 4～10 层多边形细胞组成，该类细胞胞核呈圆形，细胞中有大量棘状突起。基底层位于表皮的最深层，基膜与真皮相连，由一层排列整齐的矮柱状上皮细胞组成，其间有黑素细胞夹杂分布。因透明层、颗粒层、棘层和基底层的细胞有生命活性，通常统一被称为活性表皮，厚度为 50～100 μm。与角质层不同，活性表皮中多为有生命活性的细胞，水分含量高达 90%。

② 黑素细胞：起源于外胚层的神经嵴，位于基底层，约占基底层细胞总数的10%。黑素细胞能折射和反射紫外线，从而保护真皮及深部组织。

③ 朗格汉斯细胞：表皮中一类起源于骨髓单核-巨噬细胞的免疫活性细胞，多分布于基底层以上的表皮和毛囊上皮中，占表皮细胞总数的3%～5%。朗格汉斯细胞密度因部位、年龄和性别而异，通常面、颈部皮肤中含量较多。

④ 梅克尔细胞：分布于基底层细胞之间的神经细胞，有短指状突起，细胞内含有许多直径80～100 nm的神经内分泌颗粒，在感觉敏感部位，如指尖和鼻尖密度较大。

（2）真皮　真皮在组织学上属于不规则的致密结缔组织，由纤维、基质和细胞组成，其中纤维有胶原纤维、弹力纤维和网状纤维三种，为真皮的主要成分，占真皮的95%以上，除赋予皮肤弹性外，也支撑了皮肤及其附属器构架。基质是一种无定形的、均匀的胶样物质，充塞于纤维束间及细胞间。真皮细胞主要包括成纤维细胞、组织细胞和肥大细胞。其中，成纤维细胞又称纤维母细胞，能合成胶原纤维、弹力纤维和基质；组织细胞是网状内皮系统的组成部分，起吞噬并清除微生物、代谢产物、色素颗粒和异物的作用；而肥大细胞胞浆内的颗粒能贮存和释放组胺及肝素等。真皮中含有神经和神经末梢，还有丰富的毛细血管与毛细淋巴管，是药物经皮吸收的主要部位。

（3）皮下组织　位于真皮下方，其下与肌膜等组织相连，由疏松结缔组织及脂肪小叶组成，又称皮下脂肪层。皮下脂肪组织是一层比较疏松的组织，能够缓冲外来压力，并能起到隔热以及储存能量的作用。皮下组织主要成分为脂肪细胞、纤维间隔和血管，此外还分布有淋巴管、神经、汗腺和毛囊等。脂肪细胞为圆形或卵圆形，胞质内充满脂质、少数线粒体和较多游离核糖体。脂肪细胞聚集，形成大小不一的脂肪小叶。皮下组织的厚度随体表部位、性别、年龄、内分泌及营养状况的不同而有所差异，但基本上不会限制药物的吸收。

（4）皮肤附属器　包括毛发、皮脂腺、汗腺及指甲，均由外胚层分化而来，虽占皮肤总表面积比例较低，但具有很重要的作用。

① 毛发：除手掌、足底等处皮肤外，身体皮肤都覆有毛发。毛发分为毛干、毛根和毛球三部分。位于皮肤以外的部分称毛干，位于皮肤以内的部分称毛根。毛根末端膨大部分称毛球，包含在由上皮细胞和结缔组织形成的毛囊内，毛球下端的凹凸部分称毛乳头。毛囊位于真皮和皮下组织中，由内毛根、外毛根鞘和结缔组织鞘组成。毛发对体温的调节起重要作用，且毛囊处有丰富的神经末梢，是灵敏的触觉感受器。毛发性状与遗传、健康状况、激素水平和气候等因素有关。其生长具有周期性，分为生长活跃期、退行期、休止期三个阶段。一般来说，头发的生长周期为3～5年，其他部位的毛发生长周期只有数月。

② 皮脂腺：是皮肤中一种重要的分泌腺，能产生脂质，属泡状腺体，由腺泡和较短的导管构成。皮脂腺分布广泛，主要存在于掌面部、头部、后背中央及会阴处。皮脂腺不与毛囊连接，腺导管直接开口于皮肤表面。分泌的皮脂经导管排入毛囊上部或皮肤表面，形成一层保护膜，可防止皮肤脱水以及病菌侵入。雄性激素会刺激皮脂腺分泌，而雌性激素会抑制。皮脂腺有生长周期，但与毛囊生长周期无关，一般一生只发生两次，主要受雄性激素水平控制。

③ 汗腺：汗腺分泌能帮助机体散热、调节体液平衡，根据结构与功能不同可将汗腺分为局泌汗腺和顶泌汗腺。局泌汗腺遍布全身，总数160万～400万个，以掌趾、腋、额部较

多，背部较少。局泌汗腺受交感神经系统支配，神经递质为乙酰胆碱。顶泌汗腺主要分布在腋窝、乳晕、脐周、肛周、包皮、阴阜和小阴唇，偶见于面部、头部和躯干。顶泌汗腺的分泌主要受性激素影响，青春期分泌旺盛。顶泌汗腺也受交感神经系统支配，介质为去甲肾上腺素。

④ 指甲：是覆盖在指（趾）末端伸面的坚硬角质，由多层紧密的角化细胞构成。指甲生长速度约每3个月1 cm，趾甲生长速度约为每9个月1 cm。疾病、营养状况、环境和生活习惯的改变可影响指甲的性状和生长速度。

2. 功能

（1）皮肤的屏障作用　皮肤是机体抵御外界不利因素的第一道屏障，可以保护体内各种器官和组织免受外界有害因素的损伤，也可以防止体内水分、电解质及营养物质的流失。皮肤对机体的防护具体可分为以下几个方面。

① 防护物理性损伤：皮肤可通过吸收作用实现对光线的防护，皮肤各层对光线的吸收有选择性。角质层主要吸收短波紫外线（波长180～280 nm），而棘层和基底层主要吸收长波紫外线（波长320～400 nm）。黑素细胞在紫外线照射后可产生更多的黑色素，使皮肤对紫外线的屏障作用显著增强。

② 防护化学性刺激：角质层是皮肤防护化学刺激的最主要结构。角质层细胞具有完整的脂质膜、丰富的胞质角蛋白及细胞间的酸性胺聚糖，有抗弱酸和抗弱碱的作用。由于其独特的砖泥结构，角质层是绝大多数水溶性有毒物或药物分子（包括大分子）的重要屏障，但对脂溶性分子的屏障能力弱。

③ 防御微生物侵入：角质层细胞排列紧密，角质形成细胞间也通过桥粒结构相互镶嵌排列，因此角质层同样能机械性防御微生物的侵入。并且，角质层含水量较少以及皮肤表面弱酸性环境，均不利于某些微生物生长繁殖。而角质层生理性脱落，亦可清除一些寄居于体表的微生物。

④ 防止营养物质流失：正常皮肤的角质层具有半透膜性质，可以防止体内营养物质、电解质的丢失，皮肤表面的皮脂腺也可大大减少水分丢失。正常情况下，成人经皮丢失的水分每天为240～480 mL，但如果缺乏角质层，每天经皮丢失的水分将增加10倍以上。

（2）皮肤的吸收功能　皮肤具有吸收功能，经皮吸收是皮肤外用药物的理论基础。药物的经皮吸收主要依赖于分子在皮肤中的扩散能力。药物分子可通过跨角质层的表皮途径吸收入血，亦可经毛囊、皮脂腺、汗腺等附属器吸收入血。真皮和皮下组织中丰富的毛细血管与淋巴管可不断地将皮肤中的外来分子转运至系统循环。值得注意的是，皮肤的吸收功能受多种因素影响。

（3）皮肤的其他功能　由于皮肤中含有丰富的神经末梢、皮脂腺、汗腺，皮肤还具有感觉、分泌、排泄、体温调节、物质代谢、免疫等多种功能。

二、药物经皮吸收过程

药物的经皮吸收取决于药物在角质层中的扩散、角质层和活性表皮之间的药物分配、活性表皮和真皮之间的药物扩散以及药物通过皮肤毛细血管或毛细淋巴管吸收等能力。药物经皮肤吸收进入体循环的途径有两条，即：表皮途径（包括细胞内途径和细胞间途径）和皮肤附属器（毛囊、皮脂腺、汗腺）途径（图13-2）。

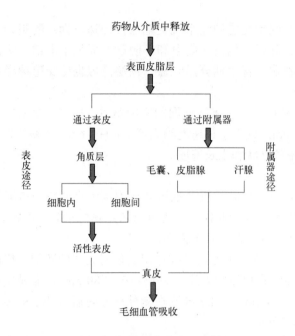

图13-2　**药物经皮吸收途径示意图**

1. 表皮途径

表皮途径是指药物通过表皮角质层进入活性表皮，扩散至真皮，被毛细血管吸收进入体循环的途径，是药物经皮吸收的主要途径。表皮途径又分为细胞内途径和细胞间途径，前者药物透过角质层细胞到达活性表皮，后者药物通过角质层细胞间类脂双分子层到达活性表皮。由于角质层细胞渗透性低，且药物跨细胞时需多次经历亲水/亲脂环境的分配过程，所以细胞内途径在表皮途径中仅占极小部分。药物分子多通过细胞间途径进入活性表皮和真皮，继而被吸收入血。

2. 皮肤附属器途径

毛囊、皮脂腺和汗腺嵌入真皮内，直接通向皮肤表面的外部环境，为药物分子经皮肤附属器直接到达皮肤深层提供了捷径。药物通过皮肤附属器的渗透速率比表皮途径快，但皮肤附属器在皮肤表面总面积的占比只有0.1%左右，因此皮肤附属器途径对于脂溶性药物分子的经皮吸收贡献极为有限。有研究表明，大于10 μm的颗粒可以残留在皮肤表面，3～10 μm的颗粒积聚在毛囊中，小于3 μm的颗粒可以渗入毛囊。由于部分离子型药物及水溶性的大分子药物难以通过富含类脂的角质层，其经表皮途径的渗透速率很慢，因此皮肤附属器途径是这些药物的重要吸收途径。

3. 皮肤的储库作用与代谢作用

药物分子穿透角质层到达活性表皮以及真皮层时，会依次经受皮肤的代谢作用和储库作用，从而影响其经皮吸收的生物利用度与速率。

（1）代谢作用　活性表皮与真皮中存在大量的具有生命活力的细胞，能够分泌各类代谢酶。同时，皮脂腺和毛囊中同样存在一些代谢酶。在这些代谢酶的作用下，药物分子可发生氧化、水解、结合和还原反应，从而效力降低。例如，雌二醇、睾酮等激素类药物在经皮吸收过程中可被转化为雌酮、二氢睾酮，从而显著影响它们的临床疗效。蛋白质、多肽药物在经皮转运过程中亦能被皮肤表面的微生物和皮肤中的氨基肽酶等代谢，从而使蛋白质、多肽药物的功效大为降低。

值得一提的是，基于皮肤的代谢作用可设计前体药物，以达到促进药物经皮吸收的目的。当药物的经皮渗透速率低，无法达到治疗要求时，可合成渗透速率高的前体药物。前体药物通过皮肤酶代谢成具有治疗活性的母体药物，继而被机体吸收、发挥药效。

（2）贮库作用　药物在经皮吸收过程中可能会在皮肤内产生累积，形成贮库，其主要积累部位是含水量低的角质层。药物分子可与角质层中的疏水域，如皮肤蛋白质或脂质结合，延长药物渗透的时滞，形成药物贮库，进而导致游离药物分子减少，药物吸收的速率与效率下降。此外，真皮层中也可能有药物的结合部位，从而导致药物分子在真皮层蓄积，影响药物的后续吸收。

三、影响药物经皮吸收的因素

1. 生理因素

（1）皮肤的水和作用　皮肤的角质层能吸收水分使皮肤水化，即皮肤的水合作用。角质细胞吸收水分后膨胀，致密程度降低，并且皮肤的含水量增加，有利于水溶性药物分子的渗透。角质层的水化，很大程度上归因于与角质细胞相关联的天然保湿因子（nature moisturizing factor，NMF），其含量高达角质层干重的20%～30%。NMF能在角质层中与水结合，并通过调节、贮存水分达到保持角质细胞间隙含水量的作用，使皮肤自然呈现水润状态。一般水合50%以上，会使皮肤渗透率提高5～10倍。

应用类脂性基质软膏、硬膏剂或用塑料薄膜包扎皮肤防止皮肤内水分流失，能够增加角质层的内源性水化作用，从而提高皮肤的通透性。此外，固体脂质纳米粒（solid lipid nanoparticle，SLN）作为防晒油、维生素A和维生素E、雷公藤内酯、糖皮质激素、喷昔洛韦等的经皮给药载体，同样能有效促进这些药物的透皮，目前认为SLN可能在皮肤表面形成连贯的具有"闭塞效应"的膜，从而引起皮肤水合作用增强。

（2）角质层的屏障　角质层的厚度、完整性及通透性对皮肤的吸收能力影响显著。不同部位角质层的厚度不同，药物吸收能力也存在差异，不同部位的角质层厚度往往有以下的顺序：耳后和阴囊＜前额＜大腿屈侧＜上臂屈侧＜前臂＜掌趾。年龄和性别同样会影响角质层的屏障作用，一般来说，女性的皮肤渗透性更好，但随着年龄的增大，男女的皮肤渗透性都会变差。

（3）皮肤状态　当皮肤病变时，如银屑病和湿疹，会显著增加皮肤的渗透性；而另一些疾病如硬皮病、老年角化病反而会使皮肤的渗透性降低。通过使用某些有机溶剂处理皮肤，以及皮肤受损时皮肤的渗透性会增加。此外，当皮肤的温度升高时，脂质膜流动性增加，也能提高皮肤的渗透性。

（4）皮肤的储库与代谢　皮肤的贮库作用会导致游离药物分子减少，延长药物渗透的时滞，进而影响血药浓度与药效。并且，药物分子在皮肤中的蓄积会影响贴剂的中断给药，有潜在的增加不良反应的风险。但也可以利用皮肤的储库作用减少给药次数，在较长时间内保持药物的逐步吸收，实现预防性用药和长效用药的可能。皮肤的代谢作用会引起药物分子的显著失活，进而影响药物的生物利用度与药效。皮肤的酶活性还受到皮肤疾病的影响，例如，痤疮皮肤中睾酮的分解比正常皮肤高2～20倍。然而，在处方中加入代谢抑制剂能够有效增加药物的经皮吸收。

2. 制剂因素

（1）**药物性质**　药物的分配系数、分子大小、溶解度、熔点等特性都可能会影响其经皮吸收的能力。一般来说，亲脂性较强的药物容易通过角质层屏障，而亲水性较强的药物更容易受到屏障作用而较难被经皮吸收。因此，不同药物在不同部位的渗透能力显著不同。例如，东莨菪碱在角质层薄的耳后的渗透优于其他部位，但硝酸甘油脂溶性强，使用部位对其作用影响不大。药物分子大小对其通过角质层扩散的影响可使用Stokes-Einstein定律来描述：

$$D=\frac{K_{\mathrm{B}}T}{6\pi\eta r}$$
（13-1）

式中，D是扩散系数；K_{B}是Boltzmann常数；T是热力学温度；π是圆周率；η是扩散介质黏度；r是药物分子半径。可见，扩散系数D与分子半径成反比。由于分子量与分子体积基本呈线性关系，而分子半径与分子体积呈立方根关系。因此，可认为分子量对扩散系数的影响呈负效应。通常认为，分子量大于600的药物，皮肤透过率低，不适用于经皮给药。

药物的熔点同样会影响药物的经皮扩散，低熔点的药物容易透过皮肤。此外，药物的油/水分配系数也是影响药物经皮吸收的最主要因素之一。药物的渗透系数与油/水分配系数多呈抛物线关系，即先随分配系数的增加而增大，但当分配系数到达一定阈值后渗透系数反而降低。主要原因为强脂溶性的药物虽然容易穿透角质层，但不利于分配至角质层下方的含水量高的活性表皮，因此难以到达真皮层进而被吸收。

一般情况下，分子型药物有较大的皮肤渗透系数，相反，离子型药物难以穿透皮肤。而很多药物是有机弱酸或有机弱碱，这些药物经过具有不同pH的皮肤表面、表皮与真皮时，会发生不同程度的解离，进而影响总渗透系数。

（2）**药物剂量**　药物的经皮吸收主要依赖于被动扩散，扩散速率与制剂/皮肤中药物浓度差有关。当药物剂量较低时，药物在皮肤上的浓度可能不足以推动药物快速穿透皮肤，从而限制了药物的经皮吸收。通常，TDDS的给药面积不大于60 cm²，因而随着药量的增加，药物在皮肤上会达到饱和，此时继续增加剂量也不会提高药物的吸收。一般药物的给药剂量最好控制在毫克范围内，不超过20 mg。

（3）**处方因素**　制剂的组成能影响药物的释放性能，进而影响药物的透皮速率。药物释放越快，越有利于药物的经皮吸收。一般药物在乳剂型基质中释放、穿透、吸收更快，在动物油、羊毛脂中次之。此外，基质还能够影响药物的饱和溶解度、解离程度，从而影响药物在皮肤中的扩散。有些介质还会影响皮肤的通透性，与皮肤发生可逆的相互作用，从而改变皮肤的屏障性。

第三节　经皮给药系统的设计与生产

一、经皮吸收促进技术

由于皮肤的强屏障作用，除了少数剂量小和具适宜溶解特性的小分子药物外，大部分药物的透皮速率都满足不了治疗要求，为此需要根据药物的性质选择合适的药物经皮渗透促进方法，使药物在体内达到有效的治疗浓度。目前已开发有多种不同类型的经皮吸收促进技术，研究者在设计经皮给药系统时需根据药物的本身性质以及治疗需求，选择合适的经皮吸收促进技术。

（一）吸收促进剂

当前最主流的经皮吸收促进技术是使用经皮吸收促进剂。经皮吸收促进剂是指能够扩散进入皮肤、降低药物通过皮肤阻力的材料。理想的经皮吸收促进剂须具备安全、可逆、起效迅速等特点，即①对皮肤及机体无药理作用、无毒、无刺激性、无致敏性。②应用后立即起作用，移除后皮肤能恢复正常的屏障功能。③不引起体内营养物质和水分失衡。④不与药物及剂型中其他辅料产生物理化学作用，从而影响药物的释放与活性。⑤无色、无臭，患者易接受。表13-1总结了一些常用的经皮吸收促进剂类型与作用机制。

表13-1 化学促透剂分类及其作用机制

类型	代表促透剂	促透机制
醇类	乙醇、丙二醇	增加药物的溶解度，提取脂质
亚砜类	二甲基亚砜	改变角蛋白构象，提取脂质，促进脂质流动
脂肪酸类	油酸、月桂酸	增加脂质的流动性，改变角质层细胞间类脂分子的排列，提取脂质，在脂质层形成新的渗透区域与碱性药物形成脂溶性离子对
酰胺类	氮酮	增加脂质流动性，促进水化，增大药物在角质层/基质间的分配系数
酯类	醋酸乙酯	改变细胞膜的结构和通透性
表面活性剂	吐温80、泊洛沙姆、卵磷脂	增加药物溶解度，胶束隔离药物，干扰细胞膜的结构
角质保湿与软化剂	尿素、水杨酸、吡咯烷酮类	促进角质层水化，扰乱脂质排列
萜烯类	樟脑、柠檬烯	增加药物在皮肤脂质中的溶解度，扰乱脂质结构，促进脂质流动，创造新的渗透通道

1.酰胺类

月桂氮草酮（laurocapram）又称氮酮（azone），化学名为1-十二烷基-六氢-2*H*-氮杂草-2-酮。它为无臭、无色、几乎无味的澄清油状液体，能与醇、酮、低级烃类混溶而不溶于水的强亲脂性化合物，氮酮的安全性较高，大鼠和小鼠口服$LD_{50} > 7000$ mg/kg，浓度高达50%也不会对皮肤产生刺激性和致敏性。

氮酮的促透效果与其浓度有密切的关系，常用浓度为1%～10%，最佳促透浓度一般认为是2%～3%。例如在梭链孢酸钠的丙二醇-异丙醇溶液中，氮酮浓度为3%时对药物促透作用最大，大于3%作用降低，浓度高达50%时无明显促透作用。氮酮在促进药物的透皮吸收时，常用的剂量一般要小于药物自身剂量的10%。此外，制剂的处方成分能显著影响氮酮的经皮吸收促进作用，如丙二醇和乙醇能提高氮酮的促透作用，而PEG400可能会抑制氮酮的促透作用。添加与氮酮有较强亲和力的辅料，如液状石蜡和凡士林等也会削弱氮酮的促透作用，这可能与辅料影响氮酮向角质层中分配有关。氮酮从应用于皮肤到发挥促透作用需一段时间，这称为时滞。时滞的大小与药物的性质及所用的介质有关。氮酮对亲水性药物、生物碱类药物的促吸收作用较强，而对脂溶性分子药物的促透效果较弱，甚至可能会起到阻滞的作用。

氮酮的促透机制已有了多年的研究，一般认为，氮酮能与角质层中的脂质发生作用，增加脂质的流动性，同时增加了角质层的含水量，扩大细胞间隙，促进药物的经皮渗透。此外，氮酮能够增大药物在角质层/基质间的分配系数，利于药物在角质层形成贮库。也有观点认为，氮酮对类脂有特异性的溶解作用，可破坏类脂所形成的膜，使毛囊口拓宽，药物容易通过毛干与毛囊壁之间的微孔隙和皮脂腺到达真皮。

2. 有机溶剂类

（1）醇类　低级醇类，如乙醇、异丙醇、异丁醇、正辛醇等，在经皮给药制剂中常用作溶剂，它们既可增加药物的溶解度，又能促进药物的经皮吸收。如雌二醇经皮制剂Estraderm®中使用了乙醇作为吸收促进剂，研究表明，70%乙醇中的雌二醇饱和溶液的透皮速率比水饱和溶液大20倍。醇类促透效果与其碳链长度有关，随着碳链增长，促透效果先增强后减弱。长链醇对药物的增溶能力有限，但可以脱去皮肤脂质，破坏其结构完整性或有序性来达到促透作用。

丙二醇在经皮给药制剂中常用作溶剂、潜溶剂、保湿剂和防腐剂等，同样对很多药物具有促进经皮渗透的作用，其作用强度与浓度有关。丙二醇主要通过缓慢累积在角质双分子层中，持续形成有利于药物分子通过的通道。丙二醇可单独使用，也可与其他吸收促进剂联合使用，从而发挥协同作用。

此外，聚乙二醇（PEG）可使角蛋白溶剂化，占据蛋白质的氢键结合部位，减少药物与组织间的结合，增加其他吸收促进剂在角蛋白层的分配，从而促进药物吸收。

（2）酯类　醋酸乙酯对某些药物具有很好的透皮促进作用，如用醋酸乙酯或醋酸乙酯的乙醇溶液作为溶剂，能够成百倍地提高雌二醇、氢化可的松、氟尿嘧啶和硝苯地平等药物透皮速率。当醋酸乙酯与乙醇混合使用时，也可得到较强的促渗透效果。

（3）亚砜类　亚砜类吸收促进剂有二甲基亚砜（DMSO）与癸基甲基亚砜（DCMS）等。DMSO常被称为"万能溶剂"，为无色透明的油状液体，有强吸水性，可与水、乙醇、丙酮、氯仿、乙醚等任意混溶，应用于皮肤后本身也能被吸收，$4\sim8$ h其血液中的浓度达峰值。二甲基亚砜能促进甾体激素、灰黄霉素、水杨酸和一些镇痛药的经皮吸收，已用于一些外用制剂中。DMSO可以使表皮细胞中蛋白质发生可逆的构型变化，降低角质层的致密程度，同时还可增加皮肤的水合程度，进而增加药物在皮肤中的渗透。二甲基亚砜需要高浓度（高达60%）才能产生显著的经皮吸收促进作用，当浓度低于5%时，一般不会产生促透效果。然而，高浓度的二甲基亚砜对皮肤有较严重的刺激性，会引起皮肤红斑和水肿，高浓度大面积使用能产生全身毒性反应，因此美国FDA已经不允许销售含有DMSO的制剂。

相较于DMSO，DCMS在低浓度（1%～4%）即可产生经皮吸收促进作用，其相应的刺激性、毒性和不良臭味都比二甲基亚砜小。DCMS可与角质蛋白相互作用增加脂质的流动，并促进药物分子在表皮中的分配，进而促进药物的经皮吸收。癸基甲基亚砜现对水溶性药物的促透效果大于脂溶性药物。有研究表明，含15%癸基甲基亚砜的丙二醇溶液可使甘露醇通过人离体皮肤的透皮速率提高260倍，使氢化可的松的透皮速率提高8.6倍。

3. 脂肪酸类

一些脂肪酸在适当的溶剂中，能对很多药物的经皮吸收有促进作用。应用较多的是碳原子数为10～12的饱和长链脂肪酸以及碳原子数为18的不饱和脂肪酸及其酯类衍生物。经典的脂肪酸类吸收促进剂为油酸、癸酸、亚麻酸、月桂酸等。脂肪酸能作用于角质层细胞间类脂，增加脂质的流动性，使药物的透皮速率增大。但脂肪酸的碳链长度、空间构型及不饱和度都会影响药物的促透作用。相同碳链的不饱和脂肪酸一般比饱和脂肪酸的促吸收效果更佳。

油酸是应用较多的一种经皮吸收促进剂，其双键可以对角质层结构产生影响，使角质层细胞间类脂分子排列发生变化，增加类脂的流动性，使皮肤的通透性增加。油酸能促进阳离子型药物（如甲唑啉）、阴离子型药物（如水杨酸）及很多分子型药物（如咖啡因、阿昔洛韦、氢化可的松、甘露醇和尼卡地平等）的经皮吸收。

4. 表面活性剂

表面活性剂广泛应用于各类剂型中，包括阳离子型、阴离子型、非离子型及磷脂酰胆碱等。表面活性剂对药物经皮吸收的作用比较复杂，取决于自身与皮肤的相互作用及药物从表面活性剂胶束中释放速率快慢的综合效果。高浓度的表面活性剂虽可增加药物的溶解度，但药物可进入表面活性剂所形成的胶束，热力学活性降低，药物的透皮速率降低。低浓度的表面活性剂则能干扰细胞膜的结构，增加药物的透皮速率。

5. 角质保湿与软化剂

常用的角质保湿与软化剂有尿素、水杨酸、吡咯烷酮类等。尿素能增加角质层的水化作用，降低类脂相变温度，增加类脂的流动性，长期接触皮肤可溶解角质。一般使用浓度较低。吡咯烷酮类衍生物作为促透剂与氮酮性质类似，能增加角质层与水的结合能力，2-吡咯烷酮和N-甲基吡咯烷酮均有较强的经皮吸收促进作用。吡咯烷酮类具有广泛的促透效果，低剂量即可对亲脂性药物和水溶性药物产生一定的促吸收效果。

6. 萜烯类

萜类是芳香油的一种成分，很多萜类有一定的医疗用途，如薄荷醇、樟脑、柠檬烯、桉树脑等。这些萜类化合物对某些药物是较好的经皮吸收促进剂。如薄荷醇能增大吲哚美辛、山梨醇、可的松的渗透系数。萜类化合物可增加药物在皮肤脂质中的溶解度，扰乱脂质结构，促进脂质流动，并且具有一定的提取脂质能力，能够为药物的经皮渗透创造新的通路。

（二）离子导入技术

离子导入技术（iontophoresis）是利用电流将离子型药物由电极导入皮肤或黏膜，并进入局部组织或血液循环的物理促透技术。离子导入给药系统有四个基本组成部分，它们分别是电源、电极、药物储库系统和控制路线组成。离子导入技术主要通过皮肤附属器途径促进药物的经皮吸收，原理见图13-3。其促透机制包括：①电场力作用。施加电场作用，促使带电药物透过皮肤。②电渗流作用。在电压作用下膜两侧液体发生定向移动，形成电渗流，带动粒子透过皮肤。

除了离子型小分子药物，离子导入技术近来已较多地应用于多肽等大分子药物的经皮给药。离子导入技术除了具备经皮给药本身的优点以外，它还能根据时辰药理学的需要设定程序给药，满足不同时间点的剂量要求。此外，离子导入技术还能精确调节电流从而控制释药速率。离子导入给药还能适应个体化给药，只需调节电场强度就能解决个体之间药物动力学差异问题。由于主要针对的是离子型药物，药物分子的解离性质、药物浓度、介质的pH以及电流是影响离子导入效率的主要因素。对于易解离的药物，介质的pH对电渗效果影响不大；而对蛋白质多肽类药物，介质的pH须远离其等电点，以促进药物的经皮渗透。

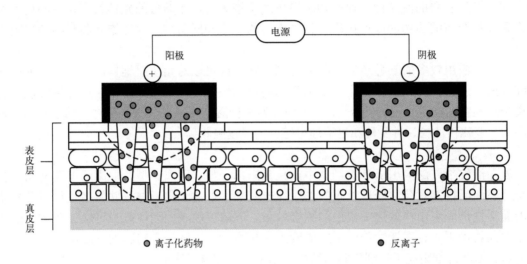

图13-3　离子导入技术原理示意图

离子导入过程中，皮肤生理状态不会发生改变，安全性高，适用于局部和全身治疗。然而，开发更为方便、实用和经济的离子导入给药系统还需进一步研究。

（三）电致孔技术

电致孔（electroporation）是采用瞬时（微秒到毫秒级）的高压脉冲电场（50～1500 V）在角质层脂质双分子层或角质细胞膜上形成暂时的、可逆的亲水性孔道而增加皮肤渗透性的过程。其作用机制为在高压脉冲电场作用下，角质层中产生可逆的渗透性孔道，且孔道的大小与形成时间和电压、脉冲数和脉冲时间有关。电致孔技术不仅能促进多奈哌齐、雷尼替丁等离子型药物的经皮吸收，对于蛋白质、核酸类药物同样具有较好的促透效果。与离子导入技术相比，电致孔技术传递的药物量更多，可以导入的药物的分子量更大。虽然离子导入技术与电致孔技术都是基于电场促进药物的经皮吸收，但二者具有明显差异，表13-2总结了二者的各自特点。

表13-2　离子导入技术和电致孔技术的特点对比

因素	离子导入技术	电致孔技术
电输入	恒电流、低电压、电流密度（<0.5 mA/cm²）	脉冲电场、瞬时高压（≥100 V）
药物理化性质	电荷（高电荷密度）、亲脂性（水溶性）大小（小离子较好，分子量<12000）	电荷（不是必备条件）、分子量（上限未知）

续表

因素	离子导入技术	电致孔技术
处方因素	浓度、pH值、离子浓度	浓度
机制	电场、不产生新途径（附属器途径）	电场、产生新途径
皮肤复原	低密度电流可复原	低脉冲电压可恢复
电渗	显著的电渗	电渗不显著

（四）微针阵列贴片

微针（microneedle）是利用微制造技术制造的、由多个微米级的细小针尖以阵列的方式连接在基座上组成的微细针簇阵列。早期研究的微针多是应用微电子工艺，使用不同的材料，以铬沉积于硅片上，应用氟/氧化物学为基础，控制等离子体进行深度蚀刻而成。微针阵列贴片表面是一片微针阵列，穿透角质层与活性表皮层时较少触及神经，疼痛感不明显，能在表皮上留下 1 μm 大小的微孔，使大分子药物能够到达真皮层进而被吸收。依据释放药物的原理可以将微针分为固体微针、涂层微针、空心微针、可溶性微针以及水凝胶微针 5 类，不同类型的微针有着不同的释药特点（图 13-4），在使用时需结合具体情况使用不同类型的微针。近年来研究较多的为可溶性聚合物微针，直径通常小于 300 μm，针体长度在 500~1000 μm 内，可穿破角质层进入真皮层，溶解后释放药物。各类型微针的组成材料及其优缺点见表 13-3。

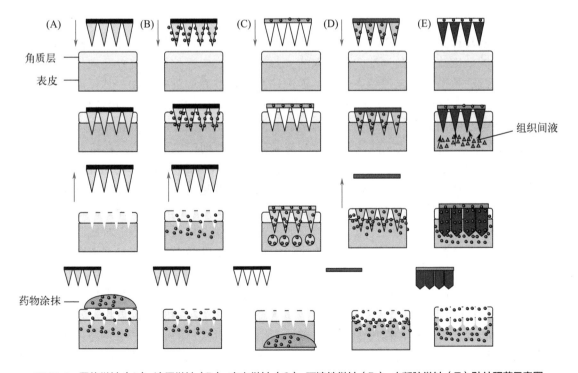

图 13-4　固体微针（A）、涂层微针（B）、空心微针（C）、可溶性微针（D）、水凝胶微针（E）贴片释药示意图

表13-3　各类型微针的材料及优缺点

类型	材料	优点	缺点
固体微针	不锈钢、钛、硅、二氧化硅、陶瓷、甲基丙烯酸甲酯树脂、玻璃、PLA、PGA、PLGA	优秀的机械性能，制造工程简单	操作烦琐，由非生物相容性材料组成，存在较高的生物风险
涂层微针	不锈钢、钛、硅、陶瓷、PC、PLA、PGA、PLGA、PCL	良好的机械性能，操作简便	载药量过低、涂层可能过早脱落
空心微针	镍、硅、玻璃、二氧化硅、甲基丙烯酸甲酯树脂、塑料、聚碳酸酯	可以控制给药速率和给药剂量，可大剂量给药	制备工艺需求高、机械性能差、孔隙易堵塞
可溶性微针	普鲁兰多糖、糊精、硫酸软骨素、海藻糖、明胶、淀粉、透明质酸、聚乙二醇等	操作简便、高安全性、无生物污染	机械性能差、稳定性差
水凝胶微针	泊洛沙姆、甲基丙烯酰化葡聚糖、全氟甲基乙烯基醚/甲基丙烯酸甲酯、聚甲基丙烯酸酯/聚乙烯醇	操作简便，可以实现缓控释给药	机械性能差、稳定性差

注：PLA，聚乳酸；PGA，聚羟基乙酸；PLGA，聚乳酸-羟基乙酸共聚物；PC，聚碳酸酯；PCL，聚己内酯。

（五）其他

除了上述几种经皮促渗物理方法外，目前研究较多的还包括超声促透法、高速微粉穿透法、光机械效应波法、激光法、磁导入法、热穿孔法、电极扫描系统以及穴位透皮技术等。超声促透法是指在特定的超声频率下促进药物经过皮肤或黏膜吸收，其作用机制目前至今仍未阐明。主流观点认为超声促透与空化效应、热效应、机械效应、声流作用等有关。高速微粉穿透法利用无针、高速喷射的方式将微粉化药物（20～100 μm）经皮注入体内，具有无痛的特点。光机械效应波法是指通过高能量激光瞬间产生的高压，在皮肤上形成暂时、可逆的药物渗透孔道的方法，一般适用于分子量小于40000的药物。而激光法是利用激光去除角质层，从而促进药物经皮渗透的方法。激光强度越大越有利于促透，且角质层的溶蚀作用是可逆的。磁导入法是指利用外部磁场（静态磁场或脉冲电磁场）促进反磁性药物分子穿透皮肤屏障，从而进入皮下组织或血液循环的技术，促透过程中对皮肤结构无明显影响。热穿孔法系采用脉冲加热法在角质层中形成亲水性通道以增加皮肤渗透性的一种技术，与其有关的透皮给药系统则处在临床试验阶段。电极扫描系统是一种电极扫描系统贴片，可在贴片内部产生电场，以避免离子导入法可能会引起的灼烧感等不良反应，并且能够使得药物在与皮肤的接触界面处于过饱和状态，保证了药物的最大吸收。穴位透皮技术是将药物制成一定剂型，作用于某些穴位，利用药物对穴位的刺激作用和药理作用从而达到调整机体和治疗疾病的方法。以上这些技术还可以与纳米技术、吸收促进剂联用，以进一步增加药物经皮吸收效率。

二、经皮给药系统的设计理念

TDDS的设计需要全面考虑临床用药需求，适应药物性质以及工业化生产等因素。同时，又要遵循安全性、有效性、稳定性、可控性、依从性与可行性原则。TDDS的设计首要考虑安全性，慎用毒副作用大、治疗窗狭窄的药物与强刺激性、强不良反应的辅料。此外，要确保药物有明确、稳定的疗效，避免制剂制备、贮存以及使用过程中药物失效。应优先选择先进、成熟的制剂工艺与技术，制订和完善质量标准，确保产品的质量可控与大规模生产的可行性。最后，设计时也需要从患者的角度出发，兼顾TDDS的外观、大小、形状、色泽、气味，尽量采用使用方便、过敏与刺激性小的现代剂型。

（一）药物与吸收促进技术的选择

少数渗透性高、治疗剂量低的小分子药物适用于经皮给药，大部分药物的经皮吸收都依赖于各类经皮吸收促进技术的使用。有的药物即使使用了经皮吸收促进技术，也无法在体内达到有效的治疗浓度。因此，设计TDDS时需综合考虑药物的理化性质与药理活性，并因地制宜地选择合适的吸收促进技术配伍。针对不同理化性质的药物，选择经皮渗透促进方法时一般可考虑以下原则。①分子量小、熔点低、油/水分配系数比较合适、有一定的分子型/离子型比的药物，一般透皮速率比较大，适合制备成经皮给药制剂。当药物的渗透速率仍不能满足临床治疗浓度时，可考虑采用添加经皮吸收促进剂的方法。②理想药物的治疗剂量不应过大，一般不超过20 mg，调节释药速率时需要考虑临床实际的用药时间。③亲脂性药物一般可先选择单一组分的有机溶剂、脂肪酸或月桂氮䓬酮类等经皮吸收促进剂。亲水性药物可选择有机溶剂、脂肪酸或氮酮等能增加类脂流动性的渗透促进剂，也可以联合使用这些渗透促进剂与有机溶剂。④亲水性药物也可通过引入亲脂性基团制备前体药物以增加药物的油/水分配系数，利用皮肤的代谢酶转化为原型药。同样，强亲脂性药物也可通过引入亲水性基团，增加亲水性以利于向含水量高的活性表皮分配。⑤离子型药物可考虑选择油酸与有机溶剂的联合策略，也可以考虑采用离子导入技术。对于水溶性大分子药物，一般选择离子导入、电致孔、微针等物理学方法。

（二）辅料与包材的选择

压敏胶（pressure-sensitive adhesive，PSA）是TDDS中十分重要的辅料之一，指的是对压力敏感的胶黏剂，可使贴剂与皮肤紧密结合，也可作为药物贮库或载体，调节药物的释放速率。压敏胶的主要类型有：聚丙烯酸酯压敏胶、聚异丁烯压敏胶、聚硅氧烷压敏胶、热熔压敏胶与水凝胶型压敏胶。理想的压敏胶需要对药物有理想的溶解度且不产生溢胶现象，能保持药物的化学稳定性和贴剂的物理稳定性，且与制剂中的药物与辅料具有配伍相容性，无致敏性和刺激性，对汗液有一定的吸收性，不易自然脱落，易于生产，成本低廉。然而，能够同时满足各项要求的单一压敏胶极少，因此常通过混合不同压敏胶、树脂等实现不同功能和性能。

此外，根据药物本身性质以及贴剂类型，可在处方中选择性地添加吸收促进剂、抗氧剂、表面活性剂、光稳定剂、防腐剂等。应根据药物、辅料的性质，结合剂型特点，采用科学、合理的实验方法和评价指标筛选处方。

贴剂的包材还包括背衬材料和防黏层。背衬材料不能与药物发生作用，除了要有一定强度能支撑给药系统之外，还应有一定的柔软性。根据TDDS是否需要闭合，可采用铝-聚酯膜、聚乙烯-铝-聚乙烯复合膜，聚酯-乙烯醋酸乙烯复合膜等，厚约20～50 μm。防黏层一般采用硅化聚酯薄膜、氟聚合物涂覆聚酯薄膜、聚乙烯、聚苯乙烯、硅化铝箔等，可用有机硅隔离剂处理，以免压敏胶黏附。

（三）控释材料的选择

膜控释贴剂是通过包衣工艺在药库层表面覆盖一层或几层薄膜而制成的一类控释制剂，其释药速率稳定，制备工艺较为成熟。在该类制剂中起主要控释作用的是高分子材料控释膜，它的结构与性质将直接影响释药速率。TDDS中的控释膜可分为均质膜和微孔膜。用作均质膜的高分子材料有乙烯-醋酸乙烯共聚物（EVA）和聚硅氧烷等。EVA是由乙烯和醋酸乙烯两种单体经共聚而得，具有较好的生物相容性。其性能与分子量和共聚物中醋酸乙烯的含量有关。共聚物中醋酸乙烯含量很低时，其性能接近于低密度的聚乙烯；醋酸乙烯含量高时，其性能接近于可塑性聚氯乙烯。在相同分子量时，醋酸乙烯含量增大，溶解性、柔软性、弹性和透明性提高；而硬度、抗张强度和软化点降低。工业上制备乙烯-醋酸乙烯共聚物控释膜采用吹塑法，一般约为50 μm厚度的薄膜，少量制备时也可采用溶剂浇铸法或热压法。对于不同的药物或所需的不同释放速率，可选择醋酸乙烯含量不同的材料。微孔膜常用的是聚丙烯拉伸微孔膜，也可使用醋酸纤维素膜与核径迹微孔膜。

骨架分散型贴剂与黏胶分散型贴剂，主要是通过控制药物在聚合物骨架材料或黏胶材料中的扩散速率达到药物控释的目的。聚合物骨架材料多使用天然或合成的高分子材料，如聚硅氧烷、聚乙烯醇等。对骨架材料的要求一般是不能对药物有太大的扩散阻力，能稳定滞留药物，且在高温、高湿条件下能维持结构与形态的完整，并对皮肤没有刺激性。

三、经皮给药系统的生产

（一）称量与混药

1. 称量

根据贴剂生产处方，在称量室内称取每批贴剂所需的主辅料。我国和欧盟GMP指南要求：起始物料的称量通常需要在一个隔离并根据用途设计的称量室中进行，应该最大限度地避免污染及交叉污染。称量过程中，要注意轻拿轻放，不能超出秤的称量范围。避免损坏仪器，导致称量不准确，一人称量、一人核对，防止出差错。

2. 混药

贴剂生产中，混胶与混药工序主要为了制备基质液以及与主药成分进行混合。其中，基质液由不同量的聚合物原料液、软化剂、填充剂等组成。活性成分通常以溶液、晶体粉末或如同硝酸甘油吸附在惰性固体上的形式加入基质液中。混合过程可通过混胶罐完成，该设备由安装在一根轴上的多个搅拌桨组成，可以使物料产生轴向和径向流动，从而达到物料混合均匀的目的，此外，可根据工艺要求设定工作温度。

（二）涂布

目前的涂布工艺有多种，如刮刀涂布（blade coating）、滚轮涂布（roller coating）、狭缝涂布（slit coating）等技术。贴剂生产中应用较多的是刮刀涂布和滚轮涂布。刮刀涂布装置是由各种形状的刮刀和基材的背衬托板或背衬辊构成。通常会配备几把刮刀以便转换使用。

涂布的厚度由刮刀与背衬托板的距离、刮刀的种类和型号、基质液的性质和涂层走动的速率等因素决定。对于起控释作用的涂层，涂布精度对释药速率有非常重要的影响。

（三）干燥

涂布完毕后要通过干燥的方法除去基质液中的溶剂。具体过程是让已涂布基质液的基材通过一定长度的干燥隧道挥发除净溶剂。常用的干燥技术有空气冲击干燥（impingement drying）和热风气浮干燥（flotation drying）。空气冲击干燥是将高温高压的空气直接冲击到基质上，使有机溶剂挥发，从而达到干燥的效果。热风气浮干燥是指已涂布基质液的基材依靠气流托垫，在悬浮行进中干燥。悬浮通过时，基材的上下表面不会与干燥器接触，而热量的传递可以使有机溶剂有效挥发，并且传递空气能够将挥发出的有机溶剂从涂层表面带走。该方法热传导效率高，干燥效果均匀，可防止气泡产生。

（四）膜材的加工与改进

1.加工

不同的膜材可分别用作 TDDS 中的控释膜层、药库层、防黏层和背衬层等。膜材的常用加工方法有涂膜法和热熔法。前者是一种简便的制备膜材的方法，制备工艺与膜剂相似，主要通过使用乙醇、丙酮等溶剂溶解高分子材料后挥干溶剂形成膜。值得注意的是，TDDS 中使用的高分子材料多为水不溶性材料，因此需用大量有机溶剂溶解，大生产中易导致安全性和环境污染等问题。后者是将高分子材料直接加热成为黏流态或高弹态，使其变形为给定尺寸膜材的方法，包括挤出法和压延法两种，无须使用有机溶剂，适合工业生产。

（1）挤出法　根据使用的模具不同分为管膜法和平膜法。管膜的生产是将高聚物熔体经环形模头以膜管的形式连续地挤出，随后将其吹胀到所需尺寸并同时用空气或液体冷却的方法。平膜的生产则是利用平缝机头直接根据所需尺寸挤出薄膜同时冷却的方法。材料的热熔及冷却温度、挤出时的拉伸方向及纵横拉伸比均会影响所得膜材的特性。

（2）压延法　是将高聚物熔体在旋转辊筒间的缝隙中连续挤压形成薄膜的方法，因为高聚物通过辊筒间缝隙时，沿薄膜方向在高聚物中产生了高的纵向应力，得到的薄膜较挤出法有更明显的各向异性。

2.改进

为了精准调控不同药物的释放速率，往往需要在膜材加工过程中或加工后对膜材进行特殊处理，以获得合适膜孔大小或渗透性的膜材。通常可分别通过溶蚀法、拉伸法、核辐射法对膜材进行改进。

（1）溶蚀法　取膜材用适宜溶剂浸泡，溶解其中可溶性成分，如小分子增塑剂，即得到具有一定大小膜孔的膜材，也可以在加工薄膜时就加入一定量的水溶性物质，如聚乙二醇、聚乙烯醇等，作为致孔剂。这种方法比较简便，膜孔大小及均匀性取决于这些物质的用量以及聚合物与这些物质的相容性。

（2）拉伸法　系利用拉伸工艺制备单轴取向或双轴取向的薄膜。首先需把高聚物熔体挤出成膜材，冷却后重新加热，趁热迅速向单侧或双侧拉伸，薄膜冷却后其长度或宽度或两者均有大幅度增加，由此高聚物结构出现裂纹样孔洞。

（3）核辐射法　该法是用荷电粒子对加工所得的膜材在电子加速器中进行核照射，使膜上留下敏化轨迹，然后把敏化膜浸泡在蚀刻溶液（如强碱溶液）中，通过腐蚀敏化轨迹而形成膜孔。膜孔的数量与大小与辐射时间及蚀刻时间有关。一些膜材在强烈的紫外线长期照射下同样可有类似效果。

（五）复合、收卷与包装

1. 复合

药膜干燥后，需要与背衬层、控释膜层、黏胶层等进行复合，从而形成多层、完整的 TDDS。对于膜控释型的硝酸甘油 TDDS，需先将涂布有压敏胶层的控释膜层与防黏层黏合，随后通过热压法将控释膜的边缘与中心载有药库层的铝箔上的复合聚乙烯层融合。而骨架型和黏胶型 TDDS 多采用黏合方式复合。例如，对于多层黏胶型系统，需先将涂布在不同基材上的黏胶层相对压合在一起，移去一侧基材，就得到具双层压敏胶结构的涂布面，随即重复该过程，继续压合新的压敏胶层，直至全部复合工艺完成。这种多层复合工艺可在单次涂布机上分次完成，也可以在多层涂布复合机上一次性完成。压合过程中对压力要求十分严格，既要保证各压敏胶层黏合，又须保证各层应有的厚度。复合后得到的黏胶型 TDDS 是蜷曲在滚筒上的圆筒形半成品，按设计的 TDDS 面积切割成单剂量，包装即得。

2. 收卷与包装

收卷工艺分为直接卷绕法和间接卷绕法。直接卷绕法所用基材的正反两个表面须具有不同剥离力的防黏层，以防止黏上胶黏性物质。间接卷绕法是在干燥的基材上覆盖一层防护性箔片，再进行卷绕，成本高，但防黏效果更好。工艺完成后要检查外观、贴片的大小、防黏层的剥离力等。通常可由填装操作机完成包装。单个小片密封在内包装袋中，随后中盒包装。最后要检查包装袋的完整性、密封性及耐内压的强度。

（六）自动化生产

近年来，国内的 TDDS 产业化设备发展迅速，但离国际先进水平仍有较大差距。建立自动化生产体系可有效提高贴剂的生产效率，降低生产成本，提升产业化水平。自动化生产系统一般包括在线检测设备和自动化生产线。由于目前贴剂的质量控制方法差异较大，在实际生产中，质量控制主要考虑贴剂的重量和厚度。可通过采用红外线在线测厚度的方式，对生产出的贴剂进行在线监测。而透皮贴剂自动化生产装置包括涂布、分切和包装三个部分，主要适用于骨架分散型透皮贴剂生产，该装置由可编程逻辑控制器（PLC）全自动控制，具有连续稳定、质量可控等特点，同时配备相机图像监测、自动报警暂停、剔除等功能，提高了生产效率。

第四节　经皮给药系统的研究与评价

一、体外评价

除了药物含量与含量均匀度、释放速率与释放度之外，TDDS 的体外质量评价还有黏附性能、药物含量和体外渗透性能等试验。各试验在开展前，要优化试验方法并进行验证。例如，对于体外释放试验，应考察接受介质的种类、体积、pH 值、离子强度和温度等参数。

对于体外经皮渗透试验，还应考察动物皮肤的完整性、来源和部位。

（一）释放速率与释放度

TDDS中的药物首先需从制剂中释放至皮肤表面，然后经过皮肤被吸收入血，因此，TDDS的药物疗效与药物释放和经皮渗透速率密切相关。对于大多数TDDS制剂而言，药物经皮渗透速率是药物经皮吸收的限速步骤，但对药物释放速率小于药物经皮渗透速率的TDDS而言，药物释放速率则成为经皮给药制剂的限速步骤，决定了药物经皮吸收的速率。

释放度是指药物从贴剂中总共释放出去的比例。2020年版《中国药典》规定透皮贴剂的释放度采用"溶出度测定法"第四法（桨碟法）和第五法（转筒法）评价。这些方法主要通过将贴片放置于接受介质中，测定一定时间内药物溶出的量。采用桨碟法测定时，各溶出杯内接受介质的体积与规定体积的偏差应控制在±1%范围内，待溶出介质稳定升温至（32.0±0.5）℃，将贴剂固定于网碟中，释放面朝上浸于接受介质中，网碟需要保持水平放置于溶出杯下部，搅拌桨平行于网碟，距网碟（25±2）mm，启动搅拌桨转动，转速按照规定设置。随后在规定取样时间点取样并及时补同温下的空白接受介质。取样位置位于桨叶顶端至液面的中点处。

采用转筒法测定时，各溶出杯内接受介质的体积、温度要求与上述相同，一般将贴剂黏附于铜纱上，将贴附贴剂的铜纱面朝下放置，并在四周涂上黏合剂。随后将涂有黏合剂的铜纱固定在转筒的外部，确保贴剂纵向轴与转筒轴心平行。试验过程中保持转筒底部距溶出杯底部（25±2）mm，启动转筒转动，转速按照规定设置。在规定取样时间点取样并及时补液。取样位置位于转筒顶端至液面的中点处。

除了药典规定的采用溶出仪进行经皮给药制剂的释放试验以外，在贴剂研究过程中，也可以使用扩散池进行贴剂的释放速率和释放度研究。试验过程时，要注意试验条件的优化，比如接受介质要进行脱气处理，需要保证药物在接受介质中的稳定性，且满足药物在接受介质中符合漏槽条件等。

（二）黏附性能

理想的TDDS需要与皮肤具有良好的接合性，同时在终止给药时，可以从皮肤上剥离且不会对皮肤产生损伤。一般要求，经皮给药制剂的黏基力（压敏胶与衬材的结合力）>持黏力>剥离强度>初黏力。2020年版《中国药典》对经皮给药制剂的黏附性能建立了相应的黏附力测定方法。

1.初黏力

初黏力（initial adhesion）亦称快黏力，指的是轻压压敏胶时，压敏胶与皮肤轻轻的快速接触表现出的皮肤黏结能力。初黏力取决于胶对其接触表面的快速润湿能力，是TDDS很重要的性质。目前用于测定初黏力的方法有很多种，包括环形初黏力试验、滚球初黏力试验、90°剥离试验等。2020年版《中国药典》规定采用滚球斜坡停止法测定贴剂的初黏力。

2.持黏力

持黏力（permanent adhesion）亦称内聚力，可反映压敏胶抵抗持久性剪切外力所引起形变和断裂破坏的能力，其强弱由胶的内部相互结合作用能力决定。现行版《中国药典》

同样规定了持黏力测定方法。具体操作为：在18～25℃、相对湿度40% ～70%条件下放置2小时以上，将贴剂黏性面粘贴于试验板表面，垂直放置，沿贴剂的长度方向悬挂一规定质量的砝码，记录贴剂滑移直至脱落的时间或在一定时间内下移的距离。

3. 剥离强度

剥离强度（peel strength）可表示TDDS与皮肤的剥离抵抗力。2020年版《中国药典》收载了180°压敏胶剥离强度试验法，此外，还收载了用于表示经皮给药制剂的黏附表面与皮肤附着后对皮肤产生黏附力的黏着力测定方法和装置。

（三）药物含量与含量均匀度

现行版《中国药典》规定所有的TDDS应进行含量均匀度的测定，其限度为± 25%。TDDS制剂中药物含量测定与其他制剂相同，要求按药典或其他规定的标准和方法测定。而与一般制剂不同的是，压敏胶聚合物通常分子量比较大或者在制剂过程中产生自交联，较难溶解或者分散，因此，选择适宜的溶剂溶解或者分散基质，将压敏胶基质中的药物完全提取出来是药物含量和均匀度检测试验中极为重要的一环。此外，还需注意排除基质和提取溶液对主药含量测定的干扰和影响。一般可通过空白试验和加样回收率试验来验证贴剂中药物提取方法是否合理。

（四）体外经皮渗透性

无论是用于全身治疗抑或是局部治疗，TDDS中的药物都需要穿透角质层、活性表皮到达真皮或皮下组织，继而发挥药效。因此，药物经皮渗透关系着TDDS的临床疗效，也是经皮给药制剂研究和质量控制的重要指标之一。并且，药物体外经皮渗透速率也是经皮给药制剂处方优化、工艺参数设计和筛选的主要依据。体外经皮渗透速率的测定通常在体外扩散池中进行，首先将剥离的皮肤夹在扩散池中，经皮给药制剂粘贴于皮肤的角质层面，皮肤另一面接触接受液。在不同的时间点分别取样并测定皮肤接受液中的药物浓度，分析药物经皮渗透动力学。

1. 实验装置

体外经皮渗透速率的测定主要是利用经皮扩散池模拟药物在体渗透过程，获得药物的皮肤渗透性能。扩散池主要由供给室和接受室组成，在两个室之间可夹持皮肤样品、经皮给药制剂或其他膜材料。目前常用的体外扩散池分为两种，一种是立式扩散池，另一种是横式扩散池。这两种扩散池的使用方法和用途不完全相同，可根据研究对象和研究目的合理使用。

立式扩散池是单室扩散池，亦称改良型Franz扩散池，常用于软膏剂和贴剂的经皮渗透速率的测定，其实验条件开放或者半开放，与TDDS的使用状态类似，在实验时要注意皮肤表面温度及周围环境（温、湿度）的影响。值得注意的是，使用立式扩散池评价时需要考虑重力对药物渗透的影响。横式扩散池是双室扩散池，亦称Vilia-Chien扩散池，可排除重力的干扰。一般根据需要，两个扩散池可以分别作为供给室和接受室，可用于研究液体介质中成分的经皮扩散，尤其适合饱和溶液药物的经皮渗透速率和扩散系数的测定。若在两侧加上电极，可用于研究离子导入给药系统。两个扩散池也可以均作为接受室使用，在两个室之间可夹持两片贴附贴剂的皮肤样品进行渗透试验，两组贴附贴剂的皮肤用不透膜隔开。立式与横式扩散池示意图如图13-5所示。

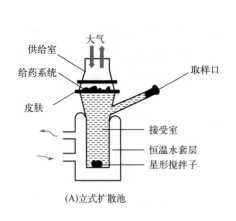

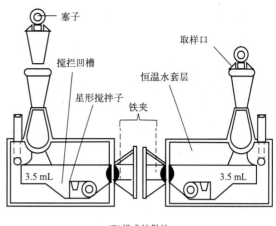

图13-5　立式扩散池与横式扩散池示意图

扩散池的温度和转子转速控制对试验结果影响较大。温度一般控制在（32.0±0.5）℃，接近人体皮肤表面温度。扩散池中转子转速也应根据接受液黏度变化进行优化，减少皮肤表面吸附液膜厚度可能对数据准确性的影响。另外，对于溶解度小的药物，还可以采用流通扩散池体外渗透法，这种方法能够让接受液以一定速率泵入、流经接受室，从而保证漏槽条件。同时，还可与自动检测装置连接，连续测定接受液的药物浓度。

2. 皮肤的选择与处理

在体外经皮渗透速率研究中，最理想的皮肤模型是人体的皮肤。并且，不同部位的皮肤结构和厚度差异会导致药物的经皮渗透性有很大差别，因此，体外经皮渗透试验最好是取自临床上该制剂应用部位的皮肤。然而，人体皮肤样本极难获取，因而常使用动物皮肤作为替代。值得注意的是，大多数动物皮肤的角质层厚度小于人体皮肤，毛孔密度高，严格意义上说，动物皮肤获取的药物渗透数据很难直接应用到人体上。尽管如此，采用动物皮肤替代人体皮肤的方法仍是目前的主流方法，一般认为，兔、大鼠、豚鼠等动物皮肤的渗透性大于人体皮肤，而乳猪皮肤与人体皮肤的渗透性相近。不同研究者采用不同的模型皮肤，可能得到不同的实验结果。

此外，动物皮肤用前需脱毛或剃毛，但应避免损伤角质层以保证皮肤的完整性，否则对实验结果影响极大。通常可采用经皮水分丢失（transepidermal water loss，TEWL）等评价去毛后皮肤的完整性。研究用的皮肤最好新鲜取用，如需长期保存，可用真空包装后，放置在-80℃冰箱中保存。使用时同样需要评价皮肤的贮存条件对皮肤渗透性的影响。

3. 接受液

接受液的使用应满足药物的漏槽条件，避免接受液对药物正常的经皮渗透影响。通常使用的接受液有生理盐水、林格液和等渗磷酸盐缓冲液等。为抑制微生物生长，也在接受液中加入少量不影响皮肤渗透性和药物含量测定的防腐剂，如叠氮钠、PEG400、庆大霉素等。若药物本身溶解性较差，可加入适量聚乙二醇（PEG）、乙醇或表面活性剂等增溶药物，以维持实验过程中的漏槽条件，但需注意其对皮肤渗透性能的影响。实验中也可以不断更换新鲜介质以维持漏槽条件。

（五）稳定性

TDDS中辅料和制备工艺可能对药物的稳定性有影响，因此，除了掌握原料药稳定性有关资料之外，也应对透皮贴剂进行必要的稳定性影响因素考察。稳定性影响因素考察可在高温（60℃）、高湿（25℃，RH 90%±5%）、照度［（4500 ± 500）lx］条件下进行，为制剂的包装、储存提供依据。

同时，也可开展透皮贴剂稳定性的加速试验，具体操作如下：取拟上市包装的三批样品，在（40±2）℃、RH（75±5）%的条件下进行6个月的试验。在试验期间第0、1、2、3、6个月末取样检测各项指标，包括制剂的形状、含量、有关物质、释放度和黏附力等。如在6个月内供试品经检验不符合质量标准要求或发生显著变化，则应在中间条件（30±2）℃、RH（65±5）%同法进行6个月试验。长期试验在（25±2）℃、RH（60±10）%条件下进行，取样时间点第一年一般为每3个月末一次，第二年每6个月末一次，以后每年末一次。

二、体内评价

药物经皮给药后若要产生理想的治疗作用，血药浓度以及维持的时间至关重要。体外渗透试验虽然评价TDDS中药物的皮肤渗透性，但无法反映人体实际的药物吸收程度。因此，需要对TDDS进行体内评价，而体内研究最常用的研究方法是生物利用度研究。值得关注的是，尽管贴剂中药物的剂量较高，但临床实际使用时，只有一部分药物从基质中释放而被利用，多数剩余药物则因患者中断给药而被遗弃。例如，标示量为25 mg的每日1次的硝酸甘油贴剂大约只有5 mg被吸收。故一般可合理降低对经皮吸收制剂生物利用度的要求。

此外，在体内评价时，应避免在同一部位连续多次给药，防止前一贴剂在使用以及剥离过程中对皮肤渗透性的影响。由于TDDS中药物多数药效强、剂量小，血药浓度往往很低，因此应采用高灵敏度的分析方法，如气相色谱法、高效液相色谱法、色谱-质谱联用技术和超高效液质联用技术等。

1. 生物利用度

经皮吸收制剂的生物利用度测定方法有血药浓度法和尿药法，除了测定药物浓度外，也可使用同位素示踪法。

血药浓度法是直接测定受试者分别给予药物的TDDS以及静脉注射溶液剂型后血浆的药物浓度，分别求出曲线下面积（AUC），按照式（13-2）计算生物利用度。

$$BA=\left[\frac{AUC_{TDDS}}{D_{TDDS}}\right]\bigg/\left[\frac{AUC_{iv}}{D_{iv}}\right] \qquad （13-2）$$

式中，BA 为生物利用度；D 为给药剂量；iv表示静脉注射。

还可基于同位素示踪法，测定给药后尿样或粪便中的放射量，生物利用度可由式（13-3）计算。

$$生物利用度 = 总放射性_{TDDS} / 总放射性_{iv} \qquad （13-3）$$

2. 生物等效性

生物等效性是利用相对生物利用度，以药代动力学参数为终点指标，根据预先确定的等效标准和限度进行的比较研究。生物等效性研究能够判断仿制产品与参比产品是否具有相同的疗效、安全性。只有二者具有生物等效性时，才能保证相互替代而不影响临床疗效及安全性。

评估等效性的方法包括：①相对生物利用度试验，检测血浆、血液或尿液等体液中的药物活性物质或一种、多种代谢产物；②比较性的人体药效学研究；③比较性的临床试验；④结合生物药剂学系统的体外溶出度试验。

（何海生）

思 考 题

1.影响药物经皮吸收的主要因素有哪些？

2.经皮吸收制剂的特点是什么？可分为哪几种类型？

3.促进药物经皮吸收的方法有哪些？

参考文献

[1] 方亮. 药剂学[M]. 8版. 北京: 人民卫生出版社, 2016.

[2] 冯年平, 朱权刚. 中药经皮给药与功效性化妆品[M]. 北京: 中国医药科技出版社, 2019.

[3] 高峰. 工业药剂学[M]. 北京: 化学工业出版社, 2021.

[4] Prausnitz M R, Langer R. Transdermal drug delivery[J]. Nature biotechnology, 2008, 26 (11): 1261-1268.

[5] Guy R H. Transdermal drug delivery[J]. Drug delivery, 2010 (197): 399-410.

[6] 国家药典委员会. 中华人民共和国药典[M]. 2020年版. 北京: 中国医药科技出版社, 2020.

第十四章
注射给药系统

 本章学习要求

1. 掌握：注射给药系统的概念、分类与特点；不同类型注射剂常用的制备方法。
2. 熟悉：不同类型注射剂的处方组成；影响药物吸收的因素。
3. 了解：新型注射给药制剂的发展概况。

第一节　概述

注射剂作为一种特殊的药物剂型，具有起效快、定位准等优点，因而被广泛应用于临床。随着临床应用需求的增多，在传统注射剂的基础上，许多新型注射剂应运而生。脂质体、混悬剂、纳米粒、微球和胶束等注射给药系统的出现，不仅减少了药物在体内外的降解，还具有缓释、控释的优点，受到研究人员的密切关注。

注射剂系指原料药物或与适宜的辅料制成的供注入体内的无菌制剂。注射剂作为一种可供注入体内的药物无菌溶液，具有作用迅速、不受消化系统影响、无首过效应等优点，不仅可作用于全身，还可局部定位，特别适用于不宜口服的药物和不能口服的患者。但是传统注射剂在临床使用中也暴露了不少弊端，如使用风险高、用药不便、药效维持时间短、患者依从性差等，由此新型注射剂得到了关注和发展。近些年，脂质体注射剂、混悬注射剂、微乳注射剂、纳米粒注射剂、微球注射剂、凝胶注射剂以及包合物注射剂等剂型的开发应用，实现了药物的缓控释，减少了注射次数，提高了疗效，降低了不良反应。

一、分类

注射剂可分为注射液、注射用无菌粉末与注射用浓溶液等。

1. 注射液

注射液系指原料药物或与适宜的辅料制成的供注入体内的无菌液体制剂，包括溶液型、乳状液型和混悬型等注射液。可用于皮下注射、皮内注射、肌内注射、静脉注射、静脉滴注、鞘内注射、椎管内注射等。其中，供静脉滴注用的大容量注射液（除另有规定外，一般不小于100 mL，生物制品一般不小于50 mL）也可称为输液。中药注射剂一般不宜制成混悬型注射液。乳状液型注射液不得用于椎管内注射。混悬型注射液不得用于静脉注射或椎管内注射。

2. 注射用无菌粉末

注射用无菌粉末系指原料药物或与适宜辅料制成的供临用前用无菌溶液配制成注射液的无菌粉末或无菌块状物，可用适宜的注射用溶剂配制后注射，也可用静脉输液配制后静脉滴注。以冷冻干燥法制备的注射用无菌粉末，也可称为注射用冻干制剂。注射用无菌粉末配制成注射液后应符合注射剂的要求。

3. 注射用浓溶液

注射用浓溶液系指原料药物与适宜辅料制成的供临用前稀释后注射的无菌浓溶液。注射用浓溶液稀释后应符合注射剂的要求。

二、给药途径

根据临床用药需求，注射剂给药方式可分为皮内注射、皮下注射、肌内注射、静脉注射、鞘内注射、椎管内注射等。

1. 皮内注射

皮内注射系指将药物注入皮肤的表皮与真皮之间，常用于过敏性试验或疫苗接种。皮内注射的药液量较少（一般在0.2 mL以下），注射部位一般为前臂内侧，注射后皮肤表面形成隆起便于观察，数小时后自行消失。

2. 皮下注射

皮下注射系指将少量药液注入真皮与肌肉之间的松软皮下组织。当需要迅速起效或药物不能口服时使用，如胰岛素、肾上腺素等。皮下注射部位一般在上臂，必要时也可在大腿外侧或腹部，如需要终生注射胰岛素的糖尿病患者。用量一般为1～2 mL，具有刺激性的药物或混悬液一般不宜皮下注射。

3. 肌内注射

肌内注射指注射于肌肉组织中，注射部位大多为臀大肌，其次为臀中肌、臀小肌、股外侧肌及三角肌。肌内注射剂量一般为1～5 mL，刺激性较小。肌内注射适用于不宜或不能做静脉注射的药物、要求迅速起效的药物、刺激性较强或是剂量较大的药物。

4. 静脉注射

静脉注射系指将药物注入静脉，是使药物到达全身最快的方式。静脉注射可分为静脉推注、静脉滴注和输注。药物因浓度高、刺激性大、量多而不宜采取其他注射方式时常采用静脉注射。多为水溶液或乳滴，平均直径小于1 μm的乳状液。油溶液和混悬液或粗乳状液会引起毛细血管栓塞，故不经静脉注射。凡能导致红细胞溶解或使蛋白质沉淀的药液，均不宜静脉给药。用于静脉注射的制剂不得加入抑菌剂。

5. 鞘内注射

鞘内注射是指将药物注射到鞘膜内的一种方式。鞘内部位是鞘膜下的部位，在腰椎前方。神经鞘膜是神经元的外围保护膜，将药物直接注射到神经鞘膜下面的组织中，可以有效避免药物在传导过程中的反应损伤。鞘内注射通常用于治疗癫痫、头痛、肌张力障碍等神经系统疾病。

6. 椎管内注射

椎管内注射一般用于麻醉或封闭。椎管内麻醉就是将局麻药等药物注射入椎管内的腔隙，阻断部分脊神经的传导功能而引起相应支配区域的麻醉作用。

三、处方组成

注射剂的处方主要由主药、溶剂、附加剂组成，注射剂附加剂包括渗透压调节剂、pH调节剂、增溶剂、助溶剂、抗氧剂、抑菌剂、乳化剂、助悬剂等。由于注射剂的特殊要求，处方中所有组分，包括原料药都应采用注射用规格，符合药典或相应的国家药品质量标准。

（一）注射用原料药的要求

制备注射剂需使用可注射用的原料药，与口服制剂的原料药相比，注射用原料药质量标准要求更高，除了对杂质和重金属的限量更严格外，还对微生物及其热原等有严格的规定，如要求无菌、无热原。配制注射剂时，必须使用注射用规格的原料药，若尚无注射用原料药上市，需对原料药进行精制并制订内控标准，使其达到注射用的质量要求。在注册申请时，除提供相关的证明性文件外，还应提供精制工艺的选择依据、详细的精制工艺及其验证资料、精制前后的质量对比研究资料等。

（二）常用注射用溶剂

注射剂所用溶剂应安全无害，并与其他药用成分兼容性良好，不得影响活性成分的疗效和质量。注射用溶剂一般分为水性溶剂和非水性溶剂。

1. 注射用水

水是最常用的溶剂，配制注射剂时必须用注射用水，注射用水的质量必须符合药典相关要求。也可用0.9%氯化钠溶液或其他适宜的水溶液。

2. 注射用油

常用大豆油、麻油、茶油等植物油作为注射用油。《中国药典》（2020年版）二部关于注射用大豆油的具体规定为：碘值为126～140；皂化值为188～195；酸值不大于0.1；过氧化物、不皂化物、碱性杂质、重金属、砷盐、脂肪酸组成和微生物限度等应符合要求。

酸值、碘值、皂化值是评定注射用油的重要指标。酸值说明油中游离脂肪酸的多少，酸值高则质量差，也可以看出酸败的程度。碘值说明油中不饱和键的多少，碘值高，则不饱和键多，易氧化，不适合注射用。皂化值表示油中游离脂肪酸和结合成酯的脂肪酸总量的多少，可以看出油的种类和纯度。考虑到油脂氧化过程中，有生成过氧化物的可能性，故对注射用油中的过氧化物要加以控制。植物油由各种脂肪酸的甘油酯所组成，在贮存时与空气、光线接触，时间较长往往发生化学变化，产生特异的刺激性臭味，称为酸败。酸败的油脂产生低分子分解产物，如醛类、酮类和低级脂肪酸，不符合注射用油的标准。注射用油应贮于避光、密闭、洁净容器中，避免与日光、空气接触，还可考虑加入抗氧剂等。

3. 其他注射用溶剂

在注射剂制备时，有时为了增加药物溶解度或稳定性，常在以水为主要溶剂的注射剂中加入一种或一种以上非水有机溶剂。常用的有乙醇、丙二醇和聚乙二醇（PEG）等。供注射用的非水性溶剂，应严格限制其用量，并应在各品种项下进行相应的检查。

（1）乙醇　乙醇可与水、甘油、挥发油等任意混合，可供静脉或肌内注射。采用乙醇为注射溶剂，浓度可达50%。但乙醇浓度超过10%时可能会有溶血作用和疼痛感。如氯霉素注射液中含一定量的乙醇。

（2）丙二醇　丙二醇可与水、乙醇、甘油、三氯甲烷混溶，能溶解多种挥发油，复合注射用溶剂中常用含量为10%～60%，用作皮下或肌内注射时有局部刺激性。其对药物的溶解范围广，已广泛用于注射溶剂，供静脉注射或肌内注射。如苯妥英钠注射液中含40%丙二醇。

（3）聚乙二醇300和聚乙二醇400　聚乙二醇为环氧乙烷水解产物的聚合物，与水、乙醇相混溶，化学性质稳定。PEG300和PEG400均可用作注射用溶剂，由于PEG300的降解产物可能会导致肾病变，因此PEG400更常用。

（4）甘油　甘油可与水或乙醇任意混溶，但在挥发油和脂肪油中不溶。由于黏度和刺激性较大，不单独作注射溶剂用。常用浓度为1%～50%，但大剂量注射会导致惊厥、麻痹、溶血。常与乙醇、丙二醇、水等组成复合溶剂，如普鲁卡因注射液的溶剂为乙醇溶液（20%）、甘油（20%）与注射用水（60%）。

（5）二甲基乙酰胺　二甲基乙酰胺可与水、乙醇任意混溶，对药物的溶解范围大，为澄明的中性溶液。常用浓度为0.01%，但连续使用时，应注意其慢性毒性。如氯霉素常用50%的二甲基乙酰胺作溶剂，利血平注射液用10%二甲基乙酰胺作溶剂。

（三）注射剂常用的附加剂

除主药外，注射剂可适当加入其他物质以增加主药的安全性、稳定性及有效性，这些物质统称为注射剂的附加剂。选用附加剂的原则是：在有效浓度时对机体无毒，与主药无配伍禁忌，不影响主药疗效，对产品含量测定不产生干扰。应采用符合注射用要求的辅料，在满足需要的前提下，注射剂所用辅料的种类及用量应尽可能少。对于注射剂中有使用依据，但尚无符合注射用标准产品生产或进口的辅料，可对非注射途径辅料进行精制使其符合注射用要求，并制订内控标准。申报资料中应提供详细的精制工艺及其选择依据、内控标准的制订依据。必要时还应进行相关的安全性试验研究。

常用的抗氧剂有亚硫酸钠、亚硫酸氢钠和焦亚硫酸钠等，一般浓度为0.1%～0.2%。多剂量包装的注射液可加适宜的抑菌剂，抑菌剂的用量应能抑制注射液中微生物的生长，除另有规定外，在制剂确定处方时，该处方的抑菌效力应符合抑菌效力检查法（通则1121）的规定。加有抑菌剂的注射液，仍应采用适宜的方法灭菌。静脉给药与脑池内、硬膜外、椎管内用的注射液均不得加抑菌剂。常用的抑菌剂为0.5%苯酚、0.3%甲酚、0.5%三氯叔丁醇、0.01%硫柳汞等。

四、制备

注射剂的生产过程包括原辅料的准备与处理、配制、灌封、灭菌、质量检查和包装等。配制不同类型的注射剂，其具体操作方法和生产条件略有区别，常见制备工艺流程如图14-1所示。

注射剂为无菌制剂，不仅要按照生产工艺流程进行生产，更要按照GMP进行生产管理，以确保注射剂的质量和用药安全。注射剂生产厂房设计时，应根据实际生产流程，对生产车间布局、上下工序衔接、设备及材料性能进行综合考虑。

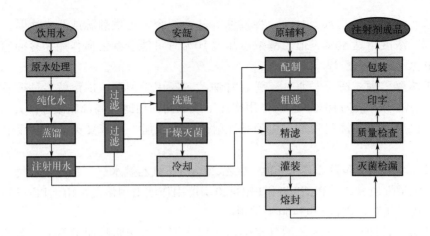

图14-1　注射剂制备工艺流程图

1. 注射用水制备

注射用水为纯化水经蒸馏所得的水。应符合细菌内毒素试验要求。现行版《中国药典》规定：除硝酸盐、亚硝酸盐、电导率、总有机碳、不挥发物与重金属按纯化水检查应符合规定外，还要求pH应为5.0～7.0，氨含量不超过0.00002%，细菌内毒素与微生物限度检查，均应符合规定。

2. 容器处理

注射剂常用容器有玻璃安瓿、玻璃瓶、塑料安瓿、塑料瓶（袋）、预装式注射器等，并用适宜的方法确证容器的密封性。除另有规定外，容器应符合有关注射用玻璃容器和塑料容器的国家标准规定。容器用胶塞，特别是多剂量包装注射液用的胶塞，要有足够的弹性和稳定性，其质量应符合有关国家标准规定。除另有规定外，容器应足够透明，以便内容物的检视。

（1）安瓿（ampule）　安瓿的式样包括曲颈安瓿和粉末安瓿两种，其中曲颈易折安瓿使用方便，可避免折断后玻璃屑和微粒对药液的污染，故国家药品监督管理局已强制推行使用此种安瓿。曲颈易折安瓿包括点刻痕易折安瓿和色环易折安瓿两种。粉末安瓿用于分装注射用固体粉末或结晶性药物。安瓿的颜色一般无色透明，有利于药液澄明度检查。目前制造安瓿的玻璃主要有中性玻璃、含钡玻璃和含锆玻璃。中性玻璃化学稳定性好，适用于近中性或弱酸性注射剂；含钡玻璃耐碱性好，适用于碱性较强的注射剂；含锆玻璃耐酸碱性能好，不易受药液侵蚀，适用于酸碱性强的药液和钠盐类的注射液等。

（2）西林瓶（vial）　包括管制瓶和模制瓶两种。管制瓶的瓶壁较薄，厚薄比较均匀，而模制瓶正好相反。常见容积为10 mL和120 mL，应用时都需配有橡胶塞，外面有铝盖压紧，有时铝盖上再外加一个塑料盖。主要用于分装注射用无菌粉末。

（3）注射剂容器的质量要求　注射剂的容器不仅要盛装各种不同性质的注射剂，而且还要经受高温灭菌和在各种不同环境条件下的长期贮存。常用的注射剂玻璃容器应符合下列要求：①安瓿玻璃应无色透明，以便于检查注射剂的澄明度、染质以及变质情况；②应具有低的膨胀系数和优良的耐热性，能耐受洗涤和灭菌过程中产生的冲击，在生产过程中不易冷爆破裂；③要有足够的物理强度，能耐受热压灭菌时所产生的压力差，生产、运输、贮藏过程中不易破损；④应具有较高的化学稳定性，不易被药液侵蚀，也不改变溶液的pH；

⑤熔点较低，易于熔封；⑥不得有气泡、麻点与砂粒。

塑料容器的主要成分是热塑性聚合物，附加成分含量较低，但有些仍含有不等量的增塑剂、填充剂、抗静电剂、抗氧化剂等。因此选择塑料容器时，有必要进行相应的稳定性试验，依据试验结果才能决定能否应用。

（4）安瓿的质量检查　为了保证注射剂的质量，安瓿使用前要经过一系列的检查，检查项目与方法均需按现行版《中国药典》规定，生产过程中还可根据实际需要确定具体内容，但一般必须通过物理检查（包括尺寸、色泽、表面质量、清洁度及耐热耐压性能等）和化学检查（包括安瓿的耐酸性能、耐碱性能及中性检查等）。低硼硅、中硼硅玻璃安瓿可分别按《国家药包材标准》YBB00332002—2015、YBB00322005-2—2015进行检验。

（5）安瓿的洗涤　安瓿一般使用离子交换水灌瓶蒸煮，质量较差的安瓿须用0.5%的醋酸水溶液灌瓶蒸煮（100℃、30分钟）热处理。蒸瓶的目的是瓶内的灰尘、沙砾等杂质经加热浸泡后落入水中洗涤干净。同时也是一种化学处理，让玻璃表面的硅酸盐水解、微量的游离碱和金属盐溶解，使安瓶的化学稳定性提高。安瓶洗涤的质量对注射剂成品的合格率有较大影响。目前国内药厂使用的安瓿洗涤设备有三种。

① 喷淋式安瓿洗涤机组：该机组由喷淋机、用水机、蒸煮箱、水过滤器及水泵等机件组成。这种生产方式的生产效率高、设备简单，曾被广泛采用。但占地面积大、耗水量多。

② 气水喷射式安瓿洗涤机组：该组设备由供水系统、压缩空气及其过滤系统、洗瓶机三大部分组成，适用于大规格安瓿和曲颈安瓿的洗涤，是目前生产上常用的洗涤方法。

③ 超声波安瓿洗瓶机：工作原理是浸没在清洗液中的安瓿在超声波发生器的作用下，使安瓿与液体接触的界面处于剧烈的超声振动状态时所产生的一种"空化作用"，将安瓿内外表面的污垢冲洗干净。其洗瓶效率和效果均比较好，是洗涤安瓿的最佳设备。

（6）安瓿的干燥与灭菌　安瓿淋洗只能除去稍大的菌体、尘埃及杂质粒子，还需通过干燥的方式去除生物粒子的活性，以达到杀灭细菌和除去热原的目的，同时也对安瓿进行干燥。安瓿一般可在烘箱中120～140℃干燥2小时以上。供无菌操作药物或低温灭菌药物的安瓿，则需150～170℃干热灭菌2小时。工业生产中，现多采用隧道式烘箱、电热红外线隧道式自动干燥灭菌机等进行安瓿的干燥。

3. 注射液的配制和滤过

（1）注射液的配制

① 配液用具的选择与处理：配液用具必须采用化学稳定性好的材料制成，如玻璃、搪瓷、不锈钢、耐酸耐碱陶瓷及无毒聚氧乙烯、聚乙烯塑料等。一般塑料材质不耐热，高温易变形软化，铝质容器则稳定性差，均不宜使用。小量配制注射液时，一般可在中性硬质玻璃容器或搪瓷桶中进行。大量生产时，常以带有蒸汽夹层装置的配液罐为容器配制注射液。

配液用具在使用前要用洗涤剂或清洁剂洗净沥干。临用时，再用新鲜注射用水荡涤或灭菌后备用。每次用具使用后，均应及时清洗，玻璃容器中也可加入少量硫酸清洁液或75%乙醇放置，以免染菌。

② 配液方法：配液方式包括稀配法和浓配法，前者适用于原料质量好、小剂量注射剂的配制；后者可滤除溶解度小的杂质，适用于大剂量注射剂的配制。若处方中几种原料的性质不同，溶解要求有差异，配液时也可分别溶解后再混合，最后加溶剂至规定量。

有些注射液由于色泽或澄明度的原因，配制时需加活性炭处理，活性炭有较好的吸附、脱色、助滤及除杂质作用，能提高药液澄明度、改善色泽，但有可能吸附药物，导致药物含量的损失，或者影响注射剂杂质控制，需慎重使用。针用活性炭一般用量为0.1%～1%，使用前应在150℃干燥3～4小时进行活化处理。

配液所用注射用水，贮存时间不得超过12小时。配液所用注射用油，应在使用前经150～160℃灭菌1～2小时，冷却至适宜温度（一般在主药熔点以下20～30℃）后趁热配制。此温度不宜过低，否则黏度增大，不宜过滤，一般在60℃。

药液配制后，应进行半成品质量检查，检查项目主要包括pH、相关成分含量等，检验合格后才能进一步滤过和灌封。溶液型注射液应澄清；除另有规定外，混悬型注射液中原料药粒径应控制在15 μm以下，含15～20 μm（中间有个别20～50 μm）者，不应超过10%，若有可见沉淀，振摇时应容易分散均匀；乳状液型注射液，不得有相分离现象；静脉用乳状液型注射液中90%的乳滴粒径应在1 μm以下，除另有规定外，不得有大于5 μm的乳滴。除另有规定外，输液应尽可能与血液等渗。

（2）注射液的过滤　在注射液的工业生产中，一般采用二级过滤，即预滤与精滤。预滤可用陶质砂滤棒、垂熔玻璃滤器、板框式压滤机或微孔钛滤棒等；而精滤可采用微孔滤膜作为过滤材料，且多采用加压过滤法来进行过滤。

4. 灌装和封口

注射剂的灌封包括药液的灌装与容器的封口，这两部分操作应在同一室内进行，操作室的环境要严格控制，达到尽可能高的洁净度。注射液过滤后，经检查合格应立即灌装和封口，以避免污染。

（1）注射液的灌装　药液的灌装，力求做到剂量准确，药液不沾瓶颈口，不受污染。灌装标示装量为不大于50 mL的注射剂，应适当增加装量。除另有规定外，多剂量包装的注射剂，每一容器的装量不得超过10次注射量，增加装量应能保证每次注射用量。每次灌装前，必须用精确的量筒校正灌注器的容量，并试灌若干次，符合装量规定后再正式灌装。为提高药液稳定性，易氧化药液灌装过程中，应通入惰性气体置换内部空气。

（2）注射液的封口　工业化生产多采用自动灌封机进行药液的灌装，灌装与封口由机械联动完成。封口方法分为拉封和顶封。拉封封口比较严密，是目前常用的封口方法。图14-2为安瓿自动灌封机。

5. 注射剂的灭菌与检漏

灌封后的注射剂应及时灭菌。灭菌方法和条件主要根据药物的性质选择确定，能满足终端灭菌条件的注射剂，需采用过度杀灭法，可采用121℃、15分钟灭菌，保证标准灭菌时间（F_0值）应大于12；对于热稳定性略弱的药物，可采用115℃、30分钟的灭菌方法，尽量保证F_0值大于8；而对热不稳定的药物，可采用无菌灌装生产工艺。注射剂灭菌后应立即进行检漏，避免药液流出

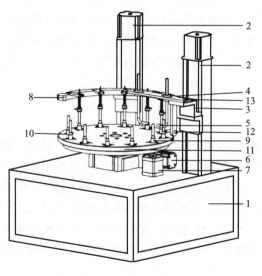

图14-2　安瓿自动灌封机

1—主机机壳；2—步进电机丝杆滑台；3—喷火口升降臂；
4—调整螺母；5—喷火管；6—转盘驱动电机；
7—旋转熔封驱动电机；8—洗润灌升降臂；9—安瓿瓶；
10—自适应夹持机构；11—转盘；
12—喷火口升降传感器；13—喷火管固定件

或污染注射剂。

6. 灯检

灯检是控制注射剂质量的一道重要关口，注射剂容器在背光照射下，通过放大镜能清晰地看出运动后的容器中杂质及悬浮物，从而能防止不合格产品的漏检。视力符合药典标准要求的操作工在暗室中用目视在一定光照强度下的灯检仪下对注射剂内容物进行逐一检查。但员工个体差异、劳累度、工作强度都不利于工业化大生产。生产上常使用全自动灯检机进行灯检，该设备集光源发生系统、视觉识别系统、图像处理系统、计算分析系统、高精密机械制造于一体，降低了人工检测的不确定性。

7. 印字与包装

注射剂经质量检测合格后方可印字与包装。每支注射剂均须印上品名、规格、批号等。印字方法有两种：手工印字和用安瓿印字机进行印字。所印字迹应清晰可见，且不易抹掉。

装安瓿的纸盒内应衬有瓦楞纸，并应放有割颈用小砂石片及使用说明书（图14-3）。盒外应贴标签，标签上须注明下列内容：①注射剂名称（中文、拉丁文全名）；②内装支数；③每支容量与主药含量；④批号、制造日期与失效日期；⑤处方；⑥制造厂名称和地址；⑦应用范围、用法、用量、禁忌；⑧贮藏方法与条件。此外，产品还需要另附详细说明书。

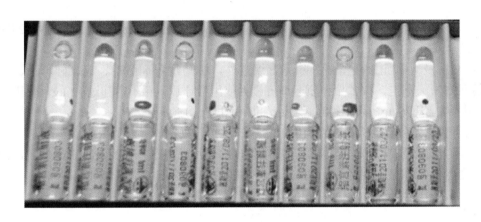

图14-3　注射剂产品图

五、质量评价

【装量】除另有规定外，注射液及注射用浓溶液照下述《中国药典》（2020年版）四部方法检查，应符合规定。

供试品标示装量不大于2 mL者，取供试品5支（瓶）；2 mL以上至50 mL者，取供试品3支（瓶）。开启时注意避免损失，将内容物分别用相应体积的干燥注射器及注射针头抽尽，然后缓慢连续地注入经标化的量入式量筒内（量筒的大小应使待测体积至少占其额定体积的40%，不排尽针头中的液体），在室温下检视。测定油溶液、乳状液或混悬液时，应先加温（如有必要）摇匀，再用干燥注射器及注射针头抽尽后，同前法操作，放冷（加温时），检视。每支（瓶）的装量均不得少于其标示装量。

生物制品多剂量供试品：取供试品1支（瓶），按标示的剂量数和每剂的装量，分别用注射器抽出，按上述步骤测定单次剂量，应不低于标示装量。

　　标示装量为 50 mL 以上的注射液及注射用浓溶液照最低装量检查法（通则 0942）检查，应符合规定。

　　也可采用重量除以相对密度计算装量。准确量取供试品，精密称定，求出每 1 mL 供试品的重量（即供试品的相对密度）；精密称定用干燥注射器及注射针头抽出或直接缓慢倾出供试品内容物的重量，再除以供试品相对密度，得出相应的装量。

　　预装式注射器和弹筒式装置的供试品：除另有规定外，标示装量不大于 2 mL 者，取供试品 5 支（瓶）；2 mL 以上至 50 mL 者，取供试品 3 支（瓶）。供试品与所配注射器、针头或活塞装配后将供试品缓慢连续注入容器（不排尽针头中的液体），按单剂量供试品要求进行装量检查，应不低于标示装量。

　　【装量差异】凡规定检查含量均匀度的注射用无菌粉末，一般不再进行装量差异检查。

　　【渗透压摩尔浓度】除另有规定外，静脉输液及椎管注射用注射液按各品种项下的规定，照渗透压摩尔浓度测定法（通则 0632）测定，应符合规定。

　　【可见异物】除另有规定外，照可见异物检查法（通则 0904）检查，应符合规定。

　　【不溶性微粒】除另有规定外，用于静脉注射、静脉滴注、鞘内注射、椎管内注射的溶液型注射液、注射用无菌粉末及注射用浓溶液照不溶性微粒检查法（通则 0903）检查，均应符合规定。

　　【中药注射剂有关物质】按各品种项下规定，照注射剂有关物质检查法（通则 2400）检查，应符合有关规定。

　　【重金属及有害元素残留量】除另有规定外，中药注射剂照铅、镉、砷、汞、铜测定法（通则 2321）测定，按各品种项下每日最大使用量计算，铅不得超过 12 μg，镉不得超过 3 μg，砷不得超过 6 μg，汞不得超过 2 μg，铜不得超过 150 μg。

　　【无菌】照无菌检查法（通则 1101）检查，应符合规定。

　　【细菌内毒素】或【热原】除另有规定外，静脉用注射剂按各品种项下的规定，照细菌内毒素检查法（通则 1143）或热原检查法（通则 1142）检查，应符合规定。

六、实例

例14-1：丙泊酚注射液

【处方】丙泊酚	10 g
注射用大豆油	100 g
注射用甘油	22.5 g
蛋黄卵磷脂	12 g
等渗调节剂	22.5 g
注射用水	加至 1000 mL

　　【制备】在氮气保护下，称取注射用大豆油 100 g 加热至 70℃，在高速搅拌下，加入蛋黄卵磷脂 12 g、丙泊酚 10 g，搅拌均匀作为油相；将注射用甘油 22.5 g 加入 600 mL 注射用水中，混匀后用 0.45 μm 的滤膜过滤作为水相。在高速搅拌下将油相加入水相中制成初乳。测 pH 值为 8.0，加注射用水至 1000 mL，经高压均质机反复均质，检查乳粒大小，所有粒子的粒径均小于 1 μm。乳液过滤后通氮灌装、熔封，在旋转式蒸汽灭菌器中灭菌、冷却，检查合格后即得丙泊酚注射液。

第二节　脂质体注射剂

特殊注射剂是一类复杂的载药系统，包括微球、脂质体、纳米乳、混悬液注射剂。普通注射剂研发较早，开发难度较小。与普通注射剂相比，特殊注射剂具有明显的临床和市场优势，可选择性地将药物递送至靶组织、靶器官、靶细胞中，提高生物利用度的同时，减轻对其他器官组织的伤害。特殊注射剂已成为国内创新研发的主流。

一、简介

脂质体是由磷脂和胆固醇形成的具有脂质双分子层的封闭囊泡，可包封水溶性和脂溶性药物。脂质体最早于1964年被发现，按脂质体的结构可将其分为单室脂质体、多室脂质体、多囊脂质体；按脂质体电荷性质可将其分为中性脂质体、负电性脂质体和正电性脂质体。

单室脂质体：药物仅被一层类脂双分子层包裹，根据直径大小，又可将其分为小单室脂质体（20～100 nm）和大单室脂质体（100～1000 nm）。

多室脂质体：药物被多个双分子层包裹形成囊泡，粒径可达1～5 μm。

多囊脂质体：药物由较多的非同心囊泡构成，粒径可达5～50 μm。

二、脂质体技术

目前有两种新型脂质体技术已成功运用于脂质体的工业化生产，并有相应的产品上市，分别是Stealth脂质体技术和阳离子脂质体技术。在脂质体成分中加入聚乙二醇，可在脂质体表面形成一定的空间位阻，干扰脂质体与血浆蛋白之间的疏水相互作用，减少吞噬系统的吸收，延长血液循环时间，因此，也被称为"隐形脂质体"。

1. Stealth脂质体

Stealth技术是指在传统脂质体表面掺入二硬脂酰磷脂酰乙醇胺的聚乙二醇化衍生物（DSPE-mPEG2000），使其交错重叠形成一定的空间位阻，该衍生物的高亲水性和柔韧性会干扰脂质体与血浆蛋白之间的疏水相互作用，从而减少网状内皮系统（reticuloendothelial system，RES）对脂质体的吸收，即发挥了隐形效果，实现脂质体在体内的长循环功能，通常该脂质体被称为长循环脂质体或隐形脂质体。此外，由于肿瘤脉管系统的渗漏性质，具有长循环特性的纳米制剂能够通过高通透性和滞留效应被动地靶向肿瘤组织。运用Stealth技术开发出了全球首个抗肿瘤脂质体产品盐酸多柔比星脂质体注射液（Doxil®），游离多柔比星的消除半衰期为0.2 h，AUC为3.81 μg·h/mL，而Doxil®的消除半衰期可达41～70 h，AUC为902 μg·h/mL。

2. 阳离子脂质体

常用的永久带电的阳离子脂质有3类，即单价阳离子脂质（如DOTAP）、多价阳离子脂质（如DOGS和DOSPA）和阳离子胆固醇衍生物（如DC-Chol）。阳离子脂质一般由带正电的头基通过连接键（如酰胺键、酯键和醚键）与疏水尾基（胆固醇或脂肪链）相连组成，其结构是决定细胞毒性和转染效率的重要因素。全球首个siRNA药物Patisiran阳离子脂质体注射液（Onpattro®）于2018年获批上市，这也是首个用于治疗转甲状腺素蛋白淀粉样变性（hATTR）引起的神经损伤的药物，这款药物中使用的关键脂质即为可电离阳离子脂质MC3。

三、制备

传统的脂质体制备方法通常包括以下步骤：将脂质从溶剂中干燥，再将脂质分散在水介质中，纯化得最终产品。传统脂质体制备技术（薄膜水化法、反相蒸发法、溶剂注射法、超临界流体法等）都是将挥发性有机溶剂溶解脂质作为第一步，有机溶剂难以从最终产品中去除，不仅影响脂质体囊泡的稳定性，残留溶剂更是对人体造成伤害。因此，不使用危险化学品或溶剂的脂质体注射剂将是脂质体制备的发展方向。

1. 薄膜水化法

薄膜水化法是最早制备脂质体的技术，它是将磷脂和胆固醇溶解在有机溶剂中，通过蒸发去除溶剂，并向干燥的脂质膜中加入缓冲溶液进行水化制备脂质体。该方法制备简单，成本低廉。使用该方法制备的脂质体粒径极其不均匀，常需通过挤压或超声处理减小脂质体粒径。

2. 反相蒸发法

这种技术是在脂质体中装载亲水药物的最优先技术。脂质体内部是可以装载亲水药物的唯一区域，因此，在脂质体的制备过程中，可形成较大亲水内部空间的技术具有较高的载药量。在反相蒸发法中，通过将亲水药物溶解在水中并将磷脂溶解在不溶于水的溶剂（通常是氯仿）中来制备水/油乳液。然后在真空状态下缓慢地除去有机溶剂，进一步蒸发有机溶剂直到混合物变成透明的单相分散体或均匀的乳白色分散体。在超声处理后应至少30分钟没有观察到分离的现象。然后将该混合物放在旋转蒸发器上，在减压下除去有机溶剂即可得到脂质体分散体。该方法对于包载水溶性药物，如蛋白质、核酸等，具有独特的优势，适用于制备较小容量的脂质体，载药量高达30%，但由于制造过程复杂，在工业规模上的应用受到极大限制。

3. 溶剂注射法

溶剂注射指将脂质溶解到有机相中，然后将脂质溶液注射到水介质中，形成脂质体。乙醇注射法于1973年首次提出，该方法通过一步注射乙醇脂质溶液到水中，可以获得粒径分布窄的小脂质体，不需要挤压或超声。但该方法制得的脂质体粒径并不均一，乙醇难以去除，可能使生物大分子药物失活。与乙醇注射法不同的是，乙醚注射法中的乙醚与水相不相溶，加热水相可将溶剂中的乙醚除去。该方法将乙醚-脂质溶液注入温度高于乙醚沸点的热水相中，醚与水接触后蒸发，分散的脂质主要形成单分子囊泡。与乙醇注射法相比，乙醚注射法的优点是可以去除最终脂质体中的有机溶剂，因此该工艺可以长期操作，并形成高包封率的浓缩脂质体产品，但需要关注高温下有机溶剂中药物的稳定性。

4. 超临界流体法

超临界流体是一种物质状态，当物质在临界温度及临界压力以上时，气体与液体的性质会趋近于类似，最后会达成一个均匀相的流体现象。超临界流体与气体类似，具有可压缩性，可以像气体一样发生泻流，而又兼具类似液体的流动性，密度一般介于 $0.1 \sim 1.0 \ g/mL$ 之间。接近临界点时，压力或者温度的微小变化会使密度发生很大变化，因此超临界流体的许多特性可以被"精细调整"。超临界流体适合作为工业和实验室过程中的溶剂，二氧化碳是最常用的超临界流体，超临界二氧化碳由于其具备成本低、无毒和不易燃等特点，已经成为有机溶剂的良好替代品。超临界流体的溶解度与非极性溶剂相似，压力或温度的微小变化对超临界流体的密度和不同超临界流体的溶解度有很大影响。超临界流体的分离和提纯效率更高，使用超临界流体制备的脂质体的封装效率比使用传统方法制备的要高。

5. 加热法

通常来说，加热会破坏脂质体的结构，并将包裹的物质释放出来。然而脂质体可以通过普通的加热方法进行灭菌，并且加热后可以得到结构完整的脂质体，且药物的封装效率更高。该方法使用甘油作为溶剂，在水介质中加热到120℃时，脂质体成分水化。甘油是无毒的，可以提高脂质体的稳定性，因此不用考虑从最终的脂质体中将其去除。脂质体的形成需要将脂质成分加热到脂质转化温度以上，温度较低时，处于胶状状态的脂质就不能形成封闭的连续双层结构。加热法的优点在于避免有毒溶剂的使用，不需要从最终的脂质体中去除溶剂，最终的脂质体具有较高的封装效率。

四、特点

1. 靶向性

脂质体进入体内可被巨噬细胞作为异物而吞噬，浓集在肝、脾、淋巴系统等单核-巨噬细胞丰富的组织器官中，因而可作为抗肝癌等药物的载体，用于治疗肝肿瘤以及防止肿瘤扩散转移。也可作为抗寄生虫、原虫药物的载体，用于治疗肝寄生虫病等单核-巨噬细胞系统疾病。动物实验结果证明，经静脉注射后脂质体在某些肿瘤中的药物浓度比邻近正常组织高。

2. 缓释性

许多药物在体内迅速代谢，故作用时间较短。将药物包封成脂质体后，可使药物在体内缓慢释放，从而延长其在血液中的滞留时间，也可减少药物的代谢和排泄，从而延长药物的作用时间。

3. 组织相容性与细胞亲和性

脂质体本身是类似生物膜结构的囊泡，因而具有组织相容性，对正常组织细胞不会产生伤害作用，并可长时间吸附于靶细胞周围，有利于药物向靶组织渗透。同时它还具有细胞亲和性，易与细胞融合，使之可以通过融合方式进入细胞内，经溶酶体消化后将药物释放于细胞内部。

4. 降低药物毒性

脂质体注射给药后，改变了药物的体内分布，主要在肝、脾等单核-巨噬细胞较丰富的器官浓集，这种体内分布的改变将相对降低心脏、肾脏和其他正常组织细胞中的药物浓度，因此将对心、肾有较强毒性的药物如多柔比星、两性霉素等制成脂质体，可明显降低其心、肾毒性，这也是脂质体用于抗癌药物载体的最主要优点之一。

五、实例

例14-2： 奥硝唑脂质体注射剂

【处方】奥硝唑	500 g
二月桂酰磷脂酰甘油	1500 g
大豆甾醇	1000 g
吐温60	500 g
海藻糖	500 g

【制备】将二月桂酰磷脂酰甘油1500 g、大豆甾醇1000 g、海藻糖500 g和500 g吐温60溶解于2500 mL的70%乙醇溶液中，混合均匀，于旋转薄膜蒸发器上减压除去有机溶剂，得类磷脂膜。向其中加入适量纯化水，并振摇30 min，使磷脂膜完全水化。使用组织破碎机高速匀质乳化10～15 min，转速为8000 r/min，使用0.45 μm微孔滤膜过滤后制得脂质体混悬液。向其中加入奥硝唑500 g后振摇均匀，高压均质后快速冷冻。恢复至室温后使用0.22 μm微孔滤膜过滤，灌装即得奥硝唑脂质体注射液。

【注解】作为药物活性成分的奥硝唑，其水溶性较差，针对奥硝唑的特点，选用二月桂酰磷脂酰甘油作为基础磷脂成膜材料。二月桂酰磷脂酰甘油作为一种合成磷脂，其含量高、价格便宜，且相变温度高，易于形成稳定的脂质体膜。当使用其他磷脂时，难以形成品质优良的脂质体，脂质体的包封率、稳定性和渗漏率等性质下降。

第三节　微球注射剂

一、简介

微球是直径在微米范围内的小球形颗粒（通常为1～1000 μm），有时也被称为微粒。微球主要由蛋白质或合成聚合物构成，具有生物可降解特性，可提高药物溶解度，提高药物在给药前的稳定性，减少药物在非靶部位的蓄积，或是提供持续的治疗效果。

二、特点

根据微球的功能不同可将其分为以下几个类型。

1. 生物黏附性微球

利用水溶性聚合物的黏附性将药物黏附在膜上，这一类型的微球可在作用部位停留较长时间，发挥长效治疗效果，如口腔、眼部、直肠、鼻腔等。

2. 磁性微球

磁性载体对磁场有磁性反应，可在磁场作用下，将药物靶向递送至疾病部位。

3. 漂浮微球

漂浮微球的密度小于胃液，因此可在胃中保持漂浮状态，不受胃排空的影响，药物以恒定速率缓慢释放。

三、应用

靶向是指通过全身或局部药物递送，药物在器官、组织、细胞或细胞内结构中的选择性积累。药物在靶标的优先蓄积可以保护身体其余的健康组织，增加药物的治疗指数，从而改善整体治疗效果。靶向药物递送系统，无论是被动还是通过特定方式，都需要使用载体，微球作为靶向递送药物递送载体的潜在用途已引起全球研究人员的关注。

1. 肺靶向

肺部是最关键和最重要的器官系统之一，向身体供应氧气，清除代谢废物，并维持身体的pH值平衡。慢性呼吸道疾病已成为全世界常见的肺部疾病，然而，目前可用的常规治疗方法无法达到预期的治疗效果。微球经静脉注射后，凭借其尺寸（被动靶向）和表面修饰（主动靶向）来锁定肺部。

微球静脉注射后，由于肺部的毛细血管比微球直径小（5～10 μm），肺部的毛细血管网络便会主动捕获微球，实现被动靶向，从而提高治疗效果、减少副作用。一些化疗药物如多西他赛、多柔比星、卡铂等已被设计为微球递药体系，用于靶向肺部。除抗癌药物外，一些抗生素和抗哮喘药也可以被输送到肺部，用于治疗感染和哮喘。在微球表面进行功能化修饰，经靶向配体与病灶部位受体的特异性结合，发挥主动靶向作用将药物定向递送至肺部病灶部位。

2. 脑靶向

循环系统和中枢神经系统之间的动态界面称为血-脑屏障，它调节营养物质、药物、代谢产物进出脑内的过程，从而保证脑组织内环境的基本稳定，对维持中枢神经系统正常生理状态具有重要意义。血-脑屏障负责限制几乎所有药物和外来分子进入大脑，因此中枢神经系统疾病的治疗非常具有挑战性。将微球与转铁蛋白结合，可以通过转铁蛋白受体介导的内吞作用穿过血-脑屏障实现脑靶向递送。

3. 肝靶向

微球作为药物递送载体在无法切除的原发性和转移性肝肿瘤治疗中发挥了重要作用。微球通过导管输送到肿瘤，滞留在肿瘤组织周围的小动脉中，从而限制肿瘤的血液供应，抑制肿瘤的生长。在微球体系中载入放射性化合物可进一步提高治疗效果。

4. 结肠靶向

微球是多颗粒系统之一，由于其体积小，可以更容易通过消化道。用于结肠靶向微球可实现药物的持续释放，同时，它可以保护药物不被降解。此外，它还具有提高生物利用度、减少局部刺激和全身毒性风险的优点。在微球表面涂覆肠道涂层聚合物（如Eudragit等）是微球设计中广泛使用的结肠靶向方法。

5. 骨靶向

由骨骼、韧带和结缔组织组成的骨骼系统具有复杂的解剖结构，涉及不同类型细胞的复杂网状结构。随着年龄的增长，骨质疏松症和骨转移等骨骼疾病的数量增加，骨骼的靶向治疗非常重要。这些骨病有一个共同的特点，即局部炎症和/或导致羟基磷灰石暴露于血液中。可以利用骨病的这两个特点，向特定的骨组织提供更多的药物负荷。细胞因子导致的血管扩张使炎症组织充满了渗出物，因此大分子治疗药物可以由于高通透性和滞留（EPR）效应保留在该部位。用传统的口服疗法和注射法治疗骨病，会对其他组织和器官产生二次不良反应，而且骨组织中药物浓度较低。因此，强调局部靶向治疗方法以改善各种骨病的治疗效果变得非常重要。与身体其他器官系统的靶向治疗不同，大多数情况下使用的是聚合物微球，而骨靶向微球则是无机类型。将多柔比星封装在空心多孔磷酸钙腺苷微球中，可用于治疗骨肉瘤。磷酸钙腺苷是一种pH响应性材料，在酸性肿瘤环境中释放封装药物，而在正常生理pH值下保持稳定。载药微球不仅可用于治疗骨肉瘤，磷酸钙腺苷微球本身在成骨诱导系统中发挥重要作用，可用于后续的骨再生。

四、制备方法

1. 喷雾干燥法

在喷雾干燥中，首先将聚合物溶解在适宜的挥发性有机溶剂中，如二氯甲烷、丙酮等，随后在高压均质下将固体形式的药物分散于聚合物溶液中，并将分散体在热空气流中雾化。雾化导致小液滴或细雾的形成，溶剂瞬间蒸发，形成尺寸为1~100 μm的微球。微粒经分离器从热空气中分离出来，而残留溶剂则通过真空干燥除去。喷雾干燥法优点在于制备迅速，在无菌条件下具有较高的操作可行性。

2. 溶剂挥发法

将聚合物溶液在水相中乳化，搅拌下形成水包油乳剂，体系中的药物分散于溶液中或是被捕获至乳相中，继续搅拌，加热条件下蒸发溶剂，使聚合物围绕核心收缩，形成微球。

3. 单乳化法

天然聚合物微粒体系是通过单一乳液法制备的，将天然聚合物溶解于水相中，然后分散于非水介质如油中。向其中加入化学交联剂如戊二醛、甲醛、氯化酸，可对分散的微球进行交联。

4. 双乳化法

双乳化法适用于水溶性药物、肽、蛋白质和疫苗等，可形成$W_1/O/W_2$的双乳剂，水性蛋白质溶液分散于亲脂性有机连续相中。药物水溶液或混悬液以及增稠剂与和水不互溶的聚合物有机溶剂乳化制成W_1/O初乳，后者再与含表面活性剂的水溶液乳化成$W_1/O/W_2$复乳，聚合物的有机溶剂从系统中移除后，即固化生成载药微球。

五、实例

例14-3： 氟比洛芬酯脂微球注射液

【处方】大豆油	8 g
氯比洛芬酯	1 g
油酸	0.4 g
水合磷酸氢二钠	0.068 g
浓甘油	2.2 g
泊洛沙姆188	0.6 g
蛋黄卵磷脂	1 g

【制备】称取大豆油8 g，加热至65℃，称取氯比洛芬酯1 g、油酸0.4 g，置于上述大豆油中搅拌使溶解为油相。取水50 mL加热至65℃，加入水合磷酸氢二钠0.068 g、浓甘油2.2 g、泊洛沙姆188 0.6 g、蛋黄卵磷脂1 g，搅拌溶解形成水相。将油相与水相混合后，以13000 r/min速率剪切8 min制得初乳。以0.1 mol/L氢氧化钠溶液调节pH值至9，以水定容至100 mL，以高压均质机循环6次将所得粗乳精制得微乳。以0.65 μm微孔滤膜过滤、分装、充氮、封口，121℃湿热灭菌15 min，即得氯比洛芬酯脂微球注射液。

【注解】使用蛋黄卵磷脂作为乳化剂时，其处方为淡黄色乳状液体，流动性好，在瓶壁均匀铺展然后缓慢散开，且制备出的样品平均粒径、PDI数值相对较优。

第四节　微乳注射剂

一、简介

乳剂是指互不相溶的两相液体，其中一相以小液滴状态分散于另一相液体中形成的非均匀分散的液体制剂。形成液滴的相称为分散相、内相或非连续相，另一相液体则称为分散介质、外相或连续相。由水、油和亲水剂组成的光学各向同性和热力学稳定的液体溶液则被称为微乳剂。乳剂和微乳剂之间的关键区别在于，前者虽然具有出色的动力学稳定性，但从根本上说热力学上是不稳定的，最终会发生相分离。另一个重要的区别在于它们的外观，乳剂是浑浊的，而微乳剂是透明或半透明的，因此微乳剂适合制备为注射剂。此外，它们的制备方法也有明显的区别，乳剂需要大量的能量输入，而微乳剂则不需要。

二、分类

传统的表面活性剂分子包括一个极性头区和一个非极性尾区，非极性尾区一般具有较大的分子体积。表面活性剂的极性头和非极性尾，分别在水和油相的界面上定向，以减少整体张力并促进混溶。在水中分散时，表面活性剂会自我结合形成平衡相，在非水溶剂中表面活性剂也会自我结合，在这种情况下，表面活性剂分子的方向与水溶液中的方向相反。这种重新定向的作用可优化表面活性剂的溶解性，并使整个系统的自由能最小化。当表面活性剂被纳入油和水的不相溶混合物中时，表面活性剂分子可以位于油/水界面，这在热力学上是非常有利的。一般来说，可将乳剂分为以下三类：水包油（O/W）、油包水（W/O）以及复乳。O/W型乳剂由分散在水连续相中的油滴组成，而W/O型乳剂由分散在油连续相中的水滴组成。复乳又称二级乳，是将初乳（一级乳）进一步分散在油相或水相中，经过二次乳化制成的复合型乳剂，分为W/O/W型和O/W/O型，复乳的液滴粒径一般在50 μm以下。复乳具有两层或多层液体乳化膜，因此可以更有效地控制药物扩散速率。

三、机制

1. 形成机制

微乳液形成的自由能取决于表面活性剂降低油水界面表面张力的程度和系统熵的变化，即

$$\Delta G_f = \gamma \Delta A - T \Delta S \qquad (14\text{-}1)$$

式中，ΔG_f是形成自由能；γ是油-水界面的表面张力；ΔA是微乳化时界面面积的变化；ΔS是系统的熵的变化；T为温度。

当微乳形成时，由于形成了大量非常小的液滴，ΔA的变化非常大。为了形成微乳，最主要的有利熵贡献是由一个相在另一个相中以大量小液滴的形式混合产生的非常大的分散熵。其他动态过程也会产生有利的熵贡献，如界面层中的表面活性剂扩散和单体-颗粒表面活性剂交换。因此，当表面张力的大幅降低伴随着显著的有利熵变时，就会出现负的形成自由能。在这种情况下，微乳化是自发的，产生的分散体在热力学上是稳定的。

最可能形成的微乳是体积分数较小的相形成的液滴，事实上，这种情况很常见，但绝不是完全如此。油/水微乳液滴通常比水/油液滴具有更大的有效相互作用体积，这可能是

因为在离子型表面活性剂的作用下，水包油液滴表面形成电双层，引入了一个强大的排斥项。对于由非表面活性剂稳定的油/水微乳剂，尽管存在与极性基团相关的水化壳，但主要的排斥因素来源于立体相互作用。如果表面活性剂的尾部向外延伸到连续的油相中，那么在具有高曲率的界面上（即小液滴），微乳更易形成。这在熵上也是更有利的，因为烃尾有更多的方向自由。因此，水/油微乳的界面张力往往比油/水微乳低，从而使其制备过程更加简单。然而，还应该记住，虽然微乳剂在热力学上是稳定的，但它们的形成可能有动力学障碍。因此，成分的添加顺序可能会影响制备的难易程度，在某些情况下，机械搅拌或输入热量将有助于更快速地进行微乳化。

2. 相行为

混合物的相行为和其组成之间的关系可以借助相图来把握，由油、水和表面活性剂组成的简单微乳系统的相行为可以借助于三元相图来研究，图中的每个角都代表100%的该特定成分。然而，微乳剂将包含额外的成分，如辅助表面活性剂和/或药物，大量药物分子本身具有表面活性，因此可能会影响相行为。在研究四种或多种成分的情况下，使用伪三元相图，其中角通常表示两种成分的二元混合物，例如表面活性剂/助表面活性剂、水/药物或油/药物（图14-4）。

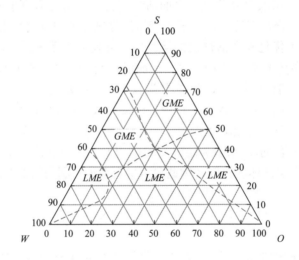

图14-4　含有表面活性剂混合物（S）、油相（O）和水相（W）的系统的伪三元相图

四、决定乳剂类型的因素

普通乳剂的类型有W/O型和O/W型。决定乳剂类型的因素复杂，其中最主要因素是乳化剂的性质及其亲水亲油平衡值（hydrophile-lipophile balance value，HLB值），其次是相体积分数和制备方法等。

1. 乳化剂

因为界面吸附膜向界面张力较大的一面弯曲，即内相是具有较高的界面张力的相。当HLB值较大的表面活性剂作乳化剂时，可以降低水的界面表面张力，乳化膜即向油的界面弯曲，油相成为内相，而水相成为连续相，故形成O/W型乳剂。反之，当HLB值较小的表面活性剂作乳化剂时，可以降低油的界面表面张力，水相即成为内相，而油相成为连续相，形成W/O型乳剂。使用表面活性剂作乳化剂形成的乳剂,其类型取决于HLB值。使用亲水性高分子作乳化剂,因其亲水性强,能降低水相的表面张力,因而形成O/W型乳剂。而固体粉末作为乳化剂,若亲水性大则被水相湿润,降低水的表面张力更大,形成O/W型乳剂;若亲油性大则被油湿润,降低油的表面张力更大,形成W/O型乳剂。但要注意,当乳化剂亲水性太大,极易溶于水时,所形成的乳剂反而不稳定。

2. 相体积分数

相体积分数是指内相占乳剂总体积的分数。内相体积越大,乳滴越易发生碰撞而合并或引起转相,从而使乳剂不稳定。一般而言,形成乳剂的两相的体积相差越大,该乳剂越稳定。在不考虑乳化剂作用的情况下,一般相体积大的作外相。

在相同条件下O/W型乳剂比W/O型乳剂更易于形成,而且稳定,所以O/W型乳剂允许内相体积大于外相体积,甚至可高达74%。

3. 制备方法

一般将水相缓慢加入油相,形成W/O型乳剂;将油相缓慢加入水相,形成O/W型乳剂。

五、制备

1. 油中乳化剂法

油中乳化剂法又称干胶法。本法的特点是先将乳化剂分散于油相中研匀后加水相制备成初乳,然后稀释至全量。由于在制备初乳时,每4份体积油要加入2份体积的水和1份体积的乳化剂,此法又被称为4∶2∶1法。

2. 水中乳化剂法

水中乳化剂法又称湿胶法。本法的特点是先将乳化剂分散于水中研匀,再将油相加入,用力搅拌使成初乳,然后加水将初乳稀释,混匀即得。初乳中油、水和胶的比例与上法相同,但混合的次序不同,并且在制备初乳过程中成分比例需根据操作者的要求而修改。

3. 两相交替加入法

两相交替加入法是向乳化剂中交替加入少量水和少量油,边加边搅拌,即可形成乳剂。当乳化剂用量较大时,本法是一个很好的方法。

4. 新生皂法

新生皂法是将植物油(含有硬脂酸、油酸等有机酸)与含有碱的水相(氢氧化钠、氢氧化钙、三乙醇胺等)分别加热至一定温度后,混合搅拌使其发生皂化反应,生成的新生皂为乳化剂,从而得到稳定乳剂的方法。生成的一价皂为O/W型乳剂,生成的二价皂为W/O型乳剂。

5. 机械法

机械法是将油相、水相、乳化剂混合后用乳化机械制成乳剂的方法。机械法制备乳剂时可以不考虑混合顺序,借助于机械提供的强大能量很容易制成乳剂。

六、质量评价

1. 粒径

粒径大小是评价微乳质量的重要指标,静脉注射微乳,其粒度应在1 μm以下,不得有大于1 μm的颗粒。

2. 形态学表征

透射电子显微镜（TEM）和扫描电子显微镜（SEM）技术已经被用来研究物体内部和表面的微观结构，通过样品不同区域对电子的不同吸收和散射产生的对比来收集图像。由于样品制备和脱水而产生的成像伪影是一个主要考虑因素，目前冷冻电子显微镜（冷冻电镜）与冷冻-断裂技术迅速发展。冷冻电镜结果中，双连续型微乳剂相具有特征性的"之"字形通道状复杂结构，而在油包水微乳剂系统中，在连续的背景上可以看到小液滴。在冷冻-断裂电镜中，样品在真空下被劈开，断裂面通常沿着膜状结构的内部域，提供样品的正面视图，可清晰地显示双连续微乳和/或不连续微乳中液滴的网络结构，因此可以被认为是冷冻电镜对微乳表征的补充。

3. 流变性

微乳液的流变特性取决于乳液中聚集体的类型、形状和数量密度，以及这些聚集体之间的相互作用。因此，微结构的变化，如球状-杆状或不连续到双连续的转变，可在微乳流变学中得到反映。双连续微乳在低到中等剪切率下表现出牛顿行为（黏度恒定），但在高剪切率下观察到剪切变稀，可能是由于双连续结构的破碎。另一方面，不连续的微乳剂在更广泛的剪切率范围内显示出牛顿行为。然而，区分微乳的类型或确定微乳的结构不能单纯依靠流变学数据，因为这种宏观特性不够敏感，无法检测到微妙的微观结构变化。因此，流变仪常与其他技术结合使用来表征微乳剂。

4. 电导法

电导率仍然是一种简单而廉价的微乳表征技术。它主要用于揭示水相或油相或两相是否连续。电导率测量技术可用于确定微乳的类型，并估计因成分或温度变化而产生的相界。

七、实例

例14-4： 灯盏花素微乳注射剂

【处方】	灯盏花素	0.4 g
	磷脂	1.13 g
	大豆油	11.3 g
	乙醇	适量
	聚乙二醇十二羟基硬脂酸酯	6.25 g
	聚乙二醇400	6.25 g
	注射用水	75 mL

【制备】取灯盏花素0.4 g加适量的无水乙醇溶解，加入磷脂1.13 g及大豆油11.3 g，振摇使溶解，40℃旋转蒸发除去乙醇，得药物油溶液。另称取聚乙二醇十二羟基硬脂酸酯6.25 g、聚乙二醇400 6.25 g加入上述药物的油溶液中，振荡使其混合均匀，加注射用水75 mL，1000 r/min条件下高速剪切1 min使形成初乳，初乳经高压均质机均质（60 MPa，循环3次），经0.22 μm滤膜滤过即得灯盏花素微乳注射液。

【注解】在机械搅拌的情况下，较少量的表面活性剂即可使油酸乙酯形成微乳，这可能是由于油酸乙酯黏度小容易乳化，但考虑到静脉注射的安全性问题，选择大豆油为油相制备灯盏花素注射微乳。如果仅仅通过机械搅拌，制备大豆油为油相的灯盏花素微乳需要较多的乳化剂，为尽可能降低乳化剂的用量，采用了高压均质机分散的方法。微乳的形成有待于乳化剂与助乳化剂的参与，合适的乳化剂及助乳化剂比例及用量对微乳的形成影响很大。如果处方中乳化剂及助乳化剂比例改变将直接导致微乳的破坏，但是在本实验中灯盏花素微乳一旦形成，对微乳进行稀释并没有导致药物析出，其原因可能是微乳一旦形成，便呈现出一种以油相为中心、乳化剂及助乳化剂为外层的稳定结构，加水稀释仅仅使体系中的乳滴密度降低，而并没有改变或没有较大改变微乳表面乳化剂及助乳化剂的组成。

第五节 胶束注射剂

一、简介

胶束指在水溶液中，当表面活性剂达到一定浓度时，分子自组装形成有序排列的热力学稳定胶装团聚体。胶束一般为球、柱、片等形状，当表面活性剂的浓度达到一定值后胶束开始形成，浓度越大形成的胶束越多。胶束开始明显形成时溶液中表面活性剂的浓度称为临界胶束浓度（critical micelle concentration，CMC）。临界胶束浓度是表面活性剂的重要参数之一，它可以通过理论推算，也可以通过表面张力法、电导法、折光指数法和染料增溶法等来测定。在临界胶束浓度前后，表面活性剂浓度的许多物理性质，如电导率、渗透压、光学性质、去污能力、表面张力等，都发生显著变化，故在使用表面活性剂时必须超过CMC值，才能充分发挥表面活性剂的性能。多数表面活性剂的CMC值在 $0.001 \sim 0.02$ mol/L 左右。当表面活性剂在水中的浓度较低时，以单分子形式分散或者吸附于溶液表面降低表面张力；当表面活性剂达到一定浓度时，无法继续降低溶液的表面张力，在水溶液中开始形成胶束；当表面活性剂浓度接近CMC值时，胶束呈球体结构；当浓度继续增加，缔合的分子数量随之增加，胶束呈圆柱体或者板状体，甚至可以呈星状、螺旋状等复杂形态。

二、分类

根据自组装原理的不同，可将聚合物胶束分为嵌段聚合物胶束、聚电解质共聚物胶束、非共价键胶束、接枝共聚物胶束等。

1. 嵌段聚合物胶束

嵌段聚合物胶束由亲水链段和疏水链段组成，根据分子中疏水链段和亲水链段数目不同将其分为二嵌段共聚物（diblock copolymer）胶束和三嵌段共聚物（triblock copolymer）胶束。双亲嵌段共聚物的亲水部分通常是酸类聚合物、聚电解质等离子型聚合物或非离子型聚合物，疏水部分通常为聚苯乙烯、聚环氧丙烷、聚酯和聚氨基酸等。

2. 聚电解质共聚物胶束

聚电解质共聚物胶束由以聚电解质复合物为内核和以不带电荷的嵌段为外壳组成，是嵌段聚电解质和带有相反电荷的另一电解质聚合物混合时在溶液中形成的复合物，故也称为聚电解质复合胶束。聚电解质具有大分子链段，同时又具有小分子的电离特性，因此可用于药物的缓控释递送技术。

3. 非共价键胶束

非共价键胶束是指核壳间为非共价键连接的聚合物胶束。不同种类的聚合物链段之间通过氢键或金属配位的作用可形成较强的非共价键，形成非共价聚合物。非共价键具有可逆性和协同性，使得非共价键的聚合物材料具有功能性和响应性。

4. 接枝共聚物胶束

接枝共聚物胶束是由两亲性接枝聚合物形成，接枝共聚物的骨架链为亲脂性，而支链为亲水性。当接枝共聚物分散在水性溶液中时，便会自组装形成具有核壳结构的纳米载体，亲脂性骨架链形成胶束内核，亲水性支链朝外形成外壳。在接枝共聚物自组装形成胶束的过程中，亲脂性的骨架链有时无法完全组装成内核，造成胶束在水中的团聚，导致其无法应用于药物递送系统。

三、载药方式

聚合物胶束包载药物的方式主要有物理包埋、化学键合和静电作用，物理包埋和化学键合主要用于包载小分子药物，而静电作用主要用于包载荷电核酸药物和蛋白质药物。

1. 物理包埋载药

物理包埋载药是以物理手段将药物包载于胶束内核中，无需特殊官能团用于化学键合，利用胶束内核的疏水性和难溶药物的疏水相互作用及氢键力，将药物增溶于聚合物胶束中，适用于大部分疏水性药物。物理包埋载药过程中，药物和胶束内核的相容性影响着胶束对药物的增溶效果，相容性越好载药量越高。胶束以物理方法包载药物，完全依靠对制备过程的控制。物理包埋制备胶束的释药机制是扩散作用，因此会比化学键合法制备的胶束释药更快，释药速率受胶束特性影响较大。药物与胶束内核的相容性越好，或者药物与胶束内核的氢键作用越强，药物释放速率越慢。此外，载药量越高，药物释放越缓慢。

2. 化学键合载药

化学键合载药是通过化学键合将药物分子和两亲性聚合物材料的疏水末端连接，在材料自组装形成胶束的过程中，连接在疏水末端的药物直接进入胶束内核中。化学键决定了胶束对药物的包载量，影响胶束的稳定性。化学键合包载药物的载药过程与自组装形成胶束同时发生。化学结合制备胶束的释药方式主要有两种，一种是聚合物胶束先降解再断裂胶束与药物之间的共价键实现释药，另一种是胶束与药物之间的共价键先断裂再通过扩散作用释药。两种方式都体现了这类胶束的缓释作用。

3. 静电作用载药

静电作用载药是通过静电作用将荷电药物与聚合物紧密结合，在胶束形成的过程中实现载药，主要用于核酸类和蛋白质类药物的包载。核酸类药物的每个单元结构都带负电，而蛋白质类药物上可能同时带正电荷和负电荷引发电中和，使得核酸类药物比蛋白质类药物更易于通过静电作用包载。静电作用制备胶束是药物与离子或蛋白质交换释药。药物与胶束内核之间的静电作用，通过阻碍药物与介质中离子的交换，可以实现药物缓释。胶束内核的疏水性越强，药物释放越缓慢。

四、制备方法

胶束本身的结构简单，通常依靠材料自身在水性溶液中的自组装便能形成胶束（图14-5）。所以聚合物胶束的制备方法众多，以物理包埋载药为主，比如**直接溶解法、简单混合法、溶剂挥发法、透析法、固体分散体技术、微相分离法、超临界流体蒸发法**等。

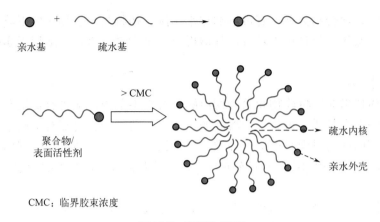

亲水基　　　　　疏水基

> CMC

聚合物/
表面活性剂

疏水内核

亲水外壳

CMC：临界胶束浓度

图14-5　胶束形成过程

1. 直接溶解法

具有高水溶性的共聚物主要通过直接溶解法制造胶束。这种方法相对简单，将共聚物和药物在水溶剂中混合，在搅拌、超声处理和加热等机械方法的作用下，将药物包裹起来。

2. 简单混合法

在这种方法中，聚合物胶束是基于水环境中带相反电荷的嵌段共聚物的自组装而构建的。带电的大分子如核酸、蛋白质和寡核苷酸被封装在核心区，围绕核心的疏水链形成保护性的壳区。这种简单的方法不需要透析、溶剂蒸发或微流控技术，被广泛用于制备通过静电相互作用组装的聚合物胶束，如带正电的PEG-*b*-聚（L-赖氨酸）和带负电的PEG-*b*-聚（天冬氨酸）的聚离子复合物胶束。然而，用这种方法生产的胶束在生理条件下极为脆弱，并可能由于盐的电荷屏蔽和与自然发生的聚电解质或带电蛋白质的相互作用而解离。

3. 溶剂挥发法

溶剂挥发法可细分为乳化-溶剂挥发法和自组装-溶剂挥发法。乳化-溶剂挥发法是将药物和聚合物溶于与水不互溶的有机溶剂中，再将有机溶剂加入水性介质中混合乳化，形成水包油（O/W）型乳剂，聚合物在乳化过程中重排形成胶束，最后再除去有机溶剂。而自组装-溶剂挥发法是将药物和聚合物溶于有机溶剂中，在搅拌条件下将有机相逐渐加入水中形成胶束，再除去有机溶剂。乳化-溶剂挥发法的载药量受药物溶解性、材料与药物亲和力、聚合物固化速率的影响，而自组装-溶剂挥发法的载药量受药物和聚合物性质、有机溶剂比例的影响。乳化-溶剂挥发法制备的胶束稳定性好、粒径分布较窄，该方法副反应少，工艺简单，易于操作，但是载药量较低，有机溶剂无法除尽。自组装-溶剂挥发法操作简便，包封率较高，利于开发成注射剂，但同样存在有机溶剂残留的问题。

4. 透析法

当选定的两亲性共聚物具有较低的水溶性时，可采用透析法。将共聚物和药物溶解在普通溶剂中，然后加入水溶剂以刺激胶束的形成。混合物与水进行长时间的透析，用水透析取代溶解嵌段共聚物和药物的有机溶剂，通常还需要再以冷冻干燥、超滤浓缩或旋转蒸发等方法使其达到临界胶束浓度。溶剂的选择对该方法至关重要，因为它影响到胶束的物理特性和药物封装的效率。水性溶剂和有机溶剂的最佳比例也非常重要。该方法常用的溶剂有*N,N*-二甲基甲酰胺、二甲基亚砜（DMSO）、丙酮、乙腈、四氢呋喃等。胶束的载药量受有机溶剂种类、聚合物类型、有机溶剂与水比例、药物与聚合物比例影响。透析法制备过程简单，易于操作，但是过于耗时，且透析会产生大量废水，仅适用于实验室制备，难以工艺转化。

5. 固体分散体技术

固体分散体技术通过将药物和聚合物溶解于有机溶剂中，除去有机溶剂，使溶液变为药物和聚合物的混合基质，再将水性溶液加入预热的药物聚合物混合基质中，基质自组装形成胶束。胶束的载药量受有机溶剂种类、聚合物与药物性质的影响。固体分散体技术能提高难溶性药物的生物利用度，粒径分布较窄，但载药量较低，胶束的稳定性差。

6. 微相分离法

微相分离法是将过量的药物和聚合物溶解于与水不互溶的有机溶剂中，在对溶液不断搅拌的过程中缓慢加入水性介质，随着水性介质的不断增加，聚合物自组装形成核壳结构的胶束，故此方法也称为沉淀法。微相分离法制备胶束的载药量受药物和聚合物比例、有机溶剂和水性介质比例的影响。该方法制备的胶束粒径分布均匀，药物包封率高，但是粒径偏大，存在有机溶剂残留的问题。

7. 超临界流体蒸发法

超临界流体蒸发法是以超临界 CO_2 代替有机溶剂，聚合物的疏水性嵌段溶解在超临界 CO_2 中，亲水性嵌段溶解到水性介质中，当 CO_2 变为气体扩散出去时，疏水性链段聚集形成胶束内核。该方法制备胶束的载药量受聚合物和药物的性质及比例的影响。超临界流体蒸发法的包封率和载药量较高，粒径均一，并且能避免使用有机溶剂。但该方法制备的胶束粒径较大，需要使用较为先进的设备。

此外，还有一些其他制备胶束的方法，比如空白胶束法和冻干法。空白胶束法是先将嵌段共聚物制备成空白胶束，再将药物溶解于空白胶束中，药物通过扩散作用进入胶束。而冻干法是将嵌段共聚物和药物溶于有机溶剂中，再冻干除去有机溶剂，临用前以等渗的水性介质重新分散，在重新分散的过程中形成胶束。

五、物相表征

胶束的特性对于定义以及预测它们在生物环境中的行为至关重要。与其他纳米载体相比，其检测要求更高，往往需要结合不同的方法和技术。

1. 临界胶束浓度

临界胶束浓度测定是聚合物胶束表征的一个重要部分，主要代表疏水和亲水段的平衡。疏水基团的特性、亲水部分的分子量以及亲水部分在两亲性聚合物中的分布都会影响临界胶束浓度。电导率是用于测定临界胶束浓度的常用方法。

此外，还可通过表面张力测定临界胶束浓度。当两亲性聚合物的浓度增加时，表面张力下降，直至临界胶束浓度达到一个恒定值。当聚合物的浓度高于CMC值时，表面张力几乎不变。尽管样品制备方法很简单，但这种技术需要更多的时间和大量的样品。

荧光或吸光度技术可用于测定临界胶束浓度，这种方法可以通过荧光染料——芘在两亲聚合物中的信号值来测定CMC值。可用于该技术的其他试剂包括尼罗红、苏丹-Ⅲ、1,6-二苯基-1,3,5-六三烯等。

动态光散射是另一种测定临界胶束浓度的技术。动态光散射法中的散射光强度主要基于胶束溶液中颗粒的分子量。散射光的强度在临界胶束浓度以下时显示一个恒定的值，但当浓度达到临界胶束浓度时，光强度明显增加。动态光散射法是一种快速、高通量的临界胶束浓度测定方法，但这种技术不适合测定聚合物浓度较低的样品。

2. 形态学表征

各种显微技术可用于聚合物胶束的形态表征。原子力显微镜（AFM）是一种高分辨率显微技术，可用于分析胶束的形态和大小。它通过检测待测样品表面和一个微型力敏感元件之间的极微弱的原子间相互作用力来研究物质的表面结构及性质。将一对微弱力极端敏感的微悬臂一端固定，另一端的微小针尖接近样品，这时它将与其相互作用，作用力将使得微悬臂发生形变或运动状态发生变化。扫描样品时，利用传感器检测这些变化，就可获得作用力分布信息，从而以纳米级分辨率获得表面形貌结构信息及表面粗糙度信息。不同于电子显微镜只能提供二维图像，AFM提供真正的三维表面图，因此，可用于评估胶束因氧化还原或温度改变发生的形态变化。AFM的敲击模式特别适用于胶束，可减少分析时胶束结构的变形。

冷冻透射电子显微镜（Cryo-TEM）是另一种用于确定胶束形态的强大工具。与普通透射电镜相比，Cryo-TEM可用于评估处于溶液状态的胶束。液体背景对胶束极为重要，因此冷冻透射电镜是胶束表征的首选。然而，这种技术耗时且非常昂贵。

此外，液体细胞透射电子显微镜（LC-TEM）可以实时观察嵌段共聚物的自组装进展，丰富胶束形成理论、共聚物的组织和形态表征。

3. 物理化学表征

可以使用傅立叶变换红外光谱（FTIR）和核磁共振光谱（NMR）分析共聚物胶束的结构。聚合物胶束的热行为可以通过差示扫描比色法（DSC）来确定。

六、实例

例14-5： 尼莫地平胶束注射剂

【处方】蛋黄卵磷脂	50 mg
甘氨胆酸钠	50 mg
尼莫地平	1.25 mg
乙醇	10 mL
注射用水	2.5 mL

【制备】称取50 mg的蛋黄卵磷脂、50 mg的甘氨胆酸钠、1.25 mg的尼莫地平置于50 mL圆底烧瓶中，加入10 mL乙醇溶解，超声分散均匀。40℃水浴温度下旋蒸除去乙醇，形成一层透明薄膜，使用2.5 mL注射用水分散，得含药混合胶束溶液。加入0.05%注射级活性炭搅拌15 min后，12000 r/min离心5 min，使用0.22 μm微孔滤膜过滤，取续滤液分装，121℃热压灭菌15 min，得尼莫地平混合胶束注射剂。

【注解】为保证注射液澄明、无内毒素，选用注射用活性炭对注射液进行吸附是必要的。但活性炭的用量需要进行筛选。注射液在贮藏和使用过程中会遇到温度的变化波动，低温条件下药物有可能结晶析出，故需考察其在不同温度条件下的稳定性。

第六节　药物纳米混悬注射剂

一、简介

纳米混悬剂系指难溶性固体药物以微粒状态分散于分散介质中形成的纳米级非均匀液体药剂。纳米混悬剂属于热力学不稳定的粗分散体系，所用分散介质大多数为水，也可用植物油。纳米混悬剂中药物微粒一般在 0.5～1 μm，小者可至 0.1 μm。

纳米混悬液可用于提高难溶性药物在水性以及脂质介质中的溶解度，并可更快地达到最大血药浓度，粒径的减小使得难溶性药物可在不阻塞毛细血管的情况下进行静脉注射。大多数纳米混悬剂为液体制剂，纳米混悬液也可以通过冻干或喷雾干燥方法制备，《中国药典》（2020 年版）二部收藏有干混悬剂，它是按混悬剂的要求将药物用适宜方法制成粉末状或颗粒状制剂，使用时加水即迅速分散成混悬剂，这有利于解决混悬剂在保存过程中的稳定性问题。

二、制备

纳米混悬液的制备，大多采用两种方法，即"自下而上技术"和"自上而下技术"，自下而上的技术是由较小颗粒组合成纳米颗粒的方法，如沉淀法、微乳化法、熔融乳化法；自上而下的技术是将较大的颗粒分解成纳米颗粒，例如高压均质法和研磨法。

1.沉淀法

沉淀法是制备难溶药物纳米混悬液的常用方法。在这种方法中，药物首先溶解于良性溶剂中，并在表面活性剂的作用下，与非良性溶剂混合，导致溶液中的药物快速过饱和，形成无定形或结晶药物。这种方法与晶核的形成以及晶体的成长有关，高成核率和低晶体生长率是制备稳定混悬液的主要要求，温度是控制成功率的主要因素。与其他制备纳米混悬液的方法相比，沉淀技术的优势在于较低的成本以及简单的制备工艺，可提高难溶性药物的饱和溶解度，但不适用于在水和非水介质中溶解性均较差的药物。

2.高压均质法

这项技术包括以下三个步骤：首先，将药物粉末分散于稳定剂溶液中，形成预混悬液；随后，预混悬液通过高压均质机在低压下进行均质；最后在高压下均质 10～25 次，直到形成所需尺寸的纳米混悬液。均质法可分为以水为介质的均质（Dissocubes 技术）和非水介质中的均质（Nanopure 技术）。Dissocubes 技术于 1999 年问世，该仪器可在 10～150 MPa 压力下稳定运行，容量约为 40 mL，为了制备纳米混悬液，必须使用高速搅拌器在表面活性剂溶液中制备微粉化药物的预混悬液。可通过改变温度、均质化次数以及均质机的功率密度和均质压力等因素改变纳米混悬液的粒径。各种药物如两性霉素 B、噻吗洛尔、非诺贝特、泼尼松龙、卡马西平和地塞米松用这种方法制备成纳米混悬液。Nanopure 技术是在无水介质中进行均质化得到纳米药物混悬液，非水介质中的药物混悬液在 0℃或有时低于冰点的条件下进行均质。

3.研磨法

（1）介质研磨法　在这种技术中，药物被置于介质中研磨从而产生纳米粒。在这个过程中，研磨器与药物、稳定剂和水或适当的缓冲液充分混合，并以非常高的剪切率旋转以产生混悬液，研磨介质和药物之间的撞击效应为微粒系统分解成纳米粒提供了必要的能量。

溶剂残留是本法需要重点关注的问题。

（2）干法研磨　干法研磨是湿法研磨的重要补充，干法研磨一般用球磨罐或球磨机进行研磨，研磨作业时物料的含水量不超过4%。使用干法研磨机研磨粉体时，粉体的温度会因大量的能量导入而急剧上升，且当粉体颗粒细化后，粉体爆炸也是干法研磨需要考虑的问题。该法适用于水溶性较差的药物，如硝苯地平和格列本脲，用十二烷基硫酸钠和聚乙烯吡咯烷酮作为稳定剂可制备纳米混悬液。

4. 熔融乳化法

将药物加入含有稳定剂的水溶液中，溶液在高于药物熔点的温度下被加热，然后用高速均质机进行均质以形成乳剂。在整个过程中，温度保持在药物的熔点以上。最后，乳液被冷却以沉淀出颗粒。纳米混悬液的颗粒大小主要取决于药物浓度、所用稳定剂的浓度和类型、冷却温度和均质过程等参数。

5. 纳米喷气技术

这种技术也被称为对流技术，将混悬液分成两个部分，两股流体在高压下相互胶合。在这个过程中产生的高剪切力导致了颗粒粒径减小。

6. 超临界流体法

在超临界流体技术中，药物溶液通过喷嘴膨胀到超临界流体中，由于超临界流体的溶剂能力丧失，药物沉淀为细小的颗粒。该法中，药物溶液被雾化至CO_2压缩室中。随着溶剂的去除，溶液变得过饱和，最后发生沉淀。

三、物相表征

粒径、粒径分布和电位影响着纳米给药系统的安全性、有效性和稳定性，同时溶解性能也会因纳米粒的固体状态而改变。纳米混悬液的体内药代动力学性能和生物功能在很大程度度上取决于其颗粒大小和分布、颗粒电荷、结晶状态和颗粒形态。

1. 粒径和粒径分布

粒径和粒径分布影响纳米混悬液的饱和溶解度、溶解率、物理稳定性和体内性能。粒度分布及其范围被命名为**多分散指数**，可以通过激光衍射、光子相关光谱、显微镜和库尔特颗粒计数仪来确定。多分散指数揭示了纳米混悬液的物理稳定性，为了保证纳米混悬液的长期稳定性，该数值应尽可能的低。多分散指数值在0.1～0.25之间，说明粒度分布相当窄；多分散指数值超过0.5，说明分布非常广。激光衍射可以在生产过程中检测和量化药物微粒子。它还给出了体积大小分布，可以用来测量从0.05～2000 μm的颗粒。库尔特颗粒计数仪给出了不同大小等级的每体积颗粒的绝对数量，更适合量化纳米混悬液的污染。

2. 结晶状态和颗粒形态学

可以通过评估结晶状态和颗粒形态来检查纳米粒的多态性或形态变化。纳米混悬液制备过程中需要使用高压均质，制剂的结晶结构会发生变化，可能会转化为无定形或其他多晶形态。药物颗粒固态的改变和无定形部分的程度可以使用X射线衍射分析来确定，并辅以差示扫描量热进行分析。

3. 表面电荷

纳米混悬液的表面电荷特性是通过Zeta电位进行研究的。颗粒的表面电荷值表明纳米混悬液在宏观上的稳定性。电稳定的纳米混悬液需要最小的Zeta电位为±30 mV，立体稳定的最小值为±20 mV。Zeta电位值通常是通过确定颗粒的电泳流动性，然后将电泳流动性转换为Zeta电位来计算的。

四、实例

例14-6： 奥沙利铂磷脂复合物纳米混悬注射剂

【处方】奥沙利铂	1.5 g
DMSO	30 mL
大豆磷脂	4.5 g
维生素E	30 mg
氯仿	100 mL
草酸钠	7.5 mg
甘油	3.0 mg
乙二胺四乙酸二钠	0.05 g
蒸馏水	150 mL

【制备】将奥沙利铂1.5 g溶解于30 mL的DMSO中，将大豆磷脂4.5 g与维生素E 30 mg溶解于100 mL氯仿中，将混合液于40℃减压旋转蒸发，真空干燥1~2天形成薄膜。称取草酸钠7.5 mg、甘油3.0 mg、乙二胺四乙酸二钠0.05 g，溶于150 mL蒸馏水中形成水相。将干燥后的薄膜悬浮于上述水相中，经均质机乳化后，制得混悬注射液。经过0.22 μm的微孔滤膜除菌过滤后，分装灌封。

【注解】药物磷脂复合物在水中可形成胶团形状，类似脂质体，但二者有根本的差别。脂质体是将药物包裹在由磷脂形成的封闭的囊泡内，药物游离于囊泡内的溶液中，或分散在磷脂的多层膜之间；而磷脂复合物则是药物通过与磷脂的极性端之间相互作用而形成一个整体，这并不影响磷脂的两性作用及其在水中分散的特性，当其携带药物分子在水中分散时，分子间有序排列形成不同于脂质体的球状体。磷脂复合物混悬剂具有与脂质体类似的特点，如增加与癌细胞的亲合力和摄取量，提高载药量，降低用药剂量，提高疗效，降低毒副作用等；因其使用生物相容性的磷脂为载体，在终产品中不含有机溶剂，可避免用助溶剂增溶难溶性药物所带来的毒性和副作用等问题；可改变药物的体内分布，获得一些较佳的药物动力学参数。纳米混悬液溶出度明显高于微米混悬液，血药浓度较高，不过因为药物溶出并非瞬时发生，所以与溶液剂相比，纳米混悬液不但载药量大，而且安全、低毒，其在皮下、肌内和皮内的贮库式传送可产生缓释效果。

第七节　其他注射给药技术

一、简介

溶胶或溶液中的胶体粒子或高分子在一定条件下互相连接，形成空间网状结构，结构空隙中充满了作为分散介质的液体（在干凝胶中也可以是气体，干凝胶也称为气凝胶），这样一种特殊的分散体系称作凝胶。凝胶没有流动性，内部常含有大量液体，当凝胶的扩展剂或分散介质是水时，它被称为水凝胶。水凝胶在20世纪60年代初便被应用于生物医学领域，至今已得到了极大的改进，广泛应用于生物医学和医药领域。

水凝胶的聚合物骨架有许多亲水官能团，如羟基（—OH）、羧基（—COOH）、氨基（—NH$_2$）和磺酸基（—SO$_3$H），作为三维亲水聚合物网络，对水和其他体液如血清或血浆具有非常高的吸附力，水凝胶能够可逆地溶胀和去溶胀，网络链之间的交联使水凝胶不溶于水，并维持适当的几何形状与尺寸。水凝胶的膨胀特性在很大程度上取决于外部环境，如温度、pH值、离子浓度等。水凝胶界面张力较低且对蛋白质的吸附性较弱，因此各种大小的分子均可以扩散到系统内外。此外，凝胶具有相对较小的毒性、良好的注射性、良好的生物降解性以及黏附性和生物黏附性，因此特别适合作为药物传递系统。水凝胶引起的炎症反应、组织损伤和血栓形成可以忽略不计，很容易被塑造成精确的形状。微尺度和纳米尺度的水凝胶对周围环境有更快的反应，并且由于其单位质量的高界面面积而有很高的交换率。纳米凝胶可以封装许多治疗药物，如蛋白质、基因、药物和造影剂，显示出优越的胶体稳定性和惰性，注入人体后经血液循环高效富集于靶部位。DNA、siRNA或寡核苷酸是带负电荷的核酸，可以很容易地被纳入弱交联的聚电解质水凝胶中，或者很容易地被加载到另一种纳米级的递送载体中，如脂质体或稳定的多聚物，而这些载体又可以被加载到大体积或大尺度的水凝胶中，用于核苷酸的局部和长期递送。

二、材料要求

临床用注射水凝胶要求主要为：①生物相容性和无毒性；②机械性能；③黏度；④稳定性和韧性；⑤生物降解性等。

1. 生物相容性

开发可注射水凝胶，应充分考虑其生物相容性。水凝胶应支持细胞的生长和分化，而不会在宿主体内引起毒性或免疫反应。天然聚合物，其亚单位与细胞外基质类似，因此生物相容性比合成聚合物好。水凝胶体系应与细胞、组织和体液具有生物相容性，并在降解后不引起任何不良或慢性炎症反应。

2. 机械强度

水凝胶首选高度连接、组织化的多孔网络，多孔结构有利于药物从水凝胶中释放。水凝胶应具有适当的机械性能，并且其机械性能应与其所在组织/器官相似，从而承受体内机械动态环境中发生的重复变形。将水凝胶用于组织工程时，支持细胞在其内部生长以获取营养的血管化能力十分重要，含有天然多糖的水凝胶已显示出较强的血管化能力，并被证明是开发可注射水凝胶的最佳选择。

3. 动力学特性

在组织工程和再生医学应用中应充分考虑水凝胶的动力学特性。注射前聚合物溶液黏度应足够低，以便药物在基质凝胶化前均匀分散。注射后体系应在温和的体内环境中快速凝胶化，从而维持一个稳定结构，促进药物释放。

4. 生物降解性

聚合物在体内降解从而避免在体内积聚是水凝胶需要考虑的另一个重要标准。应选择能够降解为天然副产品且不会对宿主造成毒性的天然聚合物，如碳水化合物。

三、机制

根据聚合物固化形成水凝胶的交联机制，可将其分为两种：**物理交联和化学交联**。物理交联（如温度或离子浓度）通过非共价相互作用（如氢键、疏水相互作用和离子相互作用）引起聚合物之间的交联。疏水作用是制备可注射水凝胶最常用的方法，该作用通常是可逆的。而化学交联则是通过各种耦合反应，如光辐射、迈克尔加成等在聚合物之间形成共价连接。光辐射机制涉及使用紫外-可见范围内的电磁辐射作为聚合物的交联剂，包括使用光引发剂，产生自由基，启动交联反应。迈克尔加成指使用亲核剂，如胺或硫醇，与不饱和的羰基化合物如醛或酮发生反应。通过化学交联形成的可注射水凝胶比物理体系具有更好的机械性能和长期的稳定性和耐久性，但使用有毒的交联剂制备可能会造成不良影响，而物理交联的凝胶可避免这种有毒引发剂的使用。由物理交联形成的可注射水凝胶在体内容易崩解，是持续给药系统的一个更好选择。

四、常用材料

各种天然和合成聚合物已被用于制备可注射水凝胶。在选择用于配制可注射水凝胶的聚合物时，材料的生物降解性是一个需要考虑的主要因素。不可生物降解的材料会在体内逐渐积累，引起毒性和副作用。天然聚合物广泛存在于自然界中，具有不同的来源，如植物、动物、藻类或各种微生物种群，价格相对低廉。常用材料包括**多糖类聚合物**，如透明质酸、海藻酸盐、环糊精、纤维素、硫酸软骨素、壳聚糖、普鲁兰、淀粉、果胶和肝素，以及基于**蛋白质的材料**，如明胶、裂解蛋白和胶原蛋白等。常用合成聚合物包括聚乙二醇（PEG）、聚乙烯醇（PVA）、聚己内酯（PCL）、聚（*dl*-乳酸）（PDLLA）、聚（*N*-异丙基丙烯酰胺）（PNIPAAm）和共聚物，如聚（*dl*-乳酸-羟基乙酸）（PLGA），它们已被广泛用作可注射水凝胶的结构单元。

多糖等天然材料具有较高的生物相容性、无毒性、与周围组织更好的相互作用和其他生理化学特性。这些天然聚合物有不同的分子量，分子量对这些聚合物的降解和从体内排出有重要作用。各种化学修饰，例如醇类修饰，如氧化和硫酸化；羧基修饰（透明质酸、肝素和海藻酸），如酰胺化或酯化；氨基修饰（壳聚糖），如烷基化和酰胺化，可以改变聚合物的特性而不影响其可溶性。

天然来源的聚合物大多是细胞外基质的组成部分，或具有与天然细胞外基质类似的特性。胶原蛋白等聚合物是细胞外基质的主要成分，而透明质酸、壳聚糖和海藻酸都是线性亲水多糖。胶原蛋白可以被金属蛋白酶（如胶原蛋白酶或丝氨酸蛋白酶）自然降解，而透明质酸可以被透明质酸酶降解，从体内清除。海藻酸是一种线性多糖，可在二价阳离子帮助下形成凝胶，并通过离子交换缓慢溶解而降解。因此，海藻酸盐可以通过添加金属离子形成水凝胶，并通过这些离子的缓慢浸出而降解。它的黏度在3.0～3.5的低pH值下是最大的。壳聚糖是另一种常用的线性多糖，具有黏附性，可在体内被溶菌酶等酶降解。壳聚糖在生理pH值下可以发生随温度变化的溶胶转变，因此可用作热敏给药系统。右旋糖酐是一种中性线性多糖，分子量范围很广，可通过交联形成水凝胶，并且可以在体内经酶的生物作用发生降解。

五、应用

在注射水凝胶系统中，药物释放主要是通过水凝胶的膨胀或收缩以及药物在聚合物网络中的扩散来实现的。药物的释放主要受水凝胶溶胀制约，药物的释放可以由溶胀、扩散或两者的速率来控制。当水凝胶的溶胀行为、结构、机械强度或渗透性可以对各种刺激发生变化时，这些刺激便可以有效地调节水凝胶输送系统，从而控制治疗药物的输送。这种响应性水凝胶系统可以使用刺激反应性聚合物制备，如海藻酸盐（酶、离子浓度响应性）、壳聚糖（pH值、酶响应性）、PNIPAAm（温度响应性）、聚氧乙烯-聚氧丙烯共聚物（泊洛沙姆）（温度响应性）等。这些聚合物可以迅速对刺激作出反应，并导致结构变化，如形状、溶解度或溶胶-凝胶转换。这些变化可以是可逆的或不可逆的。

温度是最常使用的响应条件，已被广泛应用于制备刺激响应性水凝胶。温度敏感的聚合物有一个临界凝胶化温度，在这个温度下，聚合物链通过非共价相互作用（如疏水相互作用）进行热自组装。在注射到体内后，聚合物溶液可在体温下进行热诱导自组装，形成水凝胶。透明质酸是具有生物相容性和可生物降解特性的天然聚合物，它不具有热敏性，但可与热敏聚合物（如PNIPAAm和pluronics）组合使用，形成热敏聚合物。向壳聚糖中添加甘油磷酸酯可使其具有高温下溶胶-凝胶转换特性。

pH值是另一个广泛用于制备可注射水凝胶的刺激因素。在不同的生理和病理条件下，聚合物可以通过电离或去电离发生相变，从而形成pH响应性水凝胶。在较低的pH值（<6.2）下，壳聚糖通过其氨基的质子化而溶解，而在较高的pH值下，中和排斥性静电力后不溶或胶凝。壳聚糖的阳离子性质有利于通过静电作用或与疏水分子的相互作用形成凝胶。此外，还可通过添加交联剂如戊二醛、苯甲醛构建pH响应性壳聚糖水凝胶。

其他刺激物，如酶和光，也可用于制备刺激反应性水凝胶。水凝胶常用多糖作为聚合物材料，透明质酸酶和基质金属蛋白酶等可以裂解多糖的糖苷键，利用该特性可制备酶响应性水凝胶。

六、实例

例14-7： 利培酮缓释凝胶注射剂

【处方】聚乳酸（分子量为20000）　　　　　　0.02 g
　　　　N-甲基-2-吡咯烷酮　　　　　　　　　0.2 g
　　　　利培酮　　　　　　　　　　　　　　25 mg
　　　　磷酸盐缓冲液（pH 7.4）　　　　　　　适量

【制备】称取聚乳酸（分子量为20000）0.02 g溶解于0.2 g N-甲基-2-吡咯烷酮形成空白聚合物溶液。称取利培酮25 mg，并将其混悬分散于上述溶液中，制成载药溶液。将制得的载药溶液置于10 mL西林瓶中，并向其中滴加数滴磷酸盐缓冲液（pH 7.4），使其转变为凝胶。

【注解】微球注射剂是利培酮长效制剂的主流技术，该剂型以生物可降解的聚合物材料为载体，将利培酮与聚合物通过特殊的技术，制成粒径几十微米的微球，微球临用前分散到特定配方的稳定剂或分散介质中，可通过普通注射器注射植入人体皮下或肌肉组织，药物在扩散和聚合物降解两种机制的共同作用下缓慢持续释放，发挥疗效，而微球的骨架材料在体内可自动降解，最后为机体吸收。

用微球技术制备利培酮长效制剂，工艺烦琐复杂，生产周期长，对生产设备的要求很高。为了得到质量稳定的产品，需要对多项工艺参数进行严格的控制。期间引入的一些有机溶剂如二氯甲烷等毒性大，残余量达标难度大。微球收集和筛选的过程又导致药物和辅料的大量损失，因此合格的微球得率不高。微球成品的质量控制也相当复杂，除微球粒径必须控制在一定大小范围内外，还需要有较高药物包封率，游离的利培酮通常不得超过10%。注射给药时如果微球无法充分分散，那么聚集在一起的微球将无法通过针眼，导致注射器堵塞，给药困难。由于制备工艺、质量控制和给药过程中的各种不利因素，利培酮微球的技术壁垒和生产成本很高。

（何伟，杨培）

 思 考 题

1. 注射液常用安瓿瓶的质量检查方法是什么？
2. 试述几种注射给药方式的使用场景与特点。
3. 静脉注射的注意事项有哪些？
4. 常用注射辅料有哪些？
5. 注射剂质量检查方法有哪些？
6. 脂质体注射液与普通注射液制备方法上有什么区别？
7. 相较于常规注射液，脂质体注射液的优势是什么？
8. 脂质体注射液常用制备方法有哪些？
9. 微球注射剂与普通注射剂的区别？
10. 影响微球注射剂释放药物的因素有哪些？
11. 微球注射剂的缓释效果如何实现？
12. 影响乳剂类型的主要因素有哪些？
13. 检测乳剂类型的常用方法有哪些？
14. 乳剂与微乳剂的区别有哪些？
15. 乳化剂HLB值对乳剂类型的影响有哪些？
16. 胶束形成的关键因素有哪些？
17. 用于胶束物相表征的常用技术有哪些？
18. 简述临界胶束浓度的定义以及具体测定方法。
19. 纳米混悬注射剂常用制备方法有哪些？
20. 纳米混悬注射剂常用物相表征方法有哪些？
21. 如何提高纳米混悬液注射剂的稳定性？
22. 凝胶注射剂常用材料有哪些？
23. 影响凝胶交联的因素有哪些？
24. 凝胶释药机制是什么？
25. 如何实现凝胶的响应性给药？
26. 临床用注射水凝胶的主要要求是什么？

参考文献

[1] Jager R D, Aiello L P, Patel S C, et al. Risks of intravitreous injection: a comprehensive review[J]. Retina, 2004, 24 (5): 676-698.

[2] Zhu S, Hu B, Akehurst S, et al. A review of water injection applied on the internal combustion engine[J]. Energy conversion and management, 2019, 184: 139-158.

[3] Kuleshova L S, Kadyrov R R, Mukhametshin V V, et al. Auxiliary equipment for downhole fittings of injection wells and water supply lines used to improve their performance in winter[C]//IOP Conference Series: Materials Science and Engineering. IOP Publishing, 2019, 560 (1): 012071.

[4] 国家药典委员会. 中华人民共和国药典[M]. 2020年版. 北京: 中国医药科技出版社, 2020.

[5] Has C, Sunthar P. A comprehensive review on recent preparation techniques of liposomes[J]. Journal of liposome research, 2020, 30 (4): 336-365.

[6] Guimarães D, Cavaco-Paulo A, Nogueira E. Design of liposomes as drug delivery system for therapeutic applications[J]. International journal of pharmaceutics, 2021, 601: 120571.

[7] Abbasi H, Rahbar N, Kouchak M, et al. Functionalized liposomes as drug nanocarriers for active targeted cancer therapy: a systematic review[J]. Journal of liposome research, 2022, 32 (2): 195-210.

[8] Dymek M, Sikora E. Liposomes as biocompatible and smart delivery systems——the current state[J]. Advances in Colloid and Interface Science, 2022, 309: 102757.

[9] Shah S, Dhawan V, Holm R, et al. Liposomes: Advancements and innovation in the manufacturing process[J]. Advanced Drug Delivery Reviews, 2020, 154-155: 102-122.

[10] Kataria S, Sandhu P, Bilandi A, et al. Stealth liposomes: a review[J]. International journal of research in ayurveda & pharmacy, 2011, 2 (5): 1534-1538.

[11] van der Kooij R S, Steendam R, Frijlink H W, et al. An overview of the production methods for core-shell microspheres for parenteral controlled drug delivery[J]. European Journal of Pharmaceutics and Biopharmaceutics, 2022, 170: 24-42.

[12] Yawalkar A N, Pawar M A, Vavia P R. Microspheres for targeted drug delivery——A review on recent applications[J]. Journal of Drug Delivery Science and Technology, 2022, 75: 103659.

[13] Wang Z Y, Zhang X W, Ding Y W, et al. Natural biopolyester microspheres with diverse structures and surface topologies as micro-devices for biomedical applications[J]. Smart Materials in Medicine, 2023, 4: 15-36.

[14] O'Donnell P B, McGinity J W. Preparation of microspheres by the solvent evaporation technique[J]. Advanced drug delivery reviews, 1997, 28 (1): 25-42.

[15] Mahale M M, Saudagar R B. Microsphere: a review[J]. Journal of drug delivery and therapeutics, 2019, 9 (3-s): 854-856.

[16] Zhu T Y, Kang W L, Yang H B, et al. Advances of microemulsion and its applications for improved oil recovery[J]. Advances in colloid and interface science, 2022, 299: 102527.

[17] Malik M A, Wani M Y, Hashim M A. Microemulsion method: A novel route to synthesize organic and inorganic nanomaterials: 1st Nano Update[J]. Arabian journal of Chemistry, 2012, 5 (4): 397-417.

[18] Tartaro G, Mateos H, Schirone D, et al. Microemulsion microstructure (s): A tutorial review[J].

Nanomaterials, 2020, 10（9）: 1657.

[19] Callender S P, Mathews J A, Kobernyk K, et al. Microemulsion utility in pharmaceuticals: Implications for multi-drug delivery[J]. International journal of pharmaceutics, 2017, 526 (1/2): 425-442.

[20] Lawrence M J, Rees G D. Microemulsion-based media as novel drug delivery systems[J]. Advanced drug delivery reviews, 2012, 64: 175-193.

[21] Acharya D P, Hartley P G. Progress in microemulsion characterization[J]. Current Opinion in Colloid & Interface Science, 2012, 17（5）: 274-280.

[22] Perumal S, Atchudan R, Lee W. A review of polymeric micelles and their applications[J]. Polymers, 2022, 14（12）: 2510.

[23] Croy S R, Kwon G S. Polymeric micelles for drug delivery[J]. Current pharmaceutical design, 2006, 12（36）: 4669-4684.

[24] Hwang D, Ramsey J D, Kabanov A V. Polymeric micelles for the delivery of poorly soluble drugs: From nanoformulation to clinical approval[J]. Advanced drug delivery reviews, 2020, 156: 80-118.

[25] Ghezzi M, Pescina S, Padula C, et al. Polymeric micelles in drug delivery: An insight of the techniques for their characterization and assessment in biorelevant conditions[J]. Journal of Controlled Release, 2021, 332: 312-336.

[26] Xu W, Ling P X, Zhang T M. Polymeric micelles, a promising drug delivery system to enhance bioavailability of poorly water-soluble drugs[J]. Journal of drug delivery, 2013, 2013: 340315.

[27] Cagel M, Tesan F C, Bernabeu E, et al. Polymeric mixed micelles as nanomedicines: Achievements and perspectives[J]. European Journal of Pharmaceutics and Biopharmaceutics, 2017, 113: 211-228.

[28] Kotta S, Aldawsari H M, Badr-Eldin S M, et al. Progress in polymeric micelles for drug delivery applications[J]. Pharmaceutics, 2022, 14（8）: 1636.

[29] Patel V R, Agrawal Y K. Nanosuspension: An approach to enhance solubility of drugs[J]. Journal of advanced pharmaceutical technology & research, 2011, 2（2）: 81.

[30] Lakshmi P, Kumar G A. Nanosuspension technology: A review[J]. International Journal of Pharmaceutics, 2010, 2（4）: 35-40.

[31] Arunkumar N, Deecaraman M, Rani C. Nanosuspension technology and its applications in drug delivery[J]. Asian Journal of Pharmaceutics , 2009, 3（3）: 168.

[32] Dimatteo R, Darling N J, Segura T. *In situ* forming injectable hydrogels for drug delivery and wound repair[J]. Advanced drug delivery reviews, 2018, 127: 167-184.

[33] Norouzi M, Nazari B, Miller D W. Injectable hydrogel-based drug delivery systems for local cancer therapy[J]. Drug discovery today, 2016, 21（11）: 1835-1849.

[34] Liao X, Yang X, Deng H, et al. Injectable hydrogel-based nanocomposites for cardiovascular diseases[J]. Frontiers in Bioengineering and Biotechnology, 2020, 8: 251.

[35] Mathew A P, Uthaman S, Cho K H, et al. Injectable hydrogels for delivering biotherapeutic molecules[J]. International journal of biological macromolecules, 2018, 110: 17-29.

[36] Hasanzadeh E, Seifalian A, Mellati A, et al. Injectable hydrogels in central nervous system: Unique and novel platforms for promoting extracellular matrix remodeling and tissue engineering[J]. Materials Today Bio, 2023, 20: 100614.

[37] Safakas K, Saravanou S F, Iatridi Z, et al. Thermo-Responsive Injectable Hydrogels Formed by Self-Assembly of Alginate-Based Heterograft Copolymers[J]. Gels, 2023, 9（3）: 236.

第十五章

大分子药物给药系统

 本章学习要求

1. 掌握：大分子药物给药系统的基本概念及特点。
2. 熟悉：多肽蛋白质类药物的生物学特点；非注射递药系统。
3. 了解：核酸药物分类及其给药系统；多糖类药物活性及其药物制剂。

第一节　概述

一、大分子药物基本概念

　　大分子药物（macromolecular drug），也被称为生物制品（biological product），是指通过普通的或以基因工程、细胞工程、蛋白质工程、发酵工程等生物技术获得的微生物、细胞及各种动物和人源组织和液体等生物材料制备的用于人类疾病预防、治疗和诊断的药物。美国FDA将大分子药物分为：疫苗、血液和血液制品；用于诊断和治疗的变应原提取物（如过敏疫苗注射剂）；用于移植的人体细胞和组织（如肌腱、韧带和骨）；基因治疗制剂；细胞治疗制剂；检测传染性病原体的试剂。此外，细胞因子药物（如AT-406）也是常见的大分子药物之一。已成功上市的大分子药物有曲妥单抗、利妥昔单抗等。大分子药物因高效、低毒、特异性强等优点在临床治疗中展现了巨大的应用潜力。

　　随着现代生物技术的发展，大分子药物已经成为临床预防性和治疗性药物的重要组成部分，广泛用于治疗癌症、艾滋病、冠状动脉粥样硬化性心脏病、多发性硬化症、贫血、发育不良、糖尿病、心力衰竭和一些罕见的遗传疾病。1982年第一个基因工程药物重组人胰岛素问世，标志着生物技术制药产业的兴起。此后，治疗肿瘤的干扰素、预防和治疗肝炎的基因工程乙肝疫苗、治疗肾性贫血的重组人红细胞生成素等200多种生物技术药物成功开发并应用于临床。2019年全球生物药市场总量为2864亿美元。尤其是在单抗类产品市场增长的推动下，全球生物药市场的增长速率将超过整个医药市场，预计到2025年将达到5445亿美元，复合增长率为10.9%。表15-1列举了2022年全球销售前10位的药物销售情况。值得一提的是，2022年全球销售前10位的药物中有6款是大分子药物，由此可见，大分子药物已经在全球药品市场中占据主导地位，逐渐成为创新药物研究的主流。

表15-1　2022年全球销售前10位的药物

排名	药物名称	治疗领域	公司	市场金额 / 亿美元
1	Comirnaty	COVID-19	辉瑞	378.1
2	阿达木单抗（Humira）	类风湿性关节炎、银屑病关节炎等	艾伯维	212.4
3	帕博利珠单抗（Keytruda）	黑色素瘤、非小细胞肺癌等	默沙东	209.4
4	帕罗韦德（Paxlovid）	COVID-19	辉瑞	189.3
5	Spikevax	COVID-19	Moderna	184.5
6	阿哌沙班（Eliquis）	非瓣膜性心房颤动	百时美施贵宝	117.9
7	比克恩丙诺（Biktarvy）	HIV	吉利德	103.9
8	来那度胺（Revlimid）	多发性骨髓瘤、骨髓增生异常综合征	百时美施贵宝	99.8
9	乌司奴单抗（Stelara）	斑块状银屑病、银屑病关节炎等	强生	97.2
10	阿柏西普（Eylea）	湿性年龄相关性黄斑变性、糖尿病性黄斑水肿等	拜耳	96.5

随着中国经济和医疗健康需求的增长，中国生物药市场也发展迅速，预计到2028年，市场总额将达人民币2.7万亿元，增速远超化学药与中药市场。2019年，首个国产生物类似物——利妥昔单抗注射液获批上市，2020年，国家药品监督管理局（National Medical Products Administration，NMPA）首次批准了抗体-药物偶联物——恩美曲妥珠单抗上市。有数据显示，人源化抗体、纳米抗体、抗体-药物偶联物（ADC）、双特异性抗体等成为未来生物药的重要方向之一；在细胞治疗领域，CAR-T、CAR-NK等新型细胞治疗方法不断出现，其通常和抗体、基因治疗等进行联合治疗；重组蛋白药物、长效蛋白质生物制剂技术的研究是大分子蛋白质药物的研究热点。

二、大分子药物的分类

大分子药物可根据化学结构和作用类型进行分类。

（一）按化学结构分类

1. 多肽类药物

如生长抑素、胸腺肽、胰多肽、胰高血糖素、降钙素、缩宫素等。

2. 蛋白质类药物

如胰岛素、神经生长因子、肿瘤坏死因子、阿达木单抗等。

3. 核酸类药物

如氟尿嘧啶、聚肌胞、阿糖腺苷等。

4. 多糖类药物

如肝素、软骨素、壳聚糖、人参多糖、多糖疫苗等。

（二）按作用类型分类

1. 细胞因子类药物

如白细胞介素、干扰素、集落刺激因子、肿瘤坏死因子、生长因子等。

2. 激素类药物

如人胰岛素、人生长激素等。

3. 酶类药物

如胰酶、胃蛋白酶、胰蛋白酶、天冬酰胺酶、尿激酶、凝血酶等。

4. 疫苗药物

如脊髓灰质炎疫苗、甲肝疫苗、流感疫苗、mRNA 核酸疫苗等。

5. 单克隆抗体药物

如利妥昔单抗、曲妥珠单抗、阿伦珠单抗等。

6. 反义核酸药物

如福米韦生等。

7. RNA 干扰（RNAi）药物

美国 FDA 已批准三款 RNAi 药物上市，包括 Patisiran（商品名 Onpattro）、Givosiran（商品名 Givlaari）、Lumasiran（商品名 Oxlumo），分别用于治疗转甲状腺素蛋白淀粉样变性、成人急性肝卟啉症、原发性高草酸尿症 1 型（PH1）。

8. 基因治疗药物

如重组人 p53 腺病毒注射液等。

三、大分子药物的特点

大分子药物亦称为生物技术药物，与传统的小分子药物在理化性质、药理作用机制、生产制备剂质量控制等方面都存在很大的差异。

（一）理化特性

1. 分子量大

生物技术药物的分子一般为多肽、蛋白质、核酸或它们的衍生物，分子质量（MW）在几千到几十万。如人胰岛素的 MW 为 5.73 kDa，促红细胞生成素（EPO）的 MW 为 34 kDa 左右，L- 天冬酰胺酶的 MW 为 135.18 kDa。

2. 结构复杂

蛋白质和核酸均为生物大分子，除一级结构外还有二、三级结构，有些由四个以上的亚基组成的蛋白质还有四级结构。另外，具有糖基化修饰的糖蛋白类药物其结构就更复杂，糖链的数量、长短及连接位置均影响糖蛋白质类药物的活性。这些因素均决定了生物技术药物结构的复杂性。

3. 稳定性差

多肽、蛋白质类药物稳定性差，极易受温度、pH、化学试剂、机械应力与超声波、空气氧化、表面吸附、光照等因素影响而变性失活。多肽、蛋白质、核酸（特别是 RNA）类药物还易受到蛋白酶或核酸酶的作用而发生降解。

（二）药理学作用特性

1. 药理学活性强且作用机制明确

作为大分子药物的多肽、蛋白质、核酸在生物体内均参与特定的生理生化过程，有其特定的作用靶分子（受体）、靶细胞或者靶器官。如多肽与蛋白质类药物是通过与它们的受体结合来发挥作用的；单克隆抗体则是通过与特定的抗原结合，刺激机体产生特异性抗体来发挥预防和治疗疾病的作用。这些物质的活性和对生理功能的调节机制是研究比较清楚的。

2. 毒性低

大分子药物本身是体内天然存在的物质或它们的衍生物，机体对该类物质具有一定的相容性，并且这类药物在体内被分解代谢后，其代谢产物还会被机体利用合成其他物质，因此大多数生物技术药物在正常情况下一般不会产生毒性。

3. 体内半衰期短

多肽、蛋白质、核酸类药物可被体内相应的酶（肽酶、蛋白酶、核酸酶）所降解，分子量较大的蛋白质还会遭到免疫系统的清除，因此大分子药物一般在体内半衰期均较短。如胸腺α（28个氨基酸）在体内的半衰期为100分钟，超氧化物歧化酶（SOD）的消除半衰期为6~10分钟。对于小肽，其半衰期更短，如肿瘤靶向肽iRGD（9个氨基酸）在血清中半衰期只有8分钟。

4. 可产生免疫原性

许多来源于人的生物大分子药物对动物有免疫原性，所以重复注射这类药物给动物会产生抗体。有些人源性的蛋白质在人体中也能产生抗体，可能是由于重组药物蛋白质在结构及构型上与人体天然蛋白质有所不同。

（三）生产制备特性

1. 药物原料生产技术复杂且难度大

大分子药物常由发酵工程菌或培养细胞制备，发酵液或培养液中所含目的产物浓度低，常常低于100 mg/L。这就要求对原料进行高度浓缩，从而使成本增加。生物技术药物多为多肽、蛋白质类物质，极易受到原料液中一些杂质如酶的作用降解，因此需采用快速分离纯化方法，除去影响产物稳定性的杂质。

2. 分离纯化困难

需分离的药物分子通常很不稳定，遇热、极端pH、有机溶剂会出现分解和失活。原料液中常存在与目标分子在结构、构成成分等理化性质上极其相似的分子及异构体，采用常规方法难以分离。因此需要使用不同原理的层析单元操作才能达到药用纯度。

3. 产品易受有害物质污染

大分子药物的分子及其所处的环境物质对于微生物的生长而言均为营养物质，极易受到微生物的污染而产生有害物质，如热原。另外，产品中还易残存具有免疫原性的物质。这些有害物质必须在制备过程中完全去除。

（四）质量控制特性

生物大分子药物的生产菌（或细胞）、生产工艺均影响终产品的质量，产品中相关物质的来源和种类与化学药物和中药不同，因此此类药物的质量标准制订和质量控制项目与化学药物和中药不同。

1. 质量标准内容的特殊性

大分子药物的质量标准包括基本要求、制造、检定等内容，而化学药物的质量标准则主要包括性状、鉴别、检查、含量测定等。

2. 制造项下的特殊规定

对于利用哺乳动物细胞产生的大分子药物，在本项下要写出工程细胞的状况，包括名称及来源，细胞库建立、传代及保存，主细胞库及工作细胞库细胞的检定；对于利用工程菌产生的大分子药物，在本项下要写出工程菌菌种的情况，包括名称及来源、种子批的建立、菌种检定。本项下还要写出原液和成品的制备方法。

3. 检定项下的特殊规定

在本项下规定了对原液、半成品和成品的检定内容与方法。原液检定项目包括生物学活性、蛋白质含量、比活性、纯度（两种方法）、分子量、外源性DNA残留量、鼠IgG残留量（采用单克隆抗体亲和纯化时）、宿主菌蛋白质残留量、残余抗生素活性、细菌内毒素检查、等电点、紫外光谱、肽图、N端氨基酸序列（至少每年测定1次）等；半成品检定项目包括细菌内毒素检查、无菌检查等；成品检定项目除一般相应成品的检定项目外，还要检查生物学活性、残余抗生素活性、异常毒性等。

总而言之，生物大分子药物拥有良好的应用前景，但是其成药过程也面临着巨大的挑战，这要求药剂工作者结合生物技术药物的性质特点，选择合适的处方工艺，研究安全、高效和质量可控的生物技术药物制剂。

第二节　多肽蛋白质类药物制剂

一、概述

多肽蛋白质类药物可分为多肽和基因工程重组蛋白质、单克隆抗体（monoclonal antibody，mAb）以及重组疫苗。与以往的小分子药物相比，多肽蛋白质类药物具有活性高、特异性强、毒性低、生物功能明确、通用性强等特点，用于癌症、糖尿病、感染性疾病等临床治疗，具有广阔的应用前景。

自1982年世界上第一个重组蛋白质类药物——重组人胰岛素上市，开启了重组蛋白质药物发展历史，一批重磅重组蛋白质药物在20世纪90年代获批上市，为疾病治疗提供了新的手段，包括重组干扰素、重组凝血因子、重组促红细胞生成素、重组粒细胞集落刺激因子、酶替代重组蛋白质药物、重组生长激素等。

二、多肽蛋白质类药物的理化性质及生物学特点

（一）多肽蛋白质类药物的理化性质

氨基酸是多肽和蛋白质的基本单位。氨基酸按一定的排列顺序由肽键连接形成肽链。肽键是由一个氨基酸残基的α-羧基和另一个氨基酸残基的α-氨基缩合而成。除少数氨基酸为二氨基一羧基结构外，大多数氨基酸含一个氨基和一个羧基。根据侧链的不同，氨基

酸可分为脂肪族、芳香族和杂环氨基酸；根据侧链的亲水性不同，可分为极性（含—H、—OH、—SH或—CONH$_2$）和非极性氨基酸；根据电荷不同，可分为正电性与负电性氨基酸。

肽链所含氨基酸少于10个时称为寡肽，10个以上氨基酸组成的肽称为多肽，氨基酸含量在50个以上的多肽称为蛋白质。蛋白质结构中的化学键包括共价键与非共价键，前者包括肽键（一个氨基酸的氨基与另一个氨基酸的羧基失水而成的酰胺键）和二硫键（两个半胱氨酸的—SH脱氢而成的—S—S—键），后者包括氢键、疏水键、离子键、范德瓦耳斯力和配位键等。

蛋白质结构通常分为一级、二级、三级和四级结构。一级结构（primary structure）是指多肽链中氨基酸的组成与排列顺序，是蛋白质最基本的结构，由共价键来维持；二级结构（secondary structure）为多肽链的折叠方式，是指多肽链中主链原子的局部空间排布，包括螺旋与折叠结构等；三级结构（tertiary structure）是指多肽链在二级结构的基础上进一步盘曲或折叠形成具有一定规律的三维空间结构，主要靠次级键来稳定，包括氢键、疏水键、离子键以及范德瓦耳斯力等，由于次级键属于非共价键，因此易受环境中pH、温度、离子强度等的影响，每个具有独立三级结构的多肽链单位称为亚基（subunit）；四级结构（quaternary structure）则是指两个以上的亚基通过非共价键连接而形成的空间排列组合方式。二级、三级、四级结构统称为蛋白质的高级结构，它们与蛋白质的生物学活性和理化性质密切相关，主要是由非共价键和二硫键来维持的。在水中蛋白质可自发形成亲水基向外、疏水区在内的空间结构。

由于蛋白质和多肽类药物均由氨基酸组成，除甘氨酸外，其余氨基酸的α-碳原子都是不对称的，因而都具有旋光性，使得多肽和蛋白质也具有旋光性。氨基酸分子上含有氨基和羧基，每一种氨基酸都有特定的等电点。各种多肽或蛋白质分子由于所含碱性氨基酸和酸性氨基酸数目的不同，具有各自的等电点，因此，蛋白质大分子是一种两性电解质，并且，其分子量大，直径为1~100 nm，达到胶体范围，因而在水中表现出亲水胶体的性质。同时由于苯环的氨基酸在近紫外区有光吸收，因此含有这些氨基酸的蛋白质也具有紫外吸收能力，一般最大吸收波长为280 nm。

多肽蛋白质类药物的生物学功能取决于其特定的空间构象（包括化学稳定性和物理稳定性），一些理化因素可以使蛋白质的空间构象发生改变或破坏。蛋白质和多肽的化学不稳定性主要表现在新化学键的形成和原化学键的断裂，形成新的化学实体，从而导致其一级结构改变，包括蛋白质或多肽的水解、脱酰胺基、氧化、外消旋作用、β-消除、二硫键断裂与交换等。蛋白质和多肽的物理不稳定性包括变性、聚集、沉淀和表面吸附或界面吸附等。蛋白质的一级结构不变，高级结构发生改变，分子伸展成线状，分子内的疏水区暴露，分子间疏水区相互作用，形成低聚物或高聚物，并引起生物活性的损失和理化性能的改变（如产生沉淀），这就是蛋白质的变性。蛋白质的变性分为可逆与不可逆两种。影响因素包括温度、pH值、化学试剂（如盐类、有机溶剂和表面活性剂等）、机械应力和超声波，甚至还有空气氧化、表面吸附和光照等。蛋白质与多肽类药物对界面非常敏感，过多地暴露于界面可引起其变性或吸附损失等。多肽变性过程中，首先形成中间体。通常中间体的溶解度低，易于聚集，形成聚集体，进而形成肉眼可见的沉淀。这些影响蛋白质稳定性的因素在蛋白质类药物的制剂研究中都需要重点关注。

（二）多肽蛋白质类药物的生物学特点

多肽与蛋白质类药物大多为内源性物质，如临床上常用的干扰素、白细胞介素、胰岛素、生长激素等，人体可以自行产生，而且在体内也有明确的代谢途径；这类药物的临床使用剂量通常很小，但药理活性却很强；一般副作用较少，很少有过敏反应的发生，一般情况下此类药物的安全性很好，但不正确的使用也会导致严重的问题。

多肽与蛋白质类药物一般稳定性较差，在酸、碱环境中容易被破坏，在体内酶存在的条件下极易失活；这类药物分子量大，还经常以多聚体形式存在（多聚体可能有利于其结构的稳定），因此很难透过胃肠道黏膜的上皮细胞层，故吸收很少；这类药物一般不能口服给药，常用的只有注射给药一种途径，这对于长期给药的患者来讲是很不方便的，甚至是非常痛苦的。一般此类药物的体内生物半衰期很短，如白介素-6（1L-6）、乳铁蛋白、肿瘤坏死因子、超氧化物歧化酶和神经趋化因子的半衰期分别为2.1分钟、3.0分钟、3.0分钟、3.5分钟和10分钟。因此这类药物注射给药后从血中消除很快，在体内的作用时间很短，难以充分发挥其应有的药理作用。

药剂学家的任务就是要运用制剂手段，研究开发出性能优良的生物技术药物的给药系统。例如，对于给药途径单一的问题，要研究其非注射给药系统，通过其他途径给药并促进其吸收；对于半衰期短的问题，需要研究其长效制剂，以便延长其体内作用时间；对于稳定性差的问题，要筛选适当的稳定剂，或者通过适当的载体（如脂质体、纳米粒等）来防止药物的破坏。

三、多肽蛋白质类药物的注射给药系统

由于多肽蛋白质类药物稳定性差，在胃肠道中酶、酸、碱等条件下易被水解，吸收度差且半衰期短，临床上常需要重复给药。为保证生物利用度，目前市售的多肽蛋白质类药物主要是通过注射给药。根据其体内作用过程不同，可以分成两大类：一类是普通注射剂，包括溶液型注射剂（含混悬型注射剂）和注射用无菌粉末；另一类是缓控释型注射给药系统，包括缓控释微球、微囊、脂质体、纳米粒和微乳制剂以及缓控释植入剂。在制备多肽蛋白质类药物的普通注射剂时，是选择溶液型注射剂还是注射用无菌粉末，主要取决于多肽蛋白质类药物在溶液中的稳定性。某些多肽蛋白质类药物的溶液在加有适当稳定剂并低温保存时可放置数月或2年以上；而其他一些蛋白质（特别是经过纯化的）在溶液中活性只能保持几小时或几天。

（一）溶液/混悬型注射剂

多肽蛋白质类药物的注射剂，可用于静脉注射、肌内注射或输注等，要求与一般注射剂基本相同。在设计多肽蛋白质类药物的溶液型注射剂时，一般要考虑加入缓冲剂和稳定剂，有时还可加入防腐剂等。

pH对多肽蛋白质类药物的稳定性和溶解度均有重要的影响。在较强的酸、碱性条件下，多肽蛋白质类药物容易发生化学结构的改变，在不同的pH条件下，多肽蛋白质类药物还可发生构象的可逆或不可逆改变，出现聚集、沉淀、吸附或变性等现象；一般而言，大多数多肽蛋白质类药物在pH 4～10的范围内是比较稳定的，在等电点对应的pH下是最稳定的，但溶解也最少。常用的缓冲剂包括枸橼酸钠/枸橼酸缓冲对和磷酸盐缓冲对等。pH的控制不

但要注意稳定性问题，也要考虑对溶解度的要求。

在多肽蛋白质类药物的溶液型注射剂中，常用的稳定剂包括盐类、表面活性剂类、糖类、氨基酸和人血清白蛋白（HSA）等。

无机盐类对蛋白质的稳定性和溶解度有比较复杂的影响。有些无机离子能够提高蛋白质高级结构的稳定性，但同时使蛋白质的溶解度下降（盐析）；而另一些离子却相反，可降低蛋白质高级结构的稳定性，同时使蛋白质的溶解度增加（盐溶）。常见无机离子从盐析作用到盐溶作用的大小排列顺序为：$SO_4^{2-} > HPO_4^{2-} > CH_3COO^- > F^- > Cl^- > SCN^- > (CH_3)_4N^+ > NH_4^+ > K^+ > Na^+ > Mg^{2+} > Ca^{2+} > Ba^{2+}$。另外一个要考虑的重要因素是盐的浓度，在低浓度下可能以盐溶为主，而高浓度下则可能发生盐析。在适当的离子和浓度下，无机盐可增加蛋白质的表面电荷，促进蛋白质与水的作用，从而增加其溶解度；相反，无机盐可通过与水更强的作用，破坏蛋白质的表面水层，促进蛋白质之间的相互作用而使其产生聚集等。在多肽蛋白质类药物的溶液型注射剂中，常用的盐类有NaCl和KCl等。

多肽蛋白质类药物对表面活性剂是非常敏感的。含长链脂肪酸的表面活性剂或离子型的表面活性剂（如十二烷基硫酸钠等），甚至长链的脂肪酸类化合物（如月桂酸等）均可引起蛋白质的解离或变性。但少量的非离子型表面活性剂（主要是聚山梨酯类）具有防止蛋白质聚集的作用。可能的机制是表面活性剂倾向性地分布于气/液或液/液界面，防止蛋白质在界面的变性等。聚山梨酯类可用于单抗制剂和球蛋白制剂等。糖类与多元醇等可增加蛋白质药物在水中的稳定性，这可能与糖类促进蛋白质的优先水化有关。常用的糖类包括蔗糖、葡萄糖、海藻糖和麦芽糖，而常用的多元醇有甘油、甘露醇、山梨醇、PEG和肌醇等。

血清蛋白可以稳定多肽蛋白质类药物，其中HSA可用于人体，在一些市售的生物技术药物制剂中已被用作稳定剂，用量为0.1%～0.2%。HSA易被吸附，可减少蛋白质药物的损失，可部分降低产品中痕量蛋白质酶等的破坏，可保护蛋白质的构象，也可作为冻干保护剂（如在白介素-2和白介素-PA等制剂中）。但HSA对多肽蛋白质类药物分析上的干扰，以及对产品纯度的影响应予以注意。HSA可稳定干扰素类、白介素-2、EPO、尿激酶、单抗制剂、组织纤溶酶原激活剂、肿瘤坏死因子、球蛋白制剂和乙肝疫苗等。一些氨基酸如甘氨酸、精氨酸、天冬氨酸和谷氨酰胺等，可以增加蛋白质药物在给定pH下的溶解度，并可提高其稳定性，用量一般为0.5%～5%。其中甘氨酸比较常用。氨基酸除了可降低表面吸附和保护蛋白质的构象之外，还可防止多肽蛋白质类药物的热变性与聚集。氨基酸类可稳定干扰素、EPO、尿激酶和门冬酰胺酶等。

上述多肽蛋白质类药物溶液型注射剂的pH一般在中性，但也有例外，如G-CSF注射液的pH值是控制在4.0。多肽蛋白质类药物溶液型注射剂一般要求在2～8℃保存，不能冷冻或振摇，取出后在室温下一般要求6～12小时内使用。

多肽蛋白质类药物注射剂的制备工艺与一般注射剂基本相同，主要包括配液、过滤、灌封或灌装后冻干。要特别注意使蛋白质变性的各种影响因素，如温度、pH、盐类、振动或机械搅拌、超声波分散和表面吸附等。

在配制或过滤多肽蛋白质类药物的溶液时，要特别注意吸附问题。目前膜过滤是制备无菌多肽蛋白质类药物溶液的基本方法，但在过滤时多肽蛋白质类药物产生吸附或失活现象比较常见。有人研究了各种膜材对蛋白质的影响，发现各种膜材吸附蛋白质的强弱顺序为：硝酸纤维素、聚酰胺、聚砜、二醋酸纤维素、聚氟乙烯。而且过滤可以改变蛋白质的高级结构，其中以聚酰胺和聚砜滤膜最为显著。多肽蛋白质类药物还可以吸附在容器或输液装置等的表面，在多肽蛋白质类药物浓度较低时损失非常明显。吸附作用的大小与溶液的pH、离子强度以及吸附表面与多肽蛋白质类药物的疏水性和电性等有关。吸附作用可使多肽蛋白质类药物聚集或变性。

（二）注射用无菌粉末

在采用冷冻干燥法制备多肽蛋白质类药物的注射用无菌粉末时，一般要考虑加入填充剂、缓冲剂和稳定剂等。由于单剂量的多肽蛋白质类药物剂量一般都很小，因此为了冻干成型需要加入填充剂。常用的填充剂包括糖类与多元醇，如甘露醇、山梨醇、蔗糖、葡萄糖、乳糖、海藻糖和右旋糖酐等，其中以甘露醇最为常用。糖类和多元醇等还具有冻干保护剂的作用。在冷冻干燥过程中随着周围的水被除去，蛋白质容易发生变性，而糖类和多元醇等多羟基化合物可代替水分子，使蛋白质与之产生氢键（有人称之为水置换假说），这对蛋白质药物的稳定是十分有利的。也将一些稳定剂（如盐类和氨基酸类）直接用作填充剂。防腐剂和等张溶液等可加入稀释液中，在临用时用于溶解冻干制剂，或减少这些辅料与药物的接触时间。一些常用多肽蛋白质类药物的注射用无菌粉末（冷冻干燥制剂）的处方举例见表15-2。

表15-2　多肽蛋白质类药物注射用无菌粉末的处方举例

主药物名称	主药含量/（mg/瓶）	pH 调节剂	填充剂/稳定剂
GM-CSF	0.25	氨丁三醇 1.2 mg	甘露醇 40 mg，蔗糖 10 mg
hGH	5	Na_2HPO_4 1.1 mg	甘露醇 25 mg，甘氨酸 5 mg
α-2b 干扰素	5	Na_2HPO_4 9 mg NaH_2PO_4 2.3 mg	NaCl 43 mg，聚山梨酯 80 1 mg
t-PA	20	H_3PO_4 0.2 g	L- 精氨酸 0.7 mg，聚山梨酯 80 < 1.6 mg

对多数多肽蛋白质类药物而言，冷冻干燥制备得到的无菌粉末注射剂比溶液型注射剂具有更长的有效期，而且在冷冻干燥过程中，水分的除去也是比较温和的，但对某些药物来讲，冻干也可加速其失活。冻干过程中，随着温度的下降，水分开始形成结晶，溶质不断浓缩（如盐浓度可高达 3 mol/L），化学反应可能增加，而且也使多肽蛋白质分子相互靠近，容易产生聚集等；温度继续下降时，溶质也可析出结晶，对蛋白质结构可能产生影响。另外，缓冲剂形成结晶后，残余溶液的pH值会发生变化，对蛋白质稳定剂也可带来影响。

在制备多肽蛋白质类药物的冷冻干燥型注射剂时，应注意一些工艺参数如预冻温度和时间、最低与最高干燥温度、干燥时间和真空度等对其稳定性和产品外观的影响，应该在预实验中了解产品发生降解的温度，以及使冻干制剂塌陷的温度等。预冻时温度下降到一定程度时，因水分部分以结晶析出，物料变得很黏稠，此时的温度称为玻璃化转变温度（T_0），大多多肽蛋白质类药物的T_0在 $-60 \sim -40℃$，在此温度下化学反应基本中止，因此预冻时一般应尽快将温度降至T_0以下（t-PA例外）。冻干制剂的含水量也是一个重要参数，水分过多会影响药物的稳定性或引起制剂的塌陷；而干燥过度可能使多肽蛋白质类药物的极性基团暴露（一般认为蛋白质分子被单层水分子包围时最稳定），冻干制剂在加水溶解时出现混浊，因此应加以控制（一般在3%左右）。冻干制剂为无定形粉末的饼状物时，往往含水量适当，加水时溶解迅速而且澄清度好。

（三）微球注射制剂

将蛋白质与多肽类药物包封于微球（microsphere）载体中，通过皮下或肌内给药，使药物缓慢释放，改变其体内转运的过程，延长药物在体内的作用时间（可达1～3个月），大大减少给药次数，明显提高患者用药的顺应性。现在蛋白质与多肽类药物的微球注射制剂已经有了很成功的应用。

1986年首次上市的曲普瑞林（triptorelinfor，LHRH的类似物之一）聚乳酸-乙醇酸共聚物（PLGA）缓释微球，可缓慢释药1个月，由法国Ipsen生物技术公司开发。1989年上市的亮丙瑞林（leuprorelin）PLGA缓释微球，也可释药1个月，由Abott公司和日本武田化学制药公司联合开发；之后又有多种LHRH类似物的缓释微球注射剂先后上市。

在多肽蛋白质类药物的微球给药系统中，生物可降解聚合物作为微球的骨架材料得到了广泛且成功的应用。目前用于制备缓释微球的骨架材料主要有淀粉、聚乳酸（PLA）、PLGA、明胶、葡聚糖、白蛋白、聚乳聚内酯和聚酐等。其中，PLGA和PLA是被美国FDA批准的可用于人体的生物降解性材料，又以PLGA更常用。PLGA是乳酸与羟基乙酸的共聚物，20世纪70年代就用作外科缝线及体内埋植材料。PLGA在体内可逐渐降解为乳酸、羟乙酸，更难得的是PLGA可通过改变两单体比例及聚合条件来调节聚合物在体内的降解速率，是无免疫反应、安全性高、理想的缓释注射剂载体，可实现长达数天至数月的持续释放，因此PLGA微球是多肽药物最佳手段之一。目前已上市的产品中，PLGA微球主要有艾塞那肽微球、奥曲肽微球、帕瑞肽微球、亮丙瑞林微球和曲普瑞林微球，PLGA微球产业化难度比脂质体更小，使用PLGA微球包载技术对现有的注射剂产品进行制剂创新，也将会是未来10年我国医药研发的主要方向之一。

由于微球的注射剂量有限，在制备蛋白质与多肽类药物缓释微球时，应选择日剂量小的药物；微球的释药模式与药物的临床需求应基本吻合；微球中药物的包封率要高，释药时突释作用应较小（这是一个难题），释药模式要恒定，释药时间要达到要求。影响释药的因素非常多，包括骨架材料的种类和比例，制备工艺，微球的形态、结构、粒径及粒径分布，微球中蛋白质与多肽类药物的包封率和载药量，微球中药物的状态与载体之间的相互作用等。由于要求释药的时间较长，故建立一个加速释放的评价体系是非常必要的，但最终应以体内释药为准。微球注射剂需考虑多肽类药物稳定性的影响，此外还有注射剂的刺激性及与处方组成的关系、注射部位是否产生硬结等。

（四）PEG修饰多肽蛋白质注射剂

聚乙二醇（PEG）是由乙二醇单体聚合而成的直链型的、无毒的、具有良好生物相容性和血液相容性的高分子。PEG分子中存在的大量乙氧基能够与水形成氢键，因此PEG具有良好的水溶性；其分子末端剩余的羟基可通过适当方式活化，进而可与各类蛋白质和多肽分子共价结合。自1977年Davis首次采用PEG修饰牛血清白蛋白以来，PEG修饰技术已广泛应用于多种蛋白质和多肽的性能改造，目前研究较多的是化学结合的修饰方式。很多蛋白质与多肽类药物在产生功效的同时，存在稳定性差、吸收很少、体内生物半衰期较短等不足，而PEG化恰好可以弥补多肽蛋白质类药物的这些问题。概括来讲，PEG化修饰的多肽蛋白质类药物主要有以下四大优势：

1. 改善药动学和药效学性质

研究显示，一般经过PEG修饰后，多肽蛋白质类药物的体内药动学性质会发生显著改变，包括血浆半衰期延长、体内药物释放提高、肾清除率降低等。

2. 增强稳定性

蛋白质多肽类药物PEG化后，在其表面会形成较厚的水化膜，阻止凝集、修饰物免受蛋白酶攻击，降解速率明显降低，稳定性提高，因而可以在血液循环中停留更长的时间。

3. 改善药物体内分布

蛋白质经PEG修饰后，分子量增大，超出肾小球的滤过阈值，修饰后的药物在体循环中稳定性提高，滞留时间延长，有益于改善药物在体内的分布。

4. 降低或消除免疫原性

PEG在溶液中呈无规则卷曲，作为一种屏障，能掩盖蛋白质表面相应抗体的产生，降低了蛋白质的免疫原性和毒副作用。

因此，PEG修饰能赋予蛋白质和多肽多种优良性能，在很大程度上扩宽了蛋白质和多肽的临床应用范围。研究表明，PEG的长度、分子量的大小、结构（分支或直链结构）、连接方式与连接部位都可能影响最终产物的体内药动学行为、药效学和稳定性等。一般情况下，PEG的分子量越大，PEG化的药物分子变得越大，可降低或躲避肾小球的过滤，从而使消除延缓。但PEG的分子量越大，可能对药物分子结构的影响也越大，从而可能影响其活性。事实上，延长作用时间和保持活性是矛盾的，重要的是找出一个适当的平衡点。

多肽蛋白质类药物的PEG定点修饰主要从三个方面着手：①蛋白质方面，如蛋白质的定点突变、蛋白质可逆性位点定向保护、非天然氨基酸的引入等；②PEG的活化形式，如修饰氨基的PEG-醛和修饰巯基的PEG-乙烯基砜等；③反应条件的控制，如pH值、金属离子或酶的催化等。随着材料科学、新的化学专一技术、蛋白质化学合成和蛋白质重组技术的发展进步，以及准确、快速、灵敏的分析方法的建立，PEG定点修饰技术对于多肽蛋白质体内疗效及安全性改善具有广泛的适用性和较好的应用前景。

四、多肽蛋白质类药物的非注射给药系统

多肽蛋白质类药物的非注射给药系统（non-injectable drug delivery system）可以分为黏膜给药系统和经皮给药系统两大类，黏膜给药途径包括口服、口腔、舌下、鼻腔、肺部、结肠、直肠、阴道、子宫和眼部等（图15-1）。其中结肠、直肠、阴道、子宫和眼部等长期给药不方便；多肽蛋白质类药物的口服给药研究最早、最多，也最具有挑战性；多肽蛋白质类药物的鼻腔和肺部给药已显示出较好的应用前景。

（一）鼻腔给药系统

多肽蛋白质类药物的鼻腔给药（nasal drug delivery）到目前为止是非注射给药系统中最成功的，已有相当数量的多肽蛋白质类药物的鼻腔给药系统上市，如降钙素、催产素、去氧加压素、布舍瑞林、那法瑞林以及血管加压素等。1995年，美国FDA批准了降钙素鼻腔喷雾剂（calcitonin nasal spray）的上市，这是美国FDA批准的第一个降钙素非注射制剂。

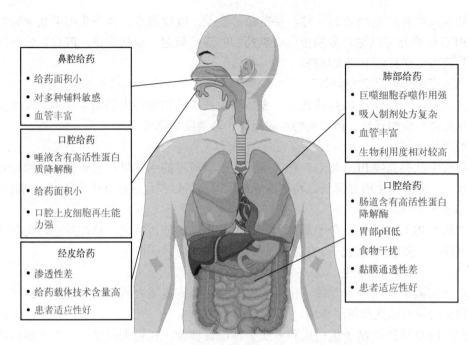

鼻腔给药
- 给药面积小
- 对多种辅料敏感
- 血管丰富

口腔给药
- 唾液含有高活性蛋白质降解酶
- 给药面积小
- 口腔上皮细胞再生能力强

经皮给药
- 渗透性差
- 给药载体技术含量高
- 患者适应性好

肺部给药
- 巨噬细胞吞噬作用强
- 吸入制剂处方复杂
- 血管丰富
- 生物利用度相对较高

口腔给药
- 肠道含有高活性蛋白降解酶
- 胃部pH低
- 食物干扰
- 黏膜通透性差
- 患者适应性好

图15-1　非注射给药途径的优缺点（蓝色缺点，灰色优点）

多肽蛋白质类药物的鼻腔给药具有一些有利条件，包括鼻腔中丰富的毛细血管和毛细淋巴管、大量的纤毛、相对较高的黏膜通透性和相对较低的酶活性等。另外，药物在鼻黏膜的吸收可以避开首过效应，特别重要的是很容易使药物到达吸收部位，这一点较肺部给药优越。

多肽蛋白质类药物鼻腔给药存在的问题包括局部刺激性、对纤毛的妨碍和伤害、大分子药物吸收较少或吸收不规则等，长期用药还有待评价。胰岛素鼻腔给药会诱导抗体IgA在鼻腔黏膜的形成，而IgA会使胰岛素灭活。鼻腔中的酶（如亮氨酸氨肽酶）也不能完全被忽视。因此一些多肽蛋白质类药物（如降钙素）的鼻腔给药比较适合作为注射给药的替换治疗。

提高多肽蛋白质类药物鼻腔给药的方法包括应用吸收促进剂和酶抑制剂，或者制成微球、纳米粒、脂质体、凝胶剂等，以延长药物局部滞留时间，增加吸收。鼻腔给药的剂型主要是滴鼻剂和鼻用喷雾剂。

鼻腔疫苗的研究正引起人们的关注。研究证明很多重要的感染可由鼻腔开始，而黏膜免疫可提供重要的防御。鼻黏膜的免疫可使其他黏膜（如胃肠、阴道等）产生抗体，而鼻腔相关的淋巴组织的作用在形成体液和细胞免疫时也是十分重要的。与传统的肌内注射相比，通过鼻腔接种的鼻喷疫苗引发免疫反应所需疫苗剂量更小。正在研究的多肽蛋白质类疫苗包括麻疹、流感和副流感、变应性鼻炎疫苗等，其中瑞士血清和疫苗研究所（Swiss Serum and Vaccine Institute）研制的鼻流感疫苗已于2001年在欧洲上市。

（二）肺部给药系统

与其他黏膜给药途径相比，多肽蛋白质类药物经肺部给药（pulmonary drug delivery）对药物的吸收具有一定优势。肺部具有巨大的可供吸收的表面积（大于100 m^2）和十分丰富的毛细血管；肺泡上皮细胞层很薄，易于药物分子透过；从肺泡表面到毛细血管的转运距离极短；肺部的酶活性较胃肠道低，没有胃肠道那么苛刻的酸性环境；药物经肺部吸收后可直接进入血液循环，从而避开了肝的首过效应。

肺部对那些在胃肠道难以吸收的药物（如大分子药物）来说可能是一个很好的给药途径。但是，相对于注射途径给药，多肽蛋白质类药物肺部给药系统的生物利用度仍然很低。为了提高这类药物的生物利用度，一般采用加入吸收促进剂或酶抑制剂，对药物进行修饰或制成脂质体的方式等。肺部给药有快速、及时、有效及生物利用度高的特点。给药剂型为**喷雾、定量吸入气雾剂和干粉吸入剂**。目前临床使用的肺部给药的生物技术药物制剂主要有：用于全身治疗的胰岛素、亮丙瑞林醋酸盐等；用于局部治疗的有干扰素等。蛋白质与多肽类药物肺部给药系统处方组成中常用的吸收促进剂有胆酸盐类、脂肪酸盐和非离子型表面活性剂等。常用的酶抑制剂有稀土元素化合物和羟甲基丙氨酸等。酶抑制剂应用于肺部给药系统由来已久，如甲磺酸萘莫司他（nafamostat mesylate，NM）、杆菌肽、胰蛋白酶抑制剂（trypsin inhibitor）、胰凝乳蛋白酶抑制剂（antichymotrypsin）、内皮素转化酶抑制剂（endothelin converting enzyme inhibitor）、乌苯美司（ubenimex）、抑肽酶（aprotinin）等，它们能降低各种酶的蛋白质水解能力，从而增加一些对酶敏感、易降解的大分子药物如胰岛素的吸收。

很多药物可在上呼吸道沉积，导致很难将药物全部输送到吸收部位。主要通过对吸入装置的改进来增加药物到达肺深部组织的比例，从而增加吸收。2006年，美国FDA批准了第一个胰岛素干粉吸入制剂（商品名Exubera），但是其生物利用度仅相当于皮下注射人胰岛素的10%，且存在一定的安全隐患，在2007年终止销售。2014年第二个胰岛素干粉吸入制剂（商品名Afrezza）上市，其给药后12～15分钟血药浓度就可达峰，生物利用度相当于皮下注射门冬胰岛素的30%。

但是，多肽蛋白质类药物肺部给药目前还存在一些问题。第一，肺部是一个比较脆弱的器官，长期给药是否可行还有待于进一步验证，2023年有研究报告肺部长期给药可引起动物肺组织的纤维化，而且在美国进行的胰岛素吸入给药的Ⅱ期临床试验已经因肺部毒性问题而部分停止；第二，如何将药物全部输送到吸收部位，药物在上呼吸道的沉积减少了药物吸收的机会，而且对于治疗剂量较大（大于2 mg/kg）的药物（如单克隆抗体），如何将100 mg或更多的药物递送到肺部并吸收也是个难题；第三，某些蛋白质多肽类药物可能对肺组织有局部作用，如生长因子和细胞因子会改变肺部组织的状态；第四，给药剂量固定的传统装置难以满足根据体重调整剂量的临床用药要求。

多肽蛋白质类药物的肺部给药主要是采用溶液或粉末的形式，即采用定量吸入装置（MDI）或干粉吸入装置（DPI），但也有制成微球、纳米粒和脂质体等的报道。目前市场上应用较多的MDI和DPI，可将5%～20%的药物送入肺部。现在给药装置的研究又有了新的突破。Innovate Biomed公司研制的DPI肺部沉积率可达30%；另一种带压缩部件的装置可将15 μL的液体药物输送到肺部，沉积率为39%。Battelle Pulmonary Technologies（BPT）公司已成功开发了一种吸入给药装置，利用了电液体技术，可将药物以1～6 μm的大小喷出，肺部沉积率可达80%，而且不采用压缩空气，成本较低。美国FDA已快速批准了该公司的抗肿瘤药的吸入制剂。

（三）口服给药系统

口服给药（oral drug delivery）是最容易为患者接受的给药方式，研究最多，但也是最具挑战性的。多肽蛋白质类药物的口服给药存在着很多困难，主要表现在以下几个方面：①多肽蛋白质类药物分子量大，而且常以多聚物形式存在（如胰岛素在锌离子存在下可形成六聚体），不易通过胃肠膜；②胃肠道中存在各种蛋白酶和肽酶，可将蛋白质与多肽类药物水解成为氨基酸或二肽、三肽；③胃肠道的酸碱环境也可能使多肽蛋白质类药物变性；④即使有部分吸收，还有肝的首过效应。因此一般多肽蛋白质类药物在胃肠道的吸收率都小于2%。

现在市场上用于全身作用的口服多肽蛋白质类药物很少，多数的口服酶制剂只是在胃肠道发挥局部作用。环孢素A制成适当的剂型（如微乳）后可有较好的吸收，已有商品用于临床，这与环孢素A的分子量较小和稳定性较好有关。口服索马鲁肽片于2019年获得美国FDA批准上市，用于结合饮食和运动以改善2型糖尿病患者的血糖控制。胸腺肽的肠溶片和肠溶胶囊剂获得NMPA批准后已投入生产。有些蛋白质药物如蚓激酶（分子量20000~40000），虽然吸收量不清楚，但在较大剂量下仍能发挥一定药理效应，故也有口服制剂的产品。

提高多肽蛋白质类药物胃肠道吸收的方式，常用的有使用吸收促进剂、使用酶抑制剂、应用生物黏附等手段。也有研究使用PEG修饰多肽以抵抗酶解、制备多肽蛋白质类药物的脂质体、微球、纳米粒、纳米乳或肠溶制剂等。这些研究证明，多肽蛋白质类药物通过上述各种方式的确可以在一定程度上增加其在胃肠道的吸收。可能的机制包括载体材料（或酶抑制剂）对药物的保护作用、药物分散在载体中阻止了药物的聚集、颗粒性载体在胃肠道微绒毛丛中的滞留时间明显延长、用生物黏性材料（如多糖类）增加药物与黏膜接触的机会、将药物输送至酶活性较低的大肠部位等。

（四）口腔给药制剂

口腔黏膜与其他部位黏膜相比给药更为方便、快捷，且可随时终止用药。但其黏膜通透性相对较差，需要加吸收促进剂，以增强通透性，提高生物利用度。目前口腔黏膜给药（buccal drug delivery）可以分为三类：舌下给药、颊黏膜给药、局部给药。其中局部给药作用于黏膜、牙组织、牙周袋起局部治疗作用，如口腔溃疡、牙周疾病等的治疗。口腔黏膜给药的剂型可以分为片剂、喷雾剂、粉剂、贴剂等，如干扰素口含片、胰岛素舌下含片等。

口腔黏膜给药的特点是：①患者用药顺应性好；②口腔黏膜有部分角质化，因此对刺激的耐受性较好；③口腔黏膜虽然较鼻黏膜厚，但是面颊部血管丰富，药物吸收经颈静脉、上腔静脉进入体循环，不经消化道且可避免肝的首过效应。口腔黏膜给药的不足之处是如果不加吸收促进剂或酶抑制剂，大分子药物的吸收较少。增加口腔黏膜吸收的方法主要集中在改进药物膜穿透性和抑制药物代谢两方面。多肽蛋白质类药物的口腔给药系统的关键问题是选择高效低毒的吸收促进剂。

（五）直肠给药制剂

直肠给药（rectal drug delivery）可起局部作用，也有部分多肽蛋白质类药物可通过直肠黏膜吸收，避开胃肠蛋白酶的消化和肝的首过效应而取得预期的全身作用效果，如干扰素栓剂。虽然多肽蛋白质类药物的直肠给药吸收较少，但是也有一定的优点：①直肠中环境比较温和，pH近中性，而酶活性很低，经过直肠给药药物被破坏少；②在直肠中吸收的药物也可直接进入全身循环，避免药物在肝的首过效应；③直肠给药不像口服给药易受胃排空及食物等影响。因此多肽蛋白质类药物经直肠给药是一条可选择的途径。

提高多肽蛋白质类药物的直肠吸收的重要方法是选择适当的吸收促进剂。常用的吸收促进剂包括水杨酸类、胆酸盐类、烯胺类、氨基酸钠盐等。例如，胰岛素在直肠的吸收小于1%，但加入烯胺类物质苄基苯胺乙酰乙酸乙酯后，可使吸收增加至27.5%；用甲氧基水杨酸或水杨酸也可明显增加其吸收。

（六）经皮吸收制剂

经皮给药（Transdermal drug delivery）具有可避免胃肠道环境对药效的干扰和肝的首过效应、延长半衰期较短药物的治疗效果、维持稳定的给药速率和方便给药等特点。但皮肤的角质层和活性表皮层构成了经皮吸收的主要障碍；且多肽蛋白质类药物分子量大、亲水性强、稳定性差，致使在所有非侵入性给药方式中，经皮给药的生物利用度往往最低。但通过一些特殊的物理或化学的方法和手段，仍能显著增加多肽蛋白质类药物的经皮吸收。除了加入促渗剂外，还可利用物理的方法促进渗透。这些方法包括超声导入技术、离子导入技术、电穿孔技术、微针技术、磁场作用、激光等，均能实现多肽蛋白质类药物的经皮吸收，而且多种促透技术也可联合应用。胰岛素贴片（商品名 V-go），其内含微型胰岛素输注泵，可将胰岛素输送至体内。

超声波导入法（phonophoresis）是利用超声波的能量来提高药物经皮转运的一种物理方法。在进行超声导入时，需要一些介质将超声波的能量从源头传递到皮肤的表面，这些介质主要是甘油、丙二醇或矿物油和水的混合物。研究表明，在低频的超声波作用下，一些多肽蛋白质类药物如胰岛素、促红细胞生成素和干扰素等可以透过人体的皮肤。其原理在于超声波引起的空化效应、热效应、机械效应和对流效应等，导致角质层脂质结构的紊乱，从而增加药物的透过。

离子导入技术是利用直流电流将离子型药物导入皮肤的技术。由于多肽蛋白质类药物的大分子都是两性电解质，在一定的电场作用下可以随之发生迁移并透过皮肤的角质层。

电穿孔（electroporation）技术是利用高压脉冲电场使皮肤产生暂时性的水性通道来增加药物透过皮肤的方法。在千分之一秒或更短的时间内，高压脉冲电可在脂质膜上产生电击穿，使膜的通透性增大。该技术在分子生物学和生物技术中已有较多的应用，如用于细胞膜内DNA、酶和抗体等大分子的导入，制备单克隆抗体或进行细胞的融合等。

微针（microneedle）技术中的微针足够穿透人皮肤的角质层，但又不足以触及神经，所以不会有疼痛感觉。这使得生物大分子经皮给药成为可能。现在已有研究报道用微针制备智能胰岛素贴片，可以根据实时的血糖水平适量释放胰岛素，不过该微针贴片目前尚处于研究阶段。

五、抗体药物制剂

（一）概述

抗体是一种由B细胞识别抗原后活化、增殖分化为浆细胞，并由浆细胞合成与分泌，具有特殊氨基酸序列，且能够与相应的抗原发生特异性结合的免疫球蛋白分子。自1986年第一个治疗性抗体进入临床以来，治疗性抗体得到了迅速的发展，到目前为止，全球已批准上市的抗体类药物已超过90个，包括PD-1单抗"O药"（Opdivo）、PD-1单抗"K药"（Keytruda）、依达赛珠单抗、依洛尤单抗、依库珠单抗、艾美赛珠单抗、帕妥珠单抗、地舒单抗等，已经成为临床上诸多疾病治疗的重要活性物质。随着生物科技的不断发展，治疗性抗体经历了鼠源性抗体、嵌合抗体、改性抗体和表面重塑抗体（部分人源化抗体）以及全人源化抗体等不同发展阶段。截至目前，NMPA已批准上市了44个抗体药物（包括国产和进口）。

单克隆抗体具有高度特异性结合能力，可降低脱靶效应并改善癌症治疗。尽管基于抗体的治疗具有许多优势，但它也存在一些局限性，比如生产成本高、稳定性差、组织渗透有限、难以穿越生物屏障，以及多次给药带来的毒性问题等。采用纳米载体包封递送等制剂学手段，可以有效改善抗体药物在体内的器官和组织靶向性，增强其在靶组织的药物渗透，同时提高其与靶细胞表面抗原的结合效率。

随着抗体工程的不断发展，单克隆抗体进一步被改造成不同的形式，如不同的抗体结构分子scFv、scFv-Fc、双特异性抗体、纳米抗体等类型的基因工程抗体，或者与高活性的药物偶联组成抗体-药物偶联物（antibody-drug conjugate，ADC）。

（二）抗体-药物偶联物

抗体-药物偶联物（ADC）是将具有高效细胞毒性活性的药物通过化学、生物学等方法偶联到单克隆抗体上，利用抗体与抗原的特异性亲和作用，将连接的药物靶向输送至肿瘤细胞部位，以增强抗体治疗活性，提高药物杀伤肿瘤细胞的靶向性，并降低其对正常组织毒副作用的一种新型主动靶向药物。2000年，美国FDA批准ADC类药物Gemtuzumab ozogamicin（antiCD33 MAb-calicheamicin conjugate）用于治疗年龄在60岁以上、首次复发且不适宜接受其他细胞毒化疗药物治疗、CD33阳性患者的急性粒细胞白血病（acute myeloblastic leukemia，AML）。但令人遗憾的是，由于临床效果不明显并存在安全隐患，Gemtuzumab ozogamicin于2010年6月撤出北美市场，最终并未在临床获得大规模应用。2011年8月，美国FDA批准抗体-药物偶联物Brentuximab vedotin（SGN-35）用于治疗霍奇金淋巴瘤（Hodgkin lymphoma，HL）和间变性大细胞淋巴瘤（anaplastic large cell lymphoma，ALCL）。Brentuximab vedotin偶联物在临床试验显示出很好的治疗效果，说明ADC药物已经可以安全、有效地治疗血液系统恶性肿瘤。但对于治疗大多数实体瘤，ADC药物仍面临诸多问题。例如：对靶标的特异性不高，药物向肿瘤核心部位穿透不足等。ADC药物对实体瘤靶向输送作用相对较弱，可能与肿瘤细胞表面抗原表达多样性、肿瘤血流供应不正常、肿瘤部位渗透压高有关。利用药剂学手段构建ADC药物载体也许能够解决肿瘤靶向穿透不足的问题。

（三）双特异性抗体药物

双特异性抗体（双抗，bispecific antibody，BsAb）是指一个抗体分子可以与两个不同抗原或同一抗原的两个不同抗原表位相结合，由纽约罗斯威尔公园纪念研究所的Nisonoff及其合作者于1960年首次提出。目前，全球共有13种已获批上市的双特异性抗体。2009年，EMA批准全球首个双抗药物catumaxomab（Removab），靶向CD3和上皮细胞黏附分子（EpCAM），用于恶性腹水的治疗。然而，由于适应证申报不当，该产品销量惨淡，于2017年退市。2014年，美国FDA批准安进公司针对CD19和CD3的双抗blinatumomab（Blincyto），治疗复发或难治性B细胞急性淋巴细胞白血病。2017年11月，美国FDA批准罗氏旗下靶向凝血因子Ⅹ和Ⅸa的emicizumab（Hemlibra），使血友病成为双特异性抗体首个获批的非癌症适应证。相对于单抗来说，双抗具有更多优越性，如疗效显著、作用全面、副作用小等。然而，双抗药物常常出现蛋白水解、聚集、物理不稳定性和产量低的现象，临床前药动学和安全性评估也可能会带来独特的挑战。

（四）纳米抗体药物

纳米抗体（nanobody，Nb）是只包含一个重链可变区（VHH）和两个常规的CH2与CH3区的天然缺失轻链的抗体，最早是由比利时科学家Hamers等于1993年在《自然》杂志中首次报道，于羊驼外周血液中发现。该抗体不像人工改造的单链抗体片段（scFv）那样容易相互粘连，甚至聚集成块，具有与原重链抗体相当的结构稳定性以及与抗原的结合活性，分子量不足15，是目前已知的可结合目标抗原的最小单位。目前已有的纳米抗体可大致分为单价纳米抗体、多价/多特异性纳米抗体、融合型纳米抗体几类。与传统抗体相比，纳米抗体由于分子量小、结构稳定、易于改造、组织穿透力强、生产成本低、易于进行大规模生产等特点，在疾病的靶向诊断和治疗中具有很大的发展机遇。

2018年全球首个纳米抗体cnpliaciznlimab（Cblivi）在欧盟获批上市，用于治疗获得性血栓性血小板减少性紫癜。除此之外，还有很多纳米抗体正处于临床试验阶段。Sonelokimab（ALX-0761）是一种三价的纳米抗体，靶向IL-17A、IL-17F以及人血清白蛋白VHH，用于银屑病的治疗。Oraralztnab（ATN-103）是一种双特异性纳米抗体，含有3个纳米抗体结构域，其中2个靶向TNF，1个与白蛋白结合延长药物半衰期，ATN-192是经过PEG修饰的Ozoralizumab的长效化版本。Vobarilizumab（ALX-0061）包含两个结构域，抗L-6R纳米抗体和抗白蛋白纳米抗体，后者赋予Vobarilizumab延长的半衰期，现处于I期临床试验，适应证包括类风湿性关节炎（RA）、系统性红斑狼疮（SLE）。

（五）抗体药物递送系统

大多数抗体药物通过静脉途径、数小时的输注来给药，并且大多需要多次重复给药，患者通常不能很好地接受这种给药途径及给药频率，从而导致患者对治疗的顺应性降低。抗体药物应用的另一主要限制归因于药物的分布，对于抗体药物而言，只有给药剂量的20%可以到达肿瘤部位。这种在肿瘤组织中的低渗透率与抗体本身的大小、肿瘤中的压力梯度和"结合位点屏障效应"等有关。"结合位点屏障效应"是抗体高亲和力结合位于肿瘤周围的抗原所导致的。实际上，当抗体与它们的抗原在肿瘤周围的第一次接触时，抗体不会渗透到肿瘤内部；只有当抗体在外周全部饱和时，它们才能到达肿瘤内部。当使用亲和力低的、尺寸小的抗体时，这种效应会有一定程度的降低。此外，抗体药物对于细胞内特定成分（如细胞内酶、致癌蛋白、转录因子）的靶向性不足。因此，需要借助制剂学手段，或通过增强抗体药物稳定性、减少降解、提高生物利用度的方式，或通过提高抗体药物靶向性的方式，或通过控释的方式等，实现抗体药物用量的减少，以降低患者的用药负担，改善用药顺应性。利用纳米载体实现抗体包封和递送的方式，可以改善抗体药物在体内的器官和组织靶向性，增强其在靶组织的药物渗透，同时提高其对于胞内靶标的结合作用。

1. 降低抗体毒性的递送系统

由于抗体药物对于正常组织表达的相应受体也有识别作用，易造成非肿瘤靶向分布（on-target but off-tumor），从而引发严重的免疫相关毒副作用。如何降低抗体药物非靶组织分布带来的毒副作用已成为抗体疗法的重大基础及临床问题。抗体纳米封装可以减少不必要的全身抗体暴露，从而避免对非靶组织和器官的毒副作用。有研究人员开发了一种肿瘤微环境激活型免疫检查点抗体药物递送系统。该抗体药物递送系统通过疏水相互作用包载光敏剂分子ICG和PD-L1免疫检查点抗体（aPD-L1），形成粒径约为150 nm的纳米粒。该包含PEG外壳的抗体纳米粒可在血液中稳定循环并屏蔽巨噬细胞和网状内皮系统的清除作用，同时可避免aPD-L1与正常组织PD-L1的结合，抑制免疫相关毒副作用。到达肿瘤后，抗体纳米粒在肿瘤微环境基质金属蛋白酶作用下特异性切除PEG外壳，增加抗体纳米粒的瘤内蓄积并延长滞留时间，实现aPD-L1瘤内缓慢释放。

2. 提高抗体稳定性的递送系统

纳米系统可以实现抗体药物的特异释放，并提供对于抗体的保护作用，防止酶促降解的发生，改善抗体药物的稳定性。在传统的ADC药物中，一个抗体分子通常无法修饰过多的药物分子，存在载药量低和抗体功能易缺失等问题。同时，由于抗体为蛋白质，还存在体内易降解的问题。有研究团队设计并合成了一种抗癌药磷酸化四肽偶联物作为自组装前体分子，在碱性磷酸酶的作用下，该前体分子可以高效地被酶转化成自组装分子，自组装分子通过氢键和疏水相互作用力，能与抗体蛋白共组装从而形成稳定的纳米纤维。该组装体使得抗体的稳定性得到了大幅度提高，游离的抗体在37℃条件下3天之内即降解完全，而组装体中抗体能稳定长达15天以上，这为抗体的有效保存和高效利用提供了新思路。

3. 改善抗体靶向性的递送系统

由于血脑屏障的原因，通过静脉注射抗体药物治疗中枢神经系统（central nervous system，CNS）的疾病疗效有限，常常需要借助药物递送系统来改善抗体药物在脑内的递送效率，来自加利福尼亚大学洛杉矶分校的课题组开发了一种高分子包封抗体的新方法，实现了抗体药物向脑转移灶的靶向分布以及抗体药物的持续释放。研究人员用2-甲基丙烯酸氧乙基磷酸胆碱（2-methacryloyloxyethyl phosphorylcholine，MPC）单体和甘油二甲基丙烯酸酯（GDMA）交联剂合成了RTX纳米胶囊，用于抗体药物的包载递送。这些交联剂在酸性条件下可以有效降解，但在生理条件下降解非常缓慢。随着交联的两性离子聚合物层逐渐水解，内部包裹的抗体药物持续释放，抗体在CNS中的药物浓度提高了约10倍，并且维持了至少4周。这表明了采用制剂学手段可以使得抗体药物更好地渗透蓄积到CNS中，从而控制CNS淋巴瘤的形成。

4. 改变抗体给药途径的递送系统

抗体治疗主要通过静脉注射进行。虽然静脉内途径可提供100%的生物利用度，但全身分布和生理屏障极大地降低了靶组织中抗体的实际浓度；并且，静脉输液既费时又不方便。不同的纳米制剂，使抗体药物适用于不同的给药途径。例如，脂质体和壳聚糖-海藻酸盐微粒已被用于口服递送，以保护抗体免于在胃内失活并允许其在小肠中释放。与靶向配体缀合以改善抗体药物在胃肠道中的递送和吸收也正在探索中。对于局部应用，水纤维敷料/黏合片已被用于将英夫利昔单抗作为凝胶制剂用于伤口的愈合。呼吸途径也已被广泛研究用于各类疾病的治疗，而脂质体和微球可通过防止抗体药物的水解来增加呼吸道输送的生物利用度；或通过抗体片段的PEG化减少了肺泡巨噬细胞的抗体药物清除率、延长黏膜黏附力、延长抗体药物的肺部停留时间。

综上，纳米载体包封可提高抗体药物的功效和靶向能力，可以使用生物相容性好和可生物降解的聚合物、脂质甚至有机金属化合物构建用于抗体递送的纳米粒。纳米载体构建方法的选择应考虑要封装的抗体药物的理化特性（如在水和有机溶剂中的溶解度、不损失活性的pH值、分子量等）、方法条件（如热、pH值和压力等）和纳米粒的理化特性（如大小、电荷、多分散性、形态、释放曲线）。

第三节　基因药物递送系统

一、概述

基因治疗（gene therapy）就是依靠人源或外源的遗传物质（DNA或RNA），来纠正人体基因在结构和功能上的错乱，阻止病变的发展，杀灭病变的细胞，或抑制外源病原体遗传物质的复制，从而实现对疾病的治疗。基因治疗是一种具有突破性意义的靶向性疗法，将给难治性或遗传性疾病患者带来新生的希望，减轻患者在治疗中因副作用带来的痛苦，提高生活质量。基因治疗的概念最早于20世纪70年代被提出，基因药物的本质是核酸，但其在生物体内的稳定性差，容易被降解和清除，为了有效地将基因药物递送至靶组织、靶细胞或靶细胞器发挥作用，开发安全高效的基因药物递送系统（gene drug delivery system）是十分有必要的。一个理想的基因药物递送系统应具备以下几个重要的性质：①能够携带足够数量的基因药物，且在机体内稳定存在，保护基因药物在机体内不被酶降解和清除；②对机体没有毒性、致病性和免疫原性，具有生物可降解性或良好的生物相容性；③能够有效地将基因药物递送到靶细胞内；④能够控制基因药物的释放，延长药效时间，改善治疗效果；⑤可促进基因药物从内涵体中逃逸至细胞质中。随着基因治疗技术的发展和进一步完善，各类病毒和非病毒载体材料应运而生。

1990年，美国FDA正式批准了第一个重组DNA技术的基因治疗临床试验，一名年仅4岁的先天性腺苷脱氨酶缺乏症患儿被导入正常的腺苷脱氨酶基因，这项临床试验获得了明显的治疗效果。RNA除了充当蛋白翻译过程中的信使RNA（mRNA）之外，还具有非常重要的基因调控作用。目前已有的RNA药物主要包括反义寡核苷酸（antisense oligonucleotide，ASO）、小干扰RNA（small interfering RNA，siRNA）、适配体（aptamer）、小激活RNA（small activating RNA，saRNA）等。福米韦生（fomivirsen）作为第一种RNA药物于1998年获得美国FDA批准上市。另外，基于规律成簇间隔短回文重复序列（clustered regularly interspaced short palindromic repeats and CRISPR-associated protein 9，CRIDPR/Cas9）的基因编辑（gene editing）技术将生命科学带入了一个全新时代。截至2022年底，全球已有37款基因药物获批上市，包括：核酸类药物15款，其中裸质粒2款，反义寡核苷酸9款，RNA干扰4款；重组病毒类药物9款；细胞治疗类药物13款。从获批药物的疾病领域来看，近一半是罕见病，其次是肿瘤。

二、核酸类药物

（一）核酸类药物的理化性质

核酸类药物的本质是具有聚核苷酸结构的核酸，属于生物大分子的范畴，各类核酸类药物的理化性质基本相似但略有差异。ASO、miRNA和siRNA等RNA药物的分子量较小，一般在2000～10000，pDNA一般含有几千个碱基对，分子量可能在百万以上，水溶性好，其高浓度溶液表现出一定的黏性。核酸中的糖苷键和磷酸酯键能被酸、碱和酶水解。在酸性条件下，DNA比RNA更易被水解，核酸类药物的化学结构嘌呤糖苷键比磷酸酯键更易被水解。在碱性条件下，RNA比DNA更易被水解。另外，嘌呤和嘧啶杂环中的氮原子具有结合和释放质子的能力，所以其既能酸性解离，也能碱性解离，但是在体液环境中以碱性解离为主。一般而言，核酸酸具有3个解离常数，分别是来自于碱基的解离常数pK_a，以及来自磷酸基团的$pK_a=0.7\sim1.6$和$pK_{a2}=5.9\sim6.5$。核酸分子只含有一个末端磷酸基团，其余都以成酯形式存在，磷酸二酯键中的磷酸基团只有一个解离常数$pK_a=1.5$。由于核苷酸存在碱基，所有核酸分子在260 mm处具有UV最大吸收值。由于核酸链中富含磷酸基团，整体显负电性，因此容易和金属离子螯合形成盐。另外，基因药物的极性较大，易溶于水，几乎没有脂溶性，与传统的小分子药物在体内的吸收、分布、代谢的机制完全不同。化学合成的、未经任何修饰的基因药物在血清中极易被核酶降解，半衰期一般只有十几分钟，这在很大程度上限制了基因药物在体内的应用。除了被核酶降解之外，裸的基因药物也易被肾代谢，导致血液循环时间较短。另外，由于基因药物负电和大分子的性质，因此不能通过自由扩散快速进入细胞，即使有少数的基因药物能够进入细胞，也很难从内涵体中释放到细胞质或细胞核中发挥效应。

（二）核酸类药物的分类

核酸类药物主要是指具有遗传特性和药理活性的基于脱氧核糖核酸（deoxyribonucleic acid，DNA）和核糖核酸（ribonucleic acid，RNA）的化合物，主要包括以下几种。

1. 质粒

质粒DNA（plasmid DNA，pDNA）是一种小型环状DNA，具有独立复制的能力，最早在细菌中被发现，常被作为基因工程中导入外源DNA的载体，可通过限制性核酸内切酶和DNA连接酶对其进行剪切和重组发挥作用。pDNA便是由治疗性的外源基因和作为载体的质粒组成的环状双链核酸分子。其优势在于制备工艺简单，可通过细菌大量生产，且不会整合到宿主的DNA片段中，安全性较高。如今，基于pDNA的基因工程技术已经在癌症、自身免疫疾病和传染病的预防和治疗中发挥了重要作用。

2. 反义寡核苷酸

反义寡核苷酸也称为反义核酸（antisense oligonucleotide），是指人工合成的DNA或者RNA单链片段，其核苷酸序列可与靶mRNA或靶DNA杂交，抑制或封闭该基因的转录和表达，或诱导核糖核酸酶H（RNase H）识别并切割mRNA使其丧失功能，从而发挥治疗作用，长度多为15～30个核苷酸。利用反义核酸特异地抑制或封闭某些基因表达，使之低表达或不表达的技术称为反义核酸技术。利用反义核酸技术研制的药物称为反义核酸类药物，包括反义RNA分子、反义DNA分子，由部分RNA和部分DNA形成的RNA-DNA嵌合分子以及经高度化学修饰的寡核苷酸类似物。反义药物可用于病毒感染性、多种类型的肿瘤、代谢性以及血管性等多类型疾病的治疗，1998年，第一种ASON药物——福米韦生钠获得美国FDA批准上市，用于治疗艾滋病患者并发的巨噬细胞病毒性视网膜炎，ASON可用于病毒感染性疾病、恶性肿瘤、代谢性疾病和血管性疾病等，相较于作用于致病蛋白的传统药物，ASON可直接作用于致病编码基因，显示出高特异性、高效、低毒等特点

3. 信使RNA

信使RNA（messenger RNA）是一种单链核糖核酸，能够传递DNA中的遗传信息，经

过翻译合成蛋白质。mRNA于1961年被发现，由于其稳定性较差，当时未受较多关注。随着人们对mRNA的了解逐渐深入，现在它已经成为许多疾病治疗领域的理想平台，mRNA疗法相比于传统疗法拥有独特的优势，基于mRNA的治疗平台具有广阔市场前景，目前众多领先的制药公司正在积极研究与开发。mRNA进入体内后，可以由自体细胞表达出特定的蛋白质，避免了体外因素影响；可以通过内源表达功能蛋白调节人体免疫系统，并消除包括癌细胞在内的自体威胁。编码抗原序列的mRNA疫苗通过脂质纳米载体等递送平台被引入细胞，然后由人体细胞通过翻译产生抗原，激活免疫反应。mRNA疗法的主要应用为传染病疫苗、治疗性癌症疫苗、免疫肿瘤学疫苗和蛋白质替代（表15-3）。

表15-3　mRNA药物分类及优势

类型	优势
传染病疫苗	快速修改序列以应对新变异株的出现，针对免疫逃逸病原体效果好，且不会整合进入基因组，具有较好安全性
治疗性癌症疫苗	激活宿主抗肿瘤免疫力，调节实体瘤免疫抑制微环境，从而抑制肿瘤生长，延长临床生存期，降低肿瘤复发率
免疫肿瘤学疫苗	利用患者的整个免疫系统，使用目的基因改造的基因或蛋白质来增强免疫反应
蛋白质替代	与蛋白质疗法相比可避免不必要的免疫反应，治疗范围更广，开发难度更低

从技术层面来看，mRNA技术需解决的难点在于降低其本身的免疫原性、体内表达蛋白质的效率以及最终的规模化生产，由此产生的核心技术挑战为：①设计合成。掌握平台化的计算能力是核心竞争力，5′端加帽以及UTR区域核苷酸修饰是关键。②修饰技术。进行化学修饰以提高药物稳定性并降低毒性。③递送系统合成设计。其中脂质纳米粒mRNA-LNP的合成技术是mRNA领域研发的重点。mRNA疫苗或药物的放大生产具有较强的可复制性，核心是成功的序列修饰和递送系统组装。放大生产的上下游产业链也尤为重要，仅以原料为例，就涉及酶、核苷酸、脂质体等数百种，存在原材料量产难度大、生产设备壁垒较高等许多技术挑战。

4. 小干扰RNA

小干扰RNA（small interfering RNA），也称为短链干扰RNA（short interfering RNA）或沉默RNA（silencing RNA），是指一类由20～25对核糖核苷酸组成的双链RNA。RNA干扰（RNA interference，RNAi）是指在进化过程中高度保守的、由外源或内源性的双链RNA（double-stranded RNA，dsRNA）诱发的同源mRNA高效特异性降解的现象。RNAi有利于允许靶向互补转录物，下调序列特异性基因的表达，所以被认为是更精确、高效和稳定的基因调控手段。研究表明，将与mRNA对应的正义RNA和反义RNA组成的双链RNA导入细胞，可以使mRNA发生特异性降解，导致其相应的基因沉默，siRNA进入细胞质后形成RNA诱导沉默复合物（RNA-induced silencing complex，RISC），激发与之互补的目标mRNA沉默。

RNAi是20世纪初发现的具有划时代意义的基因沉默机制。20世纪80年代，科学家们在研究矮牵牛花的查耳酮合成酶的过程中曾提到基因共抑制现象。1998年，美国科学家Andrew Fire和Craig Mello在研究RNA阻断基因表达的实验时，首次提出RNAi概念，之后迅速成为研究热点，两位科学家也因此于2006年荣获诺贝尔生理学或医学奖。然而siRNA药物缺乏有效的递送系统，存在脱靶和免疫效应，使其临床应用遇到瓶颈。近年来，研究者们发现可以通过对siRNA进行特定的化学修饰，并设计合适的生物体内给药系统，以克服上述两大缺点。目前siRNA类药物已成为很多制药公司的新药研发重点，用于针对各种疾病尤其是特定基因变异引起的传染性疾病及恶性肿瘤的基因治疗领域。例如，2018年获美国FDA批准的首款RNAi药物（patisiran，商品名Onpattro）上市，用于治疗转甲状腺素蛋白淀粉样变性，该药物组成中采用脂质纳米粒（LNP）作为siRNA递送载体。2019年获美国FDA批准上市的Givosiran，是首次使用基于GalNAc修饰的RNAi疗法，其有效提高了RNAi疗法的稳定性以及针对肝细胞的靶向递送能力。

5. 微小RNA

微小RNA（microRNA）是指一类有21～23个核苷的单链RNA，由具有发夹结构的70～100个碱基大小的单链RNA前体经Dicer酶加工后生成，不同于双链的siRNA，但又与其密切相关：miRNA在生物进化过程中高度保守，其表达具有时序和组织特异性，在细胞内具有多重调节功能——调节信号分子如生长因子、转录因子、肿瘤基因、抑癌基因等表达，实现对细胞死亡、增殖、分化、发育和新陈代谢等一系列生命过程的调控。miRNA也参与到疾病发生发展过程中，应用广泛，如miRNA表达谱可用于肿瘤的分类、诊断和靶向治疗等。1993年，首个被确认的miRNA-lin4是从线虫中发现的，最开始以为是个例。直到2001年，科学家们发现很多物种中保守存在大量有共性的一类功能性的小RNA，其作用原理不同于siRNA，故命名为miRNA。功能强大的miRNA被视为超越前者的新一代小核酸药物，为实现单一分子治疗多基因诱发的疾病提供可能性。

6. 核酸适体

核酸适体（nucleic acid aptamer）是指从人工合成的随机单链核酸库中筛选出的，特异性与靶物质高度亲和的核酸分子，包括DNA适体和RNA适体。随着体外筛选技术的发展和聚合酶链反应（PCR）技术的应用，大批能与各种蛋白质或小分子特异性紧密结合的核酸适体被筛选出来。适体RNA（aptamer RNA）是指与特定目标分子（如靶标蛋白质）结合的寡核苷酸，因其二级结构的多样性而具有靶分子广、亲和力高、特异性强等特点，有潜力应用于基础研究和药物研发等多个领域。2004年美国FDA批准了第一个适配体药物——派加他尼钠，用于治疗老年黄斑病变。

7. 基因编辑

基因编辑（gene editing）技术是指一种对基因组中的特定DNA序列进行靶向性修改的技术，包括基因打靶技术以及近年来发展建立的新型高效的DNA靶向内切酶技术，如锌指核酸酶（zine finger nuclease）技术、类转录激活样效应因子核酸酶（transcription activator-like effector nuclease）技术、规律成簇间隔短回文重复序列（clustered regularly interspaced short palindromic repeats/CRISPR-associated protein 9，CRISPR/Cas9）系统技术等，CRISPR/Cas9是基因编辑的主要生物技术之一，其发明者于2020年获得诺贝尔化学奖。CRISPR/Cas9基因编辑技术因其简单高效的特点，得到广泛研究和应用。

三、基因药物递送系统

基因药物在多种疾病中具有巨大的治疗潜力，但是这类药物必须进入细胞内表达才能发挥其作用。基因药物从体外进入体内细胞的过程中，存在着多重障碍，如酶降解、肾清除和蛋白结合等。基因药物递送系统可在血液循环过程中对基因药物起到很好的保护作用，并将其递送到靶细胞内发挥其治疗效应。现有的基因药物递送系统（gene drug delivery system）可分为病毒型基因药物递送系统和非病毒型基因药物递送系统。

（一）病毒型基因药物递送系统

病毒型基因药物递送系统（viral gene drug delivery system）也称为病毒载体（viral vector），是指野生型病毒中的致病基因被替换为治疗基因后得到的基因药物递送系统。病毒介导的基因药物递送系统能够借助病毒在宿主细胞内自我复制的能力，将靶基因输送到宿主细胞后表达靶蛋白，同时能够防止内涵体途径的降解。该类递送系统的主要特点是转染效率高，持续时间长，但是安全性问题仍是限制其临床应用的主要因素。目前常用的病毒载体主要包括以下几种。

1. 腺病毒

腺病毒（adenovirus，ADV）是一种没有包膜的双链DNA病毒，具有高转染效率和相对较低的毒性。腺病毒是一种较理想的载体，可以感染分裂细胞和非静止期细胞，没有插入突变的风险，对外源基因的容量较大。

2. 腺相关病毒

腺相关病毒（adeno-associated virus，AAV）是一类单链DNA病毒，结构简单、无致病性、免疫原性低、宿主细胞范围广，可长期表达外源基因，是一种很有应用前景的病毒载体。但是，AAV存在复制缺陷，只能在已被腺病毒或疱疹病毒等病毒感染的细胞中复制，不可独立复制。另外，AAV也存在对外源基因的容量有限、制备较困难等局限性。2012年，EMA批准了欧洲首个基于AAV载体的基因药物——格利贝拉（Glybera），通过肌内注射用于治疗家族性脂蛋白脂肪酶缺乏症（LPLD）。

3. 逆转录病毒

逆转录病毒（retrovirus，RV）是一类单链RNA病毒，具有高效的转染能力，能够长期稳定表达目的基因，其缺陷为不能感染非分裂细胞，转录终止能力相对较弱，可能造成插入性突变，进而导致癌症的发生，存在较高的安全风险。

4. 慢病毒

慢病毒（lentivirus，LV）是指一种以人类免疫缺陷病毒-1（HIV-1）为来源的病毒载体，具有可同时感染分裂期和静止期细胞、对外源基因的容量较大、感染能力强、免疫原性低等优点。因其能够将外源基因整合到宿主细胞基因组中，所以目的基因能够稳定且长期表达。LV虽然和RV一样存在有可能发生插入突变的风险，但是LV会优先整合进基因的编码区域，从而降低了致癌风险。

5. 其他病毒载体

除了上述几种外，疱疹病毒、柯萨奇病毒、新城病毒等载体也被应用于基因药物的递送。

（二）非病毒型基因药物递送系统

基于对病毒载体安全性的考虑，现代基因药物递送系统主要采用安全性更高的非病毒型基因药物递送系统。非病毒型基因药物递送系统（non-viral gene drug delivery system）具有低毒性、无免疫原性且在体内稳定的特点，以此为基础的基因递送系统的开发是未来医药领域中极有潜力的发展方向。基于基因药物的结构特点和理化性质，如负电性以及核酸结构中的糖环、碱基和磷酸基团，可以通过与载体材料发生静电相互作用、配位相互作用、氢键相互作用等形成复合物，从而实现基因药物的包载和递送。目前常见的非病毒型基因药物递送系统主要包括以下几种。

1. 脂质体

阳离子脂质体（cationic liposome）是目前广泛用于递送基因的非病毒递送系统。因其具有正电性，所以能够通过静电相互作用与基因药物紧密结合形成脂质复合物（lipoplex）。该复合物主要通过以下几个阶段进行基因药物的体内转染：①在血液循环过程中保护基因药物不被降解和清除；②将基因药物运输到靶组织；③表面带正电的复合物与带负电的细胞膜通过静电吸附作用结合，通过内吞作用实现细胞摄取；④内化的脂质复合物与内涵体膜融合；⑤基因药物从内涵体中逃逸至细胞质或细胞核中发挥效应。阳离子脂质体主要由带正电荷的阳离子脂质和中性辅脂组成。常用的阳离子脂质包括1,2-二油酰-3-三甲基铵丙烷（1,2-dioleoyl-3-trimethylammonium-propane，DOTAP）、1,2-双十八烯氧基-3-甲基铵丙烷（1,2-di-O-octadecenyl-3-trimethylammonium propane，DOTMA）、十六烷基三甲基溴化铵（hexadecyl trimethylammonium bromide，CTAB）等。常用的中性辅脂包括二油酰基磷脂酰乙醇胺（dioleoyl phosphatidyl ethanol amine，DOPE）、二油酰基磷脂酰胆碱（dioleoyl phosphatidyl choline，DOPC）和胆固醇等。阳离子脂质分子一般包括疏水段和亲水段，呈双亲性。其极性头部（亲水段）一般由伯胺、仲胺和季胺构成，有时也采用胍基和咪唑。脂肪链相同时，含有不同极性头部的脂质分子对基因药物的转染效率不同。如果阳离子脂质分子的脂肪链饱和，且链较长，所形成的阳离子脂质体转染效率就较低。

该类非病毒递送系统具有以下优越性：制备简单，磷脂成分无毒，无免疫原性，可被细胞生物膜利用，可以运载不同大小的基因片段且运载量大。Patisiran是美国FDA批准上市的第一种RNAi药物，采用可电离的阳离子脂质（D-Lin-MC3-DMA）包裹siRNA形成脂质纳米粒，静脉注射后用于治疗遗传性转甲状腺素蛋白（hATTR）淀粉样病变引起的多发性周围神经疾病。siRNA的正义链/末端可得到GAlNAc-siRNA共轭物，该共轭物能够与在肝细胞表面高表达的去唾液酸糖蛋白受体（asialoglycoprotcin receptor，ASGPR）结合，实现快速的细胞内吞，从而达到肝靶向的目的。ASGPR最早于1965年由Ashwell和Morell在研究兔铜蓝蛋白的过程中被偶然发现。1968年，Ashwell和Morell确定半乳糖是与ASGPR结合所需的末端糖残基。后续的研究表明，CalNAc与ASGPR的亲和力比半乳糖更强，价态数目以及空间距离都会影响糖残基与ASGPR的亲和力。四价态半乳糖与ASGPR的亲和力与三价态类似，之后随着价态数目的减小，亲和力也随之降低（三价态＞二价态＞单价态），各个糖残基之间的空间距离在15~24Å有利于分子与ASGPR之间的识别与结合。与复杂的脂质纳米粒（LNP）制剂相比，GalNAc-siRNA共轭物是一种颗粒更小、制备工艺更简单且成分更加确定的肝靶向基因治疗策略。完整的GalNAc-siRNA共轭物可以在固态寡核苷酸合成仪中合成，并通过质谱仪进行化学鉴定。2019年底，GIVLAARI（givosiran）获得美国FDA的批准，用于治疗急性肝卟啉症（acute hepatic porphyria，AHP）患者。值得一提的是，GIVLAARI 2 Alnylam制药公司开发的第二种siRNA药物，也是全球第一种获得美国FDA批准的GalNAc-siRNA共轭物。同样采用GalNAc共轭技术策略的Inclisiran（ALN-PCSsc）是Alnylam制药公司开发的靶向前蛋白转化酶枯草溶菌素9型（proprotein convertase subtilisin/kexin type9，PCSK9）的siRNA药物，用于治疗高胆固醇血症，目前正在进行Ⅲ期临床试验

（NCTO3851705）。如今，GalNAc共轭技术已经成为实现肝细胞靶向递送的首选方案，在RNAi候选药物研究中起到关键的作用。

2. 脂质体纳米粒

由于COVID-19 mRNA疫苗（Comirnaty和Spikevax）的成功，mRNA在各种疾病的预防和治疗中受到了极大的关注。为了满足治疗目的，要求mRNA必须进入目标细胞并表达足够的蛋白质，因此，开发有效的配送系统是必要和关键的。以LNP为代表的一些载体加快了mRNA的应用，其中不乏一些基于mRNA的治疗方法被批准或正在进行临床试验。脂质体纳米粒由四种成分组成：可电离的阳离子脂质、磷脂、胆固醇和聚乙二醇化脂质（表15-4）。每个组分对LNP的稳定性、转染效力和安全性方面都起着关键作用。制备mRNA-LNP，通常将脂质和mRNA分别溶解在乙醇和酸性水相中（如pH 4.0的柠檬酸缓冲液）。之后，乙醇和水相以1∶3的体积比与微流控装置混合，从而自组装形成LNP。在此期间，可电离阳离子脂质将被质子化为带正电，然后通过静电相互作用与带负电的mRNA结合，从而将mRNA封装在LNP内。同时，其他辅脂，包括磷脂、胆固醇和木质化脂质，在它们上面自组装，以稳定形成的mRNA-LNP。随后，mRNA-LNP溶液通过缓冲交换调整为中性pH值，在此期间，可电离的脂质变得不带电，使它们在生理pH值下稳定且毒性较低。

表15-4　脂质体纳米粒组成成分、作用及举例

组分	作用	材料举例
可电离的阳离子脂质	可电离的阳离子脂质是脂质纳米粒的关键成分，其酸解离常数（pK_a）决定了脂质纳米粒的电离和表面电荷，进一步影响了其稳定性和毒性	5A2-SC8、D-Lin-MC3-DMA、SM-102、ALC-0315
磷脂	磷脂是辅脂，有助于脂质纳米粒的形成和内体的逃逸	9A1P9、DSPC、DOPE、DOPS、DOPG
胆固醇	提高脂质纳米粒的稳定性和膜融合，优化胆固醇的结构也可以增强脂质纳米粒的递送功效，赋予脂质纳米粒特殊的功能	胆固醇、β-谷甾醇、7a型胆固醇、20a型胆固醇、25型胆固醇
聚乙二醇化脂质	聚乙二醇化脂质的掺入可减少脂质纳米粒的聚集，延长循环时间，并逃避单核吞噬细胞的吞噬作用	ALC-0159D、DMG-PEG2000、DOPE-PEG2000、多肌苷脂质

尽管多成分使脂质纳米粒变得复杂，但赋予了其多样性。到目前为止，各种脂质纳米粒已经形成并得到验证，主导了mRNA治疗的临床应用。脂质纳米粒开发的主要策略，包括：①设计和筛选新型脂质分子；②调整脂质纳米粒的内部脂质比例；③脂质纳米粒的表面修饰（图15-2）。

3. 聚阳离子复合物

DNA、RNA等带负电的基因药物可以与阳离子聚合物（cationic polymer）在静电相互作用下形成稳定的聚阳离子复合物（polycation complex），然后通过细胞内吞途径被细胞摄取。阳离子聚合物可分为合成型阳离子聚合物和天然型阳离子聚合物。常见的合成型阳离子聚合物包括聚乙烯亚胺（polyethylenimine，PEI）、聚酰胺-胺（polyamindoamine，PAMAM）树突状聚合物等。常见的天然型阳离子聚合物包括鱼精蛋白、壳聚糖（chitosan）

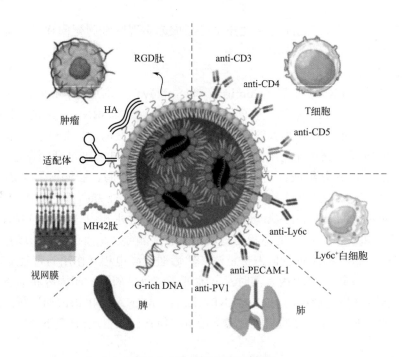

图15-2 脂质纳米粒的表面修饰

等。"质子海绵效应"假说是聚阳离子复合物发挥高转染效率的重要依据之一，且受到学术界普遍认可。含有大量二级或三级胺的聚合物都能发挥该效应，它们的pK_a一般介于生理和溶酶体pH之间。聚阳离子复合物内吞进入内涵体后，会俘获大量氢离子（质子）。为保证内涵体内部的酸性，ATP酶会转移更多的质子进入其中，同时伴随大量水进入内涵体内，从而导致内涵体膜破裂，将聚阳离子复合物释放到细胞质中而发挥核酸物质的生物学活性。此外，安全性问题仍然是阳离子聚合物在基因药物传递中面临的巨大难题。在聚阳离子材料进入血液循环系统到达靶向的过程中，会遇到许多聚阴离子生物大分子，例如黏液糖蛋白、血清蛋白、细胞外基质（extracellular matrix，ECM）蛋白多糖和红细胞等。因此，聚阳离子材料和这些聚阴离子生物大分子会通过静电相互作用发生结合，不仅会影响递送系统在生物体内的效应，还会面临严重的免疫反应。针对这一问题，常用的方法是设计特殊响应性的递送系统，利用"电荷逆转"策略或者是"PEG屏蔽"策略来解决阳离子聚合材料所面临的安全性问题。

4. 无机纳米材料

相较于有机材料，无机纳米材料具有特定的性质，例如尺寸可调、比表面积大、易于表面修饰等。通常来说，无机纳米材料（inorganic nanomaterial）通过以下几种方式负载和递送基因药物：①通过配位相互作用形成复合型纳米粒，如siRNA的磷酸基团可与Ca^{2+}形成磷酸钙纳米沉淀物，该种形式的复合物具有较好的细胞摄取和溶酶体逃逸能力；②在金属表面修饰阳离子基团，带负电荷的基因药物就可以与带正电荷的无机纳米材料形成复合物；③将基因药物以响应性共价键的形式连接在纳米粒表面；④在无机纳米粒表面修饰阳离子材料，通过材料与基因药物之间的静电相互作用实现负载和传递；⑤一些纳米材料具有多孔结构，能够实现对基因药物的负载，如二氧化硅纳米粒。目前常见的无机材料包括金纳米粒（AuNP）、碳纳米管（CNT）、石墨烯、上转换纳米粒（UCNP）、二氧化硅纳米粒

（MSNP）等。虽然目前基于无机纳米载体的研究已取得一定的进展，但是还缺乏无机纳米材料在体内的安全性评价系统。另外，一些无机纳米载体的设计和合成较为复杂，很难应用于工业生产和医疗临床，目前还处于一个理论研究的阶段。

5. 刺激响应型递送系统

刺激响应性材料（stimulus responsive material）常被用于构建具有"智能"特征的基因药物递送系统，它可以响应内部刺激（靶组织特定的pH环境、酶系统、抗原）和外部刺激（温度变化、磁场、光或超声），使得材料自身的结构或形态随之发生改变，并在特定部位释放出基因药物。常见的内部刺激响应方式主要有以下几种。①pH响应：不同细胞器、细胞、器官、组织或病理状态下组织微环境之间的pH差异可被用来设计具有特定靶向功能的基因递送载体。例如，炎症组织及肿瘤组织微酸性（pH=6.5～6.8）环境或内涵体酸性环境（pH=5～6）与正常组织（pH=7.2～7.4）之间的差异可用于设计pH响应型递送载体。可质子化基团、马来酸酯键、腙键和苯甲亚胺等结构具有酸敏感的性质，将它们整合进入基因药物的递送系统中可赋予该系统对pH变化的刺激响应能力。②酶响应：酶是人体生命活动重要的催化剂，利用酶在特定部位的表达情况可以设计特异性的酶响应型递送系统。例如，由于肿瘤细胞转移的需求，肿瘤组织部位过量表达基质金属蛋白酶（matrix metalloproteinase，MMP），利用这一特性，可以将MMP特异性切割肽段引入载体中来设计靶向肿瘤组织的酶响应型递送系统。与此类似的肿瘤组织特异性表达酶还包括透明质酸酶、磷酸酯酶和糖苷酶等。③还原响应：肿瘤细胞由于其快速的新陈代谢，其还原性物质（如谷胱甘肽）的浓度明显高于正常细胞。针对这一点，通过对药物载体进行还原响应性基团的修饰（如二硫键），就可以设计一种在肿瘤细胞内迅速解离、快速释放药物的递送系统。④氧化响应：有些疾病的病灶部位会产生大量的活性氧成分，比如炎症和肿瘤部位。缩硫酮是一种具有氧化响应性的化学结构，能够在活性氧作用下发生响应性断裂，常被应用于氧化响应型递送系统的设计。

6. 仿生型递送系统

化学类递送载体在制备和注射给药方面往往存在一些问题，如合成方法复杂、制备成本高、颗粒异源性、性质不稳定等。利用仿生策略构建仿生型基因药物系统（biomimetic gene drug delivery system）可以规避化学类载体的一些问题，具有制备方法简便、生物相容性好、免疫原性低的特性，展现了广阔的应用前景。目前开展的基因药物仿生载体主要有以下几种。①外泌体（exosome）：它是来自细胞分泌的微小囊泡，直径范围为20～150 nm，具有类似于细胞膜的磷脂双分子层的结构，在生物体液中广泛存在，具有抗原呈递、细胞内信息传递等生物学功能。外泌体作为细胞分泌的天然递送材料，具有较强的特异性和低免疫原性，因此可被用于基因药物的递送。通过将基因药物导入外泌体中，再利用其独特性质实现对靶细胞的特异性识别及高效递送。②膜工程修饰载体：利用膜工程技术将具有不同功能性质的生物膜覆盖在纳米粒表面，从而构建膜伪装纳米载体，增强其在机体内的稳定性，红细胞在体内具有长循环的特点，将其细胞膜结构用于膜伪装纳米载体的设计，可得到同样具有长循环特性，且无免疫原性，生物相容性好的基因药物递送载体。另外，有研究团队发现利用肿瘤细胞内质网膜修饰脂质载体的表面，可以改变纳米载体在细胞内的转运途径，规避内涵体对基因药物的破坏，从而提高siRNA基因沉默效率。

第四节　多糖类药物制剂

一、概述

糖类是生命科学中除核酸、蛋白质之外具有重要生物学意义的第三类生物大分子，是四大生命基本物质之一。从结构上讲，一方面，单糖的多羟基醛结构骨架决定了糖苷键可以有多种连接方式和空间构型，也就奠定了糖类分子结构多样性的基础；另一方面，糖链的生物合成途径既不具有像核酸合成途径中碱基配对那样的规律可循，也尚未发现有像蛋白质合成途径中翻译密码子那样的指令可依，这更加决定了糖类分子结构的高度复杂性，从而带来其功能的多样性。长期以来，人们对于糖类化合物作用的认识不外乎是能量来源、结构骨架、保护细胞等。20世纪80年代研究发现，不仅糖与蛋白质结合形成的糖蛋白具有重要的生物学功能，而且糖与蛋白质受体结合也能引起生物学反应。特别是20世纪末能与凝集素类蛋白质结合的含有唾液酸化Lewis X结构的糖类化合物被分离、鉴定，这激发了人们探求糖生物学作用的极大兴趣。随之而来的大量研究表明，天然存在的糖类化合物以单糖、寡糖、多糖及其糖缀合物等多种形式广泛存在于生物体内，它们发挥着重要的生物学功能。生物体内的糖类除了作为生物体能量的来源及结构骨架外，还对细胞间及生物大分子间的相互识别和信号传递起着复杂的作用，具有调节细胞粘连、机体防御等多种功能，参与生物体的细胞分化、胚胎发育、生物体免疫、衰老等复杂的生理过程。

由于糖生物学发展的滞后和糖结构的复杂，糖类化合物的研究一度被药学家们所忽视，糖类药物开发远远落后于核酸及蛋白质类药物。但近20年来，随着糖生物学的飞速发展和糖结构解析技术的进步，糖类化合物结构多样性被逐步阐明，其所担负的众多生物学功能被认识，逐步奠定了糖类药物研究的结构和分子生物学基础。糖类药物的研究受到了越来越多的重视，而糖类化合物也被药物化学家们认为是当前药物发现的重要先导化合物。

目前，糖类药物的使用和销售量已在药物市场上占有很大的比例，糖类药物的研究工作也已成为药学研究的热点之一。《美国药典》《欧洲药典》《日本药局方》和《中国药典》4部药典收载的糖类药物有上百种，但是还有许多在使用的糖类药物没有收入到这些药典中。此外，在研发方面，以"carbohydrate drug"和"carbohydrate-based drug"为检索词在PubMed、SciFinder等常用检索工具中都可检索到数以万计的相关文献。迄今为止，糖类药物涉及的临床适应证包括肿瘤、糖尿病、艾滋病、流行性感冒、细菌感染、风湿性关节炎等，糖疫苗的研究也已成为热点。

二、多糖类药物的生物活性

糖类药物的特点是由其在生物体内存在的位置、理化性质和生物学功能所决定的。糖类化合物的基本特点包括：多羟基结构带来的高亲水性，可溶解于水中，存在于细胞外围的水相中；与生物大分子相连形成糖缀合物，如糖脂、糖蛋白，进而发挥生物学功能；可参与生物信息的传递等。

糖类药物最重要的特点是：大多数糖类药物发挥作用的部位是在细胞表面而非细胞内。首先，因为寡糖或者糖复合物主要分布在细胞表面，参与细胞间的识别、细胞的分化及细胞与外部的相互作用等细胞间及细胞和活性分子间的相互作用，这种相互作用与人体的生理和病理过程如受精、细胞的生长和分化、免疫应答、细菌和病毒感染、肿瘤转移等有关。

而且，有时糖类化合物参与的这些过程往往是一系列生理和病理过程的第一步，如果第一步被阻断，有关的生理病理过程也就不能随之发生了。因此，使用特定结构的寡糖阻止病原体表面蛋白质与人体宿主细胞膜表面寡糖的结合，成为研制新型抗菌、抗病毒药物的新思路，肿瘤相关糖抗原TN、STN、TF、SF、STF等的存在也成为研制肿瘤相关糖疫苗的生物学基础，相关糖抗原作为肿瘤诊断和恶性变的标志物已应用于临床检查。其次，大多数糖类药物作用于细胞表面，而不进入细胞内部，因此这类药物对于整个细胞进而对于整个机体的干扰，要比进入细胞核、细胞质内的药物小得多，就这一点而言，糖类药物应该是毒副作用相对很小的药物。因此，糖类化合物不仅可以作为治疗疾病的药物，而且可以作为保健类药物乃至保健食品进行开发。

糖类药物的药理活性多种多样，按照其疗效、作用机制等来分类相当复杂，因为一种糖类药物往往具有多种作用，对不同的受体也有不同的作用机制。目前发现许多糖类药物具有抗菌、抗病毒、抗肿瘤等活性，可起消炎、镇痛、解热、止咳、收敛、止血、降压、利尿、健胃、强心、扩瞳、镇定、麻醉、驱虫等不同功效，不仅可以治疗高血脂、高血压、高血糖等疾病，还可治疗肺结核、肝炎、癌症、艾滋病等。

（一）抗菌、抗病毒活性

1. 抗菌糖类药物

具有抗菌作用的糖类药物主要是**糖类抗生素**，包括**氨基糖苷类抗生素**和**寡糖类抗生素**。氨基糖苷类抗生素是具有氨基糖与氨基环醇结构的一大类抗生素，包括链霉素、庆大霉素、妥布霉素、阿米卡星等。由于此类药物很容易引起耐药性，且具有较严重的耳毒性和肾毒性，所以在临床上的使用有减少的趋势。此类抗生素后来又有了新的发展，如奈替米星、阿贝卡星等，主要就是为了克服原有氨基糖苷类抗生素日益增强的细菌耐药性。

除传统的氨基糖苷类抗生素外，一些结构较复杂的寡糖也具有很好的抗菌作用，且往往对常用抗生素的耐药菌表现出良好的抑制活性。如正糖霉素族（orthosomycin）的晚霉素（everninomycin）就对耐青霉素的葡萄球菌和耐万古霉素的肠球菌有良好的抑制活性，但这些复杂寡糖或多糖的抗菌机制尚不清楚。

2. 抗病毒糖类药物

抗病毒的糖类药物最典型的就是**抗流感药物**，已上市的扎那米韦最具代表性。流感病毒对呼吸道上皮细胞的感染和病毒颗粒的释放，是通过流感病毒包膜上两种关键受体完成的。第一个是血凝素，它能与呼吸道上皮细胞表面的唾液酸残基结合，从而使流感病毒黏附在细胞上；第二个是神经氨酸酶，它能够使唾液酸单元断裂而使新生病毒得以从细胞表面释放。目前，针对神经氨酸酶有抑制作用的上市药物不多，唾液酸衍生物扎那米韦就是其中一种神经氨酸酶抑制剂，其作用机制就是与流感病毒神经氨酸酶活性位点结合，且结合作用极强，选择性极高。

此外，很多天然来源的多糖也具有对抗各种不同类型病毒的活性。如《中国药典》（2020年版）中收录的银耳孢糖（tremella polysaccharide）就可用于治疗慢性活动性肝炎和慢性迁延性肝炎，使乙肝表面抗原HBsAg转阴。从海藻中分离得到的各种海藻多糖的硫酸酯、硫酸化大肠杆菌K5多糖、硫酸化香菇多糖等硫酸化多糖在试验研究中均表现出了不同程度的抗HIV逆转录病毒的活性。仍处于研究阶段的表现出抗病毒活性的多糖还包括裂褶菌多糖、大蒜多糖、蜈蚣藻粗多糖等。

（二）抗肿瘤活性

目前，只有极少数糖类化合物具有直接的细胞毒作用，且其作用机制尚不清楚。大部分糖类抗肿瘤药物是通过增强机体免疫、抗肿瘤转移等途径来发挥抗肿瘤活性的，且都是天然来源的多糖或寡糖。

1. 增强机体免疫的抗肿瘤糖类药物

目前发现的能够通过激活机体免疫系统而发挥抗肿瘤作用的糖类抗肿瘤药物大部分为植物或真菌来源的多糖，这些多糖能够刺激机体淋巴细胞、巨噬细胞和自然杀伤细胞的成熟、分化和增殖，使机体免疫系统恢复平衡，同时活化网状内皮系统和补体，促进各种细胞因子的生成，最终消除、吞噬癌细胞或诱导肿瘤细胞凋亡。目前国内已上市的抗肿瘤多糖类药物有紫芝多糖、银耳孢糖、猪苓多糖、黄芪多糖、云芝多糖、人参多糖、香菇多糖、茯苓多糖，其中前三种已被《中国药典》（2020年版）收录。多糖类抗肿瘤药物在我国临床上广泛用于肿瘤的辅助治疗，以减轻肿瘤患者放化疗后的不良反应，延长患者生存期。

2. 抗肿瘤转移的糖类药物

很多正处于研究阶段的天然来源的多糖表现出了不同程度的抗肿瘤转移活性。例如：对曼氏无针乌贼墨多糖进行硫酸化修饰获得的硫酸化乌贼墨多糖 SIP-S Ⅱ，可抑制金属基质蛋白酶 MMP-2 的蛋白水解活性并降低细胞黏附分子1（CAM-1）和碱性成纤维细胞生长因子（bFGF）的表达，在体内外试验中均表现出了良好的抗肿瘤转移及抑制新生血管生成的活性；天然多糖果胶酸和透明质酸也已经被证明具有抗肿瘤转移活性；细菌来源的高度硫酸化寡糖 PI-88 正在进行抗肿瘤转移的Ⅰ期临床试验。

（三）抗炎活性

炎症是由机体对某些刺激和损伤的过激反应造成的，而这种过激反应导致的自身免疫紊乱对身体的伤害远远超过最初的损伤。目前上市的抗炎单糖药物主要是 1,6- 二磷酸果糖（fructose 1,6-diphosphate），其用途包括治疗心脏的再灌注损伤、脑卒中及器官的保存。临床应用的其他具有抗炎活性的糖类药物大多是寡糖或多糖，这些糖类药物主要通过选择性地黏附病原体，进而阻断微生物病原体对靶细胞的吸附，发挥消炎和抗感染作用；或者作用于炎症反应过程中的各种炎症因子而减轻炎症反应。

1. 传统寡糖或多糖类抗炎药物

爱泌罗（Elmiron）是目前唯一经美国 FDA 批准的治疗间质性膀胱炎的口服药物，由美国 Ortho-McNeil-Janssen Pharmaceuticals 推出，中国尚未上市。爱泌罗的活性成分戊糖多硫酸钠（pentosan polysulfate sodium）是一种半合成的肝素样多糖，其可能的作用机制是通过替代膀胱上皮上缺失的内源性糖胺聚糖以防止尿液中的细菌、蛋白质、离子等物质黏附、侵袭膀胱上皮，从而起到抗间质性膀胱炎的作用。另一个临床应用多年的多糖类抗炎药喜辽妥（hinidoid）也是一种半合成的类肝素分子，其活性成分多磺酸糖胺聚糖通过抑制各种参与分解代谢的酶以及影响前列腺素和补体系统而发挥抗炎作用，从而防止浅表血栓形成和促进正常结缔组织生成，临床上广泛应用于各种静脉炎等的治疗。

2. 基于透明质酸的抗炎剂

透明质酸（hyaluronic acid）作为动物体内细胞间质的重要组成部分，具有抗增殖、抗炎、药物定向转运等多种生物活性。其抗炎作用机制不同于上述传统抗炎药物，主要依靠其分子的高度黏弹性和润滑性。如高分子量透明质酸注射液 AMVISC 和 AMVISC Plus 已用于治疗青光眼、白内障的眼科手术和角膜移植手术，这种高黏弹性的溶液能保持眼部形状及防治手术中的组织损伤。另一个用于治疗骨关节炎的透明质酸注射液 ORTHOVISC，同样依赖透明质酸分子的高度黏弹性和润滑性，注射入关节腔后可以有效地缓解骨关节炎引起的关节无力等症状。

3. 其他糖类抗炎药物

药典中收录的 D- 氨基葡萄糖和硫酸软骨素，可作为缓解关节炎的营养补充剂，已上市应用多年，更加深入的药理学药效学研究正在进行中。在研的其他糖类抗炎药物还包括已向美国 FDA 提出上市申请的盐酸氨普立糖（amiprilose hydrochloride，therafectin）和从酵母细胞壁得来的葡聚糖倍他非丁（betafectin）。

（四）作用于血液及造血系统

1. 抗凝血和溶栓糖类药物

肝素自 1939 年开始用于临床后是迄今为止使用时间最长、研究最为透彻的抗凝血药物。肝素是通过增强抗凝血酶 III（AT III）的活性而起抗凝血活性作用的：肝素活性区域选择性地与 AT III 结合，使 AT III 变构而与凝血酶的亲和性大大增强，从而导致凝血因子 II a 和 X a 快速失活，最终抑制凝血途径。

目前临床上用作抗凝血药物的除肝素外，还有各种低分子量肝素（如 LMWH）。LMWH 相对普通肝素（unfractionated heparin，UFH），具有更好的生物利用度和更长的生物半衰期，副作用也更小，临床适应证包括深部静脉血栓、出血性卒中、心肌梗死、心绞痛等。除生物来源的肝素外，2001 年美国 FDA 批准了第一个全化学合成的戊糖磺达肝癸钠（fondaparinux sodium），其可选择性地针对凝血 X a 因子，因此副作用更小。AT III 是磺达肝癸钠在血浆中唯一作用靶标，与其他药物的相互作用少，生物利用度可达 100%。此外，由于戊糖磺达肝癸钠为化学合成，批量之间的一致性高，污染风险也大大降低。

2. 糖类血浆代用作用

糖类药物在血浆代用品中占了很大的比重，主要用于大量失血、失血浆、大面积烧伤等所致的血容量降低、休克等应急情况，以扩充血容量改善微循环。现用制剂主要有多糖类的不同分子量的右旋糖酐和羟乙基淀粉。

已被不同国家药典收录的右旋糖酐 20、右旋糖酐 40、右旋糖酐 60、右旋糖酐 70 均用作血浆代用品，其中低分子量右旋糖酐（右旋糖酐 20、右旋糖酐 40）还可以抑制红细胞和血小板聚集，降低血液黏滞性，从而改善微循环，防治弥散性血管内凝血和血栓性疾病。USP、EP 共同收录的小分子右旋糖酐 1 尚未进入中国市场。右旋糖酐 40、右旋糖酐 70 分子可与人体内右旋糖酐特异性的免疫球蛋白 G（IgG）抗体结合形成抗原抗体复合物，从而导致不同程度的葡聚糖诱发的类过敏性反应（dextran-induced anaphylactoid reaction，DIAR），若用药前给予右旋糖酐 1 作为半抗原，则可大大降低致死性 DIAR 的发生率。

目前临床广泛使用的多糖类血浆代用品还有不同分子量的羟乙基淀粉，包括中分子羟乙基淀粉 200/0.5 氯化钠注射液（贺斯，HAES-steril）和中分子羟乙基淀粉 130/0.4 氯化钠注射液（万汶，voluven）。羟乙基淀粉的平均分子量和羟乙基取代度决定其扩容效果，有研究显示，与中分子量中取代级的贺斯相比，中分子量低取代级的万汶在大量失血的外科手术中造成的凝血损伤更小，但其出血风险增大。

3. 抗贫血活性

促红细胞生成素（erythropoietin，EPO）是一种由重组DNA技术合成的含有唾液酸的糖蛋白，能够促进红系祖细胞增殖和分化，增加红细胞数和血红蛋白含量，并能稳定红细胞膜，改善血小板功能，用于治疗慢性肾功能衰竭和晚期肾病所致的贫血等。多糖铁复合物和右旋糖酐铁可作为铁剂治疗各种缺铁性贫血。

（五）治疗糖尿病的糖类药物

目前用于糖尿病治疗的糖类药物为微生物发酵或合成来源的寡糖或单糖类似物，包括阿卡波糖、伏格列波糖和米格列醇。这类药物的作用机制类似，均为糖代谢过程中 α-葡萄糖苷酶等糖苷酶的抑制剂，使多糖或双糖向单糖的转化减慢，从而延缓淀粉、蔗糖等糖类化合物的吸收。

阿卡波糖作为口服降糖药于1984年上市，临床用于2型糖尿病餐后血糖水平的控制，已知的副作用主要是腹胀等胃肠道反应。与阿卡波糖同属糖苷酶抑制剂的降糖药物还有半合成的氨基糖类似物伏格列波糖，于1994年上市，与阿卡波糖相比，伏格列波糖的降糖作用更强，副作用更小。2型糖尿病首选药物米格列醇是第一个假性单糖类蔗糖酶和麦芽糖酶抑制剂，国内外应用广泛。有研究报道，米格列醇控制餐后30分钟、60分钟血糖水平的效果优于伏格列波糖。此外，与阿卡波糖相比，米格列醇不抑制 α-淀粉酶，具有软化粪便的作用，更适用于伴有便秘的糖尿病患者。

（六）治疗心脑血管疾病的糖类药物

用于治疗心脑血管疾病的糖类药物主要是一些天然来源的酸性多糖，包括部分糖胺聚糖。酸性多糖治疗心脑血管疾病的可能机制有以下几方面：首先，其阴离子聚电解质纤维结构使沿链电荷集中，在其电斥力的作用下，富含负电荷的细胞表面间的排斥力增强，因此能够降低红细胞之间以及红细胞与血管壁之间的黏附，改善血液流变学性质；其次，一些多糖还能使凝血酶失活，具有一定的抗凝、抗血栓作用；此外，有些多糖还能提高肝脏中葡糖激酶、己糖激酶和磷酸葡糖脱氢酶的活性，并降低血浆甘油三酯及胆固醇水平，发挥降血糖和降血脂作用。

源于海洋藻类的酸性多糖藻酸双酯钠是我国自主研发的第一个海洋糖类药物并已收入《中国药典》，主要用于缺血性脑血管病及心血管疾病的防治，也可用于治疗弥散性血管内凝血等。《日本药局方》（JP）收录的右旋糖酐硫酸酯钠，则主要用于治疗高血脂。

肠多糖和硫酸软骨素是两种具有抗心脑血管病活性的糖胺聚糖。其中，硫酸软骨素作为功能性食品或药品可长期应用于心绞痛、冠状动脉粥样硬化性心脏病等疾病的防治，能显著降低冠心病的发病率和死亡率，无明显的毒副作用。肠多糖是从健康猪十二指肠中提取的糖胺聚糖类物质，具有抗凝血、调血脂等药理作用，用于治疗冠状动脉粥样硬化等。

（七）治疗肾病的糖类药物

新型胶体渗透剂艾考糊精（icodextrin）是玉米淀粉衍生的葡萄糖聚合物，于2002年获美国FDA批准，用于慢性肾衰的腹膜透析治疗。传统的葡萄糖渗透剂有透析维持时间短、腹膜炎发生率高等缺点，而艾考糊精的高分子质量（16 kDa）使其难以被重吸收，因而透析作用可以维持更长的时间，艾考糊精所含葡萄糖降解产物较少，具有更好的生物相容性。

海昆肾喜胶囊是一种国产中药类多糖药物，其活性成分褐藻多糖硫酸酯是一类硫酸化的岩藻聚糖，临床上配合血液透析用于慢性肾衰的治疗，但作用机制尚未明确。

（八）糖疫苗

用于疾病预防或治疗作用的糖疫苗发展十分迅速，早已有多种天然荚膜多糖抗原类疫苗上市，有些已被各国药典收录，如A群和C群脑膜炎链球菌多糖疫苗和b型流感嗜血杆菌结合疫苗，前者是从A群和C群脑膜炎链球菌培养液中提取获得的荚膜多糖抗原，用于预防A群和C群脑膜炎链球菌引起的流行性脑脊髓膜炎；后者则是将纯化的b型流感嗜血杆菌荚膜多糖抗原通过乙二酰肼与破伤风类毒素蛋白共价结合而成，用于预防b型流感嗜血杆菌引起的脑膜炎、肺炎等儿童的感染性疾病。除细菌荚膜多糖疫苗外，还有多种针对肿瘤、获得性免疫缺陷综合征（AIDS）、疟疾和病原微生物感染的糖疫苗正处于不同的研究阶段，并显示出了较好的发展前景。

（九）药物转运和药物寻靶活性

相当一部分糖类药物尤其是多糖类，在医药工业中被用作药用辅料，发挥药物转运或者药物寻靶作用。传统药用辅料淀粉、纤维素及其衍生物等，因具有良好稳定的理化性质已被用作黏合剂、填充剂。环糊精、壳聚糖等较新型的药用辅料，因其具有某些独特的理化性质也得到了广泛应用。其中，环糊精由于具有内部疏水、外部亲水的特殊结构，已被用来包裹难溶性药物以实现对药物的增溶作用。环糊精的包裹作用还可被用于某些药物的解毒，如2015年美国FDA批准的环糊精衍生物舒更葡糖钠便可包裹罗库溴铵等分子，从而用于逆转手术中罗库溴铵、维库溴铵诱发的神经肌肉阻断作用。此外，糖胺聚糖类药物透明质酸，由于可与眼角膜上皮的透明质酸受体结合，将药物与透明质酸连接后即可发挥药物寻靶作用，从而提高药物的生物利用度，因此，透明质酸也开始被广泛用作眼科药物的载体。

除上述九个方面外，托吡酯和单唾液酸四己糖神经节苷脂还作为神经系统用药，分别用于癫痫及脑脊髓创伤等的治疗；合成来源的硫糖铝和小麦纤维素制剂非比麸，则分别是治疗溃疡和便秘的首选药物。除作治疗用药外，从菊芋中提取的天然多糖菊糖及合成的葡甲胺则为临床试验诊断用药，其中菊糖用于测定肾小球滤过率（GFR）是最为公认的方法。

三、多糖类药物的给药系统

（一）多糖药物传统剂型

目前上市的糖类药物大多以传统的片剂、胶囊剂、溶液剂、注射剂等传统剂型为主。小分子单糖、寡糖的水溶性和可吸收性较好，可供选择的剂型较多。然而大分子寡糖、多糖分子量较大，存在不易吸收和稳定性较差两方面问题。传统剂型口服给药存在药物吸收差、易被肠道微生物降解、对胃内酸性环境不稳定、生物利用度低等问题，多糖注射剂也存在药物半衰期短、需要频繁注射、不良反应多等缺陷。目前，解决这些问题的途径包括向药物制剂中添加吸收促进剂，开发糖类药物新剂型，尝试其他给药途径等。例如，在低分子肝素非注射给药的研究中，用复凝聚法制成的亭扎肝素的明胶-阿拉伯胶微球，由于明胶-阿拉伯材料在pH＜4时几乎不发生解离，因此微球经过胃时肝素几乎不被释放，而进入碱性环境的小肠后则几乎可以全部释放，有效减少了药物在胃内强酸性环境中的破坏；肝素采用雾化吸入的方式给药，雾化微粒直径可达1~5 μm，药物可以到达终末细支气管以下部位，有效促进了药物的吸收，显著延长了药物的有效作用时间，避免了患者频繁用药。糖类药物剂型的开发还有很大的潜力，促进药物吸收、增加药物稳定性以提高生物利用度、延长药物半衰期、提高患者的顺应性是目前糖类药物剂型研究的目标和方向。

（二）多糖药物递送载体

多糖还可以作为药物辅助材料发挥制剂功能。药物递送系统在增加载药量、控制释放和提高药物的生物利用度方面发挥着重要作用。多糖药物因其较大的比表面积和丰富的活性基团而易于修饰，可以提高疏水药物的水溶性，提高药物的生物利用度和靶向性，能够实现协同效应和药物辅助整合的效果。天然多糖通常具有良好的生物相容性、可降解性。随着人们环保与安全意识的提高，利用天然多糖代替合成高分子材料作为药物载体的优势越来越明显（图15-3）。

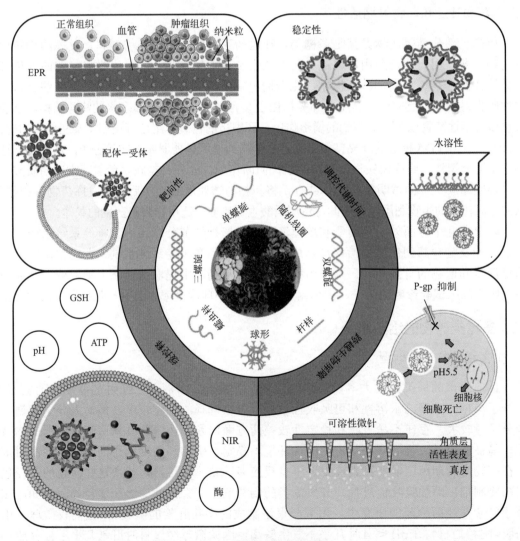

图15-3 多糖的药物递送功能

研究较多的多糖递药系统有交联型纳米粒、自组装纳米粒和多糖水凝胶。

1. 多糖构建的交联型纳米粒

交联型纳米粒依赖于共价交联或非共价交联建立大量交联点来获得稳定纳米结构。共价交联是指借助共价键连接形成具备化学稳定性的交联点，非共价交联一般是借助离子键连接形成一定条件下稳定或动态稳定的离子交联点。部分研究利用多糖大分子骨架上存在的大量反应活性基团，在交联剂作用下形成交联点，制备出多种靶向纳米粒。基于多糖分子构建的交联型纳米粒的功能特性与多糖在纳米粒中的组成结构关系密切，可将其分为以多糖为主体和多糖包覆两大结构类型。

2. 多糖构建的自组装纳米粒

自组装行为主要由高分子材料本身的亲疏水性或带电荷性驱动。亲疏水驱动的自组装是由同时具有亲水部分和疏水部分的两亲性分子在水溶液环境中自发形成外部亲水、内部疏水的核‑壳结构。电荷驱动的自组装是由带电荷的高分子依赖电荷吸引作用结合形成一定条件下稳定的纳米复合体。带电荷多糖均具备电荷驱动自组装的能力，其稳定性会受到多糖分子量、糖单元带电荷性强弱、电荷比例、复合顺序及环境pH值等因素的影响。基于多糖的自组装纳米粒主要用于装载疏水或带电荷类药物。

3. 多糖水凝胶的构建和应用

一些亲水性强的多糖能借助化学键、离子键、氢键和范德瓦耳斯力等形成限制水自由流动、高溶胀、高持水能力的三维交联网状结构，即水凝胶。相比于纳米粒，水凝胶具备更优异的生物相容性及更强的载药能力，其装载的药物可通过凝胶结构的降解或顺浓度梯度扩散等方式释放，并通过化学键的修饰，赋予其更多刺激‑响应性功能。基于多糖构建的水凝胶可分为非共价交联型和共价交联型。

（李珅）

思 考 题

1. 核酸类药物的递送需要克服哪些障碍？核酸类药物递送的新策略有哪些？
2. 多肽和蛋白质类药物分子之间的区别有哪些？多肽蛋白质类药物非注射给药系统的优势有哪些？
3. 多糖类药物在治疗和制剂方面的作用有哪些？多糖作为药物递送载体具有哪些优势？
4. 非注射给药途径的优缺点有哪些？

参考文献

[1]　吕万良，王坚成.现代药剂学[M].北京：北京大学医学出版社，2022.

[2]　王凤山.糖类药物研究与应用[M].北京：人民卫生出版社，2017.

[3]　丁明美.新编临床药物治疗学[M].北京：中国纺织出版社，2020.

[4]　潘卫三.药剂学[M].北京：化学工业出版社，2017.

[5]　吕万良，汪贻广.先进药剂学[M].北京：北京大学医学出版社，2022.

[6]　刘昌孝.抗体药物的药理学与治疗学研究[M].北京:科学出版社,2021.

[7]　罗凤基.疫苗[M].6版.北京:人民卫生出版社,2017.

[8]　国家药典委员会.中华人民共和国药典[M].2020年版.北京:中国医药科技出版社,2020.

[9]　何勤,张志荣.药剂学[M].3版.北京:高等教育出版社,2021.

[10]　王凤山,邹全明.生物技术制药[M].北京:人民卫生出版社,2016.

[11]　Wang B H, Hu L Q , Siahaan T J. Drug delivery: principle and application[M]. Hoboken: John Wiley & Sons, Inc., 2016.

[12]　Wang B, Wang X F, Xiong Z W. et al. A review on the applications of traditional chinese medicine polysaccharides in drug delivery systems[J]. Chin Med, 2022, 17 (1): 12.

第十六章
疫苗给药技术

 本章学习要求

1. 掌握：疫苗的定义、种类及其特点；疫苗的基本成分与特征；疫苗的设计、疫苗给药技术及疫苗载体。
2. 熟悉：疫苗与一般药物的主要区别；疫苗的接种方式。
3. 了解：疫苗的起源与产生背景。

第一节　概述

一、疫苗的起源与产生

疫苗（vaccine）是关乎人类健康的一种特殊药品，是交叉利用免疫学的原理、经验及生物技术的一种生物制品。疫苗接种是预防传染病、切断传播途径的有效策略之一，是一项公共卫生干预手段。疫苗与一般药物的区别在于：①一般药物用于患者，而疫苗则主要用于健康人群；②一般药物用于治疗或减轻患者症状，而疫苗则利用免疫机制预防疾病的发生。随着某种疫苗的普及与使用，人类可能彻底控制或消灭该种疾病，例如天花与脊髓灰质炎。

疫苗的起源最早能追溯到4世纪初，东晋葛洪所著的《肘后备急方》中记载了防治狂犬病的方法："杀所咬犬，取脑敷之，后不复发"。公元998—1023年（我国宋真宗时代），最早记载了人痘法：宰相王达之子不幸患了天花，四处求医未见成效，最后，一位峨眉山的道人，取患儿患处的结痂处理成为粉末，再接种于患儿鼻腔内，因而该患儿得以痊愈。此后，人痘法经过几百年的改良与发展，至明朝隆庆年间（公元1567—1572年）趋于完善。15世纪中期，我国的人痘法传至中东。1721年，人痘法经阿拉伯人传至英、法等欧洲各国。最后，英国医生爱德华·詹纳（Edward Jenner，1749—1823年）发现牛痘患者的痘疱疱浆能预防天花。2000年，美国疾病控制与预防中心出版了《Epidemiology and prevention of vaccine-preventable diseases》（第6版），在该书中肯定了人痘法接种预防天花是最早的免疫接种形式（中国最早使用）。

尽管如此，Edward Jenner 当时并不清楚天花是由于天花病毒感染。直至1870年，法国科学家路易斯·巴斯德（Louis Pasteur）在针对鸡霍乱病的研究中发现，使用减毒的病原体来预防其导致的疾病，比使用相关的动物病原体进行预防更加有效，从而发明了第一个细菌减毒活疫苗——鸡霍乱疫苗。由此，巴斯德建立了现代意义上的第一个预防接种疫苗，其在疫苗研制中的先锋作用引领了第一次疫苗革命。而后，随着近一百多年来的研究与发展，结合免疫学科的理论、原理及生物技术，疫苗得到了不断发展。

二、疫苗的定义与种类

一切通过诱导机体产生对抗某一疾病的特异性抗体或细胞免疫，从而使机体获得保护或消灭该疾病的生物制品统称为疫苗。按照疫苗所用材料一般分为细菌性疫苗、病毒性疫苗及类毒素三大类。按照疫苗研制技术一般分为传统疫苗与新型疫苗两大类：传统型疫苗包括减毒活疫苗、灭活疫苗及用天然微生物的某些成分制成的亚单位疫苗；新型疫苗种类繁多，包括基因工程亚单位疫苗、基因工程载体疫苗、核酸疫苗、基因缺失活疫苗。根据其基本特征可分为活疫苗与灭活疫苗，其中，活疫苗包括载体疫苗、基因缺失活疫苗等，灭活疫苗为除核酸疫苗以外的其他疫苗，核酸疫苗则是一类特殊的疫苗。传统疫苗中活疫苗、灭活疫苗及亚单位疫苗的区别与特点见表16-1。

表16-1　三类疫苗的区别与特征

项目	活疫苗	灭活疫苗	亚单位疫苗
抗原	减毒或无毒的全病原体	化学或物理方法使病原体失活	以化学方法获得病原体的某些免疫原性成分
免疫机制	接种后的病原体在体内有一定的生长繁殖能力，产生细胞、体液及局部免疫	病原体失去毒力但保持免疫原性，接种后能产生特异性抗体或细胞免疫	接种后能诱导机体产生特异性免疫
优点	接种次数少、反应小、免疫效果持久	稳定性好、安全性较高	纯度较高、副反应小
缺点	稳定性较差、毒力返祖问题	需接种2～3次、反应较大、维持时间较短	需多次接种
举例	卡介苗、麻疹疫苗、鼠疫疫苗、脊髓灰质炎减毒活疫苗	伤寒疫苗、霍乱疫苗、百日咳疫苗、乙脑疫苗、脊髓灰质炎灭活疫苗	白喉疫苗、破伤风类毒素疫苗

三、疫苗的基本成分与特征

（一）疫苗的基本成分

疫苗的基本成分通常包括：抗原、佐剂、抑菌剂、稳定剂、灭活剂及其他活性成分。

1. 抗原

抗原是疫苗发挥作用的最基础的活性成分，它决定了疫苗的特异性免疫原性。一般而言，抗原的三要素为：①异物性，由于机体的固有成分不能产生对抗该疾病的抗体，故而使用疫苗，因此，抗原的第一大特性为机体的外来物质；②一定的理化特性；③特异性，抗原进入机体后能诱导一系列特异性免疫反应，产生抗体或细胞免疫。

能被用作抗原的生物活性物质有：灭活病毒或细菌、减毒活病毒或细菌、有效蛋白质成分、类毒素、细菌多糖、合成多肽、mRNA、DNA等。

2. 佐剂

佐剂能增强抗原的免疫原性，理想的佐剂应有确切的增强免疫应答的作用，此外，佐剂必须具备安全、无毒、化学组成明确、活性特异于抗原、在非冷藏条件下保持稳定等特点。最早使用，也是使用最广泛的佐剂为铝佐剂，常见的为氢氧化铝与磷酸铝等。近年来，脂质、油乳、皂苷、细胞因子及小分子核苷酸等也被列入新型佐剂类型。

脂质佐剂分为阳离子脂质佐剂、阴离子脂质佐剂及脂质纳米粒。阳离子脂质佐剂如CAF01（cationic adjuvant formulation 01），由海藻糖6,6-二苯甲酸酯与阳离子二甲基二十八烷基铵组成。阴离子脂质佐剂包括脂多糖（lipopolysaccharide，LPS）、单磷酸脂质A（monophosphoryl lipid A，MPL）、AS04（MPL吸附在铝佐剂上形成的复合佐剂）。脂质纳米粒（lipid nanoparticle，LNP）既能作为抗原载体，也能作为疫苗佐剂，其具有良好的生物相容性、低免疫原性及低细胞毒性等，但其存在注射部位疼痛等不良反应。

油乳佐剂一般是由油类物质与乳化剂混合而成的复合佐剂，包括油包水（water in oil，W/O）型、水包油（oil in water，O/W）型及新型水包油包水（water in oil in water，W/O/W）型。其中，W/O/W型与W/O型具备相当的活性，但其更易乳化吸收、黏性小、稳定性强。最常见的油乳类佐剂为弗氏佐剂，包括弗氏完全佐剂（Freund's complete adjuvant，FCA）与弗氏不完全佐剂（Freund's incomplete adjuvant，FIA）。由于弗氏佐剂含有石蜡油，人体难以代谢，因此弗氏佐剂目前仅被批准用于兽用。具有较高安全性的人用弗氏佐剂为MF59，其主要由角鲨烯、司盘85及吐温80组成，在流感疫苗佐剂中使用广泛。

皂苷是从植物中提取而来的天然产物，由皂苷元与糖类组成，依据皂苷元结构可分为甾体皂苷与三萜皂苷。目前，皂苷内佐剂疫苗尚未真正进入市场，处于临床前或临床阶段，例如QuilA（兽用）、QS-21（临床）及AS01（临床）。

细胞因子佐剂是近年来发现的具备免疫促进作用的新型佐剂。大都是由免疫细胞产生的具有免疫调节活性的小分子糖蛋白或多肽，例如白介素-2（interleukin，IL-2）、IL-7等，由于细胞因子佐剂的递送与使用存在半衰期短、稳定性低等问题，因此，尚处于探索与研究阶段。

核苷酸佐剂主要为具备佐剂特性的核苷酸类物质，例如胞嘧啶-鸟嘌呤寡脱氧核糖核酸、环鸟苷酸-腺苷酸等，其发挥佐剂作用主要通过诱导干扰素表达与免疫应答等。

3. 抑菌剂

抑菌剂，一般也称为防腐剂，其作用是防止外来微生物对疫苗的污染，延长疫苗保存时间，例如硫酸汞、氯仿、二苯氧乙醇等。其中，硫酸汞作为疫苗防腐剂使用广泛，但其使用的安全性备受关注，因此，在使用时必须充分考虑其与抗原的相容性及其对抗原活性的影响。

4. 稳定剂

为了提高疫苗的稳定性，保护其抗原的免疫原性，在疫苗处方中通常需要加入适宜的稳定剂，例如冻干疫苗中常用的乳糖、明胶等。

5. 灭活剂

灭活病毒或细菌抗原的方法除加热、紫外等物理方法外，也常采用化学方法进行灭活，常用的化学灭活剂包括丙酮、甲醛等。由于上述化学灭活剂对人体有一定的毒害作用，因此，在使抗原灭活后必须除去至符合药典规定限度。

（二）疫苗的基本特征与性质

疫苗的基本特征为免疫原性、安全性及稳定性。

1. 免疫原性

疫苗的免疫原性指疫苗接种后诱导机体产生免疫响应与应答的强度与持续时间，包括疫苗的抗原免疫原性与机体自身的免疫响应能力。抗原免疫原性的决定因素包括：①抗原的强弱、大小及稳定性，分子量过低在机体内易被分解与吞噬；②抗原的理化性质。一般而言，免疫原性由强到弱依次为颗粒型抗原、不溶性抗原＞各类蛋白质抗原＞多糖＞类脂。因此，一些疫苗的处方中必须添加适宜的疫苗佐剂以增强疫苗的免疫原性。

2. 安全性

疫苗是接种于健康人群以预防疾病的生物制品，且大多在新生儿、婴幼儿等时期使用，因此必须保证安全性，包括接种后无局部或全身过敏反应、人群接种后不会引发毒株传播等。然而，由于一些疫苗的研发背景往往是出现了普通药物难以遏制其传播的疾病，因而疫苗的研究时间较短，对其安全性的考察不充分，因此，历史上出现了几次疫苗安全性问题，例如发生在20世纪的"卡特疫苗事件"：美国卡特实验室在制造脊髓灰质炎疫苗时，由于灭活不彻底导致疫苗中出现活体病毒，但安全测试中并未发现，导致1/3接种该疫苗的儿童染病。

3. 稳定性

疫苗必须保证运输与贮存期间的稳定性，以保证接种至机体的疫苗仍保持其安全性与生物活性。

第二节　疫苗给药技术

从巴斯德发明疫苗，到20世纪80年代，疫苗的开发主要集中在灭活、减毒、多糖疫苗等。进入21世纪后，随着对免疫原理的深入认识与疫苗、生物技术、组学技术等的发展，科学家们对疫苗开发依旧具有极大的兴趣与热情，可能原因如下：①许多威胁公共健康的传染性疾病尚无有效的治疗药物或手段；②细菌或病毒容易通过突变产生耐药性；③现有疫苗在安全性与稳定性方面仍存在改善空间；④一些新型疫苗，例如肿瘤疫苗，在临床中对疾病治疗具有良好的效果；⑤组学技术、测序技术、生物学、遗传学等技术的发展与进步为疫苗开发带来了新的希望。本节就疫苗给药技术进行详细介绍。

一、抗原设计与制备

疫苗的设计通常从发现抗原与鉴别抗原开始。第一代疫苗遵从巴斯德的设计策略，即分离、灭活、接种；第二代疫苗依据对病原体的致病机制的初步了解，结合新的方法与技术（如遗传学、蛋白质工程、基因工程等）对病原体的成分进行分离与纯化。目前正值第三代疫苗时代，传统研究方法在以下方面需要进一步的突破：①无法适用于体外无法培养的细菌或病毒；②无法应对细菌或病毒的突变；③一些严重的传染性疾病（如登革热）依然没有可靠的疫苗出现；④无法适用于机会致病菌（如金黄色葡萄球菌）。在疫苗设计中，抗原设计是最为关键的环节，因此，设计者必须要对其研究的病原体的结构、基因组、蛋白组等抗原特征具有全面、准确的认知，并且，在其应用于人体之前，最好在合适的动物体内进行研究，最大限度地模拟该疫苗在机体中的作用过程，以证明该设计是正确的。

对于病毒性疫苗，蛋白质抗原是首选，可适当应用基因工程技术设计重组疫苗；而对于细菌性疫苗，可选择蛋白质抗原或特异性的多糖抗原，进行抗原设计时，需要综合考虑基因重组技术与生物化学技术。此外，在进行疫苗设计时，必须明确抗原表位（antigenic determinant）的概念，即通过抗原表位能筛选免疫效应靶分子从而获得抗原片段。由于抗原性（主要取决于特定的抗原决定簇）是某蛋白抗原表位与抗体结合表位的化学结合特性，不包含生物学属性，免疫原性是该抗原诱导或刺激免疫响应的基本属性，因此，在明确了该蛋白抗原性之后，还必须证实其免疫原性。对于刺激体液免疫的疫苗，需要考虑抗原成分中的B细胞表位，其通过抗体与表位的空间构象进行识别；对于刺激细胞免疫的疫苗，则应主要考虑抗原成分T细胞表位，T细胞表位是一种被限制在主要组织相容性复合体（major histocompatibility complex，MHC）分子中的一种伸展构象，其表位预测依赖于形成一级结构的序列。T细胞抗原识别不涉及与靶抗原的直接结合，而必须通过MHC分子进行间接识别。

各类组学与结构疫苗学等新兴科学的出现、发展及交叉融合，共同推动了对抗原设计思路的创新。目前，抗原设计手段大致包括：①由抗体设计抗原；②利用结构疫苗学设计抗原；③利用疫苗组学设计抗原。

（一）由抗体设计抗原

抗体是B细胞经受免疫刺激与调节后产生的能够特异性识别抗原的蛋白质分子，一种B细胞只能识别一种抗原决定簇，产生一种抗体。因此，由抗体设计抗原，必须从单一细胞克隆细胞以获得抗体的信息。这种设计主要包括3个步骤：①利用单细胞分离技术，克隆多个能表达中和抗体的B细胞，然后得到该抗体的重链与轻链基因序列；②利用生物信息学技术，推测未突变的B细胞受体与可能的中间类型受体；③利用上述受体结合部位作模板，设计出免疫抗原序列与构象。

疫苗设计要求从产生广谱中和抗体的B细胞推测出未突变祖先抗体和中间祖先抗体，并以这些祖先抗体为模板设计抗原，设计主要依赖的结构信息包括成熟抗体抗原结合片段与抗原复合物、祖先抗体、抗原抗体复合物的晶体结构等。因此，提高设计出来的序列与祖先抗体的亲和力是利用抗体设计抗原的关键，见表16-2。

（二）利用结构疫苗学设计抗原

在进行疫苗的抗原设计时，为了使该抗原能在机体内长时间地诱导特异性免疫反应，并产生针对该疾病的抗体，我们必须对该病原体的精确结构进行分析。然而，一些病原体能通过表面残基多样化使疫苗失去保护作用；一些病原体的保护性抗原处于亚稳态的构象，能使其结构在感染过程中发生改变，逃避该疫苗诱导的免疫应答。因而，通过在结构上对抗原进行改造，设计具有一定理化特性且更稳定的抗原表位，能刺激机体产生更强、保护范围更广的中和抗体，增强疫苗的免疫保护力。结构疫苗学（structural vaccinology，SV）应运而生，利用其理论与技术进行抗原结构设计，使抗原决定簇暴露得更加充分，或者在一个抗原分子上设计好几个不同的抗原决定簇。一般策略包括以表位为中心进行疫苗设计

（如表位移植、结构域最小化、表面重构等）、稳定抗原的天然构象、构建模拟病原体的B细胞表位、多价纳米粒等。

表16-2　提高亲和力的策略、方法及其在疫苗设计中的作用

策略	方法	在疫苗设计中的作用
测定配体、非配体、祖先抗体结构	X射线衍射 核磁共振 低温电子显微镜	测定抗原抗体复合物的结构，用于修改抗原，提高亲和力；用重组的未修改抗原与中间祖先抗体以测试修改的抗原；基于已知结构修改多糖或蛋白表位
新型疫苗抗原选择方法	噬菌体展示血凝素编码载体 肽库转染至哺乳动物细胞 已知抗体的配体突变	用噬菌体展示构建的肽库选择连接抗体的抗原（注意：多肽不能完全模拟所有的抗原表位构型） 通过质粒转染能获得抗原，但大规模筛选Env或HA的突变体很难
计算机辅助蛋白质设计	计算机辅助蛋白质设计 已知结构蛋白序列覆盖 分子动态建模	易对已知的表达蛋白进行特定位点突变；基于已知结构蛋白的氨基酸序列对未知蛋白进行大规模动态分子建模

注：1. Env为HIV表面的包膜糖蛋白。

2. HA为血凝素（即流感病毒表面蛋白，hemagglutinin）。

运用结构疫苗学设计抗原的一般步骤如下：①确定抗原或抗原-抗体复合物的结构；②通过抗原结构设计重新构建抗原决定簇或表位；③将上述重组抗原或表位应用于疫苗平台；④利用合适的动物模型，测试该疫苗的有效性与安全性。

（三）利用疫苗组学设计抗原

随着高通量技术的发展与应用，一些支持该技术的组学学科，例如蛋白质组学、免疫组学、代谢组学等，能快速生成与处理大量数据与信息。因此，科学家们提出了疫苗组学的概念，例如反向疫苗学技术、反向遗传学技术等，为设计候选抗原提供了一条新的途径。以反向疫苗学为例，该策略首先对病原体进行全基因测序，而后，对基因组所编码的所有蛋白质进行克隆，再对得到的每种蛋白质进行鉴定与筛选。然而，由于组学技术得到的数据量非常庞大，还需要利用其他组学的技术缩减鉴定与筛选的时间。因此，疫苗组学是一种交叉利用多组学技术的策略。

二、疫苗载体及其特点

最早，人们是通过直接使用病原体或抗原进行疫苗接种。随着分子生物学、细胞生物学、纳米生物学等学科的发展与进步，科学家们先后尝试了将病原体载入合适的载体中，例如病毒、细菌、核酸、病毒样颗粒、蛋白质及纳米粒等，这些载体能提高机体对抗原的摄取，保护抗原免于被机体降解，从而增强机体在接种疫苗后的免疫响应。疫苗载体的选择时，需要综合考虑工艺的可操作性、载体的包封特性、载体的有效性与安全性等方面。

（一）传统疫苗载体

传统的疫苗载体包括病毒、细菌及核酸。细菌类载体是指通过基因重组技术将病原微生物特异性抗原的基因片段插入细菌的基因组或质粒DNA中，并使其高效表达，从而诱导免疫响应的一类载体。病毒类载体是指通过分子生物学手段对病毒基因组结构进行改造，从而构建减毒或复制缺陷的病毒株，或者将其改造成可表达外源基因的疫苗载体，从而刺激机体产生免疫响应的一类载体。核酸疫苗载体是指可携带外源基因导入宿主体内，通过宿主细胞的转录系统合成外源抗原蛋白，从而诱导机体产生一系列特异性免疫应答的载体。此外，噬菌体载体也是发现较早的疫苗载体，但由于基础研究不足，尚未应用于临床。噬菌体是一类专门以细菌为寄生对象的病毒，其结构简单，基因数少，是分子生物学与基因工程良好的操作系统。噬菌体展示技术是一种以改造的噬菌体作载体，将外源目的基因片段插入噬菌体展示载体信号肽基因与衣壳蛋白编码基因之间，从而使外源基因编码的多肽或蛋白质与外壳蛋白融合并展示在噬菌体表面，且被展示的多肽或蛋白质可保持相对独立的空间结构与生物活性。传统疫苗载体的优缺点如表16-3所示。

表16-3　传统疫苗载体的优缺点

载体类型		优势	缺陷
病毒	痘病毒	已批准兽用；可插入大的基因序列或同时插入多个外源基因构建多价或多联疫苗；有多个稳定的毒株能获得	接种后易出现并发症；需要多次接种，增加了复杂性与成本
	腺病毒	几乎能感染所有的细胞类型；具备较强的免疫应答；许多毒株可获得，产率高	目前已有三代腺病毒载体，但均存在一定缺陷，需要继续改进
	腺相关病毒	具备有效性的小基因片段载体；致病性低；可长期潜伏于人体	插入的基因片段大小有限；不能独立复制，包装过程需要辅助病毒
	甲病毒	病毒粒子或DNA复制子高表达，无基因整合的问题	基因容量适中
	疱疹病毒	对包括树突状细胞在内的多种细胞有趋化性	存在亲神经性等潜在安全性问题
	麻疹病毒	可通过黏膜免疫；RNA病毒，无基因整合的问题	可能存在预存免疫性
	水疱性口腔炎病毒	对包括树突状细胞在内的多种细胞有趋化性，高表达	存在亲神经性等潜在安全性问题
细菌	沙门菌	可口服递送，感染肠的M细胞	不太稳定，存在预存免疫性
	结核杆菌	广泛的使用安全性	在免疫耐受人群中存在载体毒性
	志贺菌	能特异性作用于黏膜，同淋巴细胞直接接触	减毒与维持免疫特性间的窗口较窄
	乳酸菌	种类丰富，且能在黏膜中存活，无病原性；易培养；安全性较高	临床应用效果不明确，尚处于实验阶段；影响机体自身的微生态环境
核酸	质粒DNA	已批准兽用疫苗；构建与生产相对简单；可用于构建DNA疫苗的质粒载体种类多	存在与宿主染色体整合的风险；人体实验效果差；需要特定接种设备与技术
	双链RNA	与其他载体相比，无太多的安全条款问题，没有基因整合、自身免疫的问题，易生产高纯度载体	不稳定，需要特殊的传递方式与稳定配方

（二）新型疫苗载体

为了提升疫苗接种后的免疫响应强度，提高疫苗的安全性，研究者们开发了一些新型疫苗载体，例如：**重组酵母菌载体、蛋白质载体、病毒样颗粒疫苗载体、纳米粒载体**等。

1. 重组酵母菌载体

酵母菌（yeast）是一类无性繁殖的单细胞真菌，主要以芽殖或裂殖进行繁殖。酵母菌是广泛分布的一类理想的真核生物，既具有与原核生物类似的易培养、繁殖快、能进行基因工程操作等特点，也具有真核细胞对翻译后的蛋白质进行加工与修饰的功能。利用酵母菌为载体表达外源基因已在几十种疾病诊治方面得到了应用。

酵母细胞壁中含有 β- 葡聚糖，是机体免疫过程的重要调节剂，能发挥天然的免疫佐剂作用；同时，酵母细胞表达系统能安全、快速、经济地表达多种抗原（如病毒蛋白、细菌蛋白、真菌蛋白等），且不影响这些抗原的免疫原性。因此，重组酵母细胞是一种能够递呈抗原的有效载体，与传统疫苗相比，其具有以下优势：①重组酵母载体是一类非致病性载体，不产生毒素，安全性好；②酵母细胞是真核生物，能对翻译后的蛋白质进行加工修饰；③发挥天然免疫佐剂作用；④易进行基因工程操作，构建重组疫苗；⑤易培养、繁殖快。临床上重组酵母载体疫苗已经得到了正式应用，例如酵母表达的乙肝亚单位疫苗、酵母表达 HPV 疫苗等，一些口服酵母疫苗也进入了临床试验阶段。

然而，重组酵母疫苗载体仍存在需要克服的局限性：①酵母载体虽为真核生物，但其对蛋白质修饰加工与高等真核生物有所不同，重组蛋白常发生糖基化，影响外源基因所表达蛋白质的空间构象；②质粒易丢失，传代不稳定；③不易进行高密度发酵，产量被限制。

2. 蛋白质载体

多糖（polysaccharide，PS）是一种 T 细胞非依赖性抗原，免疫原性较弱，导致免疫效果不理想。因此，研究者们将多糖与蛋白质通过直接或间接的共价偶联制成结合疫苗，使 PS 转化为 T 细胞依赖性抗原，从而增强 PS 免疫原性。蛋白质载体一般指用于制备多糖蛋白结合疫苗的蛋白质，任何携带 T 细胞辅助表位的蛋白质均能作为结合疫苗的载体蛋白，常用的结合疫苗蛋白载体有破伤风类毒素、白喉类毒素、未分型流感嗜血杆菌蛋白 D、脑膜炎球菌外膜蛋白复合物、霍乱毒素、霍乱毒素 B 型亚单位等。多糖蛋白结合疫苗在改善多糖的抗原性方面发挥了重要的作用，但目前可供使用的蛋白质种类太少，制备方法与工艺仍需继续优化，以提高多糖与蛋白质的结合效率，降低结合疫苗的制备成本。

3. 病毒样颗粒疫苗载体

病毒样颗粒（virus like particle，VLP）是指含有某种病毒的一个或多个结构蛋白的空心颗粒，其含有可自动折叠的病毒包膜蛋白，而不含病毒基因组，因此，不具备感染性，但其能模拟病毒的天然形态与结构，有效地诱导机体产生很强的免疫应答。目前，国内外研究者已针对 30 多种不同的病毒研制出相应的 VLP，一些品种已经获批上市且被广泛使用，例如 Merck 与 GSK 的 HPV-VLP、厦门万泰沧海生物技术有限公司的戊型肝炎疫苗。

随着研究的深入，科学家们发现 VLP 也能作为抗原递送载体，具有包载带负电荷的核酸或其他小分子物质的能力，是一种理想疫苗载体，用于递呈抗原基因或蛋白质。VLP 作为疫苗载体具备许多优势：①使用灵活，其表面能被修饰与改造，从而获得具有靶向性的VLP；②能够包载核酸或核酸小分子，也能整合多肽等；③易于制备含多种病原体或亚单位病原体的嵌合疫苗；④能诱导机体产生很强的免疫应答，且安全性较高。

4.纳米粒载体

脂质体（liposome）是一种具有磷脂双分子层的脂质纳米粒，具有生物相容性、安全无毒、无免疫原性等特点。采用脂质体作为药物载体已经研究多年，且也有一部分产品获批上市。在疫苗递送领域，脂质体（尤其是阳离子脂质体）被发现是核酸疫苗的有效载体，其能促进核酸抗原转染细胞，提高转染效率，也能增强核酸疫苗的免疫原性。

脂质体作为疫苗载体具备许多优势：①生物相容性、无毒、无免疫原性，能发挥免疫佐剂的作用；②抗原基因或蛋白质能被包裹于脂质体内部，也能锚定在脂质体表面，且在表面具备更强的免疫原性；③脂质体具有天然的巨噬细胞靶向性；④保护抗原分子，延长其体内半衰期；⑤脂质体具备多个载药位点，除了自身的免疫佐剂作用以外，还能外加干扰素γ等免疫刺激因子；⑥提高抗原分子的稳定性，延长疫苗的保质期，降低贮存条件。然而，目前，脂质体疫苗仍处于实验室研究阶段，尚未有产品上市，其原因可能如下：①脂质体疫苗的大生产制备工艺条件待发展，目前的技术难以实现规模化生产；②脂质体包裹具有一定结构与活性的生物大分子仍然存在一些困难，包封率不稳定，内容物易失活等；③脂质体自身的稳定性有待进一步提高。

除脂质体以外，一些其他的纳米粒作为疫苗载体正激发着研究者们的兴趣，例如：金纳米粒、聚合物（如聚乳酸-乙醇酸共聚物、聚乳酸、聚谷氨酸等）纳米粒、高分子材料（如壳聚糖、海藻酸钠、淀粉等）纳米粒等。利用纳米粒包裹抗原制备疫苗的关键在于高包封率、包裹后抗原分子的结构与活性、高稳定性、安全性等。

三、疫苗的接种方式

目前，大多数的疫苗采取注射的方式进行接种，包括肌内注射、皮下注射及皮内注射等。此外，疫苗的接种方式还有口服、滴鼻、鼻内喷雾、肺吸入、微针透皮、电脉冲导入、超声透皮、淋巴结注射、口腔黏膜给药等新型疫苗接种措施，并且正在开发之中，见表16-4。临床中，疫苗接种方式的选择不是随机的，除了疫苗使用的顺应性与实用性的考量外，还必须基于免疫响应的原理，选择能够有效地激发固有免疫与适应性免疫间协同作用，获得理想免疫响应的接种方式。

表16-4　新型疫苗接种方式

方式	举例
鼻内接种	减毒流感疫苗 FluMi-st™
口服接种	口服轮状病毒活疫苗、口服脊髓灰质炎疫苗
气溶胶接种	麻疹减毒疫苗、风疹减毒疫苗
皮肤接种	乙肝疫苗、炭疽疫苗

肌内注射指在上臂的三角肌进行疫苗接种的方式，该接种方式能够接受较大的注射体积，且适用于多次接种。

皮下注射指在皮肤与肌肉间的组织进行疫苗接种的方式，一般婴儿的注射部位为大腿部，儿童与成人的注射部位为上臂外侧。

皮内注射要求操作者具备一定的技巧，采用曼托克斯法进行接种，该法要求在皮肤舒展的情况下，针头平行皮肤刺入皮肤，目前，狂犬疫苗、卡介苗的接种便是采用皮内注射。由于具备一定的操作难度，因此，该法不适用于大规模接种。研究者们正致力于开发不使用针头的皮内注射技术，例如微针技术、促渗剂、超声作用、电渗流等。

与皮肤不同，黏膜薄且具渗透性，70%的病原微生物是通过黏膜系统入侵机体。针对黏膜入侵，机体的黏膜免疫系统具备专门的组织结构与应对机制。因此，对于首先感染黏膜组织的病原体，最理想的免疫途径是将疫苗直接接种于黏膜表面。口腔、鼻腔、胃肠道、呼吸道、生殖道等均是可能的接种位置，其中，口服是患者顺应性最强的一种方式。然而，大多数抗原均为蛋白质或多糖，易发生降解，难以口服。目前已上市的口服疫苗基本为口服减毒活疫苗，但减毒活疫苗存在一定的使用风险，因此，利用制剂的手段（利用壳聚糖、脂质纳米颗粒等载体进行包裹等），研究者们正致力于开发更安全的口服疫苗。此外，鼻内接种与气溶胶吸入接种是另外两种极具开发潜力的黏膜接种途径，但距离大规模投入市场还需要对疫苗的有效性与安全性进行更加全面细致的研究。

四、新型疫苗举例——肿瘤疫苗

众所周知，肿瘤是威胁人类健康的重大疾病。手术、放疗、化疗等是肿瘤的三大传统治疗手段，一些新型的疗法包括免疫治疗、靶向疗法等生物疗法，这些方法均是在肿瘤形成之后采取的治疗措施，虽然各种疗法能联合使用，但依然存在各自的局限性，且不能从根本上杜绝肿瘤的发生。肿瘤疫苗是一种生物治疗，也是一种特殊的免疫疗法，其原理是利用疫苗中的肿瘤相关抗原物质活化或增强人体免疫系统识别与杀伤肿瘤抗原的能力，生成特异性细胞毒性T细胞以在肿瘤相关抗原产生时即可清除肿瘤细胞。凡是能够刺激机体产生对肿瘤细胞或肿瘤微环境中的相关细胞或分子的主动特异性免疫，从而抑制或消除肿瘤生长、抑制肿瘤复发或转移的各种形式的疫苗，均能认为是肿瘤疫苗。

肿瘤疫苗具有多种研发方式，根据其所含的抗原组分或性质不同，一般可分为肽/蛋白质疫苗、树突状细胞疫苗、肿瘤细胞疫苗、病毒载体疫苗、核酸疫苗。目前，肿瘤疫苗的生物疗法取得了大量的研究进展，且逐渐应用于临床，但这些疗法对实体瘤的效果较为局限，肿瘤疫苗有望在实体瘤治疗方面取得突破性进展，因而备受瞩目。全球的肿瘤疫苗领域科学研究活跃，肿瘤疫苗技术开发活跃且呈逐年增长趋势，研究热点集中于黑色素瘤、宫颈癌、前列腺癌、结直肠癌及乳腺癌等。全球肿瘤疫苗领域共有专利申请约1.6万件，美国占约18%，中国与欧洲分别占约10%。然而，已经获批上市的肿瘤疫苗数量较少，仅有Provenge（美国FDA批准，一种治疗转移性前列腺癌的疫苗）、Imlygic（美国FDA批准，用于首次手术后复发的黑色素瘤患者）、CIMAvax-EGF（古巴批准，用于晚期非小细胞肺癌）、M-Vax（澳大利亚上市，用于治疗恶性黑色素瘤），其他尚有几款肿瘤疫苗处于临床研究阶段。在中国，肿瘤疫苗的研究处于刚刚起步的阶段，其中，iNeo-Vac-P01是由中国杭州纽安津生物科技有限公司与浙大附属邵逸夫医院自主研发的一款个性化多肽疫苗，用于治疗晚期胰腺癌与晚期实体瘤。

（肖青青）

✏ 思 考 题

1.疫苗的基本成分及各自的特征分别是什么？
2.哪些成分能够作为疫苗的抗原使用？

 参考文献

[1]　董德祥.疫苗技术基础与应用[M].北京:化学工业出版社,2002.

[2]　杨晓明.当代新疫苗[M].2版.北京:高等教育出版社,2020.

[3]　池慧,欧阳昭连.全球肿瘤疫苗创新力发展报告[M].北京:科学出版社,2021.

[4]　吴正锋,彭钰君,柏银兰.疫苗佐剂的研究进展[J].微生物学免疫学进展,2022,50(5):72-77.

[5]　张秀丽,张志刚,赵勤俭.硫柳汞对疫苗抗原活性的影响及其作用机制[J].中国生物制品学杂志,2023,36(1):119-123.

[6]　李兴航,杨晓明.抗原设计新技术及其在疫苗中的应用和发展[J].中国生物制品学杂志,2021,34(4):468-474.

[7]　迟恒,黄金海.口服酵母载体疫苗在畜禽疫病防控中的应用[J].动物医学进展,2021,42(3):111-114.

[8]　田雨,马可,苏晓叶.多价肺炎链球菌荚膜多糖-蛋白结合疫苗的研究进展[J].中国生物制品学杂志,2022,35(10):1268-1273.

第十七章
智能制剂

本章学习要求

1. 掌握：智能制剂的概念、设计原理及纳米载体。
2. 熟悉：智能装置给药系统的设计类型。
3. 了解：仿生型药物递送系统的分类及主要制备技术。

第一节 概述

随着生物药剂学的发展，传统常规制剂进入患者机体后，会自由地被细胞、组织、器官摄取分布，加之在体内发生的代谢、分解、排泄等过程，导致只有少量药物到达病变区域发挥作用。传统意义上提高药物在病变区域的浓度是通过增加药物剂量的方法，但增大药物剂量的同时可能会产生更大的毒副作用。尤其是在肿瘤等恶性疾病中，常用的化疗药物在治疗剂量下都会对正常细胞造成较大的毒副作用。纳米技术的出现给传统制剂带来了新的递送机会，但新的问题也随之出现。当纳米粒进入机体后会遇到多种生理和细胞屏障的阻碍，同时巨噬细胞、网状内皮系统等会与纳米粒相互作用，降低药物性能。因此，以纳米粒的优势作为基础设计智能型药物释放系统（smart drug delivery system，SDDS），亦称智能制剂，可以应对当前药物递送系统的两大挑战：靶向递送和个性化治疗。SDDS旨在控制当生物或物理刺激发生时，药物活性分子释放到预期的靶向作用部位，达到控制药物靶向释放的目的，以此来减少药物副作用，提高药物治疗有效性。

刺激响应聚合物是构成SDDS的核心部分，其性质会根据不同的刺激反应及环境条件而变化。根据聚合物的不同，环境的微小改变可以使其特性（物理状态、形状和溶解度、溶剂相互作用、亲水和亲脂平衡）产生显著的变化，以此来达到靶向递送的效果。SDDS是以"智能"方式利用病理组织和正常组织中的显著差异条件，使药物触发靶组织中的刺激响应，克服中间障碍，优先与疾病靶标结合。常用的刺激性响应包括光响应、温度响应及pH响应等。目前，SDDS已经在肿瘤疾病、心血管疾病、脑部疾病、皮肤病及美容等领域取得探索应用。总体来讲，SDDS具有良好的生物相容性、高效递送药物等多重优势，可提高药物生物利用度、降低药物不良反应、提高患者顺应性等（图17-1）。

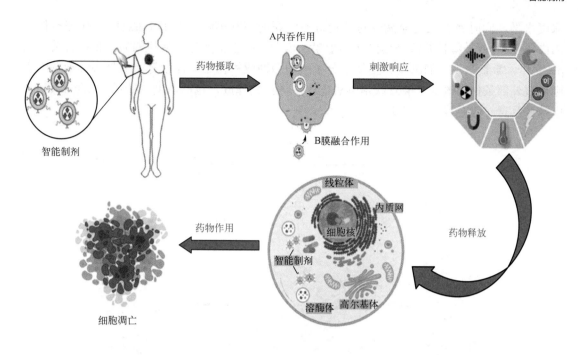

图17-1　智能制剂的作用机制

一、智能制剂的组成部分

SDDS是一种以针对性和控制性为特点的药物递送系统，在低剂量药物作用下，就能维持药物在病变区域的分布浓度，极大地提高了药物治疗效果。一般来说，SDDS是由载体/靶向配体和药物这两个部分组成。

SDDS的载体是专门设计的一类特殊的纳米粒、复合材料或系统等，通过在内部包封或在外部连接来携带药物。所使用的药物载体必须具有无毒、非免疫原性、稳定性、生物可降解性、免疫逃逸等特点，以便SDDS在体内发挥更好的作用。靶向配体是SDDS成功递送药物到靶向部位的重要组成部分。通过针对病变细胞的不同靶标进行设计靶向配体，利用配体和靶标的相互作用引导药物靶向治疗。常用的体内药物靶标包括细胞膜受体、脂质、抗原及蛋白质等。细胞膜上的受体可以特异性地结合药物相关配体物质，通过受体介导的内吞作用促进药物吸收。例如，合成的磷脂类似物通过与病变细胞细胞膜上的脂质相互作用，引起细胞膜脂质含量变化，影响细胞膜的通透性和流动性，进而影响细胞的信号转导途径等活动，触发病变细胞凋亡；蛋白质也是一类重要的靶标，患病的细胞一般会产生新的蛋白质，与正常细胞间具有差异化，通过靶向这些蛋白质成分也可以实现SDDS的靶向递送。

二、智能制剂的设计原理

高效率药物递送是指将药物安全、高效递送到目标位置，而不会产生明显的脱靶效应。理想情况下，药物应以受控的方式在靶标部位释放，以提高其治疗效率，减少副作用。SDDS是高效、靶向递送药物的有效方式，可确保治疗剂在所需的持续时间内以目标靶向和正确的剂量释放，通过在作用部位积累来优化其功效，并在药物治疗窗口内达到有效治疗浓度水平，同时最大限度地减少对其他健康组织的不利影响。SDDS通过响应病理条件下的内源性和/或外源性刺激来达到靶向效果。内源性因素主要是与疾病的病理特征有关，如pH变化、激素水平、酶浓度、生物小分子、葡萄糖或氧化还原梯度等。而外源性触发因素则通过外部条件的改变来触发或增强患病区域的药物释放，包括温度、磁场、超声波、光、电脉冲及高能辐射等（图17-2）。

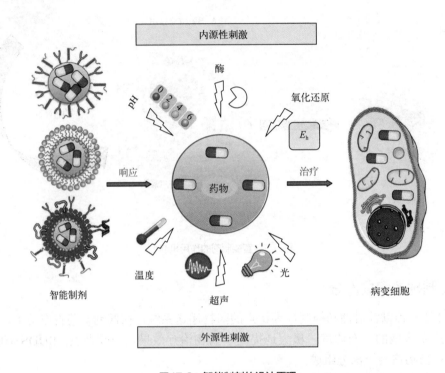

图17-2　智能制剂的设计原理

（一）内源性响应因素

1.pH响应

在不同类型的刺激中，pH是控制药物释放最常用的触发因素之一。pH响应是基于不同器官中pH的差异性，如胃和肠道的pH分别约为2和7，两者具有的pH差异性，可以实现药物在胃或肠道内的选择释放，以此来治疗胃或肠道中特定的疾病。基于SDDS的pH响应设计可以灵敏地区分特定疾病部位的pH变化，如炎症、缺血和肿瘤病变组织等，甚至还可以区别不同的细胞器，如内涵体和溶酶体。典型的例子就是靶向肿瘤的pH响应型药物设计，正常组织和血液中的细胞外pH通常维持在7.4左右。然而，由于糖酵解率高，各种实体瘤的平均细胞外pH值通常低于7.0，较低的pH值可以用作受控的内源性响应。除了肿瘤外，基于pH响应的SDDS在多种不同的疾病中均有应用，如胃溃疡、骨髓炎和糖尿病等。

pH值多样性是开发高级SDDS的关键设计原理，具有pH响应性的聚合物材料是构建SDDS的基础。pH响应型药物释放机制主要包括以下三种：基于共价键引发的响应释放（如亚胺键、酯键、配位键等）、基于分子间作用力引发的响应释放（静电作用、氢键作用等）及物理结构引发的响应释放（聚合物溶胀、磷酸钙类酸溶等）。pH响应性聚合物可以调节SDDS的物理化学特性，如降解速率、溶解度、柔韧性、可注射性、附着力和机械强度等。同时，具有不同效果的生物材料还可以通过不同的途径给药，适用广泛。但pH响应型给药系统的缺点是环境pH值可能根据疾病的严重程度或与病变组织的接近程度而变化，并且在递送过程中如何维持结构完整性是一大挑战。pH响应性聚合物可能在植入或给药期间被激活，产生脱靶现象。因此，基于pH响应因素可以与其他刺激物相结合，使药物在靶位点实现极其精确和特异性的释放。

2. 酶响应

酶是机体内极为重要的一类生物催化剂，使机体内的化学反应在温和的条件下也能高效、特异性地发生。酶的底物特异性和在温和条件下作用的特点使其成为内源性响应因素之一。酶几乎与所有的生物和代谢过程有关，因此可以利用它们通过癌症或炎症组织的生物催化作用来实现酶介导的药物释放。肿瘤微环境和肿瘤细胞内部特定酶的上调已被利用为智能药物递送的重要触发因素，如蛋白酶（基质金属蛋白酶和组织蛋白酶）、磷脂酶和肽酶（氨基肽酶）等。针对酶响应的SDDS主要通过以下两点来发挥作用：首先是酶触发的药物释放，通过构建具有对特定酶敏感的纳米载体结构支架，或通过在纳米载体和治疗剂之间使用酶敏感接头来实现；其次是利用前药、配体和探针通过酶敏感键的裂解活化而发挥作用。酶响应性有助于开发尺寸可变的纳米粒系统，实现靶标的聚集和保留，优化药物靶向和内化等。但设计酶响应SDDS仍有诸多挑战存在。首先是如何精准地控制响应发生的初始时间，其次是一些酶具有相似的活性位点和催化机制，导致它们具有相似的底物，使得SDDS在多处发生响应。

3. 氧化还原响应

机体的生长发育过程依赖于体内精细的平衡系统，其中氧化还原反应是重要的组成部分，用来产生ATP等能量物质，并合成必要的细胞成分来支持机体的生物学功能发生。体内含有多种氧化还原对，在氧化还原反应中，电子从还原剂流向氧化剂，以维持细胞中相对还原的环境。细胞内氧化还原反应的失衡是由氧化剂和抗氧剂之间的平衡紊乱引起的，同时也是多种病理生理过程的标志性事件。

微环境中的氧化还原电位在不同组织中是具有多变量特性的，可用于设计氧化还原敏感的递送系统。例如，在肿瘤细胞中，谷胱甘肽是肿瘤细胞的重要氧化还原系统之一。血液和正常细胞外基质中的谷胱甘肽浓度为$2\sim20~\mu mol/L$，癌细胞内的谷胱甘肽水平范围为$2\sim10~mmol/L$，比正常范围高$100\sim500$倍，构建对谷胱甘肽响应性的纳米粒是靶向肿瘤细胞进行药物递送的有效方法。另一种较为普遍应用的响应因素是活性氧。在环境压力（如紫外线或热暴露）及多种疾病（如缺血性脑卒中和炎症等）反应状态下，活性氧水平会急剧增加，对细胞结构造成严重损害，这称为氧化应激损伤。针对活性氧构建SDDS已取得不错的成果，但由于复杂的生物环境，目前还难以实现基于特定氧化还原分子机制的可控性。

（二）外源性响应因素

在某些情况下，内源性刺激响应会由于机体病变程度而发生细微的改变，导致内源性响应难以发挥足够作用。因此，合理地施加外源性响应被认为是SDDS的替代手段，对靶向、控制药物释放具有重要作用。外源性刺激主要包括光、温度、超声波、磁场等，SDDS进入机体后，通过响应外部施加的不同因素来促进靶向释放药物。外源性刺激可以促使SDDS材料发生化学或物理变化，导致其结构和表面性质发生改变，从而确保以可控的方式发挥靶向作用。外源性SDDS具有多种优势：①药物释放位置和释放量可以通过外源性刺激达到精确控制；②外源性刺激可以灵活应用或移除；③可以将多种外源性刺激集成到单个纳米平台中以提供多功能特性。

1. 温度响应

与其他刺激物相比，温度是控制药物释放最方便、有效的因素之一，主要包括两种方式。第一种是通过机体反应，如在炎症、肿瘤等病理生理状况下的温度会高于正常组织，由此会产生温度差，可以触发功能化的纳米粒响应以增强其在病变区域中的药物释放。另一种是通过外部触发因素，如超声、磁场等来加热病变区域的细胞，以此来改善药物的靶向释放能力。一般来说，热响应SDDS的构建及包载药物应保持在37℃的生理温度附近，并在温度升高到40～45℃以上时迅速释放包载的药物。

2. 光响应

光响应是通过外部光照明（如紫外线、可见光和近红外等）在所需目标处触发药物释放的方法，主要依赖于光敏性载体进行作用，在一次性或可重复的光照射刺激下来靶向释放药物。光响应聚合物是控制药物和其他治疗分子释放的一种有吸引力的选择，可以以高空间和时间精度进行非侵入性的响应诱导，降低药物的总体全身剂量，减少副作用，并在靶位点提供长效作用。根据其异构化机制，光响应聚合物分为可逆和不可逆两类。可逆光响应聚合物可以在环状顺反异构体之间转化，而不会发生键裂解。例如，偶氮苯可以响应351 nm处的紫外光从反式构型变为顺式构型。在不可逆的光响应系统中，紫外线照射会引起化学键裂解，导致疏水性异构体转变为亲水性异构体，例如螺旋藻和香豆素。

与其他刺激响应药物递送系统相比，光响应药物递送系统具有许多优势，因为光化学过程不需要额外的试剂或催化剂，并且大多数副产物是安全无害的。但在实际的治疗过程中，光的波长会限制治疗效果，使得药物难以到达深部病变组织。同时，复杂和高敏性的合成工艺也限制了光响应型药物的批量生产。

3. 磁响应

磁响应因素是暴露在可编程的外部磁场下，从时间和空间上进行控制的靶向给药系统，可以监测药物的浓度和分布，并影响药物释放速率。例如，最常用的磁性纳米粒就表现出多种独特的磁性作用。首先，磁性纳米粒的大表面积体积比为生物分子偶联提供了丰富的活性位点，从而允许精确地设计和工程化修饰，以便通过施加局部外部磁场来获得其预期的智能功能，例如血液中的持久循环、病变组织的靶标特异性递送。此外，当这些磁性纳米粒被封装在胶体载体（如胶束、脂质体或固体纳米粒）中时，复合结构可能对外部磁场敏感，以实现用于诊断和治疗的多功能制剂。磁引导是通过在受试者外部周围放置一系列永磁体来进行磁引导，以产生磁场梯度，进而诱导热量产生。该热量可用于增加SDDS的药物扩散，诱导磁性纳米粒周围聚合物中的构象变化或孔隙形成，或破坏热不稳定的共价键从而控制药物释放速率。

4. 超声响应

超声响应因素是近年来兴起的一种方式，具有组织渗透性和较高的安全性，被广泛用于临床诊断和治疗。通过调整超声的频率、占空比和暴露时间，使药物载体趋向于目标病变部位，并触发药物释放。并且，超声波可以以受控的频率增强活性成分渗透通过深层组织。一般来说，低超声频率（小于20 kHz）主要用于成像作用，而高超声频率（大于20 kHz）则主要用于超声响应型SDDS的设计。超声作为药物递送的刺激物可以使用现成的超声设备，并且具有相对无创的优势。

5. 电场响应

电刺激响应型SDDS是由电活性聚合物组成，主要包括聚苯胺、聚吡咯、聚噻吩和聚乙烯等，在通过电流等电场刺激时会改变递送系统的形状和体积。电活性聚合物骨架中存在交替单键和双键产生的离域电子源，沿着聚合物链进行传播，从而实现电荷传导。当外部施加电场时，电活性聚合物会经历可逆的氧化还原反应，从而改变聚合物电荷，诱导构象变化，实现药物的靶向释放。但电活性聚合物通常具有较差的机械性能，并且具有生物不可降解性。针对这一缺陷，可以通过将电活性聚合物包封在天然水凝胶或天然材料支架中，赋予其良好的生物相容性。

除了直接在外部施加电场来诱导药物释放外，电刺激还可以用于增强细胞对药物或纳米粒的摄取。应用直流或交流电脉冲可在细胞膜、血管和皮肤中产生瞬时孔隙，持续时间约在15分钟内，可以促进药物或纳米粒的递送。

三、智能制剂的纳米载体

纳米粒定义为至少在一个维度上小于100 nm的颗粒，当纳米粒用作其他物质的运送载体时，被称为纳米载体。传统的纳米载体不具有响应性，在外部或内部刺激下无法实现在目标部位递送和释放药物，需要修饰或功能化以使其智能化，即SDDS。首先，纳米载体进入机体后，会面临诸多生物屏障的阻碍，使其难以到达病变区域发挥作用。如内皮网状系统会使纳米载体很快脱离循环，在肝脏、脾脏等部位积累。对纳米载体进行功能化修饰，赋予其克服生物屏障阻碍及精准靶向识别的能力。如在癌症的治疗中，癌细胞的表面存在一些过度表达的蛋白质，与健康细胞之间存在差异。这种差异化可作为纳米载体靶向分布的关键点。其次，采用纳米载体将药物输送到靶位点并不是治疗过程的终点，如何响应各种刺激反应从智能纳米载体中释放药物是一大挑战。用于构建SDDS的纳米载体主要包括脂质体、胶束、树枝状聚合物、介孔材料、金纳米粒、磁性纳米粒、碳纳米管及量子点等（图17-3）。

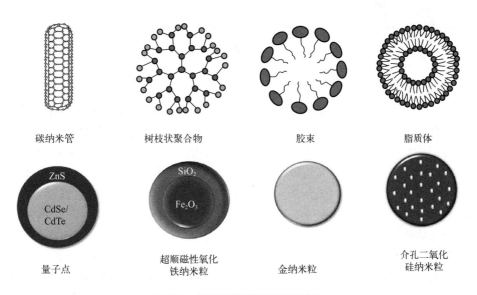

碳纳米管	树枝状聚合物	胶束	脂质体
量子点	超顺磁性氧化铁纳米粒	金纳米粒	介孔二氧化硅纳米粒

图17-3　用于构建智能制剂纳米载体

1. 脂质体

脂质体是基于磷脂的两亲性纳米载体。磷脂是细胞膜的主要成分，由基于脂肪酸的疏水尾和基于磷酸盐的亲水头组成。1973年，Gregory Gregordians等发现，当磷脂被引入水性介质中时，它们会自组装成双层囊泡，非极端形成双层，极端面向水，双层囊泡中的核心可以捕获水或水溶性药物。凭借脂质体的物理化学性质，可以将药物分子封装到内部或嵌入到磷脂双层中，拓展了药物的装载位置（图17-4）。随着新型制备技术开发，脂质体已被广泛研究用于以持续和受控的方式为癌症诊断和治疗提供成像和治疗剂，具有高治疗效率和较小的副作用等优点。传统的脂质体制备方法包括薄膜分散法、过膜挤压法、反向蒸发法、溶剂注入法等。近来，一些新技术如超临界流体技术、超临界反溶剂方法及反向蒸发法也逐渐用于脂质体的制备。

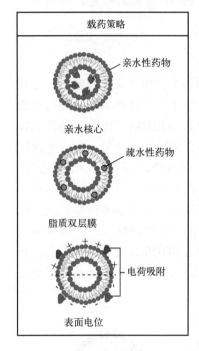
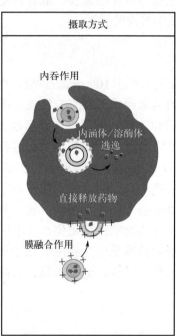
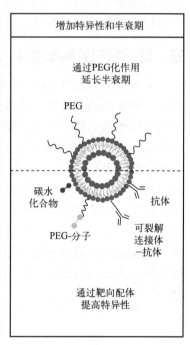

图17-4　**基于脂质体构建智能制剂**

传统脂质体存在许多问题，如不稳定、载药量不足、药物释放快、血液循环时间短等，对其进行功能化改造，可以成为SDDS的理想载体选择。将单克隆抗体、蛋白质、多肽、碳水化合物和糖蛋白等移植在脂质体上，赋予其主动靶向的能力。许多pH敏感的脂质体被设计成在酸性溶酶体环境中分解，随后释放封装的药物。同时，响应内部触发因素（如酶和氧化还原响应）和外部引导（例如磁场、超声激发）的其他刺激响应智能脂质体已成为有前途的药物递送系统。此外，采用放射性配体功能化的脂质体称为放射性标记的脂质体，可用于确定脂质体在体内的生物分布，并在进行治疗时发挥诊断作用。同时携带治疗剂和成像剂的脂质体被称为治疗诊断脂质体。

脂质体还可以作为多种治疗剂的组合递送平台，实现智能联合治疗策略，如化学光热治疗。如在肿瘤治疗中，光热消融可以通过提高细胞膜通透性和触发靶部位的药物释放来协同增强化疗药物的治疗效果。吲哚菁绿是一种典型的近红外染料，包封化疗药物和吲哚菁绿的脂质体显著延长了化疗药物的血液循环时间，提高了药物在肿瘤部位的蓄积，显示较好的治疗效果。

2. 胶束

胶束是同时具有亲水和疏水部分的两亲性分子，在溶剂中暴露时会表现出独特的自组装特性。如果溶剂是亲水性溶剂，并且其浓度超过临界胶束浓度时，聚合物的极性部分被吸引到溶剂中形成核心，而疏水部分则远离溶剂形成电晕，这种类型的排列称为聚合物胶束。作为一种自组装结构的胶体，胶束在药物递送领域被广泛应用。图17-5为二嵌段共聚自组装成聚合物胶束示意图。

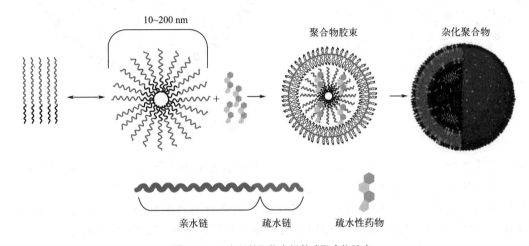

图17-5　二嵌段共聚物自组装成聚合物胶束

胶束结构高度稳定，粒径在10～100 nm范围内，在血液循环系统中不易被内皮网状系统识别捕获，在体内的循环时间较长，且具有低毒性。即使包载大量疏水性药物的聚合物胶束仍然具有高水溶性，不仅极大地提高了药物溶解性，其亲水性外壳还能维持良好的水溶性。由于胶束本身的结构较为简单，通常依靠材料自身在水性溶液中的自组装便能形成胶束，所以聚合物胶束的制备方法众多，以物理包埋载药为主，如薄膜分散法、乳化溶剂挥发法、自组装溶剂挥发法、透析法、固体分散体技术、超临界流体蒸发法等。构建智能聚合物胶束可以响应不同的刺激，包括光、超声、温度、pH、酶等，以实现精准控制的治疗效果。

3. 树枝状聚合物

树枝状聚合物，又称树枝化聚合物，是每个重复单元上带有树枝化基元的线状聚合物。树枝状聚合物分为三个部分：核心、分支树枝和表面活性基团。表面活性基团决定了树枝状聚合物的理化性质，可以通过用带电物质或其他亲水性基团进行功能化来使树枝状大分子具有水溶性。树枝状聚合物具有纳米级尺寸、单分散性、水溶性、生物相容性和高度支化的结构特征，作为药物递送系统而引起了广泛的关注。同时，树枝状聚合物表面上的所有活性基团都朝外，使其具有较高的药物包封率，并且还可以进行广泛的化学修饰以增加体内适用性，并允许特定部位的靶向药物递送。药物与树枝状大分子的连接可通过以下方式完成：共价连接或缀合至树枝状大分子的外表面、离子配位至带电荷的外部官能团及药物通过树枝状大分子实现药物超分子组装（图17-6）。

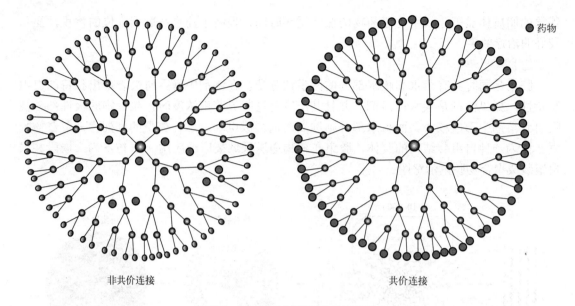

● 药物

非共价连接　　　　　　　　　　　　　　　共价连接

图17-6　树枝状聚合物和药物的相互作用

　　传统的树枝状聚合物进入机体后，存在被免疫细胞快速清除和较低的靶细胞摄取的问题。对树枝状聚合物进行改性是克服这些问题的首要选择，包括化学修饰、与线性聚合物共聚以及与其他纳米载体杂交等方法。树枝状结构的表面活性基团可以通过肽、蛋白质、适配体、抗体等进行修饰，赋予其靶向能力，也可以针对各种刺激响应系统进行修饰，例如光、热、pH变化等。

4. 介孔材料

　　介孔材料是一类孔径介于微孔与大孔之间的物质，具有巨大比表面积和三维孔道结构的新型材料。介孔材料具有粒径可调性（50～300 nm）、孔径可调性（2～6 nm）、高表面积和生物相容性等优势。可调粒径是介孔材料成为智能纳米载体的基本标准，可调孔径允许加载不同分子形状的药物，孔隙和外表面的大表面积适合在介孔材料上接枝不同的官能团。介孔材料作为一种理想的载体材料，可以提高药物的溶解性及控制药物释放。如介孔二氧化硅的硅醇基可与药物分子形成氢键，提高药物粉末的润湿性和分散性，使其从晶态转变为非晶态。与晶态相比，非晶态具有更高的自由能和更大的分子迁移率，且介孔内的空间位阻可以减缓或阻止非晶态药物的再结晶，从而改善药物的溶解度和提高药物的溶出速率。同时，介孔二氧化硅表面存在大量的硅烷醇基团，可通过各种有机官能团、聚合物和靶向基团对其进行修饰改性，使其具备控制药物的吸附、释放或靶向功能。使用叶酸、多肽、蛋白质、抗体、透明质酸进行修饰可提高药物的靶向作用；采用刺激响应性成分与介孔材料相结合形成一种复合载体材料，可以实现光响应、磁响应、温度响应、氧化还原响应、pH响应、酶响应和多重响应等控制药物递送。除了可以作为传统的药物载体外，介孔材料还可作为基因转染的载体用作基因治疗（图17-7）。

5. 金纳米粒

　　金纳米粒具有较高的载药能力、生物相容性和稳定性，可作为纳米载体运输药物。同时，金纳米粒具有良好的导电性能，会发生局部表面等离子体共振反应。当金纳米粒表面的自由电子受到入射光的刺激后会产生表面等离子体共振效应，并在紫外-可见光区域内

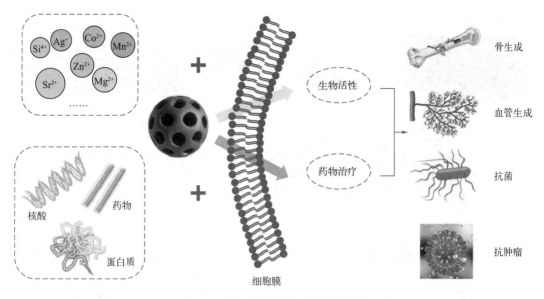

图17-7　基于介孔材料的智能制剂的应用

出现特征共振峰。利用这一特性，金纳米粒可以将光转化为热能来杀死肿瘤细胞。此外，金纳米粒表面包覆有保护剂分子，利用这些分子与特定的试剂作用，可以生成一些具有特殊功能的官能团或通过配体进行修饰来递送靶向药物，例如转铁蛋白、叶酸、表皮生长因子等（图17-8）。

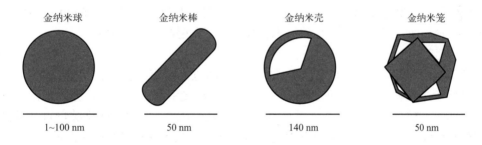

图17-8　不同大小和形状的金纳米粒

6. 碳纳米管

碳纳米管为石墨六角网平面卷成筒状时套叠而成的新型纳米碳材料，具有高度稳定的管状空腔结构和较大的比表面积，可利用自身吸附或通过化学改性等方式将药物负载在碳纳米管上，成为设计SDDS的热门载体之一。碳纳米管具有中空结构、高强度韧性及良好的化学和热力学稳定性等特点，可以利用管体空腔容纳药物分子，并提供药物分子保护作用。碳纳米管表面可以修饰不同功能的基团，提供堆叠功能，增加其分散性和生物相容性。功能化的过程也有助于将治疗分子或配体与碳纳米管的表面或末端结合，增强其对靶细胞的活性。碳纳米管上的羧基可与其他表面活性分子结合，或直接与短肽、蛋白质、抗肿瘤药等的氨基生成酰胺键连接，进行载药。还可以与叶酸或透明质酸等靶向因子进行修饰反应，使碳纳米管载药系统具有靶向作用，并且简单的羧基化还改善了生物相容性及分散性。图17-9为碳纳米管纳米载体的应用。

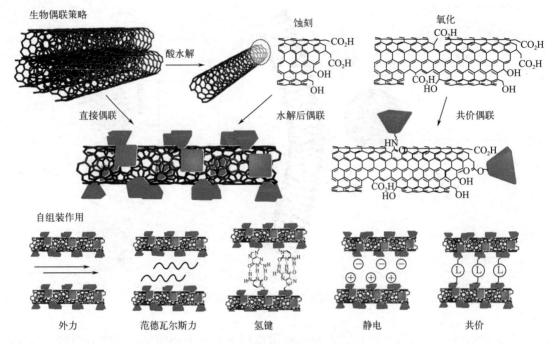

生物偶联策略

酸水解

蚀刻

氧化

直接偶联

水解后偶联

共价偶联

自组装作用

外力　　　　范德瓦尔斯力　　　　氢键　　　　静电　　　　共价

图17-9　碳纳米管纳米载体的应用

值得关注的是，碳纳米管在波长808 nm处有热敏效应和导电性能。例如，通过控释系统控制碳纳米管和药物在肿瘤部位释放，在连续的近红外光照射下，碳纳米管可将光能迅速转化成热能，使肿瘤细胞因局部过热而死亡。此外，超顺磁性纳米粒 Fe_3O_4 可以沉积至氧化的碳纳米管表面，形成超顺磁性碳纳米管粒子，开发磁响应型SDDS。

7. 量子点

量子点又称半导体纳米晶，是激子在三个空间方向上束缚住的，尺寸在 $2\sim10$ nm之间的半导体纳米结构。当量子点的粒径小于或等于其玻尔激子半径时，会表现出介于宏观和微观物体之间特殊的物理化学性质，具有表面状态丰富、结构多样化等特点，成为构建SDDS的新型纳米载体。传统量子点主要是重金属类，如硒化镉/硒化锌量子点，但由于重金属含量较高，获取途径较难，制备工艺复杂，并且对身体具有严重的毒副作用，已逐渐不再使用。无重金属量子点则满足了构建SDDS的标准，具有低细胞毒性、生物相容性优异、载药能力强等特点。

常用的无重金属量子点包括碳量子点、石墨烯量子点和氧化锌量子点。碳量子点是荧光纳米材料的一种，可以标记定位肿瘤细胞。同时，碳量子点表面具有丰富的亲水基团，如—NH_2、—OH和—COOH，通过共价偶联或超分子相互作用（如静电作用、π-π堆积等）负载药物，可以提高药物的溶解度，延长体内滞留时间并减少药物毒副作用；石墨烯量子点则兼具石墨烯的独特结构和碳量子点的边界效应及量子限域效应，已广泛用于SDDS的构建中（图17-10）；相较于以上两者，氧化锌量子点具有酸响应性，当pH值小于5.5时，氧化锌量子点会迅速降解成 Zn^{2+}，对肿瘤细胞具有一定的毒性，可以发挥协同抗肿瘤的效果。

8. 智能聚合物

智能聚合物，又称刺激响应型聚合物，是一类具有"智能"行为的大分子体系，即当外界环境如温度、pH、光、压力、电场强度、磁场强度、离子强度或添加物浓度等改变时，

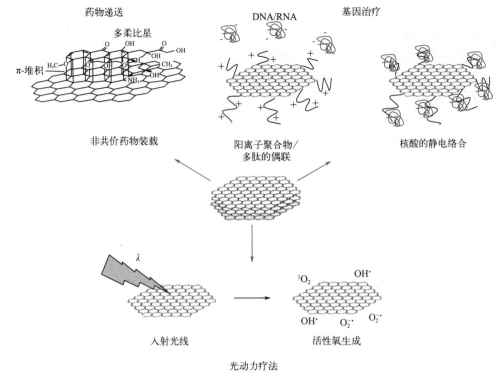

图17-10　石墨烯量子点的多重应用

大分子会做出相应的链构象或分子结构上的转变进而表现为外在的可检测到的宏观性质变化。刺激响应性聚合物通常伴随着表观的相转变现象。由于这一独特的刺激响应性质，刺激响应性聚合物在SDDS的应用中表现出了极为广泛的应用前景。智能聚合物包括聚（N-异丙基丙烯酰胺）、壳聚糖、聚噻吩凝胶、聚乙二醇共聚物及某些多肽。其中某些材料，例如聚丙烯酰胺衍生物和壳聚糖也可以称为双重刺激响应，因为它们具有对多种刺激（例如温度和pH值的组合）做出响应的能力，有利于开发多重响应型SDDS。

四、智能制剂的发展挑战

SDDS经过几十年的应用发展，已经取得了显著的进步，并且一些智能纳米载体已经在临床上获得批准应用。例如，Visudyne®是经美国FDA批准的光动力学疗法的纳米药物，是公认的安全有效的光动力疗法光敏剂。NanoTherm®则是一种铁磁流体，已被批准用于临床上的光热治疗。但随着药物技术的不断发展，药物的开发趋向于更简单的辅料组成及技术工艺。然而为了使药物获得智能化响应特性，多数SDDS具有复杂体系，很难进行工业上规模放大。构建简单、高效的SDDS仍是研究重点，SDDS从实验室研究到临床应用仍有很长的路要走。因此，应更加关注开发能够精准控制制备过程的技术方法，制备具有所需特征、重现性高和工业放大可行性的SDDS。此外。由于患者机体存在差异性，相较于内源性响应因素，外源性响应因素更容易进行控制，具有更好的适用性，这也从侧面反映出个性化治疗的必要性。

1. 载体的安全性问题

药物开发的原则是安全、有效、质量可控及具有较好的患者依从性。SDDS的安全性和毒性是开发制剂首要考虑的问题。基于响应特点的合成纳米粒载体可能会引起不同的不良反应和毒性作用，包括细胞膜损伤（如氧化、表面活性剂或金属离子材料介导的损伤）、细胞凋亡、DNA复制的破坏、细胞溶酶体破坏、释放活性氧自由基、诱导细胞内蛋白质结构改变等。例如，当纳米粒进入机体后，生物环境中（如血液）的蛋白质会快速吸附到颗粒表面形成蛋白冠，并通过影响免疫系统的各种细胞来引起免疫毒性。因此，需要引入新的策略以解决载体材料的毒性问题。可以通过赋予纳米粒生物可降解性，或采用可生物降解的基团使其表面功能化来降低SDDS引起的不良反应。值得关注的是，纳米材料的细胞毒性也被认为是一种治疗潜力，可用于杀死癌细胞或根除细菌、细胞等。

2. 临床前动物研究

动物实验研究是药物开发体系中必不可少的一部分，合适的动物模型对于药物的体内治疗评价具有重要意义。SDDS的复杂性对动物模型提出了更高的要求。首先，针对SDDS应在不同的动物物种上评估特定疾病。单个模型通常无法反映患者群体的复杂性，必须建立不同疾病的动物模型评价标准。其次，应全面评估药物用量和给药方式，以确保体外实验、动物评价和人体试验具有良好的相对性。最后，需要基于动物模型制订有效的评估策略，才能更好地理解SDDS的毒理学、药动学和药效学。

3. 临床转化的挑战

"质量源于设计"（quality by design，QbD）理念已贯彻落实到药物开发的各个方面，QbD是一种科学的、基于风险的药物开发方法，它通过将药品质量和患者需求设计入药品中，在处方/工艺开发、中试/工艺放大、技术转移、注册/验证批次生产等过程中对生产工艺和药品变异性的关键来源持续进行识别、评价，可交付具有良好疗效和安全性的药品。这一理念对于SDDS的发展也是至关重要的，贯彻QbD理念有助于促进制剂从实验室研究走向临床。SDDS的临床转化的主要问题集中在制剂的工业化生产上，包括工艺放大验证、不同批次间的重复性及制剂的可控性。只有解决好这些问题，才能确保SDDS的临床成功转化。

第二节　智能装置给药系统

精准医疗是以个体化医疗为基础，在基因测序科学技术快速发展以及生物信息与大数据科学交叉应用背景下发展起来的一种新型医学概念和医疗模式。简单来说，就是将个人基因、环境与生活习惯差异考虑在内的疾病预防与治疗的新兴方法。相较于传统的诊疗方法，精准医疗从人、病、药三维度认识基础上形成的一种高水平医疗技术，具有精准性、便捷性、发展潜力大的优势，其主要作用是进行个体化治疗、实时检查、按需给药和提高患者顺应性等。在个性化医疗和精准医疗的背景下，随着智能化药物设计理念及技术的开发，以生物传感器设计和给药一体化系统为理念的智能给药装置设计也逐渐引起了广泛的关注。

一、智能自动化药物管理

以电子、无线通信技术及生物工程等为基础的控制系统已成为药物递送系统中不可或缺的一部分，包括闭环给药、智能可穿戴和植入式设备等。医疗保健领域的重大挑战之一是需要专门的医务人员进行操作，但是在大流行疾病等紧急情况下，护理人员和临床医生很难接触到每位患者。因此，自动化智能给药在减少紧急情况下临床医生和护士不必要的负担方面起着至关重要的作用。传统的给药方法是口服或输液，药物的全身性分散可能会损害身体的健康组织和细胞。此外，由于患者机体的差异性，不同的药物可能会发挥不同的疗效。因此，需要一种以受控方式给药的形式来应对精准医疗的发展。

　　闭环给药系统是一种能够通过使用监测模块的输出信号反馈作用于控制模块，并重新生成新的输入信号从而实现调控药物输注速率的给药系统，又称自我调节给药系统，已被证明是患者机体稳态调节的实用工具，是将药物释放调整与生理、病理过程中的生物信号相关联的一种功能。目前已构建的几种智能给药系统，如生物胶囊、微针和植入式泵等。药物通过不同的驱动机制输送到人体的所需位置，以确保准确性和可靠性。这些系统还可以与微阀、微传感器一起使用。这些装置为闭环药物输送开辟了新的可能性。如皮下胰岛素输液泵和实时血糖监测传感器可以实现实时闭环胰岛素的监测和输送。闭环给药系统一般由三部分组成：传感器、有效的控制策略和输液泵。合适的传感器在设计用于测量生理参数的闭环系统中起着重要作用。它是闭环控制系统的反馈元件，用于检测输出变量。带有微型泵的给药系统包含闭环反馈系统，使泵能够执行、监控和提高治疗效果。通过将物理传感器插入系统，可以控制输送曲线，该系统生成压力、流速、正向延迟和微泵的实时状态信息。植入式生物传感器可以在目标分析物的水平上提供连续数据，并在一段时间内监测分析物水平的变化；有效的控制策略是闭环给药系统的核心，它从反馈传感器获取输入，并根据患者的生理状况计算所需的药物浓度；输液泵的主要作用是将药物施用于患者身体（图17-11）。

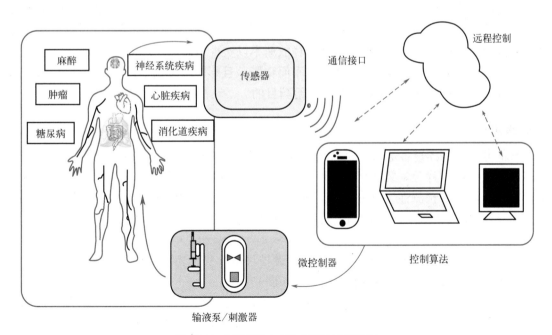

图17-11　用于不同疾病治疗的闭环给药系统

　　随着生物响应性材料的开发应用，基于生物响应性材料的闭环给药系统也逐渐引起人们关注，主要包括葡萄糖响应、酶响应、其他生物信号响应等。

1. 葡萄糖响应

葡萄糖响应主要应用于胰岛素闭环给药系统，适当剂量和定时的胰岛素给药对于调节1型糖尿病和晚期2型糖尿病患者的血糖水平至关重要。传统的胰岛素给药需要频繁的血糖监测和皮下注射给药，难以严格控制患者的血糖浓度，且会增加并发症的风险。闭环给药是糖尿病患者治疗的理想策略，目前已开发出基于葡萄糖氧化酶、葡萄糖结合蛋白的葡萄糖响应闭环胰岛素输送系统。如葡萄糖氧化酶在氧气存在下将葡萄糖转化为葡萄糖酸，导致pH值降低，释放H_2O_2副产物。根据这一过程设计pH敏感性聚合物、缺氧敏感性纳米载体及H_2O_2敏感性材料，通过响应不同的指标变化来释放胰岛素。

2. 酶响应

酶在机体代谢过程中起着核心作用，其表达的失调也与许多疾病的进展有关。因此，特异性酶是诊断检测的重要信号，也是药物递送有效的触发因素之一。目前已开发应用的酶包括凝血酶和脂肪酶。凝血酶负责将可溶性纤维蛋白原转化为不溶性纤维蛋白，是凝血级联反应中的关键酶。凝血酶可切割肽通过响应高水平的凝血酶，发生肽裂解，进而释放药物。将其开发成微针经皮贴剂，贴入皮肤后，会感知毛细血管血液循环中的凝血酶水平，并且在正常的血液环境中几乎不释放药物。当凝血酶水平升高后释放药物，达到长效闭环给药的效果；脂肪酶的分泌与细菌和真菌感染具有相关性，通过脂肪酶激活的闭环药物递送系统来抑制某些细菌和真菌的生长。

3. 其他生物信号响应

其他生物信号主要包括CO_2和离子成分。CO_2闭环给药系统对于阿片类药物过量的解毒剂的受控释放具有重要作用。如吗啡过量使用会抑制呼吸作用，导致O_2减少，CO_2浓度上升。因此，可根据CO_2的浓度不同按需提供解毒剂，可以有效消除吗啡过量的风险；基于血液、胃肠液及汗液等体液中的多种阳离子和阴离子设计离子响应性输送系统，该系统可以感知体液中的各种离子浓度，并调节药物释放速率以实现最佳治疗效果。如Na^+通常存在于伤口渗出物中，海藻酸盐通过响应Na^+水平而膨胀，且膨胀程度由伤口渗出物的体积调节，可以实现药物自我调节型释放，达到闭环给药目的。

二、智能医疗设备

智能可穿戴医疗设备是以生理/病理因素诱导生物传感并按需进行主动药物递送，包括智能腕表、智能贴片等。智能可穿戴医疗设备已成为实现个性化治疗和精准医疗的关键组成部分，可以提供预测性生物分析并提供及时的治疗干预，提高药物疗效，克服由于延迟治疗而导致的潜在危险，在时间和空间上扩大药物使用的灵活性。

1. 智能可穿戴医疗设备（intelligent wearable medical device，IWMD）

智能可穿戴医疗设备基于控制算法和自调控设备，高度集成到单个设备中，直接连接到药物库，实现药物的按需释放和靶向递送（图17-12）。

（1）热响应型　温度可以提供更好的治疗途径，例如，热响应载体经历由靶向目标环境温度变化引起的急剧相变，以释放封装的药物。凭借灵活的治疗管理机制，热响应智能可穿戴医疗设备特别适合用于构建闭环医疗体系，以治疗伤口、烧伤和糖尿病溃疡等多种慢性疾病。水凝胶是治疗伤口疾病的优势剂型，但其仅能向伤口部位提供治疗，导致愈合效果有限。对微机电系统和软电子的研究致使智能绷带的发展，其中可穿戴生物传感设备可以实时监测疾病区域的生理内容，透皮智能设备可通过热活化释放药物来触发响应材料

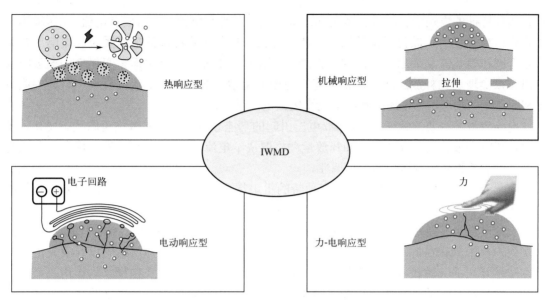

图17-12　智能可穿戴医疗设备的主要类别

的相变。针对糖尿病的治疗，智能可穿戴医疗设备需要极高的灵敏度和低检测限的生物传感。与单变量反应模式相比，基于生理刺激的载体反应的行为是被动的。并且由于复杂的生理环境，单个信号很难准确控制释放速率。多通道检测在这方面具有巨大潜力。如构建混合传感装置的多功能糖尿病护理贴片，可精准用于二甲双胍的热驱动递送。

热响应型设备以高灵敏度实时监测体表局部温度变化，在伤口治疗、发热预警等方面具有广泛的应用，可以实现药物的精确控制释放，具有良好的可重复使用性。但是机体皮肤温度容易受到环境湿度、风速、衣服、气流等的影响，会对智能可穿戴医疗设备造成影响。因此，需要开发灵敏度更高的设备来解决。

（2）机械响应型　机械响应型是利用内源性生理力或外力引起的物理扩散。内源性生理力变化是指从微观细胞力到组织器官的宏观力，外力则是指机体外部施加的作用力，如手指按压导致相当大的机械变形。药物颗粒通常通过静电和疏水相互作用被包封在材料分子网络的孔隙中，拉伸和压缩改变了孔隙结构并触发网格对流，以实现瞬时脉冲释放。材料本身的机械响应释放是构建机械响应型智能可穿戴医疗设备的关键所在。

水凝胶可以为负载的药物提供相对机械变化，通过施加外部刺激，如压力应变，可以使水凝胶变形，加速水凝胶溶解，从而控制药物等纳米载体的释放速率，表现出与机械敏感药物载体相似的特性。然而，在水凝胶的外敷应用中，皮肤渗透性屏障会限制大分子药物和基因的递送。将纳米粒与智能可穿戴医疗设备相结合，可以克服皮肤屏障并提高透皮给药效率。如PLGA共聚物组成的纳米粒和应变传感器结合，通过按压传感器室释放药物，利用释放量与压力之间的良好线性关系，精确控制药物输送。功能化水凝胶和弹性胶体可以通过机械应变释放药物。例如，通过在机械刺激下引入特殊的分子结构网络和残基，可以实现凝胶在机械刺激下的延迟释放，达到长期治疗的效果。目前，机械响应型智能可穿戴医疗设备的药物载体介质主要集中在水凝胶、微流泵及具有不同压缩性能的材料上，通过与应变传感功能集成，以实现药物的准确可控释放。

（3）电动响应型　软生物电子学凭借其固有的聚合物特性和有机电子学特性可以构建

具有闭环特征的电响应智能可穿戴医疗设备。电响应是利用频率、时间和电流/电压输出来接收电信号强度的反馈传感指数以实现闭环连接和控制药物释放的输送系统。电响应是基于聚合物在氧化态和还原态之间的切换能力，并且带电分子在这种形态变化期间被吸收或排出，以实现药物释放。通常，带电药物通过电化学方法加载到电活性材料中，其中阴离子和阳离子药物可以通过还原负电位或氧化正电位释放。

电响应型最主要的特征是由电流/电压引起的功能导电聚合物的氧化还原状态变化，从而导致药物释放。药物释放速率和释放量严格取决于电流/电压和作用时间。因此，其具有高度精确的药物释放规律和剂量可调性。

（4）力-电响应型　压电材料具有独特的机电耦合特性，可用于构建力-电响应型智能可穿戴医疗设备，具有更多的主动性和智能响应行为。力-电响应型智能可穿戴医疗设备作为一种自供电智能可穿戴设备，解决了传统可穿戴电子设备体积大、刚性差的电源缺点，在疾病治疗中具有良好的应用前景。新型压电材料的合成、可拉伸结构的设计及先进的制造方法是开发的关键技术。研究显示，局部微电流不仅起到控制药物释放的作用，而且对某些疾病也有一定的治疗作用。如在组织再生的应用中，电活性支架建立的局部电环境可以保证药物的有效输送并增强修复过程。

2. 透皮/局部可穿戴递送装置（transdermal/topical wearable delivery device，WDD）

透皮给药能够连续地将治疗剂输送到皮肤进行治疗，与口服给药、注射给药等常用给药途径相比，透皮给药是一种无创且无痛的过程，可以以更方便、简单的方式进行，还可以降低药物的全身副作用，避免活性药物的化学酶降解和肝脏首过代谢，相对提高药物的生物利用度。此外，皮肤的大面积暴露有利于吸收不容易口服或鼻腔给药的治疗性化合物，控制药物以良好、持续和按需的方式释放（图17-13）。

（1）微型系统　由于微量药物载体的开发以及快速测量、高灵敏度设备的应用，基于"自上而下"方法递送药物的微观系统解决方案是构建智能药物分子递送的重要方向。微型系统是以相对简单的方式实现多种功能的药物载体，包括微管、微泵和微针。

微管适用于眼部疾病治疗的原位药物输送，可以避免设备侵入脆弱的眼睛结构。微管嵌入式隐形系统包括两种类型：自由扩散和压力自适应药物输送。研究显示，微管系统可以达到长效释放7周的效果。微泵通常用作药物储存库或执行器，目前，已开发应用于皮下、透皮和内耳等药物输送。微针可以轻易地穿透角质层并将药物输送到真皮中，而不会损伤神经细胞引起疼痛。微针的载体基质可以由金属、聚合物、陶瓷、水凝胶等物质构成。为了解决横向相对运动而导致断针留在皮肤内的问题，通常使用聚二甲基硅氧烷作为基质，以使其尖端可拔出而不会断裂。此外，可生物降解的微针可在溶解时释放药物，在治疗后直接去除贴片，大大简化了药物递送系统的应用。

（2）水凝胶　水凝胶由于其结构与天然细胞外基质具有相似性，已被广泛用作敷料以提供局部治疗。然而，简单的凝胶系统无法满足复杂疾病治疗的要求，将生物电子学和导电材料与凝胶系统相结合可能是克服此问题的一种手段。如涂有柔性电子元件或嵌入式离子组分的导电水凝胶在构建具有信号传输和药物递送多种功能的药物递送系统上具有较大优势。为了提高水凝胶的导电性，可以引入碳基材料等导电材料或直接引入离子。但物理掺杂引入会降低水凝胶的药物递送能力。因此，导电聚合物水凝胶逐渐成为构建透皮可穿戴智能递送装置的主要材料。

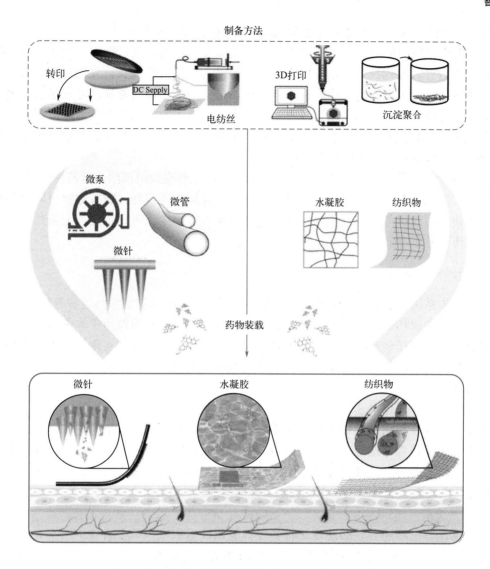

图17-13　透皮/局部可穿戴递送装置制备方法及主要应用

（3）纺织物　传统的纺织物递药系统是将药物加入丝绸或棉基织物中，直接用于受损组织。但该制剂具有有限的载药能力和无法控制药物释放的缺陷性。智能纺织品或纳米纤维因其载药和响应递送的多种功能以及良好的生物相容性而受到新的探索，如聚酯、聚氨酯等，可以实现药物的可控释放。

3. 智能植入式医疗设备

植入式给药系统是一种医疗设备，通过手术放置在患者机体组织内，控制药物在体内的释放速率、时间和位置实现智能化给药。植入式给药系统具有将药物准确地递送到靶向部位、减少药物副作用及延长药物作用时间等作用。理想的植入式给药系统需要具备以下特征：①具有较好的生物相容性和长期用药的耐用性，避免由于材料诱导引起的免疫排斥反应导致植入失败；②具有足够黏合性能，与生物组织作用具有无缝的特征；③能够封装大量的药物来维持长期治疗作用；④长期使用不应给患者带来任何不适，能够维持日常机体活动。目前，达到临床和市场阶段的植入剂大致可分为插入物、泵和支架，并通过注射或小切口移植到体内，主要包括胰岛素输送植入剂和眼部植入剂等。

基于生物材料的应用，可注射水凝胶、原位凝胶、胰岛素泵、微加工膜等已成为控制胰岛素给药的有利方式。植入剂提供了优于频繁侵入性注射给药和反复消耗胰岛素的一种可替代性的策略，大大提高了患者治疗依从性。如采用蛋黄卵磷脂和甘油三酯构建携带胰岛素的可注射原位水凝胶，在动物体内耐受性良好，植入第一天后血糖水平显著降低，在给药后连续10天内发挥作用。除了水凝胶植入剂外，无线控制的植入式泵送系统和微加工膜等均能实现胰岛素的精确和长效作用。

植入剂为眼部药物递送提供了一个良好的平台，能够克服眼部给药后药物滞留时间短、大剂量引起的相关毒性及频繁眼部注射所引起的炎症风险等问题。随着生物可降解材料的开发，将其应用在眼部植入剂中，可以在生理条件下降解成无毒残留物，无需外科手术即可去除，具有更好的应用性。

三、智能给药装置系统的挑战与发展

闭环给药系统促进了智能给药装置的发展，理想的智能可穿戴医疗设备有望克服电源、安全性、系统集成和硬件产生的所有障碍，并作为优良的药物系统用于临床治疗。响应型智能装置给药系统在现代临床治疗上具有巨大的应用潜力。然而，实现柔性可穿戴电子传感器的高分辨率、高灵敏度、快速响应、低成本制造、复杂信号检测及给药安全性仍是一项重大挑战。

1. 材料设计

生物传感部分和药物输送模块都需要材料科学的设计。尽管有部分响应型智能穿戴设备已经开发用于药物递送，但仍存在一些限制因素阻止它们进入商业市场。如具有响应特性的材料难以避免外部或其他非特定因素的干扰，导致不稳定和不可靠性。此外，一些材料应克服反应延迟、载药量低甚至生物相容性低的缺点。

2. 制备挑战

目前设计智能给药装置的困难是将多种智能化技术组合到单个设备中而不失去灵活性或便携性。同时，电力是多种智能给药装置的基础，传感器模块的工作过程、数据过滤、信号传输以及电响应型药物的释放都依赖于电力进行操作。目前，有几种实现自供电的方法，例如使用生物燃料电池、压电纳米发电机和摩擦电纳米发电机，其中压电纳米发电机和摩擦电纳米发电机已被开发为电源设备。

3. 安全挑战

大多数可穿戴系统的载药量有限，频繁更换治疗设备容易导致细菌感染和人体不适。同时，可植入型智能给药装置的电子元件的稳定性需要短期重新校准，这对药物输送构成了隐患。此外，药物载体等材料自身的安全性也存在一定的风险。

4. 市场与经济挑战

大多数可穿戴传感和治疗性多功能电子设备需要昂贵的材料和设备，以及复杂耗时的制造技术，这将由消费者和患者以高成本承担。因此，迫切需要开发简单、省时省力的制造技术。3D打印、光刻等技术可以促进复杂的计算机辅助设计向低成本和强大的治疗系统转移，这将在下一代可穿戴治疗系统中发挥更大的作用。

第三节　智能材料（仿生）给药系统

　　人类机体系统经过数百万年的进化，具有复杂且精确的功能调控机制。在疾病状态下，普通药物递送系统已无法实现安全精准定位、长效体内滞留等复杂的功能，易被机体免疫系统所识别与清除，临床应用受到限制。相比之下，受自然物质启发的智能材料（仿生）给药系统可以像体内循环的天然物质（如细胞、细胞外囊泡等）一样产生或达到生物效应，保护药物免受快速降解，使其能跨越体内特定屏障，实现长效、可控、安全的靶向释放。

　　智能材料给药系统亦称为**仿生药物递送系统**（biomimetic drug delivery system，BDDS），该系统通过模拟生物体内天然微粒物质或感染力较强的病原体的结构及功能，在体外重组，并复制其体内过程，将药物精确的递送至体内靶向部位，以降低药物不良反应，获得最佳治疗效果。简单来说，BDDS就是一种直接利用或模拟复杂的生物结构和过程而开发的一种新型药物递送系统。基于BDDS的靶向策略一般分为被动靶向和主动靶向两类。纳米仿生颗粒具有纳米级粒径，能够延长药物半衰期，并通过增强穿透和保留效应在病变部位蓄积，这一过程是被动靶向。被动靶向主要依赖纳米粒的大小作用，根据机体内不同的组织、器官或细胞对不同微粒具有不同的滞留性而被动靶向富集。另外，基于天然生物载体的BDDS具有体内同源靶向的能力，使得药物颗粒与生理环境具有良好的相互作用。但被动靶向会受到循环系统生理因素和微粒自身性质的影响，难以实现高效的靶向递送，因此，需对BDDS应用配体修饰，以实现配体-受体相互作用的主动靶向。进行BDDS修饰对改变纳米粒与生物相互作用的模式和途径具有动态影响，对靶向特定的细胞内通路也具有重要意义。随着对智能制剂研究的不断深入，BDDS以其良好的靶向性和低免疫原性等优势成为理想的药物递送系统。

一、仿生药物递送系统的特点

　　BDDS利用天然来源的生物载体物质，如机体内源性细胞、细胞膜、细胞外囊泡等。该系统有效地将生物载体的天然属性与纳米递送系统的优异性能相结合，有利于躲避巨噬细胞和网状内皮细胞的捕获，在药物递送时发挥精准靶向作用。相较于普通药物递送系统，BDDS主要具有以下优点：

　　① 高特异性。常规药物进入机体后，会被细胞、组织或器官摄取而体内分布不具有选择性，再加上蛋白质结合、排泄、代谢、分解等体内过程，只有少部分药物能够到达病变区域。而BDDS通过使用不同的生物载体实现与病变区域、细胞的特定结构和靶点结合，具有高特异性。

　　② 长循环性。BDDS通过模拟体内循环的天然物质，有利于躲避巨噬细胞的捕获，延长了血液循环时间，并保护药物免被快速降解。

　　③ 低免疫原性。来源于体内的生物载体多低表达T细胞共刺激分子，不易激活机体的免疫反应，可以躲避免疫细胞的攻击。

　　④ 良好的生物相容性。生物相容性是指生命体组织对非活性材料产生反应的一种性能，一般是指材料与宿主之间的相容性。生物材料进入人体后，会对特定的生物组织环境产生影响和作用，同时生物组织对生物材料也会产生影响和作用。BDDS多利用天然来源的生物

载体物质，进入体内后，不会对机体造成强烈刺激性反应，且多数载体具有可降解性，可见，BDDS具有良好的生物相容性。

二、仿生药物递送系统的分类

仿生药物递送系统采用的生物载体是从有机生物体内提取出的生物成分或活生物体，主要由细胞、细胞膜、蛋白质、细胞外囊泡和外源性物质组成（表17-1）（图17-14）。BDDS基于这些生物载体伪装成生物型纳米粒或携带功能剂进行药物靶向递送。

表17-1　仿生型药物载体分类

生物载体		优点	缺点
细胞	红细胞	体内循环时间长、载药量大	难以保持完整性、靶向性弱
	免疫细胞	运载能力强、"特洛伊木马"效应	难收集及保持完整性
	干细胞	免疫逃避、肿瘤归巢能力	难收集及保持完整性
细胞膜	红细胞膜	延长血液循环时间、生物相容性好、免疫逃避	膜上缺乏特异性靶向配体
	免疫细胞膜	针对炎症部位、免疫逃避、引发特异性免疫反应	血液中成分较少，只对某些肿瘤有效
	癌细胞膜	肿瘤靶向能力、引发特异性免疫应答、易于大规模体外培养	循环时间相对较短
细胞外囊泡	外泌体	粒径小、减少吞噬作用、可跨越生物屏障	难以获得大批量高纯度的外泌体
	微泡	可跨越生物屏障	粒径大小不均
	凋亡小体	更高的产生效率、可跨越生物屏障	粒径较大
蛋白质	白蛋白	具有较大的载药空间、稳定性好、肿瘤靶向性	易引起血液中的蛋白质反应
	脂蛋白	稳定性好、肿瘤靶向性	易引起血液中的蛋白质反应
病原体	哺乳动物病毒	有利于基因传递	引起遗传转移事件、刺激不良的免疫反应
	噬菌体	对哺乳动物无传染性、不易发生自然向性的突变	易被网状内皮系统快速清理
	植物病毒	对哺乳动物无传染性	无组织趋向性

（一）哺乳动物细胞载体

常用的哺乳动物细胞载体主要包括红细胞、免疫细胞和干细胞，利用其优良的生物相容性和药物运载能力将药物靶向、高效地输送到病变区域。

1.红细胞

红细胞是血液中数量最多的一种无核血细胞，直径在7~8 μm，呈独特的双面凹微盘状，具有良好的弹性。其是体内血液运输氧气的主要媒介，还具有清除免疫复合物的作用。红细胞用作药物递送载体的概念始于1973年，Ihler等观察到破裂的红细胞在一定条件下发

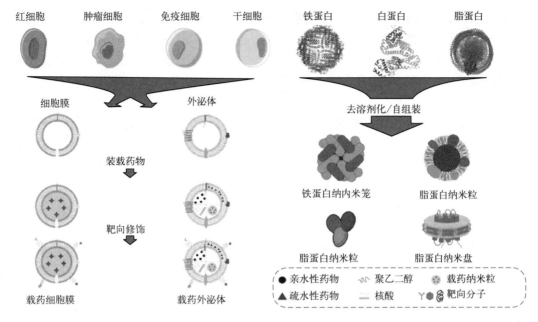

图17-14　内源性仿生药物载体

生重封现象，会将部分释放出来的物质（如血红蛋白）又重新被包封在红细胞内部。根据这一现象，首次提出使用红细胞作为酶在体内运送的载体进行遗传性代谢疾病的治疗。该研究获得成功探索，开创了红细胞作为药物递送载体的先河。

将红细胞用作仿生型药物递送系统的载体具有独特的优势：

① 红细胞是机体的组成部分，具有优异的生物相容性和可降解性，大大降低了药物所带来的免疫反应。研究显示，包载特定药物的红细胞的形态、功能及代谢行为与正常红细胞类似。当使用患者自身的红细胞制备药物时可以使机体的免疫反应降至最低限度，同时提高药物的生物适应性和稳定性。

② 载药量大，红细胞是一类无核细胞，细胞核和细胞器的缺失使红细胞具有较大的内腔体积，大部分空间都可以用于装载药物，包括体积较大的多肽类和蛋白质等大分子药物。

③ 红细胞在体内的生命周期约为120天，可以有效延长药物在体内的循环时间。

2. 免疫细胞

免疫细胞是指参与免疫应答或与免疫应答相关的细胞，常用作载体的包括巨噬细胞和淋巴细胞。

（1）巨噬细胞　巨噬细胞是免疫系统分化出的细胞，具有炎症趋向归巢的特性。在机体病变部位分泌的细胞因子或炎症因子的作用下，巨噬细胞会向病变部位迁徙。采用巨噬细胞构建仿生型药物递送系统主要是利用巨噬细胞的募集效应和"特洛伊木马"效应。募集效应是指某些特定的巨噬细胞，如肿瘤相关的巨噬细胞在多种恶性肿瘤中高表达的单核细胞趋向蛋白的作用下向肿瘤实质部位迁移。利用此作用可以增强肿瘤疾病的治疗效果。"特洛伊木马"效应是指载药的巨噬细胞进入机体后，药物会随着巨噬细胞分布到不同的疾病组织部位，像"特洛伊木马"一样潜入机体而不会引起免疫反应。

（2）淋巴细胞　淋巴细胞是由淋巴器官产生的一类免疫细胞，在机体免疫应答中发挥重要功能，包括T淋巴细胞和B淋巴细胞。区别于直接包载药物，淋巴细胞主要采用表面连接的方式构建仿生药物递送系统。利用淋巴细胞逃逸机体免疫反应的特性，将药物输送到病变区域。研究发现表面连接药物或含药聚合物的淋巴细胞在机体内的活动和正常淋巴细胞一样，不会受到影响，由此提出"细胞背包"的概念，即通过携带聚合物背包的免疫细胞将药物输送到病变区域以达到精准、高效的治疗目的。

3. 干细胞

干细胞是机体各种组织细胞的最初来源，是一类具有自我复制能力及多向分化潜能的细胞，在一定条件下，它可以分化成多种功能细胞。最常用的一类干细胞为间充质干细胞，其来源丰富，易在体外分离培养。基于间充质干细胞的仿生药物递送系统具有肿瘤靶向性和免疫逃避性。间充质干细胞具有天然的肿瘤细胞归巢能力，可以靶向到肿瘤组织并与其相结合。值得关注的是，异体来源的间充质干细胞可以逃避自体免疫反应系统的清除。

动物细胞载药技术主要分为三种类型：①装载到细胞内部，可以通过低渗负载技术、穿膜肽修饰技术和脂质体膜融合技术等，将药物装载到细胞内部，对降低药物的免疫原性、延长药物循环时间具有突出的优势；②装载到细胞表面，主要通过化学偶联或配体偶联的技术将药物与细胞表面相连接；③细胞搭便车技术，通过制备具有靶向红细胞的融合蛋白或者纳米载体，注射到体内后，直接吸附到红细胞的表面，从而通过红细胞进行药物运输。动物细胞药物递送系统具有长循环、主动靶向且能够穿越机体生理屏障的作用，在药物递送中具有显著优势。目前，仅有红细胞作为药物载体的研究进入了临床试验阶段，以细胞作为药物递送的载体还存在很多问题需要去解决，如载药量的提升，药物的稳定性、安全性及制备工艺的优化提升等。

（二）细胞膜载体

相较于细胞整体开发的仿生药物递送系统来说，细胞膜继承了细胞的优点，同时还具有更易工程化修饰的特点。细胞膜涂层能将整个细胞表面的复杂组成保留在纳米粒上，具有低免疫原性、长半衰期、低毒性和先天靶向性的优点。同时，膜结构的包裹也可以减少药物递送过程中出现的泄漏问题。常用的细胞膜来源于红细胞、免疫细胞、肿瘤细胞、干细胞、血小板和自然杀伤细胞等。不同类型的细胞膜具有独特的特点，可用于不同疾病的诊断和治疗（图17-15）。如红细胞寿命长，红细胞膜包被纳米粒药物可在体内实现长循环特点；中性粒细胞膜负载抗生素后可在趋化作用下主动靶向至炎性损伤部位，发挥抗感染作用；肿瘤细胞膜包被后可实现肿瘤细胞同源性靶向；血小板膜载药后可富集于损伤血管内皮下，用于血管损伤性疾病的治疗。

1. 红细胞膜

红细胞膜上高表达 CD47 分子，具有减少网状内皮系统吞噬的作用，且成熟的红细胞内容物少，易实现膜分离，被视为最有开发前景的天然运输载体之一。2011 年首次完成了红细胞膜仿生载体的构建，利用梯度离心法获得红细胞，并通过低渗溶血法去除血红蛋白，获得了较为纯净的红细胞膜。采用多孔膜挤压的方法将完整的红细胞膜包裹至纳米载体表面，获得红细胞膜仿生递药系统。该系统兼具了红细胞膜的长循环性能和纳米载体的高载药能力，在血液中的半衰期是聚乙二醇表面修饰载体的 2.5 倍。自此，以红细胞作为仿生纳米药物的载体研究掀开了新篇章。

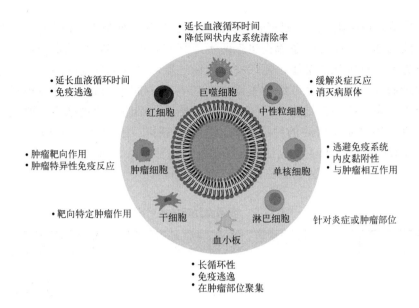

• 延长血液循环时间
• 降低网状内皮系统清除率

• 延长血液循环时间
• 免疫逃逸

巨噬细胞

中性粒细胞

红细胞

• 缓解炎症反应
• 消灭病原体

• 肿瘤靶向作用
• 肿瘤特异性免疫反应

肿瘤细胞

单核细胞

• 逃避免疫系统
• 内皮黏附性
• 与肿瘤相互作用

• 靶向特定肿瘤作用

干细胞

淋巴细胞

针对炎症或肿瘤部位

血小板

• 长循环性
• 免疫逃逸
• 在肿瘤部位聚集

图17-15　不同种类细胞膜的特殊作用

2. 免疫细胞膜

免疫细胞包括中性粒细胞、巨噬细胞及自然杀伤细胞等，由于细胞膜结合复合体蛋白的特异性免疫功能，能够产生主动的免疫反应，引起炎症、肿瘤靶向、抑制肿瘤转移等作用。将免疫细胞膜伪装到合成的纳米粒上，可以继承源细胞的抗原谱，并作为诱饵，中和异质和复杂的病理成分，在药物靶向传递方面具有巨大的潜力。

中性粒细胞表面具有多种受体，对肿瘤炎症部位具有趋化作用，会与肿瘤微环境中趋化因子和黏附因子相互作用，使得药物在肿瘤部位富集。如构建中性粒细胞仿生递药系统，以中性粒细胞膜负载葡萄糖氧化酶和氯过氧化物酶，通过炎症趋向能力达到肿瘤部位释放药物，葡萄糖氧化酶消耗肿瘤组织的营养和氧气，氯过氧化物酶释放次氯酸从而杀伤肿瘤，通过一系列级联反应发挥作用。巨噬细胞是非特异性免疫细胞，对肿瘤细胞有吞噬作用，对肿瘤炎症微环境具有趋化特性。自然杀伤细胞是先天免疫细胞，对肿瘤细胞的识别是非特异性的，自身分泌肿瘤坏死因子等细胞因子，具有活化 T 细胞、调节免疫反应的功能。例如，通过蛋白质组学分析发现自然杀伤细胞表面膜蛋白组成具有肿瘤靶向性和诱导巨噬细胞向 M1 型极化的功能，可以针对性开发细胞膜免疫治疗策略，例如利用自然杀伤细胞膜对具有光动力治疗功能的纳米粒进行仿生修饰，通过光动力疗法激活细胞凋亡通路，消除原位肿瘤并抑制远处肿瘤生长。

3. 肿瘤细胞膜

肿瘤细胞可体外传代培养，具有无限的复制潜能。且肿瘤细胞膜上存在 N-钙黏素、TF 抗原等独特的自我靶向识别分子，具有同源聚集功能，产生归巢效应，因此肿瘤细胞膜修饰的药物载体获得良好的同源靶向性，可实现对肿瘤的精准治疗。

4. 干细胞膜

干细胞是多潜能细胞，具有自我复制能力，在特定条件下，可以分化为多种功能性细胞。目前，研究较多的是间充质干细胞和神经干细胞，二者被证实具有明显的肿瘤靶向功能，且间充质干细胞还具有免疫调节功能和跨血脑屏障的能力。间充质干细胞易于获取，可在体外大量培养和纯化，组学研究表明其表面存在与肿瘤细胞相互识别的重要位点。

膜仿生药物递送系统的制备流程包括两步：细胞膜提取和膜与纳米药物载体融合。细胞膜提取首先要获得纯化的细胞，随后将细胞经过低渗处理或反复冻融，并通过高速离心的方法去除细胞内容物，以获取细胞膜碎片。其中，红细胞、白细胞、血小板等血细胞膜由全血中分离得来；中性粒细胞、巨噬细胞、自然杀伤细胞等免疫细胞主要从骨髓中提取获得；肿瘤细胞膜则是从对应的肿瘤细胞传代培养获得；干细胞一般从动物组织中获得。采用细胞膜包载药物的技术主要包括：共挤出法、电穿孔法、微流体电穿孔法、共孵育法、超声法、渗透法、生物桥接法等（表17-2）（图17-16）。

表17-2　细胞膜载药技术对比

方法	优点	缺点
共挤出法	纳米粒子均一、可维持膜蛋白结构及活性	难以扩大规模
电穿孔法	操作简便	破坏细胞膜完整性
微流体电穿孔	高效可靠、可大规模制备	易导致细胞膜破损
共孵育法	可自发形成	粒子均一性差
超声法	操作简便、负载效率高	分布不均、膜蛋白变性风险
渗透法	高效包载、较好复原	难度系数大
生物桥接法	降低细胞损伤	制备效率低、成本高

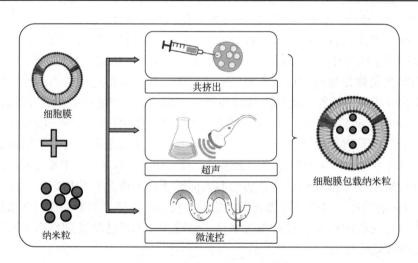

图17-16　细胞膜包载纳米粒的制备技术

①共挤出法采用细胞膜与纳米药物载体物理共挤出而获得膜仿生核-壳纳米药物，整个挤出过程不涉及化学及生物破坏，能够很好地保存膜表面蛋白结构及活性，具有简单有效的特点，但该方法不适合大规模生产。②电穿孔法是将细胞暴露在外部电场中，细胞膜会产生微孔，药物通过扩散作用会逐渐包载到细胞膜中。电穿孔法已在酶、核酸及银离子等药物中实现较好的包载效果。但该方法会破坏完整的膜结构，发生不可逆的破坏，有可能会影响在体内血液中的循环时间。基于电穿孔法进行改进，采用微流控芯片的电穿孔技

术可实现高度重复和高通量制备膜仿生纳米药物，因而备受关注。③共孵育法通过静电相互作用、范德瓦耳斯力及疏水相互作用等附着在细胞膜的表面，与上述提到了"细胞背包"的概念较为类似。但这些相互作用一般较弱，在体内复杂的环境下，容易出现药物脱离细胞膜的问题。④超声可以促进纳米粒快速与细胞膜作用，提高载负效率及性能。但是，超声频率、时间及强度需要得到有效控制，否则会导致细胞膜的破坏，甚至失效。并且超声法制备的仿生纳米药物通常分布不均，且局部高温可能会造成膜蛋白变性。⑤渗透法是利用渗透压差的性质进行包载，可通过低渗稀释、低渗预膨胀、渗透脉冲、低渗溶血和低渗透析等方法实现药物的高效包载。在恢复渗透压后，细胞膜能够很好地复原。⑥生物桥接法是利用特异性的分子识别作用，实现高效的表面修饰，常用于抗体和肽的装载，来实现靶向抗原或免疫抗原细胞。

（三）细胞外囊泡

细胞外囊泡（extracellular vesicle，EV）是由细胞分泌的各种类型的膜囊泡，具有双层脂质膜结构，含有多种生物活性物质，如蛋白质、DNA、RNA、长链非编码RNA及脂质等。几乎所有细胞都可以分泌EV，它是一种高度异质性的囊泡，本身可作为抗原与受体细胞结合，也可作为载体向受体细胞递送功能性物质，发挥特定的生物学功能。

起初EV被认为是清除细胞内不必要物质的囊泡。随着研究技术手段的不断革新，研究发现，EV作为细胞间彼此相互沟通的桥梁，能够参加细胞间的多种信号转导。同时，通过运输不同种类的生物分子，EV还能够实现细胞之间的成分交换，介导生理与病理过程。根据分泌途径的不同，EV可以分为三种类型：外泌体、微泡和凋亡小体。其中外泌体和微泡是由活细胞所释放的，而凋亡小体则是由凋亡细胞释放的。外泌体和微泡两者的区别是：外泌体是在多囊泡体的成熟过程中产生的，当多囊泡体与细胞表面融合后，释放外泌体；而微泡则是由细胞膜直接分裂或出芽的方式产生的（图17-17）。

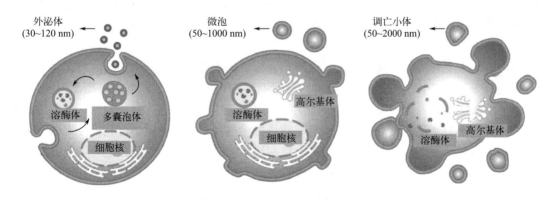

图17-17　细胞外囊泡的生物发生和分类

由于EV介导了细胞间通信，因此其具备物质负载能力以及一定的靶向归巢能力。并且EV来源于细胞，生物相容性好，在体内可以稳定存在，常用于构建仿生型药物递送系统。与传统药物递送系统相比，基于EV的递送系统具有如下优点：①稳定性好，不受核酸等物质的影响，可以同时装载生物大分子与化学药物；②在体内分布广，EV含有多种表面蛋白，在体内的循环时间更长，同时可以选择性地富集供体细胞中的特异性蛋白，增强靶向性。例如少突胶质细胞来源的EV携带髓鞘蛋白，使EV具有独特的归巢性质。值得关注的是，EV具有跨越血-脑屏障的作用，在脑靶向递送中发挥巨大作用；③易于修饰，通过表面修饰可得到功能化EV，来增加其载药、提高靶向性等。

随着对EV研究的深入，植物来源的EV逐渐引起了大家的关注。目前，已成功从葡萄、葡萄柚、姜、胡萝卜、人参等植物中分离出植物源性EV，在多种疾病中具有治疗特性，包括炎症、肿瘤和感染性病症等。相较于动物细胞来源的EV来说，植物源性EV不具有人共患病，具有更低的免疫原性，且来源广泛，更适合工业化生产。植物源性EV也具有类似质膜的结构，可以保护它们的内容物免受外部因素的影响，可以作为生物活性化合物的天然纳米载体。

1. 外泌体

外泌体含有蛋白质、核酸、脂质、胆固醇等多种生物活性物质，是机体的生物内源性物质，参与细胞间通信、免疫反应、代谢、哺乳动物的生殖和发育过程，影响心血管疾病、神经退行性疾病和癌症等多种疾病的发生发展。外泌体在表面具有一些特定的分子，可以作为鉴别分子，如CD9、CD63、CD81等，同时还含有一些跨膜和膜锚定蛋白。外泌体能够绕过补体因子的激活，保护药物不被单核吞噬细胞系统迅速清除。同时，外泌体具有能够跨越生理屏障的作用，如能跨越血-脑屏障到达脑部发挥作用。

不同来源的外泌体具有不同的特性，可能会延续母体细胞的性质，如间充质干细胞来源的外泌体可传递遗传物质和药物等多种成分，且具有炎症趋向能力，在治疗自身免疫疾病、神经退行性疾病及肿瘤疾病中具有显著作用；囊胚内部细胞团的多能干细胞分泌的外泌体具有无限增殖的能力，在体外培养中几乎可无限期地保持未分化状态，可作为化疗药物的递送载体；肿瘤细胞也会释放外泌体，同样可以作为载体。它具有肿瘤归巢的特性，能有效地到达癌细胞，在保护治疗性化合物的功能不受细胞外环境降解的同时还具有生物相容性和低免疫原性等特性；树突状细胞分泌的外泌体含有多种抗原递呈分子和共刺激分子，可以激活T细胞，增加自然杀伤细胞功能。此外，外泌体有利于递送化疗分子和小RNA。如乳腺癌细胞来源的外泌体装载了miRNA分子后能够识别血液中的癌细胞，通过阻断信号通路，强烈抑制肺癌细胞的增殖和迁移，并有效地逃避免疫监视系统。

2. 微泡

与传统的人工合成纳米载体相比，微泡具有保护药物在循环过程中不被降解，与靶细胞膜直接融合来改善药物的细胞摄取。同时，微泡也具有直接跨越生理屏障发挥作用的特性。此外，天然微泡具有内在的肿瘤靶向性、生物稳定性及生物安全性，是药物递送的优良载体之一。如巨噬细胞来源的微泡能有效地将地塞米松递送到炎症的肾脏中，且在没有明显糖皮质激素副作用的情况下，显示出抑制肾脏炎症和纤维化的优越能力。受微泡介导的细胞间通信的启发，结合不同的响应性刺激反应，由巨噬细胞衍生的微泡包载不同的治疗剂和氧化铁纳米囊泡的混合载体，可以实现药物递送的空间控制。在磁场的作用下，肿瘤细胞对微泡的摄取可被动态调节和空间控制，并且磁性靶向可增强肿瘤细胞的死亡，而减弱毒副作用。

3. 凋亡小体

与外泌体和微泡相比，来源于凋亡细胞的凋亡小体具有更高的产生效率。在细胞凋亡过程中，凋亡小体会装载一系列细胞内容物（如DNA、RNA和蛋白质等），并将这些物质转移到其他可以吞噬凋亡小体的细胞中，促进细胞间的物质和信息交流，是一种具有潜力的药物递送载体。凋亡小体保留了亲代细胞的相关生物学特性，具有优异的靶向病灶部位的能力。例如，肿瘤细胞来源的凋亡小体表面高表达细胞黏附分子CD44v6，具有高效跨越血-脑屏障，靶向肿瘤递送的能力。不同尺寸的凋亡小体可通过不同的转运途径实现靶向递送，通常纳米级的凋亡小体可通过EPR效应及同源靶向作用实现肿瘤或其他疾病的靶向治疗。而微米级的凋亡小体则可以通过体内"搭便车"的方式将药物递送到靶向部位。

细胞凋亡产生凋亡小体后，除了被吞噬细胞吞噬，还可以被邻近细胞吞噬、处理。基于这种邻近效应，凋亡小体可以在细胞凋亡后将剩余的药物携带至邻近肿瘤细胞中实现药物在肿瘤内的深层渗透，再联用放射治疗、光治疗等提高肿瘤治疗效果。

药物可通过多种方式包载进入细胞外囊泡中。①通过破坏细胞外囊泡膜的完整性，利用膜自发重组的特点进行包载，主要包括电穿孔、挤压、超声波和皂苷辅助负载。细胞外囊泡是由细胞产生的囊泡，具有与细胞相同的磷脂膜结构。该法通常使用一些辅助操作使细胞外囊泡膜短暂破裂，使药物在膜变形过程中扩散到细胞外囊泡中。但这类方法同样存在着一些问题，如在挤压过程中膜的性质和蛋白质性质是否会因使用的机械力而改变。超声破碎具有载药效率高等优点，然而它可能导致细胞外囊泡发生聚集，影响活性，同时也会出现药物附着在细胞外囊泡的外膜上，导致药物出现两个阶段释放问题，从而影响体内的药代动力学。②冻融循环。冻融法是一个简单的物理化学过程，细胞外囊泡与药物混合，在液氮中或−80℃环境下进行多次冷冻，并在室温下解冻。然而，反复冻融循环会导致表面蛋白的降解，不可逆转地改变细胞外囊泡的结构。③药物孵育。细胞外囊泡与药物共孵育，药物沿着浓度梯度扩散到细胞外囊泡中。载药效率主要取决于药物分子的疏水性。④膜融合。这一技术通常是与脂质体进行融合。将药物包载于脂质体内，使用脂质体系统作为传递载体，通过细胞外囊泡与脂质体发生膜融合将药物包载进去。两亲性药物可插入脂质体膜双层中，亲水性部分则可包载于核心。⑤基因工程。基因工程可用于将编码和非编码寡核苷酸引入细胞，并被包装成细胞外囊泡来促进受体细胞的基因表达，调节转录，或整合转基因蛋白质等。⑥疏水性镶嵌。对于亲脂性或两性分子而言，它们可以通过与磷脂双分子层的疏水相互作用插入细胞外囊泡膜上，无需破坏膜的完整性。细胞外囊泡载药技术的对比见表17-3。

表17-3　细胞外囊泡载药技术对比

方法	优点	缺点
冷冻循环	中等负荷，膜融合的可能	导致蛋白质的降解，不可逆转地改变EV的结构
药物孵育	方法简单，不需要设备	装药效率低
电穿孔	可装载大分子	导致RNA聚集，装载能力低
挤压	药物装载效率高	破坏膜的完整性
皂苷辅助负载	有最高的载药效率	存在毒性
超声波	载药效率高	导致外泌体聚集，影响其免疫活性；使药物在两个阶段释放，影响体内的药动学
亲代细胞基因工程	不干扰EV的功能	效率低
药物孵育亲代细胞	相对简单	装药效率低，所需药物量大，对细胞有毒性
非共价受体-配体结合、疏水性镶嵌	可通过化学位移、温度或溶剂的变化而离解	成本高，化合物合成具有挑战性

（四）内源性蛋白

蛋白质是构成人体细胞的基础物质，是组成人体一切细胞、组织的重要成分。机体中内源性蛋白种类繁多，性质功能各异，常用作仿生药物递送系统的蛋白质为白蛋白和脂蛋白。

1. 白蛋白

白蛋白，是人体血浆中最主要的蛋白质，承担着维持血浆胶体渗透压并参与多种小分子物质运输等工作。白蛋白具有类似蜂窝状的特殊结构，存在无数网状空隙，为镶嵌携带药物提供了有利空间。并且和其他内源性物质载体一样，白蛋白也具有无免疫原性、可生物降解及安全无毒的优点。白蛋白可以通过共价或非共价形式结合多种类型的药物，并使药物在体内缓慢释放，可以改善药物的溶解性和稳定性。同时，白蛋白表面含有丰富的基团，可以进行修饰，构建具有主动靶向作用的仿生药物递送系统。白蛋白包载药物的方式如图17-18。

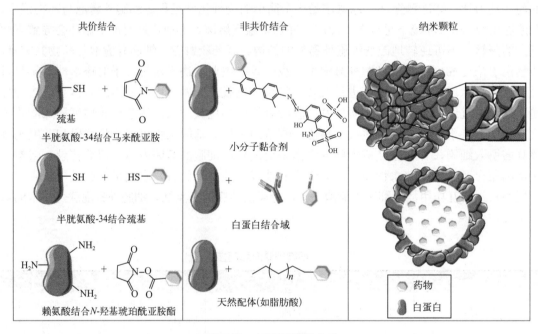

图17-18　**白蛋白载药的方式**

2. 脂蛋白

脂蛋白是人体中天然的脂质运送载体，甘油三酯、磷脂、胆固醇酯、游离胆固醇及载脂蛋白为主要成分。脂蛋白中脂质与蛋白质之间没有共价键结合，多数是通过脂质的非极性部分与蛋白质组分间以疏水性相互作用而结合在一起。通常用溶解特性、离心沉降行为和化学组成来鉴定脂蛋白的特性。根据密度大小的不同，可将其分为4种：高密度脂蛋白、低密度脂蛋白、极低密度脂蛋白和乳糜微粒。根据特性，目前应用广泛的为高密度脂蛋白和低密度脂蛋白。低密度脂蛋白具有疏水性的脂质内核，能有效包载亲脂性药物进行递送。且其内核表面覆盖有磷脂层及游离胆固醇，其载脂蛋白B可与细胞膜上的受体结合后通过内吞作用进入溶酶体，在低pH值条件下，受体与低密度脂蛋白分离后重新回到细胞表面发挥作用。

　　采用蛋白质构建仿生药物递送系统的方法主要包括去溶剂法、乳化法、自组装法、凝胶法和喷雾法（表17-4）。①去溶剂法是利用蛋白质在有机溶剂和水溶液中理化性质的不同来形成蛋白质纳米粒。蛋白质不溶于有机溶剂，在有机溶剂中变性聚集，形成沉淀。有机溶剂是该制备方法的关键因素之一，其比例与纳米粒的粒径极为相关，高比例的有机溶剂加快白蛋白的脱水速度，形成的纳米粒的粒径较大。常用的有机溶剂包括甲醇、乙醇、丙酮等。同时，交联剂的选择也决定着纳米粒的稳定性，常用的交联剂包括戊二醛、葡萄糖、甲醛等，但需注意部分交联剂表现出细胞毒性和基因毒性的安全风险，如戊二醛。该方法多适用于包载递送疏水性药物。②乳化法是将两种或者两种以上不可混溶的溶剂混在一起，乳化后分散到另一种溶剂中。通常是将蛋白质加入含有乳化剂的油相或有机溶剂中，采用搅拌、超声或者高压均质等方式使其乳化，再通过化学交联或者加热变形的方式使乳滴固化，最后除去残留的有机溶剂，即获得白蛋白纳米粒。③自组装法是利用蛋白质溶液在超过临界胶束浓度和临界共溶温度下自发形成结构更为明确和稳定的纳米团聚体的特性。通过加入还原剂、变性剂或者脂溶性药物来增加蛋白质分子的疏水性，诱导分子间非共价相互作用形成蛋白质纳米粒。④凝胶法根据处理方式差异可分为热凝胶法和pH凝胶法。热凝胶法是加热条件下使蛋白质变性聚集形成纳米粒的一种方法。pH凝胶法是通过调节溶液体系的酸碱度，使蛋白质沉淀形成纳米粒。⑤喷雾法主要包括纳米喷雾干燥法和电喷射法。纳米喷雾干燥法可以通过控制气流实现全程温度控制，适用于温敏药物。可以通过调整喷嘴的尺寸、气体温度、蛋白质浓度和流速来控制蛋白质纳米粒的粒径。电喷射法是一种外加高电压使液体雾化的技术，构建的仿生纳米粒包封率较高，稳定性和重现性良好。

表17-4　内源性蛋白载药技术对比

方法	优点	缺点
去溶剂法	操作简单、制备步骤少、反应速度快	有机溶剂残留、潜在的安全风险
乳化法	适用药物广泛	破坏蛋白质稳定性、重复性较差、批间差异大
自组装法	粒径小	还原剂残留存在安全风险
凝胶法	适合基因物质递送	难以控制粒径大小
喷雾法	稳定性及重现性良好	需要特定设备

（五）病原体

　　基于病原体的仿生型药物递送系统主要采用哺乳动物病毒、噬菌体及植物病毒等的病毒样颗粒作为载体。病毒样颗粒是由病毒的衣壳蛋白组成，无核酸衍生物，在异体系统中不具有感染能力。就哺乳动物而言，噬菌体和植物病毒在不去除遗传物质的情况下是相对安全的，因为这些核酸在哺乳动物中是不整合和不复制的。而来源于哺乳动物病毒的遗传物质必须去除才可以作为病毒样颗粒使用。病毒样颗粒主要由蛋白质组成，具有避免免疫识别和进入细胞并将其基因传递到靶标的能力。病毒样颗粒的形态和大小不仅影响抗原识别和免疫效应，还影响靶向递送的渗透性。经过一定的改性后，病原体具有显著优势，因其具有独特的形貌、明确的纳米尺寸、特定的功能化、良好的稳定性和生物相容性，可以递送包括造影剂和治疗药物在内的多种物质。

如哺乳动物病毒样颗粒具有较短的循环和保留时间，减少潜在的副作用，并且可以用肽进行修饰或携带药物、造影剂或荧光标记的抗体，以定向传递到特定的位置。如采用猿猴病毒40构建多功能纳米平台，通过对其进行三种靶向物质的修饰，以实现在不同阶段选择性地将治疗药物递送到动脉粥样硬化斑块，在生物医学和生物技术中作为药物递送纳米系统显示出巨大的潜力。病毒载体介导的基因传递是一种极具优势的制剂设计，可用于精确治疗难治性疾病，包括感染性疾病、心脏病、肌肉骨骼疾病等。如基于腺相关病毒载体对抗艾滋病病毒单克隆抗体的递送具有显著优势。在RNA和核糖核蛋白的递送中，病毒载体表现出较低的脱靶率，实现高效的基因组编辑效果。可见，物理化学修饰的病毒载体可能会进一步促进基因治疗的发展。但由于病原体自身的性质，存在潜在的安全隐患和免疫原性等问题。因此，基于病原体构建的药物递送系统在临床应用上具有诸多限制。

（王若宁）

思 考 题

1. 简述智能制剂的设计原理及不同设计原理的主要优势。
2. 简述常用于构建智能制剂的纳米颗粒。
3. 简述精准医疗和闭环给药系统的概念及其特点。
4. 简述智能可穿戴医疗设备的分类。
5. 简述仿生药物递送系统与传统药物递送系统的区别及主要特点。
6. 简述仿生药物递送系统的主要分类及优缺点。
7. 列举一些常用于构建仿生药物递送系统的膜类物质及主要的制备方法。
8. 简述细胞外囊泡的概念、分类及功能。

参考文献

[1] 崔福德. 药剂学[M]. 7版. 北京: 人民卫生出版社, 2011.

[2] 方亮. 药剂学[M]. 8版. 北京: 人民卫生出版社, 2016.

[3] Wang X Y, Li C, Wang Y G, et al. Smart drug delivery systems for precise cancer therapy[J]. Acta Pharm Sin B, 2022, 12（11）: 4098-4121.

[4] Tian B R, Liu Y M, Liu J Y. Smart stimuli-responsive drug delivery systems based on cyclodextrin: A review[J]. Carbohydr Polym, 2021, 251: 116871.

[5] Thananukul K, Kaewsaneha C, Opaprakasit P, et al. Smart gating porous particles as new carriers for drug delivery[J]. Adv Drug Deliv Rev, 2021, 174: 425-446.

[6] Hossen S, Hossain M K, Basher M K, et al. Smart nanocarrier-based drug delivery systems for cancer therapy and toxicity studies: A review[J]. J Adv Res, 2018, 15: 1-18.

[7] Liu D, Yang F, Xiong F, et al. The smart drug delivery system and its clinical potential[J]. Theranostics, 2016, 6（9）: 1306-1323.

[8] Hajebi S, Rabiee N, Bagherzadeh M, et al. Stimulus-responsive polymeric nanogels as smart

drug delivery systems[J]. Acta Biomater, 2019, 92: 1-18.

[9] Yang X X, Pan Z X, Choudhury M R, et al. Making smart drugs smarter: The importance of linker chemistry in targeted drug delivery[J]. Med Res Rev, 2020, 40 (6): 2682-2713.

[10] Ramasamy T, Ruttala H B, Gupta B, et al. Smart chemistry-based nanosized drug delivery systems for systemic applications: A comprehensive review[J]. J Control Release, 2017, 258: 226-253.

[11] Tan M H, Xu Y, Gao Z Q, et al. Recent advances in intelligent wearable medical devices integrating biosensing and drug delivery[J]. Adv Mater, 2022, 34 (27): e2108491.

[12] Sharma R, Singh D, Gaur P, et al. Intelligent automated drug administration and therapy: future of healthcare[J]. Drug Deliv Transl Res, 2021, 11 (5): 1878-1902.

[13] Amjadi M, Sheykhansari S, Nelson B J, et al. Recent advances in wearable transdermal delivery systems[J]. Adv Mater. 2018, 30 (7): 1704530.

[14] Liu G S, Kong Y F, Wang Y S, et al. Microneedles for transdermal diagnostics: Recent advances and new horizons[J]. Biomaterials, 2020, 232: 119740.

[15] Yang B, Jiang X, Fang X, et al. Wearable chem-biosensing devices: from basic research to commercial market[J]. Lab Chip, 2021, 21 (22): 4285-4310.

[16] Chen L, Hong W Q, Ren W Y, et al. Recent progress in targeted delivery vectors based on biomimetic nanoparticles[J]. Signal Transduct Target Ther, 2021, 6 (1): 225.

[17] Yoo J W, Irvine D J, Discher D E, et al. Bio-inspired, bioengineered and biomimetic drug delivery carriers[J]. Nat Rev Drug Discov, 2011, 10 (7): 521-535.

[18] Luk B T, Zhang L F. Cell membrane-camouflaged nanoparticles for drug delivery[J]. J Control Release, 2015, 220 (Pt B): 600-607.

[19] Kalluri R, LeBleu V S. The biology, function, and biomedical applications of exosomes[J]. Science, 2020, 367 (6478): eaau6977.

[20] Yang B, Chen Y, Shi J L. Exosome biochemistry and advanced nanotechnology for next-generation theranostic platforms[J]. Adv Mater, 2019, 31 (2): e1802896.

[21] Chen H Y, Deng J, Wang Y, et al. Hybrid cell membrane-coated nanoparticles: A multifunctional biomimetic platform for cancer diagnosis and therapy[J]. Acta Biomater, 2020, 112: 1-13.

[22] Zhou J R, Kroll AV, Holay M, et al. Biomimetic nanotechnology toward personalized vaccines[J]. Adv Mater, 2020, 32 (13): e1901255.

[23] Krishnan N, Fang R H, Zhang L F. Engineering of stimuli-responsive self-assembled biomimetic nanoparticles[J]. Adv Drug Deliv Rev, 2021, 179: 114006.

[24] Yu J G, Zhang Y Q, Yan J J, et al. Advances in bioresponsive closed-loop drug delivery systems[J]. Int J Pharm, 2018, 544 (2): 350-357.

[25] Kar A, Ahamad N, Dewani M, et al. Wearable and implantable devices for drug delivery: Applications and challenges[J]. Biomaterials, 2022 , 283: 121435.

[26] Rana A, Adhikary M, Singh P K, et al. "Smart" drug delivery: A window to future of translational medicine[J]. Front Chem, 2023, 10: 1095598.

[27] Majumder J, Minko T. Multifunctional and stimuli-responsive nanocarriers for targeted therapeutic delivery[J]. Expert Opin Drug Deliv, 2021, 18 (2): 205-227.

[28] Kaushik N, Borkar S B, Nandanwar S K, et al. Nanocarrier cancer therapeutics with functional stimuli-responsive mechanisms[J]. J Nanobiotechnology, 2022, 20 (1): 152.

[29] Li H D, Zha S, Li H L, et al. Polymeric dendrimers as nanocarrier vectors for neurotheranostics[J]. Small, 2022, 18 (45): e2203629.

[30] Zhu H, Zheng K, Boccaccini A R. Multi-functional silica-based mesoporous materials for simultaneous delivery of biologically active ions and therapeutic biomolecules[J]. Acta Biomater, 2021, 129: 1-17.

[31] Dreaden E C, Austin L A, Mackey M A, et al. Size matters: gold nanoparticles in targeted cancer drug delivery[J]. Ther Deliv, 2012, 3 (4): 457-478.

[32] Anaya-Plaza E, Shaukat A, Lehtonen I, et al. Biomolecule-directed carbon nanotube self-assembly[J]. Adv Healthc Mater, 2021, 10 (1): e2001162.

[33] Chung S, Revia R A, Zhang M Q. Graphene quantum dots and their applications in bioimaging, biosensing, and therapy[J]. Adv Mater, 2021, 33 (22): e1904362.

[34] Cui J W, Xu Y X, Tu H Y, et al. Gather wisdom to overcome barriers: Well-designed nano-drug delivery systems for treating gliomas[J]. Acta Pharm Sin B, 2022, 12 (3): 1100-1125.

[35] Imran M, Jha L A, Hasan N, et al. "Nanodecoys" - future of drug delivery by encapsulating nanoparticles in natural cell membranes[J]. Int J Pharm, 2022, 621: 121790.

[36] Dhas N, García M C, Kudarha R, et al. Advancements in cell membrane camouflaged nanoparticles: A bioinspired platform for cancer therapy[J]. J Control Release, 2022, 346: 71-97.

[37] Liu S, Wu X, Chandra S, et al. Extracellular vesicles: Emerging tools as therapeutic agent carriers[J]. Acta Pharm Sin B, 2022, 12 (10): 3822-3842.

[38] Cong M H, Tan S Y, Li S M, et al. Technology insight: Plant-derived vesicles-how far from the clinical biotherapeutics and therapeutic drug carriers?[J]. Adv Drug Deliv Rev, 2022, 182: 114108.

[39] Hoogenboezem E N, Duvall C L. Harnessing albumin as a carrier for cancer therapies[J]. Adv Drug Deliv Rev, 2018, 130: 73-89.

第十八章
微粒给药系统的体内命运

 本章学习要求

1. 掌握：微粒制剂蛋白冠的形成以及其对微粒制剂体内过程的影响；微粒制剂的体内分布、代谢、排泄过程。
2. 熟悉：微粒制剂蛋白冠的潜在应用；微粒制剂与血管内皮的相互作用。
3. 了解：微粒制剂的体内命运研究方法。

第一节　概述

　　微粒给药系统（microparticle drug delivery system），即微粒制剂，是指运用纳米载体技术研究开发的一类新型药物制剂，其主要是由纳米载体通过静电吸附、共价或非共价键连接等方式将药物结合在载体表面或直接将药物包裹在载体内部制成。自1971年Ryman等首次提出将脂质体用于药物载体以来，微粒制剂开始成为医药学领域开发的热点。1990年，首个纳米药物制剂两性霉素B脂质体Cabilivi（商品名AmBisome）的成功上市，标志着纳米药物制剂开启了一个新的发展阶段。目前，全球已获批上市的纳米药物制剂有100多种，处于临床在研或其他阶段的有563种，其中以抗肿瘤药物为主，也包括抗病毒药物、抗炎药物、多肽蛋白质药物、核酸药物以及疾病诊断成像用药等。与药物的其他剂型相比，微粒制剂具有改善药物的稳定性、延长体内循环时间、增加安全性以及能够实现靶向递送的优点，在改善药物的组织分布进而提高生物利用度方面表现出巨大的潜力。

　　大量的纳米药物制剂在临床前研究中取得了成功，但仅有极少数成功转化到临床，大部分纳米药物制剂体内药动学特征尚不清楚，对药物的体内过程缺乏全面的理解，这是导致临床疗效与临床前研究存在较大差异、纳米药物制剂的临床开发受到严重制约的重要原因之一。因此，全面了解微粒制剂的体内过程是实现其临床转化的必要环节。纳米载体作为微粒制剂的关键组成部分，在纳米药物制剂的体内靶向递送过程中发挥着极为重要的作用。在微粒制剂开发过程中，通过纳米载体的配体表面修饰可选择性地靶向病变部位，增加药物在靶部位的蓄积。由于纳米载体的理化性质对微粒制剂的体内药动学行为存在较大影响，因此通过分析纳米载体的理化性质对微粒制剂体内药动学行为的影响，为微粒制剂的体内过程研究提供参考，能够获取更为全面的体内药动学数据，提高微粒制剂的临床转化率。本章内容基于不同载体类型的微粒制剂，对微粒制剂与蛋白质、血管内皮的相互作用，以及体内的分布、代谢、排泄过程进行归纳总结，并简要介绍了常见的体内微粒制剂和药物分析测定方法。

　　近年来，随着高分子材料学的迅速发展，各类天然或合成高分子载体材料不断被开发，应用于药物制剂领域的纳米载体可分为脂质体、聚合物纳米载体、无机纳米载体、自组装纳米载体等（图18-1），涉及抗肿瘤药物、抗病毒药物、抗炎药物、神经退行性疾病药物、抗疟疾药物、核酸药物、疫苗以及诊断药物等多个领域。

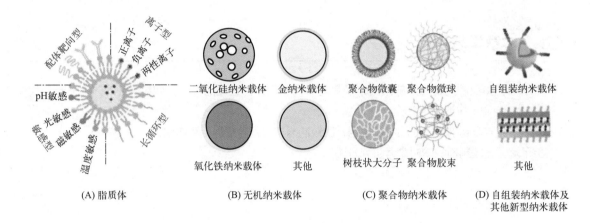

图18-1　微粒制剂的分类

一、脂质纳米制剂

　　脂质纳米制剂是一种以单一或多种磷脂材料包载药物，实现药物体内递送的微粒制剂。其中，脂质体是美国FDA批准的微粒制剂中最常见的制剂类型，也是临床转化最成功的一类。脂质体由亲水性的头部和疏水性的尾部组成，药物可根据其水溶性大小被选择性地包裹在脂质双分子层的亲水部位或疏水部位而形成以球体为代表的微型囊泡。脂质体主要通过与细胞膜融合将药物送到细胞内部。脂质体在体内的药动学特性受到微粒粒径、形态、表面电荷、制备材料及表面修饰物等多种因素的影响。有研究者利用聚乙二醇（polyethylene glycol，PEG）对脂质体表面进行修饰，以改善药物的理化稳定性、降低吞噬细胞的摄取从而延长体内的循环时间。2018年，美国FDA批准的首个siRNA药物Patisiran阳离子脂质体注射液（Onpattro®）利用阳离子脂质体向肝脏递送siRNA来治疗遗传性多发性神经病。此外，针对不同靶部位独特的生理特点设计的pH/温度/光敏感性脂质体、具有双重敏感性的组合脂质体、磁响应脂质体等也相继成为研究的热点。杜克大学和Celsion公司联合开发了一种温敏PEG化的多柔比星脂质体Thermo Dox®主要用于治疗原发性肝癌。Merrimack制药公司开发了一种低密度PEG化的伊立替康脂质体（Onivyde™），用于治疗转移性胰腺癌，于2015年获批上市。辉瑞和BioNTech公司基于mRNA的新冠疫苗PEG化脂质纳米制剂（Comiranty®）于2021年8月获得美国FDA批准。

二、聚合物纳米制剂

目前报道的聚合物纳米制剂的形态结构主要有球体和囊体，具体可分为**聚合体**、**胶束**和**树枝状大分子**。药物可通过物理包埋或者化学键合的方式结合到聚合物载体中制成聚合物纳米制剂。通过改变载体的组成、稳定性、响应性以及表面电荷等对聚合物纳米制剂的体内药动学行为进行调控。有研究者制备了一种可根据微环境变化实现电荷转变的聚合物纳米制剂，其本身带负电，而在酸性肿瘤微环境的刺激下可转变为带正电，电荷的翻转增加了 siRNA 的细胞摄取量，有效抑制了调节肿瘤血管生成的 Nogo-B 受体在肿瘤组织中的表达，发挥抗肿瘤治疗效果。还有研究者设计了聚合物多巴胺纳米制剂，其表面包覆有多巴胺，这使得制剂具备了光热活性，在肿瘤局部激光的作用下，聚多巴胺产生的热量可使纳米载体迅速破裂释放药物，从而使药物的释放更加精确。有研究以聚乙二醇 - 聚己内酯 [poly（ethylene glycol）-*b*-poly（caprolactone），PEG-PCL] 为载体，开发用于治疗脑胶质瘤的紫杉醇聚合物胶束，该聚合物胶束在改善了紫杉醇溶解性的同时提高了抗肿瘤效果。有研究报道了负载甲氨蝶呤的聚合物纳米粒，并以转铁蛋白和叶酸对其进行表面修饰，有效解决甲氨蝶呤跨越血脑屏障进入脑部肿瘤细胞的问题。还有研究者开发了一种以磷脂酰胆碱聚合物为载体的蛋白纳米胶囊，该聚合物纳米胶囊有效延长负载蛋白质药物的半衰期。此外，喜树碱纳米粒（CRLX101）、多西紫杉醇纳米粒（Docetaxel-PNP）、雷帕霉素纳米粒（ABI-009）等多种基于聚合物纳米载体的微粒制剂已处于临床试验阶段。

三、无机纳米制剂

无机纳米载体因具有比表面积大、表面化学性质可调节等优势而被广泛用于医药领域，其可通过物理作用力或化学键与药物结合形成无机纳米制剂。目前应用于药物制剂的无机纳米制剂主要分为**金属纳米粒**（包括磁性纳米粒、金纳米粒、铜纳米粒、氧化铁纳米粒、层状双金属氢氧化物等）、**非金属纳米粒**（包括介孔纳米粒、羟基磷灰石纳米粒、氧化石墨烯纳米粒等）。已有多个基于无机纳米载体的微粒制剂处于临床阶段，例如：有研究者制备了基于二氧化硅的无机纳米制剂，成功将细胞色素 C 递送至海拉细胞中。还有研究者制备了介孔二氧化硅包裹的锰锌铁氧体纳米球，负载多柔比星用于小鼠肿瘤的诊断和治疗。此外，还有研究者以金纳米粒负载多柔比星，探索了肿瘤细胞对该制剂的摄取以及多柔比星在细胞内的释放动力学。

四、其他类型纳米制剂

除了常见的纳米制剂，多功能智能纳米载体通过 pH 值、光照、氧化还原等环境条件的变化来控制负载药物的释放，提高了药物被释放的可控性，大幅度提高了药物的靶向性，改善药物递送效果。柯文东设计了一种多肽桥连的嵌段聚合物载体，在基质金属蛋白酶 -2（matrix metalloproteinase-2，MMP-2）过量表达的肿瘤环境中，该载体会发生去 PEG 化，而胶束表面残留的三肽序列能够促进药物在肿瘤组织的渗透和细胞对药物的摄取。复旦大学药学院陆伟跃教授研究团队与加州大学圣地亚哥分校张良方教授研究团队合作研制了一种仿生纳米制剂，该仿生纳米制剂可"绕开"脑肿瘤屏障到达肿瘤细胞，且毒副作用小，安全性高。

第二节 微粒制剂与蛋白冠

微粒制剂进入体循环后不可避免地与内源性蛋白质发生相互作用，蛋白质自发地吸附于纳米粒表面形成微粒-蛋白质的核壳结构复合物，微粒表面的蛋白质被称作"蛋白冠"。因而，微粒制剂与组织器官、细胞之间的相互作用，不是由裸露的微粒介导的，而是通过微粒外的蛋白冠介导的。蛋白冠的形成改变了微粒制剂的生物学特征，显著影响了微粒在生物体中的吸收、分布、代谢和排泄等。

一、蛋白冠的形成

血浆含有约3700种已鉴定的蛋白质，蛋白质浓度通常为60～80 g/L。微粒制剂注射到血液中会立即被蛋白质包裹，形成蛋白冠。尽管蛋白质在微粒上的吸附几乎是瞬间完成，但蛋白冠的形成是一个动态和持续过程，表现为微粒表面电晕上持续的蛋白质吸附和交换。蛋白冠的稳定性主要取决于当蛋白质吸附到微粒表面时的净结合能——吉布斯自由能（Gibbs free energy，ΔG）。与周围的生物环境相比，微粒的表面通常表现出更高的ΔG，而在蛋白质吸附的过程中，其表面的ΔG减少，有利于蛋白冠的自发形成。由于蛋白质和微粒表面具有不同的相互作用力，每个蛋白质的吸附和解吸常数不同。具体而言，紧密结合的蛋白质具有更高的ΔG，而弱结合蛋白质表现为更低的ΔG和更高的解吸能力，使蛋白冠形成表现为动态和持续的过程。

蛋白冠的形成机制主要包括：Vroman效应和协同吸附效应。蛋白质主要通过非共价键（范德瓦耳斯力、氢键、疏水和静电相互作用）与微粒表面结合，由于不同蛋白质与微粒之间的结合能力存在差异，最初吸附在微粒上的蛋白质最终会被具有更高表面亲和力的蛋白质所取代，这被称为Vroman效应。而协同吸附效应是指已经吸附在微粒表面的蛋白质可介导进一步的蛋白质吸附，发挥吸附支架的作用。因此，蛋白冠最终可分为硬冠（hard corona，HC）和软冠（soft corona，SC）（图18-2）。通常，紧密结合的蛋白质以硬冠的形式构成内层，并在随后的内吞过程中仍然吸附在微粒上，稳定性高；与硬冠相比，软冠由外层的弱结合蛋白质组成，并在生物环境中与游离蛋白质快速交换。因此，软冠为一种高度动态且松散的蛋白质层，而硬冠具有更高的结合能，表现为微粒表面的吸附不可逆。

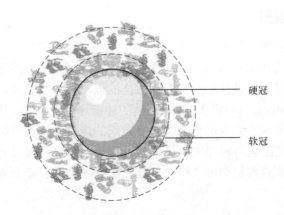

硬冠

软冠

图18-2 微粒制剂表面蛋白冠的结构示意图

二、蛋白冠对微粒的体内过程影响

（一）蛋白冠对微粒体内循环的影响

微粒体内长循环是有效递送的基础，较长的循环时间会增加微粒在靶向部位的积聚和渗透。单核巨噬细胞系统（mononuclear phagocyte system，MPS）由一系列吞噬细胞构成，包括骨髓前体细胞、血单核细胞和组织巨噬细胞，主要分布于肝、脾和淋巴结中。微粒进入体内后，可能被MPS识别并清除，进而缩短微粒的体内循环时间，影响其治疗效果。而蛋白冠的形成会显著影响MPS对微粒的清除过程。

1. 蛋白冠中调理素提高微粒免疫原性

通常而言，蛋白冠对微粒的免疫原性影响具有两面性。大多数吸附于微粒表面的蛋白质会增强微粒的免疫原性，加速微粒清除，缩短其体内循环时间，这些蛋白质被称为调理素，包括凝血蛋白、补体、免疫球蛋白、纤连蛋白等。调理素可以促进抗原呈递细胞（包括巨噬细胞、树突状细胞等）的识别和吞噬，具有调理作用。例如，免疫球蛋白G（immunoglobulin G，IgG）可以识别细胞上的Fc受体，因而蛋白冠IgG可通过识别Fc受体增强MPS的吞噬功能。补体系统在微粒清除中同样具有不可忽视的作用。补体蛋白包括补体1q（complement 1q，C1q）、甘露糖结合凝集素、无花果酶、补体3b（complement 3b，C3b）、备解素等，可以吸附在微粒上进而激活补体系统，介导MPS对纳米粒的吞噬作用。例如，在聚乙二醇（polyethylene glycol，PEG）修饰的微粒第二次静脉注射时，可观察到免疫球蛋白M（immunoglobulin M，IgM）选择性地与微粒上的PEG结合，进而激活C1q介导的补体系统，触发吞噬细胞对PEG化微粒的识别，导致微粒的加速血液清除（accelerated blood clearance，ABC）效应。此外，一些已上市的纳米药物如ferumoxytol NP（Feraheme®）、聚乙二醇化脂质体DOX（Lipodox®）和伊立替康脂质体（Onivyde®）被证明可以吸附IgG结合C3b，然后通过吞噬作用激活替代途径，发挥间接调理作用。值得注意的是，C3b沉积效率并不取决于蛋白冠中蛋白质的量。因此，蛋白冠中调理素提高了微粒的免疫原性，对微粒的长循环带来了潜在挑战。

2. 蛋白冠中逆调理素降低微粒免疫原性

逆调理素包括载脂蛋白（apolipoprotein，Apo）和白蛋白等，当其成为蛋白冠中的主要成分，有助于抑制MPS吞噬作用并延长微粒的体内循环时间。这是由于逆调理素对细胞表面的亲和力低于调理素，并且逆调理素会抑制调理素的进一步吸附或覆盖蛋白冠中调理素的吸附位点，从而逃避免疫监视。其中，白蛋白是血清中最丰富的蛋白质，也是各种类型微粒的蛋白冠中的常见成分，这些微粒被证明具有低免疫原性和长循环时间。尽管逆调理素降低微粒免疫原性的作用显著，但是蛋白冠中某些逆调理素仍然可以被MPS识别。这是由于MPS细胞上表达的一些受体或配体可以与逆调理素相互作用，并介导调理素非依赖性吞噬作用。例如，ApoA-I和ApoE可以与单核巨噬细胞上的清道夫受体结合。此外，在制剂制备过程（去溶剂化、乳化、喷雾干燥、白蛋白结合技术、共价或非共价修饰等）中，逆调理素的构象变化也会使微粒更容易被MPS识别到。白蛋白在与层状硅酸盐微粒结合后，其将经历构象变化，以暴露结构域 I 和 / 或 II 中的隐性表位，其可以被 A 类清道夫受体识别，并增强MPS对层状硅酸盐微粒的摄取。尽管已明确逆调理素能够降低微粒的免疫原性进而延长微粒的体循环时间，但其作为蛋白冠与受体结合并进行细胞转运的机制并不明确，还需要进一步探索。总体而言，蛋白冠中的调理素和逆调理素通过竞争结合影响微粒的循环时间，蛋白冠中的调理素和逆调理素会通过竞争结合微粒，进而调节微粒在MPS吞噬细胞和血液循环之间的平衡。

（二）蛋白冠对微粒靶部位积累的影响

微粒在靶部位的积累主要与其大小和/或形状有关。蛋白质会吸附在微粒上形成蛋白冠，进而导致微粒大小和或形状发生变化，有的是形成单层吸附，将蛋白质的疏水部分暴露于微粒上，而大部分为多层吸附。并且，覆盖蛋白冠的微粒可进一步形成由蛋白质介导的聚集，甚至在血液中产生沉淀。例如，有研究者构建了单个蛋白质在纳米粒（约为50 nm）上吸附和展开的模型，牛血清白蛋白在表面积为7500 nm^2 的纳米粒上吸附后，白蛋白之间的相互作用引起了300多个纳米粒的聚集，从而显著改变了所构建的纳米粒的大小。因此，蛋白冠的形成会改变微粒的大小和形状，从而影响其在靶部位的聚集。在肿瘤治疗中，微粒可利用高通透性和滞留（enhanced permeability and retention，EPR）效应在肿瘤组织中聚集，而蛋白冠形成后，微粒的粒径可能大于渗漏血管和孔隙的直径，从而显著减弱EPR效应。此外，大小和形状的改变还会影响微粒在靶部位的进一步渗透和分布。尽管有研究者提出，蛋白冠增加微粒的粒径也可能提高其在靶部位的滞留，但有待进一步的研究和论证。

（三）蛋白冠对微粒细胞内化的影响

蛋白冠对微粒细胞内化的影响主要分为三种途径。首先，蛋白冠形成后微粒的Zeta电位降低且亲水性增强，可能会阻碍微粒与细胞膜之间的黏附和相互作用，从而抑制细胞对微粒的摄取。其次，蛋白冠可能会阻碍微粒与细胞表面受体的相互作用。有研究者发现，细胞穿透肽（TAT）可以促进细胞对微粒的摄取，然而利用TAT肽修饰的聚乙二醇化脂质体与不含TAT肽的脂质体相比，药动学参数和生物分布没有显著变化，表明TAT肽的活性部分被蛋白冠覆盖后失去细胞穿透能力。最后，蛋白冠中的某些蛋白质在细胞表面具有相应的受体，促进细胞内化。有研究者通过合成选择性器官靶向（selective organ targeting，SORT）分子来制备脂质纳米粒，PEG脂质作为纳米粒的组分之一，解吸后暴露SORT分子，使ApoE可以吸附在纳米粒上形成蛋白冠，而ApoE与肿瘤细胞高度表达的低密度脂蛋白受体（low density lipoprotein receptor，LDL-R）相互作用，导致吸附了ApoE蛋白冠的纳米粒在肿瘤细胞中聚集显著提高。由于受体介导的内吞作用是细胞内化的主要途径，第三种途径被认为是影响细胞内化的关键因素。

三、改善蛋白冠对微粒不利影响的策略

（一）减少微粒表面的蛋白质吸附

当蛋白冠中主要成分是调理素时，会诱导MPS清除并缩短微粒在体内的循环时间。因此，减少蛋白冠在微粒表面的吸附是延长微粒体内循环时间的有效途径。迄今为止，已有包括PEG化微粒、两性离子包裹的微粒和生物膜涂层微粒在内的多种设计策略。PEG可以在微粒表面形成水化层，利用空间位阻阻碍蛋白质吸附，是常用的微粒吸附策略。有研究者合成了聚乙二醇化纳米粒，发现80%的纳米粒表面没有结合蛋白质，表明PEG化可以有效减少蛋白质吸附并抑制蛋白冠形成。然而，随着研究的深入，研究人员发现了PEG化

的"ABC效应"和"PEG困境"。"ABC效应"是指PEG化微粒在首次注射时表现出循环时间延长，但在第二次注射后PEG化微粒表现为迅速清除，这是因为第一次注射后会产生特异性抗PEG的IgM，促进PEG化微粒在血液中被MPS清除；而"PEG困境"是指PEG化微粒在增加表面空间位阻减少蛋白质吸附的同时也阻碍了与细胞的相互作用，减少细胞内化。因此，PEG化可能不是减少蛋白冠形成的最佳策略。

采用两性离子材料包裹微粒是减少蛋白质吸附的另一有效策略。由于蛋白冠的形成受到微粒表面电荷的影响，而两性离子材料因带正电和负电的部分相邻而显中性，因此表面蛋白质吸附较少。此外，水分子和两性离子材料荷电基团之间的库仑力会形成高水合作用，也可阻碍蛋白质在微粒表面的吸附。在白蛋白溶液和全血清中，通过在量子点表面包裹一种两性离子材料——磺基甜菜碱（sulfobetaine，SB），有效减少了量子点表面的蛋白质吸附。但是两性离子可能只能防止硬冠的形成，而蛋白质依然能够以软冠的形式可逆地吸附在具有两性离子包裹层的微粒上。

此外，生物膜涂层也被证实可以减少微粒上的蛋白质吸附。有研究者采用红细胞膜包裹上转化纳米粒（up-conversion nanoparticle，UCNP），发现该纳米粒在人血浆中孵育4 h后的粒径没有显著变化，并且其表面的蛋白质成分在孵育后未发生改变。还有研究者采用白细胞和肿瘤细胞的生物膜包裹纳米粒，发现具有生物膜涂层能够延长纳米粒的体内循环时间。因此，采用细胞膜包裹微粒，能够利用仿生性能有效减少内源性蛋白质的吸附，逃避MPS清除并延长体内循环时间。

（二）提高逆调理素在蛋白冠中的比例

当蛋白冠中同时存在调理素和逆调理素时，增加逆调理素比例也是一种降低微粒体内清除率的有效策略。通过对微粒表面进行修饰以吸附特定的逆调理素，提高蛋白冠中逆调理素的比例，减弱MPS的识别和吞噬作用，可有效延长微粒的体内循环时间，促进其在靶部位的积累。PEG化被证实不仅能够减少蛋白冠的形成，还能够增强特定蛋白质在微粒上的吸附。将PEG化二氧化硅纳米粒与胎牛血清（fetal calf serum，FBS）孵育，发现血清白蛋白和血红蛋白是该微粒上蛋白冠中含量最高的蛋白质，有效减少了巨噬细胞对纳米粒的吞噬作用，而将血清白蛋白和血红蛋白预涂到PEG化二氧化硅纳米粒表面也得到了类似的结果。还有研究发现，采用聚乙烯亚胺包裹的银纳米粒与牛血清白蛋白（bovine serum albumin，BSA）之间的强相互作用，使得该纳米粒在IgG溶液中保持稳定，从而延长了其体内循环时间。因此，血清白蛋白和血红蛋白作为逆调理素吸附在微粒表面降低了MPS对微粒的吞噬作用。

四、微粒表面蛋白冠的潜在应用

蛋白冠可通过调控微粒尺寸、表面电荷和改变自身比例提高微粒靶向蓄积的能力。首先，利用蛋白质吸附获得尺寸适宜的微粒，可有效实现靶组织的聚集。有研究将聚己内酯与胶原酶Ⅳ连接自组装形成纳米粒，在其表面吸附凝聚素形成"人工蛋白冠"，最终得到凝集素包裹的纳米粒。由于凝集素受体即低密度脂蛋白受体相关蛋白在巨噬细胞谱系细胞中表达较少，因此凝集素包裹减少了纳米粒在肝脏和脾脏中的分布，同时提高了纳米粒在靶组织中的聚集。还有研究将BSA包裹于阳离子聚合物胶束表面得到粒径为150～200 nm的纳米胶束，不仅有效阻止了调理素蛋白的吸附，还能够通过特异性结合内皮细胞上表达的白蛋白受体gp60，实现内皮细胞聚集。其次，蛋白冠通过改变微粒表面电荷也可以有效增强其在靶组织的聚集。有研究设计了氨基封端的正电荷（+9.4 mV）纳米粒，将其与人血浆相互作用后得到表面为负电荷（-10 mV）的纳米粒。人血浆蛋白吸附改变了纳米粒的体内命运，使纳米粒在肺部特异性累积。尽管其潜在机制尚不清楚，但蛋白冠通过转变微粒表面电荷增强其在组织中积累的应用值得进一步探索。最后，通过改变蛋白冠中调理素和逆调理素水平可改变微粒的组织蓄积行为。有研究采用磁热调节的方法定量控制磁性氧化铁纳米粒的蛋白冠组成，通过提高逆调理素/调理素的比例有效提高纳米粒在靶组织中的蓄积水平，并减少肝脏和脾脏中的积聚。

利用蛋白冠的形成可为实现微粒在肿瘤靶向、免疫治疗和肿瘤诊断中的作用提供新策略。通过选择合适的材料构建微粒以吸附特定的蛋白质，可更好地发挥微粒在体内的作用，包括延长微粒体循环时间，增强靶向部位积累、渗透以及提高细胞内化水平。与肿瘤免疫疗法类似，具有特异性蛋白质涂层的微粒还可以增强免疫活性。此外，在不同类型肿瘤中微粒形成蛋白冠的特异性蛋白质不同，因而可作为新型肿瘤诊断生物标志物。

第三节　微粒制剂与血管内皮的相互作用

微粒制剂血管内给药后的行程可分为循环、边缘化、血管内皮黏附和内化四个阶段。微粒制剂在血管中的循环时间高度依赖于上述单核巨噬细胞系统的调理作用。根据蛋白冠形成的机制可知，微粒表面特性（例如电荷）在蛋白质吸附中起着至关重要的作用，这反过来又影响微粒制剂的药代动力学特征和生物分布。阳离子微粒在循环中清除速率快，清除程度高；相比之下，中性微粒以及带有轻微负电荷的微粒显示出显著延长的半衰期。

一、微粒制剂的血管内流体动力学

当微粒制剂在血液中循环时不可避免会与血管内皮发生相互作用。其中，边缘动力学即对微粒向内皮的横向漂移的动力学描述，是微粒制剂设计中非常重要的考虑因素。微粒与血管内皮的相互作用有利于主动靶向策略中粒子-细胞结合和受体-配体作用。而在病灶组织中，微粒向内皮的横向漂移能够通过有间隙的脉管系统外渗。血管中微粒的流体动力学高度依赖于结构的尺寸和几何形状。已有研究表明，具有传统球形几何形状的微粒表现出最小的横向漂移，并且不太可能边缘化到血管壁并与内皮细胞建立接触/结合点。因此，循环中微粒的血液流变学特征对特异性位点的递送几乎没有作用，除非施加特定的外力，例如磁引导。

已有多种策略被设计出来用于增强微粒制剂与血管内皮的相互作用和病灶部位外渗。研究表明，非球形颗粒在血液流动中表现出翻滚和滚转动力学特性，其横向漂移速率与微粒的长宽比成正比。球形微粒沿平行和远离血管壁的方向流动，而具有椭球体几何形状的微粒能够从容器的一个壁到相对的壁翻滚和振荡。在控制流体动力的条件下进行平行板流室实验，结果表明，盘状微粒比半球形和球形微粒更容易边缘化到血管壁上（图18-3），该发现为非球形微粒制剂的设计提供了合理的基础。已有大量研究进一步开发了新型多级递送载体。通过将含药物的纳米颗粒封装在由介孔硅组成的载体内，能够克服微粒制剂在血

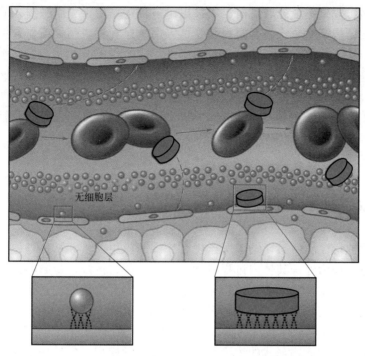

图18-3　不同大小和形状的微粒制剂与血管内皮的相互作用

管内遇到的生物屏障，实现药物的位点特异性递送。还有研究采用光刻方法制备了各种多孔颗粒，例如半球形和盘状微粒，尺寸范围从纳米级到微米级，并采用合理的设计方法，考虑最大边界和牢固附着力，以获得理想几何形状的微粒。数学模型结合体内外试验证明，盘状微粒具有最有利的边缘动力学。鉴于其能够克服几种不同的生物屏障，包括负载药物的有效保护、血管内皮壁边缘化、病灶部位积累和药物的控制释放，多级递送载体已广泛用于化疗和RNA干扰治疗。

二、微粒制剂经血管内皮外渗

微粒用于药物递送的有效性在很大程度上来自于其在损伤、感染和炎症部位特异性聚集的潜力，而血管内皮间隙的存在和微粒制剂与血管内皮的相互作用是实现微粒制剂被动靶向的基础。EPR效应在肿瘤中非常明显，即指一些特定大小的微粒（如脂质体、纳米粒以及一些大分子药物）更容易渗透进入肿瘤组织并长期滞留（和正常组织相比）的现象。其产生原因即为肿瘤混乱和无序的血管系统，表现为血管内皮细胞间隙较大、血管壁平滑肌层和血管紧张素受体功能缺失，且肿瘤血管的这一特征并非其所独有。因而，针对肿瘤新生血管在结构与形态上与正常血管的不同，开发能够增强微粒制剂经血管内皮外渗进而在特定部位积累的策略，是提高药物治疗效果的有效手段。

尽管EPR效应可能导致微粒制剂经血管内皮外渗并在肿瘤组织积累，但肿瘤内间隙流体压力较高，不利于微粒渗透进入瘤内。这是由于局部肿瘤微环境和脉管系统不同于正常组织，小分子和溶质沿梯度进出血管所必需的正常静水压和渗透压都受到严重损害，并且肿瘤细胞的高度侵袭性和复制性导致淋巴引流不良，形成了广泛的纤维化和致密的细胞外基质，导致肿瘤间质液压力升高。肿瘤内压力阻止了大分子和微粒向肿瘤深部区域的渗透，导致化疗药物递送效果不理想。目前已经提出了多种策略用于克服肿瘤高间质液压力，其中肿瘤血管正常化是策略之一。有研究者尝试采用抗血管生成药物或血管生成药物使肿瘤相关血管正常化，以促进药物、聚合物-药物偶联物和纳米粒向肿瘤深部扩散。而血管内皮生长因子也可提高小鼠肿瘤模型中纳米粒的递送效率。此外，大幅降低肿瘤中胶原蛋白密度也是一种克服肿瘤高间质液压力以增加微粒积聚的策略。有研究者采用血管紧张素Ⅱ受体拮抗剂和抗纤维化剂-氯沙坦，抑制癌相关成纤维细胞产生Ⅰ型胶原，进而有效改善负载多柔比星的脂质体在肿瘤中的积累和疗效。

第四节　微粒制剂的体内分布、代谢、排泄过程

微粒制剂的独特性质使其在纳米医学中有广阔的应用前景，从体外诊断分析到体内局部成像、药物输送和治疗，其体内过程包括分布、代谢、排泄，是影响其有效性和安全性的重要因素，决定了微粒制剂能否成功应用于临床，尤其是微粒制剂在病灶部位和其他组织中的蓄积情况。针对微粒制剂体内过程的研究，目前主要采用测定血浆/组织中的游离药物浓度、载体结合药物浓度或总药物浓度来计算微粒制剂的药动学参数。根据研究目的、方法和结果，采用不同药物形式的浓度数据建立药动学模型，定量描述并预测微粒制剂的体内分布、代谢和排泄，为临床用药剂量调整及不良反应的预测提供指导，通常情况下以微粒制剂的体内总药物浓度计算获得的药动学参数来描述微粒制剂的体内过程。

当药物有效负载于微粒制剂内，则表现为与微粒制剂类似的命运。而当药物在体循环中持续释放，则表现为不同的药动学行为。值得注意的是，只有游离药物而非负载的药物才能引起药效和毒效作用。尽管微粒制剂有预先设计的药物释放方式，但在许多药动学研究中已经观察到药物过早释放的情况，这与体外观察到的药物缓释形成了鲜明的对比。有研究表明，负载紫杉醇（PTX）的mPEG-PCL和mPEG-PDLLA胶束中PTX的消除半衰期比上市制剂（Taxol®）更短。而进一步研究通过同时跟踪PTX和聚合物胶束证实PTX从胶束中快速释放，因为PTX在注射后几十分钟内显示出比聚合物胶束更快的消除速率。据报道，在静脉注射负载PTX的聚合物胶束15分钟后，不到1%注射剂量的PTX仍留在血浆中，而同时超过10%的聚合物仍留在血浆中。PTX和聚合物的消除率差异与它们不同的消除途径一致。研究表明，放射性标记的PTX通过胆道途径迅速被清除，而聚合物则是通过尿液排泄。

微粒制剂中的药物理论上在微粒分解的情况下才会迅速释放，然而事实证明，在不稳定的聚合物胶束（例如mPEG-PDLLA和mPEG-PCL胶束）、稳定的聚合物胶束（例如mPEG-PS胶束）和聚合物纳米粒（例如mPEG-PCL纳米粒）中都观察到了药物的快速释放。有研究者采用聚集荧光猝灭（aggregation-caused quenching，ACQ）探针检测了微粒的体内药动学，并与其负载药物的药动学进行比较，结果表明静脉注射后药物的清除速率比微粒快得多，且药物的总清除率也比微粒高得多。微粒尺寸小却具有较大的比表面积和较短的扩散距离，这被认为是导致药物在体内快速泄漏的原因之一，但这并非主要因素，因为药物在体外释放可能会慢得多。而微粒与蛋白质和其他血液成分的相互作用在导致药物释放中发挥着更重要的作用。许多血浆蛋白如白蛋白和脂蛋白对多种药物实体具有高亲和力。强烈的蛋白质-药物相互作用可以将被包裹的药物与微粒分离。血浆蛋白通过插入微粒直接

与负载的药物接触，从而加速药物提取或释放。微粒制剂与血浆孵育后密度梯度离心证实了蛋白质-药物的相互作用。而另一方面，微粒制剂表面形成的蛋白冠可以保护微粒并阻碍药物释放。除了蛋白质外，内源性磷脂和细胞膜也在一定程度上导致负载药物的快速释放。下面将微粒制剂分为脂质纳米制剂、聚合物胶束、金纳米粒和磁性纳米制剂四类分别介绍体内的分布、代谢、排泄过程。

一、脂质纳米制剂

脂质纳米制剂能够封装不同性质的药物分子，具有改善药物溶解度、延长体内循环时间和药物靶向递送的优势。脂质是生物体的重要组成成分，包括脂肪、磷脂、固醇类等，其中磷脂、固醇类是生物膜的主要组成成分，与其他纳米制剂相比，基于脂质的纳米药物具有良好的生物相容性和可生物降解性，脂质纳米载体的毒性和免疫原性低，在治疗多种疾病的临床实践中具有巨大潜力。脂质纳米制剂是纳米药物临床转化的领导者，目前上市的纳米药物大多数是以脂质体、脂质纳米粒（lipid nanoparticle，LNP）为代表的脂质纳米制剂，被广泛用于癌症治疗、病毒或真菌感染、镇痛、基因递送等领域。

尽管纳米药物的研究与开发历经几十载，但其体内递送过程与生物体之间的相互作用仍未完全明确。脂质纳米制剂临床应用或在研产品大多数采用注射途径给药，脂质纳米载体负载药物进入全身血液循环（或由淋巴回流进入全身血液循环）后向病灶部位转运，涉及体内过程极其复杂。脂质纳米载体不仅通过改变负载药物的药动学、生物分布、胞内递送、释放、代谢和排泄等特征影响药物的体内性能，其作为外源性"颗粒"，自身也会与机体互作产生复杂的生物学效应，影响脂质纳米制剂的临床转化。长循环多柔比星脂质体可以有效降低游离多柔比星注射相关的心肌毒性，但长期注射会产生手足综合征、注射反应等机制不明的不良反应，多种脂质纳米制剂（包括mRNA新冠疫苗）临床使用过程中可产生超敏反应等，这些副作用均与脂质纳米载体与机体的互作相关。随新冠mRNA疫苗的广泛接种，有临床数据显示该疫苗可诱导产生自身免疫性肝炎，但相关机制尚不明确。脂质纳米制剂在体内转运过程中，通过吸附血液、组织液或胞质中内源性大分子（蛋白质、脂质等）形成"生物冠"，很大程度上影响了脂质纳米制剂与机体的相互作用。且由于生物冠的组成极为复杂，增加了脂质纳米制剂体内生物学效应的不确定性。脂质纳米制剂多数是自组装系统，其体内的完整性较难实时动态追踪，主要组成成分（磷脂、胆固醇等）与细胞膜类似，探究其与细胞以及组织之间的相互作用较为困难，缺乏深入系统研究。因此，理清脂质纳米药物体内过程，揭示相关生物学效应，通过脂质纳米载体的设计、机体生理病理环境调控等手段，精准调控脂质纳米载体体内过程，将极大助力脂质纳米制剂的临床转化。

（一）生物分布

除最常见的静脉给药（静注、推注）途径外，脂质纳米制剂作为药物递送载体的潜力已通过多种给药途径得到广泛探索，如口服、注射（皮下、皮内、肌内）、经鼻吸入和滴眼等，但无论采用何种途径给药，脂质纳米制剂都会通过血液或淋巴循环进入靶组织和非靶组织。口服给药的脂质纳米制剂通过肠道黏膜黏附、跨黏液层易位后，被派尔集合淋巴结M细胞内吞经淋巴进入血液循环。肌内注射的脂质纳米制剂少数通过毛细血管渗透进入血液循环，大部分被注射部位的毛细淋巴管吸收，未被淋巴结捕获的脂质纳米制剂会通过淋巴循环进入血液。经鼻腔吸入和滴眼等黏膜给药的脂质纳米制剂虽然大部分在局部发挥药效，但是少量也会通过鼻黏膜和视网膜进入血液。

脂质纳米制剂经不同的吸收途径或直接静脉输注进入血液循环后，表面的吉布斯自由能较高，导致血浆中的生物分子（蛋白质、脂质、碳水化合物）顺势能梯度吸附在其表面形成生物冠。由于蛋白质是血浆中含量最高的固体成分，因此血液循环的脂质纳米粒吸附的生物分子以蛋白质为主。丰度较高的血浆蛋白快速结合在脂质纳米制剂表面，并随着时间的推移逐渐被表面亲和力更高的蛋白质所取代。形成蛋白冠后，部分脂质纳米制剂被循环中的白细胞吞噬，并迁移至其他区域，其余脂质纳米制剂随血液循环至全身各处。

血液循环的脂质纳米药物有多种血管外渗途径。在生理状态下，不同器官的毛细血管存在大小不一的间隙，允许特定大小的纳米粒从血液中逸出；而通过配体直接修饰或间接吸附功能性血浆蛋白后，脂质纳米制剂可通过血管内皮细胞对应的膜受体介导的内吞转运出血管。由于血液循环中白细胞具有吞噬、趋化能力，在外周血中可直接捕获脂质纳米制剂，并携带其外渗出血管进入组织。同时，在中性粒细胞外渗的过程中，血管壁被短暂打开，造成纳米粒随之顺浓度梯度外渗。经血管外渗对脂质纳米制剂在靶组织（如肿瘤）的富集和发挥药效至关重要，但是在非靶部位的渗透也可能引发意料之外的不良反应（如多柔比星脂质体的皮肤毒性）。外渗出血管后，脂质纳米制剂进入了充满间质液的细胞外基质（extracellular matrix，ECM）。ECM是由胶原蛋白、糖胺聚糖、纤连蛋白、层粘连蛋白和其余糖蛋白组成的非细胞三维大分子网络，其网状结构阻止大粒径脂质纳米制剂的渗透和与细胞的进一步接触。

由于脂质纳米制剂结构与组成与细胞膜类似，可直接通过膜融合方式进入细胞并释放负载的药物。表面靶分子修饰、吸附功能性血浆蛋白或调理素的脂质纳米制剂可以通过受体介导的胞饮作用（网格蛋白依赖性、小窝蛋白依赖性和巨胞饮等）进入细胞并发挥药效或产生免疫反应。通过网格蛋白介导入胞的脂质纳米制剂开始位于早期内涵体囊泡，随后融合形成内体分选转运复合物，并转移至溶酶体；而通过小窝蛋白依赖性内吞作用入胞的脂质纳米制剂开始会进入非溶酶体的亚细胞隔间中，最终扩散到细胞质中并进入高尔基体和内质网。通过巨胞饮途径内化的脂质纳米制剂有两种转运途径，其中少量脂质纳米制剂从巨噬小体转运到内吞循环室，最终分泌到细胞外；而大多数药物直接进入晚期内体，并被溶酶体降解或通过内质网-高尔基体途径或外泌体分泌途径转运出细胞。

（二）降解、代谢和排泄

外周血中的脂质纳米药物主要通过肾脏和肝胆代谢两种途径从血液循环中消除并从体内清除。在血液循环过程中，部分脂质纳米制剂在生物酶的作用下降解为碎片，通过肾脏的过滤后从尿液排出体外；未被降解的脂质纳米制剂在血液循环中吸附调理素蛋白，快速地被肝脏非实质细胞内吞（肝窦内皮细胞、Kupffer细胞），随后被溶酶体中的水解酶降解并最终随胆汁排泄到肠道中。

二、聚合物胶束

聚合物胶束进入循环后面临复杂的情况，其中血液稀释会立即降低聚合物浓度并促使胶束分解，当聚合物浓度降至临界胶束浓度（critical micelle concentration，CMC）以下时胶束解体。为了探索血液稀释的潜在影响，有研究者在低/高剂量下使用放射性标记聚合物，以获得稀释后覆盖其CMC的最终血浆浓度范围。结果表明高剂量的聚合物胶束在血液中保留了很长一段时间，而单聚体则很快从血液中清除。然而，不稳定的胶束可能在浓度稀释后低于CMC也有很长的循环半衰期，推测可能是聚合物胶束内核的疏水特性部分延缓了聚合物胶束的分解。基于圆二色谱测量的研究表明，CMC较低的聚合物胶束对血浆稀释具有较高的稳定性，但当稀释溶液的浓度下降到接近其CMC时，聚合物胶束容易解离和酶/水解降解。进一步的研究表明，CMC在决定聚合物胶束的组装状态以及它们在体内的疗效和毒理学方面起着关键作用。**荧光共振能量转移**（fluorescence resonance energy transfer，FRET）是研究聚合物胶束体内稳定性的有效工具。有研究者将具有FRET效应的试剂对包裹于mPEG-PDLLA胶束中，发现能量转移效率在给药后15 min内急剧下降，而将FRET试剂对荧光团共轭到共聚物上，同样发现超过给药剂量50%的mPEG-PCL-FRET胶束在静脉给药后15 min内解离，表明聚合物胶束的解体以及和血液成分（如a球蛋白和b球蛋白）的相互作用是导致聚合物胶束解体的主要因素。除了聚合物胶束与血清蛋白之间的相互作用外，血流产生的剪切力也促进了聚合物胶束的快速分解，这可能是由于聚合物胶束与单聚体或其他两性化合物之间发生了链交换。

（一）生物分布

绘制聚合物胶束、聚合物材料和负载药物的生物分布图对理解药理学和毒理学机制具有重要意义。比较聚合物胶束、聚合物材料和负载药物的生物分布，可揭示与药物释放或运载工具解体有关的重要定性信息。利用常规的放射标记或荧光标记策略，可研究聚合物材料和负载药物的生物分布，然而缺乏准确的监测手段导致聚合物胶束的生物分布研究进展非常缓慢。放射性标记通常用于示踪聚合物，例如通过与^{111}In螯合，并采用单光子发射计算机断层成像（single-photon emission computed tomography，SPECT）实时成像示踪聚合物的体内生物分布。研究发现，^{111}In-Pluronic F127在静脉给药后，在血流丰富的器官如肝脏、肺、肾脏和心脏中迅速积累，而在静脉给药24小时后，在除肝脏外的其他器官中发现少量摄取。mPEG-PCL也观察到类似的生物分布，主要分布于脾脏和肝脏中。正电子发射体^{18}F氟乙基化使PEG化HPMA - 甲基丙烯酸十二烷基酯在体内的生物成像能够通过无创正电子发射断层成像（positron emission tomography，PET）获得高空间分辨率，在给药后2小时主要分布在主动脉以及包括肝脏、肺和心脏在内的血流丰富的器官中。

然而，放射性标记仅仅可用于示踪聚合物的体内生物分布而非完整的聚合物胶束，因为放射性信号不能区分聚合物胶束和单聚体。通过将ACQ探针物理封装到mPEG-PDLLA胶束中，成功地示踪了聚合物胶束的生物分布。除了MPS外，还罕见地发现聚合物胶束在肢体组织（如肢体和鼻子）的增加积累。体外研究发现mPEG-PDLLA胶束在肝脏、脾脏和肺中聚集，这与上述放射性标记示踪的聚合物生物分布情况相似，而差异在于聚合物胶束在肺中高浓度长时间聚集。这些器官的高积累可能是由于MPS对聚合物胶束的"隔离"，因为GdCl$_3$阻断Kupffer细胞的吞噬而显著降低了聚合物的肝脏摄取和血液清除。相反，巨噬细胞通过表面修饰加强吞噬作用明显促进了聚合物胶束在肝脏的积累。Kupffer细胞占肝驻留细胞的10%，可内吞50%的细胞内定位的共交联聚合物胶束，而肝细胞（占肝驻留细胞总数的61%）仅占30%。值得注意的是，聚合物胶束的生物分布可以通过调节其大小、形状和表面特征来实现。

（二）降解、消除和排泄

聚合物特别是含有聚酯或聚氨基酸的嵌段共聚物容易在体内被酶水解或降解。降解率受pH、介电常数、温度、酶活和浓度的影响。尽管酸和碱有助于水解，但酶在中性pH下的生理培养基中更有助于共聚物降解。聚醚通常是不可生物降解的，无论是疏水的（如PPO）还是亲水的（如PEG），但只要分子量低于一定的阈值就可排泄。聚合物的降解可以发生在单体或胶束状态，并有明显的形貌变化。对于聚合物的降解已经提出了各种各样的机制，如随机分解、芯壳之间的界面侵蚀以及随后的芯侵蚀、链端水解和聚合物胶束失稳后的单体降解。然而，胶束态共聚物的降解要比单体态慢得多，这可能是由于酶难以到达疏水块或胶束内核中微环境介电常数降低，这与聚合物的降解速率通常取决于胶束稳定性、CMC和聚合物胶束与本体溶液之间的共聚物交换速率的发现一致，且单体的酶降解进一步推动聚合物胶束的解离。尽管如此，通过调节组装/分解动力学或在聚合物和酶之间引入空间位阻则可以主动抑制单体的降解，例如增加疏水块体的疏水性和分子量可以显著减弱甚至完全抑制聚合物的降解。

聚合物胶束可以通过胆汁或尿液排出，以聚合物胶束、单聚物或降解产物的形式排出体外。由于一般纳米粒尿排泄的截止尺寸为6 nm，大于该尺寸的纳米粒被肾小球保留，而整体聚合物胶束的尺寸相对较大（大于10 nm），因而尿排泄可以忽略不计。一般来说，聚合物胶束作为单聚物和降解产物，虽然传统上通过放射标记或荧光团标记可研究聚合物的消除和排泄情况，但其准确性值得怀疑，因为游离的标志物或聚合物的代谢物会产生干扰。而液相色谱-四极杆飞行时间串联质谱（LC-Q-TOF/MS）方法可用来准确监测静脉给药后血浆中的聚合物及其降解产物。利用该手段研究聚合物胶束的排泄，结果表明mPEG-PDLLA在尿液中检测不到，而超过40%的聚合物作为PEG片段被肾脏清除，mPEG-PDLLA（＜0.2%）或PEG（＜0.8%）的胆汁排泄量有限，而TPGS的胆道排泄高得多，占给药剂量的8.72%。

三、金纳米粒

金纳米粒作为一种金属纳米载体在应用研究中得到了越来越多的关注，其中PEG修饰的金纳米粒应用最为广泛，PEG修饰可延长金纳米粒在体内的循环时间，降低肝、肺、脾等组织的网状内皮细胞的摄取，而增加靶组织的摄取。对作为药物载体的金纳米粒的体内药动学进行研究，发现其在血浆中的C_{max}和AUC呈现剂量相关性，且粒径较大的金纳米粒半衰期更短。进一步研究发现，阳性金纳米粒的C_{max}显著低于带有其他电荷的金纳米粒，而带电金纳米粒的清除率显著高于中性金纳米粒，且带电金纳米粒由于无法通过腹膜屏障不易被吸收。另外，采用PEG短链修饰的金纳米粒更适合作为药物载体改善药物的体内分布。需要注意的是，在药物未脱离载体之前，微粒制剂的药动学行为与载体基本一致，因此可认为上述关于金纳米粒的药动学研究结果同样适用于金纳米制剂。有研究者利用大鼠血浆及不同组织的金纳米粒浓度建立了生理药动学模型，用于定量描述金纳米粒在大鼠体内的分布情况，包括肝脏、脾脏、肾脏和肺的摄取行为，同时对PEG修饰的具有相似粒径的金纳米粒的药动学行为进行预测，并证实预测结果的可靠性。

金纳米粒在诊断和治疗中有广泛的应用。当暴露在光照下时，金纳米粒在其表面经历电子振荡，这种性质被称为表面等离子体共振。金纳米粒可产生强烈且稳定的散射光，因此可将其作为成像工具。此外，金纳米粒的光学性质可以根据其大小和核壳比进行调整，这一特征使它们可用于光热消融治疗。有研究者设计了具有110 nm二氧化硅内核和10 nm金壳的金纳米粒，吸收近红外范围内的光用于小鼠肿瘤的热治疗。在这个范围内，光可以穿透正常组织，对非癌细胞的损害最小，对肿瘤的损害最大。金纳米粒易于被靶头和细胞穿透肽等配体功能化，是药物和基因递送的良好载体，其可提高治疗药物的靶部位聚集，从而减少全身副作用，提高治疗效果。但是，金纳米粒在临床使用之前必须进行全面的安全性研究。

（一）生物分布

1. 粒径的影响

一般而言，尺寸较小的微粒相比于较大的微粒能够扩散至更多的器官。10 nm、50 nm、100 nm金纳米粒的溶液放置后，颜色从红色变为到蓝色，表明颗粒发生聚集。对大鼠静脉注射10 nm、50 nm、100 nm和250 nm球形金纳米粒，24 h后采用电感耦合等离子体质谱法（inductively coupled plasma mass spectrometry，ICP-MS）测定各器官中的金含量，结果表明10 nm粒子的分布最广，而较大的金纳米粒大多局限于血液、脾脏和肝脏。尽管在大脑中也检测到了10 nm的金纳米粒，但无法判断这些金纳米粒是否能够穿过血-脑屏障。还有研究者评估了小鼠静脉注射15 nm、50 nm、100 nm和200 nm的金纳米粒后的生物分布，结果同样表明15 nm的金纳米粒分布最广泛，并在大脑检测到15 nm的金纳米粒。由此推测，小尺寸的金纳米粒具有跨过血-脑屏障的潜力。大鼠体内静脉注射单磺化三苯基膦（TPPMS）修饰的1.4～200 nm的金纳米粒，并检测其生物分布。结果表明，随着尺寸的增加，其在肝脏中的积累也在增加。尽管小尺寸的粒子（5 nm）比大尺寸的粒子（50 nm）具有更高的比表面积，但5 nm的金纳米粒太小，具有较高的扩散位移速率（510 nm/ms），由于位移速率太大而无法与Kupffer细胞受体结合。相比之下，50 nm的金纳米粒位移速率仅为160 nm/ms，不会影响其与细胞受体结合。然而，脾脏中聚集的金纳米粒尺寸包括1.4 nm、5 nm、18 nm、80 nm和200 nm，并没有显示出尺寸依赖性。当表面采用羧基修饰后，2.8 nm的金纳米粒显示出明显更高的脾脏积累，推测可能是因为带负电荷的羧基化金纳米粒经历了不同血清蛋白结合模式。总体而言，在1.4～5 nm范围内，肾脏、心脏和大脑等器官的积累随着粒子尺寸的减小而增加，但在直径18～200 nm范围内，粒子的组织器官滞留没有表现出尺寸大小的依赖性。在5～18 nm范围内，粒子的血液潴留最小，但在18～200 nm范围内，血液潴留随着粒径的增加而增加，在1.4～5 nm范围内，血液潴留随着粒径的减小而增加。进一步研究发现，与血清相比，直径为18 nm或更大的粒子在血细胞中的保留率更高。5 nm的金纳米粒平均分布在血清和血细胞中，而血液中约75%的1.4 nm的金纳米粒分布在血清部分，25%分布在血细胞部分。该结果表明，不同大小的粒子与血液相互作用的成分不同，较大的粒子倾向于与单核细胞和血细胞结合，而较小的粒子易于与血清蛋白结合。

长期安全性研究有助于了解金纳米粒随时间的体内分布情况及其积累对器官的影响。一项为期6个月的研究评估了静脉注射40 nm的金纳米粒在小鼠肝脏中的生物分布情况。采用自动金相染色法追踪粒子的体内分布，并使用ICP-MS测定肝脏中的金含量，结果表明金纳米粒在Kupffer细胞的囊泡中聚集和积累。金属自动染色细胞的数量在1个月后减少了1/3，并在3个月和6个月后继续减少，这可能是因为附近的Kupffer细胞吞噬了其他被纳米颗粒破坏的Kupffer细胞。而与此同时，肝脏中金含量仅下降9%，表明Kupffer细胞周转缓慢，会在肝脏中长期积累。

2. 表面性质的影响

金纳米粒的表面涂层改变了其生物分布。末端为硫代酸的PEG化金纳米粒注射到已植入皮下肿瘤的裸鼠中，采用^{111}In标记金纳米粒研究其体内生物分布。结果表明，与80 nm金纳米粒相比，20 nm金纳米粒在血液中停留的时间更长，而在肝脏和脾脏中积累速率更慢。48 h后，20 nm金纳米粒在肝脏和脾脏中的积累较低，而在肿瘤和肾脏中的积累较高（图18-4）。推测其原因是小尺寸的金纳米粒表面PEG密度高，从而防止蛋白质结合并减缓从血液中的清除。还有研究者测定了4 nm、13 nm和100 nm PEG化金纳米粒静脉注射后在小鼠体内的生物分布。结果表明，相比于100 nm的金纳米粒，4 nm和13 nm的金纳米粒血液循环时间长（图18-5）。并且，4 nm的金纳米粒在肝脏和脾脏中的积累浓度高于13 nm和100 nm金纳米粒。透射电子显微镜（TEM）图像显示，肝脏中仅在Kupffer细胞中发现金纳米粒，而脾脏和肠系膜淋巴结的巨噬细胞中也有金纳米粒。此外，还有研究观察了金纳米粒注射后肿瘤和器官组织的TEM图像，结果显示肿瘤内小粒子聚集，而肝脏内大粒子聚集，表明肿瘤细胞通过内吞作用摄取颗粒，而肝细胞通过吞噬作用摄取颗粒。

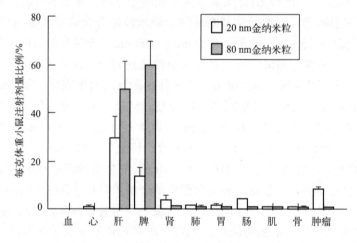

图18-4　PEG化金纳米粒在皮下肿瘤小鼠中的生物分布

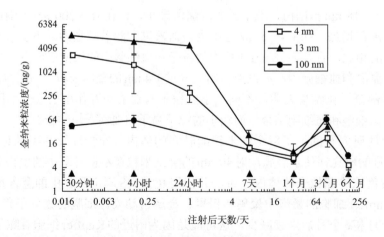

图18-5　PEG化金纳米粒在小鼠体内的血药浓度变化

3. 纳米制剂形状

PEG涂层也被证明可以延长金纳米棒中的血液循环。将PEG包覆的金纳米棒与十六烷基三甲基溴化铵稳定的纳米棒分别对小鼠静脉注射，30 min后PEG包覆的金纳米棒中总剂量的54%存在于血液中，而十六烷基三甲基溴化铵纳米棒中总剂量的30%存在于肝脏中，只有不到10%存在于血液中。进一步研究发现10 nm×45 nm纳米棒比50 nm球形金纳米粒具有更长的血液循环时间。将PEG修饰的球形金纳米粒和PEG修饰的金纳米棒经静脉注射到患有卵巢肿瘤的小鼠体内，发现纳米棒的肝脏摄取减少，血液循环时间延长，并且肿瘤内的积累增加。然而，未经PEG修饰的30 nm×80 nm棒状金纳米粒在小鼠肝脏中的积累程度高于未经PEG修饰的40 nm球形金纳米粒。还有研究在静脉注射后第1天和第7天测量了球形、棒状和立方状金纳米粒（边缘为50 nm）的生物分布，发现棒状金纳米粒主要积聚在肝脏，脾脏、肺和肾脏也有少量积聚。由此推测，纳米棒只有在PEG化的情况下才会比球体表现出更少的肝脏摄取。

（二）降解、消除与排泄

金纳米粒的排泄可以通过肾脏或肝脏进行，但是还需要进一步的研究来阐明影响其排泄的因素。有研究表明，20 nm的金纳米粒从1个月开始在肾脏中积累，与尿液中金含量的下降相吻合。这可能是由于金纳米粒随着时间的推移发生聚集或与血清白蛋白结合，从而增大粒子大小，使其过大而无法通过肾小球基底膜。金纳米粒在肾脏中积累的增加会损害肾小球基底膜的通透性，从而减少金纳米粒的排泄。有研究者在静脉注射48 h后，在肾脏和肠道中检测到20 nm的金纳米粒，且其水平高于80 nm的金纳米粒，表明20 nm的金纳米粒更容易被排泄。然而，金纳米粒的胆汁排泄可能主要依赖于粒子的表面修饰而非尺寸大小。因为有研究表明，5 nm和31 nm的PEG化金纳米粒在粪便中的含量高于21 nm的金纳米粒。此外，TPPMS包裹的5～200 nm的金纳米粒的肝胆清除率与粒子大小成反比。

四、磁性纳米制剂

磁性纳米载体一般是由铁、镍、钴及其氧化物组成的复合材料，由于镍、钴等具有一定的生理毒性，因此一般选择铁氧化物磁核作为药物载体。磁性纳米载体能够携带药物，利用固定磁场的作用改善药物的体内分布，进而提高药效。研究发现，静脉注射的磁性纳米制剂在到达靶部位之前除正常的肝肾消除外，还可被单核吞噬细胞摄取清除，而电中性或负电性磁性纳米制剂以及磁性纳米载体表面的PEG化均可减少血浆蛋白吸附，从而延长总药物在体内的循环时间，提高生物利用度。有研究证实，家兔静脉注射载顺铂的磁性纳米制剂后，与顺铂的普通制剂相比，顺铂磁性纳米制剂在家兔体内的平均停留时间（mean residence time，MRT）延长，表观分布容积（apparent volume of distribution，V_d）增大，组织摄取增加。在小鼠体内的组织分布研究进一步表明，顺铂磁性纳米制剂比普通制剂在组织中停留的时间更长，给药7天后脾组织中仍有高浓度的顺铂，而普通制剂给药7天后脾组织中几乎测不到，表明磁性纳米制剂具有显著的组织滞留效应。

氧化铁纳米粒因其尺寸、磁性能、相对简单的合成方式和生物相容性在纳米医学中具有重要意义。美国FDA和欧洲药品管理局（European Medicines Agency，EMA）已经批准了几种类型的氧化铁纳米粒在临床上的应用，利用了氧化铁纳米粒的超顺磁性用于各种磁共振成像（magnetic resonance imaging，MRI）影像诊断。氧化铁纳米粒在磁场存在的情况下就能产生强磁化饱和的能力，使得它们有望成为各种生物医学应用的载体，包括肿瘤的选择性磁诱导热疗到体内细胞标记，治疗药物的磁靶向，以及基于磁共振的治疗药物体内分布的实时监测。氧化铁纳米粒由核心成分和外壳涂层两部分组成，通常核心由 Fe_3O_4 或 $\gamma\text{-}Fe_2O_3$ 组成，核心周围有一层外壳涂层以保持稳定性。总直径大于 50 nm 的被称为超顺磁性氧化铁（SPIO）纳米粒，直径小于 50 nm 的被称为超小超顺磁氧化铁纳米粒。此外，虽然许多氧化铁纳米粒是用多晶磁芯制备而成的（即由多个氧化铁晶体共同包裹在外壳涂层中），但超小超顺磁性氧化铁纳米粒的一个亚类——单晶氧化铁纳米粒，是由单个氧化铁晶体组成的磁芯。生物分布研究表明，氧化铁纳米粒主要积聚在 RES 器官中，因此它们在肝脏和脾脏等器官中可作为 MRI 造影剂。肝脏的 Kupffer 细胞摄取氧化铁纳米粒使这些含有氧化铁纳米粒的区域在 MRI 成像时呈低强度，而病变区域的功能性巨噬细胞数量较少，导致氧化铁纳米粒子摄取相对较少，因而病变区域组织与正常组织相比对比度增强。Ferumooxide（也称为 AMI-25、Feridex® 和 Endorem™）是一种葡聚糖包被的氧化铁纳米粒，粒径为 80 nm，是美国和欧洲批准临床使用的第一个氧化铁纳米粒。有研究表明，大鼠静脉注射放射性标记的铁氧化物 1 h 后发现，给药剂量的 82.6% 和 6.2% 分别积聚在肝脏和脾脏中，放射标记的铁浓度分别在 2 h 和 4 h 达到峰值。虽然放射标记的铁（用来指示氧化铁纳米粒或降解的氧化铁纳米粒）显示肝脏清除半衰期为 3 天，脾脏半衰期为 4 天，但全身清除半衰期（44.9 天）要长得多，其较长的体内清除时间可归因于氧化铁纳米粒代谢成铁供红细胞使用和铁在体内较慢的排泄速率。

（一）生物分布

随着新型氧化铁纳米粒的不断开发，最近提出了两种主要方法用于更快、更灵敏地表征氧化铁纳米粒及其偶联物的生物分布。有研究小组提出使用近红外荧光（near-infrared fluorescence，NIRF）成像替代传统放射标记的方法，因为在实验室中使用荧光扫描仪实现 NIRF 成像相对容易。将离子束与近红外荧光团结合，可以快速测量纳米粒的血清半衰期以及在离体整个器官和组织切片中的生物分布。但这种方法的主要缺点是 NIRF 成像本质上定量较少，且用近红外荧光团标记氧化铁纳米粒可能会改变它们的生物分布。还有研究表明，电子自旋共振（electron spin resonance，ESR）光谱可以在低于电感耦合等离子体发射光谱灵敏度的浓度下（10～55 nmol Fe/g）检测组织内的氧化铁纳米粒含量。由于组织中含有内源性含铁物质（血红蛋白和转铁蛋白），电感耦合等离子体发射光谱和 ESR 光谱都要求从测试样品的信号中减去对照样品的背景信号（代表组织的内源性含铁物质）以确定氧化铁纳米粒的含量。ESR 光谱本质上对氧化铁比组织中内源性含铁物质更敏感，因为氧化铁具有更高的磁化率。因此，当使用 ESR 光谱时内源性含铁物质的背景信号相对较低，甚至可以检测到组织中微量的氧化铁纳米粒。除了高灵敏度，ESR 光谱还具有检测所需组织样品量少的优点，保证剩余样品可用于其他检测项目。通过 NIRF 成像和 ESR 光谱等方法能够进一步研究氧化铁纳米粒的尺寸、表面性质和靶向能力等因素对其生物分布的影响，同时可靠地表征氧化铁纳米粒的靶向效率和在其他器官中的积累水平。

（二）降解、消除与排泄

氧化铁核心及其表面涂层都会随时间降解，因而氧化铁芯及其表面涂层的可生物降解性以及铁的新陈代谢也会影响氧化铁纳米粒的生物分布和药代动力学。有研究者分别用 ^{59}Fe 和 ^{14}C 标记氧化铁内核及其右旋糖酐涂层，示踪了内核和涂层的生物分布，结果表明右旋糖酐涂层降解后比氧化铁内核更快地消除。89% 的 ^{14}C（附着在葡聚糖涂层上）在 56 天已通过肾脏排出体外，而在第 84 天时放射标记的 ^{59}Fe 经肾脏排泄仍然很少，只有占给药剂量的 17%～22% 通过粪便排出体外。随着氧化铁内核的降解，铁可能会进入人体的铁池，这是导致铁排泄缓慢的因素之一。简而言之，铁是血红蛋白分子的必要组成部分，血红蛋白通过红细胞在全身运输，将氧气运输到各个组织器官。当氧化铁纳米粒内核在肝脏的 Kupffer 细胞内降解时，释放的铁可能与脱铁铁蛋白结合，形成铁蛋白存储复合物。当需要时，以铁蛋白形式储存的铁可以释放出来与血浆中的转铁蛋白结合，然后转移到其他组织（如骨髓），供成熟红细胞的生成。随后，衰老的红细胞在脾脏中被破坏，导致血红蛋白释放到血液。RES 中的巨噬细胞通过吞噬血红蛋白，将铁再次释放到血液中。因此，降解的氧化铁纳米粒中的铁可以在体内以这些不同的形式存在，并有助于氧化铁纳米粒的长期生物分布和清除。当长期进行放射性标记氧化铁纳米粒的生物分布研究时，血液和脾脏中放射性标记铁的浓度可能会在以后时间点再次增加。这是由于从氧化铁纳米粒内核代谢的铁掺入红细胞中，而这些红细胞在衰老时在脾脏聚集。对于氧化铁纳米粒在肝脏内降解并融入其他器官时的确切过程正在研究之中。有研究者在最近的研究中发现，氧化铁纳米粒在肝脏的 Kupffer 细胞溶酶体内降解，并以铁蛋白或含铁血黄素的形式转移到脾脏。当给予低剂量和高剂量的氧化铁纳米粒时，脾脏中与氧化铁纳米粒相关的降解产物水平保持不变，表明脾脏中储存的铁可能存在生物学极限。增加对氧化铁纳米粒降解和代谢机制的理解将有助于更好地解释观察到的氧化铁纳米粒生物分布趋势。

第五节　微粒制剂的体内命运研究方法

与普通药物制剂相比，微粒药物制剂的体内分析更加复杂。普通药物制剂通常只需要直接测定血浆/组织中的药物浓度，而微粒药物制剂在体内存在多种形态，若要全面了解药物的体内过程，需对不同形式的药物进行药动学分析，而区分定量不同形式的药物是微粒药物制剂体内分析过程中的一大挑战。目前主要通过测定血浆中不同形式的药物浓度以及组织中的总药物浓度来对微粒药物制剂的体内过程进行分析，对组织中不同形式药物区分定量的研究较少。常见的微粒药物制剂体内分析方法包括基于荧光的影像学定量分析、非荧光影像学定量分析、放射性跟踪技术分析以及常规的色谱质谱定量分析等。

近年来，影像学在纳米药物制剂体内浓度分析中的应用日益广泛。影像学主要是利用药物本身自带荧光的性质以及通过对药物或纳米载体进行荧光/放射性标记等方法来对纳米药物制剂进入机体后的不同存在形式（纳米载体、游离药物、载体结合药物）进行浓度定量。与常规的体内分析方法相比，影像学分析虽只能实现对浓度的半定量，不能提供具体的浓度数值，但可进行活体成像实时监测药物的体内分布和靶向蓄积，操作简单，灵敏度高。且影像学分析可同时识别多个荧光标记物，能够区分不同形式药物的体内分布及药动学行为，包括血浆/组织中的纳米药物制剂裂解、释放药物的过程。目前常见的技术有计算机断层扫描（computed tomography，CT）、磁共振成像（magnetic resonance imaging，MRI）、正电子发射断层显像（positron emission tomography，PET）、单光子发射计算机断层成像（singlephoton emission computed tomography，SPECT）、荧光成像和多模式成像等非侵入性成像技术。

一、基于荧光的影像学定量

基于荧光成像的定量分析方法在影像学定量分析中应用最为广泛，荧光成像技术可以方便而准确地对纳米药物制剂的生物分布和靶向蓄积进行评估和分析，具有操作简单、灵敏度高、可同时识别多个标记物和大范围空间尺度等优点，而荧光分子断层成像技术则较好地解决了荧光定量困难和穿透能力差的缺陷。目前可通过荧光定量的常用仪器有**荧光显微镜**（fluorescence microscope，FM）、**激光扫描共聚焦显微镜**（confocal laser scanning microscope，CLSM）、**多光子激光扫描显微镜**（multiphoton laser scanning microscopy，MLSM）等。在荧光影像学测定过程中如果将发光基团标记在药物结构上，那么测定的血浆/组织中的荧光强度代表的是血浆/组织中的总药物浓度（游离药物和载体结合药物的浓度总和），因为实际操作中无法区分荧光强度是来自游离药物还是载体结合药物。此外也可以利用某些药物本身的荧光性质对其微粒制剂进行药动学研究，例如有研究利用多柔比星自带荧光的性质，采用荧光酶标仪直接测定尾静脉注射多柔比星脂质体后大鼠血浆样本的荧光强度，并以此表征多柔比星脂质体在血浆中的药动学行为。Roberta等利用激光共聚焦荧光成像研究了荧光标记的聚苯乙烯纳米物质在组织中的分布以及组织内不同种类细胞对聚苯乙烯的摄取情况，发现静脉注射的聚苯乙烯在肝脏中大部分被Kupffer细胞摄取。

1. 荧光生物成像

荧光生物成像是一种高灵敏度、无创实时监测的主流方法。为了减少自身荧光的吸收和增强荧光的穿透性，通常采用近红外发射的荧光团。在NIR-I（$\lambda_{em}=700\sim900$ nm）荧光团生物成像的基础上，NIR-II（$\lambda_{em}=1000\sim1700$ nm）荧光团的应用进一步提高了荧光穿透能力，减少了组织吸收和散射，并规避了自身荧光的影响。然而，目前使用的大多数荧光团是非环境响应型传统探针，无论是否附着在载体上，都能发出稳定的信号。因此，观察到的信号是来自封装和游离探针的混合信号，影响了荧光成像的准确性。近年来，环境响应性荧光探针受到广泛关注。受pH、极性、空间距离、酶或特定分子等各种环境触发器的刺激，荧光光谱随纳米载体的动态变化而同时发生变化。基于常规和不同环境响应荧光团标记的荧光生物成像的基本原理如图18-6所示。

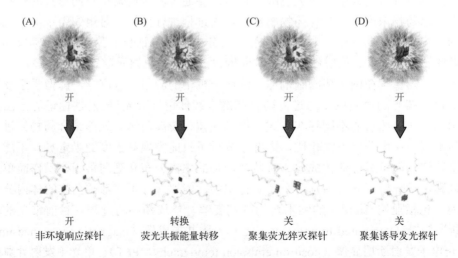

图18-6　非环境响应探针（A）、荧光共振能量转移探针（B）、聚集荧光猝灭探针（C）和聚集诱导发光探针（D）的荧光生物成像机制

2. 荧光共振能量转移（fluorescence resonance energy transfer，FRET）

荧光共振能量转移是指非放射性的共振能量从处于激发态的给体荧光团转移到邻近的（1～10 nm）基态受体荧光团。FRET通常减少供体，但同时增加受体的发射。为了产生有效的能量转移，供体和受体之间需要有30%以上的光谱重叠。通过选择适宜的供体/受体对和准确分析FRET信号，可监测微粒制剂结构变化，从而提高对微粒制剂结构复杂性的理解。Cy5.5（物理封装）/Cy7（偶联共聚物）、DiI/DiO（均物理封装）和Cy5/Cy5.5（均偶联共聚物）是文献报道的常见FRET对。尽管这种研究方法具有干扰小等优点，但它也有一些缺点：①荧光发射相对较弱，受检测条件的影响；②提前释放的FRET荧光团在重新分配到疏水结构（如膜和蛋白袋）后可被重新激活，并产生干扰信号，即荧光再照明，虽然这可以通过共价标记进行部分修正，但荧光团的标记可能会改变微粒制剂的体内过程；③荧光信号与颗粒浓度之间的线性关系较差可能会影响荧光分析的准确性。

3. 聚集荧光猝灭（aggregation-caused quenching，ACQ）

聚集荧光猝灭（ACQ）是指在稀释状态下高发射的荧光团在聚集状态下变弱发射甚至绝对猝灭的现象。当基于ACQ的探针嵌入到纳米载体基质中时，物理屏障会阻止荧光团的聚集和猝灭，从而照亮纳米载体。然而，随着纳米载体的降解，被封装的探针被释放到周围的水环境中并瞬间形成聚集体，导致荧光猝灭。这种荧光开关的"开-关"模式已被用于在体内和体外跟踪完整的纳米载体。例如有学者将ACQ荧光团P2封装到mPEG-PDLLA PMs中，以跟踪静脉和口服给药后的载粒。基于ACQ策略的一个问题是荧光再照明，这是由于荧光团聚集物解离后重新激活并重新分配到疏水结构物。

4. 聚集诱导发光（aggregation-induced emission，AIE）

与基于ACQ的探针相反，基于聚集诱导发光（AIE）的荧光团在稀释状态下作为孤立的分子发出的荧光可以忽略不计。当形成聚集体或分散在微粒制剂基质中时，基于限制单个分子自由旋转的原理会诱发发射。因此，封装的AIE探针照亮粒子，而泄漏的探针只会产生较弱的荧光。基于AIE策略，已经开发了各种自指示策略，主要是通过AIE探针与药物微粒制剂的共轭。例如有学者通过合成一种AIE荧光团四苯乙烯（TPE）共轭聚合物胶束（PM）来监测DOX的释放情况。基于AIE的方法也会因为荧光的重新聚集和荧光与探针浓度之间的线性关系不充分而在体内受到荧光的重新照明。

5. 组合策略

荧光生物成像中不同原理的结合为药物微粒制剂的生物命运提供了新的启示。由于FRET荧光团的聚集会导致荧光猝灭，因此将FRET与基于AIE的荧光团结合可以提供更精确的分析。例如将AIE探针TPE（供体）和模型药物姜黄素（受体）结合到PM中，构建了基于微动的生物成像系统，通过跟踪基于微动的信号，可以分析谷胱甘肽（glutathione，GSH）介导的药物释放；通过将吲哚菁绿衍生物（ACQ）和AIE（TPE）染料附加到两亲树枝状大分子上，可以根据荧光比的急剧变化监测树枝状大分子胶束在细胞和组织水平上的不同组装状态。ACQ和AIE探针的结合提高了检测灵敏度，但在体内的应用受到渗透深度的限制。

二、非荧光影像学定量方法

近年来，以放射性核素作为探针，具有高灵敏度、高穿透深度、定量高准确度的PET和SPECT技术在监测纳米药物药动学方面应用广泛。此外，基于核磁共振的MRI以及通过使用高密度造影剂提供具有高分辨率的影像学信息的CT技术使细胞追踪技术得到了快速发展。虽然上述提到的技术都有其突出的优势，但也都有其明显的缺陷。实际应用中需要依靠多模式成像互相补充以获得更完整和准确的信息。例如，PET（或SPECT）与CT或MRI的结合可以显著提高解剖信息和空间分辨率以及定量准确性，而和荧光成像相结合，可以获得具有高灵敏度的高分辨率图像，此外，CT和MRI结合可以提高时间分辨率，与荧光成像结合可以补充纳米药物制剂的体内分布信息（图18-7）。

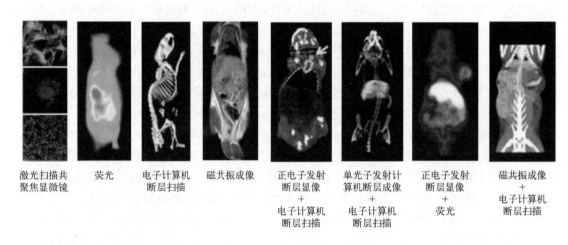

| 激光扫描共聚焦显微镜 | 荧光 | 电子计算机断层扫描 | 磁共振成像 | 正电子发射断层显像+电子计算机断层扫描 | 单光子发射计算机断层成像+电子计算机断层扫描 | 正电子发射断层显像+荧光 | 磁共振成像+电子计算机断层扫描 |

图18-7 非荧光影像学定量方法及结果示意图

1. 正电子发射断层显像（positron emission tomography，PET）

正电子发射断层显像（PET）是一种核成像技术（也称为分子成像），可以显示体内代谢过程。PET成像的基础是该技术检测由正电子发射放射性核素（也称为放射性药物、放射性核素或放射性示踪剂）间接发射的γ射线对。将示踪剂注入生物活性分子的静脉中，通常是用于细胞能量的糖。PET系统灵敏的探测器捕获身体内部的γ射线辐射，并使用软件绘制三角测量排放源，创建体内示踪剂浓度的三维计算机断层扫描图像，即可对微粒制剂的药物动力学进行研究。

2. 单光子发射计算机断层成像（singlephoton emission computed tomography，SPECT）

单光子发射计算机断层成像（SPECT）是一种基于放射性核素产生的非重合γ射线的成像技术。SPECT常用的放射性同位素有^{99m}Tc、^{111}In、^{123}I、^{125}I和^{201}Tl。与PET类似，SPECT最重要的优点是灵敏度高、穿透深度大，缺点是缺乏解剖信息、空间分辨率相对较低。SPECT通常与结构成像技术相结合，如CT和MRI。在这些多模态技术中，SPECT/CT成像模式因加入纳米粒而受到广泛关注。一个例子是与^{99m}Tc偶联的脂质体纳米载体形成用于SPECT/CT成像的纳米探针。该成像模式用于可视化和量化药物输送到肿瘤，并分析了该技术的治疗效果。裸鼠两侧颅底注射头颈部鳞状细胞癌异种移植物约5分钟，采用射频消融（radio frequency ablation，RFA）治疗。RFA显著增加了放射性标记的多柔比星脂质体在肿瘤中的蓄积。结果表明，SPECT/CT能较单一成像模式更准确地描述肿瘤的状态。SPECT由于其成像灵敏度和穿透深度，适用于监测药动学、生物分布和靶标积累。然而，相对困难的量化严重阻碍了这一应用。因此，除了结合CT或MRI来提高解剖信息和空间分辨率外，通常还会增加光学成像来进一步克服单个成像的局限性，获得更详细的病变位置信息。

3. 磁共振成像（magnetic resonance imaging，MRI）

MRI是临床应用最广泛的基于核磁共振的检查方法，它通常依赖于不同组织或器官中包含的质子的自旋-晶格弛豫和自旋-自旋弛豫时间来产生成像对比。MRI可以提供良好的解剖细节，增强软组织对比度，提高空间分辨率，无辐射暴露。因此，MRI在临床诊断中发挥着越来越重要的作用。然而，该过程受信号灵敏度不足的限制，导致小或微小肿瘤的诊断对比度低。因此，具有磁性功能的纳米粒被广泛探索，以提高MRI检测的灵敏度和准确性。顺磁性离子，如锰（Mn^{2+}）、铁（Fe^{3+}）和钆（Gd^{3+}），通常用于提供MRI对比。在这些离子中，Gd^{3+}是最常见的T1造影剂，直接附着在纳米粒表面附近，影响质子的T1弛豫时间。SPIO可以减少质子的自旋-自旋弛豫时间，被认为是固有的T2造影剂。此外，由于SPIO对网状内皮系统（reticuloendothelial system，RES）的影响和对生物系统的无毒作用，SPIO已被用于临床前和临床MRI。这些纳米颗粒可以与其他成像纳米粒结合或覆盖小成像分子以组合两种或更多成像格式。PET（或SPECT）和荧光成像也与MRI相结合后，可提供极其敏感和高分辨率的图像。

三、其他策略

1. 液相色谱/质谱法（liquid chromatography/mass spectrometry，LC/MS）

液相色谱/质谱法（LC/MS）是小分子药物定量的常用方法，现在也被用于监测聚合物胶束（polymer micelle，PM）的共聚物组成。与标记方法相比，基于液相色谱-四极杆飞行时间串联质谱（LC-Q-TOF/MS）的分析方法可以防止标记产生的伪产物，并最大限度地减少降解材料的干扰信号。除了定量人血浆和肿瘤组织中微粒制剂释放或总药物以及细胞和亚细胞水平的超低药物浓度外，一些研究开发了基于LC/MS的方法对生物样品中的共聚物进行定量分析和药代动力学（PK）谱分析。近年来，这种传统定量方法也揭示了PM的生物特征。通过比较油酰透明质酸和DOX的PK图谱，揭示了PM的过早分解。但是，单靠这种方法无法将游离药物与封装药物区分开来。此外，LC/MS的定量无法区分胶束和单体共聚物，因此无法报告PM颗粒的行为。

2. 透射电子显微镜（transmission electron microscope，TEM）

透射电子显微镜（TEM）是监测纳米载体的一种补充技术。已有几项研究利用透射电镜来追踪经前膜的上皮转位。通过透射电镜观察到在顶端和基底外侧大小相同的PEG-PLA胶束，可以直接证明完整的胶束在MDCK细胞单层中运输。总的来说，透射电镜仅提供了与生物组织相比分辨率较低的模糊信息，而这些信息是关于小型有机纳米载体（如PM）的。此外，TEM分析前处理样品的染色和干燥过程不仅改变了PM的原始状态，而且无法在体内实时定量监测。

3. 放射性跟踪

放射性示踪常用于纳米颗粒的定量监测，方法是标记药物分子或组成材料。通过使用多种同位素标记（例如^{3}H-mPEG-b-PCL和^{14}C-PTX），可以基于放射性计数同时定量药物和共聚物。已经报道了亲水性（例如PEG/PEO的^{111}In和^{125}I）或疏水性嵌段（例如PCL的^{3}H和^{14}C）共聚物的放射标记。尽管很少讨论，但内部疏水块的标记可能具有较高的标记稳定性，从而减少游离放射性核素衍生产物。与此同时，尽管很少对这两个区块进行标记，但可能有助于阐明每个成分的生物命运。然而，对于那些将亲脂性假体标志物或金属离子螯合物引入原始体系的方法，胶束的理化性质以及由此产生的PK和药理特性可能会发生改变。

因此，越来越多的研究转向无螯合策略。例如，^{68}Ga[Ga] 和 ^{111}In[In]-Oxine 配合物被物理封装在 PM 核中，以监测其稳定性、分布和药物释放情况。此外，还有其他可供选择的放射标记策略，包括放射化学、物理吸附、阳离子交换、直接化学吸附、粒子束、同位素交换或反应堆激活以及腔封装。放射性示踪的一个主要问题是纳米载体上的放射性标签可能脱落或泄漏。来自所有来源的放射性标签产生相同的信号，使其难以区分相关信号与游离或释放的放射性的干扰信号。同位素对分析物的类似排泄途径以及肿瘤等组织对许多金属放射性核素离子（如 ^{68}Ga、^{111}In）的大量吸收进一步干扰了纳米粒在体内行为的分析。

（彭剑青）

思考题

1. 简述研究微粒制剂体内命运的意义。
2. 蛋白冠对微粒制剂体内过程的影响有哪些？改善蛋白冠对微粒制剂体内过程不利影响的方法有哪些？
3. 简述脂质纳米制剂的体内过程及其特点。

参考文献

[1] García-Álvarez R, Hadjidemetriou M, Sánchez-Iglesias A, et al. *In vivo* formation of protein corona on gold nanoparticles. The effect of their size and shape[J]. Nanoscale, 2018, 10 (3): 1256-1264.

[2] Liu N, Tang M, Ding J D. The interaction between nanoparticles-protein corona complex and cells and its toxic effect on cells[J]. Chemosphere, 2020, 245: 125624.

[3] Ren J Y, Andrikopoulos N, Velonia K, et al. Chemical and biophysical signatures of the protein corona in nanomedicine[J]. J Am Chem Soc, 2022, 144 (21): 9184-9205.

[4] 汤杰，张相，朱娜丽，等. 蛋白冠的形成、分析及生物效应研究进展[J]. 生态毒理学报，2022, 17 (3): 95-110.

[5] Cai Y F, Qi J Q, Lu Y, et al. The *in vivo* fate of polymeric micelles[J]. Adv Drug Deliv Rev, 2022, 188: 114463.

[6] 丁天皓，吴尔灿，占昌友. 脂质纳米药物体内递送过程及调控机制[J]. 药学学报，2023, 58 (8): 2283-2291.

[7] 仲曼，胡慧慧，缪明星，等. 纳米药物制剂体内分析方法及药动学研究进展和问题策略分析[J]. 药物评价研究，2022, 45 (7): 1413-1425.

[8] Blanco E, Shen H F, Ferrari M. Principles of nanoparticle design for overcoming biological barriers to drug delivery[J]. Nat Biotechnol, 2015, 33 (9): 941-951.

[9] Almeida J P M, Chen A L, Foster A, et al. *In vivo* biodistribution of nanoparticles[J]. Nanomedicine (Lond), 2011, 6 (5): 815-835.